Frick/Knöll/Neumann/Weinbrenner

Baukonstruktionslehre
Teil 1

Von Professor Dipl.-Ing. Dietrich Neumann
und Professor Ulrich Weinbrenner
Fachhochschule Darmstadt

30., neubearbeitete und erweiterte Auflage
Mit 683 Bildern, 109 Tabellen und 26 Beispielen

B. G. Teubner Stuttgart 1992

ISBN 978-3-322-94021-6 ISBN 978-3-322-94020-9 (eBook)
DOI 10.1007/978-3-322-94020-9

Die Deutsche Bibliothek – CIP-Einheitsaufnahme

Baukonstruktionslehre / Frick ... Von Dietrich Neumann und Ulrich Weinbrenner. – [Ausg. Frick/Knöll/Neumann/Weinbrenner]. – Stuttgart : Teubner.

Früher u. d. T.: Neumann, Friedrich: Baukonstruktionslehre
NE: Frick, Otto [Begr.]; Neumann, Dietrich [Bearb.]

[Ausg. Frick/Knöll/Neumann/Weinbrenner]
Teil 1. – 30., neubearb. und erw. Aufl. – 1992

Softcover reprint of the hardcover 30th edition 1992
Gesamtherstellung: Passavia Druckerei GmbH Passau

Vorwort

Im Juni 1909 erschien bei Teubner in Leipzig und Berlin die erste Auflage der Baukonstruktionslehre von Frick und Knöll als Leitfaden und als „Hilfsmittel für den Vortragsunterricht und die Wiederholungen" im Baukonstruktionsunterricht der Königlichen Preußischen Baugewerkschulen. Aus dem Leitfaden wurde im Laufe der Jahre ein aus zwei Teilen bestehendes Standardwerk für Architekten und Ingenieure.

Mit der 27. Auflage von Teil 1 und der 26. Auflage von Teil 2 haben die jetzigen Verfasser die weitere Bearbeitung übernommen. Dabei ist bis heute der „Frick-Knöll" die mit Abstand am weitesten verbreitete Baukonstruktionslehre für Studierende und auch ein von vielen Fachleuten geschätztes Nachschlagewerk geblieben. Den jetzigen Bearbeitern war dies ein besonderer Ansporn, das nun in 30. Auflage vorgelegte Werk wieder gründlich zu überarbeiten und zu aktualisieren.

Nach wie vor wird von einer Baukonstruktionslehre erwartet, daß sie die wichtigsten Aufgabengebiete des Bauens erfaßt, die unterschiedlichen Konstruktionsprinzipien in den Bereichen des Rohbaues, Innenausbaues und teilweise auch des Technischen Ausbaues berücksichtigt und dabei die sich ständig weiterentwickelnden Herstellungsverfahren aufzeigt. Schließlich muß deutlich gemacht werden, daß alle Baukonstruktionen abhängig sind von statischen Bedingungen, bauphysikalischen Einflüssen, Baustoffeigenschaften, von den Baukosten und der Bauabwicklung sowie von behördlichen Bestimmungen und Normen.

Auch bei der vorliegenden Überarbeitung erschien es notwendig, das Gesamtwerk an einigen Stellen zu ergänzen, um dadurch bautechnischen Weiterentwicklungen und der ständigen Fortschreibung der Normung gerecht zu werden.

Der wachsende Umfang des für den Baupraktiker nötigen Grundlagenwissens erforderten eine etwas geänderte Stoffverteilung.

So wurden in der nun vorliegenden Neubearbeitung von Teil 1 des Werkes die Grundlagen der Maß- und Modulordnung sowie für Maßtoleranzen im Bauwesen in einem neuen Abschnitt zusammengefaßt.

Die fortgeschriebene Normung im Bereich des Stahlbetonbaues, insbesondere aber die weitreichenden Änderungen der Normung für den Mauerwerksbau bedingten weitgehende Neubearbeitungen.

Auch die Grundlagen des Skelettbaues wurden neu geordnet und erweitert, wobei allerdings bei diesem umfangreichen Sondergebiet auf weiterführende Spezialliteratur verwiesen werden muß, soll nicht der Rahmen dieses Werkes gesprengt werden.

Die Abschnitte über Außenwandbekleidungen, Balkone und Loggien, über Bauwerkabdichtungen und über Dränungen wurden überarbeitet und ergänzt.

Vollständig neu bearbeitet wurde der Abschnitt Fußbodenkonstruktionen und Bodenbeläge.

Der ständig zunehmenden Technisierung in Verwaltungs-, Geschäfts- und Industriebauten trägt ein neuer Abschnitt über Installationsböden Rechnung.

Dem Bereich des Bautenschutzes und der Bauphysik kommt eine immer größere Bedeutung zu. Schließlich können die meisten neuzeitlichen Konstruktionen, aber auch viele Produkte der Bauindustrie, nur noch dann kritisch beurteilt werden, wenn bauphysikalische Grundregeln beachtet werden. So bedingte auch die Neufassung der Schallschutznormung tiefgreifende Änderungen für Planung und Bauausführung. Sie wurden, soweit nicht bereits berücksichtigt, in das Werk eingearbeitet.

Bei der Auswahl der Bildbeispiele blieben die Bearbeiter weiterhin bemüht, nur Konstruktionen zu erwähnen, die einen kritisch beobachteten Reifeprozeß aufweisen können.

Allen, die durch Bereitstellung von Informationen oder ihre Mitarbeit wertvolle Hilfe geleistet haben, danken wir. Unser besonderer Dank gilt Herrn Dipl.-Ing. Luley für die betontechnologische Beratung, Herrn Prof. Dr.-Ing. C. Großkopf für die Bearbeitung der Abschnitte über Schall- und Wärmeschutz und Herrn Prof. Dipl.-Ing. W. Herget für die Überarbeitung des Abschnittes über Fundamente.

Vor allem aber verdienen Frau Dipl.-Ing. S. R. Krüger und Frau Dipl.-Ing. B. Bendfeld mit ihren Mitarbeitern Frau cand. arch. Pia Döring, Frau cand. arch. Antje Könnecke und Frau stud. ing. Birgit Bendfeld für die Bearbeitung der zahlreichen neuen Abbildungen unseren Dank.

Möge diese Neuauflage sich wieder beim Studium und in der Baupraxis als brauchbare und zuverlässige Hilfe erweisen.

Darmstadt, im Frühjahr 1991 D. Neumann U. Weinbrenner

Inhalt

1 Einführung und Grundbegriffe

1.1 Allgemeines

Bei der planerischen Lösung von Bauaufgaben besteht insbesondere zwischen gestalterischen, funktionellen, konstruktiven bauphysikalischen und baustoffspezifischen Aspekten eine enge gegenseitige Abhängigkeit. Beim Planungsprozeß werden gleichzeitig komplexe Handlungsabläufe bei der Bauausführung vorherbestimmt.

Somit bildet jeder Planungsablauf eine Kette von Entscheidungen zwischen möglichen Alternativen, um eine optimale Gesamtlösung zu erreichen.

Dabei ist der planende Architekt bei größeren Bauaufgaben in der Regel auf die Mitwirkung spezialisierter Fachingenieure angewiesen.

Technische Ausstattungen wie Sanitär-, Heizungs-, Elektro-, Lüftungs- und Klimaanlagen, Fördereinrichtungen wie Aufzüge, Rolltreppen und insbesondere alle modernen Kommunikationseinrichtungen werden von Sonderfachleuten geplant und in das Gesamtkonzept des Architekten eingebracht.

Alle Planungen werden zunehmend beeinflußt durch ständige Weiterentwicklungen von Baustoffen oder durch ganz neue Baustoffe. Sie werden im Rahmen dieses Werkes nach Möglichkeit erwähnt, doch können sie nicht Gegenstand einer Baukonstruktionslehre sein.

Der immer differenzierteren, auch in den bauaufsichtlichen Bestimmungen vorausgesetzten Kenntnis bauphysikalischer Grundregeln muß dagegen ebenso Rechnung getragen werden wie dem Verständnis der wichtigsten Begriffe der Tragwerkslehre, weil nur so die Voraussetzungen für die richtige konstruktive Bearbeitung der einzelnen Bauteile gegeben sind.

1.2 Lasten und Beanspruchungen

In einem Bauwerk werden die Bauteile beansprucht durch

- **Eigengewicht,**
- **Verkehrslasten,** d. h. übliche ruhende Belastung durch die Nutzung des Bauwerkes z. B. durch Möblierung, Maschinengewichte, Lagergut. Die rechnerisch anzunehmende Verkehrslast (DIN 1055) enthält je nach Nutzungsart des Bauwerkes bestimmte Sicherheitszuschläge,
- **Schneelast, Eislast,**
- **Winddruck und Windsog,**
- **dynamische Belastungen** (Erschütterungen durch Maschinenbetrieb, Verkehr, stoßartige Belastungen aus Betriebsabläufen, z. B. Beanspruchungen aus Anfahr- und Bremskräften von Fahrzeugen, Kranbahnen o. ä. sowie Erdbebenstöße, Schwingungsübertragungen),
- **thermische Beanspruchungen** infolge von Temperaturschwankungen oder von ungleichmäßiger Temperatureinwirkung (z. B. bei nur einseitiger Erwärmung),
- **Setzungen.** Durch falsch beurteilte Tragfähigkeit des Baugrundes, durch ungleichmäßige Belastungen u. a. können Spannungen innerhalb einzelner Bauteile oder des gesamten Bauwerkes entstehen (vgl. Abschn. 2, Bild **2.1**).

Diese Beanspruchungen müssen anhand der Planungsvorgaben und entsprechend den zugrunde zu legenden Bestimmungen (z. B. DIN 1055) ermittelt werden und bilden die Grundlage für den Standsicherheitsnachweis (statische Berechnung), s. Abschn. 1.5.

1.3 Grundbegriffe der Statik

Bauteile können stehen unter der Krafteinwirkung von

- **Zug.** Bauteile, die einer Zugbeanspruchung ausgesetzt werden (z. B. Spannseile), erfahren eine Zugspannung, die eine Längendehnung bewirkt. Diese ist innerhalb gewisser Grenzen abhängig von der einwirkenden Zugkraft, dem Querschnitt und der Länge des Bauteiles sowie von dem materialspezifischen Elastizitätsmodul für Zug (Verhältniszahl für Spannung : Dehnung; Bild **1**.1 a).
- **Druck.** Gedrückte Bauteile sind Druckspannungen ausgesetzt, die eine Stauchung bewirken. Diese ist von der einwirkenden Kraft, dem Querschnitt, der Bauteillänge und einem materialspezifischen Elastizitätsmodul für Druck abhängig (Bild **1**.1 b).

  Darüber hinaus führen große Bauteillängen bei Druck zu zusätzlichen Stabilitätsproblemen (s. Knicken).
- **Scheren.** Scherspannungen entstehen innerhalb eines belasteten Bauteiles, wenn Last und Gegendruck in derselben Querschnittsfläche wirken (Schere!) und zwei Bauteilschichten senkrecht zur Bauteilachse verschoben werden (Bild **1**.1 c).
- **Schub.** Schubspannungen entstehen in einem Bauteil, wenn Last und Gegendruck nicht in derselben Querschnittsfläche wirken und zwei Bauteilschichten gegeneinander verschoben werden.

  Im Gegensatz zum Abscheren entstehen Spannungen im Längsschnitt des Bauteiles, indem lamellenartig gedachte Bauteilschichten in Längsrichtung gegeneinander verschoben werden (Bild **1**.1 d).
- **Torsion** (Drillung, Verdrehung). Wenn ein Bauteilquerschnitt auf Drehung beansprucht und dabei das Kippen durch Festhalten der Bauteilendflächen verhindert wird, werden in den benachbarten Querschnitten Schubspannungen erzeugt (Bild **1**.1 e).

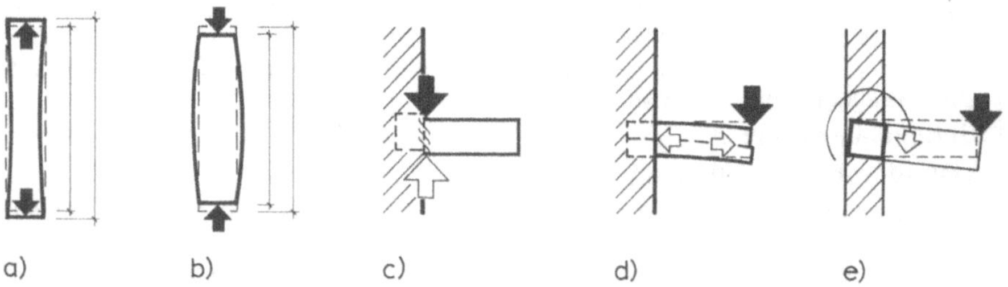

1.1 Bauteil unter Krafteinwirkung von
a) Zug
b) Druck
c) Scheren (eingespannte Konsole)
d) Schub (eingespannte Konsole)
e) Torsion (eingespannter Balken mit Kragarmen zwischen Stützen)

Unter Einfluß äußerer Kräfte weisen Baustoffe spezifische Verhaltensformen auf:

- **Elastisches Verhalten.** Durch Belastungen und Krafteinwirkungen treten – innerhalb bestimmter Grenzen – keine dauernden Verformungen auf. Nach Entlastung „federt" der Bauteil in seine ursprüngliche Form zurück (Bild **1**.2a).
- **Plastisches Verhalten.** Werden die Grenzwerte für das elastische Verhalten überschritten, jedoch Belastungen, die zur Zerstörung führen, noch nicht erreicht, treten bei allen Bauteilen dauernde Verformungen auf (Bild **1**.2b).

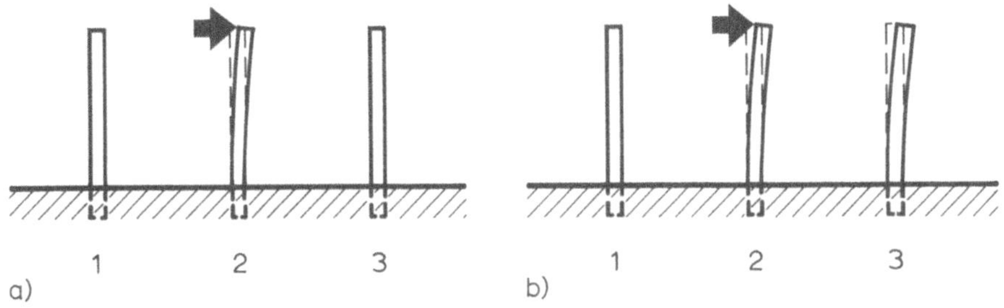

1.2 Materialverhalten
a) elastisch
b) plastisch
1 unbelastet
2 belastet
3 nach Belastung

- **Fließen** (Kriechen). Unter Langzeitbeanspruchung können Bauteile – auch abhängig von den einwirkenden Temperaturen – dauernde Formänderungen erfahren, die aus strukturellen Veränderungen der beteiligten Baustoffe resultieren. Werden Bauteile aus derartigen Baustoffen (z. B. aus gewissen Kunststoffen, auch aus Stahl) schockartig belastet, können sie – insbesondere bei niedrigen Temperaturen – durch „Sprödbruch" zerstört werden.

Durch äußere Kräfte können Bauteile oder auch ganze Bauwerke verformt und in ihrer Standsicherheit beeinflußt werden. Als Auswirkungen kommen in Frage:

- **Kippen.** Ein Bauteil bzw. ein Bauwerk kippt infolge einer Krafteinwirkung (z. B. Winddruck), wenn das resultierende Kippmoment größer ist als das Standmoment (das Standmoment ist abhängig von Bauteil- bzw. Bauwerksgewicht und Bauteilbreite) (Bild **1**.3).

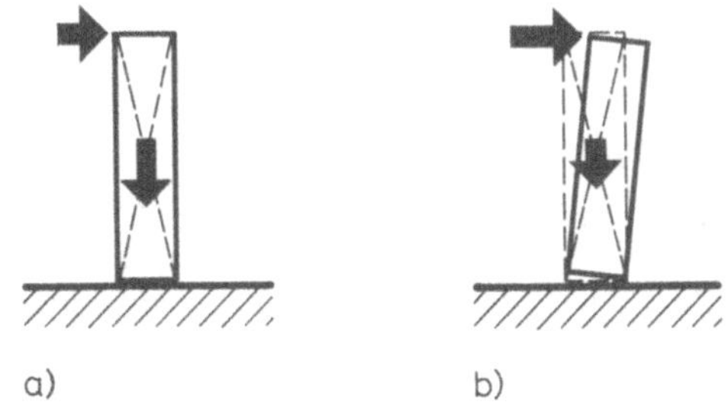

1.3
Kippen
a) Standmoment
b) Kippmoment (vgl. Bild **1**.22)

– **Knicken und Beulen.** Schlanke, stabförmige Bauteile knicken aus, flächige Bauteile (z. B. Wände) beulen aus, wenn sie in Längsrichtung gedrückt werden.
Die Knicksicherheit wird beeinflußt von Länge und kleinster Breite des Bauteiles, von der Art des konstruktiven Anschlusses (freistehend, einseitig oder beidseitig eingespannt) und von der Art des Baustoffes. Kennzeichnende Größe ist die sog. Schlankheit bzw. der Schlankheitsgrad (Bild **1**.4).

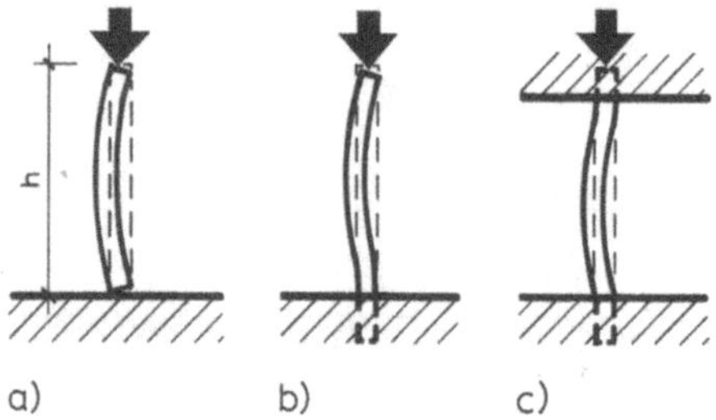

1.4
Knicken
a) freistehend („Pendelstütze")
b) einseitig eingespannt
c) beidseitig eingespannt

– **Biegen.** Ein punktuell gestützter Bauteil wird zwischen den Stützungspunkten durchgebogen, wenn er quer zur Längsachse durch Lasten beansprucht wird (Bild **1**.5).
– **Gleiten.** Ein Bauteil kann – insbesondere seitlich – verschoben werden, wenn die Verbindung zu anschließenden Bauteilen oder auch dem Baugrund nicht durch Reibung oder besondere konstruktive Maßnahmen gesichert ist (Bild **1**.6).

1.5 Biegen

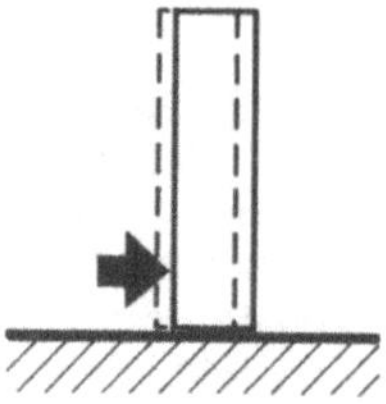

1.6 Gleiten

1.4 Tragelemente

Tragelemente bilden in den verschiedensten Kombinationen das konstruktive Gefüge eines Bauwerkes.

– **Grundtypen.** Einen Überblick über die wichtigsten Grundtypen von Tragelementen zeigt Bild **1**.7. Sie kommen innerhalb von Gesamtkonstruktionen in der Regel in vielfachen Kombinationen untereinander vor.

– **Rahmen.** In erweitertem Sinne können auch Rahmen als Tragelemente betrachtet werden. Sie bestehen aus stab- oder scheibenförmigen Bauteilen, die mit oder ohne Gelenke zusammengefügt sind. Im Baugrund können Rahmenstützen – ebenso wie auf angrenzenden Bauwerksteilen – eingespannt oder gelenkig angeschlossen sein (Bild **1**.8).

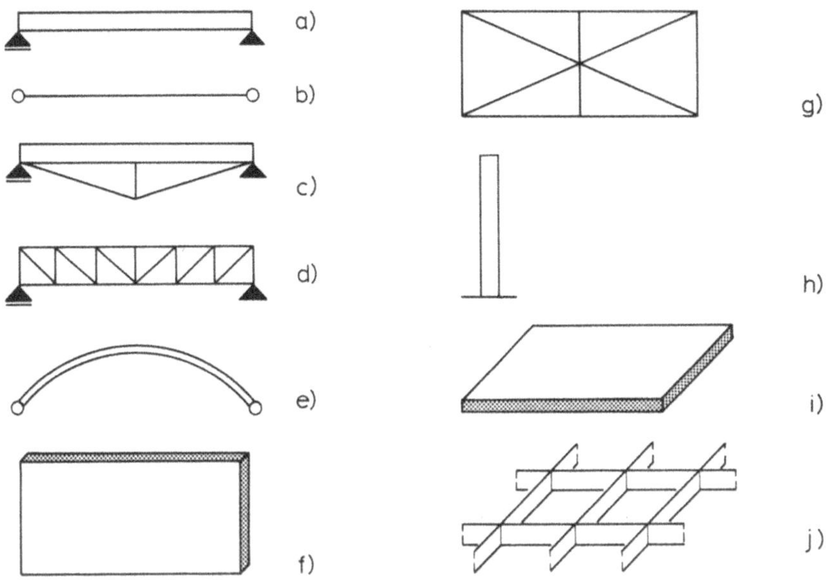

1.7 Tragelemente

a) Träger
b) Spannseil
c) unterspannter Träger
d) Fachwerkträger
e) Bogen
f) Scheibe
g) Fachwerk
h) Stütze, Pfosten
i) Platte
j) Tragrost

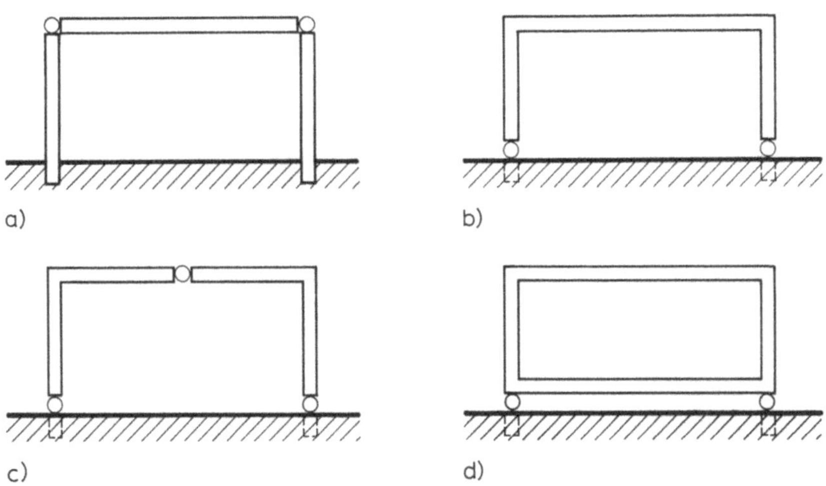

1.8 Rahmen

a) eingespannte Stützen, Ecken nicht biegesteif
b) mit biegesteifen Ecken
c) Dreigelenkrahmen mit biegesteifen Ecken
d) geschlossener Rahmen mit biegesteifen Ecken

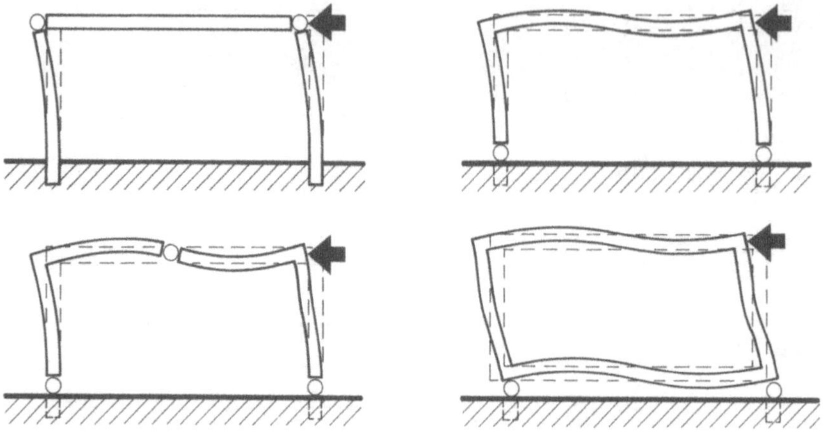

1.9 Rahmen
Verformungen bei horizontaler Beanspruchung

In Rahmen werden Verformungen durch Beanspruchungen einzelner Teile über biegesteife Ecken auf die benachbarten Rahmenteile übertragen (Bilder **1**.9 bis **1**.11). Daraus resultieren selbst bei einfachen Systemen komplizierte Verformungen der Gesamtkonstruktion (Bild **1**.11). Dabei muß beachtet werden, daß in den schematischen Abbildungen lediglich die Verformungen in der Rahmenebene darzustellen sind. In der Regel müssen die Beeinflussungen aber auch im räumlichen Zusammenhang betrachtet werden.

Zur Berechnung von Rahmentragwerken sind zwar komplizierte Berechnungsverfahren nötig, doch können sich sehr wirtschaftliche bauliche Lösungen durch die Verbundwirkung bezeiligter Konstruktionselemente ergeben.

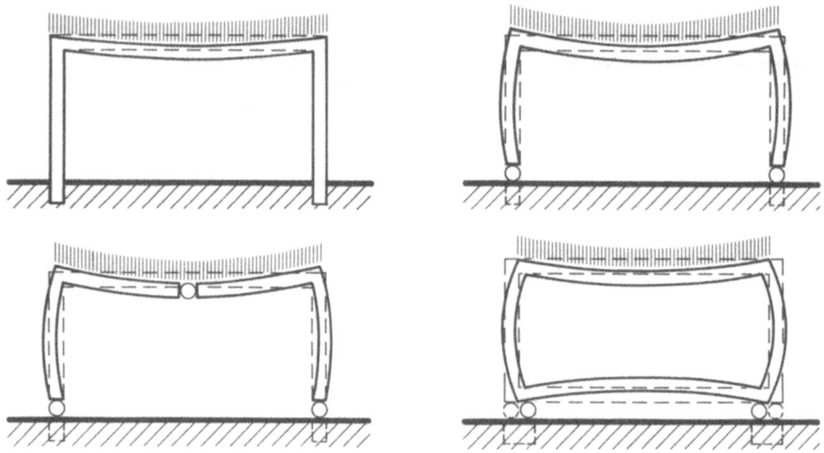

1.10 Rahmen
Verformungen bei vertikaler Beanspruchung

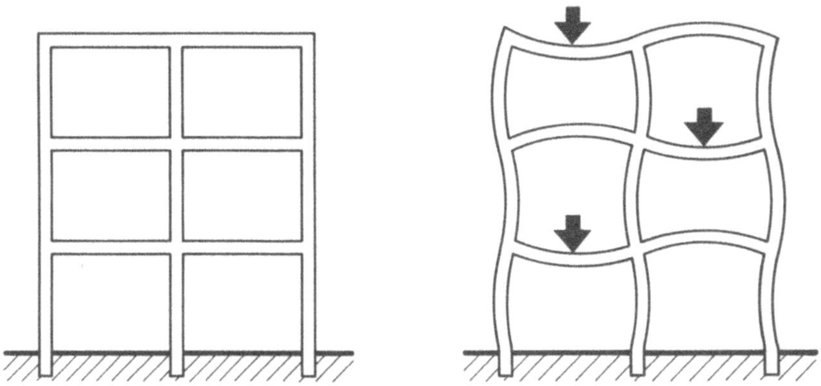

a) b)

1.11 Bauwerk mit gitterartigem Rahmentragwerk
a) Planungszustand
b) einzelne Bauteile beansprucht

1.5 Tragwerksysteme

Hinsichtlich ihrer Ausführungsart kann für Bauwerke kennzeichnend sein

- die überwiegende Verwendung bestimmter Baumaterialien (z. B. Ziegel, Holz, Stahlbeton, Stahl),
- die Herstellungsmethode (z. B. überwiegend handwerkliche Massivbauweise, Skelett- oder Fachwerkbauweise in örtlicher Herstellung oder aus vorgefertigten Bauteilen),
- sog. Fertigbauweise als Zusammenbau vorgefertigter Bauelemente,
- industrialisierte Bauweise mit komplexen „geschlossenen" Bausystemen.

Das Tragwerksystem kennzeichnet Bauwerke in der Regel am besten.

Es würde den Rahmen einer Baukonstruktionslehre sprengen, eine vollständige Übersicht über alle Tragwerksysteme zu versuchen.

Nachstehend wird daher nur ein genereller Überblick über Grundformen gegeben, und es muß im übrigen auf Spezialliteratur verwiesen werden.

Wandbauten (Bild **1**.12). Wandbauten bestehen aus einem Gefüge von vertikalen Wand- und horizontalen Deckenscheiben (s. Abschn. 1.6).

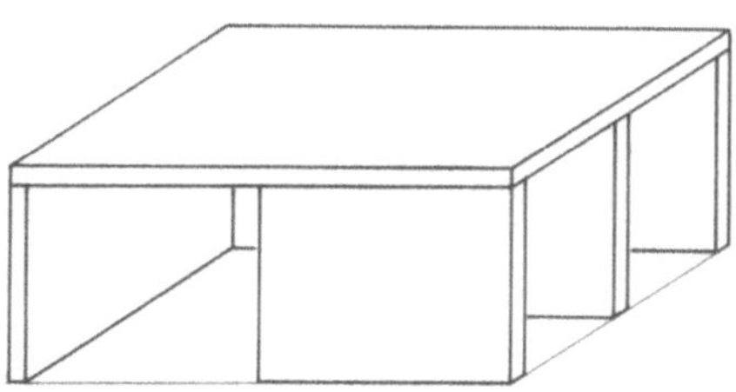

1.12 Wandbau

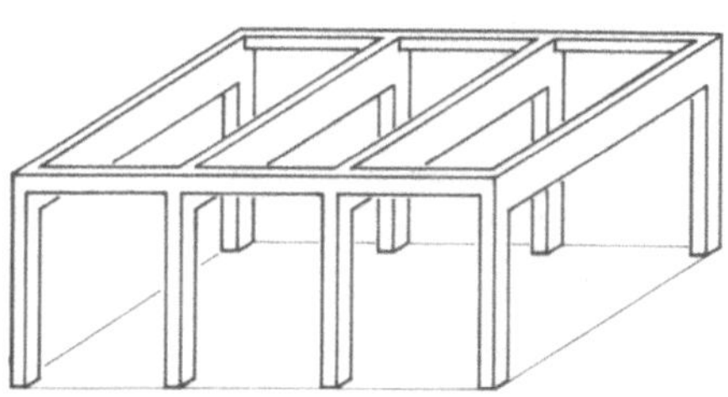

1.13 Skelettbau

Skelettbauten (Bild **1**.13). Das Traggerüst von Skelettbauten besteht überwiegend aus Stäben (Stützen und Trägern) oder aus Rahmen, die durch aussteifende Verbände oder Scheiben untereinander verbunden sind (vgl. Bild **1**.32).

Faltwerke (Bild **1**.14). Bauwerke oder Bauwerksteile (z. B. Überdachungen), bei denen ebene Flächen so zueinander angeordnet werden, daß der entstehende Bauteil zugleich scheiben- und plattenartig beansprucht wird, werden als Faltwerke bezeichnet.

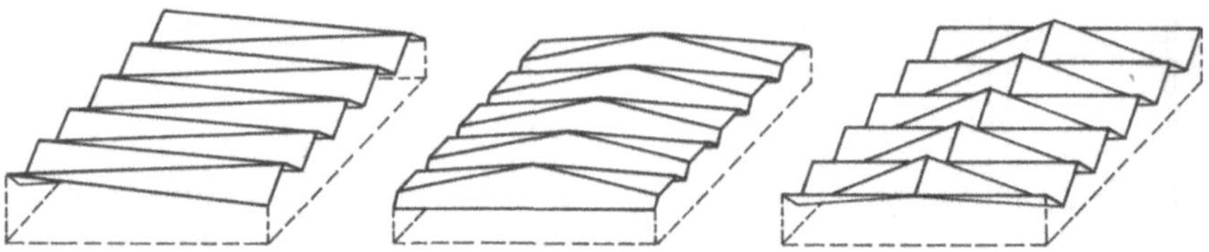

1.14 Formen von Faltwerken

Rosttragwerke (Bild **1**.15). Werden ebene, vertikal stehende Träger rasterartig so zusammengefaßt, daß sie überwiegend scheibenartig beansprucht werden, spricht man von Rosttragwerken (vgl. Teil 2 dieses Werkes, Abschn. 1.2.4.5).

1.15 Rosttragwerke

Raumtragwerke (Bild **1**.16). Als Raumtragwerke bezeichnet man Konstruktionen aus räumlichen, meistens prismatischen Gittern, die aus miteinander in den Knotenpunkten verbundenen Rundstäben bestehen (vgl. Teil 2 dieses Werkes, Abschn. 1.2.3.6).

a) b)

1.16 Raumtragwerk (System MERO)

a) Untersicht einer Dachkonstruktion

b) typischer Knoten von Raumtragwerken

Schalentragwerke (Bild **1**.17). Vergleichbar den historischen Gewölbekonstruktionen (s. Abschn. 9.4) werden moderne Tragwerke in vielfältiger Form auch aus dünnwandigen in sich gekrümmten Schalen gebildet. Stahlbetonkonstruktionen erlauben eine Fülle der verschiedensten Gestaltungsmöglichkeiten, die meistens von Rotationsfiguren oder einfach- bzw. mehrfachgekrümmten Flächen ausgehen.

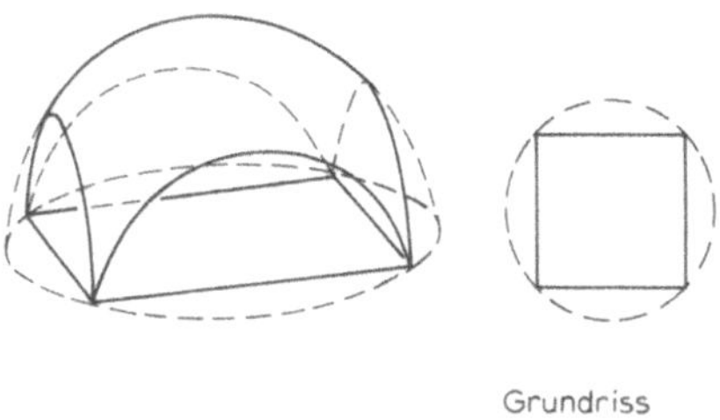

1.17 Schalentragwerke

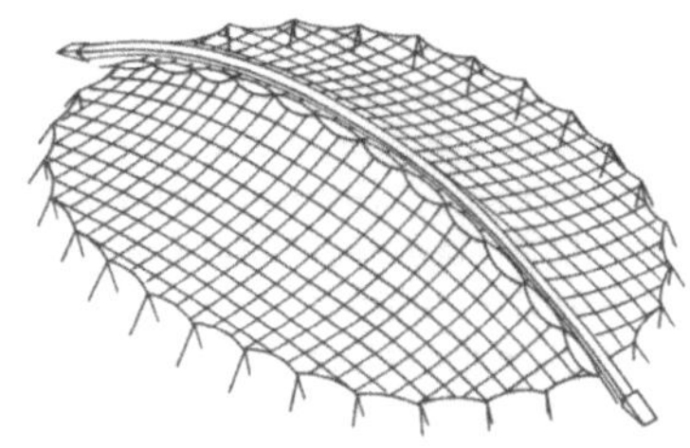

1.18 Seilnetztragwerk

Seilnetztragwerke sind gekennzeichnet durch zugbeanspruchte Tragseile, die – vielfach mit Vorspannung – an Widerlagern oder Stützen verankert sind. Aus der großen Zahl ausgeführter Beispiele ist in schematischer Darstellung in Bild **1**.18 die Überdachung der Eissporthalle im Olympiapark München (Arch. K. Ackermann u. Partner) gezeigt.

Membran-Tragwerke (Bild **1**.19). Membranartige Hüllen aus modernen hochreißfesten Kunststoff-Baufolien, die über rahmenartige Unterkonstruktionen gespannt werden, ermöglichen die Gestaltung leichter weitgespannter Überdachungen für Ausstellungs-, Lager-, Sportbauten u. ä.

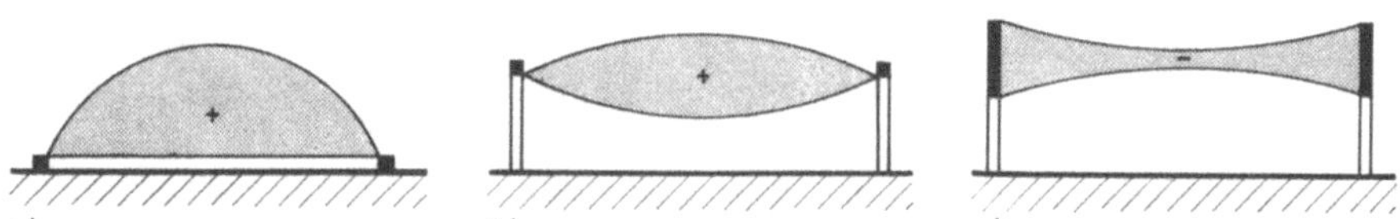

1.19 Membrantragwerke
a) Traglufthalle
b) Dachmembranen mit Überdruck
c) Dachmembranen mit Unterdruck

Interessante Konstruktionsmöglichkeiten ergeben sich mit pneumatischen Systemen: Der Luftüberdruck in einem geschlossenen Raum trägt die membranartige Raumhülle (sogenannte „Traglufthallen"). Kissenartige Dachflächen werden aus Doppelmembranen durch Luftüber- oder -unterdruck gebildet und als Überspannung von Räumen in ringartige Konstruktionen gehängt. Größere Spannweiten lassen sich im Zusammenhang mit tragenden Unterkonstruktionen aus zugbeanspruchten Spannseilen erzielen.

Derartige Tragwerke kommen vorerst nur für einfache hallenartige Bauwerke oder Überdachungen in Frage, bei denen keine hohen Anforderungen hinsichtlich Wärme- und Brandschutz gestellt werden müssen.

1.6 Standsicherheit

Bauwerke müssen in statischer Hinsicht so errichtet und in ihren Einzelteilen dimensioniert werden, daß alle Eigengewichte, Lasten und Beanspruchungen (s. Abschn. 1.2) sicher über die Fundamente auf den Baugrund übertragen werden. Es dürfen keine unzulässigen Bewegungen (Setzungen, seitliche Verschiebungen, Abgleiten auf geneigten Bodenschichten) entstehen (s. Abschn. 4).

Unter allen vorauszusehenden Beanspruchungen dürfen die einzelnen Bauteile und das Bauwerk als Ganzes Verformungen oder Bewegungen nur innerhalb sehr enger, genau definierter Grenzen aufweisen. Dazu müssen alle auftretenden bzw. zu berücksichtigenden Beanspruchungen der einzelnen Bauteile erfaßt oder gemäß Vorschriften bzw. Normen eingesetzt werden.

Danach sind die erforderlichen Dimensionen für die einzelnen Tragelemente (s. Abschn. 1.4) zu ermitteln und der Standsicherheitsnachweis für das gesamte Bauwerk zu führen.

Einen wesentlichen Einfluß auf die Standsicherheit eines Bauerkes haben die in der Regel vorhandenen platten- oder scheibenförmigen Bauteile der Wand-, Decken- oder Dachflächen.

Man unterscheidet hinsichtlich der statischen Wirksamkeit:

– Plattenwirkung (durchbiegend beansprucht) (Bild **1**.20) und
– Scheibenwirkung (aussteifend wirksam) (Bild **1**.21).

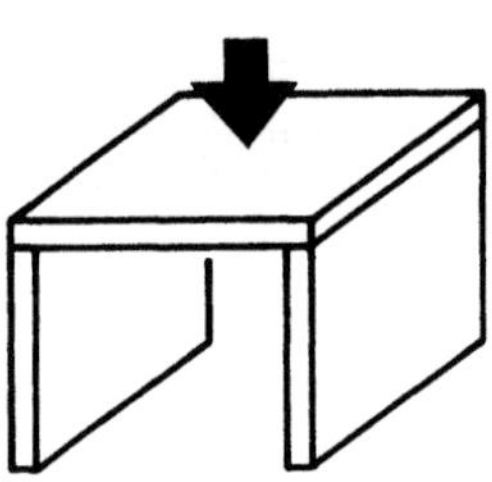

1.20 Plattenwirkung

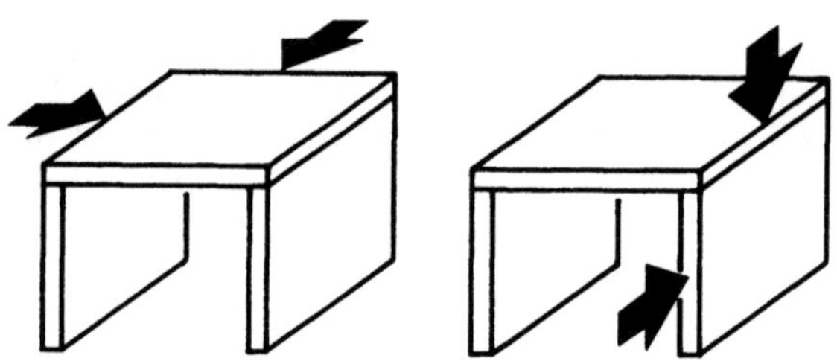

1.21 Scheibenwirkung

Freistehende Wände können horizontale oder größere vertikale Lasten nur aufnehmen, wenn sie nicht zu dünn und nicht zu hoch sind und in diesem Fall als „Schwerkraftmauern" wirksam werden können (Bild **1**.22).

Wände mit ungünstigem Schlankheitsgrad können gegen Kippen durch Einspannen in Fundamente oder andere benachbarte Bauteile gesichert werden, wenn sie z. B. als Stahlbetonkonstruktion in der Lage sind, Biegzugbeanspruchungen standzuhalten (Bild **1**.23).

Gegen Kippen, Knicken oder Ausbeulen können Wände auch durch zusätzliche in oder vor der Wandebene liegende Stahlbeton- oder Stahlstützen gesichert werden (Bild **1**.24).

Günstiger läßt sich die Standsicherheit insbesondere von Wänden durch Aussteifung erreichen, d. h. durch das Zusammenwirken senkrecht gegeneinander gesetzter Scheiben oder Platten (Bild **1**.25).

1.22 Schwerkraftmauer
Kippsicherheit = $\frac{\text{Standmoment}}{\text{Kippmoment}} \times \geqq 1{,}5$

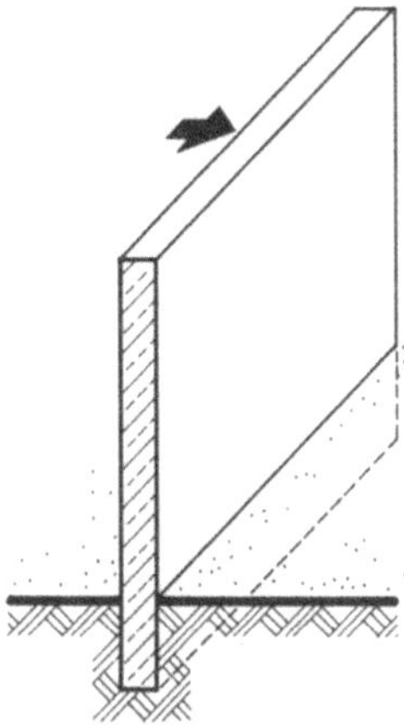

1.23 Eingespannte Stahlbetonwand

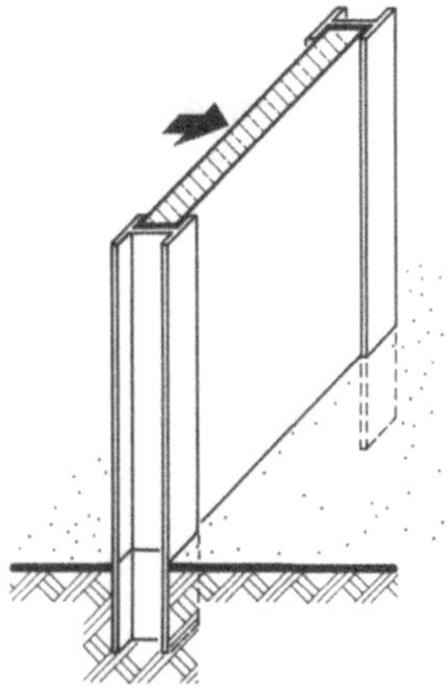

1.24 Mauer zwischen Stahlstützen

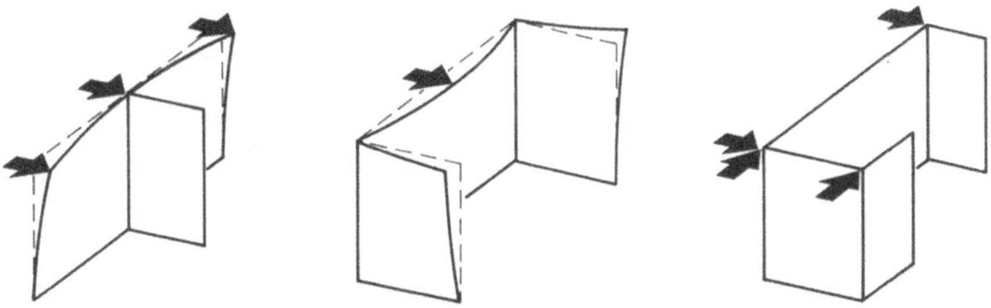

a) b) c)

1.25 Aussteifung durch Wandscheiben
a) Ecken der ausgesteiften Wand können ausweichen
b) Ecken der aussteifenden Wände können ausweichen
c) Aussteifende Wandscheibe ist ebenfalls ausgesteift

Voraussetzung für die Wirksamkeit der Aussteifung ist, daß ausgesteifte und aussteifende Wandscheiben miteinander ausreichend konstruktiv (z. B. durch Mauerverband, Stahlbewehrung o. ä.) verbunden sind (Bild **1**.26).

Die Wirkung der Aussteifung ist im übrigen abhängig von

— Höhe der auszusteifenden Wand,
— Dicke der auszusteifenden Wand,
— Abstand der aussteifenden Wände untereinander,
— Länge der aussteifenden Wände,
— Dicke bzw. Gewicht der aussteifenden Wände (DIN 1053, s. a. Abschn. 6.2.2.1).

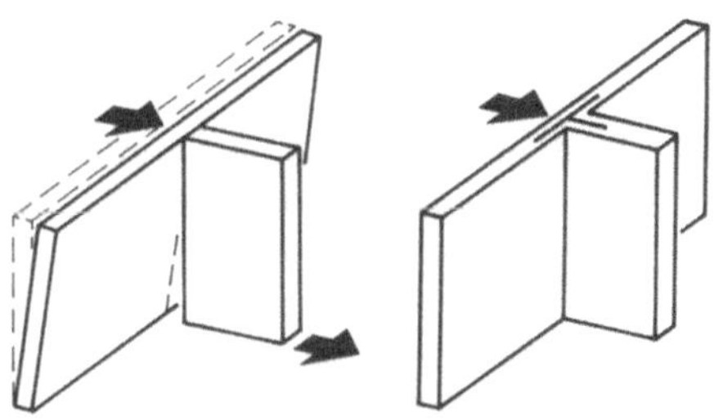

a) b)

1.26 Verbund aussteifender Scheiben
a) nicht ausreichend verbundene aussteifende Wand wird verschoben (gleitet)
b) feste Verbindung zwischen aussteifenden Scheiben

Sind größere Abstände zwischen den aussteifenden Wänden nötig, werden horizontale Deckenscheiben zur Aussteifung herangezogen, wenn sie konstruktiv dazu geeignet sind (z. B. Stahlbetonplatten) und ausreichend mit den auszusteifenden Bauteilen verankert werden können (Bild 1.27).

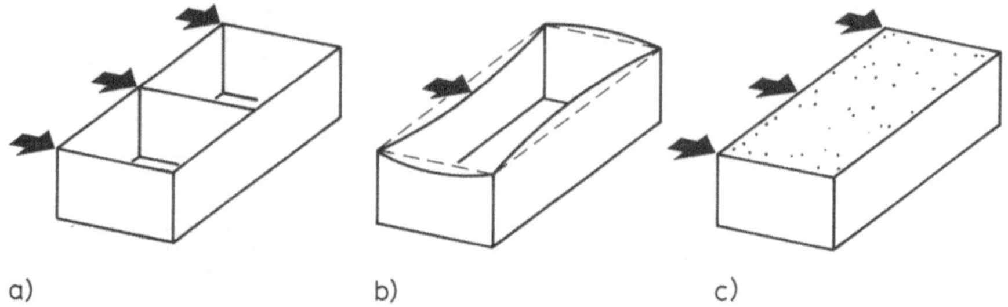

1.27 Zusammenwirken aussteifender Scheiben
a) Aussteifung durch Querwand ausreichend, b) Aussteifung nicht ausreichend (Querwand fehlt), c) Aussteifungsverbund mit Deckenplatte

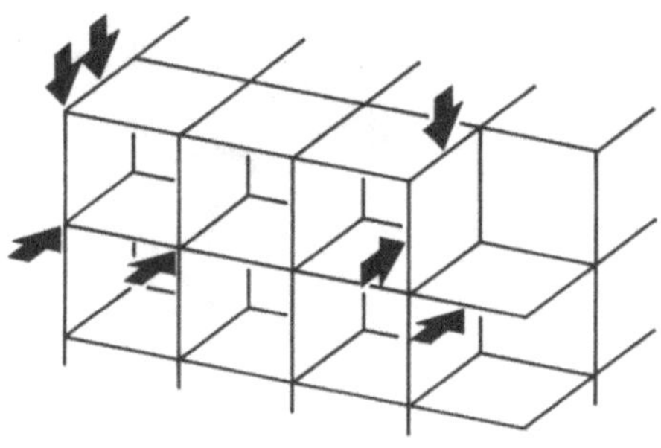

1.28 Wabenartiges Baugefüge („verschachtelte" Flächen bilden ein widerstandsfähiges Raumgefüge)

In mehrgeschossigen Bauwerken kann auf diese Weise ein wabenartiges Gefüge aus sich gegenseitig aussteifenden Umfassungs- und Zwischenwänden und Deckenscheiben entstehen (Bild 1.28).

In derartigen Baugefügen müssen nicht immer sämtliche Scheibenflächen zur Aussteifung herangezogen werden, sondern können durch Öffnungen ersetzt sein oder können Öffnungen enthalten.

Außerdem können eingespannte Stützen, Diagonalverbände und biegesteife Eckverbindungen an der Aussteifung mitwirken.

Als Grundrißtypen haben sich entwickelt

- Bauwerke mit tragenden ausgesteiften Längswänden
- Bauwerke mit tragenden ausgesteiften Querwänden („Schottwandtypen") (Bild 1.29).

Ein Beispiel für die Gestaltungsmöglichkeit mit einzelnen frei stehenden Wandscheiben und Stützen, die in Zusammenhang mit der Deckenplatte ausgesteift werden, zeigt Bild 1.30.

Bei der Anordnung der aussteifenden Scheiben muß beachtet werden, daß auch Momente („Verdrehungen") um die Senkrechte aufgenommen werden können:

Bei einer Anordnung der aussteifenden Scheiben wie in Bild 1.31 wäre eine Deckenplatte bei einer Beanspruchung in Drehrichtung um die Senkrechte verschieblich gelagert.

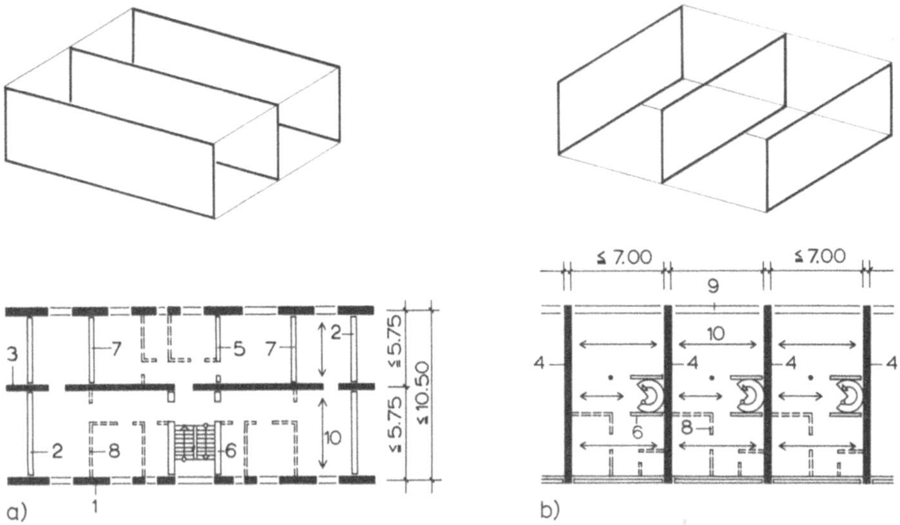

1.29 Anordnung tragender Wände (schematische Darstellungen und Grundrisse)
a) System tragender Längs- und Querwände
b) tragende Querwände, unbelastete Außenwände

1 Umfassungswände
2 Brandwand
3 belastete Mittelwand
4 belastete Querwand
5 aussteifende Querwand (s. Bild **5**.5)
6 Treppenhauswand
7 Wohnungstrennwand
8 leichte Trennwand (nicht aussteifend)
9 nichttragende Außenwand
10 Spannrichtung der Decken

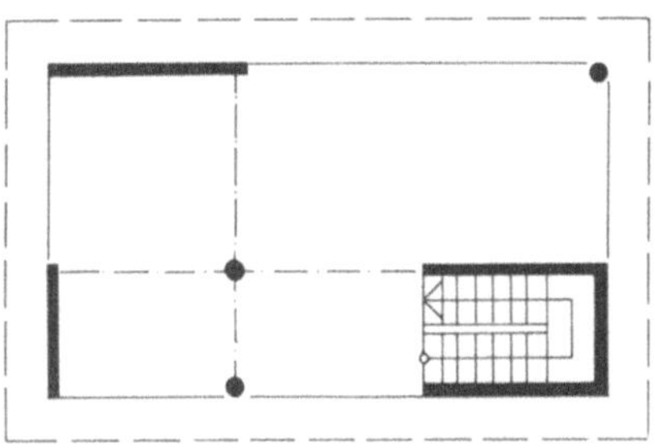

1.30 Aussteifung bei freier Grundrißgestaltung durch Wandscheiben

1.31 Ungünstige Anordnung von Aussteifungsscheiben

Bei der Auflagerung von Stahlbetonplatten sind Längenänderungen durch Temperatureinflüsse und infolge von Kriechen und Schwinden zu berücksichtigen und durch Anordnung von Gleitlagern auszugleichen (vgl. Abschn. 9.2).

In Skelettbauten wird die Aussteifung der Rahmen oder Binder durch biegesteife Eckverbindungen und Einspannung (s. Bild **1**.8) erreicht. Die Binder untereinander können durch Wand- oder Deckenscheiben wie im Wandbau ausgesteift werden (Bild **1**.32a). Meistens ist aber die Ausführung von Dreiecksverbänden durch Stahlbänder o. ä. wirtschaftlicher (Bild **1**.32b).

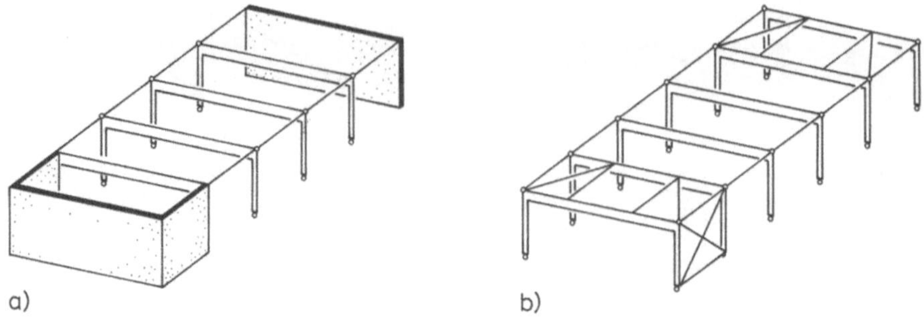

1.32 Aussteifung von Skelettkonstruktionen
a) Aussteifung durch Wandscheiben und durch Rahmen mit biegesteifen Ecken
b) Aussteifung durch Diagonalverbände und Rahmen mit biegesteifen Ecken

1.7 DIN-Normen

DIN-Nr.		Ausgabe-Datum	Titel
1055	T1	7.78	Lastannahmen für Bauten; Lagerstoffe, Baustoffe und Bauteile, Eigenlasten und Reibungswinkel
	T2	2.76	–; Bodenkenngröße, Wichte, Reibungswinkel, Kohäsion, Wandreibungswinkel
	T3	6.71	–; Verkehrslasten
	T4	8.86/6.87	–; Verkehrslasten, Windlasten bei nicht schwingungsanfälligen Bauwerken
	T5	6.75	–; Verkehrslasten, Schneelast und Eislast
4019	T1 bis 4	4.79	Baugrund; Setzungsberechnungen bei lotrechter, mittiger Belastung
	T2 und Bbl. 1	2.81	–; Setzungsberechnungen bei schräg und bei außermittig wirkender Belastung; Erläuterung und Berechnungsbeispiele
4107		1.78	–; Setzungsbeobachtungen an entstehenden und fertigen Bauwerken
4141	T14	9.85	Lager im Bauwesen; Bewehrte Elastomerlager; Bauliche Durchbildung und Bemessung
4149	T1 und Bbl.	7.81	Bauten in deutschen Erdbebengebieten; Lastannahmen, Bemessung und Ausführung üblicher Hochbauten
V 4150	T1	9.75	Erschütterungen im Bauwesen; Grundsätze, Vorermittlung und Messung von Schwingungsgrößen
	T2	9.75	–; Einwirkungen auf Menschen in Gebäuden
	T3	5.86	–; Einwirkungen auf bauliche Anlagen
E 18137	T1	6.85	Baugrund, Untersuchung von Bodenproben; Bestimmung der Scherfestigkeit; Begriffe und grundsätzliche Versuchsbedingungen

1.8 Literatur

[1] Ackermann, K.: Tragwerke in der konstruktiven Architektur. Stuttgart 1988
[2] Führer, W., Ingendaaij, S., Stein, F.: Der Entwurf von Tragwerken. Köln 1984
[3] Heller, R., Savadori, M.: Tragwerk und Architektur. Braunschweig 1977
[4] Krauss, F., Führer, W.: Grundlagen der Tragwerkslehre. Köln 1988/89
[5] Mann, W.: Tragwerkslehre in Anschauungsmodellen. Stuttgart 1985
[6] Werner, E.: Tragwerkslehre, Baustatik für Architekten. Düsseldorf 1980

2 Maße und Maßtoleranzen

2.1 Allgemeines

Für moderne Bauwerke ist das Zusammenwirken einer oft großen Zahl verschiedener spezialisierter Unternehmen bei der Planung und an der Baustelle erforderlich. Dabei müssen die verschiedensten Bauteile und Bauteilgruppen kombinierbar sein. Eine – inzwischen auch international angestrebte – Festlegung und Koordinierung von Maßen ist daher ebenso unverzichtbar wie die Definition produktions- oder ausführungsbedingter unvermeidlicher Maßabweichungen.

2.2 Maßordnung DIN 4172

Seit langer Zeit bildeten die Abmessungen von Ziegeln als einem der ältesten Baumaterialien die Grundlage für die Vereinheitlichung von Baumaßen.

Das Breitenmaß von Ziegeln betrug überall entsprechend dem Greifmaß der Hand regional unterschiedlich etwa 10 bis 15 cm. Somit ergaben sich unter der Berücksichtigung der erforderlichen Mörtelfugen beim Vermauern ungeteilter Steine bestimmte Maßsprünge für die Abmessungen von Wanddicken, Pfeilerbreiten, Maueröffnungen usw.

Nach Einführung des metrischen Systems fand der Vorschlag, das „Achtelmeter" (am) = 12,5 cm zur Grundlage einheitlicher Ziegelmaße zu machen, rasche Verbreitung und führte zu einer der frühesten Normen im Bauwesen, der „Maßordnung im Hochbau", DIN 4172.

Sie ist immer noch Pflichtnorm für den mit öffentlichen Mitteln geförderten Wohnungsbau und somit die Grundlage für die Abmessungen einzelner Bauteile, Bauelemente und ganzer Gebäude mit der Absicht, zur Rationalisierung der Bauausführung entscheidend beizutragen.

Die Maßverhältnisse von Ziegeln, Kalksandsteinen o. ä. künstlichen Bausteinen (s. Abschn. 6.2.2) unter Berücksichtigung der erforderlichen Mörtelfugen zeigt Bild **2.1**.

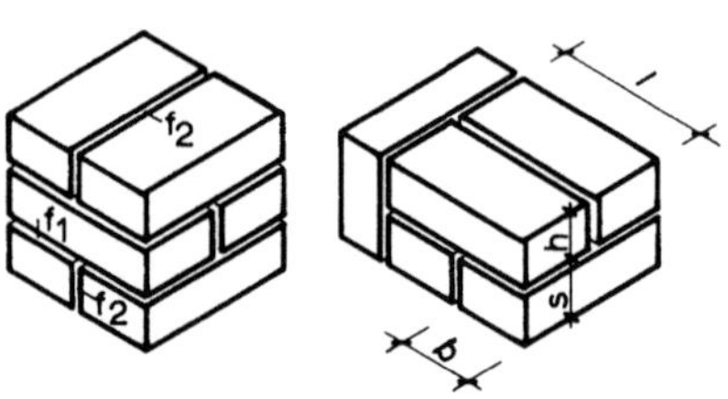

2.1
Maßverhältnisse beim Vollstein Mz nach DIN 105 und KS nach DIN 106

f_1 = Lagerfuge
f_2 = Stoßfuge
l = Länge
b = Breite
h = Steinhöhe
s = Schichthöhe

Dementsprechend sind als Nennmaße festgelegt:

– Länge bzw. Breite: 115, 175, 240, 300, 365, 490 mm

– Höhe: 52 (DF, „Dünnformat"), 71 (NF, „Normalformat"), 113, 238 mm

Diese Maße sind wie folgt errechnet:

Beispiel	Baurichtmaß –	Fuge =	Nennmaß
Steinlänge	25 cm	1 cm	24 cm
Steinbreite	25/2 cm	1 cm	11,5 cm
Steinhöhe (NF)	25/3 cm	1,23 cm	7,1 cm (12 Schichten je m)
Steinhöhe (DF)	25/4 cm	1,05 cm	5,2 cm (16 Schichten je m)

Die gegenseitige Abhängigkeit der Höhenmaße zeigt Bild **2**.2

2.2
Gegenseitige Abhängigkeit der Ziegelhöhenmaße (Vorzugsgrößen schraffiert). Auf 1 m Höhe gehen 16 Schichten DF oder 12 Schichten NF

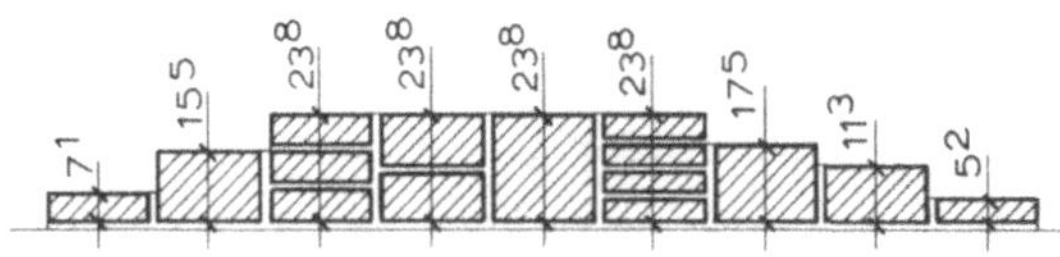

Mauerdicken können ausgedrückt werden in Steinlängen oder Achtelmetern (am) (Tabelle **2**.3 und Bild **2**.4).

Tabelle **2**.3 Dickenmaße gemauerter Wände

cm	Steinlänge Mauerstein NF (DIN 105, 106, 398)	Achtelmeter (am)
11,5	½ Stein dicke Wand	1 er Wand
17,5	–	1½er Wand
24	1 Stein dicke Wand	2 er Wand
30	–	2½er Wand
36,5	1½ Stein dicke Wand	3 er Wand

Tabelle **2**.4 Wanddicken

Wanddicken mit Verwendung des Mauerziegels DF DIN 105 mit den Abmessungen 240 × 115 × 52

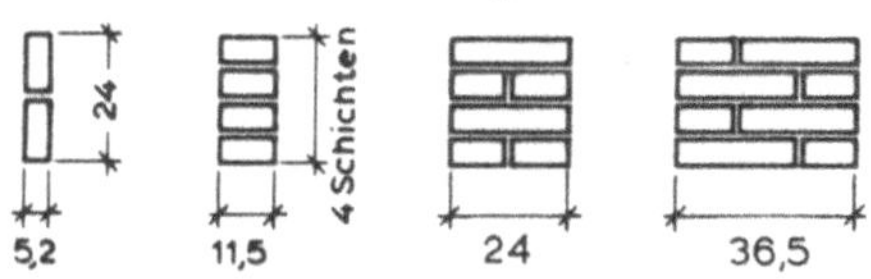

Wanddicken mit Verwendung des Mauerziegels NF DIN 105 mit den Abmessungen 240 × 115 × 71

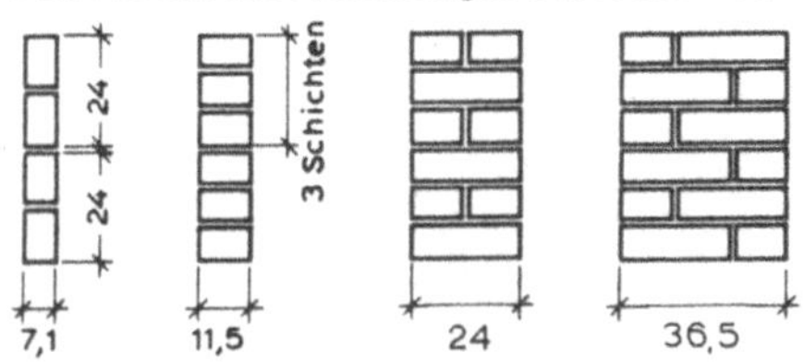

Außenwandvollmauerwerk 30 cm und 36,5 cm dick aus Mauersteinen NF DIN 105

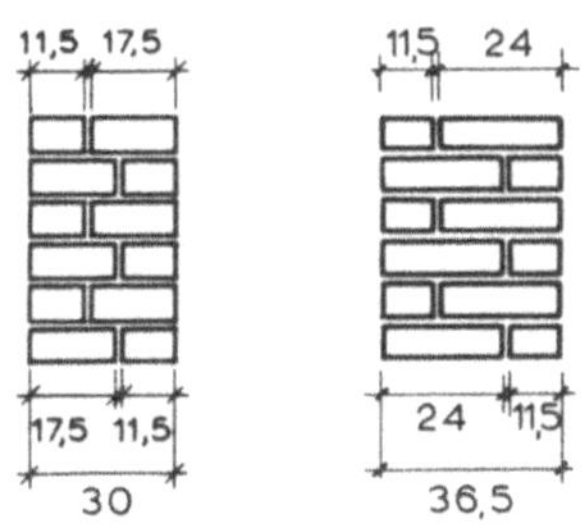

Tabelle **2**.5 Maße in cm nach DIN 4172

Bau-Gesamtmaße Wanddicken, Pfeiler (*A*)	Bau-Vorsprünge freie Mauerenden (*P*)	Raum-Innenmaße Öffnungen (*Ö*)
11,5	12,5	13,5
24	25	26
36,5	37,5	38,5
49	50	51
61,5	62,5	63,5
74	75	76
86,5	87,5	88,5
99	100	101
111,5	112,5	113,5
124	125	126
.	.	.
.	.	.
.	.	.

Beim Vermaßen von Bauwerken nach DIN 4172 muß bei den Einzelmaßen jeweils das Maß von 1 cm für die Stoßfugen zwischen den Steinen berücksichtigt werden.

Es ergeben sich dabei für Baugesamtmaße, Pfeiler und Wanddicken (A), für Bauvorsprünge und freie Mauerenden (P) und für Rauminnenmaße und Öffnungen die in Tabelle **2**.5 aufgeführten typischen Maßreihen.

Ein schematisiertes Beispiel für Bauwerksabmessungen zeigt Bild **2**.6.

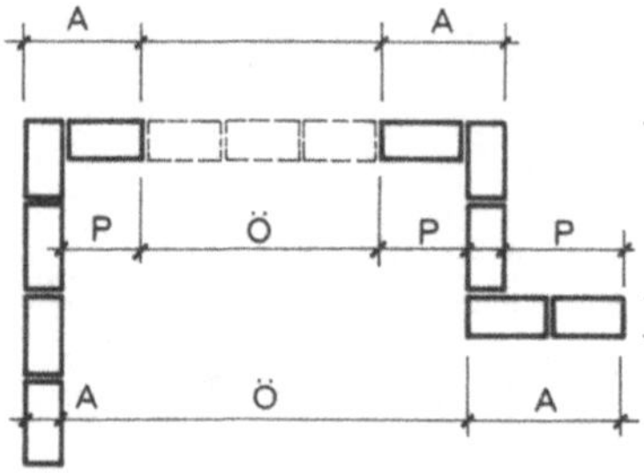

2.6
Bauwerksabmessungen nach DIN 4172
Bauteil $A = n \cdot 12{,}5 - 1$
Rohbaumaß in cm
(Wanddicken, Pfeiler, Außenmaße)
Bauteil $Ö = n \cdot 12{,}5 + 1$
Rohbaumaß in cm
(Öffnungen, Wandnischen, Rauminnenmaße)
Bauteil $P = n \cdot 12{,}5$
Rohbaumaß in cm
(Pfeilervorlagen, freie Mauerenden)

2.3 Modulordnung

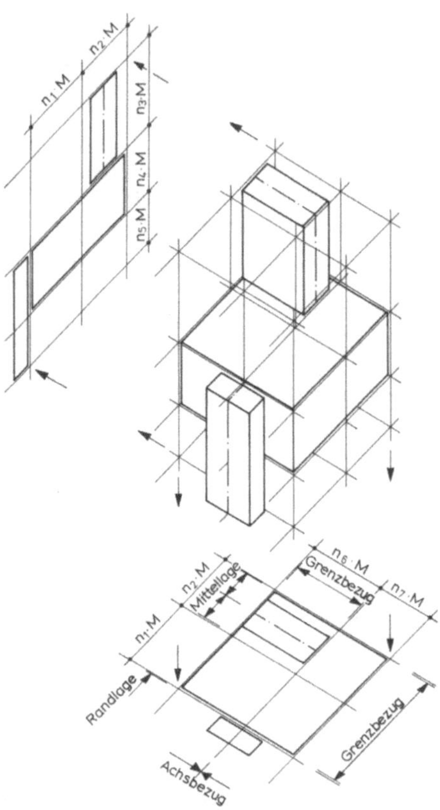

2.7 Bezugsarten im Koordinationssystem

Für Bauwerke, bei denen die handwerkliche Bauausführung, z. B. von Maurerarbeiten, eine untergeordnete Bedeutung hat, ist eine Maßkoordination auf der Basis des Dezimalsystems sinnvoll.

Seit langem wird daher auch auf internationalen Ebenen eine entsprechende Normung angestrebt. Zahlreiche Ansätze zur Klärung von Grundbegriffen, Anwendungsgrundlagen, zeichnerischer Darstellung usw. wurden gemacht (DIN 30798, inzwischen wieder zurückgezogen), doch stehen verbindliche Festlegungen noch aus, obwohl sie im Hinblick auf den europäischen Gemeinsamen Markt sicher dringend erforderlich wären.

In der „Modulordnung im Bauwesen", DIN 18000, werden als Hilfsmittel zur Abstimmung von Maßen als Koordinationssysteme rechtwinklig im Raum aufeinanderstehende Bezugsebenen festgelegt (Bild **2**.7). Sie haben in der Regel untereinander Abstände („Koordinationsmaße") von einem Vielfachen des Grundmoduls M = 100 mm.

Neben dem Grundmodul M gibt es als ausgewählte Vielfache davon die Multimoduln

3 M = 300 mm
6 M = 600 mm
12 M = 1200 mm

Tabelle **2**.8 Vorzugszahlen

Vielfache der Multimoduln			Vielfache des Grundmoduls
12 M	6 M	3 M	M
			1 M
			2 M
		3 M	3 M
			4 M
			5 M
	6 M	6 M	6 M
			7 M
			8 M
		9 M	9 M
			10 M
			11 M
12 M	12 M	12 M	12 M
			13 M
			14 M
		15 M	15 M
			16 M
			17 M
	18 M	18 M	18 M
			19 M
			20 M
		21 M	21 M
			22 M
			23 M
24 M	24 M	24 M	24 M
			25 M
			26 M
		27 M	27 M
			28 M
			29 M
	30 M	30 M	30 M
		33 M	
36 M	36 M	36 M	
		39 M	
	42 M	42 M	
		45 M	
48 M	48 M	48 M	
		51 M	
	54 M	54 M	
		57 M	
60 M	60 M	60 M	
	66 M		
72 M	72 M		
	78 M		
84 M	84 M		
	90 M		
96 M	96 M		
	102 M		
108 M	108 M		
	114 M		
120 M	120 M		
132 M			
144 M			
156 M			
168 M			
180 M			Diagonalen:
usw.			Verdopplungsfolgen

Als Ergänzungsmaße für notwendige Maße, die kleiner sind als M, sind ferner festgelegt: 25, 50 und 75 mm. Damit soll jeweils auf volle M-Werte ergänzt werden.

Die Koordinationsmaße sollen aus den Moduln bzw. Multimoduln in begrenzten Folgen mit Vorzugszahlen gebildet werden:

1, 2, 3 bis 30 × M
1, 2, 3 bis 30 × 3 M
1, 2, 3 bis 30 × 6 M
1, 2, 3 bis 30 × 12 M

Die daraus resultierenden Vorzugsmaße zeigt Tabelle **2**.8.

Koordinationsräume. In Weiterführung der in Planungen vielfach üblichen Grundriß-Koordinationsraster werden durch die Regelungen der DIN 18000 dreidimensionale Koordinationsräume gebildet.

Dabei können das ganze Bauwerk, Bauteile oder Räume maßlich in verschiedener Weise auf die Koordinationsebenen bezogen sein (vgl. Bild **2**.7), nämlich mit

– Grenzbezug. Koordinationsebenen bilden die Begrenzung von Bauwerken oder Bauteilen (Bild **2**.9).
– Achsenbezug. Die Bauteile liegen mittig in einer Koordinationsebene (Bild **2**.10).
– Randlage. Eine Koordinationsebene bildet eine Begrenzung (Bild **2**.11).
– Mittellage. Eine Bauteil- oder Bauwerksachse liegt in der Mitte zwischen zwei Koordinationsebenen (Bild **2**.12).

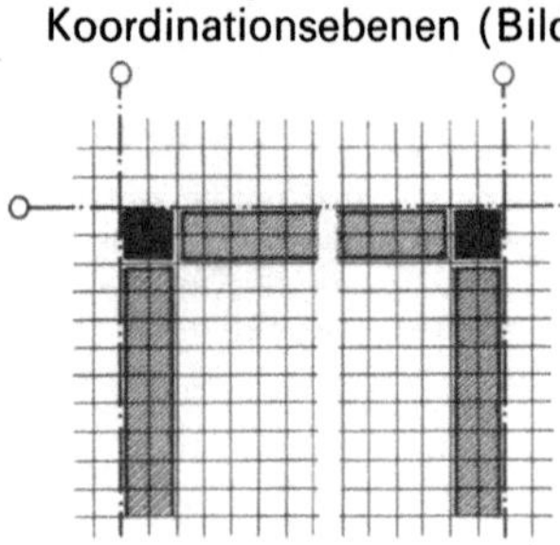

2.9 Grenzbezug

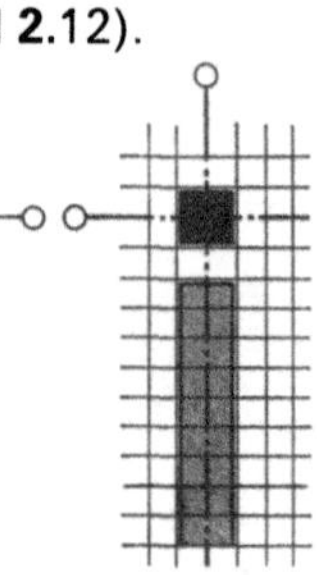

2.10 Achsenbezug

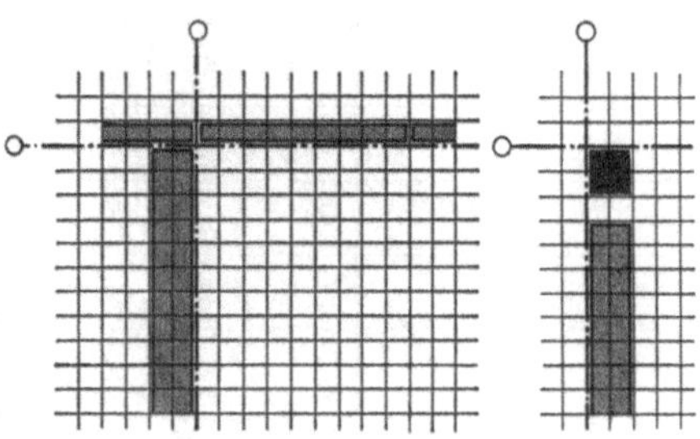

2.11 Randlage

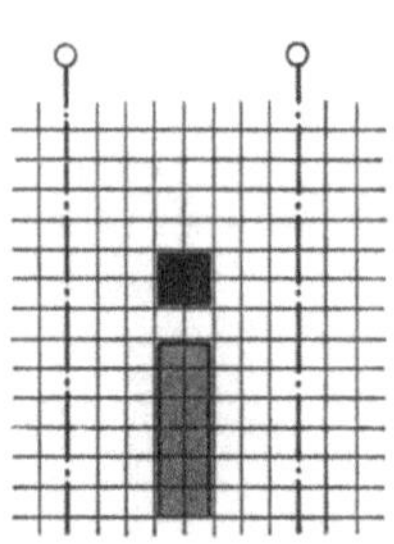

2.12 Mittellage

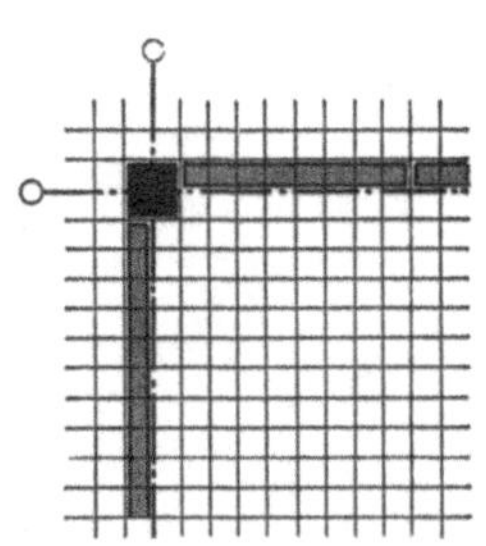

2.13 Achsenbezug und Randlage

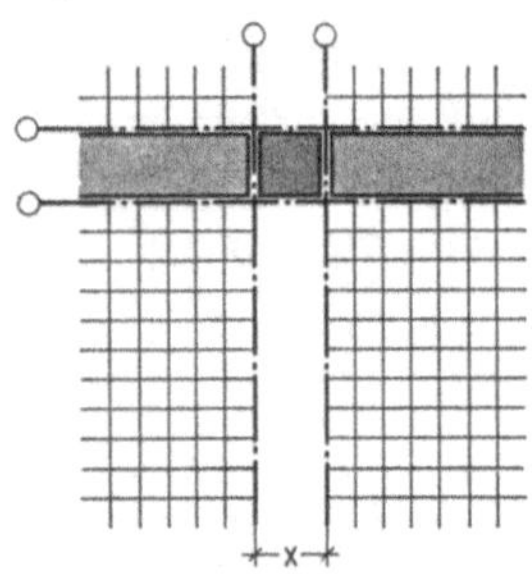

2.14 Nichtmodularer Bereich (×)

Dabei können sich Kombinationen verschiedener Bezugsarten ergeben (Bild **2**.13).

Wenn sich in Ausnahmefällen Abmessungen ergeben, die nicht modularen Maßen entsprechen, müssen nichtmodulare Bereiche gebildet werden, an die mit Randbezug (s. Bild **2**.9 und **2**.11) angeschlossen wird (Bild **2**.14). Wenn in solchen Fällen allein wirtschaftliche Überlegungen im Vordergrund stehen, sollte beachtet werden, daß vielfach nicht nur der durch Mindestabmessungen gegebene Aufwand maßgeblich ist, sondern auch rationelle Fertigung und Montage. Eine Stütze 26 cm/26 cm, die statisch ausreichen würde, kann sich als teurer erweisen als eine an sich unnötig dicke Stütze 3 M/3 M, die aber infolge ihrer Einordnung in das Maßsystem z. B. ein Maximum an rationeller Produktion zuläßt. Auch spätere Austauschbarkeit kann wichtig sein.

2.4 Maßtoleranzen

Geringfügige Abweichungen von den bei der Planung festgelegten Längen-, Höhen- usw. sowie Winkelmaßen müssen ebenso wie kleinere Unebenheiten nicht unbedingt Einschränkungen für die Funktion oder Gestaltung von Bauteilen oder ganzen Bauwerken bedeuten.

Bei den heute üblichen meisten Baumethoden werden gewisse Maßabweichungen daher vielfach in Kauf genommen, weil erhöhte Anforderungen an die Maßgenauigkeit in der Regel mit erheblich höherem technischem Mehraufwand und damit auch höheren Herstellungskosten verbunden wären.

In welchem Umfang derartige Abweichungen von den Sollmaßen akzeptiert werden können, bedarf der vorherigen Definition. Es sind daher in DIN 18201 sowie 18202 und 18203 Grundsätze und Toleranzmaße für Bauwerke und Bauteile festgelegt.

In den Normen wird jedoch festgehalten, daß die vorgesehenen Toleranzen für die im Rahmen üblicher Sorgfalt zu erreichende Genauigkeit gelten, wenn nichts anderes vereinbart wird. Eine Überprüfung von Maßen soll nur im Falle von Streitigkeiten erfolgen, etwa um festzustellen, ob für einen Folgeunternehmer die Vorleistungen anderer am Bau Beteiligter ausreichend genau sind.

Für durchzuführende Prüfungen sollen bereits vor der Bauausführung erforderliche Bezugspunkte festgelegt werden. Weil in der Normung zeit- und lastabhängige Verformungen von Bauteilen (z. B. Durchbiegungen) nicht erfaßt sind, müssen Prüfungen so früh wie möglich erfolgen. Wenn erforderlich, muß festgelegt werden, in welchem Umfang etwa vorhandene Ungenauigkeiten bei nachfolgenden Arbeiten auszugleichen sind. Die in der Normung verwendeten Begriffe für Maße zeigt Bild **2**.15.

Grenzabmaße werden gebildet aus der Differenz zwischen Größtmaß und Nennmaß oder Kleinstmaß und Nennmaß.

Stichmaß ist ein Hilfsmaß zur Ermittlung der Ebenheit zwischen Meßpunkten oder zur Ermittlung von Winkelabweichungen (Bild **2**.16).

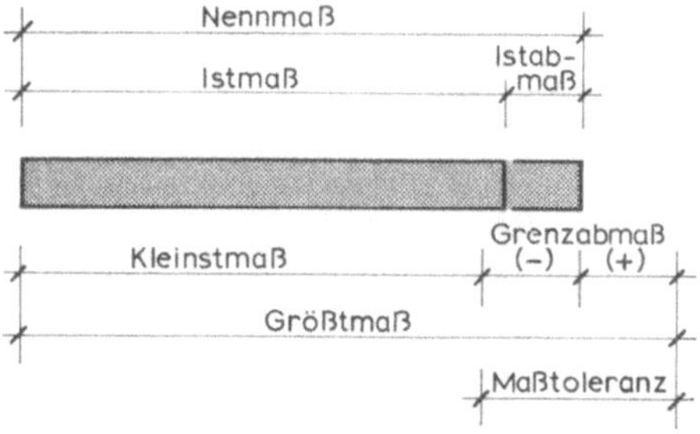

2.15 Maßtoleranzen, Begriffe

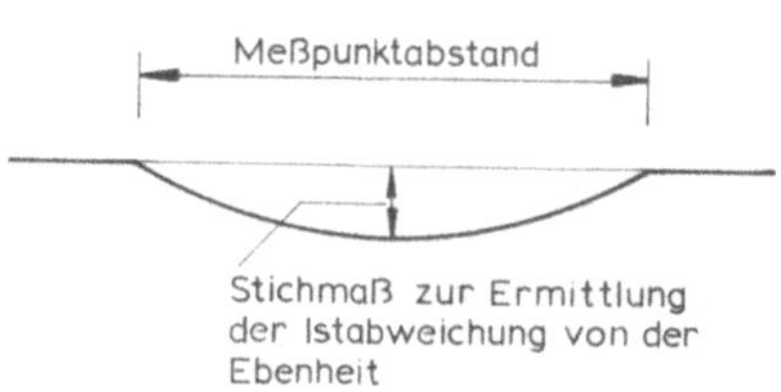

2.16 Stichmaß

Toleranzen. Die zulässigen Toleranzen für Maßabweichungen sind in DIN 18202 festgelegt und können den Tabellen entnommen werden. Sie gelten baustoffunabhängig für die Ausführung von Bauwerken.

Bei der Anwendung der Tabellen ist insbesondere zu beachten:

– Bauwerksmaße, d. h. Außen-, Raum- und Achsmaße werden an markanten Stellen genommen wie z. B. Gebäudeecken, Achsschnittpunkten, Deckenkanten, Unterzügen o. ä.

– Lichte Maße sind jeweils in 10 cm Abstand von Ecken und in Raummitte zu nehmen. Bei der Prüfung von Winkeln ist von den gleichen Meßpunkten auszugehen (Bild **2**.20 und **2**.21).

Tabelle **2**.17 Grenzabmaße (DIN 18202 Tab. 1)

Spalte	1	2	3	4	5	6
Zeile	Bezug	Grenzabmaße in mm bei Nennmaßen in m				
		bis 3	über 3 bis 6	über 6 bis 15	über 15 bis 30	über 30
1	Maße im Grundriß, z. B. Längen, Breiten, Achs- und Rastermaße	±12	±16	±20	±24	±30
2	Maße im Aufriß, z. B. Geschoßhöhen, Podesthöhen, Abstände von Aufstandsflächen und Konsolen	±16	±16	±20	±30	±30
3	Lichte Maße im Grundriß, z. B. Maße zwischen Stützen, Pfeilern usw.	±16	±20	±24	±30	–
4	Lichte Maße im Aufriß, z. B. unter Decken und Unterzügen	±20	±20	±30	–	–
5	Öffnungen, z. B. für Fenster, Türen, Einbauelemente	±12	±16	–	–	–
6	Öffnungen wie vor, jedoch mit oberflächenfertigen Leibungen	±10	±12	–	–	–

Durch Ausnutzen der Grenzabmaße der Tabelle **2**.17 dürfen die Grenzwerte für Stichmaße der Tabelle **2**.18 nicht überschritten werden.

Tabelle **2**.18 Winkeltoleranzen (DIN 18202 Tab. 2)

Spalte	1	2	3	4	5	6	7
Zeile	Bezug	Stichmaße als Grenzwerte in mm bei Nennmaßen in m					
		bis 1	von 1 bis 3	über 3 bis 6	über 6 bis 15	über 15 bis 30	über 30
1	Vertikale, horizontale und geneigte Flächen	6	8	12	16	20	30

Durch Ausnutzen der Grenzwerte für Stichmaße der Tabelle **2**.18 dürfen die Grenzabmaße der Tabelle **2**.17 nicht überschritten werden.

Tabelle **2**.19 Ebenheitstoleranzen (DIN 18202 Tab. 3)

Spalte	1	2	3	4	5	6
Zeile	Bezug	Stichmaße als Grenzmaße in mm bei Meßpunktabständen in m bis				
		0,1	1	4	10	15
1	Nichtflächenfertige Oberseiten von Decken, Unterbeton und Unterböden	10	15	20	25	30
2	Nichtflächenfertige Oberseiten von Decken, Unterbeton und Unterböden mit erhöhten Anforderungen, z. B. zur Aufnahme von schwimmenden Estrichen, Industrieböden, Fliesen- und Plattenbelägen, Verbundestrichen Fertige Oberflächen für untergeordnete Zwecke, z. B. in Lagerräumen, Kellern	5	8	12	15	20
3	Flächenfertige Böden, z. B. Estriche als Nutzesriche, Estriche zur Aufnahme von Bodenbelägen Bodenbeläge, Fliesenbeläge, gespachtelte und geklebte Beläge	2	4	10	12	15
4	Flächenfertige Böden mit erhöhten Anforderungen, z. B. mit selbstverlaufenden Spachtelmassen	1	3	9	12	15
5	Nichtflächenfertige Wände und Unterseiten von Rohdecken	5	10	15	25	30
6	Flächenfertige Wände und Unterseiten von Decken, z. B. geputzte Wände, Wandbekleidungen, untergehängte Decken	3	5	10	20	25
7	Wie Zeile 6, jedoch mit erhöhten Anforderungen	2	3	8	15	20

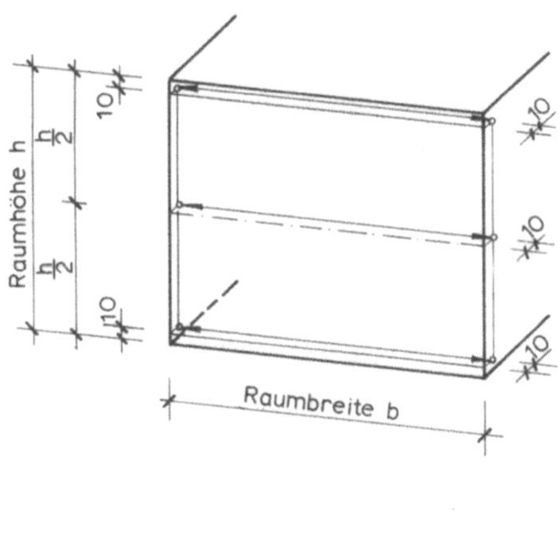

2.20 Prüfung einer Raumbreite in einem rechtwinkligen Raum, Lage der 6 Meßpunkte und 3 Meßstrecken

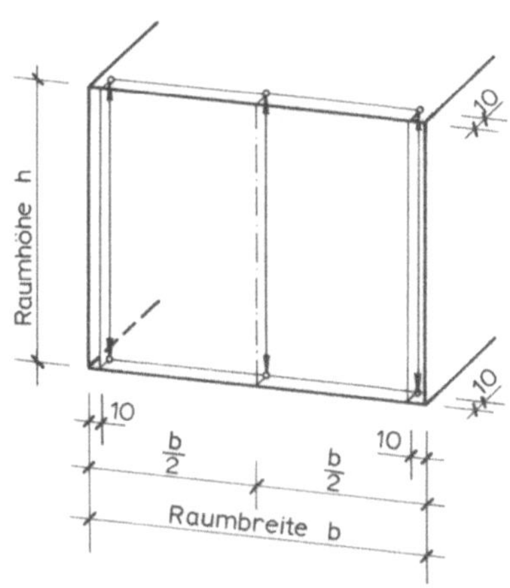

2.21 Prüfung einer Raumhöhe, Lage der 6 Meßpunkte und 3 Meßstrecken

2.5 DIN-Normen

DIN-Nr.		Ausgabe-Datum	Titel
4172		7.55	Maßordnung im Hochbau
18000		5.84	Modulordnung im Bauwesen
18201		12.84	Toleranzen im Bauwesen; Begriffe, Grundsätze, Anwendung, Prüfung
18202		5.86	–; Bauwerke
18203	T1	2.85	–; Vorgefertigte Teile aus Beton, Stahlbeton und Spannbeton
	T2	5.86	–; Vorgefertigte Teile aus Stahl
	T3	8.84	–; Bauteile aus Holz und Holzwerkstoffen

2.6 Literatur

[1] Braun, G., Haderer, H.: Maßgerechtes Bauen; Toleranzen im Hochbau. Köln 1987

[2] Hallermann/Wagner: Maßanlegen und Maßkontrolle am Bau. Schriftenreihe der Rationalisierungsgemeinschaft „Bauwesen" Nr. 21 1983

[3] Zentralverband des Deutschen Baugewerbes e.V. Bonn: Merkblatt Toleranzen im Hochbau nach DIN 18201 und 18202, 1988

3 Erdarbeiten

3.1 Baugrund

Ermittlungen über die Belastbarkeit des Baugrundes sind möglichst vor der endgültigen Wahl des Baugeländes, spätestens aber vor Beginn der Entwurfsbearbeitung vorzunehmen, weil die Standsicherheit jedes Bauwerkes weitgehend von der Belastbarkeit des Baugrundes abhängig ist. Bei unangemessener Belastung des Baugrundes durch ein Bauwerk wird dieses durch unzulässig große Setzungen, durch Grundbruch, durch Kippen oder durch Gleiten gefährdet (DIN 1054 Abschn. 2.3).

Setzungen treten praktisch immer auf, da fast jeder Baugrund durch die Auflast des Bauwerkes mehr oder weniger zusammengedrückt wird. Die statische Berechnung und die daraufhin vorgenommene Dimensionierung der Fundamente müssen gewährlei-

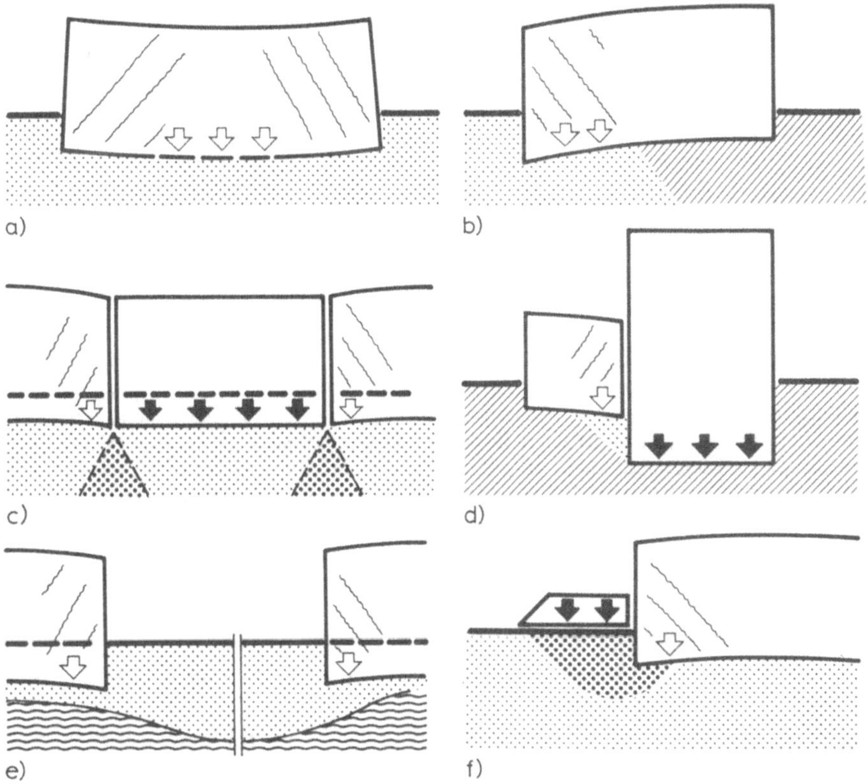

3.1 Ursachen für Setzungsrisse

a) Gebäude zu lang, Gründungsmängel
b) ungleichmäßige Gründungsverhältnisse
c) nachträgliche Belastung der Gründungssohle vorhandener Bauwerke durch Drucküberlagerung
d) ungleiche Gründungstiefen, sehr unterschiedliche Gebäudegewichte
e) Grundwasserabsenkung oder Austrocknen bindiger Bodenschichten
f) Belastung durch nachträgliche Auflasten (Aufschüttung)

sten, daß diese Setzungen gleichmäßig und nur in solchen Größenordnungen erfolgen, daß keine Schäden für das Bauwerk (z. B. Rißbildung) entstehen. Die Gefahr von unregelmäßigen Setzungen besteht besonders bei unterschiedlichen Gründungstiefen innerhalb desselben oder gegenüber benachbarten Bauwerken, bei sehr unterschiedlichen Bodenverhältnissen innerhalb des Gründungsbereiches und bei stark schwankenden Grundwasserverhältnissen (Bild **3**.1). Setzrisse können durch Unterteilung des Gebäudes (Bewegungsfugen) vermieden werden.

Die Belastung des Baugrundes durch den Druck der Gründungskörper breitet sich im allgemeinen unter einem Druckverteilungswinkel von etwa 45° so im Baugrund aus, daß die Beanspruchung in den tieferen Schichten abnimmt. Dabei entstehen jedoch auch seitliche Druckbeanspruchungen im Untergrund. Bei Messungen können unter der Gründungsfläche etwa kreisförmig verlaufende Linien gleichen Druckes festgestellt werden (s. Abschn. 4.4, Bild **4**.5).

Infolge dieser auch seitlichen Druckbeanspruchung kann es – besonders bei plastischem, bindigem Baugrund – zu einem Verdrängen und Ausweichen des der Gründungsfläche benachbarten Erdreiches führen, wobei durch diesen „Grundbruch" akute Einsturzgefahr entstehen kann (Bild **3**.2).

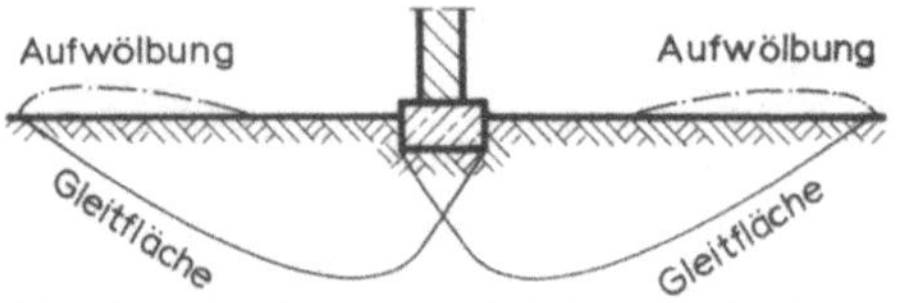

3.2 Grundbruch unter mittig belasteten Fundamenten [8]

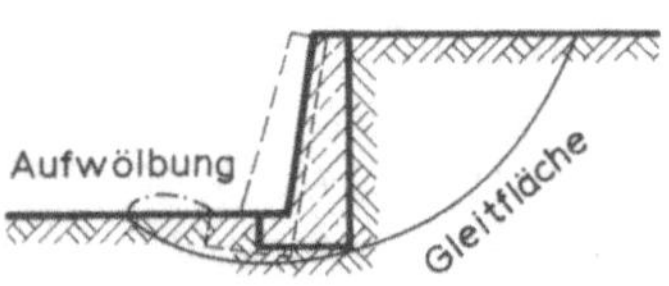

3.3 Geländebruch [8]

Ähnliche Gefahren können durch „Geländebruch" entstehen, indem Bauwerke wie z. B. Stützmauern zusammen mit Erdmassen ausweichen, die auf Gleitflächen rutschen (Bild **3**.3).

Ist die Gefahr von Grundbruch oder Geländebruch in Betracht zu ziehen, müssen auf Grund bodenmechanischer Untersuchungen und Berechnungen entsprechende Sicherungsmaßnahmen durch Absteifen (vgl. Abschn. 10.2 in Teil 2 dieses Werkes), Ab- oder Unterfangen betroffener Bauwerksteile (s. Abschn. 4.4), durch Verbau (s. Abschn. 3.4), Bodenaustausch oder durch Bodenverfestigung getroffen werden. Bodenverfestigung ist möglich durch Injektion von Bindemitteln oder Chemikalien, durch elektrochemische oder thermische Verfahren und auch durch Tiefdränung [8].

Sind sehr unterschiedliche Bodenarten nicht horizontal gelagert, folgen insbesondere wasserführende und bindige Schichten aufeinander, kann ein Bauwerk durch Gleiten gefährdet werden.

Bei Bodenuntersuchungen wird nach DIN 1054 unterschieden:

- gewachsener Boden (Lockergestein, durch einen abgeklungenen erdgeschichtlichen Vorgang entstanden)
- Fels (Festgestein, nach Lagerungszustand sowie Konstruktur und -eigenschaften (DIN 4022) unterscheidbar) und
- geschütteter Boden (durch Aufschütten – verdichtet oder unverdichtet – oder durch Aufspülen entstanden).

Beim gewachsenen Boden werden 3 Hauptgruppen unterschieden (DIN 1054 Abschn. 2):

- Nichtbindige Böden. Dazu gehören Sand, Kies, Steine und ihre Mischungen. Die einzelnen Körner sind hier nicht miteinander verkittet. Die Belastbarkeit dieser

Böden wächst mit der Korngröße, der Lagerungsdichte und der Tiefe, in der die Schicht liegt.

— Bindige Böden. Das sind Tone, Schluffe und Lehme. Ihr Korngerüst ist durch Ton mehr oder weniger verkittet. Die Tragfähigkeit bindiger Böden sinkt mit zunehmender Feuchtigkeit. Bindige Böden sind, falls sie nicht tief genug liegen, besonders frostgefährdet.

Ein Boden mit weniger als 15% Bestandteilen unter 0,06 mm wird im Sinne der DIN 1054 als nichtbindiger Boden bezeichnet.

Sind in einem Bodengemisch mehr als 15% Bestandteile unter 0,06 mm enthalten, liegt ein bindiger Boden vor, weil ab etwa dieser Grenze angenommen werden muß, daß der Feinanteil nicht mehr nur die Hohlräume der gröberen Körnung ausfüllt, sondern sich bereits an der Lastübertragung beteiligt. Zu den bindigen Böden zählen im Sinne dieser Norm auch die gemischtkörnigen Böden.

— Organische Böden wie Torf und Mudden sowie ihre Abarten, z. B. tonige Mudde, schwach feinsandiger Torf o. ä. (s. DIN 4022 T 1).

Für die Beurteilung von Böden ist ferner die Einordnung hinsichtlich der Korngrößen wichtig (s. Tab. **3**.4).

Tabelle **3**.4 Korngrößenbereiche (DIN 4022, Tab. 1)

Bereich/Benennung		Kurzzeichen	Korngrößenbereich in mm
Grobkornbereich (Siebkorn)	Blöcke	Y	über 200
	Steine	X	über 63 bis 200
	Kieskorn	G	über 2 bis 63
	Grobkies	gG	über 20 bis 63
	Mittelkies	mG	über 6,3 bis 20
	Feinkies	fG	über 2,0 bis 6,3
	Sandkorn	S	über 0,06 bis 2,0
	Grobsand	gS	über 0,6 bis 2,0
	Mittelsand	mS	über 0,2 bis 0,6
	Feinsand	fS	über 0,06 bis 0,2
Feinkornbereich (Schlämmkorn)	Schluffkorn	U	über 0,002 bis 0,06
	Grobschluff	gU	über 0,02 bis 0,06
	Mittelschluff	mU	über 0,006 bis 0,02
	Feinschluff	fU	über 0,002 bis 0,006
	Tonkorn (Feinstes)	T	unter 0,002

Die Durchführung von Bodenuntersuchungen wird in DIN 4094 erläutert. Sie kann erfolgen durch Sondierung (Eintreiben von Stahlstäben), Bohren (Entnahme von Bodenproben aus größeren Tiefen) oder durch Schürfen (Aufgraben von Schächten oder Gräben bis etwa 5 m Tiefe).

Bestandteil von Bodenuntersuchungen ist in der Regel auch die Feststellung von Grundwasserstand und -qualität.

Man unterscheidet

— freies Grundwasser (nicht unter Druck stehend),

— schwebendes Grundwasser (in Ansammlungen auf wasserundurchlässigen Bodenschichten),

— gespanntes (artesisches) Grundwasser (unter Überdruck stehend, Bild **3**.5).

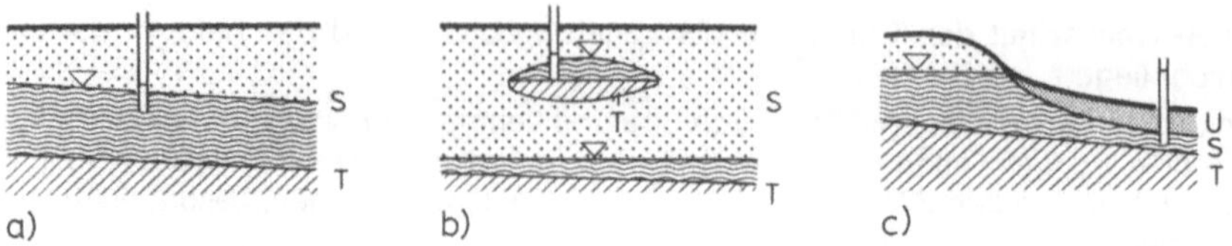

3.5 Grundwasserarten [8]

a) freies Grundwasser
b) schwebendes Grundwasser
c) artesisches Grundwasser

S nicht bindiger Boden, z. B. Sand
T bindiger Boden, z. B. Ton
U wasserundurchlässige Bodenschicht

Untersucht werden muß, ob Grundwasser, das mit Bauwerksteilen in Berührung kommen kann, betonschädigende Bestandteile hat, z. B. Kohlensäure („aggressives Wasser"). Es müssen in diesem Falle u. U. Spezialzemente verwendet werden und die Betonüberdeckungen der Bewehrungsstäle erhöht werden (s. Abschn. 5.5.2).

Reichen Bauwerke oder Bauwerksteile (z. B. Fundamente) in den Grundwasserbereich, sind – abgesehen von Grundwasserabsenkungen während der Bauzeit (s. Abschn. 3.6) – besondere Vorkehrungen für die Gründung (s. Abschn. 4.1) und Abdichtungen gegen drückendes Wasser nötig (s. Abschn. 14.4.6), die bereits bei der Ausführung der Erdarbeiten berücksichtigt werden müssen.

3.2 Erdaushub

Im allgemeinen werden vor Beginn der Erdarbeiten die Begrenzungslinien jedes Bauprojektes anhand des in der Baugenehmigung enthaltenen Lageplanes durch das zuständige Katasteramt oder durch öffentlich bestellte Vermessungsingenieure „abgesteckt". Zur Sicherung der Absteckungspunkte wird vor Beginn der Arbeiten ein „Schnurgerüst" aufgestellt. Dazu sind bei freistehenden Bauten entsprechend der Anzahl der Absteckungspunkte je drei Rundholzpfähle in sicherem Abstand von der späteren Oberkante der Baugrubenböschung einzugraben und durch genau waagrecht

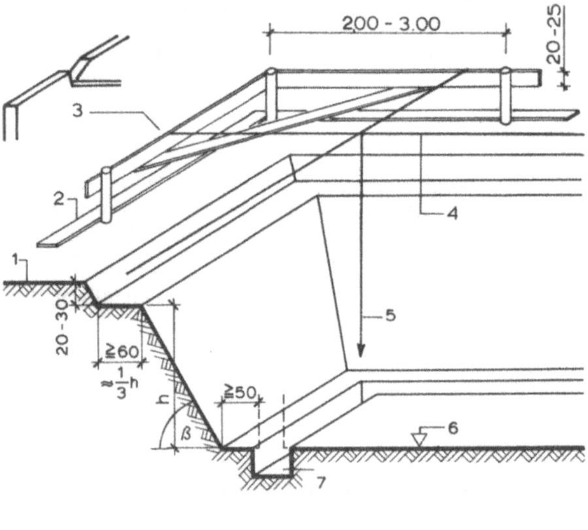

3.6
Schnitt durch Baugrube mit Schnurgerüst

1 Mutterboden
2 Brett für genaues Messen
3 Schnurkerbe
4 Fluchtschnur
5 Lot
6 Baugrubensohle
7 Fundamentgraben

angenagelte Bohlen zu verbinden (eingegraben müssen die Pfähle auf Brett- oder Steinunterlagen ruhen). Die Oberkante dieser Bohlen liegt nach Möglichkeit auf der 0,00-Meter-Marke der für das Bauwerk geltenden Planungshöhen („OKFFB-EG" – Oberkante fertiger Fußboden Erdgeschoß) oder Oberkante Rohdecke Erdgeschoß. Über das Schnurgerüst werden die Fluchtschnüre so ausgespannt, daß durch Lote die Absteckungspunkte durch Kerben o.ä. auf das Schnurgerüst übertragen werden können (Bild **3.6**). Bei Baugruben an stark geneigten Hängen erreichen die talseitigen Schnurgerüste unter Umständen große Höhen. In diesen Fällen müssen die Schnurgerüste in verschiedenen Höhen gestaffelt angeordnet werden. Innerhalb der Baustelle werden unter Einsatz von Nivelliergeräten, Theodoliten oder Lasergeräten Festpunkte und Rasternetze mit geringsten Maßtoleranzen (±2,5 mm) insbesondere überall dort vermessen, wo maßgenaue Fertigteile verwendet werden sollen.

Für die Abrechnung von Erdarbeiten ist die Boden- bzw. Felsklassifizierung gemäß DIN 18300 zu berücksichtigen.

Boden- und Felsklassen nach DIN 18300

Klasse 1

Oberboden (Mutterboden). Oberboden ist die oberste Schicht des Bodens, die neben anorganischen Stoffen, z.B. Kies-, Sand-, Schluff- und Tongemische, auch Humus und Bodenlebewesen enthält.

Klasse 2

Fließende Bodenarten. Bodenarten, die von flüssiger bis breiiger Beschaffenheit sind und die das Wasser schwer abgeben.

Klasse 3

Leicht lösbare Bodenarten. Nichtbindige bis schwachbindige Sande, Kiese und Sand-Kies-Gemische mit bis zu 15 Gewichts-% Beimengungen an Schluff und Ton (Korngröße kleiner als 0,06 mm) und mit höchstens 30 Gewichts-% Steinen von über 63 mm Korngröße bis zu 0,01 m³ Rauminhalt[1]).

Organische Bodenarten mit geringem Wassergehalt (z.B. feste Torfe).

Klasse 4

Mittelschwer lösbare Bodenarten. Gemische von Sand, Kies, Schluff und Ton mit einem Anteil von mehr als 15 Gewichts-% Korngröße kleiner als 0,06 mm.

Bindige Bodenarten von leichter bis mittlerer Plastizität, die je nach Wassergehalt weich bis fest sind und die höchstens 30 Gewichts-% Steine von über 63 mm Korngröße bis zu 0,01 m³ Rauminhalt[1]) enthalten.

Klasse 5

Schwer lösbare Bodenarten. Bodenarten nach den Klassen 3 und 4, jedoch mit mehr als 30 Gewichts-% Steinen von über 63 mm Korngröße bis zu 0,01 m³ Rauminhalt[1]).

Nichtbindige und bindige Bodenarten mit höchstens 30 Gewichts-% Steinen von über 0,01 m³ bis 0,1 m³ Rauminhalt[1]).

Ausgeprägt plastische Tone, die je nach Wassergehalt weich bis fest sind.

Klasse 6

Leicht lösbarer Fels und vergleichbare Bodenarten. Felsarten, die einen inneren, mineralisch gebundenen Zusammenhalt haben, jedoch stark klüftig, brüchig,

---

[1]) 0,01 m³ Rauminhalt entspricht einer Kugel mit einem Durchmesser von etwa 0,30 m.
0,1 m³ Rauminhalt entspricht einer Kugel mit einem Durchmesser von etwa 0,60 m.

bröckelig, schiefrig, weich oder verwittert sind, sowie vergleichbare verfestigte nichtbindige und bindige Bodenarten.

Nichtbindige und bindige Bodenarten mit mehr als 30 Gewichts-% Steinen von über 0,01 m^3 bis 0,1 m^3 Rauminhalt[1]).

Klasse 7

Schwer lösbarer Fels. Felsarten, die einen inneren, mineralisch gebundenen Zusammenhalt und hohe Gefügefestigkeit haben und die nur wenig klüftig oder verwittert sind.

Festgelagerter, unverwitterter Tonschiefer, Nagelfluhschichten, Schlackenhalden der Hüttenwerke und dergleichen.

Steine von über 0,1 m^3 Rauminhalt[1]).

Auch als Grundlage für die spätere Abrechnung der Leistungen sind möglichst gemeinsam mit dem Auftragnehmer vor Beginn der Arbeiten alle örtlichen Verhältnisse festzustellen wie

— Aufwuchs (insbesondere Bäume und Pflanzflächen, die geschützt werden müssen),
— benachbarte Bauwerke (Gründungshöhen, evtl. bereits vorhandene Bauschäden),
— Geländehöhen,
— Höhen der gemäß Bodenuntersuchung voraussichtlich anzutreffenden Bodenschichten.

Vor Beginn der Arbeiten muß der Baustellen-Einrichtungsplan vorliegen, in dem insbesondere festgelegt ist:

— Zufahrt zur Baustelle (ggf. Berücksichtigung des fließenden Verkehrs u. U. durch Umleitung, Signalregelung, auch Reinigungsplatz für Baustellenfahrzeuge),
— Lage der Baustellen-Versorgungsanschlüsse,
— Lage von Unterkunfts-, Bauleitungs- und Lagergebäuden,
— Lagerplätze für Baumaterial und Zwischenlagerung von Aushubmaterial,
— Anordnung von Fördergeräten (z. B. Kranbahnen) und Förderwegen innerhalb der Baustelle,
— zu schützende vorhandene Bauwerke, Bäume, Pflanzflächen, Grund- und Oberleitungen u. ä., ggf. mit einzuhaltenden Frei- und Abstandsflächen.

Wenn die Standsicherheit von Baugrubenböschungen oder -wänden durch vorhandene bauliche Anlagen oder Baustelleneinrichtungen beeinflußt wird, muß ein besonderer Standsicherheitsnachweis geführt werden.

Vor Beginn der Bauarbeiten muß das Baugelände so weit erschlossen sein, daß Straßen für Bautransporte benutzt werden können.

Nach Entfernen des Aufwuchses wird zunächst der wertvolle Mutterboden sorgfältig abgeschoben und zur späteren Verwendung für Gartenanlagen in länglichen Haufen (Mieten) aufgesetzt, die trapezförmige Querschnitte haben und 1,00 bis 1,20 m hoch sind. Diese Mieten sollen locker und luftig aufgeschüttet sein und sind ggf. feucht zu halten. Auf keinen Fall soll Mutterboden in nassem Zustand oder bei starkem Regen gefördert werden.[2])

---

[1]) s. Fußnote 1 S. 41

[2]) Baugesetzbuch 1986, § 202: Mutterboden, der bei der Einrichtung und Änderung baulicher Anlagen sowie bei wesentlichen anderen Veränderungen der Erdoberfläche ausgehoben wird, ist in nutzbarem Zustand zu halten und vor Vernichtung oder Vergeudung zu schützen.

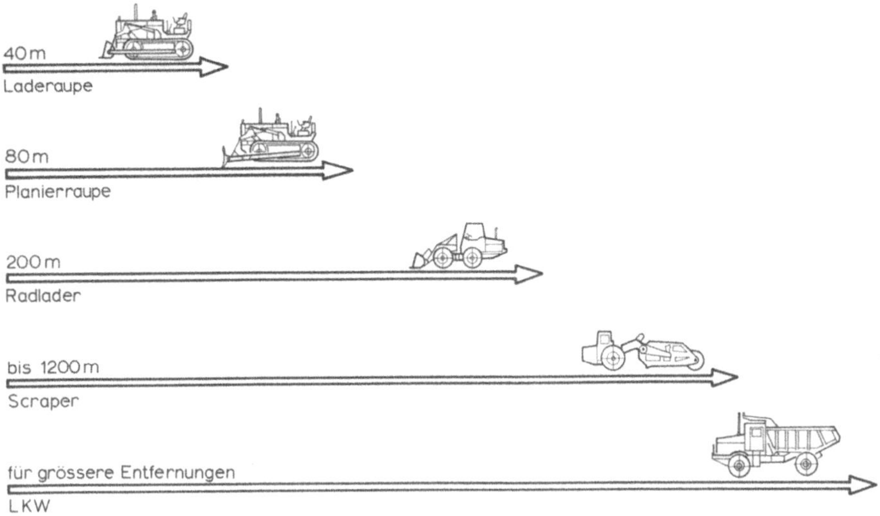

3.7 Ladefahrzeuge und ihre Einsatzwege

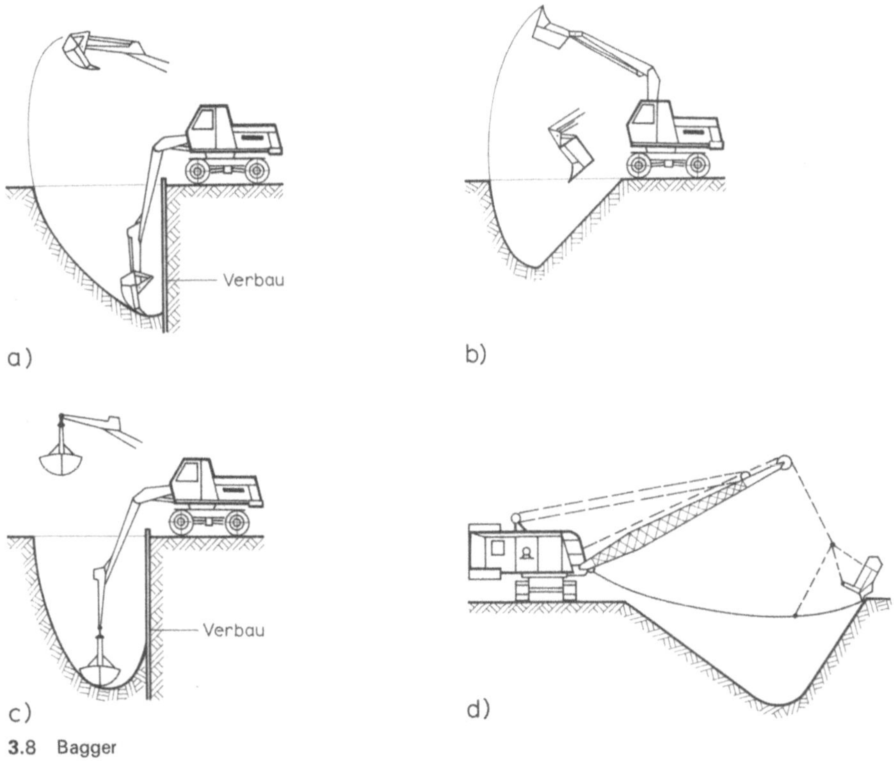

3.8 Bagger
a) Tieflöffel, b) Hochlöffel, c) Greifer, d) Dragline

Der eigentliche Baugrubenaushub erfolgt nur noch auf sehr kleinen Baustellen mit Spaten, Schaufel und Förderband. Im allgemeinen werden je nach Baustellengröße und erforderlichen Förderwegen Ladefahrzeuge (Bild **3**.7) oder Bagger (Bild **3**.8) eingesetzt.

Auf jeden Fall muß vermieden werden, daß die Baugrubensohle im Bereich der Gründungsflächen durch Maschineneinsatz bei den Aushubarbeiten oder durch die nachfolgenden Arbeiten oder durch Ausspülen oder Auffrieren aufgelockert wird. So werden Baugruben in der Regel nicht bis zur Gründungssohle maschinell ausgehoben, sondern eine Schutzschicht („Sauberkeitsschicht") von 10 bis 15 cm belassen, die von Hand unmittelbar vor Beginn der Gründungsarbeiten entfernt wird. Etwa aufgelockerter, nicht bindiger Boden kann durch sorgfältiges Einrütteln evtl. wieder verdichtet werden. Aufgelockerter bindiger Boden muß jedoch entfernt und durch Magerbeton ersetzt werden, weil jede Störung der Gründungssohle, besonders bei Arbeiten auf bindigem Boden, zu erheblichen späteren Setzungsschäden führen muß. Baugruben in bindigem Baugrund sollten daher mit leichtem Gefälle angelegt und mit einer 10 bis 20 cm dicken Sand- oder Kiesschicht als Sauberkeits- und Filterschicht versehen werden. Außerdem ist streng darauf zu achten, daß fertige Gründungssohlen nicht während der Arbeiten als Laufwege benutzt werden.

3.3 Nicht verbaute Baugruben

Die Baugrube kann nach DIN 4124 in gewachsenen standfesten Böden bei Aushubtiefen bis 1,25 m (bzw. 1,75 m) ohne Böschungen ausgeführt werden, wenn die anschließende Geländeoberfläche bei nichtbindigen Böden[1]) nicht mehr als 1:10 bzw. bei bindigen Böden nicht mehr als 1:2 geneigt ist. In mindestens steifen bindigen Böden[2]) sowie bei Fels darf bis 1,75 m Tiefe ohne Abböschung ausgehoben werden, wenn oberhalb von 1,25 m der Baugrubenrand unter 45° abgeböscht wird (Bild **3**.9).

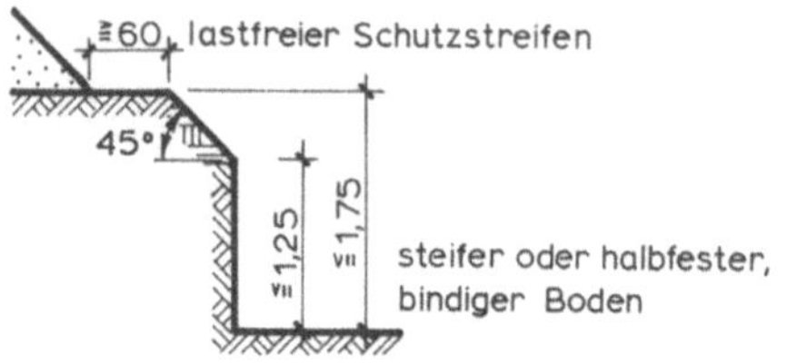

3.9 Baugrube ohne Verbau mit abgeböschten Kanten in standfestem gewachsenem Boden (DIN 4124)

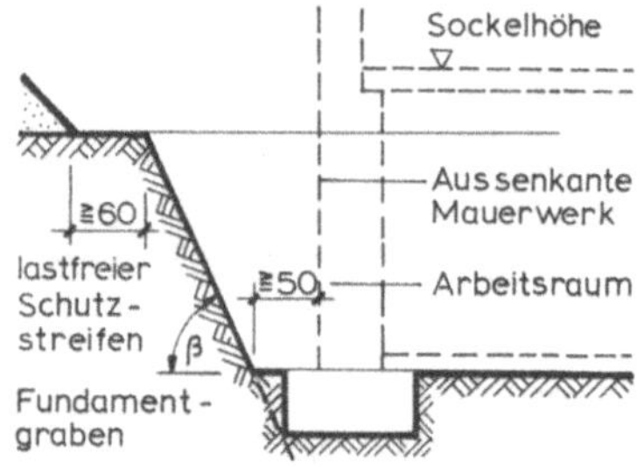

3.10 Schnitt durch abgeböschte Baugrube und Fundamentgraben

[1]) Nichtbindiger Boden (DIN 1054): Gewichtsanteil der Bestandteile mit Korngrößen < 0,06 mm < 15%.

[2]) DIN 4022:

Weicher Boden:	Läßt sich leicht kneten.
Steifer Boden:	Läßt sich schwer kneten, aber in der Hand zu 3 mm dicken Röllchen ausrollen, ohne zu reißen oder zu zerbröckeln.
Halbfester Boden:	Bröckelt beim Versuch, ihn auszurollen, läßt sich aber wieder zu einem Klumpen formen.

In der Regel werden Baugruben jedoch mit Böschungen ausgeführt. Die Böschungsneigung richtet sich nach den Bodeneigenschaften und der Baugrubentiefe bzw. Böschungshöhe, nach der Zeit, für die die Baugrube offenzuhalten ist (Witterungseinflüsse auf die Böschungsoberfläche!) sowie nach den Belastungen und Erschütterungen innerhalb und in der Nähe der Baugrube (Bild **3.**10).

Im allgemeinen kann mit folgenden Böschungswinkeln β gerechnet werden:

a) nichtbindiger oder weicher bindiger Boden β höchstens 45°
b) steifer oder halbfester bindiger Boden β höchstens 60°
c) Fels β höchstens 80°

Geringere Wandhöhen oder Böschungswinkel von Baugruben müssen vorgesehen werden, wenn besondere Verhältnisse wie z. B. Störungen des Bodengefüges, Auftreten von Schichtenwasser, Erschütterungen u. ä. die Standsicherheit gefährden. Gleiches gilt, wenn Baugrubenwände oder -böschungen durch Wasser, Trockenheit oder Frost gefährdet werden, wenn nicht zusätzliche Sicherungen z. B. durch Abdecken getroffen werden können.

Muß bei tiefen Baugruben mit dem Nachrutschen einzelner Erdschollen, von Steinen o. ä. gerechnet werden, ist die Baugrubenböschung staffelförmig mit „Bermen" auszuführen (Bild **3.**11).

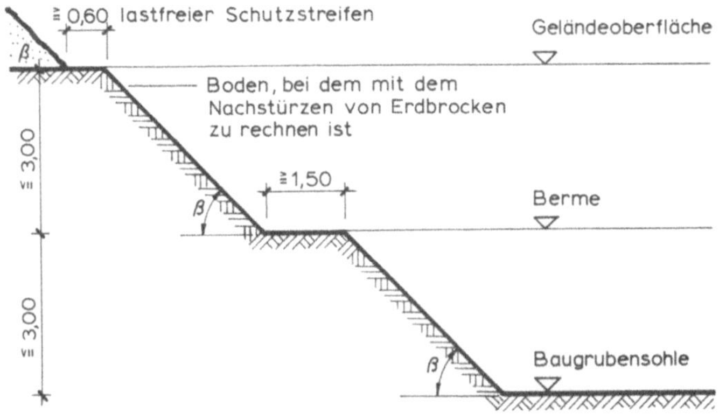

3.11 Baugrubenböschung mit Berme

Im übrigen muß bei Böschungen regelmäßig überprüft werden, ob sich einzelne größere Steine, Felsbrocken o. ä. nicht nach starkem Regen, bei Tauwetter oder nach längeren Arbeitsunterbrechungen lösen können.

3.4 Verbaute Baugruben und Gräben

Wenn wegen fehlender Standfestigkeit des Erdreiches oder aus Platzmangel Abböschungen von Baugruben nicht möglich sind, muß mit Verbau gearbeitet werden.

Waagerechter Verbau. Mit dem Aushub fortschreitend, spätestens ab 1,25 m Tiefe, werden Bohlen von > 5 cm Dicke eingebracht und mit Verbauträgern, Brusthölzern und Steifen gesichert (Bild **3.**12).

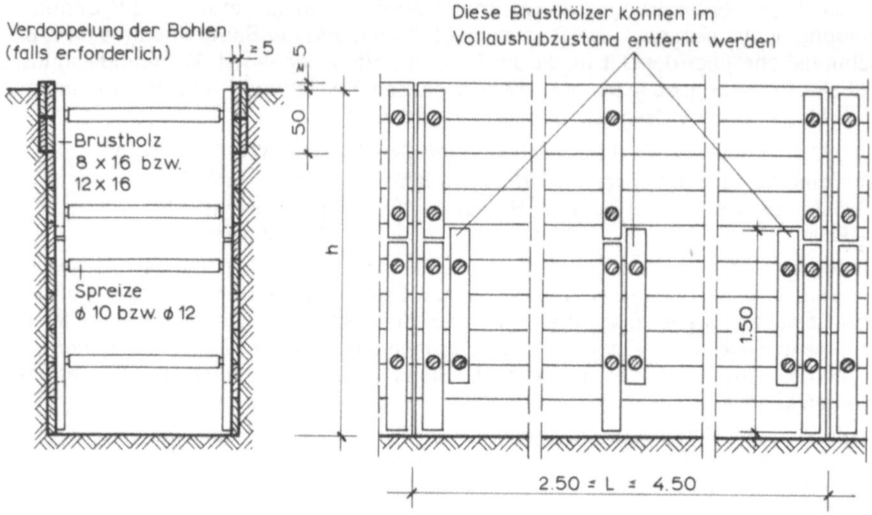

3.12 Waagerechter Normverbau für Gräben (DIN 4124), ohne Darstellung der Befestigungsmittel

Für kleinere Baugruben kann ein waagerechter Verbau mit Erdankern – unter Nachweis der Standsicherheit – wie in Bild **3**.13 ausgeführt werden. Die frühere Ausführung mit „Treiblade" und Schrägabsteifung (Bild **3**.14) ist aufwendig und erfordert einen erheblich breiteren Arbeitsraum (s. Abschn. 3.5).

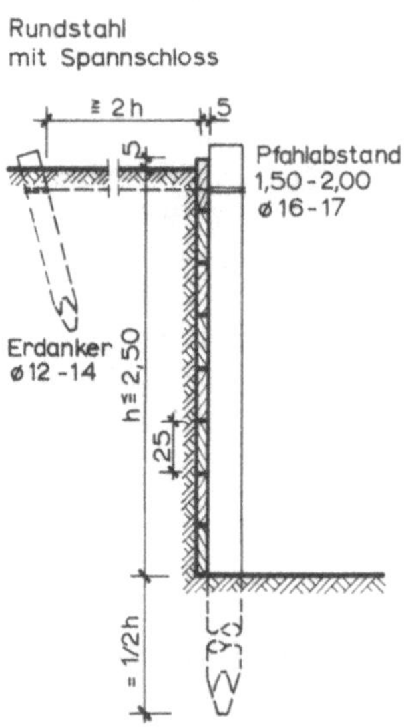

3.13 Verbau einer Baugrube; Abfangung durch rückwärts verankerte Pfähle, waagerechte Verschalung

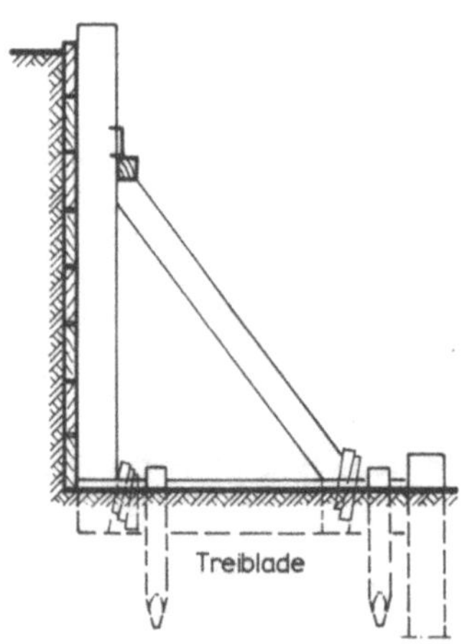

3.14 Schrägabsteifung mit Treiblade

Senkrechter Verbau. Steht der Boden nicht mindestens auf Bohlenbreite und muß deshalb sofort abgefangen werden, sind die Verbaubohlen senkrecht einzutreiben. Auch für Baugruben mit komplizierten oder gekrümmten Grundrißformen kann ein Verbau mit senkrecht gestellten Verbaubohlen zweckmäßiger sein (Bild **3**.15).

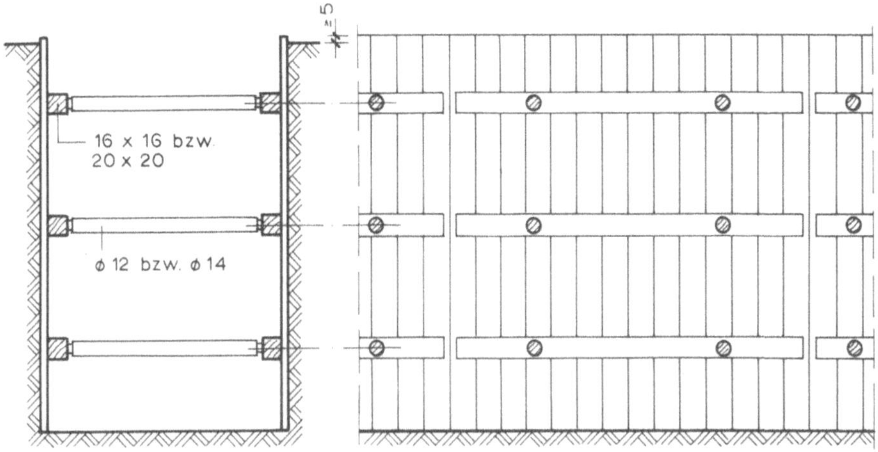

3.15 Senkrechter Normverbau mit Verbauteilen aus Holz (DIN 4124), ohne Darstellung der Befestigungsmittel

Trägerbohlenwände. Wenn bei sehr tiefen oder stark beanspruchten Baugrubenwänden ein Verbau erforderlich ist, werden Bohlen, Kant- oder Rundhölzer zwischen eingerammte Stahlprofile eingeschoben und verkeilt („Berliner Verbau", Bild **3**.16).

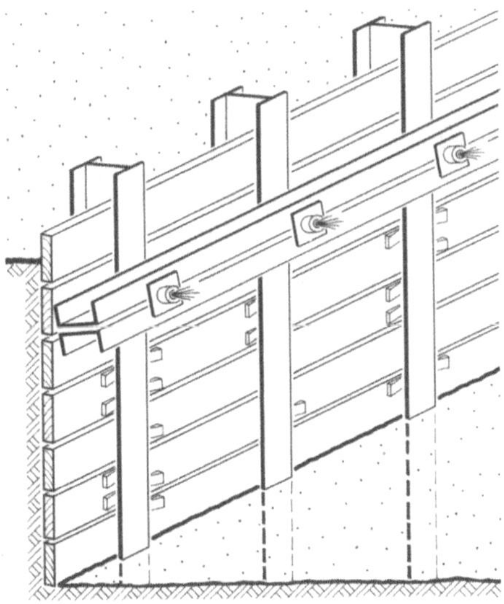

3.16 Trägerbohlenwand – „Berliner Verbau" (durch Erdanker gesichert, vgl. Bild **3**.19)

Spundwände. Für besonders hohe Beanspruchungen, insbesondere auch im Zusammenhang mit Wasserhaltungsmaßnahmen (Abschn. 3.6), kommen für den Verbau Stahl-Spundwände in Frage. Sie bestehen aus eingerammten Stahlprofilen (Bild **3**.17).

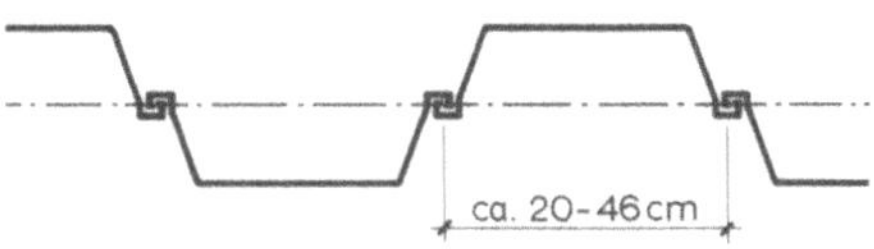

3.17 Stahl-Spundwand

Massive Verbauarten. Als schwerer Baugrubenverbau und gleichzeitig als späterer Bestandteil (z. B. als Teil der Gründung, vgl. Abschn. 4.3) werden Stahlbeton-Bohrpfähle von ca. 40 bis 100 cm Durchmesser in fortlaufenden Wänden im „Tangential"- oder „Sekantensystem" ausgeführt (Bild **3**.18).

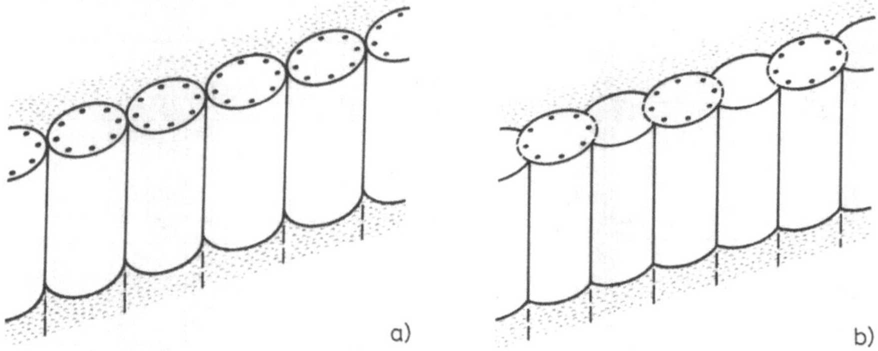

3.18 Verbau mit Stahlbeton-Bohrpfählen (Schlitzwände)
a) Tangentialsystem (bewehrte Stahlbetonpfähle)
b) Sekantensystem (Wechsel von vorgetriebenen bewehrten Stahlbetonpfählen mit unbewehrten Pfählen)

Schlitzwände sind Wände im Untergrund, für die zunächst in Wandbreite Schlitze ausgehoben werden, die durch Stützflüssigkeiten am Einsturz gehindert werden. Anschließend werden Wände aus Stahlbeton bei gleichzeitiger Verdrängung der Stützflüssigkeit hergestellt.

Standsicherung

Hochbeanspruchter Verbau in tiefen Baugruben wird gegen Abkippen infolge Erddruck bzw. Belastungen von benachbarten Bauwerken, Baustelleneinrichtungen, Verkehr usw. durch rückwärtige Erdanker mit entsprechendem Standsicherheitsnachweis gesichert (Bild **3**.19).

Der Verbau von Baugruben und Gräben darf erst ausgebaut werden, wenn das Bauwerk den entstehenden Erddruck aufnehmen kann. Dabei müssen Bodeneinstürze und Sackungen vermieden werden, und gleichzeitig mit dem abschnittsweien Abbau des Verbaues ist die Baugrube zu verfüllen. Kann der Verbau nicht gefahrlos entfernt werden, verbleibt er an der Einbaustelle. Massiver Verbau verbleibt in der Regel an der Einbaustelle.

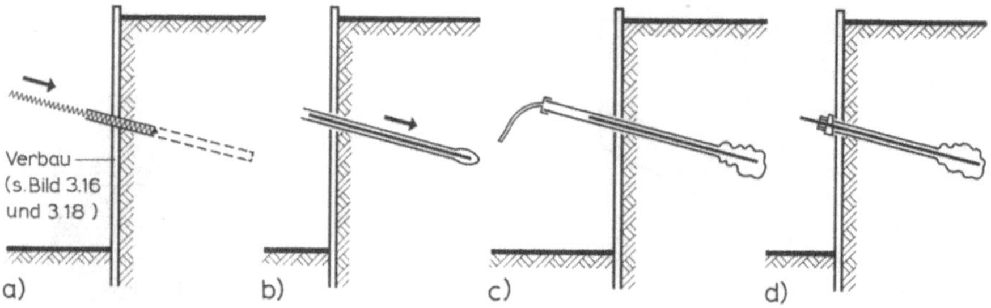

3.19 Sicherung eines Baugrubenverbaus durch Erdanker
a) Herstellen der Bohrlöcher
b) Einführen der Spannstähle
c) Verpressen mit Beton
d) Setzen der Ankerköpfe und Spannen der Anker

3.5 Arbeitsraum

Zwischen Bauwerk und Baugrubenwand bzw. -böschung ist für die Ausführung von z. B. Schalungs-, Drän- und Abdichtungsarbeiten ein Arbeitsraum vorzusehen. Die Breite des Arbeitsraumes muß an allen Stellen mindestens 50 cm betragen, gemessen zwischen dem Fuß der Baugrubenböschung und der Außenflucht des Bauwerkes bzw. der Außenflucht von Einschalungen von Stahlbetonkonstruktionen. Auch in Baugruben mit Verbau muß an allen Stellen eine lichte Breite des Arbeitsraumes von mindestens 50 cm gewährleistet sein (Bild **3**.20).

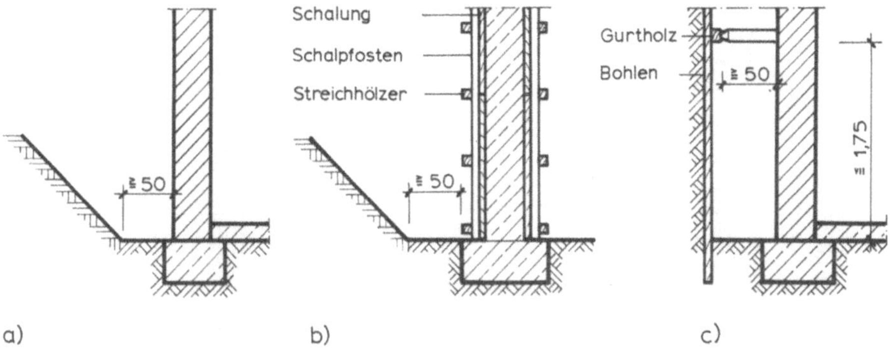

3.20 Arbeitsraum

Nach Abschluß der erforderlichen Arbeiten und wenn die erstellten Bauwerke Erddruck aufnehmen können, ist der Arbeitsraum zu verfüllen. Geeignetes Bodenmaterial ist in Schichten von etwa 50 cm aufzufüllen und sorgfältig zu verdichten. Dabei dürfen keine Schäden an den erstellten Bauwerken entstehen. Dazu gehört, daß beim Verdichten keine unzulässigen Beanspruchungen ausgeübt werden und daß vor dem Verfüllen alle Fremdkörper entfernt werden, die zur Beschädigung von Abdichtungen führen können oder die später zu Setzungen im Verfüllraum führen müssen.

3.6 Wasserhaltung

Offene Wasserhaltung

Einsickerndes Wasser muß aus der Baugrube abgeleitet oder herausgepumpt werden. Zu diesem Zweck wird nahe der tiefsten Stelle der Baugrube ein Schacht (Pumpensumpf) angelegt, dessen Boden etwa 1,00 m unter der tiefsten Fundamentsohle liegen muß. Das Wasser ist dem Schacht durch Drainleitungen oder offene Gräben, die jedoch die Bauarbeiten in der Baugrube nicht behindern dürfen, zuzuführen, durch eine Pumpe aus der Baugrube zu heben und in Gräben oder Rohrleitungen nach tiefer gelegenen Wasserläufen („Vorfluter") abzuleiten (offene Wasserhaltung, Bild **3**.21).

Bei stärkerem Wasserandrang, insbesondere in Gefällelagen und in der Nähe von Gewässern, ist außerdem die Baugrube durch Erdwälle aus fettem Lehm, Fangdämme oder Holz- bzw. Stahlspundwände zu umschließen.

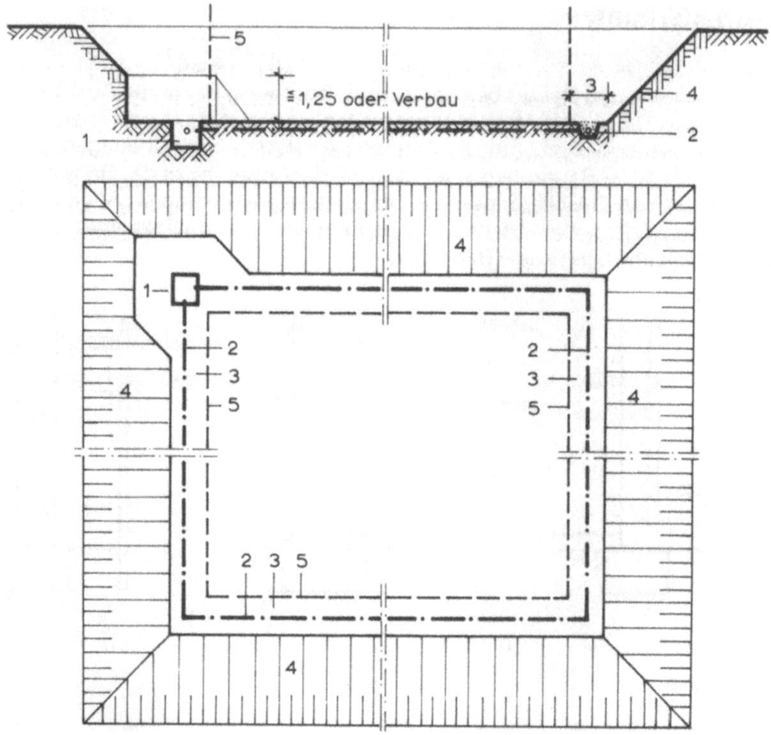

3.21 Offene Wasserhaltung (schematischer Grundriß einer Baugrube)
1 Pumpensumpf
2 Dränage in Kiesbett
3 Arbeitsraum
4 Baugrubenböschung
5 Bauwerksrand

Grundwasserabsenkung

Liegt der höchste Grundwasserstand mehr als etwa 30 cm über der Baugrubensohle, ist in der Regel eine Grundwasserabsenkung erforderlich. Durch die bei Grundwasserabsenkungen meistens unvermeidliche Ausschwemmung von Feinsand aus dem Untergrund können an benachbarten Bauwerken besonders bei bindigen Böden u. U. erhebliche Setzungsschäden ausgelöst werden. Vor der Ausführung muß daher geprüft werden, ob zusätzliche Maßnahmen (z. B. chemische Injektionen zur Bodenverfestigung) nötig sind. Zu beachten ist auch, daß benachbarter Aufwuchs nötigenfalls während der Arbeiten zu bewässern ist.

In nicht bindigen Böden werden Saugrohre („Lanzen") bis in die wasserführende Schicht eingespült. Sie werden mit flexiblen durchsichtigen Schlauchleitungen über eine Ringleitung an die Pumpenanlage angeschlossen (Bild **3**.22).

Bei sehr starkem Wasserandrang können Saugbrunnen erforderlich werden. Dazu werden Bohrlöcher hergestellt und geschlitzte Filterrohre eingeführt. Nach dem Einbau der Saugrohre wird mit Perlkies verfüllt, um das Zuschlämmen der Ansaugstellen durch Feinsand zu vermindern (Bild **3**.23). Je nach Wasseranfall (kontrollierbar an den durch-

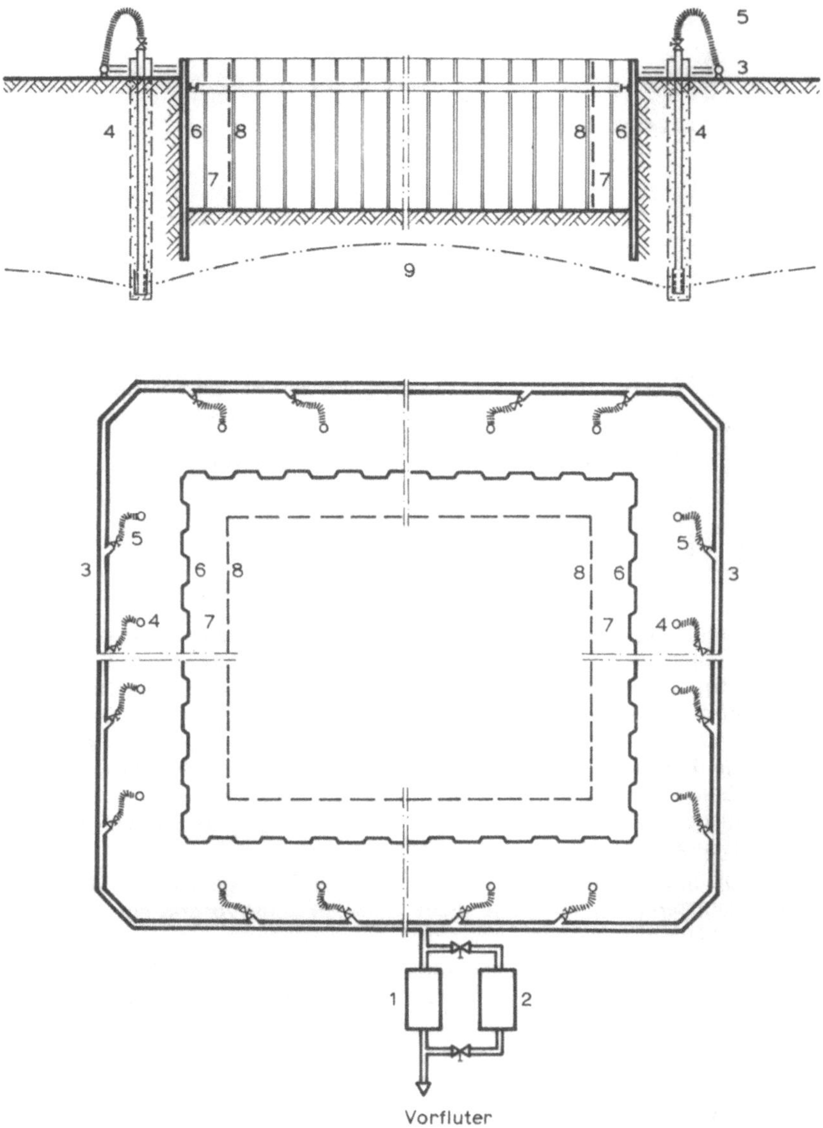

3.22 Grundwasserabsenkung (schematischer Grundriß einer Baugrube)

1 Pumpe mit Sandfang
2 Reservepumpe
3 Ringleitung mit Absperrschiebern
4 Saugrohre („Brunnen") s. Bild **3**.23
5 Durchsichtiger Anschlußschlauch (Sichtkontrolle!)
6 Baugrubenverbau (Spundwand)
7 Arbeitsraum
8 Bauwerksrand
9 Absenkungskurve; schematisierter, ungefährer Verlauf

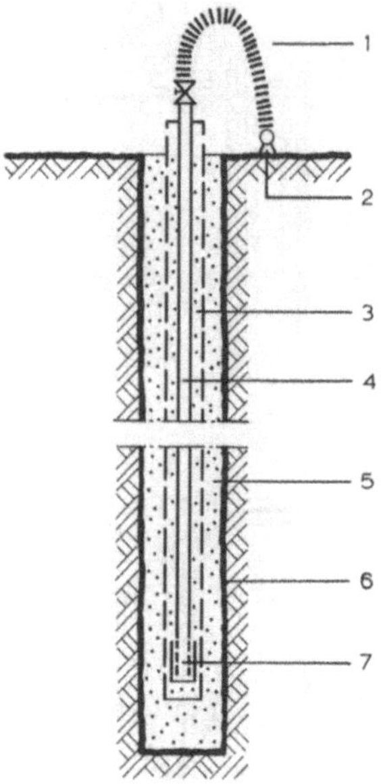

3.23
Rohrfilterbrunnen (schematisch)
1 Durchsichtiger Anschlußschlauch (Sichtkontrolle)
2 Ringleitung zu den Pumpen
3 Schlitzrohr
4 Saugrohr
5 Kiesverfüllung
6 Bohrloch
7 Saugkopf

sichtigen Saugleitungen werden an die Ringleitung entweder zusätzliche Sauglanzen bzw. Saugbrunnen angeschlossen oder entbehrliche Saugstellen durch Schieber stillgelegt. Die Grundwasserhaltung muß ununterbrochen wirksam bleiben, bis die erforderlichen Abdichtungen voll wirksam werden und die fertiggestellten Bauwerksteile nicht mehr durch Auftrieb gefährdet werden können. Es müssen daher automatisch zuschaltende Reservepumpen vorgesehen werden. Weil die Pumpenanlage auch nachts in Betrieb bleiben muß, sind ggf. besonders geräuscharme oder geräuschgeschützte Anlagen erforderlich. Durch ständige Überwachung der Baustelle muß sofortige Abhilfe bei Betriebsstörungen gewährleistet sein.

Sehr sinnvoll sind Vorkehrungen, mit denen bei Notfällen gefährdete Bauwerksteile oder noch nicht fertige Abdichtungen durch Notüberflutung vor gravierenden Schäden bewahrt werden.

In der geschilderten Weise sind Grundwasserabsenkungen bis etwa 4 m Tiefe möglich. Bei tieferen Baugruben müssen die Pumpen staffelförmig höhenversetzt werden.

3.7 DIN-Normen

DIN-Nr.		Ausgabe-Datum	Titel
1054		11.76	Baugrund; zul. Belastung des Baugrunds
	Bbl.	11.76	–; –; Erläuterungen
1055	T2	2.76	Lastannahmen; Bodenwerte, Berechnungsgewichte, Winkel der inneren Reibung, Kohäsion

Fortsetzung s. nächste Seite

DIN-Normen, Fortsetzung

	DIN-Nr.		Ausgabe-Datum	Titel
	4019	T1	4.79	Baugrund; Setzungsberechnungen bei lotrechter, mittiger Belastung
		T2	2.81	–; Setzungsberechnungen bei schräg und bei außermittig wirkender Belastung
	4021	T1 bis 3	7.71	–; Erkundung durch Schürfe und Bohrungen sowie Entnahme von Proben, Aufschlüsse in Boden, Fels, Wasserverhältnissen
E			3.88	
	4022	T1	9.87	Baugrund und Grundwasser; Benennen und Beschreiben von Bodenarten und Fels, Schichtenverzeichnis für Untersuchungen und Bohrungen ohne durchgehende Gewinnung von gekernten Proben
	4022	T2	3.81	Baugrund und Grundwasser; Benennen und Beschreiben von Boden und Fels, Schichtenverzeichnis für Bohrungen im Fels (Festgestein)
		T3	5.82	–; Benennen und Beschreiben von Boden und Fels, Schichtenverzeichnis für Bohrungen mit durchgehender Gewinnung von gekernten Proben im Boden (Lockerstein)
	4084		7.81	Baugrund; Gelände- und Böschungsbruchberechnungen
		Bbl. 1	7.81	–; Gelände- und Böschungsbruchberechnungen; Erläuterungen
	4094	T1	11.74	–; Raum- und Drucksondiergeräte, Abmessungen und Arbeitsweise der Geräte
V		T2	5.80	–; Ramm- und Drucksondiergeräte, Anwendung und Auswertung
	4107		1.78	–; Setzungsbeobachtungen an entstehenden und fertigen Bauwerken
	4123		5.72	Gebäudesicherung im Bereich von Ausschachtungen, Gründungen und Unterfangungen
	4124		8.81	Baugruben und Gräben; Böschungen, Arbeitsraumbreiten, Verbau
	4125	T1	3.88	Verpreßanker: Kurzzeitanker, Bemessung, Ausführung und Prüfung
		T2	2.76	Erd- und Felsanker; Verpreßanker für dauernde Verankerungen (Daueranker) im Lockergestein
	4126		8.86	Ortbeton-Schlitzwände; Konstruktion und Ausführung
	18126		9.89	Baugrund; Versuche und Versuchsgeräte, Bestimmung der Dichte nichtbindiger Böden bei lockerster und dichtester Lagerung
	18130	T1	11.89	Baugrund, Versuche und Versuchsgeräte; Bestimmung des Wasserdurchlässigkeitsbeiwerts; Laborversuche
	18196		10.88	Erd- u. Grundbau; Bodenklassifikation für bautechnische Zwecke
	18300		9.89	VOB Teil C: Landschaftsbauarbeiten
	18301		9.88	–: Bohrarbeiten
	18303		9.88	–: Verbauarbeiten
	18304		9.88	–: Rammarbeiten
	18305		9.88	–: Wasserhaltungsarbeiten
	18320		9.88	–: Landschaftsbauarbeiten

3.8 Literatur

[1] Deutsche Ges. für Erd- und Grundbau: Empfehlungen des Arbeitskreises „Baugruben", Berlin 1988
[2] Fritsch, H.: Böschungs- u. Hangsicherung durch Verankerungen. IRB 1987
[3] Fritsch, H.: Grabenverbau. IRB 1988
[4] Grasshoff, H., Siedek, P., Floß, R.: Handbuch Erd- und Grundbau, Düsseldorf 1979/82
[5] Kinze, W., Franke, D.: Grundbau. Wiesbaden 1983
[6] Pietzsch, W., Rosenheinrich, G.: Erdbau. Düsseldorf 1983
[7] Schloz, T.: Grundwasserabsenkung im Grundbau. IRB 1987
[8] Simmer, K.: Grundbau. Stuttgart 1985
[9] Smoltczyk, U.: Grundbau-Taschenbuch. Berlin 1980
[10] Teige, M.: Gelände- und Böschungsbruch. IRB 1986
[11] Weiß, F., Winter, K.: Schlitzwände als Trag- und Dichtungswände, Wiesbaden 1985

4 Fundamente

4.1 Allgemeines

Kann der Baugrund aufgrund der örtlichen Erfahrungen oder mit Hilfe von Sondierungen, Schürfungen oder Bohrungen einwandfrei nach Bodenart und Lagerungsdichte, Mächtigkeit und Belastbarkeit zuverlässig beurteilt werden und ist der höchste Grundwasserstand ermittelt, so sind Art, Form und Bemessung der Fundamente zu bestimmen. In einfachen Fällen („Regelfällen" nach DIN 1054 Abschn. 4.2) können die zulässigen Bodenpressungen (d. h. die Bodenpressungen, die Sicherheit gegen Grundbruch (s. Abschn. 3.1) und zu starke Setzungen (s. Abschn. 4.2.1) bieten), mit Hilfe von Tabellenwerten ermittelt werden.

Regelfälle liegen vor, wenn es sich um Streifen- und Einzelfundamente mit begrenzten und häufig vorkommenden Abmessungen einerseits und um häufig vorkommende typische Bodenarten andererseits handelt.

Für nichtbindige Böden gelten die Tabellen 1 (setzungsempfindliche Bauwerke) und 2 (setzungsunempfindliche Bauwerke) der DIN 1054.

Für bindige Böden gelten je nach der Kornzusammensetzung die Tabellen 3 (Schluff), 4 (gemischt körniger Boden), 5 (toniger Schluff) und 6 (Ton), wobei sich die zulässigen Bodenpressungen innerhalb der Tabellen entsprechend der vorhandenen Bodenkonsistenz staffeln.

Voraussetzung ist, daß die Gründungssohle frostfrei (mind. aber 0,80 m unter Gelände) liegt und daß der Baugrund gegen Auswaschen oder Verringerung seiner Lagerungsdichte durch strömendes Wasser gesichert ist. Bindige Böden sind außerdem während der Bauzeit gegen Aufweichen und Auffrieren zu schützen.

Ähnliche Wirkungen wie strömendes Wasser haben stetige Änderungen des Grundwasserspiegels. Auch führt Verminderung des Porenwassers bindiger Böden unter dem Druck des Bauwerks u. U. zu erheblichen, langdauernden Setzungen.

Die Werte der Tabellen 1 bis 6 der DIN 1054 beziehen sich auf Flächenverhältnisse, die mindestens bis in eine Tiefe unter der Gründungssohle annähernd gleichmäßig sind, die der zweifachen Fundamentbreite entspricht.

Ferner darf das Fundament nicht überwiegend oder regelmäßig dynamisch beansprucht werden.

Außerdem muß der höchste Grundwasserspiegel in einer Tiefe unter der Gründungssohle liegen, die bei nichtbindigem Baugrund mindestens gleich der einfachen Fundamentbreite ist. Bei bindigen Böden wird der Einfluß des Grundwasserspiegels auf die zulässige Bodenpressung nicht berücksichtigt (Bild **4**.1).

Die Werte der Tabellen 1 und 2 in DIN 1045 gelten nur für Fundamente mit lotrechter Belastung. Herabsetzungen und Erhöhungen der Tabellenwerte sind unter bestimmten Voraussetzungen zulässig bzw. erforderlich; s. DIN 1054 Abschn. 4.2ff.

Zu beachten ist, daß die zulässige Belastung des Baugrundes nicht nur von seiner Beschaffenheit abhängt, sondern auch von Bauart, Ausdehnung und Gewicht des Bauwerks, von seiner Gründungstiefe, seinem Verwendungszweck (Wohnbauten, Maschinenfundamente, Brückenfundamente) und seiner Empfindlichkeit gegen Setzungen (Steifigkeit).

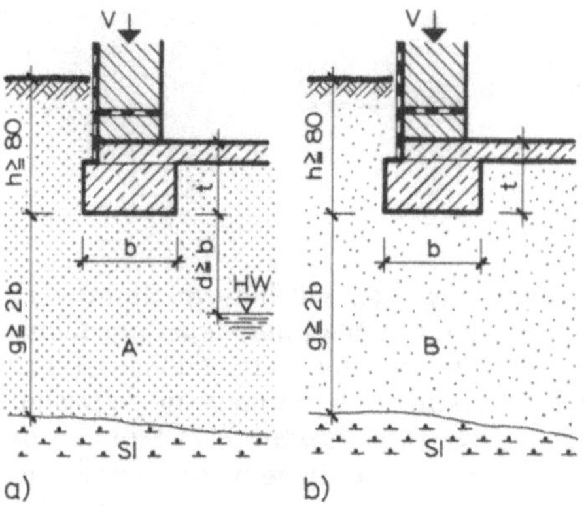

4.1
Baugrundverhältnisse in „Regelfällen" nach DIN 1054 Abschn. 4.2

a) nichtbindiger Baugrund (zu DIN 1054 Tab. 1 und 2)
b) bindiger Boden (zu DIN 1054 Tab. 3 bis 6)
A nichtbindiger, mindestens mitteldicht gelagerter Baugrund
B bindiger Boden von steifem, halbfestem oder festem Zustand[1])
V lotrechte Lasten
HW höchster Grundwasserspiegel
b Fundamentbreite
t Einbindetiefe
h Gründungstiefe
d Abstand zwischen Gründungssohle und höchstem Grundwasserspiegel
g Mindesthöhe des als gleichmäßig erkannten Baugrundes
Sl Schlick

Beispiel 1 Bodenpressung unter dem Streifenfundament eines dreigeschossigen unterkellerten Wohnhauses

Belastung des Streifenfundaments je lfd. m $q = 150$ kN/m
Einbindetiefe von der Kellerseite her $t = 0{,}5$ m

Baugrund: Kiessand in dichter Lagerung (Die Lagerungsdichte ist bekannt und durch mehrere Sondierungen an der Baustelle nachgewiesen.)

zul. Bodenpressung gemäß DIN 1054 Tab. 1 für die zunächst geschätzte Fundamentbreite 0,75 m $= 250$ kN/m²

Fundamentbreite $b = 150/250 = 0{,}6$ m; gewählt $b = 0{,}7$ m

Nachweis der Bodenpressung:

Mauerlast über Fundamentoberkante $= 150$ kN/m
Fundamentgewicht $0{,}7 \cdot 0{,}5 \cdot 23$ $= 8$ kN/m
vorh. $\sigma = 158/0{,}7 = 225$ kN/m² — 158 kN/m
zul. $\sigma = 240$ kN/m² bei $b = 0{,}70$ m

Beispiel 2 Bodenpressung unter dem Einzelfundament einer Mittelstütze (Bild **4.2**)

Belastung des Einzelfundaments $P = 300$ kN
Verkehrslast im Lagerraum $p = 20$ kN/m²
Fundamenteinbindetiefe $t = 1{,}0$ m
Baugrund: Geschiebelehm in halbfester Konsistenz gemäß DIN 1054 Tab. 4 mit einer zul. Bodenpressung zul. $\sigma = 280$ kN/m²

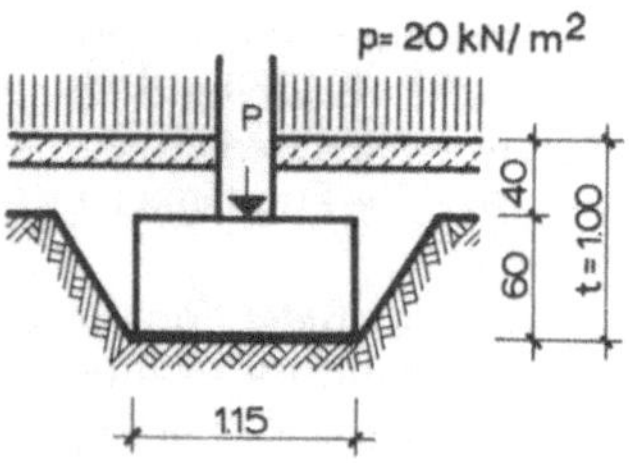

4.2 Bild zu Beispiel 2

[1]) Breiig ist ein Boden, der beim Pressen in der Faust zwischen den Fingern hindurchquillt.
Weich ist ein Boden, der sich leicht kneten läßt.
Steif ist ein Boden, der sich schwer kneten, aber in der Hand zu 3 mm dicken Röllchen ausrollen läßt, ohne zu reißen oder zu zerbröckeln.
Halbfest ist ein Boden, der beim Versuch, ihn zu 3 mm dicken Röllchen auszurollen, zwar bröckelt und reißt, aber noch feucht genug ist, um ihn erneut zu einem Klumpen formen zu können. Fest (hart) ist ein Boden, der ausgetrocknet ist und dann meist heller aussieht. Er läßt sich nicht mehr kneten, sondern nur zerbrechen. Ein nochmaliges Zusammenballen der Einzelteile ist nicht mehr möglich.

Beispiel 2, Fortsetzung

Von diesem Tabellenwert wird zur Ermittlung der Fundamentfläche die anteilige Verkehrslast im Lagerraum, die Erdauflast (da im vorliegenden Beispiel die Erdauflast nach der Errichtung der Hallenkonstruktion aufgebracht wird) und das Eigengewicht des Fundamentes abgezogen:

anteilige Verkehrslast in der Halle	= 20,0 kN/m²
anteilige Erdauflast bzw. Befestigung 0,4 · 20	= 8,0 kN/m²
Pressung durch Fundamenteigengewicht 0,6 · 25	= 15,0 kN/m²
	43,0 kN/m²

$280 - 43 = 237$ kN/m²

erforderliche Fundamentfläche: $A = 300/237 = 1{,}26$ m²

gewählt $1{,}15 \cdot 1{,}15 = 1{,}32$ m²

Nachweis der Bodenpressung:

Stützenlast über Fundamentoberkante		= 300,0 kN
anteilige Hallenlagerlast	$2{,}0 \cdot 1{,}15^2$	= 26,4 kN
anteilige Erdauflast	$0{,}4 \cdot 1{,}15^2 \cdot 20$	= 10,6 kN
Fundamentgewicht	$0{,}6 \cdot 1{,}15^2 \cdot 25$	= 19,8 kN
		356,8 kN

vorh. $\sigma = 356{,}8/1{,}15^2 = 277{,}8$ kN/m² < zul. σ

4.2 Flächengründungen[1])

4.2.1 Streifen- und Einzelfundamente

Richtig bemessene Fundamente bewirken, daß die unvermeidlichen Setzungen von Bauwerken unter allen Gebäudeteilen gleichmäßig auftreten und Gebäudewände nicht reißen. Bei kleineren Bauten mit geschlossenem Grundriß werden die Fundamente so bemessen, daß unter allen lasttragenden Wänden etwa gleiche Bodenpressung auftritt. Bei größeren Bauten können ungleiche Setzungen unter verschiedenen Gebäudeteilen entstehen, entweder weil schwere Lasten in größere Tiefen wirken und daher die Setzung größer ist oder weil sich die Druckausbreitung der einzelnen Lastkörper überschneidet (Bild **4.3**). Hier sollen die Fundamente unter schwerer belasteten Bauteilen

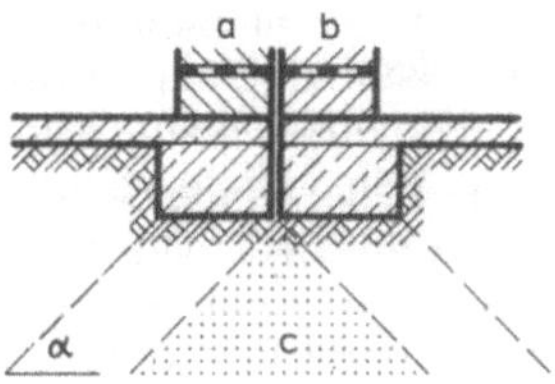

4.3 Überschneiden der Druckausbreitung
a vorhandenes Bauwerk
b später errichtetes Bauwerk
c Zone nachträglich erhöhter Bodenpressung; u. U. muß bei c die Bodentragfähigkeit durch Verdichten oder Verfestigen verbessert werden
α Druckverteilungswinkel

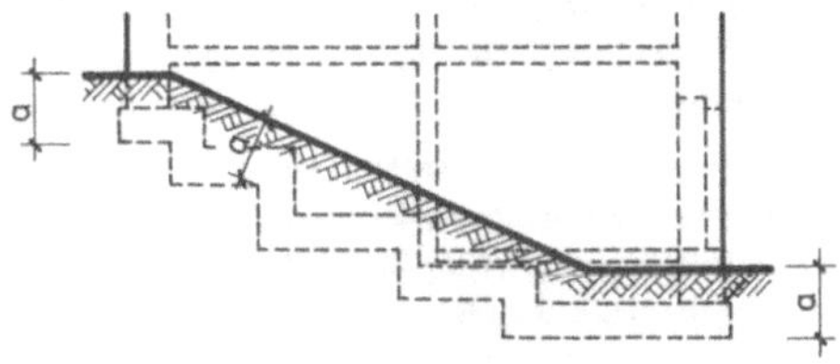

4.4 Sockelfundament eines Gebäudes am Hang
a = frostfreie Tiefe

[1]) Zu den Flächengründungen zählen alle Gründungskörper, die in ihrer Sohlfläche außer Normalkräften auch Momente in den Baugrund leiten (DIN 1054 Bbl S. 4).

ebenso wie die Mittelteile sehr langgestreckter Gebäude geringere Bodenpressungen ausüben. So müssen z. B. die Fundamente deckentragender Mittelwände bei gleicher Bodenart breiter sein als die der Frontwände.

Setzungsschäden sind allzu häufig, weil immer mehr Grundstücke mit schlechten Baugrundverhältnissen bebaut werden, die Gebäudelasten i. allg. größer sind als früher üblich (Geschoßzahl) und dabei oft die Ergebnisse der Baugrundforschung zu wenig beachtet werden. Das Ausmaß der Setzung hängt ab von der Zusammendrückbarkeit der Bodenschichten und von Größe und Form der Lastfläche (Fundamentsohle). Größere Fundamente belasten noch Bodenschichten in Tiefen, die von kleinen Fundamentflächen nicht mehr beeinträchtigt werden. Wenn also unter einer festen Schicht eine weiche, bis in große Tiefen reichende Schicht ansteht und die Setzungen dieses Bodens unter einem Fundament zu groß sind, dann können sie nicht durch Vergrößerung des Fundaments verringert werden (Bild **4**.5).

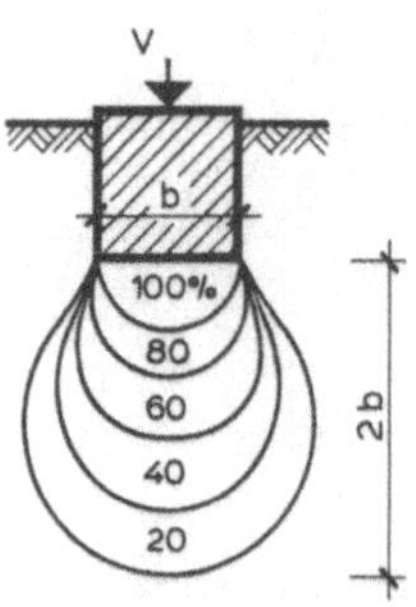

4.5
Abbau der Bodenpressung unter einem Einzelfundament. Bei Streifenfundamenten sind die vom Fundament auf den Baugrund übertragenen zusätzlichen Spannungen in der Tiefe von 2b auf 30%, d. h. so weit abgeklungen, daß Grundbruch nicht mehr entsteht (DIN 1054 Bbl., Erläuterungen zu Abschn. 4.21)

Die Fundamentsohle muß so tief liegen, daß sie durch Gefrieren und Auftauen der unmittelbar darunterliegenden Bodenschicht nicht in Bewegung gerät. Als frostfrei gilt nach DIN 1054 eine Tiefe von mindestens 0,80 m; in besonders frostgefährdeten Gegenden kann sie 1,50 m und mehr betragen. Die frostfreie Tiefe muß an jeder Stelle der Fundamente gewährleistet sein, z. B. auch bei Abtreppungen in Hanglagen, bei freiliegenden Schächten, Kelleraußentreppen usw. (Bild **4**.4).

Die Frostschadengefahr ist für Bauten auf bindigen Böden größer als auf nichtbindigen Böden. In reinem Kies wäre, da sich kein Sickerwasser anstauen kann und falls es die Belastbarkeit des Baugrundes zuläßt, eine frostfreie Gründung theoretisch überflüssig.

Unfertige Bauten werden oft durch Frost stark beschädigt, weil die Kellerwände bis zum Fundament freiliegen und die dann ungehindert im bindigen Baugrund sich bildenden Eislinsen oder -bänder die Wandfundamente und Kellerfußböden u. U. um mehrere Zentimeter emporheben. Bei Wintereinbruch ist daher der Abstand zwischen Baugrubenböschung und Kellerwand zu verfüllen. Kellertür- und -fensteröffnungen und größere Öffnungen in der Kellerdecke sind zu verschließen. Schmelz- und Grundwasseransammlungen im und am Gebäude sind zu verhindern.

Im allgemeinen werden Fundamente breiter angelegt, als das aufgehende Mauerwerk dick ist (Sockelfundament). Die Wandfundamente bilden in der Regel langgestreckte, zusammenhängende Fundamentstreifen (Streifenfundamente).

Einzelstehende oder besonders stark belastete Stützen, auch schwere Einrichtungsgegenstände wie z. B. Maschinen erhalten Einzelfundamente (Bild **4**.10). Freistehende Pfeiler von unregelmäßigem Querschnitt müssen mit ihrer Schwerachse im Schwerpunkt der Fundamentfläche stehen.

Ausführung von Streifen- und Einzelfundamenten. In älteren Gebäuden sind noch anzutreffen:

- Fundamente aus Feld- und Bruchsteinen. Es sind möglichst große, lagerhafte Steine mit gut ausgezwickten Fugen in hydraulischem Kalk- oder Zementmörtel sorgfältig vermauert. Verhältnis Höhe zur einseitigen Ausladung 2:1, mind. 1,5:1 (Bild **4**.6).
- Fundamente aus frostbeständigen Mauerziegeln oder Mauersteinen. Sie sind ≧ 5 Schichten hoch und sorgfältig im Kreuzverband mit vollen Fugen in hydraulischem Kalk- oder Zementmörtel hergestellt. Die unterste Schicht ist in einem Mörtelbett verlegt.

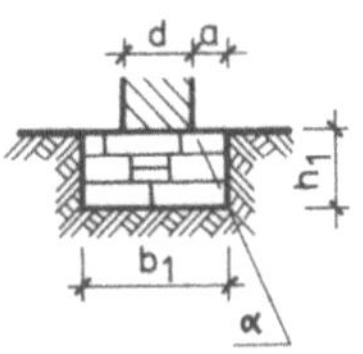

4.6 Fundamenthöhe bei Bruchsteinfundamenten

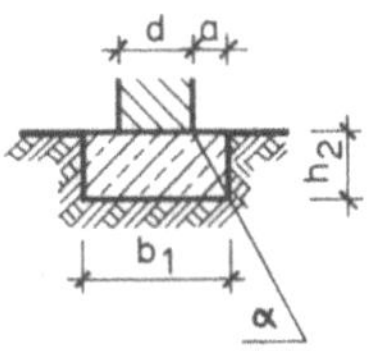

4.7 Fundamenthöhe bei Betonfundamenten

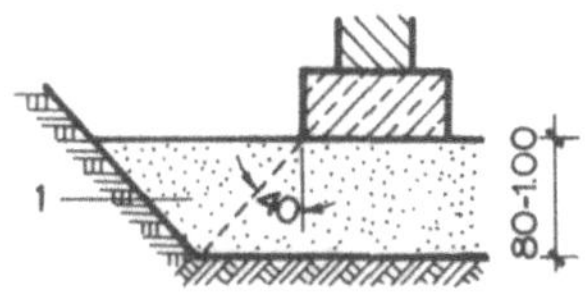

4.8 Gründung auf Sandschüttung im Trockenen
1 Sand in Lagen von 15 cm eingebracht und verdichtet

Heute üblich sind

- Fundamente aus Kiesbeton (B 5 oder B 10), Druckfestigkeit 5 bzw. 10 N/mm², Mindestzementgehalt 100 kg/m³ bei Verwendung in frostfreier Tiefe.

Die erforderliche Fundamenthöhe h ergibt sich aus der errechneten Fundamentbreite b, dem Überstand a über die Wanddicke d und dem Druckverteilungswinkel α nach dem Ansatz $h \geqq n \times a$ (Bild **4**.6 und **4**.7).

Zur Verminderung der Bodenpressung muß die Fundamentfläche nötigenfalls vergrößert werden. Genügt die Fläche eines Sockelfundaments zur Verteilung der Gebäudelast nicht, so kann auch durch eine Sand- und Kiesschüttung, die lagenweise maschinell abgestampft oder eingeschlämmt wird, der Baugrund bis zur Tragfähigkeit verbessert werden (Bild **4**.8).

Bei breiten Streifenfundamenten oder großen Einzelfundamenten kann es wirtschaftlich sein, Stampfbetonfundamente abzutreppen (Bild **4**.9), oder es werden Stahlbetonfundamente ausgeführt.

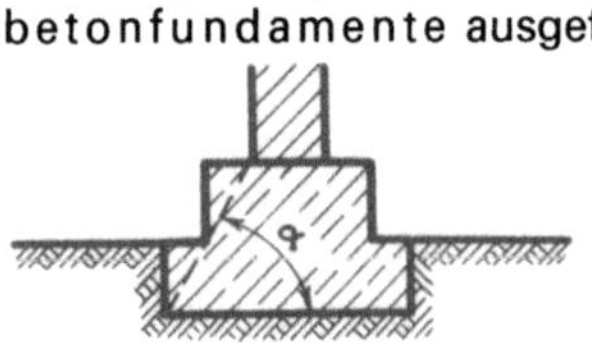

4.9 Abgetrepptes Fundament aus Stampfbeton

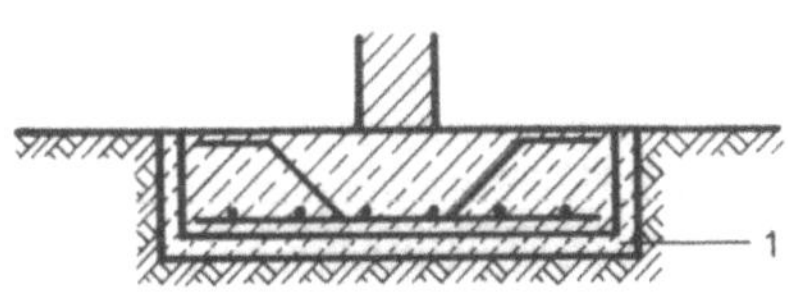

4.10 Fundament aus Stahlbeton als Streifen- oder Einzelfundament

Am wirtschaftlichsten ist es, wenn diese so dick bemessen werden, daß sie nur mit einer unteren Bewehrungslage ausgeführt werden können. Bei hohen Belastungen können auch mehrlagige Bewehrungen mit Schubsicherung in Frage kommen (Bild **4**.10).

Übertragen die Fundamente einzelner Gebäudeteile erheblich geringere Lasten auf den Baugrund als die Fundamente des übrigen Gebäudes, so sind die verschieden belasteten Fundamente und Gebäudeteile durch senkrechte Bewegungsfugen voneinander zu trennen, damit nicht Setzrisse auftreten (vgl. Bild **3**.1).

Kleine, erkerartig ausladende Gebäudeteile werden am besten durch Kragträger oder -platten mit dem eigentlichen Bauwerk verbunden.

Freistehende Mauern, lange Freitreppenfundamente usw. in ungeschützter Lage sind besonders frostgefährdet (in strengen Wintern auch in Deutschland Frosttiefen über 1,00 m!). Billiger und besser als Streifenfundamente sind hier Stampfbetonpfähle. Mit dem Erdbohrer werden 1,00 m tiefe Löcher gebohrt und je nach Belastungen Stahlbewehrungen eingebracht. Mit Fülltrichtern wird Beton eingefüllt und verdichtet. Die oberen Enden der Pfähle werden mit einem Ortbeton-Fundament oder einer Stahlbeton-Fertigteilschwelle verbunden. Gegen Frost ist diese durch Sickerpackung zu schützen. Der Pfahlabstand richtet sich nach Baugrund und Pfahldurchmesser (Bild **4.11**).

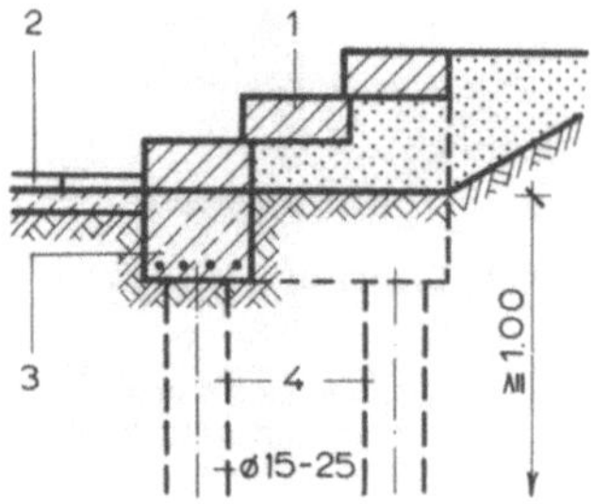

4.11
Stahlbeton-Fundamentschwelle auf Stahlbetonpfählen

1 Freitreppenstufen
2 Platten mit Mörtelbett
3 vorgefertigte Stahlbetonschwelle
4 Betonpfähle

4.2.2 Plattenfundamente

Wesentlich vergrößert werden kann bei schlechtem Baugrund die Gründungsfläche durch eine biegesteife Gründungsplatte aus Stahlbeton, die gewissermaßen auf dem Baugrund „schwimmt" und ungleichmäßige Setzungen einzelner Gebäudeteile verhindert (DIN 4018).

Das Plattenfundament stellt die neue und verbilligte Form (geringeres Eigengewicht, geringerer Arbeitsaufwand) der sog. Grundgewölbe dar, die man noch unter alten Gebäuden findet. (Sie sind nach unten gewölbt, stützen sich gegen die unteren Teile der Kellermauern und übertragen so die Lasten auf die gesamte überbaute Bodenfläche.) Dementsprechend ist die Bewehrung der Plattenfundamente zur Aufnahme des nach oben wirkenden Erddrucks umgekehrt wie eine Deckenbewehrung bzw. als Doppelbewehrung anzuordnen, um sowohl positive als auch negative Biegemomente aufnehmen zu können. Bei sehr großflächigen Räumen mit großen Spannweiten zwischen den Kellerwänden werden Plattenfundamente durch Rippen verstärkt. Oft sind aber dickere Platten wirtschaftlicher. Unter stark belasteten Stützen wird das Plattenfundament wie eine umgekehrte Pilzdecke ausgebildet (Bild **4.12**).

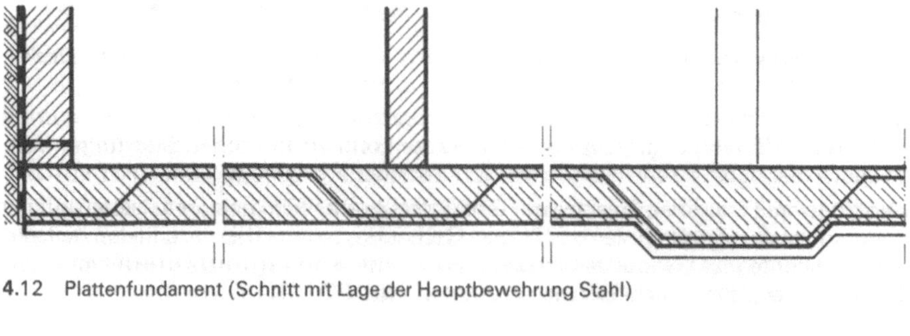

4.12 Plattenfundament (Schnitt mit Lage der Hauptbewehrung Stahl)

Unentbehrlich ist das Plattenfundament, wenn der Grundwasserspiegel über der Kellersohle liegt, eine wasserdruckhaltende Dichtung einzubauen ist und der Kellerfußboden dem Auftrieb entgegenwirken muß. Ungleiche Setzungen würden hier die Dichtungshaut zerstören (s. Abschn. 14.4.6).

Plattenfundamente werden – wie Stahlbeton-Sockelfundamente – nicht unmittelbar auf dem Baugrund betoniert. Die Baugrund-Oberfläche ist, um Verschmutzungen des Stahlbetons zu verhindern und das ordnungsgemäße Verlegen der Bewehrungen zu ermöglichen, zunächst mit einer ≧ 5 cm dicken Betonschicht (Sauberkeitsschicht) abzudecken.

4.3 Pfahlgründungen

Liegen tragfähige Bodenschichten in so großer Tiefe, daß Flächengründungen nicht mehr wirtschaftlich wären, so wird die Gebäudelast durch Mantelreibung und Spitzendruck von Ramm- oder Bohrpfählen auf den Baugrund übertragen (Bild **4**.13).

Ältere Gebäude stehen noch heute oft auf jahrhundertealten gerammten Holzpfahlgründungen. Um für Fäulnis geschützt zu bleiben, müssen Holzpfähle jedoch ständig unter Wasser stehen. Sie sind bei der heute vielfach zu beobachtenden Grundwasserabsenkung daher gefährdet und werden kaum noch verwendet. Rammpfähle aus Stahlbetonfertigteilen werden heute überwiegend zur Gründung von Brückenpfeilern oder bei ähnliche Bauaufgaben eingesetzt.

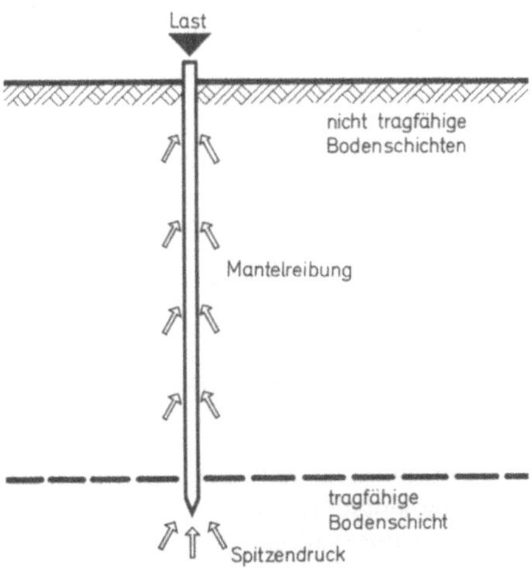

4.13 Tragwirkung von Pfahlgründungen

Bohrpfähle aus Ortbeton haben gegenüber Rammpfählen größere Tragfähigkeit durch höhere Mantelreibung und Verbesserung des Spitzendrucks durch verbreiterten Pfahlfuß; dieser entsteht durch Bohrlochverbreiterung bei der Betoneinpressung (Bild **4**.14). Herstellung, Dimensionierung und Belastbarkeit, Abstände und Einbindung in den Baugrund (Tiefe) werden für Bohrpfähle in DIN 4014 festgelegt. Die fertiggestellten Ramm- oder Bohrpfähle werden schließlich in einzelnen Bündeln mit Stahlbetonplatten zusammengefaßt. Die Bewehrungen der Pfähle und der verbindenden Platten werden dabei so miteinander verbunden, daß „Pfahlroste" als Gründungsbasis entstehen. Für hohe Gründungslasten können anstelle von Pfahlbündeln Großbohrpfähle mit Durchmessern bis etwa 2,50 m hergestellt werden, die mit den früheren „Brunnengründungen" vergleichbar sind.

Sind auch mit Hilfe von Pfahlgründungen keine tragfähigen Bodenschichten zu erreichen, kann der Baugrund verbessert werden durch Injektionen von Bindemitteln oder Chemikalien, durch Tiefdränung sowie durch elektrochemische und thermische Verfestigungsverfahren.

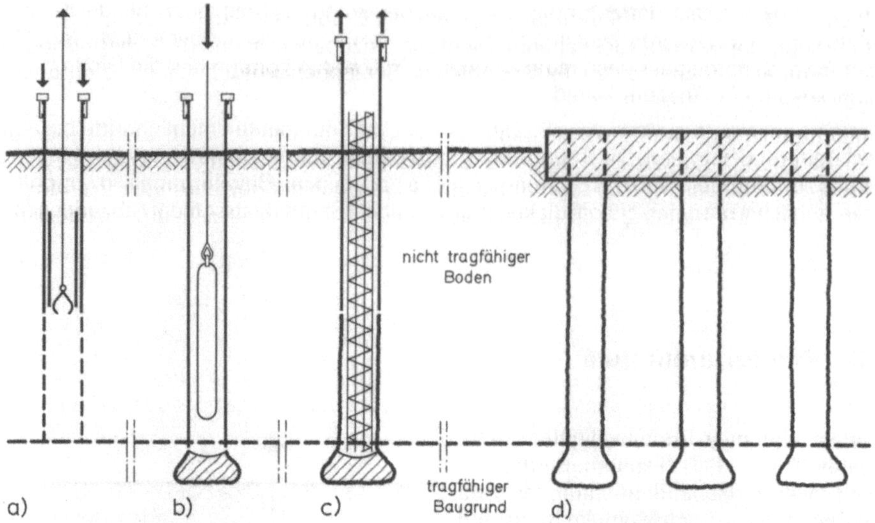

4.14 Herstellung von Bohrpfählen
a) Bohren bzw. Ausbaggern, Eintreiben der Mantelrohre
b) Einstampfen des Pfahlfußes
c) Einbringen der Bewehrung, Betonieren, Ziehen der Mantelrohre
d) durch Stahlbetonplatte oder -rost zusammengefaßte Bohrpfähle (Pfahlrost)

4.4 Unterfangen von Fundamenten

Wenn unmittelbar neben einem vorhandenen Bauwerk ein Neubau errichtet wird, dessen Fundamentsohle tiefer liegt als die des bestehenden Gebäudes, muß das alte Fundament vertieft (unterfangen) werden, bevor der Neubau beginnt.

Unterfangungsarbeiten müssen – ebenso wie die Ausschachtungs- und Gründungsarbeiten – sorgfältig vorbereitet werden, um den Neubau zu sichern und das vorhandene Nachbargebäude nicht durch Setzungen oder Grundbruch zu gefährden. Die Unfallverhütungsvorschriften der Bauberufsgenossenschaften sind streng zu beachten. Die örtlichen Verhältnisse (Art und Lage der Bodenschichten, Art und Tiefe der benachbarten Fundamente, Horizontalkräfte, Grundwasserstand) sind zu erkunden. Die Erkundungsergebnisse sowie die geplanten Arbeiten und deren zeitlicher Ablauf sind zeichnerisch festzulegen.

Sind nennenswerte Horizontalkräfte vorhanden, ist der Baugrund nicht zuverlässig, steht der Grundwasserspiegel nicht ≧ 1,00 m unter der Fundamentsohle oder sind aus sonstigen Gründen Grundwasserabsenkungen nötig oder übersteigt die vertikale Belastung des vorhandenen Streifenfundamentes 200 kN/m (etwa die Belastung durch ein viergeschossiges Wohnhaus), dann ist neben der Standsicherheit der vorgesehenen Ausführung die Grundbruchsicherheit (s. Bilder **3**.2 und **3**.3) der Altbaufundamente nachzuweisen. Dabei ist zu berücksichtigen, daß nach Errichtung eines Neubaus durch Überschneiden der Druckausbreitung der Baugrund auch unter vorhandenen Fundamenten zusammengedrückt wird (Bild **4**.3). Eine beim Neubau etwa vorgenommene Grundwasserabsenkung kann zu Setzungen der vorhandenen Gebäudeteile führen (vgl. Bild **3**.1 e).

In den meisten Fällen dürften Unterfangungsarbeiten auf benachbarten, also anderen Eigentümern gehörenden Grundstücken auszuführen sein. Es müssen dann auch alle juristisch relevanten Fragen bereits vor der Planung geklärt werden. Vor Beginn der Arbeiten ist vor allem die Regelung möglicher Bauschäden vertraglich festzulegen. Dazu sollten etwa schon vorhandene Bauschäden vor Beginn der Arbeiten in geeigneter Form festgehalten werden.

Die Unterfangung muß so bemessen sein, daß sie auch auftretende Horizontalkräfte aus dem unterfangenen Gebäude und dem Erdreich aufnehmen kann.

In unkomplizierten Fällen kann nach folgenden Richtlinien verfahren werden:

1. Die Wände, die unterfangen werden sollen, sind vorher abzustützen (s. Teil 2 dieses Werkes, Abschn. 10.2). Dabei ist der Strebendruck auf die aussteifenden Querwände und die Decken des vorhandenen Gebäudes zu übertragen.
2. Grundsätzlich darf kein vorhandenes Bauwerk in ganzer Länge oder Breite bis zu einer Fundamentkante freigeschachtet werden. Neue Fundamente unmittelbar neben einem Nachbargebäude oder Fundamentunterfangungen sind abschnittweise herzustellen. Zur Wahrung der Grundbruchsicherheit muß längs der vorhandenen Außenwand ein Erdkörper (Berme) von $\geqq$ 2,00 m Breite stehenbleiben, dessen OK nicht tiefer als OK Kellerfußboden liegen darf und dessen Höhe über Fundamentsohle $\geqq$ 0,50 m betragen muß (Bild **4.**15).
3. Die Länge von Unterfangungsabschnitten darf 1,25 m nicht überschreiten. Der Achsabstand der Abschnitte soll höchstens 5,00 m betragen.
4. Falls es besondere örtliche Verhältnisse erfordern, sind auch die rechtwinklig an die Brand- oder Giebelwand anschließenden Außen- und Innenwände bis $\leqq$ 2,50 m Länge zu unterfangen oder in anderer Weise gegen nachträgliches Setzen zu sichern. Wandöffnungen im Bereich der Gebäudeecken sind für die Dauer der Unterfangungsarbeiten auszusteifen.
5. Ausschachtungen von $\geqq$ 1,25 m Tiefe für die einzelnen Unterfangungsabschnitte müssen verbaut (ausgesteift) werden, um jede Einsturzgefahr zu vermeiden (Bild **4.**16).
6. Gemauerte Unterfangungen sind in handwerksgerechtem Mauerverband zu errichten. Um Setzungen soweit wie möglich zu vermindern, sind dünne Lagerfugen und schnellbindender Zementmörtel zu verwenden. Die obersten Schichten sind mit Hartbrandsteinen zu mauern. Die Fuge zwischen alter Fundamentsohle und Unterfangung ist mit großflächigen Stahlkeilen zu verkeilen und mit Zementmörtel auszupressen. Hohlräume zwischen Unterfangung und anstehendem Boden sind mit Magerbeton satt auszustampfen.

   Umfangreichere Unterfangungen werden besser und wirtschaftlicher aus Beton hergestellt (schneller und raumsparender Materialtransport durch Schüttrohre, guter Anschluß an das anstehende Erdreich). Die Verwendung maschineller Rüttelgeräte ist hier wegen der Gefahr der Schwingungsübertragung nicht zulässig.

   Vor dem Schließen der Anschlußfuge werden die neuen Fundamente mit Hilfe von Öldruckpressen vorbelastet. Nach Festlegen der Druckkolben wird die Fuge mit Beton ausgepreßt. Die Pressen werden nach Erhärten des Fugenbetons ausgebaut (Bild **4.**17).
7. Das neue Fundament mit normaler Ringverankerung ist abschnittweise gleichzeitig mit dem Fundament der Unterfangung auszuführen. Die Unterkanten der Fundamente müssen auf gleicher Höhe liegen. Die Enden der Ringanker der einzelnen Abschnitte sind zunächst hochzubiegen. Die Überdeckungslänge soll $\approx$ 50 cm betragen.

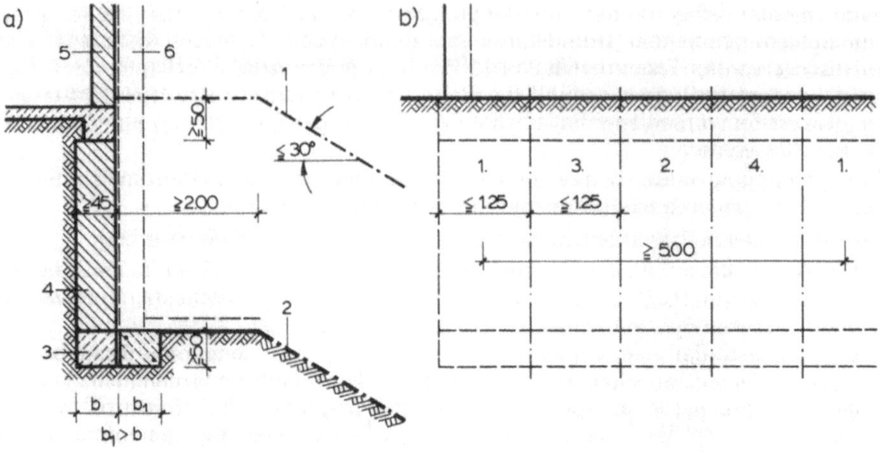

4.15 Unterfangen einer Brandwand

a) Schnitt, b) Ansicht mit Unterfangungsabschnitte und Reihenfolge

1 Bodenaushubgrenze vor Unterfangung
2 Bodenaushubgrenze nach Unterfangung
3 neues Fundament
4 Unterfangungsmauerwerk (Einbau vgl. Bild **4.16**)
5 vorhandene Brandwand
6 Lage der neuen Wand

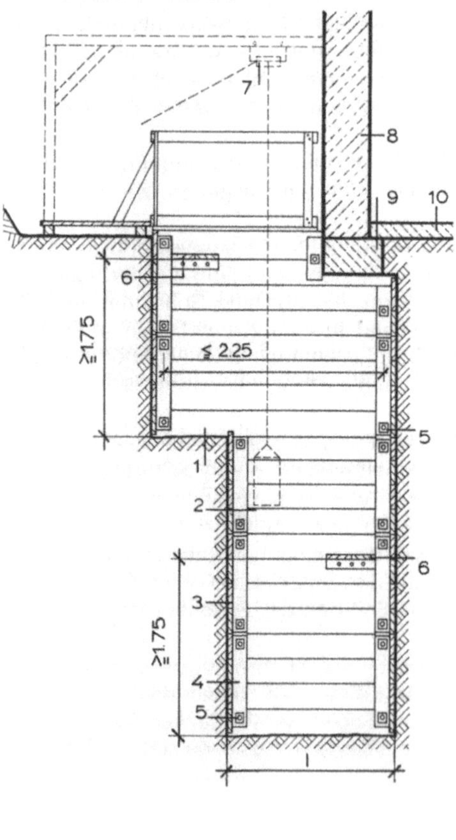

4.16
Schacht für die Vorbereitung der Unterfangung (waagerechter Verbau)

1 Vorschacht (Erweiterung des Hauptschachtes zur Erleichterung des Personen- und Baustofftransports)
2 Hauptschacht (Breite ≦1,25, Länge *l* hängt von neuer Fundamentbreite ab)
3 waagerechter Verbau (Bohlendicke 5 cm)
4 Brustholz 8/16; 1,00 m lang
5 Spindelspreizen
6 Arbeitspritsche, zugleich Schutzdach
7 Laufkatzenaufzug
8 vorhandene Brandwand
9 vorhandenes Fundament
10 vorhandene Bodenplatte

8. Ist eine Längsbewehrung des neuen Fundamentes erforderlich, so wird zunächst in gleicher Höhe mit dem Fundament der Unterfangung abschnittweise ein unbewehrtes Fundament hergestellt, nach Erhärten wird darauf in ganzer Länge das Stahlbetonfundament betoniert.
9. Bei Unterfangungsarbeiten im Winter sind Mauerwerk und (bei bindigen Böden) Baugrubensohle vor Wasser und Frost zu schützen (sturmsichere Abdeckung mit Planen, Ableitung des Wassers, Abdeckung).

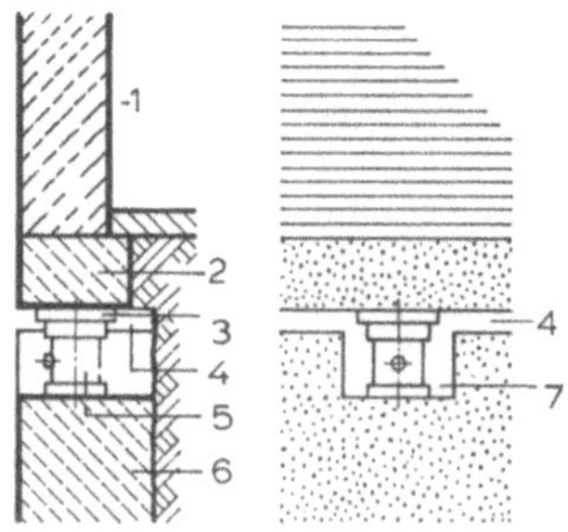

4.17
Vorbelastung der neu hergestellten Unterfangung
a) Schnitt
b) Ansicht
1 vorhandene Brandwand
2 vorhandenes Fundament
3 Bleiplatte zur Druckverteilung
4 offene Restfuge (10 cm breit)
5 Öldruckpresse
6 Unterfangung
7 vorläufig offengehaltene Nische für Öldruckpresse

4.5 Fundamenterder

Die in fast allen Gebäuden in großer Zahl vorhandenen metallischen Sanitär- und Elektroinstallationsleitungen können sich durch Verschleppen elektrischer Spannungen untereinander beeinflussen. Um in derartigen Fällen Schutz gegen gefährliche Berüh-

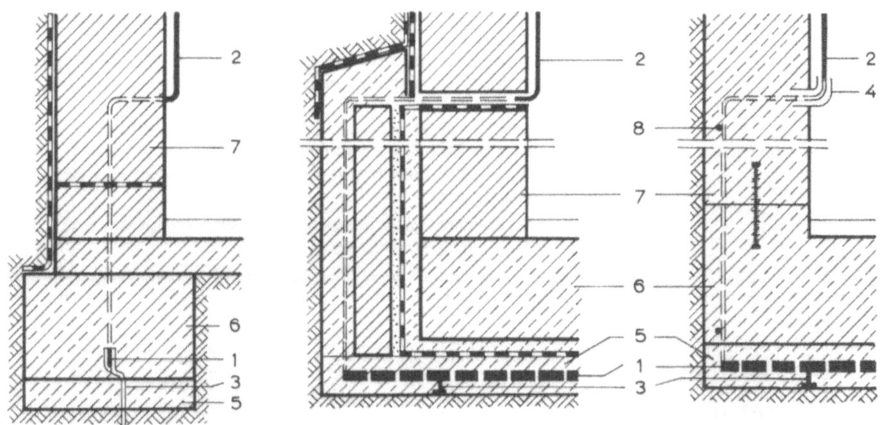

4.18 Fundamenterder
a) Ausführung bei Mauerwerk auf Streifenfundament
b) Ausführung bei geklebter Abdichtung gegen drückendes Wasser
c) Ausführung bei Abdichtung gegen drückendes Wasser mit wasserundurchlässigem Beton

1 Fundamenterder; feuerverzinkter Bandstahl 30/3,5 mm, hochkant auf Abstandhaltern
2 Anschluß-„Fahne" mit Verbinderklemme, freies Ende > 1,00 m, oder angeschlossen an Potentialausgleichschiene
3 Abstandhalter
4 flexibles Überrohr bei Stahlbetonwänden
5 Sauberkeitsschicht
6 Streifenfundament bzw. Fundamentplatte
7 Außenwand
8 Verbindung mit Bewehrung

rungsspannungen zu erzielen, wird in der Regel in betonierte Gebäudefundamente ein Fundamenterder nach VDE-Vorschrift eingelegt. An ihn werden alle metallisch leitenden Systeme angeschlossen, so daß ein Potentialausgleich erzielt wird. Fundamenterder bestehen aus Bandstahl 30 × 3,5 oder 26 × 4 mm und sind durch den umhüllenden Beton ohne zusätzliche Maßnahmen vor Rost geschützt (Bild **4.**18a bis c).

4.6 DIN-Normen[1])

DIN-Nr.		Ausgabe-Datum	Titel
1054		11.76	Baugrund; zul. Belastung des Baugrunds
	Bbl.	11.76	–; –; Erläuterungen
4014		3.90	Bohrpfähle; Herstellung, Bemessung und Tragverhalten
4017	T1	8.79	Baugrund; Grundbruchberechnungen von lotrecht mittig belasteten Flachgründen, Richtlinien
	T2	8.79	–; Grundbruchberechnungen von außermittig und schräg belasteten Flachgründen; Empfehlungen
E		12.88	Berechnung des Grundbruchwiderstands von Flachgründungen
4018		9.74	Flächengründungen; Richtlinien für die Berechnung
4022	T1	9.87	Baugrund und Grundwasser; Benennen und Beschreiben von Boden und Fels, Schichtenverzeichnis für Bohrungen ohne durchgehende Gewinnung von gekernten Proben im Boden und im Fels
	T2	3.81	Baugrund und Grundwasser; Benennen und Beschreiben von Boden und Fels; Schichtenverzeichnis für Bohrungen im Fels (Festgestein)
	T3	5.82	Baugrund und Grundwasser; Benennen und Beschreiben von Boden und Fels; Schichtenverzeichnis für Bohrungen mit durchgehender Gewinnung von gekernten Proben im Boden (Lockergestein)
4123		5.72	Gebäudesicherung im Bereich von Ausschachtungen, Gründungen und Unterfangungen
4124		8.81	Baugruben und Gräben; Böschungen, Arbeitsraumbreiten, Verbau

[1]) s.a. Abschn. 3.5

4.7 Literatur

[1] Dehne, E.: Flächengründungen. Wiesbaden–Berlin 1982

[2] Grassnick, A., Holzapfel, W.: Der schadenfreie Hochbau. Köln–Braunsfeld 1976

[3] Schmitt, H.: Hochbaukonstruktion. Düsseldorf 1977

[4] Simmer, K.: Grundbau Teil 1: 17. Aufl. Stuttgart 1980. Teil 2: 16. Aufl. Stuttgart 1985

[5] Stiegler, J. W.: Baugrundlehre für Ingenieure. Düsseldorf 1973

5 Beton- und Stahlbetonbau

5.1 Allgemeines

5.1.1 Allgemeine Eigenschaften des Betons

Der Beton- und Stahlbetonbau, ein ausgedehntes Sondergebiet des Bauwesens, kann hier nur im Rahmen einer allgemeinen Information in einem Umfang gestreift werden, wie er der Anwendung bei einfacheren Bauvorhaben entspricht.

Unter Beton wird im allgemeinen ein Gemisch aus Bindemitteln, Zuschlägen und Wasser verstanden, das an der Luft und unter Wasser erhärtet.

Bindemittel für Beton ist Zement (DIN 1164).

Für Stahlbeton im Bauwesen kommen außer Zementen nach DIN 1164 nur bauaufsichtlich zugelassene sonstige Zemente als Bindemittel in Frage. Im nachfolgenden Abschnitt wird unter Beton daher allgemein nur Zementbeton verstanden.

Beton ist ein Gemisch aus Zement als Bindemittel sowie natürlichen oder künstlichen, dichten oder porigen mineralischen Stoffen, die ungebrochen oder gebrochen sein können (DIN 4226) und Wasser. Seine Biegezug-, Zug- und Scherfestigkeit nach dem Abbinden, die wie bei allen natürlichen und künstlichen Steinen gering ist, kann durch eine Stahlbewehrung bedeutend erhöht werden. Im Stahlbeton werden die in den Bauteilen auftretenden Druckspannungen vom Beton, die Zug- und Schubspannungen von der Bewehrung aufgenommen, deren Lage innerhalb des Betonkörpers und deren Abmessungen durch statische Berechnung festgelegt werden. Das Zusammenwirken von Stahl und Beton zur Aufnahme der Schnittgrößen (s. DIN 1045 Abschn. 15) wird dadurch ermöglicht, daß die Wärmedehnzahlen beider Stoffe fast gleich sind, der Beton fest am Stahl haftet und eine Rostbildung bei sachgemäßer Umhüllung des Stahls mit vorschriftsmäßig gemischtem Beton nicht eintritt.

Spannbeton wird durch eine künstliche Vorspannung der Bewehrungsstähle gekennzeichnet. Die Bauteile erhalten unter Belastung im gesamten Querschnitt praktisch nur Druckspannung. Damit sind Querschnittsverringerungen möglich, und es kann an Eigengewicht der Bauteile gespart werden.

Für das umfangreiche Sondergebiet des Spannbetons muß auf Spezialliteratur verwiesen werden.

Stahlbeton ist wegen seiner großen Festigkeit, seiner Widerstandsfähigkeit gegen Erschütterungen und seiner Feuerbeständigkeit besonders für die Ausführungen von tragenden Bauteilen wie Stützen, Unterzügen, Decken und Treppen und sowohl für einheitliche Konstruktionssysteme (Stahlbetonskelettbau) als auch für die Herstellung vorgefertigter oder an der Baustelle betonierter Wände geeignet. Die leichte Formbarkeit gestattet die Ausführung beliebig gestalteter Bauteile, sofern die erforderliche Einschalung wirtschaftlich herzustellen ist und konstruktiv ausreichende Abmessungen gewährleistet werden können.

Bauteile aus Beton oder Stahlbeton benötigen verschwindend geringe Unterhaltskosten. Dagegen sind Veränderungen und Abbrucharbeiten mit konventionellen Methoden schwierig. Stahlbeton kann jedoch durch Sägen und Bohren (Kernbohrungen) nachträglich – allerdings mit erheblichem Kostenaufwand – bearbeitet werden.

Die Festlegungen für die Ausführung von Bauwerken aus Stahlbeton sind hauptsächlich in DIN 1045 zusammengefaßt. Sie werden durch weitere Normen ergänzt, die insbesondere die Stahlbetonbaustoffe, die Bemessung im Stahlbetonbau und die Güteüberwachung betreffen (s. DIN-Normenübersicht Abschn. 5.7). Die Normen sind Ergebnisse der Betonforschung und bilden die Grundlage für die bauaufsichtlichen Bestimmungen, die im Beton- und Stahlbetonbau zu beachten sind.

Beton kann planmäßig mit genau vorherbestimmten konstruktiven und bauphysikalischen Eigenschaften hergestellt werden.

Die Betonforschung liefert sichere Grundlagen für die zweckdienliche und wirtschaftliche Herstellung und Verwendung des Betons. Die Kenntnis der Zusammenhänge zwischen Betonaufbau und -eigenschaften in Verbindung mit der durch Rüttelgeräte möglichen, fast vollkommenen Frischbetonverdichtung erlauben die Herstellung von Beton ganz bestimmter Druckfestigkeit, Wasserundurchlässigkeit, Frostbeständigkeit und Widerstandsfähigkeit gegen chemische Angriffe (Abschn. 5.1.6).

Von Einfluß auf die Eigenschaften des Betons sind:

- Art und Festigkeitsklasse des Zements
- Art, Kornform und Oberflächenbeschaffenheit der Zuschläge
- Kornzusammensetzung der Zuschläge
- Eigenfestigkeit und Rohdichte der Zuschläge
- Gewichtsverhältnis von Wassergehalt zu Zementgehalt (Wasserzementwert w/z)
- Durchmischung
- Konsistenz
- Art und Intensität der Verdichtung
- Temperatur der Betonbestandteile bzw. der Umgebung
- Nachbehandlung des Betons
- Erhärtungsalter
- Betonzusätze

Daraus wird deutlich, daß mit der bloßen Angabe des Mischungsverhältnisses von Zement und Zuschlägen die „Güte" eines Betons keineswegs eindeutig bestimmt wird. Ein Beton ist gut, wenn er den besonderen Ansprüchen, die im Einzelfall an ihn gestellt werden, in vollem Umfange genügt. Güte im landläufigen Sinne ist hier nicht immer gleichbedeutend mit hoher Druckfestigkeit. Häufig sind geringes Schwindmaß oder z. B. hohe Wärmedämmfähigkeit eines Betons ebenso wichtig oder wichtiger.

5.1.2 Herstellung

Ort der Herstellung

- **Baustellenbeton** (Beton, dessen Bestandteile auf der Baustelle zugegeben und gemischt werden; s. auch DIN 1045 Abschn. 2 und 5). Als Baustellenbeton gilt auch solcher Beton, der von bis zu 5 km entfernten Baustellen des gleichen Unternehmens herantransportiert wird,
- **Transportbeton** (Beton, dessen Bestandteile außerhalb der Baustelle zugemessen werden und der in Fahrzeugen an der Baustelle in einbaufertigem Zustand übergeben wird),
- **Ortbeton** (Beton, der als Frischbeton in der Regel auf der Baustelle in seine endgültige Lage gebracht wird und dort erhärtet).

Betongruppen

Die Einteilung in die Gruppen Beton B I und B II ermöglicht es u. a., aus Gründen der Wirtschaftlichkeit die Anforderungen abzustufen, denen die Baustellen zur Betonherstellung zu genügen haben.

Beton der Gruppe I kann unter üblichen Baustellenbedingungen hergestellt werden („Rezeptbeton" mit bestimmtem Mindestzementgehalt; s. Abschn. 5.3). Man unterscheidet:

- Beton B I mit Mindestzementgehalt (**5**.19 und **5**.20) und
- Beton B I mit Eignungsprüfung. Eine Eignungsprüfung ist immer erforderlich, wenn Betonzusatzmittel oder -zusatzstoffe verwendet werden (s. Abschn. 5.3).

Beton der Gruppe II ist unter besonderen Anforderungen an die Ausstattung der Baustelle mit Führungskräften, Geräten und Einrichtungen zur Eigen- bzw. Fremdüberwachung der Betonherstellung herzustellen (s. DIN 1045 Abschn. 5.2 und 7). Eine „B II-Baustelle" – auf der Beton der Festigkeitsklasse B 35 und höher hergestellt und verwendet werden darf – ist z. B. u. a. mit einer Betonprüfstelle E (ständige Betonprüfstelle für die Eigenüberwachung von Beton II ...) rechtlich und räumlich so zu verbinden, daß eine enge Zusammenarbeit zwischen Baustelle und Betonprüfstelle möglich ist.

Verarbeitung

Schüttbeton ist die am meisten verwendete Betonart und wird für fast alle an der Baustelle hergestellten Betonteile verwendet.

Fließbeton wird unter Zusatz von flüssigen Betonverflüssigern hergestellt, die nachträglich dem fertigen Frischbeton ohne Zugabe weiterer Stoffe – insbesondere ohne weiteres Zugabewasser – zugemischt werden. Fließbeton kann mit wesentlich geringerem Verdichtungsaufwand als normaler Schüttbeton und mit Hilfe von Pumpen eingebaut werden.

Vakuumbeton setzt man zur wirtschaftlichen Herstellung monolithischer Betonböden und -decken ein. Dabei wird der auf die Schalung gebrachte frische Beton verdichtet und besonders höhengenau abgezogen. Mit Hilfe von speziellen Filtermatten wird durch Vakuumwirkung dem Beton Überschußwasser entzogen und er derart oberflächenverdichtet, daß durch anschließendes maschinelles Abscheiben oder Glätten völlig ebene und sehr verschleißfeste Oberflächen entstehen.

Schleuderbeton wird zur Herstellung von Rohren verwendet.

Stampfbeton wird erdfeucht oder steif für Fundamente und ähnliche Bauteile eingebaut.

Spritzbeton wird zur Verstärkung vorhandener Betonkonstruktionen, im Kanalbau u. ä. eingesetzt.

5.1.3 Konsistenz und Verarbeitung

Die Verarbeitungsbedingungen am Bau bestimmen die Wahl der Frischbetonkonsistenz nach der folgenden Tafel über die Konsistenzbereiche des Frischbetons. Die Konsistenz ist abhängig vom Wassergehalt des Frischbetons. Der Wassergehalt (Wasserzementwert) beeinflußt den erforderlichen Zementanteil und damit die Betonfestigkeit (und mittelbar auch die Kosten).

Konsistenz

Bei Frischbeton werden vier Konsistenzbereiche unterschieden (Tabelle **5**.1).

Tabelle **5.1** Konsistenzbereiche des Frischbetons

	1	2	3	4
	Konsistenzbereiche Bedeutung	Kurzzeichen	Ausbreitmaß a in cm	Verdichtungsmaß v
1	steif	KS	–	≧ 1,20
2	plastisch	KP	35 bis 41	1,19 bis 1,08
3	weich	KR	42 bis 48	1,07 bis 1,02
4	fließfähig	KF	49 bis 60	–

Die Konsistenz des Betons muß den Gegebenheiten an der Baustelle angepaßt sein. Für Ortbeton der Gruppe B I ist vorzugsweise die Konsistenz KR (weich) einzusetzen. Fließbeton (KF) muß entsprechend den gesonderten „Richtlinien für Beton mit Fließmitteln" [15] hergestellt werden.

– Nach DIN 1045 Abschn. 7.4.3.4 ist die Konsistenz ... während des Betonierens laufend nach dem Augenschein zu überwachen. Erweist es sich, daß der Beton mit der gewählten Konsistenz für einzelne schwierige Betonierabschnitte nicht ausreichend verarbeitbar ist, müssen Wassergehalt und Zementanteil im gleichen Gewichtsverhältnis vergrößert werden (Abschn. 6.5.6.3) oder Zusatzmittel eingesetzt werden. Die Konsistenz des Beton B I muß bei der Eignungsprüfung an der oberen Grenze des gewählten Konsistenzbereichs (obere Grenze des Ausbreitmaßes) liegen (Abschn. 7.4.2.2).

Die Regelkonsistenz kann mit $a = 42$ bis 48 cm in den meisten Fällen gegeben sein.

Wasserzementwert

Als Wasserzementwert wird das Verhältnis des Wassergehalts w zum Zementgewicht z im Beton bezeichnet. Der Wasserzementwert ist besonders wichtig für die Güte von Beton. Er wird mit w/z oder ω bezeichnet. Soll der Wassergehalt erhöht werden, so muß der Zementanteil im gleichen Gewichtsverhältnis vergrößert werden (Abschn. 5.3).

Mehlkorngehalt

Der Beton muß eine bestimmte Menge an Mehlkorn enthalten, damit er gut verarbeitbar ist und ein geschlossenes Gefüge erhält. Der Mehlkorngehalt setzt sich zusammen aus dem Zement, dem im Betonzuschlag enthaltenen Kornanteil 0 bis 0,125 mm und gegebenenfalls dem Betonzusatzstoff. Ein ausreichender Mehlkorngehalt ist besonders wichtig bei Beton, der über längere Strecken oder in Rohrleitungen gefördert wird, bei Beton für dünnwandige, eng bewehrte Bauteile und bei wasserundurchlässigem Beton. DIN 1045 Abschn. 6.5.4 enthält tabellarische Angaben über den höchstzulässigen Mehlkorngehalt (≦ 0,125 mm) sowie Mehlkorn- und Feinstsandgehalt (≦ 0,250 mm).

5.1.4 Festigkeit

Entsprechend den unterschiedlichen statischen Anforderungen an die aus Beton bzw. Stahlbeton hergestellten Bauteile werden Festigkeitsklassen für Beton festgelegt (Tabelle **5.2**).

Überprüft wird die Festigkeit von Beton durch Abdrücken von Probewürfeln mit 20 cm Kantenlänge. Dazu werden beim Betonieren aus verschiedenen Mischerfüllungen bzw. Transportbetonlieferungen jeweils 3 Proben entnommen, in genormte Stahlschalungen gefüllt und verdichtet. Die Prüfung erfolgt in der Regel nach 28 Tagen, d. h. nach Erreichen der rechnerischen Endfestigkeit des Betons (β_{W28}).

Tabelle **5**.2 Festigkeitsklassen des Betons (vgl. DIN 1045 Tab. 1)

Betongruppe	Betonfestigkeitsklasse	Nennfestigkeit β_{WN} in N/mm²	Serienfestigkeit β_{WS} in N/mm²	Anwendung
Beton B I	B 5	5	8	nur für unbewehrten Beton
	B 10	10	15	
	B 15	15	20	für unbewehrten und bewehrten Beton
	B 25	25	30	
Beton B II	B 35	35	40	
	B 45	45	50	
	B 55	55	60	

B 5 z. B. bedeutet, daß die Güteprüfung bei *jedem* der drei Würfel einer Serie für die Druckfestigkeit β_{WN} als *Mindestwert* 5 N/mm² ergeben hat. Der Mindestwert für die mittlere Druckfestigkeit jeder Würfelserie β_{WS} („Serienfestigkeit") liegt höher, und zwar um 3 N/mm² bei B 5, im übrigen um 5 N/mm² (s. DIN 1045 Tab. 1).

Beton der Festigkeitsklassen B 5 und 10 darf nicht für Stahlbeton verwendet werden.

Beton für Außenbauteile muß mindestens der Festigkeitsklasse B 25 entsprechen. Beton B 55 ist für werkmäßige Herstellung von Fertigteilen vorgesehen.

5.1.5 Rohdichte

Die Rohdichte ist u. a. abhängig von Art, Korngröße und Kornzusammensetzung der Zuschläge, die in der Regel aus natürlichem oder künstlichem, dichtem oder porigem Gestein bestehen.

Normalbeton und Schwerbeton haben ein geschlossenes, möglichst dichtes Gefüge. Zuschläge sind in der Hauptsache Sand, Kies, Schotter; für Schwerbeton (Anwendung z. B. im Reaktorbau) Schwerspat, Magnetit, Stahlschrott.

Leichtbeton. Normalbeton weist mit 2,1 W/mK bis 2,8 W/mK sehr ungünstige Wärmeleitzahlen auf. Für Bauteile, die für sich allein oder im Zusammenhang mit anderen Materialien Anforderungen an den Wärmeschutz genügen müssen, wird daher Leichtbeton verwendet. Leichtbeton hat ein poriges Gefüge durch Zuschläge aus Naturbims, Hüttenbims, Lava- oder porigen Hochofenschlacken, Blähton, Blähschiefer, Vermiculit (Blähglimmer), Perlit (Blähpechstein), Ziegelsplitt u. a.

Stahlleichtbeton ist *bewehrter* Leichtbeton mit geschlossenem Gefüge, der ganz oder teilweise unter Verwendung von leichten Zuschlägen, z. B. von Blähton oder Blähschiefer oder auch Blähglimmer und geblähtem Obsidian hergestellt wird. Die Druckfestigkeit des Leichtbetons muß wenigstens der der Festigkeitsklasse LB 15 entsprechen. Die Rohdichte muß (nach 28 Tagen) zwischen 1,2 t/m³ und 2,0 t/m³ bei Wärmeleitzahlen zwischen 0,6 W/mK und 1,2 W/mK liegen (s. Abschn. 5.1.7).

5.1.6 Beton mit besonderen Eigenschaften

Wasserundurchlässiger Beton wird für Bauteile verwendet, die nichtdrückendem oder drückendem Wasser ausgesetzt sind (s. Abschn. 14.4.7.2). Als wasserundurchlässig wird ein Beton bezeichnet, in den Druckwasser bei der Prüfung nach DIN 1048 höchstens 5 cm tief eindringt. (In der Regel beträgt die Eindringtiefe ca. 20 mm.)

Zur Herstellung von wasserundurchlässigem Beton eignen sich alle Normzemente nach DIN 1164. Der für die Wasserundurchlässigkeit notwendige Dichtigkeitsgrad des Betons wird mit rasch erhärtenden Zementen schneller erreicht. Somit können die in der Regel für wasserdurchlässige Bauteile erforderlichen Wasserhaltungsarbeiten verkürzt werden. Für Beton, der dem Angriff von Wasser mit mehr als 400 mg Sulfat pro Liter ausgesetzt wird, ist Zement mit hohem Sulfatwiderstand (HS) nach DIN 1164 zu verwenden.

Wasserundurchlässiger Beton wird meistens mit Festigkeitsklassen ab B 35 hergestellt. Aber auch Beton B I mit der Festigkeitsklasse B 25 kann wasserundurchlässig ausgeführt werden. Der Zementgehalt muß in diesem Fall mindestens betragen:

– 370 kg/m^3 bei Zuschlägen mit Größtkorn 16 mm,

– 350 kg/m^3 bei Zuschlägen mit Größtkorn 32 mm.

Die Sieblinie des Zuschlaggemisches (s. Abschn. 5.2.2) soll möglichst stetig verlaufen und zwischen den Regelsieblinien A und B, am besten dicht unterhalb der Sieblinie B. Im übrigen müssen die Zuschläge DIN 4226 entsprechen und insbesondere frei von schädlichen Bestandteilen wie Lehm, Ton und humusartigen Beimischungen gehalten werden.

Die Geschmeidigkeit und die gewünschten besonderen Eigenschaften des wasserundurchlässigen Betons werden stark durch den Mehlkorngehalt beeinflußt. Dieser ist in DIN 1045 (Abschn. 6.5.4) gemäß Tabelle **5**.3 festgelegt.

Tabelle **5**.3 Höchstzulässiger Mehlkorngehalt sowie höchstzulässiger Mehlkorn- und Feinstsandgehalt für Beton mit einem Größtkorn des Zuschlaggemisches von 16 mm bis 63 mm[1])

1	2	3
Zementgehalt	Höchstzulässiger Gehalt in kg/m^3 an	
	Mehlkorn	Mehlkorn und Feinstsand
	bei einer Prüfkorngröße von	
in kg/m^3	0,125 mm	0,250 mm
≦ 300	350	450
350	400	500

[1]) Die Begrenzung gilt für Beton mit hohem Frostwiderstand, hohem Frost- und Tausalzwiderstand, hohem Verschleißwiderstand und für Beton von Außenbauteilen

Zusatzmittel können Hilfen bei der Herstellung von wasserundurchlässigem Beton sein. Sie sind jedoch nicht in der Lage, Fehler in der Betonzusammensetzung oder -verarbeitung auszugleichen. Bei der Zugabe von Zusatzmitteln, z. B. Betonverflüssiger (BV) oder Dichtungsmittel (DM), muß der Beton genauso sorgfältig zusammengesetzt, eingebracht, verdichtet oder nachbehandelt werden wie ohne Zusatzmittel.

Bei wasserundurchlässigem Beton, der als Beton B II, also mit Eignungsprüfung hergestellt wird, ist der Wasserzementwert begrenzt. Bei Bauteilen mit Dicken von etwa 10 bis 40 cm darf der Wasserzementwert 0,60 und bei dickeren Bauteilen 0,70 nicht überschreiten. Zur Berücksichtigung der unvermeidlichen Streuungen der Mischungen bei der Bauausführung ist es empfehlenswert, den Wasserzementwert um 0,05 niedriger anzusetzen.

Beim Betonieren ist besonders sorgfältig darauf zu achten, daß sich der Beton nicht entmischt. Bei größeren Fallhöhen sind Fallrohre zu verwenden, die dicht über der Einbaustelle enden. Die Schichthöhen des Frischbetons sollen 50 cm nicht überschreiten.

Um wasserundurchlässigen Beton zu erhalten, ist eine sorgfältige Nachbehandlung erforderlich. Das Vernachlässigung der Nachbehandlung stellt die Güte des Betons in Frage, auch wenn alle anderen Regeln der Betontechnologie befolgt werden. Deshalb ist der junge Beton unbedingt mindestens 7 Tage feucht zu halten oder durch Aufsprühen eines Nachbehandlungsfilms zu schützen sowie gegen Wärme und Kälte durch Abdeckungen zu schützen (vgl. Abschn. 5.3.2).

Beton mit hohem Frost- und Tausalz-Widerstand wird als wasserundurchlässiger Beton mit einem möglichst niedrigen Wasserzementwert (0,5) und mit Zuschlägen für erhöhten Widerstand gegen Frost und Taumittel (eFT) hergestellt.

Tabelle **5.4** Anforderungen an Beton mit besonderen Eigenschaften [11]

Betoneigenschaft, Angriffsgrad	Herstellung als	Sieblinienbereich	Mindestzementgehalt in kg/m³	Wasser-Zement-Wert[1])	Zusätzliche Anforderungen
Wasserundurchlässigkeit	B I	A 16/B 16	370	–	Wassereindringtiefe $e_w \leqq 50$ mm
		A 32/B 32	350	–	
	B II[2])	–	–	$d \leqq 40$ cm; w/z $\leqq$ 0,60	
		–	–	$d > 40$ cm; w/z $\leqq$ 0,70	
hoher Frostwiderstand	B I	A 16/B 16	370	–	Zuschläge eF DIN 4226 frostbeständig; $e_w \leqq 50$ mm
		A 32/B 32	350	–	
	B II	–	–	w/z $\leqq$ 0,60	
		–	–	bei massigen Bauteilen w/z $\leqq$ 0,70	Zuschläge eFT DIN 4226 frostbeständig; $e_w \leqq 50$ mm; mittlerer LP-Gehalt[3]) bei 8 mm Größtkorn[4]) $\geqq$ 5,5 Vol.-% 16 mm Größtkorn[4]) $\geqq$ 4,5 Vol.-% 32 mm Größtkorn[4]) $\geqq$ 4,0 Vol.-% 63 mm Größtkorn[4]) $\geqq$ 3,5 Vol.-%
hoher Frost- und Tausalzwiderstand	zweckmäßig B II	–	–	w/z $\leqq$ 0,5	
hoher Verschleißwiderstand	B II	nahe A oder B/U	($\leqq$ 350 bei Zuschlag 0/32)	–	Beton $\geqq$ B 35; Zuschlag bis 4 mm Quarz o. ä., > 4 mm mit hohem Verschleißwiderstand
hoher Widerstand gegen chemischen Angriff: schwach[5])	B I	A 16/B 16	400	–	Wassereindringtiefe $e_w \leqq 50$ mm
		A 32/B 32	350	–	
	B II	–	–	w/z $\leqq$ 0,60	
stark[5])	B II	–	–	w/z $\leqq$ 0,50	Wassereindringtiefe $e_w \leqq 30$ mm
sehr stark[5])	B II	–	–	w/z $\leqq$ 0,50	Wassereindringtiefe $e_w \leqq 30$ mm und Schutz des Betons, s. Abschn. 5.6.5

[1]) Zur Berücksichtigung der Streuungen bei der Bauausführung ist bei der Eignungsprüfung der w/z-Wert um etwa 0,05 niedriger einzustellen.
[2]) Unter bestimmten Bedingungen auch als B I zulässig.
[3]) Luftporen; bei Betonwaren aus sehr steifem Beton nicht erforderlich.
[4]) Zur Berücksichtigung der Streuungen bei der Bauausführung ist bei der Eignungsprüfung der LP-Gehalt um 0,5 Vol.-% höher einzustellen. Einzelwerte dürfen den mittleren LP-Gehalt um höchstens 0,5 Vol.-% unterschreiten.
[5]) Angriffsgrade definiert in DIN 4030

Durch Zugabe eines luftporenbildenden Betonzusatzmittels (LP) ist außerdem sicherzustellen, daß der in DIN 1045 Tabelle 5 angegebene Luftgehalt im Frischbeton eingehalten wird.

Beton mit hohem Verschleißwiderstand wird benötigt für Bauteile, die starkem und schwerem Verkehr ausgesetzt sind oder durch rutschendes Schüttgut, strömendes Wasser u. ä. stark beansprucht werden.

Derartige Bauteile müssen aus Beton B II hergestellt werden und mindestens die Festigkeitsklasse B 35 aufweisen. Der Zementgehalt soll dabei 350 kg/m^3 bei 32 mm Größtkorn des Zuschlages nicht überschreiten. Die Zuschläge müssen aus Gesteinen mit hohem Abnutzungswiderstand bestehen, wobei der Zuschlagsanteil mit 4 mm Korngröße überwiegend aus Quarzsand bestehen muß. Ferner können Hartstoffe wie z. B. besondere Schlacken, Metallspäne, Elektrokorund, Siliziumkarbid beigemischt werden. Beim Einbau ist möglichst steifer Beton zu verwenden, der sorgfältig nachbehandelt werden muß.

Beton mit hohem Widerstand gegen chemische Angriffe z. B. durch angreifendes („aggressives") Grundwasser, Abwasser, Abgase wird in der Regel als wasserundurchlässiger Beton mit niedrigem Wasserzementwert hergestellt, der sorgfältig verdichtet und nachbehandelt wird.

Außerdem kann je nach Beanspruchung Spezialzemente wie z. B. Zement mit hohem Sulfatwiderstand (HS), mit niedrigem wirksamem Alkaligehalt (NA) (s. Abschn. 5.2.1) verwendet werden. Außerdem können bei sehr starken Beanspruchungen nach DIN 4030 Schutzüberzüge in Frage kommen (s. Abschn. 5.5.1).

Beton für hohe Gebrauchstemperatur bis 250 °C. Dieser Beton findet fast ausschließlich Verwendung im Industriebau.

Er ist mit Zuschlägen herzustellen, die sich für solche Beanspruchungen als geeignet erwiesen haben. Der Zuschlag sollte eine Wärmedehnung möglichst nahe der des Zementsteins haben, wie beispielsweise Hochofenschlacke, bestimmte dichte Kalksteine und Basalt. Der Beton muß besonders sorgfältig nachbehandelt werden (s. Abschn. 5.3.2). Erst nach dem Austrocknen des Betons sollte die erste Erhitzung möglichst langsam erfolgen. Bei kurzfristigen oder ständig einwirkenden Temperaturen über 80 °C sind die Besonderheiten der DIN 1045 in bezug auf die Rechenwerte für die Druckfestigkeit und den E-Modul zu beachten.

5.1.7 Leichtbeton

Leichtbeton ist ein Beton mit erheblich besseren Wärmedämmeigenschaften als Normalbeton. Er wird besonders dort eingesetzt, wo ein zusätzlicher Wärmeschutz technisch oder aus gestalterischen Gründen schwierig angebracht werden kann (z. B. bei auskragenden Bauteilen im Zusammenhang mit Sichtbeton, Stützen in Außenwänden, durchbindenden Unterzügen u. ä.). Die Gefahr, daß Wärmebrücken entstehen, kann auf diese Weise abgemildert werden. Leichtbeton wird in den Festigkeitsklassen LB 8 bis LB 55 unter Verwendung von Leichtzuschlägen nach DIN 4226 T 2 (Leichtsande, Blähton, Blähschiefer u. a.) hergestellt (Tab. **5**.5 und **5**.6). Die Wärmeleitfähigkeit von Leichtbeton (Tab. **5**.7) ist abhängig insbesondere von den Zuschlägen (s. Abschn. 5.2.2).

Man unterscheidet Leichtbeton mit haufwerksporigem und mit geschlossenem Gefüge. Unter besonderen Vorsichtsmaßnahmen kann auch haufwerksporiger Leichtbeton Stahleinlagen erhalten (DIN 4232). Für tragende Bauteile wird jedoch im allgemeinen nur Leichtbeton mit geschlossenem Gefüge (DIN 4219) verwendet („konstruktiver Leichtbeton").

Tabelle **5**.5 Festigkeitsklassen und Anwendung von Leichtbeton (DIN 4219)

1	2	3	4	5	6
Betongruppe	Festigkeitsklasse des Leichtbetons	Nennfestigkeit β_{WN} in N/mm²	Serienfestigkeit β_{WS} in N/mm²	Anwendung	
Leichtbeton B I[1])	LB 8	8	11	für unbewehrte Bauteile und bewehrte Wände	nur bei vorwiegend ruhenden Lasten
	LB 10	10	13		
	LB 15	15	18	unbewehrter Leichtbeton und Stahlleichtbeton	
	LB 25[2])	25	29	unbewehrter Leichtbeton, Stahlleichtbeton und Spannleichtbeton	auch bei nicht vorwiegend ruhenden Lasten
Leichtbeton B II	LB 35	35	39		
	LB 45	45	49		
	LB 55[3])	55	59		

[1]) stets mit Eignungsprüfung
[2]) LB 25 für Spannleichtbeton ist unter den Bedingungen für B II herzustellen und zu überwachen.
[3]) Zustimmung im Einzelfall oder Zulassung entsprechend den bauaufsichtlichen Vorschriften erforderlich.

Tabelle **5**.6 Festigkeitsklassen und Trockenrohdichte von Leichtbeton

Festigkeitsklasse	Trockenrohdichte ϱ_d mit Natursand in kg/dm³	Trockenrohdichte ϱ_d mit Leichtsand in kg/dm³
LB 8	–	ab etwa 0,95
LB 10	ab etwa 1,35	ab etwa 1,15
LB 15	ab etwa 1,45	ab etwa 1,25
LB 25	ab etwa 1,55	ab etwa 1,35
LB 35	ab etwa 1,65	ab etwa 1,45
LB 45	ab etwa 1,70	ab etwa 1,55
LB 55	ab etwa 1,75	–

Tabelle **5**.7 Wärmeleitfähigkeit von Leichtbeton[1])

Zuschlagart	Leichtzuschlag mit oder ohne Natursand zugelassen für Beton B I und B II		Blähton oder Blähschiefer ohne Natursand nur zugelassen für Beton B II	
Rohdichteklasse	Trockenrohdichte ϱ_d in kg/dm³	Wärmeleitfähigkeit λ in W/m K	Trockenrohdichte ϱ_d in kg/dm³	Wärmeleitfähigkeit λ in W/m K
1,0	bis 1,0	0,47	bis 0,9 bis 1,0	0,35 0,38
1,2	bis 1,2	0,59	bis 1,1 bis 1,2	0,44 0,50
1,4	bis 1,4	0,72	bis 1,3 bis 1,4	0,56 0,62
1,6	bis 1,6	0,87	bis 1,5 bis 1,6	0,67 0,73
1,8	bis 1,8	0,99	–	–
2,0	bis 2,0	1,16	–	–

[1]) zum Vergleich: Normalbeton hat die Wärmeleitfähigkeit $\lambda = 2{,}1$ W/m · K

5.2 Baustoffe

5.2.1 Zement

Für Beton und Stahlbeton nach DIN 1045 dürfen nur Zemente nach DIN 1164 verwendet werden.

DIN 1164 behandelt folgende Zementarten:

- Portlandzement — Kennbuchstaben PZ
- Eisenportlandzement — Kennbuchstaben EPZ
- Hochofenzement — Kennbuchstaben HOZ
- Traßzement — Kennbuchstaben TrZ
- Portlandölschieferzement — Kennbuchstaben PÖZ

Zemente mit besonderen Eigenschaften (DIN 1164 Abschn. 4) erhalten zusätzliche Kennbuchstaben:

- Zement mit **n**iedriger Hydratations**w**ärme — NW
- Zement mit **h**ohem **S**ulfatwiderstand — HS
- Zement mit **n**iedrigem wirksamem **A**lkaligehalt — NA

NW-Zemente (mit niedriger Hydratationswärme) sind besonders für massige Bauteile geeignet.

HS-Zemente (mit hohem Sulfatwiderstand) sind bei einem Sulfatangriff des Grundwassers über 600 mg/l erforderlich.

NA-Zemente (mit niedrigem wirksamem Alkaligehalt) werden bei Verarbeitung von Zuschlägen mit alkaliempfindlichen Bestandteilen verwendet, die in einigen Bereichen Norddeutschlands vorkommen.

Entsprechend der Mindestdruckfestigkeit der Zementprüfkörper nach 28 Tagen werden die Zemente in 4 Festigkeitsklassen eingeteilt (Tab. **5**.8).

Tabelle **5**.8 Zement – Festigkeitsklassen und Kennfarben

<table>
<tr><th rowspan="2" colspan="2">Festigkeitsklasse</th><th colspan="4">Druckfestigkeit [N/mm²] nach</th><th rowspan="2">Kennfarbe⁵)</th><th rowspan="2">Farbe des Aufdrucks</th></tr>
<tr><th>2 Tagen min.</th><th>7 Tagen min.</th><th>28 Tagen min.</th><th>max.</th></tr>
<tr><td colspan="2">Z 25¹)</td><td>–</td><td>10</td><td>25</td><td>45</td><td>violett</td><td>schwarz</td></tr>
<tr><td rowspan="2">Z 35</td><td>L²)</td><td>–</td><td>18</td><td rowspan="2">35</td><td rowspan="2">55</td><td rowspan="2">hellbraun</td><td>schwarz</td></tr>
<tr><td>F³)</td><td>10</td><td>–</td><td>rot</td></tr>
<tr><td rowspan="2">Z 35</td><td>L²)</td><td>10</td><td>–</td><td rowspan="2">45</td><td rowspan="2">65</td><td rowspan="2">grün</td><td>schwarz</td></tr>
<tr><td>F³)</td><td>20</td><td>–</td><td>rot</td></tr>
<tr><td colspan="2">Z 55⁴)</td><td>30</td><td>–</td><td>55</td><td>–</td><td>rot</td><td>schwarz</td></tr>
</table>

¹) Nur für NW-Zement und/oder HS-Zement
²) L = Zement mit langsamerer Anfangserhärtung.
³) F = Zement mit höherer Anfangsfestigkeit.
⁴) Als L-Zement mit bauaufsichtlicher Zulassung.
⁵) Farbe des Sackes bzw. bei losem Zement des Anheftblattes am Silo.

Zemente der Festigkeitsklassen 35 und 45 mit langsamer Anfangserhärtung erhalten die Zusatzbezeichnung L, solche mit höherer Frühfestigkeit die Zusatzbezeichnung F.

Beispiel Die Bezeichnung Zement PZ45F DIN 1164 kennzeichnet demnach einen Portlandzement mit einer 28-Tage-Druckfestigkeit von mindestens 45 N/mm^2 und höchstens 65 N/mm^2 sowie mit einer Druckfestigkeit von mindestens 20 N/mm^2 nach 2 Tagen (F).

Der Zement ist in sauberen Transportbehältern zu liefern, die Kennfarben tragen und ebenso wie die Lieferscheine mit Angaben über Zementart, Festigkeitsklasse, Zusatzbezeichnung, Lieferwerk, Gewicht und Überwachungszeichen versehen sind (Bild **5**.9).

5.9
Überwachungszeichen für Zement

Überwachung Verein Deutscher Zementwerke e.V.

5.2.2 Betonzuschlag

Beton-*Zuschläge* (nicht zu verwechseln mit Beton-*Zusätzen* nach DIN 1045 Abschn. 5.3) sind meistens körnige, in der Regel mineralische Stoffe, die durch den Zementleim (Zement-Wasser-Gemisch) zu dem künstlichen Konglomerat *Beton* zusammengekittet werden, nachdem der Zementleim zu Zementstein erhärtet ist.

Betonzuschlag (für Normalbeton) muß DIN 4226 entsprechen. In DIN 4226 T1 und 2 sind die Zuschlaggemische und Korngruppen sowie die Kornzusammensetzung für jede Korngruppe (in Gewichts-%) tabellarisch zusammengestellt.

Es werden unterschieden:

- **Zuschläge aus natürlichem Gestein.** Hierzu rechnen ungebrochene und gebrochene dichte Zuschläge aus Gruben, Flüssen, Seen und Steinbrüchen.
- **künstlich hergestellte Zuschläge.** Hierzu rechnen die künstlich hergestellten gebrochenen und ungebrochenen dichten Zuschläge, wie kristalline Hochofenstückschlacke und ungemahlener Hüttensand nach DIN 4301 sowie Schmelzkammergranulat mit 4 mm Größtkorn.
- **Gesteinsmehl.** Gesteinsmehl ist ein weitgehend inerter mehlfeiner Stoff aus natürlichem oder künstlichem mineralischem Gestein.

Die Zuschläge müssen eine dem jeweiligen Verwendungszweck des Betons entsprechende Kornfestigkeit haben, dürfen nicht (z. B. durch bestimmte chemische Eigenschaften) die Erhärtung des Zements behindern oder den Korrosionsschutz der Bewehrung beeinträchtigen und müssen (z. B. durch Kornform und Oberflächenbeschaffenheit des Korns) eine einwandfreie Haftung zwischen Zuschlag und Zementstein gewährleisten (Tab. **5**.10, s. auch DIN 4226 Abschn. 7).

Der Betonzuschlag ist nach Begriff, Bezeichnung, Anforderungen usw. genormt.

So behandeln

- DIN 4226 T1 den Zuschlag mit *dichtem* Gefüge,
- DIN 4226 T2 den Zuschlag mit *porigem* Gefüge,
- DIN 1045 Abschn. 6.2 u. a. die zweckmäßigste Kornzusammensetzung des Betonzuschlags (Sieblinien).

Tabelle **5**.10 Zuschläge

für Beton der Rohdichte	natürliche Zuschläge natürlich gekörnt	mechanisch zerkleinert	künstliche Zuschläge
0,3 bis 1,6 (2,0) t/m³ (Leichtbeton)	sehr feine Natursande Naturbims porige Lavalapilis	gebrochene porige Lavaschlacke gebrochene Tuffe Sägemehl Sägespäne Holzwolle	granulierte Hochofenschlacke geschäumte Hochofenschlacke (Hüttenbims) Sinterbims porige Kesselschlacke Ziegelsplitt Blähton Blähschiefer Blähglimmer (Vermiculit) Blähpechstein (Perlit)
2,0 bis 2,8 t/m³ (Normalbeton)	Flußsand Flußkies Grubensand Grubenkies	Brechsand Splitt Schotter aus gesunden Natursteinen Asbestfasern	Hochofenschlacken Klinkerbruch künstl. Korund Siliziumkarbid
≧ 2,8 t/m³ (Schwerbeton)	Schwerspat Magnetit	gebrochener Schwerspat Magnetit	Stahlschrott Stahlspäne Stahlfeilspäne

Betonzuschlag mit dichtem Gefüge ist nach DIN 4226 T1 ein Gemenge (Haufwerk) von ungebrochenen und/oder gebrochenen Körnern aus natürlichen und/oder künstlichen mineralischen Stoffen. Er besteht aus etwa gleich oder verschieden großen Körnern mit dichtem Gefüge. Die entsprechend veränderte Begriffsbestimmung gilt für Betonzuschlag mit porigem Gefüge (Leichtzuschlag) gemäß DIN 4226 T2. Sie erstreckt sich auch auf Blähton und Blähschiefer, jedoch nicht auf Zuschläge für Betone und Mörtel, die nur der Wärmedämmung dienen (z.B. auf Blähglimmer = Vermiculit oder Blähpechstein = Perlit).

Die Zuschläge werden unterschieden nach Stoffart und Korngruppen (s. Tab. **5**.11).

Tabelle **5**.11 Zusätzliche Bezeichnung des Zuschlags nach DIN 4226

Zuschlag mit Kleinstkorn in mm	Größtkorn in mm	zusätzliche Bezeichnung für ungebrochenen Zuschlag	gebrochenen Zuschlag
–	0,25	Feinst- } Sand	Feinst- } Brechsand
–	1	Fein- } Sand	Fein- } Brechsand
1	4	Grob- } Sand	Grob- } Brechsand
4	32	Kies	Splitt
32	63	Grobkies	Schotter

Ein Gemenge von Sand und Kies (bzw. Splitt) wird als Kiessand (bzw. Splitt-Sand-Gemisch) bezeichnet.

Eine Korngruppe umfaßt Korngröße zwischen zwei Prüfkorngrößen; sie wird durch diese Prüfkorngrößen bezeichnet, z.B. Korngruppe 2/8 mm.

Ein Zuschlaggemisch ist ein Gemenge aus mehreren Korngruppen. Es wird durch eine untere und eine obere Prüfkorngröße bezeichnet.

Die untere bzw. obere Prüfkorngröße einer Korngruppe oder eines Zuschlaggemisches wird Kleinstkorn bzw. Größtkorn genannt.

Durch die Prüfkorngrößen ist ein Betonzuschlag im allgemeinen hinreichend bezeichnet. Die Bezeichnung kann durch Angaben über Stoffart oder -bearbeitung ergänzt werden.

Für **Leichtbetone** werden die Zuschläge nach folgenden Gesichtspunkten gewählt:

1. Hochwärmedämmende, statisch nicht genutzte Leichtbetone (Isolierbetone) mit Rohdichten und Festigkeiten an der untersten Grenze der bekannten Gesamtbereiche erhalten meist grobkörnige Zuschläge mit hoher Eigenporosität, deren Eigenfestigkeit ohne Bedeutung ist, z. B. Sägemehl, Kork, Blähkork, Hartschaumgranulat, Perlit, Vermiculit o. ä. Gas- und Schaumbetonzuschläge sind Feinsande, feinkörnige Bimszumischungen usw. Die nötige Festigkeit wird durch den die Zuschläge verkittenden Zementstein gewährleistet.
2. Wärmedämmende Leichtbetone für Mauern, Wände und Decken des Hochbaues bei niederen und mittleren Rohdichten und entsprechenden mittleren statisch genutzten Festigkeiten erhalten als Zuschläge Blähton, Blähschiefer, Bims, Lavagestein, Schlacken, Hüttenbims und alle hochporösen und leichten anorganischen Zuschläge mit offener oder geschlossener Oberfläche.
3. Konstruktions-Leichtbetone, d. h. Stahlleichtbetone mit Rohdichten an der oberen Grenze und Festigkeiten, die weit in den Bereich der Normalbetone hineinreichen, erhalten als Zuschläge vorzugsweise Blähton oder Blähschiefer, deren Porigkeit Kornform und Korngröße vorausbestimmbar und deren Rohdichte und Schüttdichte beliebig festgelegt werden können (im übrigen s. DIN 4232).

Die Kornzusammensetzung der Zuschläge beeinflußt den Wasseranspruch, die Verdichtungswilligkeit des Frischbetons und die Festigkeit des erhärteten Betons.

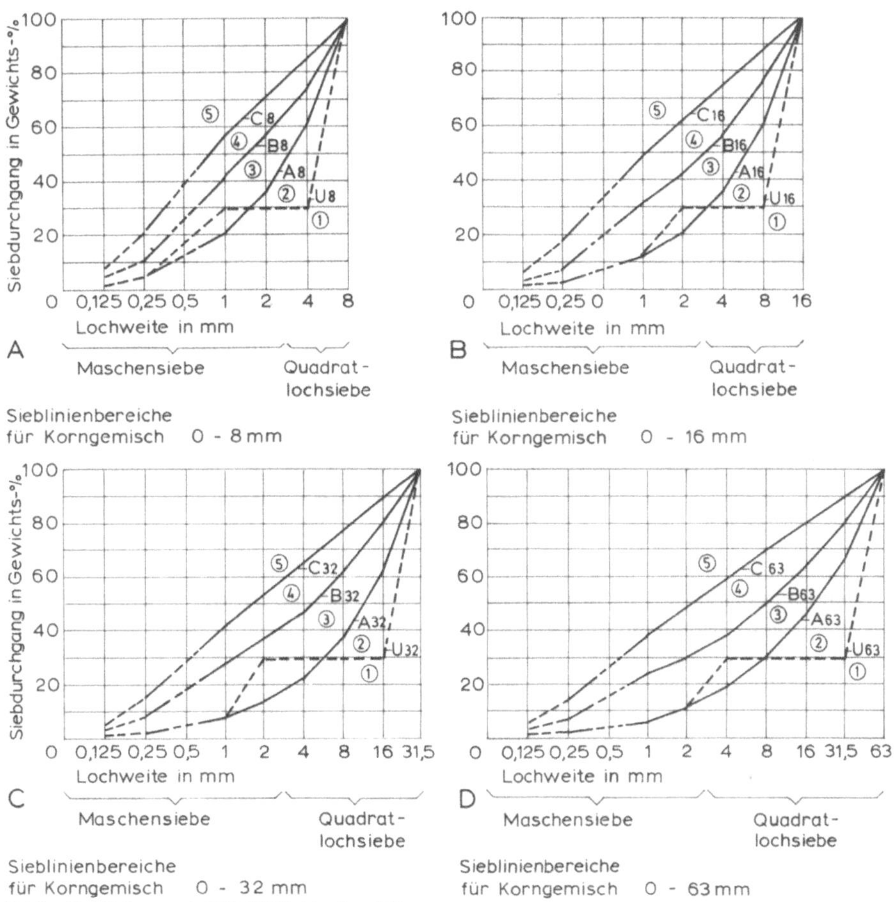

5.12 Sieblinien nach DIN 1045 Abschn. 6.2

Im allgemeinen soll das Zuschlaggemisch möglichst grobkörnig und hohlraumarm sein. Das Größtkorn muß jedoch ein einwandfreies Einbringen und Verarbeiten des Betons (insbesondere bei engliegender Bewehrung und geringer Bodendeckung) zulassen. Seine Nenngröße darf ⅓ der kleinsten Bauteilabmessung nicht überschreiten. Die Kornzusammensetzung des Betonzuschlags wird durch Sieblinien gekennzeichnet (Bild **5**.12).

Die Zusammensetzung einzelner Korngruppen und des Betonzuschlags wird durch Siebversuche mit Prüfsieben (Maschensieben bzw. Quadratlochsieben) ermittelt.

Stetige Sieblinien von Korngemischen sollen zwischen den Sieblinien A und C der Bilder I bis IV verlaufen. Dabei kennzeichnet der Bereich zwischen den Sieblinien A und B günstige, der Bereich zwischen B und C noch brauchbare Korngemische.

Unstetige Sieblinien (Ausfallkörnungen), d. h. solche von Zuschlaggemischen, denen einzelne Korngruppen fehlen, sollen zwischen der unteren Grenzsieblinie U und der Sieblinie C der Bilder **5**.12 A bis D verlaufen.

5.2.3 Zugabewasser (DIN 1045 Abschn. 6.4)

Als Zugabewasser ist das in der Natur vorkommende Wasser geeignet, soweit es nicht Bestandteile enthält, die das Erhärten oder andere Eigenschaften des Betons ungünstig beeinflussen oder den Korrosionsschutz der Bewehrung beeinträchtigen, wie z. B. Verunreinigungen durch gewisse Industrieabwässer. Im Zweifelsfalle ist eine Untersuchung über die Eignung zur Betonherstellung nötig. Normales Leitungswasser ist immer geeignet.

5.2.4 Betonstahl (DIN 1045 Abschn. 6.6 und 7.5 sowie DIN 488 T1 bis 7)

Betonstabstahl

Betonstahl wird für die Bewehrung, d. h. für die Stahleinlagen, benötigt, die in dem Verbundbaustoff Stahlbeton zusammen mit dem Beton die Aufnahme der Schnittgrößen (DIN 1045 Abschn. 15) bewirken.

Durchmesser, Form, Festigkeitseigenschaften und Kennzeichnung von Betonstahl müssen DIN 488 T1 bis 7 entsprechen. Die dort geforderten Eigenschaften sind in DIN 488 T1 zusammengefaßt (Tabelle **5**.13).

Nach DIN 488 ist die Bezeichnung für Betonstahl wie folgt zu bilden:

- Benennung (Betonstabstahl, Betonstahlmatte, Bewehrungsdraht),
- DIN-Hauptnummer (DIN 488),
- Kurzname oder Werkstoffnummer für die Betonstahlsorte,
- Nendurchmesser bei Betonstabstahl und Bewehrungsdraht bzw. kennzeichnende Nennmaße bei Betonstahlmatten.

Beispiele für die Normbezeichnung (s. auch DIN 488 T2 und DIN 488 T4):

a) Bezeichnung von gerippptem Betonstabstahl der Sorte BSt500S mit einem Nenndurchmesser von $d_s = 20$ mm:

Betonstabstahl DIN 488 – BSt500S – 20

oder

Betonstabstahl DIN 488 – 1.0438 – 20

b) Bezeichnung von glattem Bewehrungsdraht der Sorte BSt500G mit einem Nenndurchmesser von $d_s = 6$ mm:

Bewehrungsdraht DIN 488 – BSt500G – 6

oder

Bewehrungsdraht DIN 488 – 1.0464 – 6

Tabelle **5**.13 Sorteneinteilung und Eigenschaften der Betonstähle (DIN 488 T1 Tab. 1)

Betonstahlsorte					Wert p in % [3]
Kurzname		BSt 420 S	BSt 500 S	BSt 500 M[2]	
Kurzzeichen[1]		III S	IV S	IV M	
Werkstoffnummer		1.0428	1.0438	1.0466	
Erzeugnisform		Betonstabstahl	Betonstabstahl	Betonstahlmatte[2]	
Nenndurchmesser d_s	in mm	6 bis 28	6 bis 28	4 bis 12[4]	–
Streckgrenze R_e (β_s)[5] bzw. 0,2%-Dehngrenze $R_{p0,2}$ ($\beta_{0,2}$)[5]	in N/mm²	420	500	500	5,0
Zugfestigkeit R_m (β_Z)[5]	in N/mm²	500[6]	550[6]	550[6]	5,0
Bruchdehnung A_{10} (δ_{10})[5]	in %	10	10	8	5,0
Dauerschwingfestigkeit gerade Stäbe[7]	in N/mm² Schwingbreite $2\sigma_A (2 \cdot 10^6)$	215	215	–	10,0
gebogene Stäbe	$2\sigma_A (2 \cdot 10^6)$	170	170	–	10,0
gerade freie Stäbe von Matten mit Schweißstelle	$2\sigma_A (2 \cdot 10^6)$	–	–	100	10,0
	$2\sigma_A (2 \cdot 10^5)$	–	–	200	10,0
Rückbiegeversuch mit Biegerollendurchmesser für Nenndurchmesser d_s mm	6 bis 12	$5 d_s$	$5 d_s$	–	1,0
	14 und 16	$6 d_s$	$6 d_s$	–	1,0
	20 bis 28	$8 d_s$	$8 d_s$	–	1,0
Biegedorndurchmesser beim Faltversuch an der Schweißstelle		–	–	$6 d_s$	5,0
Knotenscherkraft S	in N	–	–	$0{,}3 \cdot A_s \cdot R_e$	5,0
Unterschreitung des Nennquerschnittes A_s[8]	in %	4	4	4	5,0
Bezog. Rippenfläche F_R		s. DIN 488 T2	s. DIN 488 T2	s. DIN 488 T4	0
Chemische Zusammensetzung bei der Schmelzen- und Stückanalyse[9]) Massengehalt in %, max.	C	0,22 (0,24)	0,22 (0,24)	0,15 (0,17)	–
	P	0,050 (0,055)	0,050 (0,055)	0,050 (0,055)	–
	S	0,050 (0,055)	0,050 (0,055)	0,050 (0,055)	–
	N[10]	0,012 (0,013)	0,012 (0,013)	0,012 (0,013)	–
Schweißeignung für Verfahren[11]		E, MAG, GP, RA, RP	E, MAG, GP, RA, RP	E[12], MAG[12], RP	

[1]) Für Zeichnungen und statische Berechnungen.
[2]) Mit den Einschränkungen nach Abschn. 8.3 gelten die in dieser Spalte festgelegten Anforderungen auch für Bewehrungsdraht.
[3]) p-Wert für eine statistische Wahrscheinlichkeit $W = 1 - a = 0{,}90$ (einseitig).
[4]) Für Betonstahlmatten mit Nenndurchmessern von 4,0 und 4,5 mm gelten die in Anwendungsnormen festgelegten einschränkenden Bestimmungen; die Dauerschwingfestigkeit braucht nicht nachgewiesen zu werden.
[5]) Früher verwendete Zeichen.
[6]) Für die Istwerte des Zugversuchs gilt, daß R_m min. $1{,}05 \cdot R_e$ (bzw. $R_{p0,2}$), beim Betonstahl B St 500 M mit Streckgrenzenwerten über 550 N/mm² min. $1{,}03 \cdot R_e$ (bzw. $R_{p0,2}$) betragen muß.

Fortsetzung s. nächste Seite

Fußnoten zu Tabelle **5**.13, Fortsetzung

[7]) Die geforderte Dauerschwingfestigkeit an geraden Stäben gilt als erbracht, wenn die Werte nach Zeile 6 eingehalten werden.

[8]) Die Produktion ist so einzustellen, daß der Querschnitt im Mittel mindestens dem Nennquerschnitt entspricht.

[9]) Die Werte in Klammern gelten für die Stückanalyse.

[10]) Die Werte gelten für den Gesamtgehalt an Stickstoff. Höhere Werte sind nur dann zulässig, wenn ausreichende Gehalte an stickstoffabbindenden Elementen vorliegen.

[11]) Die Kennbuchstaben bedeuten: E = Metall-Lichtbogenhandschweißen, MAG = Metall-Aktivgasschweißen, GP = Gaspreßschweißen, RA = Abbrennstumpfschweißen, RP = Widerstandspunktschweißen.

[12]) Der Nenndurchmesser der Mattenstäbe muß mindestens 6 mm beim Verfahren MAG und mindestens 8 mm beim Verfahren E betragen, wenn Stäbe von Matten untereinander oder mit Stabstählen $\leq$ 14 mm Nenndurchmesser verschweißt werden.

Bei jeder Lieferung von Betonstahl ist zu prüfen, ob der Stahl das in DIN 488 T1 festgelegte Kennzeichen der Stahlgruppe und das Werkkennzeichen trägt (Bild **5**.14 und **5**.15). Ist das nicht der Fall, so darf der Stahl nicht verwendet werden (DIN 1045 Abschn. 7.5).

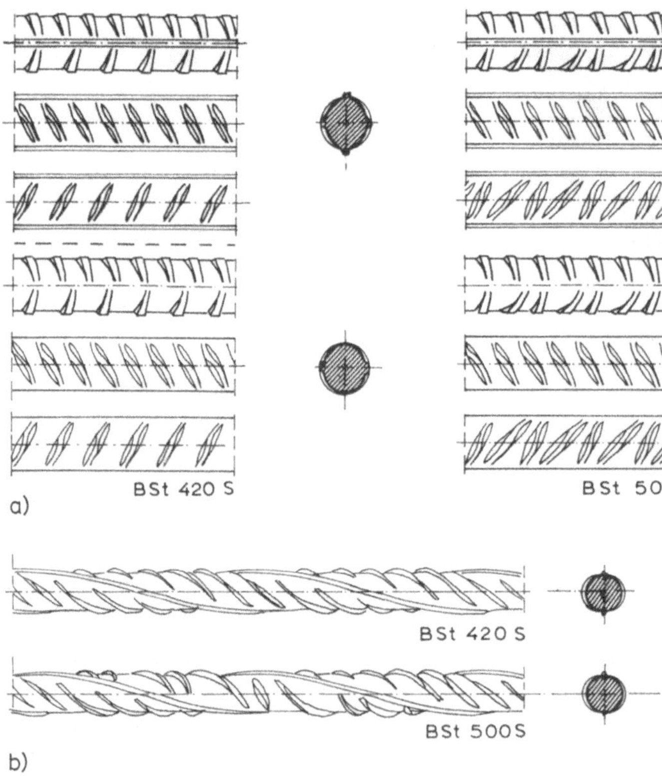

5.14 Kennzeichnung von Betonstahl (Stabstahl) DIN 488

a) Nicht verwundener Betonstahl mit und ohne Längsrippe

b) Kalt verwundener Betonstahl

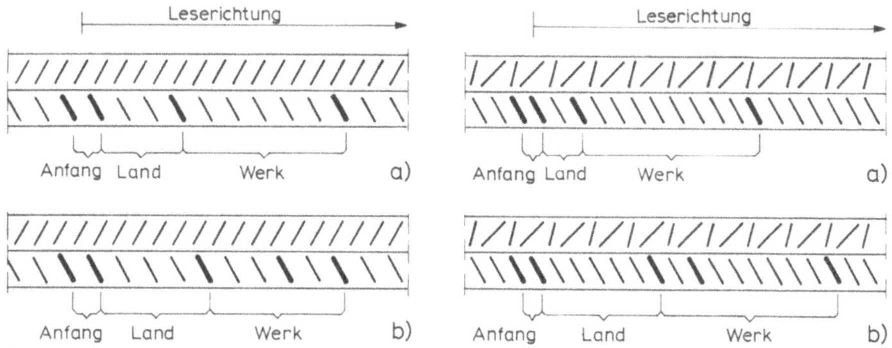

5.15 Werkkennzeichen für Stabstahl, Beispiele
Länderkennzeichen:

Deutschland	1 Rippe
Benelux, Schweiz	2 Rippen
Frankreich	3 Rippen
Italien	4 Rippen

Betonstahlmatten

Die Verlegung von Betonstahl läßt sich durch die Verwendung von Betonstahlmatten (DIN 488 T4) erheblich rationalisieren.[1])

Geschweißte Betonstahlmatten BSt500M (Kurzzeichen IVM) bestehen aus kaltgewalztem geripptem Betonstahl und haben quadratische („Q-Matten") oder rechteckige („R-Matten") Maschen mit Maschenweiten von 50 bis 300 mm und Stabdicken von 4 bis 12 mm. Die Stäbe sind an allen Kreuzungsstellen durch Widerstandspunktschweißung verbunden.

Die Längs- bzw. Querstäbe sind entweder Einfachstäbe oder Doppelstäbe, bestehend aus zwei dicht nebeneinander liegenden Stäben von gleichem Durchmesser. Betonstahlmatten dürfen nur in *einer* Richtung Doppelstäbe haben.

Betonstahlmatten dürfen Zonen mit verringerten Stahlquerschnitten (z.B. dünnere Stäbe, Einfach- statt Doppelstäben) aufweisen.

Unterschieden werden:

— N: Nichtstatische Gewebe mit $\varnothing < 4{,}0$ mm (glatte Stäbe $\varnothing$ 2,5 bis 3 mm)

— Q: Quadratische Gewebe } mit $\varnothing \geqq 4{,}0$ mm
— R: Rechteckige Gewebe }

Geliefert werden:

1. *Lagermatten* mit vom Hersteller festgelegtem standardisiertem Mattenaufbau für bestimmte bevorzugte Maße (Tab. **5**.16),
2. *Listenmatten* mit einem Mattenaufbau, der vom Besteller im Rahmen der DIN-Bezeichnungen festgelegt wird,
3. *Zeichnungsmatten*, die bei der Bestellung durch Zeichnungen und normgerechte Bezeichnungen beschrieben werden.

Besonders wirtschaftlich ist die Verwendung von Randsparmatten mit Doppelstäben für die Bewehrung von Stahlbetonplatten. Die Doppelstäbe werden nur im inneren Bereich der Matte und in Längsrichtung der Matten angeordnet. Man unterscheidet

— R-Matten mit 2 Einfachstäben,

— Q-Matten mit 4 Einfachstäben an jedem Längsrand.

[1]) Baustahlgewebe® ist ein geschütztes Warenzeichen der Bau-Stahlgewebe GmbH.

Tabelle **5.16** BAUSTAHLGEWEBE®-Lagermatten[1])

Länge/ Breite in m		Matten-bezeichnung	Mattenaufbau in Längs-/Querrichtung: Stababstände in mm	Stabdurchmesser Innenbereich in mm	Stabdurchmesser Randbereich in mm	Anzahl der Längsrandstäbe links	Anzahl der Längsrandstäbe rechts	Querschnitte längs/quer in cm²/m	Gewichte je Matte in kg	Gewichte je m² in kg
5,00 2,15	ohne	Q 131	150 · 150 ·	5,0 5,0				1,31 1,31	22,5	2,09
5,00 2,15	ohne	Q 188	150 · 150 ·	6,0 6,0				1,88 1,88	32,4	3,01
5,00 2,15	mit	Q 221	150 · 150 ·	6,5 / 6,5	5,0 –	4 /	4	2,21 2,21	33,7	3,14
5,00 2,15	mit	Q 257	150 · 150 ·	7,0 / 7,0	5,0 –	4 /	4	2,57 2,57	38,2	3,55
5,00 2,15	mit	Q 377	150 · 150 ·	6,0d / 8,5	6,0 –	4 /	4	3,77 3,78	56,0	5,21
6,00 2,15	mit	Q 513	150 · 100 ·	7,0d / 8,0	7,0 –	4 /	4	5,13 5,03	90,0	6,97
5,00 2,15	ohne	R 131	150 · 250 ·	5,0 4,0				1,31 0,50	15,8	1,47
5,00 2,15	ohne	R 188	150 · 250 ·	6,0 4,0				1,88 0,50	20,9	1,95
5,00 2,15	mit	R 221	150 · 250 ·	6,5 / 4,0	5,0 –	2 /	2	2,21 0,50	21,6	2,01
5,00 2,15	mit	R 257	150 · 250 ·	7,0 / 4,5	5,0 –	2 /	2	2,57 0,64	25,1	2,33
5,00 2,15	mit	R 317	150 · 250 ·	5,5d / 4,5	5,5 –	2 /	2	3,17 0,64	29,7	2,76
5,00 2,15	mit	R 377	150 · 250 ·	6,0d / 5,0	6,0 –	2 /	2	3,77 0,78	35,5	3,30
5,00 2,15	mit	R 443	150 · 250 ·	6,5d / 5,5	6,5 –	2 /	2	4,43 0,95	41,8	3,89
6,00 2,15	mit	R 513	150 · 250 ·	7,0d / 6,0	7,0 –	2 /	2	5,13 1,13	58,6	4,54
6,00 2,15	mit	R 589	150 · 250 ·	7,5d / 6,5	7,5 –	2 /	2	5,89 1,33	67,5	5,24
6,00 2,15	mit	K 664	100 · 250 ·	6,5d / 6,5	6,5 –	4 /	4	6,64 1,33	69,6	5,39
6,00 2,15	mit	K 770	100 · 250 ·	7,0d / 7,0	7,0 –	4 /	4	7,70 1,54	80,8	6,27
6,00 2,15	mit	K 884	100 · 250 ·	7,5d / 7,5	7,5 –	4 /	4	8,84 1,77	92,9	7,20
5,00 2,15	ohne	N 94	75 · 75 ·	3,0 3,0				0,94 0,94	15,9	1,48
5,00 2,15	ohne	N 141	50 · 50 ·	3,0 3,0				1,41 1,41	23,7	2,20

Der Gewichtsermittlung der Lagermatten liegen folgende Überstände zugrunde:

Q-Matte: Überstände längs: 100/100 mm Überstände quer: 25/25 mm
R-Matte: Überstände längs: 125/125 mm Überstände quer: 25/25 mm
K-Matte: Überstände längs: 125/125 mm Überstände quer: 25/25 mm

[1]) Baustahlgewebe® ist ein geschütztes Warenzeichen der Bau-Stahlgewebe GmbH.

Für die Anwendung von geschweißten Betonstahlmatten gilt DIN 1045 Abschn. 18. Die Matten dürfen als statische Bewehrung nur bei Stahlbetonbauteilen mit vorwiegend ruhender Belastung verwendet werden (s. DIN 1055 T3 Ausg. 6.1971).

Gekennzeichnet sind die Stäbe von Betonstahlmatten B St 500 M (IV M) durch sichelförmige Schrägrippen (Bild **5**.17). Sie müssen außerdem witterungsbeständige Anhänger mit der Nummer des Herstellerwerkes und der Mattenbezeichnung haben.

5.17
Kennzeichnung von Betonstahlmatten BSt 500 (IV M)

5.2.5 Zusatzmittel

Um die Eigenschaften des Frisch- oder Festbetons zu beeinflussen, können flüssige oder pulverförmige Zusatzmittel in geringen Mengen entsprechend den Herstellerangaben beigefügt werden. Alle Betonzusatzmittel müssen ein amtliches Prüfzeichen haben.

Bei Zugabe mehrerer Zusatzmittel dürfen diese nicht derselben Wirkungsgruppe angehören (ausgenommen Nachdosierung von Fließmitteln FM). Die Höchstmenge bei Zugabe eines Zusatzmittels ist begrenzt auf 50 ml/kg Zement (bzw. 15 l/m^3 Beton bei 300 kg Zement/m^3). Bei flüssigen Zusatzmitteln muß deren Menge bei der Bestimmung des w/z-Wertes berücksichtigt werden, wenn sie über 2,5 l/m^3 verdichteten Betons liegt. Einen Überblick über zugelassene Betonzusatzmittel zeigt Tabelle **5**.18.

Tabelle **5**.18 Betonzusatzmittel

Mittel	Kurzzeichen	Farbkennzeichen
Betonverflüssiger	BV	gelb
Fließmittel	FM	grau
Luftporenbildner	LP	blau
Dichtungsmittel	DM	braun
Verzögerer[1])	VZ	rot
Beschleuniger	BE	grün
Einpreßhilfen	EH	weiß
Stabilisierer	ST	violett

[1]) Bei einer um mind. 3 Std. verlängerten Verarbeitbarkeitszeit „Vorl. Richtlinie für Beton mit verlängerter Verarbeitbarkeitszeit" des DAfStb [14] beachten.

5.2.6 Betonzusatzstoffe

Betonzusatzstoffe werden dem Frischbeton in größeren Mengen zugegeben, um bestimmte Eigenschaften zu beeinflussen (z. B. Pigmente zur Herstellung farbiger Betonteile). Diese Stoffe müssen den einschlägigen Normen entsprechen oder ein amtliches Prüfzeichen haben.

Die größte baupraktische Bedeutung unter den Betonzusatzstoffen hat die Flugasche. Ihre Zugabemenge kann im Rahmen bestimmter, vom Institut für Bautechnik (1984) festgelegter Anwendungsbedingungen teilweise auf den Mindestzementgehalt (und den Wasserzementwert) angerechnet werden.

5.3 Allgemeine Bedingungen für die Herstellung von Beton

Im Rahmen dieses Werkes kann nur einem kurzen vereinfachenden Überblick mit Hinweisen auf Grundsätze der Betontechnologie Raum gegeben werden. Es muß berücksichtigt werden, daß in Wirklichkeit für die Zusammensetzung von Beton einer bestimmten Festigkeitsklasse recht komplizierte Zusammenhänge zwischen Zuschlag, Zementgehalt und dem Wasserzementwert (w/z-Wert) bestehen.

Zur Herstellung von Beton einer bestimmten Festigkeitsklasse oder von Beton mit besonderen Eigenschaften sind insbesondere die Bedingungen zu erfüllen, die u.a. in DIN 1045 Abschn. 6.5ff. ausgeführt sind. Da im Bauwesen der Beton hauptsächlich der Aufnahme von Beton-Druckspannungen dient, wird die Betonherstellung in den meisten Fällen in erster Linie auf eine bestimmte Druckfestigkeit hin angelegt, und demgemäß wird die Güte des Betons durch die Druckfestigkeit gekennzeichnet (s. Tab. **5**.1 und **5**.4).

Beton muß so viel Zement enthalten, daß die geforderte Druckfestigkeit und im Stahlbeton ein ausreichender Schutz der Stahlbewehrung vor Korrosion erreicht werden können. Dabei dürfen bestimmte Grenzwerte nicht unterschritten werden (s. Tab. **5**.19).

Tabelle **5**.19 (vgl. DIN 1045 Abschn. 6.5.6.3) Zementgehalt und w/z-Wert

	Festigkeitsklasse des Zements	Festigkeitsklasse des Betons	Zementgehalt in kg/m³	w/z-Wert Grenzwert	w/z-Wert Zielwert
Unbewehrter Beton	–	–	≧ 100	–	–
Stahlbeton allgemein	Z 25	≧ B 15	≧ 280	≦ 0,65	*≦ 0,60*
	≧ Z 35	≧ B 15	≧ 240	≦ 0,75	*≦ 0,70*
Stahlbeton für Außenbauteile	≦ Z 35	≧ B 25	≧ 300	≦ 0,65	≦ 0,60
	≧ Z 45		≧ 270		

Der Mindestzementgehalt ist abhängig von der Sieblinie des Zuschlagmaterials, der Festigkeitklasse des verwendeten Zementes und der vorgesehenen Verarbeitungskonsistenz des Betons.

Beton B I (B1 bis B25) ohne Eignungsprüfung (vgl. Abschn. 5.1.2) muß nach den Bedingungen von Tabelle **5**.20 hergestellt werden.

Der Zementgehalt

– muß vergrößert werden
  bei Zement der Festigkeitsklasse 25 um 15%
  Größtkorn des Zuschlags
  von 16 mm um 10%
  von 8 mm um 20%

– darf verringert werden
  bei Zement der Festigkeitsklasse 45 um max. 10%
  Größtkorn des Zuschlags
  von 63 mm um max. 10%
  jedoch bei Stahlbeton in keinem Falle unter 240 kg/m³

Beton mit Eignungsprüfung nach DIN 1045 Abschn. 7.4.2 (vgl. Abschn. 5.1.2)

Beton B I

kann aufgrund einer Eignungsprüfung zusammengesetzt werden,

muß aufgrund einer Eignungsprüfung zusammengesetzt werden, wenn
- niedrigere Zementgehalte als in Tab. 5.20
- Betonzusatzmittel
- Betonzusatzstoffe (z. B. Flugasche)
- Ausfallkörnungen
- Zuschlag mit verminderten Anforderungen

verwendet werden sollen.

Beton B II

muß stets aufgrund einer Eignungsprüfung zusammengesetzt werden.

Tabelle 5.20 Beton B I ohne Eignungsprüfung

Zement: Festigkeitsklasse Z 35 – Zuschlag: Größtkorn 32 mm

Festigkeitsklasse des Betons	Sieblinienbereich des Zuschlags	Mindestzementgehalt in kg je m³ verdichteten Betons für Konsistenzbereich KS	KP	KR
B 5	A/B	140	160	–
	B/C	160	180	–
B 10	A/B	190	210	230
	B/C	210	230	260
B 15	A/B	240	270	300
	B/C	270	300	330
B 25	A/B	280	310	340
	B/C	310	340	380
B 25 für Außenbauteile	A/B	300	320	350
	B/C	320	350	380

(gerastert:) nur für unbewehrten Beton

Eignungsprüfung. Mit Hilfe der Eignungsprüfung wird vor Verwendung des Betons festgestellt, welche Zusammensetzung der Beton haben muß, damit er mit den in Aussicht genommenen Ausgangsstoffen und der vorgesehenen Konsistenz unter den Verhältnissen der betreffenden Baustelle zuverlässig verarbeitet werden kann und die geforderten Eigenschaften (z. B. auch den Luftporengehalt bei Verwendung luftporenbildender Zusatzstoffe gem. DIN 1045 Abschn. 2.1.3.6) sicher erreicht. Für Beton der Betongruppe B II und für Beton mit besonderen Eigenschaften ist außerdem festzustellen, mit welchem Wasserzementwert der Beton hergestellt werden muß.

Die Verantwortung dafür, ebenso wie für die Durchführung und Auswertung der vorgeschriebenen Prüfungen trägt der Bauleiter des ausführenden Unternehmens. Die Durchführung der Prüfung sowie Herstellung und Lagerung der Probekörper richten sich nach DIN 1048. Durchzuführen sind außerdem:

- Die **Güteprüfung** (DIN 1045 Abschn. 7.4.3), die dem Nachweis dient, daß der für den Einbau hergestellte Beton die geforderten Eigenschaften erreicht. Zu diesem Zweck sind in vorgeschriebenen Zeitabständen aus den Mischerfüllungen Betonproben für die Probekörper und für die Prüfung der Konsistenz zu entnehmen, ferner ist bei Beton B I die Zementzugabe je m³ verdichteten Betons festzustellen, bei Beton B II ist außerdem der w/z-Wert für jede verwendete Betonsorte zu ermitteln.

  Die Ergebnisse der Druckfestigkeitsprüfung der Probekörper liegen in der Regel 28 Tage, bei Anwendung eines Umrechnungsverfahrens gemäß DIN 1045 Abschn. 7.4.3.5.3 schon 7 Tage nach der Probeentnahme vor. Versuchskörpergröße, Versuchskörpergestalt, Versuchsanordnung und Belastungsgeschwindigkeit sind für das Untersuchungsergebnis von Bedeutung.
- **Die Erhärtungsprüfung,** die einen Anhalt gibt über die Festigkeit, die der Beton zu einem bestimmten Zeitpunkt im Bauwerk besitzt. Sie gibt auch Aufschluß über die Ausschalfristen. Die Erhärtung kann nach DIN 1048 an Probekörpern oder zerstörungsfrei ermittelt werden (s. DIN 1045 Abschn. 7.4.4 u. 5).

5.3.1 Befördern von Beton zur Baustelle und zur Einbaustelle (DIN 1045 Abschn. 9.4 und 10.1)

Beton wird heute außer bei Großbaustellen meistens als Transportbeton zur Verwendungsstelle angeliefert. Er ist in den Spezialfahrzeugen vor schädlichen Witterungs- und Temperatureinflüssen zu schützen. Bei heißem Wetter darf z. B. die Frischbetontemperatur in der Regel nicht höher als 30° sein. Beton der Konsistenzklassen KP, KR oder KF darf nur in Fahrzeugen mit Rührwerk befördert werden und ist vor dem Entladen nochmals gleichmäßig durchzumischen. Die möglichen Transport- bzw. Entladezeiten richten sich nach der Zugabe von Verzögerungsmitteln (VZ) und der Außentemperatur.

Beim Fördern auf der Baustelle muß sichergestellt sein, daß sich der Beton nicht entmischt. Er muß z. B. durch Fallrohre zusammengehalten werden, die beim Einfüllen in die Schalungen erst kurz vor der Einbaustelle enden.

5.3.2 Verarbeiten des Betons (DIN 1045 Abschn. 10.2)

Beton ist sofort nach der Anlieferung zu verarbeiten, ehe er versteift oder seine Zusammensetzung ändert.

Die Bewehrungsstäbe sind dicht mit Beton zu umhüllen. Bewehrungen, Schalungen usw. späterer Betonierabschnitte dürfen nicht durch erhärteten Beton verkrustet sein.

Verdichten. Nach dem Einfüllen in die Schalungen ist der Beton (je nach Konsistenz sorgfältig durch Rütteln, Stochern, Stampfen, Klopfen an der Schalung usw. zu verdichten. Besonders an den Ecken und längs der Schalung muß eine sorgfältige Verdichtung gewährleistet werden.

Beton der Konsistenz KS, KP u. KR ist in der Regel durch Rütteln zu verdichten. Dabei ist DIN 4235 zu beachten. Oberflächenrüttler sind so langsam fortzubewegen, daß der Beton unter ihnen weich und die Betonoberfläche hinter ihnen geschlossen ist. Unter kräftig wirkenden Oberflächenrüttlern soll die Schicht nach dem Verdichten höchstens 20 cm dick sein. Bei Schalungsrüttlern ist die beschränkte Einwirkungstiefe zu beachten, die auch von der Ausbildung der Schalung abhängt.

Beton des Konsistenzbereiches KS kann durch Stampfen in Lagen von ca. 15 cm Dicke verdichtet werden, bis der Beton weich wird und eine geschlossene Oberfläche erhält. Die einzelnen Schichten sollen dabei möglichst rechtwinklig zu der im Bauwerk auftretenden Druckrichtung verlaufen und in Druckrichtung gestampft werden. Wo dies nicht möglich ist, muß die Konsistenz mindestens KP entsprechen, damit gleichlaufend zur Druckrichtung keine Stampffugen entstehen.

Arbeitsfugen. Für größere Betonbauwerke werden in der Regel Betonierabschnitte mit Arbeitsfugen (s. Abschn. 5.6.2) vorgesehen. Andernfalls darf das Betonieren an Arbeitsabschnitten nur so lange unterbrochen werden, daß der zuletzt eingebrachte Beton noch nicht erstarrt ist und eine gute und gleichmäßige Verbindung möglich ist (Rüttelflaschen müssen noch in die bereits betonierte verdichtete Schicht eindringen können).

Nachbehandlung. Neben der Druckfestigkeit ist die Güte der Betonoberfläche entscheidend für die Gesamtqualität von Betonkonstruktionen. Durch Nachbehandlung des Betons soll daher ein dichtes Oberflächengefüge erreicht werden, das mit hohem Diffusionswiderstand gegen CO_2 SO_2 den Abbau der Alkalität im Bereich der Stahleinlagen möglichst lange verhindert (s. Abschn. 5.6.5). Auch das Schwinden des jungen

Betons wird verzögert, wenn er ausreichend lange feucht gehalten wird. Die Nachbehandlung kann erfolgen durch

- Belassen in der Schalung und Feuchthalten von Holzschalungen,
- Abdecken mit Folien,
- Aufbringen wasserhaltender Abdeckungen,
- Aufbringen flüssiger Nachbehandlungsmittel,
- kontinuierliches Besprühen mit Wasser.

Die Dauer der Nachbehandlung richtet sich nach den Umgebungsbedingungen. Bei Temperaturen über 10° reichen etwa 5 Tage, doch ist diese Frist bei tieferen Temperaturen zu verdoppeln. Während der Nachbehandlungszeit sollte keine Betonoberfläche unter 0° abkühlen.

In den „Richtlinien zur Nachbehandlung von Beton" werden im übrigen genaue Festlegungen in Abhängigkeit von der Festigkeitsentwicklung des Betons (je nach Zementfestigkeitsklasse, w/z-Wert und Umgebungsbedingungen) getroffen [16].

5.3.3 Betonieren bei Frost (DIN 1045 Abschn. 11.1 und 11.2)

Bei kühler Witterung und bei Frost ist der Beton wegen der Erhärtungsverzögerung und der Möglichkeit der bleibenden Beeinträchtigung der Betoneigenschaften mit einer bestimmten Mindesttemperatur einzubringen. Der eingebrachte Beton ist eine gewisse Zeit gegen Wärmeverluste, Durchfrieren und Austrocknen zu schützen:

- Bei Lufttemperaturen zwischen + 5 °C und − 3 °C darf die Temperatur des Betons beim Einbringen + 5 °C nicht unterschreiten. Sie darf + 10 °C nicht unterschreiten, wenn der Zementgehalt im Beton kleiner ist als 240 kg/m^3 oder wenn Zemente niedriger Hydratationswärme oder Mischbinder verwendet werden.
- Bei Lufttemperaturen unter − 3 °C muß die Betontemperatur beim Einbringen mind. + 10 °C betragen und anschließend wenigstens 3 Tage auf mind. + 10 °C gehalten werden. Andernfalls ist der Beton so lange gegen Wärmeverluste, Durchfrieren und Austrocknen zu schützen, bis eine ausreichende Festigkeit erreicht ist.
- Wird auf Winterbaustellen der Beton mit erwärmtem Zugabewasser hergestellt, darf die Frischbetontemperatur + 30 °C nicht überschreiten. An gefrorene Betonteile darf nicht anbetoniert werden.

Die im Einzelfall erforderlichen Schutzmaßnahmen hängen in erster Linie von den Witterungsbedingungen, den Ausgangsstoffen und der Zusammensetzung des Betons sowie von der Art und den Abmessungen der Bauteile und der Schalung ab.

5.4 Schalungen

5.4.1 Allgemeines

Die Schalungstechnik ist wegen der immer stärker werdenden Differenzierung der gestalterischen Anforderungen an Stahlbetonbauteile und wegen der gleichzeitig notwendigen äußersten Rationalisierung zu einem bautechnischen Spezialgebiet geworden. Die Wahl des Schalungssystems (Schalhaut und Tragkonstruktion) hängt von technischen und wirtschaftlichen Forderungen ab. Die optimale Leistung eines Schalsystems wird ermittelt, wenn außer Lebensdauer, Arbeitsaufwand einschließlich Wartung, Wiederverwendungsmöglichkeiten und Einsatzhäufigkeit innerhalb eines bestimmten Betriebes die Wirkungen der Schalung auf die Qualität des Betons (z. B. Maßgenauigkeit, Oberflächenstruktur) mit beachtet werden. Schalungen müssen wie ein Bauwerk von erfahrenen Fachleuten geplant und konstruiert werden. Im Rahmen dieses Abschnittes können daher nur die wichtigsten Grundsätze des Schalungsbaues behandelt werden (s. auch DIN 1045 Abschn. 12 und DIN 4420).

Schalungen bestehen aus der

- Tragekonstruktion (Schalungsgerüst) und der
- Schalhaut, die die Form und Oberflächenbeschaffenheit des Betonteils bestimmt (Nadelholzbretter oder -tafeln, kunstharzbeschichtete Sperrholz- oder Vollholztafeln (s. DIN 18215), gehärtete Holzfaserplatten, Stahlbleche oder Kunststoffplatten).

Schalhaut

Für Betonflächen und damit in der Regel auch für die Ausbildung der Schalungshaut sind in DIN 18217 Begriffsbestimmungen gegeben. Man unterscheidet

- Betonflächen ohne besondere Anforderungen. Hierbei bleibt die Art der Herstellung – auch die Wahl der Schalungshaut – dem Auftragnehmer überlassen. Ausbesserungen der fertigen Betonoberfläche sind zulässig.
- Betonflächen mit Anforderungen an das Aussehen („Sichtbeton"). Bei dieser Ausführungsart können die Oberflächen durch eine besonders strukturierte Schalungshaut gestaltet werden (z. B. Schalungsbretter bestimmter Abmessungen oder Oberflächenbeschaffenheit, in die Schalung eingelegte Strukturmatrizen aus Kunststoffen, Rohrmatten o. ä. sowie durch Einfärben mit Pigmenten oder durch Verwendung farbiger Ausgangsstoffe).

  Die Betonoberflächen können außerdem durch Waschen, Spalten, Spitzen, Stocken, Scharrieren, Sandstrahlen, Absäuern, Schleifen, Flammstrahlen u. a. m. zusätzlich bearbeitet werden. Ferner kann eine nachträgliche Behandlung durch Fluatieren, Polieren, Versiegeln und Beschichten erfolgen. (Die Betondeckung, der Bewehrungen ist gegenüber den Mindestanforderungen nach DIN 1045 insbesondere bei zusätzlich behandelten Betonoberflächen zu erhöhen, vgl. Abschn. 5.5.2.)

  Im übrigen sind gegebenenfalls auch für Fugenanordnungen, erforderliche Schalungsstöße, Arbeitsabschnitte, Ankerstellen und ähnliche Dinge Festlegungen zu treffen, wenn besondere Anforderungen an das Aussehen oder die technischen Anforderungen der Betonoberflächen gestellt werden. Dazu gehören z. B. Angaben über die Ausführung der Eckprofilierung von Bauteilen (Abrundungen, Fasen), von erforderlichen Wasserrillen usw. (Bild **5**.21).
- Betonflächen mit technischen Anforderungen. Wenn Betonflächen bestimmte technische Funktionen erfüllen müssen oder in besonderer Weise Nachfolgebauwerken dienen, sind die Anforderungen in speziellen Leistungsbeschreibungen festzulegen.

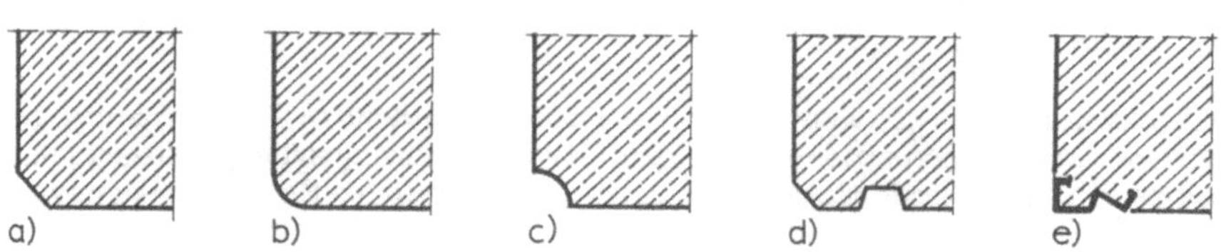

5.21 Eckprofilierungen

a) gefast, b) gerundet, c) Hohlkehle, d) Wasserrille, geschalt mit Trapez-Holzleiste, e) Wasserrille mit Stahlprofil (protektor)

Schalungsgerüste

Schalungen müssen dicht, maßgenau, frei von Durchbiegungen, standsicher und vor allem für die Belastungen durch den Frischbeton ausreichend dimensioniert sein.

Die auftretenden Kräfte (Schüttgeschwindigkeit, Art der Verdichtung) müssen sicher in den Baugrund abgeleitet werden. Hierauf ist besonders zu achten, wenn sich die Rüstungen und Schalungen auf andere Bauteile stützen, z. B. auf Zwischendecken oder bei Aufstockungen oder Umbauten. Die Stützenlasten sind sachgemäß auf den Erdboden zu verteilen. Bei nicht tragfähigem oder gefrorenem Untergrund sind besondere Maßnahmen zu treffen. Die Stützen müssen eine sichere und unverrückbare Unterlage erhalten (z. B. Kanthölzer oder Bohlen, aber nicht lose Ziegel oder Steine). Schrägstützen sind gegen Gleiten zu sichern.

Verschiebungen in fertigen Einschalungen durch grobe Erschütterungen, z. B. beim Absetzen von Material mit Kran oder durch plötzliches Entleeren von Betonbehältern beim Betonieren müssen unbedingt vermieden werden.

Schalungen und Lehrgerüste müssen leicht, gefahrlos und ohne Erschütterungen entfernt werden können. Sie sind daher auf Keile, Schraubspindeln oder andere Ausrüstvorrichtungen zu stellen. Vor dem Einbringen des Betons sind die Schalungen zu reinigen und, wenn nötig, anzunässen. Hierzu sind Reinigungsöffnungen anzuordnen bei Schalungen von Säulen am Fuß und am Ansatz der Auskragungen, bei tiefen Balkenschalungen an der Unterseite. Vor und während des Betonierens sind die Schalungen und ihre Unterlagen sorgfältig nachzuprüfen. Baustoffe dürfen auf Schalungen nicht in unzulässiger Menge gestapelt werden.

Bei eingeschossigen Schalungsgerüsten gewöhnlicher Hochbauten, bei denen sämtliche Lasten durch lotrechte Stiele unmittelbar übertragen werden, braucht die Standsicherheit nicht besonders nachgewiesen zu werden, solange die Gerüsthöhe nicht mehr als 5 m beträgt.

Bei allen anderen Schalungs- und Lehrgerüsten ist eine Festigkeitsberechnung aufzustellen.

Für die Bemessungen sind die jeweils gültigen amtlichen Vorschriften anzuwenden.

Als lotrechte Kräfte für die Bemessungen der Schalungen und Rüstungen kommen in Betracht:
- das Eigengewicht der Schalung und Rüstung,
- das Gewicht des eingebrachten frischen Betons, wobei die Anhäufung an einzelnen Stellen berücksichtigt werden muß,
- das Gewicht von Fördergerät,
- der Einfluß von Stößen, z. B. beim Ausschütten des Betons, und
- das Gewicht der Arbeiter.

Als waagerechte Kräfte sind außer der Windlast gegebenenfalls auch Seilzug, Schub aus Schrägstützen und dgl. zu beachten. Zur Berücksichtigung der Kräfte, die aus unvermeidlichen Schrägstellungen der Stützen usw. entstehen, sind entsprechende Versteifungen und Anschlüsse zu bemessen. Bei seitlichen Schalungen ist zu beachten, daß weicher und vor allem flüssiger Beton, im übrigen aber jeder Beton, der durch Innenrüttler verdichtet wird, bei größerer Schütthöhe einen hohen seitlichen Druck ausübt. Der Seitendruck, den frischer Beton auf die Schalung ausübt, ist nicht genau zu errechnen. Hinreichend sichere Werte – in Abhängigkeit von der Betonsteiggeschwindigkeit v – lassen sich, nach Muhs dem Diagramm des DMR entnehmen (s. Beton-Kalender 1970, Teil II, S. 355). Nachweis der Standsicherheit s. DIN 1045 Abschn. 3.3, 12.1 und DIN 4420 (Gerüste) sowie DIN 18218 Frischbetondruck auf lotrechte Schalungen.

Bei freistehenden und mehrgeschossigen Schalungs- und Lehrgerüsten und stets dann, wenn ein Festigkeitsnachweis verlangt wird, sind Zeichnungen der Schalungs- und Lehrgerüste für die Baustelle anzufertigen. Dies gilt auch für die Vorkehrungen gegen den seitlichen Druck des Betons bei hohen seitlichen Schalungen.

Grundsätzlich ist zu beachten:

- **Versteifungen** sind unter Berücksichtigung der Biegefestigkeit der Schalhaut so zu bemessen, daß sie alle beim Betonieren auftretenden Belastungen aufnehmen und auf die Abstützungen und Verspannungen übertragen können (Stützen, Gurte usw. in Form von Holzbauteilen oder heute meistens Konstruktionen aus Vollwand- oder Fachwerkträgern, ausziehbaren Schalungsträgern und -stützen).

- **Abstützungen** müssen die Standfestigkeit der Schalelemente sichern und die auftretenden Kräfte in den Untergrund bzw. auf andere Bauteile ableiten (Spreizen, Schrägstützen, Streben, Verschwertungen, Konsolen mit Spindeln usw., s. Bild **5**.22).

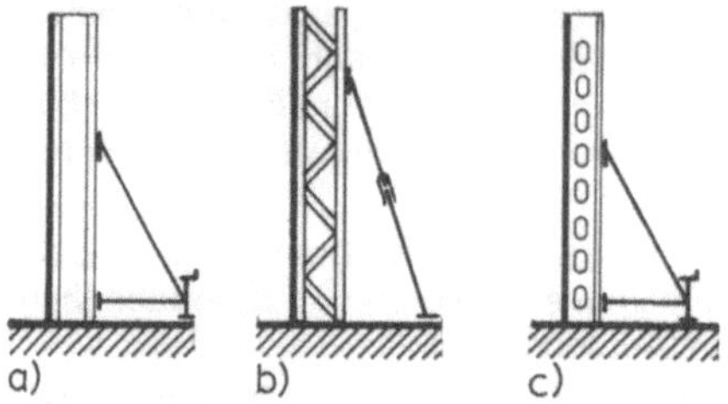

5.22
Schematische Darstellung von Schalungssystemen
a) Schalungshaut mit vollwandträger, Spindelabstützung
b) Schalungshaut mit Gitterträgern, Schrägstütze
c) Schalungselement komplett mit Schalhaut

- **Verspannungen** haben den auftretenden Schalungs-Innendruck aufzunehmen. Schraubenartig profilierte Spannstähle mit Spannmuttern oder -schlössern sichern die Schalwände. Aufgeschobene Kunststoffhülsen dienen als Abstandhalter und ermöglichen beim Ausschalen das Herausziehen der Spannstähle (Bild **5**.23). Bei Sichtbeton dürfen Verspannungen die später sichtbaren Oberflächen nicht durchdringen und müssen in der Regel außerhalb dieser Schalungsflächen angeordnet werden. Besondere Verspannungen sind für wasserundurchlässige Bauteile erforderlich (s. Abschn. 14.4.7).

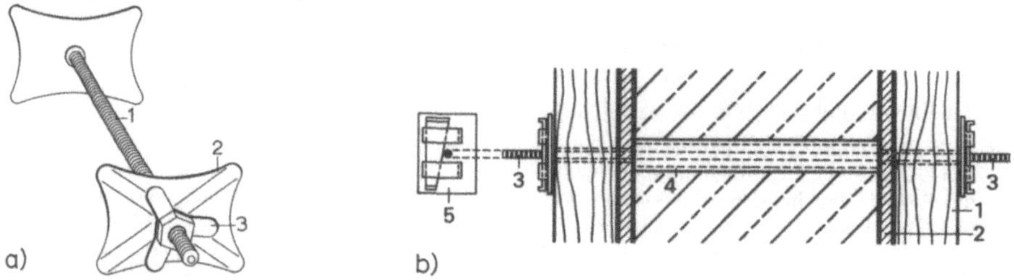

5.23 Spannanker
a) System Dywidag, b) Spannanker mit Keilverschluß
1 Kantholz 10/10 cm, durchbohrt
2 Schalplatte
3 Spannstahl
4 Abstandshülse
5 Spannanker mit Keil

Als **Aussteifungen** der Schalungs- und Lehrgerüste in Längs- und Querrichtung sind im allgemeinen Dreiecksverbände anzuordnen, deren Stäbe so zu führen sind, daß die Stützen möglichst wenig auf Biegung beansprucht werden. Dreieckverbände können in Stützenfeldern entbehrt werden, die durch Zangen oder ähnliche Vorkehrungen unverschieblich gegen benachbarte ausgesteifte Felder oder gegen standfestes Mauerwerk festgelegt werden.

Schalungsstützen. Wenn als Schalungsstützen Hölzer verwendet werden, sind geringere Zopfdicken als 7 cm unzulässig. Wenn nötig, sind die Knicklängen durch doppelte Kreuzstreben nach zwei zueinander senkrechten Richtungen oder durch waagerechte Zangen zu vermindern. Die Stützen sind im Stockwerkbau und in mehrgeschossigen Rüstungen so anzuordnen, daß die Last der oberen Stützen unmittelbar auf die darunterstehenden übertragen wird.

Bei den Schalungen müssen beim Ausschalen einige Hilfsstützen stehenbleiben können, ohne daß daran und an den darüberliegenden Schalbrettern gerührt zu werden braucht. Die Hilfsstützen sollen in den einzelnen Stockwerken möglichst genau übereinanderstehen.

Aussparungen, im Beton für Installation u.ä. lassen sich leicht herstellen, indem entsprechend geformte Hartschaumblöcke im Inneren der Schalung befestigt und ihre Reste nach dem Ausschalen ausgeschnitten werden.

5.4.2 Schalung von Fundamenten und Wänden

Nur bei kleinen Bauaufgaben kann die konventionelle Bretterschalung wirtschaftlich sein. Dafür werden parallel besäumte, vollkantige Bretter gleicher oder verschiedener Breite von 24 bis 30 mm Dicke verwendet. Wirtschaftlich ist die Verwendung gleich breiter Bretter von 10,5 cm Breite und 24 mm Dicke (Nordische Schalung), die als Schalbretter, Laschen, Knaggen, Gurt-, Bogen-, Drängbretter, Schwerter usw. benutzt werden können.

Für größere Bauten werden i. allg. vorgefertigte Schalungen oder Teilelemente verwendet.

Wenn Fundamente nicht gegen Erdreich betoniert werden, besteht die Schalung meist aus fertigen Platten, die geschwertet und abgesteift oder sonst gegen Ausweichen gesichert werden (Bild **5**.24).

Die waagerechte Aussteifung der Platten erfolgt durch Gurthölzer 10/10.

Die auf Biegung beanspruchten Gurthölzer werden entweder durch Rödelung zusammengehalten oder durch Steifen abgestützt. Gerödelt wird mit geglühtem Stahldraht von ∅ 3,1 oder 4,2 mm in Abständen von ca. 80 cm, heute jedoch fast nur noch mit Spannstahl und Kunststoff-Abstandhaltern (Bild **5**.23)

Da an die Qualität der Außenflächen von Fundamenten in der Regel keine besonderen Ansprüche gestellt werden, können auch vereinfachte Schalungen z. B. mit Hilfe verstärkter frei stehender Kunststoffelemente ausgeführt werden (Bild **5**.25). Wenn neben Fundamenten Dränagen verlegt werden, sind Schalkörper mit Hohlprofilen für die äußeren Schalflächen oft eine sehr wirtschaftliche Lösung (Bild **14**.21 c).

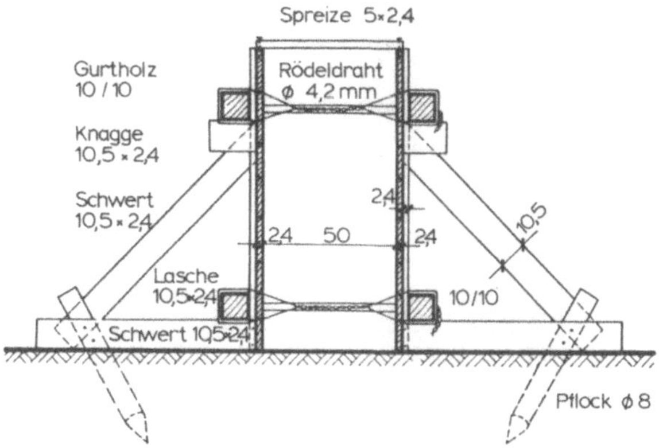

5.24
Fundamentschalung aus fertigen Platten (Laschenabstand 60 bis 70 cm). Verspannung mit Drahtrödelung

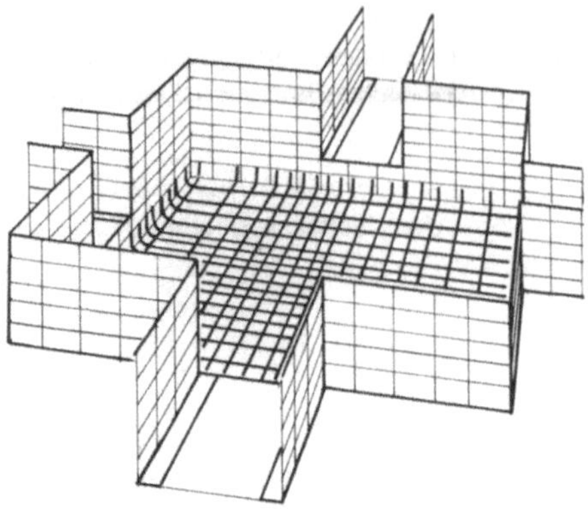

5.25
Kunststoff-Fundamentschalung (pecafil)

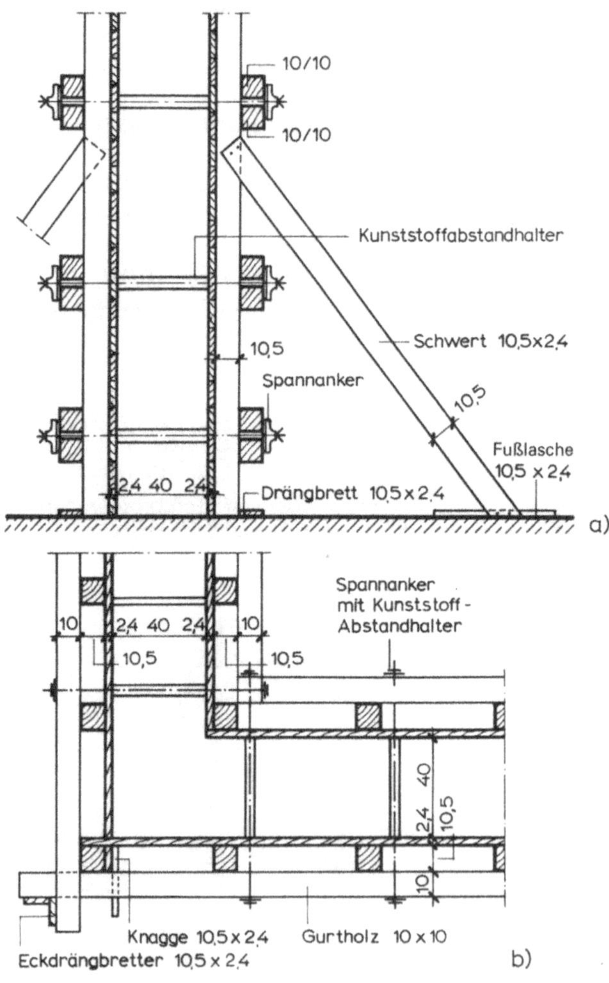

5.26
Wandschalung mit Brettern oder Schaltafeln
a) Schnitt
b) Grundriß

Schalungen für Wände in herkömmlicher Ausführung können aus waagrechten Schalbrettern oder Schaltafeln bestehen, die gegen senkrecht gestellte Kanthölzer (Schalter) genagelt werden. Die je nach Beanspruchung im Abstand von 40 bis 60 cm stehenden senkrechten Kanthölzer werden dabei gegen auf den Betonboden geschossene Drängbretter oder einbetonierte Bau- oder Profilstahlwiderlager gesetzt. Die Gurthölzer werden in der Regel durch Spannanker (Bild **5**.23) in Verbindung mit Kunststoff-Abstandhaltern verspannt. An den Ecken muß die Wandschalung außen und innen besonders gesichert werden. Wenn aufeinandergelagerte Gurthölzer entsprechend weit überstehen, kann die Sicherung durch aufgenagelte Drängbretter erfolgen (Bild **5**.26).

Wandschalungen werden heute jedoch fast durchweg aus vorgefertigten, industriell hergestellten Schalungselementen gebaut. Sie bestehen aus großformatigen kunstharzbeschichteten Schaltafeln mit dahinterliegenden Aussteifungskonstruktionen aus Metall oder Holz. Die Systeme sind fast immer so durchgebildet, daß damit auch schwierige Schalungsaufgaben wirtschaftlich bewältigt werden können. Fast alle der-

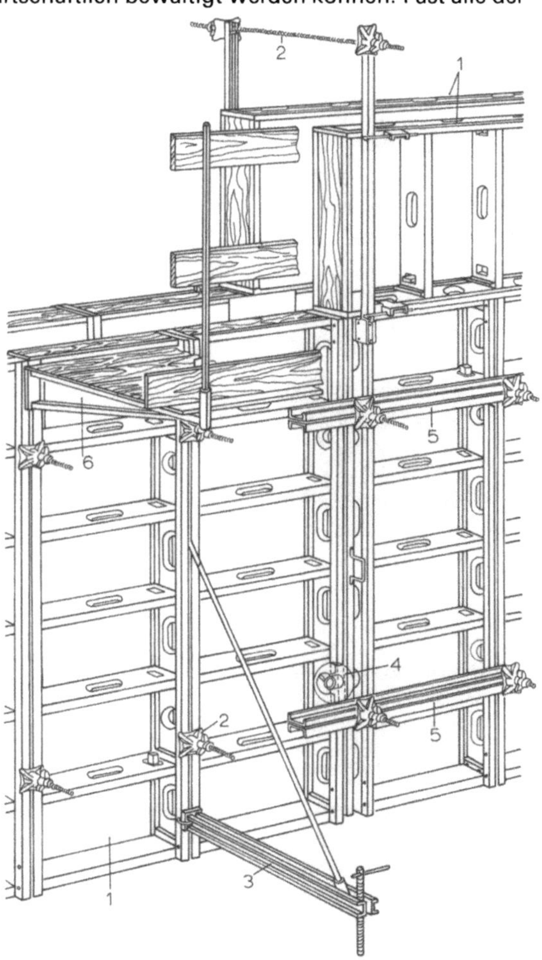

5.27
Leichtschalung (System Hünnebeck)

1 Schalelement, bestehend aus beschichteter Schalplatte, Rand- und Feldaussteifung aus verzinkten Spezial-Blechprofilen
2 Spannanker (vgl. Bild **5**.23)
3 justierbare Kippsicherung
4 Stoßverbindung der Schalelemente
5 zusätzliches Richt- bzw. Aussteifungsprofil
6 Auslegerkonsole für Arbeitsgerüst

artigen Systeme sind kombinierbar mit den notwendigen Arbeits- oder Schutzgerüsten. Als Beispiel aus der großen Zahl derartiger Schalungssysteme ist in Bild **5**.27 der Aufbau einer Wand-Leichtschalung nach dem System Hünnebeck gezeigt.

Bei derartigen Schalungssystemen werden Innenecken meistens mit Hilfe besonderer Formelemente geschalt. Außenecken können durch Übereinanderschieben der Elemente gebildet werden. Für notwendige Maßausgleiche werden besondere Differenzstücke verwendet (Bild **5**.28).

Stahlbetonwände mit Wärmeschutz können vorteilhaft im Verbund mit „verlorenen" Schalungen aus Schaumstoffelementen betoniert werden (Bild **5**.29).

Müssen bei durchlaufend geschalten Stahlbetonwänden Vorkehrungen für den Anschluß angrenzender Stahlbetonwände, Unterzüge o.ä. getroffen werden, sind wegen der erforderlichen Anschlußstähle vielfach noch arbeitsaufwendige besondere Einschalarbeiten an diesen Stellen üblich.

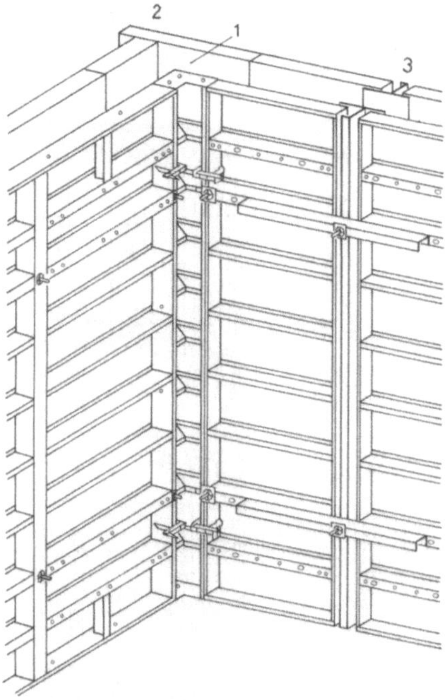

5.28 Eckausbildung und Maßanpassung mit Schalelementen

1 Innenecke mit Spezialteil
2 Elementstoß an Außenecke
3 Ausgleichselement

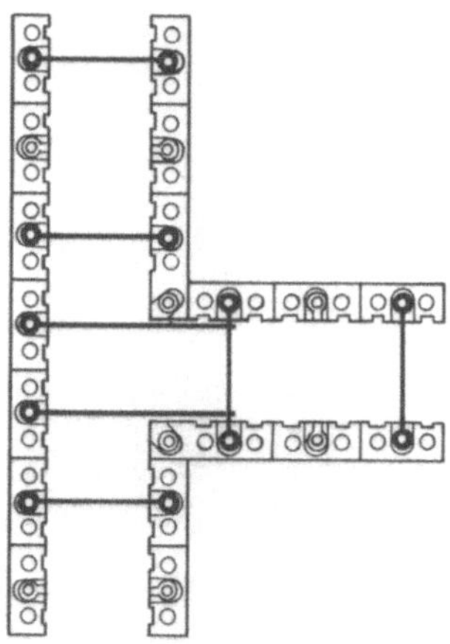

5.29 Verlorene Schalung aus Schaumstoff-Elementen

Erhebliche Erleichterung bietet jedoch die Verwendung von zargenartigen Anschlußprofilen, die in praktisch allen in Frage kommenden Breiten anzuschließender Bauteile lieferbar sind. Sie werden in die durchlaufenden Bauteile mit einbetoniert. Anschlußstähle entsprechend statischer Berechnung können abgebogen durchgesteckt und später nach Entfernen der Schutzabdeckungen wieder zurückgebogen werden (Bild **5**.30).

Müssen gleichartige Schalungen für mehrere Geschosse übereinander erstellt werden, können kostensparende Schalungen eingesetzt werden, die horizontal verfahren oder auf Klettergerüsten entsprechend dem Bautakt übereinander aufgebaut werden (Bild **5**.31). Für Hochhäuser und ähnliche Bauaufgaben gibt es für Innen- und Außenschalungen derartige Gerüste mit Selbstklettertechnik.

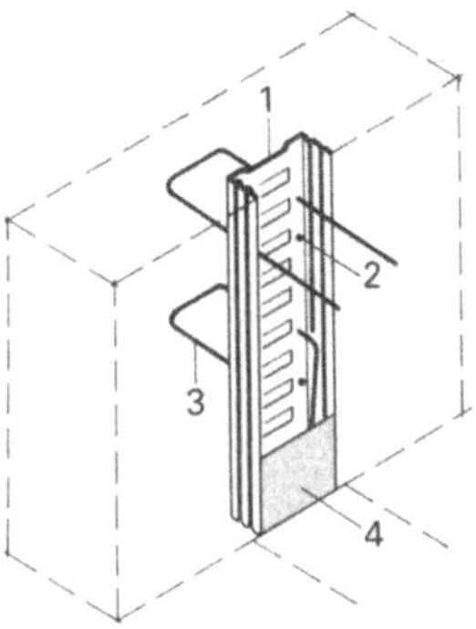

5.30 Anschlußprofil (Halfeneisen)
1 gesicktes Stahlgehäuse-Profil
2 Nagellöcher
3 Anschlußstahl, heruntergebogen
4 Profilabdeckung aus Holzfaserplatte

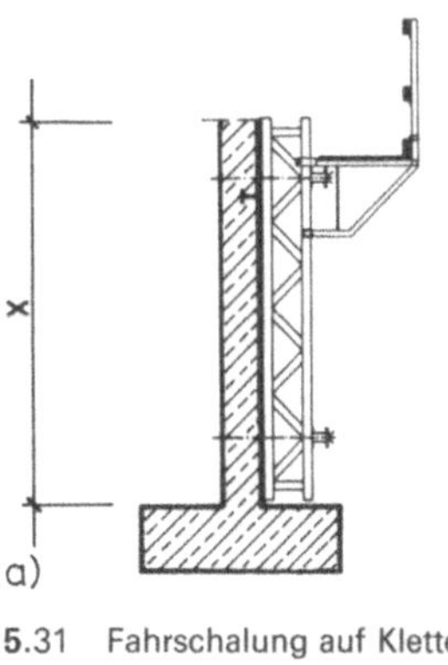

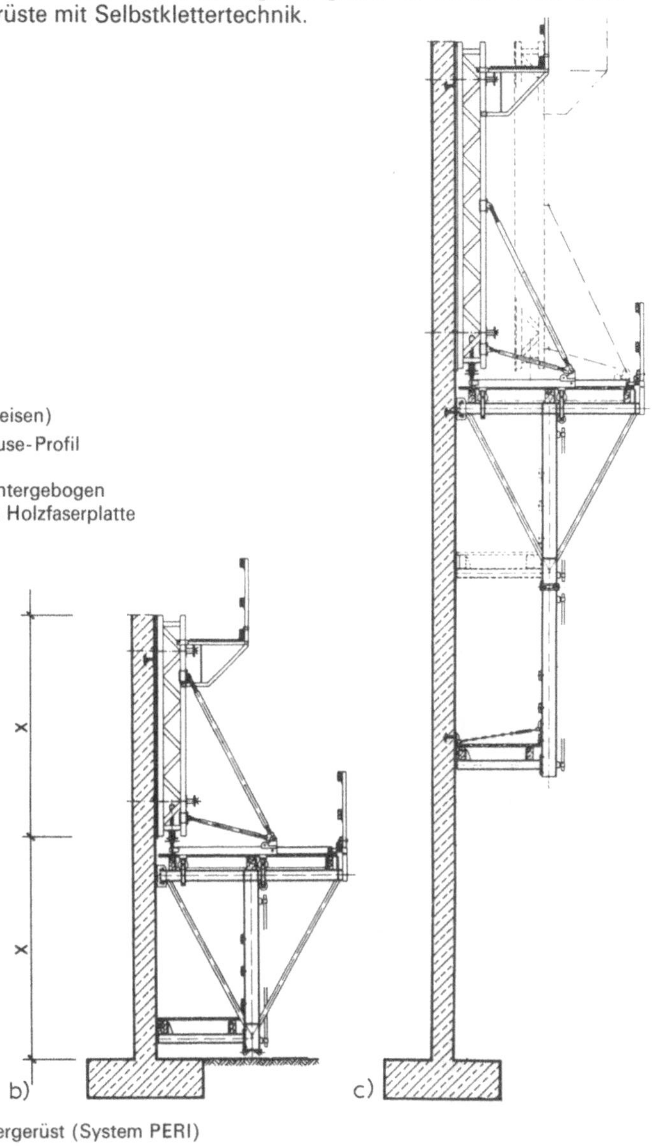

5.31 Fahrschalung auf Klettergerüst (System PERI)

a) Wandschalung ohne Gerüst. Vorlaufanker für die spätere Anhängung des Gerüstes werden im ersten Wandabschnitt gleich mit eingebaut.

b) Kletterfahrgerüst angehängt. Wandschalungselement auf dem Kletterfahrgerüst montiert. Schalungshöhe *X* ist beliebig (in der Regel bis max. 6,50 m).

c) Klettergerüst mit angehängter Nacharbeitsbühne für beliebige Höhe der Schalungsabschnitte.

5.4.3 Schalung von Stützen

Die Schalungskästen für Stahlbetonstützen werden aus 4 Platten zusammengesetzt, von denen 2 die gleiche Breite wie die Betonstützen haben (zwischenliegende Platten). Die beiden anderen Platten sind um 2 Brettdicken breiter (überstehende Platten; s. Querschnitt Bild **5**.32). Die Platten werden aus 24 mm dicken, senkrecht gestellten Brettern zusammengesetzt, die durch aufgenagelte Brettlaschen 10,5 × 2,4 verbunden werden. Die Fußlasche wird ca. 20 cm, die Kopflasche

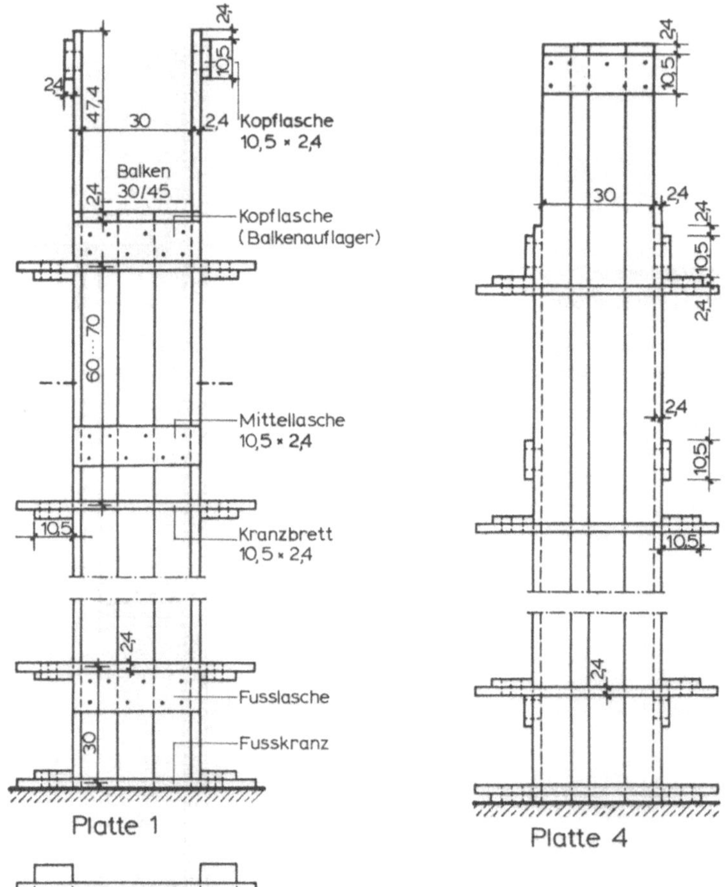

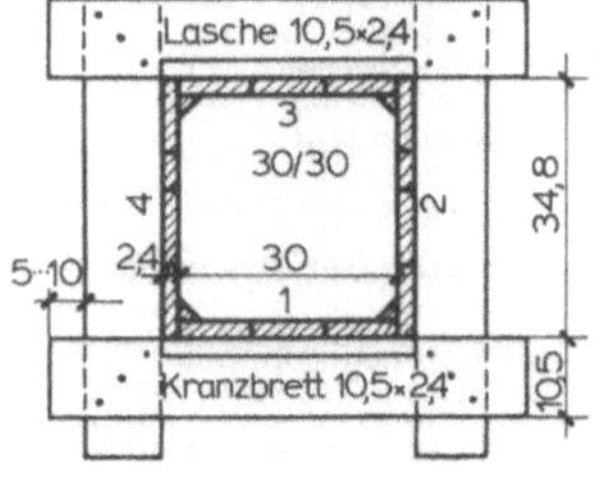

5.32
Stützenschalung, handwerkliche Ausführung

Platten 1 und 3 gelascht, Platten 2 und 4 auf die Kranzbretter genagelt. Das Reinigungsloch wird am besten unterhalb der untersten Lasche angeordnet.

24 mm vom Plattenende angeordnet. Schließt ein Balken an die Stütze an, so liegt die Kopflasche um 24 mm tiefer als der Säulenausschnitt. Die Mittellaschen werden in 70 bis 80 cm Abstand angeordnet. Die Laschen der zwischenliegenden Platten stehen zur Bildung eines Anschlages beiderseits um 24 mm über. Dieser Überstand darf nicht genagelt werden. Bei den überstehenden Platten ist die Länge der Laschen gleich der Plattenbreite. Der Zusammenschluß der Platten kann durch Brettkränze bewirkt werden. Der Abstand der Brettkränze, der im oberen Teil des Schalkastens 60 bis 70 cm beträgt, muß nach dem Stützenfuß wegen des zunehmenden Beton-Innendruckes geringer werden (vgl. Abschn. 5.4.1). An Stelle der Brettkränze werden meistens jedoch heute verstellbare Stahlzwingen verwendet; dann müssen alle 4 Platten gelascht werden.

Stützenschalungen können auch mit entsprechenden Sonderteilen der verschiedenen Wandschalungssysteme ausgeführt werden. Eine speziell für Stützenschalung entwikkelte moderne Schalungskonstruktion zeigt Bild **5**.33. Sie besteht aus 75 cm breiten und zu verschiedenen Höhen kombinierbaren Schalungselementen. Diese können mit Eckverschraubungen für die verschiedensten Stützenquerschnitte zusammengefügt werden.

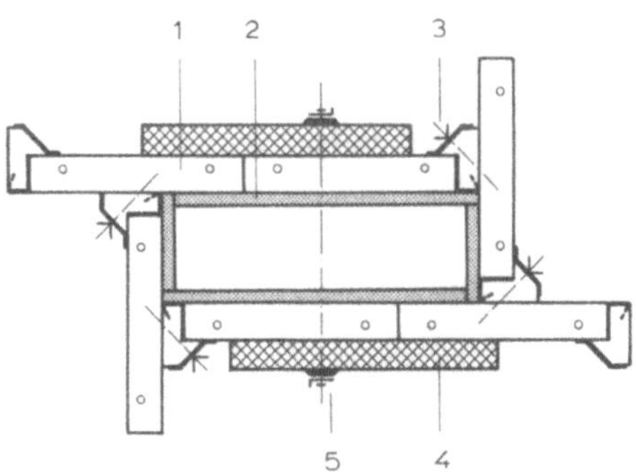

5.33
Stützenschalung (doka)
1 Schalungsträgerelement
2 Schalhaut
3 Verschraubung
4 Klemmschiene
5 Spannanker
(nur bei flachen Querschnitten erforderlich)

Die Ecken des Stützenquerschnittes sollen durch Einfügen von Dreikantleisten in die Ecken der Stützenschalung gebrochen werden. Dadurch werden Kantenrisse und Beschädigungen der Ecken beim Ausschalen verhindert.

Bei Rundstützen wird die Schalung aus schmalen Brettern zusammengesetzt und durch Holzkränze (Normenbogen) im Form gehalten. Die Sicherung gegen den Betondruck geschieht durch Rundstahlringe.

Ferner werden Schalungen aus Leichtmetallelementen und aus spiralenförmigen Stahlbändern verwendet, mit deren Hilfe das Einschalen von Rundstützen verschiedener Durchmesser möglich ist. Die Schalungsspiralen werden beim Ausschalen abgewickelt und können im allgemeinen nicht wiederverwendet werden.

Rundstützen können auch sehr vorteilhaft mit völlig glatter Oberfläche hergestellt werden, wenn Faserzement-Druckrohre als verlorene Schalung verwendet werden.

Auch handelsübliche Kunststoff-Abflußrohre werden als Schalung für Rundstützen verwendet.

Am Fuß von Stützen und Wänden, am Ansatz von Auskragungen und an der Unterseite von tiefen Balkenschalungen sind Reinigungsöffnungen anzuordnen, die kurz vor dem Betonieren zu schließen sind.

5.4.4 Schalung von Balken und Decken

Die Schalungskästen für Stahlbetonbalken bestehen aus dem Balkenboden und den beiden Seitenplatten. Bei Anschluß an Säulen wird die Balkenschalung stets in die Säulenschalung geführt. Balkenboden und Seitenplatten werden aus 24 mm dicken Brettern zusammengesetzt und durch aufgenagelte Brettlaschen 10,5 × 2,4 verbunden (Bild **5**.34).

Für den Balkenboden, der stets zwischen den Seitenplatten liegt, sind nur wenige Laschen erforderlich; diese stehen links und rechts um 24 mm über. Die Endlasche liegt 24 mm vom Balkenbodenende entfernt. Der Schalungsboden wird auf die Kopfhölzer aufgelegt, die durch – heute fast allgemein übliche – ausziehbare Stahlrohr-Schalungsstützen abgestützt werden. Diese werden meistens zweireihig angeordnet, um ein leichteres Justieren der Schalung auch in der Querrichtung zu ermöglichen. Zur Diagonalaussteifung werden einhängbare und ausziehbare Stahlrohrelemente verwendet. Auf Beton brauchen die Stützen keine besondere Unterlage. Muß die Einschalung auf Erdreich abgestützt werden, werden die Stützen auf Baubohlen im Sandbett gestellt.

Die Endlaschen der Seitenplatten sind 24 mm vom Plattenende entfernt. Die mittleren Laschen erhalten 50 bis 60 cm Abstand. Die Laschen reichen bis Unterkante Seitenplatte und sind von der Oberkante 24 mm entfernt, damit die Deckenschalung gegen die Seitenplatten anstoßen kann. Das oberste Blatt der Seitenplatten soll voll besäumt sein.

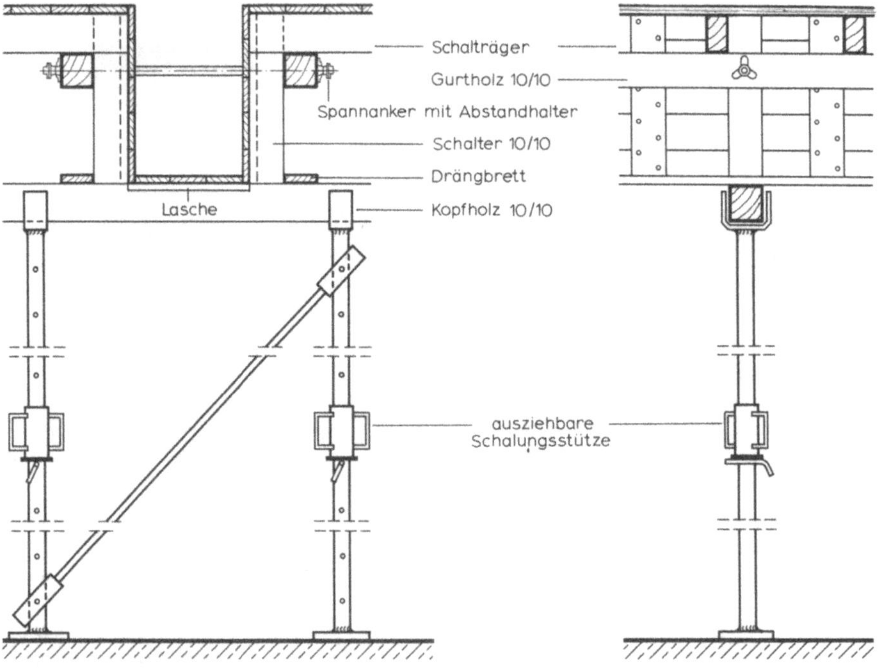

5.34 Unterzugschalung

Die Seitenplatten werden gegen den Balkenboden genagelt und am Fuß durch auf die Kopfhölzer genagelte Drängbretter gegen Verschieben gesichert. Im übrigen wird die Querverspannung durch Gurthölzer mit Spannankern und Abstandhaltern gebildet (s. Bild **5**.23). Bei größeren Balkenquerschnitten werden die Gurthölzer doppelt gelegt, um das Durchbohren für die Spannanker zu vermeiden (vgl. Bild **5**.34).

Schließt ein Nebenbalken an einen Hauptbalken an, so ist die Schalung des Nebenbalkens in die des Hauptbalkens zu führen.

Bei Balken mit Voute ist die Seitenplatte im Voutenteil so zu verbreitern, daß sie das Voutendrängbrett, die Voutenlasche und den Voutenboden voll aufnehmen kann (Bild **5**.35). Das Voutendrängbrett erhält oben eine Schmiege, die sich fest unter die Lasche des Balkenbodens setzt. Es empfiehlt sich nicht, den Voutenboden anzusetzen, sondern den Balkenboden zur Voute abzubiegen. Dazu muß der Balkenboden auf der Unterseite auf etwa 3/5 Brettdicke eingesägt werden. Von der Voutenseite aus wird an diesen Einschnitt eine Kerbe eingesägt, so daß sich die Schmiege beim Abbiegen gegen den senkrechten Sägeschnitt legt. Die Voutenseitenplatten müssen von außen durch Drängbretter gesichert werden.

Wegen des erhöhten Schalungsaufwandes werden jedoch bei der statischen Dimensionierung Vouten möglichst vermieden. Wirtschaftlicher ist es, die erhöhten Beanspruchungen der Balken an den Auflagern durch breitere Profile oder durch stärkere Bewehrungen aufzunehmen.

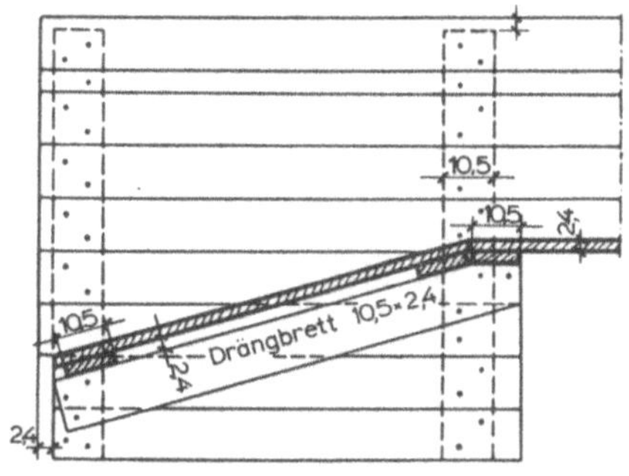

5.35 Unterzugschalung mit Voute (Längsschnitt)

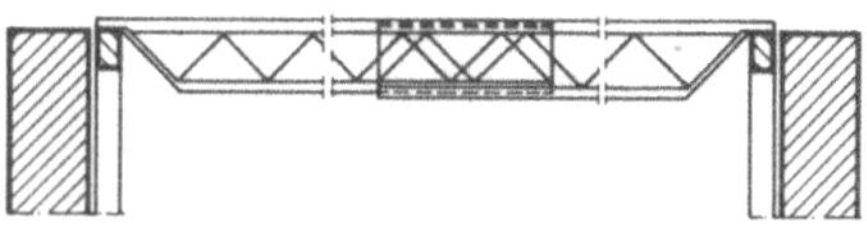

5.36 Ausziehbare Schalungsträger

Deckenschalungen können auf Kanthölzern, wie in Bild **5**.34 gezeigt, aufliegen. Bei den üblichen Spannweiten örtlich betonierter Vollbetondecken ist die Verwendung von ausziehbaren Schalungsträgern wirtschaftlicher, die je nach Deckengewicht in Abständen von 50 bis 70 cm verlegt werden (Bild **5**.36). Bei fast allen derartigen Schalungsträgersystemen ist es möglich, die Einschalung mit Überhöhung („Stich") auszuführen, um die spätere Durchbiegung der Decken auszugleichen. Auf den Schalungsträgern werden vorgefertigte Schalplatten (kunstharzbeschichtete Spanplatten) verlegt. Seltener für die ganze Fläche, jedoch für Restflächen der Deckenfelder werden auch übliche Schalungsbretter verwendet.

Statt derartiger konventioneller, überwiegend zimmermannsmäßig auszuführender Deckenschalungen werden heute zur Rationalisierung die verschiedensten industriell vorgefertigten Schalungssysteme eingesetzt. Dazu gehören solche mit Unterkonstruktionen aus dicht liegenden Gitterträgern aus Holz (vgl. Bild **5**.22b). Ebenso werden vielfach selbsttragende Schalungselemente verwendet, wie sie ähnlich auch bei Wandschalungen eingesetzt werden (vgl. Bilder **5**.27 und **5**.28).

Für größere oder am Bau sich öfter wiederholende gleichartige Deckenflächen werden Schalungen zu großen, komplett umsetzbaren Elementen zusammengesetzt (Bild **5**.37).

5.37 Schaltisch

Lediglich mit „Sparschalung" (Einzelunterstützungen durch Gurte oder Stützen) kann gearbeitet werden, wenn dünne, vorgefertigte Stahlbetonplatten verwendet werden, die bereits die Zugbewehrung enthalten und lediglich einen Aufbeton bis zur vollen Deckenstärke erfordern. Diesen Plattenelemente ersetzen die Schalung und bilden damit in gewissem Sinn eine „verlorene Schalung" (Bild **5**.38).

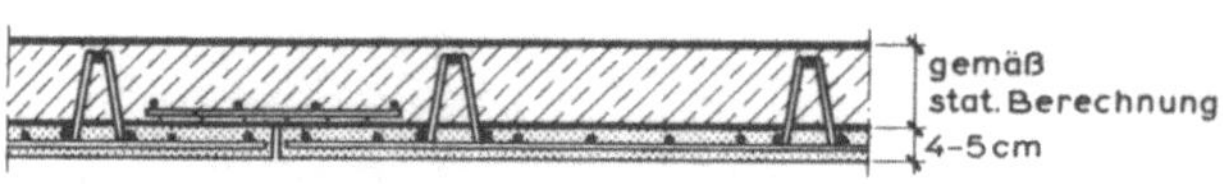

a)

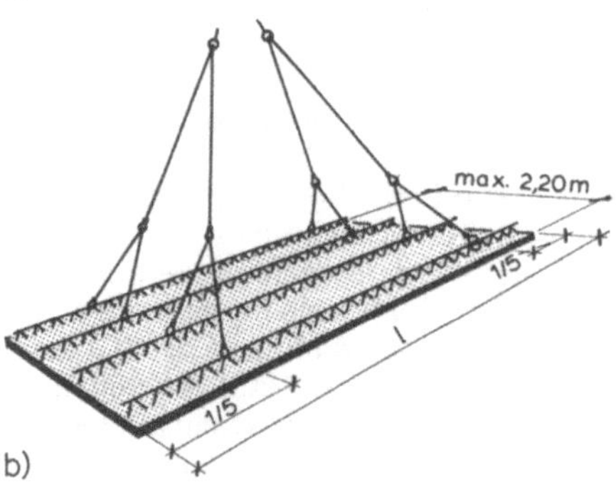

b)

5.38
Plattendecke (Kaiser-OMNIA)
a) Schnitt, fertiger Zustand der Decke
b) Unterplatte Verlegung durch Kran

Außer den beschriebenen Grundelementen der Schalung werden ständig weitere Schalsysteme entwickelt in dem Bestreben, die für das Einschalen aufgewandte Arbeitszeit und Materialverluste herabzusetzen. Verbesserungen richten sich auf einfache, robuste Verbindungen der Schalelemente untereinander, unkompliziertes Anpassen an vorgegebene Baumaße mit möglichst wenig Zusatz- oder Paßstücken, auf rationellen Auf- und Abbau, rasche Wiederverwendbarkeit (Reinigung) u. a. m. Während hierbei

Details der verschiedenen Systeme großen Einfluß haben, können Schalungsfachleute durch geschickten Einsatz der vorhandenen Grundelemente entscheidend zur wirtschaftlichen Lösung von Bauaufgaben beitragen. Als Beispiel aus der Fülle der möglichen Schalungsaufgaben seien hier nur verfahrbare Deckenschalungen für Schottenbauweisen (Bild **5**.39) und Raumschalungen (Bild **5**.40) für Industrie und Wohnungsbau erwähnt.

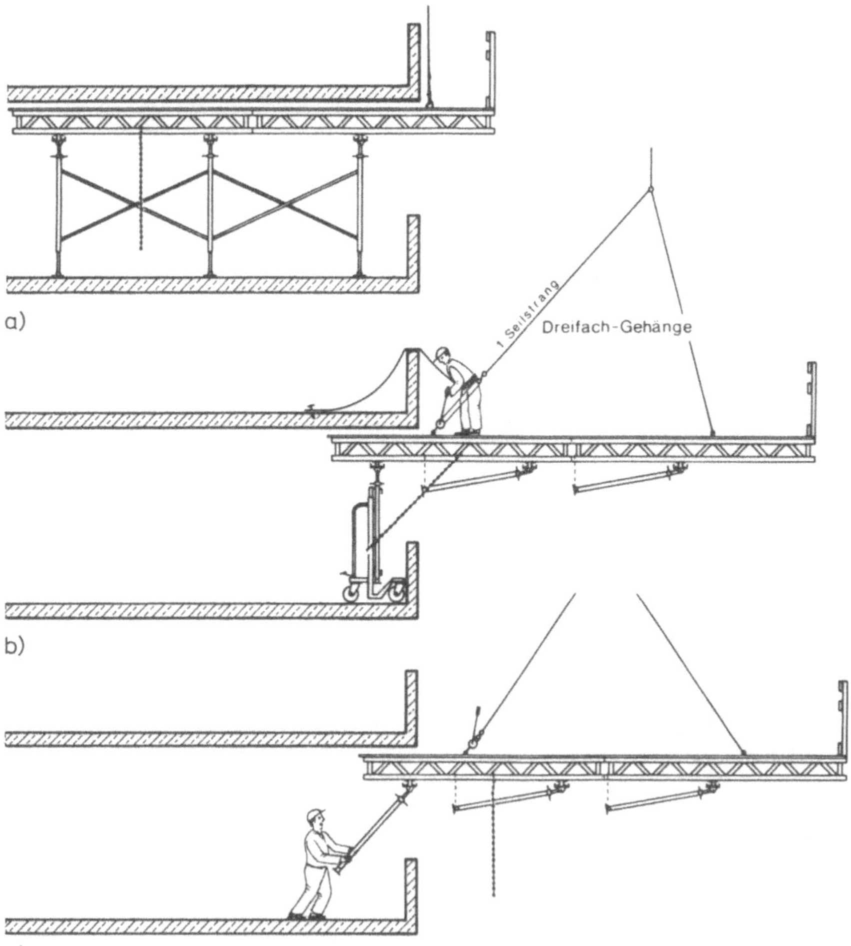

5.39 Schaltisch mit rollbarer Schnellabsenkung im Einsatz für Schottenbauweise (System PERI) Arbeitsablauf (Ausschalen und Umsetzen des Schaltisches):

a) Deckentisch absenken, vorderes Kranseil einhängen.
b) Hub- und Fahrgerät am letzten Rahmen befestigen und sichern. Sicherungskette anlegen. Diagonalkreuze demontieren. Tisch ausfahren, dabei gleichzeitig Füße hochklappen und anhängen. Unteres Kranseil einhängen und die hinteren Seilenden durch Kettenzug oder ähnliches Gerät verkürzen, bis der Tisch waagerecht hängt.
c) Hub- und Fahrgerät wegnehmen. Letzten Rahmen hochklappen und den Tisch über die Brüstung ausfahren.

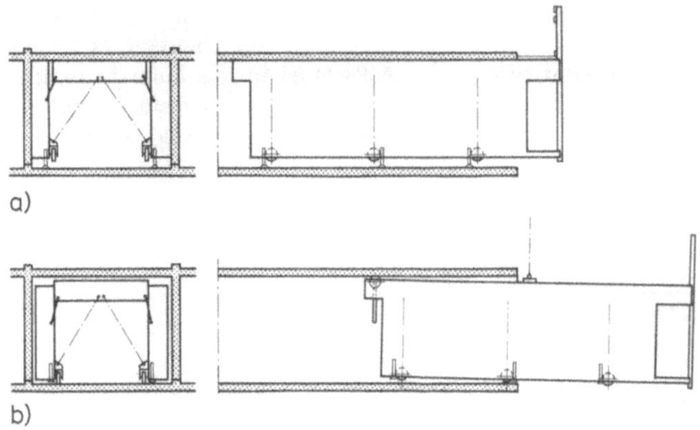

5.40 Raumschalung (Prinzipskizze)

a) Quer- und Längsschnitt: eingeschalter Zustand. Schalungswagen mit Spindeln gegen Decke bzw. Wand gespannt.
b) Schalungswagen abgesenkt. Wandschalungen eingezogen. Ausfahren des Schalungswagens.

5.4.5 Ausrüsten und Ausschalen

Ein Bauteil darf erst dann ausgerüstet oder ausgeschalt werden, wenn der Beton ausreichend erhärtet (s. DIN 1045 Abschn. 7.4.4 und 12.3), bei Frost nicht etwa nur hartgefroren ist und wenn der Bauleiter des Unternehmens das Ausrüsten und Ausschalen angeordnet hat. Der Bauleiter darf das Ausrüsten oder Ausschalen nur anordnen, wenn er sich von der ausreichenden Festigkeit des Betons überzeugt hat.

Als ausreichend erhärtet gilt der Beton, wenn der Bauteil eine solche Festigkeit erreicht hat, daß er alle zur Zeit des Ausrüstens oder Ausschalens angreifenden Lasten mit der vorgeschriebenen Sicherheit (DIN 1045 Abschn. 17.2.2) aufnehmen kann.

Besondere Vorsicht ist geboten bei Bauteilen, die schon nach dem Ausrüsten nahezu die volle rechnungsmäßige Last tragen (z. B. bei Dächern oder bei Geschoßdecken, die durch noch nicht erhärtete obere Decken belastet sind).

Das gleiche gilt für Beton, der nach dem Einbringen niedrigen Temperaturen ausgesetzt war.

War die Temperatur des Betons seit seinem Einbringen stets mindestens + 5 °C, so können für das Ausschalen und Ausrüsten im allgemeinen die Fristen der Tab. **5.41** (DIN 1045) als Anhaltswerte angesehen werden. (Andere Fristen können notwendig bzw. angemessen sein, wenn die nach DIN 1045 Abschn. 7.4.4 ermittelte Festigkeit des Betons noch gering ist.) Die Fristen der Spalten 3 und 4 dieser Tabelle gelten – bezogen auf das Einbringen des Ortbetons – als Anhaltswerte auch für Montagestützen unter Stahlbetonfertigteilen –, wenn diese Fertigteile durch Ortbeton ergänzt werden und die Tragfähigkeit der so zusammengesetzten Bauteile von der Festigkeitsentwicklung des Ortbetons abhängig ist (s. z. B. DIN 1045 Abschn. 19.4 und 19.7.6).

Die Ausschalfristen sind gegenüber der Tab. **5.41** zu vergrößern, u. U. zu verdoppeln, wenn die Betontemperatur in der Erhärtungszeit überwiegend unter + 5 °C lag. Tritt während des Erhärtens Frost ein, so sind die Ausschal- und Ausrüstfristen für ungeschützten Beton mindestens um die Dauer des Frostes zu verlängen (s. DIN 1045 Abschn. 11).

Für eine Verlängerung der Fristen kann außerdem das Bestreben bestimmend sein, die Bildung von Rissen – vor allem bei Bauteilen mit sehr verschiedener Querschnittsdicke oder Temperatur – zu vermindern oder zu vermeiden oder die Kriechverformungen zu vermindern, z. B. auch infolge verzögerter Festigkeitsentwicklung.

Tabelle **5**.41 Ausschalfristen (Anhaltswerte) nach DIN 1045 Tab. 8

	1	2	3	4
	Zementfestigkeitsklasse	für die seitliche Schalung von Balken und für die Schalung von Wänden und Stützen in Tagen	für die Schalung von Deckenplatten in Tagen	für die Rüstung (Stützung) von Balken, Rahmen und weitgespannten Platten in Tagen
1	Z 25	4	10	28
2	Z 35 L	3	8	20
3	Z 35 F und 45 L	2	5	10
4	Z 45 F und 55	1	3	6

Bei Verwendung von Gleit- oder Kletterschalungen kann in der Regel von kürzeren Fristen, als in der Tab. **5**.41 angegeben, ausgegangen werden.

Stützen, Pfeiler und Wände sollen vor den von ihnen gestützten Balken und Platten ausgeschalt werden. Rüstungen, Schalungsstützen und frei tragende Deckenschalungen (Schalungsträger) sind vorsichtig durch Lösen der Ausrüstvorrichtungen abzusenken. Es ist unzulässig, diese ruckartig wegzuschlagen oder abzuzwängen. Erschütterungen sind zu vermeiden.

Um die Durchbiegungen infolge von Kriechen und Schwinden klein zu halten, sollen Hilfsstützen möglichst lange stehenbleiben oder sofort nach dem Ausschalen gestellt werden. Die Hilfsstützen sollen in den einzelnen Stockwerken übereinander stehen (bei Platten und Balken mit Stützweiten von 3 bis ca. 8 m genügen Hilfsstützen in der Mitte der Stützweite).

Läßt sich eine Benutzung von Bauteilen, namentlich von Decken, kurz nach dem Ausschalen nicht vermeiden, so ist besondere Vorsicht geboten. Keineswegs dürfen auf frisch hergestellten Decken Lasten abgeworfen, abgekippt oder in unzulässiger Menge gestapelt werden.

5.5 Bewehrungen

5.5.1 Allgemeines

Nahezu ausschließlich wird Stahlbeton mit Bewehrungen aus Rundstahl nach DIN 488 (s. Abschn. 5.2.4) hergestellt. In letzter Zeit werden aber auch mit Bewehrungen aus Formstahl – dabei teilweise auch in Verbindung mit Rundstahl – Versuche gemacht, weil dadurch eine erhebliche Senkung der Kosten für die Verlegung der Bewehrung und auch der Schalungskosten erreichbar würde (Bild **5**.42). Ungelöst ist in diesem Zusammenhang eigentlich nur die Frage, wie der Brandschutz von Stahlbetonbauteilen mit Profilstahlbewehrung zu bewerten ist [18].

Nachfolgend wird ausschließlich die Bewehrung mit Beton-Rundstahl behandelt.

Betonstabstahl und Betonstahlmatten werden in der Regel in der normalen Walzqualität geliefert und eingebaut. Nur in Fällen, wo mit großer Korrosionsgefährdung gerechnet werden muß, sind Bewehrungen mit Feuerverzinkung oder Kunststoffbeschichtung einzusetzen.

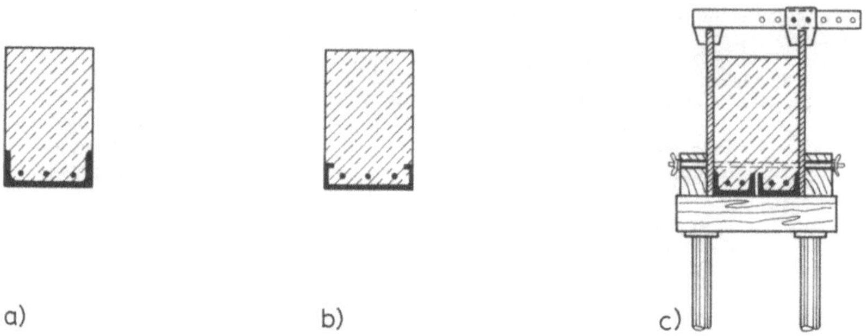

a) b) c)

5.42 Formstahlbewehrter Stahlbeton

a) Bewehrung mit [-Stahl und Stabstahl
b) Bewehrung mit C-Profil und Stabstahl
c) Schalungsrationalisierung in Verbindung mit Formstahlbewehrung

Die Abmessungen der Bauteile und ihre Bewehrung sind durch Zeichnungen eindeutig und übersichtlich darzustellen. Die Zeichnungen müssen mit den Ergebnissen der statischen Berechnung übereinstimmen und alle für die Ausführung der Bauteile und für die Prüfung der Berechnung erforderlichen Maße enthalten. Insbesondere sind anzugeben (s. DIN 1045 Abschn. 3.2):

1. die Festigkeitsklasse des Betons,
2. die Stahlsorten (s. auch DIN 488 T1),
3. Zahl, Durchmesser, Form und Lage der Bewehrungsstäbe und Baustellenschweißungen,
4. die Betondeckung der Stahleinlagen (auch der Bügel) und die Unterstützungen der oberen Bewehrung,
5. die Mindestdurchmesser der Biegerollen (s. DIN 1045 Abschn. 18 Bewehrungsrichtlinien).

Jeder tragende Stahlbetonbauteil (Position der statischen Berechnung) wird in der Regel gesondert gezeichnet (M 1:20), so daß Schnittlänge, Biegelänge, Stabform und alle Teillängen abgelesen werden können.

Alle einzubauenden Stahleinlagen werden in der Stahlliste zusammengefaßt. Nach ihr werden die Stähle abgelängt und gebogen. Ferner werden mit ihrer Hilfe Verschnitt und Gesamtgewicht, nach Güte und Durchmesser getrennt, für die Abrechnung ermittelt.

5.5.2 Betondeckung (DIN 1045 Abschn. 13.2)

Der Verbund zwischen Bewehrung und Beton ist durch eine ausreichend dicke, dichte Betondeckung zu sichern. Sie muß in der Lage sein, den Stahl dauerhaft gegen Korrosion zu schützen.

Die Betondeckung jedes Bewehrungsstabes, also auch der Bügel, muß nach allen Seiten entsprechend DIN 1045 die Werte der Tabelle **5.43** haben, soweit nicht nach DIN 1045 Abschn. 13.2.2 noch größere Maße oder nach Abschnitt 13.3 andere Maßnahmen in Betracht kommen.

Das Nennmaß nom c ist auf den Bewehrungszeichnungen anzugeben, bei der Ermittlung der Maße der Biegeformen zu beachten und bei der Auswahl der Abstandhalter (s. Bild **5.45**) zugrunde zu legen. Es enthält ein „Vorhaltemaß" Δc von – in der Regel – 1 cm.

Das Mindestmaß min c (nom c = min $c + \Delta c$) gilt für die Überdeckung im fertigen Bauteil und stellt also ein Kriterium für nachträgliche Kontrollen dar (Bild **5**.44) [7].

Schichten aus natürlichen oder künstlichen Steinen, Holz oder haufwerkporigem Beton dürfen nicht auf die Betondeckung angerechnet werden.

Bei Beton mit einem Größtkorn des Zuschlags von mehr als 32 mm sind die Betondeckungsmaße um 5 mm zu vergrößern.

Eine Vergrößerung der Betondeckung ist auch aus anderen Gründen notwendig:

- Brandschutz nach DIN 4102
- Bei besonders dicken Bauteilen
- bei Betonflächen aus Waschbeton
- bei Flächen, die gesandstrahlt, steinmetzmäßig bearbeitet oder durch
- Verschleiß stark abgenutzt werden.

Tabelle **5**.43 Maße der Betondeckung in cm, bezogen auf die Umweltbedingungen (Korrosionsschutz) und die Sicherung des Verbundes (DIN 1045 Tab. 10)

1	2	3	4
Umweltbedingungen	Stabdurchmesser d_s in mm	Mindestmaße für ≧ B 25 min c in cm	Nennmaße für ≧ B 25 nom c in cm
Bauteile in geschlossenen Räumen, z. B. in Wohnungen (einschließlich Küche, Bad und Waschküche), Büroräumen, Schulen, Krankenhäusern, Verkaufsstätten – soweit nicht im folgenden etwas anderes gesagt ist. Bauteile, die ständig trocken sind.	bis 12 14, 16 20 25 28	1,0 1,5 2,0 2,5 3,0	2,0 2,5 3,0 3,5 4,0
Bauteile, zu denen die Außenluft häufig oder ständig Zugang hat, z. B. offene Hallen und Garagen. Bauteile, die ständig unter Wasser oder im Boden verbleiben, soweit nicht Zeile 3 oder Zeile 4 oder andere Gründe maßgebend sind. Dächer mit einer wasserdichten Dachhaut für die Seite, auf der die Dachhaut liegt.	bis 20 25 28	2,0 2,5 3,0	3,0 3,5 4,0
Bauteile im Freien. Bauteile in geschlossenen Räumen mit oft auftretender, sehr hoher Luftfeuchte bei üblicher Raumtemperatur, z. B. in gewerblichen Küchen, Bädern, Wäschereien, Feuchträumen von Hallenbädern, Viehställen. Bauteile, die wechselnder Durchfeuchtung ausgesetzt sind, z. B. durch häufige starke Tauwasserbildung oder in der Wasserwechselzone. Bauteile, die „schwachem" chemischem Angriff nach DIN 4030 ausgesetzt sind.	bis 25 28	2,5 3,0	3,5 4,0
Bauteile, die besonders korrosionsfördernden Einflüssen auf Stahl oder Beton ausgesetzt sind, z. B. durch häufige Einwirkung angreifender Gase oder Tausalze (Sprühnebel- oder Spritzwasserbereich) oder durch „starken" chemischen Angriff nach DIN 4030 (s. auch Abschnitt 13.3).	bis 28	4,0	5,0

Dabei ist im Einzelfall die Tiefenwirkung der Bearbeitung und die durch sie verursachte Gefügestörung zu berücksichtigen.

Der lichte Abstand *a* der Bewehrungsstäbe (Bild **5**.44) beträgt 2 cm für Stabdurchmesser bis 20 mm, 2,5 cm für Stabdurchmesser von 25 mm und 3 cm für Stabdurchmesser von 28 mm.

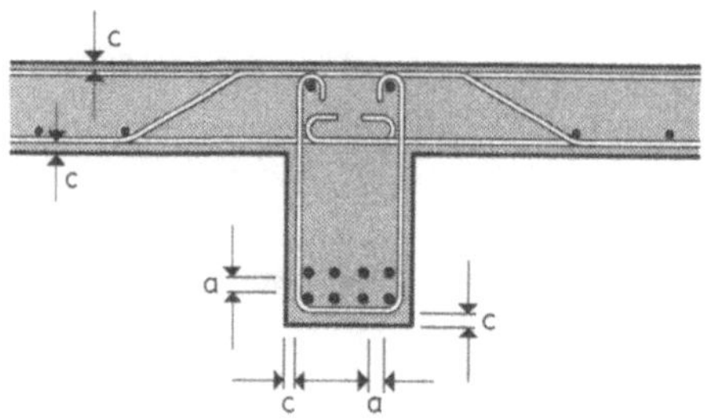

5.44
Betondeckung (c) und Stababstand (a)

Eine Fülle von Betonschäden muß immer wieder auf nicht ausreichende Betondeckung zurückgeführt werden. Die Einhaltung der Mindestmaße für die Betonüberdeckung ist daher durch Abstandhalter, die für nom *c* dimensioniert sein müssen (Bild **5**.45), sicherzustellen und an der Baustelle genau zu überwachen.

Ist durch Fehler beim Einschalen oder Betonieren die erforderliche Betondeckung nicht erreicht, müssen nachträgliche Schutzmaßnahmen getroffen werden, um die Korrosion der Bewehrungen und damit auch längerfristig schwere sonstige Schäden an den betroffenen Bauteilen zu verhindern. In Frage kommen Kratzspachtelungen mit speziellen Spachtelmassen, die eine porenfreie Oberflächenversiegelung bewirken oder Beschichtungen mit flexiblen Dichtungsschlämmen oder Spritzmörtel [29].

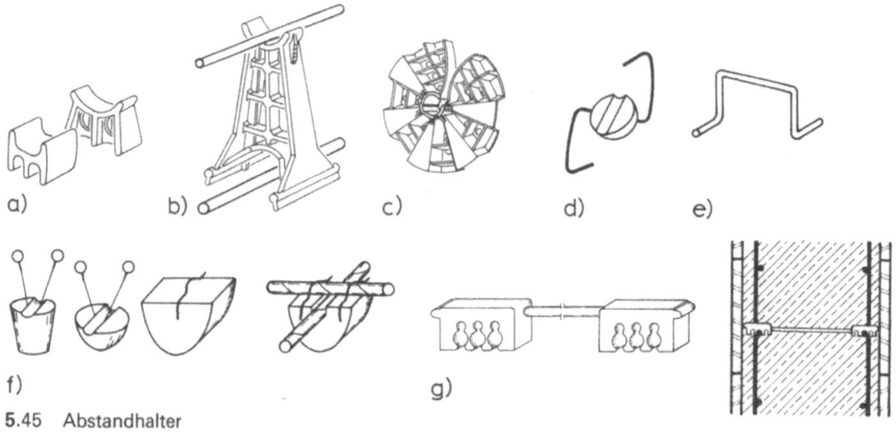

5.45 Abstandhalter

a) Kunststoff-Abstandhalter für untere Bewehrung von Platten
b) Kunststoff-Abstandhalter für zwei Bewehrungslagen
c) Kunststoff-Abstandhalter für Bewehrungen aller Art
d) Beton- oder Kunststoff-Abstandhalter mit Drahtbügeln
e) Aus Bewehrungsstahl gebogener Abstandhalter für hochliegende Eisen
f) Betonabstandhalter mit Rödeldraht bzw. Stahlklemme
g) Stahlstab mit Kunststoffummantelung als Abstandhalter für Betonwände mit Doppelbewehrung, ersetzt gleichzeitig S-Haken; drei wählbare Betondeckungen (20, 30, 40 mm)

5.6 Bauliche Einzelheiten

5.6.1 Wärmedämmung

Bei Außenbauteilen aus Stahlbeton und bei Stahlbetonteilen, die in Außenflächen einbinden, ist wegen der schlechten Wärmedämmeigenschaften von Normalbeton (s. Abschn. 5.1.5) eine zusätzliche Wärmedämmung erforderlich. Diese dient dem Wärmeschutz des Bauwerkes, muß Wärmebrücken verhindern und ist meistens auch erforderlich, um temperaturbedingte Maßänderungen von Stahlbetonbauteilen zu begrenzen.

Bei Stahlbetonbauteilen, deren Sichtflächen durch Putz oder Bekleidungen gestaltet werden, sind anbetonierte Wärmedämmungen meistens die rationellste Ausführungsmöglichkeit. Dabei werden Holzwolle-Leichtbauplatten, Mehrschicht-Leichtbauplatten oder Hartschaumplatten in die Schalung eingelegt und mit einbetoniert. Der Verbund der Platten mit dem Beton wird durch Kunststoffanker und auch durch die Verbindung mit den rauhen Oberflächen der Platten bewirkt.

Bei erdberührten Bauteilen (z. B. Kelleraußenwänden) müssen feuchtigkeitsbeständige extrudierte PS-Hartschaumplatten (Styrodur oder Roofmate) verwendet werden.

Bei Stahlbetonbauteilen mit Außenflächen aus Sichtbeton muß eine mehrschichtige Konstruktion mit innenliegender Wärmedämmung gewählt werden. In diesen Fällen muß ggf. die Minderung der Wärmedämmung infolge durchbindender Anker und ggf. der mögliche Tauwasserausfall berücksichtigt werden (s. Abschn. 14.4).

5.6.2 Arbeits- und Dehnfugen

Arbeitsfugen. Nicht immer können Bauwerksteile in einem Arbeitsgang durchlaufend betoniert werden. Dann müssen Arbeitsfugen im Einvernehmen mit dem Statiker in den Arbeitsvorgang eingeplant werden. Sie sind so auszubilden, daß alle auftretenden

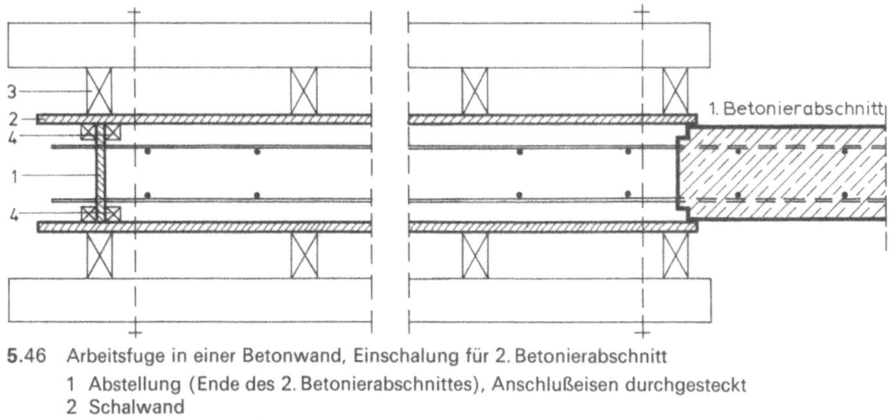

5.46 Arbeitsfuge in einer Betonwand, Einschalung für 2. Betonierabschnitt
1 Abstellung (Ende des 2. Betonierabschnittes), Anschlußeisen durchgesteckt
2 Schalwand
3 Schalungskonstruktion
4 Fugenleiste für Anschluß des 3. Betonierabschnittes

Beanspruchungen aufgenommen werden können. Arbeitsabschnitte und damit die Lage der Arbeitsfugen sollten so geplant werden, daß der Schalungsauf- und -abbau und das Einbringen des Betons erleichtert werden.

Arbeitsfugen bleiben in den Betonflächen immer sichtbar, und an diesen Stellen treten meistens auch Schwindrisse auf. Es ist daher ratsam, die Lage der Arbeitsfugen durch genau in der Schalung angebrachte Profilleisten als Scheinfugen (Bild **5**.48) zu markieren und damit gleichzeitig auch die besten Voraussetzungen für später etwa erforderliches Nacharbeiten oder Nachdichten zu schaffen.

Die Schalung des jeweils folgenden Betonierabschnittes soll an der Arbeitsfuge an den bereits betonierten Betonteil mit möglichst knapper Überdeckung und gut angepreßt anschließen. Dann ist die Gefahr geringer, daß frischer Beton zwischen Anschlußschalung und vorhandenen Bauteil quillt (Bild **5**.46).

Arbeitsfugen in Sichtbeton sind immer schwierig auszuführen. Am besten werden sie mit Scheinfugen markiert (Bild **5**.48). Damit kein Zementleim am Schalungsansatz durchsickert, sind Abdichtungen mit Schaumstoffstreifen zweckmäßig.

Arbeitsfugen bei Stahlbetontreppenläufen sind am Knickpunkt zwischen Podest und Laufplatte vorzusehen. Der vorangehende Betonierabschnitt wird am besten mit einem Streckmetallstreifen abgestellt, durch den die erforderliche Anschlußbewehrung hindurchgesteckt werden kann [7].

In den Arbeitsfugen muß für einen ausreichend festen und dichten Zusammenschluß der Betonschichten gesorgt werden. Verunreinigungen, Zementschlamm und nicht einwandfreier Beton sind vor dem Weiterbetonieren zu entfernen. Trockener älterer Beton ist vor dem Anbetonieren mehrere Tage lang feucht zu halten, um das Schwindgefälle zwischen jungem und altem Beton gering zu halten und um weitgehend zu verhindern, daß dem jungen Beton Wasser entzogen wird. Zum Zeitpunkt des Anbetonierens muß die Oberfläche des älteren Betons jedoch etwas abgetrocknet sein, damit sich der Zementleim des neu eingebrachten Betons mit dem älteren Beton gut verbinden kann.

Arbeitsfugen in wasserundurchlässigen Bauteilen sind wie sonstige Dehn- oder Bewegungsfugen auszubilden und mit Hilfe von Dichtungsbändern auszuführen (s. Abschn. 14.4.7).

Dehnfugen. Je großflächiger monolithische Wandbauteile aus Stahlbeton sind, um so mehr machen sich Verformungen – im ungünstigsten Falle in Gestalt von Rissen – bemerkbar, und zwar unter dem Einfluß von Temperaturänderungen, Kriechen und Schwinden sowie von Bewegungen, die in der Konstruktion bei Auftreten von veränderlichen statischen oder dynamischen Belastungen entstehen. Verformungen durch Setzungen und Temperatureinflüsse, Kriechen und Schwinden lassen sich voraussehen und in ihrem Umfang abschätzen oder berechnen. Um regellose Risse im Bauwerk zu vermeiden, werden unterteilende, durchgehende Dehnfugen angeordnet. Der Abstand der Fugen ist von den speziellen Verhältnissen am Bauwerk abhängig.

Bewegungsfugen. Wenn nicht schon durch notwendige **Setzfugen** (s. Abschn. 3.1 Bild **3**.1) eine ausreichende Unterteilung erfolgt, sollten großformatige Betonteile in Abständen von höchstens 10 m durch Fugen unterteilt werden. Sind die Bauteile jedoch der Sonneneinstrahlung oder Frost besonders ausgesetzt, sind die Fugenabstände zu verringern, so daß Einzelflächen von 4 bis 6 m^2 entstehen. Die Abmessungen von Fugen und -dichtungen sind Tabelle **5**.47 (DIN 18540 T3) zu entnehmen.

Konstruktionsfugen ergeben sich, wenn verschiedene Bauteile aneinanderstoßen, z. B. Fertigteile aus Stahlbeton, Wandbauteile und tragendes Skelett, Stützen und Fassadenelemente. Derartige Fugen können gleichzeitig auch Dehn- oder Setzfugen sein und sind wie diese konstruktiv auszubilden und ggf. zu dichten.

Tabelle **5**.47 Abmessungen der Fugenabdichtung (DIN 18540 T3)

vorhandener Fugenabstand in m	erforderliche Mindestfugenbreite *b* in mm	Dicke der Fugendichtungsmasse t_F[1])	zul. Abweichung
bis 2,0	10	8	±2
bis 3,5	15	10	±2
bis 5,0	20	12	±2
bis 6,5	25	15	±3
bis 8,0	30	15	±3

[1]) Die Werte gelten für den Endzustand, dabei ist auch der Volumenschwund der Fugendichtungsmasse zu berücksichtigen.

Fugenabschlüsse. Fugen, an die keine besonderen Anforderungen gestellt werden, können offenbleiben. Durch entsprechende Profilierung ist ggf. für die Ableitung von Schlagregen zu sorgen (Bild **5**.49).

In der Regel werden die Fugen, besonders in Außenwandflächen, durch dauerplastische und dauerelastische Dichtungsmassen (Thiocol, Acrylharze, Silicon-Kautschuk, Polyurethan) geschlossen. Die Ausführung von derartigen Fugen sollte nur durch erfahrene Spezialfirmen erfolgen. Dabei werden in der Regel die Fugen zunächst durch Schaumstoffstreifen ausgestopft, die Fugenflanken mit einem Voranstrich (Primer) als Haftgrund behandelt und mit der Ein- oder Zweikomponenten-Fugenmasse ausgespritzt. Die Fugenoberfläche wird – abhängig von der verwendeten Fugenmasse – geglättet. Es sollte besonders darauf geachtet werden, daß die angrenzenden Bauteile nicht durch – meist zunächst nicht sichtbare – Voranstrich- oder Dichtungsreste verschmutzt werden (Bild **5**.50).

Innen können die Fugen durch Kunststoffklemmprofile abgedeckt werden (Bild **5**.51). Wenn größere Bewegungen in den Fugen zu erwarten sind, müssen derartige Klemmprofile zusätzlich eingeklebt werden.

5.48 Scheinfuge

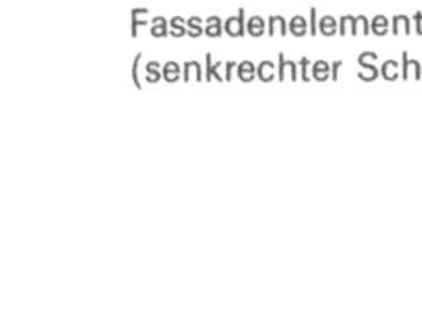

5.49 Offene Fuge bei hinterlüfteten Fassadenelementen (senkrechter Schnitt)

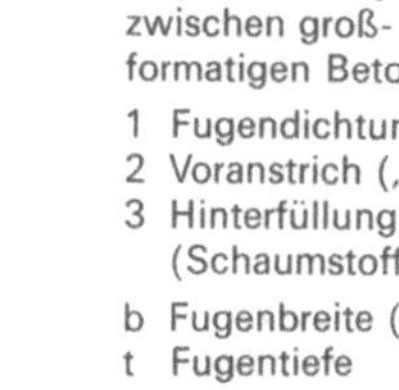

5.50 Fugendichtung zwischen großformatigen Betonteilen
1 Fugendichtungsmasse
2 Voranstrich („Primer")
3 Hinterfüllung (Schaumstoffband)
b Fugenbreite (vgl. Tab. **5**.47)
t Fugentiefe

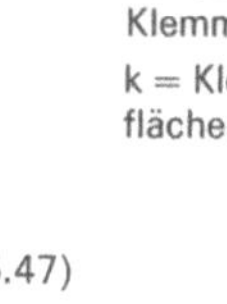

5.51 Fuge mit Kunststoff-Klemmprofil
k = Klebeflächen

5.6.3 Befestigungsvorrichtungen an Betonbauteilen

An Betonkonstruktionen können andere Bauteile (z. B. Installationen, Ausbauelemente wie abgehängte Decken, Fenster, Außenwandbekleidungen usw.) vielfach mit Hilfe von Dübelungen befestigt werden.

Für weniger beanspruchte Verbindungen werden handelsübliche Kunststoffdübel ohne besonderen statischen Nachweis verwendet.

Für Befestigungen schwerer Bauteile kommen Schwerlastdübel aus Metall in Frage, die je nach Belastungsfähigkeit in Dimensionen von M6–M20 als Spreizdübel in verschiedenen Bauarten auf dem Markt sind. Es gibt sie als selbstbohrende Dübel oder sie werden in präzise ausgeführte Bohrungen in die Stahlbetonbauteile eingesetzt (Bild **5**.52). Die zu befestigenden Bauteile werden mit Drehmomentschlüsseln montiert.

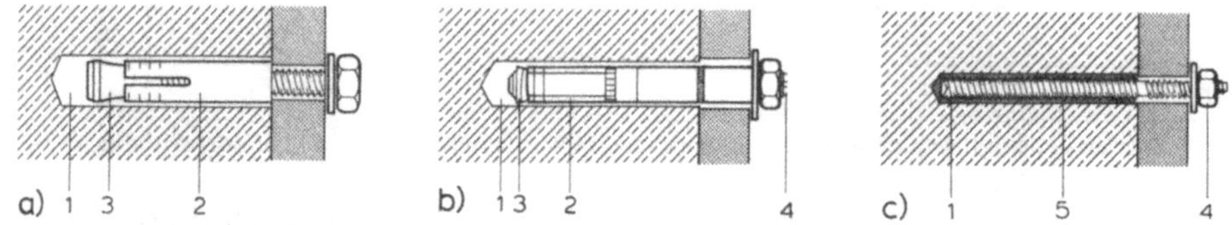

5.52 Schwerlastdübel (fischer), gezeichnet im Zustand vor der Spreizung
a) Schwerlastdübel
b) Hochleistungsanker
c) Reaktionsanker
1 genaue Bohrung in < B 25
2 Spreizkörper
3 Konus
4 Gewindebolzen mit Mutter
5 Reaktionsmasse, in Bohrloch eingepreßt; Dübelbolzen eingedreht und nach vorgegebener Reaktionszeit belastbar

Schwerlastdübel für tragende Konstruktionen oder für Bereiche, in denen beim Versagen der Dübelung Gefahren für die Nutzer bzw. die Allgemeinheit entstehen würden, müssen bauaufsichtlich zugelassen sein.

Müssen schwere Lasten von Betonbauteilen aufgenommen werden oder sollen im Montagebau Betonbauteile untereinander verbunden werden, müssen entsprechende Befestigungsvorrichtungen geplant und ggf. bereits beim Betonieren mit eingebaut werden. Für derartige Zwecke stellen Ankerschienen heute in den meisten Fällen die rationellste Lösung dar. Sie sind in vielfältigen Abmessungen mit verschiedener Tragkraft auf dem Markt und werden in durchlaufenden Strängen oder in Abschnitten für einzelne Befestigungspunkte verwendet.

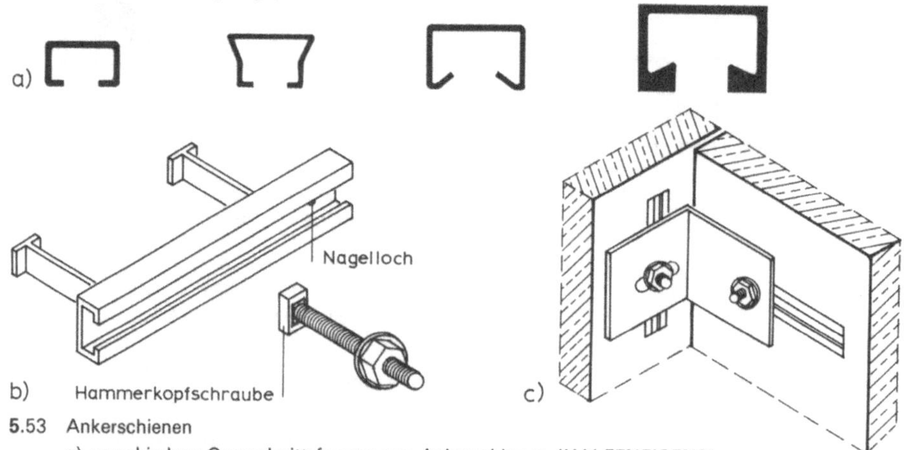

5.53 Ankerschienen
a) verschiedene Querschnittsformen von Ankerschienen (HALFENEISEN®)
b) Ankerschiene mit I-Ankern (schematische Darstellung)
c) Verbindung von Stahlbetonfertigteilen mit Winkel und Ankerschienen

Ankerschienen werden in der Regel auf der Schalung der Betonteile fixiert und unterhalb der Bewehrungseisen mit einbetoniert. Herausziehbare Schaumstoff-Füllungen verhindern das Eindringen von Beton in die Schienen. Der Einbau schwerer Ankerschienenprofile muß im Zusammenhang mit der Lage der Bewehrungseisen besonders geplant werden.

Montagen an Ankerschienen werden mit „Hammerkopf"-Schrauben ausgeführt (Bild **5**.53).

5.6.4 Oberflächengestaltung

Die Oberflächen von Betonbauteilen können als „Sichtbeton" gestaltet werden.

Für die Herstellung gibt es z.Z. noch keine verbindlichen Festlegungen. In DIN 18331 (Beton- und Stahlbetonarbeiten), DIN 18333 (Betonwerksteinarbeiten) und DIN 18500 (Betonwerkstein, Anforderungen, Prüfungen, Überwachung) wird bewußt Spielraum für die Ausführung von Sichtbeton („Betonflächen mit Anforderungen an das Aussehen" – DIN 18217, vgl. Abschn. 5.4.1) gelassen.

Man unterscheidet:
- **Oberflächen ohne nachträgliche Bearbeitung** (Gestaltung durch Schalungsabdruck, ggf. durch Verwendung besonderer Schalungsmatrizen, Färbung, geringfügige Bearbeitung des ausgeschalten Frischbetons, z.B. Beseitigung kleinerer Grate und Unebenheiten, scharfes Abfegen),
- **Oberflächen mit nachträglicher Bearbeitung** des frisch ausgeschalten Betons **durch Auswaschen** („Waschbeton"),
- **Oberflächen mit nachträglicher Bearbeitung** erhärteter Betonoberflächen **mit Steinmetz-Techniken** (Spitzen, Stocken, vgl. Abschn. 6.3.2),
- besondere Nachbearbeitung durch Sandstrahlen, Schleifen, Polieren.

Voraussetzungen für die Herstellung einwandfreier Sichtbetonflächen sind:
- Verwendung von Beton mindestens der Festigkeitsklasse B 25 mit einem Mindest-Zementgehalt von 300 kg/m^3,
- möglichst genaue Einhaltung eines Wasserzementwertes von $w/z = 0{,}55$ und gleichbleibender ausreichend weicher Konsistenz des Bereiches KR (vgl. Abschn. 5.1.5),
- Verwendung von Zuschlägen mit nichtsaugendem Korn, ausreichendem Anteil von Sand- und Mehlkorn und gleichbleibender Zusammensetzung (gleicher Herkunftsort, einheitliche Lieferung),
- ausreichende Mischzeiten, Vorkehrungen gegen Entmischung bei Verarbeitung,
- sorgfältige und gleichmäßige Verdichtung.
- Ausschalfristen, die für nachbearbeitete Flächen eine möglichst gleichmäßige Erhärtung berücksichtigen,
- sorgfältige Nachbehandlung des frischen Betons (Schutz vor Wärme, Kälte, Regen, Schnee, Wind und Verschmutzung); Fremdwasser, hohe Luftfeuchtigkeit, stark wechselnde Temperaturen begünstigen das Entstehen von Ausblühungen,
- Verwendung nur bauaufsichtlich zugelassener Zusatzmittel und erprobter Trennmittel (z.B. Schalöle).

Vor der Ausführung sollten die gewünschten Oberflächenstrukturen des Sichtbetons am besten durch größere Musterstücke geklärt werden. Die Ausführung der Schalungen (Brettschalung, Schaltafeln, beschichtete Schalplatten, Schalungsmatrizen und ggf. besondere, strukturbildende Schalungseinlagen wie z. B. Rohrgewebe, Kunststofformstücke), Fugenschnitte, Kantenausbildungen und auch Arbeitsabschnitte sind in den Schalungsplänen genau festzulegen.

Waschbetonoberflächen werden mit Zuschlägen ausgesuchter Körnungen in Verbindung mit Abbindeverzögerungen hergestellt. Der ausgeschalte Frischbeton wird bei reichlicher Wasserzuführung vorsichtig durch Bürsten von der äußeren Mörtel- und Zementmilchschicht befreit, mit stark verdünnter Salzsäure abgesäuert und sorgfältig mit Wasser nachgewaschen.

Die steinmetzmäßige Bearbeitung (z. B. „Stocken" oder „Spitzen", s. Abschn. 6.3.2) von Stahlbetonflächen ist nur möglich, wenn die vorgeschriebene Überdeckung der Stahleinlagen – auch der Bügel – nach der Bearbeitung mit Sicherheit vorhanden ist. Dazu sind die Überdeckungsmaße entsprechend zu vergrößern. Vor der steinmetzmäßigen Bearbeitung muß der Beton 4 bis 6 Wochen alt sein.

Feingliedrige Bauteile, wie schlanke Betonpfeiler, schmale Gesimse oder Fensterumrahmungen, lassen sich durch Abschleifen oder Sandstrahlgebläse bzw. Stahlbürsten bearbeiten.

5.6.5 Oberflächenschutz

Einwandfrei hergestellter Beton ist zwar weitgehend witterungsbeständig, wird jedoch auf Dauer durch die heute fast überall als Verschmutzung in der Luft vorhandenen freien Säuren, insbesondere Salz- und Schwefelsäure aus Rauch- oder Industrieabgasen angegriffen. Auch Tausalze, Brandgase und pflanzliche und tierische Fette und Öle sind betonschädigend. Ungeschützte Betonoberflächen werden außerdem durch Schmutzablagerungen meistens rasch unansehnlich. In feinen Rissen und auf rauhen Stellen der Oberfläche siedeln sich mit der Zeit auch Moose, Flechten o. ä. an, deren Ausscheidungen den Beton zersetzen können.

Betonschädigend sind vor allem aber die durch „Karbonatisierung" ausgelösten Korrosionsvorgänge an den in der Nähe der Oberfläche liegenden Bewehrungen.

Beim Abbinden des Zementes durch Hydratationsvorgänge ist frischer Beton zunächst stark alkalisch mit pH-Werten von 12 bis 13. Dadurch ist der Betonstahl wirksam gegen Korrosion geschützt, solange ein pH-Wert von 10 nicht unterschritten wird. Aus der Umgebungsluft eindringendes gasförmiges oder in Niederschlagwasser gelöstes Kohlendioxid (CO_2) und Schwefeldioxid (SO_2) gehen mit dem im Beton enthaltenen Calciumhydroxid Verbindungen ein, die die Alkalität abbauen und schließlich neutralisieren. (Da diese Umsetzungen hauptsächlich durch Kohlensäure –Karbonat– bewirkt werden, hat man den Vorgang als „Karbonatisierung" bezeichnet.)

Dieser Prozeß setzt sich mit der Zeit immer weiter in das Betoninnere fort und erreicht schließlich auch den Bereich der Stahlbewehrungen – insbesondere, wenn die gewählten Stahlüberdeckungen (s. Abschn. 5.5.2) zu gering sind oder Ausführungsfehler vorliegen. Bei pH-Werten unter 9 kommt es zur Rostbildung an den Bewehrungsstählen. Die damit verbundenen Volumenvergrößerungen führen zu Absprengungen und fortschreitenden Schäden bis zu kritischen Einschränkungen der Tragfähigkeit konstruktiver Stahlbetonteile.

Betonoberflächen sollten daher einen alkalibeständigen Oberflächenschutz erhalten. Verwendet werden:

— **Imprägnierungen.** Sie schützen die Betonoberflächen durch Hydrophobierung (Wasserabweisung). Dünnflüssige Silikonharzlösungen dringen dabei in die Oberfläche ein, ohne einen Film zu bilden und ohne die Wasserdampfdiffusion zu behindern. Die natürliche Betonfarbe bleibt erhalten.

— **Unpigmentierte Beschichtungen.** Metylacrylatlösungen bewirken je nach Verdünnung transparente, mattglänzende wasserabweisende Oberflächen.

— **Betonlasuren.** Wasserdampfdurchlässige, jedoch wasserabweisende schwach pigmentierte Beschichtungsstoffe (Silikatlasuren oder Dispersionslasuren) bilden betonfarbene oder je nach gestalterischen Absichten farbige Oberflächen. Dadurch können auch Farbabweichungen oder Ausbesserungen in Sichtbetonflächen überdeckt werden.

— **Deckende Farbbeschichtungen.** Stark pigmentierte farbige Beschichtungen werden auf der Basis verschiedener Bindemittel nach speziellen Verarbeitungsrichtlinien der Hersteller ausgeführt.

— **Schutzüberzüge.** Bei starken Beanspruchungen erdberührter Bauteile, z. B. durch aggressives Wasser gemäß DIN 4030, sind Anstriche oder Beschichtungen auf Bitumen- oder Reaktionsharzbasis vorzusehen. Derartige Schutzüberzüge müssen durch geeignete Bindemittelkombinationen und ggf. in Verbindung mit Verstärkungen durch Mineral- oder Kunststoffvliese oder -gewebe in der Lage sein, unvermeidliche kleinere Verformungen oder feine Risse der Betonflächen ohne Schaden zu überbrücken.

Schutzüberzüge werden auf die sauberen, trockenen und evtl. durch Sandstrahlen aufgerauhten Betonflächen in der Regel mehrlagig durch Streichen, Rollen, Spritzen oder Spachteln aufgetragen. Dabei müssen die behandelten Flächen bis zum Abschluß der Arbeiten und bis zum Aushärten der Schutzüberzüge gegen Niederschläge, Kondenswasser, Wind, Sonneneinstrahlung, Frost und Verunreinigungen geschützt werden. Die für die verschiedenen Materialien von den Herstellern vorgeschriebenen Mindesttemperaturen für die Verarbeitung dürfen nicht unterschritten werden. Die Schichtdicken betragen – abhängig von evtl. zu berücksichtigenden mechanischen Beanspruchungen – 0,2 bis 3,0 mm.

Wenig beanspruchte Fugen in den Betonflächen (z. B. Arbeitsfugen, s. Abschn. 5.6.2) können mit Hilfe von Zwischenlagen überbrückt werden (Bild **5.**54). Im übrigen müssen Schutzüberzüge in Fugen so weit hineingezogen werden, daß die später

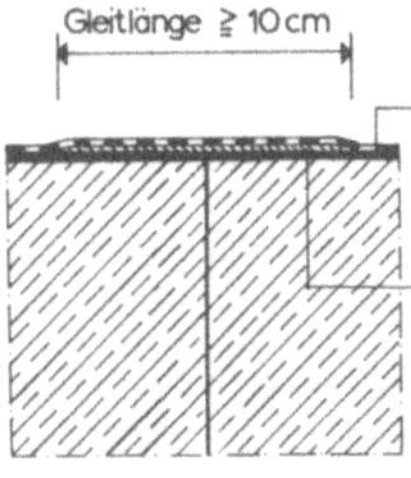

5.54 Überbrückung von Arbeitsfugen mit Schutzüberzügen
1 Schutzüberzug
2 Zwischenlage (z. B. Streifen aus PVC- oder PE-Folie

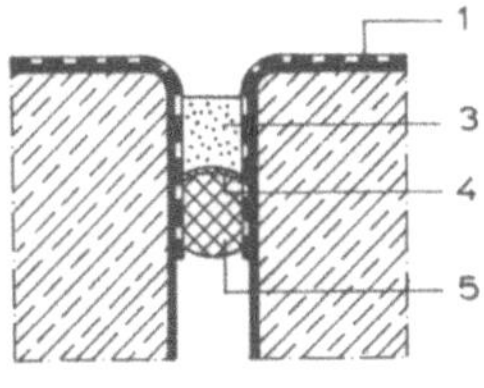

5.55 Abdichtung einer Baufuge bei Schutzüberzügen
1 Schutzüberzug
2 Fugendichtungsmasse
3 Trennlage (z. B. PE-Folie)
4 Hinterfüllung (Schaumstoffband)

auszuführende Fugendichtung (vgl. Bild **5**.49) vollflächig angeschlossen werden kann (Bild **5**.55 und **5**.56). Obere Abschlüsse in senkrechten Flächen sollten, insbesondere bei größeren Schichtdicken, eine Verwahrung erhalten, um ein Ablösen des Schutzüberzuges zu verhindern (Bild **5**.57).

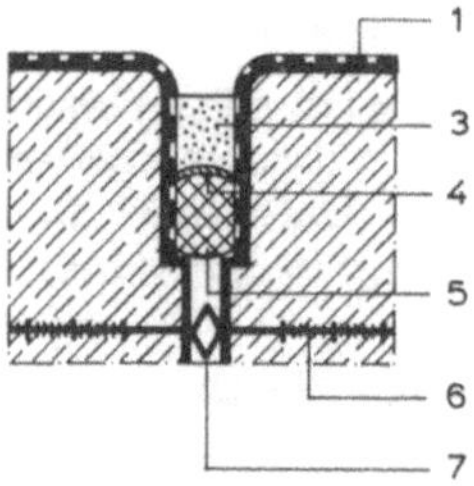

5.56 Abdichtung einer Baufuge mit Fugenband bei Schutzüberzügen
1 Schutzüberzug
2 Fugendichtungsmasse
3 Trennlage (z. B. PE-Folie)
4 Hinterfüllung (Schaumstoffband)
5 Fugenband
6 Dehnschlaufe des Fugenbandes

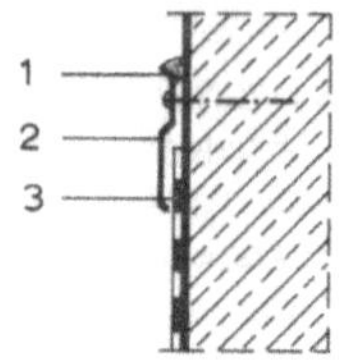

5.57 Obere Verwahrung von senkrechten Schutzüberzügen
1 dauerelastische Dichtungsmasse
2 Edelstahlprofil
3 Schutzüberzug

5.7 DIN-Normen

	DIN-Nr.		Ausgabe-Datum	Titel
	488	T1	9.84	Betonstahl; Sorten, Eigenschaften, Kennzeichen
		T2	6.86	–; Betonstabstahl; Maße und Gewichte
		T3	6.86	–; Betonstabstahl, Prüfungen
		T4	6.86	–; Betonstahlmatten und Bewehrungsdraht; Aufbau, Maße und Gewichte
		T5	6.86	–; Betonstahlmatten und Bewehrungsdraht; Prüfungen
		T6	6.86	–; Überwachung (Güteüberwachung)
		T7	6.86	–; Nachweis der Schweißeignung von Betonstabstahl; Durchführung und Bewertung der Prüfungen
	1045		7.88	Beton- und Stahlbetonbau; Bemessung und Ausführung
	1048	T1	12.78	Prüfverfahren für Beton; Frischbeton, Festbeton gesondert hergestellter Probekörper
E		T1	2.89	–; Frischbeton
		T2	2.76	–; Bestimmung der Druckfestigkeit von Festbeton in Bauwerken und Bauteilen, Allgemeines Verfahren
E		T2	2.89	–; Festbeton in Bauwerken und Bauteilen
V		T4	12.78	–; Bestimmung der Druckfestigkeit von Festbeton in Bauwerken und Bauteilen, Anwendung von Bezugsgeraden und Auswertung mit besonderen Verfahren
E		T4	2.89	–; Bestimmung der Druckfestigkeit von Festbeton in Bauwerken und Bauteilen; Anwendung von Bezugsgeraden und Auswertung mit besonderen Verfahren
E		T5	2.89	–; Festbeton, gesondert hergestellter Probekörper

Fortsetzung s. nächste Seite

DIN-Normen, Fortsetzung

DIN-Nr.			Ausgabe-Datum	Titel
	1055	T1	7.78	Lastannahmen für Bauten; Lagerstoffe, Baustoffe und Bauteile
		T3	6.71	–; Verkehrslasten
		T5	6.75	–; Verkehrslasten, Schneelast und Eislast
	1060	T1	1.86	Baukalk; Begriffe, Anforderungen, Lieferung, Überwachung
	1084	T1	12.78	Überwachung (Güteüberwachung im Beton- und Stahlbetonbau; Beton B II uf Baustellen)
		T2		–; Güteüberwachung im Beton- und Stahlbetonbau; Fertigteile
		T3		–; Güteüberwachung im Beton- u. Stahlbetonbau; Transportbeton
	1164	T1	3.90	Portland-, Eisenportland-, Hochofen- und Traßzement; Begriffe, Bestandteile, Anforderungen, Lieferung
		T2	3.90	–; Überwachung (Güteüberwachung)
		T8	11.78	–; Bestimmung der Hydratationswärme mit dem Lösungskalorimeter
		T31	3.90	–; Bestimmung des Hüttensandanteils von Eisenportland- und Hochofenzement und des Traßanteils von Traßzement
		T100	3.90	Zement; Portlandölschieferzement; Anforderungen, Prüfungen, Überwachung
	4030		11.69	Beurteilung betonangreifender Wässer, Böden und Gase
E		T1	12.82	–; Grundlagen u. Grenzwerte
	4099	T1	4.72	Schweißen von Betonstahl; Anforderungen, Prüfung
	4219	T1	12.79	Leichtbeton und Stahlleichtbeton mit geschlossenem Gefüge; Anforderungen an den Beton, Herstellung und Überwachung
		T2	12.79	–; Bemessung und Ausführung
	4226	T1	4.83	Zuschlag für Beton; Zuschlag mit dichtem Gefüge, Begriffe, Bezeichnungen, Anforderungen und Güteüberwachung
		T2	4.83	–; Zuschlag mit porigem Gefüge (Leichtzuschlag), Begriffe, Bezeichnung, Anforderungen und Überwachung
		T3	4.83	–; Prüfung von Zuschlag mit dichtem oder porigem Gefüge
		T4	4.83	Zuschlag für Beton; Überwachung
	4232		9.87	Wände aus Leichtbeton mit haufwerksporigem Gefüge; Ausführung und Bemessung
	4235	T1 bis T5	12.78	Verdichten von Beton durch Rütteln
	18215		12.73	Schalungsplatten aus Holz für Beton- und Stahlbetonbauten
	18216		12.86	Schalungsanker für Betonschalungen; Anforderungen, Prüfung, Verwendung
	18217		12.81	Betonflächen und Schalungshaut; Begriffe und Anforderungen
	18218		9.80	Frischbetondruck auf lotrechte Schalungen
	18331		9.88	VOB Teil C; Beton- und Stahlbetonarbeiten
	18333		9.88	–; Betonwerksteinarbeiten
	18500		8.76	–; Betonwerkstein; Anforderungen, Prüfung, Überwachung
E			3.90	
	18540		10.88	Abdichten von Außenwandfugen im Hochbau mit Fugendichtstoffen
	18541	T1	1.91	Fugenbänder aus thermoplastischen Kunststoffen zur Abdichtung von Fugen in Beton; Begriffe, Formen, Maße
		T2	1.91	–; Anforderungen, Prüfung, Überwachung

5.8 Literatur

[1] Arbeitskreis Anwendungstechnik Fugenband: Tricosal-Fugenband für Bauwerksfugen, Illertissen 1984

[2] Bayer, E., Kampen, R., Moritz, H.: Beton-Praxis. Düsseldorf 1991

[3] Brandt, J. u.a.: Fassaden, Konstruktion und Gestaltung mit Betonfertigteilen. Düsseldorf 1988

[4] Bundesverband der Deutschen Zementindustrie e.V.

[5] –: Beton, Herstellung nach Norm. Düsseldorf 1990

[6] –: Beton, Prüfung nach Norm. Düsseldorf 1988

[7] –: Zement-Merkblatt Verlegen der Bewehrung. Köln 1986

[8] –: Zement-Merkblatt Arbeitsfugen. Köln 1988

[9] –: Zement-Merkblatt Ausblühungen – Entstehung und Beseitigung. Köln 1987

[10] –: Zement-Merkblatt Wasserundurchlässiger Beton. Köln 1987

[11] –: Beton Atlas Köln 1984

[12] Bundesverband der Natursteinindustrie: Brechsand-Handbuch

[13] Cziesielski, E.: Fuge und Beton – ein schwieriges Pärchen. In: bausubstanz 1/88

[14] Deutscher Ausschuß für Stahlbeton: Richtlinie für Beton mit verlängerter Verarbeitbarkeitszeit. Berlin 1983

[15] –: Richtlinie: Fließmittel und für Fließbeton. Berlin 1986

[16] –: Richtlinie zur Nachbehandlung von Beton. Berlin 1984

[17] Deutscher Betonverein e.V.: Beton-Handbuch. Wiesbaden 1984

[18] Droese, S., Kordina, K.: Formstahlbewehrter Stahlbeton. In: beton 11/88

[19] Edelmann, A.: Nachbehandlung von Beton. In: beton 11/88

[20] Ellighausen, R., Fuchs, W., Reuter, M.: Moderne Befestigungstechnik im Bauwesen. In: DAB 3/88

[21] Fehlhaber, J.: Beton und Farbe. In: DAB 10/88

[22] Grunau, B.: Schutz von Stahlbeton. In: DBZ 2/86

[23] Härig, S., Günther, K., Klausen, D.: Technologie der Baustoffe. Grafenau 1984

[24] Kordina, K., Meyer-Ottens, C.: Beton-Brandschutz-Handbuch. Düsseldorf 1981

[25] Lamprecht, H. u.a.: Betonoberflächen, Gestaltung und Herstellung. Grafenau 1984

[26] Lamprecht, O., Metzner, R.: Merkblatt Sichtbeton. Düsseldorf 1981

[27] Lohmeyer, G.: Stahlbetonbau. Stuttgart 1990

[28] –: Weiße Wannen einfach und sicher. Düsseldorf 1991

[29] Ruffert, G.: Instandsetzung von Stahlbeton. In: beton 7/89

[30] Schmincke, P.: Sichtbeton – gewußt wie. In: beton 7/90

[31] Schorn, H.: Beton mit Kunststoffen und andere Instandsetzungsstoffe. Berlin 1991

[32] Verein Deutscher Zementwerke: Zementtaschenbuch 1984

[33] Weber, R.: Guter Beton; Ratschläge für die richtige Betonherstellung. Düsseldorf 1991

6 Wände

6.1 Allgemeines

Wände werden heute immer noch – ähnlich wie seit Jahrtausenden – aus mehr oder weniger kleinformatigen vorgefertigten künstlichen Steinen oder aus Natursteinen zu Mauern zusammengefügt. Vergleichbar dem uralten Lehmbau entstehen heute im Betonbau aus ungeformten Rohstoffen fugenlose Wände. Außerdem werden Wände in Kombination verschiedener Materialien hergestellt (Beton, künstliche Steine, Holz, Metall, Glas, Kunststoffe usw., ggf. in Verbindung insbesondere mit Wärmedämmstoffen).

Innerhalb eines Baugefüges (s. Abschn. 1) können Wände tragend oder aussteifend für die Standfestigkeit eines Bauwerkes erforderlich sein, als nichttragende Trennwände lediglich der Raumunterteilung dienen oder als Ausfachungen zwischen tragenden Elementen z. B. von Skelettbauten dienen.

Unterschieden werden daher in statischer Hinsicht:

- **tragende Wände** (überwiegend auf Druck beanspruchte scheibenartige Bauteile zur Aufnahme vertikaler und horizontaler Lasten)
- **aussteifende Wände** (scheibenartige Bauteile zur Aussteifung von Gebäuden oder zur Knickaussteifung von tragenden Wänden. Sie gelten stets auch als tragende Wände)
- **nichttragende Wände** (scheibenartige Bauteile, die überwiegend durch Eigenlasten beansprucht werden und zur Sicherung der Standfestigkeit eines Bauwerkes nicht herangezogen werden)

Darüber hinaus müssen Wände oft besondere Anforderungen erfüllen wie:

- Wärmeschutz (Wärmedämmung und Wärmespeicherung, s. Abschn. 6.2.1.2 und 14.3),
- Schallschutz (s. Abschn. 6.2.1.3 und 14.4),
- Brandschutz (s. Abschn. 6.2.1.4 und 14.5),
- Schlagregenschutz (s. Abschn. 6.2.1.5),
- Schutz gegen drückendes und nichtdrückendes Wasser, z. B. bei Kellerwänden (s. Abschn. 14.4).

Bei der Auswahl der geeigneten Baustoffe oder Baustoffkombination ist weiterhin zu berücksichtigen:

- Oberflächengestaltung,
- Dampfdurchlässigkeit,
- Gewicht,
- Herstellungs- bzw. Montagemöglichkeiten,
- Kosten.

Herkömmliche Bauarten, insbesondere der Mauerwerksbau, erfüllten mehr oder weniger alle an eine Wand zu stellende Anforderungen problemlos. Nachdem spezielle Materialien für nahezu jede Einzelanforderung verfügbar sind, ist bei der Kombination von Baustoffen oft unterschiedlichster Eigenschaften die Kenntnis und konstruktive Beherrschung der damit auftretenden bauphysikalischen Probleme unabdingbar.

6.2 Mauerwerk aus künstlichen Steinen

6.2.1 Allgemeines

6.2.1.1 Standsicherheit

Die Standsicherheit von Wänden ist je nach Bauart und statischer Beanspruchung nachzuweisen.

Neuere Forschungsergebnisse haben zu verfeinerten Berechnungsverfahren für Mauerwerk geführt. Dabei wird die gegenseitige Beeinflussung von Wänden und Decken hinsichtlich ihrer Verformung und des Zusammenwirkens bei der Standsicherheit stärker als bisher berücksichtigt.

So wird jetzt z. B. davon ausgegangen, daß zwischen gemauerten tragenden Wänden und Stahlbetondecken am Auflager praktisch eine biegesteife Eckverbindung entsteht. Auch sind für die Standsicherheitsnachweise hinsichtlich Knicken, Schub und Zug/Biegzug bei Mauerwerk differenziertere Erkenntnisse berücksichtigt.

Gegenüber den früher gültigen Festlegungen für tragende Wände (z. B. für Mauerdicken und die Aussteifung) sind in der Neufassung der DIN 1053 (2.1990) wesentliche Änderungen enthalten.

In Verbindung mit hochfesten Baustoffen (Mauersteine der Festigkeitsklassen 36, 48 und 60, s. Abschn. 6.2.2) und der Verwendung von Mauermörtel der Mörtelgruppe III (s. Abschn. 6.2.2.3) ergeben sich dabei konstruktive Möglichkeiten, wie sie bisher oft nur dem Bauen mit Stahlbeton vorbehalten blieben. Unterschieden wird

— Rezeptmauerwerk (RM) DIN 1053 T1
— Mauerwerk nach Eignungsprüfung (EM) DIN 1053 T2.

Tabelle **6**.1 Voraussetzungen für die Anwendung des vereinfachten Verfahrens für den Standsicherheitsnachweis (DIN 1053 T1, Tab. 1)

	Bauteil	Voraussetzungen		
		Wand-dicke d in mm	lichte Geschoß-höhe h_s	Nutzlast p in kN/m²
1	Innenwände	≧ 115 < 240	≦ 2,75 m	≦ 5
2		≧ 240	–	
3	einschalige Außenwände	≧ 175[1]) < 240	≦ 2,75 m	
4		≧ 240	≦ 12 · d	
5	Tragschale zweischaliger Außenwände und zweischalige Haustrennwände	≧ 115[2]) < 175[2])	≦ 2,75 m	≦ 3[3])
6		≧ 175 < 240		≦ 5
7		≧ 240	≦ 12 · d	

[1]) Bei eingeschossigen Garagen und vergleichbaren Bauwerken, die nicht zum dauernden Aufenthalt von Menschen vorgesehen sind, auch $d \geqq 115$ mm zulässig.

[2]) Geschoßanzahl maximal zwei Vollgeschosse zuzüglich ausgebautes Dachgeschoß; aussteifende Querwände im Abstand ≦ 4,50 m bzw. Randabstand von einer Öffnung ≦ 2,0 m.

[3]) Einschließlich Zuschlag für nichttragende innere Trennwände.

Als Gebäudehöhe darf bei geneigten Dächern das Mittel von First- und Traufhöhe gelten.

Die Bestimmungen der Teile 1 und 2 von DIN 1053 überdecken sich inhaltlich teilweise. Für die Baupraxis am wichtigsten sind die in DIN 1053 T1 enthaltenen vereinfachten Verfahren für den Standsicherheitsnachweis.

Sie dürfen angewendet werden für Bauwerke

– mit Höhen bis 20 m über Gelände,
– mit Deckenstützweiten bis 6 m,
– mit Verkehrslasten bis 5 kN/m^2 und
– wenn die Bedingungen der Tabelle **6**.1 (DIN 1053 Tab. 1) eingehalten sind.

Tragende Wände dürfen z. B. danach bei entsprechendem Nachweis selbst bei nur zweiseitiger Auflagerung jetzt eine Mindestdicke von nur 11,5 cm haben, sofern sie nicht durch Schlitze oder Aussparungen geschwächt sind oder nicht zusätzliche Anforderungen z. B. für Schall- oder Brandschutz bestehen.

Das bedeutet, daß auch Innenwände weitgehend als Tragwände herangezogen werden können. Dadurch werden die Deckenspannweiten reduziert und die Bedingungen für die Gebäudeaussteifung verbessert. Der Wegfall von Trennwandzuschlägen bei der Dimensionierung der Stahlbetondecken kann außerdem zu wirtschaftlicheren Lösungen beitragen.

Tragende Wände. Alle Wände, die mehr als ihre Eigenlast aus einem Geschoß zu tragen haben, gelten als Tragwände. Nur wenn die gewählte Wanddicke offensichtlich ausreichend ist, darf auf einen Nachweis der erforderlichen Wanddicke verzichtet werden.

Tragende Wände sind in der Regel unmittelbar auf Fundamenten zu gründen.

Innerhalb eines Geschosses sollen nur einheitliche Stein- und Mörtelarten verwendet werden.

Kelleraußenwände dürfen ohne Nachweis hinsichtlich Erddruck errichtet werden, wenn die folgenden Bedingungen erfüllt sind:

– lichte Höhe des Kellers höchstens 2,60 m,
– Wanddicke der Kelleraußenwand mindestens 24 cm,
– im Einflußbereich des Erddruckes dürfen keine Verkehrslasten von mehr als 5 kN/m^2 vorhanden sein,

Tabelle **6**.2 min N_0 für Kelleraußenwände ohne rechnerischen Nachweis (DIN 1053 T1, Tab. 8)

Wanddicke d	min N_0 bei einer Höhe der Anschüttung h_e			
	1,0 m in kN/m	1,5 m in kN/m	2,0 m in kN/m	2,5 m in kN/m
240	6	20	45	75
300	3	15	30	50
365	0	10	25	40
490	0	5	15	30

Zwischenwerte sind geradlinig zu interpolieren.

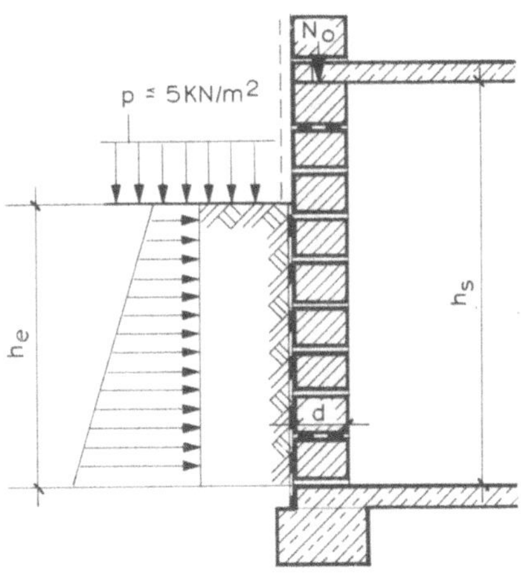

– die Geländeoberfläche darf nicht ansteigen,
– die Anschütthöhe h_e ist nicht höher als h_s (vgl. Tab. **6**.2),
– die Auflast N_0 der Kelleraußenwand liegt innerhalb folgender Grenzen.

$$\max N_0 \geqq N_0 \geqq \min N_0$$

mit $\max N_0 = 45 \cdot d \cdot \sigma_0$

bzw. innerhalb der Werte von Tab. **6**.2.

Tragende Pfeiler müssen eine Mindestabmessung von 11,6 × 36,5 cm bzw. 17,5 × 24 cm haben.

Aussteifende Wände. Von größter Bedeutung ist die Aufgabe, die Wände für die Standfestigkeit im gesamten Baugefüges zu übernehmen haben. Sie müssen ebenso wie alle vertikalen Lasten (Eigengewichte, Verkehrs- und Nutzlasten, Schneelast usw.) auch alle horizontalen Beanspruchungen auf das Bauwerk (z. B. Windlasten, Lasten aus Schrägstellungen usw.) sicher auf den Baugrund übertragen.

Das wird erreicht durch das Zusammenwirken unverschieblich gehaltener Wand- und Deckenscheiben (Bild **6**.3) oder auch durch Ringbalken oder Rahmen (vgl. Abschn. 1.6).

Wenn die Geschoßdecken als steife Scheiben ausgebildet sind oder statisch berechnete Ringbalken vorhanden sind, bzw. wenn ein Bauwerk „offensichtlich genügend lange aussteifende Wände in ausreichender Zahl aufweist, die ohne größere Schwächungen oder Versprünge bis auf die Fundamente geführt sind" (DIN 1053 T1, Abschn. 6.4), darf auf einen besonderen Nachweis der räumlichen Steifigkeit verzichtet werden.

Was als „offensichtlich ausreichend" anzusehen ist, wird nicht näher definiert, so daß der Planer und Ingenieur in eigener Verantwortung entscheiden müssen.

Im übrigen muß ein statischer Nachweis entweder nach dem vereinfachten Verfahren von DIN 1053 T1 oder – in schwierigeren Fällen bzw. zur bestmöglichen Ausnutzung des Mauerwerkes – nach dem genaueren Verfahren für Mauerwerk nach Eignungsprüfung (EM) nach DIN 1053 T2 geführt werden.

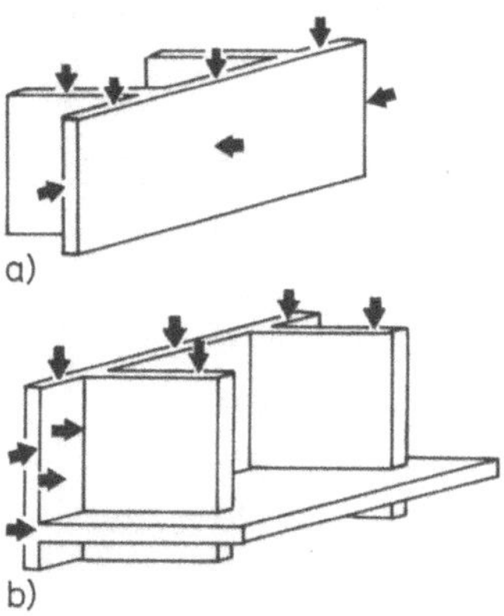

6.3 Aussteifung
a) Aussteifung einer Wand durch Querwände
b) Aussteifung durch Querwände und Deckenscheibe

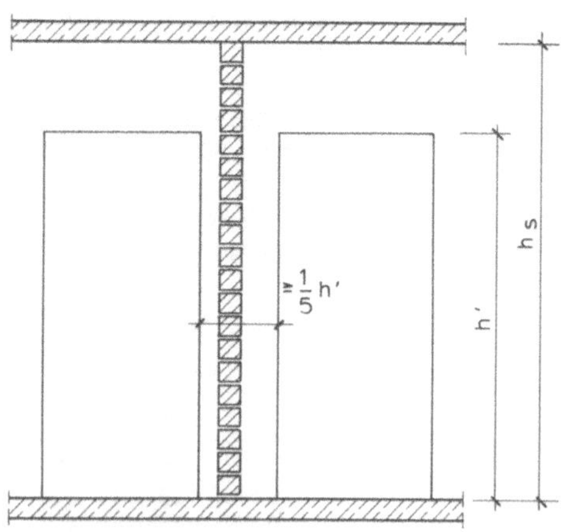

6.4 Mindestlänge der aussteifenden Wand

Aussteifende Wände müssen mindestens eine wirksame Länge von $\frac{1}{5}$ der lichten Geschoßhöhe h_s und eine Dicke von $\frac{1}{3}$ der Dicke der auszusteifenden Wand, mindestens jedoch 11,5 cm haben (Bild **6**.4).

Sie müssen unverschieblich und rechtwinklig zur ausgesteiften Wand gehalten sein. Bei einseitig angeordneten Aussteifungswänden müssen diese gleichzeitig mit der auszusteifenden Wand hochgeführt werden, oder es muß durch andere Maßnahmen (z. B. Maueranker, Anschlußprofile u. ä.) eine zug- und druckfeste Verbindung gesichert sein.

Als statisch gleichwertige Maßnahme ist bei Kalksandsteinmauerwerk die „Stumpfstoßtechnik" zugelassen, wenn die Wände als zweiseitig gehalten nachgewiesen sind. Eine Verzahnung kann also entfallen, doch sind Stumpfstöße aus wärme- und schallschutztechnischen Gründen zu vermörteln. Es wird jedoch empfohlen, die Anschlüsse mit Flachstahlankern auszuführen [15].

Je nach Anzahl der rechtwinklig zur Wandebene gehaltenen Ränder werden zwei-, drei- und vierseitig gehaltene oder frei stehende Wände unterschieden. Für drei- und vierseitig gehaltene Wände können abgeminderte Knicklängen in Rechnung gestellt

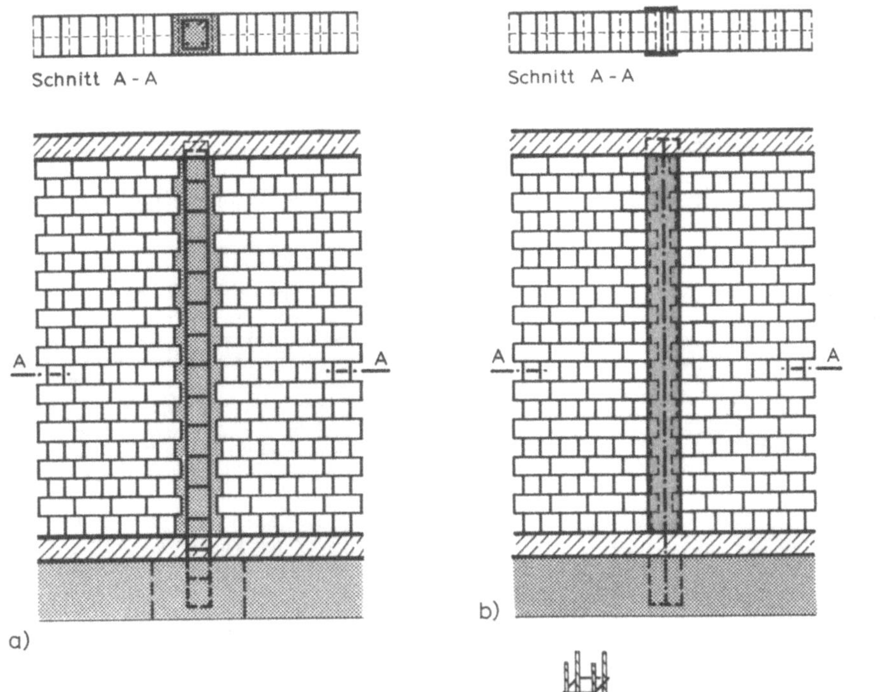

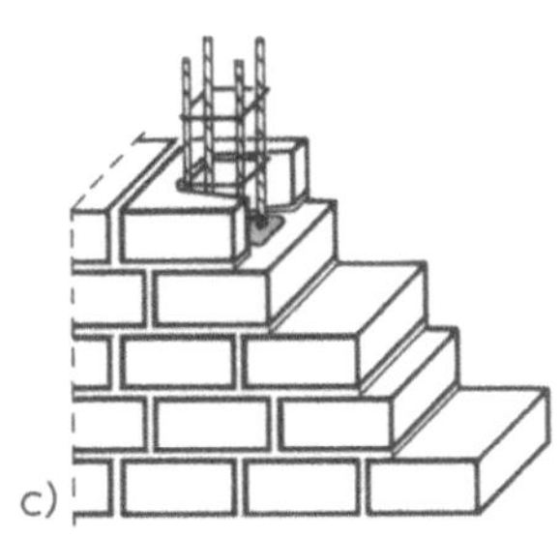

6.5
Aussteifung durch Pfeiler

a) Stahlbetonpfeiler
b) Stahlprofil
c) Aussteifungsstütze, betoniert mit Hilfe von Kalksandstein-Schalen (KS U) in Sichtmauerwerk

werden, wenn Horizontallasten nur durch Wind bestehen. Für freistehende Wände muß immer ein Standsicherheitsnachweis geführt werden.

Umfassungswände müssen mit den Decken zugfest verbunden werden. Wenn Massivdecken mindestens bis zur halben Wanddicke aufliegen, müssen keine besonderen Maßnahmen zur Verbindung getroffen werden. Holzbalkendecken müssen durch Anker mit Splinten (s. Abschn. 9.3) im Abstand von 2 m (ausnahmsweise = 4 m) verbunden werden. Giebelwände müssen an den Dachstühlen verankert werden, wenn sie nicht durch Querwände, Pfeilervorlagen o. ä. genügend ausgesteift sind.

Aussteifungspfeiler. Wenn bei langen tragenden Wänden keine aussteifenden Querwände möglich sind, können Aussteifungspfeiler aus Stahlbeton oder Stahlprofilen vorgesehen werden. Dabei ist in der Regel ein statischer Nachweis erforderlich. Darüber hinaus ist die Problematik zu beachten, die sich aus dem Nebeneinander der verschiedenen Baustoffe ergeben kann, und es ist ggf. außerdem auf ausreichende zusätzliche Schall- und Wärmeschutzmaßnahmen zu achten (Bild **6**.5).

Ringanker und Ringbalken. In alle Außenwände und in die Querwände, die als vertikale Scheiben der Abtragung horizontaler Lasten (z. B. Wind) dienen, sind unmittelbar unterhalb der Geschoßdecken Ringanker zu legen bei Bauten

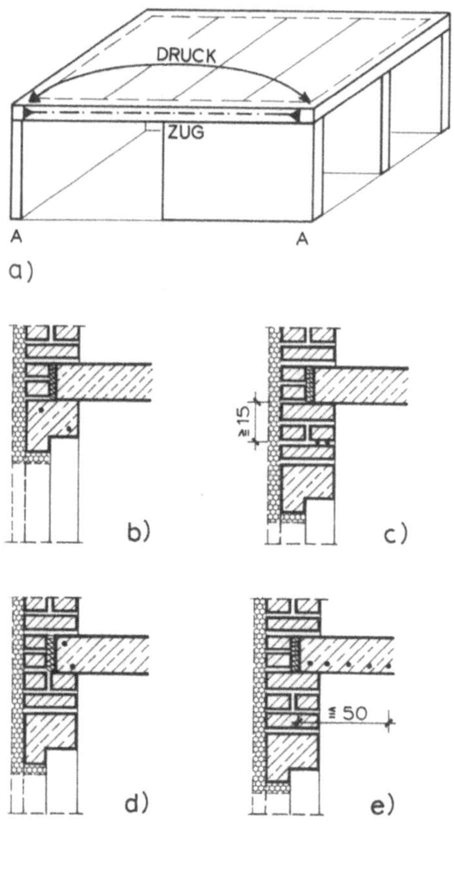

6.6
Ringanker (Bewehrung – mind. 2 durchlaufende Rundstäbe – muß Zugkraft von ≧ 30 kN aufnehmen)

a) Ringankerprinzip, dargestellt für die Bauwerksseite A–A
b) Ringanker in Verbindung mit dem Fenstersturz unter der Decke
c) Ringanker zwischen Decke und Fenstersturz (bewehrtes Ziegelmauerwerk)
d) Ringanker in Deckenhöhe. Die hier gezeigte Ausbildung des Deckenrandes mit anbetonierter Wärmedämmung ist zwar vielfach üblich, jedoch sehr problematisch. (Wärmestau im Putzstreifen, Rißbildung auch durch Deckenverformung am Auflager!) In jedem Fall sollten Ausführungen nach b, c oder d vorgezogen werden.
e) Parallel zu Ringankern liegende durchlaufende Bewehrungen dürfen in einem Streifen von ≦ 50 cm als Ringanker-Bewehrung angerechnet werden.

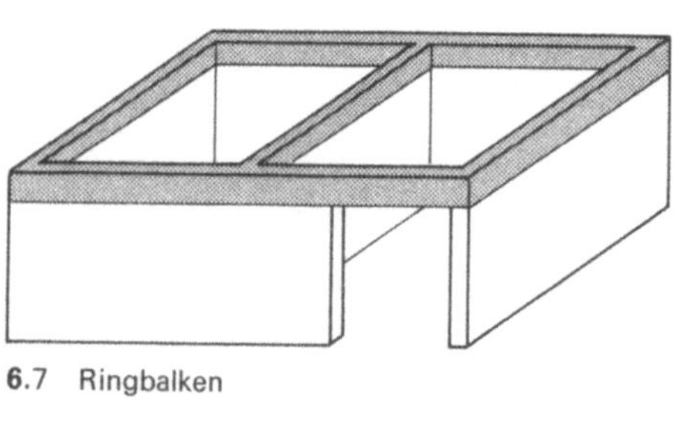

6.7 Ringbalken

– mit mehr als 2 Vollgeschossen oder > 18,00 m Länge,
– bei Wänden, in denen die Summe der Öffnungsbreiten 60% der Mauerlänge übersteigt (bzw. 40%, wenn die Fensterbreiten größer sind als ⅔ der Geschoßhöhe).

Die Ringanker können mit Massivdecken oder Fensterstürzen aus Stahlbeton vereinigt werden. Sie sollen ≧ 15 cm hoch und oben und unten mit mindestens 2 durchlaufenden Rundstählen bewehrt sein, die eine Zugkraft von ≧ 30 kN aufnehmen.

Sie wirken wie ein Zugband für einen gedachten Druckbogen in der Deckenplatte und müssen alle Außenwände und durchgehenden Querwände zusammenhalten (Bild **6**.6a). Einige Ausführungsmöglichkeiten für Ringanker zeigt Bild **6**.6b bis e.

Wenn Decken ohne Scheibenwirkung verwendet werden (z.B. Holzbalkendecken) oder wenn Stahlbetondecken mit Gleitlagern auf den tragenden Wänden aufliegen (s. Abschn. 9.1), muß die Aussteifung durch Ringbalken sichergestellt werden (Bild **6**.7).

Ringanker oder -balken in Außenwänden werden – ebenso wie Deckenränder – vielfach immer noch mit einem Wärmeschutz aus anbetonierten Holzwolleleichtbauplatten ausgeführt. (Für den erforderlichen Außenputz müssen diese Flächen mit Putzträgern überspannt werden.)

Eine derartige Ausführung ist jedoch sehr problematisch. Die hinter dem Außenputz liegenden Wärmedämmungen bewirken meistens einen Wärmestau bei Sonneneinstrahlung. Dadurch und durch unvermeidliche Verformungen der Decken an den Auflagerrändern (s. Abschn. 9.1) sind Rißbildungen fast immer die Folge. Es sollten daher stets Ausführungen wie in Bild **6**.6b bis e vorgezogen werden.

Schlitze und Aussparungen. In tragenden oder aussteifenden Wänden sind Schlitze und Aussparungen für Installationen nur dann zulässig, wenn dadurch die Standfestigkeit nicht beeinträchtigt wird. Schlitze und Aussparungen müssen entweder im Verband gemauert oder nachträglich gefräst werden. Das nachträgliche Stemmen ist nicht zulässig! Ohne besonderen Standsicherheitsnachweis für die Wände dürfen Schlitze und Aussparungen gemäß Tab. **6**.8 (DIN 1053, Tab. 10) ausgeführt werden.

Ohne statischen Nachweis sind danach nur Schlitze bis höchstens 4 cm Tiefe zugelassen, die nur für Kabel oder Rohre von geringem Querschnitt in Betracht kommen. Das bedeutet, daß sämtliche größere Schlitze und Aussparungen von vornherein bei der Planung festgelegt und bei der statischen Berechnung berücksichtigt werden müssen! Schlitze und Aussparungen schwächen Wände jedoch nicht nur in ihrem Tragverhalten. Sie sind immer auch Schwachstellen hinsichtlich des Schall- und Wärmeschutzes. Es sollten daher auch aus diesen Gründen möglichst „Vorwand-Installationen" bevorzugt werden. Alle Rohrleitungen usw. werden dabei – ggf. vormontiert oder in kompletten Einbauelementen – vor den Wänden oder in Installationsschächten eingebaut. Beim Innenausbau werden die Installationen ausgemauert, erhalten eine Vormauerung oder Ausmauerung, oder sie werden verkleidet (Bild **6**.9).

In Außenwänden sind nach DIN 1986 Schlitze nur dann zulässig, wenn mindestens 24 cm Wanddicke verbleiben und außerdem der Wärmeschutz nach DIN 4108 gewährleistet bleibt. Im übrigen müssen Installationsleitungen und somit etwa erforderliche Schlitze jeweils an den Außenseiten der Wände von Aufenthaltsräumen ausgeführt werden (DIN 4109).

Tabelle **6**.8 Ohne Nachweis zulässige Schlitze und Aussparungen in tragenden Wänden (DIN 1053 T1, Tab. 10)

1	2	3	4	5	6	7	8	9	10
Wanddicke	horizontale und schräge Schlitze[1]) nachträglich hergestellt		vertikale Schlitze und Aussparungen nachträglich hergestellt			vertikale Schlitze und Aussparungen in gemauertem Verband			
	Schlitzlänge			Einzelschlitzbreite[5])	Abstand der Schlitze und Aussparungen von Öffnungen	Breite[5])	Restwanddicke	Mindestabstand der Schlitze und Aussparungen	
	unbeschränkt Tiefe[3])	≤ 1,25 m lang[2]) Tiefe	Tiefe[4])					von Öffnungen	untereinander
≥115	–	–	≤10	≤100	≥115	–	–	≥2fache Schlitzbreite bzw. ≥365	≥Schlitzbreite
≥175	0	≤25	≤30	≤100		≤260	≥115		
≥240	≤15	≤25	≤30	≤150		≤385	≥115		
≥300	≤20	≤30	≤30	≤200		≤385	≥175		
≥365	≤20	≤30	≤30	≤200		≤385	≥240		

[1]) Horizontale und schräge Schlitze sind nur zulässig in einem Bereich ≤ 0,4 m ober- oder unterhalb der Rohdecke sowie jeweils an einer Wandseite. Sie sind nicht zulässig bei Langlochziegeln.

[2]) Mindestabstand in Längsrichtung von Öffnungen ≥ 490 mm, vom nächsten Horizontalschlitz zweifache Schlitzlänge.

[3]) Die Tiefe darf um 10 mm erhöht werden, wenn Werkzeuge verwendet werden, mit denen die Tiefe genau eingehalten werden kann. Bei Verwendung solcher Werkzeuge dürfen auch in Wänden ≥ 240 mm gegenüberliegende Schlitze mit jeweils 10 mm Tiefe ausgeführt werden.

[4]) Schlitze, die bis maximal 1 m über den Fußboden reichen, dürfen bei Wanddicken ≥ 240 mm bis 80 mm Tiefe und 120 mm Breite ausgeführt werden.

[5]) Die Gesamtbreite von Schlitzen nach Spalte 5 und Spalte 7 darf je 2 m Wandlänge die Maße in Spalte 7 nicht überschreiten. Bei geringeren Wandlängen als 2 m sind die Werte in Spalte 7 proportional zur Wandlänge zu verringern.

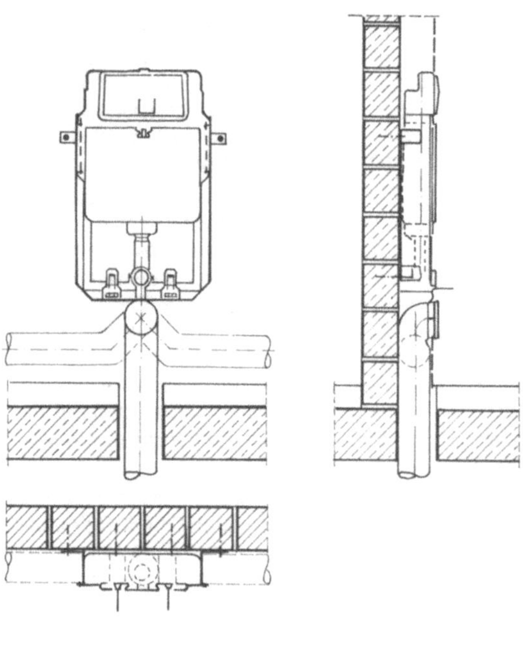

6.9
WC-Vorwandinstallation mit KOMBIFIX-Montagerahmen zur nachträglichen Ausmauerung oder Vormauerung (Geberit)

Nichttragende Wände. Nichttragende innere Trennwände, die der Raumaufteilung dienen und die keinen statischen Beanspruchungen innerhalb des konstruktiven Baugefüges unterliegen, sind nach DIN 4103 auszuführen (s. Abschn. 6.8 und Abschn. 14.7).

In Ausfachungen von Fachwerk-, Skelett- und Schottenbauweisen müssen nichttragende Wände die auf ihre Fläche wirkenden Lasten (insbes. Eigengewicht, Windlasten) auf tragende Bauteile abtragen.

Nichttragende Wände, die durch Anker, Versatz, Verzahnung o.ä. gehalten sind, in Normalmörtel MG IIa (s. Abschn. 6.2.2.3) ausgeführt sind und den Bedingungen der Tabelle **6.**10 entsprechen, dürfen ohne statischen Nachweis ausgeführt werden.

Tabelle **6.**10 Größte zulässige Werte der Ausfachungsfläche von nichttragenden Außenwänden ohne rechnerischen Nachweis (DIN 1053 T1, Tab. 9)
(ε kennzeichnet das Verhältnis der größeren zur kleineren Seite der Ausfachungsfläche)

Wanddicke *d*	Größte zulässige Werte[1]) der Ausfachungsfläche bei einer Höhe über Gelände von					
	0 bis 8 m		8 bis 20 m		20 bis 100 m	
	$\varepsilon = 1{,}0$ in m²	$\varepsilon \geqq 2{,}0$ in m²	$\varepsilon = 1{,}0$ in m²	$\varepsilon \geqq 2{,}0$ in m²	$\varepsilon = 1{,}0$ in m²	$\varepsilon \geqq 2{,}0$ in m²
115[2])	12	8	8	5	6	4
175	20	14	13	9	9	6
240	36	25	23	16	16	12
≅ 300	50	33	35	23	25	17

[1]) Bei Seitenverhältnissen $1{,}0 < \varepsilon < 2{,}0$ dürfen die größten zulässigen Werte der Ausfachungsflächen geradlinig interpoliert werden.
[2]) Bei Verwendung von Steinen der Festigkeitsklassen $\geqq 12$ dürfen die Werte dieser Zeit um ⅓ vergrößert werden.

6.2.1.2 Wärmeschutz

Neben Decken und Dachflächen bilden die Außenwände einen wesentlichen Bestandteil der gesamten Umfassungsflächen von Räumen. Sie müssen daher auch den in DIN 4108 und den Wärmeschutzverordnungen festgelegten sehr weitgehenden Forderungen an den Wärmeschutz genügen (Anforderungen und Berechnungsverfahren s. Abschn. 14.5f.).

Wärmeschutzmaßnahmen richten sich auf den Wärmedurchgang (Wärmeverluste im Winter, Aufheizung im Sommer) und die Wärmespeicherung (Ausgleich von Temperaturschwankungen infolge der unterschiedlichen Tag- und Nachttemperaturen beim Heizungsbetrieb im Winter und von Tag- und Nacht-Außentemperaturen im Sommer).

Insbesondere im Zusammenhang mit dem Ausgleich von Luftfeuchtigkeit durch Bauteile hindurch (Wasserdampfdiffusion) ergeben sich dabei bauphysikalische Probleme, die zu den verschiedensten konstruktiven Lösungen für die Wandbauarten geführt haben.

Man unterscheidet hinsichtlich der Wärmedämmung:

- einschalige Wände (auch mit zusätzlichem Wärmeschutz),
- zweischalige Wände ohne Luftschicht,
- zweischalige Wände mit Luftschicht (Bild **6**.11).

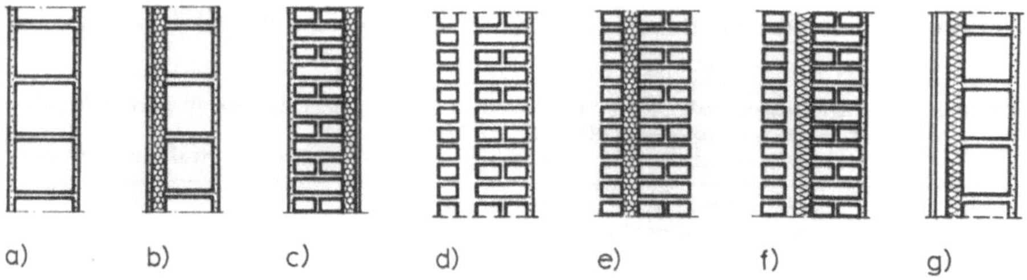

6.11 Außenwandkonstruktionen (Außenseite links)

a) einschalige Wand aus großformatigen wärmedämmenden Steinen, beidseitig geputzt
b) einschalige Wand aus großformatigen Bauteilen mit außenliegender Wärmedämmung, beidseitig geputzt
c) einschaliges Mauerwerk aus kleinformatigen Bausteinen mit innenliegender Wärmedämmung, beidseitig geputzt (Ausführung nur in Sonderfällen!)
d) zweischaliges Mauerwerk mit Luftschicht
e) zweischaliges Mauerwerk mit Kerndämmung
f) zweischaliges Mauerwerk mit Luftschicht und Wärmedämmung
g) Mauerwerk mit Wärmedämmung und hinterlüfteter „Vorhangfassade" (Wetterschutzschale)

Die Entscheidung, welche Wandbauart anzuwenden ist, hängt von konstruktiven Anforderungen (z. B. notwendige Belastbarkeit), gestalterischen Absichten (z. B. Wahl von Verblend- oder Sichtmauerwerk oder Innen- und Außenputz) insbesondere aber vielfach von der Überlegung ab, wie mit möglichst geringem Aufwand optimaler Wärmeschutz erreicht werden kann (niedrige Material- und Herstellungskosten, geringer Unterhaltungsaufwand, nicht zu große Wanddicken, die eine Verringerung der Nutzflächen bedeuten).

Neben der Auswahl der geeigneten Wandbauart ist – besonders bei allen einschaligen Wänden ohne zusätzliche Wärmedämmung – bei der Planung und Ausführung sorgfältig darauf zu achten, daß keine „Wärmebrücken" entstehen, d. h. daß keine Stellen an den Außenwänden vorhanden sind, an denen der Wärmedurchgang größer ist als in den normalen Wandflächen.

Wärmebrücken können entstehen durch

- Verwendung von Mauersteinen mit unterschiedlichen Wärmedämmeigenschaften („Mischmauerwerk"),
- einbindende oder durchlaufende Bauteile wie z. B. Deckenauflager, Kragplatten, Stürze o. ä. ohne ausreichenden zusätzlichen Wärmeschutz,
- Beeinträchtigung des Wärmeschutzes durch Wandaussparungen, Schlitze o. ä.,
- formbedingte („geometrische") Wärmebrücken:

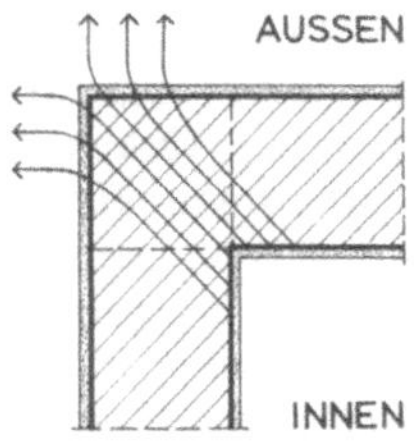

6.12 Geometrische Wärmebrücke an Außenwandecke (Grundriß)

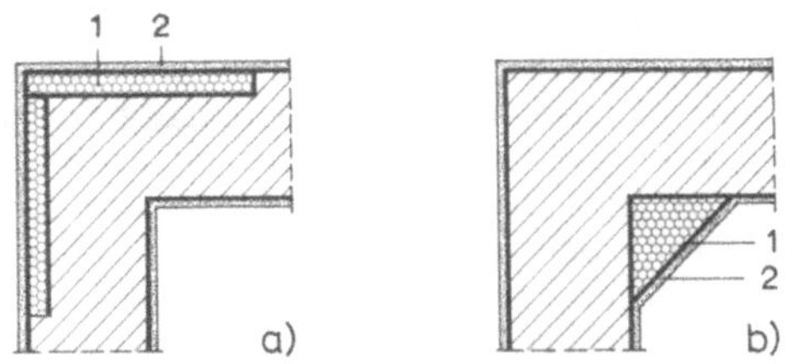

6.13 Wärmedämmung an Außenwandecken
a) Außendämmung, b) Innendämmung
1 Wärmedämmung (z. B. Mehrschichtleichtbauplatte)
2 Putz auf Putzträger

In den Außenecken der Außenwände stehen kleinen erwärmten Flächen auf der Innenseite die größeren äußeren Abkühlungsflächen gegenüber. Durch den damit gegebenen „Kühlrippeneffekt" können bei einschaligen, nicht zusätzlich wärmegedämmten Wänden die Innenecken derart abkühlen, daß es bei ungünstigen Belüftungsverhältnissen (z. B. auch durch dicht anschließende Möblierungen) zur Kondensatbildung mit allen Folgeerscheinungen kommen kann (Bild **6.**12).

Nach DIN 4108 T2 Ziff. 5.4 (1981) sind zwar Ecken von Außenbauteilen mit gleichartigem Wandaufbau nicht als Wärmebrücken zu behandeln. Andererseits wird verlangt, daß bei Wärmebrücken Dämmungen so vorgesehen werden müssen, „daß an der inneren Oberfläche der Bauteile keine wesentlich niedrigeren Temperaturen auftreten als an der ungestörten Wandfläche".

Bei Mauerwerk war bisher eine Dämmung von Außenecken allenfalls bei besonders hohen Anforderungen oder Beanspruchungen üblich, weil die erforderlichen Maßnahmen aufwendig sind und auch vielfach an den Realitäten der Baustellenpraxis vorbeigehen. Es wird daher bei der Planung im Einzelfall zu entscheiden sein, ob eine zusätzliche Dämmung – etwa nach den in Bild **6.**13 gezeigten Möglichkeiten – vorzusehen ist. Es sollte bei solchen Fällen aber auch überlegt werden, ob nicht die Ausführung aus Mauerwerk mit zusätzlicher Wärmedämmung (Bild **6.**11 b, e oder g) sinnvoller ist.

Wenn jeweils gleiche Wärmedämm-Eigenschaften vorausgesetzt werden, kann zu den einzelnen Bauarten vergleichend gesagt werden:

Einschalige Wände aus herkömmlichen Baustoffen wie Ziegel oder Kalksandstein erfordern ohne zusätzliche Wärmedämmschichten im Hinblick auf die hohen Anforderungen der DIN 4108 bzw. der Wärmeschutzverordnung (s. Abschn. 14.5) unvertretbar dicke Außenwände, die zwar bauphysikalisch problemlos, aber in der Regel zu teuer in der Herstellung und durch ihren Flächenbedarf sind.

Sie werden daher fast nur noch aus Steinen mit sehr guten Wärmedämm-Eigenschaften hergestellt, z. B. porosierte Leichtziegel, Porenbeton, Leichtbeton-Hohlblocksteinen, Hohlblocksteinen mit integrierter Wärmedämmung (Bild **6.**11 a). Sie müssen unter Verwendung von Wärmedämm-Mörtel hergestellt werden, da sonst die Fugen Wärmebrücken darstellen, die sich nicht nur ungünstig auf den Gesamt-Wärmedurchlaßwiderstand der Wand auswirken, sondern sich auch später durch Verfärbungen in den Wandflächen abzeichnen.

Porenbetonmauerwerk wird am besten mit Klebemörtel hergestellt.

Einschalige Wände mit zusätzlicher Wärmedämmung, die aus Steinen mit relativ schlechten Wärmedämm-Eigenschaften lediglich nach statisch-konstruktiven Anforderungen geplant werden und eine zusätzlich außen aufgebrachte Wärmedämmung (Hartschaum oder Mineralwolle mit zement- oder kunstharzgebundenen Dünn-Putzen, sog. „Thermohaut") erhalten, stellen nach vergleichenden Untersuchungen eine sehr kostengünstige Lösung dar. Dabei wirkt sich auch die relativ geringe Gesamt-Wanddicke (etwa 30 cm) im Hinblick auf den insgesamt umbauten Raum vorteilhaft aus (Bild **6.**11 b). Die Ausführung des Außenputzes hierbei erfordert große Erfahrung, damit einerseits eine auf Dauer rissefrei bleibende schlagregensichere Außenfläche erreicht wird, die jedoch andererseits nicht die Wasserdampfdiffusion in gefährlichem Maß behindern darf. Es ist daher in jedem Fall ratsam, hier die auf dem Markt befindlichen „geschlossenen Systeme" einzusetzen, bei denen alle Materialien unter genauer Definition der Gewährleistung aufeinander abgestimmt sind (s. Abschn. 8 in Teil 2 dieses Werkes).

Zu beachten ist, daß diese Bauart recht empfindlich hinsichtlich mechanischer Beschädigungen ist. Außerdem können zusätzlich aufgebrachte weiche Schalen die Schallschutzeigenschaften des Mauerwerks ungünstig beeinflussen.

Von innen aufgebrachte Wärmedämmungen stellen eine nur für besondere Fälle empfehlenswerte Lösung dar wie z. B. für Versammlungsräume (Wärmespeicherwirkung der Wände meistens nicht erforderlich) oder für nachträgliche Verbesserungen des Wärmeschutzes, wenn das Aufbringen einer zusätzlichen Wärmedämmung von außen nicht möglich ist (s. Abschn. 8.11.2 in Teil 2 dieses Werkes). In diesem Fall sollte jedoch unbedingt die Problematik der Wasserdampfdiffusion beachtet werden (s. Abschn. 14.5.6) (Bild **6.**11 c).

Zweischaliges Mauerwerk besteht aus der innen liegenden tragenden Wand und der äußeren nicht belasteten Schale, die in erster Linie als Wetterschutz dient.

Bei Außenwänden, die nicht allzu stark dem Schlagregen ausgesetzt sind, wird die Wärmedämmung ohne Luftschicht als „Kerndämmung" zwischen den Schalen eingebaut. Sie besteht aus einer losen Hyperlite-Schüttung, Hartschaumplatten oder speziellen, wasserabweisenden („hydrophobierten") Mineralwolleplatten (s. Abschn. 6.2.3.3). Derartige Wandkonstruktionen kommen auch in Frage, wenn Außenwände beidseitig als Sichtmauerwerk ausgeführt werden sollen (Bild **6.**11 e).

Bessere Voraussetzungen für den Schlagregenschutz und die Ableitung von diffundierendem Wasserdampf bietet zweischaliges Mauerwerk mit Luftschicht, das in den regenreichen nordwesteuropäischen Gebieten die traditionelle Wandbauweise bildete (Bild **6.**11 d).

Daraus abgeleitet wurde das zweischalige Mauerwerk mit Luftschicht und Wärmedämmung. Auf die innenliegende tragende Wand wird außen die aus Hartschaum- oder Mineralwolleplatten bestehende Wärmedämmung aufgebracht. Zwischen dieser und der äußeren Schale verbleibt ein etwa 4 bis 6 cm breiter hinterlüfteter Abstand. In dieser Luftschicht kann diffundierender Wasserdampf ebenso wie etwa an der Rückseite der Wetterschutzschale austretendes Niederschlagwasser ohne Durchnässung der Wärmedämmung abgeleitet werden. Bei dieser Wandkonstruktion sind die Aufgaben der einzelnen Bauteilschichten unter optimalen bauphysikalischen Voraussetzungen klar abgesetzt. Dem steht als Nachteil gegenüber der relativ hohe Herstellungsaufwand und die erforderliche Gesamtdicke der Wand von 45 bis 49 cm (Bild **6.**11 f).

Die Außenschalen werden bei zweischaligem Mauerwerk mit Luftschicht in der Regel aus Sichtmauerwerk hergestellt.

Nach dem gleichen Bauprinzip kann die äußere Wetterschutzschale auch durch vorgehängte Leichtkonstruktionen (z. B. aus Metall- oder Faserzementplatten, vgl. Abschn. 8) gebildet werden (Bild **6.**11 g).

6.2.1.3 Schallschutz[1])

Schallschutzmaßnahmen müssen getroffen werden gegen die Übertragung von Außenlärm, von Geräuschen aus eigenen und fremden Wohn- und Arbeitsbereichen sowie gegen die Schallübertragung aus Treppenhäusern, von Aufzugsanlagen oder von besonderen Schallquellen wie Gewerbebetrieben, Diskotheken usw.

Anforderungen und notwendige Nachweise sind in Einzelerlassen der Bauaufsichtsbehörden und in DIN 4109 und 18005 enthalten.

Besondere Bestimmungen gelten dabei für den Schallschutz von Geschoßhäusern mit Wohn- und Arbeitsräumen, für Einfamilien-, Doppel- und Reihenhäuser, für Schulen u. ä., für Krankenhäuser, Sanatorien, Beherbergungsstätten, ferner für Gewerbebetriebe, Gaststätten sowie für Technische Räume.

Schallschutzmaßnahmen im Hinblick auf Wände richten sich in erster Linie auf die Dämmung von Luftschall.

Dabei sind zu unterscheiden:

— Außenwände
— trennende Außenwände (Haustrennwände)
— trennende Innenwände (Wohnungstrennwände, Treppenhauswände, Wände von Aufzugsschächten u. ä.)

Hinsichtlich der Konstruktion unterscheidet man:

— einschalig biegesteife Trennwände,
— zweischalige Trennwände aus zwei biegesteifen Schalen mit durchgehender Gebäudefuge,
— zweischalige Trennwände mit einer biegesteifen und einer biegeweichen Schale,
— dreischalige Wände mit einer biegesteifen und zwei beidseitig angeordneten biegeweichen Schalen (Bild **6.**17).

Die bei einschaligen Wänden erreichbare Dämmung gegen Luftschall ist in erster Linie abhängig von ihrer flächenbezogenen Masse bzw. ihrem Flächengewicht (kg/m^2) sowie von den Eigenschaften der flankierenden Bauteile. Voraussetzung ist dabei, daß Undichtigkeiten ausgeschlossen (vollfugiges Mauern, Putz) und Schwachstellen (z. B. Wandschlitze, Nischen) vermieden werden.

Die Schalldämmeigenschaft einer Wand ist darüber hinaus von ihrer Steifigkeit abhängig. Als „steife" Wände gelten z. B. Vollziegel- oder Kalksandsteinwände, als „biegeweich" sind Wandkonstruktionen aus dünnen Schalen (z. B. Gipskarton) auf Rahmen oder Ständern zu betrachten.

Zweischalige Wände können bei gleichem Flächengewicht die Schalldämmung erheblich verbessern unter der Voraussetzung, daß der Abstand der Schalen ausreichend groß ist, im Hohlraum Schallschluckmaterialien vorgesehen werden und feste Verbindungen zwischen den Schalen vermieden sind. Trennfugen (z. B. zwischen Haustrennwänden) müssen unbedingt vollständig durchgehen. Etwa durchlaufende Decken verschlechtern die Schalldämmung erheblich!

---

[1]) s. auch Abschn. 14.6

Haustrennwände werden in der Regel mit einschaligen biegesteifen Trennwänden mit durchgehender Fuge ausgeführt Bild **6.**14 a und d). Sind die Außenwände zweischalig ausgeführt, muß die Trennfuge selbstverständlich auch durch die Außenschale hindurch geführt werden (Bild **6.**14b und c). Besteht die Wärmedämmung aus entflammbarem Material (vgl. Abschn. 14.7), ist eine Ausführung nach Bild **6.**14c vorzuziehen.

Die Ausbildung der Trennfugen ist abhängig von der flächenbezogenen Masse der Trennschalen.

- Bei einer flächenbezogenen Masse von mindestens 100 kg/m² (ggf. einschl. Putz) muß die Fugenbreite mindestens 5 cm betragen,
- bei einer flächenbezogenen Masse von mindestens 150 kg/m² (ggf. einschl. Putz) muß die Fugenbreite mindestens 3 cm betragen.

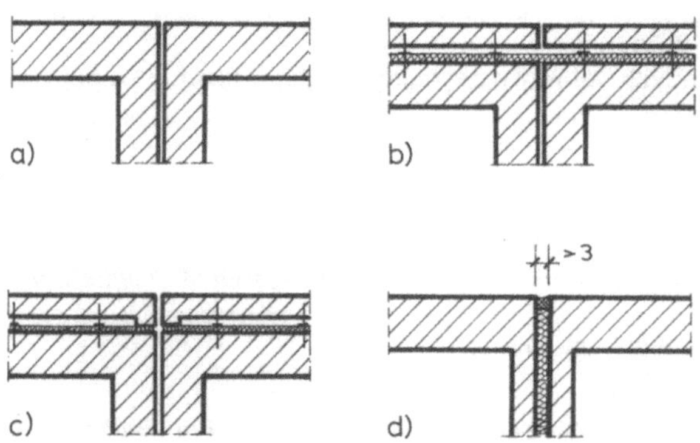

6.14
Fugen in Haustrennwänden
Grundrisse
a) einschalige Wände
b) zweischalige Außenwände, Außenschalen stumpf gestoßen
c) zweischalige Außenwände, Außenschalen elastisch angeschlossen, Stoßfugen jeweils mit elastischer Fugendichtung
d) einschalige Außenwände, Trennwände ≧ 150 kg/m², Fuge ≧ 3 cm breit, außen mit Dämmstreifen und Fugenprofil geschlossen

Der Fugenhohlraum muß mit dicht gestoßenen, vollflächig verlegten mineralischen Faserdämmplatten (DIN 18165 T2, Typ T – Trittschalldämmplatten) ausgefüllt werden.

Bei Ortbetonbauweisen müssen die Dämmplatten so eingebaut werden, daß keine Schallbrücken entstehen können. In jedem Fall sollten nicht brennbare Dämmplatten bevorzugt werden.

Bei einer flächenbezogenen Masse von mindestens 200 kg/m² darf auf eingelegte Dämmschichten verzichtet werden. Der Hohlraum muß in diesem Fall aber mit Hilfe von Füllkörpern hergestellt werden, die nachträglich wieder ausgebaut werden müssen.

Trotz des hohen Aufwandes wird vielfach der geplante Schallschutz von Haustrennwänden bedingt durch Ausführungsfehler nicht erreicht.

Häufige Schadensursachen sind:

- Der Abstand zwischen den Trennwänden ist zu gering. Dann entstehen Schallbrücken schon bei geringfügigen Ausführungsfehlern (überquellender Mörtel, fehlerhaft verlegte, zu steife oder zu dünne Trennplatten, Bild **6.**15b, Punkt A),
- Deckenränder können durch zu steife Trennschichten oder durch Betonierfehler Schallbrücken bilden (Bild **6.**15b, Punkt B).

Trennwände. Beim Schallschutz von Trennwänden muß beachtet werden, daß die Schallübertragung nicht nur direkt durch die Wandflächen möglich ist, sondern auch indirekt durch „Flankenübertragung" (Bild **6.**16), Es müssen daher bei der Planung und Ausführung auch die flankierenden Bauteile berücksichtigt werden.

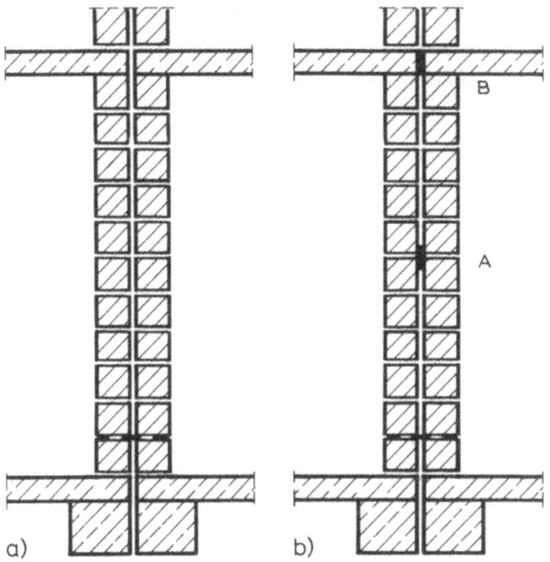

6.15 Schnitte durch Gebäudetrennfuge

a) Schnitt – einwandfreie Ausführung – (schallschutztechnisch ist auch ein durchlaufendes Fundament unter den Gebäudetrennwänden möglich)

b) Schnitt durch Gebäudetrennfuge mit Schallbrücken

A Schallbrücke durch Verbindung der Wände in der Fuge

B Schallbrücke durch Verbindungen der Deckenränder

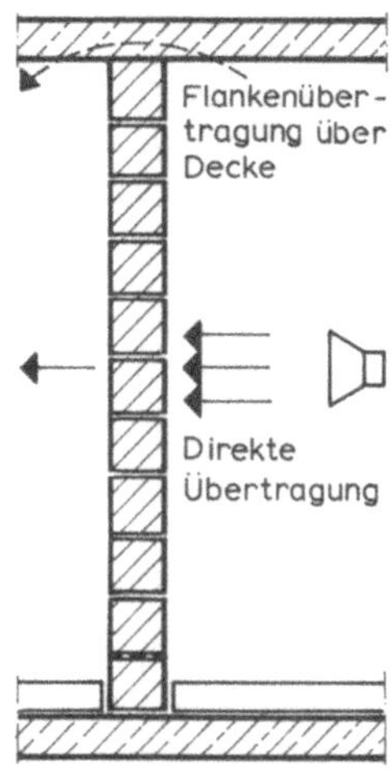

6.16 Schallübertragung (Flankenübertragung nicht nur über die Decke, sondern auch seitlich über durchlaufende flankierende Wände möglich)

Als Maßnahme gegen Flankenübertragung kommen in Betracht:

- einschalige, schwere und biegesteife flankierende Wände,
- zweischalige flankierende Wände aus einer biegesteifen und einer beigeweichen Schale (Bild 6.17),
- Massivdecken mit biegeweichen Schalen (z. B. schwimmender Estrich, abgehängte Decken), s. Abschn. 8 und 9.

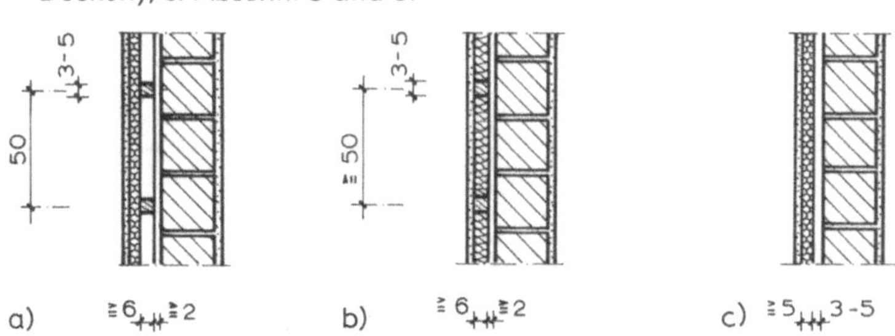

6.17 Biegesteife schwere Wände mit biegeweichen Vorsatzschalen (Beispiel aus DIN 4109, Tab. 7)

a) Vorsatzschale aus Holzwolle-Leichtbauplatten (DIN 1101) $d \geqq 25$ mm auf Holzstielen mit Abstand $\geqq 20$ mm vor schwerer Schale freistehend

b) Vorsatzschale aus Gipskartonplatten (12,5 oder 15 mm dick, nach DIN 18180) oder Spanplatten (10 bis 16 mm dick, DIN 68763) mit Hohlraumausfüllung aus Faserdämmatten oder -platten

c) Vorsatzschale aus Holzwolle-Leichtbauplatten (50 mm dick, DIN 1101) verputzt, freistehend mit Abstand von 30 bis 50 mm vor schwerer Schale

Verkleidungen biegesteifer Wände mit steifen Schalen – insbesondere, wenn diese beidseitig aufgebracht werden – verschlechtern die Schalldämmung durch Resonanzwirkungen.

Vor allem aber sollten bereits in der Grundrißgestaltung günstige Bedingungen für den Schallschutz geschaffen werden. Dazu zählt insbesondere die geeignete Anordnung geräuscherzeugender Einrichtungen oder Räume wie z. B. Sanitärräume in Wohnungen innerhalb des Grundrisses, insbesondere auch dann, wenn „erhöhte Anforderungen an den Schallschutz innerhalb eigener Wohn- und Arbeitsbereiche" (DIN 4109, Bbl. 2) zu berücksichtigen sind.

Grundsätzlich kann gesagt werden, daß schwere Trennwände in Verbindung mit ausreichendem Schutz gegen Flankenübertragung immer die besseren Voraussetzungen für ausreichenden Schallschutz bieten als mehrschalige Leichtkonstruktionen.

6.2.1.4 Brandschutz[1])

Wände müssen fast immer auch Anforderungen des Brandschutzes genügen. In den Bauordnungen der Länder sind Bestimmungen enthalten insbesondere für

- Trennwände zwischen Häusern bzw. Bauwerken und zwischen Wohnungen,
- Trenn- und Umfassungswände von Heizräumen, Treppenhäusern, Aufzügen und andere mehr,
- Wände im Bereich von Ein- und Ausgängen und von Rettungswegen.

Diese Wände sind im allgemeinen in feuerbeständiger Ausführung (entsprechend DIN 4102 Feuerwiderstandsklasse F 60 oder F 90) herzustellen.

Die Anforderungen an Wände aus der Sicht des Brandschutzes sind in DIN 4102 festgelegt. Es werden in DIN 4102 T 4 unterschieden:

- nichttragende Wände,
- tragende und aussteifende Wände,
- nicht raumabschließende Wände,
- raumabschließende Wände.

Für diese Wandarten sind Feuerwiderstandsklassen festgelegt. Entsprechende Ausführungsarten mit Mindestdicken und ggf. -breiten können den Aufstellungen in DIN 4102 T 4 entnommen werden.

Davon abweichende Ausführungen müssen durch besondere Prüfungen zugelassen werden.

Besondere Anforderungen werden an Brandwände gestellt. Sie müssen ausgedehnte bauliche Anlagen in Brandabschnitte von höchstens 40 m unterteilen. Als Brandwände müssen alle Wände auf Grundstücksgrenzen errichtet werden, ebenso zwischen Räumen oder Bauwerken mit besonderer Brandgefährdung.

Brandwände müssen der Feuerwiderstandsklasse F 90 entsprechen. Sie dürfen keine Öffnungen – ausnahmsweise nur mit Türen der Feuerwiderstandsklasse T 90 – enthalten, müssen mindestens 30 cm über die Dachflächen hochgeführt werden und dürfen keine brennbaren Bauteile enthalten oder sich auf solchen abstützen. Brennbare Bauteile dürfen nicht in Brandwände einbinden oder sie durchstoßen (z. B. Dachpfetten).

---

[1]) s. auch Abschn. 14.7

6.2.1.5 Schlagregenschutz

Durch Kapillarwirkung und infolge Wind-Staudruck kann bei Regen Feuchtigkeit in Außenwände eindringen.

Insbesondere Außenwände von Gebäuden, die dem dauernden Aufenthalt von Menschen dienen, müssen ausreichend gegen Schlagregen gesichert sein.

Außenwände aus nicht frostwiderstandsfähigen Steinen müssen einen Außenputz erhalten und mindestens 24 cm dick sein, sofern sich nicht ohnehin wegen des erforderlichen Wärmeschutzes größere Wanddicken ergeben.

Sichtmauerwerk muß mindestens 31 cm dick sein. Eine 2 cm dicke „Regenbremse" (s. Bild **6**.46), bestehend aus einer senkrechten, versetzt durchlaufenden hohlraumfreien Mörtelfuge, kann nur bei völlig einwandfreier Ausführung, die aber in der Praxis nur schwer erreicht wird, Schlagregenschutz bewirken.

Die Fugen sind mit Fugenglattstrich auszuführen oder 15 mm tief sauber auszukratzen und anschließend handwerksgerecht zu verfugen (DIN 1053, Abschn. 8.4).

Im übrigen sind in DIN 4108 T3, Abschn. 4 für den Schlagregenschutz die Beanspruchungsgruppen I bis III festgelegt mit Mindestanforderungen an die Ausführung von Außenwänden.[1])

— **Beanspruchungsgruppe I** (geringe Beanspruchung)[2]) Außenputz ohne besondere Anforderungen an Schlagregenschutz oder
  einschaliges Sichtmauerwerk ≧ 31 cm dick.

— **Beanspruchungsgruppe II** (mittlere Beanspruchung)[3])
  wasserhemmender Außenputz oder
  einschaliges Sichtmauerwerk ≧ 37,5 cm dick oder
  angemörtelte Bekleidungen nach DIN 18515.

— **Beanspruchungsgruppe III** (starke Beanspruchung)[4])
  wasserabweisender Putz oder
  zweischaliges Verblendmauerwerk mit Luftschicht oder
  zweischaliges Verblendmauerwerk ohne Luftschicht mit Vormauersteinen oder
  angemauerte oder angemörtelte Bekleidung mit Unterputz und wasserabweisendem Fugenmörtel oder
  gefügedichte Beton-Außenschalen.

Fugen müssen durch konstruktive Maßnahmen (z. B. Hinterschneidung) oder Fugendichtungsmassen gegen Schlagregen abgedichtet sein.

---

[1]) Putze s. Abschn. 8 in Teil 2 dieses Werkes

[2]) Im allgemeinen Gebiete mit Jahresniederschlagsmengen unter 600 mm sowie besonders windgeschützte Lagen auch in Gebieten mit größeren Niederschlagsmengen.

[3]) Im allgemeinen Gebiete mit Jahresniederschlagsmengen von 600 bis 800 mm sowie windgeschützte Lagen auch in Gebieten mit größeren Niederschlagsmengen. Hochhäuser und Häuser in exponierter Lage in Gebieten, die auf Grund der regionalen Regen- und Windverhältnisse einer geringen Schlagregenbeanspruchung zuzuordnen wären.

[4]) Im allgemeinen Gebiete mit Jahresniederschlagsmengen über 800 mm sowie windreiche Gebiete auch mit geringeren Niederschlagsmengen (z. B. Küstengebiete, Mittel- und Hochgebirgslagen, Alpenvorland). Hochhäuser und Häuser in exponierter Lage in Gebieten, die auf Grund der regionalen Regen- und Windverhältnisse einer mittleren Schlagregenbeanspruchung zuzuordnen wären.

6.2.2 Baustoffe

Für gemauerte Wände stehen klein-, mittel- und großformatiger Mauersteine in vielfältigen Formen und Abmessungen zur Verfügung.

Die bisher handelsüblichen Ziegel und Mauersteine sind genormt. Es werden jedoch ständig neue Produkte entwickelt, für die teilweise keine Normung besteht bzw. möglich ist. Derartige Mauersteine müssen dann jedoch eine bauaufsichtliche Zulassung haben, die in der Regel Festlegungen für die Verarbeitung enthalten.

Je nachdem, ob Außen- oder Innenwände hergestellt werden sollen, erfolgt die Auswahl der Steinarten und -qualitäten zunächst nach den Kriterien von

- Belastung (Druckfestigkeit)
- Wärmeschutz
- Schallschutz
- Brandschutz
- Schlagregenschutz
- Frostbeständigkeit

(vgl. Abschn. 6.2.1).

Die Wahl der Steinformate wird durch gestalterische, arbeitstechnische und wirtschaftliche Überlegungen bestimmt. Kleinformatige Mauersteine kommen insbesondere für schwierig herzustellende Bauteile wie Pfeiler, Stürze, Bögen und für Wände

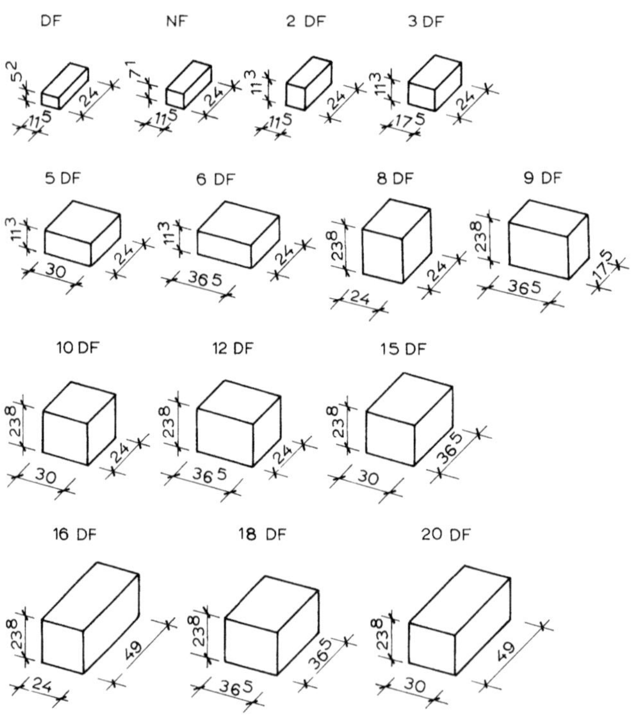

6.18 Steinformate und Kurzbezeichnungen

Format-Kurzzeichen	Maße bzw. *l*	*b*	*h*
1 DF (Dünnformat)	240	115	52
NF (Normal. format)	240	115	71
2 DF	240	115	113
3 DF	240	175	113
4 DF	240	240	113
5 DF	240	300	113
6 DF	240	365	113
8 DF	240	240	238
10 DF	240	300	238
12 DF	240	365	238
15 DF	365	300	238
18 DF	365	365	238
16 DF	490	240	238
20 DF	490	300	238

mit komplizierten Grundrißformen in Frage. Auch wenn Bauteile aus gestalterischen Gründen unverputzt oder ohne Wandbekleidungen als „Sichtmauerwerk" (s. Abschn. 6.2.6.1) hergestellt werden, sind kleinformatige Steine oft bevorzugt. Großformatige Mauersteine sind in erster Linie zur Rationalisierung der Arbeitsabläufe gedacht und für einfache, großflächige Innen- und Außenwände besonders wirtschaftlich.

Die Abmessungen der Bausteine ergeben sich auf Grund der Oktameter-Teilung der Maßordnung DIN 4172 (s. Abschn. 2.2).

Steinformate werden gekennzeichnet mit einem Vielfachen von

DF (Dünnformat) 52 mm Steinhöhe; 4 Steinschichten einschl. Lagerfugen ergeben 250 mm oder

NF (Normalformat) 71 mm Steinhöhe; 3 Steinschichten einschl. Lagerfugen ergeben 250 mm.
(Gegenseitige Abhängigkeit der Höhenmaße s. Bild **2.**2.)

Die Nennmaße von Mauersteinen betragen danach z. B.:

— Länge bzw. Breite: 115, 145, 175, 240, 300, 365, 490 mm

— Höhe: 52, 71, 113, 238 mm

Beispiele für die Kennzeichnung und Steinformate gibt Bild **6.**18

6.2.2.1 Gebrannte Mauersteine (Mauerziegel)

Allgemeines. Ziegel gehören zu den ältesten, vorgefertigten Wandbauelementen. Sie sind handlich, haben hohe Druckfestigkeiten und sind relativ gut wärmedämmend.

Ihre Verwendung läßt zahlreiche Wand- und Bauformen zu. Geringe Verformungen können sich über zahllose Fugen gleichmäßig verteilen und wirken daher in der Regel nicht als Risse, die die Festigkeit und Dauerhaftigkeit des Mauerwerks gefährden.

Ziegel werden aus Lehm, Ton oder tonigen Massen geformt und gebrannt. Ihre Abmessungen und Eigenschaften sind in DIN 105 festgelegt.

Ziegel müssen frei sein von schädlichen, insbesondere treibenden Einschlüssen (z. B. Kalk) und Salzen (z. B. Natrium-, Kalium-, Magnesiumsulfat), die zu Ausblühungen und langfristig auch zur Zerstörung von Putzen oder der Ziegel selbst führen können.

Ziegelarten (DIN 105 T1)

Vollziegel (Mz) sind die älteste kleinformatige Ziegelart. Als Vollziegel gelten auch Ziegel, die in ihrem Querschnitt durch Lochung um bis zu 15% gemindert sind.

Lochziegel (HLz) werden hergestellt, um das Gewicht der gebrannten Vollziegel und damit den Arbeitsaufwand beim Vermauern zu vermindern und die Wärmedämmfähigkeit der Ziegel zu steigern. Je nach der Stellung der Lochachse zur Lagerfuge unterscheidet man in Hochloch- und Langlochziegel (Bild **6.**19).

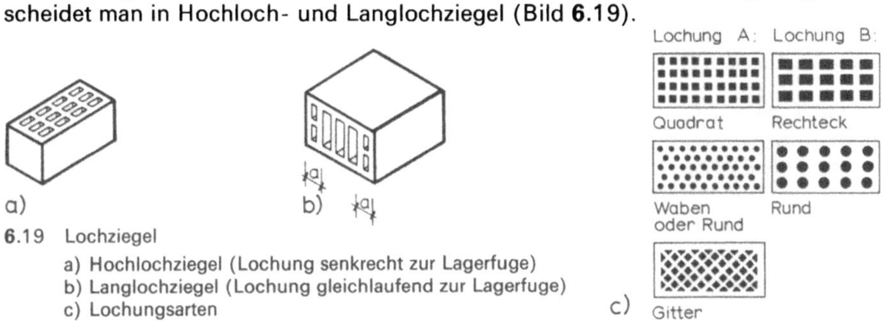

6.19 Lochziegel
a) Hochlochziegel (Lochung senkrecht zur Lagerfuge)
b) Langlochziegel (Lochung gleichlaufend zur Lagerfuge)
c) Lochungsarten

Hochlochziegel sind senkrecht zur ihrer Lagerfläche gelochte Ziegel. Sie dürfen mit Lochungen nach den Typen A bis C (Bild **6.**19c) ausgeführt werden:

- Typ A: > 13 Löcher/100cm². Form des Lochquerschnittes beliebig, jed. < 2,5 cm²
- Typ B: > 5 Löcher/100 cm², Form des Lochquerschnittes beliebig, jed. < 6 cm² bzw. < 1,5 cm breit oder < 2 cm ∅
- Typ C: Gesamt-Lochquerschnitt ≦ 50%, Einzellochquerschnitt ≦ 16 cm², Ziegel 5seitig geschlossen, obere Abdeckung ≧ 5 mm dick.

Vormauerziegel (VHLz, VMz) für unverputzte Außenwände und Klinker müssen frostbeständig sein. Ihre Oberfläche darf strukturiert sein.

Klinker (KHLz, KMz) sind Ziegel, die bis zur Sinterung der Oberfläche gebrannt werden, um die Wasseraufnahme in Außenwänden herabzusetzen (< 7%). Ihre Frostbeständigkeit muß durch Prüfung nachgewiesen sein, und sie müssen mindestens der Druckfestigkeitsklasse 28 (s. Tab. **6.**20) entsprechen. Die Oberfläche darf strukturiert sein.

In allen Vollsteinarten werden ferner **Formsteine** für besondere Anwendungsarten und Ziermauerwerk hergestellt.

Mauertafelziegel (ohne Kurzzeichen) sind Langlochziegel für die Herstellung von Mauertafeln (DIN 1053 T4)

Handformziegel (ohne Kurzzeichen) haben eine unregelmäßig strukturierte Oberfläche und dürfen geringfügig von der Quaderform abweichen.

Leichthochlochziegel (HLz, DIN 105 T2) sind Ziegel, aus Ton, die mit Rohdichten bis höchstens 1,0 kg/dm³ meistens unter Zusatz von Porenbildnern gebrannt werden. Sie sind wegen ihrer gegenüber normalen Ziegeln wesentlich besseren Wärmedämm-Eigenschaften besonders für Außenwände geeignet. Sie werden hergestellt als

- Leichthochlochziegel (Lochung Typ A, B, C oder W, Bild **6.**19c) und Formleichtziegel.

Leichtlanglochziegel und -ziegelplatten (LLz, LLp, DIN 105 T5) werden vorwiegend zur Herstellung tragender und nichttragender Innenwände verwendet. Sie werden zur wirtschaftlicheren Anwendung in großen Formaten hergestellt (Leichtlangloch-Ziegelplatten haben eine Dicke von 40 bis 115 mm und Längen bis zu 1000 mm).

Hochfeste Ziegel und Klinker (HLz, Mz, KMz, KHLz, DIN 105 T3) werden für hochbeanspruchte Mauerteile (z. B. Pfeiler) in Innen- und Außenmauerwerk verwendet. Sie werden in Druckfestigkeitsklassen 28, 36, 48 und 60 hergestellt. Die Abmessungen entsprechen denen von Vollziegeln, jedoch dürfen Vormauerziegel und Klinker, die für nichttragende Verblendschalen nicht im Verband mit dem übrigen Mauerwerk ausgeführt werden, abweichende Werkmaße haben.

Keramikklinker (KHK, KK, DIN 105 T4) werden aus hochwertigen Tonen als Voll- oder Hochlochklinker vorwiegend für Fassadenmauerwerk hergestellt. Sie weisen eine besonders hohe Widerstandsfähigkeit gegen aggressive Stoffe und mechanische Beanspruchungen auf. Ihre Wasseraufnahme muß bei < 6% liegen. An die Oberflächenbeschaffenheit der Sichtflächen werden besonders hohe Anforderungen hinsichtlich Rißfreiheit gestellt.

Eine Zusammenstellung der gebräuchlichsten Lieferformen der verschiedenen Ziegelarten enthält Tabelle **6.**20.

Tabelle **6**.20 Ziegel DIN 105: Kurzbezeichnungen, Druckfestigkeitsklassen, Rohdichteklassen und gebräuchlichste Formate

Ziegelart	Kurzbezeichnung	Druckfestigkeitsklasse	Rohdichteklassen	Formatkurzzeichen
Vollziegel Vormauervollziegel DIN 105 T1	Mz VMz	12 20 28	1,8 2,0	DF NF 2 DF 3 DF
Hochlochklinker DIN 105 T1	KHLz	28	≧ 1,9	DF NF
Vollklinker DIN 105 T1	KMz	28	≧ 1,9	DF NF
Hochlochziegel DIN 105 T1	HLzA oder HLzB	6 8 12 20 28	1,2 1,4 1,6 1,8	NF 2 DF 3 DF 5 DF 8 DF 10 DF 12 DF 12 DF
Vormauerhochlochziegel DIN 105 T1	VHLz	12 20 28	1,4 1,6 1,8	DF NF 2 DF 3 DF
Leichthochlochziegel DIN 105 T2	HLz oder HLzW	4 6 8 12 20	0,7 0,8 1,0	NF 2 DF 3 DF 5 DF 7,5 DF 10 DF 12 DF 16 DF 20 DF 24 DF
Hochfeste Ziegel und hochfeste Klinker DIN 105 T3				
Hochlochziegel Vollziegel Hochlochklinker Vollklinker	HLz Mz KHLz KMz	36 48 60	1,2 1,4 1,6 1,8 2,0 2,2	DF NF 2 DF 3 DF 4 DF 5 DF
Keramikklinker nach DIN 105				
Keramik-Hochlochklinker Vollklinker	KHK KK	60	1,4 1,6 1,8 2,0 2,2	DF NF 2 DF

Bezeichnung. Ziegel sind in der Reihenfolge DIN-Hauptnummer, Ziegelart (Kurzzeichen), Druckfestigkeitsklasse, Rohdichteklasse und Format-Kurzzeichen zu bezeichnen.

Bezeichnungsbeispiel. Bezeichnung eines Vollziegels (Mz) der Druckfestigkeitsklasse 12, der Rohdichteklasse 1,8, der Länge $l = 240$ mm, der Breite $b = 115$ mm und der Höhe $h = 113$ mm (2 DF):

Ziegel DIN 105 Mz12–1,8–2DF

Für Leichthochlochziegel nach DIN 105 T2 gilt: Leichthochlochziegel sind in der Reihenfolge DIN-Hauptnummer, Ziegelart (Kurzzeichen), Druckfestigkeitsklasse, Rohdichteklasse und Format-Kurzzeichen zu bezeichnen. Bei Ziegeln W ohne Mörteltasche ist die vorgesehene Wanddicke hinter dem Format-Kurzzeichen anzufügen (z. B. Wanddicke = 300 mm (300)).

Bezeichnungsbeispiel. Bezeichnung eines Leichthochlochziegels (HLz) ohne Mörteltasche, mit der Lochung W, der Druckfestigkeitsklasse 6, der Rohdichteklasse 0,7, der Länge $l = 240$ mm, der Breite $b = 300$ mm und der Höhe $h = 238$ mm (10 DF) für eine Wanddicke von 300 mm (300):

Ziegel DIN 105 – HLzW6–0,7–10DF(300)

6.2.2.2 Ungebrannte Mauersteine

Kalksandsteine (DIN 106) werden aus Kalk und Quarzsand hergestellt und unter Dampfdruck gehärtet. Sie zeichnen sich gegenüber gebrannten Steinen durch besonders gute Maßhaltigkeit aus und sind daher für Sichtmauerwerk (s. Abschn. 6.2.6.1) gut geeignet.

Kalksandstein-Planelemente bzw. Planblocksteine dürfen auch mit Dünnbettmörtel vermauert werden. Einen Überblick über die Lieferformen, Festigkeits- und Rohdichteklassen sowie Maße und Verwendungsmöglichkeiten gibt Tabelle **6**.21.

Tabelle. **6**.21 Kalksandsteine DIN 106, Kurzbezeichnungen, Druckfestigkeitsklassen, Rohdichteklassen und gebräuchlichste Formate

	Kurzbezeichnung	Druckfestigkeitsklasse	Rohdichteklassen	Formatkurzzeichen		Kurzbezeichnung	Druckfestigkeitsklasse	Rohdichteklassen	Formatkurzzeichen
KS-Vollsteine	KS	12 20 28	1,6 1,8 2,0	DF NF 2 DF 3 DF 5 DF 10 DF	KS L-R Hohlblocksteine und Planblocksteine	KS L-R KS L P (P)	6 12 20	1,2 1,4 1,6	8 DF 10 DF 12 DF 15 DF 16 DF
KS-Loch- und Hohlblocksteine	KS L	6 12 20 28	1,2 1,4 1,6	2 DF 3 DF 5 DF 10 DF 12 DF 16 DF	KS Yali-Wärmedämmblöcke	KS Yali	4 6	0,7 0,8 0,9 1,0	12 DF 15 DF 16 DF 20 DF
KS-Blocksteine (Schallschutzblöcke), auch als Planblöcke	KS-R KS-R(P)	12 20 28	1,8 2,0	8 DF 9 DF 10 DF 12 DF 16 DF	KS-Bauplatten[1])	KS-P7	–	2,0	[2])

1) für nichttragende Trennwände, $d = 70$ mm
[2]) Abmessungen 70/498/248 mm

Außerdem werden KS-Vormauersteine (KS Vm) mit der Festigkeitsklasse 12 sowie KS-Verblender (KS Vb) mit der Festigkeitsklasse 20 hergestellt, letztere mit besonders guter Frostbeständigkeit, Beständigkeit gegen Ausblühungen und Verfärbungen und mit besonders guter Maßhaltigkeit.

Einzelne Werke stellen außerdem Kalksandstein-Hohlblöcke in den Druckfestigkeitsklassen 4 und 6 in den Rohdichteklassen 0,7 und 0,8 kg/dm³, die sehr gute Wärmedämmeigenschaften haben („Yali-Blocks", Bild **6**.22).

Insbesondere für die Ausführung von Sichtmauerwerk stehen außerdem zahlreiche Formsteine für Stürze, Ringbalken, Deckenauflager, Schlitze usw. und auch Elektroinstallationssteine zur Verfügung (Bild **6**.23).

Mauersteine aus Leichtbeton (Tab. **6**.24) sind Steine aus porigen, mineralischen Zuschlägen und hydraulischen Bindemitteln. Als porige Zuschläge werden u.a. dabei verwendet: Naturbims, Hüttenbims (geschäumte Hochofenschlacke), Ziegelsplitt, Tuff,

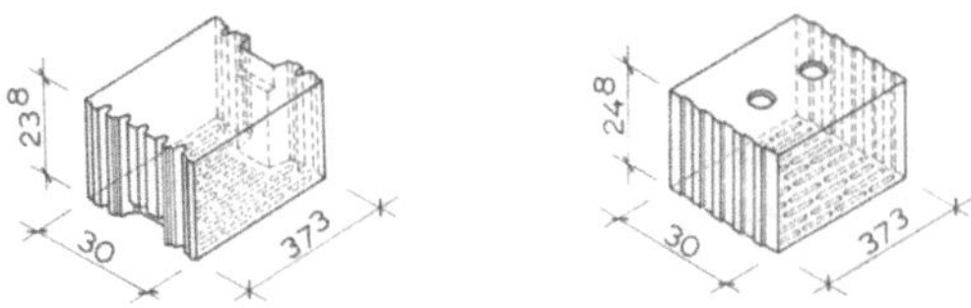

6.22 KS-Yali-Blöcke

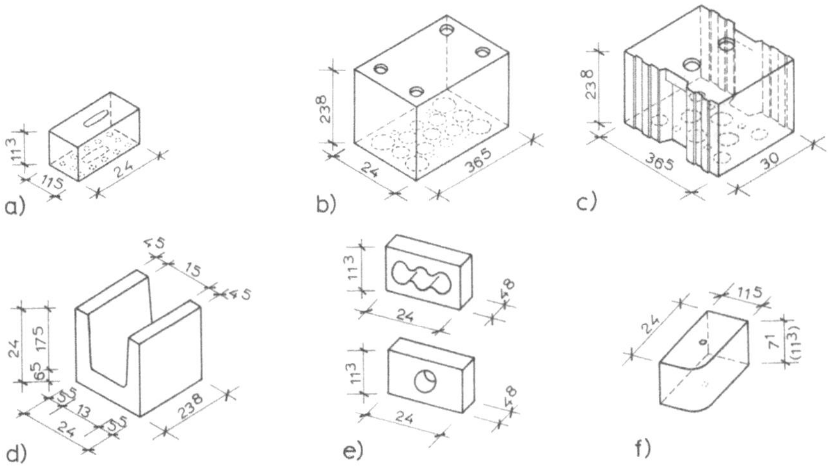

6.23 KS-Steine und KS-Formsteine (Beispiele)
a) KS L-Lochstein 2 DF
b) KS-Blockstein mit Grifflöchern 16 DF
c) KS L-R Ratioblock mit mörtelfreier Verzahnung 15 DF
d) KS-U-Schale für Stürze und Schlitze
e) Installationssteine für Elektro-Schalterdosen o. ä.
f) Radius-Eckstein

Blähton. Beträgt der Anteil eines bestimmten Zuschlages > 75% oder bei Naturbims 100 %, können die Steine nach den betreffenden Zuschlägen benannt werden, z. B. Ziegelsplitt-Vollsteine usw. Auf dem Markt sind:

Vollsteine aus Leichtbeton V (DIN 18152): Mauersteine mit einer Höhe bis 115 mm ohne Luftkammern, mit und ohne Griffschlitz.

— Rohdichteklassen: 0,6 bis 1,8/dm³,

— Druckfestigkeitsklassen: 2,0 bis 12,0 N/mm²,

— Bezeichnung: V 2, V 4, V 6, V 8, V 12,

— Kennzeichnung: Ohne oder mit 1, 2 bzw. 3 Nuten bzw. grüne, blaue, rote, schwarze Farbstreifen.

Vollblöcke aus Leichtbeton Vbl-SW (DIN 18152): Mauersteine mit bis 11 mm breiten Schlitzen, Höhe 238 mm. Anzahl der Schlitzreihen 2 bis 7 je nach Steinbreite. Schlitzfläche max. 10% der Steinflächen.

— Rohdichteklassen: 0,5 bis 0,8 kg/dm³,

— Druckfestigkeitsklassen: 2, 4, 6 N/mm²,

— Kennzeichnung: Wie bei Vollsteinen,

— Bezeichnungen: Vbl 2 – Vbl 6.

Hohlblocksteine aus Leichtbeton Hbl (DIN 18151): Mauersteine mit Luftkammern senkrecht zur Lagerfuge als Einkammer (1K)-, 2K-, 3K- usw. bis zu 6K-Steine.
- Rohdichteklassen: 0,5 bis 1,4 kg/dm^3,
- Druckfestigkeitsklassen: 2,0 bis 8,0 N/mm^2,
- Bezeichnung: Hbl 2, Hbl 4, Hbl 6, Hbl8,
- Kennzeichnung: s. Vollsteine.

Mauersteine aus Beton Hbn (DIN 18153): hergestellt aus haufwerksporigem oder gefügedichtem Beton unter Verwendung von Zuschlägen mit dichtem Gefüge (DIN 4226 T1). Bei Hohlblocksteinen Abmessungen und Luftkammern wie bei Hbl.
- Rohdichteklassen: 0,9 bis 2,0 kg/dm^3,
- Druckfestigkeitsklassen: 2,0 bis 12 N/mm^2,
- Bezeichnung: Hbn 2, Hbn 4, Hbn 6 und Hbn 12,
- Kennzeichnung: s. Vollsteine. (Mauersteine aus Beton s. Tabelle **6**.24)

Nicht genormte, jedoch bauaufsichtlich zugelassene Mauersteine aus Leicht- oder Normalbeton werden hergestellt als Formsteine verschiedener Art (z. B. T-Steine, Anschlagsteine, Installationssteine) sowie als Hohlblocksteine aus Leichtbeton mit Zwischenschichten oder Einlagen aus Schaumstoff.

Tabelle **6**.24 Betonsteine

	Kurzbezeichnung	Druckfestigkeitsklasse	Rohdichteklasse	Formatkurzbezeichnung
Leichtbeton-Vollsteine	V	2 4 6 8 12	0,5 0,6 0,7 0,8 0,9 1,0 1,2 1,4	DF, NF, 1,7 DF[1]), 2, 3, 3,1 DF, 4, 5,6, 6,8 DF[3]), 8, 10 DF
Leichtbeton-Vollblöcke DIN 18152	Vbl-SW	2 4 6	0,5 0,6 0,7 0,8	12 DF 16 DF 20 DF
Leichtbeton-Hohlblöcke DIN 18151 (als 1- bis 6-Kammerblöcke)	Hbl Hbl	2 4 6 8	0,5 0,6 0,7 0,8 0,9 1,0 1,2 1,4	8, 9, 10, 12, 15, 16, 18, 20 DF

	Kurzbezeichnung	Druckfestigkeitsklasse	Rohdichteklasse	Formatkurzbezeichnung
Mauersteine aus Beton (Normalbeton-) Hohlblöcke (als 1- bis 6-Kammerblöcke)	Hbn	2 bis 12	0,9 1,0 1,2 1,4 1,6 1,8 2,0 2,2	8, 9, 10, 12, 15, 16, 18, 20 DF
Vollblöcke	Vbn	4 bis 28		Vorzugsmaße nach DIN 18153, und örtliche Sondermaße
Vollsteine	Vn	4 bis 28		
Vormauersteine	Vm	6 bis 48		
Vormauerblöcke	Vmb	6 bis 48		

[1]) 240/115/95 mm
[2]) 300/145/113 mm
[3]) 490/240/95 mm
örtlich auch Sondermaße möglich

Bezeichnungen: z. B. Hohlblock DIN 18151–3K Hbl 2–0,8–20 DF–300 (Hohlblockstein/3-Kammer-Reihen/Steinrohdichte 0,8 kg/dm^3/Nennfestigkeit 2 N/mm^2 (25 kp/cm^2)/Länge 495 mm × Breite 300 mm × Höhe 238 mm nach DIN 18151)

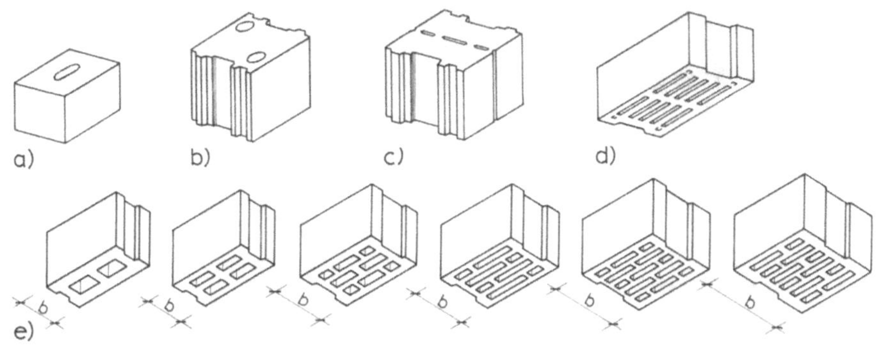

6.25 Vollblöcke DIN 18152, Hohlblöcke und Sondersteine
a) Vollblock, mit Griffloch, b) Vollblock mit Grifflöchern, NF-Stoß, c) Vollblock, teilbar, NF-Stoß,
d) Vollblock, geschlitzt
e) Hohlblocksteine DIN 18151 und 18153
1-Kammer-Hohlblockstein $b = 17{,}5$ cm
2-Kammer-Hohlblockstein $b = 17{,}5, 24, 30$ cm
3-Kammer-Hohlblockstein $b = 24$ cm
4-Kammer-Hohlblockstein $b = 25, 30, 36{,}5$ cm
5-Kammer-Hohlblockstein $b = 30, 36{,}5$ cm
6-Kammer-Hohlblockstein $b = 36{,}5, 49$ cm

Porenbeton-Blocksteine und -Plansteine[1]) G, GP, Gpl, GPpl (DIN 4165 und 4166), Wandbausteine aus dampfgehärtetem Kalkbeton (Tabelle **6**.26).

Tabelle **6**.26 Porenbetonsteine DIN 4165 und 4166

	ab 17,5 cm Wanddicke mit Grifftaschen und mit Nut/Feder-Stoß			
	Kurz-bezeichnung	Druckfestig-keitsklasse	Rohdichte-klasse	Kenn-zeichnung
Porenbetonblocksteine	G	2	0,40	Grün
		2	0,50	Grün
		4	0,60	Blau
		4	0,70	Blau
		6	0,70	Rot
		6	0,80	Rot
		6	1,00	–
		8	0,80	Stempel
		8	0,90	Stempel
		8	1,00	Stempel
Porenbetonplanblocks	GP	2	0,40	Grün/1 Strich
		2	0,50	Grün/2 Striche
		4	0,60	Blau/ 1 Strich
		4	0,70	Blau/ 2 Striche
		6	0,70	Rot/ 1 Strich
		6	0,80	Rot/ 2 Striche
		8	0,80	Stempel
		8	0,90	Stempel
		8	1,00	Stempel
Porenbeton-	Gpl	2	0,40	Stempel
– bauplatten		4	0,60	Stempel
– planbauplatten	GPpl	2	0,40	Stempel
für nichttragende Wände		4	0,60	Stempel

Beispiel Gasbeton-Planstein DIN 4165–GP 2–0,5–499 × 300 × 249

[1]) Die Bezeichnung „Gasbeton" wurde vom Herstellerverband in „Porenbeton" geändert.

Hüttensteine (DIN 398) sind Mauersteine aus granulierter Hochofenschlacke mit Kalk, Schlackenmehl, Zement o. ä. als Bindemittel. Die geformten Steine werden an der Luft oder unter Dampf oder in kohlensäurehaltigen Abgasen gehärtet.

Unterschieden werden:

– Hüttenvollsteine (HSV), ohne Lochung oder Querschnitt durch oben gedeckte Lochung senkrecht zur Lagerfläche bis 25% gemindert,

  mit Rohdichten von 2,60 bis 1,80 kg/dm^3 und mit Nennfestigkeiten von 6 bis 28 N/mm^2,

– Hüttenlochsteine (HSL), in der Regel fünfseitig geschlossene Mauersteine mit Lochungen senkrecht zur Lagerfläche,

  mit Rohdichten von 1,60 und 1,40 kg/dm^3 und mit Nennfestigkeiten von 6 und 12 N/mm^2.

Die großen Formate (3 DF oder 2¼ NF) müssen Grifföffnungen haben.

Hüttensteine mit den Nennfestigkeiten 12 und 20 N/mm^2 müssen frostbeständig sein, wenn sie als Vormauersteine (VHSV) verwendet werden sollen.

6.2.2.3 Mauermörtel

Mauermörtel ist ein Gemisch aus Sand, Bindemittel und Wasser, ggf. auch mit Zusatzstoffen und Zusatzmitteln. Er hat die Aufgabe, die Mauersteine miteinander zu verbinden, dabei Maßungleichheiten der Steine und Unebenheiten der Steinlagerflächen auszugleichen und damit eine gleichmäßige Druckübertragung zu ermöglichen.

Es wird unterschieden:

– Normalmörtel (NM)
– Leichtmörtel (LM) und
– Dünnbettmörtel (DM).

Darüber hinaus wird zwischen Baustellenmörtel und Werkmörtel unterschieden. Werkmörtel gibt es in den Lieferformen Werk-Trockenmörtel, Werk-Vormörtel, Werk-Frischmörtel und neuerdings auch Mehrkammer-Silomörtel.

Normalmörtel sind baustellengefertigt oder Werkmörtel und werden in die Mörtelgruppen I, II, II a, III und III a eingeteilt. Die Zusammensetzung ergibt sich für die Mörtelgruppen I bis III ohne besonderen Nachweis nach Tabelle **6**.26.

Für die Mörtelgruppe III a und bei Abweichungen von der vorgegebenen Zusammensetzung ist eine Eignungsprüfung erforderlich. Sie ist auch dann durchzuführen, wenn auf der Baustelle Zusatzmittel (z. B. sog. „Mischöle") zugegeben werden.

Für die Anwendung von Normalmörtel gelten Einschränkungen:

– Mörtelgruppe I:

  Nicht zugelassen für Gewölbe und Kellermauerwerk, bei mehr als 2 Vollgeschossen, bei Wanddicken unter 24 cm,
  bei Vermauerung in Außenschalen von 2schaligem Mauerwerk.

– Mörtelgruppen II und II a:

  Nicht zugelassen für Gewölbe

– Mörtelgruppen III und III a:

  Nicht zugelassen für Außenschalen von 2schaligem Mauerwerk (ausgen. für nachträgliches Verfugen).

Tabelle **6**.26 Mörtelzusammensetzung, Mischungsverhältnisse für Normalmörtel in Raumteilen (DIN 1053, Tab. A.1)

	Mörtelgruppe	Luftkalk und Wasserkalk		hydraulischer Kalk	hochhydraulischer Kalk, Putz- und Mauerbinder	Zement	Sand[1]) aus natürlichem Gestein
		Kalkteig	Kalkhydrat				
1	I	1	–	–	–	–	4
2		–	1	–	–	–	3
3		–	–	1	–	–	3
4		–	–	–	1	–	4,5
5	II	1,5	–	–	–	1	8
6		–	2	–	–	1	8
7		–	–	2	–	1	8
8		–	–	–	1	–	3
9	IIa	–	1	–	–	1	6
10		–	–	–	2	1	8
11	III	–	–	–	–	1	4
12	IIIa[2])	–	–	–	–	1	4

[1]) Die Werte des Sandanteils beziehen sich auf den lagerfeuchten Zustand.
[2]) mit Eignungsprüfung (s. DIN 1053 Abschn. A.3.1)

Die Zusammensetzung und Konsistenz des Mörtels muß vollfugiges Vermauern möglich machen. Bei Nässe und niedrigen Temperaturen ist Mörtel mindestens der Gruppe II zu verwenden. An der Baustelle muß sichergestellt sein, daß unterschiedliche Mörtelarten nicht verwechselt werden können.

Als Zusatzstoffe kommen Baukalk (DIN 1060 T1), Gesteinsmehl (DIN 4226 T1), Traß (DIN 51 043), geeignete Pigmente (z. B. nach DIN 53 237) sowie Betonzusatzstoffe mit Prüfzeichen in Frage. Geprüfte Zusatzmittel dienen der Beeinflussung der Mörteleigenschaften (z. B. Verflüssiger, Dichtungsmittel, Erstarrungsbeschleuniger oder -verzögerer, Luftporenbildner usw.). Die Verwendung von Zuatzmitteln stellt in jedem Falle eine Abweichung von Tabelle **6**.26 dar und macht somit die Durchführung einer Eignungsprüfung erforderlich.

Anforderungen an Normalmörtel enthält Tabelle **6**.27. Neben der Druckfestigkeit wird auch die Haftscherfestigkeit aufgeführt, die ein Maß für das Verbundverhalten zwischen Stein und Mörtel darstellt. Bei der Eignungsprüfung wird die Druckfestigkeit des Mauermörtels neuerdings auch zwischen den Steinen geprüft.

Leichtmörtel. Je nach verwendetem Steinformat beträgt der Fugenanteil von Mauerwerk flächenmäßig 7 bis 15%. Die Verwendung von Leichtmörtel kann daher je nach Materialkombination zu einer erheblichen Verbesserung der Gesamt-Wärmedämmung von Mauerwerk führen.

Leichtmörtel nach DIN 1053 wird in 2 Gruppen eingeteilt:

— LM 21 (Rechenwert der Wärmeleitfähigkeit 0,21 W/(m · K)

— LM 36 (Rechenwert der Wärmeleitfähigkeit 0,36 W/(m · K)

Für diese Mörtelgruppen enthält DIN 1053 Angaben über die Zusammensetzung und die Anforderungen. Für abweichende Mörtelgruppen ist eine bauaufsichtliche Zulassung erforderlich. Leichtmörtel ist stets als Werkmörtel herzustellen.

Leichtmörtel ist nicht zugelassen für Gewölbe und der Witterung ausgesetztes Sichtmauerwerk.

Tabelle **6**.27 Anforderungen an Normalmörtel (DIN 1053, Tab. A.2)

Mörtelgruppe	Mindestdruckfestigkeit[1]) im Alter von 28 Tagen Mittelwert		Mindesthaftscherfestigkeit im Alter von 28 Tagen[4]) Mittelwert
	bei Eignungsprüfung [2]) [3]) in N/mm²	bei Güteprüfung in N/mm²	bei Eignungsprüfung N/mm²
I	–	–	–
II	3,5	2,5	0,10
IIa	7	5	0,20
III	14	10	0,25
IIIa	25	20	0,30

[1]) Mittelwert der Druckfestigkeit von sechs Proben (aus drei Prismen). Die Einzelwerte dürfen nicht mehr als 10% vom arithmetischen Mittel abweichen.

[2]) Zusätzlich ist die Druckfestigkeit des Mörtels in der Fuge zu prüfen. Diese Prüfung wird z.Z. nach der „Vorläufigen Richtlinie zur Ergänzung der Eignungsprüfung von Mauermörtel; Druckfestigkeit in der Lagerfuge; Anforderungen, Prüfung" durchgeführt. Die dort festgelegten Anforderungen sind zu erfüllen.

[3]) Richtwert bei Werkmörtel.

Dünnbettmörtel dient zum Vermauern spezieller, besonders maßhaltiger Steine (z. B. Porenbeton-Planblöcke Gpl). Dünnbettmörtel sind ausschließlich als Werk-Trockenmörtel herzustellen. Anforderungen und Angaben zur Zusammensetzung sind in DIN 1053 enthalten.

Dünnbettmörtel ist nicht zugelassen für Gewölbe und für Steine mit Maßabweichungen von mehr als 1 mm.

Bindemittel. Es dürfen nur Bindemittel nach DIN 1060 T1 (Baukalk), DIN 1164 T1 und T 100 (Zement) sowie DIN 4211 (Putz- und Mauerbinder) verwendet werden. Andere Bindemittel dürfen nur verwendet werden, wenn sie zur Herstellung von Mauermörtel bauaufsichtlich zugelassen sind.

Alle Bindemittel müssen vor Feuchtigkeit geschützt gelagert werden. Da die Bindefähigkeit auch in geschlossenen Räumen nachlassen kann, sollten Lagerbestände in 4 bis 6 Wochen aufgearbeitet werden. Länger gelagerte Bindemittel sollten vor der Verwendung auf ihre Festigkeitseigenschaften geprüft werden.

Kalk. Die DIN-Normung für Kalke wird demnächst durch europäische Normen ersetzt. Die nachfolgende Zusammenstellung soll daher in erster Linie als Überblick dienen.

Kalk wird nach DIN 1060 unterschieden in

- Luftkalke (Weißkalk, Carbidkalk, Dolomitkalk) erhärten vorwiegend durch Aufnahme von Kohlendioxid (Carbonathärtung). Sie erhärten nicht unter Wasser.
- Wasserkalk, der sich durch ein Zusammenwirken von hydraulischer und vorwiegend Carbonathärtung verfestigt,
- hydraulischer Kalk, der sich durch ein Zusammenwirken von Carbonathärtung und vorwiegend hydraulischer Härtung verfestigt,
- hochhydraulischer Kalk, der sich vorwiegend hydraulisch erhärtet.

Baukalk wird nach DIN 1060 geliefert als:

- Stückkalk, das ist gebrannter Weißkalk (Branntkalk) in stückiger Form, der auf der Löschbank unter Wasserzusatz gelöscht und in der Kalkgrube eingesumpft werden muß, und zwar als Mauerkalk für mindestens eine Woche, als Putzkalk für 2 bis 3 Monate, wobei darauf zu achten ist, daß die Grube in einem Zuge voll gelöscht wird, damit sich die schwer löschbaren Teile am Boden der Grube und nicht auf einer früher gelöschten Schicht absetzen und in den Putzmörtel geraten (im Putz nachlöschende Kalkteilchen zersprengen den Putz),
- Feinkalk, das ist gemahlener, gebrannter und ungelöschter Kalk, der in Säcken in den Handel kommt (Branntkalk),
- Kalkhydrat, das ist zu sehr feinem Pulver gemahlener trocken gelöschter Kalk in Säcken,
- Kalkteig, das ist naß gelöschter, eingesumpfter Kalk, der in Spezialwagen befördert wird.

Die hydraulischen Kalke kommen fast nur pulverförmig, gelöscht oder ungelöscht, in Säcken auf die Baustelle. Sie unterscheiden sich durch ihre Normenmindestfestigkeiten, die bei Mörtelprüfkörpern nach DIN 1060 betragen:

- für Wasserkalk nach 28 Tagen
- für hydraulischen Kalk nach 28 Tagen
- für hochhydraulischen Kalk und Romankalk nach 28 Tagen

Kalkmörtel wird entweder von Hand oder maschinell gemischt. Er muß frisch verwendet werden. Im übrigen sind die Verarbeitungsvorschriften des Lieferwerks (z. B. über Einsumpfdauer oder Mörtelliegezeit; DIN 1060) zu beachten.

Zemente der verschiedenen Festigkeitsklassen (s. auch Abschn. 5.2.1) sind nach DIN 1164 genormt unter den Bezeichnungen:

- Portlandzement
- Eisenportlandzement
- Hochofenzement
- Traßzement

Tabelle **6**.28 Festigkeitsklassen der Normenzemente

Festigkeits-klasse		Druckfestigkeit N/mm^2 nach 2 Tagen min.	7 Tagen min.	28 Tagen min.	max	Kennfarbe (Grundfarbe des Sackes bzw. des Silo-Anheftblattes)	Farbe des Aufdruckes
Z 25[1]		–	10	25	45	violett	schwarz
Z 35	L[2]	–	17,5	35	55	hellbraun	schwarz
	F[3]	10	–				rot
Z 45	L[2]	10	–	45	65	grün	schwarz
	F[3]	20	–				rot
Z 55		30	–	55	–	rot	schwarz

[1] Nur für Zement mit niedriger Hydratationswärme (NW) und/oder hohem Sulfatwiderstand (HS)
[2] L = Zement mit langsamerer Anfangserhärtung
[3] F = Zement mit höherer Anfangsfestigkeit

Sand für die Herstellung von Mauermörtel nach DIN 1053 soll gemischtkörnig sein und darf keine Bestandteile enthalten, die zu Schäden an Mörtel oder Mauerwerk führen. Als schädlich gelten größere Mengen abschlämmbarer Bestandteile, sofern es sich dabei um Ton oder Stoffe organischen Ursprungs (z. B. pflanzliche, humusartige oder Kohlen-, insbesondere Braunkohleanteile) handelt.

Sand, der DIN 4226 T1 entspricht, erfüllt diese Anforderungen stets.

Besondere Anforderungen gelten für Leichtzuschlag, dessen Verwendung jedoch ohnehin auf Werkmörtel beschränkt ist.

Güteprüfung. Heute wird Mauermörtel fast ausschließlich als Werkmörtel hergestellt. Werkmörtel unterliegt der Überwachung nach DIN 18557, und dies muß aus dem Lieferschein hervorgehen.

Nicht überwachte Werkmörtel dürfen gemäß DIN 1053 nicht verwendet werden. Die Überwachung schließt die Eignungsprüfung vor der Mörtelherstellung, die Eigenüberwachung während der Mörtelherstellung und die regelmäßige Fremdüberwachung durch unabhängige, staatlich anerkannte Stellen ein. Baustellenmörtel unterliegt keiner geregelten Überwachung, jedoch sind bei Abweichungen von Zusammensetzungen nach Tabelle **6.**26, bei Verwendung von Zusatzmitteln und für die Mörtelgruppe IIIa stets Eignungsprüfungen durchzuführen.

Während der Bauausführung ist bei allen Mörteln der Gruppe IIIa an jeweils 3 Prismen aus 3 verschiedenen Mischungen je Geschoß (mindestens aber je 10 m^3 Mörtel) die Mörteldruckfestigkeit nach DIN 18555 T3 nachzuweisen. Sie muß dabei die Anforderungen der Tabelle **6.**26, Spalte 3, erfüllen.

Bei Gebäuden mit mehr als 6 gemauerten Vollgeschossen ist die geschoßweise Prüfung (mindestens aber je 20 m^3 Mörtel) auch bei Normalmörtel der Gruppen II, IIa und III sowie bei Leicht- und Dünnbettmörtel durchzuführen. Bei den obersten 3 Geschossen darf darauf verzichtet werden.

6.2.3 Ausführung von gemauerten Wänden

6.2.3.1 Allgemeines

Arbeitsvorgänge. Mauerwerk aus künstlichen Steinen ist lot-, flucht- und waagerecht herzustellen. Die Ecken werden genau nach dem Lot angelegt und die Schichten nach einer dazwischen gespannten Schnur ausgeführt. Damit gleiche Schichtenhöhen erzielt werden, sind Hochmaßlatten zu verwenden. Das Mauerwerk ist überall möglichst gleichzeitig hochzuführen, damit ungleiches Setzen vermieden wird. Die Steine sollen möglichst ebenflächig und maßgenau sein, damit die Lagerfugen gleichmäßig dünn (10 bis 12 mm) gehalten und die Steine über die ganze Fläche gleichmäßig belastet werden können. Dicke Fugen steigern infolge der Querdehnung des Mörtels, die größer ist als die des Mauersteines, die Spannungen, die bei Belastung quer zur Kraftrichtung – durch Stauchung – im Mauerwerk auftreten. Die Mauersteine werden nicht durch die Druckkräfte zermalmt, sondern unter der Wirkung der Zugspannungen bei der Stauchung aufgerissen. Im bis zum Bruch belasteten Mauerwerk treten die Risse immer über den Stoßfugen auf. Daher ist die Stoßfugenbreite auf 1 cm zu beschränken.

Bei Vermauern müssen die Mauersteine sauber sein und besonders bei heißem Wetter gut angenäßt werden, da sie sonst die Mörtelfeuchtigkeit aufsaugen und dem Mörtel das zum Abbinden erforderliche Wasser entziehen würden. Bei hochbelastetem Mauerwerk schlanker Pfeiler und von Wänden ≦ 11,5 cm ist es sicherer, wenig saugfähige Mauersteine zu verwenden, um zu vermeiden, daß durch ungleichmäßigen Mörtelwasserentzug in den Außenzonen und den „Wackeleffekt" beim Aufmauern (Bild **6**.29) die Fugen abgewälzt und die Tragfähigkeit des Mauerwerks schon bei zentrischer und noch mehr bei exzentrischer Belastung herabgesetzt wird.

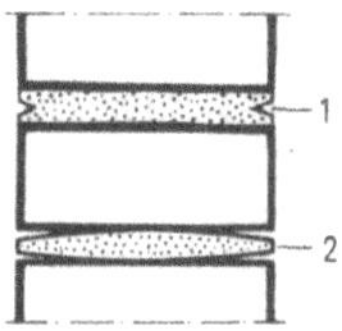

6.29
Verminderung der Standsicherheit von dünnen Wänden aus stark saugenden Steinen
1 durch Wasserverlust bei Berührung mit stark saugenden Steinen (Spaltbildung)
2 Verlust an Plastizität, bei Wackelbewegungen während des Aufmauerns wird die Mörtelfuge abgewälzt

Die Stoßfugen können durch Herandrücken des einzelnen Steines an die Nachbarsteine oder durch Anstreichen von Mörtel an den zu vermauernden Stein gefüllt werden.

Lochsteine sind in der Stoß- und Lagerfuge vollfugig zu vermauern. Durch richtige Wahl der Mörtelsteife ist zu bewirken, daß der Mörtel nicht tief in die Löcher der Mauersteine eindringt.

Für Außenwände aus Leichtziegeln oder anderen besonders gut wärmedämmenden Mauersteinen sind möglichst Leichtmauermörtel zu verwenden, die aus genormten Bindemitteln und Blähton-Zuschlägen bestehen und Druckfestigkeiten bis zu den Anforderungen für die Mörtelgruppe II a ermöglichen.

Bei Frost ist ab −3° Celsius das Mauern einzustellen. Die unvollendeten Mauern sind mit Folien o. ä. und Ziegelsteinen abzudecken und die äußeren Maueröffnungen durch Verbretterung zu schließen. Werden die Mauerarbeiten wieder fortgesetzt, so sind Schichten, die unter Frost gelitten haben, zu entfernen.

In besonderen Fällen, vor allem im Industrie- oder Geschäftshausbau oder bei der Errichtung von Verkehrsbauten, läßt sich das Bauen im Winter nicht vermeiden. Es muß, angefangen bei der Wahl der Baustoffe und Bauweisen bis zur Baustelleneinrichtung, schon beim Entwurf auf das sorgfältigste vorbereitet werden, damit die durch Beheizen der Baustelle, Anwärmen der Baustoffe usw. entstehenden Kosten auf ein Mindestmaß beschränkt bleiben und Bauschäden verhindert werden.

Folgende Maßnahmen werden empfohlen:

1. bei kühlem Tageswetter (+5° bis 0°) und leichtem Nachtfrost (bis −3°):
   vor Wind, Regen und Schnee geschützte Lagerung der Baustoffe,
2. bei vorübergehendem leichtem Tagesfrost (bis −3°) zusätzlich zu 1.:
   Schutz des frischen Ziegelmauerwerks bei Nacht durch Abdecken mit Planen, Säcken oder ähnlichem, Erwärmen des Anmachwassers für den Mörtel,
3. bei anhaltendem Frost (bis −10°) zusätzlich zu 2.:
   Erwärmen des Sandes und der Ziegel,
4. bei anhaltend strengem Frost zusätzlich zu 3.:
   Abschirmen des Bauwerks oder -teils gegen die Außentemperatur durch Schutzbauten und Beheizen des Arbeitsraumes.

Zur Steigerung der Maurerleistung bei gleichbleibendem Kraftaufwand werden ständig Versuche zum Vereinfachen und Beschleunigen des Arbeitsvorganges (Taktarbeit) und zum Verbessern des Handwerkszeuges und der Geräte gemacht.

Besonders zeitraubende Arbeiten sind das Aufmauern der Mauerecken und das der Fenster- und Türanschläge infolge der damit verbundenen erheblichen Lotarbeit. Durch Anwendung von Ecklehren und Fensterlehren können diese Arbeiten vereinfacht werden. Die Lehren, leicht verstellbare Winkelstahlgerüste mit im Schichtmaß senkrecht durchlaufenden Lochungen oder Einkerbungen zum Einhängen der Fluchtschnüre, werden einmal für jedes Geschoß eingelotet und befestigt. Das Ausmauern des dazwischenliegenden vollen Mauerwerks oder der Fensterpfeiler läßt sich in Maurer- und Handlangerarbeit aufteilen: Ein Arbeiter schüttet mit Mörtelschlitten oder Mörtelschaufel das Mörtelbett der Lagerfuge und schließt damit gleichzeitig die Stoßfugen der darunterliegenden Schicht, ein zweiter Arbeiter reicht in schnellem Rhythmus die Steine zu, und der Maurer setzt die Steine an den Schnüren entlang verbandgerecht nebeneinander. Mit Fenster- oder Türlehren lassen sich Maßungenauigkeiten bei Maueröffnungen vermindern, was den Einbau von Normenfenstern und -türen ohne unwirtschaftliches Nacharbeiten ermöglicht.

Maße und Formate. Die Abmessungen der Mauersteine bzw. -ziegel und die sich daraus ergebenden Wanddicken sowie Raum-, Öffnungs-, Pfeiler- usw. sind in der „Maßordnung" DIN 4172 festgelegt (s. Abschn. 2.2).

Steinformate (s. auch Abschn. 6.2.2). Bei der Herstellung von Mauern werden verwendet:

kleinformatige Mauersteine

L *B* *H* in cm	nach DIN
24 × 11,5 × 5,2	105, 106 (DF-Dünnformat)
24 × 11,5 × 7,1	105, 106, 398 (NF-Normalformat)
24 × 11,5 × 11,3	105, 106 (1½ NF oder 2 DF)
24 × 11,5 × 11,5	18152

mittelformatige Mauersteine (Einhandsteine mit Griffschlitz)

24 × 17,5 × 11,3	105, 106 (3 DF)
11,5 × 24 × 17,5	18152

großformatige Mauersteine (Vollsteine, geschlitzte Vollblöcke, Hohlblocksteine, Hochlochsteine)

– für Wanddicken von 17,5, 24, 30 und 36,5 cm	105, 106, 4165
– in verschiedenen Höhen, meistens von 23,8 cm	18151, 18152, 18153

Die Anwendung der Kleinformate (Bild **6**.30) ermöglicht eine große Variabilität der Längenmaße. Der hohe Fugenanteil des Mauerwerks erleichtert Maßkorrekturen, vermindert jedoch die Wärmedämmfähigkeit der Wand. Die Verwendung der Mittelformate (Hochlochziegel, Gitterziegel) vermindert den Arbeitsaufwand, erfordert jedoch starke Bindung der Längenmaße an die Maßordnung. In noch höherem Grade gilt das für Großformate; ungeschickte Maßabweichungen oder -korrekturen (Ausflicken von zu breit geratenen Fugen oder Zurechtschlagen von Steinen) verringern hier die Güte des Mauerwerks und heben die an sich mit den Großformaten verbundenen Vorteile der Arbeitsrationalisierung auf.

Die Verwendung von mehreren verschiedenen Steinformaten in derselben Wand oder von vorgefertigten Eck- oder Anschlagsteinen bedeutet immer eine Erschwerung des Arbeitsablaufs (getrenntes Anliefern, Vorrathalten, Stapeln usw.).

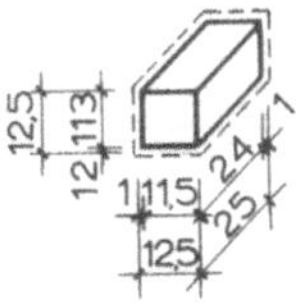

a) der gebräuchlichste kleinformatige Stein einschließlich Stoß- und Lagerfuge 25,0 × 12,5 × 12,5 cm oder 2 × 1 × 1 am

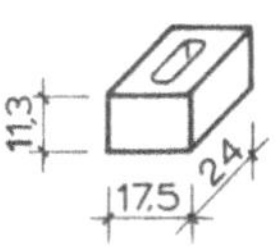

b) der gebräuchlichste mittelformatige Stein (mit Griffschlitz) einschließlich Stoß- und Lagerfuge 25,0 × 18,75 × 12,5 cm oder 2 × 1½ × 1 am

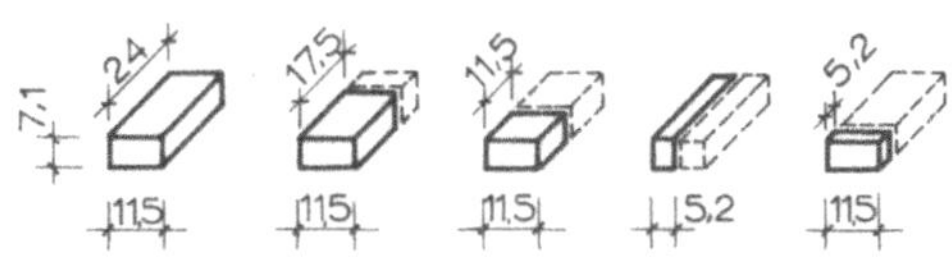

c) der Mauerziegel NF und seine Teilstücke

6.30 Kleinformatige Steine

Bei Wänden aus Klein- oder Mittelformaten kann auf besondere Eck- und Anschlagsteine verzichtet werden. Ab 30 cm Wanddicke ist die Verwendung zweier verschiedener Formate nebeneinander (24 × 11,5 × 11,3 und 24 × 17,5 × 11,3) trotz der oben angedeuteten Nachteile üblich.

In Außenwänden dürfen verschiedene Steinmaterialien („Mischmauerwerk") nicht verwendet werden. Die unterschiedlichen Wärmedämmeigenschaften der Steine führen zu unterschiedlicher Feuchtigkeitsaufnahme des Mauerwerks, damit zu Putzverfärbung und langfristig zu Bauschäden.

Mauerverbände. Unter Mauerverband versteht man die Art, wie die Steine schichtweise im Mauerwerk zusammengefügt und miteinander verzahnt werden, damit die auf dem Mauerwerk aufruhenden Lasten gleichmäßig auf die ganze Grundfläche der Mauer verteilt werden und der Mauerkörper rissefrei bleibt, d. h. seine Standsicherheit, Tragfähigkeit und sein Widerstand gegen die Witterung den Vorschriften genügen.

Nach der Art, Mauerziegel in einer Schicht aneinanderzureihen, werden Läuferschicht, Binderschicht sowie Grenadierschicht unterschieden. Die Rollschicht kann als Sonderform einer Binderschicht betrachtet werden (Bild **6**.31). Läuferschicht ist die Schicht, in der die Mauerziegel mit der Langseite in der Mauerflucht liegen; in der Binderschicht sind von der Mauerflucht her die Köpfe der Binder zu sehen, die in die Wand einbinden.

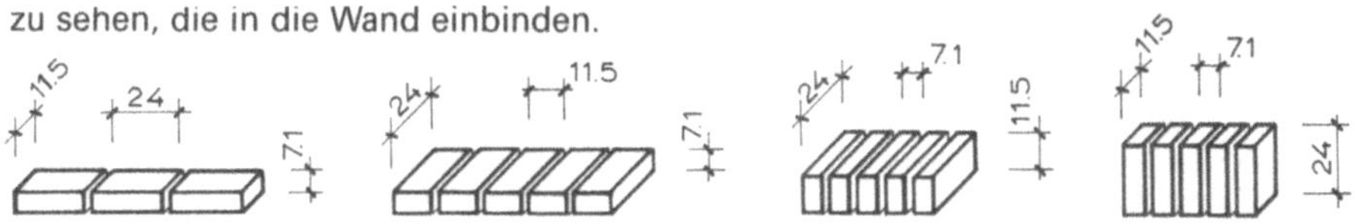

a) b) c) d)

6.31 Benennung der Schichten
a) Läuferschicht, b) Binderschicht, c) Rollschicht, d) Grenadierschicht

Die Schichten ein und derselben Wand sind in der Regel gleich hoch. Schließen Wände aus Steinen verschiedener genormter Steinhöhen aneinander an, so lassen sich die Wände miteinander auf vielfältige Art verzahnen (Bild **6**.32). Daher brauchen Verbandsregeln sich nur auf Wände gleicher Schichthöhe zu beziehen.

Man unterscheidet:

- Zwischenverbände (Verbände in Mauermitte),
- Endverbände (Verbände an rechtwinklig begrenzten Mauerenden alter Art),
- Pfeilerverbände

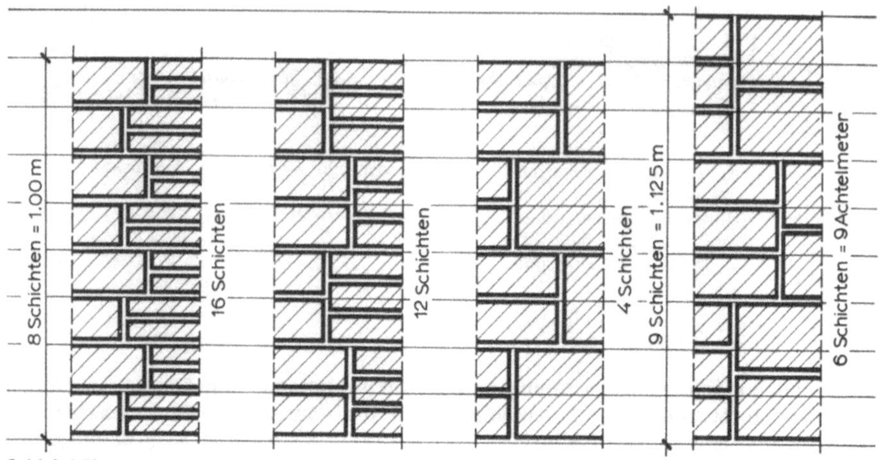

Schichthöhen	1 am	½ am	1 am	½ am	1 am	2 am	1 am	1½ am
Steinhöhen	11,3 cm	5,2 cm	11,3 cm	7,1 cm	11,3 cm	23,8 cm	11,3 cm	17,5 cm
Tiefe der Verzahnung		v_1 = ½ am		v_1 = ½ am		v_2 = 1 am		v_2 = 1 am

1 am = 1 Achtelmeter

6.32 Mauerstöße von Wänden mit verschiedenen Steinformaten (Schichthöhen)

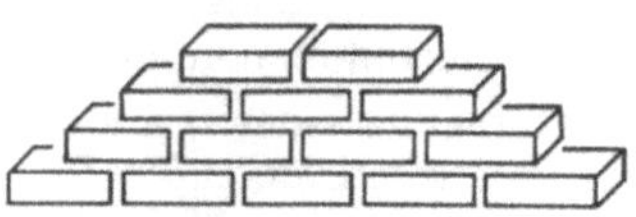

6.33 Längsverband

Übliche Mauerverbände sind

- Läuferverband (auch mittiger Verband genannt) für Wände bis 17,5 cm Dicke oder Wände aus großformatigen Steinen (Bild **6**.33),
- Blockverband (Bild **6**.34),
- Kreuzverband (Bild **6**.35).

Bei gebogenen Wänden wird der Binderverband angewendet, in dem jede Schicht Binderschicht ist.

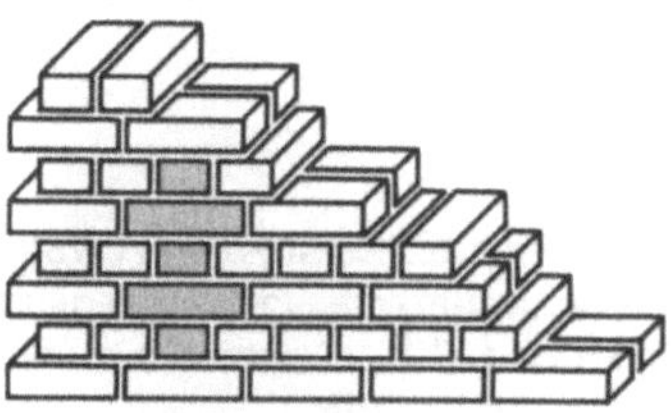

6.34 Blockverband

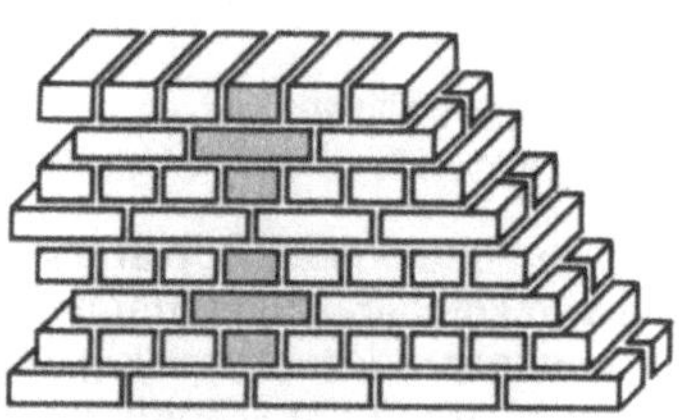

6.35 Kreuzverband

Zierverbände. Sichtmauerwerk wird vielfach wieder in mittelalterlichen Zierverbänden hergestellt (Beispiele in Bild **6**.36 a bis c), ferner im „Wilden Verband" (Bild **6**.36 d). In 36,5 cm dickem Mauerwerk können sich bei diesen Verbänden auf den Innenseiten übereinander liegende Stoßfugen ergeben.

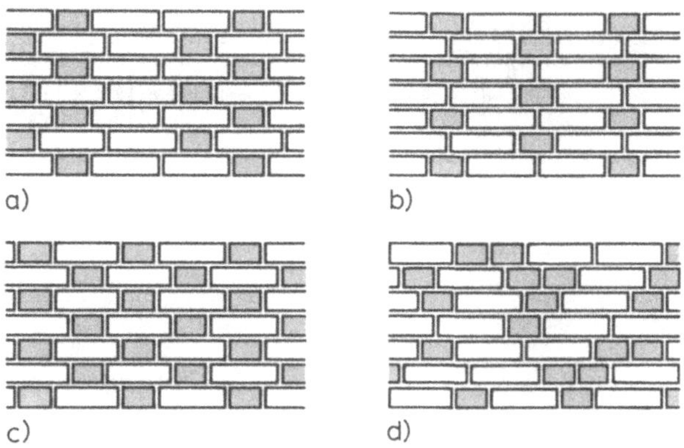

6.36
Zierverbände
a) Märkischer Verband
b) Flämischer Verband
c) Gotischer Verband
d) „Wilder" Verband

Für alle Verbände gelten folgende Grundregeln:

1. Jede Schicht muß genau waagerecht liegen und soll waagerecht durch sämtliche Mauern eines Gebäudes durchgehen.
2. Die Stoßfugen unmittelbar aufeinanderfolgender Schichten dürfen sich nicht dekken. Das Überbindemaß wird nach DIN 1053 auf die Steinhöhe bezogen und beträgt mindestens 4,5 cm. Es gibt an, wie weit die Stoßfuge einer einbindenden oder durchbindenden Wand von der Innenecke (bei Ecke, Kreuzung, Stoß) entfernt liegt, und legt so den Verband fest (Bild **6**.37).

   Von einer Innenecke darf in jeder Schicht nur eine Stoßfuge ausgehen. Ihre Richtung wechselt in jeder Schicht.

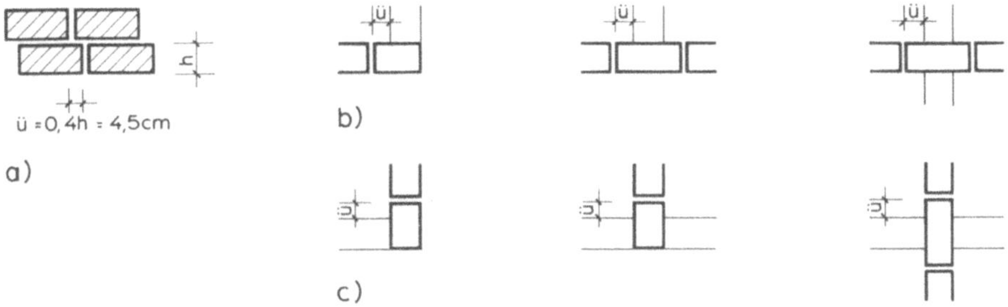

6.37 Überbindemaß
a) bezogen auf die Steinhöhe *h*
b) Grundrisse von Ecken, einbindender und durchbindender Wand, 1. Schicht
c) 2. Schicht

3. Es dürfen sich keine übereinanderliegenden Fugen ergeben, die im Wandinneren parallel zur Wand verlaufen. Sie sind gefährlich, weil bei Belastung die Stauchung quer zur Wand erfolgt (Aufreißen in Schalen); zudem sind diese Fugen nach Lage, Anzahl und Zustand am fertigen Mauerwerk nicht zu erkennen.
4. Es sind möglichst viele ganze Steine zu verwenden. Dadurch wird der Fugenanteil (Wärmebrücken) vermindert, das Überbindemaß (Verzahnung) meist vergrößert und so die Mauerwerksfestigkeit erhöht.

Zwischenverbände für die üblichen Wanddicken zeigt Tabelle **6**.38.

Tabelle **6**.38 Verbände in Mauermitten (Zwischenverbände); Überbindungsmaße in Achtelmeter (am)

Wanddicke	**aus den Kleinformaten** 24 × 11,5 × 5,2 cm 24 × 11,5 × 7,1 cm 24 × 11,5 × 11,3 cm	**aus dem Mittelformat** 24 × 17,5 × 11,3 cm (unter Zuhilfenahme des Kleinformats 24 × 11,5 × 11,3 cm)
11,5 cm	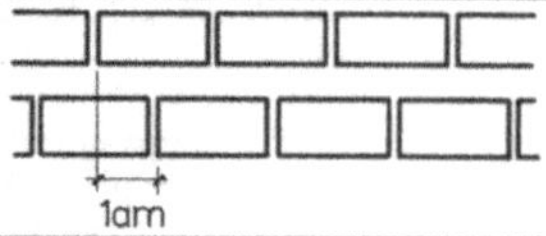	
17,5 cm	nicht üblich	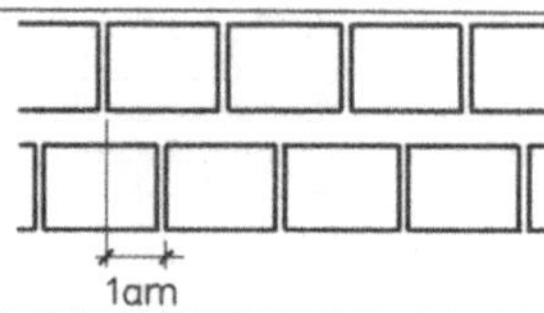
24 cm	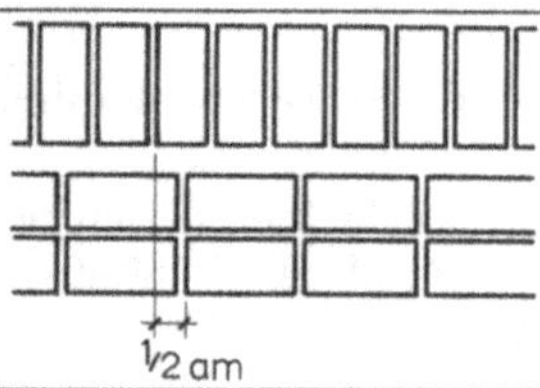	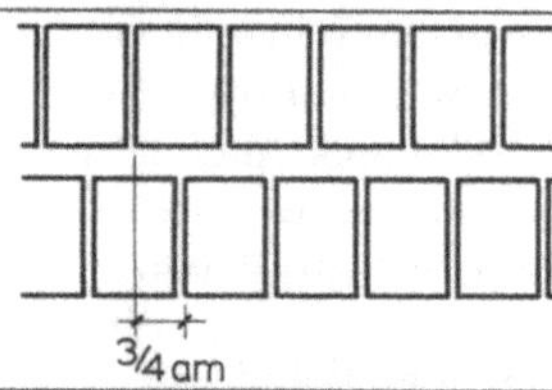
30 cm	nicht üblich	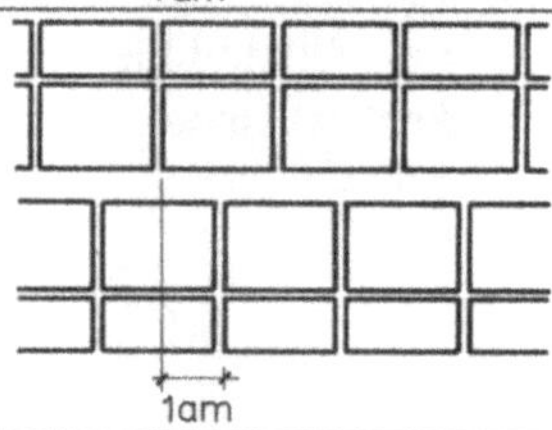
36,5 cm	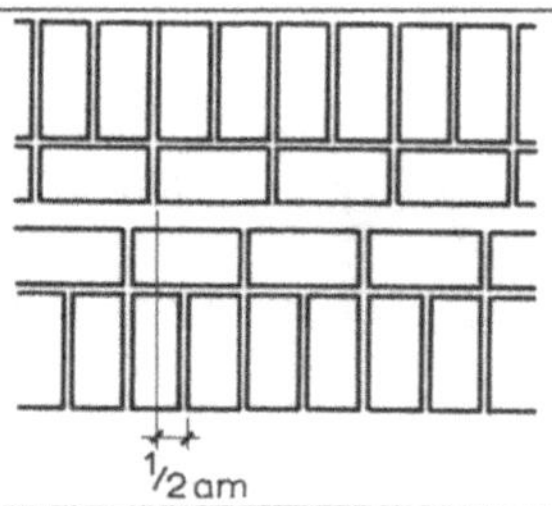	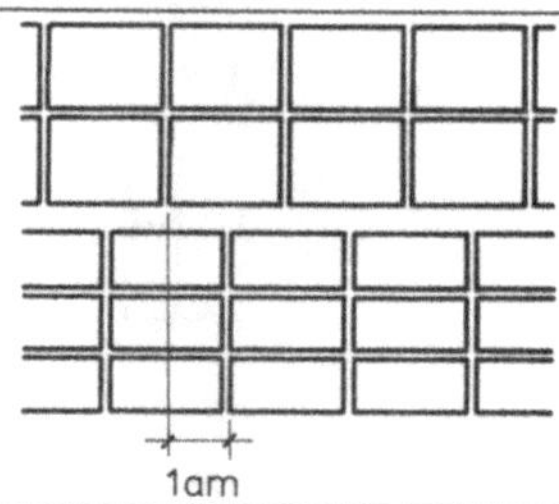
49 cm	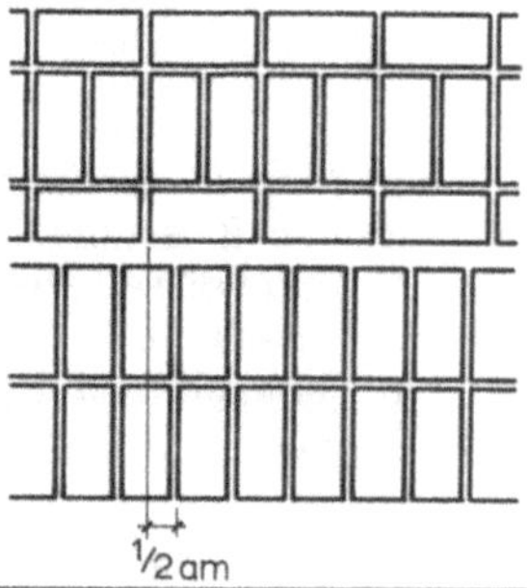	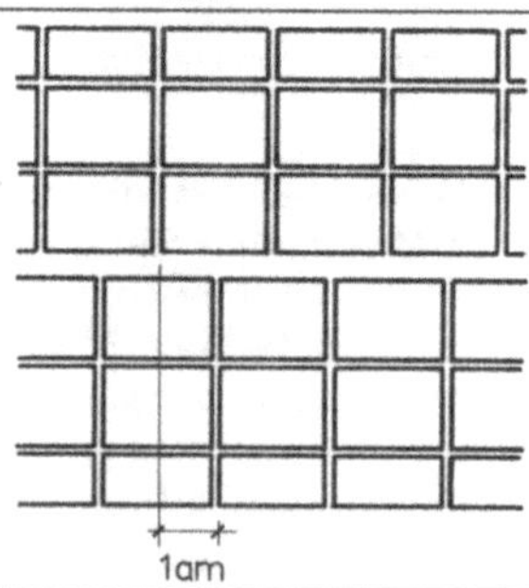

Tabelle **6**.39 Verbände

Kleinformat		Mittelformat	

a) Mauerenden

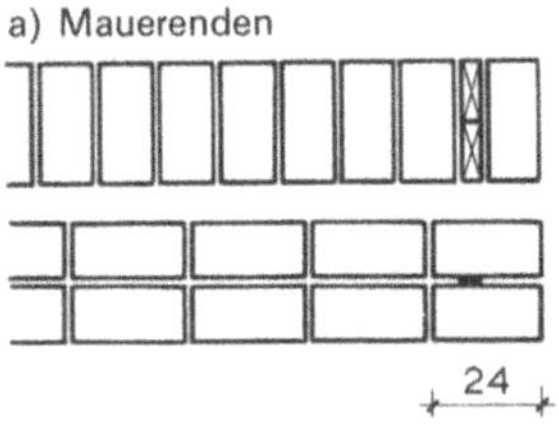

24 cm

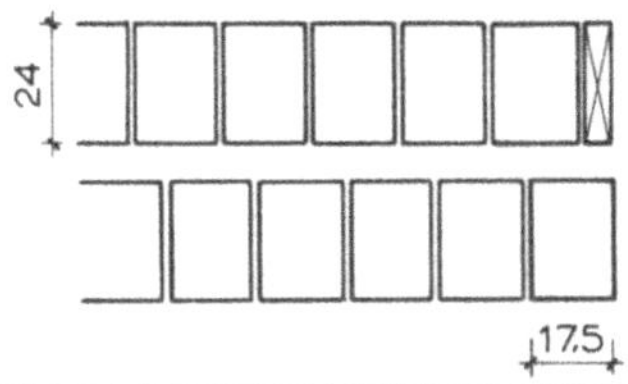

24 cm

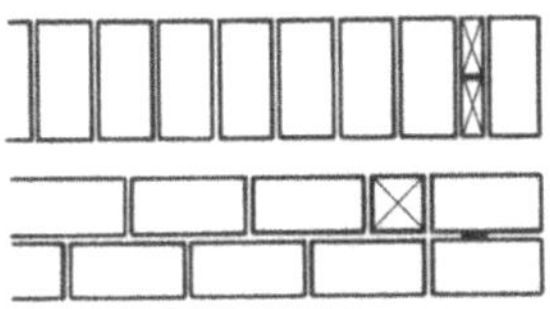

24 cm für Außenwand

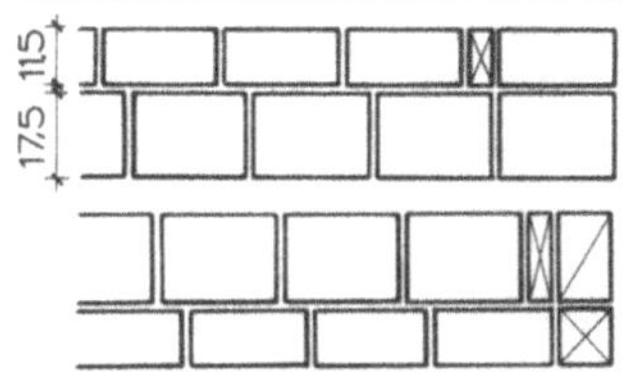

30 cm für Außenwand

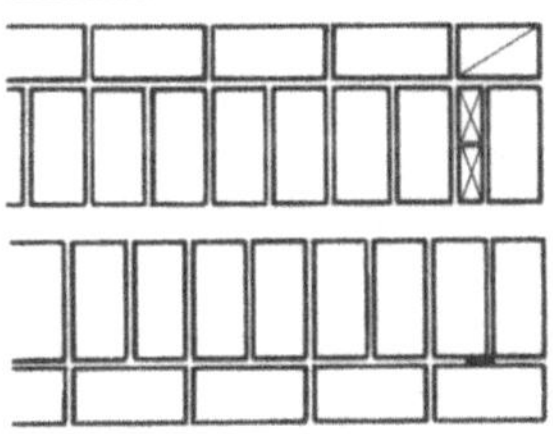

36,5 cm

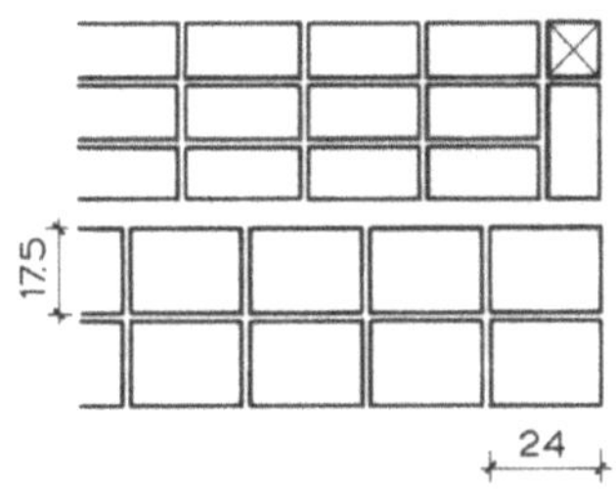

36,5 cm

b) Mauerecke mit Fensteranschlag und Mauerstoß mit Mauerende

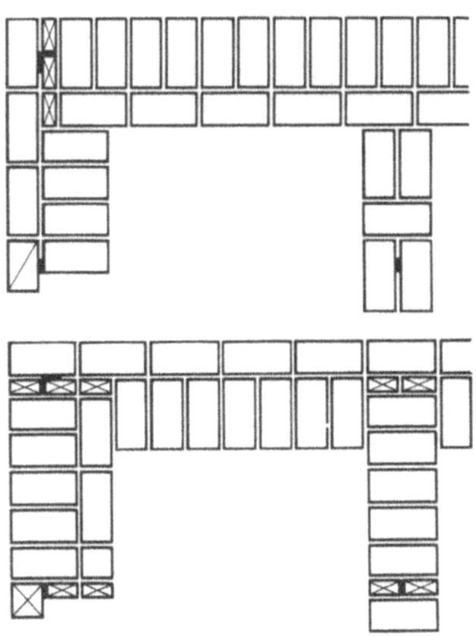

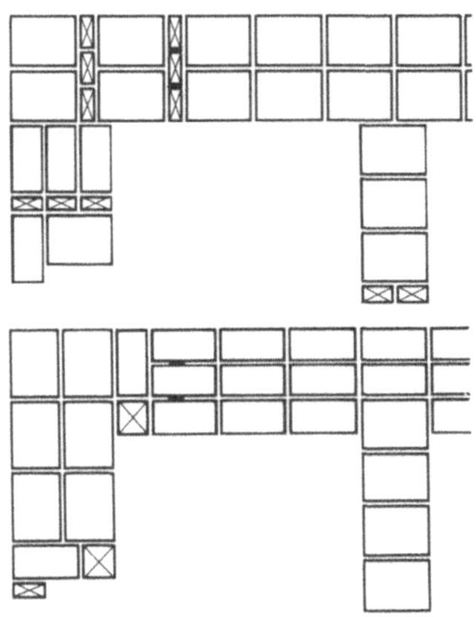

Verbände für das Mauerende, die Mauerecke und den Mauerstoß sind in einigen Regelbeispielen dargestellt (Tab. **6**.39).

Pfeiler sind wie kurze Wände, große Pfeiler mit Vorlagen wie rechtwinklige Mauerkreuzungen aufzufassen und dementsprechend in ihrem Verband zu behandeln (Tab. **6**.40).

Tabelle **6**.40 Pfeilerverbände

kleinformatige Steine	klein- und mittelformatige Steine
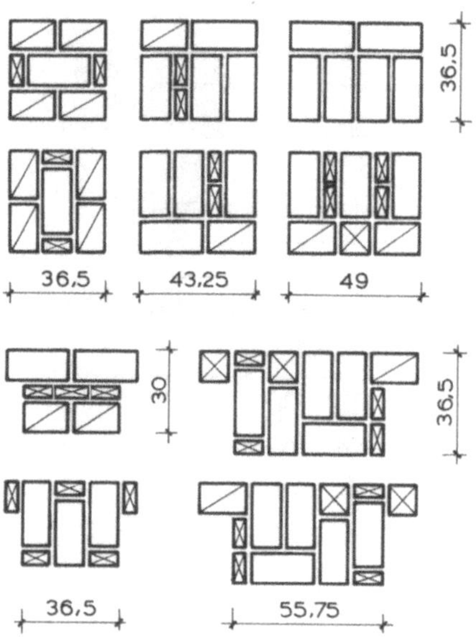	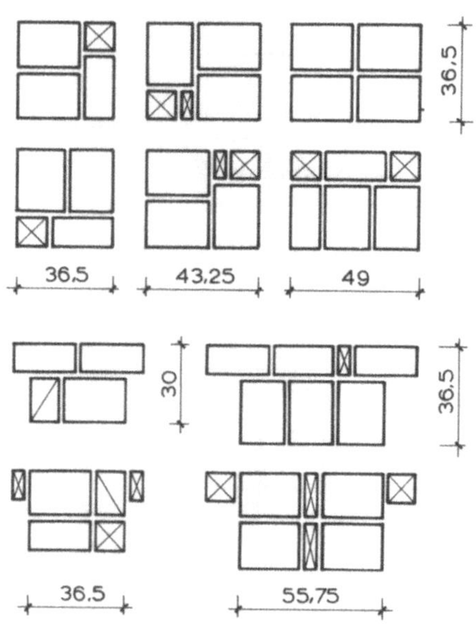

Bei der spitzen Mauerecke geht die äußere Läuferreihe der einen Mauer bis zur Ecke durch. Die andere Mauer wird als Binderschicht bis an diese Läuferreihe geführt. Der Läuferdreiviertelstein an der Spitze muß so geschnitten werden, daß seine äußere Langseite um ¼ Stein länger ist als die abgeschrägte Schmalseite (Bild **6**.41).

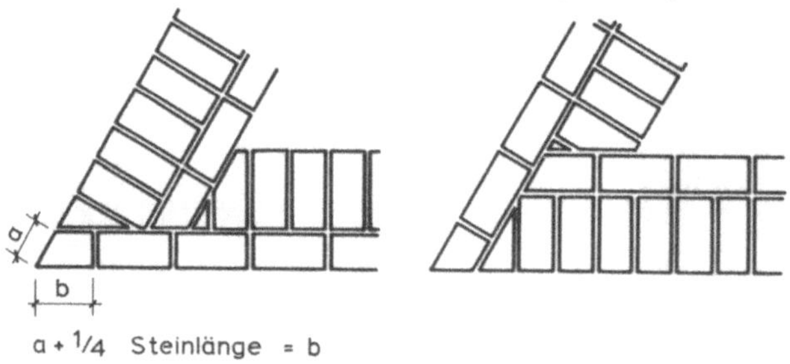

6.41
Spitzwinklige Mauerecke

Bei der stumpfen Mauerecke richtet sich der Verband nach der Größe des Eckwinkels. Bei Winkeln über 135° (Achteckwinkel) verläuft eine Fuge von der äußeren oder inneren Ecke senkrecht zur Binderschicht und schließt diese ab (Bild **6**.42 und **6**.43).

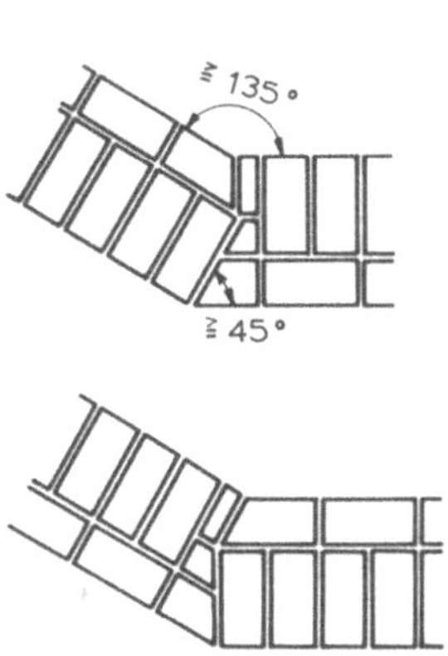

6.42 Stumpfwinklige Mauerecke
Fugenteilung geht in der Binderschicht von der äußeren Ecke aus
(keine geschnittenen Sichtflächen)

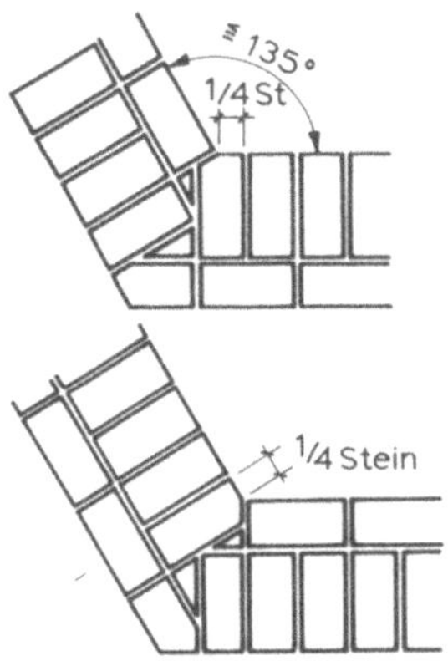

6.43 Stumpfwinklige Mauerecke
Fugenteilung geht in der Binderschicht von der inneren Ecke aus
(Sichtflächen teilweise geschnitten bzw. Formsteine erforderlich)

Mauerverzahnungen und Mauerschlitze (s. Abschn. 6.2.1) müssen für anzuschließende Wände bzw. für Rohrleitungen im Verband berücksichtigt werden oder als durchgehende genau senkrechte Schlitze ausgespart werden. In Schlitzen anschließende Wände müssen sich bei Setzungen bewegen können.

Lochverzahnungen sind ¼ Stein tiefe Aussparungen in jeder zweiten Schicht. Sie sind so breit, wie das anschließende Mauerwerk dick ist.

6.2.3.2 Einschaliges Mauerwerk

Einschaliges Mauerwerk aus klein- und mittelformatigen Steinen kommt in Frage für tragende und dem Schall- oder Brandschutz dienende Innenwände, insbesondere für solche mit komplizierten Grundrissen, sowie für Pfeilermauerwerk.

Für Außenwände ist wegen der meistens erforderlichen größeren Wanddicken einschaliges Mauerwerk – auch in Verbindung mit zusätzlichen Wärmedämmungen (vgl. Bild **6**.11) in der Regel aus großformatigen Steinen vorherrschend.

Wände aus großformatigen Steinen gehören zu den wirtschaftlichsten Wandbauarten. Großformat und geringes Gewicht (Zweihandsteine) verringern den Arbeitszeitaufwand, wenn schnelles, bequemes Umrüsten für die Arbeitsgerüste gewährleistet ist.

Großformatige Steine werden hergestellt als:

— Großblockziegel, auch als Hochloch-Leichtblocks (s. Tabelle **6**.20)
— Kalksandstein-Hohlblocksteine (s. Tabelle **6**.21 und Bilder **6**.22, **6**.23)
— Porenbeton-Großblocksteine und Porenbeton-Plansteine (s. Tabelle **6**.24)
— Leichtbeton-Hohlblocksteine (s. Tabelle **6**.25) und auch als zweischalige Steine mit innenliegender Wärmedämmung aus Schaumstoff
— Vollsteine oder Vollblöcke aus Leichtbeton (s. Tabelle **6**.25).

Großformatige Steine werden mit Normalmörtel (NM) oder Leichtmörtel (LM), Planblöcke (besonders maßhaltige großformatige Steine) mit Dünnbettmörtel (DM) vermauert (vgl. Abschn. 6.2.2.3).

Die Stoßfugen können voll vermörtelt (Bild **6**.44a) oder mit verfüllten Stoßfugentaschen (Bild **6**.44b) ausgeführt werden.

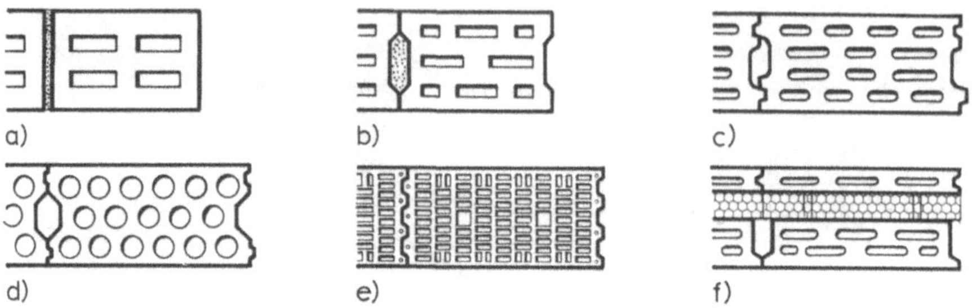

6.44 Großformatige Steine

a) Hochlochziegel, porosiert, Stoßfuge voll vermörtelt
b) Hohlblocksteine aus Leichtbeton (2-Kammerstein, vermörtelte Stoßfuge)
c) Hohlblocksteine aus Leichtbeton (3-Kammersteine, verfüllte Mörteltasche)
d) Hohlblocksteine aus Leichtbeton (HLB) mit Nut-Feder-Stoßfuge
e) Kalksandstein Planblock mit Nut-Feder-Stoßfuge
f) POROTON Leichthochlochziegel mit Stoßfugenverzahnung
g) Leichtbetonstein mit integrierter Wärmedämmung (Gisoton)

Da eine wirklich einwandfreie Verfüllung der Stoßfugen bzw. der Stoßfugentaschen an der Baustelle schwer zu gewährleisten ist, haben neuere Hohlblocksteintypen an den Stirnseiten Nut-Feder-Profile, so daß ohne Zwischenvermörtelung gearbeitet werden kann (Bild **6**.44c bis f). Die Wärmedämmung wird außerdem durch verfeinerte Gestaltung der Hohlräume verbessert (Bild **6**.44e).

Eine weitere Verbesserung der Wärmedämmung ist möglich mit „integrierter Wärmedämmung", bei der Schaumstoffschichten bereits bei der Fertigung in die Leichtbetonsteine eingearbeitet oder nachträglich eingesteckt werden (Bild **6**.44f). Mauerwerk aus derartigen Steinen entspricht praktisch zweischaligem Mauerwerk mit Kerndämmung (vgl. Abschn. 6.2.3.3).

Bei Mauerwerk aus großformatigen Steinen stellen die Fugen innerhalb des Wandgefüges immer wärmetechnische Schwachstellen dar. Die Außenwände sollten daher mit Leichtmörtel (LM) oder bei Planblocksteinen mit Dünnbettmörtel (DM) aufgemauert werden.

Für die großformatigen Steine gelten Verbandsregeln, die von denen für kleine und mittelformatige Mauersteine abweichen. Die DIN 18151 unterscheidet mittigen und schleppenden Verband. Bei mittigen Verband sind die Stoßfugen um ½ Steinlänge (Bild **6**.45a), beim schleppenden Verband sind sie um ⅓ Steinlänge gegeneinander versetzt (Bild **6**.45b).

Anschlagsteine lassen sich einsparen, wenn die Fenster- und Türrahmen statt in einen gemauerten Anschlag in die beigeputzte Nut der anschlaglosen Maueröffnungen gesetzt werden.

Alle Leichtbeton-Steine, die aus porigen Stoffen, wie Schlacke oder Bims, hergestellt werden, müssen vor dem Vermauern in mindestens 10 Wochen dauernder Lagerzeit in Trockenräumen gut getrocknet sein und werden vor dem Vermauern nicht angenäßt.

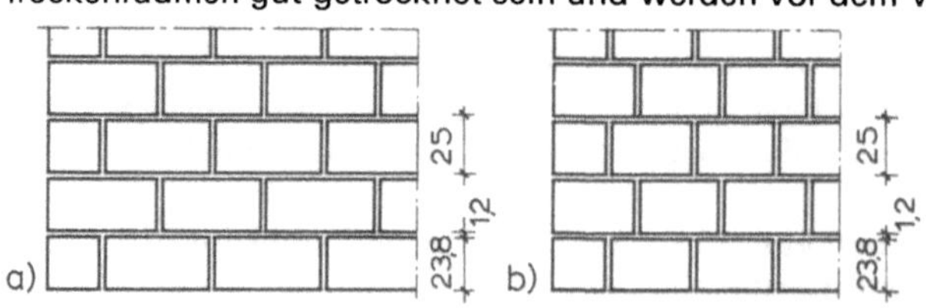

6.45
Mauerverband bei großformatigen Steinen
a) mittiger Verband, Steinlänge 49 cm
b) schleppender Verband, Steinlänge 36,5 cm

In den Poren eingeschlossenes, sehr langsam verdunstendes Wasser vermindert die Wärmedämmfähigkeit der Steine ganz beträchtlich. Bei Frost besteht für ungenügend getrocknete Steine die Gefahr der Zerstörung.

Einschalige Außenwände aus nicht frostwiderstandsfähigen Steinen müssen einen Außenputz oder einen anderen Witterungsschutz erhalten.

Sichtmauerwerk als einschaliges Außenmauerwerk besteht aus einer äußeren Schale aus frostbeständigen – meistens kleinformatigen – Vormauersteinen oder Klinkern mit einer Hintermauerung aus anderem Steinmaterial.

Beide Schalen müssen im Verband hochgemauert werden. Die Verblendung gehört zum tragenden Querschnitt. Für die zulässige Beanspruchung ist die jeweils kleinste Steinfestigkeitsklasse maßgebend.

Zu Sicherung gegen Schlagregen (s. Abschn. 6.2.1.5) muß einschaliges Sichtmauerwerk für Außenwände in jeder Mauerschicht mindestens zwei Steinreihen aufweisen. Die Stoßfuge dieser Steinreihen muß mindestens 2 cm breit sein und hohlraumfrei mit besonderem Dichtungsmörtel verfüllt oder besser schichtenweise mit flüssigem Dichtungsmörtel vergossen werden (Bild **6**.46).

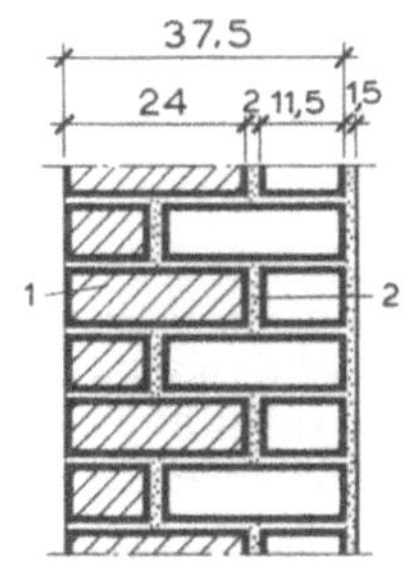

6.46
Schlagregensicherung bei einschaligem Mauerwerk
1 Verblendmauerwerk, frostbeständig
2 Schalenfuge 2 cm („Regenbremse")

Die Wanddicke derartiger Mörtel weicht somit von den Abmessungen gemäß DIN 4172 ab, und es ergeben sich Wände von 37,5 oder 50 cm Dicke.

Die Fugen der Sichtflächen sind sachgemäß zu verfugen (s. Abschn. 6.2.6.2).

Mit einschaligem Sichtmauerwerk lassen sich für Außenwände die Anforderungen an den Wärmeschutz nur schwer erfüllen. Sichtmauerwerk wird daher in diesem Fall heute besser als zweischaliges Mauerwerk ausgeführt (s. Abschn. 6.2.3.3).

6.2.3.3 Zweischaliges Mauerwerk für Außenwände

Allgemeines

Zweischaliges Mauerwerk für Außenwände besteht aus der inneren tragenden Wand und einer äußeren mindestens 9 cm dicken Wand (bei der Ausführung aus Mauerwerk) als „Wetter-schirm" gegen Schlagregen (s. Abschn. 6.2.1.5).

Nach DIN 1053 T1 wird bei Außenmauerwerk unterschieden zweischaliges Mauerwerk

— mit Putzschicht
— mit Kerndämmung
— mit Luftschicht
— mit Luftschicht und Wärmedämmung.

Für die Außenschale sind ausblühungsfreie, frostfeste Vormauersteine als Vollsteine zu verwenden. Lochsteine sind wegen der möglichen stärkeren Durchfeuchtung –

insbesondere bei Ausführungsfehlern bei der Verfugung von Sichtmauerwerk – weniger geeignet.

Die werkgerechte Ausführung von zweischaligem Mauerwerk ist aufwendig und erfordert sehr sorgfältige handwerkliche Arbeit. Sie stellt aber besonders bei starker Witterungsbeanspruchung eine sehr gute Lösung besonders für Sichtmauerwerk dar und ermöglicht außerdem einen optimalen Wärmeschutz.

Die Mauerschalen sind durch Drahtanker aus nichtrostendem Stahl nach DIN 17440 (Bild **6**.47) miteinander zu verbinden. Dabei darf der vertikale Abstand der Anker höchstens 50 cm und der horizontale Abstand höchstens 75 cm betragen. Die Mindestanzahl der Anker ist Tabelle **6**.48 zu entnehmen. An allen freien Mauerrändern (an Gebäudeecken, Öffnungen, entlang von Fugen an den oberen Abschlüssen usw.) sind zusätzlich 3 Anker je m Randlänge anzuordnen.

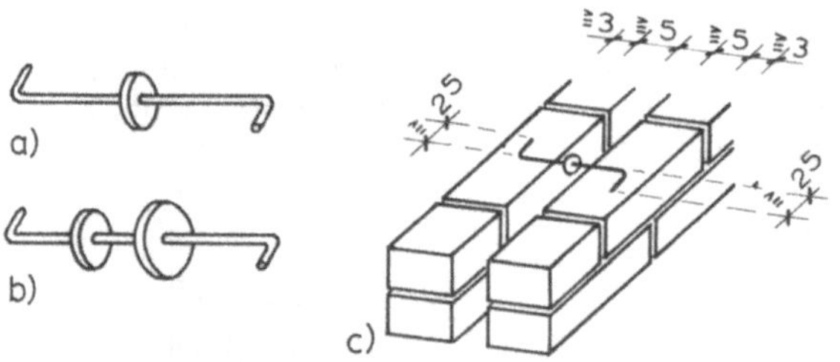

6.47 Drahtanker für zweischaliges Mauerwerk für Außenwände
a) Stahldrahtanker mit Kunststoff-Tropfscheibe
b) mit zusätzlicher Klemmplatte für Wärmedämmung
c) Abmessungen

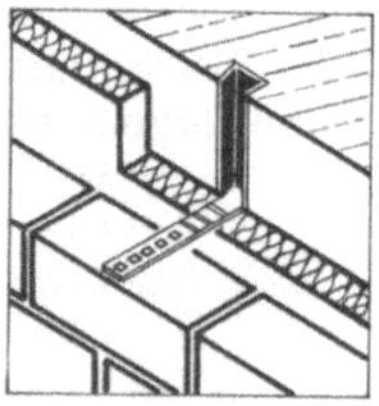

6.49 Verankerung mit Anschlußankern in Ankerschiene

Tabelle **6**.48 Mindestanzahl und Durchmesser von Drahtankern je m^2 Wandfläche

	Drahtanker Mindestanzahl	Drahtanker Durchmesser
mindestens, sofern nicht Zeilen 2 und 3 maßgebend	5	3
Wandbereich höher als 12 m über Gelände oder Abstand der Mauerwerksschalen über 70 bis 120 mm	5	4
Abstand der Mauerwerksschalen über 120 bis 150 mm	7 oder 5	4 5

Eine Verankerungsmöglichkeit bei Innenschalen aus Stahlbeton mit Hilfe von rostsicheren Stahlankern in Verbindung mit senkrecht einbetonierten Ankerschienen zeigt Bild **6**.49.

Außenschalen von weniger als 11,5 cm Dicke dürfen nicht höher als 20 m über Gelände geführt werden und müssen in Höhenabständen von etwa 6 m abgefangen werden. Giebeldreiecke bis zu 4 m Höhe dürfen bei Gebäuden mit bis zu 2 Vollgeschossen ohne zusätzliche Abfangung ausgeführt werden.

Die Außenschalen sind durch vertikale Dehnfugen (Abstand bei Ziegeln $\leqq$ 10 m, bei Kalksandstein $\leqq$ 8 m) zu unterteilen. Der Abstand richtet sich nach der Beanspruchung (z. B. Erwärmung durch Sonneneinstrahlung, auch abhängig von der Materialfarbe). Die freie Beweglichkeit der gebildeten Wandabschnitte muß in vertikaler Richtung und in horizontaler Richtung insbesondere auch an den Bauwerksecken sowie an Öffnungen möglich sein (vgl. Bild **6**.54). Die Fugen sind am besten durch Compribänder o. ä. zu verschließen. Dauerelastische Fugen haben nur begrenzte Haltbarkeit.

An Berührungspunkten wie z. B. Fensterlaibungen sind die Schalen durch eine wasserundurchlässige Sperrschicht zu trennen.

Außenschalen aus 11,5 cm dickem Mauerwerk sollen in Höhenabständen von 12 m abgefangen werden. Während die Außenschale an ihrer Unterseite in der Regel in ihrer ganzen Länge auf Sockelvorsprüngen aufliegt, sind für Zwischenabfangungen Konsolanker üblich, die am besten mit Ankerschienen an den Deckenrändern befestigt werden (Bild **6**.55).

Die Außenflächen sind mit wasserabweisendem, nicht ausblutendem Mörtel zu vermauern (Zugabe von Traß oder wasserabweisenden Zusätzen). Außerdem sollten die Außenschalen eine wasserabweisende diffusionsoffene Imprägnierung erhalten.

Sichtmauerwerk ist am besten sofort beim Aufmauern „frisch in frisch" zu verfugen (vgl. Abschn. 6.2.6).

Zweischalige Außenwände mit Putzschicht

Bei zweischaligem Mauerwerk mit Putzschicht ist auf der Außenseite der Innenschale eine Putzschicht aufzutragen. Die Außenschale ist davor möglichst dicht, höchstens mit 2 cm Abstand aufzuführen (Bild **6**.50). An den unteren Rändern sind Entwässerungsöffnungen wie bei zweischaligem Mauerwerk mit Luftschicht (vgl. Bild **6**.53) auszuführen. Obere Entlüftungsöffnungen sind nicht nötig.

Die äußere Schale wird in der Regel mit kleinformatigen frostfesten Steinen ausgeführt, während die tragende Innenschale aus großformatigen Steinen mit guten Wärmedämmeigenschaften besteht.

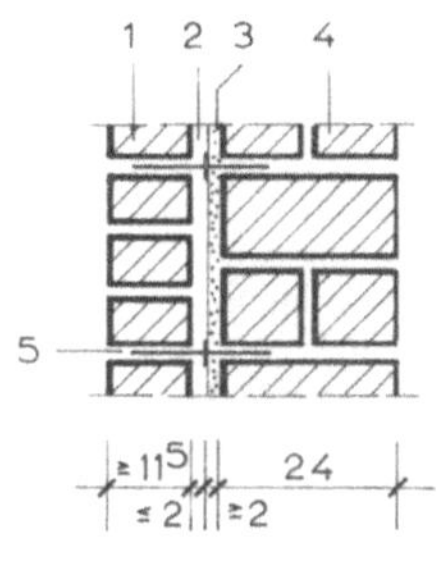

6.50
Zweischalige Außenwand mit Putzschicht
1 äußere Schale (frostfeste Vormauersteine)
2 Zwischenraum > 2 cm
3 Putz
4 tragendes Mauerwerk
5 Drahtanker

Zweischalige Außenwände mit Kerndämmung

Zweischaliges Mauerwerk mit Kerndämmung wird mit mindestens 11,5 cm dicken Außenschalen aus frostbeständigen Steinen mit einem lichten Abstand von höchstens 15 cm vor der tragenden Innenschale ausgeführt (Bild **6**.51).

Der Zwischenraum wird voll mit Wärmedämmstoffen ausgefüllt, die gegen vorübergehende Durchfeuchtung durch Schlagregen oder Kondensatbildung unempfindlich sein müssen und rasch wieder austrocknen. Die Materialien müssen für den speziellen Verwendungszweck genormt bzw. bauaufsichtlich zugelassen sein. Verwendet werden Platten, Matten, Granulate und Ortschäume wie z. B.

— Polystyrol-Hartschaum, schwer entflammbar,

— Mineralwolle, schwer entflammbar, wasserabweisend,

— Blähperlite-Schüttungen.

Eine verbesserte Austrocknung der Außenschale kann erreicht werden durch Kerndämmplatten mit zusätzlichen Luftschichten oder mit zusätzlichen Luftschichtplatten, mit denen eine begrenzte Hinterlüftung erreicht wird (Bild **6**.52).

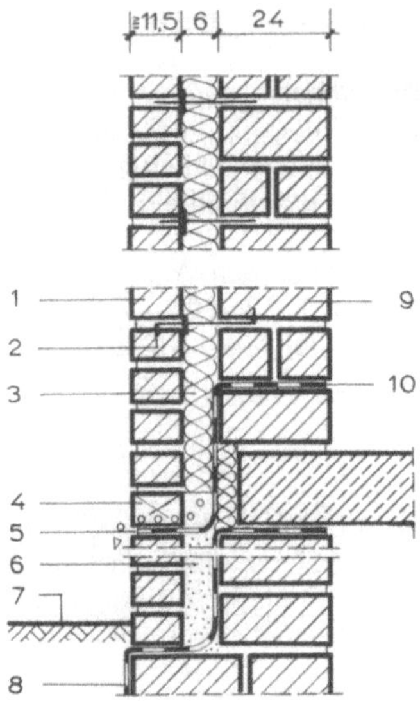

6.51 Zweischalige Außenwand mit Kerndämmung

1 Verblendschale
2 Drahtanker mit Krallenplatte
3 Kerndämmung wasserabweisend
4 offene Stoßfugen als Notentwässerung
5 Abdichtung mind. 30 cm über OK-Gelände
6 Mörtelfüllung
7 OK-Gelände
8 Kellerabdichtung
9 tragendes Mauerwerk
10 waagerechte Abdichtung

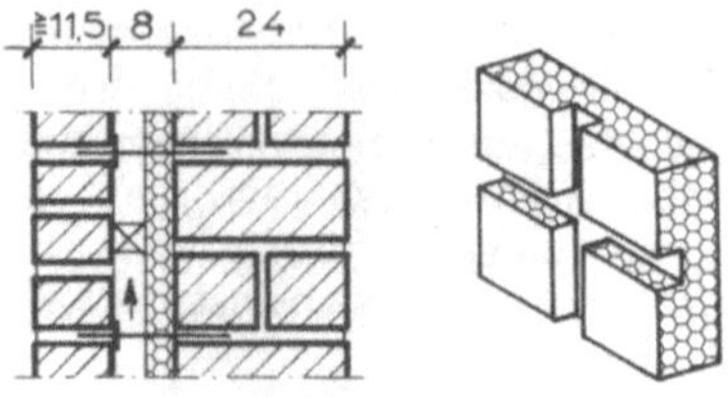

6.52 Zweischalige Außenwand mit Kerndämmung, Kerndämmung aus Schaumstoffplatten mit vertikalen und horizontalen Lüftungsschlitzen

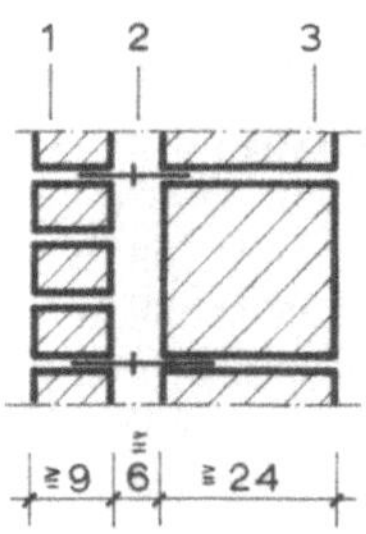

6.53 Zweischalige Außenwand mit Luftschicht

1 Verblendschale 11,5 cm
2 Luftschicht
3 wärmedämmendes, tragendes Mauerwerk (z. B. Porenbeton)

Im Fußpunktbereich müssen je 20 m^2 Fassadenfläche Entwässerungsöffnungen mit mindestens 5000 mm^2 Querschnitt vorgesehen werden (Bild **6**.51).

Zweischalige Außenwände mit Luftschicht

Zweischaliges Mauerwerk mit Luftschicht für Außenwände erfordert gegenüber Mauerwerk mit Kerndämmung arbeitsmäßig nur wenig Mehraufwand. Die zwischen Innen- und Außenschale liegende Luftschicht hat zwar keine unmittelbare Wärmeschutzwirkung, da in ihr Luft ständig zirkuliert, doch kann in den Hohlraum etwa eingedrungenes Regen- oder Kondenswasser problemlos abfließen oder abtrocknen.

Zweischaliges Mauerwerk ohne zusätzliche Wärmedämmung (Bild **6**.53) ist nur in Verbindung mit sehr gut dämmenden inneren Tragwänden (z. B. aus Gasbeton) wirtschaftlich herzustellen. Es ist daher meist nur noch als traditionelle Mauerwerksform in den regen- und windreichen nordwesteuropäischen Gebieten anzutreffen.

Die Luftschicht muß mindestens 6 cm und darf höchstens 11,5 cm dick sein und darf nicht durch Mörtelbrücken unterbrochen sein.

Die Luftschicht muß an allen oberen Abschlüssen (d. h. auch den Oberkanten von Fensterbrüstungen u. ä.) und an den unteren Auflagerungen (auch an den Zwischenauflagerungen bei Abfangungen (Bild **6**.55) Ent- bzw. Belüftungsöffnungen – am besten durch offene Stoßfugen – von insgesamt mindestens 7500 mm² je 20 m² Fassadenfläche erhalten. Die unteren Öffnungen dienen gleichzeitig der Abführung von etwa eingedrungenem Schlagregenwasser und Kondensat. An Sockeln müssen Öffnungen mindestens 10 cm über dem Geländeanschnitt liegen.

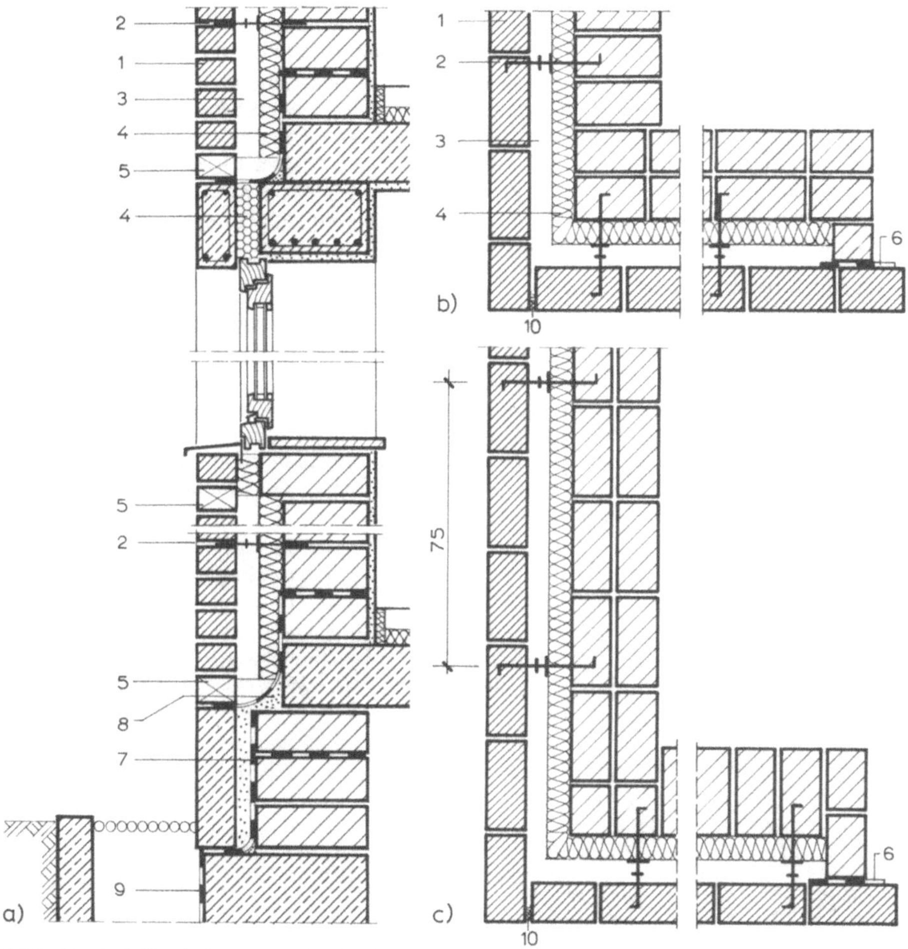

6.54 Zweischalige Außenwand mit Luftschicht (Innenwände binden nur in die Innenschale, die entsprechend statischer Erfordernissen auch dünner als 11,5 cm ausgeführt werden kann)
a) Schnitt
b) Grundriß 1. Schicht
c) Grundriß 2. Schicht

1 Verblendschale (> 9 cm)
2 Drahtanker mit Tropf- und Klemmscheibe
3 Luftschicht
4 Wärmedämmung
5 offene Stoßfugen (7500 mm²/20 m² Wandfläche)
6 Abdichtung (Anschluß an Fenster)
7 Abdichtung
8 Mörtelkehle
9 senkrechte Abdichtung DIN 18195
10 durchlaufende senkrechte Fuge mit dauerelastischer Abdichtung

Zweischalige Außenwände mit Luftschicht und Wärmedämmung

Zweischaliges Mauerwerk mit Luftschicht und Wärmedämmung bietet den Vorteil, daß alle Arten von Mauerwerk oder Stahlbeton die tragende Wand bilden können, Wärmebrücken praktisch nirgends möglich sind und die Wärmedämmung optimal den Erfordernissen angepaßt werden kann.

Es hat sich auch unter extremen Bedingungen bewährt. Sein Nachteil ist allein – abgesehen von den hohen Herstellungskosten – in dem durch die großen Wanddicken bedingten Grundflächenbedarf (Einschränkung der Nutzflächen) zu sehen (Bild **6**.54).

Der lichte Abstand zwischen den Mauerwerksschalen darf höchstens 11,5 cm sein. Zwischen Wärmedämmung und Außenschale muß an allen Stellen eine mindestens 4 cm dicke Luftschicht vorhanden sein. Wärmedämmplatten sind dicht gestoßen zu verlegen und in geeigneter Weise zu befestigen (z. B. durch Klemmplatten auf den Drahtankern, s. Bild **6**.47 b, durch Tellerdübel o. ä.). Dämm-Matten neigen zu nachträglichem Aufquellen und sollten für Wärmedämmung von zweischaligen Außenwänden mit Luftschicht nicht verwendet werden.

Abfangungen und Öffnungen

Wie bereits einleitend ausgeführt, müssen die Außenschalen von zweischaligem Mauerwerk bei Höhen über 12 m abgefangen werden.

Die Ausführung mit Hilfe spezieller Konsolen zeigt Bild **6**.55 a. Keinesfalls dürfen allein wegen der unvermeidlichen Wärmebrückenprobleme auskragende Stahlbeton-Deckenränder als Auflager für die Außenschalen dienen. Wenn aus gestalterischen Gründen jedoch die Decken als Fassadengliederung dienen soll, können thermisch getrennte Konsolen die Abfangung bilden (Bild **6**.55 b). Die waagerechten Fugen an den Abfangungen sind dauerelastisch abzudichten.

Ähnlich wie Abfangungen werden auch Öffnungen über Fenstern o. ä. ausgeführt. Bei kleineren Öffnungen werden Konsolanker in Verbindung mit Fertigteilstürzen verwendet werden (Bild **6**.55 c). Für größere Öffnungen kommen Sturzausbildungen mit Hilfe von Profilstahlauflagern in Verbindung mit eingemörtelten Konsolen in Frage (Bild **6**.55 d). Im übrigen können in Sichtmauerwerk Stürze mit Schalungssteinen, in Form von scheitrechten oder Rundbögen, mit Stahlbetonfertigteilen usw. ausgeführt werden (vgl. Abschn. 6.2.4).

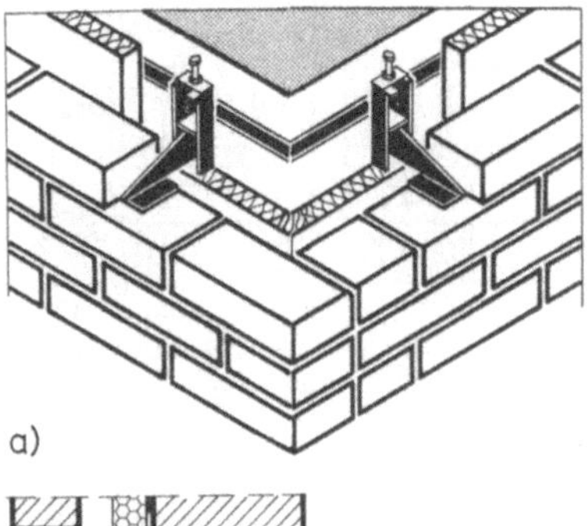
a)

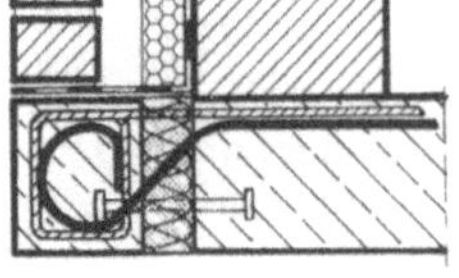
b)

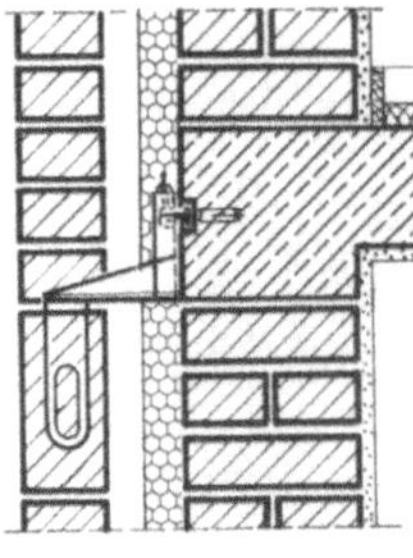
c)

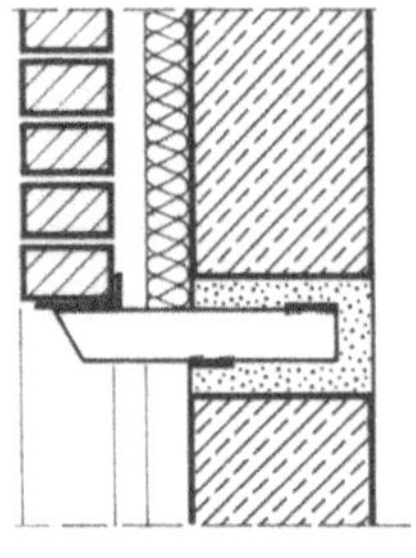
d)

6.55 Abfangkonsolen

a) Konsolanker (Typ Halfeneisen) an Ankerschienen
b) Abfangung mit Stahlbetonkonsole, thermisch von der Decke getrennt
c) Abfangung mit einer Grenadier- bzw. Rollschicht, aufgehängt mit Konsolanker
d) Abfangung mit eingemörtelten Konsolen und L-Profil

6.2.4 Maueröffnungen

6.2.4.1 Allgemeines

Maueröffnungen für Fenster, Türen und größere Wandaussparungen z. B. für Lüftungskanäle werden durch Stürze überdeckt, die aus Stahlbeton, Stahlbetonfertigteilen, Profilstahlträgern oder aus gemauerten Bögen bestehen können.

Bei der Dimensionierung von Stürzen unter Wänden muß nach DIN 1053 T1, Abschn. 8.5.3 nur das Gewicht desjenigen Wandteiles berücksichtigt werden, der durch ein gleichseitiges Dreieck über dem Sturz umschlossen wird (Bild **6**.56), weil die darüber liegenden Wandteile sich gewölbeartig abstützen.

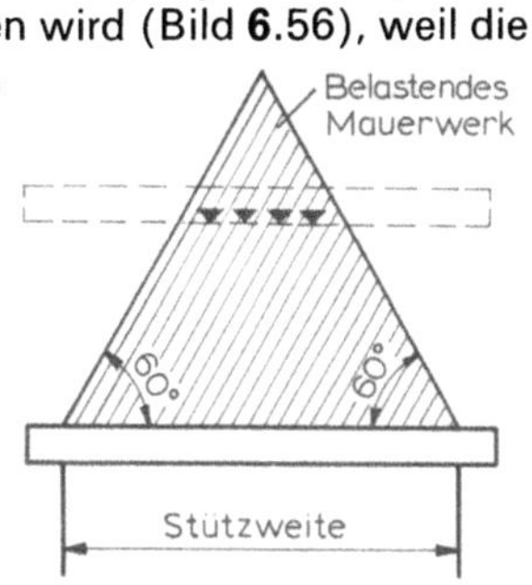

6.56
Wandlast über Wandöffnungen (Gewölbewirkung, DIN 1053 T1, Abschn. 8.5.3)

Gleichmäßig verteilte Deckenlasten oberhalb des Belastungsdreiecks bleiben bei der Bemessung der Träger unberücksichtigt. Deckenlasten, die innerhalb des Belastungsdreiecks als gleichmäßig verteilte Last auf das Mauerwerk wirken (z. B. bei Deckenplatten und Balkendecken mit Balkenabständen ≦ 1,25 mm), sind nur auf der Strecke, in der sie innerhalb des Dreiecks liegen, einzusetzen.

Die Dimensionierung kann – insbesondere bei kleineren Öffnungen – überschläglich ermittelt werden.

Meistens werden Stürze jedoch zusätzlich durch Deckenauflager, oft auch durch Sturz- bzw. Unterzugauflager zusätzlich belastet, und ihre Dimensionierung ist durch Berechnung nachzuweisen.

Die Normung für Öffnungsmaße von Fenstern wurde zurückgezogen. Öffnungen für Türen sind genormt nach DIN 18100 (Tab. **6**.57).

Tabelle **6**.57 Maße nach DIN 4172 für Wandöffnungen

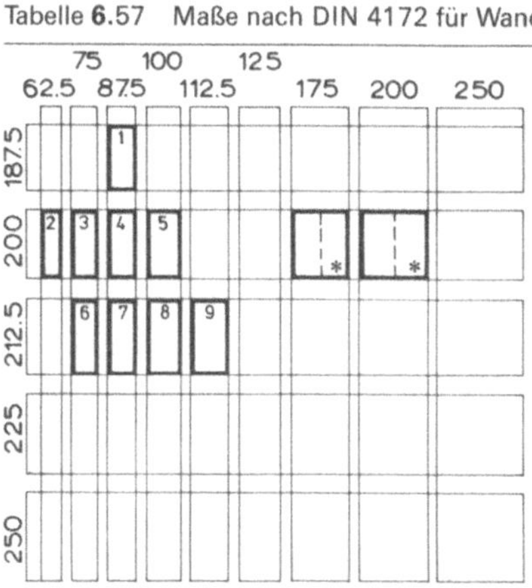

Dick umrandet: Vorzugsgrößen

Für die mit einer Ziffer gekennzeichneten Größen werden in DIN 18101 genaue Maße für Zargen und Türblätter angegeben; die Zahl ist gleich der Zeilennummer in Tabelle 1 der DIN 18101.

In DIN 18111 Teil 1 sind für diese Größen Stahlzargen genormt, allerdings nur für gefälzte Türblätter.

* Wandöffnungen dieser Vorzugsgrößen sind im Regelfall zweiflügelig.

Sind in Ausnahmefällen andere Größen erforderlich, so sollen deren Baurichtmaße ganzzahlige Vielfache von 125 mm sein, siehe DIN 4172.

6.2.4.2 Stürze aus Stahlbeton

Für kleinere Öffnungen in nichttragenden Zwischenwänden werden in der jeweiligen Mauerbreite hergestellte vorgefertigte Stahlbetonstürze verwendet. Einen besseren Putzgrund bieten vorgefertigte Ziegelstürze. Sie bestehen aus profilierten Sonderziegeln, die aneinandergereiht zusammen mit dem Vergußbeton und der Bewehrung den biegesteifen Zuggurt des Sturzes bilden, der im Zusammenwirken mit der Übermauerung aus Ziegeln bzw. mit dem Beton des Deckenauflagers oder Ringbalkens als „Druckzone" die volle Tragfähigkeit erlangt. Fertigteilstürze können eine schlaffe oder vorgespannte Bewehrung haben. Sie sind als Einfeldträger für Stützweiten bis 3,00 m zugelassen (Bild **6**.58).

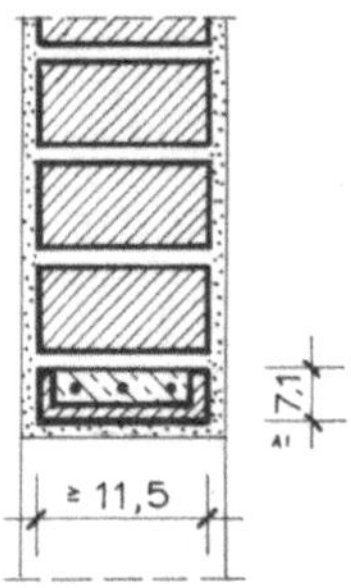

6.58 Vorgefertigter Ziegelsturz mit schlaffer Bewehrung. Mauerwerk über dem Zuggurt bildet die Druckzone des Sturzes

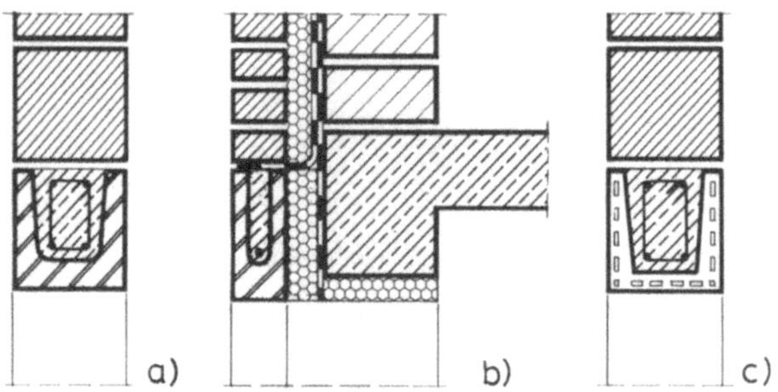

6.59 Schalungssteine für Stürze
a) Türsturz mit KS-U-Schalen
b) Fenstersturz mit KS-U-Schalen
c) Leichtziegel-U-Schalen

Für Sichtmauerwerk aus Ziegeln und Kalksandsteinen gibt es den jeweiligen Steinformaten bzw. Schichthöhen entsprechende Schalensteine, aus denen Stürze vorgefertigt werden können oder die für örtlich betonierte Stahlbetonstürze als verlorene Schalung verwendet werden (Bild **6**.59).

Für Sichtmauerwerk kommen ferner vorgefertigte oder örtlich hergestellte Stürze aus bewehrtem Mauerwerk (Bild **6**.60) oder aus Stahlprofilen in Frage (Bild **6**.61).

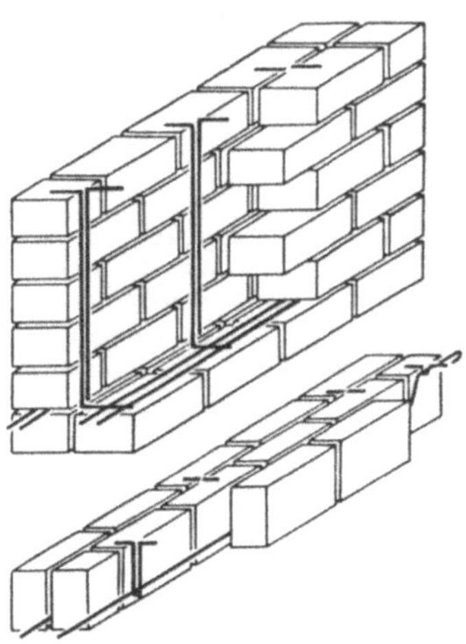

6.60 Bewehrte Mauerziegelstürze (s. a. DIN 1053 Abschn. 5.2)

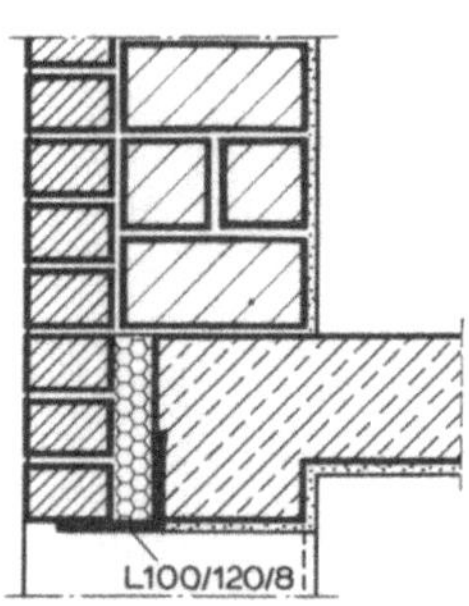

6.61 Verblendmauerwerk auf Stahlwinkel

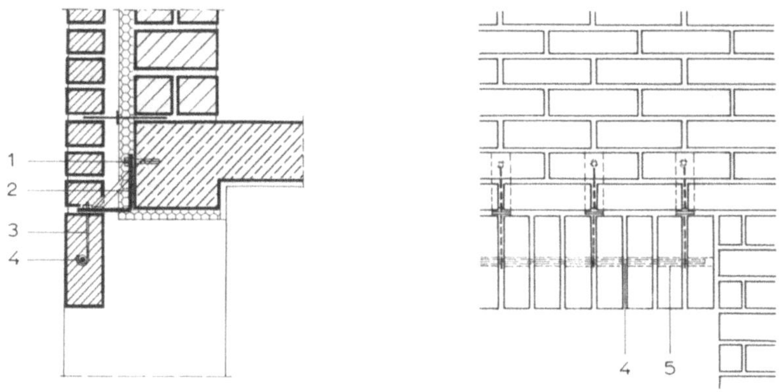

6.62 Fenstersturz, Abfangung einer Grenadierschicht
1 Sicherheitsdübel
2 Winkelkonsole (HARDO)
3 V4A-Anker 6 mm
4 Trageisen (V4A-Stange ∅ 10 mm)
5 durchgehende Bohrung oder Griffloch

Wird bei Sichtmauerwerk aus formalen Gründen als Sturz eine Grenadierschicht (s. Bild **6**.31 d) gewünscht, werden vorgefertigte Sturzbalken verwendet, oder die Steine werden mit Hilfe von Winkelkonsolen und durchgesteckten Halteeisen gesichert. Eine tragende Funktion haben derartige Stürze jedoch nicht (Bild **6**.62).

In Verbindung mit Stahlbetondecken oder bei besonderer statischer Beanspruchung bilden Stahlbetonstürze die Regelausführung. Falls sie nicht aus Fertigteilen bestehen, sind sie in ihren Höhenlagen von den Mauerwerksschichten unabhängig.

Bei der in Bild **6**.63 gezeigten Ausführung muß der in das Mauerwerk einbindende Stahlbetonsturz zur Wärmedämmung mit Holzwolleleichtbauplatten ummantelt werden. Die dadurch bedingte Verringerung des statisch wirksamen Querschnittes ist bei der Planung zu berücksichtigen. Diese Ausführung ist in der Baupraxis häufig anzutreffen, jedoch nur sehr bedingt als geeignet anzusehen. Auch wenn die anbetonierte Wärmedämmung einwandfrei mit einem Putzträger überspannt ist, kann es bei dieser Ausführung aus verschiedenen Ursachen (Wärmestau vor der Dämmung, unter-

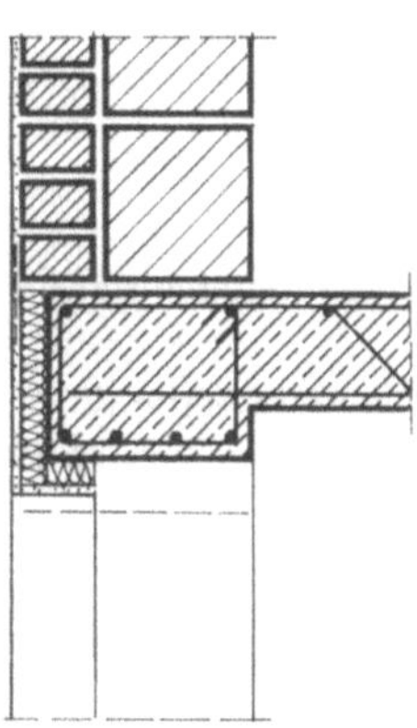

6.63 Stahlbetonsturz mit anbetonierter Wärmedämmung (nur bedingt geeignet)

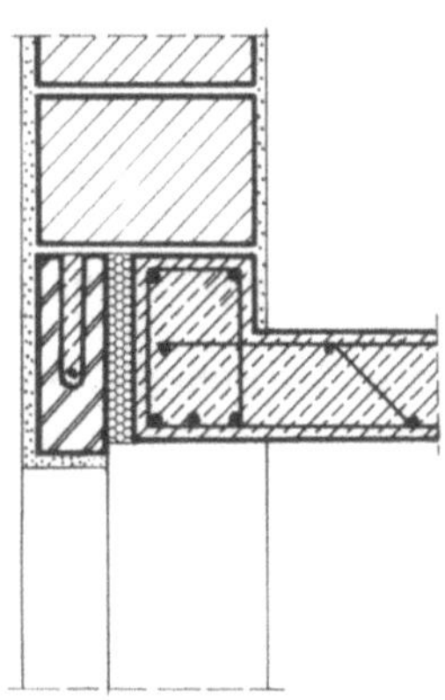

6.64 Stahlbetonsturz als Überzug, Wärmedämmung rückseitig am Fertigteil (vgl. auch Bild **6**.55 a)

schiedliche Materialeigenschaften, zu rasches Abbinden des frischen Außenputzes) zu Rißbildungen kommen. Besser ist daher eine Ausbildung wie in Bild **6**.64 gezeigt. Ein Sturzfertigteil bildet hier beim Betonieren für den Deckenrand mit Wärmedämmung eine „verlorene Schalung". Wegen der geringeren statisch wirksamen Breite des Sturzes muß dieser ggf. bei hoher Belastung als Überzug ausgebildet werden. Diese Ausführung ist auch dann geeignet, wenn die Stürze bzw. Deckenränder in den Fassaden als „Sichtbeton" ein gestalterisches Element bilden sollen (vgl. auch Bild **6**.55a).

6.2.4.3 Gemauerte Stürze und Bögen

Mit der Wiederentdeckung alter Bauformen und alter Gestaltungsmittel werden in Verbindung mit Sichtmauerwerk zunehmend wieder auch gemauerte Bögen als Stürze für nicht zu große Spannweiten geplant (Bild **6**.65).

Mauerbögen wirken als Ganzes oder in ihren Teilen wie Keile, die die darauf ruhenden Lasten auf die jede Maueröffnung seitlich begrenzenden Pfeiler oder Mauern übertragen. Zwischen der Oberkante von Mauerbögen und dem Deckenauflager sind zur besseren Lastverteilung einige durchlaufende Mauerschichten nötig. Bei Stahlbetondecken kann der tragende Sturz über gemauerten Maueröffnungen u. U. durch Verstärkung der Bewehrung am Plattenrand gebildet werden.

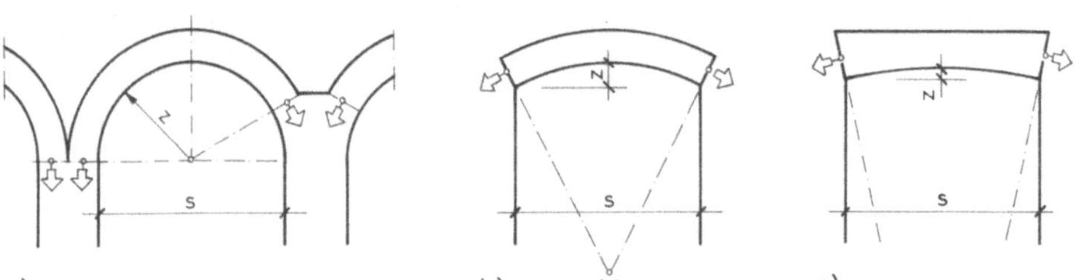

6.65 Mauerbögen (schematische Darstellung)

a) Rundbögen
rechts: mit ausgekragtem Widerlager über schmalem Pfeiler (richtig)
links: keilartig wirkende Auflast über dem Pfeiler verschiebt u. U. die Auflager (falsch)

b) Segmentbogen
s Spannweite, z Stichhöhe ($^1/_{20}$ bis $^1/_{15}\,s$), M Bogenmittelpunkt

c) scheitrechter Bogen
Stichhöhe $z = {}^1/_{50}\,s$ (bei $s \leqq$ ca. 1,25 = 1 bis 2 cm)

Bezeichnungen

Widerlager (Widerlagermauern) sind die Mauerstücke, zwischen die sich der Bogen spannt.

Kämpferpunkte sind die Punkte, in denen der Bogen am Widerlager beginnt.

Kämpferlinie nennt man die Verbindungslinie der zu demselben Widerlager gehörenden Kämpferpunkte.

Spannweite ist die lichte waagerechte Entfernung der Widerlager voneinander.

Scheitel heißt der höchste Punkt des Bogens.

Stich- oder Pfeilhöhe nennt man den Höhenunterschied zwischen Kämpfer- und Scheitelpunkt.

Leibung ist die untere Fläche des Bogens bzw. die innere Wandung der Maueröffnung.

Rücken heißt die obere Fläche des Bogens.

Stirn oder Haupt nennt man die Ansichtsfläche des Bogens.

Gewände heißt die seitliche Begrenzung der ganzen Maueröffnung.

Dicke des Bogens ist der Abstand zwischen Leibung und Rücken.

Achse des Bogens ist die Verbindung der Mittelpunkte der äußeren Bogenlinien.

Tiefe des Bogens ist die Abmessung in Richtung der Achse; sie entspricht im allgemeinen der betreffenden Mauerdicke.

Schlußstein heißt der Wölbstein im Scheitel.

Lagerfugen sind die Fugen zwischen den Wölbschichten; sie laufen nach der Tiefe des Bogens.

Stoßfugen heißen die Fugen zwischen den Steinen derselben Schicht.

Hintermauerung nennt man das Mauerwerk über dem Bogen bis zur Rückenhöhe.

Als Breite und Höhe einer Öffnung gelten immer die Lichtmaße der Maueröffnung (Bild **6**.66).

6.66
Benennung der Bogenteile

s	Spannweite	*m–b*	Stich- oder Pfeilhöhe
m–m'	Achse	*d*	Bogendicke
a und *a'*	Kämpferpunkte	*W*	Widerlager
a–a'	Kämpferlinie	*L*	Leibung
a–a'	Bogentiefe	*R*	Rücken
b und *b'*	Scheitelpunkte	*H*	Stirn oder Haupt
b–b'	Scheitellinie	*S*	Schlußstein

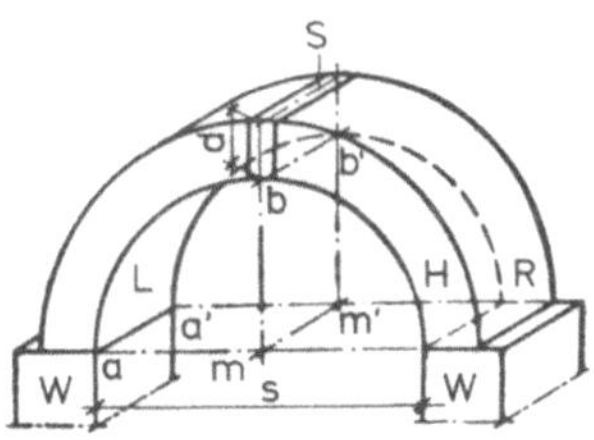

Rundbögen

Bögen werden meistens aus gewöhnlichen Mauerziegeln mit keilförmigen Lagerfugen ausgeführt. Dabei darf die Fugendicke an der Leibung nicht kleiner als ½ cm, am Rücken nicht größer als 2 cm werden. Durch Verwendung keilförmig zugeschnittener Steine kann das erreicht werden. Bei Ziegelbauten sind für stark gekrümmte Bögen spezielle Keilsteine erforderlich (Bild **6**.67 links). Bei Normalsteinen werden die Lagerfugen an der Rückseite um so breiter, je dicker der Bogen ist. Man wölbt daher dicke Bögen auch in einzelnen, übereinanderliegenden Ringen ein (Bild **6**.67 rechts). Im Bildbeispiel ist für diese Wölbart der Bogendurchmesser zu klein, die Fugen klaffen zu weit auseinander.

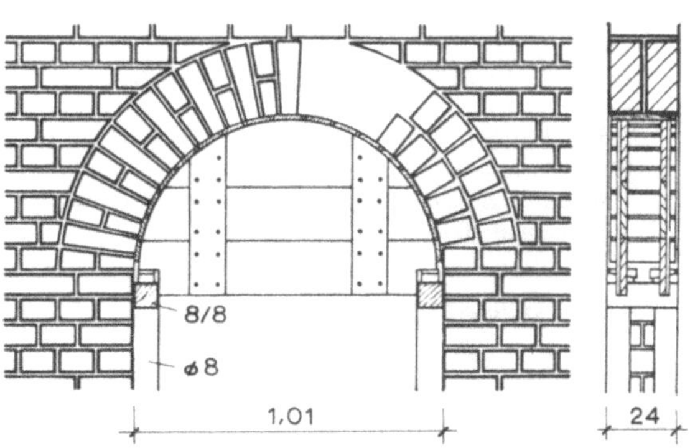

6.67
Halbkreisbogen mit Einrüstung
Linke Seite mit Keilsteinen, rechte mit voneinander unabhängigen Binderschichten eingewölbt; hier sind die Keilfugen zu dick!

Mauerbögen erhalten stets eine ungerade Anzahl von Bogensteinen, so daß im Scheitel keine Fuge, sondern ein Schlußstein liegt. Die Lagerfugen müssen senkrecht zur Bogenleibung und durch die ganze Tiefe des Bogens verlaufen. Die Fugenlinien sind an der Stirn des Bogens nach dem Bogenmittelpunkt gerichtet. Die Stoßfugen zweier nebeneinanderliegender Schichten dürfen nicht zusammenfallen.

Der Verband der Mauerbögen ist im allgemeinen nach den Regeln für den Pfeilerverband zu bilden.

Die Bogendicke großer, stark belasteter Überwölbungen von Maueröffnungen ist durch statische Untersuchung zu bestimmen. Für geringere Belastungen können Erfahrungswerte benutzt werden.

Die Widerlager für Rundbögen liegen i. allg. waagerecht in Kämpferhöhe.

Scheitrechte Bögen (Flachbögen)

Scheitrechte Bögen und Flachbögen (Segmentbögen) erhalten schräge Widerlager, die nach dem Bogenmittelpunkt gerichtet sind (Bild **6**.65b und **6**.68). Nach diesem Punkt laufen auch die Lagerfugen. Stützweiten für scheitrechte Bögen sind i. M. für 24 cm dicke Wände $\leqq$ 80 cm, für 36,5 cm dicke Wände $\leqq$ 120 cm. Im übrigen gilt DIN 1053 Abschn. 5.5.

Der Bogenrücken sollte immer in einer Lagerfuge enden, um dünne Ausgleichsschichten über den scheitrechten Bögen oder unschöne Zwickel über dem Widerlager zu vermeiden.

Die Einwölbung der Mauerbögen erfolgt auf einer Einrüstung mit Lehr- bzw. Wölbscheiben, meistens mit einer Überhöhung („Stich") von $^1/_{50}$ der Öffnungsbreite (Bild **6**.68a).

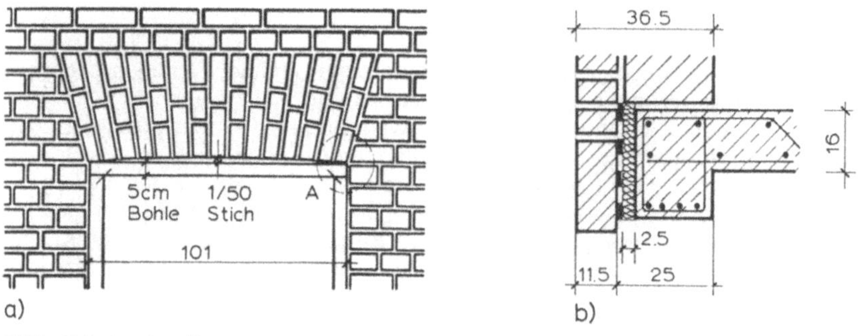

6.68 Scheitrechter Bogen
a) Einrüstung, Widerlager
b) scheitrechter Bogen vor tragendem Stahlbetonsturz

Können gemauerte scheitrechte Bögen oder Rundbögen die ermittelten Auflasten nicht aufnehmen, werden sie als bewehrtes Mauerwerk ausgeführt (vgl. Bild **6**.60), oder es werden Stahlbeton-Entlastungsstürze vorgesehen, die hinter dem Sichtmauerwerk liegen (Bild **6**.68b).

6.2.4.4 Stürze mit Rolladeneinbau

Im Zusammenhang mit Stürzen über Fenstern oder Fenstertüren muß vielfach der Einbau von Rolläden oder Rollgittern (s. Abschn. 5 in Teil 2 dieses Werkes) berücksichtigt werden.

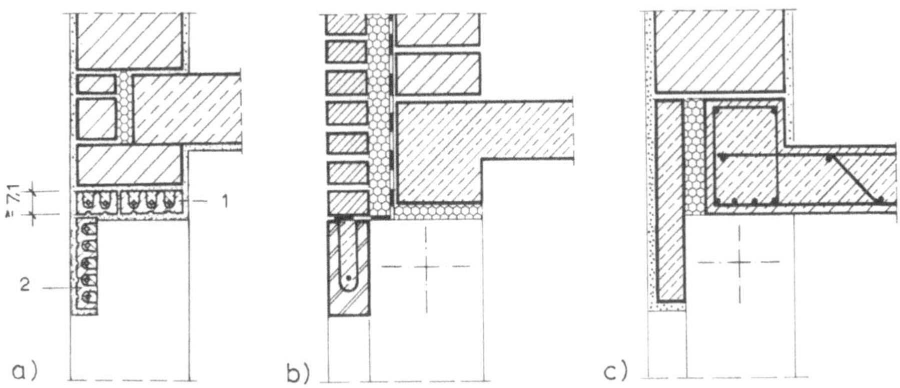

6.69 Rolladenschürzen
a) Ausführung mit vorgefertigten Ziegelstürzen
b) Ausführung im Zusammenhang mit zweischaliger Außenwand mit Kerndämmung (KS-U-Schale)
c) Betonfertigteil in Verbindung mit Stahlbetonüberzug

Dabei sind je nach Höhe der Öffnungen und abhängig von Profilart der Rolladen bzw. Gitterart mindestens 20 cm Ballendurchmesser zu berücksichtigen. An der Wandinnenseite können die erforderlichen Rolladenkästen daher nur bei Außenwanddicken ab 30 cm bündig sein.

An der Außenseite ist bei örtlich hergestellten Rolladenkästen eine „Rolladenschürze" erforderlich. Sie kann mit Hilfe vorgefertigter Sturzelemente gebildet werden (Bild **6**.69). Bei einer Ausführung nach Bild **6**.69c oder bei örtlich hergestellten Rolladenschürzen als Stahlbeton ist jedoch zu bedenken, daß Rolladenkästen nicht nur Schwachstellen für den Wärmeschutz von Außenwänden sind, sondern daß unterschiedliche Materialarten immer problematisch im Hinblick auf ihre unterschiedlichen bauphysikalischen Eigenschaften sind.

Das gilt auch für die in verputztem Mauerwerk verwendeten vorgefertigten Rolladenkästen – meistens aus Schaumstoff in Verbindung mit Holzwolleleichtbauplatten –, die durch kurze Einbauzeiten wirtschaftlich sind. In der Regel enthalten sie bereits das

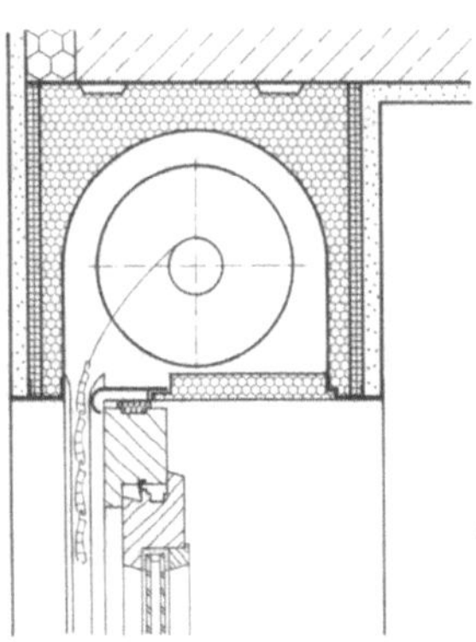

6.70 Vorgefertigter Rolladenkasten

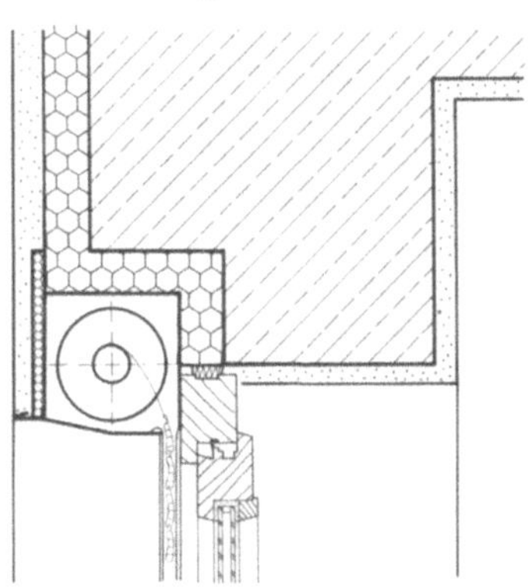

6.71 Außenliegender Rolladenkasten

erforderliche Zubehör (Rolladenwalze mit Lagern, Gurtwickler usw.). Bei knappsten Außenmaßen ist der Einbau auch größerer Rolladen ermöglicht (Bild **6**.70). In allen Fällen müssen Montage- und Revisionsdeckel einen vollständigen Wärmeschutz aufweisen und sorgfältig gegen die Raumluft abgedichtet sein.

Hinsichtlich des Schallschutzes müssen Rolladenkästen so beschaffen sein, daß entsprechend den Bestimmungen von DIN 4109 Abschn. 5.4 die Anforderungen an die Außenwände bzw. an die Fenster erfüllt werden.

In diesen Fällen können außenliegende Rolladenkästen vorteilhaft sein, die vor der Fensterebene eingebaut werden (Bild **6**.71).

Insbesondere bei breiten Öffnungen und somit aus statischen Gründen erforderlichen größeren Sturzhöhen ist zu bedenken:

Bei üblichen Geschoßhöhen von etwa 2,75 m ergibt sich bei Fenstertüren mit Öffnungshöhen von 2,13[5] oder 2,26 m nur eine verfügbare Sturzhöhe von etwa 25 cm. In solchen Fällen müssen die Fensterstürze – wenn möglich – als Überzug ausgebildet werden, oder es werden t r a g e n d e R o l l a d e n k ä s t e n eingeplant (Bild **6**.72).

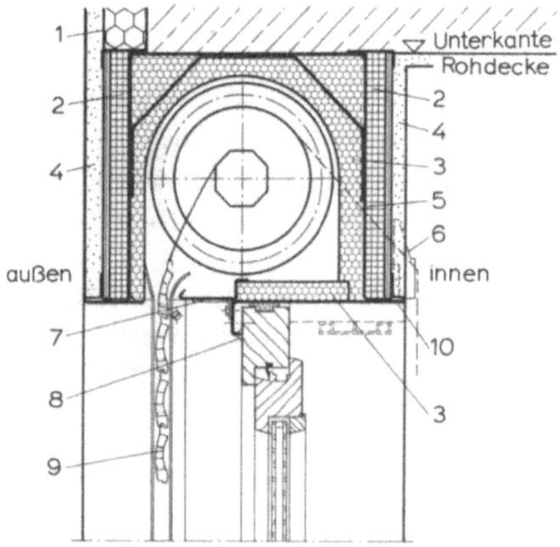

6.72
Tragender Rolladenkasten (STUROKA)
1 Betondecke mit Wärmedämmung am Rand
2 Wärmedämmung mit Putzträger
3 Wärmedämmung innen, Styropor – hart, schwer entflammbar
4 Putz
5 tragender Stahlmantel, verzinkt
6 Gurtleiter
7 Montageklappe
8 Fensteranschlagprofil mit Dichtung
9 Kunststoffrolladen
10 Putzabzugleiste

6.2.5 Heizkörpernischen[1])

Unterhalb von Fenstern werden die Heizkörper heiztechnisch am günstigsten vorgesehen. Damit diese vor den Innenwandflächen keinen oder möglichst wenig Raum beanspruchen, werden in vielen Fällen Heizkörpernischen – in der Regel über die gesamte Fensterbreite – vorgesehen.

Heizkörpernischen schwächen die Außenwand und unterbrechen zusätzlich zur Fensteröffnung das statische Gefüge der Wand. Insbesondere, wenn hochbelastete Pfeiler an die Heizkörpernische angrenzen, kommt es leicht zu Rißbildungen. Das Mauerwerk von Heizkörpernischen sollte daher nicht nachträglich, sondern immer gleichzeitig mit der Außenwand und aus dem gleichen Material hochgemauert werden.

Um der unterschiedlichen Verformung von Brüstungsmauerwerk und angrenzenden Pfeilern entgegenzuwirken, sollten in die letzte Lagerfuge der Fensterbrüstungen zwei Rundstähle ∅ 8 eingelegt werden, die 50 cm in die Pfeiler einbinden.

[1]) vgl. auch Abschn. 5 (Fensterbrüstungen) in Teil 2 dieses Werkes

Heizkörpernischen erfordern sorgfältig ausgeführten zusätzlichen Wärmeschutz, da sie sonst als Wärmebrücken wirken und einen erheblichen Teil der vom Heizkörper abgestrahlten Wärme nach außen ableiten. Die immer noch sehr verbreitete Ausführung einer nur rückseitigen Wärmedämmung mit Holzwolle-Leichtbauplatten oder Gipskarton-Schaumstoffplatten (Bild **6**.73a) genügt allenfalls den Mindestanforderungen an den Wärmeschutz. Vernachlässigt wird dabei die Wärmeübertragung über die Leibungsflanken der Nische. Die Wärmedämmung von Heizkörpernischen ist konsequenterweise immer durch eine Leibungsdämmung zu ergänzen. Die Ausführung wird erleichtert durch die Verwendung vorgefertigter Dämm-Elemente aus Gipskartonplatten (Bild **6**.73b).

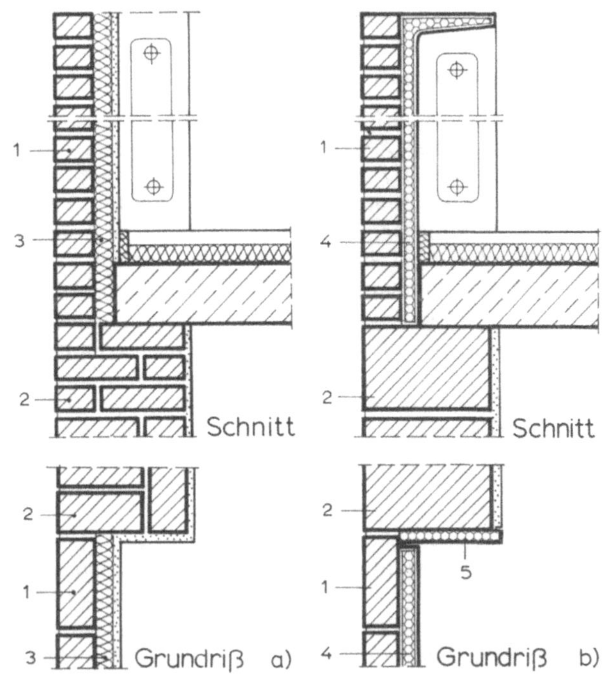

6.73
Heizkörpernischen
a) mit unzulänglicher (!) Wärmedämmung
b) mit vorgefertigten Wärmedämm-Element und Leibungsdämmung (Kragkonsole erleichtert die Verlegung der inneren Fensterbank, behindert aber den Warmluftstrom zum Fenster
1 Brüstungsmauerwerk
2 tragende Außenwand
3 Wärmedämmung
4 vorgefertigtes Wärmedämm-Element
5 Leibungsdämmung

Die Wanddicke der Heizkörpernische sollte wegen der Aufhängung der Heizkörper mindestens 11,5 cm sein. Berücksichtigt man den Platzbedarf der Wärmedämmung, ergeben sich bei den üblichen Abmessungen der Außenmauern lediglich Nischen, in denen nur flache Heizkörper flächenbündig mit der inneren Wandflucht montiert werden können. Wenn größere Heizkörper ohnehin in den Raum überstehen, sollte bei der Planung überlegt werden, ob nicht völlig auf Heizkörpernischen verzichtet werden kann, weil diese immer nicht nur einen Mehraufwand, sondern auch eine Komplizierung des Bauablaufes bedeuten.

6.2.6 Oberflächenbehandlung von Mauerwerk aus künstlichen Steinen[1])

Mauerwerk in Normalausführung wird in der Regel außen und innen verputzt (Putz s. Abschn. 8 in Teil 2 dieses Werkes). Besondere Gestaltungsmöglichkeiten ergeben sich für gemauerte Wände mit der Ausführung als Sichtmauerwerk.

[1]) Außenwandbekleidungen s. Abschn. 8

6.2.6.1 Sichtmauerwerk

Sichtmauerwerk setzt eine sorgfältige Planung bereits bei der Grundrißgestaltung unter konsequenter Anwendung der Maßordnung (s. Abschn. 2.2) voraus. Aber auch bei der Festlegung aller Höhenmaße eines Bauwerkes müssen die Steinformate mit den dazugehörigen Lagerfugen berücksichtigt werden.

Besonders, wenn durch die Anwendung der typischen handwerklichen Techniken für die Ausführung von Stürzen und Zwischenschichten (Bild **6**.31, und Abschn. 6.2.4), von Zierverbänden (s. Bild **6**.34 bis **6**.36) und von Formsteinen die gestalterischen Möglichkeiten bei Sichtmauerwerk ausgenützt werden sollen, sind für alle wichtigen Bauwerksteile genaue Wandabwicklungen zu zeichnen.

6.2.6.2 Verfugung

Selbst einschaliges Mauerwerk bedarf, wie die Ziegelrohbauten z. B. der norddeutschen Tiefebene zeigen, keiner besonderen Schutzschicht gegen die Witterung, wenn die Außenwände mind. 36,5 cm dick sind und frostbeständige, vollfugig vermauerte Vormauersteine verwendet werden. Sie sind für Ziegelsichtmauerwerk besser als Klinker, die infolge ihrer dichten Struktur die Wärmedämmfähigkeit der Wand einschränken und die Dampfdiffusion behindern.

Ebenso ist Sichtmauerwerk aus frostbeständigen Kalksandsteinen weit verbreitet.

Einschaliges Außenmauerwerk als Sichtmauerwerk wird einwandfrei schlagregendicht erst durch Ausführung einer „Regenbremse". Bei einschaligem Sichtmauerwerk, das mindestens 30, am besten 37,5 cm dick auszuführen ist, werden die parallel zur Wand laufenden senkrechten Stoßfugen 2 cm dick angelegt und schichtenweise sorgfältig mit flüssigem Mörtel (evtl. mit Dichtungszusatz) verfüllt (Bild **6**.46). Verarbeitungsfehler sind jedoch eher zu vermeiden, wenn das Mauerwerk als zweischalige „Außenwand mit Putzschicht", d. h. mit durchgehender senkrechter Dichtungsfuge ausgeführt wird (s. Bild **6**.50 und Abschn. 6.2.3.3).

Am besten ist es, wenn das Mauerwerk sofort beim Hochmauern vollfugig mit dem Mauermörtel verfugt wird. Beim Mauern ausquellender Mörtel wird dabei kurz nach dem Anziehen mit einem Holzspan, einem Stück Wasserschlauch, noch besser mit einem Fugeisen, über das ein Stück Wasserschlauch gezogen ist, bei gleichzeitigem Andrücken lediglich glattgestrichen. Dabei erfolgt keine Bindemittelanreicherung an der Mörteloberfläche, die später zur Rißbildung des Fugenmörtels führen kann und außerdem die Wasserdampfdurchlässigkeit der Fuge verringert (Bild **6**.74).

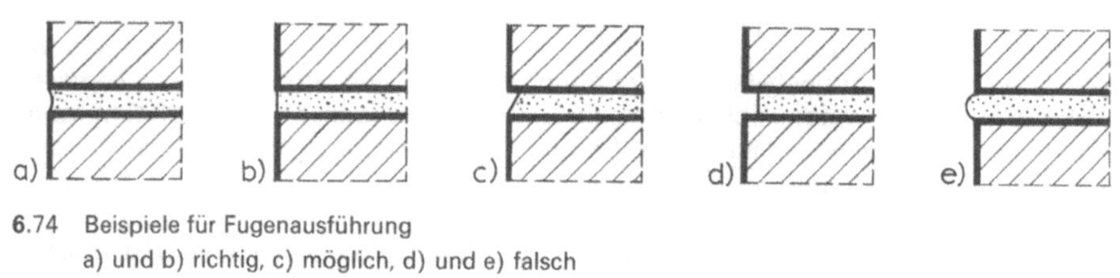

6.74 Beispiele für Fugenausführung
a) und b) richtig, c) möglich, d) und e) falsch

Auf keinen Fall sollten vor- oder zurückspringende Verfugungen (Bild **6**.74d und e) ausgeführt werden, die Anlaß zu erhöhter Durchfeuchtung der Fassade sind.

Soll ausnahmsweise erst nachträglich verfugt werden, müssen die Fugen beim Hochmauern etwa 1,5 cm tief mit einem Holzspan ausgekratzt werden. Vor dem Verfugen sind die Mauerflächen trocken mit der Bürste zu reinigen, zu waschen und nötigenfalls mit 6%iger Essigsäure abzusäuern und mit Wasser nachzuspülen. Auf das Absäuern (das zu Ausblühungen führen kann, falls vorher und nachher nicht gründlich gewaschen und gespült wird) kann verzichtet werden, wenn beim Mauern Verschmutzungen der Sichtflächen sorgfältig vermieden und frische Mörtelspritzer vor dem Erhärten mit Wasser abgewaschen werden.

Der Fugenmörtel soll möglichst dieselbe Zusammensetzung wie der verwendete Mauermörtel haben. Für das Ausfugen der üblichen Vormauerziegel eignet sich im übrigen ein Mörtel der Gruppe II mit einem Anteil von 20 bis 25% Feinkorn $\leqq$ 0,2 mm. Guter Fugenmörtel besteht aus 1 Raumteil Kalkhydrat (oder Portlandzement), 1 Raumteil Traß und 5 Raumteilen Sand 0 bis 2 mm.

Traß quillt im Mörtel bei Zutritt von Feuchtigkeit und sperrt dadurch die Kapillaren, d.h. „dichtet" den Fugenmörtel. Reiner Zementmörtel würde hier in höherem Maße schwinden und ausbröckeln.

In Zementmörtel vermauertes Klinkermauerwerk wird mit Mörtel der Mörtelgruppe III (Zementmörtel 1:2) ausgefugt. Verwendet werden soll hier Sand der Körnung 0 bis 3 mm mit einem Anteil von 70 Gew.-% der Korngruppe 0 bis 1 mm.

6.2.6.3 Anstriche und Imprägnierungen

Neben ihrer ästhetischen Wirkung können Anstriche und Imprägnierungen von Mauerwerk die Feuchtigkeitsaufnahme durch Schlagregen und stärkere Verschmutzung mildern. Das Mauerwerk muß zum Anstrich frei von Ausblühungen, trocken und rissefrei sein und ggf. bei Pilz- und Algenbefall entsprechend vorbehandelt werden.

Neben hoher Haftfestigkeit, Alterungs- und UV-Beständigkeit sowie Alkali-Beständigkeit müssen Anstriche aller Art zwar eine möglichst geringe Wasserdurchlässigkeit aufweisen, dürfen jedoch die Wasserdampfdiffusion nicht behindern.

Für farblose Imprägnierungen kommen Silikonharz-Imprägnierungen (z.Z. noch nicht genormt) sowie Kieselsäure-Imprägnierungen in Frage.

Für deckende Anstriche werden Silikatfarben, Dispersionsfarben, Polymerisatfarben und Farben auf Silikonbasis verwendet.

Die Ausführung sollte nur durch erfahrene Fachfirmen erfolgen. Bei allen Anstrichsystemen sollen nur Mittel desselben Herstellers verwendet werden. In jedem Fall ist zu bedenken, daß Mängel und Ausführungsfehler von Sichtmauerwerk durch eine nachträgliche Oberflächenbehandlung kaum überdeckt werden können.

6.2.7 DIN-Normen

DIN-Nr.		Ausgabe-Datum	Titel
105	T1	8.89	Mauerziegel; Vollziegel und Hochlochziegel
	T2	8.89	–; Leichthochlochziegel
	T3	5.84	–; Hochfeste Ziegel und hochfeste Klinker
	T4	5.84	–; Keramikklinker
	T5	5.84	–; Leichtlanglochziegel und Leichtlangloch-Ziegelplatten

Fortsetzung s. nächste Seite

DIN-Normen, Fortsetzung

DIN-Nr.			Ausgabe-Datum	Titel
	106	T1	9.80	Kalksandsteine; Vollsteine, Lochsteine, Blocksteine, Hohlblocksteine
		T1 A1	9.89	
		T2	11.80	;– Vormauersteine und Verblender
	398		6.76	Hüttensteine; Voll- und Lochsteine
	1053	T1	2.90	Mauerwerk; Rezeptmauerwerk; Berechnung und Ausführung
		T2	7.84	–; Mauerwerk nach Eignungsprüfung; Berechnung und Ausführung
		T3	2.90	–; Bewehrtes Mauerwerk; Berechnung und Ausführung
		T4	9.78	–; Bauten aus Ziegelfertigbauteilen
	1060	T1	1.86	Baukalk; Begriffe, Anforderungen, Lieferung, Überwachung
		T2	11.82	–; Chemische Analysenverfahren
		T3	11.82	–; Physikalische Prüfverfahren
	1164	T1 bis T2	3.90	Portland-, Eisenportland-, Hochofen- und Traßzement; Begriffe, Bestandteile, Anforderungen, Lieferung
	1168	T1	1.86	Baugipse; Begriff, Sorten und Verwendung, Lieferung und Kennzeichnung
		T2	7.75	–; Anforderung, Prüfung, Überwachung
	4165		12.86	Gasbeton-Blocksteine und Gasbeton-Plansteine
E		A1	12.89	
	4166		12.86	Gasbeton-Bauplatten und Gasbeton-Planbauplatten
E		A1	12.89	
	4172		7.55	Maßordnung im Hochbau
	4208		3.84	Anhydritbinder
	4211		4.89	Putz- und Mauerbinder; Begriff, Anforderungen, Prüfung, Überwachung
	4226	T1	4.83	Zuschlag für Beton; Zuschlag mit dichtem Gefüge, Begriffe, Bezeichnung, Anforderungen
		T2	4.83	–; Zuschlag mit porigem Gefüge (Leichtzuschlag), Begriffe, Bezeichnung, Anforderungen
		T3	4.83	–; Prüfung von Zuschlag mit dichtem oder porigem Gefüge
	18100		10.83	Türen; Wandöffnungen für Türen, Maße entsprechend DIN 4172
	18111	T1	1.85	Türzargen; Stahlzargen; Standardzargen für gefälzte Türen.
	18148		10.75	Hohlwandplatten aus Leichtbeton
	18151		9.87	Hohlblöcke aus Leichtbeton
	18152		4.87	Vollsteine und Vollblöcke aus Leichtbeton
	18153		9.89	Mauersteine aus Beton (Normalbeton)
	18157	T1	7.79	Ausführung keramischer Bekleidungen im Dünnbettverfahren; Hydraulisch erhärtende Dünnbettmörtel
	18162		8.76	Wandbauplatten aus Leichtbeton, unbewehrt
	18166		10.86	Keramische Spaltplatten und Spaltplatten-Formteile
	18216		12.86	Schalungsanker für Betonschalungen; Anforderungen, Prüfung, Verwendung
	18330		9.88	VOB, Teil C: Allg. Techn. Vertragsbedingungen für Bauleistungen; Mauerarbeiten
	18515		7.70	Fassadenbekleidungen aus Naturwerkstein, Betonwerkstein
		Bbl.	12.73	und keramischen Baustoffen; Richtlinien für die Ausführung, Erläuterungen

Fortsetzung s. nächste Seite

DIN-Normen, Fortsetzung

DIN-Nr.		Ausgabe-Datum	Titel
18516	T1	1.90	Außenwandbekleidungen, hinterlüftet; Anforderungen; Prüfgrundsätze
			–, –; Keramische Platten; Anforderungen, Bemessung, Prüfung
	T3	1.90	–, –; Naturwerkstein; Anforderungen, Bemessung
18555	T1	9.82	Prüfung von Mörtel mit mineralischen Bindemitteln; Allgemeines; Probeentnahme, Prüfmörtel
	T2	9.82	–; Frischmörtel mit dichten Zuschlägen; Bestimmung der Konsistenz der Rohdichte und des Luftgehalts
	T3	9.82	–; Festmörtel; Bestimmung der Biegezugfestigkeit, Druckfestigkeit und Rohdichte
	T4 und 5	3.89	–; weitere Prüfnormen
	T6 bis 8	11.87	–; weitere Prüfnormen
18557		5.82	Werkmörtel; Herstellung, Überwachung und Lieferung
51043		9.79	Traß, Anforderungen, Prüfung

6.3 Wände aus natürlichen Steinen

6.3.1 Allgemeines

Mauerwerk aus natürlichen Steinen ergibt bei richtiger Auswahl und werkgerechter Behandlung Mauerflächen von großer Beständigkeit und Schönheit. Die richtige Auswahl wird erleichtert, wenn an älteren, ausgeführten Bauten festgestellt werden kann, wie sich die Steine hinsichtlich ihrer Wetter- und Farbbeständigkeit bewährt haben. Dabei sind nicht nur Steinart und Herkunftsort, sondern auch die Lage im Steinbruch mit in Betracht zu ziehen (s.a. DIN 52100).

Die wichtigsten natürlichen Bausteine sind
- aus der Gruppe der Sedimentgesteine: Kalkstein und Sandstein,
- aus der Gruppe der Erstarrungsgesteine: Granit, Porphyr, vulkanische Tuffsteine, Basaltlava und – im Wasserbau – Basalt.

Die Eigenschaften der natürlichen Bausteine
- Rohdichte, Dichtigkeitsgrad, Härte, Wasseraufnahme, Wasserabgabe, Frostbeständigkeit, Druck-, Schlagfestigkeit und Abnutzbarkeit werden nach DIN 52100 bis 52108 geprüft.

Die Rohdichte der natürlichen Bausteine liegt zwischen 2 und 3 kg/dm^3. Die Druckfestigkeit hängt von den Mineralien und dem Gefüge sowie dem Bindemittel ab. Wegen der geringen Zugfestigkeit ist Beanspruchung auf Biegung unzulässig (Entlastungsbögen!). Das Gefüge kann kristallinisch, körnig, dicht, porphyrisch schiefrig, porös sein. Auch Härte und Wetterbeständigkeit hängen von den Mineralien und dem Gefüge sowie dem Bindemittel ab. Die Härte bedingt die Bearbeitbarkeit, Abnutzbarkeit und Polierfähigkeit. Nur Steine von dichtem, gleichmäßigem Gefüge und großer Härte können poliert werden, z. B. Granit, Basalt, Porphyr, Marmor. Nicht polierbar sind: Sandsteine, Trachyt, Tuffe. Die Feuerbeständigkeit wird erhöht durch großen Gehalt an Quarz, Ton und Glimmer, verringert durch Gehalt an kohlensaurem Kalk und Feldspat. Günstiges Brandverhalten zeigen nur tonige Sandsteine, Trachyte und Glimmerschiefer.

Natursteine haben im allgemeinen infolge ihrer Dichte eine geringe Wärmedämmfähigkeit. Ein zusätzlicher Wärmeschutz ist daher gemäß DIN 4108 erforderlich. Wie jede andere Art von Mauerwerk ist auch Natursteinmauerwerk gegen aufsteigende und von oben eindringende Feuchtigkeit zu schützen. Gegen in der Luft und im Wasser enthaltene Säuren sowie gegen Moose und Flechten helfen verschiedene Steinschutzmittel (farblose Dichtungs- und Härtungsanstriche). Die Anstrichstoffe sind entweder Lösungen bzw. Emulsionen von Wachs, Ceresin, Paraffin und anderen wachsartigen Stoffen oder Fluate (wasserlösliche Kieselfluor-Metallsalze), die gleichzeitig Oberflächenhärtung bewirken.

Natursteinmauerwerk ist vor ständiger Durchfeuchtung zu schützen. Wo Steine und Steinfugen den Niederschlägen besonders ausgesetzt sind, muß das Wasser auf kürzestem Wege abgeleitet werden. Weiche, porige Steine werden mit Zink- oder Edelstahlblech abgedeckt. Wichtig ist auch die Wahl des Fugenmörtels, der grundsätzlich so dicht sein soll wie das jeweils verwendete Steimaterial. Feinkörnige Sande (Korngröße $\leq$ 1 mm) mit Quarzmehlzusatz ergeben dichte raumbeständige Mörtel. Kalkauswaschungen werden durch Dichtungsmittel (Fluate) vermieden.

Für die zulässigen Beanspruchungen des Werksteinmauerwerks ist DIN 1053 T1 Abschn. 12 maßgebend. Belastete Wände mit Dicken $<$ 24 cm sind nicht zulässig.

6.3.2 Gewinnung und Bearbeitung der natürlichen Bausteine

Mit Brechstange und Keilen oder auch durch Sprengung stehengebliebener Pfeiler werden die Steine im Bruch gelöst. Die Stücke werden entweder maschinell (Steinsäge, Preßluftgerät) oder durch Spaltkeile und Bossierhammer (bei weichen oder mittelharten Steinen) oder mit dem Zweispitz (bei härteren Steinen) in eine rechteckig-prismatische Form gebracht, wobei in jeder Richtung ein „Bruchzoll" von etwa 5 cm zugegeben wird, der bei weiterer Bearbeitung abfällt. Da die meisten Gesteine in bruchfeuchtem Zustand weicher sind als nach längerer Einwirkung der Luftkohlensäure (insbesondere die Süßwassertuffe), werden sie in der Regel sofort im Steinbruch nach einem genauen Schichtenplan bearbeitet, dem eine Werkzeichnung im Maßstab 1:20 zugrunde liegt. Alle Steine werden nach der Bearbeitung in Übereinstimmung mit der Zeichnung benummert.

Der rohe Steinblock wird „aufgebänkt" (wobei zum Schutz der Kanten Stroh- oder Hanfseile unterlegt werden), danach wird mit einem Schlageisen ein Randschlag (Bild **6**.75) von 2 bis 3 cm Breite hergestellt.

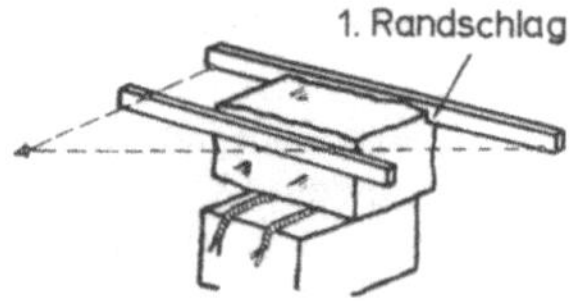

6.75
„Versehen" des aufgebänkten Steins, d. h. Feststellung der Lage des zweiten Randschlags

Dann folgt der dazu parallele Randschlag, wobei durch „Versehen" über zwei Richtscheite der zweite Randschlag in die Ebene des ersten gebracht wird. Der dritte und vierte Randschlag wird in derselben Weise hergestellt. Der zwischen den Randschlägen verbleibende rauhe Teil wird „Bossen" genannt, der entweder als solcher stehenbleibt oder bis zur gleichen Ebene mit den Randschlägen weggeschlagen und geebnet wird. Auf diese Weise werden alle übrigen Steinflächen hergestellt, wobei mit einem Stahlwinkel geprüft wird, ob die zusammenstoßenden Flächen rechtwinklig zueinander stehen.

Die Oberflächenbehandlung des „Hauptes" (sichtbar bleibende Steinfläche) hängt von den gestalterischen Absichten und von der Härte des Gesteins ab. Je härter der Stein, desto rauher kann seine Oberfläche bleiben.

Es gibt folgende Bearbeitungsarten:

— spaltrauh,	— gestockt,	— aufgeschlagen,	— beflammt,
— bossiert,	— gebeilt,	— gesägt,	— gefräst,
— gespitzt,	— gezahnt,	— abgerieben,	— geschliffen,
— gekrönelt,	— geriffelt,	— gesandet,	— poliert.
— geflächt,	— scharriert,	— geschurt,	

Harte Steine werden entweder bossiert (Oberfläche bleibt roh stehen), gespitzt (stark aufgerauht) oder mit Stockhammer gestockt (gleichmäßig grobkörnige Oberfläche).

Weiche Steine werden nach dem Spritzen gekrönelt (mit dem Kröneleisen behandelt, regelmäßig körnige Fläche) oder scharriert (feine parallele, senkrecht oder waagerecht verlaufende Riffelung). Eine wirkungsvolle Oberfläche ergibt sich auch, wenn die Fläche mit einem Zahnhammer aufgeschlagen wird. Ganz glatte Steinoberflächen entstehen durch Schleifen. Dazu wird ein Schleifpulver (Sandsteinpulver, Schmirgel) unter stetiger Wasserzuführung mittels filz- oder lederbenagelter Holzscheiben auf dem Stein verrieben. Harte Steine, wie Granit, Marmor u. a., können poliert werden.

Außer von Hand werden die Steine auch mit Steinsägen, Hobel-, Schleif- und Poliermaschinen bearbeitet. Durch Sägen werden insbesondere die dünnen Platten für Wandbekleidungen hergestellt.

Farb- und Strukturschwankungen durch das naturgegebene Vorkommen innerhalb des gleichen Farbtons und der gleichen Gesteinsstruktur sind zulässig.

6.3.3 Mauerwerksarten und Steinverbände

Allgemeines. Richtlinien für die handwerksgerechte Verarbeitung natürlicher Steine und für die Herstellung von Mauerwerk aus natürlichen Steinen enthalten DIN 1053 und DIN 18332. Die lagerhaften Steine sind im Mauerwerk auf ihr natürliches Lager (Lagerfugen rechtwinklig zum Kraftangriff) zu verlegen. Das Verhältnis der Steinhöhe zur Steinlänge darf $^1/_1$ bis $^1/_5$ betragen. Im ganzen Querschnitt ist auf handwerksgerechten Verband zu achten. Stoßfugen dürfen nicht durch mehr als 2 Schichten gehen. In den Ansichts- und Rückflächen dürfen nirgends mehr als 3 Fugen zusammenstoßen. Entweder müssen Läufer- und Binderschichten regelmäßig miteinander abwechseln, oder es muß in jeder Schicht auf 2 Läufer mindestens 1 Binder kommen. Jeder Binder muß etwa um das 1½fache der Schichthöhe, mindestens aber 30 cm tief einbinden. Die Tiefe (Dicke) der Läufer muß mindestens gleich der Schichthöhe sein. Stoßfugen müssen sich bei Schichtenmauerwerk um mindestens 10 cm, bei Quadermauerwerk um mindestens 15 cm überdecken.

Lassen sich Zwischenräume im Inneren des Mauerwerks nicht vermeiden, so sind sie mit geeigneten, allseits von Mörtel umhüllten Steinstücken so auszuzwickeln, daß keine Mörtelnester entstehen. Für Mauerwerk unter der Erde sind hydraulischer Kalkmörtel oder Kalkzementmörtel, über Gelände Kalkzementmörtel zu verwenden.

Zementmörtel ist im allgemeinen ungeeignet.

Sichtflächen sind nachträglich zu verfugen; sind Flächen der Witterung ausgesetzt, muß die Verfugung voll und wasserdicht sein. Die Ausfugungstiefe ist gleich der Fugendicke (s. auch Abschnitt 6.2.6.2).

Trockenmauerwerk. Beim Trockenmauerwerk sind Bruchsteine ohne Mörtel unter geringer Bearbeitung in richtigem Verband so aneinanderzufügen, daß möglichst enge Fugen und keine Hohlräume verbleiben. In die Hohlräume müssen kleinere Steine so eingekeilt werden, daß Spannung zwischen den Mauersteinen entsteht.

Trockenmauern werden als Schwergewichtsmauern (z.B. als niedrige Stützmauern) verwendet. Als Raumgewicht ist im Standsicherheitsnachweis die Hälfte der Rohdichte des verwendeten Steines anzunehmen.

Findlingsmauerwerk. Für Findlingsmauerwerk werden unbearbeitete Feldsteine verwendet. Die rundliche Form der Steine ergibt sehr unregelmäßige Fugen, die sorgfältig zu füllen und mit Steinstücken auszuzwickeln sind. Altes Feldsteinmauerwerk ist häufig geputzt. Um den Mauerwerksverband zu sichern, führt man die Ecken aus regelmäßiger geformten Steinen aus und gleicht die durch Binder zusammengehaltenen Schichten in Absätzen von etwa 1,00 m waagerecht ab (Bild **6**.76a).

Bruchsteinmauerwerk. Die in den Steinbrüchen gewonnenen 15 bis 30 cm hohen Bruchsteine werden nur wenig oder gar nicht in den Lagerflächen bearbeitet. Es werden Steine verschiedener Größe in lagerhaften Schichten zusammengesetzt. Die unregelmäßigen Fugen sind sorgfältig mit Mörtel auszufüllen und, falls erforderlich, mit kleinen Steinstückchen auszuzwickeln. Bruchsteinmauerwerk ist in seiner ganzen Dicke und in Absätzen von höchstens 1,50 m Entfernung rechtwinklig zur Kraftrichtung auszugleichen (Bild **6**.76b). Mindestwanddicke ca. 50 cm.

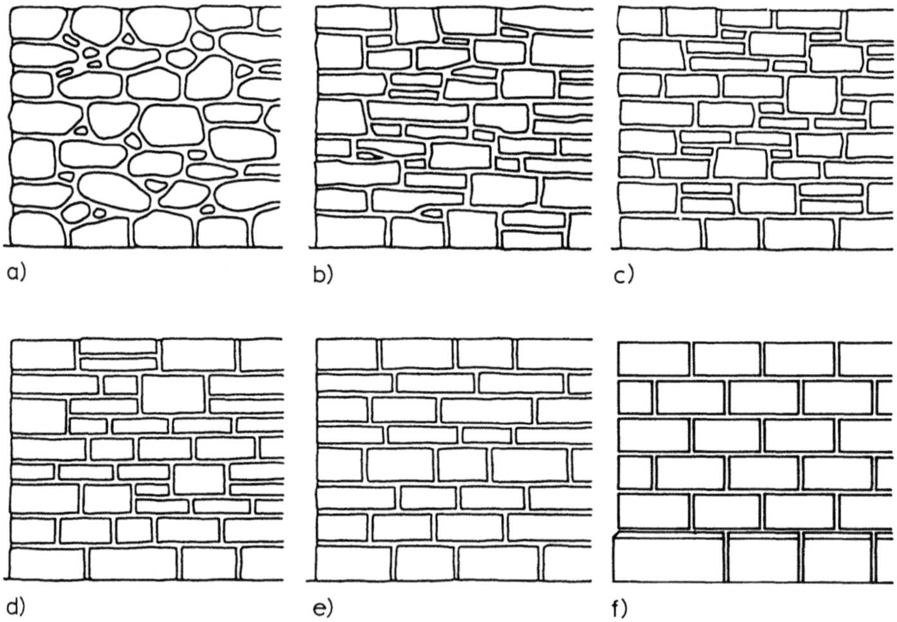

6.76 Natursteinmauerwerk

a) Findlingsmauerwerk
b) Bruchsteinmauerwerk
c) hammerrechtes Schichtenmauerwerk
d) unregelmäßiges Schichtenmauerwerk
e) regelmäßiges Schichtenmauerwerk
f) Quadermauerwerk

Hammerrechtes Schichtenmauerwerk. Die Steine der Sichtfläche erhalten auf mindestens 12 cm Tiefe bearbeitete Lager- und Stoßfugen, die ungefähr rechtwinklig zueinander stehen. Die Schichthöhe darf innerhalb einer Schicht und in den verschiedenen Schichten wechseln; jedoch ist auch hier das Mauerwerk in seiner ganzen Dicke alle 1,50 m rechtwinklig zur Kraftrichtung auszugleichen (Bild **6.**76c).

Unregelmäßiges Schichtenmauerwerk. Die Steine der Sichtfläche erhalten auf mindestens 15 cm Tiefe bearbeitete Lager- und Stoßfugen, die zueinander und zur Oberfläche senkrecht stehen. Die Fugen der Sichtflächen dürfen nicht breiter als 3 cm sein. Die Schichthöhe darf innerhalb einer Schicht und in den verschiedenen Schichten in mäßigen Grenzen wechseln; jedoch ist das Mauerwerk in seiner ganzen Dicke alle 1,50 m rechtwinklig zur Kraftrichtung auszugleichen (Bild **6.**76d).

In Bild **6.**77 sind richtige und falsche Fugenbilder gegenübergestellt.

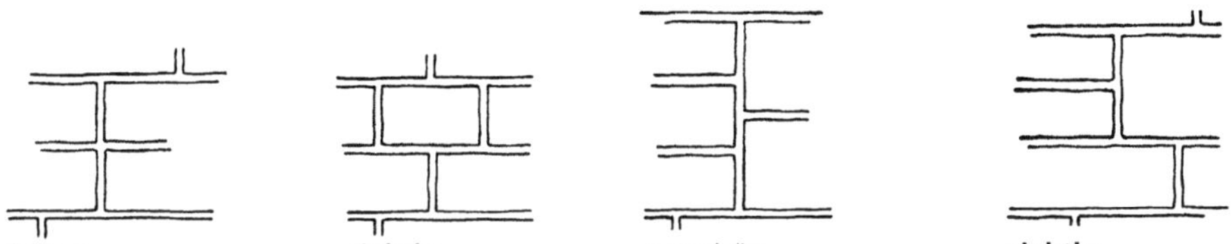

falsch
Kreuzfuge ist unzulässig

richtig
die Stoßfugen müssen versetzt sein

unschön
Stoßfugen über 3 Schichten wirken als Trennung

richtig
neben einen hohen Stein können 2 flache Steine gesetzt werden

6.77 Fugenbildung

Regelmäßiges Schichtenmauerwerk. Die Steine sind wie bei unregelmäßigem Schichtenmauerwerk zu bearbeiten. Innerhalb der Schicht darf aber die Steinhöhe nicht wechseln; jede Schicht ist rechtwinklig zur Kraftrichtung auszugleichen (Bild **6.**76e). Lagerfuge 10 bis 15 mm, Stoßfuge 8 bis 12 mm.

Quadermauerwerk. Die Steine sind genau nach den angegebenen Maßen zu bearbeiten. Die Fugenweite soll 3 cm nicht überschreiten. Lager- und Stoßfugen müssen in ganzer Tiefe bearbeitet sein. Bei engen Fugen der Sichtfläche sind die Steine so zu verlegen, daß die Fugen später sicher und voll mit Mörtel ausgegossen werden können; unmittelbare Berührung der Quader ist unzulässig. Versetzen der Quader ohne Mörtel verlangt ebengeschliffene Lagerflächen (Bild **6.**76f).

Mischmauerwerk. Es besteht aus der mittragenden Natursteinverblendung in Form von regelmäßigem Schichten- oder Quadermauerwerk und der Hintermauerung aus Beton oder Ziegelmauerwerk. Verblendung und Hintermauerung sind durch einbindende Verblendung ($\geqq$ 30% Bindersteine) zu verbinden. Die Verblendung kann bei verblendeten Betonwänden, wie beim vollen Quadermauerwerk, aus Läufer- und Binderschichten oder mit abwechselnden Läufern und Bindern in jeder Schicht gebildet werden.

Bei Hintermauerung aus künstlichen Steinen muß mindestens jede dritte Schicht eine Binderschicht sein. Die Binder müssen mindestens 24 cm tief (dick) sein und mindestens 10 cm tief in die Hintermauerung eingreifen (Bild **6.**78). Mittragende Verblendplatten müssen mindestens 11,5 cm dick sein (Höhe kleiner als dreifache Dicke).

Pfeiler und Säulen. Gedrungene Pfeiler und Säulen, das sind solche, deren kleinste Dicke größer als $^1/_{10}$ der Höhe ist, müssen als Quadermauerwerk ausgebildet werden. – Ist ihre kleinste Dicke kleiner als $^1/_{14}$ der Höhe, dann sind sie ohne Stoßfugen zu errichten.

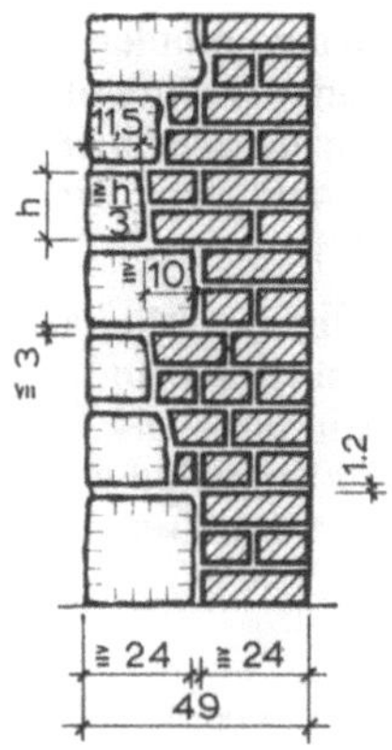

6.78
Schnitt durch Mischmauerwerk (Verblendung aus regelmäßigem Schichtenmauerwerk). Die Verblendung trägt mit, daher ist jede dritte Schicht Binderschicht. Ziegelhintermauerung ≧ 24 cm.

6.3.4 Ausführung von Werksteinmauerwerk (DIN 18332)

6.3.4.1 Mörtel

Mörtel für Natursteinmauerwerk, für das Versetzen von Werkstücken, für Verankerungen usw. ist grundsätzlich nach den Bestimmungen von DIN 1053 zu verwenden (vgl. Abschn. 6.2.2.3). Wegen der Materialeigenschaften der verschiedenen Natursteine sind jedoch besondere Richtlinien zu beachten [28].

Grundsätzlich können Werkfrisch- oder -trockenmörtel verwendet werden. Insbesondere aber, wenn sie Zusatzmittel enthalten, sind wegen der möglichen Einflüsse auf Naturwerksteine (z. B. Verfärbungen, Ausblühungen usw.) die Verarbeitungshinweise der Hersteller genauestens zu beachten. Die Baustoffindustrie liefert auch spezielle – meistens Traßzusätze enthaltende – Spezialmörtel für Natursteinarbeiten.

Traß ist fein gemahlenes Gestein vulkanischen Ursprunges, das gemeinsam mit Kalk oder Zement erhärtet und dabei in starkem Maß Kalk bindet. Das Mörtelgefüge wird dichter, und die Gefahr von Kalkausblühungen und -aussinterungen und von Verfärbungen wird gemindert. Traß – nicht zu verwechseln mit Traßzement – ist ein Mörtelzusatzstoff und kein selbständiges Bindemittel!

Zu unterscheiden sind Naturwerksteinarbeiten im Außenbereich und im Innenbereich.

Empfohlene Mörtelzusammensetzungen enthält die Tabelle **6**.79.

Es sollen möglichst weiche, langsam erhärtende traßhaltige Kalk- oder Traß-Zement-Kalk-Mörtel verwendet werden, die weniger fest sind als die Werksteine.

Besonders zu beachten ist, daß vor allem eine Reihe von Marmorarten besonders empfindlich gegen Verfärbungen durch Kalk sind. Dem Mörtel darf daher in keinem Fall Kalk zugefügt werden. Für Innenarbeiten gibt es für derartige Fälle spezielle Traß- und Schnellzemente.

Verfugungen sollten sofort mit dem Mauermörtel ausgeführt werden. Bei Restaurierungen müssen Fugen tief ausgeräumt und gesäubert werden. Nach gutem Anfeuchten sind Fugenmörtel mit erhöhtem Wasserrückhaltevermögen (z. B. Traß-Zement-Kalkhydrat-Kombinationen oder spezielle Werkmörtel) einzubringen.

Für Ankermörtel ist Portlandzement PZ 55, PZ 45 F oder Schnellzement bzw. Werkmörtel mit besonderer Zulassung zu verwenden.

Der Mörtel ist bis zur Erhärtung sorgfältig gegen Wasserentzug aber auch gegen Fremdwasser zu schützen (Abhängen mit Folien, die aber nicht in Kontakt zu den Werksteinen stehen dürfen).

Tabelle **6**.79

a) Mörtel für Naturwerksteinarbeiten im Außenbereich Anwendungsbereiche und Mischungsverhältnisse in Raumteilen

Anwendungsbereich	Mörtelgruppe	TraßZement	Kalkhydrat	Traß-Kalk hochhydr. Kalk	Sand 0/4 mm
Mauerwerk	I	–	1	–	3
		–	–	1	4,5
Mauerwerk	II				
Fensterbänke		1	2	–	8
Werkstücke		–	–	1	3
Mauerwerk und Ausfugen	II a	1	1	–	6
		1	–	2	8
		–	–	1	2,5[1])
Mauerwerk (nur im Sonderfall)	III	1	–	–	4
Bodenbeläge Treppenbeläge		1	bei Marmor und Kalkstein keinen Kalk zusetzen, **Verfärbungsgefahr!**		3
Wandbeläge		1	bei Marmor und Kalkstein keinen Kalk zusetzen, **Verfärbungsgefahr!**		4 bis 5
Spritzbewurf vor Anmörteln		1	–	–	2 bis 3
Unterputz vor Anmörteln		1	–	–	3 bis 4
Einkornmörtel für Hinterfüllung und Drainagen		1	–	–	4
Fugmörtel für Beläge		1	–	–	2 bis 3 (0 bis 2 mm)
Ankermörtel		1 (PZ 45 F, PZ 55)	–	–	3

b) Mörtel für Natursteinarbeiten im Innenbereich Anwendungsbereiche und Mischverhältnisse in Raumteilen

Anwendungsbereich	Traß-Zement	Sand 0/4 mm
Bodenbeläge, Treppenbeläge	1 bei Marmor und Kalkstein keinen Kalk zusetzen, **Verfärbungsgefahr!**	4
Bodenbeläge, Treppenbeläge im öffentlichen Gebrauch	1 bei Marmor und Kalkstein keinen Kalk zusetzen, **Verfärbungsgefahr!**	3
Spritzbewurf vor Anmörteln	1	3
Unterputz vor Anmörteln	1	4
Wandbekleidungen	1	4 bis 5
Fugmörtel für Beläge	1	2 bis 3 (0 bis 2 mm)

[1]) Eignungsprüfung erforderlich

6.3.4.2 Verbindungsteile

Die Quaderverblendung nach Bild **6**.78 bedarf außer den Mörtelfugen keiner weiteren Verbindung untereinander und mit der Hintermauerung. In besonderen Fällen können die Steine gegen Verschieben durch folgende Hilfsmittel gesichert werden:

- **Klammern** zum Verbinden nebeneinanderliegender Steine bestehen aus nichtrostendem, 5 bis 7 mm dickem Flachstahl. Die abgebogenen und aufgehauenen Enden der etwa 20 cm langen Klammer greifen in schwalbenschwanzförmige Dübellöcher ein. Die Klammer muß bündig mit der oberen Steinfläche liegen (Bild **6**.80 a).
- **Dübel** zum Verbinden übereinanderliegender Steine größerer Höhe und geringer Standfläche, z. B. Fenstergewändesteine, sind etwa 8 cm lang und bestehen aus 20 bis 25 mm dicken Quadratstahl, dessen Kanten widerhakenartig aufgehauen sind (Bild **6**.80 b).
- **Gabelanker** zur Verbindung dicker Platten mit der Hintermauerung werden aus 5 bis 7 mm dickem Flachstahl gefertigt (Bild **6**.81), am Ende aufgebogen oder mit besonderem, durchgestecktem Splint versehen.

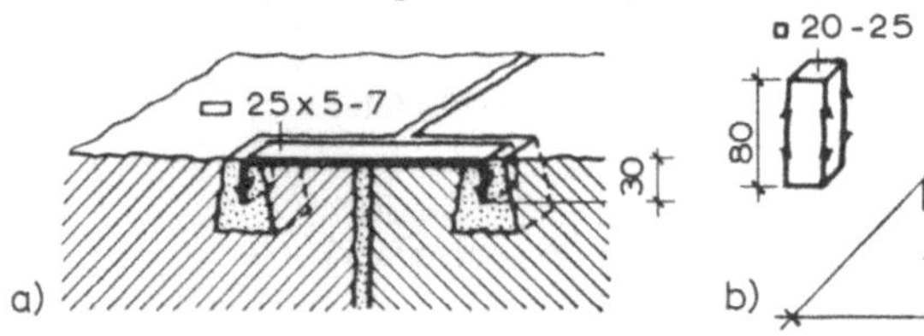

6.80 Verbinden der Steine durch
a) nichtrostende Stahlklammern
b) Stahldübel

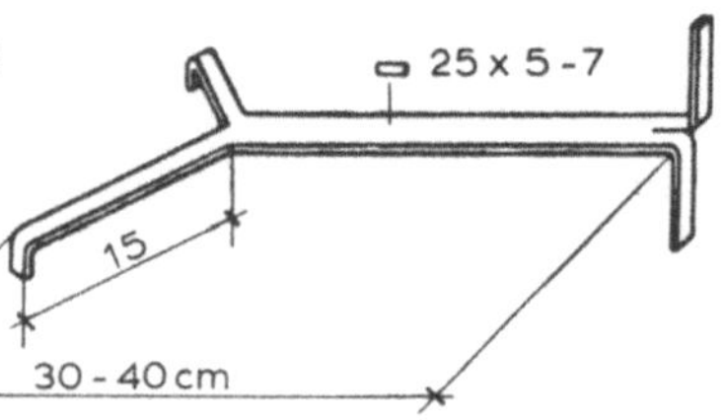

6.81 Gabelanker

Die Stahlteile werden in den Steinen durch Vergießen der Dübellöcher mit Zementmörtel oder hydraulischem Kalkmörtel befestigt.

Grundsätzlich ist ein Kippen auskragender Werkstücke allein dadurch zu verhindern, daß ihr Schwerpunkt weit genug innerhalb der Auflagerfläche liegt.

6.3.4.3 Hebezeug

Versetzt werden die Steine nach Schichtplänen, die vom Steinmetzen ausgearbeitet und vom Archiekten und Statiker überprüft werden. Die Pläne zeigen Steinschnitt, Verankerung, Entlastung, Vermörtelung, Verfugung, Maße und Versetznummern. Die Steine müssen vorsichtig befördert und versetzt werden, damit die Steinkanten nicht beschädigt werden; u. U. sind Strohseile, Schaumstoff oder Brettstücke zum Schutz vorzusehen.

Zum Befestigen an der Aufzugskette bzw. dem Drahtseil dienen folgende Geräte:

- **Das Kranztau** wird kreuzweise um kleinere und stark gegliederte Steine gelegt und oben verknotet. Vorher sind die Kanten und vorspringenden Teile mit Strohbauschen zu umwickeln.
- **Der Wolf** (Bild **6**.82) ist ein dreiteiliger, durch einen Vorsteckbolzen zusammengehaltener Stahlkern mit übergeschobenem Bügel, der in ein trapezförmiges, in die Oberseite des Steines eingearbeitetes Dübelloch eingreift. Er ist nur bei genügend hartem Steinmaterial verwendbar, bei dem ein Ausbrechen nicht zu befürchten ist. Das Dübelloch muß über dem Schwerpunkt des Steines liegen.

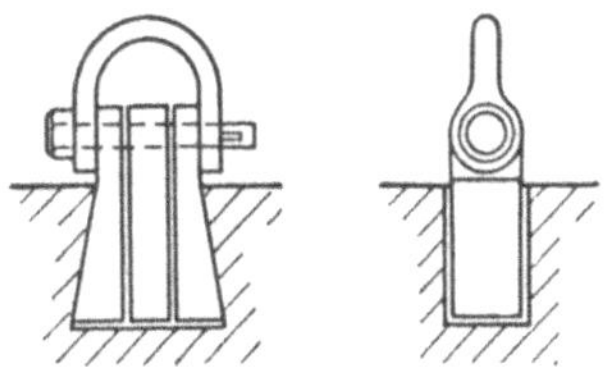

6.82 Wolf

6.83 Greifschere

— **Die Greifschere** (Bild **6**.83) faßt den Stein von beiden Seiten an vertieften Stellen.

Vor dem Niederlassen des Steines werden auf die Ecken, etwa 2 cm von den Außenkanten entfernt, kleine Plättchen aus Hartgummi, Blei oder Schiefer (Pläner) in Fugendicke (4 bis 5 mm) aufgelegt. Der Stein wird langsam gesenkt, mit der Wasserwaage probeweise in seine richtige Lage gebracht und nochmals hochgehoben. Dann wird das angenäßte Lager mit einem feinsandigen hydraulischen Kalkmörtel überzogen und der Stein endgültig in das volle Mörtelbett gesetzt. Die Stoßfugen, die sich nach hinten meist etwas erweitern, werden außen zugestrichen und von oben mit dünnflüssigem hydraulischem Kalkmörtel vergossen.

6.3.5 Maueröffnungen

Überwölbungen von Öffnungen mit Werksteinen bei nicht tragendem Natursteinmauerwerk werden in der Denkmalpflege noch angewandt. Sie bestehen aus einzelnen, keilförmig bearbeiteten Bogensteinen (Bild **6**.84). Die Wölbung wird durch einen Schlußstein im Scheitel geschlossen. Spitzwinklige Ecken können leicht abgedrückt werden. Deshalb erhalten die Wölbsteine Fünfecksform, die auch am besten den Anschluß der Werksteinschichten an den Gewölberücken ermöglicht. Dabei müssen die Maßverhältnisse zwischen Mauerwerksschichten und Wölbsteinen richtig ausgewogen werden. Der kleinste Wölbstein darf nicht kleiner als einer der verwendeten Quadersteine, der größte nicht zu massig im Verhältnis zum gesamten Gewölbe sein.

Gewände. Fenster- und Türöffnungen im Mauerwerk werden mit einem einfachen Werksteinsturz abgedeckt, der durch einen Entlastungsbogen über einer Hohlfuge entlastet werden muß (Bild **6**.85). Unter Werksteinsohlbänken oder Türschwellen muß unterhalb der Fenster- oder Türöffnung die Fuge ebenfalls offengehalten werden, damit der Werkstein beim Setzen des Mauerwerks durch den Mauerdruck nicht abgeschert wird (Bild **6**.85).

6.84
Werksteinbogen mit abgetrepptem Gewölberücken in Werksteinmauer

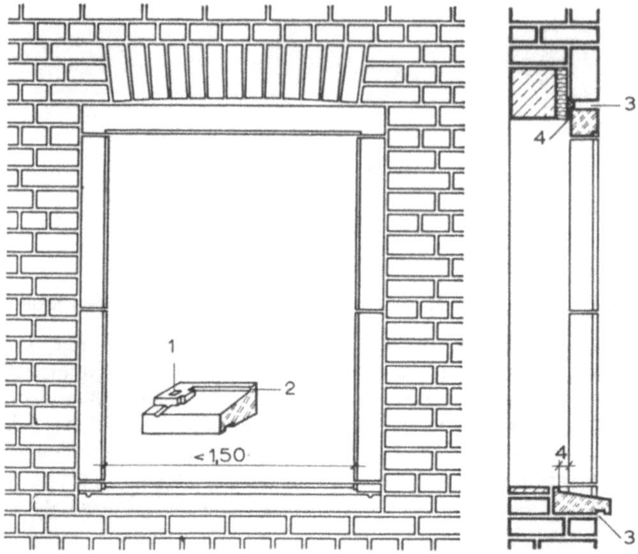

6.85
Fensteröffnung mit Werksteinumrahmung (Gewände). Die Fenstersohlbank liegt unter der Fensteröffnung hohl. Die Wassernase ist nicht verkröpft. Der Zwischenraum zwischen Werksteinsturz und Entlastungsbogen ist erst nach Fertigstellung des Rohbaues auszumauern.
1 Dübelloch
2 Anschlag für Fensterrahmen
3 Hohlfuge
4 dauerplastische Dichtung

Naturstein-Fenstergewände in geputztem Mauerwerk sollten nicht mit durchlaufender Fuge so an der gemauerten Leibung anschließen, daß diese Fuge gleichzeitig auch Putzanschlußfuge ist. Die Gewände sollten eine Putzanschlußfase erhalten, damit der Außenputz – am besten mit Hilfe von Putzanschlußprofilen – über die Fuge hinweggezogen werden kann (Bild **6**.86).

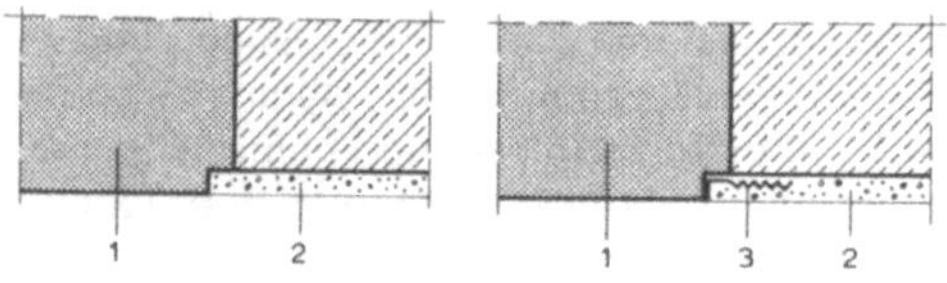

6.86
Putzanschluß bei Natursteingewänden
1 Natursteingewände (waagerechter Schnitt)
2 Außenputz
3 Putzanschlußprofil

6.3.6 DIN-Normen

DIN-Nr.	Ausgabe-Datum	Titel
1053 T1	2.90	Rezept-Mauerwerk; Berechnung und Ausführung
18332	9.88	VOB Teil C: Allg. Techn. Vertragsbedingungen für Bauleistungen; Naturwerksteinarbeiten
18333	9.88	–; Betonwerksteinarbeiten; Allgemeine Technische Vorschriften
18515	7.70	Fassadenbekleidungen aus Naturstein, Betonwerkstein und keramischen Baustoffen; Richtlinien für die Ausführung, Erläuterungen
18516 T3	1.90	Außenwandbekleidungen, hinterlüftet; – Naturwerkstein; Anforderungen, Bemessung
51043	8.79	Traß; Anforderung, Prüfung
52100 bis 52113		Prüfung von Naturstein

6.4 Wände aus Beton (Betonbau s. Abschn. 5)

6.4.1 Allgemeines

Wände werden aus Stahlbeton ausgeführt, wenn hohe Belastungen oder andere statische Beanspruchungen es erforderlich machen (z. B. aussteifende Wandscheiben, Wandscheiben über großen Öffnungen, Wände, die besonders dem Erd- oder Wasserdruck ausgesetzt sind usw.).

Wirtschaftlich sind Wände aus örtlich hergestelltem Stahlbeton, wenn moderne Schalungssysteme verwendet werden (s. Abschn. 5.4.2). Alle Nacharbeiten an Betonmauern (z. B. Stemmarbeiten) sind durch sorgfältige Planung auszuschließen. Öffnungen und Aussparungen für Installationen o. ä. sind durch besondere Schalungen oder an der entsprechenden Stelle einbetonierte Schaumstoffblöcke zu berücksichtigen.

Werden Wände aus Stahlbeton innerhalb eines Bauwerkes im Zusammenhang mit gemauerten Wänden ausgeführt, berücksichtigt man möglichst die vom Mauerwerk vorgegebenen Wanddicken (z. B. 24, 30, 36,5 cm). Im übrigen werden Stahlbetonwände entsprechend den statischen Anforderungen nach DIN 1045 dimensioniert.

Ohne zusätzliche Bekleidungen oder ohne Wärmedämmung kommen Wände aus Normalbeton (s. Abschn. 5.1.5) im Hochbau nur als tragende oder aussteifende Innenwände in Frage, als Kelleraußenwände für Räume, die keinen Wärmeschutz erfordern oder im Zusammenhang mit Abdichtungen gegen drückendes Wasser ausgeführt aus wasserundurchlässigem Beton (s. Abschn. 14.4.6.2).

6.4.2 Einschalige Wände aus Beton

Als einschalige Außenwände können Wände aus Leichtbeton mit ausreichenden Wärmedämm-Eigenschaften hergestellt werden (s. Abschn. 5.1.7).

Auf diese Weise können auch komplizierte Bauteilformen in Stahlbeton ausgeführt werden, ohne daß dabei Wärmebrücken entstehen, die sich bei Normalbeton als Sichtbeton nicht vermeiden ließen.

Leichtbetonwände und -pfeiler. Mindestwanddicken sind 25 cm für Außenwände, 20 cm für tragende Innenwände bzw. 15 cm für ausgesteifte, tragende Innenwände aus LB 10 bei Geschoßhöhen $\leqq$ 3,50 m und 12 cm für aussteifende, nichttragende Innnenwände (s. a. DIN 4232).

In tragenden Leichtbetonwänden, die $\leqq$ 15 cm dick sind, sind Schlitze jeder Art unzulässig. Bei mehr als 15 cm Dicke sind Querschnittschwächungen durch waagerechte oder schräge Schlitze beim Standsicherheitsnachweis zu berücksichtigen.

Tür- und Fensterstürze in Leichtbetonwänden dürfen in Gebäuden mit Deckenlasten bis zu 2,75 kN/m^2 und bis zu einer Lichtweite von $\leqq$ 1,50 m aus Leichtbeton mit porigem Gefüge gebildet werden. Sie werden konstruktiv mit Rippenstahl 2 $\times$ $\varnothing$ 14 mm bewehrt und gleichzeitig mit der anschließenden Wand betoniert. Bei Belastung durch eine Decke müssen sie mindestens 40 cm, sonst mindestens 30 cm hoch sein. Besteht zwischen Sturz und Massivdecke ein vollkommener Verbund (z. B. durch Bügel), so wird die Sturzhöhe bis Oberkante Decke gemessen, Stürze über Öffnungen mit Lichtweiten von mehr als 1,50 m oder mit Einzellast belastete Stürze dürfen nicht aus Leichtbeton hergestellt werden.

Um Setzungsschäden zu verhindern, sollen unmittelbar unterhalb von Fensteröffnungen 2 Stahlstäbe ∅ 10 mm als Bewehrung eingelegt werden, wobei je ein Stab 0,50 m und 1,00 m seitlich über die Fensteröffnung hinausragt.

Stahlbetonaußenwände aus Normalbeton können nur mit zusätzlichem Wärmeschutz ausgeführt werden. Die herstellungstechnisch einfachste Ausführungsart dafür stellt das Anbetonieren von Holzwolle-Leichtbauplatten (mit und ohne Schaumstoffkern) dar. Die Wärmedämmplatten werden dicht gestoßen in die Schalung eingestellt und verbinden sich mit dem eingebrachten Beton allein durch Materialhaftung, bei größeren Flächen zusätzlich durch eingesteckte Kunststoff- oder verzinkte Blech- bzw. Drahtanker. Wärmedämmplatten aus Schaumstoff können auch nachträglich auf die Betonflächen aufgeklebt und am besten zusätzlich mit gedübelten Klemmplatten auch mechanisch befestigt werden. Die Oberflächen wärmegedämmter Stahlbetonwände werden in der Regel mit Putzträgergeweben überspannt und verputzt (s. Teil 2 dieses Werkes, Abschn. 8). Werden Wärmedämmungen ausnahmsweise innen angebracht, muß der relativ hohe Wasserdampfdiffusionswiderstand von Beton beachtet werden, d.h. es kann eine Dampfsperre auf der warmen Wandseite erforderlich werden.

Kelleraußenwände aus Stahlbeton können im Bereich der Erdanschüttung eine außen liegende Wärmedämmung aus extrudierten Polystyrol-Hartschaumplatten (z. B. Roofmate, Styrodur) erhalten, die vollflächig dicht gestoßen aufgeklebt werden.

Derartige Schaumstoffplatten müssen nicht gegen Erdfeuchtigkeit zusätzlich geschützt werden (sog. „Perimeterdämmung"). Im Sockelbereich können fest aufgeklebte bzw. angedübelte Dämmungen mit Trägermaterial überspannt und verputzt oder mit keramischem Material beklebt werden.

6.4.3 Zweischalige Wände aus Beton

Insbesondere bei großformatigen Fertigteilen für Außenwände verwendet man Verbundplatten, bestehend aus einer 8 bis 12 cm dicken Außenschale, einer Kerndämmung aus Schaumstoffplatten und der tragenden Innenschale („Sandwich"-Element). Auch an der Baustelle können derartige Wände hergestellt werden. Die nicht tragende Außenschale, kombiniert mit der bereits anbetonierten Wärmedämmung bildet als Fertigteil eine „verlorene Schalung", gegen die die tragenden Innenwände betoniert (ggf. auch gemauert) werden.

Stahlbetonwände mit zusätzlicher Wärmedämmung können im übrigen als tragende Innenschale selbstverständlich auch Bestandteil von zweischaligen Wänden mit Luftschicht und Wärmedämmung sein (s. Abschn. 6.2.3.3), deren äußere Schale aus Mauerwerk, einer Wandbekleidung oder einer Vorhangwand (Abschn. 6.7.4) besteht. Für die Verankerung der Außenschale und ggf. der Wärmedämmungen sind dabei am besten Ankerschienen in die Innenschalen mit einzubetonieren.

6.4.4 Mantelbauweisen

Mehrschalige Betonwände können auch in Mantelbauweise hergestellt werden. Bei dieser hauptsächlich für den Eigenheimbau in Selbsthilfe entwickelten Bauart werden Schalungselemente aus Holzspanbeton oder Schaumstoff, die in ähnlichen Abmessungen wie andere großformatige Bausteine und mit allen nötigen Formteilen hergestellt werden, lose – ohne vermörtelte Lagerfugen – meist mit Nut-Feder-Anschlüssen aufgebaut und abschnittsweise mit Beton verfüllt. Für hochbelastete Wandabschnitte können Bewehrungen eingebracht werden, so daß sehr wirtschaftliche und gut wärmedämmende Wände – auch für hohe Gebäude – herstellbar sind (**6**.87).

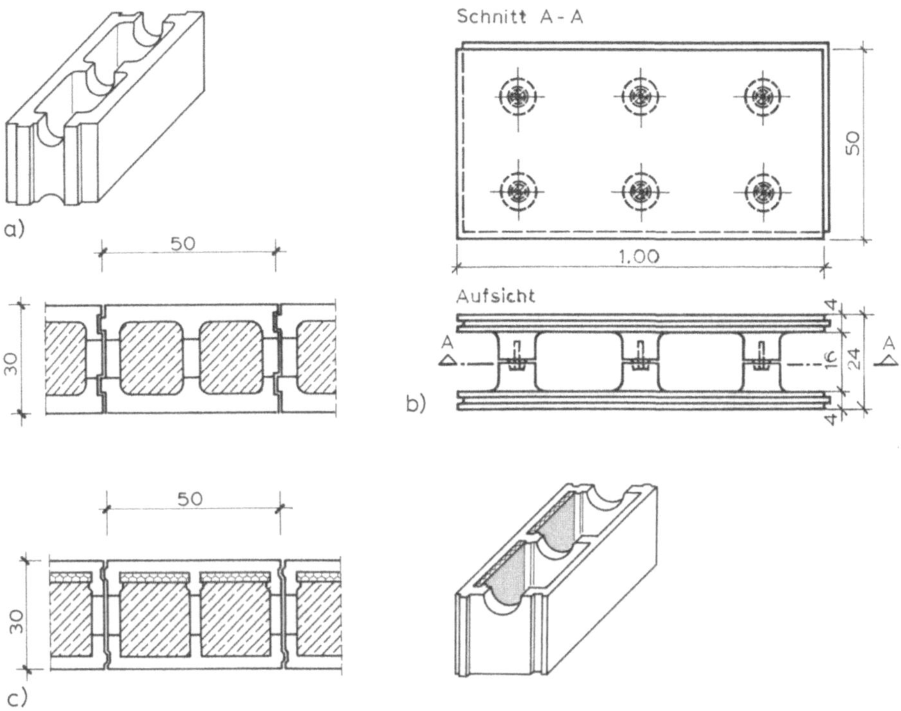

6.87 Mantelbauweisen

a) Betonwand mit Schalungssteinen aus Holzspanbeton; Wandgefüge (Schema), Stoßfuge (unvermörtelt) und Riegelstein (Schema)
b) Schalungselemente aus Hartschaumstoff
c) Schalungsstein aus Leichtbeton mit „integrierter" Wärmedämmung (GISOTON)

6.4.5 DIN-Normen (s. auch Abschn. 5.7)

DIN-Nr.		Ausgabe-Datum	Titel
1045		7.88	Beton und Stahlbeton; Bemessung und Ausführung
1048	T1 bis T4	12.78	Prüfverfahren für Beton
1084	T1 bis T3	12.78	Überwachung (Güteüberwachung) im Beton- und Stahlbetonbau
4219	T1	12.79	Leichtbeton und Stahlleichtbeton mit geschlossenem Gefüge; Anforderungen an den Beton, Herstellung und Überwachung
	T2	12.79	–; Bemessung und Ausführung
4226	T1 bis T3	4.83	Zuschlag für Beton
	T1 bis T3	4.83	Zuschlag für Beton
4232		9.87	Wände aus Leichtbeton mit haufwerksporigem Gefüge; Bemessung und Ausführung
18331		9.88	VOB Teil C, Beton- und Stahlbetonarbeiten

6.5 Wände aus Lehm

Der Lehmbau zählt zu den ältesten Bauarten. Seine Anwendung beschränkte sich in Europa jedoch nur auf kleinere Wohn- und Wirtschaftsgebäude in ländlichen Gegenden. In den regenarmen Gebieten Afrikas werden aber heute noch eindrucksvolle Bauwerke auch von erheblicher Höhe angetroffen. Es ist möglich, daß der Lehmbau dort noch lange wegen der billigen, brennstofffreien Gewinnung des Baustoffes eine wichtige Rolle spielt.

Neuerdings werden Lehmbautechniken für Restaurierungen wiederbelebt. Im Zusammenhang mit der Suche nach „alternativen" Bauweisen sind auch in letzter Zeit einige Versuchsbauten auf der Grundlage der 1974 zurückgezogenen DIN 18951 bzw. der ebenfalls zurückgezogenen Vornormen DIN 18952 bis 18957 mit Ausnahmsgenehmigungen in verschiedenen Lehmbauweisen errichtet worden.

Lehmwände haben ein ähnliches Wärmespeichervermögen wie Vollziegelwände. Sie nehmen schnell Feuchtigkeit auf und geben sie relativ schnell wieder ab, so daß gleichmäßige Luftfeuchtigkeitsverhältnisse in Lehmbauten herrschen. Lehm ist als Baustoff in weitem Umfang überall verfügbar und gegebenenfalls auch wiederverwendbar. Als Nachteil steht demgegenüber, daß Lehm je nach Verarbeitungsweise beim Austrocknen bis zu 12% schwindet und sehr nässe- und frostempfindlich ist.

Die Verarbeitung erfordert große Erfahrung, die heute bei uns aber weitgehend verlorengegangen ist. Die ausgeführten Versuchsbauten bestätigten auch, daß alle Lehmbauarten nur bei sehr starker Rationalisierung durch Mechanisierung, spezielle Schaltechniken usw. einigermaßen wirtschaftlich ausgeführt werden können, da der Lohnkostenanteil außerordentlich hoch ist. Man unterscheidet:

- Lehmziegelbau (ungebrannte Lehmziegel, sog. „Grünlinge"), nur für Innenwände möglich,
- Stampflehmbau (in Schalung eingebrachter aufgearbeiteter Lehm),
- Lehmstrangbauweise (in Strangpressen auf der Baustelle geformte Stränge, die zu Innenwänden geschichtet werden).

Strohlehm hat sich allenfalls bei der Restaurierung von Fachwerkbauten bewährt. Eine Alternative dazu könnte Blähton-Leichtlehm sein, der – nur aus bestimmten Lehmsorten herstellbar – durch verbesserte Feuchtigkeits- und Frostbeständigkeit und bessere Wärmedämmeigenschaften gekennzeichnet ist.

Ob sich aus dem Lehmbau neue Tendenzen für Wandbauarten entwickeln, bleibt vorerst abzuwarten.

6.6 Fachwerkwände[1])

6.6.1 Allgemeines

Fachwerkbauten genießen als hervorragende Beispiele handwerklicher Baukunst und als städtebauliche Akzente wieder hohe Wertschätzung. Viele Fachwerkgebäude, die früher als Scheunen, Speicher oder sonstige Zweckbauten dienten, werden immer häufiger umgebaut und als Wohn- und Geschäftshäuser genutzt.

Die Kenntnis der alten Techniken des Fachwerkbaues erscheint daher angesichts der zahlreichen Restaurierungs- und Sanierungsaufgaben wieder sehr wichtig.

[1]) Baustoff Holz und Holzschutz s. Teil 2 dieses Werkes

6.6.2 Bestandteile des Fachwerkes

Schwelle. Die Schwelle, ein bis zwei Zentimeter über den Sockel vor springend, ist die untere Begrenzung der Fachwerkwand (a in Bild **6**.88); sie liegt auf der Kernseite, wird in der ganzen Länge durch Mauerwerk unterstützt und durch eine Bitumenbahn gegen aufsteigende Feuchtigkeit geschützt. Alle Holzteile des Fachwerks sind durch Anwendung geeigneter Holzschutzmittel gegen Fäulnis zu sichern.

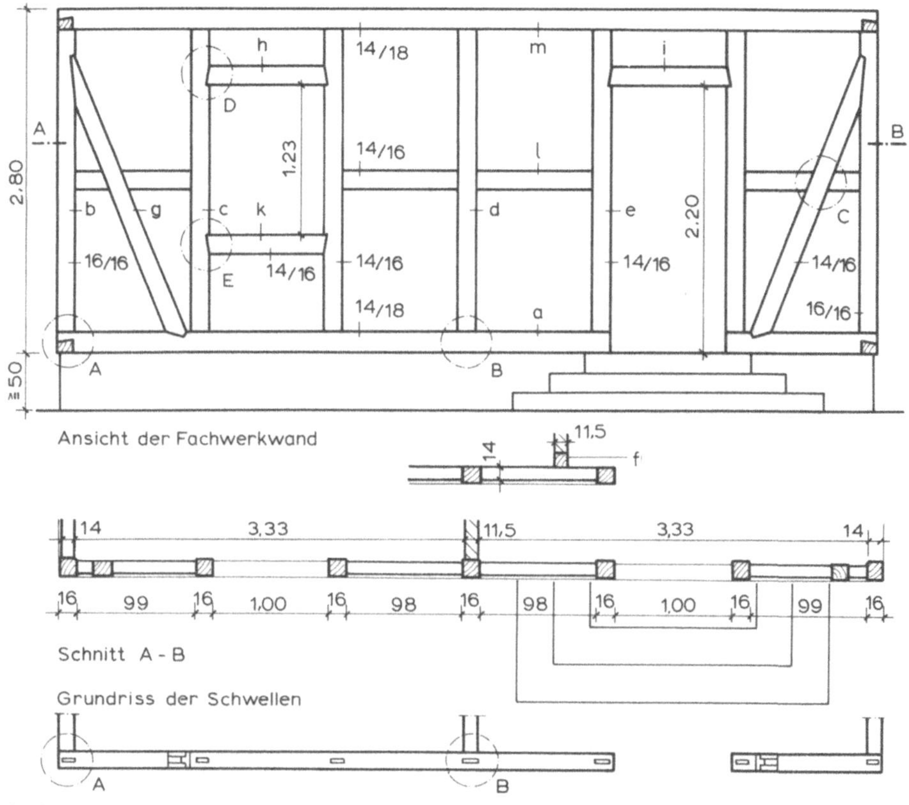

6.88 Fachwerkwand (Geschoßbalkenlage s. Bild **6**.104 und **6**.109)

Falls längere Schwellhölzer aus mehreren Teilen zusammengesetzt werden müssen, verwendet man folgende Holzverbindungen:

- das gerade Blatt (Bild **6**.89);
- das schräge Blatt (Bild **6**.90); beide Verbindungen müssen durch Schraubenbolzen gesichert werden (früher durch Holznägel);
- das schräge Hakenblatt (Bild **6**.91) kann auch ohne Nägel oder Verbolzen Zugspannungen aufnehmen, wenn es Auflast trägt und unterstützt ist;
- das schräge Hakenblatt mit Keil (Bild **6**.92). Es ist eine brauchbare Verbindung zur Verlängerung waagerecht liegender Hölzer. Durch das Antreiben der Keile wird die Verbindung bei trockenem Holz vollkommen fest.

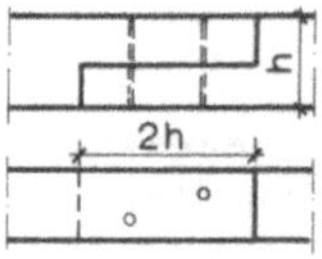

6.89 Das gerade Blatt

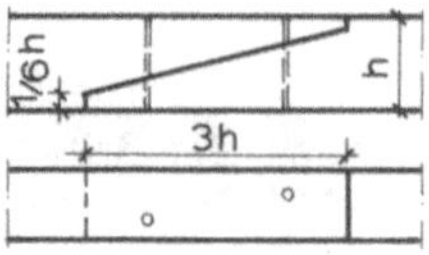

6.90 Das schräge Blatt

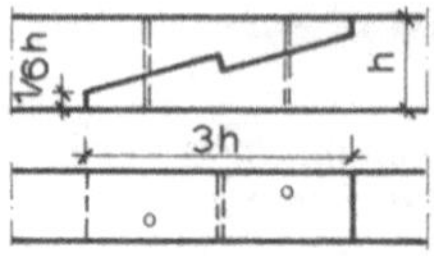

6.91 Das schräge Hakenblatt

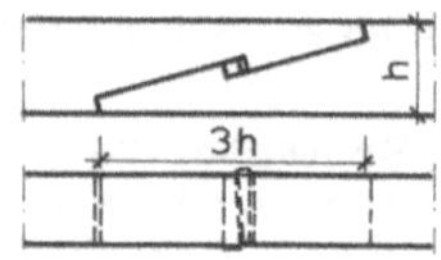

6.92 Das schräge Hakenblatt mit Keil

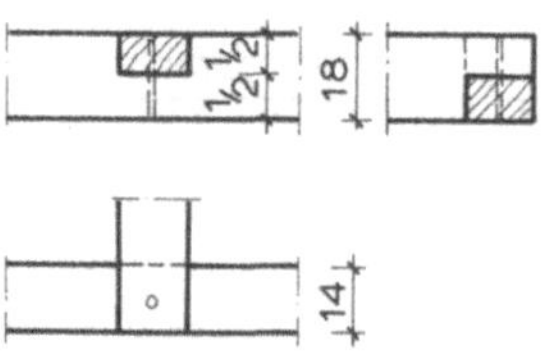

6.93 Die einfache Überblattung

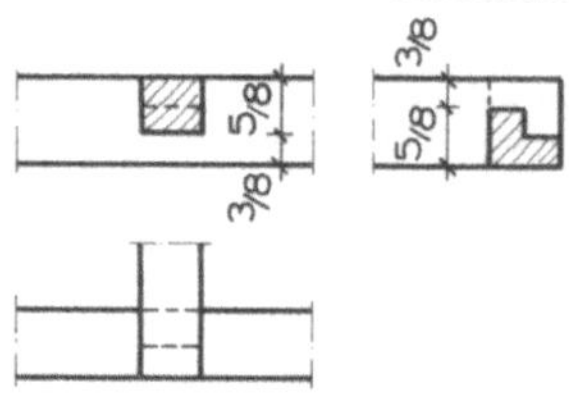

6.94 Die hakenförmige Überblattung

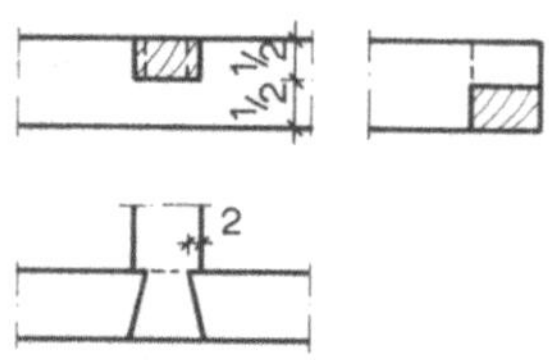

6.95 Schwalbenschwanzförmige Überblattung

Die Schwellhölzer der verschiedenen Wände eines Fachwerkgebäudes liegen in der selben Höhe (bündig); sie werden an den Ecken oder Wandanschlüssen durch Überblattungen verbunden. Dabei sind folgende Fälle möglich:

Stößt ein Schwellholz gegen ein durchgehendes anderes Schwellholz (Punkt A in Bild **6**.88), wird entweder eine einfache Überblattung (Bild **6**.93) oder besser eine hakenförmige (Bild **6**.94) oder eine schwalbenschwanzförmige Überblattung (Bild **6**.95) angewandt. Die beiden letztgenannten Verbindungen machen auch ohne Nägel oder Bolzen ein Verschieben der Hölzer in waagerechter Richtung unmöglich.

Bilden beide Schwellhölzer eine Ecke, dann werden sie entweder durch Ecküberblattung mit schrägem Schnitt (Bild **6**.96) oder haken- und schwalbenschwanzförmige Ecküberblattung (Bild **6**.97) verbunden.

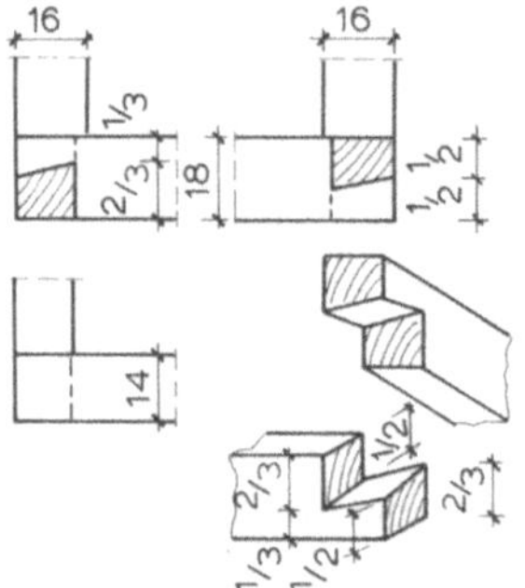

6.96 Ecküberblattung mit schrägem Schnitt

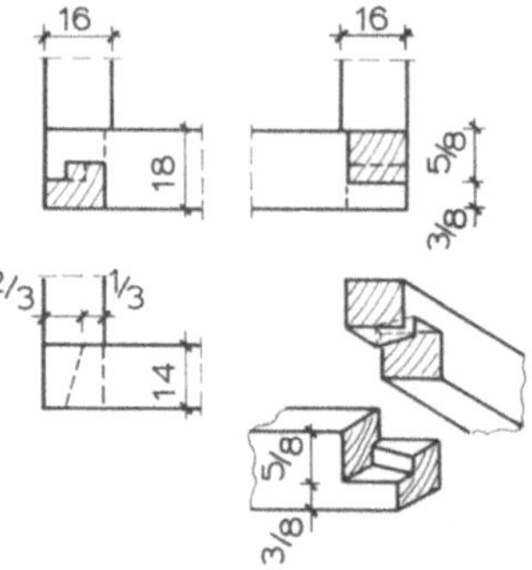

6.97 Haken- und schwalbenschwanzförmige Ecküberblattung

Stiele oder Ständer. Die Stiele oder Ständer stehen auf der Schwelle in Abständen von 0,60 bis 1,00 m. Bei der Aufteilung ist Rücksicht auf Fenster- und Türöffnungen, die seitlich durch Stiele begrenzt werden müssen, zu nehmen. An den Stellen, wo Zwischenwände an die Außen- oder Mittelwände treffen, sind Bundstiele (d in Bild **6**.88) anzuordnen. Ergäbe ein solcher Bundstiel eine unregelmäßige Teilung in der Außenwand, so wird ein Klappstiel (f in Bild **6**.88) verwendet.

Bei stark belasteten mehrgeschossigen Wänden (z. B. Speichern) werden die Binder- und Eckständer als Doppelstiele (verdübelt und verbolzt) angeordnet und mit versetzten Stößen durch die ganze Höhe des Gebäudes geführt.

Zwischenstiele (Fensterstiele, c in Bild **6**.88) werden mit der Schwelle und mit dem Rähm durch den einfachen Zapfen (Bild **6**.98) verbunden. Die Breite des Zapfens ist gleich der Holzbreite, die Dicke ist gleich ⅓ der Holzdicke, die Höhe 6 bis 7 cm. Die Zapfenverbindung wird durch einen Holznagel gesichert.

Eckstiele und Türstiele (b und e in Bild **6**.88), die am Ende des Schwell- und Rähmholzes stehen, erhalten den geächselten Zapfen (Bild **6**.99). Seine Breite beträgt nur ⅔ der Holzbreite. Dadurch ergeben sich auch an den Enden von Schwelle und Rähm verdeckte Zapfenlöcher.

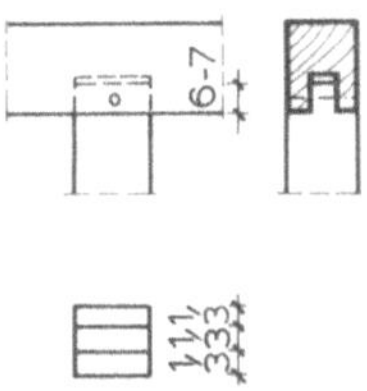

6.98
Der einfache Zapfen

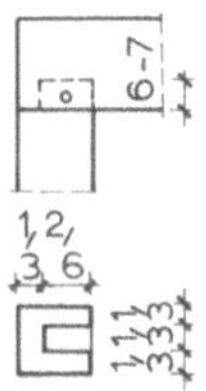

6.99
Der geächselte Zapfen

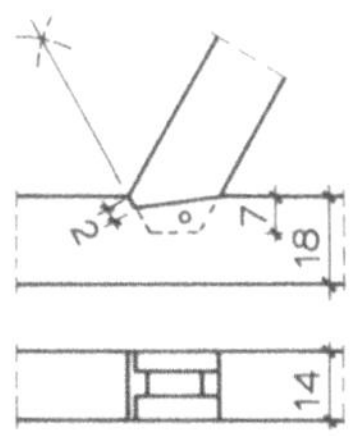

6.100
Schräger Zapfen mit Versatz

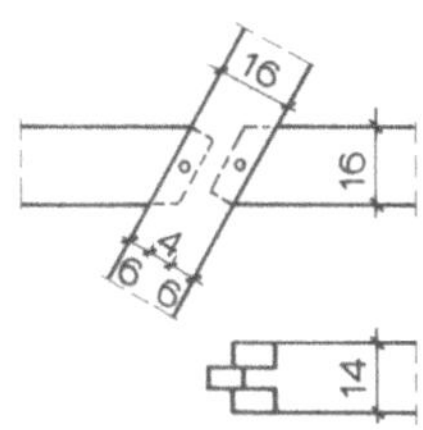

6.101
Der schräge Zapfen (s. Bild **6**.86, Punkt C)

Streben. Die Streben (g in Bild **6**.88) steifen die Wand in der Längsrichtung aus. Man ordnet sie entweder zwischen Schwelle und Rähm (m in Bild **6**.88) oder besser zwischen Schwelle und Stiel an. Die Verbindung der Streben mit Schwelle und Rähm erfolgt durch den schrägen Zapfen mit Versatz (Bild **6**.100). Der Versatz ist 2 bis 3 cm tief und hat den Zweck, auch Horizontalkräfte in die Schwelle abzutragen.

Riegel. Die Riegel teilen die Felder zwischen den Stielen und Streben in kleinere „Fache" und vermindern die Knicklänge der Stiele.

Die Zwischenriegel (l in Bild **6**.88) werden mit den Stielen durch den einfachen Zapfen verbunden. Treffen zwei Riegel in derselben Höhe an den Stiel, so soll zwischen den Zapfenlöchern noch 3 bis 4 cm Holz stehenbleiben.

Zur Verbindung der Riegel mit den Streben dient der schräge Zapfen (Bild **6**.101).

Tür- und Fensterriegel (h, i in Bild **6**.88) bilden den oberen Abschluß der Tür- und Fensteröffnungen; sie werden mit den Stielen durch geraden Zapfen mit einfachem Versatz verbunden (Bild **6**.88, Punkt D und Bild **6**.102). Beim Brüstungsriegel (k in Bild **6**.88), dem unteren Abschluß der Fensteröffnung, wird der Versatz nach oben angeordnet, damit keine fallende Fuge in der unteren Fensterecke entsteht (Bild **6**.88, Punkt E und Bild **6**.103).

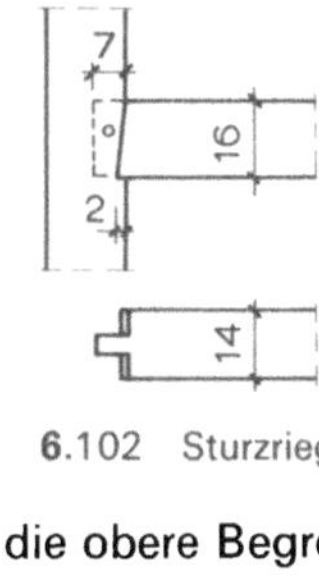

6.102 Sturzriegel

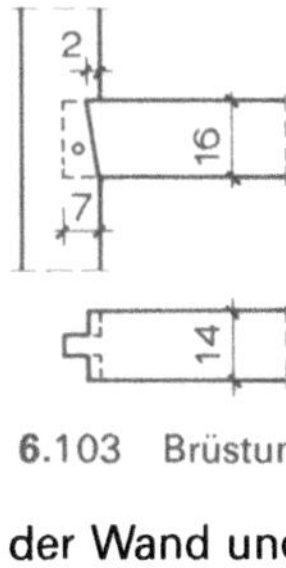

6.103 Brüstungsriegel

Rähm. Das Rähm (m in Bild **6**.88) bildet die obere Begrenzung der Wand und trägt die Balkenlage. Zusammenstoßende oder eine Ecke bildende Rähme werden wie die Schwellhölzer verbunden.

Holzdicken

Innere Wände (Wanddicke 12 cm)

– Stiele, Rähm	12/12 bis 12/14 cm
– Riegel, Schwelle	12/16 cm
– Streben	12/14 bis 12/16 cm

Äußere Wände. Gute Maßverhältnisse in den Ansichtsflächen der Fachwerkwände werden durch möglichst breite Hölzer erreicht. Brauchbare Holzquerschnitte sind bei:

Rohbauausführung der Fache (Wanddicke 12 cm)

– Stiele, Streben und Riegel	12/16 bis 12/18 cm
– Schwellen und Rähme	12/18 bis 14/20 cm

geputzten Fachen (Wanddicke 14 cm)

– Stiele, Streben und Riegel	14/16 bis 14/18 cm
– Schwellen und Rähme	14/18 bis 14/20 cm

Die dickeren Eckstiele müssen ausgewinkelt (ausgekehlt) werden.

Balkenlagen[1]). Die Balkenlagen für Fachwerkgebäude können auf zwei Arten angeordnet werden:

1. Nur zwei gegenüberliegende Seiten des Gebäudes sollen Balkenköpfe zeigen (Bild **6**.104). Die balkentragenden Wände werden oben durch Rähme abgeschlossen. Darauf sind die Balken verkämmt. Der letzte Balken liegt in der Seitenwand und bildet dort das Rähm für die untere Wand und die Schwelle des nächsten Geschosses.

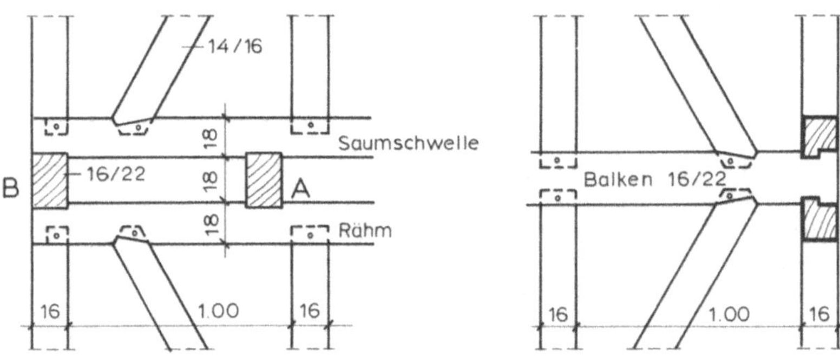

6.104 Balkenlage für Fachwerkwände

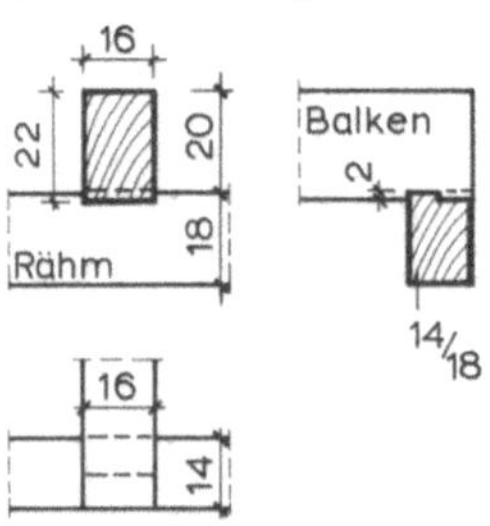

6.105 Einfache Verkämmung

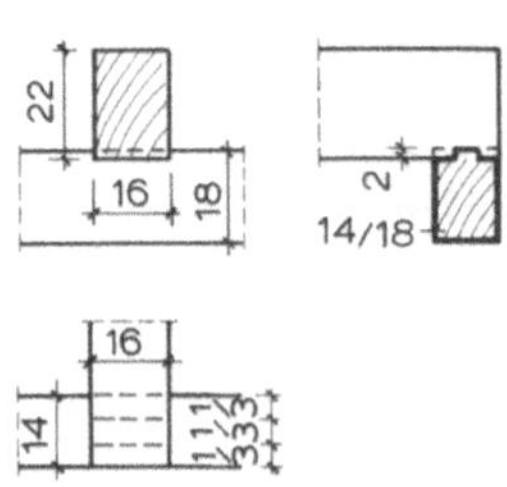

6.106 Doppelte Verkämmung

[1]) Holzbalkendecken s. Abschn. 9.3

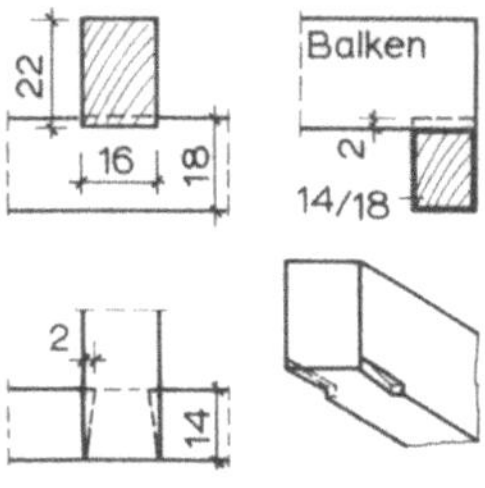

6.107 Schwalbenschwanzförmige Verkämmung

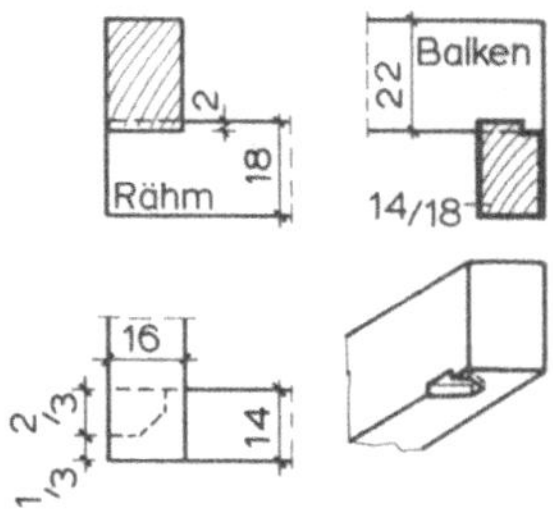

6.108 Eckverkämmung

— Die Verkämmungen ergeben eine 2 cm tiefe Überschneidung der Hölzer. Für den Punkt A in Bild **6**.104 kommen in Betracht: Der einfache Kamm (Bild **6**.105), der doppelte Kamm (Bild **6**.106) oder die schwalbenschwanzförmige Verkämmung (Bild **6**.107). In Punkt B in Bild **6**.104 wird die Eckverkämmung (Bild **6**.108) angeordnet.

2. Alle Seiten des Gebäudes sollen Balkenköpfe zeigen (Bild **6**.109). Alle Seiten des Gebäudes müssen hierzu Rähme und Saumschwellen haben. Nach den Giebelseiten sind Stichgebälke auszuführen. Auf die Ecke kommt ein Diagonal-Stichbalken. Die Verbindung der Stichbalken mit dem Hauptbalken geschieht durch den Brustzapfen oder durch das schwalbenschwanzförmige Blatt mit Brüstung (Bild **6**.110).

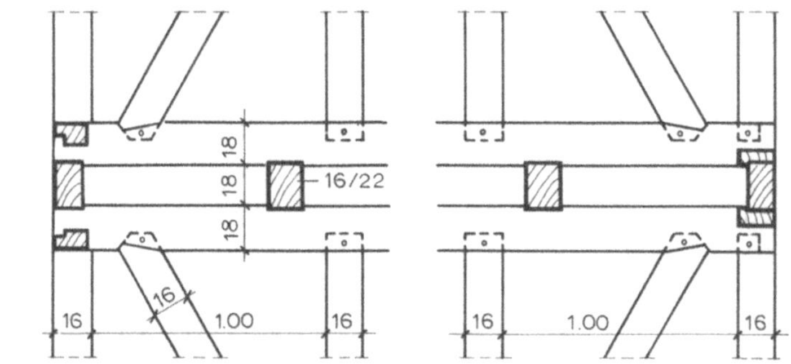

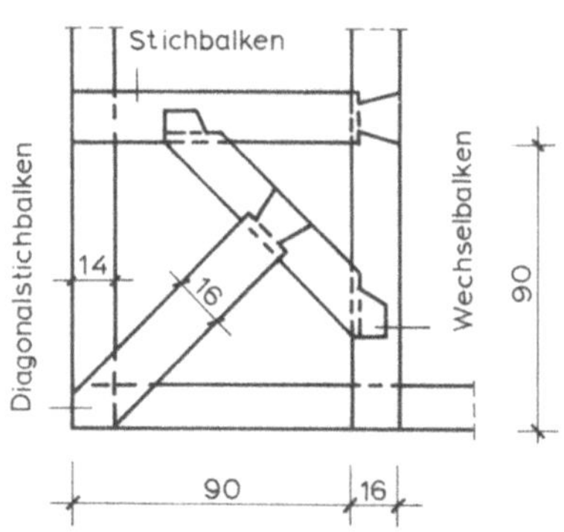

6.109 Balkenlage für Fachwerkwände

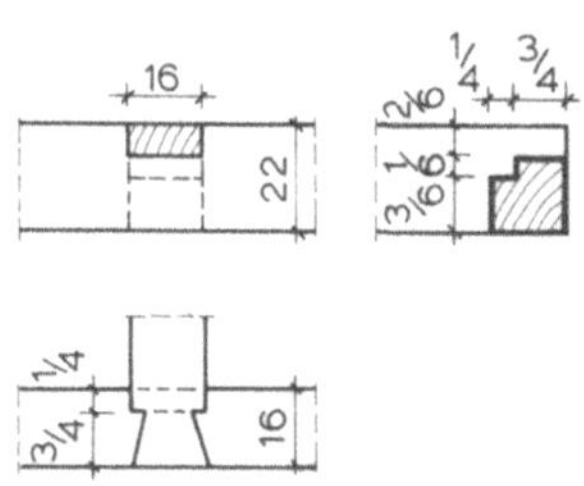

6.110 Schwalbenschwanzförmiges Blatt mit Brüstung

Bei mehrgeschossigen Fachwerkgebäuden können die oberen Wände gegen die unteren mehr oder weniger weit vorgekragt werden. Die Zwischenräume zwischen Rähm und Saumschwelle können durch Bretter oder durch Füllhölzer ausgefüllt werden.

6.6.3 Ausfachung

Zwischen den tragenden Hölzern des Fachwerkes liegen die Ausfachungen („Gefache"). Sie bestanden ursprünglich aus Flechtwerk („Gewundenes" – daraus das Wort Wand) oder aus Wickelstakung (vgl. Bild **9**.58, Abschn. 9.3) mit dickem Lehmbewurf, der mit Häcksel oder Kälberhaaren (magern und verankern), Tierblut oder Schmiedezunder (Volumenvergrößerung infolge Oxydation) richtig aufbereitet, so gut wie rissefrei blieb und der Ziegelwand in bezug auf Wärme- und Schalldämmung nicht nachstand.

Wegen der besseren Wetterbeständigkeit wurden die Gefache auch ausgemauert mit verfugtem Ziegelmauerwerk.

Werden bei äußeren Fachwerkwänden die ausgemauerten Fache verputzt, so liegt der Putz stets bündig mit der Außenfläche des Fachwerks, und die Ausmauerung ist entsprechend zurückgesetzt (Bild **6**.111 a und c). Bleiben die Fache unverputzt, so ist außen bündig mit den Holzflächen ausgemauert (Bild **6**.111 b und d).

Die Ausmauerung wird in den Fachen durch Mörtel gehalten, der einerseits am Mauerstein haftet, andererseits in eine seitliche Nut des Stiels eingreift (Bild **6**.111 c). Genügender Halt entsteht auch, wenn in jeder 3. oder 4. Schicht Nägel seitlich in die Stiele und Streben eingeschlagen werden. Die Nägel müssen 6 cm in das Mauerwerk reichen (Bild **6**.111 d). Lösung **6**.111 c ergibt jedoch einen dichteren Anschluß des Mauerwerks an die Hölzer. Da sich Holzwerk und Ausfachung bei Wärme und Feuchtigkeit nicht in gleicher Weise ausdehnen, können Risse an dieser Stelle nur durch Ausstopfen der Fuge mit Glas- oder Steinwolle oder durch Verwendung aufquellender bitumenhaltiger Dichtungsbänder vermieden werden. Wegen des Verputzes von Fachwerkwänden s. Abschn. 8 in Teil 2 dieses Werkes.

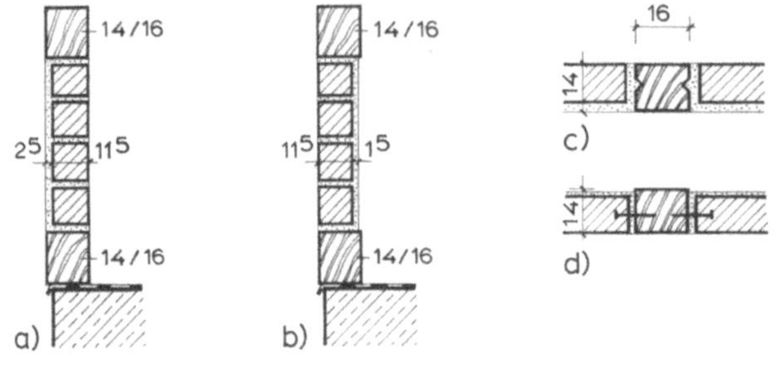

6.111
Ausmauerung der Fachwerkwände (Darstellung ohne Wärmeschutz)
a) Ausfachung geputzt
b) Ausfachung als Sichtenmauerwerk
c) seitlicher Anschluß mit Nut
d) seitlicher Anschluß mit Nagelung

6.6.4 Wärmeschutz

Der Wärmeschutz üblicher Fachwerk-Außenwände reicht im Hinblick auf die Forderungen der Wärmeschutzverordnung (vgl. Abschn. 14.5) nicht aus.

Nur in Ausnahmefällen kann ein Wärmeschutznachweis unter Berücksichtigung der gesamten Hüllflächen zu ausreichenden Ergebnissen führen, wenn z. B. der Wärmeschutz von Decken und Fußböden optimal ist und berücksichtigt wird, daß der Wärmeschutz einer Fachwerkwand mit Strohlehmausfachung immerhin noch günstiger ist als der von entsprechenden Fensterflächen.

Nur bei vollständiger Erneuerung von Fachwerkwänden sind die Bestimmungen der Wärmeschutzverordnung bzw. von DIN 4103 einzuhalten. Bei der denkmalspflegerischen Instandsetzung von Fachwerkbauten, – insbesondere, wenn nur Ausfachungen erneuert werden, – sind durch ministerielle Erlasse in Hessen und Nordrhein-Westfalen ausdrücklich Ausnahmen zugelassen.

Für die Dimensionierung der Wärmedämmung von Lehmausfachungen sind keine einschlägigen Bestimmungen vorhanden. Es können jedoch etwa folgende Werte zu Grunde gelegt werden:

- Leichtlehm (ca. 800 kg/m^3) 0,23 W/mK
- Strohlehm (ca. 1200 kg/m^3) 0,47 W/mK
- Massivlehm (ca. 1800 kg/m^3) 0,93 W/mK

Grundsätzlich ist bei der Dimensionierung des Wärmeschutzes zu beachten, daß nicht allein die Wärmedämmwerte zu betrachten sind, sondern gleichzeitig Taupunktgrenze und anfallende Tauwassermengen zu ermitteln sind. (Diese darf auf keinen Fall Werte über 1 kg Tauwasser/m^2 ergeben.)

Sind Ausfachungen aus Lehm mit Stakung vorhanden und ihre Erhaltung möglich, wird in der Fachliteratur [9] in der Regel folgendes Vorgehen empfohlen:

- Abtragen der Lehmausfachung außen um etwa 25 mm,
- Überspannen der Gefache mit Putzträgern (z. B. Rippenstreckmetall), die jedoch nur an den Stakhölzern, nicht am Fachwerk, befestigt werden dürfen,
- Spritzwurf und Putzauftrag, mit zweilagigem mineralischem Putz (z. B. aus Kalk-Traßmörtel). Es können auch Wärmedämmputze verwendet werden.
- Anschlußfugen zum Fachwerk sind durch Kellenschnitt von 10 mm Tiefe zu bilden. Eine Fugenabdichtung zwischen den Putzflächen in den Gefachen und dem Balkenwerk mit dauerelastischen Dichtungsmassen ist wenig haltbar und in ihrer Auswirkung umstritten.

Müssen die Ausfachungen erneuert werden, werden sie am besten mit Leichtziegeln ausgemauert. Porenbetonsteine sind nur bei völlig trockenem Einbau für Ausfachungen geeignet, weil sie aufgenommenes Wasser nur langsam abgeben.

Die Ausmauerungen werden durch Dreikantleisten oder Nagelung an den Gefachen gehalten (Bild **6**.112). Insbesondere an den Wetterseiten sollten zusätzlich komprimierbare Schaumstoffdichtungen in die Anschlußfugen eingelegt werden.

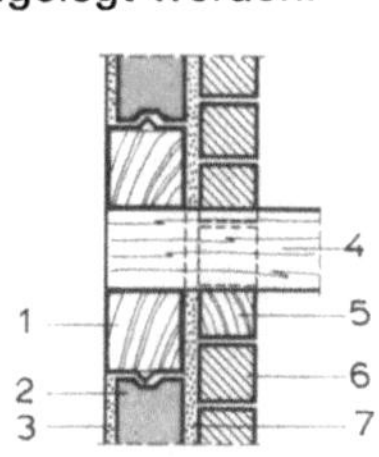

6.112
Fachwerkwand mit Regenbremse und Hintermauerung (Schema)
1 Fachwerkriegel (Fachwerkfläche innen mit Papier überspannt
2 Porenbeton
3 Kalkputz
4 Deckenbalken
5 Auflagerriegel
6 Hintermauerung
7 Regenbremse

Eine zusätzliche Wärmedämmung kann natürlich nur an der Innenseite erfolgen. Wenn die Verringerung der Raum-Grundflächen in Kauf genommen werden kann, wird am besten eine Innenschale aus Leichtziegeln auf Lastverteilungsbalken oder dem Sockel mit 2 cm Abstand ausgeführt. Dabei dürfen auf keinen Fall eine offene Fuge oder Hohlräume zwischen Fachwerk und neu aufgeführten Wänden verbleiben. Als vorteilhaft wird die Ausführung einer Regenbremse wie bei zweischaligem Mauerwerk mit Putzschicht empfohlen: Um die Übertragung von Bewegungen zwischen Fachwerk und Innenschale zu verhindern, wird das Fachwerk mit einer Trennlage (Papier, Ölpapier, nicht aber aus Folien oder ähnlichem dampfsperrendem Material!) überspannt und die Fuge lagenweise beim Aufmauern mit flüssigem Traßmörtel ausgegossen (Bild **6.**113).

Zusätzliche innere Wärmedämmungen können auch mit Wärmedämmplatten ausgeführt werden. Auch dabei dürfen auf keinen Fall dampfbremsende Trennlagen zwischen Fachwerk und Dämmschichten eingebaut werden, weil sonst die Balken, insbesondere die Schwellen schnell durch Kondensatbildung zerstört würden.

Bewährt haben sich Wärmedämmplatten aus extrudiertem PS-Hartschaum oder ähnliche Materialien mit einem relativ hohen Wasserdampfdiffusionswiderstand, wobei mindestens 4 cm dicke Materialien eingebaut werden sollten. In Bädern oder ähnlichen Feuchträumen sind raumseitig Dampfsperren einzubauen und ein Dampfdruckausgleich durch ausreichende Lüftung zu gewährleisten.

6.6.5 Schallschutz

Bei bestehenden Fachwerkbauten ist die Gewährleistung des erforderlichen Luft- und Trittschallschutzes meistens recht problematisch.

Trittschallschutz mit schwimmenden Estrichen auf Zement-, Anhydrit- oder Asphaltbasis ist auf den in der Regel vorhandenen Holzbalkendecken meistens aus Gewichtsgründen und auch bei den oft sehr begrenzten Geschoßhöhen nicht möglich. Es sollte aber auf einen in Trockenbauweise z. B. mit schwimmend verlegten Spanplatten hergestellten Trittschallschutz (auch in Verbindung mit Ausgleichsschüttungen) möglichst nicht verzichtet werden (vgl. Abschn. 9).

Der **Luftschallschutz** der Außen- und Wohnungstrennwände kann nur durch biegeweiche Schalen vor den Wänden verbessert werden. Um dabei Schallnebenwege (Flankenübertragung) zu vermeiden, sind in der Regel auch biegeweiche Schalen unter den Geschoßdecken erforderlich, wegen der meistens aber ohnehin kaum ausreichenden Geschoßhöhen problematisch (vgl. Abschn. 14.6).

Es müssen bei historischen Fachwerkbauten daher beim Schallschutz – ebenso wie beim Brandschutz – Kompromisse in Kauf genommen werden, die jeweils im Einzelfall mit Nutzern, Bauaufsichtsbehörden und ausführenden Firmen abzustimmen sind.

6.6.6 Oberflächenbehandlung

Wenn Fachwerkhölzer farbig behandelt werden sollen, dürfen keinesfalls dampfsperrende bzw. dampfdichte Lacke oder Anstriche verwendet werden. Für die Gefache haben sich dampfdurchlässige Mineralfarbstoffe gut bewährt.

Von erheblicher Bedeutung ist die Erhaltung eines bestandsfreundlichen Feuchtigkeitszustandes in den Innenräumen. Er muß insbesondere durch ausreichende Lüftung sichergestellt werden. Das bedeutet, daß der Einbau dicht schließender moderner Fenster in Fachwerkbauten immer problematisch ist. Als Kompromiß gegenüber den Anforderungen des Wärmeschutzes können u. U. Doppelfenster als Kastenfenster betrachtet werden (s. Abschn. 5 in Teil 2 dieses Werkes).

6.7 Wände im Montagebau

6.7.1 Allgemeines

Ziel des Montagebaues ist es, transportable Bauelemente unter Beachtung der Maßnormen und bestimmter Rastermaße (Moduln) in Werkstätten oder Fabriken bis in die Einzelheiten vorzufertigen und sie auf der Baustelle innerhalb kurzer Zeit zusammenzusetzen. Damit soll erreicht werden, daß die Hauptarbeit nicht auf den von der Witterung oder sonstigen hinderlichen Umständen abhängigen Baustellen, sondern in gedeckten, zweckmäßig eingerichteten Arbeitsräumen und in genau aufeinander abgestimmten, mechanischen Arbeitsgängen durchgeführt wird. Auf diese Weise lassen sich Verluste an Zeit, Arbeitskraft und Baustoffen auf das geringstmöglichste Maß beschränken. Andererseits muß oft ein hoher Transportaufwand in Kauf genommen werden.

Die bisherigen Erfahrungen mit Montageverfahren haben – von Ausnahmen abgesehen – immer noch folgendes ergeben:

- die Lebensdauer bei Massivbauweisen ist bei geringeren Unterhaltungskosten voraussichtlich größer als die von Montagebauten,
- die Baukosten der Montagebauten konnten gegenüber örtlich hergestellten Bauten bisher nicht wesentlich gesenkt werden;
- die Wärmedämmung der Montagebauten ist zwar gut,
- die Schalldämmung ist nur bei sehr sorgfältiger Ausführung zufriedenstellend.

Großformatige Wandelemente für den Montagebau spielten eine große Rolle im Geschoßwohnungsbau besonders bei völlig neu angelegten Wohngebieten. Technische Mängel in der Ausführung, oft große Defizite in der architektonischen Gestaltung, insbesondere aber neue soziologische und städtebauliche Konzepte haben zu einer weitgehenden Abkehr vom Wohnungsbau mit großformatigen Bauteilen geführt. Auch in den neuen Bundesländern, in denen diese Bauweise vorherrschte, dürfte diese Entwicklung sicher schnell eintreten.

Nach wie vor behalten vorgefertigte großformatige Wandbauteile aber überall dort ihre Bedeutung, wo z. B. kurze Ausführungsfristen an der Baustelle oder beengte Baustellenverhältnisse im Vordergrund stehen.

Die im Montagebau herstellbaren Wände lassen sich grob gliedern in:

- Wände aus selbsttragenden Scheiben (Platten und Tafeln aus Holz, Stahlbeton usw.) (Bild **6**.113),
- Wände, die im Zusammenhang mit Skelettkonstruktionen (s. Abschn. 7) eingebaut werden (Bild **6**.114).

Werden vorgefertigte Wände und andere Bauteile nicht nur verwendet, um bestimmte konstruktive Einzelaufgaben innerhalb eines Projektes zu lösen, sondern im Rahmen kompletter, in der Regel vorgefertigter, Bausysteme verwendet, spricht man von „Elementiertem Bauen". Montagebauweisen und elementiertes Bauen lassen sich jedoch nicht eindeutig voneinander abgrenzen, so daß sich die Ausführungen des Abschn. 6.7 und auch 9 (Vorgefertigte Geschoßdecken) mit dem Inhalt des Abschn. 7 berühren.

Die großformatigen, vorgefertigten selbsttragenden Wandbauteile gliedern sich in geschoßhohe selbsttragende schmale Tafeln (Bild **6**.113a und b) und geschoßhohe selbsttragende raumbreite Platten (Bild **6**.113c).

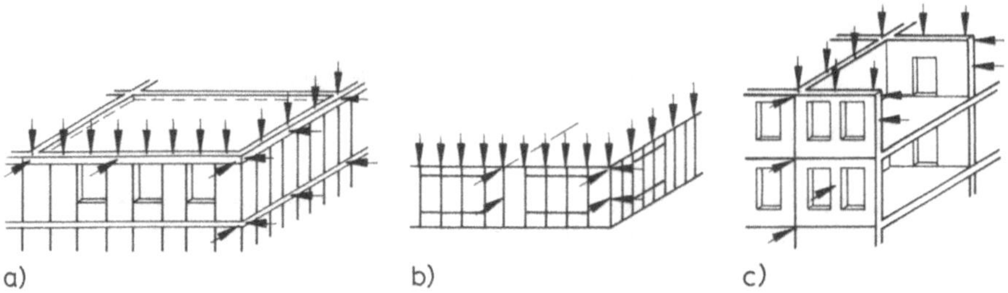

6.113 Anwendung und statische Beanspruchung von Montagewänden

a) Wände aus stehenden Wandelementen, geschoßhoch, 50 bis 100 cm breit, 20 bis 30 cm dick, Ringanker in Deckenhöhe. Durch Fugenverguß und Ringanker werden die Elemente zu geschoßhohen und -breiten Platten zusammengeschlossen, die – untereinander ausgesteift – zusammen mit den Deckenschalen Vertikal- und Horizontalkräfte aufnehmen

b) geschoßhohe Wände aus gerahmten Tafeln, Wandelementen geschoßhoch, 0,80 bis 1,25 m breit. Verwendung innen und außen, für Balken- und Rippendecken geeignet; die Deckenlasten ruhen auf den vertikalen Tafelstößen. Die durch die Füllung ausgesteiften Tafeln der Außen- und Innenwände nehmen die Querkräfte auf

c) Raumgroße, deckentragende Platten aus Stahlbeton, mehrschichtig. Höhe 2,60 bis 4,00 m, Breite 6,00 bis 7,00 m, Gewicht 6,0 bis 7,0 t. Verwendung innen und außen, statische Beanspruchung wie a)

Nichttragende vorgefertigte Wände werden als Außenwandelemente bei wabenartigen Tragwerksstrukturen („Schottenbauweise") oder im Zusammenhang mit Skelettkonstruktionen eingesetzt (Bild **6.**114).

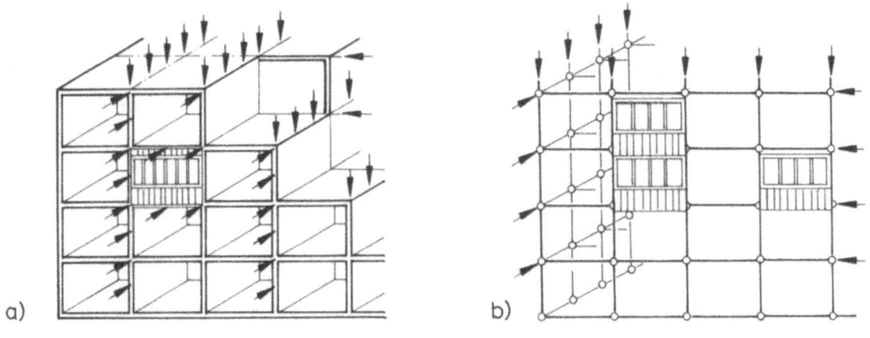

6.114 Nichttragende vorgefertigte Wände

a) Zellenwerk aus tragenden Querwänden (Schotten) mit eingesetzten, nicht deckentragenden Außenwandelementen. Tragende Querwandelemente geschoßhoch, meist raumtief, Längsaussteifung durch Deckenscheiben, Treppenhauswände und längsgerichtete Trennwände (nach DIN 1053, Taf. 2)

b) Stahl- oder Stahlbetongerippe mit außen vorgehängten Wandelementen. Wandelemente geschoßhoch, Breite 1,00 bis 3,00 m. Horizontalkräfte werden durch Rahmen und Deckenscheiben aufgenommen

Baustellenuntersuchungen haben zwar für Wände aus liegenden und stehenden Tafeln im Vergleich zu anderen, wärmetechnisch gleichwertigen Wandkonstruktionen besonders günstige Werte bezüglich des Gesamtarbeitsaufwandes ergeben, der geringe Arbeitsaufwand allein ist jedoch kein Maßstab für die Vorteile, die eine Wandkonstruktion bietet, da die Wandbaukosten nur einen verhältnismäßig kleinen Teil der

Gesamtbaukosten ausmachen und außerdem der optimale Wert einer Wand von vielerlei Eigenschaften bestimmt wird, wie:

- Festigkeit
- Sicherheit gegen Nässe, Schall und Wärmeverluste
- Dauerhaftigkeit
- kurze Bauzeit (Montage)
- geringe oder gar keine Baufeuchtigkeit
- geringe Baustoffmasse (Raum-, Stoff- und Transportersparnis)
- Maßgenauigkeit
- geringer Preis
- Aussehen usw.

In gewissen Fällen können weitere Faktoren den optimalen Wert mitbestimmen, die in anderen Fällen eine geringere Rolle spielen. Einige der geforderten Eigenschaften wirken einander entgegen, z. B. Schalldämmfähigkeit und geringe Masse, wasserdichte Außenhaut und Möglichkeit der Dampfdiffusion u. ä. Nur sehr sorgfältige Planung und genaue Arbeitsdurchführung ermöglichen hier, so ausgleichend zu wirken, daß jede konstruktive Maßnahme ihren besten Wirkungsgrad erreicht.

Tafeln, die den hohen Ansprüchen genügen sollen, die z. B. im Wohnungsbau gestellt werden, müssen alle Eigenschaften einer guten Massivwand haben, aber außerdem transportabel und montierbar sein. Sie dürfen bei hinreichender Luftschall- und Wärmedämmung nicht zu schwer sein und müssen vor und nach dem Einbau, trotz ihrer Größe, maßgenau und an allen Stößen vollkommen dicht sein. Obwohl möglichst bis in die Einzelheiten des inneren Ausbaus vorgefertigt, sollen sie nicht nur transportsicher, sondern auch nicht zu transportempfindlich sein.

Tafelabmessungen werden vom Baustoff (Gewicht und Festigkeit) sowie vom Entwurfsrastermaß (Bild **6**.115) bestimmt. Die Tafelhöhe ist gleichzeitig Geschoßhöhe.

Die Beschränkung auf wenige, aber abwandlungsfähige Tafeltypen und -größen (große Serien, gleichartige Montage, einfache Lagerhaltung) bei großem Spielraum für die architektonische Gestaltung sind ebenso erforderlich wie eine für die gesamte Planung konsequente Anwendung der Maß- bzw. Modulordnung (vgl. Abschn. 2).

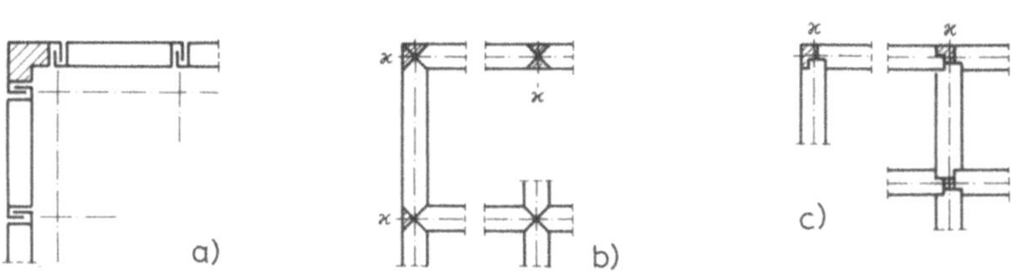

6.115 Einfluß der Tafelstöße und -kreuzungen auf die Einordnung in Rastersysteme (vgl. Bild **2**.9–**2**.13)

a) Raster neben Elementachse, weil Eckglied bei mehrschaligen Wandelementen besonders groß bemessen ist

b) Rasterachse deckt sich mit Wandelementachse bei einschaligen Tafeln (x = kleine Füllglieder mit hoher Wärmedämmfähigkeit)

c) ähnlich b mit rechtwinklig gebrochenen Stoßfugen

Tafelverbindungen werden auf zahllose Arten durch Fugenverguß, Dübel, Schrauben, Haken, Klammern, Nutfedern usw. (Bild **6**.116) hergestellt. Die Wahl der Verbindung hängt vom Tafelbaustoff (Festigkeit, Maßgenauigkeit, Wärmedämmung, Schwindmaß) sowie vom Wandaufbau ab (einschalig, mehrschalig, hohl, gerahmt usw.).

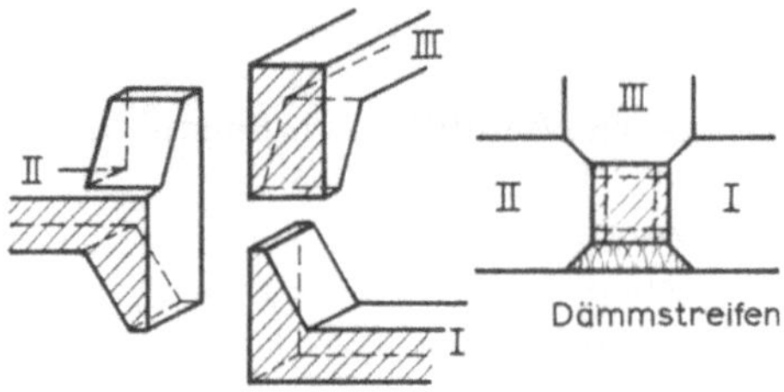

6.116
Keilhaken für Tafelstoß und Innenwandanschluß (Schema)

Keilhakenverbindungen aller Art lassen sich leicht zusammensetzen und lösen. Die Keilflächen ziehen die Tafel fest zusammen. Mit Tafel I wird Tafel II verhakt, sodann wird Tafel III aufgesetzt. Das gleiche Prinzip ist bei Tafelwandkreuzungen anwendbar. Gegen seitliches Verschieben sichern Keile oder Stifte.

Außenwandtafeln sind meist mehrschalig oder -schichtig (außen Wetterschutz, im Inneren Wärmedämmung, an der Innenfläche Spachtelungen oder anderer fertiger Untergrund für Anstrich oder Tapete). Durch Dampfsperren ist zu vermeiden, daß Wasserdampf im Wandinneren kondensiert und zu Bauschäden und Wärmeverlusten führt.

Innenwandflächen sollen nagelbar sein und Dübel, Schrauben usw. für das Anbringen von Raumausstattungsgegenständen sowie Installationsleitungen aufnehmen können. Gefordert werden weiterhin dichte Fugen (gegen Schmutz und Ungeziefer), möglichst hohes Wärmespeichervermögen und Luftschalldämmfähigkeit. Die Schalldämmung kann durch doppelschalige Wände aus Tafeln verschiedener Biegesteifigkeit erreicht werden.

Fugendichtungen erfordern besondere Sorgfalt. Anzustreben ist die mehrfach gebrochene Fuge, wie sie am primitivsten durch Anbringen von Deckprofilen oder – unsichtbar – bei Nut- und Federverbindungen oder Verguß entsteht. Für die Dichtung von Fugen, in denen Dehn- und Schwindbewegungen ausgeglichen werden sollen, sind Kunststoffe zu verwenden, die hinreichend fest an den Fugenflanken haften und bei Dehnung nicht reißen.

Die für Transport und Montage erforderliche Kantenfestigkeit sowie die Knickfestigkeit können durch Einfassen der Tafeln mit Holz- oder Metallrahmen verbessert werden. Tafelrahmen aus Metall oder Schwerbeton liegen im Innern der Fuge, oder sie müssen durch Falzungen und wärmedämmende Kunststoffpolster unterbrochen werden, damit sie keine Wärmebrücken bilden.

Tafelauflager bilden meist Fundamentplatten aus Beton oder die Rohdecken. Die Tafeln werden bei den meisten Systemen in U-förmige Metallschienen eingeschoben, die auf den Deckenrändern verankert werden. Die Dichtung der Lagerfuge muß der Stoßfugendichtung den einzelnen Tafeln entsprechen.

Bei der Verbindung zwischen Wand- und Deckentafeln aus Beton wird meist wie in Bild **6.**124 und **6.**130 gezeigt verfahren.

6.7.2 Vorgefertigte tragende Wandelemente

Flachbauten werden seit langer Zeit aus etwa meterbreiten, geschoßhohen Tafeln zusammengesetzt, die wärmedämmend und so fest sind, daß sie ohne Aussteifung durch Stützen leichte Decken- oder Dachlasten aufnehmen können. Balken- oder Rippendekken können dabei auf die steifen Vertikalkantenstöße der Tafeln aufgelagert werden (Bild **6.**113c). Aus Tafeln (Schalen, Flächen) zusammengefügte Wände bieten allgemein die Vorteile der Serienherstellung, der Anpassungsfähigkeit an vielerlei Grundrißformen und der trockenen, schnellen Montage der bis zum Ausbau vorgefertigten Wandelemente.

6.7.2.1 Holzelemente

Wandelemente aus Holz werden für Außen- und Innenwände als geschoßhohe Tafeln von 1,00 bis 1,25 m Breite hergestellt. Die Tafeln bestehen aus Latten- oder Kantholzrahmen, die beidseitig Bekleidungen tragen. Dabei werden für Innenflächen Spanplatten, Sperrholz oder Gipskartonplatten verwendet und für die Außenflächen Faserzementplatten, beschichtete Spanplatten oder Spanplatten mit Dünnschicht-Kunstharzputzen. Außenputz wird hier möglichst vermieden, um die Vorteile der trockenen Montage uneingeschränkt wahrzunehmen.

Die Rahmen können sichtbar bleiben (Bild **6**.117), werden aber meistens durch die Bekleidungen überdeckt (Bild **6**.118). Die Tafeln werden untereinander durch Bolzen-

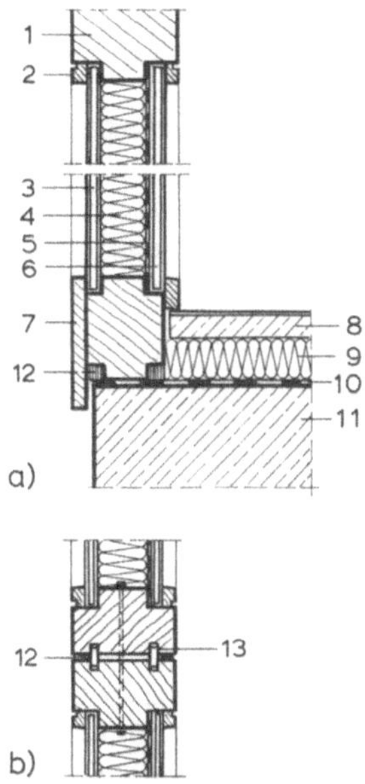

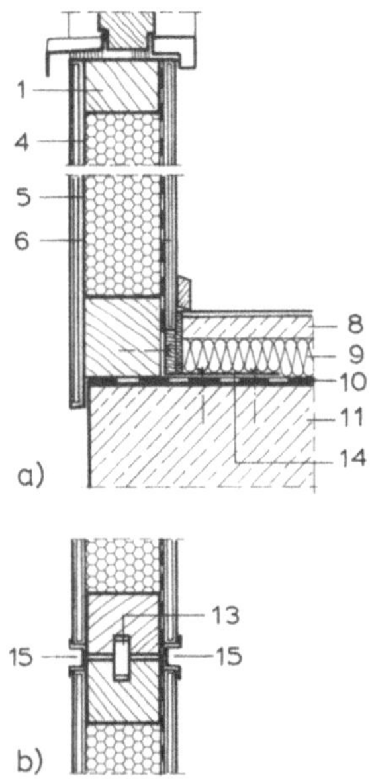

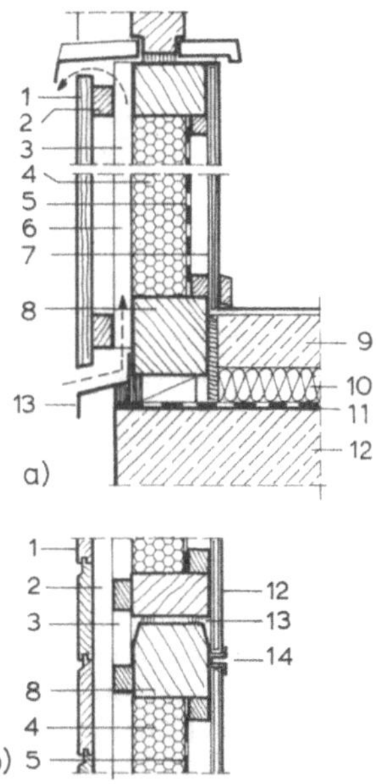

6.117 Holztafelkonstruktion nicht hinterlüftet, Rahmenwerk sichtbar
a) Schnitt
b) Tafelstoß, Grundriß

6.118 Holztafelkonstruktion nicht hinterlüftet, Rahmenwerk verdeckt
a) Schnitt
b) Tafelstoß, Grundriß

1 Rahmen
2 Deckleiste
3 Füllung (z. B. glasierte Faserzementtafel)
4 Wärmedämmung
5 Dampfsperre
6 Füllung innen (z. B. Gipskartonplatte)
7 Abdeckleiste
8 Zementestrich
9 Wärmedämmung
10 Abdichtung gegen aufsteigende Feuchtigkeit
11 Stahlbetondecke oder -sockel
12 Dichtung
13 Nut-Feder-Verbindung
14 Haltewinkel
15 Abdeckprofil

6.119 Holztafelkonstruktion hinterlüftet
a) Schnitt
b) Tafelstoß, Grundriß

1 senkrechte Profilbretter
2 Konterlattung
3 Lattung
4 Wärmedämmung
5 Dampfsperre
6 Luftraum
7 Gipskartonplatte
8 Rahmen
9 Zementestrich
10 Wärmedämmung
11 Abdichtung gegen aufsteigende Feuchtigkeit
12 Stahlbetondecke oder -sockel
13 Dichtung
14 Abdeckprofil

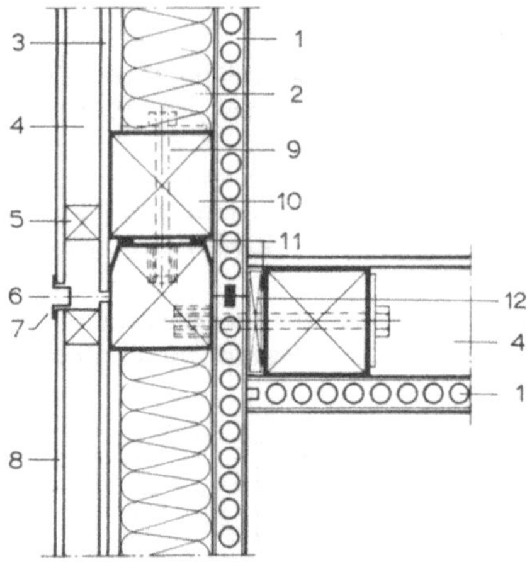

6.120 Holztafelverbindung mit Schraubenbolzen (OKAL). Grundriß einer Verbindung von Außenwandtafeln und Anschluß einer Zwischenwand. Die Rampaschrauben werden durch Montageöffnungen hindurch angezogen, die danach verschlossen werden

1 Röhrenspanplatte
2 Wärmedämmung
3 Flachspanplatte
4 Luftraum
5 Abstandleiste
6 Rasterlinie
7 Aluminiumschiene
8 Faserzementplatte mit Kunstharzputz
9 Rampaschraube
10 Wandstiel
11 Dichtungsband
12 Hartholzfeder

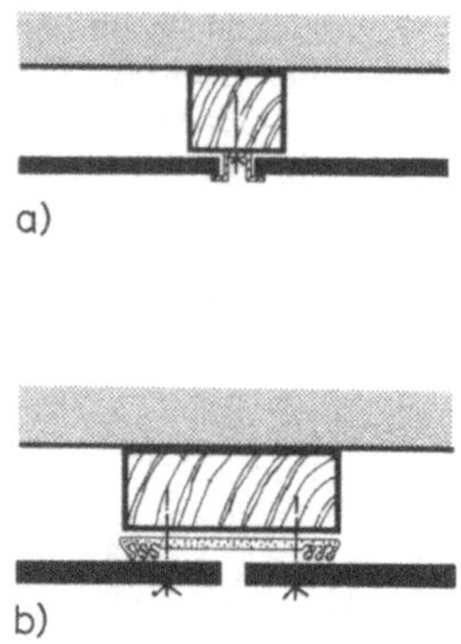

6.121 Tafelstöße (Grundrisse)
a) Stoß mit Abdeckprofil
b) Stoß mit Dichtungsband

schlösser (Bild **6.**120), Dollen oder Federn (Bild **6.**117 bzw. **6.**118) verbunden und direkt auf den Decken bzw. oder Gebäudesockeln (Bild **6.**117 bis **6.**119) oder auf Fußschwellen verankert. Die Tafelstöße werden durch Profilleisten abgedeckt oder – bei nachträglich montierten Bekleidungen mit Hilfe von Dichtungsbändern verbunden (Bild **6.**121). Die Hohlräume der Tafeln werden mit Wärmedämmstoffen ausgefüllt. Dabei unterscheidet man nicht hinterlüftete (Bild **6.**117 und **6.**118) und hinterlüftete Wandkonstruktionen (Bild **6.**119). Bei nicht hinterlüfteten Elementen können stehende Luftschichten als zusätzliche Wärmedämmung wirksam werden. Hinterlüftete Wandelemente sind durch die Vorsatzschale vorteilhaft im Hinblick auf sommerlichen Wärmeschutz.

Bei vielen Holztafelbauweisen bestehen auch die Decken und Fußböden aus vorgefertigten Tafeln. Die unter sich gleich großen Wandtafeln sind ihrem Verwendungszweck entsprechend als geschlossene Wandtafeln, als Fenstertafeln oder als Türtafeln ausgebildet. Leicht können in diesen Tafeln schon in der Werkstatt die notwendigen Versorgungsleitungen untergebracht werden.

6.7.2.2 Porenbetonelemente[1])

Porenbetonelemente werden als raumhohe Tafeln von 62,5 cm Breite oder in Raumbreite (bis etwa 6,00 m) – auch mit eingearbeiteten Fenster- und Türöffnungen – hergestellt.

[1]) Die Bezeichnung „Gasbeton" wurde vom Herstellerverband in „Porenbeton" geändert.

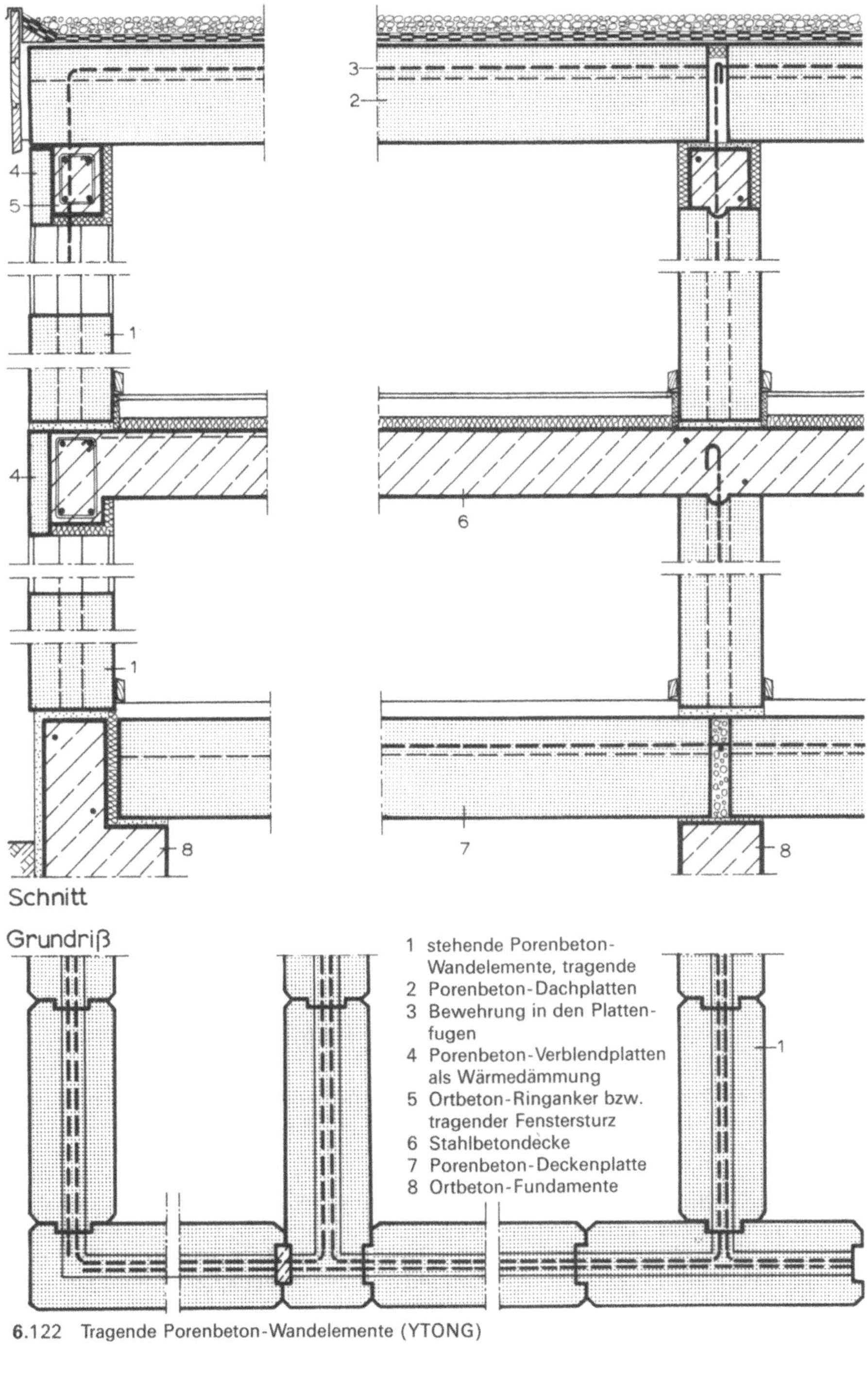

1 stehende Porenbeton-Wandelemente, tragende
2 Porenbeton-Dachplatten
3 Bewehrung in den Plattenfugen
4 Porenbeton-Verblendplatten als Wärmedämmung
5 Ortbeton-Ringanker bzw. tragender Fenstersturz
6 Stahlbetondecke
7 Porenbeton-Deckenplatte
8 Ortbeton-Fundamente

6.122 Tragende Porenbeton-Wandelemente (YTONG)

In Verbindung mit entsprechenden Porenbeton-Dach- und Deckenelementen ergeben sie komplette Montagesysteme für Gebäude mit bis zu 3 Vollgeschossen. Die Tafeln haben entweder nur eine leichte Transportbewehrung oder auch Zugbewehrungen nach statischer Berechnung, so daß Horizontalkräfte (Winddruck, Erddruck) aufgenommen werden können.

Die Tafeln werden auf Fundamenten oder Deckenrändern in ein Mörtelbett (MG III) gesetzt und im übrigen an den Stößen stumpf oder mit Nut-Feder-Rändern durch Klebe- oder Dünnbettmörtel verbunden.

Gebäudeecken werden mit Stahlankern gesichert. An den Deckenrändern werden Ringanker nach statischer Berechnung ausgeführt (Bild **6**.122).

Die Außenflächen können in herkömmlicher Weise geputzt werden oder Dünnschichtputze bzw. Anstriche erhalten, die jedoch nicht die Wasserdampfdiffusion behindern dürfen.

6.7.2.3 Stahlbetonelemente[1])

Stahlbeton-Fertigelemente kommen in einfacher Form für den Bau von Kellerwänden in Frage. Schmale, raumhohe Elemente sind wegen ihres hohen Gewichtes und der damit verbundenen Transportprobleme meistens gegenüber örtlich mit modernen Schaltungstechniken hergestellten Betonwänden unwirtschaftlich. Dagegen können – auch mit leichtem Hebezeug versetzbare – zweischalige Wandelemente vorteilhaft sein, die eigentlich als „verlorene Schalung" betrachtet werden müssen (Bild **6**.123).

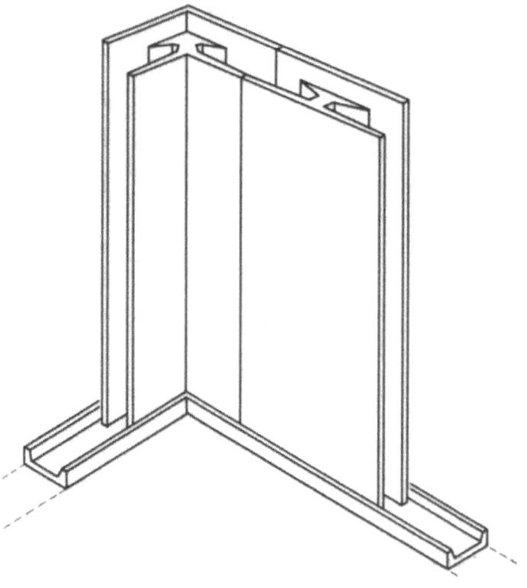

6.123
Zweischalige Schwerbetonwandelemente (BHN)

Geschoßhohe, raumbreite Stahlbeton-Wandelemente werden als tragende Platten aus Normal- oder Leichtbeton hergestellt. Sie werden vor der Montage oft bis in alle Einzelheiten (Fenster, Türen, Installation, Putz, Verglasung) vorgefertigt. Die Anfertigung erfolgt in hochmechanisierten Werken, wo mit größter Genauigkeit und Sparsamkeit sorgfältig ausgewählte Baustoffe von gleichbleibender Güte verarbeitet werden. Durch große Serien und die damit verbundene straffe Rationalisierung bei Fertigung und Montage können Kosten gesenkt werden. Voraussetzungen für das Erreichen dieses Zieles sind frühzeitige Planung, Zusammenarbeit erfahrener Fachleute

---

[1]) s. auch Abschn. 6.7.3.5

auf dem Gebiet des Entwurfs, der Fertigung und des Baustellenbetriebes sowie – bei günstigen Transportbedingungen (weiteste Entfernung 50 bis 100 km) – ein gesicherter Umsatz, dessen Mindestumfang (etwa 300 Wohnungseinheiten) in der Hauptsache von dem in die Fertigung investierten Kapital abhängt.

Durch die Abkehr vom vielgeschossigen Massenwohnungsbau und durch den Trend zu immer stärker differenzierter architektonischer Gestaltung der Fassaden ist trotz der vorhandenen technischen Möglichkeiten auf diesem Gebiet der Einsatz großformatiger tragender Außenwandelemente heute in erster Linie dort gegeben, wo lediglich rasche Montage an der Baustelle wichtig ist. Dazu gehören insbesondere die Außenwände von Kellergeschossen, wenn der Einsatz der erforderlichen schweren Hebezeuge dafür wirtschaftlich bleibt.

Außenwandplatten werden zweischalig mit dazwischenliegender Dämmschicht („Sandwichplatten") hergestellt. Die äußere Betonschale bildet den Wetterschutz, die innere trägt die Deckenlast. Die Maßgenauigkeit wird durch die Fertigung in Metallformen erreicht und durch Dampfhärtung (Verhindern des Schwindens nach Einbau) (Bild **6**.124).

Äußere und innere Schale müssen miteinander verankert werden. Die Verankerung muß einerseits eine sichere Verbindung der Schalen gewährleisten, andererseits aber

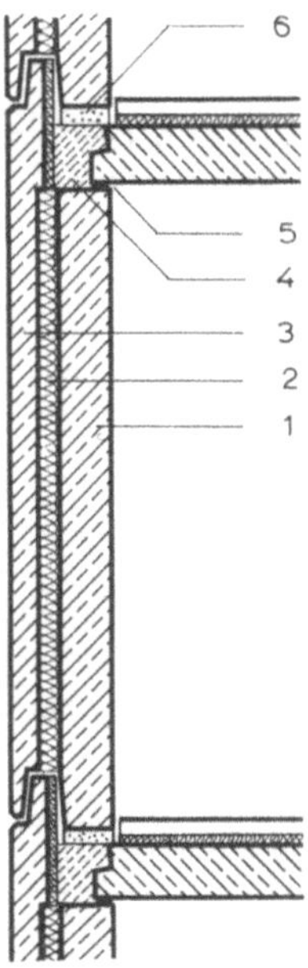

6.124
Geschoßhohes Stahlbeton-Außenwandelement (Sandwich-Fassadenplatten)
1 tragende Scheibe
2 Wärmedämmung (Dampfsperre nur in Sonderfällen)
3 Vorsatzschale
4 Vergußbeton
5 Auflagerscheibe PVC
6 Unterstopfmörtel

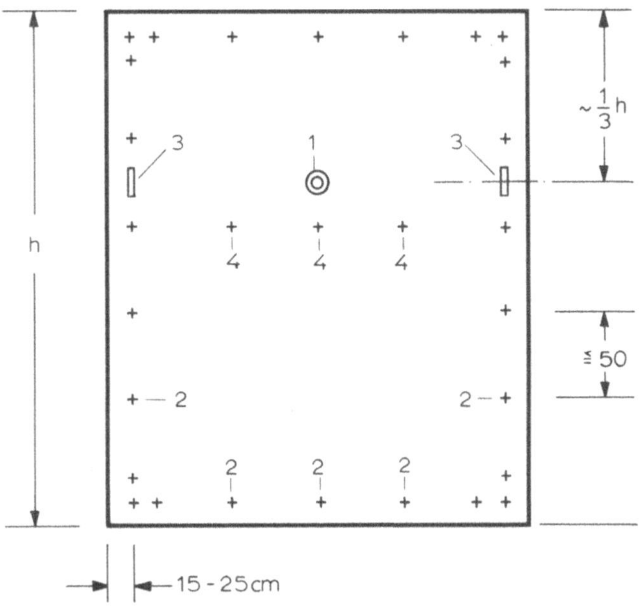

6.125
Verankerungen in Sandwichplatten
1 Zentralanker
2 Randanker („Nadeln")
3 Zentrieranker
4 Zusatznadelreihe bei Höhen über 2,50 m

auch thermische Bewegungen der Außenschale sowie Schwindbewegungen zulassen. Daher werden in Tafelmitte starre Zentralanker und an den Rändern flexible, korrosionsfeste Stahldrahtanker („Nadeln") eingebaut (Bild **6**.125).

Die Außenschale ist mindestens 7 cm dick und kann an der Oberfläche durch Schalungsmatrizen, Nachbehandlungen oder mit Waschbeton- o.ä. Vorsätzen gestaltet werden (vgl. Abschn. 5.6).

Die Plattenaufteilung ist in erster Linie von den gestalterischen Absichten abhängig. Die Elementbreite sollte aber möglichst auf etwa 4 m begrenzt werden.

Die W ä r m e d ä m m u n g besteht im allgemeinen aus schwer entflammbaren oder nicht brennbaren Schaumstoffen bzw. Mineralwolleplatten. Wärmebrücken müssen durch Stufenfalze der Wärmedämmplatten oder durch mehrschichtige Anordnung verhindert werden (Bild **6**.126).

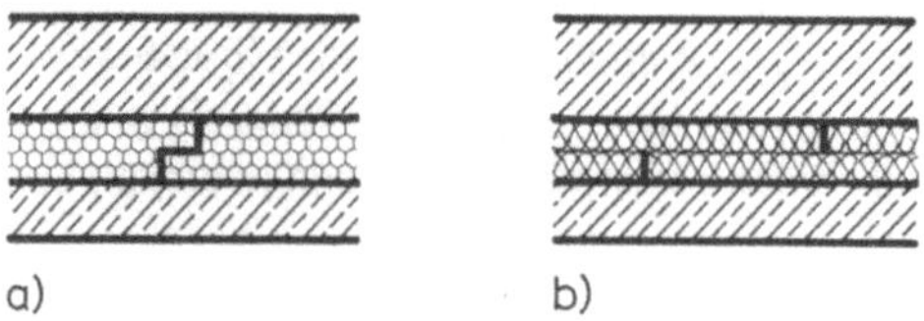

6.126
Stöße der Wärmedämmung von Sandwich-Elementen
a) Stufenfalz
b) Stöße versetzt

Ecken werden meistens mit Hilfe von Sonderformteilen ausgebildet (Bild **6**.127 und **6**.128).

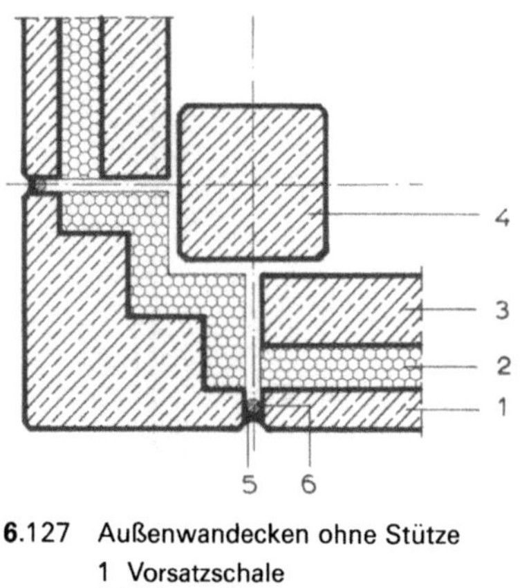

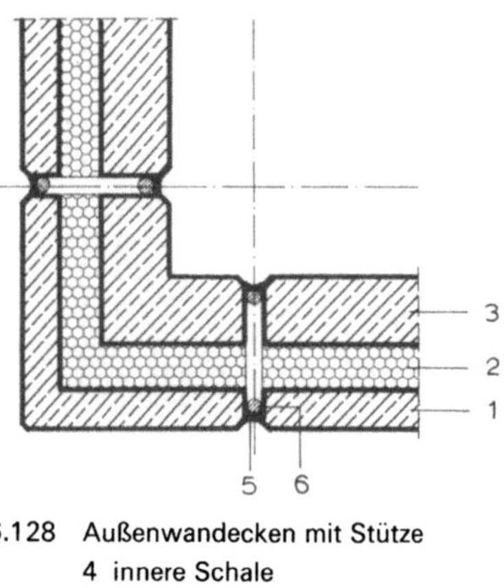

6.127 Außenwandecken ohne Stütze
1 Vorsatzschale
2 Wärmedämmung
3 Stütze des Stahlbetonskeletts

6.128 Außenwandecken mit Stütze
4 innere Schale
5 Fugenabdichtung
6 Fugenhinterfüllung

Fugen. Entscheidend für die Güte der gesamten Wand, insbesondere der Außenschale, ist die Ausbildung der H o r i z o n t a l - und V e r t i k a l f u g e n. Sie werden mit eingelegten Dichtungsbändern (Bild **6**.129a), Profilsystemen (Bild **6**.129b) oder als abgedichtete Fugen (Bild **6**.129c) ausgeführt. Versuche mit mehrschaligen wandbreiten Betonplatten für Außenwände haben ergeben, daß Durchfeuchtungsschäden und Wärmeverluste an den Plattenfugen vermieden werden können, wenn den physikalischen Grundsätzen auf einfache Weise durch die F u g e n f o r m Rechnung getragen wird. Fertigungsfehler und Materialmängel scheiden dann als Schadensquellen weitgehend aus.

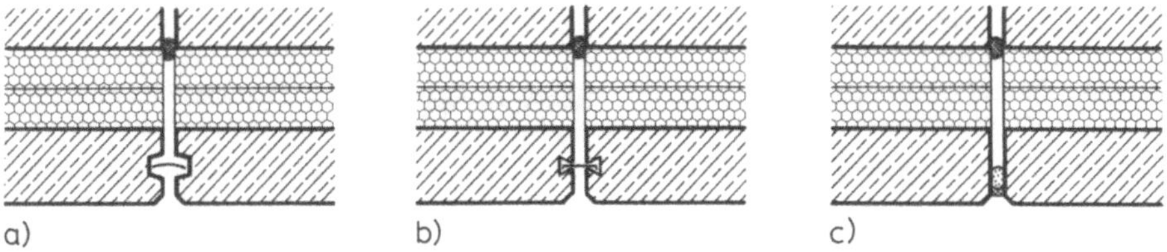

6.129 Fugenausbildung
a) Dichtungsband in Stahlbetonnut
b) Fugenprofile mit Dichtungsband
c) dauerelastische Abdichtung

Um eine sichere Ableitung von Schlagregenwasser auch an den Fugenkreuzungen zu gewährleisten, werden z. B. die senkrechten Fugenebenen in diesen Bereichen gegeneinander versetzt (Bild **6**.130a).

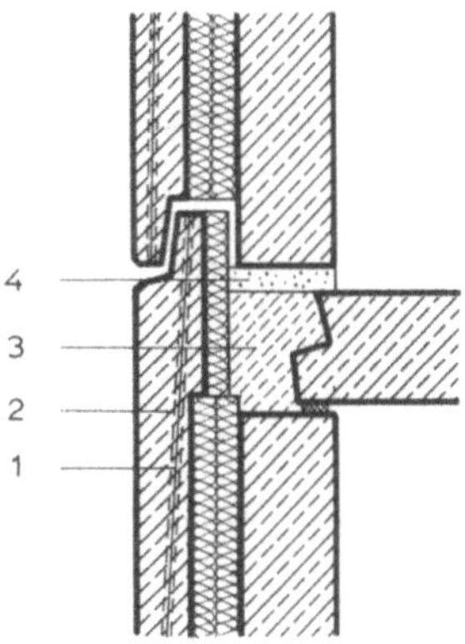

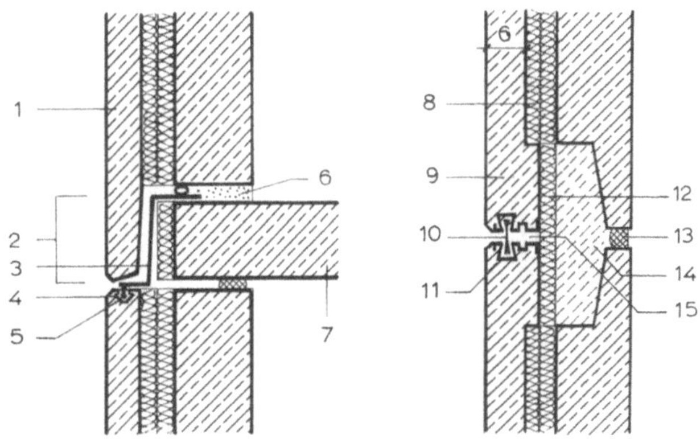

6.130
Hinterlüftete Horizontalfuge einer Sandwich-Wand

1 seitliche Fugenzunge
2 Fugendichtungsprofil
3 Vergußbeton
4 Unterstopfmörtel

6.131
Prinzip der druckausgleichenden Vertikalfuge bei mehrschichtigen Beton-Außenwandplatten[1]) (Schnitt und Grundriß)

1 Außenschale
2 Schwellenhöhe $h \geqq 6$ cm
3 den Kreuzungspunkt überdeckendes Kunststoffprofil
4 Steckbefestigung des Kunststoffprofils
5 einbetoniertes PVC-Profil
6 Windsperre (Mörtel) im Wandinnern durch Dichtungsband angeschlossen
7 Stahlbetondecke
8 Wärmedämmung (zweilagig)
9 verdickte Außenschale
10 Regensperre (Polychloropren)
11 Vertikalfugenprofil aus PVC
12 vor dem Ortbetonverguß einzubringende Wärmedämmung
13 Dichtungsmasse
14 Ortbeton
15 Druckausgleichsraum

[1]) nach Unterlagen der Eurofit GmbH, Berlin

Die Horizontalfuge kann auch durch eine mindestens 6 cm hohe „Schwelle" geschützt werden, deren Höhe sich aus dem Staudruck des Windes herleitet. Die Windsperre bilden der Ortbetonverguß oder Dichtungsbänder (Bild **6**.131). Die Vertikalfuge erhält hier eine Regensperre aus einem Kunststoffprofil, hinter dem der vertikale Druckausgleichsraum liegt, aus dem etwa eingedrungenes Wasser in der Horizontalfuge nach außen abfließen kann (Bild **6**.129a und b).

Der Beton-Großplattenbau ist keine ideale Lösung, solange bei der Montage Ortbeton verwendet werden muß. Besser wäre der statisch wirksame Verbund der trocken versetzen Platten durch Spannkeile (z. B. ähnlich Bild **6**.116) (mögliche Demontage, bessere Wärmedämmung, geringeres Transportgewicht).

Raumgroße lasttragende Innenwandplatten werden aus einschaligem Normal- oder Stahlleichtbeton hergestellt. Sie enthalten meist Kanäle für Versorgungsleitungen aller Art. Schornsteine und Müllschächte werden ebenfalls in geschoßhohen Elementen hergestellt.

6.7.3 Vorgefertigte nichttragende Wandelemente

6.7.3.1 Allgemeines

Nichttragende Außenwandtafeln, die in zahlreichen Variationen verwendet werden, und zwar aus Holz-, Stahl- oder Aluminiumrahmen, mit Blech, Faserzement, kunststoffbeschichteten Sperrholz-, Spanholz- oder Faserholzplatten o. ä. beplankt und innen mit Wärmedämmstoffen gefüllt bzw. ausgeschäumt, lassen sich mit höchster Maßgenauigkeit in Serie herstellen und miteinander oder auch mit den Tragsystemen

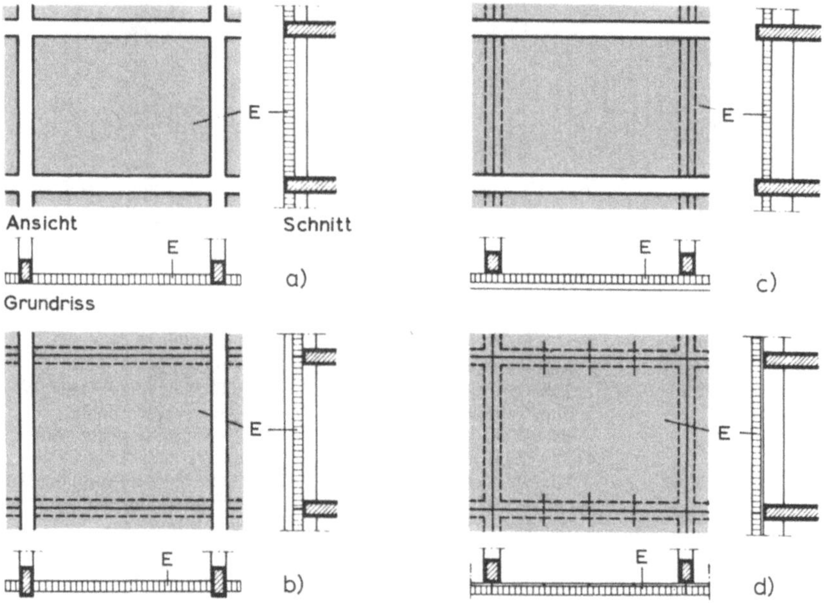

6.132 Anordnung vorgefertigter Außenwandelemente

a) Außenwandelemente *E* zwischen Deckenplatten und Stützen gehängt oder auf Deckenplatte aufgesetzt

b) Außenwandelement *E* vor Deckenplatten, hinter Stützenvorderfläche (Elemente sind an der Decke beliebig oft aufgehängt oder auf ihr abgestützt)

c) Außenwandelement *E* vor Stützen, hinter Deckenstirnflächen (Elemente sind auf die Deckenplatten aufgesetzt)

d) Außenwandelemente *E* vor Stützen, und vor Deckenplatten (Elemente sind an den Decken- und Stützenstirnflächen befestigt) verbinden. Die Fließbandfertigung umfaßt oft auch Fenster oder Türen als Teil des Wandelements. Spezialtransportgerät kann Transportschäden vermeiden helfen.

Außenwände von Gebäuden mit Stahl- oder Stahlbetongerippen (s. Bild **6.**114) oder tragenden Querwänden (Zellenwerk, „Schotten") werden durch leichte, vorgefertigte Wandelemente gebildet, die entweder als Ausfachung zwischen die Tragkonstruktion (Bild **6.**132a und b) gesetzt oder davor aufgehängt werden (Bild **6.**132c und d).

Ausfachungen werden zwischen Deckenplatten oder Stützen so montiert, daß das Skelett des Bauwerkes ganz oder teilweise sichtbar bleibt (Bild **6.**132a bis c).

Problematisch ist in jedem Fall die Einhaltung enger Maßtoleranzen bei der Ausführung des tragenden Skeletts, das Verhindern von Wärmebrücken in der Fassade und die Abdichtung zwischen den Ausfachungselementen und dem Skelett. Es ist deshalb meist einfacher, vorgefertigte Wandelemente vor die Tragkonstruktion zu hängen (vgl. auch Abschn. 6.7.4).

6.7.3.2 Leichtelemente

Leichte hallenartige Gebäude ohne Wärmeschutz können einfache Montagewände aus Faserzement- (Bild **6.**133), Stahl- oder Aluminium-Profilplatten erhalten, die mit Hilfe von Riegeln oder freistehend vor den Skelettkonstruktionen montiert werden (Bild **6.**134).

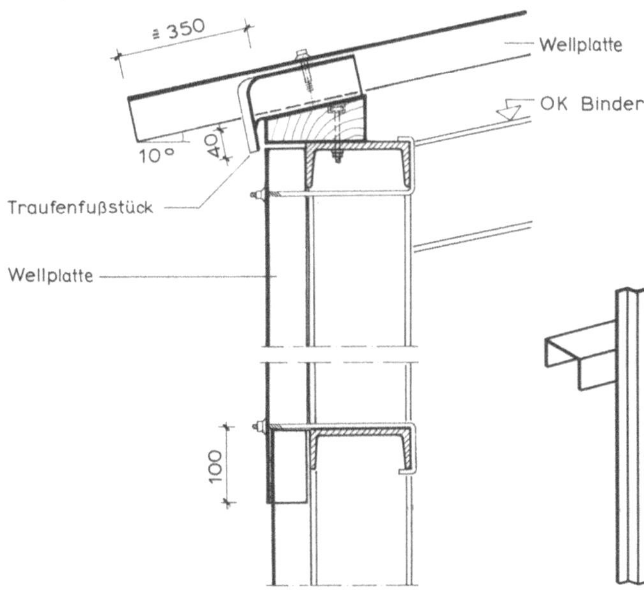

6.133 Wand aus Well-Faserzement-Platten

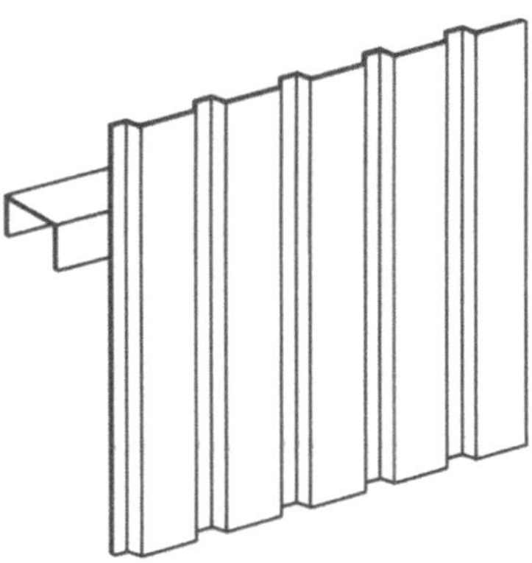

6.134 Wand aus Stahlblech-Trapezprofilen

6.7.3.3 Metallelemente mit Wärmedämmung

Für Hallen- und für Lagerbauten mit Skelettkonstruktionen, bei denen keine Wärmespeicherung der Wände erforderlich ist, stellen Metallprofilplatten mit Wärmedämmung sehr wirtschaftliche Lösungen dar.

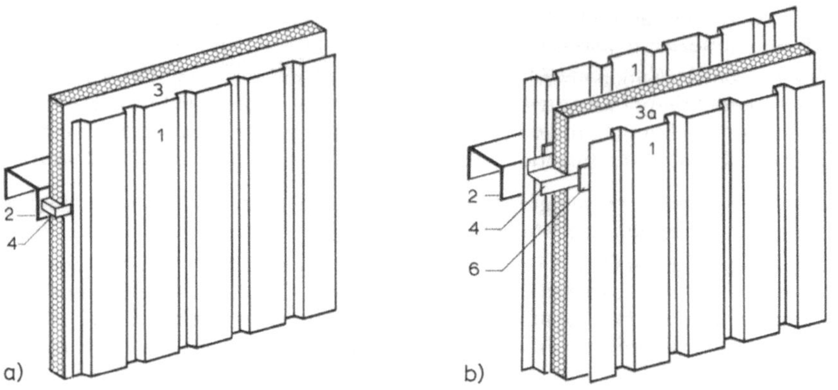

6.135 Stahlblech-Trapezprofilwände (HOESCH)
a) zweischalig mit Wärmedämmung
b) zweischalig, Feuerwiderstandsklasse W90

1 Trapezprofil
2 Unterkonstruktion
3 Wärmedämmschicht
  a Wärmedämmschicht (nicht brennbar)
4 Z-Profil
5 Mauerwerk oder Beton
6 Silikatstreifen 10 × 100 mm

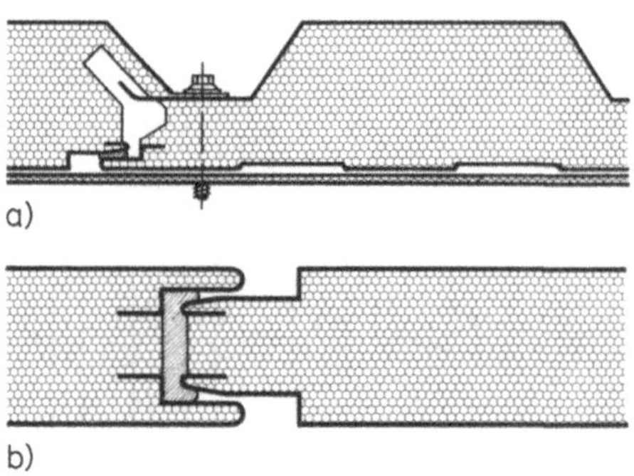

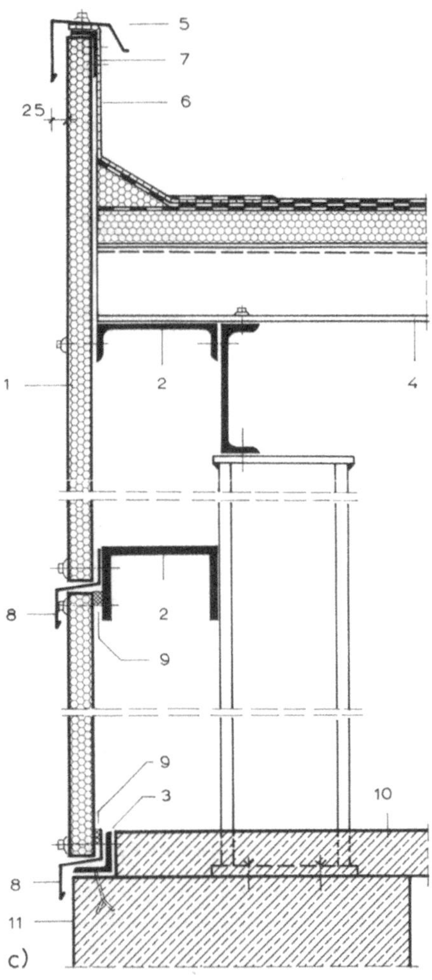

6.136 Montagewände aus Stahlblech
a) wärmegedämmte Trapezprofilbleche
b) Sandwich-Platten (HOESCH-Isowand)
c) Schnitt

1 HOESCH-Isowand
2 Wandriegel
3 Fußriegel
4 Trapezblech
5 Attikakappe
6 Kunststoffdachbahn
7 Haltewinkel
8 Horizontalverwahrung
9 Dichtungsband
10 Verbundestrich
11 Betonsockel

Wenn an die Innenflächen keine Anforderungen – auch hinsichtlich mechanischer Beschädigungen – gestellt werden müssen, können steife Wärmedämmplatten (z. B. extrudierte PS-Hartschaumplatten) zwischen den Riegeln montiert werden (Bild **6**.135 a). Werden nichtbrennbare Dämmplatten verwendet, die zwischen zwei Blechschalen angeordnet sind, können derartige leichte Außenwände Feuerwiderstandsklassen bis zu F90 bzw. F90 erreichen (Bild **6**.135 b).

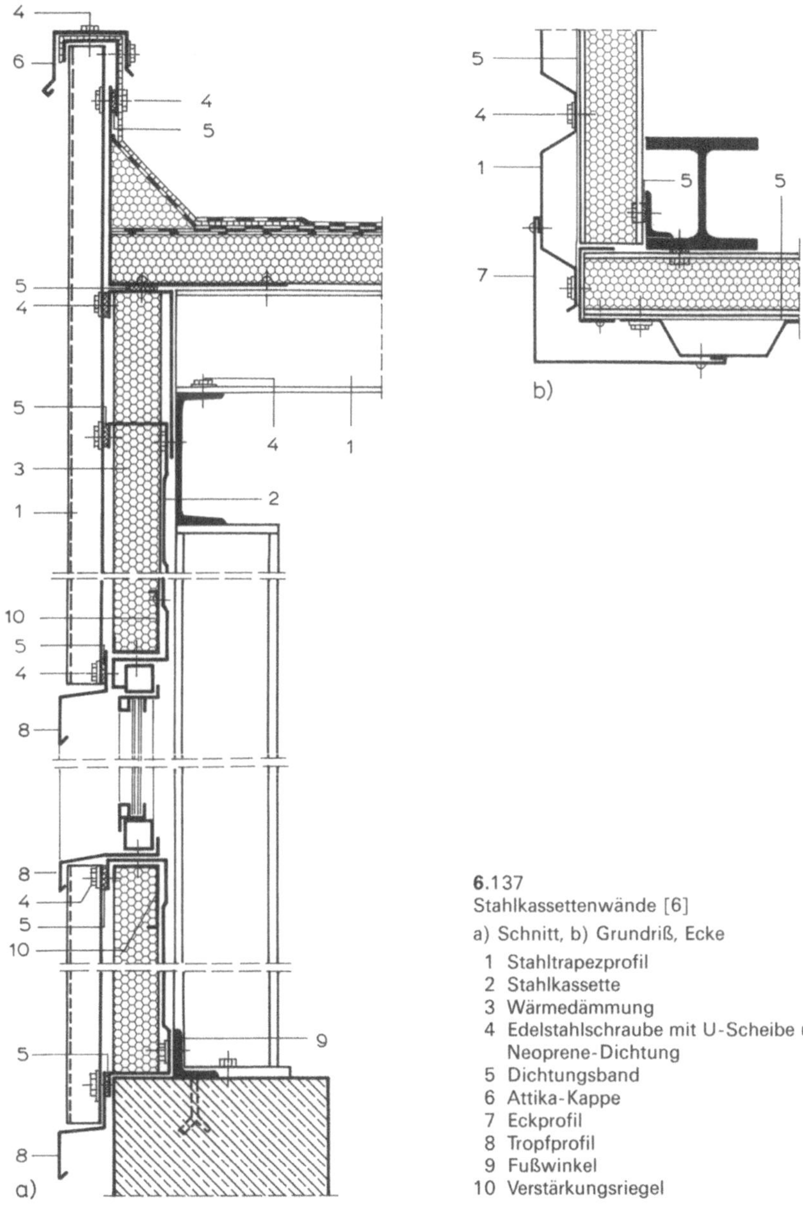

6.137
Stahlkassettenwände [6]
a) Schnitt, b) Grundriß, Ecke
1 Stahltrapezprofil
2 Stahlkassette
3 Wärmedämmung
4 Edelstahlschraube mit U-Scheibe und Neoprene-Dichtung
5 Dichtungsband
6 Attika-Kappe
7 Eckprofil
8 Tropfprofil
9 Fußwinkel
10 Verstärkungsriegel

Insbesondere im Industriebau werden für derartige Wandkonstruktionen vorgefertigte Elemente aus beschichteten Stahl- oder Aluminiumprofilen mit Schaumstoffkern verwendet. Sie sind besonders im Hinblick auf den Montageaufwand sehr wirtschaftlich und können bei baulichen Veränderungen leicht abgenommen und wiederverwendet werden (Bild **6**.136).

Wenn an den Innenseiten glatte Wandflächen ohne Riegel erforderlich sind, stellen Stahlkassettenwände eine gute Lösung dar. Während die Außenschale bei ihnen vertikal gespannte Trapezprofile aufweist, wird die Innenschale aus Kassettenprofilen gebildet, die horizontal von Stütze zu Stütze gespannt werden. Mit entsprechender Kassettentiefe kann jede erforderliche Wärmedämmschicht eingebaut werden. Werden die innenliegenden Kassetten aus Lochblechen gebildet, lassen sich erhebliche Schallschluckwerte in Verbindung mit geeigneten Wärmedämmstoffen erreichen (Bild **6**.137).

Berücksichtigt werden muß, daß Metallkonstruktionen gegen mechanische Beschädigungen empfindlich sind, und nur mit recht hohem Aufwand können sie Anforderungen hinsichtlich Schallschutz erfüllen.

6.7.3.4 Poren- und Leichtbetonelemente

Porenbetonelemente bieten als nichttragende Wände bei allerdings größeren Wanddicken als denen von Stahlprofilwänden folgende Vorteile:

- gute Wärmedämm- und -speichereigenschaften
- unproblematische Wasserdampfdiffusion
- relativ guter Schallschutz
- guter Brandschutz
- Unempfindlichkeit bzw. gute Reparaturmöglichkeit bei mechanischen Beschädigungen.

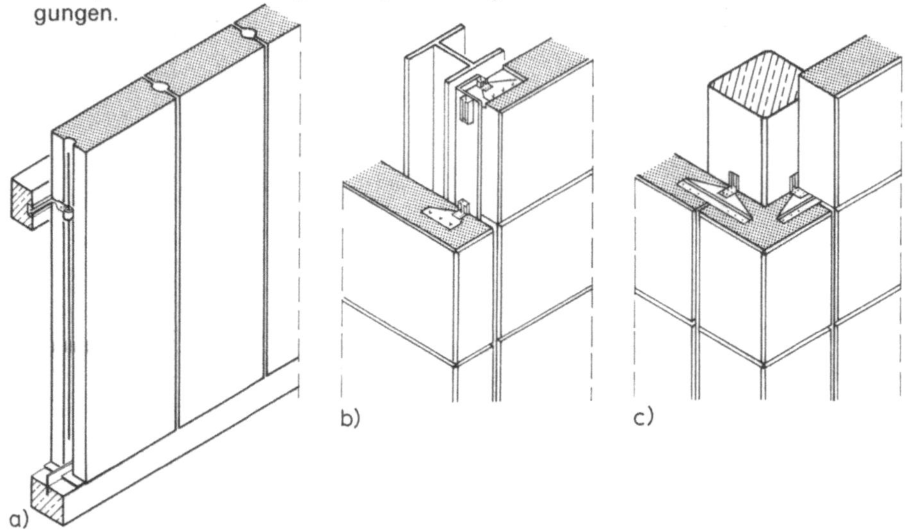

6.138 Stahlskelett mit Porenbetondielen
a) stehende Montage vor Stahlbetonriegel
b) liegende Montage
c) liegende Montage mit Eckelement

Dem steht gegenüber der höhere Montageaufwand, die erforderliche laufende Unterhaltung durch Anstriche, die eingeschränkte Wiederverwendbarkeit bei baulichen Änderungen. Das höhere Eigengewicht der Elemente erfordert entsprechend bemessene Unterkonstruktionen.

Für nicht tragende Wände werden 62,5 cm breite, geschoßhohe Porenbetonelemente vor den Riegeln von Skeletten stehend eingebaut oder liegend. Bei liegendem Einbau sind Elementlängen bis zu 7,50 m Länge möglich. Die Verbindung mit dem Skelett erfolgt in der Regel mit Halteankern, die in Ankerschienen eingehängt oder an Stahlskeletten angeschweißt werden (Bild **6.**138b).

Die Stoßverbindungen und Oberflächenbehandlung usw. werden wie bei tragenden Porenbetonelementen ausgeführt (s. Abschn. 6.7.2.2).

Als Beispiel für Mehrschichtplatten aus Leichtbeton zeigt Bild **6.**139 die Durisol-Fassadenelemente, zu deren besonderem Merkmal gehört, daß sie ohne Fugenverguß eingebaut und somit beschädigungs- bzw. zerstörungsfrei demontiert werden können. Der Kondensatbildung im wärmedämmenden Kern zwischen den Schwerbetonschalen wird durch Lüftungskanäle begegnet.

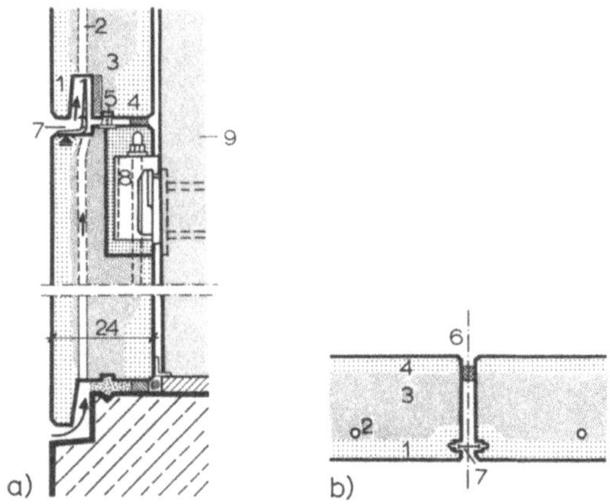

6.139
Belüftete Mehrschicht-Fassadenelemente (DURISOL)
a) senkrechter Schnitt
b) horizontaler Schnitt
1 äußere Betonschicht
2 Belüfungskanal
3 Holzspanbeton (Wärmedämmung)
4 Dichtung
5 Nockenprofil
6 Windsperre
7 Schwellenprofil der Horizontalfugen
8 Verankerung
9 Stahlbetonskelett

6.7.3.5 Stahlbeton-Fassadenelemente

Für Stahlbetonskelettbauten mit hohen Anforderungen an Wärme- und Schallschutz kann eine Kombination von Ausfachungswänden mit zusätzlichem Wärmeschutz und vorgehängten Stahlbeton-Außenwandelementen in Frage kommen. Diese werden mit Schwerlastankern an den Stahlbetonstützen oder -riegeln oder an den Deckenrändern der Skelettkonstruktion aufgehängt und justiert (Bild **6.**140). Damit liegt eine zweischalige hinterlüftete Außenwand vor (vgl. Abschn. 6.2.3.3).

Bei einer anderen Montageart werden die Stahlbeton-Außenwandelemente mit bereits rückseitig aufgeklebter oder anbetonierter Wärmedämmung mit kurzen angeformten Nocken auf die Deckenränder aufgesetzt. Mit Winkellaschen werden die Konsolnocken auf einbetonierten Ankerschienen verschraubt. Nur im oberen Bereich werden sie mit Schwerlastankern gegen Abkippen gesichert. Anschließend werden die Skelettfelder von der Innenseite her ausgemauert, so daß eine zweischalige Wand mit Kerndämmung entsteht (Bild **6.**141, vgl. Abschn. 6.2.3.3).

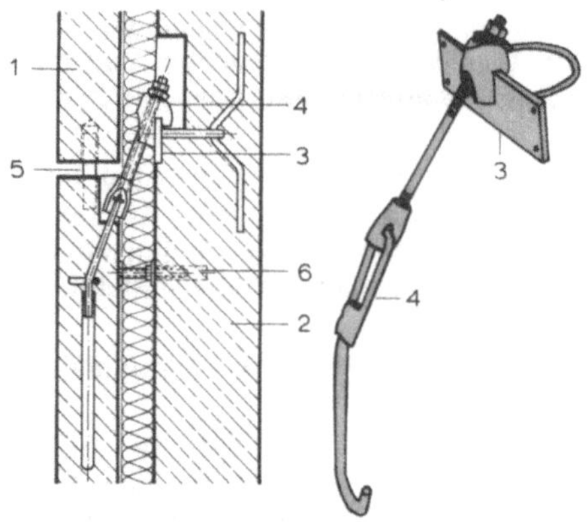

6.140 Fassadenplattenanker (deha)
1 Fassadenplatte
2 Stahlbetonskelett
3 einbetonierte Ankerplatte
4 Fassadenplattenanker
5 Justierstift
6 Abstandhalter

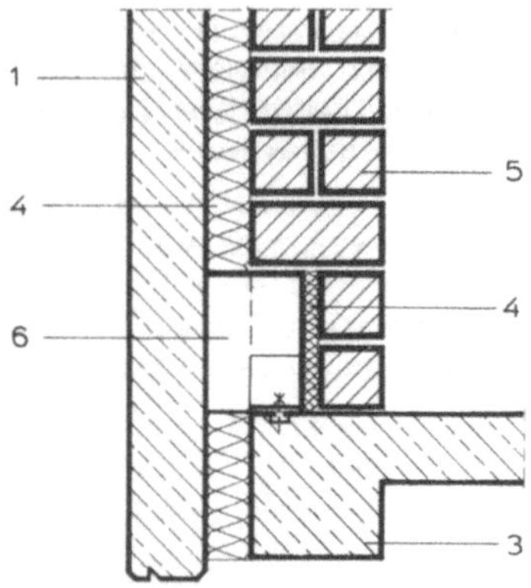

6.141 Aufgesetzte Stahlbeton-Fassadenplatte
1 Fassadenplatte
2 Aufstandnocken mit seitlichem Sicherungswinkel auf Ankerschiene
3 Stahlbetonriegel (bzw. Sturz)
4 Wärmedämmung mit raumseitiger Dampfsperre
5 Hintermauerung

Auch hinterlüftete Konstruktionen sind bei dieser Bauweise möglich, wenn die Wärmedämmung mit Hilfe von wabenartigen Kunststoff-Abstandhaltern an die Fertigteile anbetoniert wird.

Die Fugen der Elemente werden wie bei den tragenden Stahlbetonwänden ausgeführt (s. Bild **6**.129).

Die außerordentlich verfeinerten Schalungstechniken erlauben die Herstellung von gestalterisch und formtechnisch sehr anspruchsvollen Fassadenteilen. Die in den Bildern **6**.142 und **6**.143 gezeigten Beispiele sollen die dabei gegebenen Möglichkeiten andeuten.

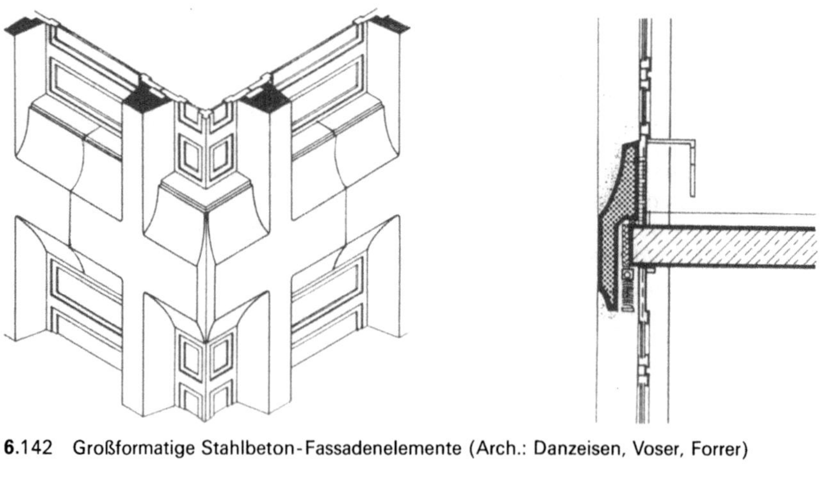

6.142 Großformatige Stahlbeton-Fassadenelemente (Arch.: Danzeisen, Voser, Forrer)

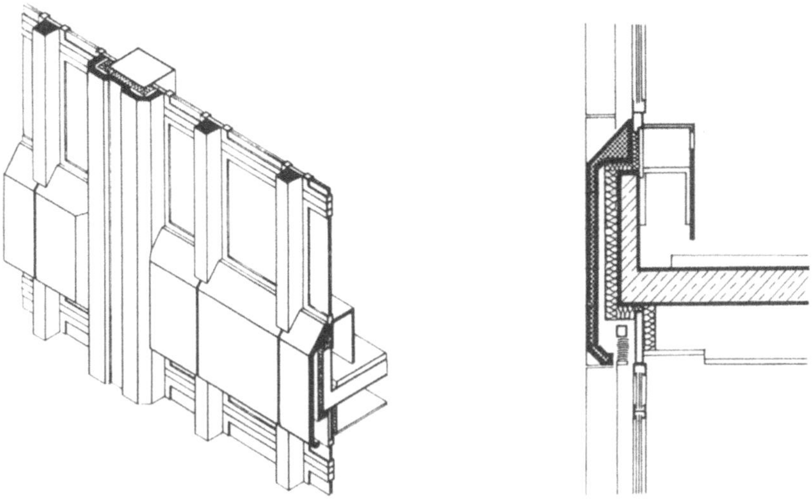

6.143 Kleinformatige Stahlbeton-Fassadenelemente (Arch.: Danzeisen, Voser, Forrer)

6.7.4 Vorhangwände

Eine Sonderform vorgefertigter Außenwände stellen die hauptsächlich für Geschäftsgebäude verwendeten leichten „Vorhangwände" („curtainwall") dar, die als Metall-Verbundelemente kombiniert mit Fenstern und Brüstungen bei Skelettbauten verwendet werden. Neben der Möglichkeit rascher Montage und ggf. später leichter Veränderung ist damit eine Vergrößerung der Nutzflächen gegeben. Außerdem wird eine erhebliche Verminderung der auf Stützen, Deckenränder und Fundamente wirkenden Lasten erreicht.

Vorhangwände werden an Geschoßdecken oder, seltener, an den Stahl- oder Stahlbeton-Skelettstützen mit schon bei der Planung festgelegten, justierbaren, leicht zugänglichen, korrosionsgeschützten Winkeln, Konsolen oder Ankerschrauben (Bild **6**.146 und **6**.149 bis **6**.151) befestigt. Dabei soll der Abstand zwischen Vorhangwand und Geschoßdecke möglichst klein gehalten werden (Fußboden- und Deckenanschlüsse, Schallbrücken, vgl. Bild **6**.158 und **6**.161). Die einzelnen Elemente sind an ihren Kanten miteinander verbunden und bilden beliebig große, ununterbrochene Wandflächen. Das dahinterliegende tragende Skelett tritt nicht unmittelbar in Erscheinung, kann aber durch die Anordnung von Konstruktionsteilen der Vorhangwände (Pfosten, Sprossen) in seiner Lage angedeutet werden. Verwendet werden

- Tafeln mit Außenhaut aus gepreßten Blechen oder Kunststoffen
- mechanisch verbundene, mehrschichtige Tafeln mit oder ohne aussteifende Unterkonstruktion
- verleimte mehrschichtige Tafeln mit aussteifender Unterkonstruktion
- Betontafeln verschiedenartigen Aufbaus.

Es werden Sprossenkonstruktionen und Tafelkonstruktionen unterschieden.

Sprossenkonstruktionen bestehen aus einem System senkrechter und waagrechter Sprossen, die an den tragenden Teilen des Bauwerks (vor allem den Deckenplatten) befestigt sind. Das Sprossenwerk trägt die flächenbildenden Platten oder Tafeln aus Glas, Blech usw. einschließlich der Fenster.

Für die Beurteilung einer Sprossenkonstruktion müssen bekannt sein:

- Art der Montage (aus Einzelbestandteilen oder aus vorgefertigten Rahmen). Daraus ergeben sich Art und Umfang der Arbeitsvorgänge in der Werkstatt und am Bau.
- Spannrichtung (vertikal oder horizontal). Hieraus ergibt sich, wie die Befestigung am Skelett angeordnet und ausgebildet sein muß und wie die Sprossen zu bemessen sind (Bild **6.**144a und b).
- Fugenausbildung zwischen den Sprossen (Sprossenform), Sprossenrahmen sowie den Sprossen und Füllungen (einschließlich Fensterrahmen).

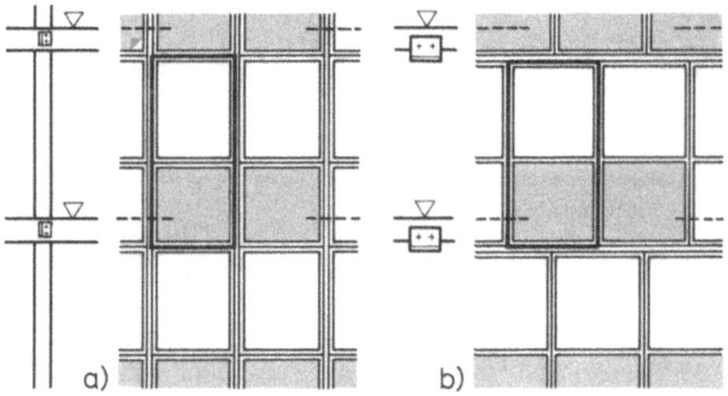

6.144 Vorhangwände in Sprossenkonstruktion
a) vertikalgespannt, b) horizontalgespannt

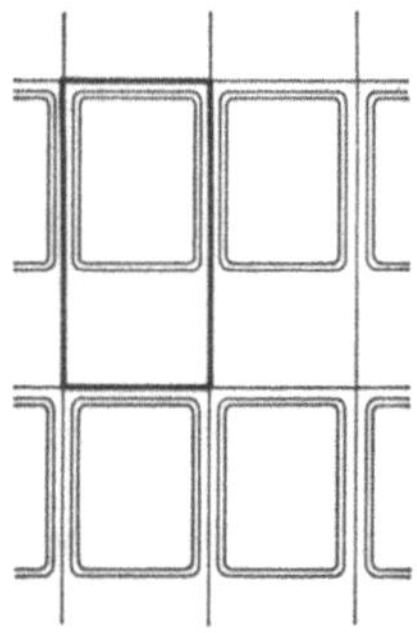

6.145 Vorhangwand (Tafelkonstruktion)

Die Sprossenrahmen können zwischen vertikale Metallpfosten gehängt (Bild **6.**144) oder an horizontal gespannte Sattelsprossen angeschlagen werden (**6.**145). Für die Sprossenausbildung sind vielerlei Variationen möglich (Bild **6.**146).

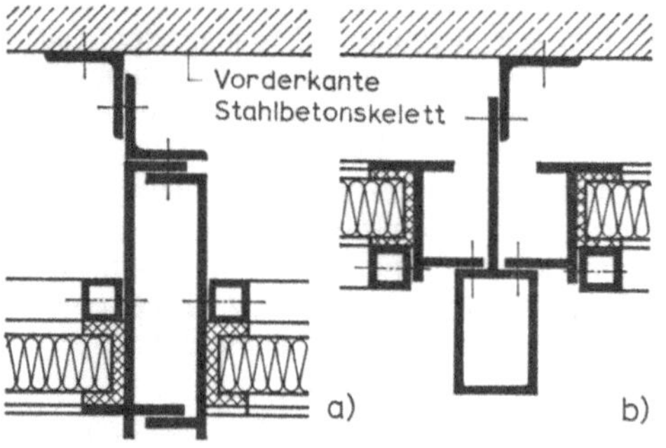

6.146
Querschnitt durch Vertikalsprossen (Schema)
a) Bildung einer Sprosse aus zwei Rahmenkanten; zugleich Beispiel für eine federnde Fuge
b) Anschluß zweier Rahmenkanten an senkrechten Pfosten

Tafelkonstruktionen werden gekennzeichnet durch den unmittelbaren Zusammenschluß der flächenbildenden, durch Faltung, Prägung, Wellung oder sonstwie ausgesteiften Tafeln zu einer vorgehängten Wandfläche ohne Sprossen oder Pfosten. Tafeln aus Blechen oder Kunststoff werden meistens mit Falzkanten sprossenlos zusammengefügt (Bild **6.**145 und **6.**147).

Ausführung. Die vorgehängten Flächenelemente (entweder Sprossenrahmen oder Tafeln) umfassen meist ein Fenster und die darunterliegende Brüstungs- und Sturzverkleidung. Sie werden bei Sprossenkonstruktionen zu einem Tragwerk aus Stahl- oder Leichtmetallsprossen zusammengesetzt (unmittelbar zusammengeschlossene Rahmen), dessen Dimensionen von den Geschoßhöhen und der Hauptstützenentfernung (Windlast) abhängen (Bild **6**.148).

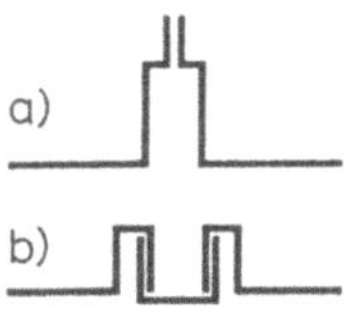

6.147
Querschnitt durch Blechtafelkanten (Schema)
a) Fuge zwischen Blechtafeln
b) Fuge mit Deckleiste (Schema)

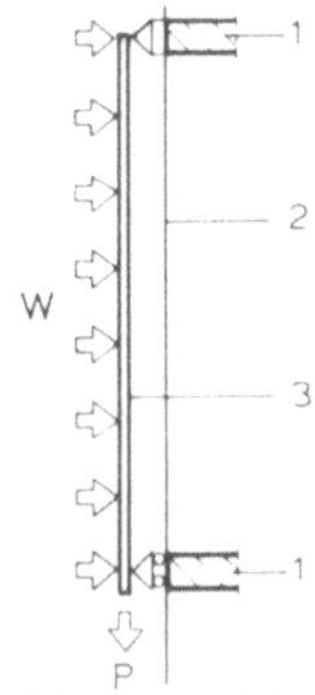

6.148
Beanspruchung einer Vorhangwand durch Windlast und Eigengewicht
1 Geschoßdecke
2 Vorderkante Stütze oder Querwand
3 Vorhangwand (Schema)

Die Wandelemente werden statisch nur durch Eigengewicht und Windlast beansprucht, außerdem müssen sie dem Transport und der Montage standhalten. Bei hohen Gebäuden führt jedoch auch die Windlast zu beachtlichen Durchbiegungen der vorgehängten Elemente. Vor allem müssen unterschiedliche Durchbiegungen nebeneinander liegender Wandelemente vermieden werden, damit keine Undichtigkeiten an den einzelnen Fugen entstehen. Verminderte Durchbiegungen sind durch engere Stützweiten oder durch Verstärkung der Fugenkonstruktion, d. h. durch erhöhten Materialaufwand erreichbar. Unterschiedliche Durchbiegungen dagegen lassen sich kaum anders als durch exakten Versuch im voraus feststellen.

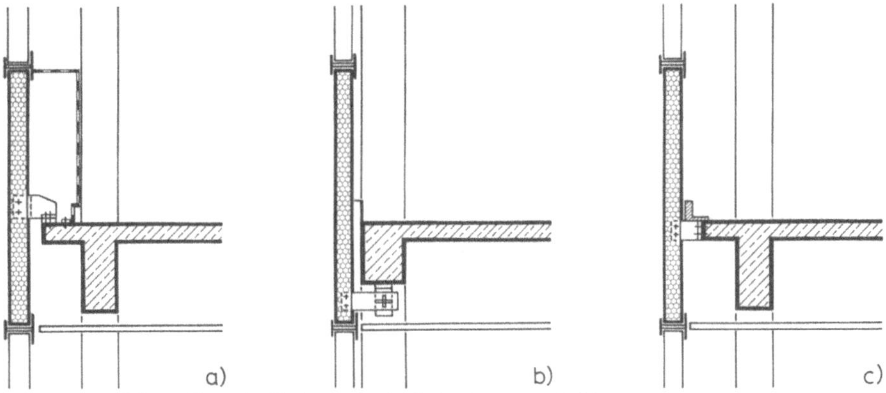

6.149 Vorgehängte Fassade (Vorhangwand), Befestigung am Rohbau
a) Befestigung der Deckenoberkante
b) Befestigung unter der Geschoßdecke
c) Befestigung an der Vorderkante der Geschoßdecke

Die Befestigung der Sprossen, Pfosten und Tafeln an den Stirnflächen der Geschoßdecken oder an den Regeln durch Ankerschienen und Edelstahlwinkel mit Langlöchern ermöglicht den Ausbau der Maßungenauigkeiten der Rohbaues und Rücksichtnahme auf die sehr geringen Maßtoleranzen der vorgefertigten Sprossenrahmen oder Tafeln (Bild **6**.149 und **6**.150).

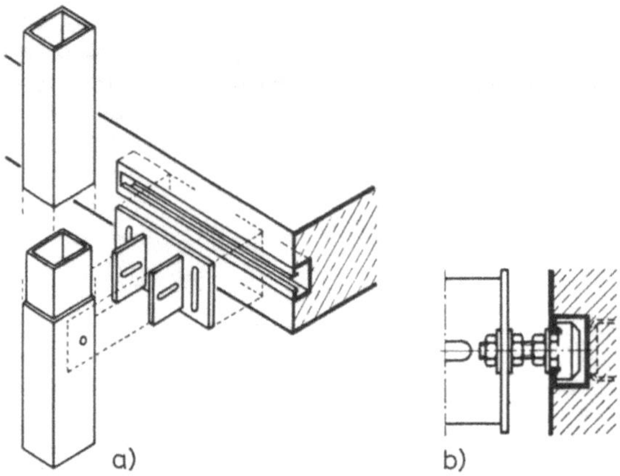

6.150 In jeder Richtung justierbarer Pfostenanschluß an Deckenvorderkante durch Ankerschiene und Winkel mit Langlöchern
a) Schema, b) Schnitt durch Ankerschiene

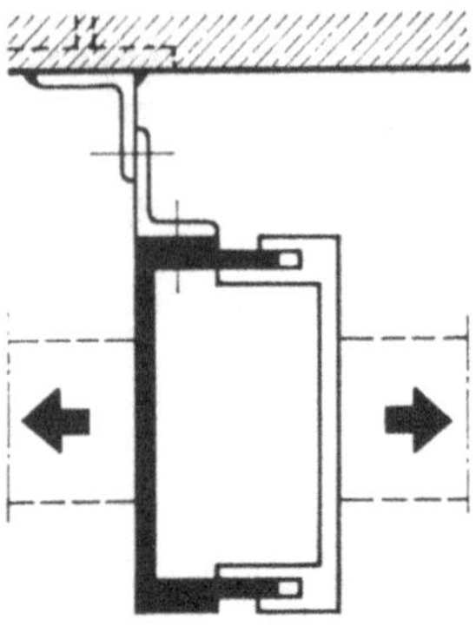

6.151 Verschiebliche Fuge im Pfosten einer Sprossenkonstruktion (Querschnitt)

Schwieriger ist es, die Sprossen oder die Tafeln so untereinander zu verbinden, daß Wärmedehnungen in horizontaler und vertikaler Richtung ohne Lockerung des festen Wandgefüges möglich sind. Die Bewegungen können von den Vertikalsprossen aufgenommen werden, bei Tafelkonstruktionen von beiden Tafelkanten. Große Vertikalsprossen oder Pfosten sind daher in ihrer Längsrichtung geteilt.

Für den Ausgleich von Horizontalbewegungen gibt es im Grundsatz zwei Fugenformen:
– verschiebliche Fugen,
– federnde Fugen.

Bild **6**.151 zeigt schematisch den Querschnitt durch ein zusammengesetztes Leichtmetallprofil mit senkrecht zur Pfostenachse verschieblicher Fuge.

Federnde Fugen, bei denen Konstruktionsteile fest miteinander verschraubt werden können, zeigen schematisch Bild **6**.152 am Zusammenschluß zweier Blechtafeln und Bild **6**.153 bei Verwendung von schlanken, verhältnismäßig dünnen Pfostenprofilen (s. auch Bild **6**.146a).

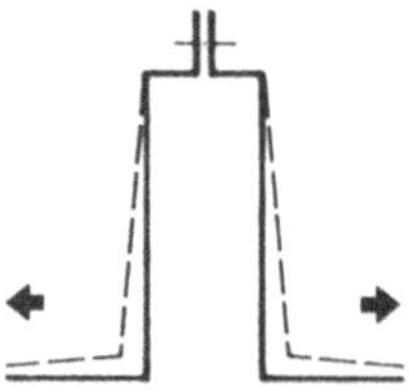

6.152 Federnde Fuge am Zusammenschluß zweier Blechtafeln (schematisch)

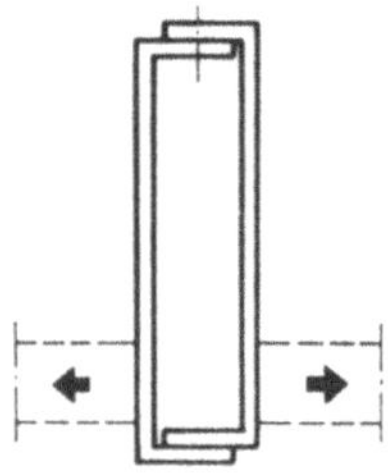

6.153 Federnde Fuge im Pfosten einer Sprossenkonstruktion (Schema; gestrichelte Linie = Lage der Vorhangwand)

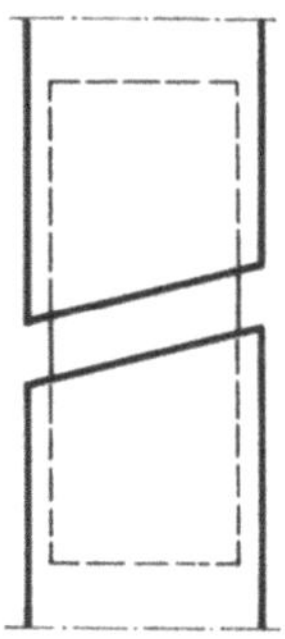

6.154 Senkrechter Pfostenstoß mit Paßstück als Führung (der obere Pfostenteil hängt über dem unteren; Seitenansicht)

Für Vertikalbewegungen werden in hohle Sprossen- oder Pfostenstöße Paßstücke als Führungsglieder eingesetzt (Bild **6**.154). Massivsprossen bewegen sich am Vertikalstoß in Gleitschienen mit Langlochverbindungen (Bild **6**.155), Blechtafeln erhalten Abkantungen (Bild **6**.156), die die Bewegungen in einer Richtung begrenzen.

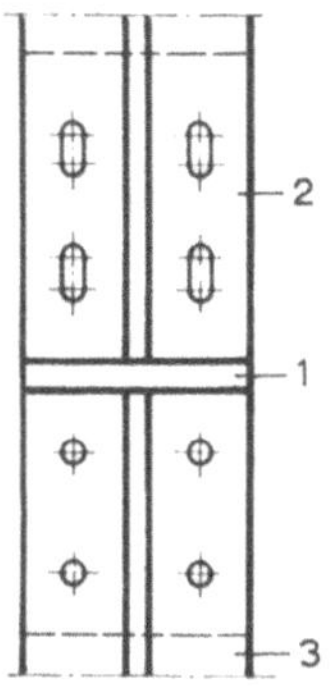

6.155 Walzprofilpfostenstoß mit Winkellasche
1 Dehnung
2 Lasche mit Langlochverbindung
3 Pfosten

6.156 Senkrechter Blechtafelstoß

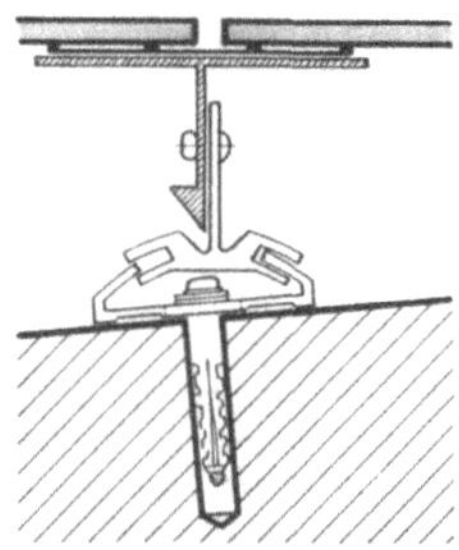

6.157 Unterkonstruktion zum Ausgleich von Verdrehungen (Protektor Alu 005)

Den unvermeidlichen horizontalen und vertikalen Maßabweichungen des Rohbaues wird bei allen Befestigungssystemen durch entsprechende Justiermöglichkeiten Rechnung getragen. Wenig beachtet wird aber meistens, daß durch Verdrehungen bei der Montage Torsionszwängungen der Konstruktionsteile entstehen können, die auf Dauer zu Schäden führen. Eine Befestigungskonstruktion, die auch Verdrehungen ausgleicht, zeigt Bild **6**.157.

An allen Gleitstellen der Elemente und der Unterkonstruktion muß durch Kunststoff-Einlagen o. ä. dafür gesorgt werden, daß bei Bewegungen (z. B. Längenänderungen bei Sonneneinstrahlung) keine Geräusche entstehen können.

Der Wärmeschutz von Vorhangwänden muß wie für Außenwände berücksichtigt werden. Ein- oder zweischalige Konstruktionen sind möglich.

Bei einschaligen Konstruktionen sind Witterungsschutz (Blech-, Glas-, Kunststoffplatten), Wärmedämmschicht und innere Dampfsperre zu einer mehrschichtigen Tafel zusammengefaßt und fugendicht in den Sprossenrahmen eingesetzt bzw. – bei Tafelkonstruktionen – fugendicht mit den übrigen Tafeln verbunden.

Hinterlüftung auf der Außenseite liegender dampfsperrender Schichten ist nicht erforderlich, wenn die Wärmedämmung dampfundurchlässig und mit diesen Schichten dicht verbunden ist – z. B. aufgegossenes Schaumglas (Foamglas) – oder wenn die Wärmedämmung auf der warmen Seite eine sichere Dampfsperre trägt.

Andernfalls müssen dampfdichte Bekleidungen (Glas, Metall, Keramikplatten, dichte Kunststoffe), hinter denen sich Wasserdampf niederschlagen könnte, hinterlüftet werden. Sie werden mit Abstand vor die Wärmedämmschicht gelegt und bilden mit dieser eine zweischalige Wand (Bild **6**.158). Das in den Luftraum zwischen Wetterschutz und Wärmeschutz anfallende Tauwasser muß nach außen abgeleitet werden.

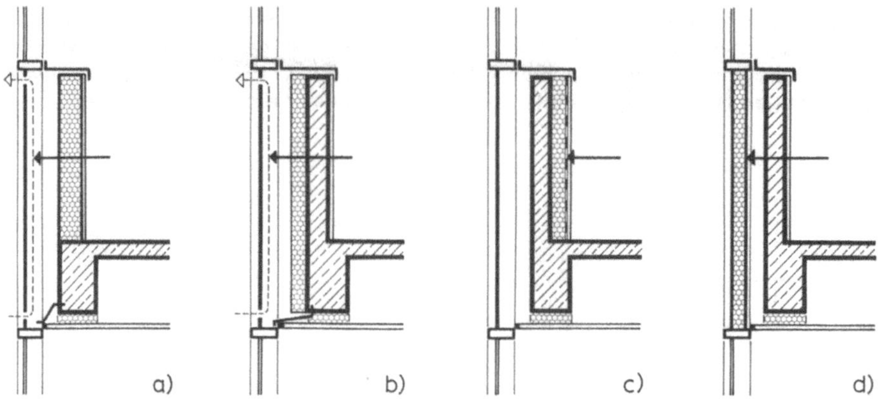

6.158 Brüstungen hinter Vorhangwänden

a) gemauerte Brüstung mit ausreichender Wärmedämmfähigkeit. Hinterlüftete Außenhaut als Wetterschutz
b) Stahlbetonbrüstung mit außenliegender Wärmedämmung und hinterlüfteter Außenhaut als Wetterschutz
c) Wärmedämmung auf der Raumseite der Brüstung mit Dampfsperre
d) Brüstung als Brandschutz ohne Wärmedämmung. Wärmedämmschicht innerhalb der Vorhangwand

An Sprossen müssen Wärmedämmung und Dampfsperre ununterbrochen durchlaufen. Das ist bei Sprossenkonstruktionen meistens nur mit Hilfe thermisch getrennter (Bild **6**.159) oder gesondert wärmegedämmter Sprossenprofile (Bild **6**.160) zu erreichen.

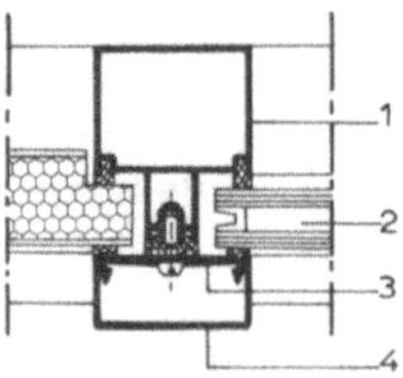

6.159 Geteilte (wärmegedämmte) Fassadensprosse (System Kawneer)

1 Innensprosse, tragend
2 Verglasung oder Fassadenelement in Dichtungen
3 Halteprofil, mit Dämmstreifen montiert
4 Abdeckprofil

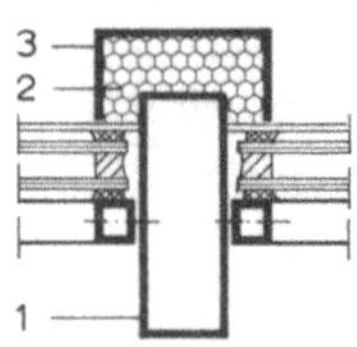

6.160 Wärmedämmung eines senkrechten Pfostens (Sprossenkonstruktion)

1 Pfosten
2 Wärmedämmung (Innenseite)
3 Blech- oder Asbestzementmantel

Schallschutz. Mit ihrem relativ niedrigen Eigengewicht haben Vorhangwände eine wesentlich geringere Luftschalldämmung als konventionelle Außenwände. Um den Anforderungen von DIN 4109 Abschn. 5 und Beiblatt 2 zu genügen, ist – insbesondere für Leichtkonstruktionen – in der Regel der Nachweis des ausreichenden Schallschutzes durch spezielle bauakustische Eignungsprüfungen erforderlich.

Schallschutzmaßnahmen an vorgehängten Wänden müssen sich auf folgende Bereiche erstrecken:

– Schalldämmung gegen Lärm von außen.
– Schallübertragung auf Nebenwegen. Eine Schallübertragung zwischen verschiedenen Geschossen und innerhalb eines Geschosses zwischen verschiedenen

Räumen kann durch die Fuge zwischen Geschoßdecke und Vorhangwand, zwischen Zwischenwand und Vorhangwand und zwischen massiver Brüstung und Vorhangwand erfolgen. Es muß daher auf abdichtende Anschlüsse mit biegeweichen Materialien, die auch bei den unvermeidbaren Bewegungen der Vorhangwand auf Dauer wirksam bleiben, geachtet werden (Bild **6**.161 und **6**.162).

– Maßnahmen gegen Geräuschquellen innerhalb der Vorhangwände.

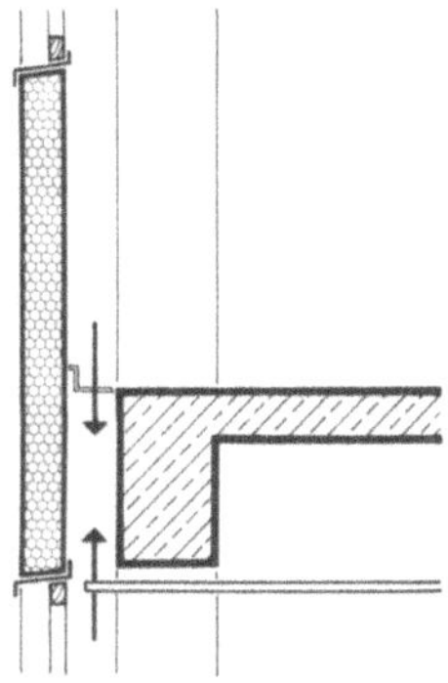

6.161 Schallbrücken zwischen Geschossen

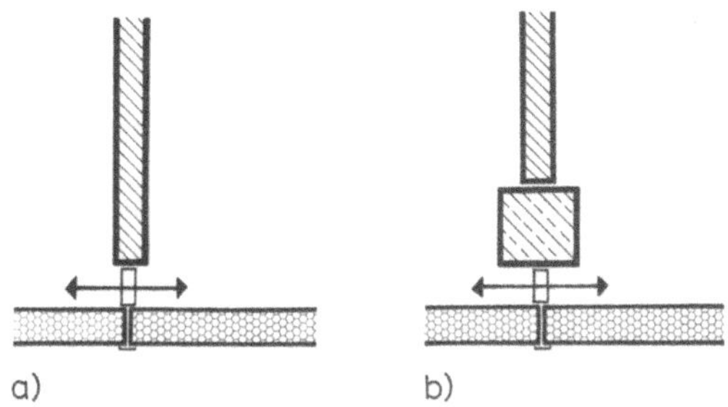

6.162 Schallbrücken zwischen Räumen
a) Wandanschluß
b) Stützenanschluß

Durch geeignete Kunststoff- oder Gummizwischenlagen (Bild **6**.163), auch durch Ausschäumen von Hohlräumen (Bild **6**.164), müssen Geräusche verhindert werden, die bei Temperaturschwankungen und Winddruck in beweglich miteinander verbundenen Teilen der Wandkonstruktion entstehen können (Knacken, Quietschen, Klappern).

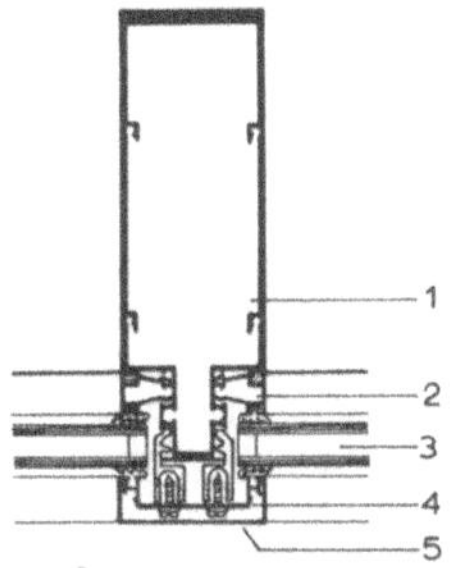

6.163 Sprossenprofil mit Dichtungsprofilen. Verglasung (WICONA)
1 Sprosse
2 Glashalteleiste
3 Isolierglas (oder Brüstungselement) in Dichtungsprofilen
4 Halteprofil
5 Deckkappe

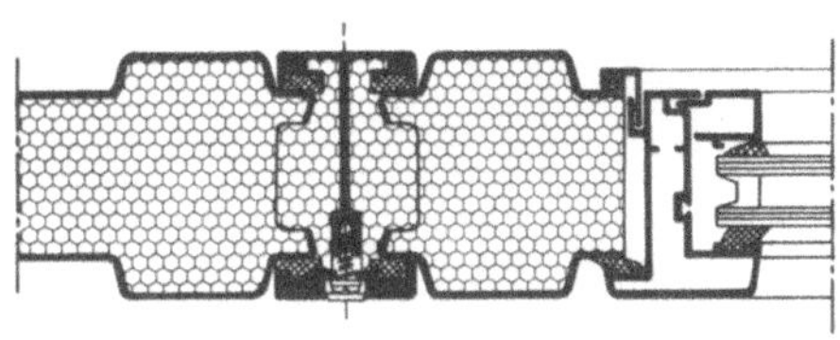

6.164 Ausgeschäumte Plattenelemente (WERTAL F85)

Brandschutz. Die Brandschutzbestimmungen für Außenwände (DIN 4102, Hochhaus-Richtlinien u. a.) erfordern im Zusammenhang mit Vorhangfassaden mindestens 90 cm hohe Brüstungen aus feuerbeständigen Baustoffen und an den Fensterstürzen Feuerschutzschürzen.

Bei Sprossenkonstruktionen muß beachtet werden, daß Aluminium unter den in DIN 4102 aufgestellten Bedingungen schmelzen würde. Plattenteile von Vorhangwänden müssen daher direkt oder durch Stahlprofile mit dem tragenden Skelett verbunden sein. Aluminium-Profile können dann nur der Fugenabdeckung und Dichtung zwischen den einzelnen Elementen dienen.

Bei Stahlbetonskeletten können Brüstungen auch statische Funktion als Längsträger haben.

Innenliegende Brüstungen werden in diesen Fällen meistens wärmedämmend ausgeführt, so daß die vorgehängte Außenwand dann lediglich den Wetterschutz übernimmt. Dabei sind die gleichen Regeln wie für mehrschichtige Außenwände hinsichtlich Tauwasserbildung zu beachten:

- Bei einschichtigen Wänden muß Feuchtigkeit an der Außenseite abgeführt werden können,
- bei mehrschichtigen Wänden sollen Baustoffe mit hohem Wasserdampfdiffusionswiderstand an der Raumseite liegen. Es muß raumseitig eine Dampfsperre vorgesehen oder für eine einwandfreie Hinterlüftung zwischen Brüstungselementen und Vorhangsfassade gesorgt werden.

Haben innenliegende Brüstungen lediglich statische oder Brandschutzaufgaben, muß die Vorhangfassade wärmedämmend nach den bereits erläuterten Regeln für mehrschichtige Bauteile konstruiert sein (Bild **6.**158d).

Weiterhin sind Sonnenschutzeinrichtungen und ggf. auch Vorrichtungen zur Fassadenreinigung bei der Planung der Außenwandkonstruktion zu berücksichtigen. Meistens werden heute außenliegende Jalousettenanlagen als wirksamer Sonnenschutz vorgesehen. Sie sind jedoch an Fassaden mit hoher Windbelastung (z. B. Hochhäuser) problematisch. Einen interessanten Lösungsversuch mit Hilfe einer senkrecht verfahrbaren Lamellenkonstruktion zeigt Bild **6.**165.

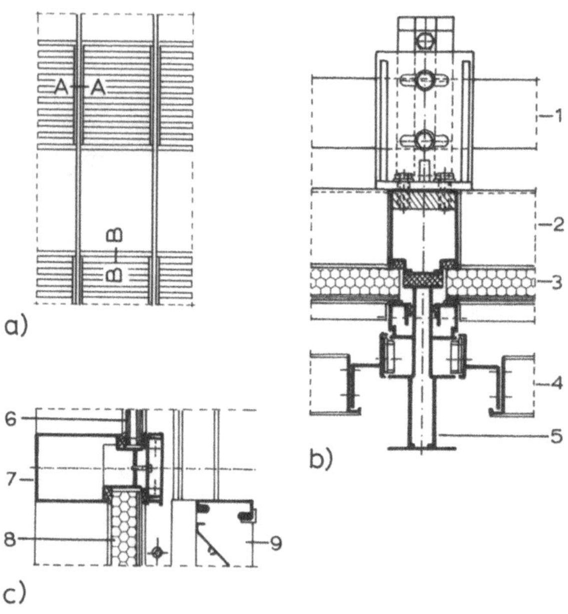

6.165
Vorhangfassade mit senkrechten, verfahrbaren Sonnenschutzlamellen (Postscheckamt Essen)

a) Ansicht
b) Horizontalschnitt A–A durch den Pfosten mit justierbarer Befestigung, Brüstungselementen und den davorliegenden Rahmen der Sonnenschutzanlage
c) Vertikalschnitt B–B durch den Riegel, davor der obere Rahmen der Sonnenschutzanlage

1 justierbare Aufhängung
2 Tragprofil innen
3 Brüstungselement
4 verfahrbare Sonnenschutzlamellen
5 Tragprofil außen mit Fahrschiene für Fassadenreinigungskorb
6 Isolierverglasung
7 waagerechte Sprosse
8 Brüstungselement
9 Sonnenschutzlamellen

6.7.5 DIN-Normen

DIN-Nr.		Ausgabe-Datum	Titel
1053	T1	2.90	Mauerwerk; Berechnung und Ausführung
	T2	7.84	Mauerwerk; Mauerwerk nach Eignungsprüfung; Berechnung und Ausführung
	T4	9.78	Mauerwerk; Bauten aus Ziegelfertigbauteilen
1101		11.89	Holzwolle-Leichtbauplatten und Mehrschicht-Leichtbauplatten als Dämmstoffe für das Bauwesen; Anforderungen, Prüfung
1102		11.89	Holzwolle-Leichtbauplatten und Mehrschicht-Leichtbauplatten nach DIN 1101 als Dämmstoffe für das Bauwesen; Verwendung, Verarbeitung
4102	T1	5.81	Brandverhalten von Baustoffen und Bauteilen; Begriffe, Anforderungen und Prüfungen
	T2	9.77	–; Bauteile; Begriffe, Anforderungen und Prüfungen
	T3	9.77	–; Brandwände und nichttragende Außenwände; Begriffe, Anforderungen und Prüfungen
	T4	3.81	–; Zusammenstellung und Anwendung klassifizierter Baustoffe, Bauteile und Sonderbauteile
	T5	9.89	–; Feuerschutzabschlüsse; Abschlüsse in Fahrschachtwänden und gegen Feuer widerstandsfähige Verglasungen; Begriffe, Anforderungen und Prüfungen
	T6	9.77	–; Lüftungsleitungen; Begriffe, Anforderdungen und Prüfungen
	T7	3.87	–; Bedachungen; Begriffe, Anforderungen und Prüfungen
4108	T1	8.81	Wärmeschutz im Hochbau; Größen und Einheiten
	T2	8.81	–; Wärmedämmung und Wärmespeicherung; Anforderungen und Hinweise für Planung und Ausführung
	T3	8.81	–; Klimabedingter Feuchteschsutz; Anforderungen und Hinweise für Planung und Ausführung
	T4 A1	12.89	–; Wärme- und feuchteschutztechnische Kennwerte
	T5	8.81	–; Berechnungsverfahren
4109		11.89	Schallschutz im Hochbau, Anforderungen, Nachweise
	Bbl. 1	11.89	–; Ausführungsbeispiele und Rechenverfahren
	Bbl. 2	11.89	–; Hinweise für Planung und Ausführung; Vorschläge für einen erhöhten Schallschutz; Empfehlungen für den Schallschutz im eigenen Wohn- u. Arbeitsbereich
18202		5.86	Toleranzen im Hochbau; Bauwerke
18203	T1	2.85	Toleranzen im Hochbau; Vorgefertigte Teile aus Beton; Stahlbeton und Spannbeton
	T2	5.86	–; Vorgefertigte Teile aus Stahl
18500		3.90	Betonwerksteine; Anforderung, Prüfung, Überwachung
18540		10.88	Abdichten von Außenwandfugen im Hochbau mit Fugendichtungsmassen; konstruktive Ausbildung der Fugen
18545	T1	8.82	Abdichten von Verglasungen mit Dichtstoffen; Anforderungen an Glasfalze
E		2.90	
	T2	5.85	–; Dichtstoffe; Bezeichnung, Anforderungen, Prüfung
E		2.90	
	T3	10.83	–; Verglasungssysteme
E		2.90	

6.8 Nichttragende innere Trennwände

6.8.1 Allgemeines

Nichttragende innere Trennwände sind nach DIN 4103 Bauteile, die im Inneren eines Bauwerkes lediglich der Unterteilung von Räumen dienen und nicht bei der Aussteifung des Gebäudes mitwirken.

Trennwände erhalten ihre Standsicherheit erst durch die Verbindung mit angrenzenden tragenden Bauteilen. Man unterscheidet:

- Fest eingebaute Trennwände
- umsetzbare Trennwände (s. Abschn. 13)
- bewegliche Trennwände (z. B. Schiebe- und Faltwände, s. Abschn. 7 in Teil 2 dieses Werkes).

Die Trennwände müssen so ausgebildet sein, daß sie ruhende (statische) Belastungen aufnehmen und auf tragende Bauteile wie Decken oder andere Wände ableiten können.

Sie müssen außerdem stoßartigen Belastungen widerstehen können, die beim Gebrauch üblicherweise auftreten können (z. B. Anprall von Menschen, Druck von Menschenmassen).

Ruhende Belastungen sind:

- Eigengewicht einschl. Putz oder Wandbekleidungen,
- leichte Konsollasten (0,4 kN/m, vertikale Wirkungslinie in $\leqq$ 30 cm Wandabstand; ausgenommen bei Glastrennwänden u. ä.).

Bei stoßartigen Belastungen wird nach DIN 4103 T1, Abschn. 4.3 unterschieden zwischen „weichem Stoß" und „hartem Stoß". Die Erfüllung der hierfür gegebenen Anforderungen sind durch genormte Versuchsverfahren für die jeweiligen Wandbauten nachzuweisen.

Die anzusetzenden Stoßenergien dienen der Sicherheit von Personen. Dabei darf die Wand nicht durchbohrt oder vom Gebäude losgetrennt werden. Dennoch herabfallende Bruchstücke dürfen Menschen nicht ernsthaft verletzen. Die mögliche Formänderung von angrenzenden Bauteilen (z. B. Durchbiegung von Decken, Längenänderung massiver Flachdachplatten u. ä.) muß durch entsprechende konstruktive Ausbildung der Trennwände berücksichtigt werden. So sind gemauerte Zwischenwände nicht gegen die darüberliegenden Decken zu vermörteln, sondern z. B. durch Schaumstoffstreifen zu trennen. An abgehängte Decken und Deckenbekleidungen können leichte Trennwände angeschlossen werden, wenn die aus der Beanspruchung der Trennwände resultierenden Horizontalkräfte sicher in die tragenden Bauteile abgeleitet werden können (s. Abschn. 12). Vorerst sind die dafür notwendigen Konstruktionen dem Ermessen der Hersteller von leichten Trennwänden überlassen, doch muß der Nachweis geführt werden, daß die Anforderungen der DIN 4103 T1 erfüllt werden.

Befestigungsmittel, Baustoffe und Bauteile müssen den gültigen Normen entsprechen, oder ihre Eignung muß nachgewiesen werden.

Für die Anforderungen an Trennwände sind in DIN 4103 T1 zwei Beanspruchungsbereiche festgelegt:

- **Einbaubereich 1.** Bereiche mit geringen Menschenansammlungen wie z. B. in Wohnungen, Büro-, Hotel- und Krankenhausräumen u. ä. einschließlich der dazugehörigen Flure,

– **Einbaubereich 2.** Bereiche mit größeren Menschenansammlungen wie z. B. in größeren Versammlungsräumen, Schulen, Hörsälen, Ausstellungs- und Verkaufsräumen u. ä. Zum Einbaubereich 2 zählen auch Trennwände zwischen Räumen mit Höhenunterschieden der Fußböden ≧ 1,00 m.

Nach DIN 1055 T 3 ist es zulässig, leichte Trennwände ohne Wandträger oder besondere Verstärkungsstreifen auf die Geschoßdecken zu stellen, falls der Einfluß ihres Gewichtes bei der Deckenberechnung in Form von Zuschlägen zur Verkehrslast berücksichtigt wird (s. auch Abschn. 9.1). Der Zuschlag beträgt

– 0,75 kN je m^2 bei Wandgewichten ≦ 100 kg/m^2 einschließlich Putz,

– 1,25 kN je m^2 bei Wandgewichten ≧ 100 ≦ 150 kg/m^2 einschließlich Putz.

Bei Verkehrslasten von ≧ 5,00 kN/m^2 erübrigt sich eine Zuschlag. Serienmäßig hergestellte Trennwände wiegen durchschnittlich nicht mehr als 50 kg/m^2.

Bei Trennwänden muß sichergestellt werden, daß sie bei Bauwerksverformungen nicht unbeabsichtigt belastet werden, denn – abgesehen von Schäden an den Trennwänden selbst – können sonst erhebliche nachteilige Folgen für das gesamte statische Baugefüge durch derartige dann „tragende" Wände entstehen.

Die Ausführung von geeigneten elastischen Deckenanschlüssen zeigt Bild **6**.166.

Nichttragende Trennwände müssen – abhängig von Materialart, Wanddicke, Wandhöhe und Wandlänge – ausgesteift werden.

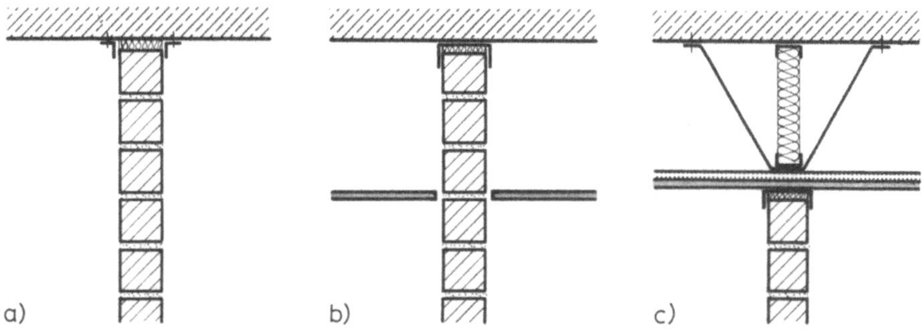

6.166 Anschlüsse von nichttragenden Trennwänden an Decken
a) Anschluß mit Metallwinkeln
b) Anschluß mit Metall-U-Profil
c) Anschluß an abgehängte schalldämmende Decke

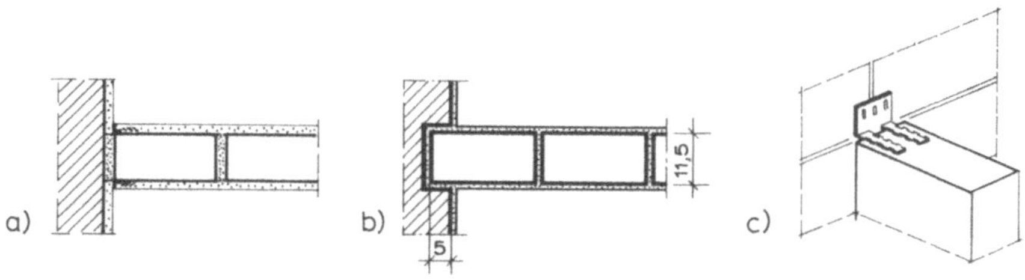

6.167 Nichttragende gemauerte Wände: Anschluß an tragende Wände
a) Stumpfstoß
b) Anschluß in Wandaussparung
c) Anschluß mit Ankerlaschen

Die Aussteifung kann – wie bei tragenden Wänden – durch einbindende Verzahnung mit anderen Trennwänden erfolgen.

Der Anschluß der Wände muß hier – ebenso wie beim Anschluß an tragende Wände – so ausgeführt werden, daß keine Kraftübertragung und keine Beeinflussung durch Formänderungen des Bauwerks möglich ist. Im Wohnungsbau ist es bei den dort vorhandenen meistens kleineren Abmessungen der Wände üblich, diese im Verband auch mit den tragenden Wänden auszuführen.

Auf jeden Fall muß durch ausreichende Dimensionierung der tragenden Decken dafür gesorgt werden, daß Durchbiegungen nicht zu Schäden an den Trennwänden führen können (Bild **6**.168).

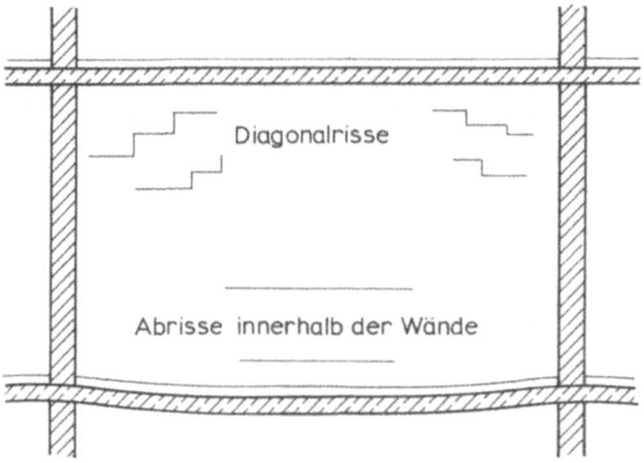

6.168
Schadensbild an Zwischenwänden bei zu großen Deckendurchbiegungen

6.8.2 Einschalige nichttragende Trennwände

6.8.2.1 Allgemeines

Einschalige nichttragende Trennwände können in Wanddicken von 5 bis $\leqq$ 24 cm aus verschiedenen Materialien im Verband aufgemauert werden. Als Baustoffe kommen in Frage:

– Ziegel (DIN 105)
– Kalksandsteine (DIN 106)
– Gasbeton (DIN 4165 und 4166)
– Leichtbeton (DIN 18148 und 18162)
– Gipsplatten (DIN 18163)
– Glasbausteine (DIN 4242, 4243, 18175).

Schallschutz. Ausreichenden Schallschutz können einschalige Trennwände in der Regel nicht ohne zusätzliche Maßnahmen bieten. Im Beiblatt 1 zu DIN 4109 werden für einschalige biegesteife Wände verschiedene Konstruktionsvorschläge für biegeweiche Vorsatzschalen gemacht (Bild **6**.169). Unterschieden werden Konstruktionen ohne oder federnde Verbindung der Schalen und Konstruktionen mit fest verbundenen Schalen. Die erreichbare Verbesserung hängt vom Flächengewicht der biegesteifen Wand und der Ausbildung der flankierenden Bauteile ab (vgl. Abschn. 6.2.1.3 und 14.6). Rechenwerte sind in Tabelle **6**.170 enthalten.

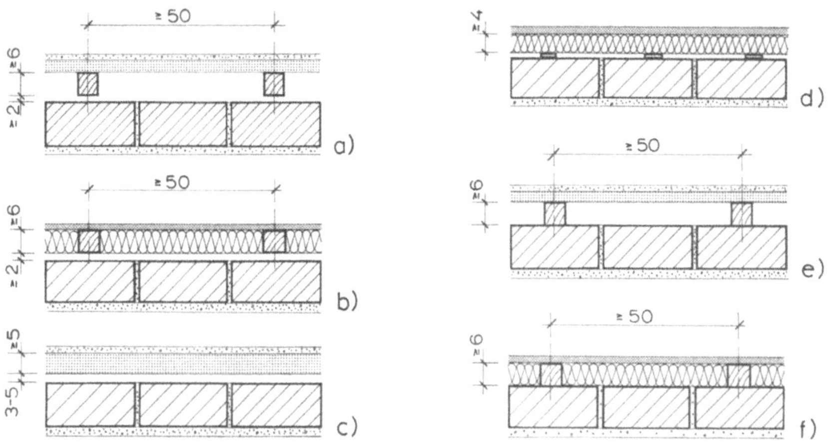

6.169 Biegesteife Wände mit biegeweichen Versatzschalen. Die Konstruktionen a bis d verbessern das bewertete Schalldämm-Maß um mindestens 15 dB, die Konstruktionen e und f um mindestens 10 dB.

a) Vorsatzschale aus Holzwolle-Leichtbauplatten > 25 mm, verputzt, Holzständer
b) Vorsatzschale aus Gipskartonplatten 12,5 oder 15 mm dick oder aus Spanplatten 10–16 mm dick, Hohlraumfüllung zwischen den Holzständern oder C-Profilen aus Stahlblech
c) Vorsatzschale aus Holzwolle-Leichtbauplatten > 50 mm, verputzt, freistehend
d) Vorsatzschale aus Gipskartonplatten 12,5 oder 15 mm dick und Faserdämmplatten, streifen- oder punktförmig angesetzt
e) Vorsatzschale aus Holzwolle-Leichtbauplatten > 25 mm, verputzt, Ständer an schwerer Schale befestigt
f) Vorsatzschale aus Gipskartonplatten, 12,5 oder 15 mm dick oder aus Spanplatten 10 bis 16 mm dick, mit Hohlraumfüllung aus Faserdämmstoffen, Ständer an schwerer Schale befestigt

Tabelle **6.**170 Bewertetes Schalldämm-Maß $R'_{w,R}$ von einschaligen, biegesteifen Wänden mit einer biegeweichen Vorsatzschale nach Bild **6.**169 (Rechenwerte)

Spalte	1	2
Zeile	Flächenbezogene Masse der Massivwand in kg/m²	$R'_{w,R}$[1])[2]) in dB
1	100	49
2	150	49
3	200	50
4	250	52
5	275	53
6	300	54
7	350	55
8	400	56
9	450	57
10	500	58

[1]) Gültig für flankierende Bauteile mit einer mittleren flächenbezogenen Masse $m'_{L,\text{Mittel}}$ von etwa 300 kg/m². Weitere Bedingungen für die Gültigkeit der Tabelle 8 s. DIN 4109 Bbl. 1 Abschn. 3.1.

[2]) Bei Wandausführungen nach Bild **6.**169e und f sind diese Werte um 1 dB abzumindern.

Brandschutz. Hinsichtlich des Brandschutzes können einschalige Trennwände auch in einfachen Ausführungen die Anforderungen der Feuerwiderstandsklasse F30 (W30) – „feuerhemmend" – erfüllen. Gemauerte Trennwände erreichen – insbesondere mit beidseitigem Putz – bereits ab 11,5 cm Wanddicke die Feuerwiderstandsklasse F90

(W90) – „feuerbeständig". Auch mit mehrschaligen Trennwänden können sehr hohe Brandschutzanforderungen gewährleistet werden (DIN 4102, T4, Abschn. 4). Neben der Wanddicke, die für die einzelnen Bauarten tabellarisch festgelegt ist, ist die Ausbildung von Fugen und insbesondere von Anschlüssen an andere Bauteile dabei von ausschlaggebender Bedeutung.

Ausführungsnormen für leichte Trennwände der verschiedenen Bauarten sind z. Z. in Arbeit.

6.8.2.2 Einschalig gemauerte nichttragende Wände

Gemauerte Trennwände können für Wanddicken von 11,5 cm in herkömmlicher Art aus kleinformatigen Ziegeln oder Kalksandsteinen aufgemauert werden. Wesentlich rationeller ist jedoch die Herstellung aus Bauplatten von 25 bis 50 cm Höhe, 50 bis 100 cm Länge für Wanddicken von 5 bis 17,5 cm.

Zur Erleichterung der Bemessung ist von der Deutschen Gesellschaft für Mauerwerksbau e.V. ein Merkblatt mit „Grenzabmessungen" herausgegeben. Unterschiedlich werden Trennwände die dreiseitig (ein freier, vertikaler Rand) oder vierseitig gehalten sind (Tabellen **6**.171 bis **6**.173). Bei der Anwendung der Tabellen, die für Wände ohne Auflast gelten, muß sichergestellt sein, daß durch die Verformung angrenzender Bauteile, d. h. in der Regel der Decken, keine Belastungen erfolgen. Für Tabelle **6**.173 dürfen infolge starrer Anschlüsse lediglich geringfügige Auflasten entstehen.

Tabelle **6**.171 Grenzabmessungen für dreiseitig gehaltene Wände (der obere Rand ist frei) ohne Auflast) bei Verwendung von Ziegeln oder Leichtbetonsteinen[4])

d	max. Wandlänge in m (Tabellenwert) im Einbaubereich I (oberer Wert) Einbaubereich II (unterer Wert) bei einer Wandhöhe in m						
in cm	2,0	2,25	2,50	3,0	3,50	4,0	4,5
5,0	3,0 1,5	3,5 2,0	4,0 2,5	5,0 –	6,0 –	– –	– –
6,0	5,0 2,5	5,5 2,5	6,0 3,0	7,0 3,5	8,0 4,0	9,0 –	– –
7,0	7,0 3,5	7,5 3,5	8,0 4,0	9,0 4,5	10,0 5,0	10,0 6,0	10,0 7,0
9,0	8,0 4,0	8,5 4,0	9,0 5,0	10,0 6,0	10,0 7,0	12,0 8,0	12,0 9,0
10,0	10,0 5,0	10,0 5,0	10,0 6,0	12,0 7,0	12,0 8,0	12,0 9,0	12,0 10,0
11,5	8,0 6,0	9,0 6,0	10,0 7,0	10,0 8,0	12,0 9,0	12,0 10,0	12,0 10,0
12,0	8,0 6,0	9,0 6,0	10,0 7,0	12,0 8,0	12,0 9,0	12,0 10,0	12,0 10,0
17,5	keine Längenbegrenzung 8,0	9,0	10,0	12,0	12,0	12,0	12,0

Tabelle **6**.172 Grenzabmessungen für vierseitig[1]) gehaltene Wände ohne Auflast) bei Verwendung von Ziegeln oder Leichtbetonsteinen[4])

d	max. Wandlänge in m (Tabellenwert) im Einbaubereich I (oberer Wert) Einbaubereich II (unterer Wert) bei einer Wandhöhe in m				
in cm	2,5	3,0	3,5	4,0	4,5
5,0	3,0 1,5	3,5 2,0	4,0 2,5	– –	– –
6,0	4,0 2,5	4,5 3,0	5,0 3,5	5,5 –	– –
7,0	5,0 3,0	5,5 3,5	6,0 4,0	6,5 4,5	7,0 5,0
9,0	6,0 3,5	6,5 4,0	7,0 4,5	7,5 5,0	8,0 5,5
10,0	7,0 5,0	7,5 5,5	8,0 6,0	8,5 6,5	9,0 7,0
11,5	10,0 6,0	10,0 6,5	10,0 7,0	10,0 7,5	10,0 8,0
12,0	12,0 6,0	12,0 6,5	12,0 7,0	12,0 7,5	12,0 8,0
17,5	keine Längenbegrenzung 12,0	12,0	12,0	12,0	12,0

Tabelle **6**.173 Grenzabmessungen für vierseitig[1]) gehaltene Wände ohne Auflast) bei Verwendung von Ziegeln oder Leichtbetonsteinen[5])

d	max. Wandlänge in m (Tabellenwert) im Einbaubereich I (oberer Wert) Einbaubereich II (unterer Wert) bei einer Wandhöhe in m				
in cm	2,5	3,0	3,50	4,0	4,5
5,0	5,5 2,5	6,0 3,0	6,5 3,5	– –	– –
6,0	6,0 4,0	6,5 4,5	7,0 5,0	– –	– –
7,0	8,0 5,5	8,5 6,0	9,0 6,5	9,5 7,0	– 7,5
9,0	12,0 7,0	12,0 7,5	12,0 8,0	12,0 8,5	12,0 9,0
10,0	12,0 8,0	12,0 8,5	12,0 9,0	12,0 9,5	12,0 10,0
11,5		keine Längenbegrenzung 12,0	 12,0	 12,0	 12,0
12,0		keine Längenbegrenzung		 12,0	 12,0
17,5		keine Längenbegrenzung			

[1]) Bei dreiseitiger Halterung (ein freier, vertikaler Rand) sind die max. Wandlängen zu halbieren.

[2]) Bei Verwendung von Porenbeton-Blocksteinen und Kalksandsteinen mit Normalmörtel sind die max. Wandlängen zu halbieren. Dies gilt nicht bei Verwendung von Dünnbettmörteln oder Mörteln der Gruppe III. Bei Verwendung der Mörtelgruppe III sind die Steine vorzunässen.

[3]) Bei Verwendung von Porenbeton-Blocksteinen mit Normalmörtel und Wanddicken <10 cm sind die max. Wandlängen zu halbieren. Dies gilt auch für 10 cm dicke Wände der genannten Steinarten und Normalmörtel im Einbaubereich II. Die Einschränkungen sind nicht erforderlich bei Verwendung von Dünnbettmörteln oder Mörteln der Gruppe III. Bei Verwendung der Mörtelgruppe III sind die Steine vorzunässen.

[4]) Bei Verwendung von Steinen aus Porenbeton und Kalksandsteinen mit Normalmörteln sind die max. Wandlängen wie folgt zu reduzieren:
a) bei 5, 6 und 7 cm dicken Wänden auf 40%
b) bei 9 und 10 cm dicken Wänden auf 50%
c) bei 11,5 und 12 cm dicken Wänden im Einbaubereich II auf 50% (keine Abminderung im Einbaubereich I)
Die Reduzierung der Wandlängen ist nicht erforderlich bei Verwendung von Dünnbettmörteln oder Mörteln der Gruppe III. Bei Verwendung der Mörtelgruppe III sind die Steine vorzunässen.

Zur weiteren Rationalisierung können geschoßhohe Elemente aus Porenbeton eingesetzt werden (Bild **6**.174).

Bei besonders hohen Beanspruchungen werden gemauerte leichte Trennwände auch als bewehrtes Mauerwerk mit Bandstahleinlagen hergestellt (Bild **6**.175).

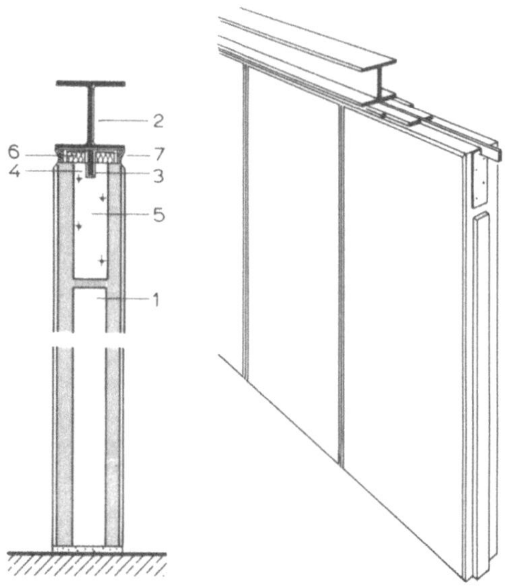

6.174
Trennwand aus geschoßhohen Porenbeton-Elementen (HEBEL)

1 Porenbeton-Wandplatten
2 Stahlkonstruktion
3 Flachstahl, bauseits angeschweißt 30/6,5 mm
4 Stirnnut
5 Nagellasche mit Bohrungen, ⌀ 9 mm
6 Hinterfüllmaterial, z. B. Mineralwolle
7 Fugendichtungsmasse, plasto-elastisch

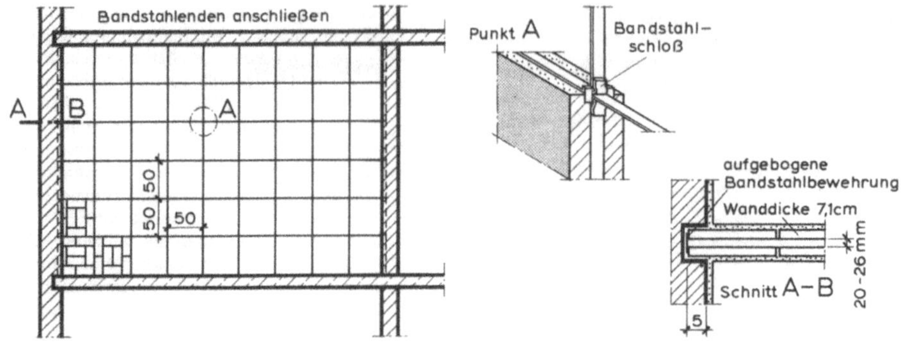

6.175 Stahlsteinwand, bandstahlbewehrt (waagerecht und senkrecht, Türöffnung zulässig, jedoch unwirtschaftlich)

6.8.2.3 Leichte Trennwände aus Gipsbauplatten

Leichte Trennwände aus Gipsbauplatten sind genormt nach DIN 4103 T 2. Sie werden – beginnend auf einer Ausgleichs-Mörtelschicht – im Verband aufgesetzt, mit Gipsmörtel verbunden und mit Fugengips gespachtelt. Danach kann unmittelbar die Endbehandlung z. B. durch Tapezieren oder Anstrich erfolgen.

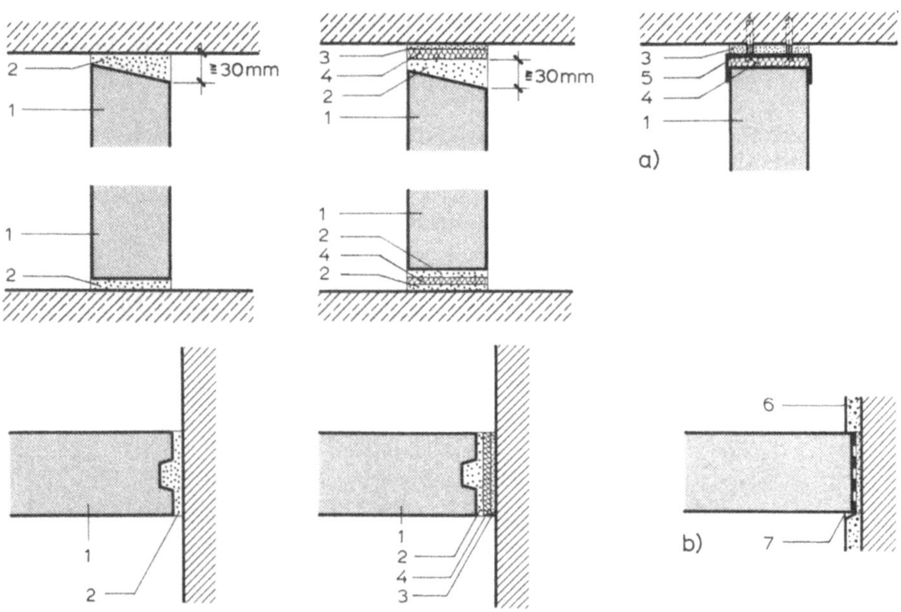

6.176 Anschlüsse von Trennwänden aus Gipsbauplatten

a) Schnitte mit Decken- und Bodenanschluß
b) Grundrisse mit Wandanschluß

1 Gipsbauplatte
2 Gipsmörtel
3 Fugengips
4 Mineralwollestreifen
5 U-Profil
6 Wandputz
7 Kellenschnitt oder Putzanschlußprofil

Nur bei vernachlässigbar geringen zu erwartenden Zwängungskräften kann der Anschluß starr an benachbarte Bauteile ausgebildet werden (Bild **6.**176 a). Für alle anderen Fälle sind in Bild **6.**176 b verschiedene Anschlußmöglichkeiten gezeigt.

Alle Einbau- und Befestigungsteile müssen sorgfältig gegen Korrosion geschützt sein.

Die zulässigen Wandlängen in Abhängigkeit von Plattendicke und Wandhöhe sind den Tabellen **6.**177 und **6.**178 zu entnehmen.

Tabelle **6.**177 Zulässige Wandhöhe *h* für Wände, die mindestens oben und unten angeschlossen sind, eine beliebige Wandlänge *l* besitzen und große Öffnungen (z. B. Türöffnungen) aufweisen dürfen

Einbaubereich nach DIN 4103 T1	Zulässige Wandhöhe *h*¹) [mm] für Plattenarten²) bei Plattendicken von 60 mm PW, GW, SW	80 mm PW, GW, SW	100 mm PW, GW, SW
1	3500	4500	700
2	nur mit Nachweis möglich	2750 3500	5000

¹) Für Wände über 5000 mm Höhe, an die Anforderungen nach DIN 4102 Teil 4 gestellt werden, ist ein entsprechender Nachweis zu führen – dieser Nachweis ist durch Prüfungen am Institut für Baustoffe, Massivbau und Brandschutz, Braunschweig, erbracht.

²) Nach DIN 18163 werden folgende Plattenarten unterschieden:
Porengips-Wandbauplatte PW mit einer Rohdichte über 0,6 bis 0,7 kg/dm³
Gips-Wandbauplatte GW mit einer Rohdichte über 0,7 bis 0,9 kg/dm³
Gips-Wandbauplatte SW mit einer Rohdichte über 0,9 kg/dm³

Tabelle **6.**178 Zulässige Wandlänge *l* in Abhängigkeit von der Wandhöhe *h* bei Wänden, die keine großen Öffnungen aufweisen und vierseitig angeschlossen sind

Einbaubereich nach DIN 4103 T1	Höhe *h*¹) in mm	Zulässige Wandlänge *l* [mm] für Plattenarten²) bei Plattendicken von 60 mm und der Plattenart²) nach DIN 18163 PW, GW, SW	80 mm PW	80 mm GW, SW	100 mm PW, GW, SW
1	3000	Wandlänge beliebig			
	3500	Wandlänge beliebig			
	4000	8000	Wandlänge beliebig		
	4500	nur mit Nachweis möglich	Wandlänge beliebig		
	5000	nur mit Nachweis möglich	12500		Wandlänge beliebig
	5500	nur mit Nachweis möglich	13750		Wandlänge beliebig
	6000	nur mit Nachweis möglich			Wandlänge beliebig
	6500	nur mit Nachweis möglich			Wandlänge beliebig
	7000	nur mit Nachweis möglich			Wandlänge beliebig
2	3000	4500	6000	Wandlänge beliebig	
	3500	nur mit Nachweis möglich	7000	Wandlänge beliebig	
	4000	nur mit Nachweis möglich	8000	10000	Wandlänge beliebig
	4500	nur mit Nachweis möglich			Wandlänge beliebig
	5000	nur mit Nachweis möglich			Wandlänge beliebig
	5500	nur mit Nachweis möglich			16500

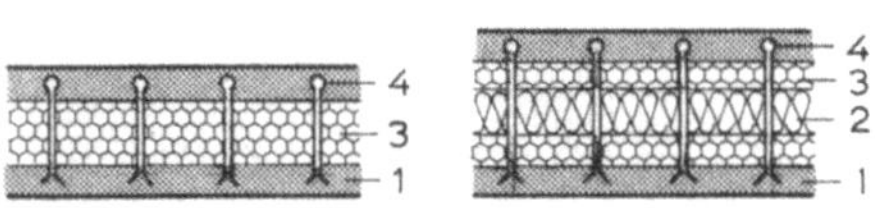

6.179
Mehrschalige Gips-Trennwandelemente (ATONA, Firma Grohmann)

1 Gipsplatten
2 Mineralfaserkern
3 Hartschaum
4 Kunststoff-Verbinder

Das Gewicht einschaliger Gipswände kann durch Verwendung von Platten mit porigem Gefüge verringert werden. Die Wärme- und Schalldämm-Eigenschaften werden verbessert durch Mehrschichtplatten (Bild **6.**179).

6.8.2.4 Glasbausteinwände

Glasbausteine (DIN 18175) sind Hohlglaskörper, die aus zwei gepreßten Teilen verschmolzen werden. Der Zwischenraum ist luftdicht abgeschlossen. Die Sichtflächen können eben und durchsichtig, aber auch profiliert und ornamentiert sein. Glasbausteine werden nach DIN 4242 für Lichtwände und Raumteiler, Lichtbänder usw. verwendet. Wände aus Glasbausteinen bieten neben relativ guter Wärmedämmung ($k = 2{,}9$ bis $3{,}2\,W/m^2K$) und Schalldämmung die Möglichkeit, lichtdurchlässige Wände herzustellen, die gegen mechanische Beanspruchungen weniger empfindlich als übliche Verglasungen sind. Sie können mit der Feuerwiderstandsklasse G 60 und als Doppelwand sogar G 120 ausgeführt werden (vgl. Abschn. 14.7).

Glasbausteine werden mit feuchtem, fast trockenem Zement- oder Leichtmörtel vermauert und anschließend verfugt. Zur Rationalisierung sind neuerdings Trockenbauverfahren auf dem Markt. Die Steine werden dabei zwischen verzinkten Flacheisen versetzt, die in die Lagerfugen eingelegt werden. Spezielle aufgeklemmte Kunststoff-Clips halten die Steine. Die nur 3 mm dicken Fugen werden mit einer Silikon-Spezialversiegelung kraftschlüssig gedichtet (Bild **6**.180).

Einen Überblick über die verfügbaren wichtigsten Formate von Glasbausteinen gibt Tabelle **6**.181.

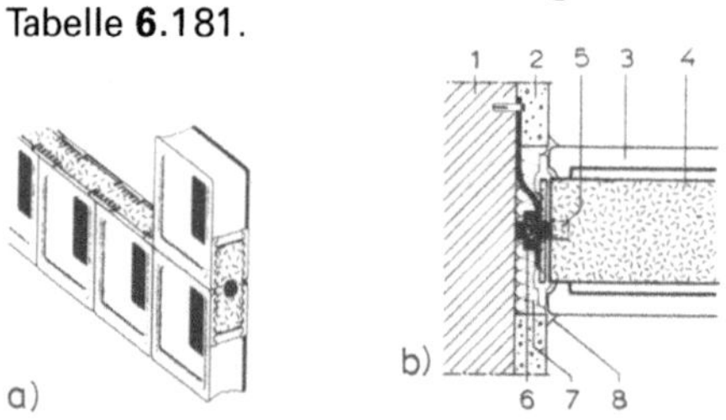

6.180 Aufbau von Glasbausteinen mit Spezial-Profilen (STECKfix)
a) räumliche Darstellung
b) Wandanschluß, Schnitt

1 Mauerwerk
2 Putz
3 Glasstein
4 Armierungsstahl, verzinkt
5 eingeschweißter Bolzen MB
6 Mutter- oder Gewindehülse, verzinkt
7 Hinterfüllmaterial
8 Versiegelung

Tabelle **6**.181 Glasbausteine: Maße, Gewichte, Druckfestigkeitsklassen

Länge l ±2 mm	Breite b ±2 mm	Höhe h ±2 mm	Gewicht kg min.	Druckfestigkeiten MN/m² Mittelwert min.	Einzelwert min.
115	115	80	1,0	7,5	6,0
190	190	80	2,2	7,5	6,0
240	115	80	1,8	6,0	4,8
240	240	80	3,5	7,5	6,0
300	300	100	6,7	7,5	6,0

Glasbausteinwände dürfen außer ihrem Eigengewicht keine lotrechten Lasten aufnehmen und müssen frei von Belastungen und Zwängungen durch Bauteilverformungen oder temperaturbedingte Längenänderungen sein. Es müssen daher insbesondere bei Glasbausteinen in Fassaden seitliche und obere Dehnfugen und unten Gleitfugen vorgesehen werden. Diese werden am besten mit Hilfe korrosionsgeschützter Stahl- oder Leichtmetall-Profile gebildet, die in die Faserdämmplatten eingelegt werden (Bild **6**.182 und **6**.183).

Glasbausteinflächen in Fassaden dürfen ohne besondern statischen Nachweis ausgeführt werden bei Aufmauerung

- ohne Verband (mit durchgehenden Fugen): bei Seitenlängen $\leqq 1{,}50$ m, Wanddicken $\geqq 80$ mm, Windlasten $\leqq 0{,}8\,kN/m^2$,
- im Verband: wenn die kleinere Seite $\leqq 1{,}50$ m, die größere Seite $\leqq 6{,}00$ m ist.

In allen anderen Fällen sind die Schubspannungen nach DIN 4242 Abschn. 4 nachzuweisen und die Glasbausteinflächen mit Bewehrung auszuführen.

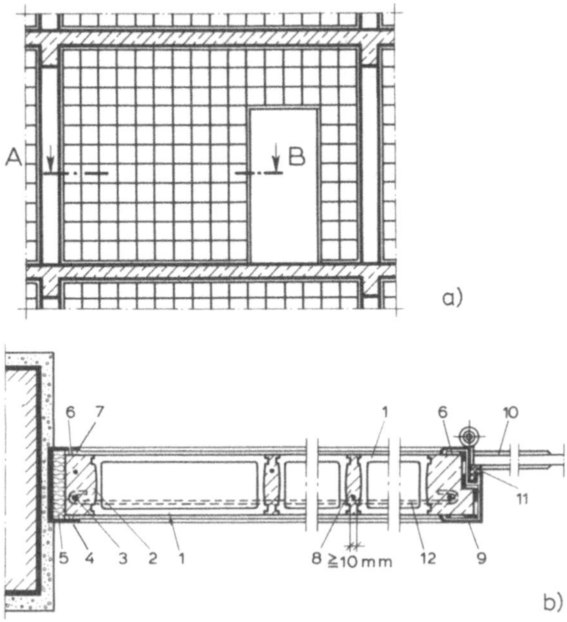

6.182 Glasbausteinwand (nicht tragend, nach DIN 4242)
a) Ansicht (schematisch), b) Schnitt A–B
Einbau und Verankerung von Glasbausteinwänden in Öffnungen mit glatten Leibungen; rechts Stahlzarge einer Glastür

1 Glasbaustein 24/24 cm (nach DIN 18175)
2 Rahmen aus steifen, schwindarmem Zementmörtel
3 Rundstahl ∅ ≧ 10 mm
4 Aluminium-Profil
5 Dehnfuge (Mineralwolle) ≧ 10 mm
6 Gleitfuge
7 elastische Dichtung
8 Zementmörtelfuge mit Rundstahl
9 Stahlzarge
10 Ganzglastür
11 elastische Dichtung
12 Verankerung der Türzarge

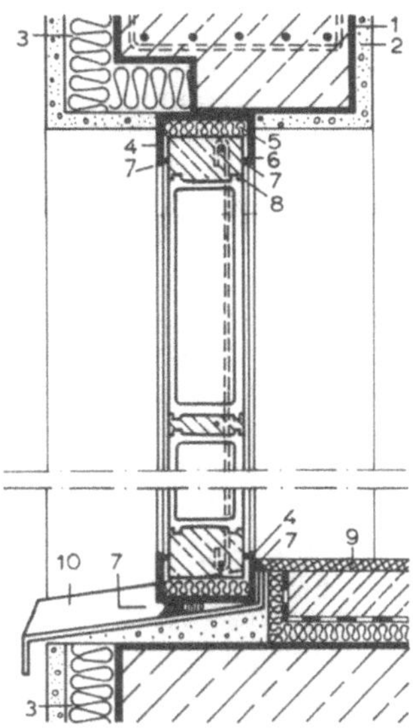

6.183 Senkrechter Schnitt durch eine äußere Glasbausteinwand

1 Stahlbetonsturz
2 Putz
3 Holzwolle-Leichtbauplatte
4 Aluminium-Profil
5 Dehnfuge
6 Gleitfuge
7 dauerelastische Dichtung
8 Rahmen aus steifem, schwindarmem Zementmörtel 1 : 3 mit Bewehrung
9 Bodenbelag auf schwimmendem Estrich
10 Aluminiumfensterbank

6.8.3 Mehrschalige nichttragende Trennwände

6.8.3.1 Allgemeines

Überall dort, wo einschalige nichttragende Trennwände aus Gewichtsgründen nicht in Frage kommen, wo leichte Demontage möglich sein soll oder bei nachträglichen Einbauten werden mehrschalige Trennwandkonstruktionen bevorzugt.

Die tragenden Gerüste bestehen aus Stielen bzw. Ständern oder aus fachwerkartigen Rahmenkonstruktionen. Sie werden bekleidet mit Spanplatten, Profilbrettern, Paneelen, Gipskarton- oder -faserplatten, Faserzementplatten, Blechen usw. Derartige Wände können nur bedingt als umsetzbar gelten, da nur bei besonderen Vorkehrungen die Bekleidungen nach einem Abbau ohne Beschädigungen bleiben und wieder verwendet werden können (Umsetzbare Trennwände s. Abschn. 13).

Schallschutz. Für die Gewährleistung ausreichenden Schallschutzes sind nicht allein die Eigenschaften der Wände maßgeblich. Es müssen vor allem Maßnahmen gegen Schallübertragung über angrenzende Bauwerksteile (Flankenübertragung) getroffen werden (s. Abschn. 6.1.3). Insbesondere, wenn Trennwandkonstruktionen auf schwimmendem Estrich errichtet werden, kann die Schallübertragung auch bei Trennfugen im Estrich erfolgen. Günstiger sind in diesem Fall Verbundestriche, wenn der Schallschutz der Decken auf andere Weise gewährleistet werden kann (s. Abschn. 10).

Die Schalldämmung des oberen Anschlusses von leichten Trennwänden an Geschoßdecken ist schwierig, wenn unter der Decke Installationen hängen oder keine ebenen, geschlossenen Deckenuntersichten (z. B. bei Stahlbetonrippendecken, Stahlleichtdekken mit Trapezblechen) vorhanden sind. In derartigen Fällen muß eine schalldämmende, abgehängte Unterdecke vorgesehen werden, die über die Trennwände hinwegläuft, wobei die Trennwandskelette nur punktweise mit der Rohdecke verankert werden (s. Abschn. 12.3.3).

Brandschutzanforderungen können mit mehrschaligen Trennwandkonstruktionen bei Beachtung der in DIN 4102 T4 Abschn. 4.9 festgelegten Anforderungen in vollem Umfang erfüllt werden, insbesondere, wenn statt Gipskartonplatten Feuerschutz-Spezialplatten verwendet werden (z. B. Fireboard-Platten, Fa. Knauf). In Bild **6.**194 ist eine Konstruktion gezeigt, die sogar in Verbindung mit einer verglasten Fläche die Anforderungen der Feuerwiderstandsklasse F 90 erreicht.

6.8.3.2 Trennwände mit Unterkonstruktionen in Holzbauart

Unterkonstruktionen in Holzbauart können nach DIN 4103 T4 ausgeführt werden. Die Unterkonstruktion besteht aus Vollholz, verleimtem Holz oder aus Flachpreßplatten (DIN 68 763 bzw. 68 000 T 2, Emissisonsklasse E der Formaldehyd-Richtlinien).

Tabelle **6.**184 Erforderliche Mindestquerschnitte b/h für Holzstiele oder -rippen bei einem Achsabstand $a = 625$ mm in Abhängigkeit von Einbaubereich, Wandhöhe und Wandkonstruktion

	Einbaubereich nach DIN 4103 T1					
	1			2		
Wandhöhe H	2600	3100	4100	2600	3100	4100
Wandkonstruktion	Mindestquerschnitte b/h					
Beliebige Bekleidung[1])	60/60		60/80	60/80		
Beidseitige Beplankung aus Holzwerkstoffen[2]) oder Gipsbauplatten[3]), mechanisch verbunden[4])	40/40	40/60	40/80	40/60	40/60	40/80
Beidseitige Beplankung aus Holzwerkstoffen, geleimt[5])	30/40	30/60	30/80	30/40	30/60	30/80
Einseitige Beplankung aus Holzwerkstoffen[5]) oder Gipsbauplatten, mechanisch verbunden	40/60		60/60	60/60		

[1]) Z. B. Bretterschalung

[2]) Genormte Holzwerkstoffe und mineralisch gebundene Flachpreßplatten

[3]) Gipsbauplatten DIN 18 180 u. Gipsfaserplatten

[4]) Nägel, Klammern, Schrauben; $e > 80\,d < 200\,d$

[5]) Wände mit einseitiger, aufgeleimter Beplankung aus Holzwerkstoffplatten können wegen der zu erwartenden, klimatisch bedingten Formänderungen (Aufwölben der Wände) allgemein nicht empfohlen werden.

Die erforderlichen Mindestquerschnitte für die Stiele – Abstand 62,5 cm – sind in Abhängigkeit von Einbaubereich und Wandhöhe in Tabelle **6**.184 (DIN 4103 T4) vorgeschlagen.

Bei einer Ausführung nach Bild **6**.185 können leichte Trennwände in Holzbauart lediglich für eine einfache Raumunterteilung dienen. Sie werden bei Längen bis zu 5 m mit Holzschrauben ≧ 6 mm an die benachbarten Bauteile angedübelt. Leichte Konsollasten können – ausgenommen bei Bretterschalungen – bei geeigneten Befestigungsmitteln an jeder Stelle angeschlossen werden.

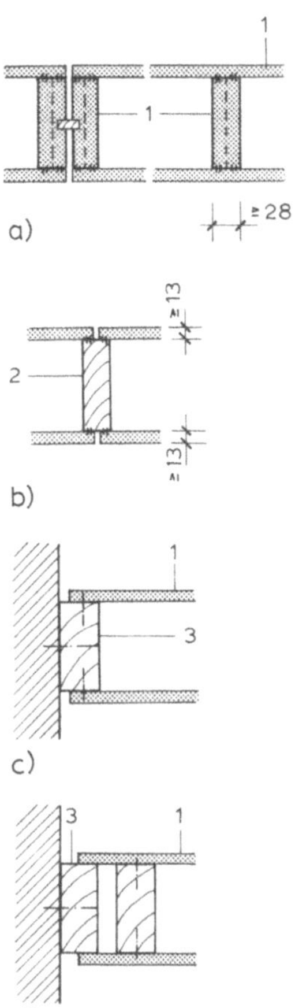

6.185 Trennwand mit Unterkonstruktion in Holzbauart

Grundrisse:

a) Element-Stoß
b) Plattenstoß
c) Wandanschluß gleitend
d) Wandanschluß fest

1 Flachpreßplatten
2 Vollholzprofil
3 Wandanschlußprofil, Vollholz

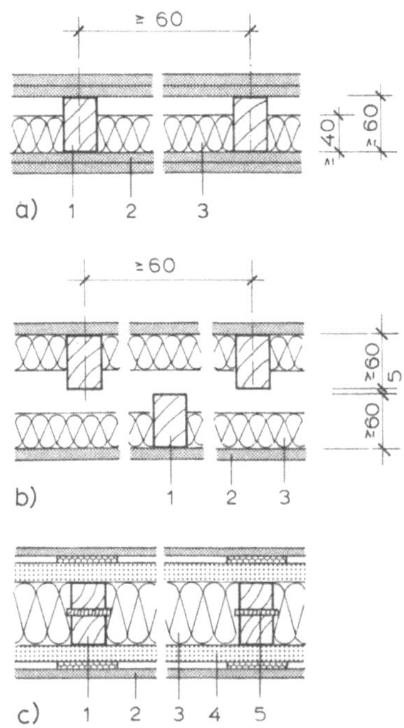

6.186 Trennwand mit Unterkonstruktion in Holzbauart: schalldämmende Ausführungen

a) einfache Unterkonstruktion mit doppellagiger Beplankung aus Gipskartonplatten und Mineralwolle-Einlage
b) zweischalige Unterkonstruktion mit einfacher Beplankung aus Gipskartonplatten und doppelter Mineralwolle-Einlage
c) zweischalige Unterkonstruktion mit Beplankung aus Gipskartonplatten, mit Wabenplatten, auf Leichtbauplatten geklebt

1 Holzprofil
2 Gipskartonplatte
3 Mineralwolle
4 Leichtbauplatte
5 Distanzstreifen (z.B. selbstklebender Filzstreifen)

Ähnlich den in Abschnitt 6.8.3.3 behandelten Trennwänden mit Unterkonstruktionen aus Metallprofilen können auch in Holzbauart Trennwände hergestellt werden die erhöhte Schalldämm-Anforderungen erfüllen. Einige Beispiele dafür zeigt Bild **6**.185. Mit derartigen Konstruktionen können bewerte Schalldämm-Maße $R'_{w,R}$ von 38 bis 49 dB (vgl. Abschn. 14.6) erreicht werden.

6.8.3.3 Trennwände mit Unterkonstruktionen aus Metallprofilen

Trennwände mit Unterkonstruktionen aus Metallprofilen werden im Innenausbau am häufigsten verwendet. Derartige Trennwände mit Beplankungen aus Gipskartonplatten sind in DIN 18183 genormt.

Unterschieden werden Einfachständerwände (Bild **6**.187), Doppelständerwände (Bild **6**.188) und freistehende Vorsatzschalen (Bild **6**.189).

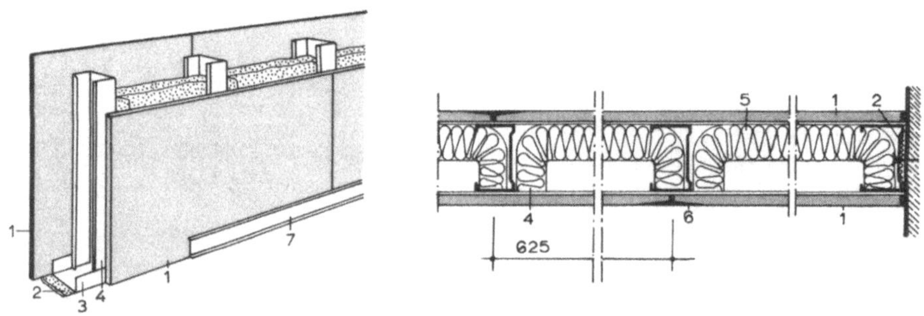

6.187 Montagewand (nach Unterlagen der Firma Rigips)
1 Plattendicke 12,5 mm
2 Anschlußdichtung
3 U-Profil-Schwelle
4 C-Profil-Ständer
5 Mineralfaser, Dicke mind. 40 mm
6 Fugenverspachtelung
7 Fußleiste

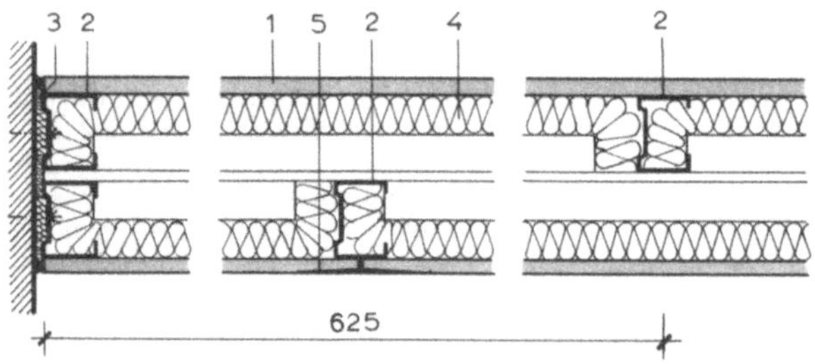

6.188 Doppelte Fachwerkwand mit C-Profilen (waagerechter Schnitt)
1 Gipskartonplatten, $d \geqq 12{,}5$ mm
2 C-Profil-Ständer
3 Anschlußdichtung
4 Mineralfasermatte
5 Fugenverspachtelung (Fugen versetzt)

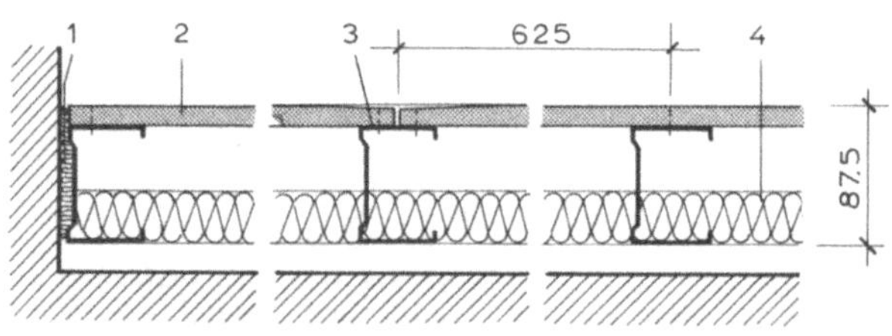

6.189 Freistehende Vorsatzschale (DIN 18183)
1 Anschlußdichtung
2 Gipskarton-Bauplatte
3 C-Wandprofil CW
4 Mineralfaser-Dämmstoff

Die Unterkonstruktionen bestehen aus verzinkten Stahlblechprofilen. UW-Profile sind für Decken- und Bodenanschlüsse, CW-Profile für die Ständer vorgesehen. Die Hohlräume werden mit Mineralfaser-Dämmstoffplatten ausgefüllt.

Wenn an den Montagewänden größere Konsollasten berücksichtigt werden müssen, kommen verstärkte Konstruktionen mit versetzt angeordneten Ständern in Frage (Bild **6**.190). Im übrigen dürfen an jeder Stelle von Ständerwänden nach DIN 18183

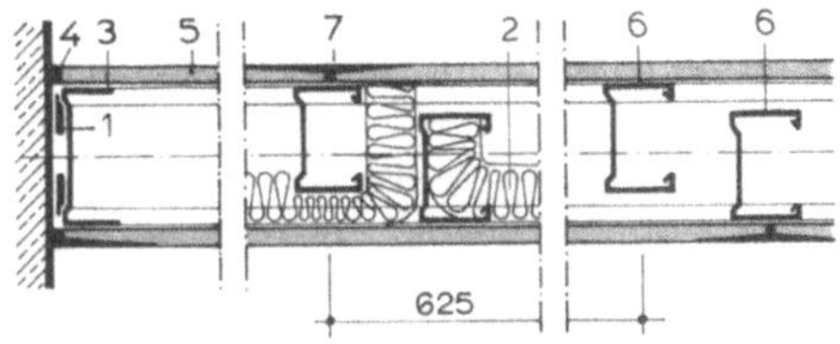

6.190
Doppelte Ständerwand mit C-Profilen (waagerechter Schnitt)

1 Quetschdichtung
2 Mineralwolle 50 mm
3 Wandanschlußprofil, 1teilig
4 Anschlußdichtung, dauerelastisch
5 Gipskartonplatte 12,5 mm
6 C-Profil-Ständer in versetzter Anordnung
7 Fugenspachtelung

Konsollasten (z. B. aus Regalen oder Wandschränken) angebracht werden wenn 0,4 kN/m Wandlänge nicht überschritten werden bzw. 0,7 kN/m bei Beplankungen mit $d > 18$ mm. Größere Konsollasten, z. B. für Waschtische und für andere Sanitärobjekte oder für schwere Bücherregale sind über besondere Traversen einzuleiten, und Doppelständerwände sind in den Ständerreihen durch Laschen zugfest zu verbinden (Bild **6**.191).

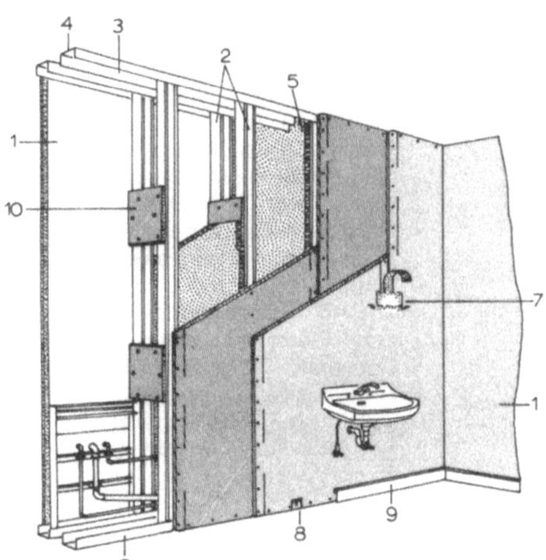

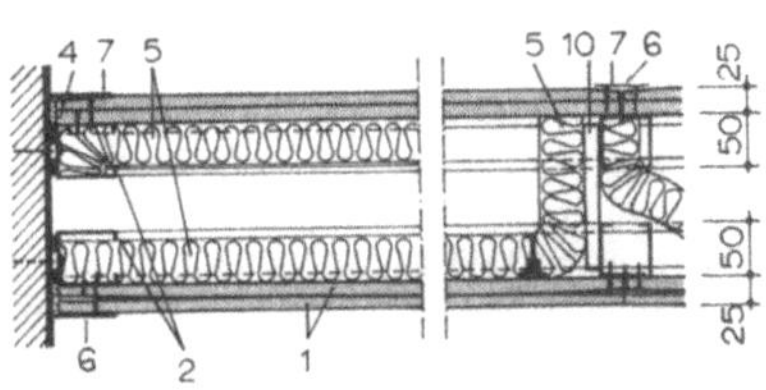

6.191 Vorgefertigte leichte Trennwand als Installationswand (nach Unterlagen der Firma Knauf)

1 Gipskarton-Platte, 12,5 mm
2 C-Ständerprofil
3 U-Randprofil
4 Anschlußdichtung
5 Mineralfaserfilz, 40 mm
6 selbstschneidende Schraube
7 Fugendeckstreifen
8 Sockelklipp
9 PVC-Sockelprofil
10 Gipskartonstreifen

Doppelständerwände bieten sehr gute Schalldämmeigenschaften, wenn beide Schalen einwandfrei voneinander getrennt sind. Dabei ist die versetzte Anordnung der Ständer möglich (Bild **6**.188) oder gegenüberstehende Ständer werden durch federnde Zwischenlagen voneinander getrennt (Bild **6**.192). Eine weitere Verbesserung des Schall-

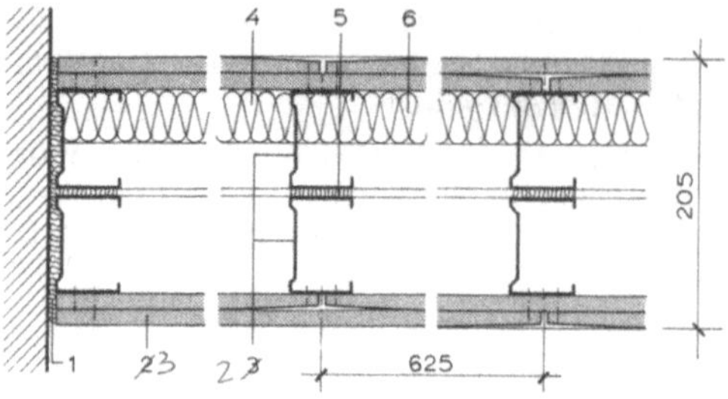

6.192
Doppelständerwand mit doppelter Beplankung
(DIN 18183)
1 Anschlußdichtung
2 U-Wandprofil UW
3 Gipskarton-Bauplatte
4 C-Wandprofil CW
5 Distanzstreifen (z. B. selbstklebender Filzstreifen
6 Mineralfaser-Dämmstoff

schutzes ist möglich durch Doppellage der Gipskartonplatten, die entweder direkt oder mit Zwischenlagen aus Federschienen aufeinander geklebt werden (Bild **6**.193).

Eine Montagewand, die den Brandschutzanforderungen der Feuerwiderstandsklasse F 90 entspricht, zeigt Bild **6**.194.

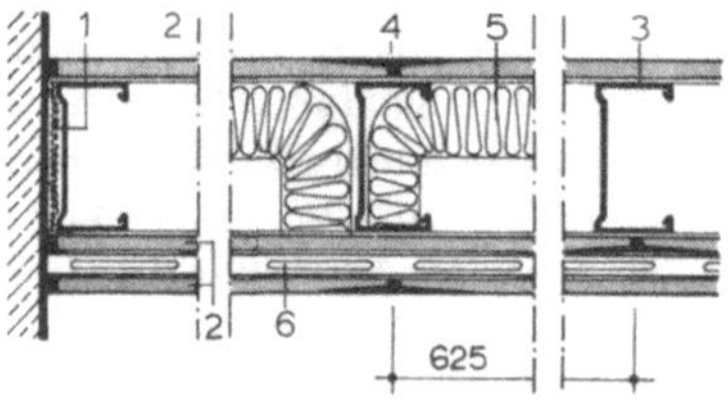

6.193 Zweischalige leichte Trennwand (nach Unterlagen der Firma Richter-System)
1 Anschlußdichtung mit 30 mm Mineralfaserfilz
2 12,5 mm Gipskartonplatten
3 Ständer aus verz. Stahlblech-C-Profilen
4 Befestigung der Beplankung mit selbstschneidenden Schrauben, Verspachtelung gem. DIN 18181
5 40 mm Mineralfaserfilz
6 Federschiene

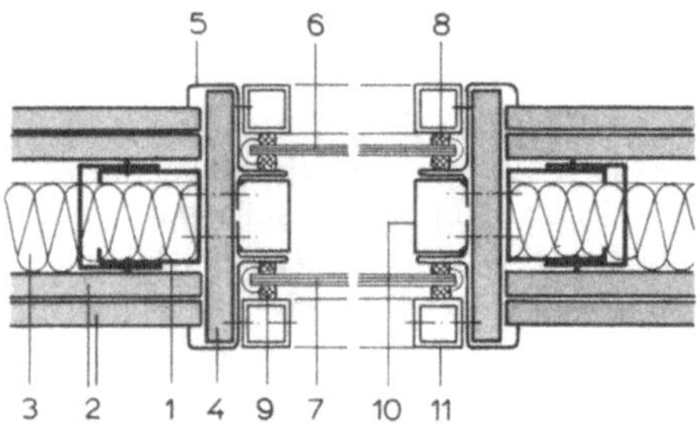

6.194 Trennwand F 90 mit verglaster Fläche (Gyproc)
1 Ständer, Stahlblech verzinkt 50 × 50 × 0,7 mm
2 Gipskarton-Bauplatten F (GFK) 12,5 mm dick, nicht brennbar
3 Mineralfaser-Dämmplatten, 40 mm
4 Gipskarton-Bauplattenstreifen F (GFK) 15 mm dick, 120 mm breit
5 Zargenprofilrahmen
6 PYRAN-Glasscheibe, ca. 6,5 mm dick
7 Float-Glasscheibe, 6 mm dick
8 „Fiberfrax"-Dichtung, umlaufend
9 Dichtungsband, umlaufend
10 U-förmige Profile, Stahlblech
11 Rechteck-Stahlrohrrahmen, 25 × 25 × 2 mm

Beim Anschluß an benachbarte Bauteile sind die zu erwartenden Verformungen zu berücksichtigen.

Müssen größere Durchbiegungen von Decken angenommen werden, sind die Anschlüsse gleitend auszuführen (vgl. Bild **6**.185b).

Montagewände mit Unterkonstruktionen aus Metall sind bei Demontagen bedingt wiederverwendbar, wenn die Beplankung aus Holzspanplatten besteht (Bild **6**.195; Umsetzbare Trennwände s. Abschn. 13).

6.195
Montagewand, Beplankung mit Holzspanplatten (nach Unterlagen der Firma Richter-System)

1 Anschlußabdichtung mit 30 mm Mineralfaserfilz
2 Ständer sowie Wand- und Fußboden- und Deckenanschluß mit sendz. verz. Stahlblech-U-Profilen 40 × 74 × 40/0,63 mm
3 Holzspanplatten 13 mm
4 Mineralfaserfilz 50 mm dick
5 Hutprofil
6 Kederprofil
7 selbstklebender Filz, 3 mm dick
8 Sockelprofil
9 Befestigigung mit Hutprofil und selbstschneidenen Schrauben auf dem Ständerprofil (2)

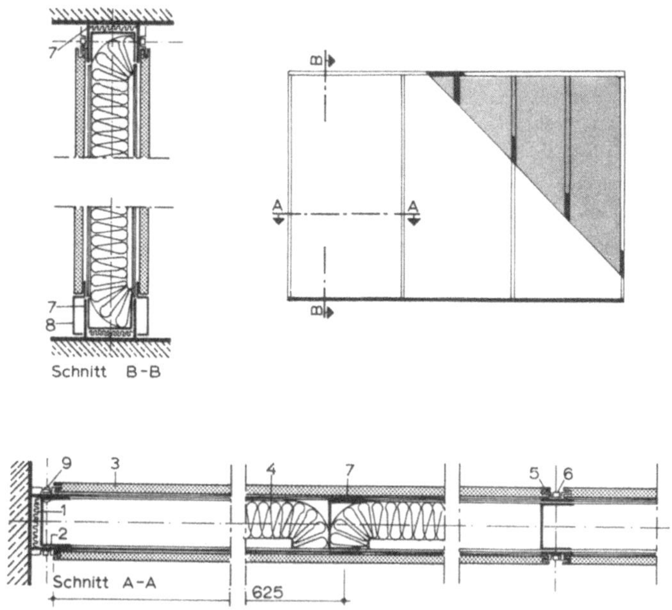

6.8.4 DIN-Normen

DIN-Nr.		Ausgabe-Datum	Titel
105	T1	8.89	Mauerziegel; Vollziegel und Hohllochziegel
	T2	8.89	–; Leichthochlochziegel
	T3	5.84	–; Hochfeste Ziegel und hochfeste Klinker
	T4	5.84	–; Keramikklinker
106	T1	9.80	Kalksandsteine, Vollsteine, Lochsteine, Hohlblocksteine
E	A1	9.89	–; Vollsteine, Lochsteine, Blocksteine, Hohlblocksteine
	T2	11.80	–; Vormauersteine und Verblender
274	T1	4.72	Asbestzement-Wellenplatten; Maße, Anforderungen, Prüfungen
278		9.78	Tonhohlplatten (Hourdis) und Hohlziegel; statisch beansprucht
1052	T1	4.88	Holzbauwerke Berechnung und Ausführung
	T2	4.88	–; Mechanische Verbindungen
	T3	4.88	–; Holzhäuser in Tafelbauart
1055	T3	6.71	Lastannahmen für Bauten; Verkehrslasten
1101		11.89	Holzwolle-Leichtbauplatten und Mehrschicht-Leichtbauplatten als Dämmstoffe für das Bauwesen; Anforderungen, Prüfung
1102		11.89	Holzwolle-Leichtbauplatten und Mehrschicht-Leichtbauplatten nach DIN 1101 als Dämmstoffe für das Bauwesen; Verwendung, Verarbeitung

Fortsetzung s. nächste Seite

DIN-Normen, Fortsetzung

DIN-Nr.			Ausgabe-Datum	Titel
	4103	T1	7.84	Nichttragende innere Trennwände; Anforderungen, Nachweise
		T2	12.85	–; Trennwände aus Gips-Wandbauplatten
		T4	11.88	–; Unterkonstruktion in Holzbauart
	4165		12.86	Gasbeton-Blocksteine und Gasbeton-Planbausteine
E		A1	12.89	–; –; Änderungen
	4166		12.86	Gasbeton-Bauplatten und Gasbeton-Planbauplatten
E		A1	12.89	–; –; Änderungen
	4242		1.79	Glasbaustein-Wände; Ausführung und Bemessung
	18148		10.75	Hohlwandplatten aus Leichtbeton
	18151		9.87	Hohlblöcke aus Leichtbeton
	18152		4.87	Vollsteine und Vollblöcke aus Leichtbeton
	18153		9.89	Mauersteine aus Beton (Normalbeton)
	18162		8.76	Wandbauplatten aus Leichtbeton; unbewehrt
	18163		6.78	Wandbauplatten aus Gips; Eigenschaften, Anforderungen, Prüfungen
	18164	T1	6.79	Schaumkunststoffe als Dämmstoffe für das Bauwesen; Dämmstoffe für die Wärmedämmung
		T2		Dämmstoffe für die Trittschalldämmung
	18165	T1	3.87	Faserdämmstoffe für das Bauwesen; Dämmstoffe für die Wärmedämmung
	18175		5.77	Glasbausteine; Maße, Anforderungen, Prüfung
	18180		9.89	Gipskartonplatten; Arten, Anforderungen, Prüfung
	18181		1.69	Gipskartonplatten im Hochbau; Richtlinien für die Verarbeitung
E			1.87	–; Grundlagen für die Verarbeitung
	18184		12.84	Gipskarton-Verbundplatten mit Polystyrol- oder Polyurethan-Hartschaum als Dämmstoff
E			12.87	
	18350		9.88	VOB Teil C: Putz- und Stuckarbeiten
	68705	T2	7.81	Sperrholz; für allgemeine Zwecke
		T3	12.81	–; Bau-Furniersperrholz
		T4	12.81	–; Bau-Stabsperrholz, Bau-Stäbchensperrholz
	68750[1])		4.58	Holzfaserplatten; Gütebedingungen
	68751		11.87	Kunststoffbeschichtete dekorative Holzfaserplatten; Begriff, Anforderungen
	68763		7.80	Spanplatten; Flachpreßplatten für das Bauwesen; Begriffe, Eigenschaften, Prüfung, Überwachung
E			10.88	
	68764	T1	9.73	–; Strangpreßplatten für das Bauwesen; Begriffe, Eigenschaften, Prüfung, Überwachung
		T2	9.74	–; Strangpreßplatten für das Bauwesen; beplankte Strangpreßplatten für die Tafelbauart
	68765		11.87	–; Kunststoffbeschichtete dekorative Flachpreßplatten; Begriff, Anforderungen

[1]) z.Z. in Neubearbeitung

6.9 Literatur

[1] Belz, Gösele, Jenisch, Pohl, Reichert: Mauerwerk-Atlas. München 1984

[2] Brechner u.a.: Kalksandstein. Planung, Konstruktion, Ausführung. Hrsg. Kalksandstein Information GmbH. Hannover 1989

[3] Bundesverband Deutsche Beton- und Fertigteilindustrie e.V.: Hbl.-Handbuch. Düsseldorf 1985

[4] Bundesverband der Leichtbauplattenindustrie e.V.: Leichtbauplattenfibel. München 1985

[5] Deutscher Natursteinverband e.V.: Bautechnische Informationen – Mörtel für Naturwerkstein, 1985

[6] Deutscher Stahlbau-Verband: Stahlbau Arbeitshilfen für Architekten und Ingenieure, Merkblätter. Köln 1986–1990

[7] DGfM – Schriftenreihe: Außenwandfugen für Mauerwerksbauten 1982

[8] Forschungsgemeinschaft Bauen und Wohnen, Arbeitsblätter

[9] Gerner, M.: Fachwerk; Entwicklung, Gefüge, Instandsetzung. Stuttgart 1985
–: Farbiges Fachwerk. Stuttgart 1983

[10] Haferland, F.: Bauschäden an Außenwänden u. Dächern. Stuttgart 1985

[11] Hebel Handbücher für den Wohnungsbau und Industriebau. Emmering–Fürstenfeldbruck 1985

[12] Hbl-Handbuch. Mauerwerksbau mit Beton-Bausteinen. Hrsg. Brandt/Irmschler. 3. Aufl. Düsseldorf 1983

[13] Hart, F.; Henn, W.; Sonntag, H.: Stahlbauatlas. München 1990

[14] Hebgen, H.; Heck, F.: Außenwandkonstruktionen. Gütersloh

[15] Kalksandstein-Informationsreihen. Hrsg. vom Bundesverband Kalksandsteinindustrie e.V. Hannover–Herrenhausen

[16] Klöckner, K.: Alte Fachwerkbauten. München 1990
–: Der Blockbau. München 1982

[17] Kräntzer, K.R.: Betonfertigteile für den Mauerwerksbau. 2. Aufl. Köln 1980

[18] Lampe, J.: Außen- und Innenwände. Bauphysikalische Kennwerte. Köln 1981

[19] Lewitzki, W.: Wohnhäuser aus Holz. München 1987

[20] Liersch, K.W.: Belüftete Dach- und Wandkonstruktionen, Bd. 1: Vorhangfassaden, Bd. 2: Wände Wiesbaden/Berlin 1981/1984

[21] Martin, B.: Fugen und Verbindungen im Hochbau. Grundlagen und Praxis. Düsseldorf 1982

[22] Mauerwerkkalender 1990. Berlin 1990

[23] Mehling, G.: Naturstein-Lexikon. München 1986

[24] Mitteilungen des Instituts für Bauforschung e.V. Hannover

[25] Pohl, Schneider, Wormuth, Ohler, Schubert: Mauerwerksbau. Düsseldorf 1990

[26] Reichel, W.: YTONG-Handbuch. Wiesbaden und Berlin 1987

[27] Reichert, H.: Konstruktiver Mauerwerksbau. Bildkommentar zur DIN 1053. Köln 1990

[28] Richtlinien für das Versetzen und Verlegen von Naturwerksteinen. Hrsg.: Deutscher Naturwerksteinverband e.V., Würzburg 1989

[29] Ruske, W.: Holzhäuser im Detail. Kissing 1990

[30] Schild, E. u.a.: Bauschadenverhütung im Wohnungsbau – Schwachstellen – Bd. 2: Außenwände und Öffnungsanschlüsse. Wiesbaden und Berlin 1990

[31] Schmitt, H., Heene, A.: Hochbaukonstruktion. Düsseldorf 1988

[32] Schumacher, F.: Das Wesen des neuzeitlichen Backsteinbaues. München 1920/1985

[33] Sobon, J., Schroeder, R.: Fachwerkkonstruktionen. Düsseldorf 1990

[34] Weber, H.: Porenbeton-Handbuch. Wiesbaden 1991

[35] Wendehorst: Bautechnische Zahlentafeln. 25. Aufl. Stuttgart 1991

[36] Wiel, L.: Baukonstruktionen des Wohnungsbaues. 10. Aufl. Leipzig 1986

[37] Zementmerkblätter. Hrsg. vom Fachverband Zemente e.V., Köln

[38] Ziegelbauberatung: Ziegel. Technische Informationsreihe. Hrsg. vom Bundesverband der deutschen Ziegelindustrie e.V. Bonn

[39] Zimmermann, G.: Bauschäden-Sammlung. Stuttgart 1990

7 Skelettbau

7.1 Allgemeines

Im Industriebau und bei Verwaltungs- und Geschäftsbauten sind in der Regel weiträumige Nutzflächen zu planen, die den oft rasch wechselnden funktionellen Anforderungen leicht angepaßt und auch ohne großen Aufwand mit Erweiterungen ergänzt werden können. Tragende Wände innerhalb der Geschoßflächen und als Außenwände würden dieser Forderung entgegenstehen.

Bei ebenerdigen und ebenso bei mehrgeschossigen Gebäuden müssen daher die auftretenden Lasten auf möglichst wenige Stellen konzentriert werden. Die Konsequenz daraus führt zum System der Skelettbauweise.

Die Hauptelemente von Skelettkonstruktionen sind Stützen und Träger, auf denen die Dachflächen oder Geschoßdecken aufgelagert sind. In den Anschlußstellen (Knoten) sind je nach statischen Anforderungen gelenkige oder steife Verbindungen zu schaffen.

Während beim Massivbau die raumabschließenden Scheiben der tragenden Wände das Tragwerk bilden, ist beim Skelettbau das Tragwerk (das Skelett) konstruktiv und funktionell klar von den Elementen der Außenhülle und des Innenausbaues getrennt. Alle Lasten werden durch das Skelett abgetragen, während die Wände lediglich nichttragende Raumabschlüsse sind.

Der wesentlichste Vorteil von Skelettbauten besteht darin, daß die Flächenaufteilung innerhalb der Geschoßflächen bei eingeschossigen Bauten nahezu völlig uneingeschränkt möglich ist und bei Geschoßbauten lediglich durch die erforderlichen Stützen eingeschränkt wird. Spätere Änderungen der Raumaufteilung sind – insbesondere, wenn bereits entsprechende Vorkehrungen eingeplant wurden – leicht nachträglich ausführbar.

Die Standfestigkeit des Skeletts muß durch Aussteifung mit Wandscheiben oder Diagonalverbänden, durch Rahmen mit biegesteifen Eckverbänden oder durch Einspannung gewährleistet werden.

Aus der großen Vielfalt der in Frage kommenden, vielfältig variierbaren Möglichkeiten für die Aussteifung hallenartiger eingeschossiger Bauwerke zeigt Bild **7**.1 drei typische Beispiele.

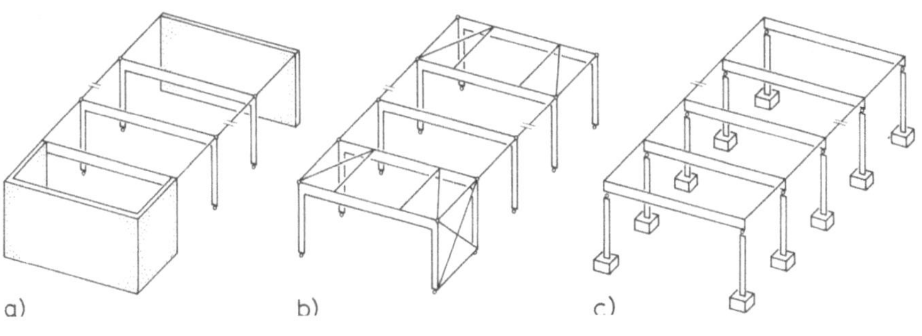

7.1 Aussteifung von Skelettkonstruktionen
a) durch Wandscheiben und durch Rahmen mit biegesteifen Ecken
b) durch Diagonalverbände und Rahmen mit biegesteifen Ecken
c) durch Einspannung

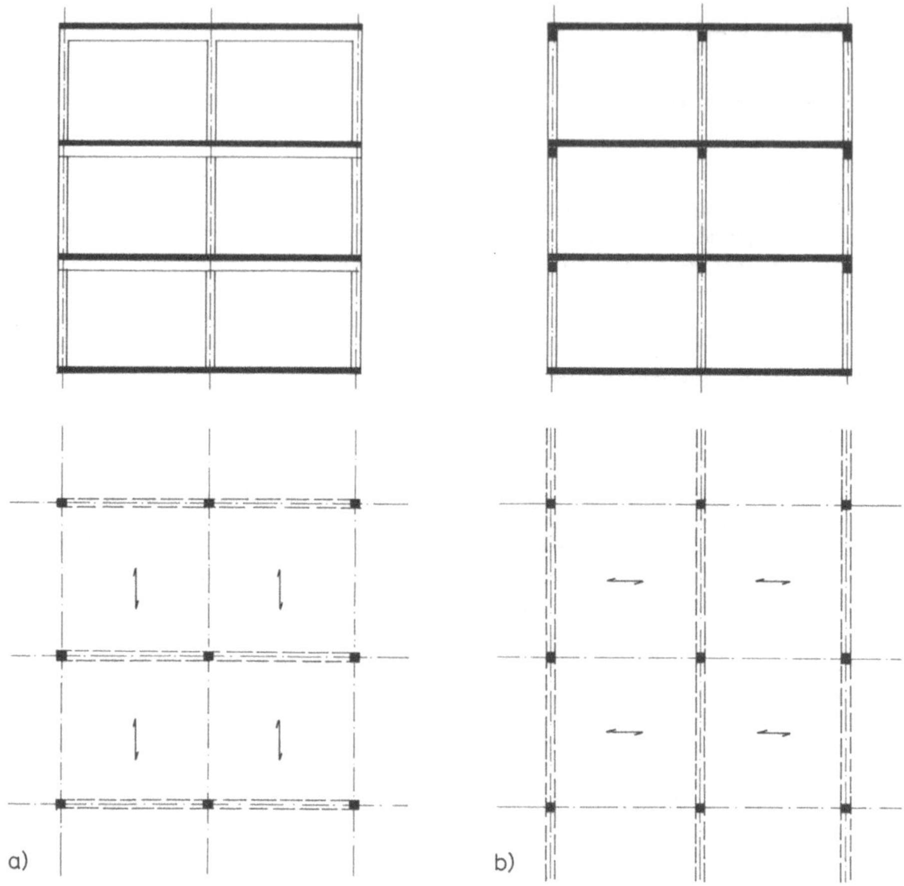

7.2 Skelettsysteme
a) Querunterzüge (Rahmen)
b) Längsunterzüge
c) aussteifender Gebäudekern, Decken außen auf Pendelstützen, s. S. 247
d) Rahmen mit Pendelstützen, s. S. 247

Bei Geschoßbauten bilden Stützen und Unterzüge in der Regel im Zusammenwirken mit den Decken ausgesteifte Systeme.

Als wirtschaftlicher Stützenabstand ergibt sich aus konstruktiver Sicht ein Maß von etwa 7 m (s. Abschn. 7.2).

Zur Optimierung der Nutzung können sich natürlich andere Abstände als erforderlich erweisen. Für die Nutzung ist aber vor allem die richtige Planung der Hauptrichtung von erforderlichen Unterzügen ausschlaggebend.

Die Räume zwischen den Unterzügen werden in der Regel zur Unterbringung von Installationen genützt (Be- und Entlüftungskanäle, Einbauleuchten usw.). Wenn sich auch Aussparungen in den Unterzügen nicht immer völlig vermeiden lassen, wird man

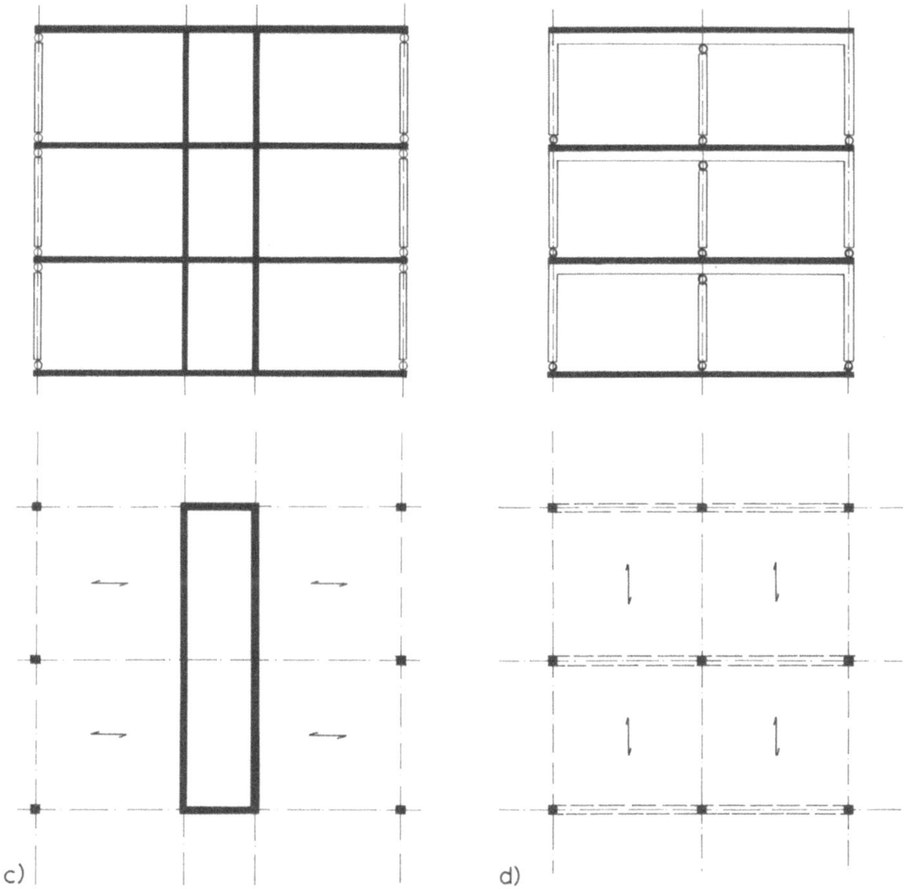

7.2 Skelettsysteme, Fortsetzung

selbstverständlich immer versuchen, die Hauptrichtung der Unterzüge (quer oder längs zur Gebäudehauptrichtung) in Abhängigkeit von den wichtigsten oder umfangreichsten Installationssträngen.

Unterschieden werden Skelettsysteme mit Querunterzügen (Bild **7**.2a) und Längsunterzügen (Bild **7**.2b). Ihre Aussteifung erfolgt nach den in Bild **7**.12 gezeigten Grundsätzen in der Regel unter Mitwirkung der Decken. Dabei werden biegesteife Verbindungen zwischen den einzelnen Bauelementen gebildet, und die Aussteifung wird durch Wandscheiben oder Verbände ergänzt. Die Aussteifung von Geschoß-Skelettbauten kann aber auch durch Gebäudekerne (z. B. geschlossene Treppenhäuser, Aufzugsschächte o. ä.) bewirkt werden. Die Decken können aus derartigen Gebäudekernen auskragen und mit ihren Außenrändern auf meistens sehr wirtschaftlich zu dimensionierende Pendelstützen aufliegen (Bild **7**.2c).

Eine andere konstruktive Möglichkeit wird durch Geschoßrahmen gegeben, die durch innenliegende Pendelstützen ergänzt sein können (Bild **7**.2d).

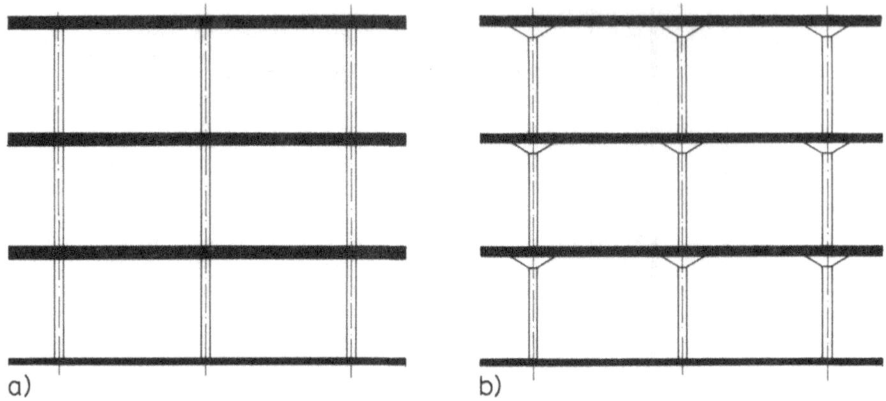

7.3 Unterzugfreie Decken
a) Unterzüge in Decke integriert, b) Pilzdecke

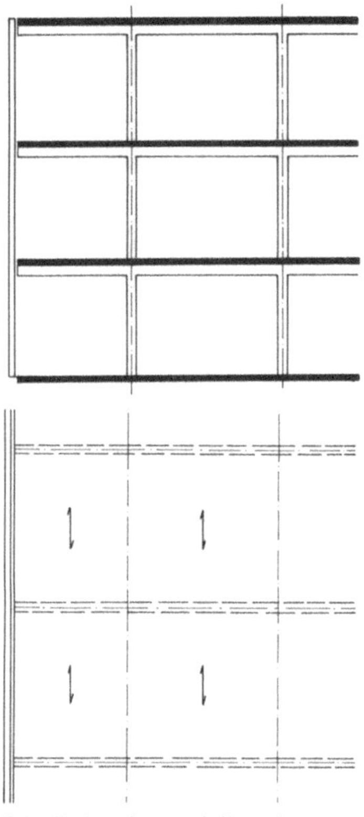

7.4 Skelettrahmen mit Kragträgern

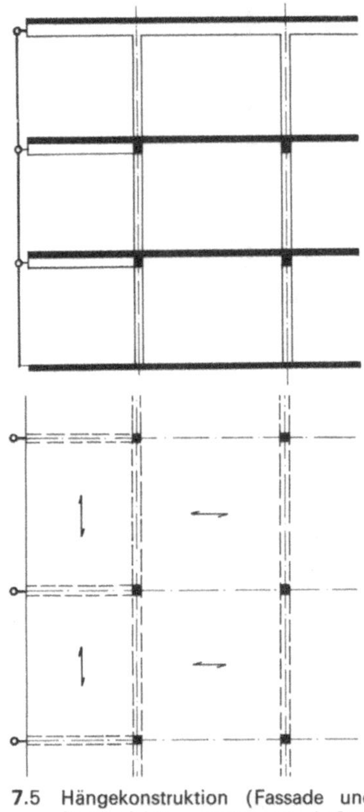

7.5 Hängekonstruktion (Fassade und äußere Deckenfelder werden am Außenrand mit Zugbändern am oberen Kragträger aufgehängt)

Tabelle 7.6 Entscheidungskriterien für Außenwände[1])

Anordnung zur tragenden Konstruktion[2])	ausgefacht		vorgehängt		vorgestellt	
	lichtdurchlässig	schalldämmend	wärmedämmend	wärmespeichernd	feuerwiderstandsfähig	wasserabweisend
	nicht lichtdurchlässig	nicht schalldämmend	nicht wärmedämmend	nicht wärmespeichernd		
funktionsbedingte Eigenschaften, Beanspruchungen	wasserdampfsperrend	wasserdampfspeichernd	staub- und luftdicht	mechanisch beanspruchbar	chemisch beanspruchbar	Öffnungsmöglichkeit
	nicht wasserdampfsperrend	nicht wasserdampfspeichernd	nicht staub- und luftdicht			keine Öffnungsmöglichkeit
	statische Beanspruchung	Installationselement	Wartungsmöglichkeit	Instandsetzungsmöglichkeit		
		kein Installationselement				
Montage	Hand		leichtes Gerät		Kran	
Konstruktion des Außenwandelementes	einschichtig		mehrschichtig		Sprossenkonstruktion	
	weitere Bezeichnungen nach den zur Verwendung kommenden Hauptbaustoffen					

[1]) Nach: Ausbautechnik u. Vorfertigung. Studiengemeinschaft f. Fertigbau e.V., Wiesbaden.

[2]) Nichttragende Außenwände haben keine statische Funktion im Traggefüge, werden aber durch Eigengewicht und Windlast beansprucht, die kontinuierlich oder punktweise auf die Tragkonstruktion übertragen werden.

Tabelle 7.7 Entscheidungskriterien für Innenwände zur Ermittlung optimaler Lösungen

Flexibilität	bewegliche Wände		versetzbare Wände		ortsfeste Wände	
Raumbildung	raumhoch			nicht raumhoch		
funktionsbedingte Eigenschaften, Beanspruchungen	lichtdurchlässig / nicht lichtdurchlässig	schalldämmend / nicht schalldämmend	wärmedämmend / nicht wärmedämmend	wärmespeichernd / nicht wärmespeichernd	feuerwiderstandsfähig	wasserabweisend
	wasserdampfsperrend / nicht wasserdampfsperrend	wasserdampfspeichernd / nicht wasserdampfspeichernd	staub- und luftdicht / nicht staub- und luftdicht	mechanisch beanspruchbar	chemisch beanspruchbar	Öffnungsmöglichkeit / keine Öffnungsmöglichkeit
	statische Beanspruchung	Installationselement / kein Installationselement	Schrankelement / kein Schrankelement	Wartungsmöglichkeit	Instandsetzungsmöglichkeit	
Montagemöglichkeit	Hand		leichtes Gerät		Kran	
Konstruktionsart	homogen		Verbund		Rahmen	
	weitere Bezeichnungen nach den zur Verwendung kommenden Hauptbaustoffen					

In Ausnahmefällen müssen (z. B. bei Laborbauten) unterzugfreie Konstruktionen gewählt werden. Die steifen Knotenanschlüsse zwischen Decken und Stützen verschwinden dann – bei entsprechender Dicke der Deckenplatten – ganz innerhalb der Decke (Bild **7**.3a) oder erscheinen lediglich in Form von Deckenverstärkungen im Stützenbereich (sog. „Pilzdecken", Bild **7**.3b).

Vielfach sind Stützen im Fassadenbereich nicht erwünscht, um z. B. überall gleichartige Trennwandelemente anschließen zu können, oder aus funktionalen und formalen Gründen soll das Erdgeschoß ohne Stützen am Gebäudeaußenrand ausgeführt werden.

Dann können Unterzüge zur Außenwand hin auskragen. Dabei sind jedoch hohe Querschnitte erforderlich, um das Durchhängen der Unterzugenden und damit verbundene Probleme am Fassadenanschluß auszuschließen (Bild **7**.4). Bei Hängekonstruktionen (Bild **7**.5) können die Lasten der Randfelder und die Eigengewichte der Fassaden auf den Gebäudekern übertragen werden.

In der Regel werden die Deckenuntersichten bei allen derartigen Systemen durch Unterdecken („abgehängte Decken") gebildet (s. Abschn. 12).

Die Außenwände von variabel nutzbaren Skelettbauten sind gekennzeichnet von meistens durchlaufenden Fensterbändern. Die Breite der einzelnen Fensteröffnungen ist dabei abgestimmt auf die Nutzungs-Grundeinheiten. Der Anschluß von Trennwänden soll danach an jeder Fensterachse möglich sein. Derartigen Anforderungen werden vorgefertigte Fassadensysteme, insbesondere „Vorhangwände" am besten gerecht (Abschn. 6.7.4).

Die inneren Trennwände werden vielfach als versetzbare Trennwände (s. Abschn. 13), durchweg aber als Leichte Trennwände (s. Abschn. 6.8) ausgeführt.

Einen Überblick über die bei der Auswahl geeigneter Außen- oder Innenwandbauarten in Frage kommenden Kriterien zeigen die Tabellen **7**.6 und **7**.7.

7.2 Planung und Maßkoordination

Stützenraster. Für die Anordnung der Stützen innerhab der Geschoßflächen ist neben statischen Überlegungen vor allem die Planung aller vorherbestimmbaren Arbeitsabläufe, die Berücksichtigung erforderlicher Arbeitsplatzgrundeinheiten mit Varianten, von Maschinenstellplätzen, Lagereinheiten usw. grundlegend (für Bürogebäude hat sich z. B. ein Vielfaches von 1,20 bis 1,25 m als geeignet erwiesen).

Es wird dann festgestellt, wie weit derartige Grundeinheiten untereinander addier- und kombinierbar sind. Derartige Planungen führen in der Regel zu einem Nutzungsraster. In Übereinstimmung mit diesem wird das Konstruktionsraster entwickelt, das zwar häufig Quadrate oder Rechtecke bildet, aus gestalterischen Gründen aber auch vielfach anderen geometrischen Systemen folgen kann.

Gleichzeitig sind selbstverständlich alle Aspekte einer wirtschaftlichen Bauausführung zu beachten. Bei vielfach geforderten allzu großen Stützenabständen müssen die gewonnenen Vorteile für die flexible Nutzung der Flächen durch zwangsläufig große Dimensionen von Unterzügen und Trägern und damit unwirtschaftliche Geschoßhöhen erkauft werden.

Für die Erstellung von so komplizierten, viele Halbfabrikate umfassenden komplexen Gebilde, wie sie Skelettbauten darstellen, sind neben den Stoff-, Güte-, Prüf- und Sicherheitsnormen auch besondere Planungsnormen unentbehrlich. Dadurch können

Bauelemente aufeinander abgestimmt und die Anzahl notwendiger Bauteilgrößen verringert werden. Die Planung auf Grund der immer noch im Hochbau grundlegenden „Maßordnung" DIN 4172 ist für Skelettbauten meistens nicht optimal. Es werden statt dessen spezifische normenähnliche Festlegungen für den Einzelfall getroffen, oder die Planung basiert auf der „Modulordnung" DIN 18000 (s. Abschn. 2).

Die Vervielfachung der zu Grunde gelegten Planungsgrundeinheiten („Module") führt zu einem Nutzungsraster. Dieser ist dann mit den konstruktiven Elementen und deren Konstruktionsraster zu koordinieren.

Für ein Verwaltungsgebäude bedeutet das z. B., daß alle Elemente des Ausbaues wie umsetzbare Trennwände, abgehängte Decken- und Beleuchtungselemente, Installationen aller Art bis hin zu Belüftungs- oder Klimaanlagen mit allen Einzelheiten der Gebäudekonstruktion wie z. B. auch den erforderlichen Fassadenelementen aufeinander abzustimmen sind.

Die Wahl des Stützenrasters wird im Rahmen der für eine wirtschaftliche Bauausführung zu berücksichtigenden Vorgaben auf die ermittelten Planungsgrundeinheiten abgestimmt.

Wenn sich Konstruktions- und Ausbauraster ganz oder teilweise decken, so sind für Zwischenwände und andere Ausbauelemente besondere Anpassungsteile an Stützen- und Fassadenanschlüssen erforderlich (Bild **7.**8a). Daher werden bei den meisten Planungen Konstruktions- und Ausbauraster gegeneinander verschoben (Bild **7.**8b). Auf diese Weise erübrigen sich kostenaufwendige Anschlußstücke für die Wandelemente. Außerdem werden dabei weniger Nutzungseinheiten (bzw. -rasterfelder) durch Stützen beeinträchtigt (Bild **7.**8c).

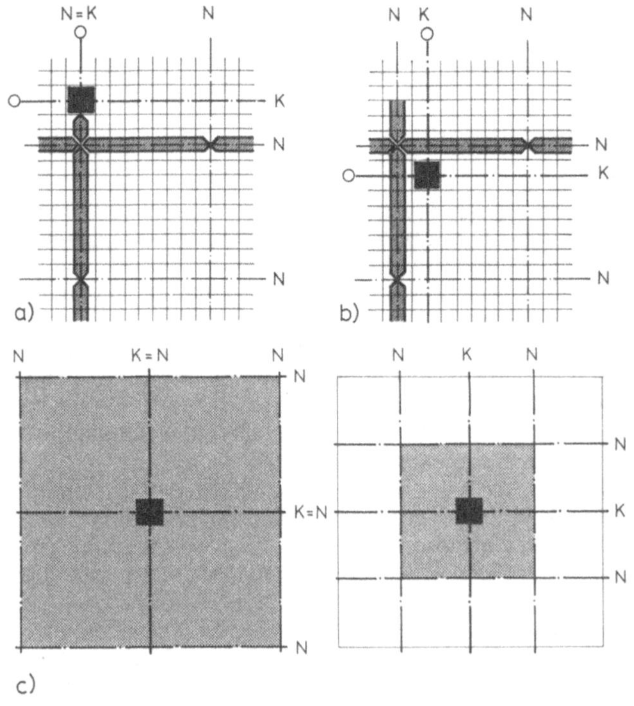

7.8
Koordination von Ausbau-(Nutzungs-)raster N und Konstruktionsraster K

a) Ausbau- und Konstruktionsraster decken sich teilweise. Anpassungsteile im Ausbau erforderlich, z. B. für Trennwandelemente
b) Ausbau- und Konstruktionsraster gegeneinander versetzt. Keine Anpassungselemente bei Trennwandelementen
c) Bei deckungsgleichem Konstruktions- und Nutzungsraster haben an der Stütze **vier** Nutzungsrastereinheiten eingeschränkte Flächenmaße. Sind Konstruktions- und Nutzungsraster gegeneinander versetzt, wird nur **eine** Nutzungsrastereinheit durch die Stützenstellen beeinträchtigt

Ein Problem, das für jede Wandkonstruktion eine besondere Lösung erfordert, sind die Gebäudeecken. Von Bedeutung ist dabei die Lage der Wandachse zum Planungsraster bzw. zu den Koordinationsebenen (Bild **7**.9a und b). Außerdem besteht konstruktiv ein Unterschied zwischen Innenecken und Außenecken (Bild **7**.9c).

Das Problem der Innen- und Außenecke wird bei der schematischen Darstellung mehrschichtiger Außenwandelemente mit verschiedenen Schichtdicken und Schichtbaustoffen in Bild **7**.9d deutlich. Bei der hier angedeuteten Fugenteilung wird je ein Innen- und Außeneckelement benötigt.

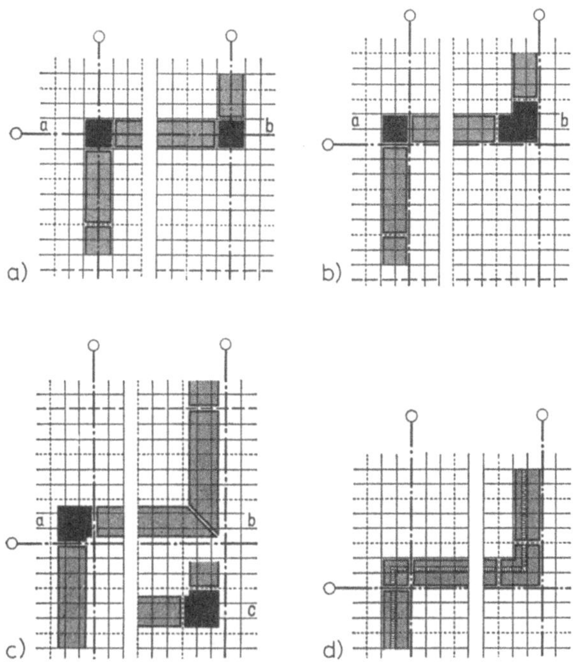

7.9
Eckausbildungen

a) Wandachse und Planungsraster decken sich. Eckelemente bei Außenecke (a) und Innenecke (b) haben gleiche Außenmaße. Wandelemente ungleich breit
b) Wandelemente liegen an Koordinationsebene (Randlage bzw. Grenzbezug). Zwei verschiedene Eckelemente für Außen- und Innenecke erforderlich. Wandelemente gleich breit
c) Wandelemente liegen neben der Koordinationsebene (Randlage bzw. Grenzbezug). Gleich große Eckelemente (a und c) möglich, ebenso gleich breite Wandelemente. Für Lösung b sind rechte und linke Wandelemente nötig (transportempfindliche Ecke)
d) Wandecke bei verschiedenen Schichdicken in den Elementen

Geschoßhöhen. In ähnlicher Weise wie bei der horizontalen Maßkoordination für den Grundriß wird bei der Planung der Geschoßhöhen und aller Höhenabmessungen des Gebäudes vorgegangen. Neben den funktionellen Anforderungen, bauaufsichtlichen, sicherheitstechnischen usw. Anforderungen haben hier die notwendigen Installationseinrichtungen, – insbesondere Lüftungs- und Klimaanlagen mit ihren meistens recht großen Querschnitten –, den größten Einfluß. Diese Installationen werden normalerweise unterhalb der tragenden Decken zwischen den in der Regel vorhandenen Unterzügen vorgesehen und raumseitig durch Unterdecken (s. Abschn. 12) abgeschlossen. Die insgesamt nötigen Querschnitte – insbesondere, wenn auch trotz sorgfältiger Planung Kreuzungen über- bzw. untereinanderliegender Leitungen nicht vermieden werden können – bestimmen in der Hauptsache die erforderlichen Geschoßhöhen (Richtung von Unterzügen s. Abschn. 7.1).

7.3 Holzskelettbau

7.3.1 Allgemeines

Aus dem auf alte Handwerkskunst zurückgehenden Holzfachwerkbau (s. Abschn. 6.6) hat sich der Holzskelettbau entwickelt. Beim Holzskelettbau gehen die Stiele oder Stützen durch zwei Geschosse hindurch. Dadurch werden die Nachteile vermieden, die sich durch das Schwinden des Holzes beim Fachwerkbau alter Art in der Höhe der Balkenlagen ergeben (quer zur Faser schwindet Holz erheblich, in Längsrichtung kaum!).

Im weiteren Sinne könnten Bauten mit weitgespannten Holzkonstruktionen zum Holzskelettbau gezählt werden. Soweit eine Behandlung den Rahmen dieses Werkes nicht sprengt, sind dazu Ausführungen in Teil 2 des Werkes enthalten.

7.3.2 Baustoff Holz, Holzschutz

Neben vollkantigem üblichem Bauholz werden für Holzskelettbauten vor allem Brettschichtträger verwendet (Baustoff Holz; Brettschichtträger und Holzschutz s. Abschn. 1 in Teil 2 dieses Werkes).

7.3.3 Brandschutz

Wegen der einschränkenden Bestimmungen für den baulichen Brandschutz können tragende Bauteile aus brennbaren Baustoffen und somit alle tragenden Holzkonstruktionen praktisch nur in Gebäuden mit bis zu zwei Vollgeschossen wirtschaftlich angewendet werden. Für höhere Gebäude würden insbesondere die Stützen wegen der in DIN 4102 (s. Abschn. 14) geforderten Mindestabmessungen unwirtschaftlich.

7.3.4 Bauteilanschlüsse

Die Einspannungen von Holzstützen in Fundamente oder Sockel ist auch in Kombination mit Stahlprofilen insbesondere in bezug auf den einwandfreien dauerhaften Fäulnisschutz problematisch. Die Aussteifung von Holzskelettbauwerken wird daher in der Regel mit Diagonalverbänden (z. B. mit Flachstahlbändern oder Drahtseilverspannungen), Dreiecksverbänden (z. B. durch Kopfbänder, vgl. Abschn. 1.2 in Band 2 dieses Werkes) oder im Zusammenhang mit gemauerten oder betonierten Wandscheiben (vgl. Bild **7**.1) ausgeführt.

Die Knotenpunkte von Holzskelettkonstruktionen (d. h. die Anschlüsse zwischen Stützen und Trägern) können auf verschiedene Weise gebildet werden.

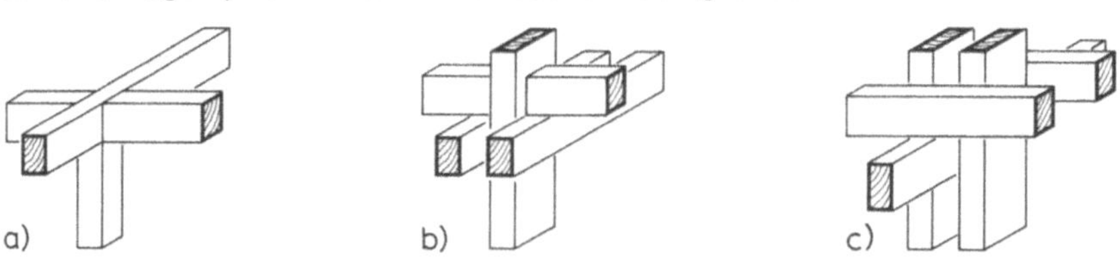

7.10 Knoten bei Holzskeletten

a) Träger einer Ebene, b) doppelte Trägerlage, c) Doppelstütze mit doppelter Trägerlage

Man unterscheidet:

- Tragelemente in einer Ebene (Bild **7**.10a),
- Tragelemente in mehreren Ebenen: Stützen mit Doppelträgern (Bild **7**.10b) und Träger mit Doppelstützen (Bild **7**.10c).

Eine Besonderheit stellt das amerikanische „Baloon"-System dar, bei dem die Ebenen der senkrechten und waagerechten Hölzer gegeneinander versetzt sind (Bild **7**.11).

Ferner sind – ähnlich dem historischen Fachwerkbau – Plattformkonstruktionen möglich, bei denen Deckenelemente auf geschoßhohen ausgesteiften Wandelementen liegen (Bild **7**.12).

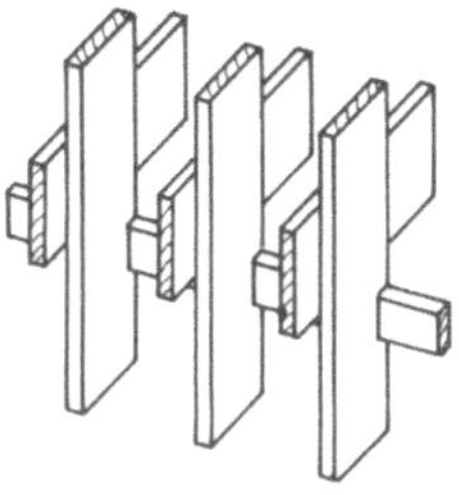

7.11 „Baloon"

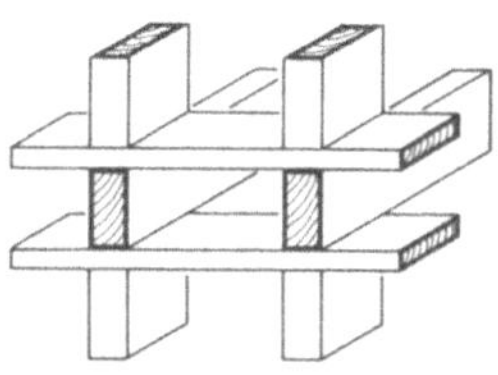

7.12 Plattenformkonstruktion

Deckenbalken werden statisch als Durchlaufträger über zwei oder drei Felder ausgeführt (Bild **7**.13). Die Auflagerträger (Riegel) können sehr wirtschaftlich dimensioniert werden, wenn die Deckenbalken mit wechselnden Spannrichtungen verlegt werden, so daß die Belastungen jeweils nur aus einem Feld wirksam werden (Bild **7**.14, konstruktive Einzelheiten von Holzbalkendecken s. Abschn. 9.3).

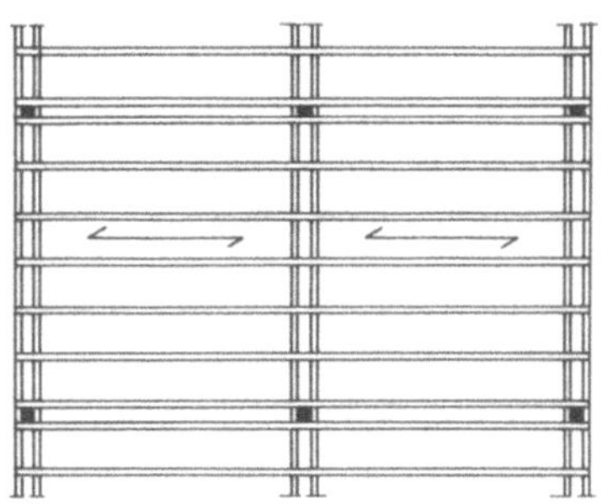

7.13 Durchlaufbalken über 2 oder 3 Felder

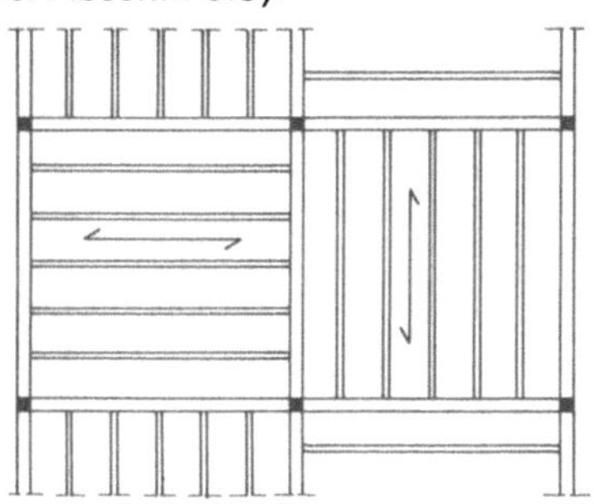

7.14 Einfeldbalken mit wechselnden Spannrichtungen

Im Holzskelettbau wird auf herkömmliche handwerksgerechte Holzverbindungen verzichtet, weil sie teilweise rechnerisch schwer zu erfassen sind, vor allem aber einen hohen Arbeitszeitaufwand erfordern. Die Hölzer werden stumpf abgeschnitten und mit Bolzen – meistens in Verbindung mit Dübelplatten – miteinander verbunden (Bild **7**.15). Die Montage wird dabei erleichtert, wenn Stahlwinkel oder -konsolen verwendet werden (Bild **7**.16).

In einer Ebene anzuschließende Hölzer werden mit Schlitz-Zapfenverbindung (Bild **7**.17), besser aber mit weiterentwickelten Zimmermanntechniken verbunden wie mit Laschen (Bild **7**.18), Sperrholzplatten (Bild **7**.19), Knaggen (Bild **7**.20) oder mit verleimten Steckdübeln (Bild **7**.21).

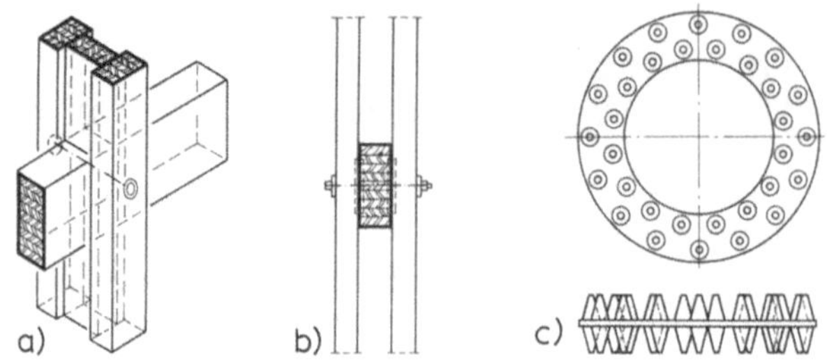

7.15 Anschluß von Tragelementen mit Bolzen und Dübelplatte
a) isometrische Darstellung
b) Schnitt
c) Einpreßdübel (Geka-Dübel, Karl Georg, Groß-Umstadt/Hessen)

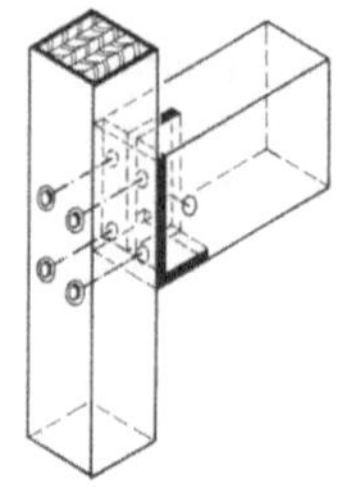

7.16 Anschluß durch angeschraubte Stahlwinkel mit einer eingeschweißten Lasche

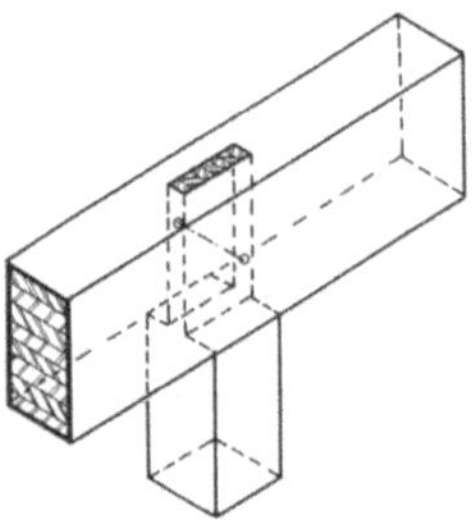

7.17 Stützenanschluß: Schlitz und Zapfenverbindung

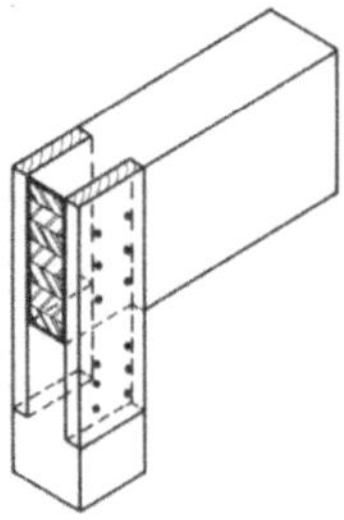

7.18 Eckverbindung an Stütze: Vollholzlasche eingelassen und genagelt

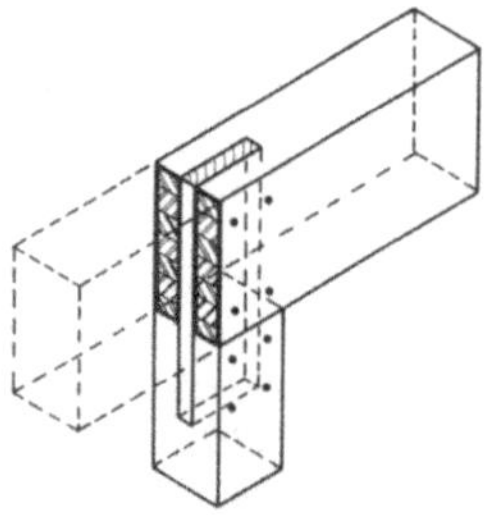

7.19 Stützenanschluß: Lasche aus Sperrholzplatte (ggf. zusätzl. Bolzen) eingeschlitzt und genagelt

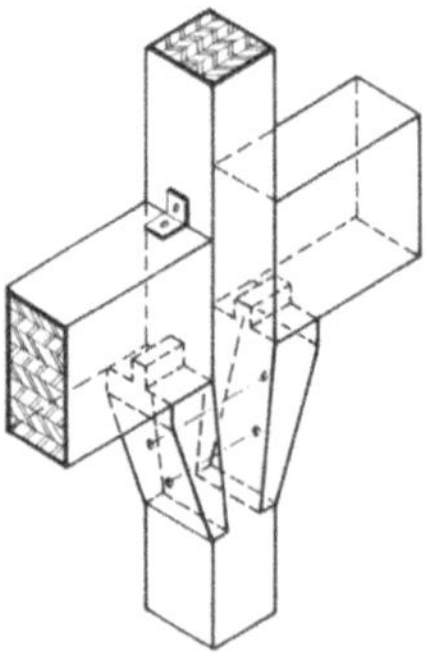

7.20 Stützenanschluß mit Knaggen

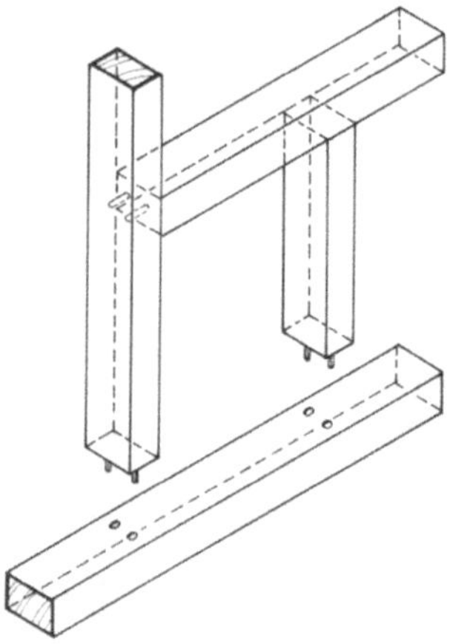

7.21 Anschluß mit Steckdübeln (HSK-TEC)

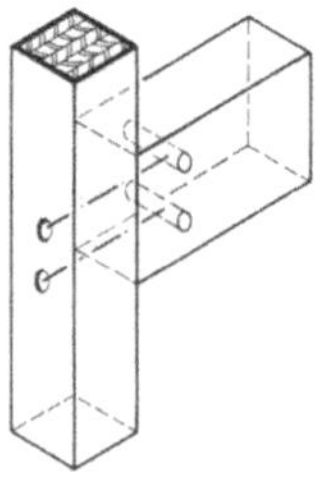

7.22 Anschluß durch Stabdübel

Gestalterisch und konstruktiv elegante Anschlüsse lassen sich mit Stahldübeln herstellen (Bild **7**.22).

Besonders schnelle Montagen können – auch in mehreren Ebenen – mit Hakenplatten ausgeführt werden (Bild **7**.23). Wo gestalterische Forderungen nicht wichtig sind, können die Anschlüsse sehr wirtschaftlich mit den in vielen Formen verfügbaren Stahlblechverbindern ausgeführt werden (Bild **7**.24).

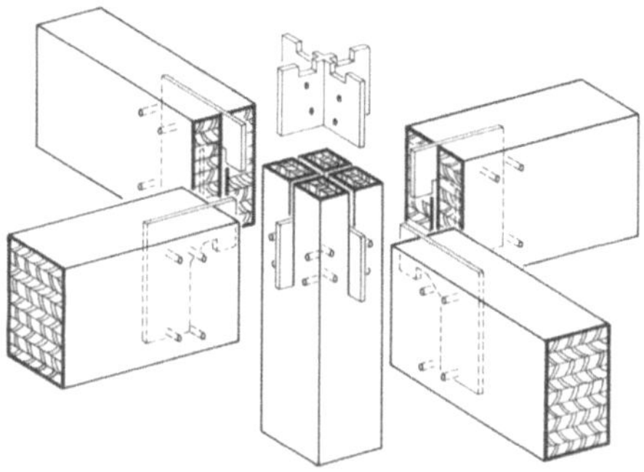

7.23 Anschlüsse mit Hakenplatten (System Bulldog)

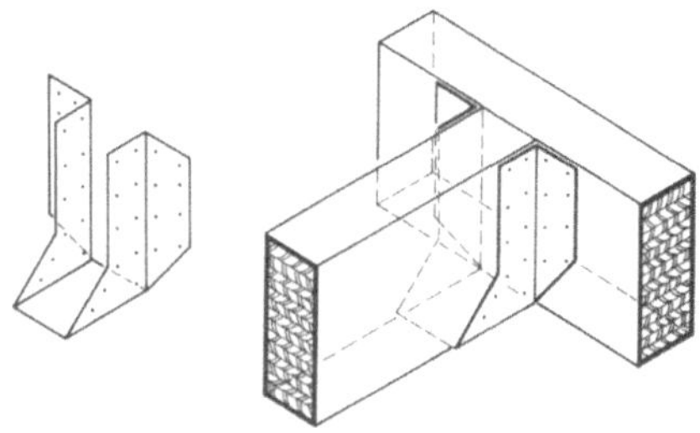

7.24 Anschluß mit genagelten Stahlblechlaschen

7.3.5 Konstruktionselemente

Stützen werden im Innenbereich stumpf auf Betonplatten oder Fundamente gestellt und mit Laschen angeschlossen (Bild **7**.25). Im Außenbereich muß je nach Beanspruchung als Schutz gegen Fäulnis durch aufsteigende Feuchtigkeit und Spritzwasser ein ausreichender Abstand gegen die Bodenflächen verbleiben (Bild **7**.26).

Einige Beispiele für Stützenfußpunkt-Konstruktionen zeigt Bild **7**.27.

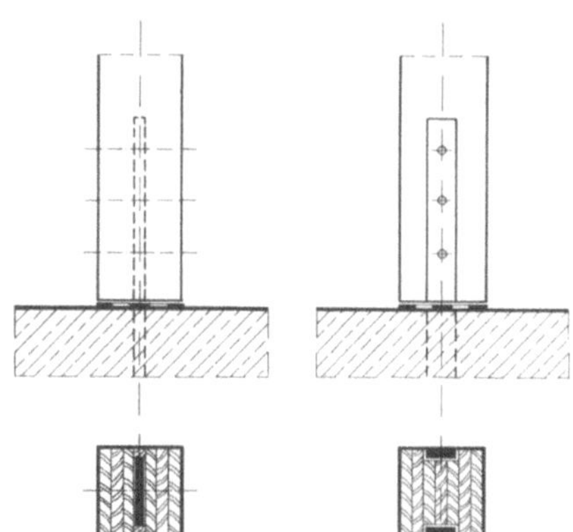

7.25 Stützenfuß, Anschluß im Innenbereich
a) Anschluß mit eingeschlitzter Stahllasche
b) Anschluß mit aufgeschraubten Stahllaschen

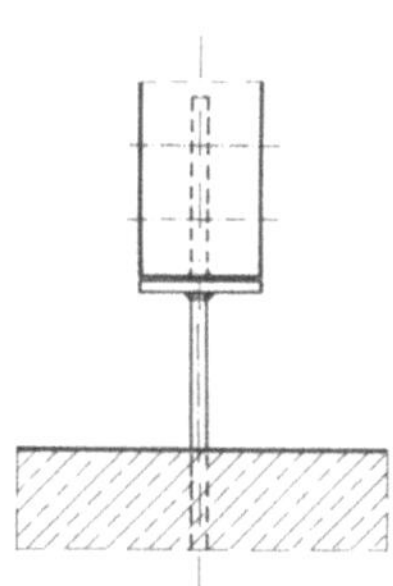

7.26 Stützenfuß: Anschluß im Außenbereich – Spritzwasserschutz durch Holzabstand > 15 cm (Ausführungen s. Bild **7**.27)

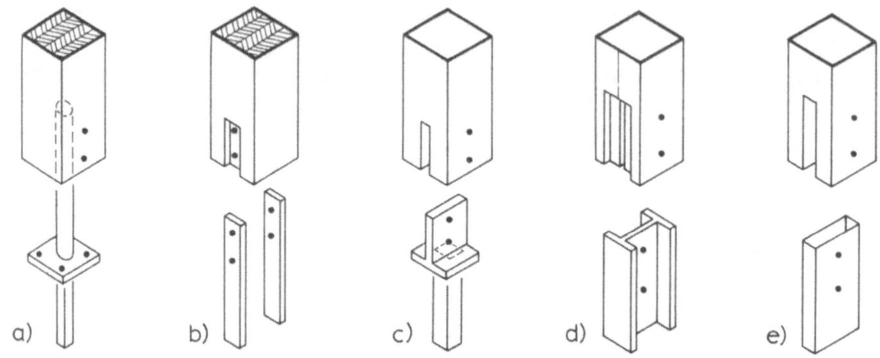

7.27 Stützenfuß im Außenbereich – Beispiele

a) Rund- oder Vierkantstahl mit eingeschweißter Fußplatte
b) seitlich angeschraubte Stahllaschen
c) eingeschlitztes Stabprofil mit angeschweißten Fußplatten
d) eingeschlitzter bzw. eingestemmter Profilstahl
e) eingeschlitztes Vierkant-Rohrprofil

Wände in Holzskelettkonstruktionen können aus Mauerwerk bestehen. Im Innenbereich wird man die Mauerdicken mit den Stützenabmessungen abstimmen. Gemauerte Außenwände, die wegen des erforderlichen Wärme- und Schallschutzes dicker sein müssen, werden am besten unabhängig von der Skelettkonstruktion ausgeführt und können je nach gestalterischer Absicht sowohl auf der Innen- wie auch der Außenseite der Außenstützen angeordnet werden. Erforderliche Stützenanschlüsse werden am besten mit aufquellenden bitumenierten Schaumstoff-Fugenbändern abgedichtet.

Bei mehrschaligen vorgefertigten Wandelementen bestehen verschiedene Anschlußmöglichkeiten wie in Bild **7**.28 gezeigt.

In jedem Fall müssen beim Anschluß von Wänden an die Stützen von Holzskelettkonstruktionen neben üblichen Maßtoleranzen und Formänderungen, infolge Belastung, vor allem auch die durch Feuchtigkeitsschwankungen bedingten Verformungen und Ausdehnungen der Hölzer berücksichtigt werden. Die Verwendung von Brettschichtholz (s. Abschn. 1.2.4.2 in Teil 2) ist unter diesen Aspekten in jedem Fall vorteilhafter.

Wandanschlüsse können ausgeführt werden wie folgt:

– Wandelemente stumpf zwischen den Stützen (Bild **7**.28a),
– Wandelemente mit einfacher Überfälzung zwischen den Stützen (Bild **7**.28b),
– Wandelemente mit doppelter Überfälzung zwischen den Stützen (Bild **7**.28c) (s. Abschn. 5.7.3).

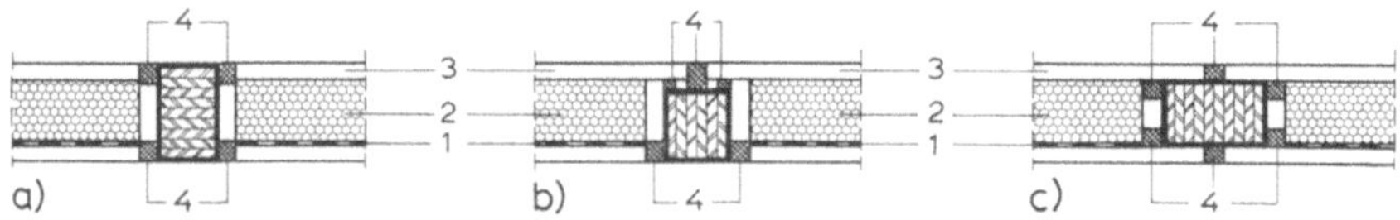

7.28 Anschlüsse vorgefertigter Wandelemente an Stützen

a) Wandanschluß stumpf zwischen Stützen
b) Wandanschluß mit einfacher Überfälzung
c) Wandanschluß mit doppelter Überfälzung

1 Dampfsperre 2 Wärmedämmung 3 Außenschale 4 Dichtungen (schematisch)

7.3.6 Konstruktionsbeispiele

Im Zusammenhang sind Ausführungsmöglichkeiten für eine Holzskelettkonstruktion in Bild **7**.29 gezeigt.

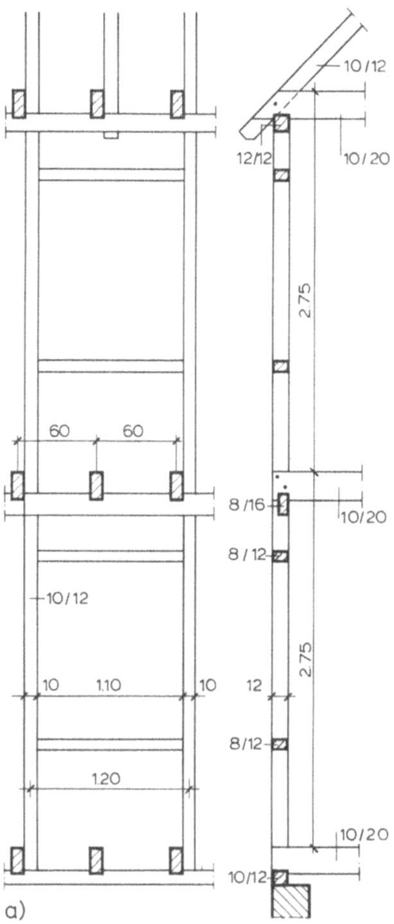

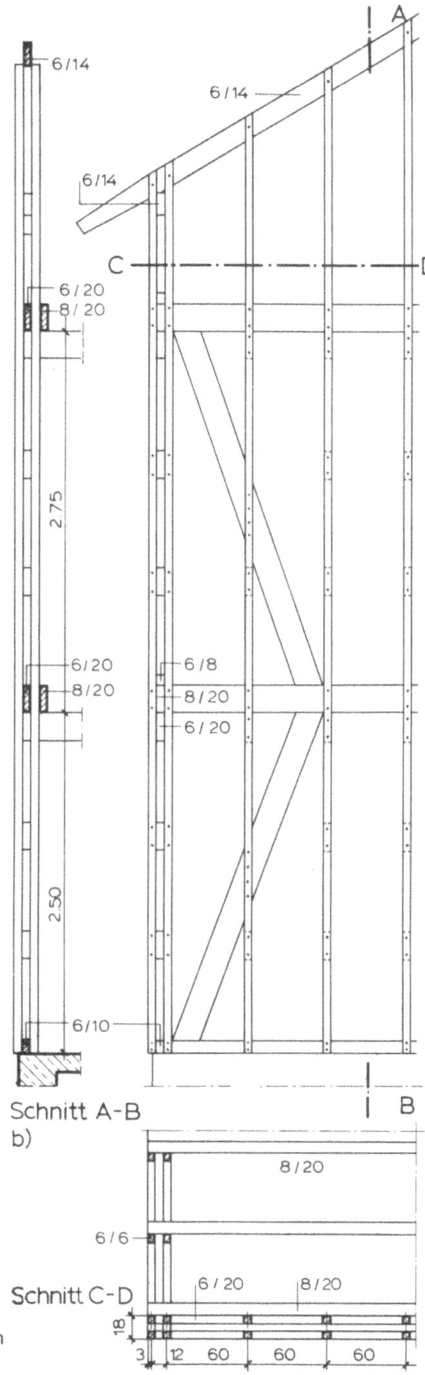

7.29
Holzskelett
a) aus Kantholzpfosten und -riegeln
b) aus genagelten schwachen Pfosten und Bolzen (nach E. K. Hengerer, vgl. Bild **7**.11)

Für Bauwerke mit bis zu 2 Vollgeschossen stellt die Holzrahmenbauweise eine interessante Alternative zum reinen Skelettbau dar. Hier werden vorgefertigte Wand- und Deckentafeln als tragende oder nichttragende Elemente zusammengefügt, deren konstruktives Gerüst von skelettähnlichen Konstruktionen gebildet wird (Bild **7**.30).

Alle der Witterung oder der Feuchtigkeit ausgesetzte Teile von Holz-Skelettkonstruktionen müssen Holzschutzanstriche nach DIN 68800 erhalten. Hinsichtlich des Brandschutzes sind alle einschlägigen Bestimmungen von DIN 4102 zu beachten. Als konstruktive Maßnahmen kommen schaumbildende Anstriche oder Bekleidungen mit Brandschutzplatten in Frage (s. Abschn. 14.7).

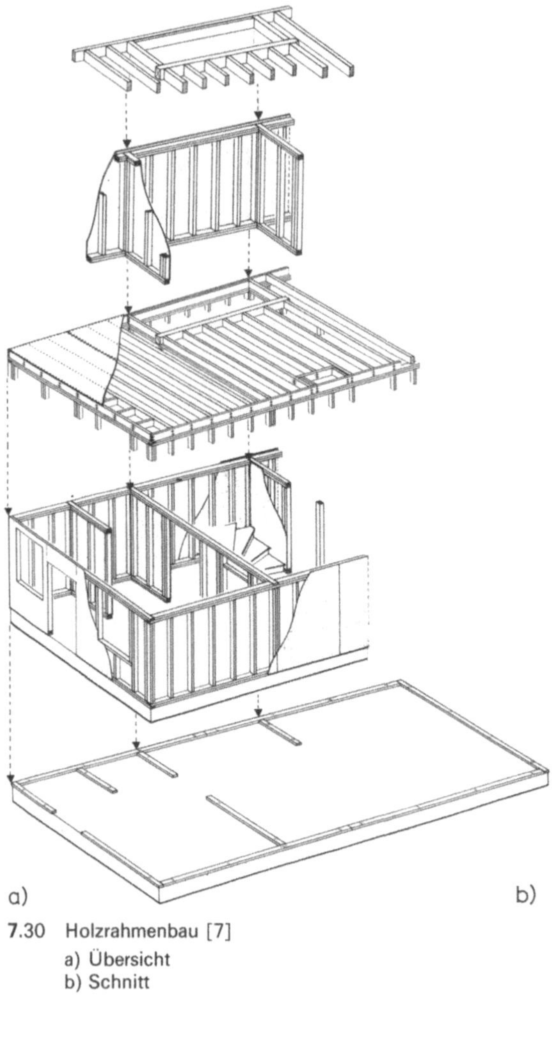
a)

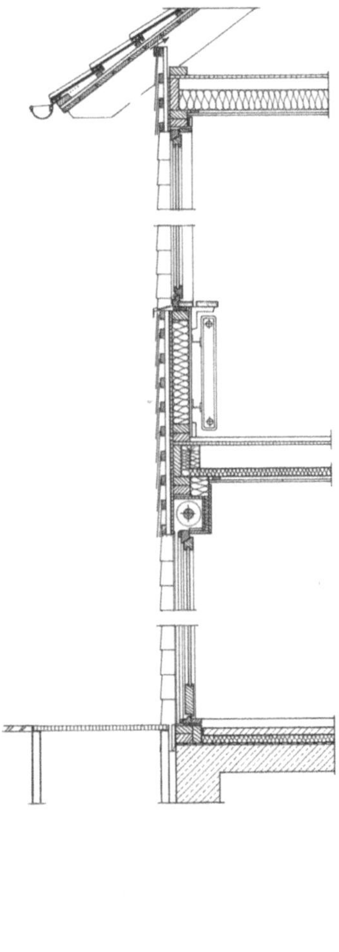
b)

7.30 Holzrahmenbau [7]
a) Übersicht
b) Schnitt

7.4 Stahlskelettbau

7.4.1 Allgemeines

Stahlskelettkonstruktionen haben besonders die folgenden Vorteile:

- Alle tragenden und weitgehend auch alle raumbildenden bzw. raumabschließenden Bauteile können werkstattmäßig vorgefertigt und an der Baustelle in kurzer Zeit montiert werden,
- bei relativ geringen Eigengewichten und Querschnitten der tragenden Teile können große Spannweiten erreicht werden,
- wegen der im Stahlbau sehr geringen Toleranzen ist das Einpassen anderer maßgenauer Bauteile möglich und damit eine weitgehend „trockene Bauweise", d. h. keine oder nur sehr geringfügige Verwendung von Beton und Putz,
- konstruktive Teile können leicht verändert, auch nachträglich verstärkt oder ggf. auch demontiert werden.

Dem steht als Nachteil gegenüber, daß bei mehrgeschossigen Bauten erhebliche Aufwendungen für den Brandschutz aller tragenden Bauteile vorgeschrieben sind. Hinzu kommen die Aufwendungen für einen dauernden Korrosionsschutz.

Ähnlich wie beim Holzgerippebau besteht das Stahlgerippe aus senkrechten Stützen und waagrechten Trägern. Die horizontale Aussteifung erfolgt durch Deckenplatten oder liegende Fachwerksverbände. Vertikal kann das tragende Stahlgerippe ausgesteift werden durch biegesteife, unverschiebbare Eckverbindungen, Dreieckverbände oder Wandscheiben (vgl. Bild **7**.1).

7.4.2 Baustoffe

Baustahl für Stahlbauten ist als Stabstahl, Formstahl oder für Hohlprofile in den Qualitäten St 37-2, St 52-3 (DIN 17100) oder den hochfesten Stahlsorten StE 460 und StE 690 genormt.

Für Stahlbauten kommen in erster Linie I-Profilstähle, L-, U-, T- sowie Rohrprofile der verschiedensten Lieferformen und Dimensionen in Frage (Überblick s. Tabelle **7**.31).

Ferner kommen Verbundträger, -stützen und -decken in Betracht. Dabei werden Stahlprofile mit Betonbauteilen schubfest verbunden und auf diese Weise die günstigen Eigenschaften des Stahles hinsichtlich der Zugfestigkeit mit der Druckfestigkeit des Betons kombiniert.

Verbundstützen bestehen aus ummantelten oder mit Beton gefüllten Profilen. Der Beton kann eine schlaffe Bewehrung haben.

Betonummantelte Stützen mit einer Betondeckung von 50 mm für das Stahlprofil und 35 mm für die mitwirkende Bewehrung erfüllen die Anforderungen für die Feuerwiderstandsklasse F 90.

Ausbetonierte Stützen sind wesentlich tragfähiger als die entsprechenden Hohlprofile. Bei sogenannten kammergefüllten Profilen werden lediglich die Profilkammern ausbetoniert, während Flansche und Kanten sichtbar bleiben. Sie werden insbesondere als Unterzüge und Deckenträger verwendet (Bild **7**.32).

Tabelle **7**.31 Stahlprofile

Profile		Kurzbezeichnungen	
I	Warmgewalzte schmale I-Träger (I-Reihe)	I	80–600
I	Warmgewalzte mittelbreite I-Träger (IPE-Reihe)	IPE	80–600
I	Warmgewalzte breite I-Träger (HEAA-, HEA-/IPB$_{\mathrm{l}}$, HEB-/IPB-Reihe)	HE HE–A HE–B	100–1000 AA 100–1000 100–1000
I	Warmgewalzte breite I-Träger (HEM-/IPB$_{\mathrm{V}}$-Reihe)	HE-M	100–1000
[	Warmgewalzter rundkantikger [-Stahl	U	30–400
L	Warmgewalzter gleichschenkliger rundkantiger Winkel-Stahl	L	20–200
L	Warmgewalzter ungleichschenkliger rundkantiger Stahl	L	30–200
T	Warmgewalzter rundkantiger hochstegiger T-Stahl	T	20–140
○	Nahtlose Stahlrohre	D	51–1016
□	Quadratische Hohlprofile		40–260
▯	Rechteckige Hohlprofile		50–260
■ ● ▬	ferner: Vierkant-Stahl, Rundstahl, Flach-, Wulstflach- und Breitflachstahl u. a.		

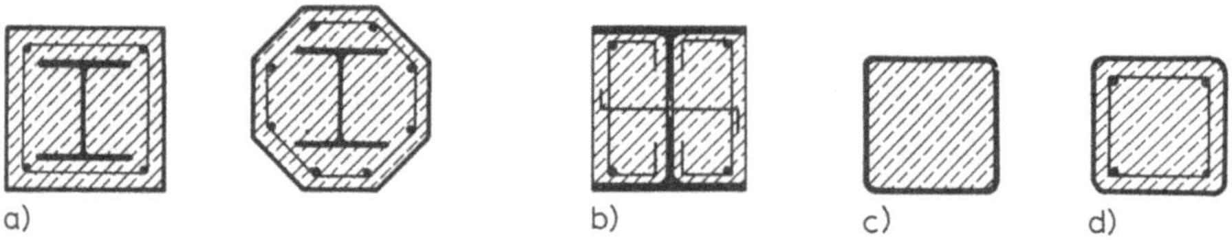

7.32 Verbundstützen
a) einbetonierte Stahlprofile
b) Walz- oder Schweißprofile mit Kammerbeton
c) ausbetoniertes Hohlprofil
d) ausbetoniertes Hohlprofil mit Zusatzbewehrung für den Brandfall

Verbundträger bestehen aus Stahlprofilen, die durch Kopfbolzen schubfest mit den aufliegenden Stahlbetondecken verbunden sind, so daß die Deckenplatte als Druckplatte und der Träger überwiegend auf Zug beansprucht wird. Der so entstandene Bauteil kann mit den „Plattenbalken" (s. Abschn. 9) des Stahlbetonbaues verglichen werden (Bild **7**.33).

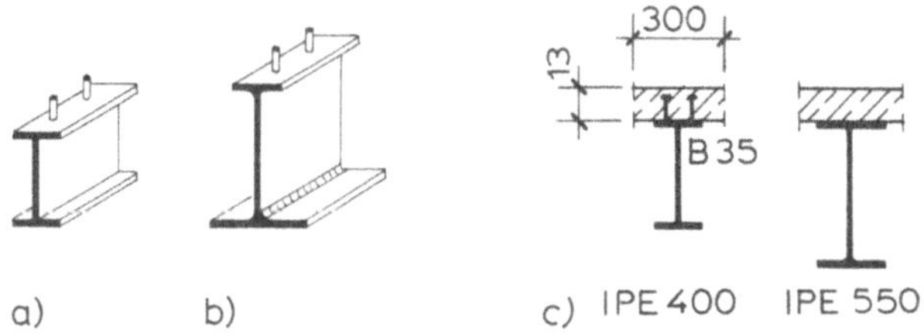

7.33 Verbundträger
a) Walzträger mit Kopfbolzen
b) geschweißter Träger mit Kopfbolzen (Verbundanker s. Bild **7**.55)
c) Vergleich der Tragfähigkeit: Gleiche Tragfähigkeit haben etwa Verbundträger IPE 400/B 35 und Walzträger IPE 550 ohne Verbund

Verbunddecken werden aus Stahlprofildecken („Holorib") gebildet, deren Aufbeton durch aufgeschweißte Kopfbolzen mit Unterzug- bzw. Trägerflanschen schubfest verbunden ist. Dabei nehmen die Profilbleche die Zugbeanspruchungen, der Aufbeton die Druckbeanspruchung auf (Bild **7**.34).

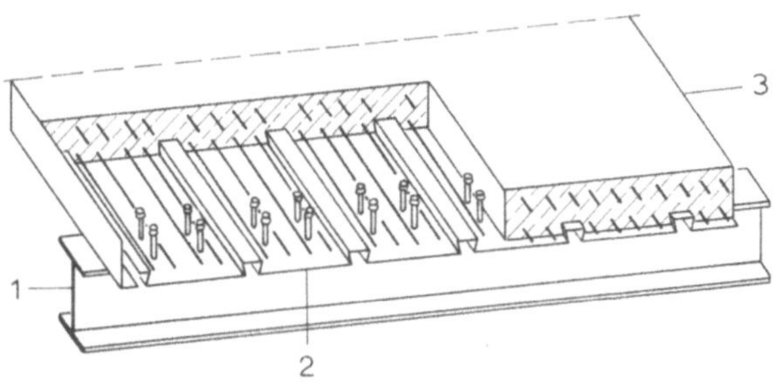

7.34
Verbunddecke [1]
1 Unterzug oder Nebenträger mit Kopfbolzendübeln
2 Holorib-Profilblech mit schwalbenschwanzförmigen Sicken (geeignet für Abhängungen)
3 bewehrter Aufbeton als Druckgurt

7.4.3 Korrosionsschutz

Für Stahlkonstruktionen, die der Witterung ausgesetzt sind, können wetterfeste nicht rostende, hochfeste Sonderstähle (WT-Stähle, auch „Cor-Ten"-Stahl) verwendet werden. Auf ihrer Oberfläche bildet sich unter normalen Witterungsbedingungen eine rostähnliche Schutzschicht aus, die jedoch den Stahl nach 3 bis 4 Jahren vor weiterer Korrosion schützt. Es ist aber zu beachten, daß diese Schutzschicht zunächst vom Regen abgewaschen wird und zur Verschmutzung angrenzender Baustoffe führen kann. WT-Stahl bekommt mit der Zeit eine dunkelbraune Färbung und bedarf keiner weiteren Unterhaltung.

Im übrigen müssen alle Stahlbauteile, die aus üblichen Stahlsorten (DIN 17100) hergestellt sind, durch Schutzanstriche oder Feuerverzinkung nach DIN 55928 gegen Rost geschützt werden.

Als Voraussetzung für einen dauerhaften Korrosionsschutz sind die folgenden **Grundregeln** zu beachten:

- Die Konstruktionen sollen möglichst wenig Zerklüftungen aufweisen und an allen Teilen gut zugänglich sein, damit Anstriche einwandfrei aufgebracht, überwacht und erneuert werden können.
- Profilflächen sollen untereinander oder gegenüber Wandflächen einen Mindestabstand von 120 mm haben.
- Spalten und Zwischenräume an Anschlußstellen sollen entweder >10 mm sein, besser aber möglichst verschlossen werden.
- Kanten sind abzurunden und bei hoher Beanspruchung evtl. zusätzlich zu behandeln.
- Durch geneigte Flächen oder Entwässerungsöffnungen ist im Freien dafür zu sorgen, daß sich keine Schmutz- und Wasseransammlungen bilden.
- Hohlräume müssen entweder einen ausreichenden Korrosionsschutz erhalten und gut belüftet bleiben, oder sie müssen luftdicht abgeschlossen werden.
- Durch entsprechende konstruktive Maßnahmen ist Tauwasserbildung an Stahlteilen möglichst zu unterbinden.
- Bei Verbindungen von Metallen mit unterschiedlichem elektrischem Potential besteht unter dem Einfluß von Feuchtigkeit die Gefahr von Kontaktkorrosion. Es müssen daher isolierende Zwischenlager vorgesehen werden. Verbindungsteile wie Schrauben u.ä. müssen entsprechende Hülsen erhalten.

Der Korrosionsschutz kann bestehen aus:

- Beschichtungen (Anstrichen), 1- bis 4fach aufgetragen,
- Überzügen aus metallischen Schichten (im Stahlbau bevorzugt Feuerverzinkung),
- Korrosionsschutz-Systemen, die eine Kombination aus Beschichtungen und Überzügen bilden.

Beschichtungsstoffe für den Korrosionsschutz enthalten als Pigmente (Träger der Korrosionsschutzeigenschaften) insbesondere Bleimennige, Zinkchromat, Zinkstaub u.a. Als Bindemittel werden vorzugsweise Alkydharz, Vinylchlorid-Copolymerisat und Epoxidharz verwendet.

Auf die entrosteten und gereinigten Flächen werden ja nach Beanspruchung 1 bis 2 Grund- und 1 bis 2 Deckanstriche mit einer Gesamtschichtdecke von mindestens 40 μ bis zu 120 μ (DIN 55928) aufgetragen.

Feuerverzinkung ist eine andere Korrosionsschutzmethode, die angewendet werden kann, wenn kleinere Konstruktionen insgesamt oder Einzelteile geschützt werden sollen, die lediglich durch Verschraubung oder Nietung zusammengefügt werden. Dabei werden die zu schützenden Teile nach der Reinigung in Zinkbädern bei 450° beschichtet. Die Schichtdicke ist nach DIN 50976 abhängig von der Materialdicke der zu schützenden Teile und beträgt 50 bis 70 μ. Aus technischen Gründen können die Werkstücke dabei nur Längen bis etwa 15 m haben, oder es muß möglich sein, sie mehrfach zu tauchen.

Es ist zu beachten, daß nicht alle Stahlsorten für Feuerverzinkung geeignet sind und daß durch die Verzinkung u.U. Verformungen möglich sind, wenn die Konstruktionen Verspannungen aufweisen. Nacharbeiten an feuerverzinkten Teilen müssen vermieden werden. Wenn sie unumgänglich sind, müssen die beschädigten Stellen der Verzinkung durch Spritzverzinkung oder Zinkanstriche sorgfältig ausgebessert werden.

Einen Überblick über Beschichtungsarten und erforderliche Schichtdicken gibt Tabelle **7**.35.

Tabelle **7**.35 Korrosionsschutz, Schichtdicken und Aufgaben [8]

Anzahl der Schichten	Beschichtung Überzug	Sollschichtdicke je Schicht in µm	Aufgaben
1	Fertigungsbeschichtung (FB)	15 bis 25	Schutz der Stahlbauteile während Lagerung, Fertigung und innerbetrieblichem Transport
1 bis 2	Grundbeschichtung (GB)	40 normal 80 DICK	Schutz der Stahloberfläche gegen Korrosion
1 bis 2	Deckbeschichtung (DB)	40 normal 80 DICK	Schutz der Grundbeschichtung bzw. in besonderen Fällen der Feuerverzinkung vor aggressiven Stoffen
1	Feuerverzinkung (Stückverzinkung)	50 bis 85 (360 bis 610 g/m²)	Schutz der Stahloberfläche vor Korrosion

Bemerkung: normal = normale Beschichtungsstoffe, DICK = dickschichtige Beschichtungsstoffe

7.4.4 **Brandschutz** (s. auch Abschn. 14.7)

Stahlbauteile brennen zwar nicht, verformen sich aber unter Brandeinwirkung und verlieren schließlich – oft schlagartig – ihre Tragfähigkeit. Sie müssen daher entsprechend den verschiedenen Vorschriften und Richtlinien der Landesbauordnungen je nach der Brandgefährdung der Gebäude (vgl. dazu DIN 18230) nach DIN 4102 Brandgeschutz erhalten.

Wenn aus gestalterischen Gründen Stahlkonstruktionen sichtbar bleiben sollen, kommen als Beschichtung aufgetragene „Dämmschichtbildner" in Frage, die vielfache Farbgebungen ermöglichen und Bestandteil des Korrosionsschutzes sein können. Sie entfalten ihre Schutzwirkung erst im Brandfall. Allerdings lassen sich mit derartigen Beschichtungen keine sehr hohen Brandschutzanforderungen erreichen.

Für höhere Anforderungen, insbesondere in mehrgeschossigen Gebäuden, werden genormte oder geprüfte Brandschutzbekleidungen verwendet, die bestehen können aus:

- Betonummantelungen aus Stahlbeton DIN 1045,
- Putze in verschiedenen Zusammensetzungen, auch mit Zusätzen von Mineralfasern Vermiculite u. a.
- Ummantelungen mit Gipskarton- und speziellen Brandschutzplatten.

7.4.5 Verbindungstechnik

Nietverbindung. Kraftschlüssige Verbindungen durch Nietung (Bild **7**.36) ist heute nur noch in Ausnahmefällen anzutreffen. Hoher Arbeitsaufwand macht sie unwirtschaftlich, und die unvermeidliche große Lärmentwicklung bei der Ausführung kann kaum noch hingenommen werden.

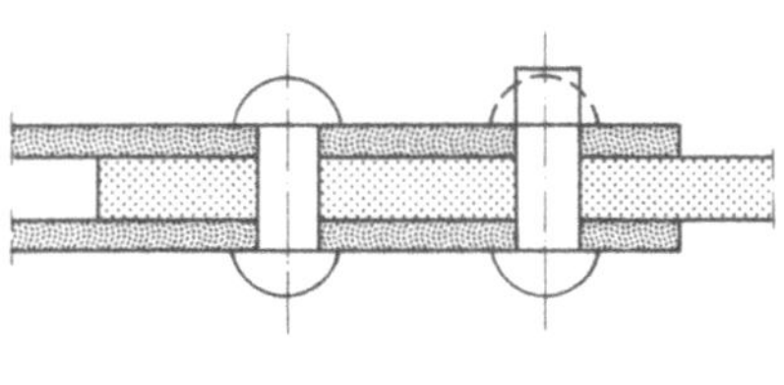

7.36
Nietverbindung
links: fertige Nietverbindung
rechts: Niet vor dem Stauchen

Schraubverbindung. Moderne, äußerst maßgenaue Bearbeitungsverfahren haben im Stahlbau die Verwendung hoch belastbarer Schraubverbindungen ermöglicht. Die Verbindung von großen Werkstück z. B. von Trägern und Stützen oder von ganzen Bauteilgruppen erlauben eine rasche und problemlose Montage an der Baustelle ebenso wie spätere Änderungen oder Demontagen.

Bei den zu verwendenden Schrauben werden unterschieden:

– Rohe Schrauben	R	(unbearbeitet, mit Lochspiel in den Bohrlöchern)
– Paßschrauben	P	(nachbearbeitet, ohne oder mit sehr geringem Lochspiel)
– Hochfeste Schrauben	HR	(spezielle Materialqualität, geeignet für Vorspannung)
– Hochfeste Paßschrauben	HP	(spezielle Materialqualität, nachbearbeitet, geeignet für Vorspannung)

Bei den Verbindungsarten werden unterschieden:

Verbindungen mit Scher-/Lochleibungswirkung. Die Schrauben werden dabei senkrecht zu ihrer Achse beansprucht (Bild **7**.37).

– SL-Verbindung Bauteile mit vorwiegend ruhender Belastung (Standard-Verbindung im Hochbau)

– SLP-Verbindung Bauteile mit ruhender und teilweise nicht ruhender Belastung, nur mit Paßschrauben herzustellen.

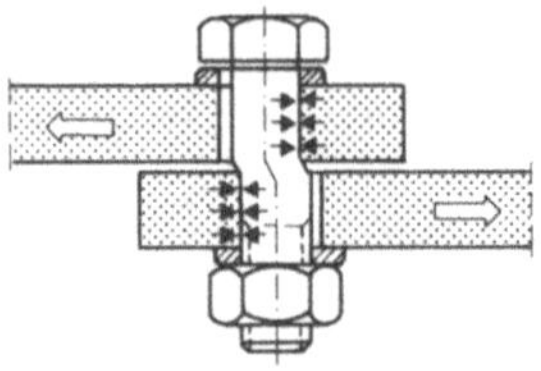

7.37 Schraubverbindung SL/SLP [3] (Scher-/Lochleibungsbeanspruchung)

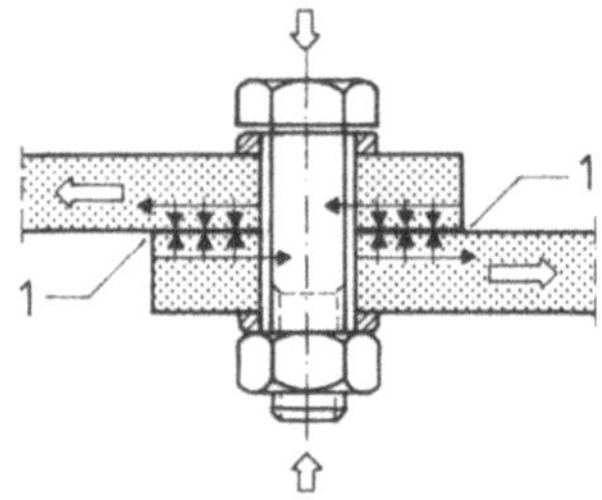

7.38 Schraubverbindung GV/GVP [3] (gleitfeste Verbindung)
1 vorbehandelte Flächen

Gleitfeste Verbindungen. Bei diesen hochbelastbaren Verbindungen werden Kräfte senkrecht zur Schraubenachse und außerdem durch Reibung in den Kontaktflächen der miteinander verbundenen Konstruktionsteile übertragen. Die Kontaktflächen müssen vor dem Zusammenbau durch Sandstrahlen o. ä. vorbehandelt werden (Bild **7**.38).

Unterschieden werden:

– GV-Verbindung Bauteile mit vorwiegend ruhender und

– GVP-Verbindung nicht vorwiegend ruhender Belastung (GVP-Verbindungen nur mit Paßschrauben)

Einige Konstruktionsbeispiele mit Verschraubungen an typischen Knotenpunkten von Stahlskeletten zeigen die Bilder **7**.39 bis **7**.43.

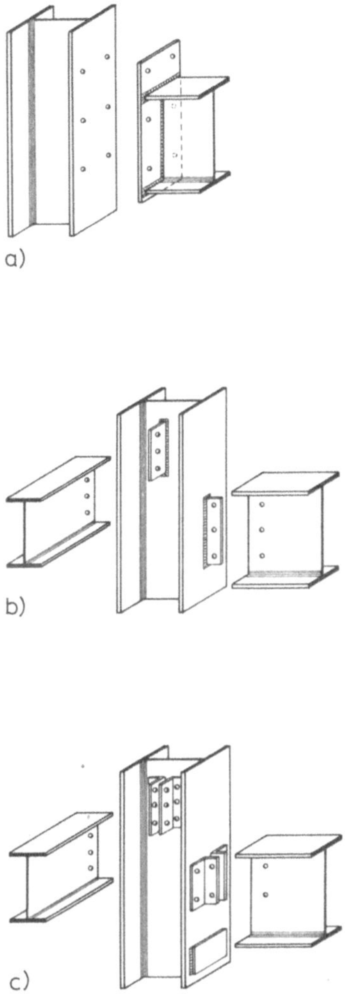

7.39 Trägeranschlüsse an Profilstahlstützen
a) Anschluß mit aufgeschweißter Kopfplatte
b) Anschluß mit angeschweißten Laschen
c) Anschluß mit geschweißten oder angeschraubten Doppelwinkeln und Aufstandskonsole

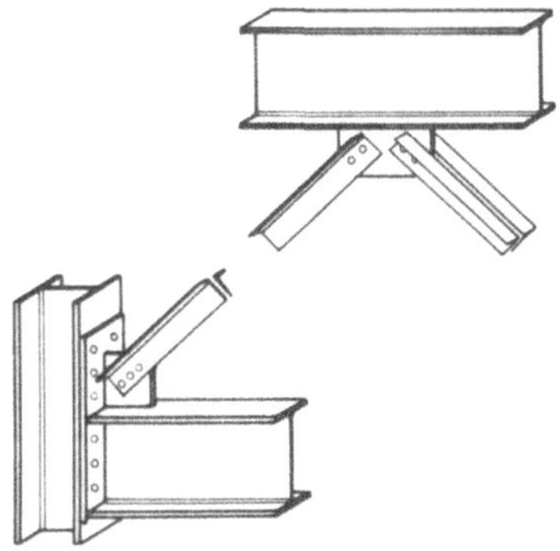

7.40 Knotenausbildungen für aussteifende Diagonalverbände

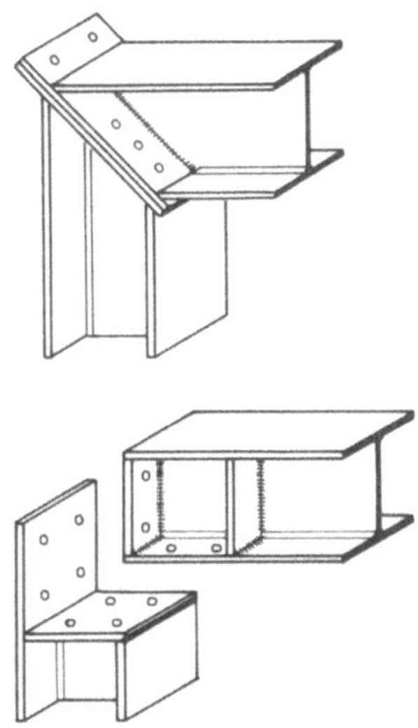

7.41 Geschraubte biegesteife Trägeranschlüsse an Rahmenecken

Schweißverbindung. Bauteilgruppen aus Stahl werden werkstattmäßig in der Regel durch Schweißverbindungen zusammengefügt. Dafür kommen handgeführte oder automatisierte Schweißungen in Frage, die als elektrische Lichtbogenschweißung oder als Gasschmelz-(„Autogen"-)Schweißungen möglich sind.

Gegenüber Verschraubungen sind Schweißverbindungen vor allem bei rohrförmigen Konstruktionsteilen vorteilhaft. Sie sparen Gewicht an den Verbindungsstellen, und sie erlauben auch eine anspruchsvollere Gestaltung der Stahlkonstruktionen.

Tabelle **7**.42 Schweißnahtformen DIN 1912 T5

Benennung	Darstellung	Symbol
Bördelnaht (Die Bördel werden ganz niedergeschmolzen.)		
I-Naht		
V-Naht		
HV-Naht		
Y-Naht		
HY-Naht		
U-Naht		
HU-Naht (Jot-Naht)		
Gegennaht (Gegenlage)		
Kehlnaht	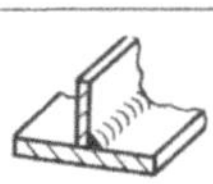	

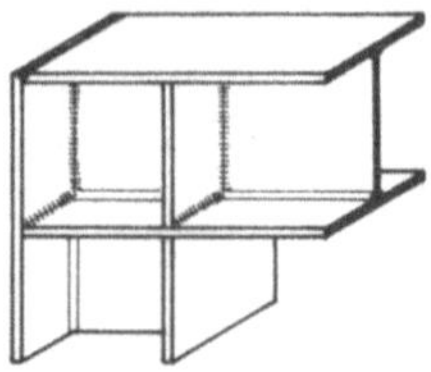

7.43 Biegesteife Trägeranschlüsse an Rahmenecken
geschraubte Anschlüsse
geschweißter Anschluß

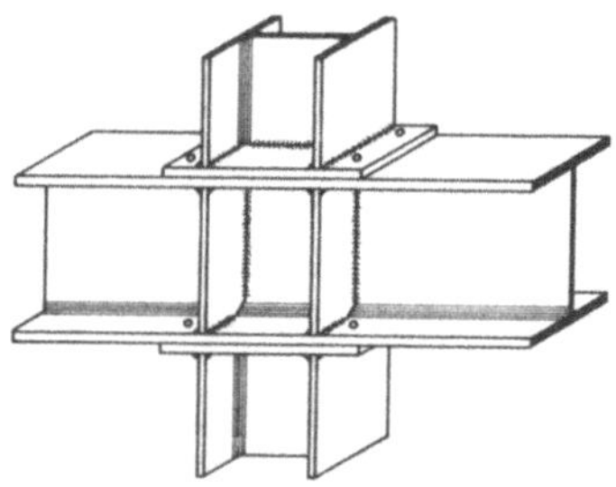

7.44 Stütze-/Träger-Anschluß: Träger durchlaufend

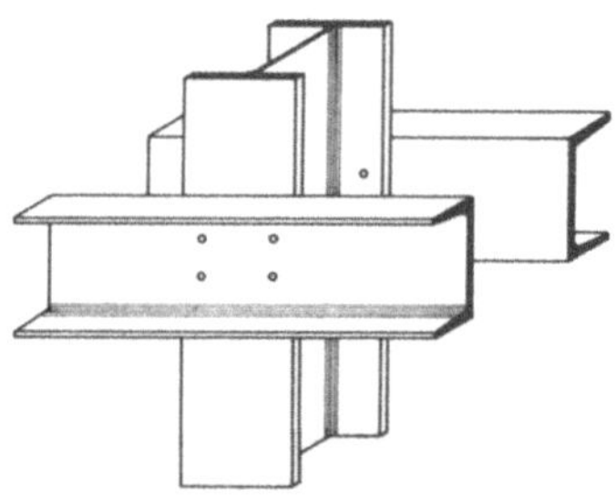

7.45 Stütze-/Träger-Anschluß: Stütze durchlaufend; Doppelträger

Bei feingliedrigen Bauteilen muß durch fachgerechte Ausführung die Verformungsgefahr infolge der starken Erhitzung an den Schweißstellen – am besten durch Anwendung der Lichtbogenschweißung – ausgeschlossen werden.

Bei Schweißarbeiten an der Baustelle ist die nicht unerhebliche Brandgefährdung zu beachten.

Schweißverbindungen werden abhängig vom gewählten Schweißverfahren, Dicke und Materialart der zu verbindenen Bauteile und den zu berücksichtigenden konstruktiven Beanspruchungen in verschiedenen Nahtformen ausgeführt. Einen Überblick über die wichtigsten Schweißnähte gibt Tabelle **7**.42 [8]).

Als Beispiel für die zahlreichen Möglichkeiten von Schweißverbindungen kann die in Bild **7**.43 gezeigte biegesteife Rahmenecke gelten.

Natürlich gibt es auch viele Kombinationen von geschweißten mit verschraubten Verbindungen (s. Bilder **7**.39a und b, **7**.40, **7**.41, **7**.44, **7**.45).

7.4.6 Konstruktionselemente

Stützen bestehen in der Regel aus I- und IPE-Walzprofilen, Breitflanschträgern der HE-(IPB)-Reihen, Rechteck- oder Rundrohrprofilen sowie kastenförmig verschweißten Hohlprofilen (Tab. **7**.31) oder werden als Verbundstützen ausgebildet (Bild **7**.32).

Auf den Fundamenten stehen Stützen mit Fußplatten auf, die bei leichten Pendelstützen mit Anker- oder Dübelschrauben befestigt werden. Schwere oder eingespannte Stützen (vgl. Bild **7**.1 c) werden auf den Fundamenten in Verbindung mit Ankerschienen eingebaut (Bild **7**.46). Anschlüsse von Trägern werden an Profilstahlstützen in der Regel mit Schraubverbindungen hergestellt (Bild **7**.39). Einen Anschluß von Stahlbetonkonstruktionen aus Ortbeton oder Fertigteilen mit Hilfe angeschweißter Konsolen zeigt Bild **7**.47).

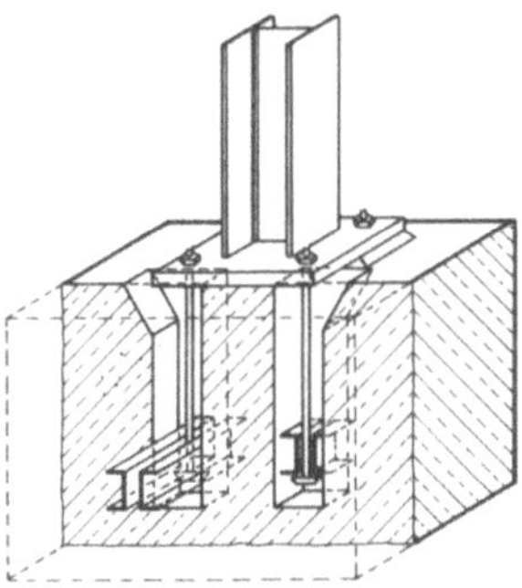

7.46 Stützenfuß und Fundamentverbindung für eingespannte Stahlstützen

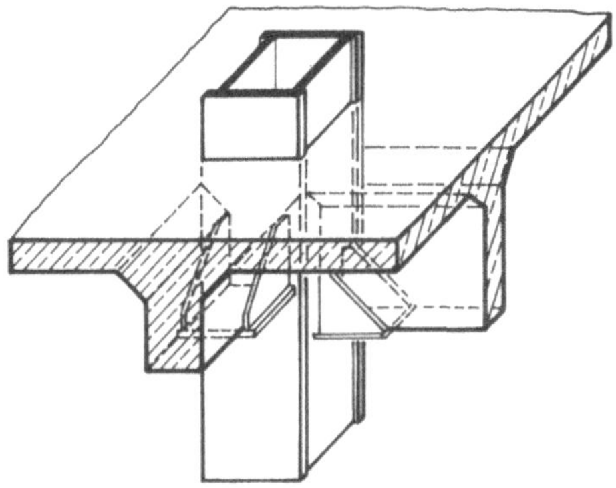

7.47 Stahlstütze mit Auflagerung von Stahlbetonrippendecke

In mehrgeschossigen Gebäuden können Stützen jeweils durch die Trägerlasten unterbrochen und mit Fuß- bzw. Kopfplatten angeschlossen werden (Bild **7**.44), oder sie laufen zwischen Doppelträgern hindurch (Bild **7**.45).

Träger in Stahlskeletten bestehen aus schweren Walzprofilen (Bild **7**.48a), aus Wabenträgern (Bild **7**.48b; hohe, in der Mitte sägezahnartig aufgetrennte Profile, die dann wieder mit wabenförmigen Aussparungen maschinell verschweißt werden) oder aus Kombinationen verschiedener Profile (Bild **7**.48c). Hohe Träger können zur Gewichtseinsparung entsprechend statischem Nachweis Aussparungen erhalten.

Aussparungen für unvermeidliche Installationsdurchlässe können in Trägern mit großen Steghöhen bei kleineren Abmessungen im Bereich der Mittellinie – bei entsprechendem statischem Nachweis – ohne besondere Vorkehrungen ausgeführt werden. Für größere Durchbrüche werden besondere Verstärkungen eingeschweißt (Bild **7**.49).

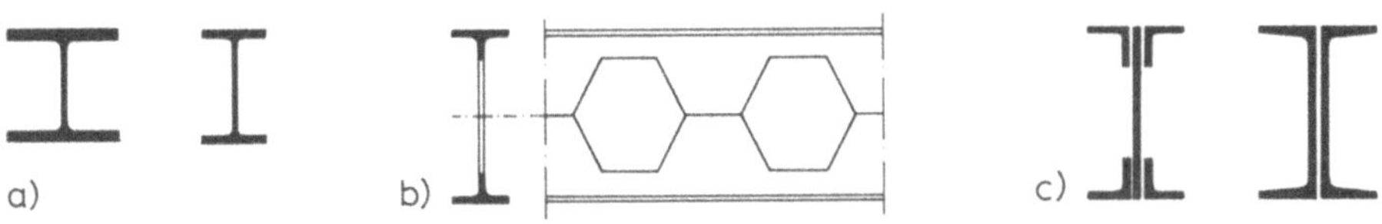

7.48 Träger in Stahlskeletten
a) Walzprofile
b) Wabenprofil
c) zusammengesetzte Profile

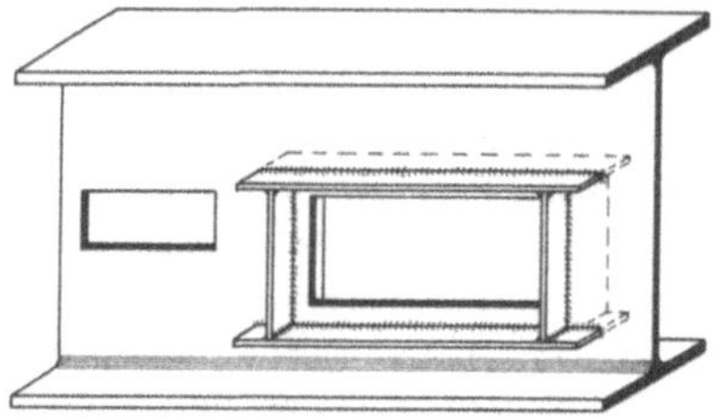

7.49 Durchbrüche in Stahlträgern

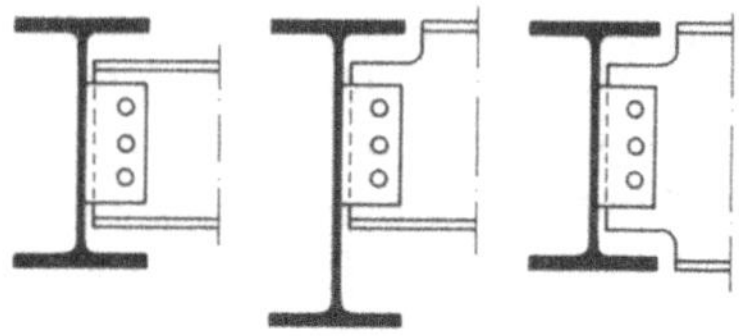

7.50 Steganschluß von Trägern

Trägerkreuzungen haben Anschlüsse, die – in Abhängigkeit von den statischen Erfordernissen – auch mit den sonstigen planerischen Anforderungen (z. B. Berücksichtigung von Installationsführungen quer zu Trägerlagen) abgestimmt werden. Sie können mittig, an der Oberkante bündig oder beidseitig bündig liegen (Bild **7**.50).

Decken können ohne besondere Verbindung auf die Skelettrahmen oder -träger aufgelegt werden. Sie liegen direkt auf den Skelettrahmen (Bild **7**.51 a) oder auf einer weiteren Sekundär-Trägerlage (Bild **7**.51 b).

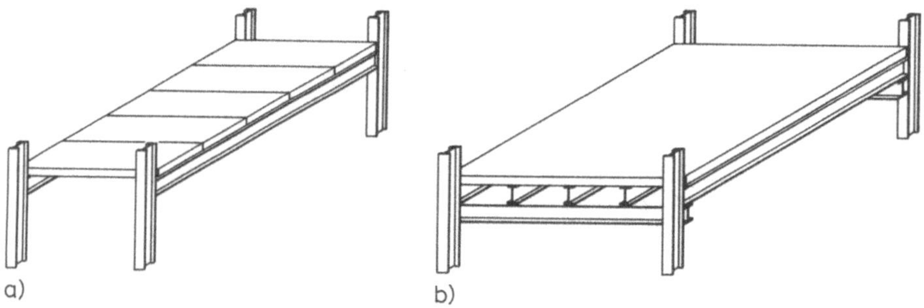

7.51 Deckenauflagerung bei Stahlgerippen
a) Deckentragwerk mit einer Trägerlage
b) Deckentragwerk mit zwei Trägerlagen

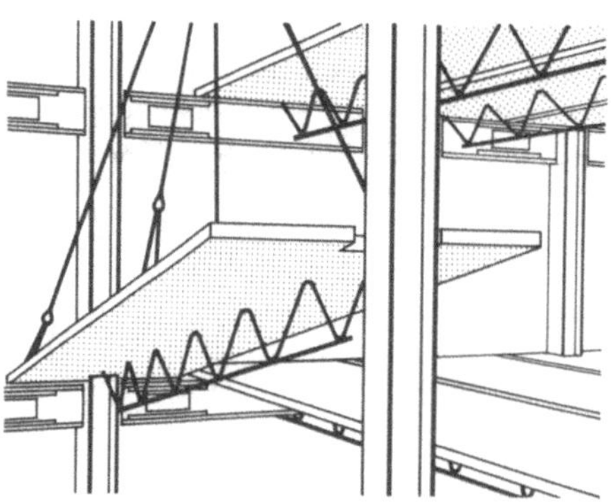

7.52 RHEINSTAHL-Geschoßbausystem

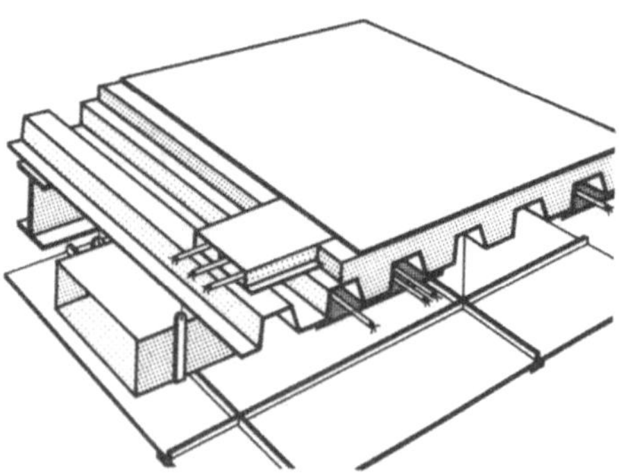

7.53 Trapezblechdecke mit Installationssystem

Neben Ortbetonplatten werden vielfach Stahlbeton-Fertigdecken eingebaut. Sie können als einfache (vorgespannte) Platten ausgebildet sein oder als Kombination von Betonplatten mit einbetonierten oder hochfest verschraubten Fachwerkträgern (Bild **7**.52). Ferner können Trapezblechdecken ohne Aufbeton oder mit Aufbeton als Verbunddecken verwendet werden (Bild **7**.53 und **7**.54, s. auch Bild **7**.34).

Bei derartigen zweilagigen Konstruktionen ergeben sich Deckenhohlräume, die insbesondere zusammen mit Wabenträgern gut zur Unterbringung von Installationen genutzt werden können (Bild **7**.55).

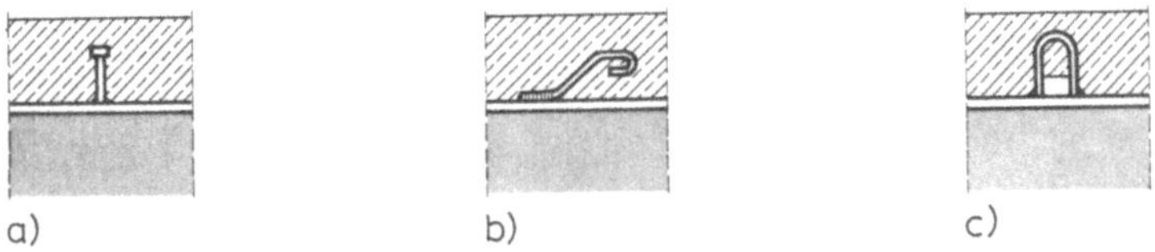

7.54 Verbundmittel für schubfeste Deckenanschlüsse
a) Kopfbolzen
b) Verbundanker
c) Verbundbügel

Verbunddecken entstehen, wenn zwischen Deckenplatte und Träger eine schubfeste Verbindung hergestellt wird. Die Deckenplatte ergänzt in diesem Falle den druckbeanspruchten Obergurt des Trägers ähnlich wie in einer Stahlbeton-Plattenbalkendecke (s. Abschn. 9). Auf diese Weise lassen sich für das gesamte Tragwerk günstigere Dimensionierungen erreichen. Als Verbundmittel werden auf die Trägerobergurte Kopfbolzen, Verbundanker oder Verbundbügel aufgeschweißt (Bild **7**.54).

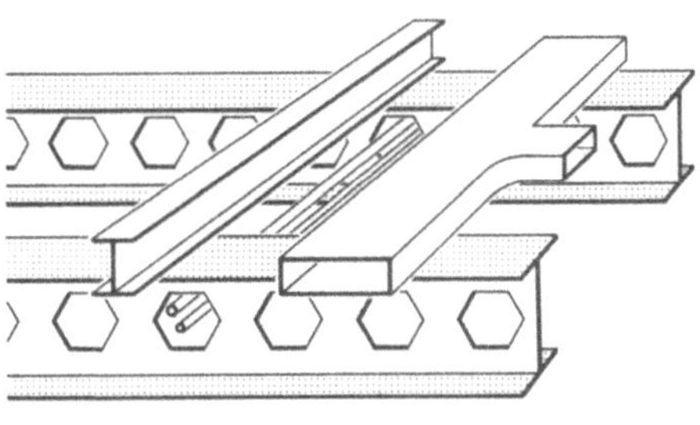

7.55
Doppelte Trägerlagen mit Installationen

Außenwände von Stahlskelettkonstruktionen können für E i n f a c h b a u t e n aus einer Ausmauerung bestehen (Bild **7**.56).

Wegen der besseren Wärmedämmung werden jedoch heute meistens Porenbeton-Wandelemente in Dicken von 15 bis 24 cm und Längen bis zu 6 m liegend oder stehend vor dem Stahlskelett montiert (Bild **7**.57).

Auch Trapezbleche mit oder ohne Wärmedämmung und vorgefertigte Aluminium- oder Stahlblech-Wandbauteile haben sich bewährt (s. Abschn. **6**.7, Bilder **6**.133 bis **6**.137). Im übrigen sind – besonders für die G e s c h o ß b a u t e n-Vorhangfassaden die Regel (s. Abschn. 6.7.4).

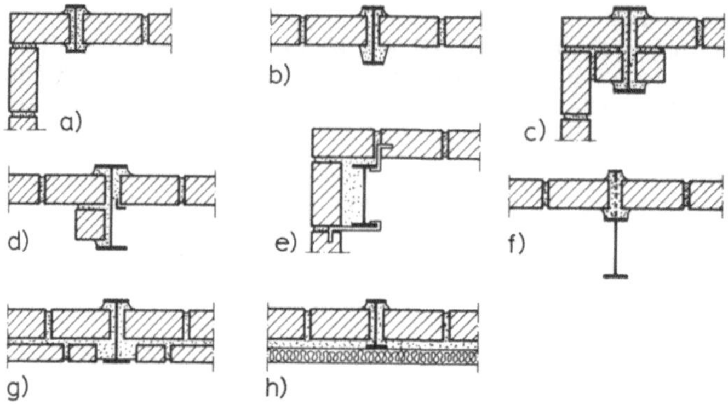

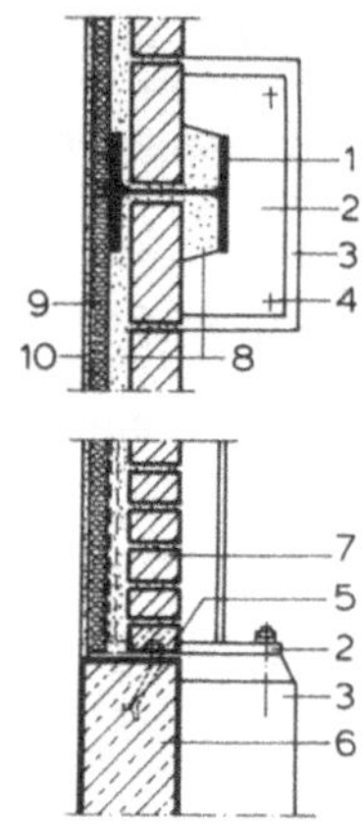

7.56 Ausfachung von Skeletten aus Walzprofilen mit nicht wärmegedämmtem Mauerwerk. Überall ist reiner dichter Zementmörtel zu verwenden

a) Anschluß von 11,5 cm dicker Ziegelausfachung an IPE160 (Ecklösung)
b) Ausfachung von IPE 200 mit 11,5 cm dicker Ziegelwand
c) Anschluß an IPE300 mit Ecklösung
d) links: Wandanschluß wie c, rechts: Anschluß mit angeschweißtem Winkelprofil
e) Stütze vor der Wand. Verankerung mit Drahtklammern
f) Anschluß an dreiseitig freistehende Stütze durch angeschweißtes I-Profil 50/5 (Variante zu e)
g) Ausfachung einer Hallenwand; Flansch liegt an Innenseite bündig (Tauwasser!)
h) Ausfachung der Außenwand einer gut belüfteten Halle. Innenseitige Dämmplattenbekleidung deckt Stützenflansch
i) Stahlfachwerk mit wärmegedämmter Ziegelausfachung (Grundriß und Schnitt)

1 Stahlstütze IPB
2 Fußplatte
3 Stützensockel
4 Ankerschraube
5 Wandschwelle [120, mit Fußplatte und Stütze verschweißt
6 Wandsockel
7 Ziegelausfachung 11,5 cm dick
8 Zementmörtel
9 Wärmedämmung
10 Innenputz

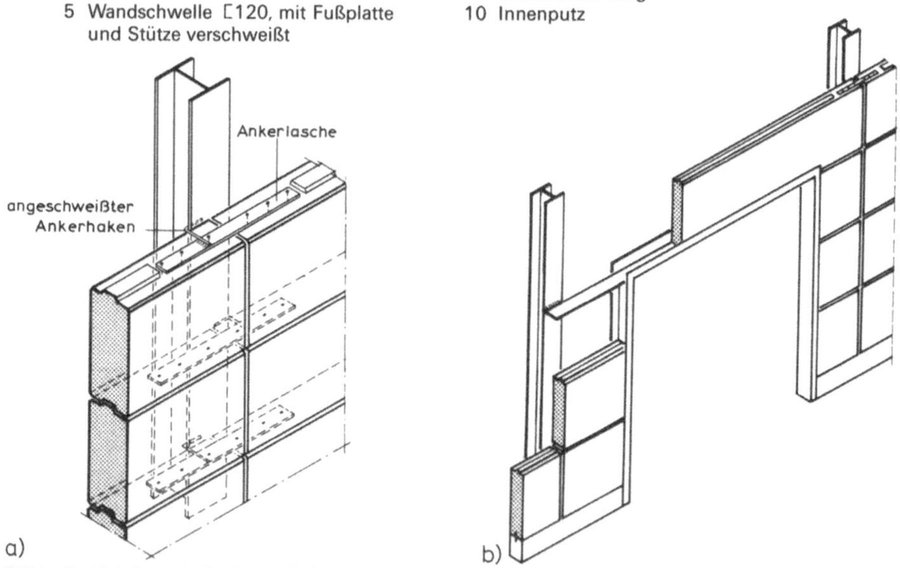

7.57 Stahlskelett mit Gasbetondielen

a) liegende Montage vor Stahlskelett, b) Toröffnung

7.4.7 Ausführungsbeispiel

Um die wesentlichen Prinzipien des Stahlskelettbaues zu zeigen, wurden überwiegend Konstruktionen gezeigt, die auf den bereits klassischen Kombinationen von Standardprofilen beruhen. Für die vielfältigen Möglichkeiten des Konstruierens mit Stahl kann die in Bild **7**.58 gezeigte Konstruktion aus Rohrprofilen als Beispiel dienen [3].

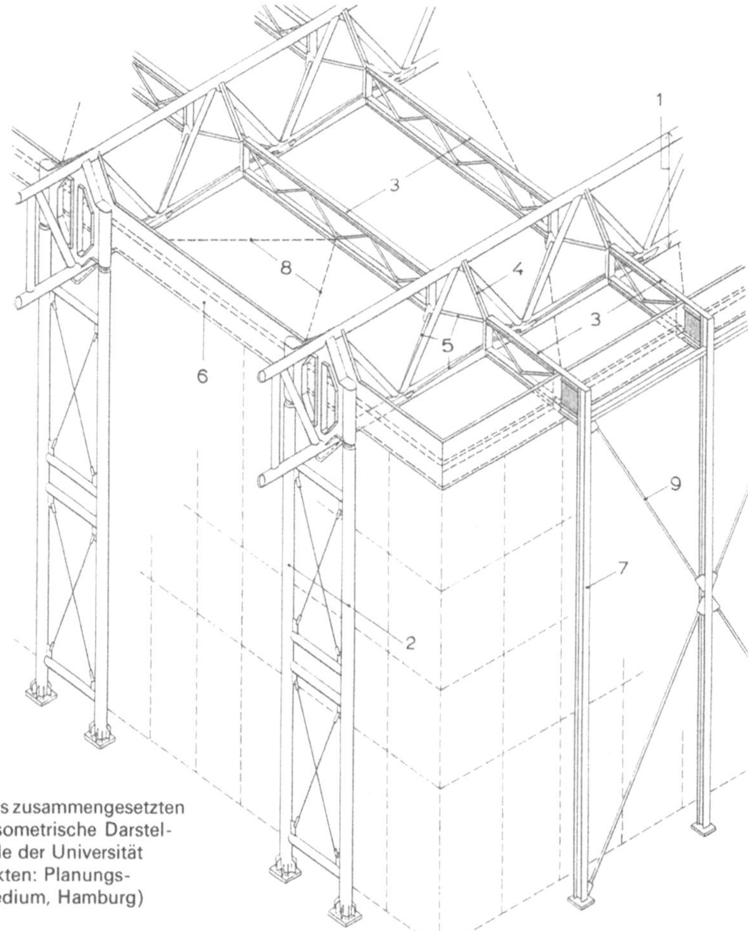

7.58
Stahltragwerk aus zusammengesetzten Rohrprofilen – isometrische Darstellung – (Sporthalle der Universität Bremen, Architekten: Planungsgemeinschaft medium, Hamburg) [3]

7.5 Stahlbetonskelettbau

7.5.1 Allgemeines

Der größte Teil aller Skelettbauten wird mit Stahlbetonskeletten ausgeführt. Sie erfordern bei Berücksichtigung der nötigen Stahlüberdeckung praktisch keine laufende Unterhaltung. Moderne Schaltechniken ermöglichen trotz des relativ hohen Arbeits-

und Zeitaufwandes eine wirtschaftliche Herstellung in allen erforderlichen Abmessungen, auch von Sonderformen, selbst für kleinere Bauwerke in Ortbetonbauweise (vgl. Abschn. 5.1).

Stahlbetonskelette aus Ortbeton bilden monolithische Konstruktionen mit in der Regel biegesteifen Knoten. Günstig auf die Dimensionierung der Bauteile kann sich dabei die Durchlaufwirkung von Stützen, Trägern und Decken erweisen.

Nachteilig sind Ortbetonskelette wegen des hohen Arbeitsaufwandes an der Baustelle und wegen des durch die Ausschalfristen (s. Abschn. 5.4.5) bedingten zusätzlichen Zeitbedarfes. Hinzu kommt, daß Stahlbetontragwerke in Ortbetonausführung überhaupt nicht oder nur mit hohem Aufwand nachträglich geändert, verstärkt oder demontiert werden können, wie vielfach im Industriebau erforderlich.

Industrie-, Verwaltungs- und Schulbauten werden vielfach in vorgefertigten Bausystemen ausgeführt, bei denen tragendes Skelett, Decken, Innen- und Außenwände bzw. Fassaden so geplant sind, daß sie baukastenartig eingesetzt werden können. Diese Systeme bestehen meistens aus Stützen mit Auflagerkonsolen, auf die Unterzüge oder weitgespannte Deckenelemente aufgelegt werden.

Die Aussteifung vorgefertigter Stahlbetonskelett-Konstruktionen erfolgt in vielen Fällen durch Einspannung der Stützen in Köcherfundamenten (s. Bild **7**.59), ferner durch massive Deckenscheiben oder durch – oft auch aus Stahlbeton vorgefertigte – Wandscheiben.

7.5.2 Brandschutz

Bauteile aus Stahlbeton sind bei den aus statischen Gründen ohnedies erforderlichen Abmessungen bereits ausreichend feuerwiderstandsfähig. Bei Betonüberdeckungen der Stahlbewehrungen von 25 mm wird z. B. bei Stahlbetonmassivdecken aus Normalbeton bereits in statisch ungünstigen Fällen die Feuerwiderstandsklasse F60 erreicht. Bei größerer Stahlüberdeckung sind selbst hochfeuerbeständige Ausführungen (F180) ohne weiteres möglich (im übrigen s. Abschn. 14.7).

7.5.3 Baustoff Beton

Die Zusammensetzung, Herstellung und Verarbeitung des Baustoffes Beton sind ausführlich behandelt in Abschn. 5.

7.5.4 Bauteile

Es liegt nahe, die Details vorgefertigter Bauteile für Stahlbetonskelettbauten zur Kostensenkung zu standardisieren, denn viele Bauaufgaben lassen sich wirtschaftlicher selbst dann durchführen, wenn im Einzelfall auf Minimalabmessungen verzichtet wird und andererseits auf ein baukastenartiges System von Bauteilen zurückgegriffen werden kann. Einige wichtige Details, wie sie vom Bundesverband der Deutschen Beton- und Fertigteilindustrie vorgeschlagen werden, zeigen die nachfolgenden Bilder [9].

Stützenfundamente können als vorgefertigte „Köcherfundamente" mit dem Kran auf die vorbereitete Sauberkeitsschicht aufgesetzt werden. Die Stützen werden eingesetzt und mit Ortbeton vergossen (Bild **7**.59).

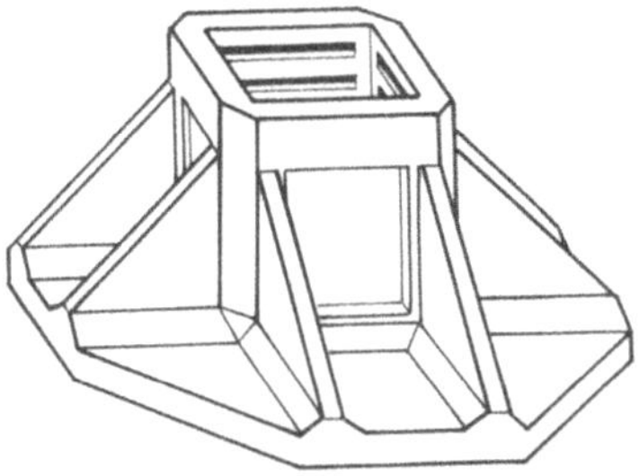

7.59 Köcherfundament als Fertigteil

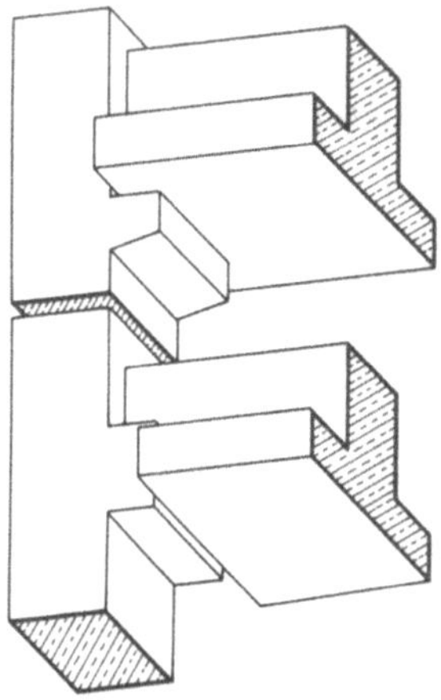

7.60 Auflagerkonsolen für Unterzüge

Stützen eignen sich weniger für eine Standardisierung weil – z. B. auch für verschiedene Geschoßzahlen, für Eck- und Endfeldlösungen – zu viele Typen zu entwickeln wären. Sinnvoll ist es aber, die Anschluß- und Auflagerpunkte zu standardisieren.

Auflagerkonsolen für Unterzüge und Riegel zeigt Bild **7**.60. Der Anschluß von Bindern am Stützenkopf zur Ausbildung von Rahmen ist in Bild **7**.61 dargestellt. Fassaden- bzw. Brüstungselemente werden wie in Bild **7**.62 aufgelagert.

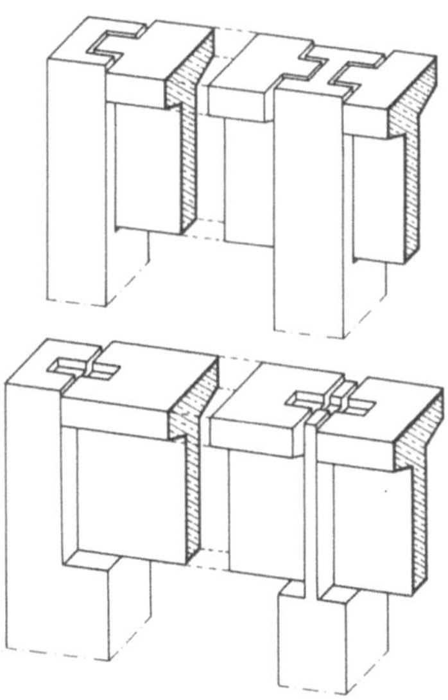

7.61 Auflager von Bindern

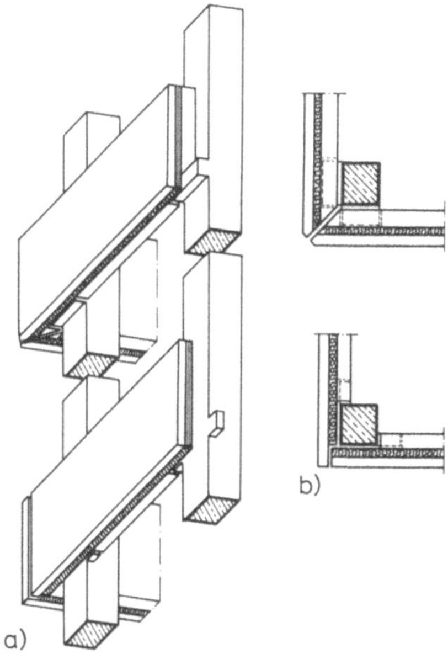

7.62 Auflagerung von Fassadenelementen
a) räumliche Darstellung
b) Eckausbildungen, Grundrisse

Unterzüge, Träger und Balken. Unterzüge und Träger werden entweder im Zusammenhang mit den Decken in Ortbeton ausgeführt, oder es werden Fertigteile mit standardisierten Querschnitten eingesetzt, die in Maßsprüngen je nach statischen Erfordernissen und in Längen je nach Bedarf hergestellt werden (Bild **7**.63).

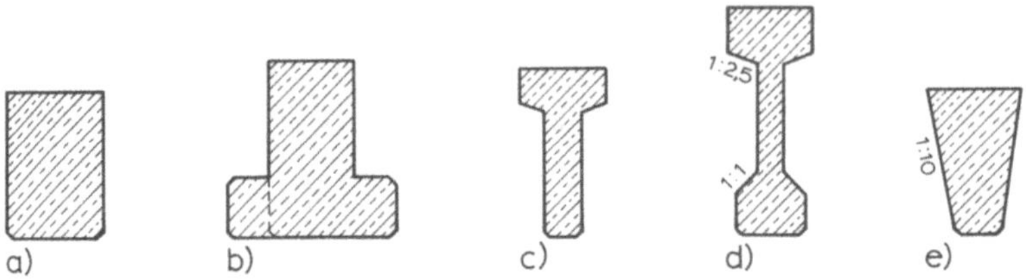

7.63 Standardisierte Querschnitte von Stahlbetonfertigteilen
a) Unterzüge und Riegel (*b* 200 bis 600 mm, *h* 400 bis 800 mm)
b) Unterzüge als T- oder L-Profile (*b* 300 bis 600 mm, *h* 500 bis 1000 mm)
c) Binder, T-Profil (*h* 600 bis 1800 mm)
d) Binder, I-Profil (*h* (d_0) 900, 1200, 1500 mm)
e) Balken, Trapezprofil (*h* 800 bis 1600 mm)

Der Anschluß an die Stützen mit Konsolen oder in Aussparungen der Stützen ist aus den Bildern **7**.60 und **7**.61 ersichtlich.

Decken. In Ortbeton-Skelettbauten werden Decken im Zusammenhang mit den Unterzügen als Stahlbeton-Massivplatten oder bei großen Spannweiten bzw. großen Belastungen als Plattenbalken- oder Rippendecken ausgeführt (s. Abschn. 9). Auch Verbunddecken in Verbindung mit vorgefertigten Betonschalen oder Trapezblechen (Bild **7**.34 und **7**.53) sind möglich.

Werden mit Rücksicht auf umfangreiche Installationen, z. B. bei Laborbauten u. ä. unterzugfreie Decken benötigt, können entsprechend dimensionierte Plattendecken oder Pilzkopfdecken (Bild **7**.3) in Frage kommen. Derartige Decken sind jedoch wegen ihres hohen Gewichtes bzw. wegen des zusätzlichen Schalungsaufwandes unwirtschaftlich in der Herstellung. Sie werden daher immer mehr durch moderne Flachdecken-Konstruktionen verdrängt. Bei diesen sind die im Stützenbereich als Sicherung gegen Durchstanzen nötigen, in dünnen Decken konstruktiv aber nicht unterzubringenden Schubbewehrungen, ersetzt durch Dübelleisten. Sie bestehen aus sternförmig an die Stützen anschließenden Flachstahl-Grundleisten mit aufgeschweißten Kopfbolzendübeln (vgl. Bild **7**.33) und werden nach entsprechender statischer Berechnung für die jeweilige Verwendungsart speziell angefertigt.

In vorgefertigten Bausystemen oder bei großen Spannweiten werden – insbesondere, wenn die Gesamt-Konstruktionshöhen weniger ausschlaggebend sind, – großformatige vorgefertigte Deckenelemente mit TT- oder U-Profil auf die Unterzüge aufgelegt (Bild **7**.64 und Bild **9**.30).

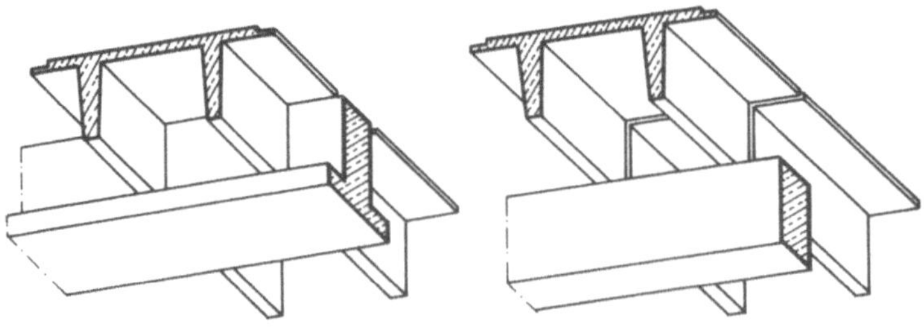

7.64
Auflagerung von TT-Deckenplatten

7.5.5 Spezialverbindungen für Stahlbetonfertigteile

Wie bereits ausgeführt besteht ein wesentlicher Nachteil von Stahlbetonkonstruktionen darin, daß sie – selbst bei vorgefertigten Systemen – praktisch nicht demontierbar sind. Eine Lösung dieses Problems kann die Herstellung von Verbindungen in ähnlicher Form wie bei Stahlbauten ermöglichen. Bei derartigen „stahlbaumäßigen Verbindungen" werden in die miteinander zu verbindenen Stahlbetonfertigteile Stahllaschen o. ä. mit genau aufeinander abgestimmten Bolzen- oder Dübellöchern einbetoniert. Auf diese Weise können z. B. Stützenanschlüsse (Bild **7**.65 und **7**.66) oder Anschlüsse, die Querkräfte und bedingt auch Biegemomente aufnehmen können ausgebildet werden (Bild **7**.67) [23].

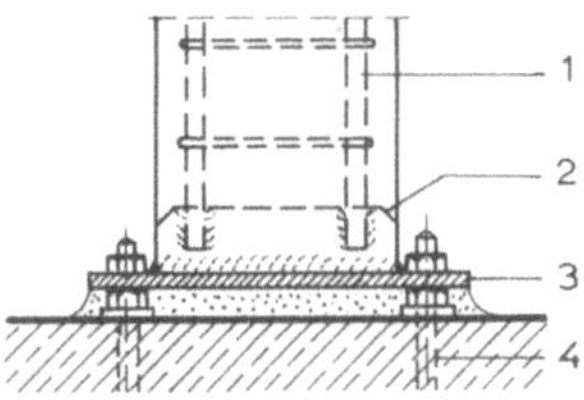

7.65 Momentsteifer Stützenanschluß mit Fußplatte [23]
1 Stützenbewehrung
2 Stegplatten, mit Stützenbewehrung und Fußplatte verschweißt
3 Fußplatte
4 Ankerschrauben (Anschluß vgl. Bild **7**.46)

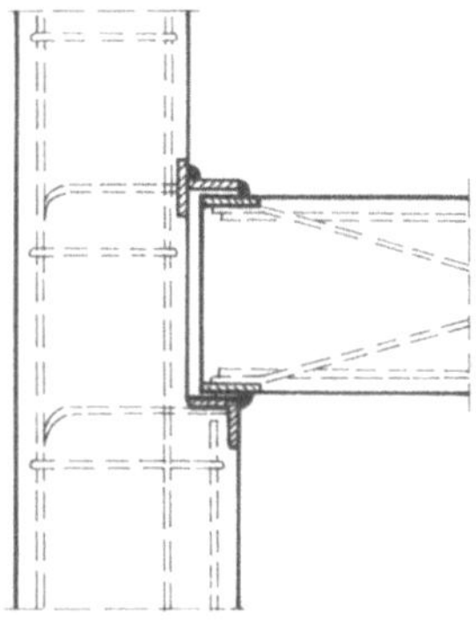

7.67 Momentsteifer Knotenpunkt: Übertragung der Kräfte über zusammengeschweißte Stahlplatten [23]

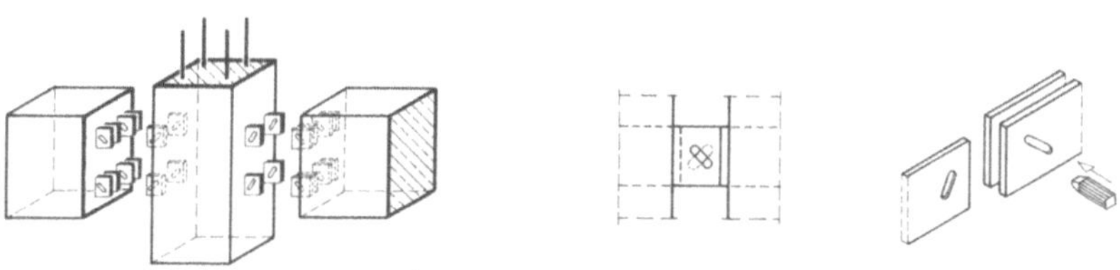

7.66 Balken-/Stützenverbindung mit verdübelten Stahlplatten („Messerverbindung") [23]

7.5.6 Fugen, Maßtoleranzen

Je nach Bauteilgröße müssen wegen der unvermeidlichen Maßabweichungen bei der Fertigung und zur Erleichterung der Montage Fugen eingeplant werden. Richtwerte für Fugenbreiten nach DIN 18540 sind in Tabelle **7**.68 angegeben.

Tabelle **7**.68 Richtwerte für die Fugenbreite nach DIN 18540

Fugenabstand in m	bis 2	über 2 bis 4	über 4 bis 6	über 6 bis 8
Sollfugenbreite in mm	15	20	25	30

7.5.7 Ausführungsbeispiel

Stahlbetonskelettkonstruktionen sind in den verschiedensten technischen und gestalterischen Formen ausführbar. Der Versuch, einen Überblick darüber zu geben, würde den Rahmen dieses Werkes sprengen, und es muß auf Spezialliteratur verwiesen werden.

Für vorgefertigte Stahlbeton-Skelettbausystem ist in Bild **7**.69 ein Beispiel gezeigt.

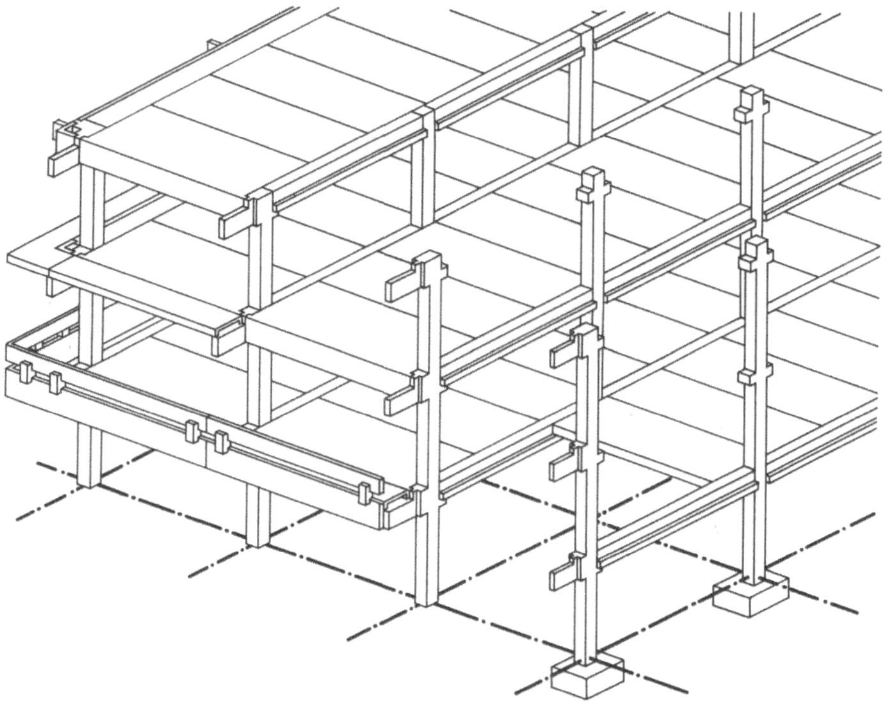

7.69 Stahlbetonskelettbau (System HOCHTIEF), Übersichtsskizze

7.6 DIN-Normen[1])

DIN-Nr.		Ausgabe-Datum	Titel
1052	T1	4.88	Holzbauwerke; Berechnung und Ausführung
	T2	4.88	–; Mechanische Verbindungen
	T3	4.88	–; Holzhäuser in Tafelbauart; Berechnung und Ausführung
4172		7.55	Maßordnung im Hochbau
17100		1.80	Allgemeine Baustähle; Gütenorm

[1]) Normen Stahlbetonbau s. Abschn. 5.7, Fortsetzung s. nächste Seite

DIN-Normen, Fortsetzung

DIN-Nr.		Ausgabe-Datum	Titel
18000		5.84	Modulordnung im Bauwesen
18201		12.84	Toleranzen im Bauwesen; Begriffe, Grundsätze, Anwendung, Prüfung
18202		5.86	Toleranzen im Hochbau; Bauwerke
18203	T1	2.85	Toleranzen im Hochbau; Vorgefertigte Teile aus Beton; Stahlbeton und Spannbeton
	T2	5.86	–; Vorgefertigte Teile aus Stahl
	T3	8.84	–; Bauteile aus Holz und Holzwerkstoffen
18330		9.88	VOB Verdingungsordnung für Bauleistungen; Teil C: Allgemeine Technische Vertragsbedingungen für Bauleistungen (ATV); Mauerarbeiten
18331		9.88	–; Beton- und Stahlbetonarbeiten
18332		9.88	–; Naturwerksteinarbeiten
18333		9.88	–; Betonwerksteinarbeiten
18334		9.88	–; Zimmer- und Holzbauarbeiten
18335		9.88	–; Stahlbauarbeiten
18540		10.88	Abdichten von Außenwandfugen im Hochbau mit Fugendichtstoffen
18800	T1 bis T3	11.90	Stahlbetonbauten; Bemessung und Konstruktion
18801		9.83	Stahlhochbau, Bemessung, Konstruktion, Herstellung
18806	T1	3.84	Verbundkonstruktion; Verbundstützen
18807	T1	6.87	Trapezprofile im Hochbau; Stahltrapezprofile; Allgemeine Anforderungen, Ermittlung der Trägheitswerte durch Berechnung
	T2	6.87	–; Stahltrapezprofile; Durchführung und Auswertung von Tragfähigkeitsversuchen
	T3	6.87	–; Stahltrapezprofile; Festigkeitsnachweis und konstruktive Ausbildung
18808		10.84	Stahlbauten; Tragwerke aus Hohlprofilen unter vorwiegend ruhender Beanspruchung
50976		5.89	Korrosionsschutz; Feuerverzinken von Einzelteilen (Stückverzinken); Anforderungen und Prüfung
55928	T1 bis T9[2]	11.76 bis 7.84	Korrosionsschutz von Stahlbauten
68120		8.68	Holzprofile; Grundformen
68140		10.71	Holzverbindungen; Keilzinkenverbindungen als Längsverbindung
68365		11.57	Bauholz für Zimmerarbeiten; Gütebedingungen
68705	T2	7.81	Sperrholz; Sperrholz für allgemeine Zwecke
	T3	12.81	–; Bau-Furniersperrholz
68800	T1	5.74	Holzschutz im Hochbau; Allgemeines
	T2	1.84	–; Vorbeugende bauliche Maßnahmen
	T3	5.81	–; Vorbeugender chemischer Schutz von Vollholz
	T4	7.86	–; Bekämpfungsmaßnahmen gegen Pilz- und Insektenbefall
E		7.86	
	T5	5.78	–; Vorbeugender chemischer Schutz von Holzwerkstoffen
E		1.90	

[2]) z.Z. in Neubearbeitung

7.7 Literatur

[1] Ackermann, K.: Industriebau. Stuttgart 1990

[2] –: Tragwerke in der konstruktiven Architektur. Stuttgart 1988

[3] Beratungsstelle für Stahlverwendung: Stahl und Form, Informationsschriften. Düsseldorf

[4] Bindseil, P.: Stahlbetonfertigteile. Düsseldorf 1990

[5] Bode, H.: Verbundbau, Düsseldorf 1987

[6] Brandt, J., Rösel, W., Schwerm, D., Stöffler, J.: Beton-Fertigteile im Industrie-Hallenbau. Düsseldorf 1984

[7] Bund Deutscher Zimmermeister: Holzrahmenbau. Karlsruhe 1986

[8] Deutscher Stahlbauverband: Stahlbau-Arbeitshilfen. Köln

[9] Fachvereinigung Betonfertigteilbau: Fertigteilbau-Forum. Wiesbaden

[10] Führer, W., Ingendaaji, S., Stein, F.: Der Entwurf von Tragwerken. Köln 1984

[11] Gerkan, v., M.: Tragwerke – Gestalt durch Konstruktion. Köln 1989

[12] Götz, K.H., Hoor, D., Möhler, K., Natterer, J.: Holzbauatlas. München 1990

[13] Informationsdienst Holz: Berichte, Merk- und Informationsblätter. Düsseldorf

[14] Informationszentrum RAUM und BAU der Frauenhofer-Gesellschaft, Stuttgart: Holztafelbau. 1985

[15] –: Holzskelettkonstruktionen für größere Bauten, 1985

[16] –: Brettschichtkonstruktionen im Hochbau. 1984

[17] Kahlmeyer, E.: Stahlbau. Düsseldorf 1990

[18] Maaß, G.: Stahltrapezprofile. Düsseldorf 1990

[19] Mund, H.: Das Eckproblem im Skelettbau. München 1972

[20] Pracht, K.: Holzbausysteme. Köln 1978

[21] Ruske, W.: Holzskelettbau. Stuttgart 1981

[22] Wagner, K., Scheler-Stöhr, W., Schneider, K.J.: Stahlbetonbau. Düsseldorf 1986

[23] Walraven, J.: Verbindungen im Betonfertigteilbau unter Berücksichtigung „stahlbaumäßiger" Ausführung. In: Betonwerk + Fertigteil-Technik 20/88

[24] Werner, G., Stecke, G.: Holzbau, Teil 1. Düsseldorf 1991

8 Außenwandbekleidungen

8.1 Allgemeines

Außenwandbekleidungen aus den verschiedensten Materialien sind ein bevorzugtes Gestaltungsmittel und dienen außerdem als dauerhafter Schutz der Außenflächen gegen Witterungseinflüsse, insbesondere gegen Schlagregen. Die Anforderungen an den Schlagregenschutz sind in DIN 4108 T3 festgelegt (s. Abschn. 6.2.1.5).

Danach wird gefordert für

Beanspruchungsgruppe II (mittlere Beanspruchung) u. a.

– angemörtelte Bekleidung nach DIN 18515[1]),

Beanspruchungsgruppe III (starke Beanspruchung) u. a.

– angemörtelte Bekleidung mit Unterputz und wasserabweisendem Fugenmörtel sowie

– zweischalige Wandkonstruktionen mit Hinterlüftung. Diese sind gleichzusetzen hinterlüfteten Außenwandbekleidungen nach DIN 18516.

Versetzpläne. Für Bekleidungen aus Naturwerkstein-, Betonwerkstein- und Keramikplatten $> 0{,}1\,m^2$ müssen in jedem Fall Versetzpläne angefertigt werden, aus denen hervorgehen

1. Untergrund (Verankerungsgrund): Art (Steinfestigkeit, Mörtelart, Betongüte) und Dicke,
2. Bekleidung: Stoffe und Abmessungen der Einzelteile,
3. Befestigungsmittel: Art, Anzahl und Anordnung,
4. Fugen: Art der Bauwerksfugen (Gebäudetrennfugen, Dehnungsfugen in der Bekleidung, Setzfugen) und bei den Plattenfugen: Art der Fugenausbildung (Mörtelfugen, mit Dichtmassen geschlossene Fugen, offene Fugen).

Bei Frostgefahr (Temperaturen unter +5° Celsius) dürfen Versetz- und Bekleidungsarbeiten mit Mörtel nicht ausgeführt werden.

8.2 Baustoffe

Für angemörtelte Außenwandbekleidungen (DIN 18515) kommen als Baustoffe in Frage

– Keramische Wandfliesen (DIN EN 176),

– Keramische Spaltplatten (DIN 18166),

– Spaltziegelplatten,

ferner

– Zement (DIN 1164), vorzugsweise Traßzement und Zuschläge mit dichtem Gefüge (DIN 4226),

---

[1]) DIN 18515 (Ausg. 07.70) z. Z. in Neubearbeitung. Es wird die vorläufige Festlegung von E DIN 18515 (Ausg. 11.90) bei der Bearbeitung zugrunde gelegt.

- Hydraulisch erhärtende Dünnbettmörtel (DIN 18156 T2),
- Betonstahlmatten und Traganker aus nichtrostendem Stahl (DIN 17441),
- Wärmedämmstoffe in wasserabweisenden und feuchtigkeitsbeständigen Lieferformen.

Für hinterlüftete Außenwandkonstruktionen (DIN 18516) kommen als Bekleidungsmaterialien in Frage

- Natursteinplatten,
- keramische kleinformatige Platten in Verbindung mit Stahlbeton,
- keramische großformatige Platten,
- Glasplatten,
- Metallbleche,
- Faserzementplatten (DIN 18517),
- Holz,
- Einscheibensicherheitsglas.

8.3 Angemörtelte Außenwandbekleidungen

Bei angemörtelten Bekleidungen gelten für die verwendeten Platten folgende Maßbegrenzungen:

- Fläche $< 0{,}12\ m^2$,
- Seitenlänge $< 0{,}40\ m^2$,
- Dicke $> 0{,}015\,m$.

Der Haft- und Schubverband der Platten kann durch Rillen oder Rippen auf der Rückseite verbessert werden.

Keramische Wandfliesen und Spaltplatten können farbige, glasierte oder unglasierte Sichtflächen haben.

Keramisches Material hat zwar einen wesentlich höheren Wasserdampfdiffusions-Widerstandsfaktor ($\mu = 200$ bis 300 einschl. Fugenanteil) als Mauerwerk ($\mu = 15$ für Kalksandstein) oder Beton ($\mu = 70$ bis 150), doch muß bei der Beurteilung die unterschiedliche Materialdicke berücksichtigt werden. Danach sind unter Berücksichtigung des hohen Fugenanteils kleinformatiger keramischer Außenwandbekleidungen meistens keine kritischen Wasserdampfkonzentrationen gegeben. Bei Außenwänden von Feuchträumen oder sonstigen stark beheizten Räumen sollten jedoch Dampfsperren eingebaut werden.

In jedem Fall müssen bei der Ausführung, je nach verwendeten Materialien, die bauphysikalischen Grundregeln für den Aufbau mehrschichtiger Außenwände beachtet werden (s. Abschn. 6.2.3.3).

Vorbehandlung des Untergrundes. Zu unterscheiden ist bei der Herstellung von Außenwandbekleidung:

- unmittelbares Ansetzen auf ausreichend festen, in Material und Struktur gleichmäßigen Flächen wie Mauerwerk und Beton (z. B. auf Mauerwerk DIN 1053 T1 und 2, Festigkeitsklasse 12, oder Stahlbeton) und
- Herstellen von Ansetzflächen auf nicht ausreichend tragfesten Untergründen wie Mischmauerwerk oder außenliegenden Wärmedämmungen.

Angemörtelte Wandbekleidungen sind möglichst erst dann auszuführen, wenn sich der Untergrund hinreichend gesetzt hat und Schwindvorgänge von Betonteilen abgeklungen sind. Die zu bekleidenden Flächen müssen geschlossen und frei von Rissen, offenen Fugen, Gerüstlöchern oder von ähnlichen Hohlräumen sein. Die Ansetzflächen müssen auch frei von Staub, Ausblühungen, Verunreinigungen und von Schalungstrennmitteln sein. Wenn eine Instandsetzung nicht möglich ist, muß ein bewehrter, verankerter Unterputz aufgebracht werden (s. u.).

Spritzbewurf. Nach der Überprüfung der Ebenheit, von Winkeln und der Lotrechte erhalten die Ansetzflächen einen Spritzbewurf aus reinem Zementmörtel (1 RT Zement + 2 bis 3 RT scharfer, gewaschener Sand).

Unterputz. Bei größeren Unebenheiten ist ein Unterputz von mindestens 1 mm und höchstens 25 mm Dicke aus reinem Zementmörtel (1 RT Zement + 3 bis 4 RT scharfer, gewaschener Sand) mit möglichst rauher Oberfläche aufzutragen.

Als Schlagregensicherung, entsprechend der Beanspruchungsgruppe III, ist ein Unterputz von mindestens 20 mm Dicke vorzusehen.

Bewehrter Unterputz. Besteht der Untergrund aus verschiedenen, unterschiedlichen Baustoffen, aus Baustoffen geringer Festigkeit (z. B. Porenbeton, Wärmedämmschichten o. ä.), aus sehr glattem Material (z. B. Betonflächen) oder müssen größere Unebenheiten und Maßabweichungen des Rohbaues mit Putzdicken von mehr als 25 mm ausgeglichen werden, muß ein Unterputz mit Bewehrung aus Betonstahlmatten 50/50/3 mm ausgeführt werden, die mit mindestens 5 Flachstahlankern/m^2 zu sichern ist (Bild **8**.1). Wegen der zunehmenden Gefährdung von Fassadenflächen durch chemische Beanspruchungen ist für die Bewehrung und die Anker nichtrostender Stahl zu verwenden.

Die Anker für bewehrten Putz dürfen am Auflagerpunkt eine Querkraft von nicht mehr als 1,0 kN aufzunehmen haben. Die Eigenlasten der Außenwandbekleidung müssen durch mindestens 3 Reihen Traganker aufgenommen werden, die in Streifen von ca. 1,50 Höhe in der Mitte der Putzfelder liegen sollen. Die Abstände der Anker sind Tabelle **8**.2 zu entnehmen.

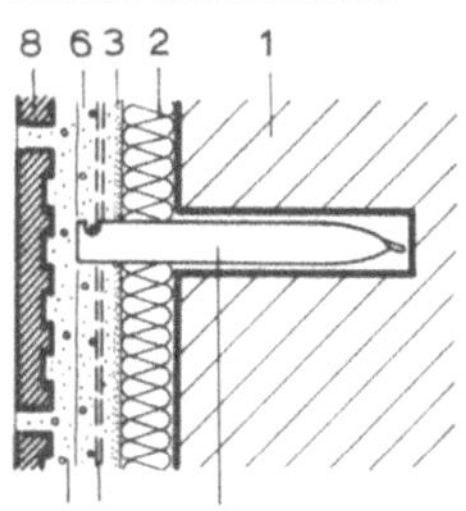

8.1 Angemörtelte Spaltplattenbekleidung mit Verankerung

1 Mauerwerk
2 Wärmedämmung
3 Spritzbewurf
4 Baustahlmatte (z. B. N 141)
5 biegesteifer Anker aus nichtrostendem Stahl, in Mörtel eingesetzt
6 Unterputz
7 Ansetzmörtel (bzw. Dünnbett)
8 Spaltplatte

Tabelle **8**.2 Zulässige maximale Ankerabstände für bewehrten Unterputz (DIN 18515 Tab. 2)

Gebäudehöhe	Staudruck	*a* in m Dünnbett		*a* in m Dickbett	
		Normalbereich	Randbereich	Normalbereich	Randbereich
in m	in kN/m^2				
0 bis 8	0,5	0,90	0,60	0,80	0,60
0 bis 25[1])		0,70	0,50	0,70	0,45

[1]) Für die Höhen über 25 m ist ein gesonderter statischer Nachweis erforderlich mit der Begrenzung des Schrägzuges bei geradliniger Interaktion für zul $F_Z = 0{,}7$ kN
zul $F_Q = 1{,}0$ kN
(vgl. z. B. DIN 18516 T1, 1.90 Bild 4)

Ansetzen der Bekleidungen im Dickbett. Arbeitsvorgang: Die vorgespritzte Fläche ist örtlich anzunässen. Auf die vorgenäßten und mit Bindemittel eingeschlämmten Rückseiten der Platten wird Traßzementmörtel bzw. hochhydraulischer Kalkmörtel in plastischer Konsistenz, etwa 15 bis 20 mm dick, aufgegeben, und die Platten werden schrägliegend herangeführt, angedrückt und durch leichtes Richten in Flucht und Lot angesetzt. Entstandene Mörtelhohlräume sind durch schräges Abstreichen an den Plattenoberkanten auszufüllen (Mörtel s. Tab. **8**.3).

Tabelle **8**.3 Mörtelzusammensetzung (E DIN 18515)

Mörtel für	Mischungsverhältnis Zement : Sand in Raumteilen	Körnung des Zuschlagstoffes
Spritzbewurf	1:2 bis 1:3	0 bis 4
Unterputz bewehrt und unbewehrt	1:3 bis 1:4	0 bis 4
Dickbett	1:4 bis 1:5	0 bis 4
Verfugen[1]) [2]) [3])	1:2 bis 1:3	0 bis 2[4])

[1]) Werktrockenmörtel, die vom Hersteller als geeignet ausgewiesen werden, werden empfohlen

[2]) Bei starker Schlagregenbeanspruchung müssen wasserabweisende Fugenmörtel verwendet werden

[3]) Zuschlag mit dichtem Gefüge nach DIN 4226 T1

[4]) Das Größtkorn des verwendeten Sandes darf 2 mm nicht überschreiten. Zur Verbesserung des Mehlkorngehaltes 0 bis 0,25 mm, kann gegebenenfalls dem Sand ein Zusatz von Gesteinsmehl, z. B. Quarzmehl, Traß, zugegeben werden

Ansetzen der Bekleidung im Dünnbett. Im Dünnbettverfahren sind Bekleidungen in der Regel auf einem Unterputz aufzubringen. Die Ausführung nach DIN 18157 unterscheidet drei Verlegeverfahren:

- „Floating Verfahren": Der Dünnbettmörtel wird mit einem Kammspachtel oder der Zahnkelle auf die Wand aufgetragen,
- „Buttering-Verfahren": Der Dünnbettmörtel wird auf die Rückseite des Bekleidungsmaterials aufgetragen.

Bei beiden Verfahren sind aber Hohlräume zwischen Ansetzfläche und Bekleidungsmaterial fast unvermeidlich. In der Praxis bewährt und in DIN E 18515 vorgeschrieben ist die Kombination beider Mörtelauftragsverfahren im

- „kombinierten Floating-Buttering"-Verfahren.

Die Schichtdicke des Dünnbettmörtels soll nach dem Ansetzen mindestens 3 mm betragen.

Ansetzflächen auf Wärmedämmungen. Auf außenliegenden Wärmedämmschichten ist in jedem Fall ein bewehrter Unterputz erforderlich. Die Wärmedämmungen müssen dem Anwendungstyp WD nach DIN 18164 bzw. 18165 entsprechen. Faserdämmstoffe müssen vor dem Putzauftrag mit einer kunststoffvergüteten Zementschlämme vorbehandelt werden. Alle Wärmedämmungen müssen mit Tellerdübeln gesichert sein.

Fugen. Die Fugenbreiten des Bekleidungsmaterials sind formatabhängig (ATV DIN 18352).

Als Richtwerte können angenommen werden:

Keramische Fliesen	3 bis 8 mm
Keramische Spaltplatten	4 bis 10 mm
Spaltziegelplatten	10 bis 12 mm

Die Fugen werden am besten nach dem Ansetzen des Materials und noch vor dem Aushärten des Verlegemörtels ausgekratzt und durch Einschlämmen oder mit dem Fugeisen mit Zementmörtel verfugt. Bei starker Schlagregenbeanspruchung ist wasserabweisender Mörtel zu verwenden (Mörtelzusammensetzung s. Tabelle **8**.3).

Bewegungs- und Trennfugen. Infolge der unterschiedlichen Materialeigenschaften der Beläge und der Unterkonstruktion können durch wechselnde Temperaturen und durch Feuchtigkeitsveränderungen bedingte Quell- und Schwindvorgänge zu Spannungen und damit zu Rißbildungen und Absprengungen führen. Es müssen daher zusätzlich zu den etwa im Bauwerk bereits vorhandenen Trennfugen Dehnungsfugen vorgesehen werden, die bis auf den Untergrund durchgehen (Bild **8**.4a). Im Bauwerk vorhandene Fugen müssen selbstverständlich durch die Außenwandbekleidung hindurch fortgesetzt sein (Bild **8**.4b). Abstand und Anordnung der Dehnfugen sind von örtlichen Verhältnissen abhängig, jedoch sollte mindestens in Höhe jeder Geschoßdecke eine horizontale Dehnfuge und weitere Fugen im Bereich von Brüstungen, Außen- und Innendecken vorgesehen werden. Fugen sollen 10 mm breit und in Abständen von mindestens 3 m, höchstens 6 m angeordnet sein. Sie werden mit gut haftenden elastischen Dichtmassen geschlossen (vgl. Abschn. 5.6.2).

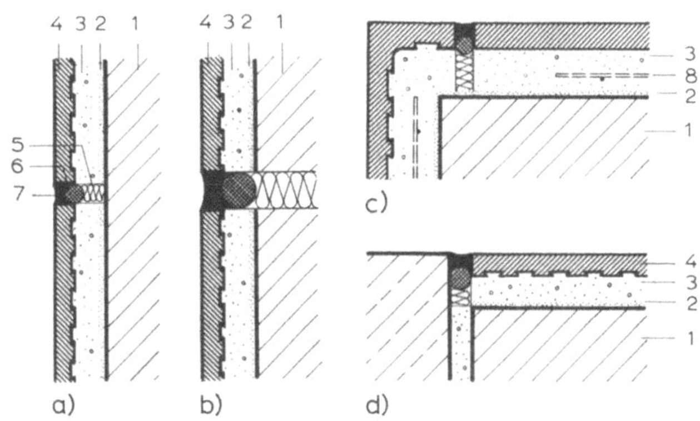

8.4
Fugen in keramischen Außenwandbekleidungen (Grundrisse)

a) Dehnungsfuge
b) Bauwerksfuge
c) Dehnungsfuge an Bauwerksecke
d) Anschlußfuge zwischen Beton und keramischer Bekleidung

1 Mauerwerk
2 Spritzbewurf
3 Ansetzmörtel (ggf. mit Betonstahlmatte)
4 Spaltplatten
5 Fugenfüllung
6 Hinterfüllstoff
7 elastische Dichtungsmasse
8 Bewehrung (nichtrostende Betonstahlmatte)

Der zu wählende Abstand von Dehnungsfugen ist in besonderem Maß abhängig von den zu erwartenden Temperaturschwankungen an den Oberflächen von Fassaden. Je nach Klimazone sind die maximalen Außentemperaturen zwischen −10° im Winter und +20° im Sommer anzunehmen, doch können je nach Sonneneinfallwinkel, Oberflächenstruktur, insbesondere aber auch Farbe der Wandbekleidungen wesentlich höhere Oberflächentemperaturen auftreten.

Sie können auf Südfassaden bei hellen Flächen bis zu 60° und auf dunklen Flächen bis zu 85° betragen. Bei dunklen Fassadenfarben sollten daher besonders enge Fugenabstände gewählt werden. An den Bauwerksecken ist die Lage der Fuge so zu wählen, daß sich die temperaturmäßig am stärksten belastete Fläche ohne Zwängung ausdehnen kann (Bild **8**.4c). Fugen sind auch an Übergängen zu anderen, nicht bekleideten Bauteilen vorzusehen (Bild **8**.4d).

8.4 Hinterlüftete Außenwandbekleidungen

8.4.1 Allgemeines

Eine unmittelbar auf die Außenwand gesetzte Bekleidung (einschalige Konstruktion) ist immer gewagt, weil die gebotene Sorgfalt bei Herstellung meist nicht ausreichend zu überwachen ist und auch die örtlichen Verhältnisse (Sonneneinstrahlung, Wind, Veränderung der Raumnutzung usw.), die Intensität der Wärmedehnungen, der Dampfdiffusion, der Setzungen, des Schwindens und Kriechens, des Quellens und Schrumpfens oft nur unzulänglich beurteilt werden können.

Diese Risiken werden vermieden, wenn hinterlüftete Konstruktionen gewählt werden. Dafür stehen neben keramischen Materialien (s. Abschn. 8.2) vor allem Natur- und Betonwerkstein und Metalle sowie Holz, aber auch eine Reihe von Kunststoffen zur Verfügung.

Hinterlüftete Außenwandbekleidungen sind nach DIN 18516 auszuführen. (Diese Norm bezieht sich jedoch nicht auf Metallbekleidungen in handwerklicher Ausführung, Verbretterungen und Bekleidungen mit Faserzementplatten).

Allgemein wird festgelegt:

- Es sind mindestens 20 mm tiefe Lüftungsspalte vorzusehen (örtlich darf die Spalttiefe bei Wandunebenheiten und bedingt durch die Unterkonstruktion bis auf 5 mm reduziert sein).
- Die Mindestquerschnitte der Be- und Entlüftungsöffnungen müssen 50 cm^2 pro m Wandlänge betragen.
- Die Bekleidungsflächen sind konstruktiv in Flächen von etwa 50 m^2 zu unterteilen (ca. 2 Geschosse in der Höhe, ca. 8 m in der Breite).
- Unterkonstruktionen müssen zur Vermeidung von Zwängungen in alle Richtungen verschieb- und verdrehbar sein.
- Im Regelfall sind für Temperatureinflüsse als Grenzfall $-20°$ bzw. $+80°$ anzunehmen.
- Die Möglichkeit von Geräuschentwicklung durch Wind- und Temperaturbeanspruchung ist bei der Planung zu beachten.
- Beim Wärme-, Feuchte- und Brandschutz ist das mögliche Zusammenwirken von Außenwänden und Außenwandbekleidung zu beachten.
- Randabstände von Befestigungen müssen mindestens 10 mm betragen.
- Alle Teile, die nach Fertigstellung nicht für Wartung oder Überwachung zugänglich sind, müssen auf Dauer korrosionsgeschützt sein (DIN 18516, Abschn. 6.2).

  Dabei muß sichergestellt sein, daß schädigende Einflüsse der verwendeten Baustoffe untereinander, z. B. durch Kontakt- oder Spaltkorrosion nicht möglich sind.
- Für hinterlüftete Außenwandbekleidungen müssen geeignete Wartungseinrichtungen, mindestens aber Verankerungseinrichtungen für später erforderliche Einrüstungen vorgesehen werden.
- Standsicherheitsnachweise nach DIN 18516 T1 Abschn. 5 bzw. 7 zu führen.

8.4.2 Naturwerksteinbekleidungen

Für hinterlüftete Naturstein-Außenwandbekleidungen werden gesägte Platten von etwa 30 bis 100 cm Breite und 50 bis 150 cm Höhe verwendet. Ihre Dicke richtet sich nach der Größe und der Bruchfestigkeit und ist nach den Bemessungsverfahren des

Deutschen Natursteinverbandes [3] hinsichtlich Biege- und Ausbruchfestigkeit am Ankerdornloch zu bestimmen. Sie beträgt bei Plattenneigungen von α 0° bis 60° $\geqq$ 40 mm, bei $\alpha >$ 60° bis 90° $\geqq$ 30 mm.

Anker. Die Platten werden durch im Untergrund befestigte Trage- und Halteanker mit Ankerdornen (Bild **8.**5 und **8.**6), die in die Dornlöcher der Platten eingreifen, gehalten. Schieß- und Schlagdübel dürfen für die Verankerung von Platten nicht verwendet werden, Spreizdübel nur dann, wenn ihre Eignung auch für den Brandfall nachgewiesen worden ist.

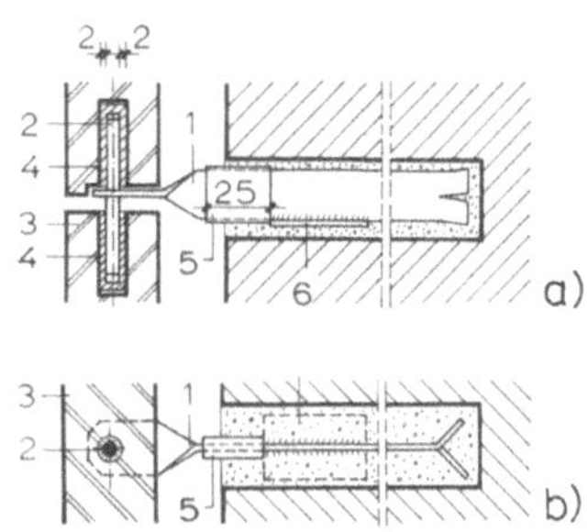

8.5
Trageanker für hinterlüftete Plattenbekleidung mit offenen Fugen (je Platte > 2 Traganker)

a) Vertikalschnitt
b) Horizontalschnitt

1 Trageanker
2 Ankerdorn ∅ 5 mm, Länge 60 mm
3 Werksteinplatte
4 Gleithülse
5 Aufklebung (ermöglicht die erforderliche Stegbewegung im Mauerwerk)
6 Druckverteilungsplatte

Traganker (Bild **8.**6, Nr. 1–5) sind am Ende als Sicherung gegen Auszug aus dem Verankerungsgrund gespreizt oder gewellt, in horizontalen Fugen gedreht (Bild **8.**6, Nr. 6 und 7).

Ein statischer Nachweis ist nach DIN 18516 T3 Abschn. 5 zu führen.

Jede Platte soll in der Regel an vier Punkten befestigt sein. Sie muß auf zwei Trageankern aufliegen und von diesen sowie von zwei Halteankern gegen die auftretenden Beanspruchungen gesichert sein.

Bei Gebäudetrennfugen und Dehnungsfugen in der Bekleidung sind Anker mit einseitigem Dorn, bei Dehnungsfugen in der Bekleidung auch besondere Dehnungsfugenanker (z. B. gabelförmig oder Doppelanker mit einem gleitfähigen Kunststoffröhrchen auf mindestens einer Dornhälfte) zu verwenden.

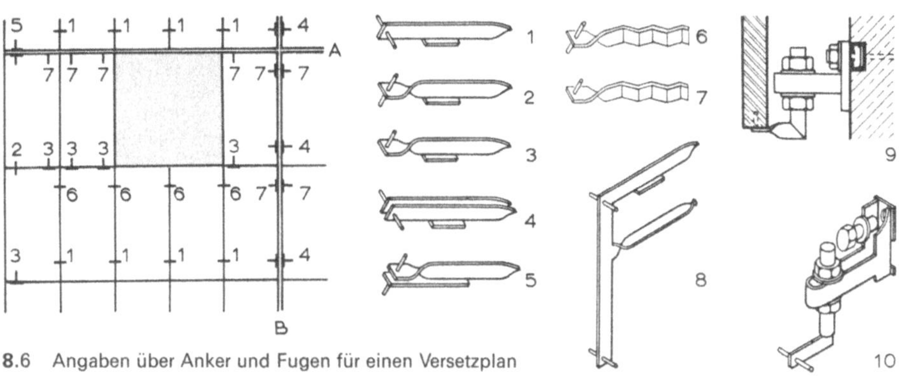

8.6 Angaben über Anker und Fugen für einen Versetzplan
A horizontale Dehnfuge, B vertikale Dehnfuge

1, 2, 3 Trageanker
4 Dehnfugenanker senkrecht
5 Dehnfugenanker waagerecht
6, 7 Halteanker
8 Winkelanker für weit herabhängende Platten (z. B. für Rolladenschürzen)
9, 10 justierbare Anker (K. Lutz, Wertheim 2), montiert an Ankerschienen oder angedübelt

Alle Anker müssen aus nichtrostendem Stahl (nach DIN 17440) bestehen. Druckverteilungsplatten müssen mit den Ankern unlöslich verbunden (z.B. verschweißt) sein.

Ankerdornlöcher. Die Dorne der Anker greifen mindestens 25 mm in mittig gebohrte oder bei der Herstellung vorgesehene Ankerdornlöcher der Platten ein, die mind. 5 mm tiefer als die Ankerdornlänge sein müssen. Der Durchmesser eines Ankerdornloches soll mind. 3 bis 4 mm größer sein als der des Ankerdorns.

Ankerdornlöcher mit abgeplatzten und stark porösen Stellen dürfen für die Verankerung nicht benutzt, sondern müssen an geeigneter Stelle neu gebohrt werden.

Der Mindestabstand der Ankerlöcher von der Plattenecke beträgt mindestens 2,5 *d*, der Achsabstand zur Plattenfläche mindestens 15 mm.

Zum Ausgleich von Temperaturbewegungen sind in die Ankerlöcher Gleithülsen aus Polyacetat (POM) einzukleben.

Für eine Auflagerung auf Tragschienen darf in die Plattenkanten auch eine Nut eingeschnitten werden, wenn mindestens 10 mm Steinrestdicke bis zum Plattenrand verbleiben. Die Nut muß mindestens 3 mm breiter als der Tragsteg sein. Dieser ist mit einem Profilband aus EPDM zu überziehen (Bild **8**.7).

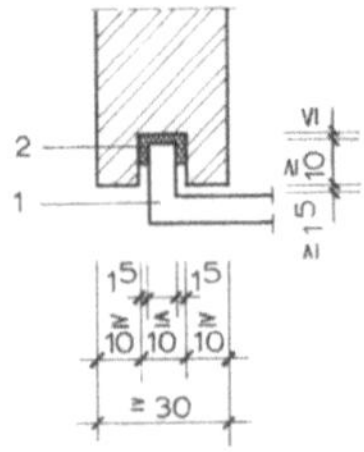

8.7 Verankerung der Platten über Profilstege
1 Profilsteg
2 Profilband EPDM

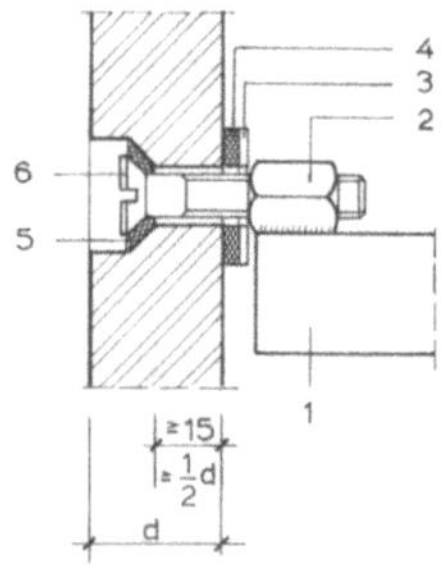

8.8 Schraubanker; Trag- und Halteanker
1 Ankersteg
2 angeschweißte Mutter
3 Unterlegscheibe aus nichtrostendem Stahl
4 Unterlegscheibe aus EPDM
5 Trichterscheibe aus EPDM
6 Schraube aus nichtrostendem Stahl

Schraubanker. Anstelle von Dornen dürfen Natursteinplatten auch mit Schrauben an entsprechenden Ankern befestigt werden. Für Traganker sind Schrauben > M 10, für Halteanker Schrauben > M 8 aus Stählen nach DIN 267, Stahlgruppe A4, vorzusehen (Bild **8**.8).

Befestigung im Untergrund. Die Anker sind in tragfähigen Untergründen in entsprechenden Bohrlöchern einzumörteln. Die Einbindtiefe ist nachzuweisen und beträgt mindestens 80 mm bis 150 mm. Die Aussparungen müssen mindestens 5 mm tiefer als die rechnerische Einbindtiefe sein und sind unterschnitten oder gewellt herzustellen. Der Bohrlochdurchmesser für die Anker darf 50 mm nicht überschreiten. Die Einbindtiefe muß mindestens das 2fache des Bohrlochdurchmessers betragen.

Ankerabstände in Betonbauteilen > 120 mm Dicke müssen > 320 mm von einander entfernt sein (s. DIN 18516 T3, Abschn. 5.3.7).

Für die Befestigung ist Mörtel der Gruppe III nach DIN 1053, mit Zement nach DIN 1164 zu verwenden.

Die Verwendung korrosionsfördernder, insbesondere chloridhaltiger Zusätze ist unzulässig.

Vorhandene Wärmedämmungen sind vor dem Bohren auf 150 × 150 mm auszuschneiden und nach dem Einbau der Anker wieder einzupassen. Die Anker dürfen je nach Neigung der Bekleidung frühestens 3 Tage, bei tiefen Temperaturen u. U. erst 14 Tage nach Einbau belastet werden.

Für hängende Bekleidungen sind konische „Überkopfbohrlöcher" mit gesondertem Nachweis der Auszugsfestigkeit herzustellen.

Beim Befestigen von Ankern an tragenden Bauteilen dürfen deren Querschnitte nicht unzulässig geschwächt werden. Unbelastetes Mauerwerk, z. B. bei Brüstungen, ist vor Anbringung von Trageankern für Plattenbekleidungen gegen Kippen zu sichern.

Die Montage von Natursteinbekleidungen mit einzeln eingesetzten Ankern ist sehr arbeitsaufwendig. Die Montagezeiten lassen sich durch Verwendung von Hängeschienensystemen verkürzen, die punktweise an der tragenden Wand befestigt und ausgerichtet werden und an denen Tag- und Halteanker verschraubt werden (Bild **8**.9).

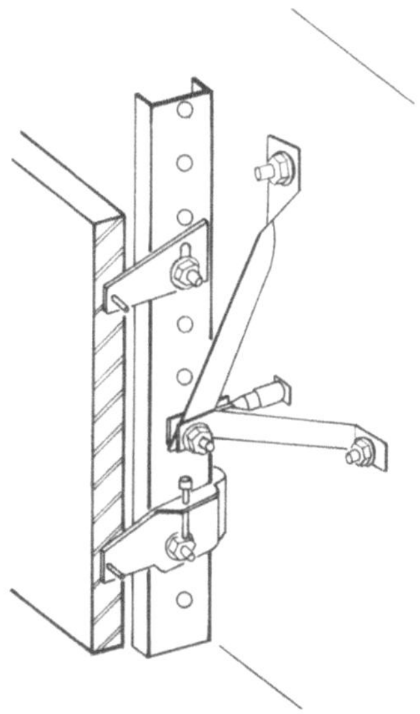

8.9
Hängeschienensystem für Natursteinbekleidungen (Halfeneisen)

Als „integrierte Fassadensysteme" können derartige Konstruktionen gleichzeitig auch auf Fensteranschlüsse und sonstige Fassadenelemente vorgerichtet werden. Dabei werden die Fenster usw. bereits mit allen Anschlußprofilen, Abdichtungen usw. vorab eingebaut und danach die Fassadenplatten unter Einhaltung engster Maßtoleranzen in die vorbereitete Unterkonstruktion eingehängt.

Alle derartigen Verankerungen sind nur mit korrosionsgeschützten Bauteilen, entsprechend der Zulassung für nicht rostende Stähle auszuführen. Sie müssen im übrigen bauaufsichtlich zugelassen sein.

Überkopfmontage. Bei der Überkopfmontage (Neigungen von 30 bis 90°) von Natursteinbekleidungen müssen die Bohrlöcher für die Traganker mit mindestens 5 mm Hinterschneidung hergestellt werden. Die Natursteinplatten werden mit Schrauben befestigt (vgl. Bild **8.**8), oder sie werden mit Hilfe von verdeckten oder sichtbar bleibenden Tragschienen montiert (Bild **8.**10).

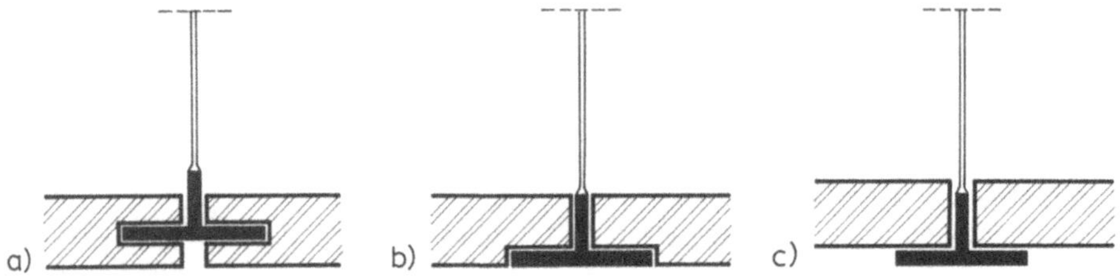

8.10 Verankerung von Untersicht-Platten (Halteanker mit einbetoniert!)
a) eingesetztes T-Profil, b) eingelassenes T-Profil, c) Paltte auf T-Profil aufgelegt

Im Verankerungsgrund zu befestigende Teile. Fenster, Türen, Beleuchtungs- und Reklamekonstruktionen sowie Gerüste u.ä. dürfen nicht an der Bekleidung verankert werden. Solche Teile sind im Untergrund zu befestigen und an etwaigen Berührungsstellen von der Bekleidung durch mind. 5 mm breite, ebenso tief mit Dichtmasse und bis zum Verankerungsgrund mit elastischen Füllmassen gefüllte Anschlußfugen zu trennen. Fenster- und Türrahmen sind an den Untergrund wasser- und winddicht anzuschließen (Bild **8.**11).

Besondere Auflager. Werkstücke für Sohlbänke, Fenstergewände, Gesimse o.ä. Teile müssen unabhängig von der Fassadenbekleidung auf tragfähigen Auflagern versetzt und gegen etwaigen Schub, Stoß, Druck und gegen Drehung verankert werden.

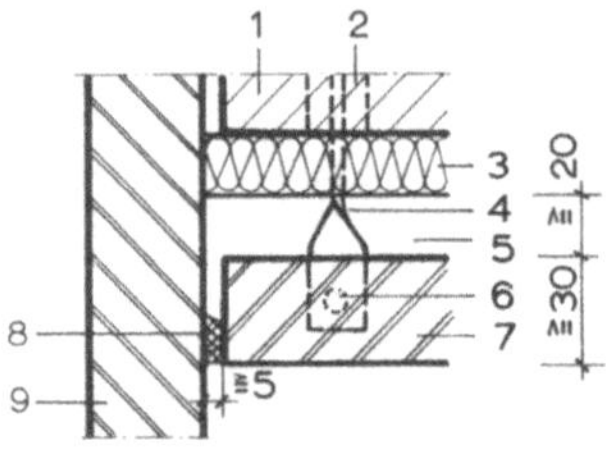

8.11 Horizontalschnitt durch Anschlußfuge zwischen hinterlüfteter Plattenbekleidung und einem Türgewände

1 Außenwand
2 Druckverteilungsplatte
3 Wärmedämmung
4 Anker
5 Hinterlüftung
6 Ankerdorn
7 Natursteinbekleidung mit allseits offenen Fugen
8 Dichtung
9 Naturstein-Türgewände

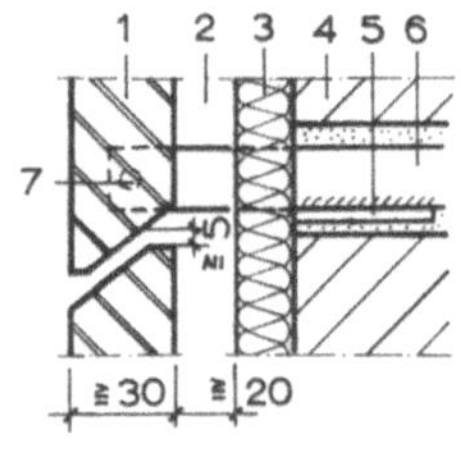

8.12 Vertikalschnitt durch eine offene horizontale Fuge

1 Bekleidung
2 Hinterlüftung
3 Wärmedämmung
4 Außenwand
5 Druckverteilungsplatte
6 Anker
7 Ankerdorn

Aus Gesimsen, Sohlbänken usw. dürfen keine Spannungen auf die Bekleidung übertragen werden. Zwischen Bekleidung und solchen Teilen sind mind. 5 mm breite Anschlußfugen vorzusehen.

Fugen. Die hinterlüftete Bekleidung selbst braucht weder wasser- noch winddicht zu sein. Großflächige, hinterlüftete Bekleidungsplatten können daher mit offenen, etwa 8 mm breiten Fugen vor die Außenwände gehängt werden. Offene Fugen von Bekleidungen, die starken Windanfall ausgesetzt sind, sollen nach Möglichkeit so ausgebildet werden, daß der Regen nicht ungehindert durchschlagen kann. Meist dürften einfache Abfassungen der oberen und unteren Plattenkanten genügen, um den notwendigen Regenschutz zu gewährleisten (Bild **8**.12).

Bei offenen Fugen entfallen alle Fugenprobleme, die sich aus der Forderung nach dauerhafter Dichtung und nach einwandfreier Ausbildung von Dehnungs- und Trennfugen ergeben.

Es ist darauf zu achten, daß anschließende Bauwerksteile in der Luftschicht durch an der Rückseite der Bekleidung herabrinnendes Wasser nicht durchfeuchtet werden.

Zur Verbesserung des Schlagregenschutzes ist es möglich, die Fugen von hinterlüfteten Naturwerksteinbekleidungen mit Fugendichtstoffen weichelastisch mit Produkten nach DIN 18540 zu schließen. Die Dichtstoffe müssen jedoch mit dem jeweiligen Natursteinmaterial verträglich sein [6]. Wenn extreme Längenänderungen zu berücksichtigen sind, können Fugen auch mit geeigneten Fugenbändern geschlossen werden.

Anschlußfugen (DIN 18515 Abschn. 6.4) sind dort vorzusehen, wo die Bekleidung an andere Baustoffe (z. B. Holz- oder Metallrahmen) anschließt oder wo sie zwischen tragenden Bauteilen (Gesimsen, Decken) Druckspannungen ausgesetzt werden könnte. Anschlußfugen sind mind. 10 mm breit. Sie können mit elastischen Dichtungen geschlossen werden.

Ecken mit genau fluchtenden Plattenrändern (Bild **8**.13a) sind schwierig herzustellen. Ebenso erfordert die Eckausbildung nach Bild **8**.13b eine sehr hohe Ausführungsgenauigkeit. Günstiger sind Ausführungen wie in Bild **8**.13c und d gezeigt.

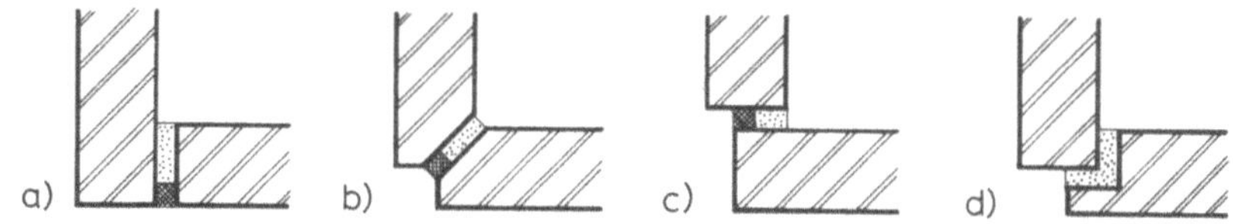

8.13 Eckausbildung (Grundrisse)
a) fluchtende Platten, b) Platten mit Schrägschnitt, c) versetzter Plattenstoß, d) versetzter Plattenstoß mit Nut

Sockel- und Pfeilerbekleidungen (ausgenommen Beton-Werksteinplatten) werden wegen der Gefahr einer Beschädigung durch Stoß oder Schlag meist hintermörtelt. Der Hinterfüllmörtel soll möglichst porös (z. B. als Einkorn-Mörtel) ausgeführt werden, und zwar als Kalkzementmörtel der Gruppe II nach DIN 1053 oder Traßzementmörtel im gleichen Mischungsverhältnis; bei Jurakalkstein nur Kalkmörtel (Gruppe I) oder Traßkalkmörtel.

Mit Mörtel zu verfüllende Fugen müssen mindestes 4 mm breit sein. Die Plattenkanten sind vorher von Staub zu befreien, damit der Fugenmörtel gut haftet.

Fugenmörtel soll geschmeidig und so verarbeitbar sein, daß damit ein guter Fugenschluß erzielt wird.

Mischungsverhältnis: 1 RT Bindemittel + 2 bis 5 RT Sand

Bindemittel: Traßzement, Traßkalk, Portlandzement mit Zusatz von Traß (1 : 1), Kalkhydrat mit Zusatz von Traß (1 : 1)

Sand: Möglichst gewaschener rundkörniger Natursand, frei von schädlichen Beimengungen, empfohlenes Größtkorn ⅓ der Fugenbreite (Tabelle **8**.14).

Tabelle **8**.14 Beispiele für Zusammensetzung von Fugenmörtel (RT = Raumteil)

Bindemittel, z. B.:	Mehlkorn 0/0,25	Sand 0 bis 2 mm	Wasser	geeignet für
1 RT Traßzement	–	2 bis 3 RT	etwa 0,4 RT	Boden-, Stufen- und Fassadenplatten (Wetterseite)
1 RT Traßkalk	–	2 bis 3 RT	etwa 0,6 RT	Fassadenplatten
1 RT Portlandzement[1])	1 RT Traßmehl	3 bis 5 RT	etwa 0,75 RT	Boden-, Stufen- und Fassadenplatten

[1]) Für Marmor, Muschelkalk, Sandsteine wird Traßzement empfohlen

8.4.3 Bekleidungen mit keramischen Platten

Kleinformatige keramische Platten können auch zu hinterlüfteten vorgefertigten Fassadenelementen verwendet werden. Sie werden hergestellt, indem die Platten in Raster, die der Fugenteilung entsprechen, eingelegt werden und einen rückseitigen Stahlbetonauftrag erhalten, so daß Platten von mindestens 7 cm Dicke und von etwa maximal 4 m² Fläche entstehen. Diese werden nach ähnlichen Techniken wie Natursteinbekleidungen (s. Abschn. 8.4.2) an den Fassaden montiert (Bild **8**.15).

Derartige Wandbekleidungen haben den Nachteil des recht hohen Gewichtes. Ähnliche Elemente lassen sich in leichter Ausführung herstellen, wenn Polymerbeton verwendet wird (Bestandteile: gereinigter und getrockneter Quarzsand, Korngröße 0 bis 8 mm, Acrylharz-Reaktionsgemisch als Bindemittel). In die etwa 30 mm dicken Polymer-

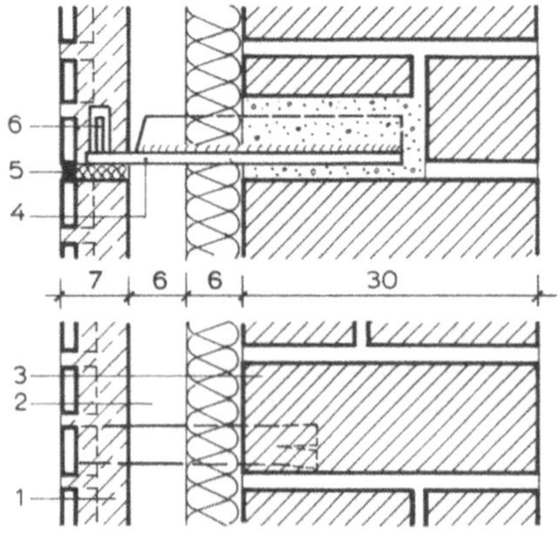

8.15
Fassadenbekleidung aus hinterlüfteten, vorgefertigten Wandelementen mit Spaltplatten

1 Wandelement, bewehrt, > 7 cm dick
2 Luftschicht mit Belüftungsöffnungen in Höhe Kellerdecke, unterhalb Dachtraufe
3 Außenwand mit Wärmedämmung
4 Traganker mit Druckverteilungsplatte und Ankerdorn
5 Fuge (vgl. Bild **8**.4)
6 Halteanker in Vertikalfuge

betonplatten (max. 1,00 × 2,00 m) werden Gewindebuchsen eingegossen, die nichtrostende Stahlanker aufnehmen. Die keramischen Platten werden werkseitig im Dünnbettverfahren auf die Polymerbetonplatten aufgebracht und verfugt (Bild **8**.16). Die Montage erfolgt am besten mit Hängeschienensystemen (Bild **8**.9).

Großformatige hochfeste Keramikplatten können auf Leichtmetall-Unterkonstruktionen sehr dekorative leichte Fassadenbekleidungen bilden (Bild **8**.17).

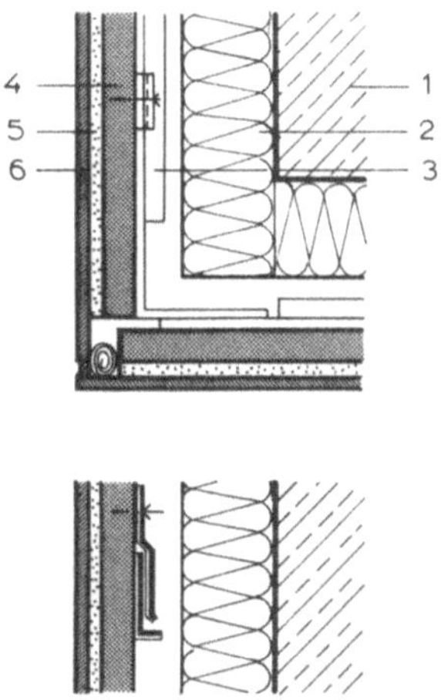

8.16 Kleinformatige keramische Platten in Verbindung mit Polymerbeton-Elementen
1 tragende Wand
2 Wärmedämmung
3 Halteschiene für Aufhängung
4 Polymerbetonplatte
5 Spezial-Klebermörtel
6 feinkeramische Platten

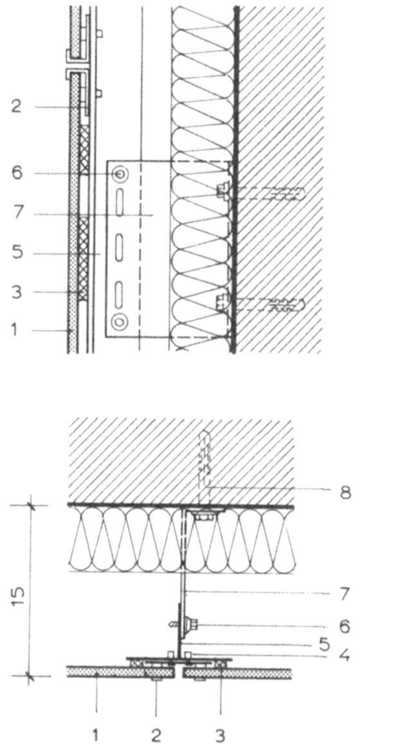

8.17 Hinterlüftete Fassadenbekleidung mit großformatigen Keramikplatten (Buchtal Ker-Aion)
1 Platte
2 Doppelklammer
3 Silcoferm-Band
4 Edelstahl-Blindniet
5 Trägerprofil
6 rostfreier Bohrbefestiger
7 Wandwinkel
8 Dübel

Ein Beispiel für eine hinterlüftete Fassadenbekleidung aus Ziegelplatten ist in Bild **8**.18 gezeigt.

Auch vollständig vorgefertigte Außenwandelemente mit hinterlüfteten Außenschalen aus keramischen Spaltplatten sind auf dem Markt (Bild **8**.19).

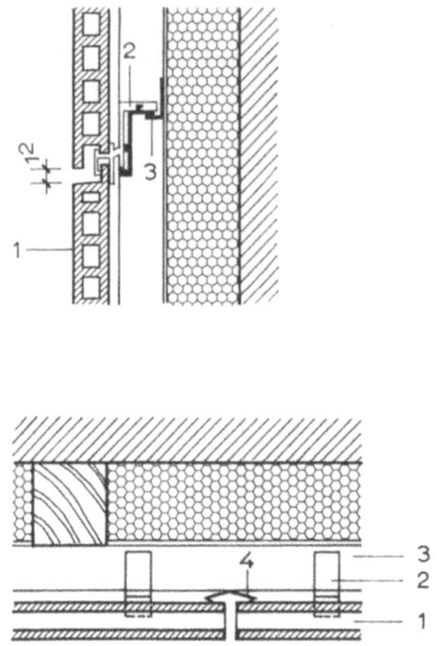

8.18 Hinterlüftete Fassadenbekleidung mit Ziegelplatten (Architekten T. Herzog und M. Volz)

1 Langloch-Ziegelplatte
2 LM-Halteprofil
3 Montagewinkel
4 Dichtungsprofil

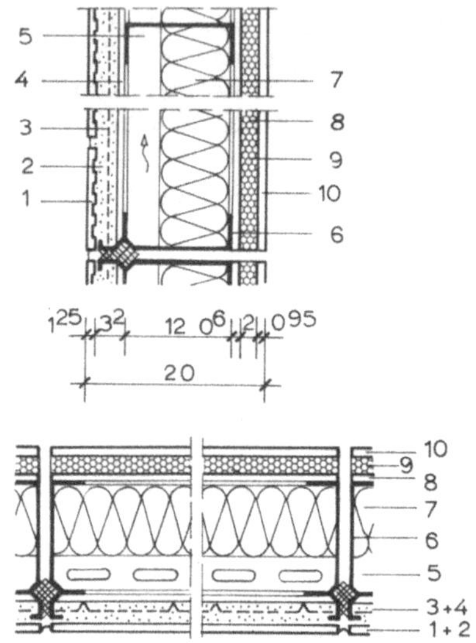

8.19 Keramikwand (Wendker-Gail)

1 Keramik-Spaltplatte
2 Unterputz und Dünnbettmörtel
3 rostfreie Bewehrung
4 Trägerplatte
5 Hinterlüftungsraum
6 Stahl-Trägerrahmen
7 Wärmedämmung
8 Schalldämmplatte
9 thermische Trennung
10 Innenwand-Bauplatte

8.4.4 Faserzementplatten-Bekleidungen[1])

Für hinterlüftete Außenwandbekleidungen werden vorwiegend ebene Faserzementtafeln verwendet. Sie werden in verschiedenen Formaten und Dicken hergestellt mit glatter Oberfläche

— hellgrau (naturfarben, aus Herstellung mit grauem Zement),
— durchgefärbt,
— mit Oberflächen aus eingebrannten Silikatfarben,
— mit glasurähnlichen farbigen Oberflächen,
— weiß (aus Herstellung mit Weiß-Zement),

ferner mit granulierten und strukturierten, auch gefärbten Oberflächen.

Kleinformatige Faserzement-Fassadenplatten ($< 0{,}4\ m^2$, z. B. 60 × 30 cm) sind werkseitig gelocht und werden auf aufgedübelter einfacher Lattung – vor außenseitiger Wärmedämmung auch auf Lattung mit Konterlattung – in Vertikaldeckung (Bild **8.**20 a),

[1]) Früher: Asbestzement-Baustoffe; Zur Problematik von Asbestzement-Baustoffen s. Abschn. 1.5.5 in Teil 2 des Werkes.

Stülpdeckung (Bild **8**.20b) oder waagerechter Deckung (Bild **8**.20c) mit verzinkten Schieferstiften oder plattenfarbigen Spezialnägeln befestigt. Eine Montagemöglichkeit der Platten mit Edelstahlklammern, die auch in den jeweiligen Plattenfarben verfügbar sind, zeigt Bild **8**.20d. Bei Vertikaldeckung und Stülpdeckung werden die Stoßfugen mit Fugenbändern hinterlegt, ein- und ausspringende Ecken sowie Anschlüsse an Fenster usw. werden mit Kunststoffprofilen (Bild **8**.21) ausgebildet.

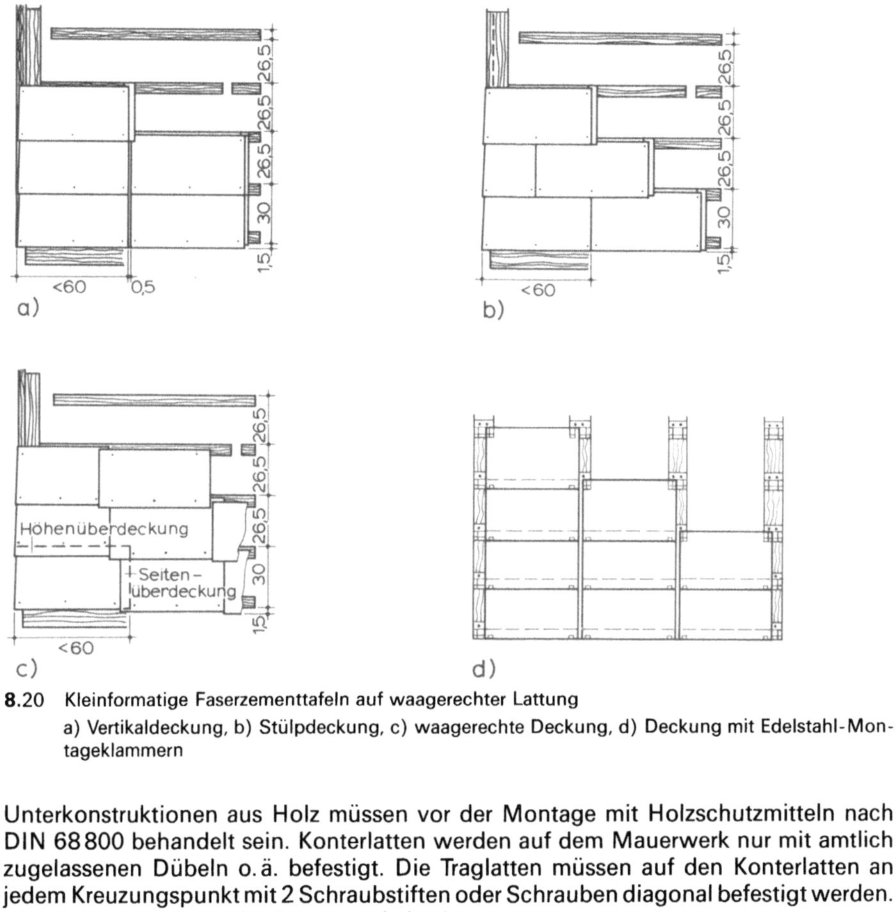

8.20 Kleinformatige Faserzementtafeln auf waagerechter Lattung
a) Vertikaldeckung, b) Stülpdeckung, c) waagerechte Deckung, d) Deckung mit Edelstahl-Montageklammern

Unterkonstruktionen aus Holz müssen vor der Montage mit Holzschutzmitteln nach DIN 68800 behandelt sein. Konterlatten werden auf dem Mauerwerk nur mit amtlich zugelassenen Dübeln o.ä. befestigt. Die Traglatten müssen auf den Konterlatten an jedem Kreuzungspunkt mit 2 Schraubstiften oder Schrauben diagonal befestigt werden. Alle Befestigungsmittel müssen rostfrei sein.

Großformatige Faserzement-Fassadentafeln (z.B. Weiß-Eternit, Plattengrößen bis 1250 × 3580 mm, -Dicken 5 bis 20 mm) eignen sich gut für die Ausführung großflächiger hinterlüfteter Fassadenbekleidungen.

Sie können mit von außen sichtbaren Schrauben oder Nieten auf angedübelten Faserzementstreifen (Bild **8**.21), auf justierbaren Leichtmetallunterkonstruktionen (Bild **8**.22b und c), von der Rückseite auf Leichtmetallschienen angedübelt (Bild **8**.22c) oder auch durch Verklebung montiert werden. Stoßfugen können offen bleiben oder werden mit

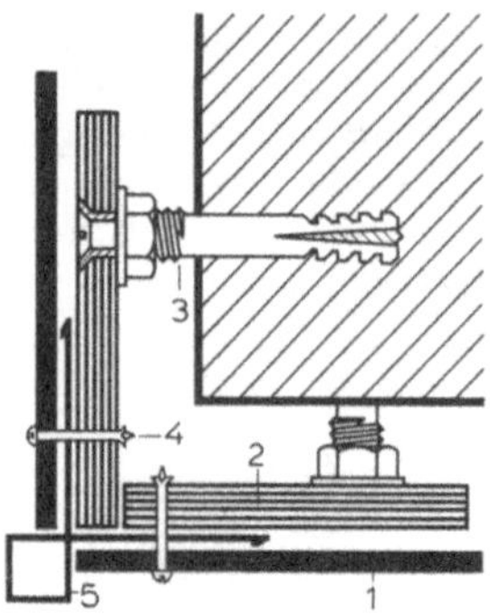

8.21 Hinterlüftete Wandbekleidung aus Faserzementplatten, Montage auf angedübelten Faserzementstreifen (Horizontalschnitt durch Gebäudeecke)

1 Faserzement-Fassadenplatte
2 Faserzement-Montagestreifen
3 Abstanddübel, System Fischer
4 Holzschraube in Spreizpatrone
5 Kunststoff-Eckprofil

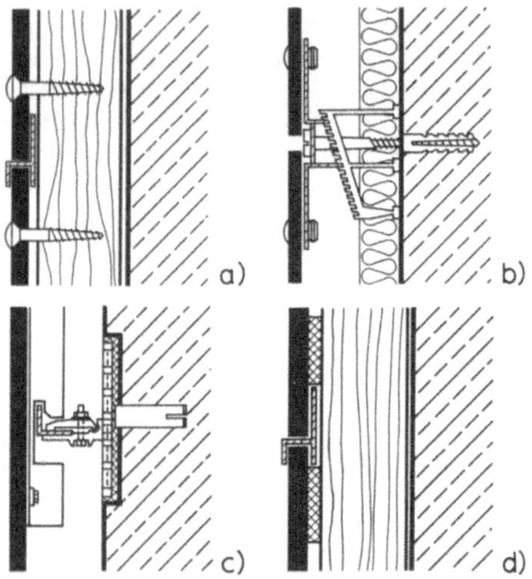

8.22 Unterkonstruktionen für hinterlüftete Wandbekleidungen mit Faserzementplatten

a) sichtbare Befestigung mit Holzschrauben auf Unterkonstruktion aus Holz
b) sichtbare Befestigung mit Nieten auf angedübelter Unterkonstruktion aus Leichtmetall mit Justiermöglichkeit
c) unsichtbare Befestigung mit Spezialdübeln (ETERNIT) auf der Rückseite (Mindestdicke der Tafeln 12 mm). Unterkonstruktion mit justierbarem Leichtmetall-Schienensystem
d) Verklebung mit Bostik-Pad-Verfahren, zugelassen für max. 2geschossige Gebäude

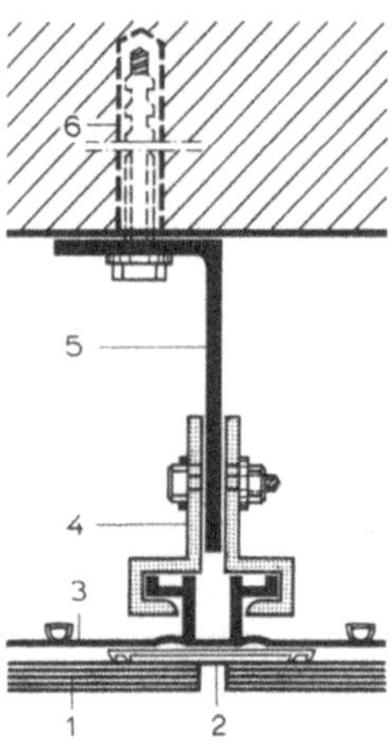

8.23 Unterkonstruktion aus Leichtmetall (System Protektor Alu 002), Horizontalschnitt

1 Faserzement-Fassadenplatten
2 Kunststoff-Stoßdichtung
3 Leichtmetall-Tragschiene
4 justierbares Halteprofil, verschraubt
5 Haltewinkel, verzinkt
6 Tragdübel

8.24 Anschluß der Bekleidung an andere Bauteile (Fenster) mit LM-Profil

Fugenbändern hinterlegt (Bild **8**.23). In horizontalen Fugen sollten die Platten nach hinten so abgeschrägt werden, daß es durch ablaufendes Regenwasser zu Schmutzablagerungen nur an der Rückseite kommt.

Anschlüsse an benachbarte Bauteile werden mit offenen Fugen oder mit Leichtmetallschienen gestaltet (Bild **8**.24).

Vornehmlich im Industriebau werden auch Faserzement-Wellplatten oder spundwandähnliche Trapezprofilplatten verwendet. Sie dienen entweder als einfacher Wetterschutz vor leichten Skelettbauten (Bild **6**.133) oder werden als Außenwandbekleidung vor tragenden Wänden bzw. Skeletten auf Stahl-Unterkonstruktionen montiert. Ein Beispiel dafür, ausgeführt mit Großprofilelementen, zeigt Bild **8**.25.

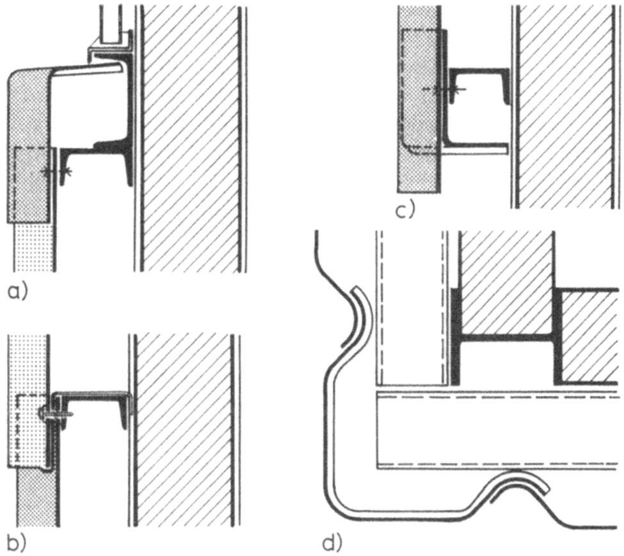

8.25
Außenwandbekleidung mit Faserzement-Wellplatten vor ausgemauertem Stahlskelett
a) Brüstungsabdeckung mit Formteil
b) Element-Stoß
c) unterer Abschluß mit Formteil
d) Ecke mit Formteil (Grundriß) bei großformatigen Elementen

8.4.5 Metallbekleidungen

Bei Außenwandbekleidungen aus Metall ist zu unterscheiden zwischen Konstruktionen, die ausgeführt werden aus

- Kupfer-, Zink- oder Blei-Blechen, seltener auch aus Aluminiumblechen, die in handwerklichen Techniken auf Holzunterkonstruktionen ausgeführt werden und
- Formteil-Außenwandbekleidungen aus Leichtmetall oder Stahl, montiert auf Metall-Unterkonstruktionen (Vorhangwände s. Abschn. 6.7.4).

Da Metall-Außenwandbekleidungen praktisch völlig dampfdicht sind, muß durch einwandfrei funktionierende Hinterlüftung jede Tauwasserbildung sowohl im Wandbereich als auch an der Unterkonstruktion vermieden werden.

Als Erfahrungsformel für den Querschnitt der Lüftungsöffnungen gilt:

- Zuluftöffnungen = $1/1000$ der Wandfläche,
- Abluftöffnungen = $1/800$ der Wandfläche (d. h. die Abluftöffnungen sollen etwa 20% größer sein als die Zuluftöffnungen).

Dabei ist unbehinderter Luftwechsel vorausgesetzt. Der Luftraum darf also nicht durch die Tragkonstruktion o. ä. eingeengt sein. Bei funktionsbedingten überdurchschnittlichen Wasserdampfbeanspruchungen sollte auf eine raumseitige Dampfsperre nicht verzichtet werden.

Für die Unterkonstruktionen müssen insbesondere die Brandschutzanforderungen bereits bei der Planung mit den Bauaufsichtsbehörden abgestimmt werden. Dabei sollte beachtet werden, daß Aluminium-Konstruktionen nicht unbedingt als „nicht brennbare Baustoffe" (nicht in jedem Falle in Baustoffklasse A, DIN 4102 eingereiht) gelten.

Außenwandbekleidungen aus Blechen in handwerklichen Ausführungstechniken werden in der Regel auf einer Unterkonstruktion mit Rauhspund-Vollschalung ausgeführt (Holzspanplatten sind für Nagelungen und Schraubungen wenig geeignet). Alle Holzteile müssen vor dem Einbau mit Holzschutzmitteln nach DIN 68800 vorbehandelt werden und ggf. außerdem mit schaumbildenden Brandschutzanstrichen.

Zwischen Metall und Unterkonstruktion ist eine Trennschicht – am besten aus einer Lage Bitumen-Glasvlies-Dachbahnen (DIN 52143), leicht besandet oder talkumiert – vorzusehen, die einerseits die Metallbleche gegen Einflüsse der Holzschutzmittel schützt, andererseits auch während der Bauzeit als vorübergehender Wetterschutz der Unterkonstruktion vorteilhaft ist. Eine direkte Berührung der Metallbahnen mit Beton, Mörtel und Steinen ist auf jeden Fall zu verhindern.

Außenwandbekleidungen aus Blechen werden ähnlich wie Dachdeckungen (s. Teil 2 dieses Werkes) in den traditionellen Techniken ausgeführt. Für größere Flächen werden dabei vorgefertigte Blechbahnen („Schare") verwendet, die an Ort und Stelle maschinell verfalzt werden.

Die Arbeitsgänge bei der Ausführung einer Doppelstehfalz-Bekleidung sind in Bild **8**.26 gezeigt. Bild **8**.27 zeigt den Herstellungsablauf, wenn vorgefertigte Schare verwendet werden, die maschinell verfalzt werden. Die Technik der Leistendeckung ist in Bild **8**.28 dargestellt.

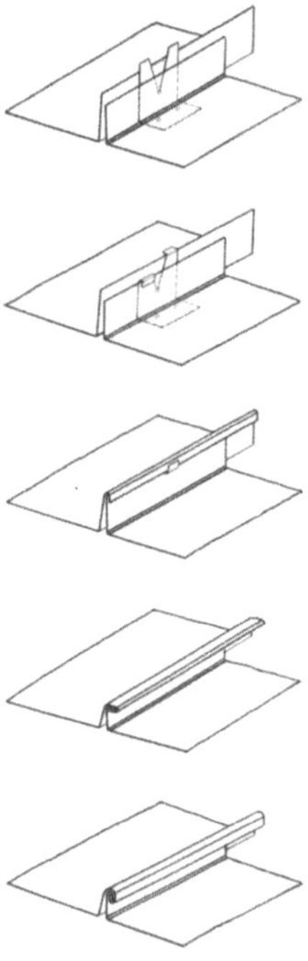

8.26 Doppelstehfalz, Herstellungsablauf [12]

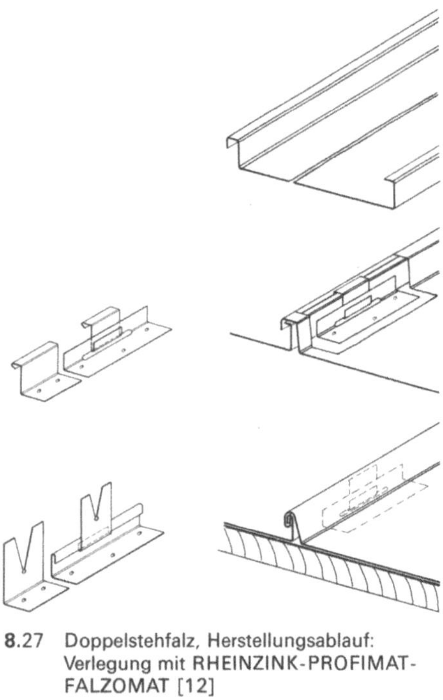

8.27 Doppelstehfalz, Herstellungsablauf: Verlegung mit RHEINZINK-PROFIMAT-FALZOMAT [12]

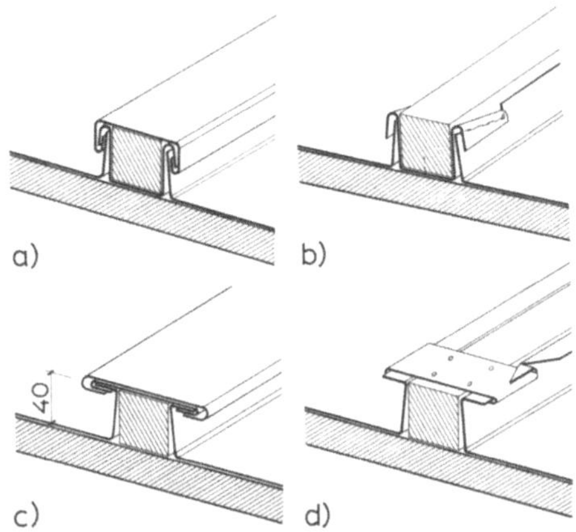

8.28 Leistendeckungen [8]
a) „Deutsche Ausführung"
b) Fixierung gegen Abrutschen der Scharen beim Deutschen Leistensystem
c) „Belgische Ausführung"
d) Fixierung gegen Abrutschen der Scharen beim Belgischen Leistensystem

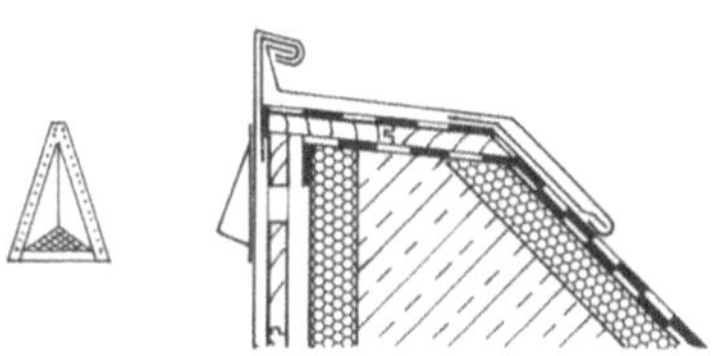

8.30 Be- und Entlüftungsgaube

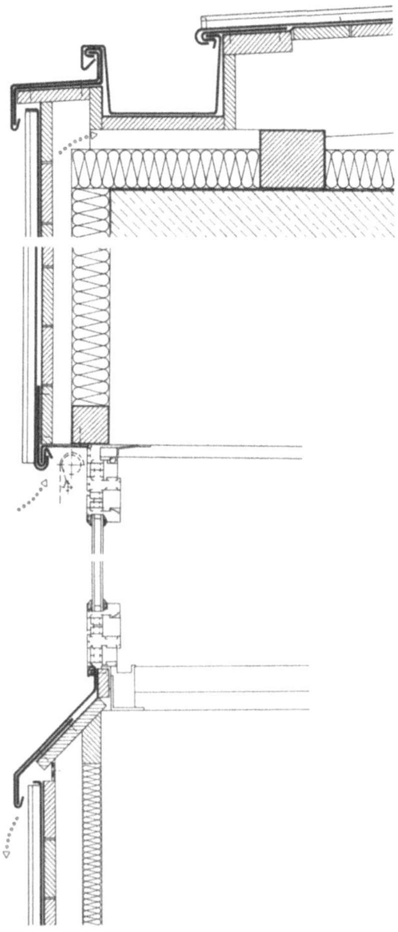

8.29 Hinterlüftete Außenwand-Metallbekleidung [12]

In diesen Ausführungsarten lassen sich sehr viele Gestaltungsabsichten für Außenwandbekleidungen – auch im Zusammenhang mit entsprechenden Dacheindeckungen – für Vor- und Rücksprünge konstruktiv einwandfrei lösen. Ein Beispiel dafür zeigt Bild **8**.29.

Können Zu- und Abluftschlitze für die Hinterlüftung nicht nach dem in Bild **8**.29 gezeigten Prinzip gelöst werden, sind kleine Entlüftungsgauben (Bild **8**.30) in die Schare einzuarbeiten bzw. aufzusetzen.

Wenn wegen Brandschutzforderungen eine Unterkonstruktion mit Holz nicht ausgeführt werden kann, sind Blechbekleidungen auch auf horizontal und vertikal montierten Leichtmetallschienen möglich (Bild **8**.31) [10].

Verwendet werden außerdem Well- und Trapezprofile, die in bis zu 10 m langen, etwa 0,60 m breiten verzinkten oder kunststoffbeschichteten Stahlblechtafeln oder aus lackiertem oder kunststoffbeschichteten Aluminium hergestellt werden (Bild **8**.32).

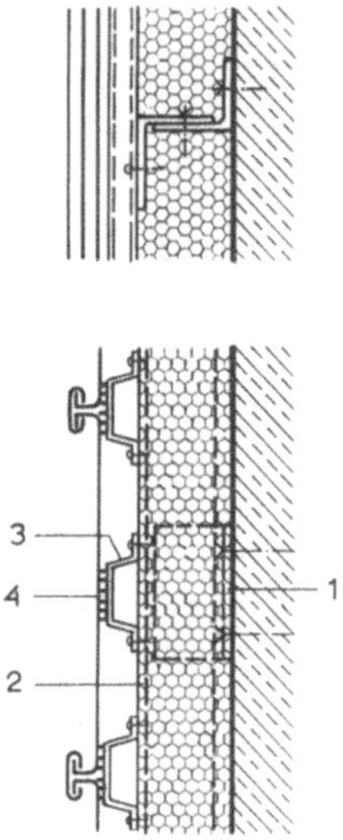

8.31 Unterkonstruktion auf Metallprofilen [10]

1 Haltewinkel
2 Tragschiene (LM L-Profil)
3 Trapezprofile als Trägerebene zur Flächenstabilisierung
4 Neoprenband

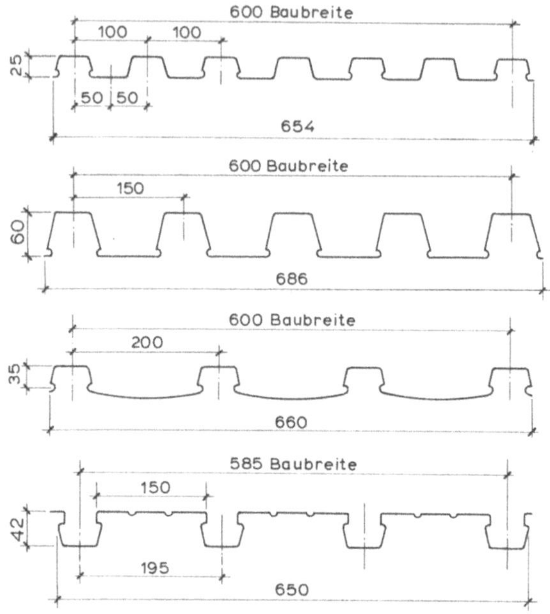

8.32 Metallprofile für Außenwandbekleidungen

Derartige Wandbekleidungen werden durch Aufklemmen auf Halteprofile und auf Unterkonstruktionen ähnlich Bild **8**.23 und **8**.22c montiert.

Formteil-Außenwandbekleidungen werden mit kassettenähnlichen Elementen aus eloxiertem oder farbbeschichtetem Leichtmetall, aus emailliertem Stahlblech oder aus Edelstahl hergestellt. Sie sind in großer Vielfalt in Grundprofilen verfügbar und werden in der Regel mit den unterschiedlichsten Produktionsverfahren entsprechend den gestalterischen Absichten der Architekten individuell geformt. Für die vielfältigen

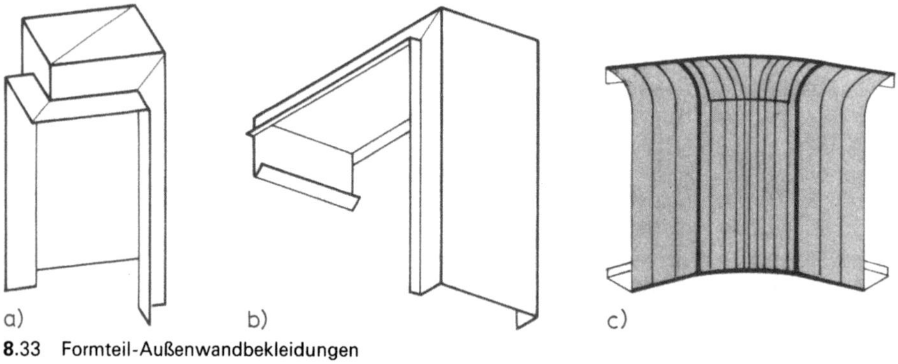

8.33 Formteil-Außenwandbekleidungen

a) Beispiele für die Herstellungsmöglichkeiten ebenflächiger Elementteile
b) Brüstungselemente mit Rundformen

Möglichkeiten zeigt Bild **8**.33 Beispiele. Eine Fassade, die aus ebenflächigen Elementen in Verbindung mit der dahinterliegenden Fensterfront eines Gebäudes montiert wird, ist in Bild **8**.34 im Schnitt dargestellt. Eine Fassadenbekleidung aus gepreßten geschoß-hohen Elementen zeigt Bild **8**.35.

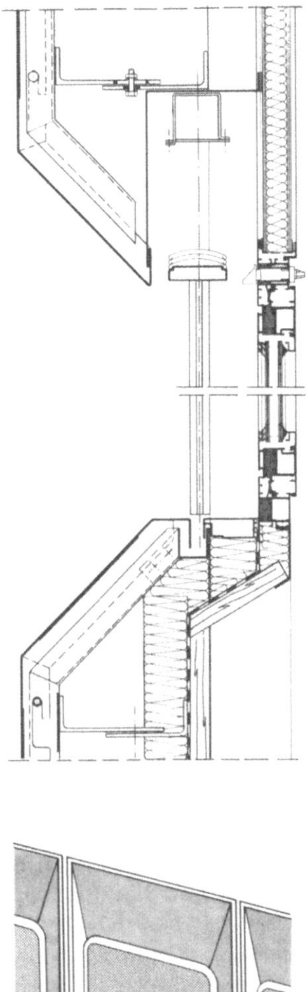

8.34
Fassadenbekleidung mit Aluminium-Formteilen

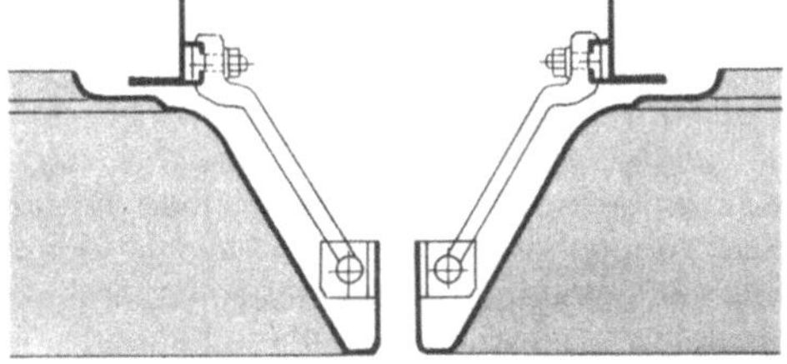

a)

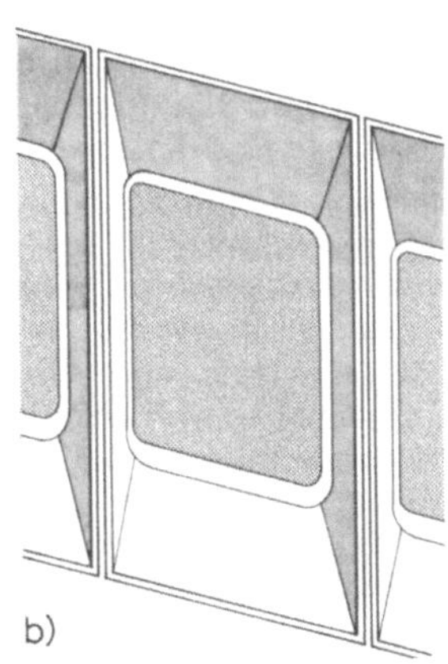

b)

8.35 Fensterfassaden-Element
a) Schnitt (Grundriß), b) räumliche Darstellung

Für die Montage an den Fassaden dienen Unterkonstruktionen, die in jeder Richtung zum Ausgleich von Rohbauungenauigkeiten justierbar sind. Die einzelnen Elemente werden in die Sprossenraster so eingehängt, daß Windbelastungen aufgenommen und temperaturbedingte Längenänderungen problemlos möglich sind. Durch kunststoffummantelte Befestigungsteile o. ä. wird bewirkt, daß bei Bewegungen zwischen den Elementen und in der Unterkonstruktion keine Geräusche entstehen (Bild **8**.36).

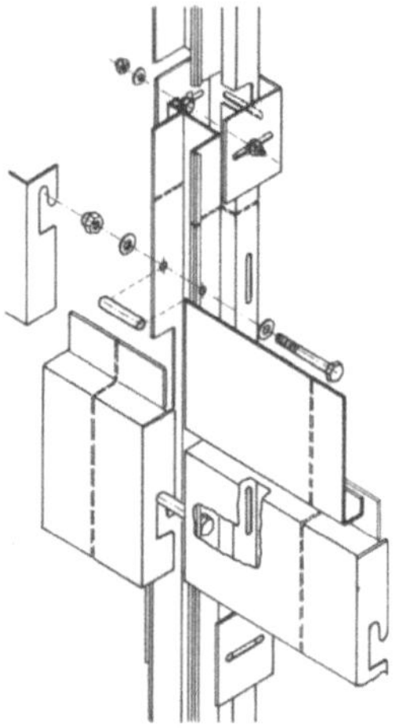

8.36
Montage von Bekleidungselementen auf Sprossenunterkonstruktion (SCHÜCO)

Für dekorative, auch gegen mechanische Beschädigungen sehr widerstandsfähige Wandbekleidungen kommen ferner Aluminium-Gußplatten mit verschiedenartigster Oberflächengestaltung in Frage. Sie werden mit Hilfe von Konstruktionen, ähnlich wie in Bild **8**.22c gezeigt, montiert.

8.4.6 Holzbekleidungen

Holzbekleidungen auf Außenwänden werden oft als Gestaltungsmittel oder teilweise auch im Zusammenhang mit nachträglich aufgebrachten zusätzlichen Wärmedämmungen verwendet.

Geeignet sind Stülpschalungen, bei denen sich die Bretter mit voller Holzdicke überdekken (Bild **8**.37 und **8**.38), Schalungen aus handelsüblichen Profilbrettern (Bild **8**.39) oder wasserfeste Sperrholzplatten.

Außenflächen mit Holzbekleidungen sollten durch Dachüberstände möglichst gegen Schlagregen geschützt sein. In jedem Fall muß aber dafür gesorgt werden, daß Niederschlagwasser gut abgeleitet wird und insbesondere von den unteren Bretträndern frei abtropft, ohne Gelegenheit zu finden, sich in Fugen hineinzuziehen. Bei horizontalen Schalungen sind Nute daher selbstverständlich stets nach unten anzuordnen, bei senkrechten Schalungen von der Wetterseite abgewendet. Gehobelte Bretter trocknen schneller ab als sägerauhe. Von senkrecht eingebauten Schalbrettern läuft Niederschlagwasser rascher ab als von waagerecht angeordneten Brettern. Es ist jedoch zu bedenken, daß bei waagerecht angeordneten Bekleidungen die bei mangelhafter Pflege zuerst faulenden unteren Teilflächen problemlos ausgewechselt werden können.

Alle Holzverschalungen außen und auch innen müssen hinterlüftet werden, weil sich die Schalbretter sonst wegen der unterschiedlichen Feuchtigkeitsverhältnisse an Vorder- bzw. Rückseite verziehen.

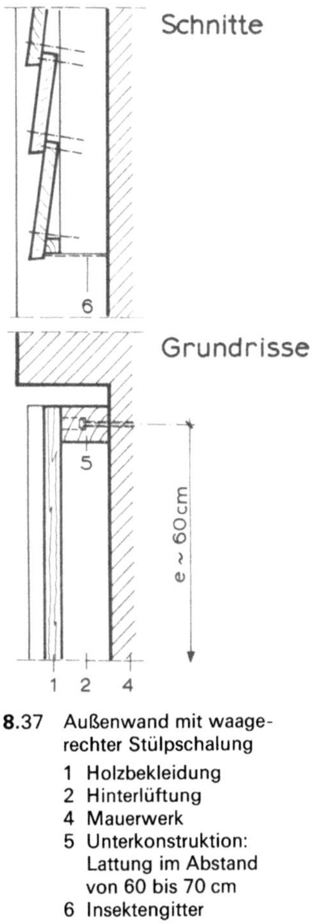

8.37 Außenwand mit waagerechter Stülpschalung
1 Holzbekleidung
2 Hinterlüftung
4 Mauerwerk
5 Unterkonstruktion: Lattung im Abstand von 60 bis 70 cm
6 Insektengitter

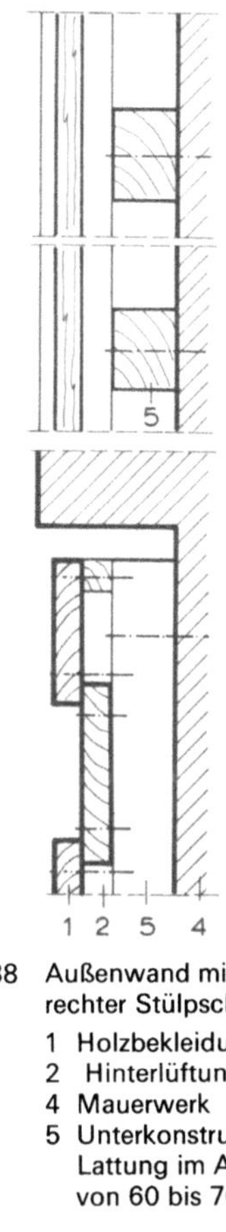

8.38 Außenwand mit senkrechter Stülpschalung
1 Holzbekleidung
2 Hinterlüftung
4 Mauerwerk
5 Unterkonstruktion: Lattung im Abstand von 60 bis 70 cm

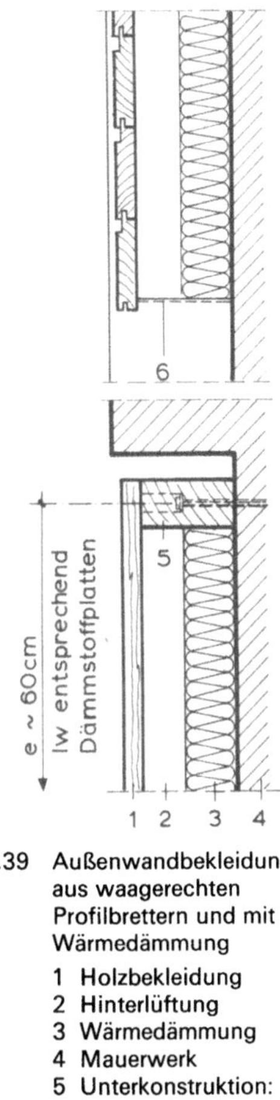

8.39 Außenwandbekleidung aus waagerechten Profilbrettern und mit Wärmedämmung
1 Holzbekleidung
2 Hinterlüftung
3 Wärmedämmung
4 Mauerwerk
5 Unterkonstruktion: Lattung im Abstand von 60 bis 70 cm
6 Insektengitter

Für eine zuverlässige Hinterlüftung soll zwischen Bekleidung und dahinterliegender Wand ein durchgehender Hohlraum von 2 cm (bei dahinterliegender Wärmedämmung besser von mindestens 4 cm bzw. 50 cm^2/m Wandlänge) vorhanden sein, der am unteren und oberen Rand am besten durchgehend offen bleibt und nur durch Lochgitter gegen das Eindringen von Insekten und Vögeln geschlossen wird (verbleibender Mindestquerschnitt der Öffnungen 2‰ der Wandfläche).

Die Bekleidungen sollen möglichst winddicht ausgeführt werden. Das Einströmen warmer Außenluft in die Hohlräume kann sonst zu Durchfeuchtungen und Fäulnisschäden führen, die jedoch nichts mit Dampfdiffusionsvorgängen der gesamten Wandkonstruktion zu tun haben.

Waagerechte Schalungen werden auf senkrechter Lattung verlegt, die auf dem Untergrund aufgedübelt wird (Bild **8**.40).

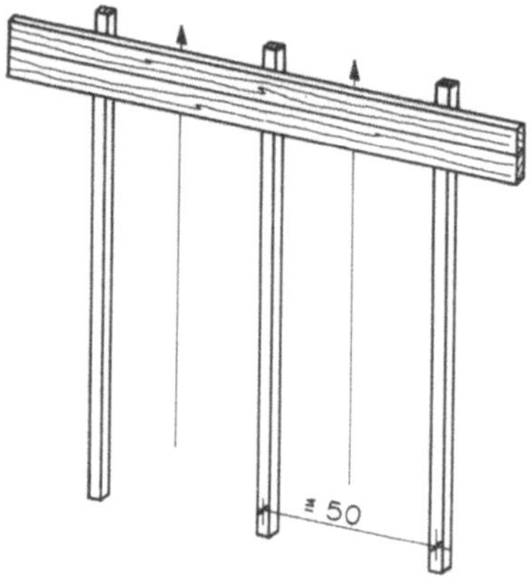

8.40 Einfache Unterkonstruktion für horizontale Brettbekleidungen

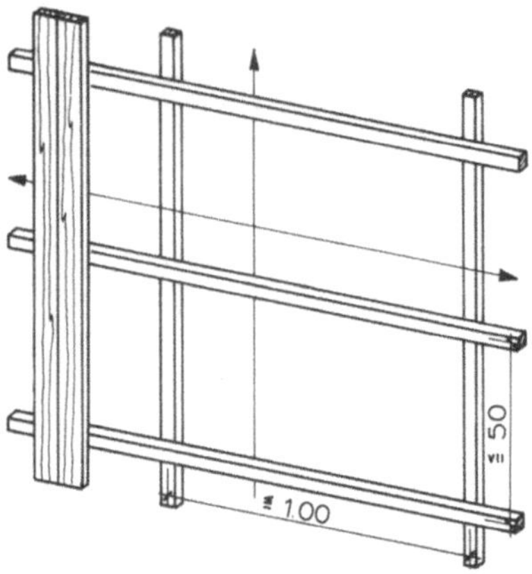

8.41 Unterkonstruktion mit Konterlattung

Bei senkrechter Schalung ist eine Konterlattung nötig, bei der zunächst eine senkrechte Lattung auf dem Untergrund aufliegt und eine darüberliegende Querlattung zur Befestigung der Schalung dient (Bild **8**.41). Werden gleichzeitig Wärmedämmungen eingebaut, wählt man die senkrechte Lattung nach der Dicke der Wärmedämmung.

Wenn für eine derartige doppellagige Konterlattung nicht genügend Platz vorhanden ist, dienen waagerechte Lattenstücke als Schalungsauflager, die seitlich so gegeneinander versetzt sind, daß in jeder Höhe je m Wandbreite $\geqq 25\ m^2$ Lüftungsöffnungen zwischen den Lattenstücken vorhanden sind, d.h. bei 2cm Lattendicke müßten die Auflagerlatten auf $\geqq$ 12,5 cm Länge je Meter Wandbreite unterbrochen werden (Bild **8**.42).

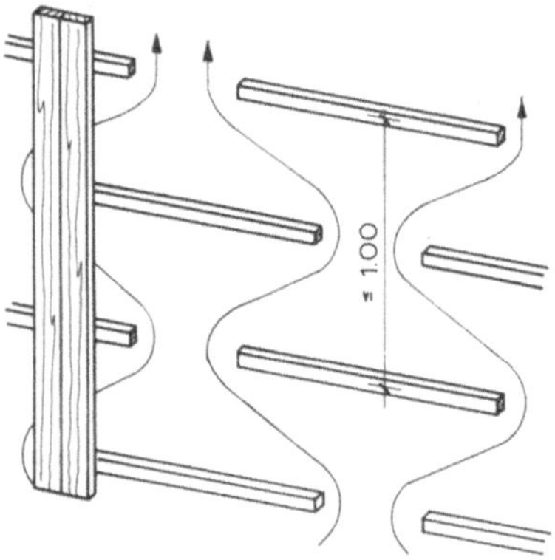

8.42 Einfache Unterkonstruktion aus versetzten Latten

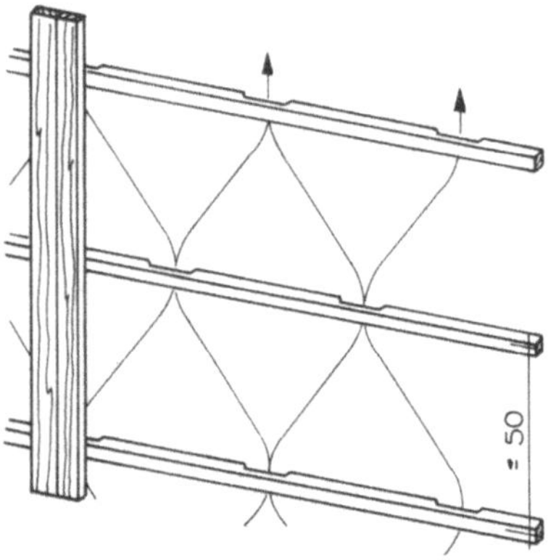

8.43 Unterkonstruktion mit ausgestemmten Lüftungsschlitzen

Statt einer Konterlattung, die jedoch für das Ausgleichen von Rohbautoleranzen sehr vorteilhaft ist, können auch horizontale Unterlattungen mit Ausklinkungen verwendet werden (Bild **8**.43).

Bei der Montage der Unterkonstruktion an den Außenwandflächen sind die Bestimmungen insbesondere hinsichtlich Windlasten nach DIN 1055 zu beachten. Im übrigen sind die allgemeinen Anforderungen an Unterkonstruktionen für Außenwandbekleidungen in DIN 18516 T1 zusammengefaßt.

Während die Befestigung auf den Wandflächen im allgemeinen durch Dübelung erfolgt, sind bei Konterlattungen die Latten untereinander mit mindestens 2 korrosionsgeschützten Schrauben oder Schraubnägeln an den Kreuzungspunkten zu verbinden.

Abstandsbügel können bei der Montage das Ausrichten der Konstruktion sehr erleichtern (Bild **8**.44). Meistens werden Unebenheiten jedoch durch Hinterlegen mit Sperrholzplättchen oder mit Keilen ausgeglichen (Bild **8**.45).

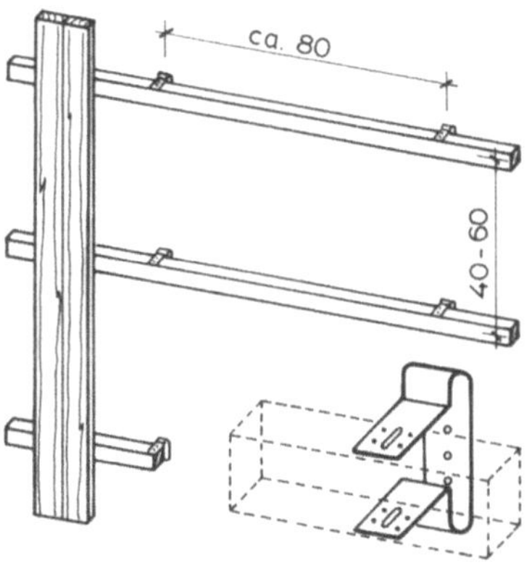

8.44 Montage von Unterkonstruktionen mit verzinkten Abstandsbügeln

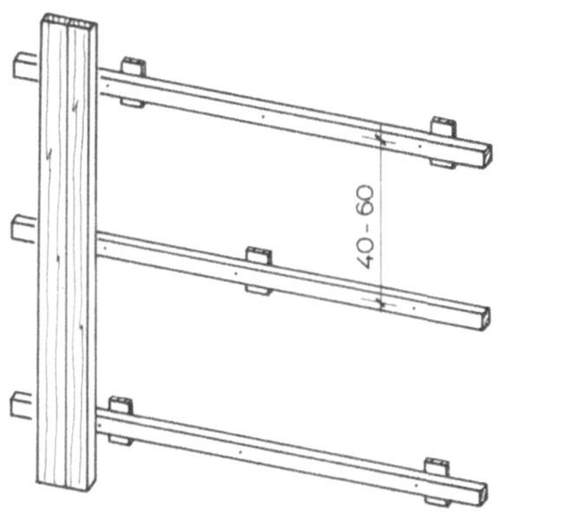

8.45 Ausrichten von Unterkonstruktionen mit Sperrholzplättchen oder Keilen (ein Annageln oder -leimen an die Lattung verhindert ein evtl. Loslösen der Plättchen oder Keile)

Vor der Montage sind alle Teile der Unterkonstruktion durch Tauchimprägnierung oder Anstrich mit Holzschutzmitteln gegen tierische oder pflanzliche Schädlinge zu schützen (DIN 68800). Die Bekleidungsbretter werden – auch von der Rückseite – am besten mit lasierenden Holzschutzanstrichen behandelt.

Bei Stülpschalungen werden die Bekleidungsbretter mit Überdeckungen von 12% der Brettbreite mit verzinkten Schrauben oder Nägeln auf der Unterkonstruktion befestigt (Bild **8**.46a).

Offene Befestigungen mit verzinkten Nägeln oder Schrauben, aber auch mit Messingschrauben, können bei bestimmten Holzarten (z. B. Red Cedar) zu Verfärbungen führen. In solchen Fällen müssen Edelstahlnägel oder -schrauben verwendet werden, wenn die Flächen nicht mit Farblasuren behandelt werden.

Profilbretter werden entweder in den Nuten verdeckt genagelt (Bild **8**.46b) oder besser mit Hilfe von Montageklammern befestigt (Bild **8**.46c und d). Das herkömmliche Nageln wird dabei meistens durch den Einsatz von Kompressornaglern oder Tackern ersetzt.

Bei größeren Bekleidungsflächen sind Brettstöße unvermeidlich. Stumpfe, in der Fläche liegende Hirnholzstöße sollten – auch bei horizontalen Brettanordnungen –

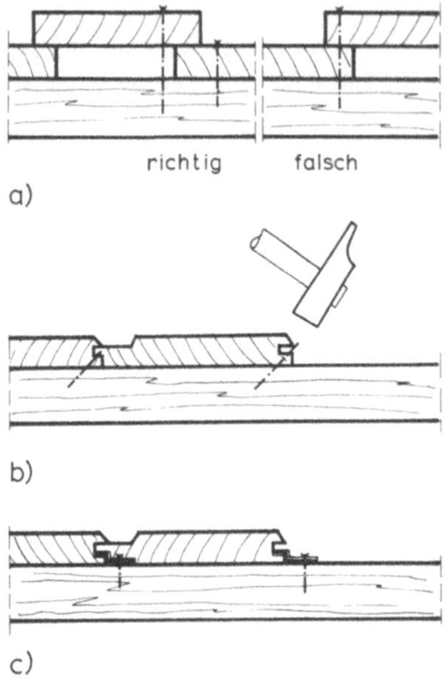

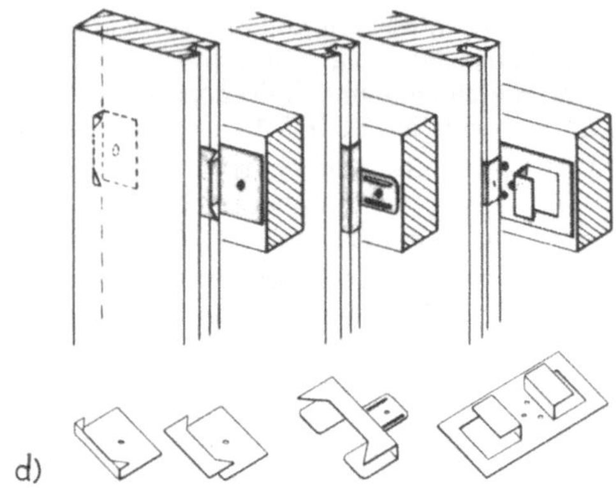

8.46 Befestigung von Profilbrettern
a) Stülpschalung, geschraubt
b) Profilbretter, verdeckt genagelt
c) Profilbretter mit Montageklammern befestigt
d) Montageklammern

vermieden werden. Bewährt haben sich bewußt breit ausgebildete mit der gesamten Fassadengestaltung abgestimmte Fugen, bei denen später auch eine einwandfreie Nachbehandlung der Hirnholzflächen möglich bleibt (Bild **8**.47).

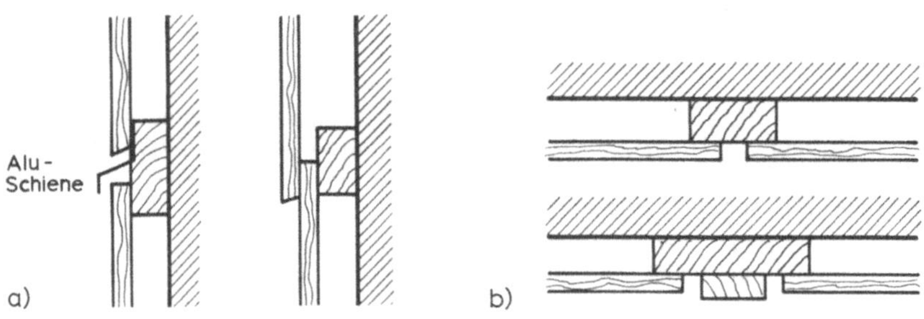

8.47 Stoßausbildungen
a) bei vertikaler Schalung (senkrechter Schnitt)
b) bei horizontaler Schalung (waagerechter Schnitt)

Möglichkeiten für Eckausbildungen zeigen Bild **8**.48.

Zunehmend werden anstelle von Bretterschalungen zur Fassadengestaltung Holzschindeln, vorwiegend aus einheimischen oder amerikanischen Nadelhölzern, verwendet.

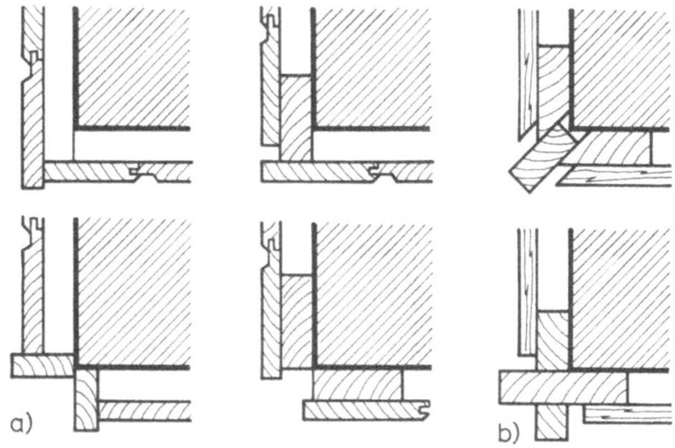

8.48
Eckausbildungen
a) bei senkrechter Bekleidung
b) bei horizontaler Bekleidung

Lieferformen sind: Keilförmig gespalten oder gesägt, gleichmäßig dick gespalten oder gesägt oder Zierformen mit verschiedenen Abrundungen am Schindelfuß und verschiedenen Oberflächenstrukturen. Die Vorzugslängen betragen für Außenwandbekleidungen 200 bis 400 mm, die Breite ist verschieden ab etwa 70 mm.

Die Schindeln werden in Doppeldeckung auf Latten und Unterkonstruktionen mit verzinkten Nägeln oder Edelstahlnägeln (unbedingt zu empfehlen bei Schindeln aus ausländischen Nadelhölzern und aus Eiche wegen der sonst unvermeidlichen Verfärbungen) befestigt (Bild **8**.49). Eine dreilagige Deckung ist nur bei extremen Beanspruchungen erforderlich (vgl. hierzu auch Abschn. 1.5.6 in Teil 2 dieses Werkes) [1].

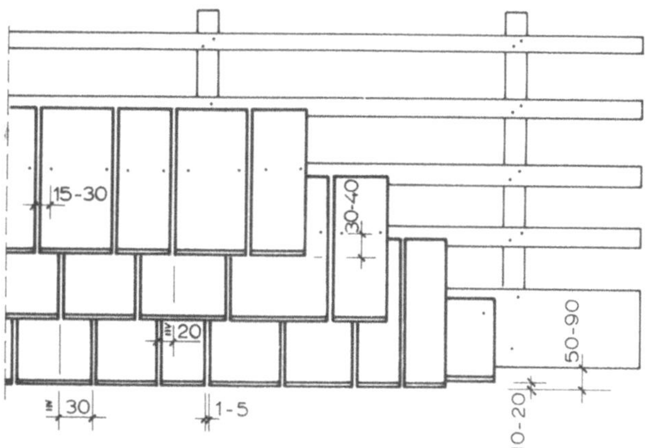

8.49
Außenwandbekleidung mit Holzschindeln (Beginn bei der Verlegung mit kürzeren Schindeln. Bei gleichlangen Schindeln ist die Anhebung der Fußkante erforderlich z.B. durch Ersetzen eines Keilbretts.)

Für die Unterkonstruktionen gelten die gleichen Anforderungen wie für Holzschalungen. Es wird jedoch empfohlen, den Mindestquerschnitt für die Hinterlüftung mit mindestens 150 cm^2/m Wandlänge zu wählen.

Bauwerksecken sollten bei Wandbekleidungen mit Holzschindeln in Anlehnung an die in Bild **8**.48b gezeigten Beispiele ausgeführt werden, keinesfalls aber mit Hilfe von Kunststoff- oder Metall-Eckprofilen (vgl. Bild **8**.21).

8.5 Fassadenbekleidungen aus Glas

Fassadenbekleidungen aus Einscheiben-Sicherheitsglas können nach DIN 18516 T4 mit Hinterlüftung in ähnlichen Techniken wie mit anderen Materialien ausgeführt werden.

Aus Gläsern mit verschiedenen Oberflächen (z. B. mit verspiegelten Gläsern) können dabei besondere gestalterische Effekte erzielt werden. Die Scheibendicke muß mindestens 6 mm betragen, ist aber in jedem Fall statisch nachzuweisen. Die Scheiben dürfen erst nach einer speziellen Heißlagerungsprüfung eingebaut werden. Vorgeschrieben ist weiter, daß die Scheiben linienförmig oder punktförmig gelagert bzw. befestigt sein können, jedoch in ihrer gesamten Dicke von der Halterung umfaßt sein müssen. Es kommen daher entweder durchlaufende Halteprofile in Frage, oder die Scheiben werden in den Eckbereichen gehalten. Die Scheiben werden durch Klemmkonstruktionen gehalten, oder durch entsprechende Bohrungen hindurch mit der Unterkonstruktion verschraubt.

Im Ausland werden jedoch schon seit vielen Jahren Glasfassaden gebaut, bei denen die Scheiben unmittelbar auf Unterkonstruktionen aufgeklebt werden. Nachdem entsprechende bauaufsichtliche Zulassungen vorliegen, können derartige, gestalterisch viel elegantere Glasfassaden auch in Deutschland nach diesem Prinzip („structural glazing") ausgeführt werden mit der Einschränkung, daß ab 20 m Höhe die Scheiben zusätzlich durch Klemmrosetten, Verschraubungen o. ä mechanisch gehalten sein müssen.

Möglich wurde diese Konstruktionstechnik durch die Entwicklung spezieller Silikon-Klebemassen, die nicht nur die Fassaden abdichten, sondern auch die auf die Scheiben einwirkenden Druck- und Sogkräfte – auch unter schwierigsten klimatischen Bedingungen, insbesondere auch bei UV-Bestrahlung, – dauernd sicher aufnehmen (daher auch die Bezeichnung „Silikon-Verglasung").

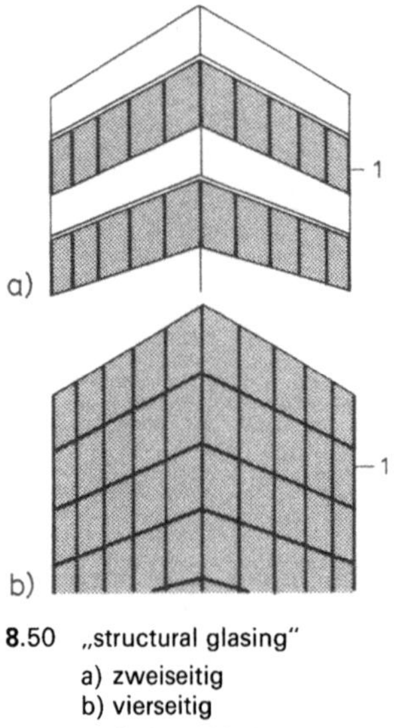

8.50 „structural glasing"
a) zweiseitig
b) vierseitig
1 Klebeverbindung

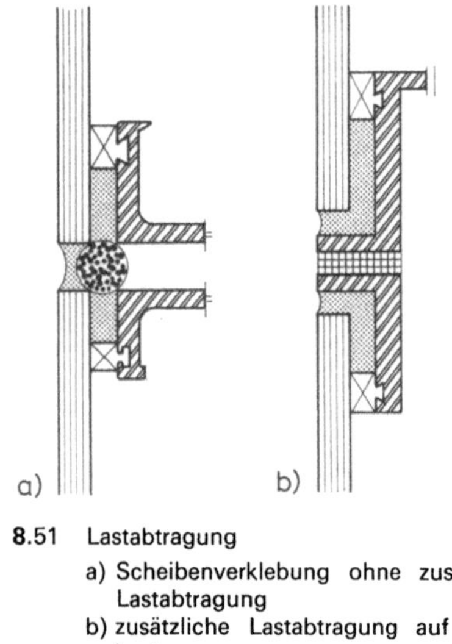

8.51 Lastabtragung
a) Scheibenverklebung ohne zusätzliche Lastabtragung
b) zusätzliche Lastabtragung auf Profilkante

Bei „zweiseitigem structural glasing" werden nur die vertikalen Glasränder durch die Verklebung gehalten, während die Ober- und Unterkanten in konventionellen Profilen ruhen (Bild **8**.50). Beim „vierseitigen structural glasing" werden die Scheiben allseitig durch die Verklebung gehalten. Dabei werden die Scheiben sowohl mit als auch ohne Gewichtsabtragung auf Metallprofile verklebt (Bild **8**.51).

Die Fachwelt, insbesondere die Genehmigungsbehörden, standen bei uns diesen Konstruktionen lange skeptisch gegenüber und bestanden auf zusätzlichen mechanischen Halterungen für die fassadenbildenden Scheiben. Das ist möglich mit Hilfe von Eckhalterungen (Bild **8**.52a) oder von Verschraubungen (Bild **8**.52b und c), bei denen die Glasscheiben durchbohrt und durch spezielle, abgedichtete Paßschrauben auf Unterkonstruktionen befestigt werden. Verschraubungskonstruktionen gibt es sowohl für 1-Scheiben-Sicherheitsglas als auch für Isolierverglasungen.

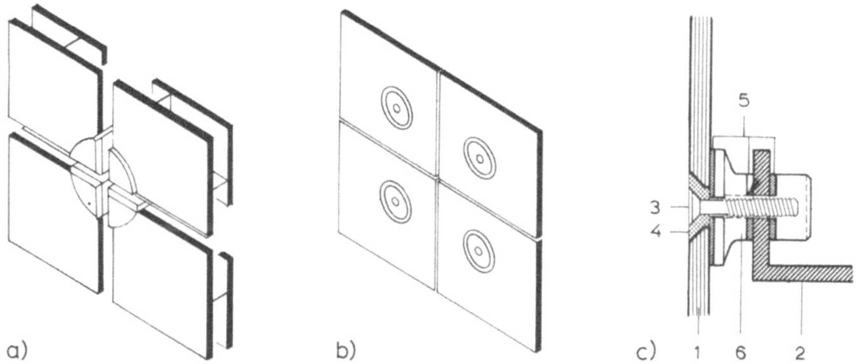

8.52 Mechanische Scheiben-Eckhalterungen
a) Scheiben mit Eckhalterung (schematisch)
b) Scheiben durch Verschraubung in Bohrung gehalten (schematisch)
c) Schnitt durch Verschraubung (System Planar, Flachglas)

1 ESG Glas
2 Haltewinkel (auf Unterkonstruktion)
3 Halteschraube
4 Dichtungsring
5 Silikondichtungen
6 Distanzscheibe

Die gestalterische Forderung nach völlig ebenen Glasfassadenflächen ohne sichtbare Befestigungen kann mit Hilfe durchlaufender Halteprofile, die mit Anpreßdichtungen kombiniert sind, erfüllt werden. Eine derartige bauaufsichtlich zugelassene Ganzglas-Fassadenkonstruktion zeigt Bild **8**.53.

8.53
Scheibenhalterung mit Durchlaufprofilen (System Fenster Werner)
a) Außenansicht Kaltfassade (Die Konstruktion erlaubt auch die Montage von Mehrscheibenglas)
b) Schnitt
1 ESG Glas
2 Unterkonstruktion
3 Y-Halteprofil mit Silikon-Dichtungen
4 Silikonverklebung
5 Nortonband

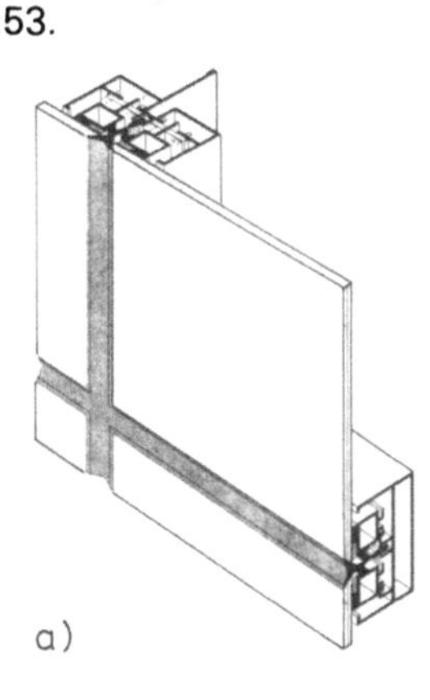

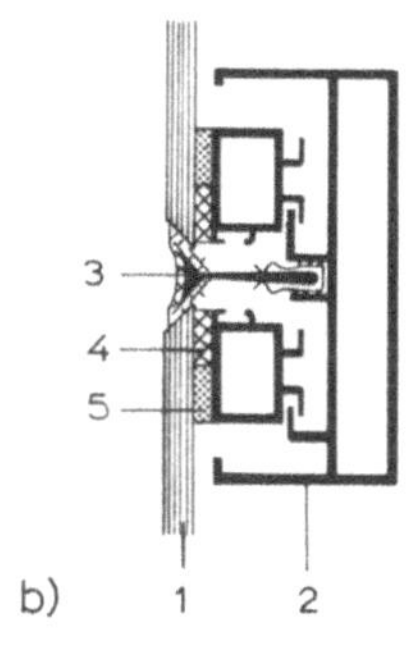

Eine andere Möglichkeit der mechanischen Befestigung besteht bei Glasfassaden aus Isoliergläsern durch verdeckte Haltekonstruktionen, die in die Randprofile von Stufengläsern eingreifen (Bild **8**.54).

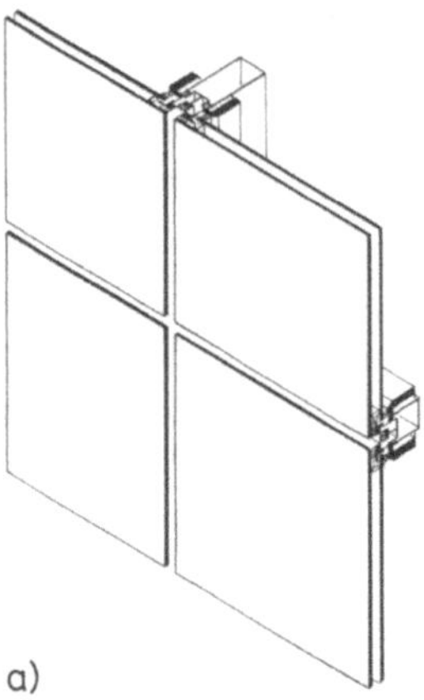

a)

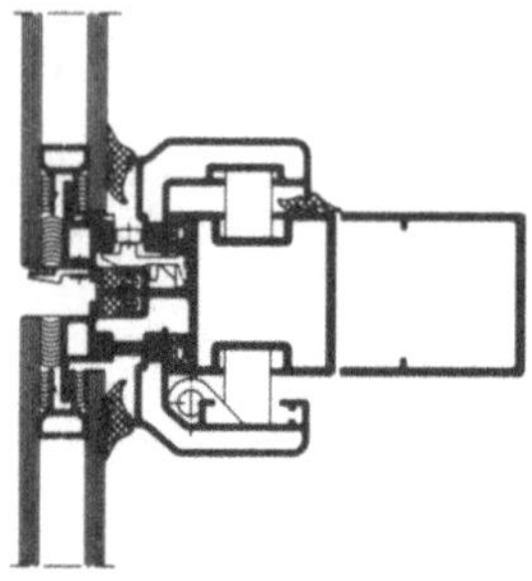

b)

8.54
Glasfassade System SCHÜCO SG
a) Außenansicht
b) Schnitt

8.6 DIN-Normen

DIN-Nr.		Ausgabe-Datum	Titel
274	T1	4.72	Asbestzement-Wellplatten; Maße, Anforderungen, Prüfungen
	T2	4.72	–; Anwendung bei Dachdeckungen
	T3	12.76	Asbestzementplatten; Ebene Dachplatten, Maße, Anforderungen, Prüfungen
	T4	8.78	–; Ebene Tafeln, Maße, Anforderungen, Prüfungen
1 052	T1	4.88	Holzbauwerke; Berechnung und Ausführung
	T2	4.88	–; Mechanische Verbindungen
1 745	T1	2.83	Bänder und Bleche aus Aluminium und Aluminium-Knetlegierungen mit Dicken über 0,35 mm; Eigenschaften
	T2	2.83	Bänder und Bleche aus Aluminium und Aluminium-Knetlegierungen mit Dicken über 0,35 mm; Technische Lieferbedingungen
1 787		1.73	Kupfer; Halbzeug
4074	T1	9.89	Bauholz für Holzbauteile; Gütebedingungen für Bauschnittholz (Nadelholz)
17440		7.85	Nichtrostende Stähle; Technische Lieferbedingungen für Blech, Warmband, Walzdraht, gezogenen Draht, Stabstahl, Schmiedestücke und Halbzeug
17770	T1	2.90	Bänder und Bleche aus legiertem Zink für das Bauwesen; Technische Lieferbedingungen
18156	T1	4.77	Stoffe für keramische Bekleidungen im Dünnbettverfahren; Begriffe und Grundlagen
	T2	3.78	Stoffe für keramische Bekleidungen im Dünnbettverfahren; Hydraulisch erhärtende Dünnbettmörtel
	T3	7.80	Stoffe für keramische Bekleidungen im Dünnbettverfahren

Fortsetzung s. nächste Seite

DIN-Normen, Fortsetzung

DIN-Nr.			Ausgabe-Datum	Titel
	18157	T1	7.79	Ausführung keramischer Bekleidungen im Dünnbettverfahren; Hydraulisch erhärtende Dünnbettmörtel
		T2	10.82	–; Dispersionsklebestoffe
		T3	4.86	–; Epoxidharzklebstoffe
	18164	T1	6.79	Schaumstoffe als Dämmstoffe für das Bauwesen; Dämmstoffe für die Wärmedämmung
		T2	6.79	–; Dämmstoffe für die Trittschalldämmung
E		T2	5.89	–; Dämmstoffe für die Trittschalldämmung; Polystyrol-Schaumstoffe
	18165	T1	3.87	Faserdämmstoffe für das Bauwesen; Dämmstoffe für die Wärmedämmung
E		T1 A1	12.89	–; Dämmstoffe für die Wärmedämmung; Änderung 1
		T2	3.87	–; Dämmstoffe für die Trittschalldämmung
	18166		10.86	Keramische Spaltplatten und Spaltplatten-Formteile
	18174		1.81	Schaumglas als Dämmstoff für das Bauwesen; Dämmstoffe für die Wärmedämmung
	18333		9.88	VOB Verdingungsordnung für Bauleistungen, Teil C; Allgemeine Technische Vertragsbedingungen für Bauleistungen, Betonwerksteinarbeiten
	18334		9.88	VOB Verdingungsordnung für Bauleistungen, Teil C; Allgemeine Technische Vertragsbedingungen für Bauleistungen, Zimmer- und Holzbauarbeiten
	18352		9.88	VOB Verdingungsordnung für Bauleistungen, Teil C: Allgemeine Technische Vertragsbedingungen für Bauleistungen, Fliesen- und Plattenarbeiten
	18360		9.88	VOB Verdingungsordnung für Bauleistungen, Teil C; Allgemeine Technische Vertragsbedingungen für Bauleistungen, Metallbauarbeiten, Schlosserarbeiten
	18515		7.70	Fassadenbekleidungen aus Naturwerkstein, Betonwerkstein und keramischen Baustoffen; Richtlinien für die Ausführung
			12.73	Fassadenbekleidungen aus Naturwerkstein, Betonwerkstein und keramischen Baustoffen; Richtlinien für die Ausführung; Erläuterungen
	18516	T1	1.90	Außenwandbekleidungen, hinterlüftet; Anforderungen, Prüfgrundsätze
		T3	1.90	Außenwandbekleidungen, hinterlüftet; Naturwerkstein; Anforderungen, Bemessung
		T4	2.90	Außenwandbekleidungen, hinterlüftet; Einscheiben-Sicherheitsglas; Anforderungen, Bemessung, Prüfung
	18517	T1	11.85	Außenwandbekleidungen aus kleinformatigen Fassadenplatten; Asbestzementplatten
EN 176			11.86	Trockengepreßte keramische Fliesen und Platten mit niedriger Wasseraufnahme E $\leq$ 3%; Gruppe BI
	18517	T1	11.85	– aus kleinformatigen Fassadenplatten; Asbestzementplatten
	68365		11.57	Bauholz für Zimmerarbeiten; Gütebedingungen
	68800	T1	5.74	Holzschutz im Hochbau; Allgemeines
		T2	1.84	–; Vorbeugende bauliche Maßnahmen
		T4	5.74	–; Bekämpfungsmaßnahmen gegen Pilz- und Insektenbefall
E			7.86	
		T5	5.78	–; Vorbeugender chemischer Schutz von Holzwerkstoffen
E			1.90	

8.7 Literatur

[1] Arbeitsgemeinschaft Holz e.V.: Informationsdienst Holz. Düsseldorf 1986–1990
[2] Christensen, S. u. Behning, F.: Fassaden mit Titanzink. In: DBZ 8/89
[3] Das Dachdeckerhandwerk: Anwendungstechnik für vorgehängte hinterlüftete Fassaden. Industrieverband Hartschaum, Styropor-Dämmpraxis: Hinterlüftete Außenwandbekleidungen. 1985
[4] Deutscher Naturwerksteinverband: Naturstein, Bautechnische Informationen 1985
[5] Entwicklungsgemeinschaft Holzbau: Regeln für die Verwendung von Holzschindeln für Außenwandbekleidungen. In: Bauen mit Holz 6/86
[6] Esser, W.: Dichtstoffe für Natursteinfugen. GEW Köln
[7] Industrieverband Hartschaum: Hinterlüftete Außenwandbekleidungen. Heidelberg 1985
[8] Langkau, H.-J.: Keramikplatten als großformatige Fassadenbekleidungen. In: Der Architekt 4/86
[9] Marx, G.: Anwendungstechnik für vorgehängte, hinterlüftete Fassaden. In: Das Dachdeckerhandwerk 1986
[10] Niemer, U.: Mit keramischen Fliesen und Platten. planen und bauen. Köln 1986
[11] Keramische Fassadenbekleidungen nach DIN 18515. In: db „deutsche Bauzeitung" 2/89
[12] Rheinzink GmbH: Rheinzink®, Anwendung im Hochbau. Datteln 1990
[13] Ruske, W.: Fassadengestaltung mit Holz, In: DBZ 12/87
[14] Zentralverband des Deutschen Dachdeckerhandwerkes: Richtlinien für die Ausführung von Außenwandbekleidungen mit kleinformatigen Platten aus Schiefer und Asbestzement. Berlin 1980

9 Geschoßdecken und Balkone

9.1 Allgemeines

Die Aufgabe, gebaute Räume nach oben abzuschließen und die Geschosse durch Decken zu trennen, kann auf verschiedene Weise gelöst werden. Zu unterscheiden sind nach den jeweiligen Hauptbaustoffen:

- Decken aus natürlichen oder künstlichen Steinen,
- Decken aus Beton oder Stahlbeton,
- Decken aus Stahl,
- Decken aus Holz.

Man kann ferner unterscheiden:

- ebene Decken, überwiegend biegebeansprucht,
- gewölbte Decken, überwiegend druckbeansprucht.

Massivdecken werden an der Baustelle oder vorgefertigt hergestellt als Stahlbetonplatten oder -balkendecken, Stahlbetonrippendecken, Stahlbetondecken mit Füllkörpern oder aus Stahlblechen mit Aufbeton. Sie stellen heute für den weitaus größten Teil aller Bauvorhaben die übliche Geschoßdecke dar, weil nur so die notwendige Feuersicherheit und ausreichender Schallschutz erreicht werden können.

Holzbalkendecken genügen nur bei sehr sorgfältiger Ausführung den Anforderungen für den Schallschutz und kommen allenfalls noch für kleinere Bauvorhaben mit zwei Geschossen, z. B. Einfamilienhäuser, in Frage oder für Decken in Verbindung mit einem Dachstuhl aus Holz.

Die Gewölbe stellen die älteste Form steinerner Decken dar; sie bilden mit den Gebäudemauern ein festes Gefüge.

9.1.1 Standsicherheit

Ebene Decken werden statisch auf Biegung beansprucht durch ihr Eigengewicht und Nutz- bzw. Verkehrslasten. Die daraus resultierende Konstruktionsart und die erforderliche Dimensionierung ist abhängig von der Spannweite und -richtung der Decken.

Balken- und Rippendecken (s. Abschn. 9.2.3) werden in der Regel so auf den tragenden Bauteilen (tragende Wände, Unterzüge, Riegel von Skelettbauten) aufgelagert, daß kurze Spannweiten – möglichst unter Ausnutzung der Druchlaufwirkung – und damit wirtschaftliche Abmessungen erzielt werden.

Ebene Massivplatten können sehr wirtschaftlich ausgeführt werden, wenn sie unter Ausnutzung verschiedener Spannrichtungen drei- oder vierseitig aufgelagert werden (Bild **9.1**).

Gemäß DIN 1045, Abschn. 20.1.2 ist die Auflagertiefe von Stahlbetonplatten so zu wählen, daß die zulässigen Pressungen der Auflagerflächen nicht überschritten werden. Die Mindesttiefe der Auflager beträgt

- auf Mauerwerk, Beton B5 und B10 mindestens 7 cm,
- auf Beton B15 bis B550 mindestens 5 cm,
- auf Trägern aus Stahlbeton oder Stahl mindestens 3 cm.

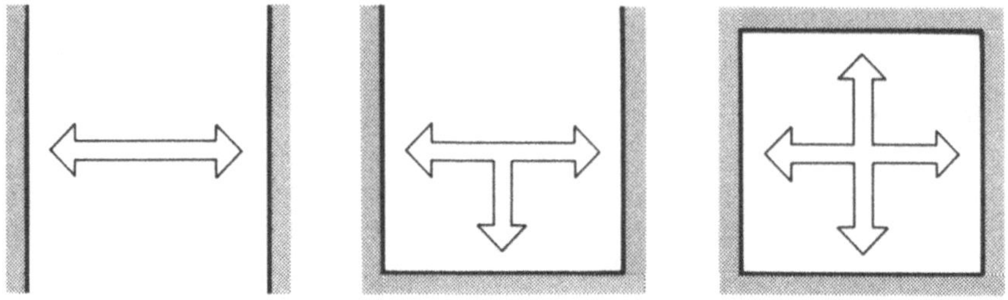

a) b) c)

9.1 Stahlbetonplatte
a) zweiseitig aufgelagert
b) dreiseitig aufgelagert
c) allsteitig aufgelagert

Bei geringer Auflagertiefe entsteht infolge der Durchbiegung der Decke eine erhöhte Kantenpressung am Auflager. Dabei können die Auflagerränder durch Überbeanspruchung abplatzen (Bild **9**.2). Durch Verdrehungen im Auflagerbereich besteht besonders bei geputzten Außenwänden und bei Innenwänden, die auf einer Seite am Deckenauflager durchlaufen, die Gefahr der Bildung von Horizontalrissen (Bild **9**.3).

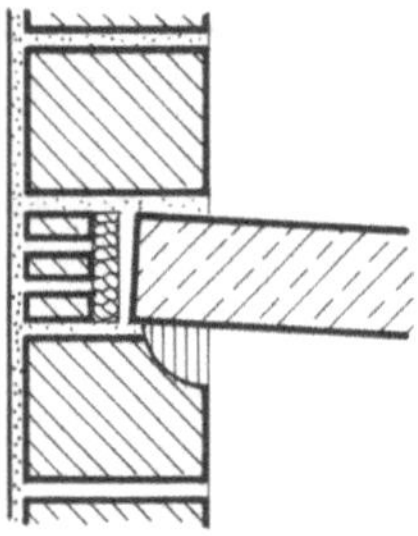

9.2 Kantenpressung am Auflagerrand

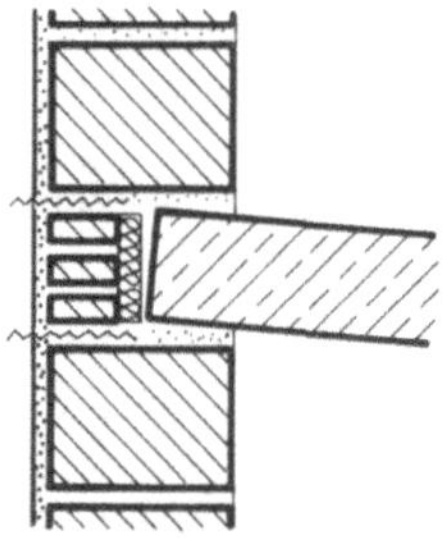

9.3 Rißbildung infolge Verdrehung am Auflager

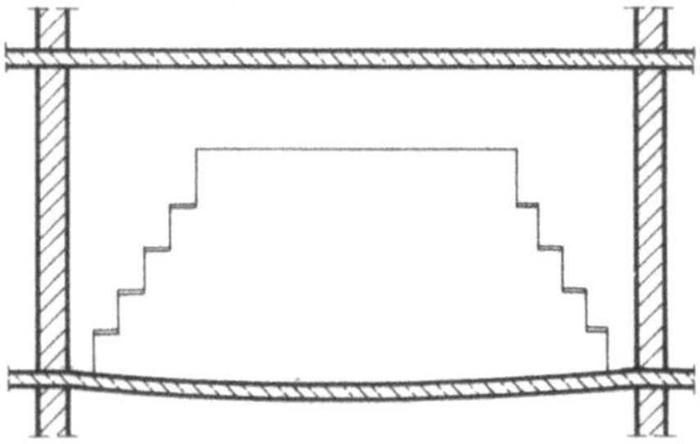

9.4 Rißbildungen an Trennwänden

Im Rahmen des gesamten Baugefüges tragen ebene Massivdecken als horizontale Scheiben wesentlich zur Aussteifung und Sicherung der Standsicherheit bei (s. Abschn. 1.6, Bilder **1**.27c und **1**.28).

In diesem Fall ist die Verbindung mit den ausgesteiften Wänden ohne zusätzliche Maßnahmen ausreichend, wenn die Auflagertiefe mindestens der halben Wanddicke entspricht (vgl. Abschn. 6.2.1.1)

Gemäß DIN 1055 T3 dürfen leichte Trennwände ohne zusätzliche Träger oder Verstärkungsstreifen unmittelbar auf Decken errichtet werden (vgl. Abschn. 6.8.1). Dabei muß die Durchbiegung der Decken durch entsprechende Dimensionierung in engen Grenzen gehalten werden, da sonst Rißbildungen in den Wänden auftreten.

Ein typisches Schadensbild an nichttragenden Zwischenwänden infolge zu großer Durchbiegung der Decke zeigt Bild **9**.4.

9.1.2 Wärmeschutz[1])

Je nach Lage innerhalb eines Bauwerkes müssen Decken unterschiedlichen Anforderungen an den Wärmeschutz genügen, die in DIN 4108 im einzelnen definiert sind für

- Wohnungstrenndecken,
- Kellerdecken,
- Decken, die den unteren Abschluß nicht unterkellerter Räume bilden (unmittelbar auf dem Erdreich aufliegend oder über nicht belüftetem Hohlraum),
- Decken unter nicht ausgebauten Dachräumen,
- Decken, die Aufenthaltsräume gegen die Außenluft abgrenzen (z. B. bei offenen Durchfahrten, Flachdächern, s. Abschn. 14.6).

Die teilweise sehr hohen Anforderungen können in der Regel von der Rohdecke allein nicht erfüllt werden. Bildet eine Decke den oberen Abschluß eines Bauwerkes, ist der erforderliche Wärmeschutz im Rahmen der gesamten Dach- bzw. Flachdachkonstruktion zu gewährleisten (s. Abschn. 2 Teil 2 dieses Werkes).

Bei Kellerdecken und Decken über offenen Durchfahrten kommen unterseitig aufgebrachte (z. B. anbetonierte) Wärmedämmungen als zusätzliche Maßnahmen in Frage. Im übrigen ist der Wärmeschutz der Decken fast immer nur in Verbindung mit einer Deckenauflage (z. B. schwimmender Estrich, s. Abschn. 10) zu erreichen.

Zu beachten ist jedoch der ausreichende Wärmeschutz für die Außenkanten der Rohdecken, da diese sonst Wärmebrücken darstellen würden. Bei durchbindenden Decken muß mindestens eine – am besten anbetonierte – Wärmedämmung aus Holzwolleleichtbauplatten vorgesehen werden (Bild **9**.5a). Bei einer derartigen Ausführung muß jedoch bei geputzten Außenwänden auch bei einer Überspannung mit verzinktem Drahtgewebe oder ähnlichen Putzträgern mit Rißbildung und farblichen Abzeichnungen gerechnet werden, weil die Deckenränder andere bauphysikalische Eigenschaften aufweisen als die angrenzenden Wandflächen. Besser ist eine Ausführung gemäß Bild **9**.5b. Der Rationalisierung dienen vorgefertigte Schalungselemente mit Wärmedämmstreifen (Bild **9**.5c).

Sollen Deckenränder aus gestalterischen Gründen in den Fassadenflächen sichtbar bleiben, so werden sie am besten mit Hilfe von Fertigteilen ausgeführt, die beim Betonieren der Rohdecken mit einbetoniert werden (Bild **9**.5d).

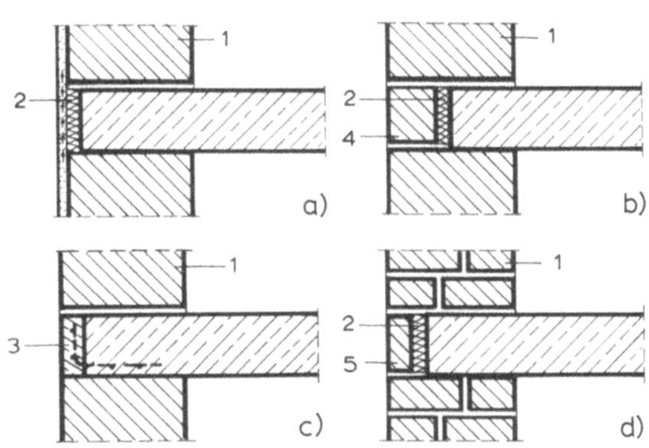

9.5
Wärmedämmung von Deckenrändern

a) Wärmeschutz aus anbetonierter Holzwolleleichtbauplatte, geputzt (bedenkliche Ausführung!)
b) Wärmeschutz hinter Abmauerung
c) Deckenrand mit wärmedämmendem anbetoniertem Randprofil
d) Wärmeschutz hinter anbetoniertem Fertigteil (Deckenrand aus gestalterischen Gründen sichtbar)

1 Mauerwerk
2 Wärmedämmung
3 wärmedämmendes Schalungselement mit Bewehrung und Putzträger
4 Abmauerung
5 Stahlbetonfertigteil (Sichtbeton)

[1]) s. auch Abschn. 10 und 14.6

9.1.3 Schallschutz[1])

Die Anforderungen an Decken hinsichltich Schallschutz sind in DIN 4109 festgelegt. Unterschieden wird zwischen Luftschallschutz und Trittschallschutz. Zwar geben schwere Massivdecken gute Voraussetzungen für ausreichenden Luftschallschutz, insgesamt jedoch ist bei allen Deckensystemen ausreichender Schallschutz nur in Verbindung mit Deckenauflagen (s. Abschn. 10.3) und – bei höheren Anforderungen – durch Kombination mit Unterdecken (s. Abschn. 11) zu erreichen.

9.1.4 Brandschutz[1])

Insbesondere Massivdecken stellen in Geschoßbauten einen sehr wesentlichen Schutz gegen Brandausbreitung dar. In den Landesbauordnungen und sonstigen bauaufsichtlichen Bestimmungen sind daher vielfältige, im einzelnen unterschiedliche Brandschutzanforderungen an Decken gestellt, die wie folgt zusammengefaßt werden können:

- **Bauwerke mit bis zu 2 Vollgeschossen:**
  für normale Geschoßdecken keine besonderen Anforderungen,
- **Bauwerke mit 3 bis 5 Vollgeschossen:**
  Geschoßdecken in mindestens feuerhemmender Bauart bzw. Feuerwiderstandsklasse F30[1]),
- **Bauwerke mit mehr als 5 Vollgeschossen,** insbesondere Hochhäuser, ferner Heizräume u.ä.:
  Decken in feuerbeständiger Bauart bzw. mindestens Feuerwiderstandsklasse F60 (F90)[1]).

Die Einreihung in bestimmte Feuerwiderstandsklassen gemäß DIN 4102, T4, ist bei Stahlbetondecken abhängig von der Dicke und der Überdeckung der Stahlbewehrungen.

Bei anderen Deckenbauarten sind Bekleidungen aus besonderen Brandschutzmaterialien oder spezielle Unterdecken erforderlich (s. Abschn. 12). Die erforderlichen Maßnahmen sind katalogartig in DIN 4102 T4 aufgeführt. Bei abweichenden Ausführungen muß der Nachweis des ausreichenden Brandschutzes jeweils durch Gutachten von Materialprüfungsstellen o.ä. einzeln erbracht werden.

9.2 Ebene Massivdecken

9.2.1 Allgemeines

Die meisten Geschoßdecken und Flachdächer werden als ebene Massivdecken hergestellt. Ihre Baustoffe, Beton und Deckensteine, machen sie feuerbeständig, unempfindlich gegen Feuchtigkeit und Schädlinge und daher fast unbegrenzt dauerhaft. Die Verbindung von der Massivdecke mit der massiven Wand gibt dem Massivbau ein statisch günstig wirkendes einheitliches Gefüge, vorausgesetzt, daß durch geeignete

[1]) Begriffe und weitere Ausführungen s. Abschn. 14.7

Maßnahmen (z. B. Gleitfugen) Schäden als Folge von Wärmedehnungen, Kriechen und Schwinden des Stahlbetons (z. B. am Deckenauflager besonders der Dachdecken) verhindert werden. Nachteile der Massivdecken sind ihre geringe Wärme- und Schalldämmfähigkeit (die zusätzliche bauliche Maßnahmen fordern), feuchter Einbau und hohes Eigengewicht.

Ihre vielfältigen Formen verdanken die Massivdecken den verschiedensten Forderungen. So wurden u. a. immer wieder Bauzeit-, Lohn-, Konstruktionshöhe, Schalung und Stahl sparende Massivdeckenformen entwickelt. Ein großer Teil dieser Decken wird aus vorgefertigten Teilen hergestellt.

Platten sind danach ebene Flächentragwerke (Bild **9.**6A und Bild **1.**20), die quer zu ihrer Ebene belastet sind; sie können linienförmig oder auch punktförmig gelagert sein. Je nach ihrer statischen Wirkung werden einachsig oder zweiachsig gespannte Platten unterschieden.

Zu den Platten gehören die Stahlsteindecken (Bild **9.**6A 2). Das sind Decken aus Deckenziegeln, Beton oder Zementmörtel und Betonstahl, für die das Zusammenwirken der genannten Baustoffe zur Aufnahme der Schnittgrößen kennzeichnend ist. Der Zementmörtel muß wie Beton verdichtet werden. Stahlsteindecken dürfen nur einachsig hergestellt werden; Mindestdicke = 9 cm.

Weiterhin sind die Feststellungen, die für Stahlbetonplatten gelten, i. allg. auch auf den Glasstahlbeton (s. Abschn. 9.2.2.4) anzuwenden, d. h. auf Platten aus Beton, Betongläsern (nach DIN 4243) und Betonstahl, bei denen ebenfalls das Zusammenwirken dieser Baustoffe zur Aufnahme der Schnittgrößen nötig ist (Bild **9.**6A3). Glasstahlbeton darf nur als Abschluß gegen die Außenluft (Oberlicht, Abdeckung von Lichtschächten usw.) und i. allg. nur für überwiegend auf Biegung beanspruchte Teile, nicht für Durchfahrten und nur bedingt für befahrbare Decken verwendet werden.

Pilzdecken sind Platten (Bild **9.**6A4), die unmittelbar auf Stützen mit oder ohne verstärkten Kopf aufgelagert und mit den Stützen biegefest oder gelenkig verbunden sind (DIN 1045 Abschn. 22). Die Platten müssen mindestens 15 cm dick sein.

Balken sind überwiegend auf Biegung beanspruchte stabförmige Träger beliebigen Querschnitts.

Balkendecken sind Decken aus unmittelbar nebeneinander verlegten Stahlbetonfertigbalken (Bild **9.**6B1 und 2) oder aus Balken mit Zwischenbauteilen, die in der Längsrichtung nicht mittragen (Bild **9.**6B3).

Zwischenbauteile sind mittragende oder nicht mittragende Beton- oder Stahlbeton-Fertigteile oder Deckensteine aus Beton, Leichtbeton oder gebranntem Ton, die zwischen die Balken oder Rippen von Balken- oder Rippendecken eingefügt oder auf ihnen gelagert werden (s. DIN 4158, DIN 4159 und DIN 4160). Sie können über die volle Höhe der Rohdecke oder nur einen Teil dieser Höhe reichen (DIN 1045 Abschn. 2.1.3.8).

Zwischenbauteile für Stahlbetonrippendecken müssen, falls sie aus Beton bestehen, DIN 4158, falls sie aus gebranntem Ton hergestellt sind, DIN 4159 entsprechen (DIN 1045 Abschn. 6.7.2). Bei jeder Lieferung ist zu prüfen, ob sie die geforderten Abmessungen und Formen (Stoßfugenform) aufweisen (s. DIN 1045 Abschn. 7.6.3).

Plattenbalken sind stabförmige Tragwerke, bei denen kraftschlüssig miteinander verbundene Platten und Balken (Rippen) bei der Aufnahme der Schnittgrößen zusammenwirken (Bild **9.**6B4).

Tabelle **9.6** Schmatische Darstellung der Grundformen ebener Massivdecken

A Platten

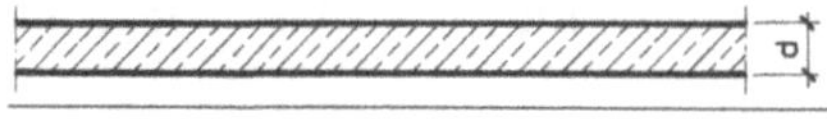

1 Stahlbetonplatte $d \geqq 7$ cm

2 Stahlsteindecke $d \geqq 9$ cm

3 Glasstahl-Betonplatte $d \geqq 6$ cm

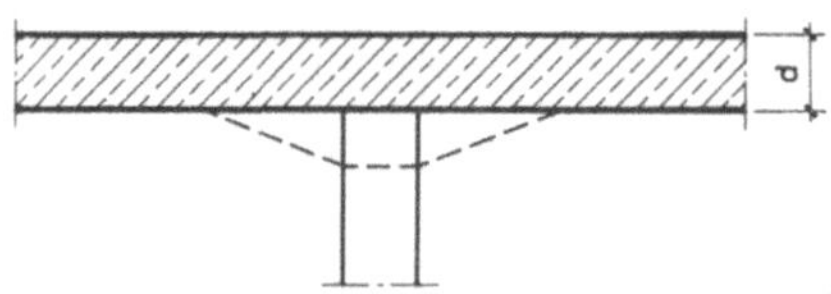

4 Pilzdecke $d \geqq 15$ cm mit oder ohne Stützenkopf

B Balken

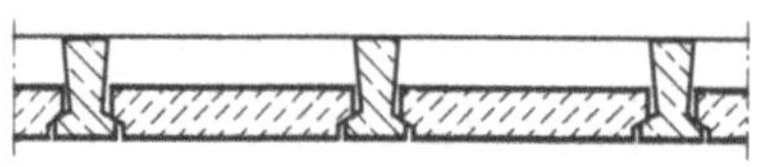

1 Stahlbetonbalken mit Einschub und aussteifenden Querrippen

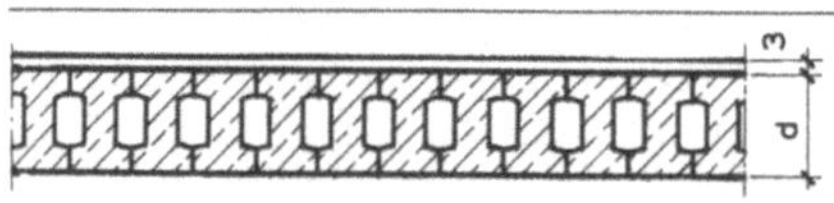

2 dicht verlegte Stahlbetonbalken ($d \approx 16$ cm) mit lastverteilendem Aufbeton (3 cm)

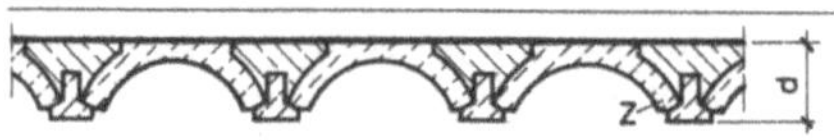

3 Stahlbetonbalken mit Ortbeton und statisch nicht mitwirkenden Zwischenbauteilen (Z)

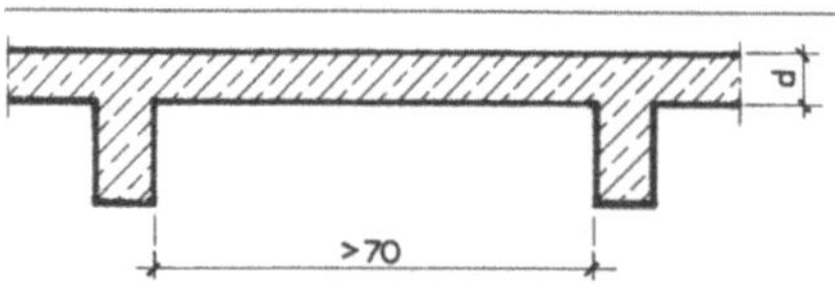

4 Plattenbalkendecke $d \geqq 7$ cm

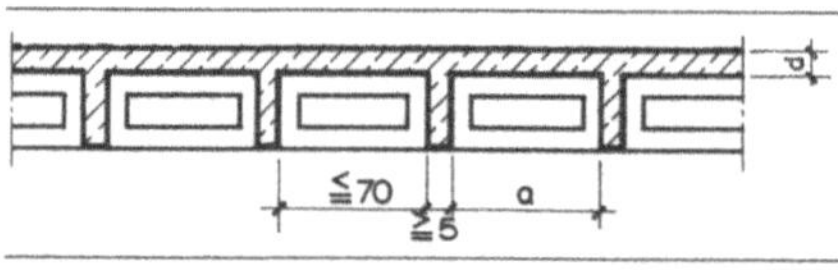

5 Stahlbetonrippendecke mit statisch nicht mitwirkenden Füllkörpern $d \geqq 1/10a \geqq 5$ cm

Die Plattenbalkendecke kann aus einzelnen Trägern oder als geschlossene Plattenbalkendecke ausgeführt werden. Sie ist leichter als die Stahlbetonplatte und damit bei größeren Stützweiten wirtschaftlicher. Anschluß der Balken an die Platten durch Schrägen (Vouten) 1:3 spart Stahl, verteuert jedoch die Schalarbeit.

Stahlbeton-Rippendecken sind Plattenbalkendecken mit einem lichten Abstand der Rippen von $\leqq 70$ cm und beschränkter Verkehrslast ($p \leqq 5{,}0$ kN/m^2), bei denen kein statischer Nachweis für die Platten erforderlich ist. Zwischen den Rippen können unterhalb der Platte statisch nicht mitwirkende Zwischenbauteile liegen. An die Stelle der Platte können ganz oder teilweise Zwischenbauteile treten, die in Richtung der Rippen mittragen (Bild **9.6** B 5).

Bei den in Bild **9**.6 schematisch dargestellten Grundformen ist zu beachten, daß der lasttragende Teil der Decke, die Rohdecke, noch zu ergänzen ist, und zwar durch die Deckenauflage (s. Abschn. 10), die aus dem Fußboden und seiner meist trittschalldämmenden Unterkonstruktion besteht, und ggf. durch die Unterdecke (s. Abschn. 11), die aus Gründen der Raumgestaltung oder auch des Schall-, Wärme- oder Brandschutzes aus einfachem Deckenputz oder einer Plattenverkleidung oder einer abgehängten Unterdecke bestehen kann. Erst bei einer Gesamtbetrachtung von Rohdecke, Deckenauflage und Unterdecke wird die für einen bestimmten Zweck optimale Dekkenausbildung erkennbar (Bild **9**.7).

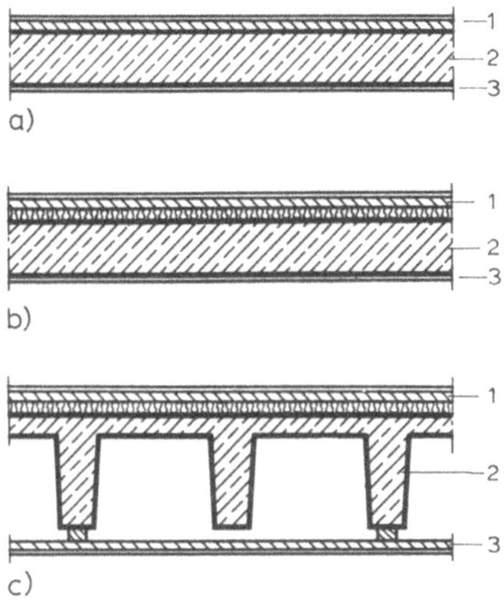

9.7
Beispiele für ein- und mehrschalige Geschoßdecken (schematisch)

a) einschalige Decke
1 Deckenauflage (z. B. Verbundestrich mit Textilbelag)
2 Rohdecke (z. B. Stahlbetonplatte)
3 Putz

b) zweischalige Decke
1 Deckenauflage (schwimmender Estrich, z. B. Zementestrich auf Trittschall-Dämmplatten mit Gehbelag, s. Abschn. 10.3)
2 Rohdecke (z. B. Stahlbetonplatte)
3 Putz

c) mehrschalige Decke
1 Deckenauflage (schwimmender Estrich)
2 Rohdecke (z. B. Stahlbeton-Rippendecke)
3 Unterdecke (Deckenbekleidung, direkt an der Rohdecke montiert oder als abgehängte Decke, s. Abschn. 12.6)

9.2.2 Plattendecken

9.2.2.1 Stahlbeton-Vollplatten

Die Stahlbeton-Vollplatte als Ortbeton-Platte wird aus Normal- oder Leichtbeton (s. Abschn. 5.1.6) auf Holz- oder Stahltafelschalung hergestellt und entweder in einer Richtung oder kreuzweise mit Rundstahl oder mit Betonstahlmatten bewehrt. Die Deckendicke ergibt sich aus Belastung, Spannweite, Art der Bewehrung und dem Eigengewicht (Bild **9**.8).

Die Mindestdeckendicke *d* beträgt

= 7 cm im allgemeinen,
= 10 cm bei befahrenen Platten (PKW),
= 12 cm bei befahrenen Platten (schwere Fahrzeuge),
= 5 cm bei ausnahmsweise begangenen Platten (z. B. Dachplatten).

Obwohl heute Stahlbetonplattendecken in Ortbetonbauweise mit Hilfe moderner Schalungssysteme sehr wirtschaftlich erstellt werden können, gibt es zahlreiche Versuche, die Herstellung solcher Decken weiter zu rationalisieren.

Im Wohnungsbau können vollständig vorgefertigte raumgroße Deckenplatten verwendet werden. Derartige Platten sind allerdings in statischer Hinsicht weniger wirtschaftlich, wenn sie als Einfeldplatten ohne Druchlaufwirkung ausgebildet sind. Sie haben hohe Transportgewichte.

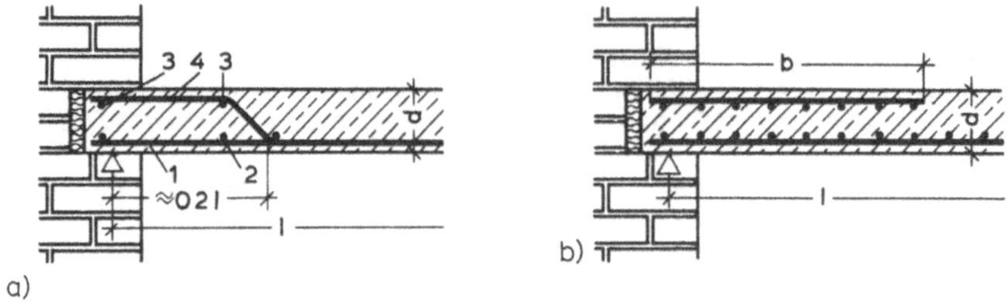

9.8 Stahlbetonplatte (Deckenauflager)

a) Bewehrung mit Stäben

1 Hauptbewehrung (Feldbewehrung)
2 Verteilungsstähle (Querschnitt ≧ 20% der Hauptbewehrung)
3 Montagestähle
4 ⅓ bis ½ *fe* der Feldbewehrung zur Aufnahme kleiner Einspannmomente aufgebogen

b) Bewehrung mit Matten

$b \geqq 0{,}15\,l$ (Randstreifenbreite, Abreißsicherung)
l = Spannweite = Lichtweite + 1 Auflagerbreite
d = Deckendicke = Auflagerbreite

Günstiger sind deshalb in vielen Fällen Deckensysteme, die nur teilweise vorgefertigt sind. Sie bestehen aus vorgefertigten etwa 4 cm dicken und etwa 0,36 bis 1,50 m breiten Betonplatten mit Längs- und Querarmierung und einem zunächst freiliegenden Stahl-Gitterwerk, das die dünnen Platten für den Transport aussteift. Es bewirkt außerdem einen schubfesten Verbund, wenn an der Baustelle die Konstruktion durch Ortbeton auf ihre endgültige Dicke gebracht wird. Derartige Plattendecken können ohne Einschalung hergestellt werden. Lediglich in der Feldmitte und am Auflager der Platten ist eine Abstützung beim Betonieren erforderlich (Bild **9**.9).

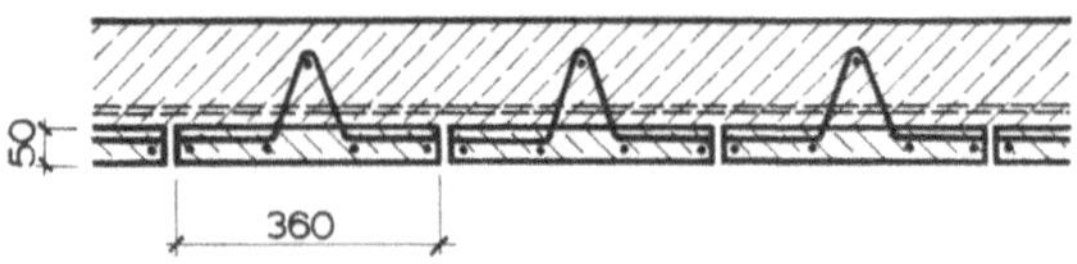

9.9
Plattendecke mit vorgefertigter Unterschale (OMNIA)

Als vorgefertigte Plattendecken können auch Decken betrachtet werden, die aus Porenbeton- oder Leichtbetonplatten zusammengefügt und untereinander auf verschiedene Weise zu zusammenhängenden Platten verbunden werden (Bild **9**.10 und **9**.11, s. auch Abschn. 9.2.3.3).

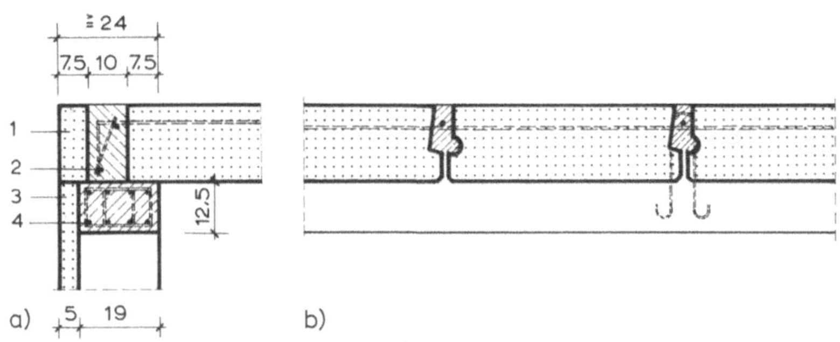

9.10 Plattendecke aus Porenbetonplatten
a) Endauflager, b) Querschnitt
1 Porenbetonblendplatte 2 Ringanker (Ortbeton) 3 Rolladenblende 4 Fertigteilsturz

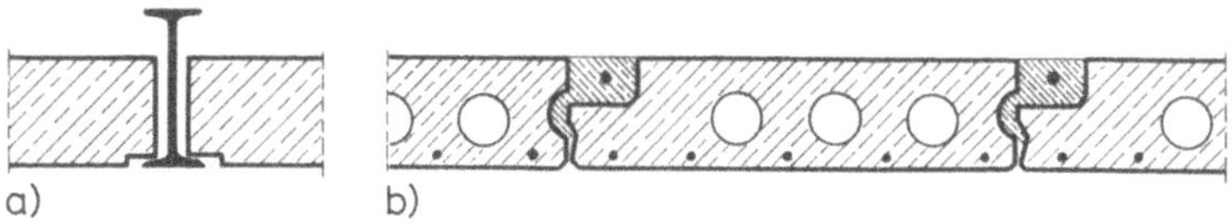

9.11 Vorgefertigte Plattendecke aus Leichbetonplatten
a) Auflager auf I-Trägern
b) Querschnitt

9.2.2.2 Stahlbeton-Hohlplatten

Wenn bei großen Spannweiten Stahlbetonvollplatten wegen der erforderlichen großen Dicke ein zu hohes Gewicht haben würden, kann die Verwendung von Stahlbetonhohlplatten sinnvoll sein. Sie können auf üblicher Schalung an der Baustelle so betoniert werden, daß Hohlkörper aus Drahtgewebe, Schaumstoff, Hartfaserplatten o. ä. in den Querschnit – in der Regel in Spannrichtung – eingebettet werden. Die Form der Bewehrung weicht z. T. wesentlich von der üblichen Plattenbewehrung ab. Eine Ausführungsmöglichkeit für eine Stahlbetonplatte in Verbindung mit vorgefertigten dünnen Stahlbetonplatten (vgl. Abschn. 9.2.2.1) zeigt Bild **9**.12.

9.12
Stahlbetonhohlplatte, teilvorgefertigt (Sikler-Betonwerk)
1 Stahlbeton-Fertigteilplatte
2 Füllkörper
3 Aufbeton

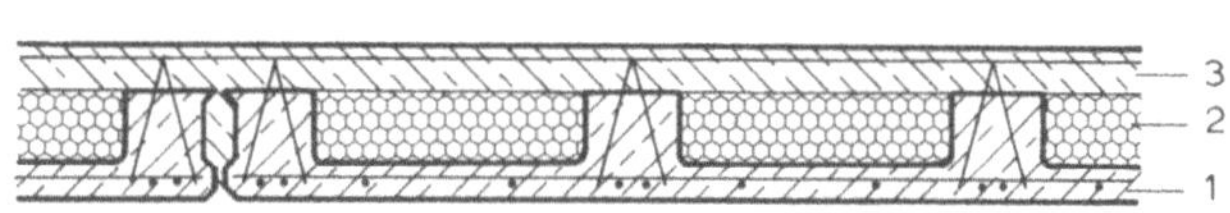

Für Spannweiten bis etwa 7,00 m sind vorgefertigte Stahlbetonhohlplatten auf dem Markt (Bild **9**.13). Die einzelnen Elemente dieser Decken werden lediglich dicht gestoßen auf die Tragkonstruktion verlegt und untereinander an einbetonierten Fixpunkten verschweißt, so daß zusammenhängende Deckenscheiben entstehen.

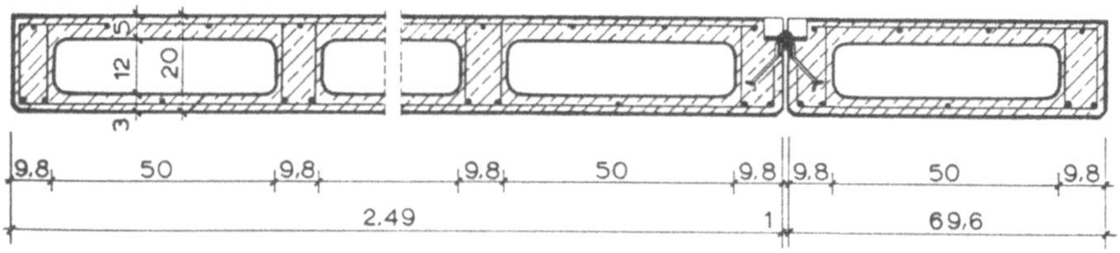

9.13 Vorgefertigte Stahlbeton-Hohlplattendecke (System Klee-Reymann)

Für größere Spannweiten oder für hohe Belastungen werden Stahlbeton-Hohlplatten mit Dicken bis etwa 75 cm in Ortbeton hergestellt.

9.2.2.3 Stahlsteindecken

Stahlsteindecken sind Plattendecken mit mittragenden Ziegelhohlkörpern. Die Hohlkörper vermindern das Deckengewicht. Sie wirken nach DIN 4159 bei der Aufnahme der Druck- und Schubspannungen voll mit. Die Bewehrung liegt in den durch die Ziegel gebildeten Rippen oder in den Aussparungen (Bild **9**.14). Der Achsabstand der Bewehrung darf nicht größer sein als 25 cm. Der Fugenbeton muß mindestens die Festigkeit B 15 aufweisen. Eine Querbewehrung ist im Normalfall ($p \leqq 3{,}50$ kN/m^2, DIN 1055 T3) nicht erforderlich.

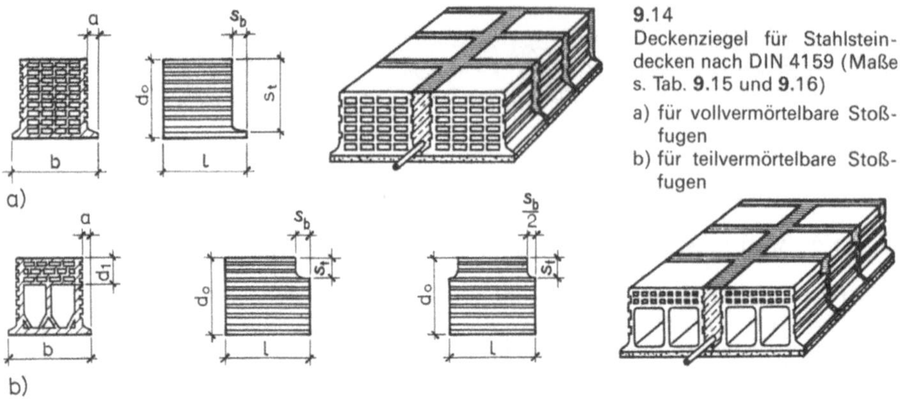

9.14 Deckenziegel für Stahlsteindecken nach DIN 4159 (Maße s. Tab. **9.15** und **9.16**)
a) für vollvermörtelbare Stoßfugen
b) für teilvermörtelbare Stoßfugen

Tabelle **9.15** Maße der Ziegel für vollvermörtelbare Stoßfugen für Stahlsteindecken in mm

Breite	Länge	Dicke	Breite der Fußleisten	Stoßfugenaussparung Breite	Tiefe
b	l	d_0	$a \geqq$	$s_b \geqq$	$s_t \geqq$
250	166	90	20	40	80
	250	115	20	40	105
	333	140	20	40	130
	500[1])				
		165	25	40	155
		190	25	40	180
		215	25	40	205
		240	25	40	230
		265	25	50	255
		290	25	50	280

Tabelle **9.16** Maße der Ziegel für teilvermörtelte Stoßfugen für Stahlsteindecken in mm

Breite	Länge	Dicke	Breite der Fußleisten	Stoßfugenaussparung Breite	Tiefe	Dicke der Druckplatte
b	l	d_0	$a \geqq$	$s_b \geqq$	$s_t \geqq$	$d_1 \geqq$
250	166	115	20	40	45	50
	250	140	20	40	50	55
	333	165	25	40	55	60
	500[1])					
		190	25	40	60	65
		215	25	40	65	70
		240	25	40	70	75
		265	25	50	75	80
		290	25	50	80	85

[1]) nur bei Decken ohne Querbewegung

Die Deckenziegel sind mit durchgehenden Stoßfugen unvermauert auf Schalung zu verlegen. Sie müssen vor dem Einbringen des Betons so durchfeuchtet sein, daß sie nur wenig Wasser aus dem Beton oder Mörtel aufsaugen. Auf die volle Ausfüllung der Fugen und Rippen ist sorgfältig zu achten, besonders wenn die Druckzone unten liegt.

In Bereichen, in denen die Druckzone unten liegt, müssen Deckenziegel mit vollvermörtelbarer Stoßfuge nach DIN 4159 verwendet werden, soweit hier nicht an Stelle der Deckenziegel Vollbeton verwendet wird. Das Eindringen des Betons in die Hohlräume der Deckenziegel ist durch richtige Wahl dieser Ziegel zu verhindern.

Die Decken eignen sich für den Fertigteilbau und für Stützweiten, bei denen Stahlbeton-Volldecken nicht mehr wirtschaftlich sind.

Formänderungen durch Wärmedehnung, Kriechen und Schwinden, sind im Vergleich zur Stahlbetonvollplatte gering. Ziegeldecken werden heute meistens aus vorgefertigten, etwa 1 m breiten Elementen hergestellt (Bild **9**.17).

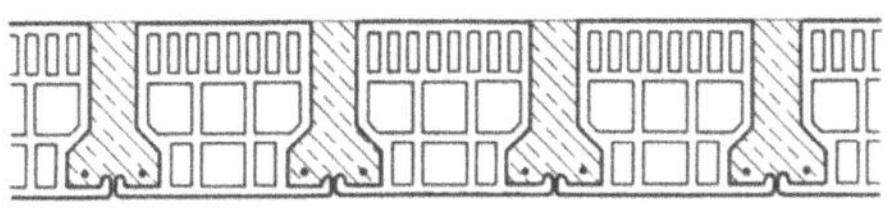

9.17 Vorgefertigte Ziegeldecke (JUWÖ)

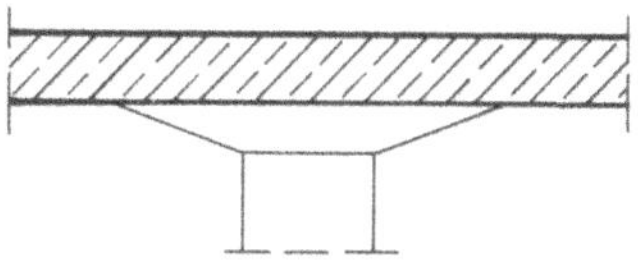

9.18 Pilzdecke

9.2.2.4 Pilzdecken

Pilzdecken (Bild **9**.18) – hier nur der Vollständigkeit wegen in der Reihe der Plattendekken erwähnt – werden meist über Räumen angewendet, die sehr großflächig, aber frei von Unterzügen sein sollen und deren Decken daher nur punktförmige Unterstützungen bei geringer Konstruktionshöhe zulassen (vgl. Abschn. 7.1, Bild **7**.3).

Die außerhalb der Deckenplatten liegenden pilzkopfähnlichen Stützenkopfverstärkungen sind nicht erforderlich, wenn die Sicherheit gegen Druchstanzen rechnerisch nachgewiesen wird (DIN 1045 Abschn. 22.5). Die Schalarbeit wird in diesem Falle vereinfacht, die Bewehrung jedoch umfangreicher (s. auch Abschn. 7.5.4, Bild **7**.33). Die Stützen können runden, quadratischen oder rechteckigen Querschnitt haben.

9.2.2.5 Glasstahlbetondecken

Glasstahlbetondecken (Bild **9**.19) ermöglichen die Abdeckung und Belichtung von Hofkellern, Lichtschächten u.ä. Die Betongläser müssen unmittelbar in den Beton eingebettet sein, so daß ein Verbund zwischen Glas und Beton gewährleistet ist. Hohlgläser müssen über die ganze Plattendicke reichen.

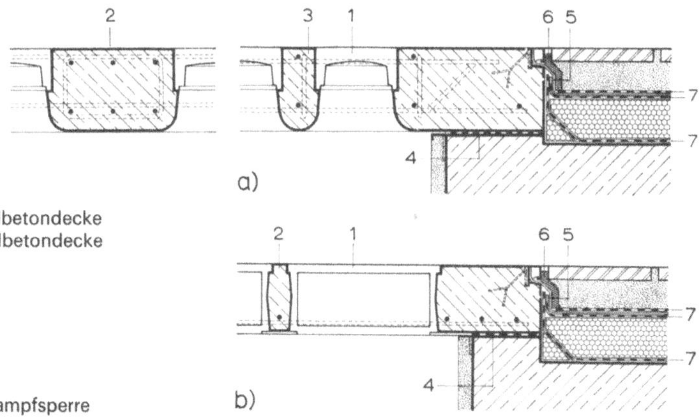

9.19
Glasstahlbeton

a) begehbare Glasstahlbetondecke
b) befahrbare Glasstahlbetondecke

1 Betonglas
2 Tragrippe
3 Sprosse
4 Gleitfuge
5 Gleitfolie
6 Dehnfuge
7 Abdichtung bzw. Dampfsperre

Die Betonrippen müssen bei einachsig gespannten Tragwerken ≧ 6 cm hoch, bei zweiachsig gespannten ≧ 8 cm hoch und in Höhe der Bewehrung ≧ 3 cm breit sein. Alle Trag- und Querrippen (Sprossen) müssen mindestens einen Bewehrungsstab mit einem Durchmesser von ≧ 6 mm erhalten.

Tragteile aus Glasstahlbeton müssen durch einen umlaufenden Stahlbeton-Ringbalken mit geschlossener Ringbewehrung verbunden sein. Breite und Dicke des Balkens müssen mindestens so groß wie die Dicke der Tragrippen sein, und die Ringbewehrung muß der Bewehrung der Hauptrippen entsprechen. Die Bewehrung aller Rippen ist bis an die äußeren Ränder des umlaufenden Balkens zu führen.

Tragteile aus Glasstahlbeton sind z. B. durch nachgiebige Fugen vor Zwängkräften aus der Gebäudekonstruktion zu schützen.

9.2.3 Balkendecken

9.2.3.1 Massivbalkendecken

Die Suche nach Massivdecken, die ohne Schalung hergestellt werden können, hat zu Decken geführt, die von mehr oder weniger dicht nebeneinanderliegenden vorgefertigten Massivbalken getragen werden. Diese Massivbalken können u.a. die Form von Stahlbetonbalken, profilierten Stahlbetonträgern mit Steg und Flansch oder von Stahlbeton-Hohlbalken, von Ziegelhohlbalken oder von Stahlleichtträgern haben. Von Vorteil ist die meist hohe Tragfähigkeit dieser Decken und die geringe Baufeuchtigkeit, die bei ihrer Herstellung auftritt. Nicht zu unterschätzen sind jedoch Transport- und Montagekosten bei dicht verlegten massiven Stahlbetonfertigbalken (Bild **9**.20).

Verbreitet sind Decken mit Fertigbalken, die aus auf mannigfache Art geformten Spezialhohlziegeln und Zwischenbauteilen aus großformigen Hohlziegeln bestehen (Bild **9**.21).

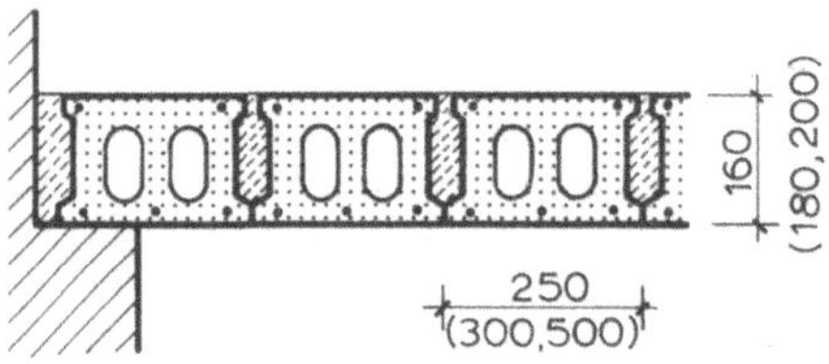

9.20 Bimsbeton-Balkendecke (RAAB)

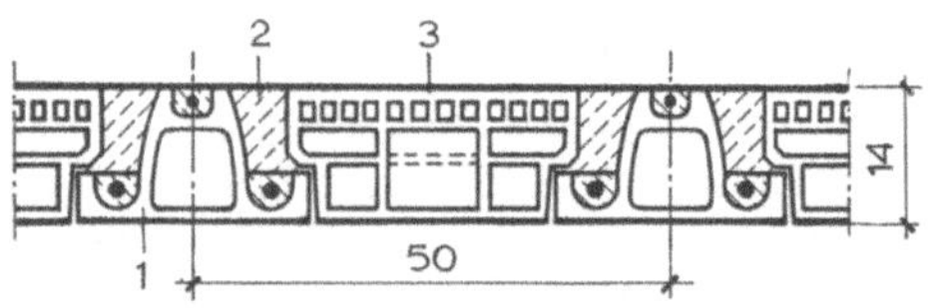

9.21 Massivbalkendecke mit bewehrten Hohlziegelbalken (ESTO-Decke)
1 vorgefertigter Hohlziegelbalken
2 Ortbeton
3 Druckzone des statisch mitwirkenden Zwischenbauteils

Die Ziegelbalken erhalten bei ihrer Herstellung die erfoderliche, in Beton eingebettete Bewehrung. Die Zwischenbauteile können, wie z. B. hier gezeigt, statisch mitwirken oder sie beteiligen sich nicht an der Lastaufnahme (z. B. in DIN 4028, 4158 bis 4160). Im letzteren Fall muß die Druckschicht durch eine 5 cm dicke Ortbetonplatte gebildet werden, um zu gewährleisten, daß an den Fugen aus unterschiedlicher Belastung der einzelnen Balken keine Durchbiegungsunterschiede entstehen. In dem in Bild **9**.22 gezeigten Beispiel stellt der Ortbeton die Verbindung zwischen Hohlziegelbalken und der besonders ausgebildeten Druckzone des Zwischenbauteils her.

Bei nicht vorwiegend ruhenden Verkehrslasten wirken die Zwischenbauteile statisch nicht mit. Die Sicherung der Quersteifigkeit (s. Tab. **9**.34) muß dann die oben erwähnte, in der Regel 5 cm dicke Ortbetonplatte übernehmen (Übergang zur Rippendecke).

9.22
Massivbalkendecke mit fachwerkartigen Stahlleichtträgern (Filigranziegeldecke)
1 Stahlleichtträger
2 Stahlbetonuntergurt
3 geschlossene Untersicht aus Ziegelmaterial
4 mitwirkender Zwischenbauteil (Ziegel)
5 Ortbeton

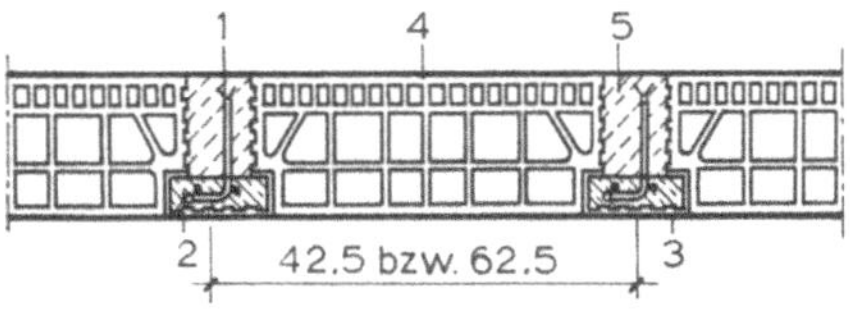

Das Balken- und damit das Deckengewicht kann durch Verwendung von Stahlleichtträgern, die in zahlreichen Formen auf dem Markt sind, weiter vermindert werden. Es gibt u.a. Rundstahl-Gitterträger, Stahlblech-Gitterträger und entsprechende Kombinationen. Der Untergurt wird meist durch eine Betonfußleiste bzw. durch eine Stahlbetonleiste im Ziegelschuh (Tonschalen) gebildet, die als Auflager für die statisch mitwirkenden oder nicht mitwirkenden Zwischenbauteile dient.

9.2.3.2 Plattenbalkendecke

Wirtschaftlicher als eine Vollplatte ist bei größeren Stützweiten und Lasten die Plattenbalkendecke. Bei ihr wird der Beton der Zugzone auf das notwendigste Maß vermindert und die erforderliche Zugbewehrung in Balken zusammengefaßt (Bild **9**.23). Die Plattenbalkendecke besteht aus Rechteckbalken und monolithisch mit ihnen verbundenen Platten, die als beiderseitig über die Balken ragende Kragplatten oder als Durchlaufplatten ausgebildet werden können.

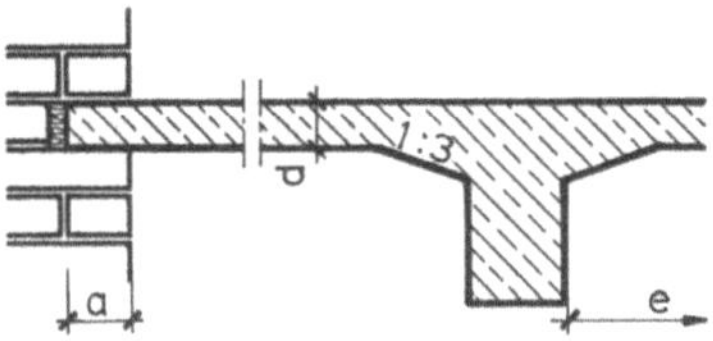

9.23 Plattenbalkendecke (Stahlbewehrung nicht gezeichnet), hier mit Voute 1 : 3
$a \geqq 10$ cm $d \geqq 7$ cm
e = lichter Balkenabstand $\geqq 70$ cm (in der Regel 2,0 bis 3,0 m)

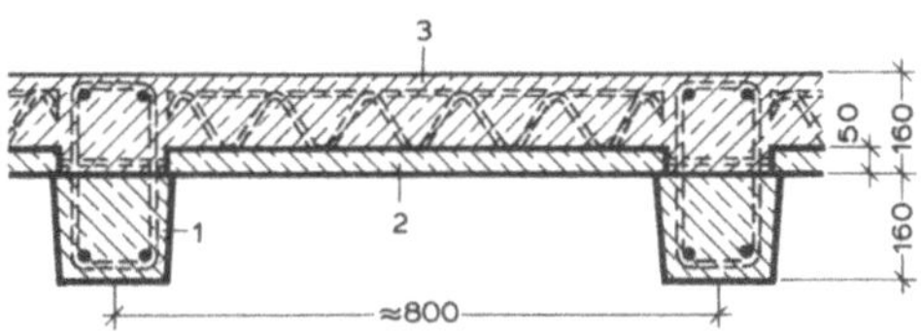

9.24 Plattenbalkendecke (vorgefertigt), System Kaiser
1 vorgefertigter Stahlbetonbalken
2 vorgefertigte Platte
3 Ortbeton

Die Verbindung zwischen Balken und Platte kann mit Vouten erfolgen (stahlsparend). Möglich sind jedoch auch Plattenbalkendecken aus
— Ortbetonbalken und vorgefertigten Platten,
— vorgefertigten Balken und Ortbetonplatten oder vorgefertigten Platten (Bild **9**.24),
— vorgefertigten Balken und vorgefertigten nichttragenden Füllkörpern und Oberbeton (Bild **9**.25).

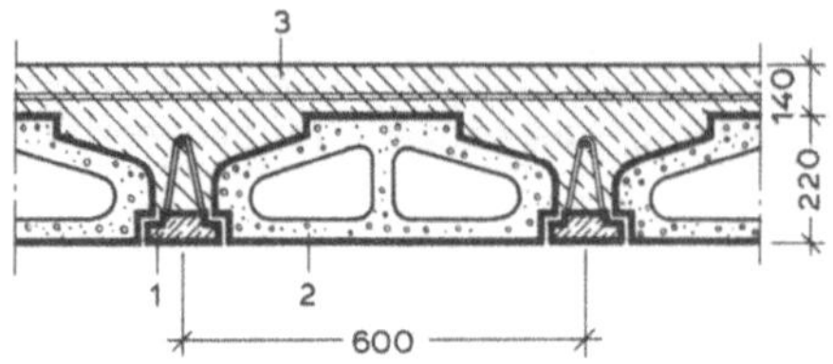

9.25
Plattenbalkendecke (vorgefertigt) mit nichttragendem Füllkörper, System Kaiser-OMNIA
1 vorgefertigte Balken mit Bewehrung
2 nichttragende Füllkörper aus Leichtbeton
3 Ortbeton, ggf. mit zusätzlicher Bewehrung

Möglich sind Balkenabstände von 2 bis 3 m. Bei engeren Abständen ergeben sich dünnere Platten und Balken von geringerer Höhe. Werden die lichten Abstände zwischen den Balken kleiner als 70 cm, spricht man von Stahlbeton-Rippendecken.

9.2.3.3 Stahlbeton-Rippendecken

Die Druckplatte der Stahlbeton-Rippendecke ($d \geqq 1/10$ des lichten Rippenabstandes, jedoch $\geqq 5$ cm dick) erhält nur eine einfache Querbewehrung[1]) zur Sicherung der Quersteifigkeit, die Zugbewehrung liegt in den Längsrippen, die mindestens 5 cm breit sein müssen. Die Stahlbeton-Rippendecke besteht statisch aus T-Balken, die quersteif untereinander verbunden sind (Bild **9**.26). Hergestellt werden Stahlbetonrippendecken meistens unter Verwendung vorgefertigter Trägerelemente (s. auch Bild **9**.25). Die kassettenartigen Aussparungen werden durch Stahl-Schalungselemente bewirkt, die auf Sparschalungen aufgesetzt werden und mehrfach wiederverwendet werden können. Entsprechend den statischen Anforderungen oder zum Maßausgleich werden die Wandanschlüsse mit Massivstreifen gebildet (Blld **9**.26c).

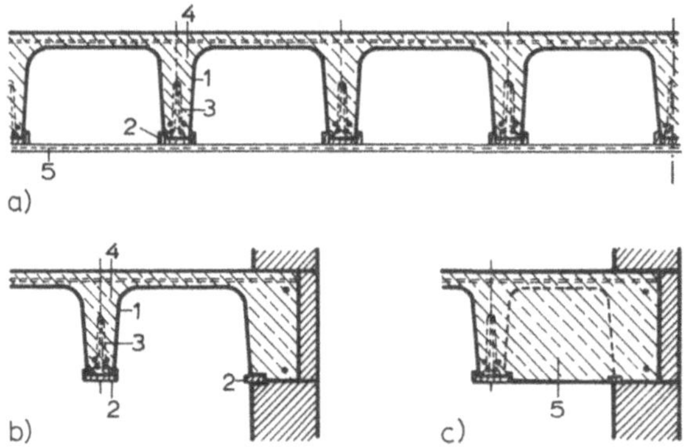

9.26
Stahlbeton-Rippendecke (OMNIA)
a) Deckenquerschnitt
b) Wandanschluß mit normalem Schalungskörper
c) Wandanschluß mit Massivbetonstreifen oder Paß-Schalungskörper
1 Schalungskörper
2 Holzleiste
3 vorgefertigte Hauptbewehrung
4 Ortbeton
5 Ortbetonstreifen oder Paß-Schalkörper

Stahlbeton-Rippendecken können mit statisch mitwirkenden Zwischenbauteilen (z. B. aus Ziegeln nach DIN 4159) hergestellt werden, aber auch mit statisch nicht mitwirkenden Füllkörpern, die zwischen den Rippen und unter der Platte nicht nur die Schalung ersetzen, sondern eine ebene Deckenuntersicht bilden (Bild **9**.27), gegebenenfalls der Schall- und Wärmedämmung dienen, über ihre Schalungsfunktion hinaus keine Festigkeit aufzuweisen brauchen und infolge ihres geringen Gewichts leicht und schnell zu verlegen sind. Sie bestehen meist aus Holzwerkstoffen, Schaumstoff o.ä. insbesondere dort, wo erhöhtes Deckengewicht aus Gründen des Schallschutzes keine Rolle zu spielen braucht.

[1]) bei BST 420 S (IV S) 3 Bewehrungsstäbe ∅ 6 mm
bei BST 500 S (IV S) 4 Bewehrungsstäbe ∅ 4 mm

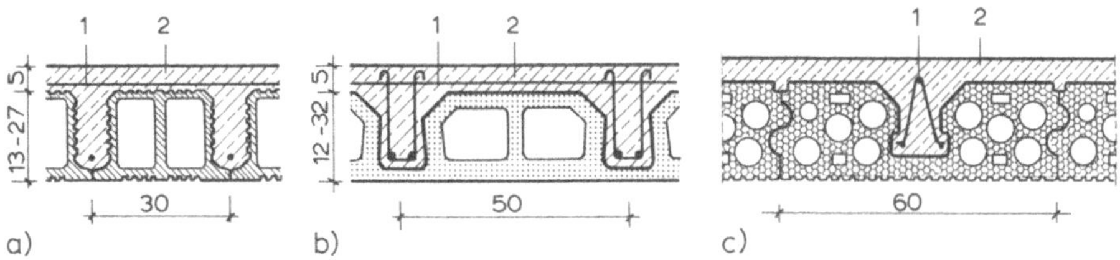

9.27 Stahlbeton-Rippendecken mit statisch nicht mitwirkenden Füllkörpern
a) Hohlziegel-Füllkörper
b) Leichtbeton-Füllkörper
c) Schaumstoff-Füllkörper
1 Querbewehrung
2 Druckplatte

Wenn die Füllkörper statisch nicht mitwirken, besteht die Möglichkeit, die Schalkörper auf wiederholte Verwendung hin anzufertigen. So gibt es Schalbleche für Ortbeton-Rippendecken verschiedener Abmessungen, daneben zahlreiche andere Arten von wiederverwendbaren oder verlorenen Schalkörpern.

Wechselbalken für Auswechslungen von Balken bei Schornsteinen usw. sollen möglichst dadurch vermieden werden, daß die Schornsteine zwischen den Balken hochgeführt werden. Sind Wechsel notwendig, so ist die Schubsicherung besonders nachzuweisen.

Teilvorgefertigte Stahlbetonrippendecken zeigen die Bilder **9**.28 und **9**.29.

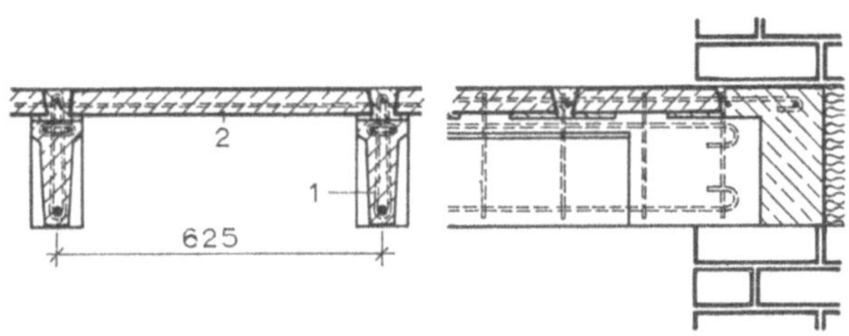

9.28
Stahlbeton-Rippendecke aus Fertigteilen (Decke ist unmittelbar neben dem Balkenauflager geschnitten)
1 Stahlbeton-Fertigbalken
2 vorgefertigte Druckplatte

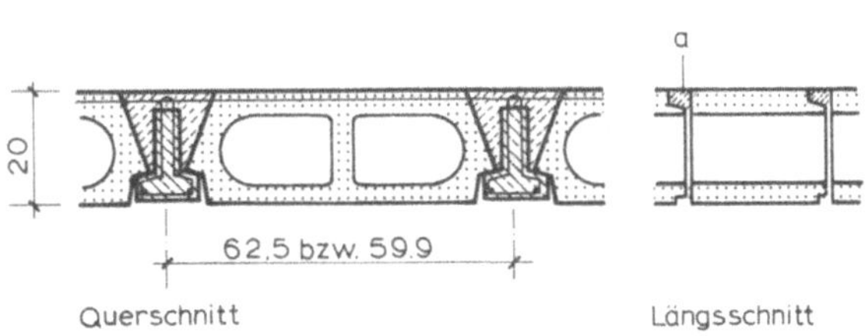

9.29
Stahlbeton Rippendecke aus Stahlbeton-Fertigbalken mit Rippendecken-Füllkörpern
Der Fugenmörtel der besonders geformten Stoßfuge (bei a) gewährleistet die Druckübertragung zwischen den Füllkörpern. Querbewehrung in der Druckzone

Vollständig vorgefertigte Stahlbetonrippendecken (bzw. Plattenbalkendecken) werden in geschlossenen Skelettbausystemen (s. Abschn. **7**.5) für große Spannweiten als Doppelstegplatten (TT-Platten) oder als U-Platten verwendet (Bild **9**.30).

In den Bildern **9**.31 bis **9**.33 sind verschiedene Beispiele für die Ausbildung der zwischen den einzelnen Fertigteilplatten erforderlichen Querverbindungen gezeigt. Die jeweils im Einzelfall nötigen Maßnahmen sind in Tabelle **9**.34 zusammengefaßt.

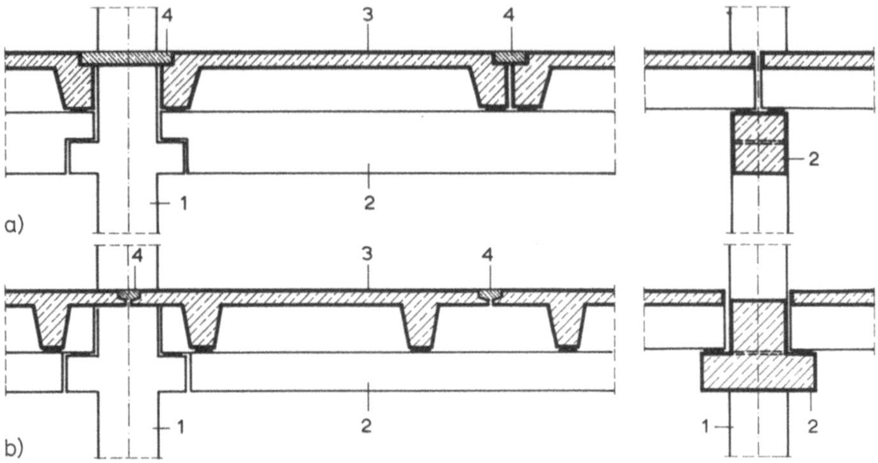

9.30 Vorgefertigte Stahlbetonrippendecken
a) U-Platten, b) TT-Platten
1 Stütze mit Konsolen 2 Träger 3 Deckenelement 4 Querverbindung

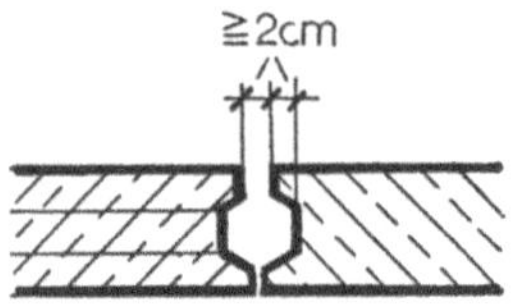

9.31
Beispiel für Fugen zwischen Fertigteilen

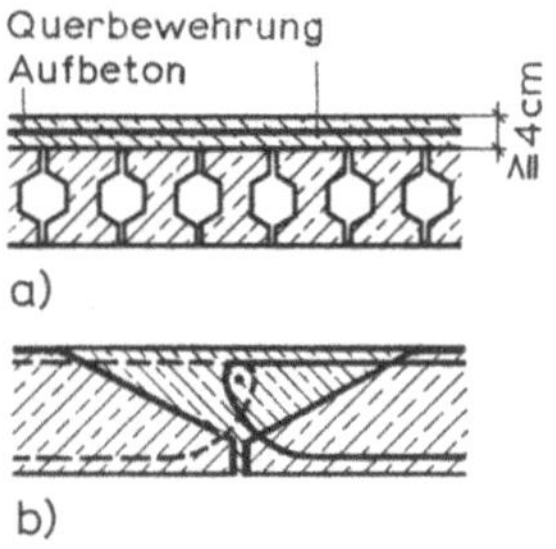

9.32
Beispiele für die Anordnung einer Querbewehrung
a) in ≧ 4 cm dickem Ortbeton
b) bei Stößen im Fertigteil

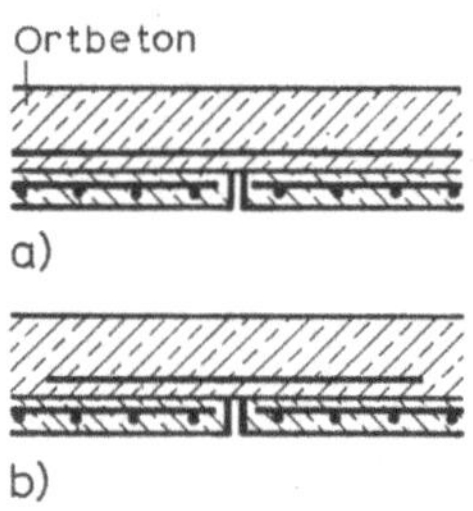

9.33
Beispiele für die Anordnung einer Querbewehrung
a) bei stat. erforderlicher Bewehrung im Ortbeton
b) bei stat. erforderlicher Bewehrung nur im Fertigteil

Die Kurzzeichen I bis V der Tabelle **9**.34 auf S. 329 bedeuten, geordnet nach ihrer Wirksamkeit für die Querverbindung, folgende Maßnahmen:

I ≧ 2 cm tiefe Nute in den Fertigteilen an der Seite der Fugen nach Bild **9**.31, die mit Mörtel nach Abschn. 6.7.1 oder mit Beton mindestens der Güte B 15 ausgefüllt werden, so daß die Querkräfte auch ohne Inanspruchnahme der Haftung zwischen Mörtel und Fertigteil übertragen werden können. Bei $p \geqq 2{,}75$ kN/m^2 sind stets Ringanker anzuordnen.

II Querbewehrung nach Abschn. 20.1.6.3, 3. Satz, in einer ≧ 4 cm dicken Ortbetonschicht (z. B. nach Bild **9**.32a) oder im Fertigteil mit Stoßausbildung (z. B. nach Bild **9**.32b).

III Querbewehrung nach Abschn. 20.1.6.3, 1. Satz, im Ortbeton unter Beachtung des Abschn. 13.2 möglichst weit unten liegend (**9**.33a) oder nach Abschn. 19.7.6 gestoßen (**9**.33b).

IV Querrippen nach Abschn. 21.2.2.3. Die Querrippen sind bei Verkehrslasten über 3,5 kN/m^2 für die vollen, sonst für die halben Schnittkräfte der Längsrippe zu bemessen. Sie sind etwa so hoch wie die Längsrippen auszubilden.

V wie IV, bei Stützweiten > 4 m, jedoch stets mindestens 1 Querrippe.

Tabelle **9**.34 Maßnahmen für die Querverbindung von Fertigteilen nach DIN 1045, Abschn. 19.7.5, Tab. 27

	1	2	3	4	5
	Deckenart	vorwiegend ruhende Verkehrslasten			vorwiegend ruhende und nicht vorwiegend ruhende Verkehrslasten
		$p \leqq 3{,}5$ kN/m² [1])	$p \leqq 5{,}0$ kN/m²	$p \leqq 10{,}0$ kN/m²	unbeschränkt
		nicht in Fabriken und Werkstätten	auch in Fabriken und Werkstätten mit leichtem Betrieb	nicht in Fabriken mit schwerem Betrieb	auch in Fabriken und Werkstätten mit schwerem Betrieb
1	dicht verlegte Fertigteile aller Art (Platten, Balken, Plattenbalken) mit Ausnahme von Rippendecken	I	II	nur mit Nachweis	
2	Fertigplatten mit stat. mitwirkender Ortbetonschicht (s. DIN 1045 Abschn. 19.7.6)	III	III	III	III nur mit durchlaufender Querbewehrung
3	Rippendecken mit ganz oder teilweise vorgefertigten Rippen und Ortbetonplatte oder mit statisch mitwirkenden Zwischenbauteilen und Rippendecken mit Ortbetonrippen und statisch mitwirkenden Zwischenbauteilen	IV	IV	nicht zulässig	
4	Balkendecken aus ganz oder teilweise vorgef. Balken in Achsabstand von $\leqq 1{,}25$ m mit statisch nicht mitwirkenden Zwischenbauteilen	V	V	nicht zulässig	
5	Plattenbalkendecken a) mit Balken aus Ortbeton und Fertigplatten b) mit ganz oder teilweise vorgefertigten Balken und Ortbetonplatten c) mit vorgefertigten Balken und Fertigplatten	keine Maßnahme, außer Nachweis der Durchlaufwirkung der Platte und ihrer biege- und schubfesten Verbindung mit dem Balken			
6	raumgroße Fertigteile aller Art ohne Ergänzung durch Ortbeton	Bestimmungen für Bauteile aus Ortbeton maßgebend			

[1]) Gilt auch für die dazugehörigen Flure

Erläuterung der Kurzzeichen I bis V s. gegenüber auf S. 328

9.2.4 Trapezstahldecken

Massive Geschoßdecken können mit Hilfe von Trapezblechen hergestellt werden, die aus bandverzinktem Stahlblech von 0,75 bis 2,00 mm Dicke in Breiten von etwa 0,60 bis 1,00 m, Längen bis 15,00 m und Höhen von etwa 50 mm bis 160 mm kalt gefaltet werden.

Trapezbleche können als Ein- oder Mehrfeldplatten verlegt werden. Sie können als Tragwerk für die verschiedensten Trockenkonstruktionen dienen (Bild **9.**35a bis c). An der seitlichen Überlappung werden die Profilbleche durch Niete, Schrauben oder Stanzung verbunden. Die Verbindung mit der Unterkonstruktion (z. B. Profil-Stahlträgern) bilden Schrauben, Setzbolzen oder Punktschweißung.

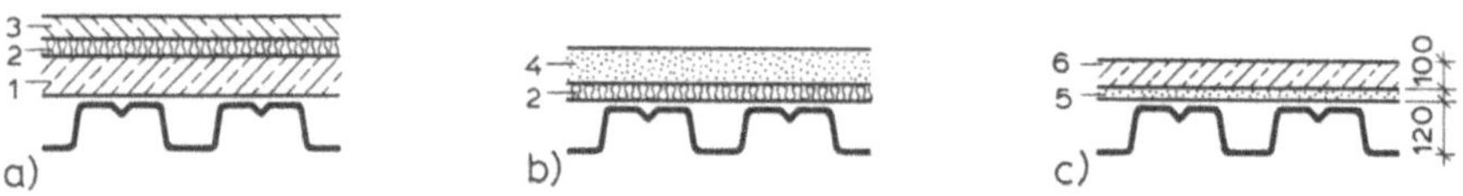

9.35 Trapezstahl-Decke, verschiedene Konstruktionsmöglichkeiten (a bis c)

1 Fertigbetonplatte
2 Trittschall- und Wärmedämmung
3 Estrich
4 mehrschichtige Preßplatte
5 Hartstoffplatte
6 Aufbeton

Für Stahlbetondecken bilden die Trapezbleche bei einigen Systemen gleichzeitig Schalungs- und Tragelement (Bild **9.**36).

An den Hohlstegen der Profile oder eingehängt in die Profilierung können leicht Installationen oder abgehängte Decken montiert werden.

Stahlblech-Deckenkonstruktionen können nach DIN 4102 den Feuerwiderstandsklassen F90 bis F120 zugeordnet werden (vgl. Abschn. 14).

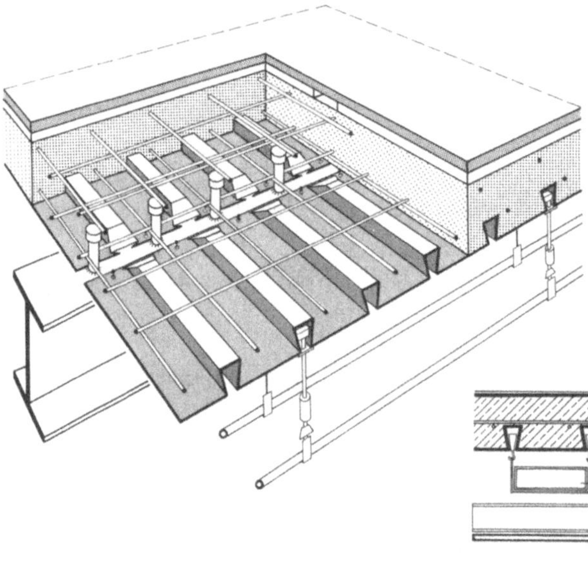

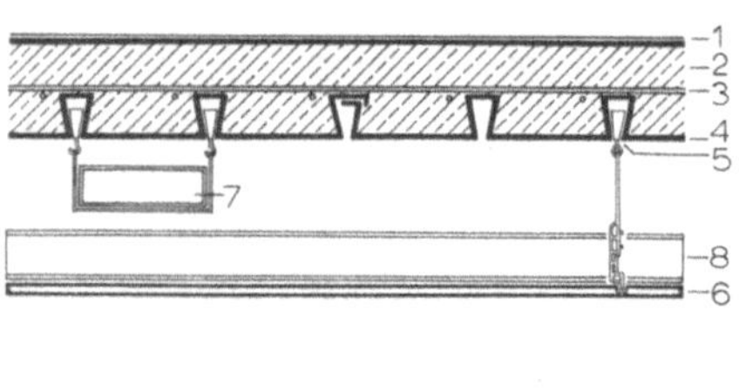

9.36
Stahlblech-Verbunddecke (HOESCH)

1 Bodenbelag
2 Ortbeton
3 Schwindbewehrung
4 Profilblech
5 Aufhängeschienen
6 abgehängte Decke
7 Installations- oder Klimakanal
8 Unterkonstruktion

9.3 Holzbalkendecken[1])

9.3.1 Allgemeines

Als Geschoßdecken sind Holzbalkendecken – auch im Wohnungsbau – nahezu völlig von Massivdecken verdrängt worden. Ihren Vorteilen (geringes Gewicht, Vorfertigung mit trockenem Einbau, gute Wärmedämmung) stehen als Nachteil die schwierige Schalldämmung (s. Abschn. 14.6) sowie die wegen des erforderlichen Brandschutzes begrenzte Anwendungsmöglichkeit in Gebäuden mit nur 2 Vollgeschossen gegenüber.

Holzbalkendecken kommen daher nur noch für einfache, kleinere Bauvorhaben und als Decken über dem obersten Geschoß, insbesondere für Flachdächer und im Zusammenhang mit Holzskelett-Fertigbauweisen vor. Sie werden im Rahmen dieses Abschnittes deshalb besonders im Hinblick auf die neuerdings wieder wichtiger werdenden Sanierungsaufgaben an Altbauten behandelt.

9.3.2 Holzbalkenlagen

Die Balkenlage ist der tragende Teil einer hölzernen Decke. Man unterscheidet:

- Zwischen- oder Geschoßbalkenlagen, die zwei Geschosse voneinander trennen,
- Dachbalkenlagen über dem obersten Geschoß,
- Kehlbalkenlagen innerhalb des Dachgerüstes; sie bilden den oberen Abschluß der Dachgeschoßräume.

Die Balken dienen Fußböden als Auflager, an der Unterseite werden Putzdecken oder andere Unterdeckenflächen befestigt. Darauf ist bei der Balkenanordnung Rücksicht zu nehmen.

Nach Lage und Zweck unterscheidet man folgende Balken (Bild **9**.37):

Ort- oder Giebelbalken an den Giebeln. Erhält die Giebelmauer im folgenden Geschoß eine geringere Dicke, so ist der Giebelbalken nicht auf den Mauerabsatz zu legen (Bild **9**.38 und **9**.39).

Streichbalken an einer oder beiden Seiten der nach oben weitergeführten massiven Wände. Durchgehende Wände sollen auf beiden Seiten feste Berührung mit den Balken haben; daher werden auf die Streichbalken Latten aufgenagelt (Bild **9**.40).

Wandbalken auf jeder unter dem Gebälk aufhörenden massiven Zwischenwand von geringer Dicke (**9**.37c). Reicht der Überstand zum Befestigen der Deckenschalung nicht aus, so ist der Balken durch unten angenagelte Latten zu verbreitern (Bild **9**.41 a und b). Müssen dünne Leichtwände zwischen Balken gestellt werden, so ist notfalls durch Füllhölzer und Schwellbrett ein Auflager zu schaffen (Bild **9**.42). Balken über Fachwerkwänden nennt man Bundbalken.

Zwischenbalken sollen möglichst durch die ganze Tiefe des Gebäudes gehen; sie heißen dann Ganzbalken oder Hauptbalken.

Stichbalken liegen mit einem Ende auf der Wand, mit dem anderen Ende in einem Balken; sie werden bei Balkenauswechslungen und bei Fachwerkbauten, die an den Giebelseiten Balkenköpfe zeigen sollen, verwendet.

---

[1]) Baustoff Holz s. Teil 2 dieses Werkes

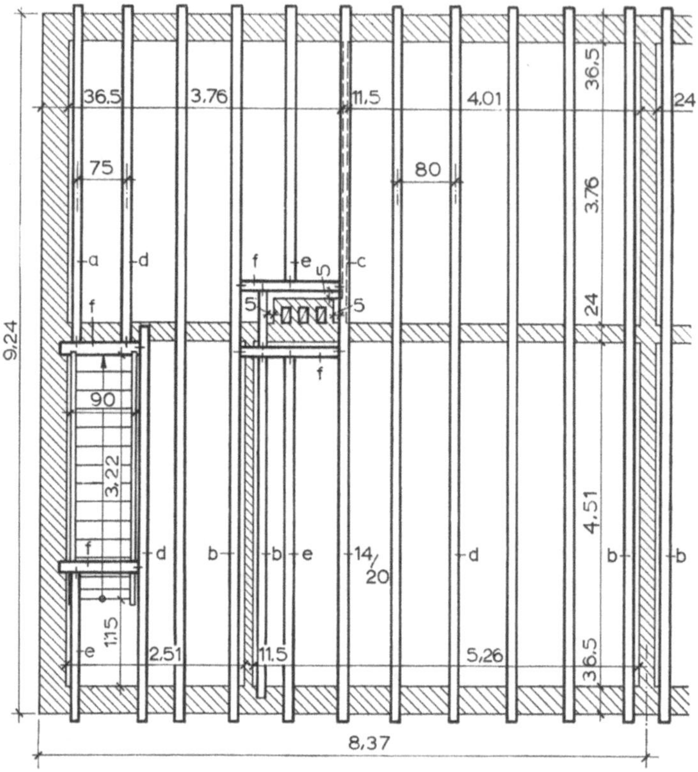

9.37 Dachbalkenlage für ein eingeschossiges Doppelhaus

a) Giebelbalken
b) Streichbalken
c) Wandbalken
d) Zwischenbalken
e) Stichbalken
f) Wechsel

Wechsel sind mit beiden Enden in andere Balken verzapft (Bild **9**.37f). Auswechslungen ergeben sich z.B. an den Schornsteinen und bei hölzernen Treppen.

Beim Entwerfen einer Balkenlage werden zunächst alle Giebel-, Streich- und Wandbalken festgelegt.

Wirtschaftliche Balkenabmessungen ergeben sich bei Achsabständen der Balken von ca. 0,60 bis 0,80 m. Am günstigsten werden für möglichst viele Balkenfelder jedoch lichte Abstände gewählt, die den Maßen der vorgesehenen Einschubmaterialien, von Wärmedämmungen zwischen den Balken oder auch den Maßen der oberen Abdeckun-

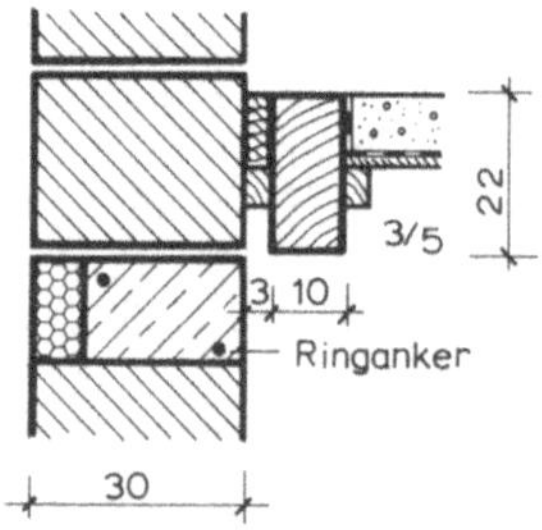

9.38 Ort- oder Giebelbalken neben 24 cm dicker Hohlblockstein-Mauer

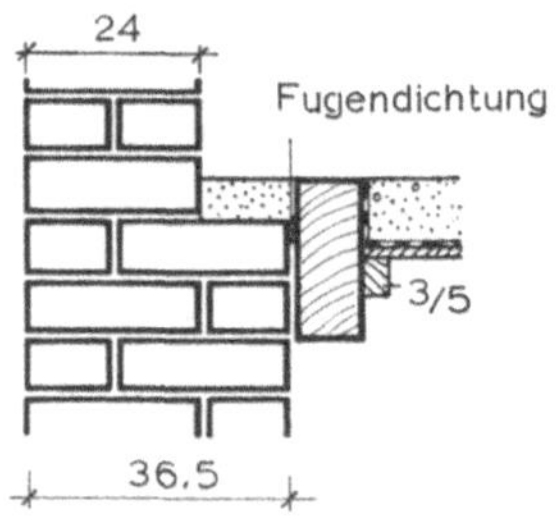

9.39 Ort- oder Giebelbalken neben Mauerabsatz

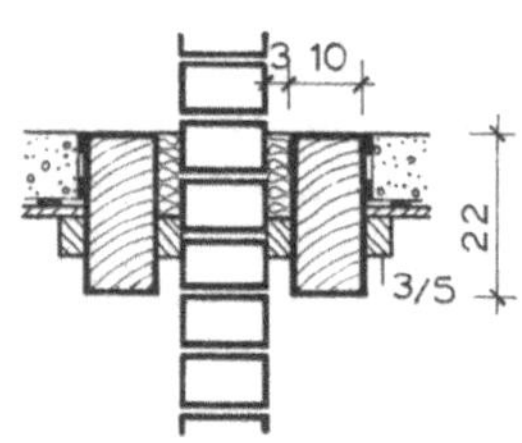

9.40 Streichbalken neben ½ Stein dicker Ziegelwand

gen (Dielen oder Holzspanplatten) entsprechen. Anpassungsarbeiten mit unvermeidlichem Verschnitt sind dann nur in wenigen „Rest"feldern erforderlich.

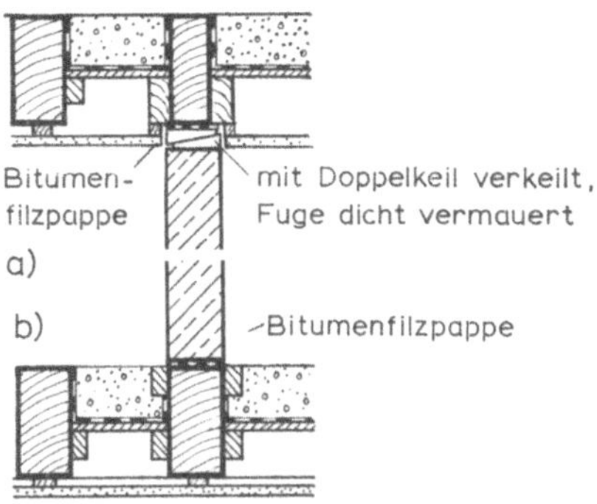

9.41 a) Wandbalken über 10 cm dicker Leicht-Plattenwand
b) Fußpunkt der auf der Balkendecke beginnenden leichten Trennwand

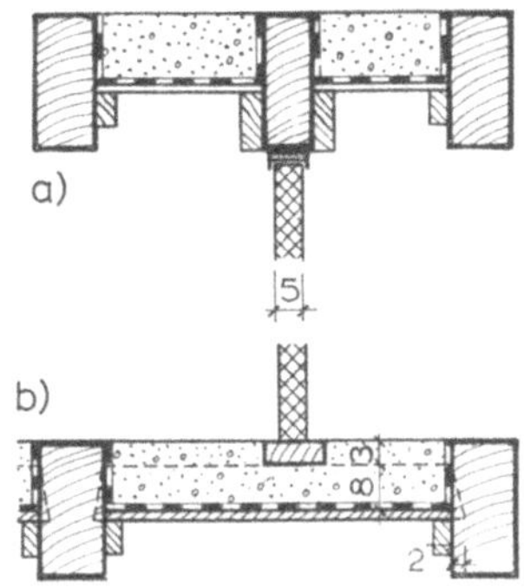

9.42 a) Wandbalken über einer 5 cm dicken leichten Trennwand. Trittschalldämmung s. Abschn. 10
b) Leichtwand, auf Füllhölzer 5/8 gestellt, die in 60 bis 70 cm Abstand mit schrägem Anschnitt zwischen die Deckenbalken gesetzt und mit einem 3 cm dicken Schwellbrett verbunden sind

9.3.3 Konstruktive Einzelheiten

9.3.3.1 Balkenauflager

Bei Ziegelwänden sind die Balken auf eine volle, waagerecht abgeglichene Ziegelschicht, bei Hohlblocksteinwänden auf die Ringanker aufzulegen. Die Länge des Balkenauflagers beträgt bei Balken bis 20 cm Höhe 15 cm, bei höheren Balken 20 cm.

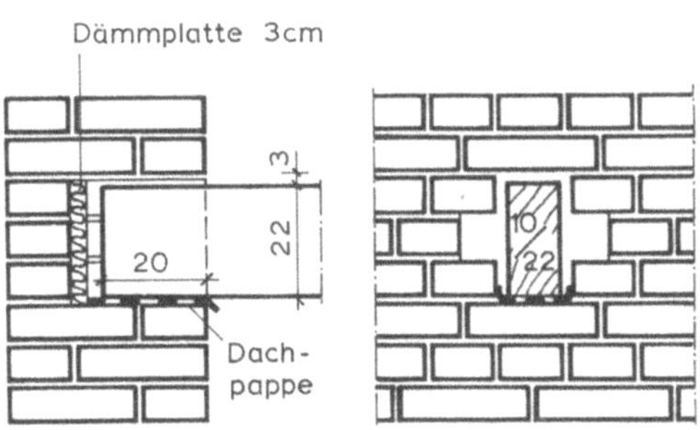

9.43 Einmauerung der Balkenköpfe

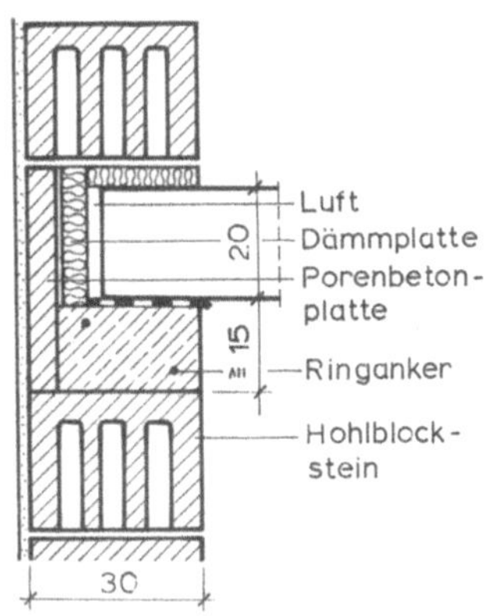

9.44 Holzbalken auf 30 cm dicker Außenwand aus Hohlblocksteinen

Der gesamte Balken ist allseitig mit einem anerkannten Holzschutzmittel zu behandeln und trocken zu vermauern. Zum Schutz gegen aufsteigende Feuchtigkeit liegt der Balken auf einem Dachbahnstreifen. Das Mauerwerk soll seitlich, oben und vor allem vor dem Balkenkopf mindestens 2 bis 3 cm entfernt bleiben. Dieser Hohlraum ist mit dem Luftraum der Balkenfache zu verbinden. Es empfiehlt sich, zwischen Balkenkopf und äußerem Mauerteil zur Vermeidung von Tauwasser eine Wärmedämmplatte (z. B. Leichtbauplatte) einzuschieben, die gemeinsam mit dem äußeren Mauerteil dem Wärmeschutz der jeweiligen gesamten Mauerdicke entspricht (Bild **9**.43). Eine gute Belüftung des Balkenkopfes wird auch durch eine Umhüllung mit Falzpappe erreicht. Geschlossene Dachbahnkappen sind nicht zweckmäßig, weil sie u. U. die Lüftung behindern. Auflager von Holzbalkendecken auf Hohlblockstein-Wänden müssen besonders sorgfältig ausgeführt werden, weil die Wände am Balkenauflager sehr geschwächt sind und hier erhebliche Wärmeverluste und Tauwasserbildung (s. Abschn. 14.5.6) auftreten können. Bei Außenwänden sind die Balkenköpfe außen mit dem gleichen Material wie beim übrigen Mauerwerk abzumauern (kein „Mischmauerwerk", Bild **9**.44).

9.3.3.2 Anker

Die Balkenlage muß eine wirksame Verankerung mit gegenüberliegenden Außenwänden haben. Zu diesem Zweck wird bei Geschoßbalkenlagen etwa jeder vierte Balken an den Enden durch Stahlanker mit dem Mauerwerk zugfest verbunden.

Wenn Ankerbalken gestoßen werden, müssen sie am Stoß zugfest miteinander verbunden werden (Abschn. 9.3.3.3).

Balkenanker (Bild **9**.45) bestehen aus der 60 bis 80 cm langen Ankerschiene (Flachstahl 40 × 10 bis 50 × 10) und dem 50 bis 60 cm langen Splint (Flachstahl 50 × 15). Ein Ende der Ankerschiene ist zu einer Öse umgeschmiedet, durch die der Splint gesteckt wird. Der Splint muß von Innenkante Wand ≧ 24 cm entfernt sein. Statt des Splintes werden auch quadratische oder kreisrunde Scheiben verwendet, die auf der Außenfläche der Wand liegen; sie werden mit dem Ankereisen verschraubt. Die Splinte sind mit Zementmörtel zu vermauern.

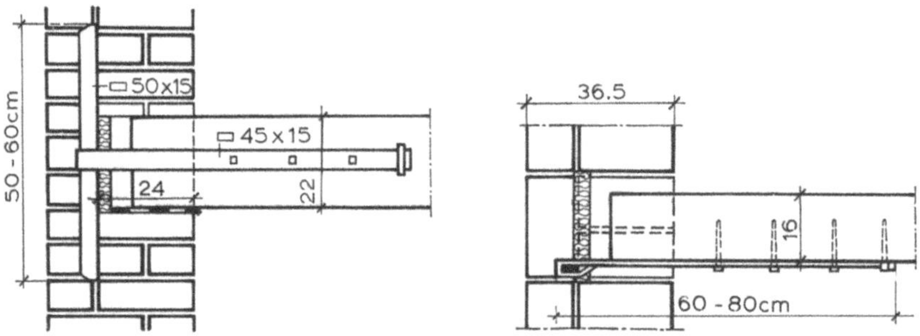

9.45 Balkenanker

Giebelanker (Bild **9**.46) dienen zur Verankerung freistehender Giebelwände mit dem Gebäude; sie bestehen aus Ankerschienen auf Flachstahl 50 × 10, die über drei Balken hinwegreichen müssen. Durch das gedrehte Ankerende ist der ca. 60 cm lange Splint gesteckt.

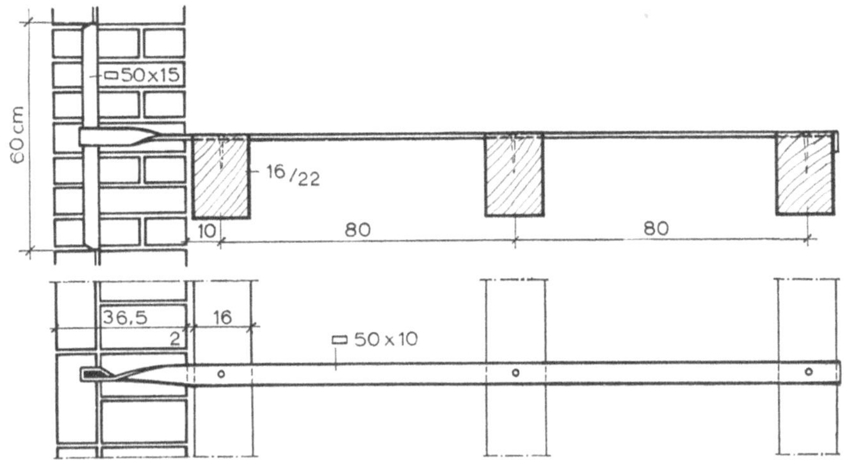

9.46 Giebelanker

Holzbalkendecken, die eine mit der Balkenlage nach DIN 1052 festverbundene Decken- oder Dachschalung aus Dielen oder Spanplatten haben, können als mitwirkende Scheiben zur Aussteifung herangezogen werden.

Bei Gebäuden mit Ringankern bzw. Ringbalken nach DIN 1053 Abschn. 8.3 sind die Balkenlagen in geeigneter Weise so anzuschließen, daß Zug-, Druck- und Schubkräfte übertragen werden können (Bild **9**.47 und **9**.48). In Verbindung mit Holzbalkendecken können Ringanker auch aus Holzprofilen bestehen, wenn sie eine Zugkraft von > 30 kN aufnehmen können und fest mit den Wänden verankert sind (Bild **9**.49).

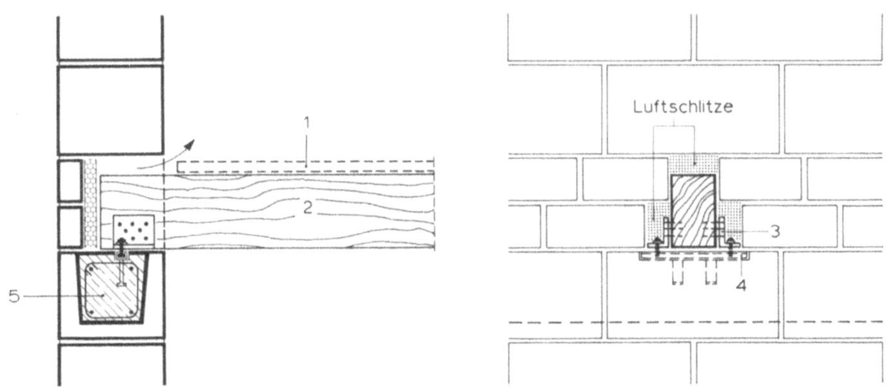

9.47 Anschluß an Ringbalken [7]
1 Deckenscheibe
2 Balken
3 beidseitig Stahlwinkel, genagelt
4 Ankerschiene + 2 × M 12
5 U-Schalungsstein mit Ringankerbewehrung in B 25

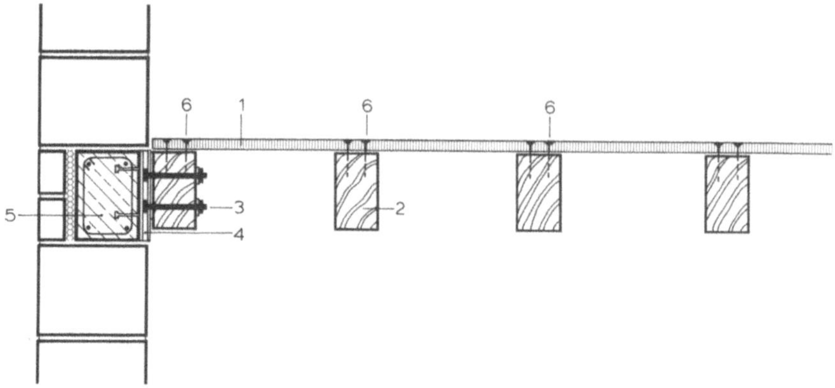

9.48 Seitlicher Deckenanschluß an Ringbalken
1 Deckenscheibe
2 Balkenlage
3 Bolzen
4 Ankerschiene
5 Ringanker
6 zusätzliche Nagelung je 6 Na 34 × 90

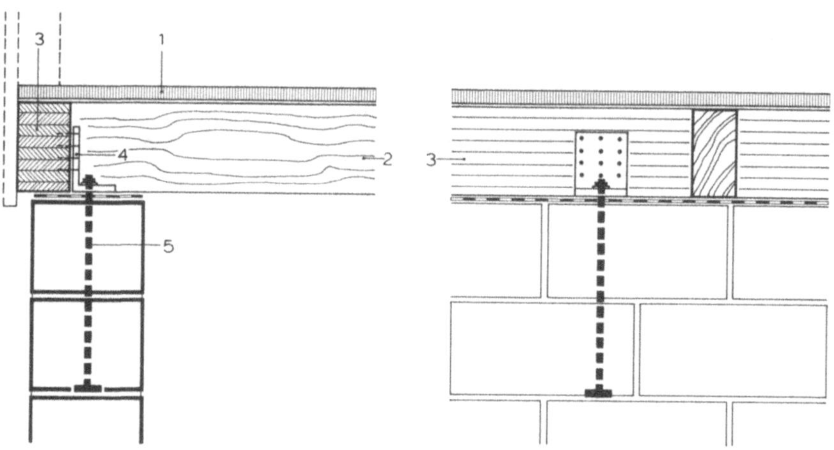

9.49 Holzprofil als Ringbalken
1 Deckenscheibe
2 Balkenlage, zugfest angeschlossen
3 Brettschichtholz (Ringanker)
4 Stahlwinkel
5 Ankerschraube M 16, eingemauert oder -betoniert

9.3.3.3 Balkenstöße

Über die ganze Gebäudetiefe durchlaufende Balken (Balken auf 3 oder mehr Stützen) sind anzustreben, weil sie statisch günstig sind und Holz sparen helfen. Das Stoßen von Balken ist jedoch oft nicht zu vermeiden (Bild **9**.50 bis **9**.52).

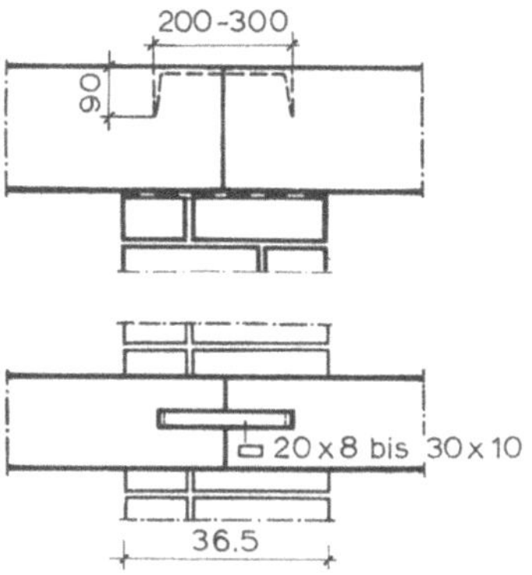

9.50 Gerader Balkenstoß mit Spitzklammer auf 36,5 cm dicker Mauer

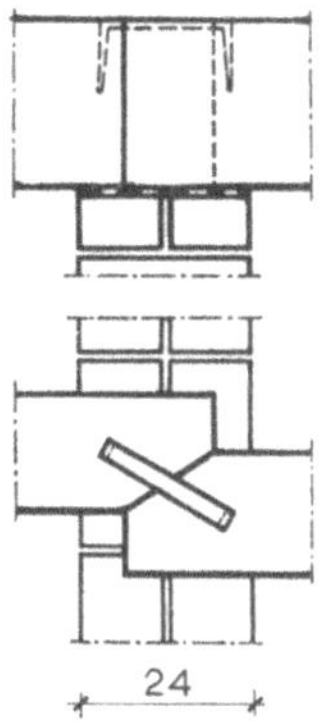

9.51 Balkenstoß auf 24 cm dicker Mauer

Es muß vermieden werden, das in Höhe der Balkenlage aufgehende Mauerwerk durch zu viele Balken zu unterbrechen

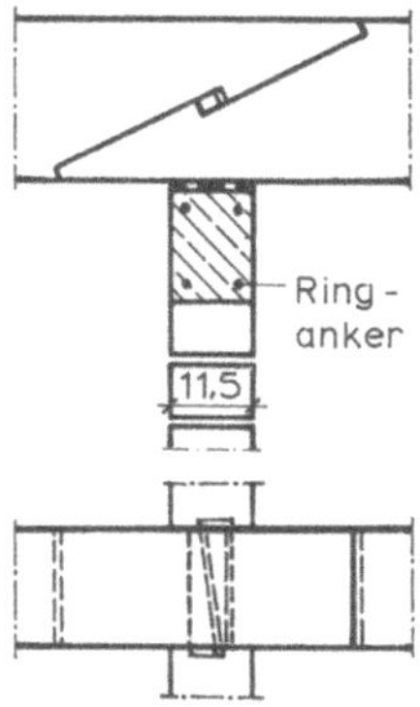

9.52 Balkenstoß auf 11,5 cm dicker Mauer mit schrägem Hakenblatt mit Keil

Für Zugbeanspruchungen müssen die Stöße gegebenenfalls durch Laschen und Bolzen gesichert werden (Bild **9**.53). Sollen gestoßene Balken statisch als Durchlaufträger wirken, so müssen sie durch seitliche Bohlenlaschen biegesteif verbunden werden.

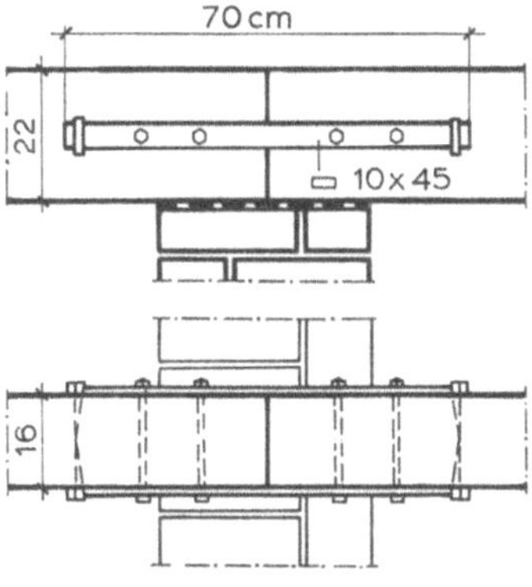

9.53 Zugfester Balkenstoß mit Stahllaschen

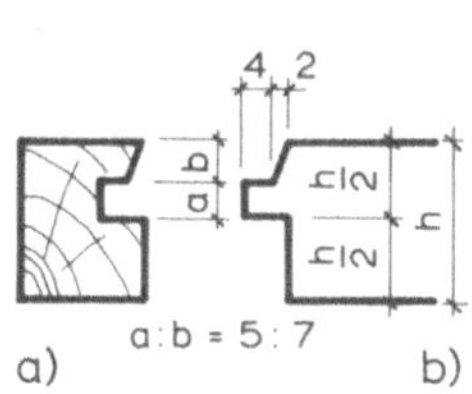

9.54 Brustzapfen

a) Wechselbalken
b) Stichbalken

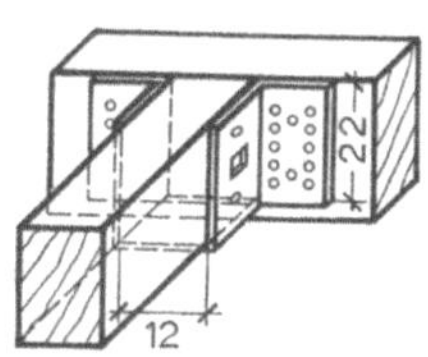

9.55 Anschluß mit Balkenschuh

Nagelung mit verzinkten Stahlstiften

9.3.3.4 Schornsteinwechsel

Schornsteine, ebenso wie Treppenöffnungen zwingen oft dazu, Deckenbalken auszuwechseln (s. Bild **9**.37 e und f). Das geschieht bei Holzbalkendecken in einfacher Weise durch Einzapfen des unterbrochenen Balkens (Stichbalken) in einen Wechselbalken, der seinerseits in die benachbarten durchlaufenden Balken eingezapft ist. Bild **9**.54 zeigt die Zapfenverbindung. Beide Hölzer werden außerdem durch eine Spitzklammer verbunden. „Balkenschuhe", Stahlblechkonsolen, vermindern den Arbeitsaufwand und die Schwächung des Holzquerschnitts (Bild **9**.55).

Die Balkenhölzer müssen $\geqq$ 5 cm von Außenkante Schornsteinwange entfernt bleiben. Der Zwischenraum zwischen Schornsteinwange und Balken kann durch Leichtbeton ausgefüllt werden (s.a. Bild **9**.37f).

9.3.3.5 Holzbalkenquerschnitte

Der Balkenquerschnitt richtet sich nach der freien Länge, der Balkenentfernung, dem Deckengewicht und der Verkehrslast. Zur wirtschaftlichen Verwendung des Bauholzes sind alle Balken statisch zu berechnen. (Für Bauteile, die aus Erfahrung beurteilt oder deren Maße aus anderen Vorschriften entnommen werden können, ist kein rechnerischer Standsicherheitsnachweis erforderlich.) Jeder Balken ist statisch voll auszunutzen. Das kann dadurch erreicht werden, daß bei gleicher Balkenhöhe die jeweils statisch notwendigen Balken b r e i t e n verwendet oder die Balken a b s t ä n d e geändert werden. Das Eigengewicht der Decke kann bei leichten Zwischendecken mit 2,0 kN/m² angenommen werden. Die Verkehrslast ist bei allen Wohngebäuden mit 2,0 kN/m² anzusetzen.

Die folgende Tabelle **9**.56 enthält zulässige freie Balkenlängen für die Balkenabstände von 60 bis 90 cm bei einer Gesamtbelastung von 4,0 kN/m².

Die nach DIN 4070 genormten Balken haben die Querschnittsverhältnisse von 1:2,5 (8/20) bis 5:6 (20/24). Statisch am günstigsten sind schmale hohe Querschnitte. Zu empfehlen sind daher die Halbholzbalken (10/20 10/22 12/24 12/26) mit Abständen von 60 bis 70 cm. Bei geringen Balkenabständen sind Deckenscheiben weniger hinsichtlich Durchbiegung beansprucht.

Statt der Vollholzquerschnitte sind vielfach vorgefertigte Träger bei größeren Spannweiten wirtschaftlicher, weil sie entweder bei gleichen Abmessungen wie Vollhölzer wesentlich höher belastbar sind (z.B. Brettschichtträger, s. Abschn. 1.2.4.2 in Teil 2 des Werkes) oder ein wesentlich geringeres Eigengewicht bei gleicher Tragfähigkeit

Tabelle **9**.56 Günstige Balkenquerschnitte und zulässige lichte Weiten W bei $q = 4{,}0$ kN/m², Nadelholz Güteklasse II im Lastfall H

Balken-querschnitt in cm	W_x in cm³	J_x in cm⁴	freie Balkenlänge W bei einem Balkenabstand e von Mitte zu Mitte in cm 60	65	70	75	80	85	90
10/20	667	6670	3,95	3,84	3,75	3,67	3,59	3,52	3,45
14/20	933	9333	4,41	4,29	4,19	4,10	4,01	3,93	3,85
16/20	1067	10667	4,61	4,49	4,38	4,30	4,19	4,11	4,03
10/22	807	8873	4,35	4,23	4,13	4,03	3,95	3,87	3,80
16/22	1291	14197	5,07	4,94	4,82	4,71	4,61	4,52	4,43
12/24	1152	13824	5,03	4,90	4,78	4,67	4,57	4,48	4,40
16/24	1536	18423	5,54	5,39	5,26	5,14	5,04	4,93	4,84
18/24	1728	20736	5,76	5,61	5,47	5,34	5,23	5,12	5,03
12/26	1352	17576	5,45	5,31	5,18	5,06	4,95	4,86	4,76

haben wie z. B. Wellstegträger (Bild **9**.57). Wellstegträger haben Ober- und Untergurte aus Vollholzquerschnitten in die wellenförmig gebogene Sperrholzstege eingeleimt sind.

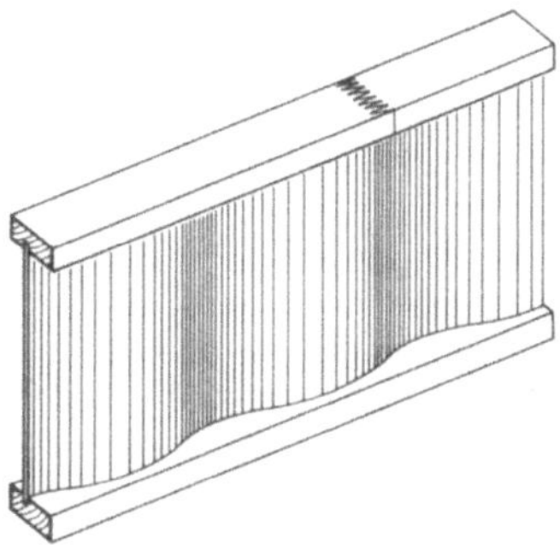

9.57 Wellstegträger

9.3.3.6 Deckeneinschub

Die Balkenzwischenräume von Holzbalkendecken werden zum Wärme- und Schallschutz mit „Einschüben" ausgeführt. Die alte Technik des Wickelbodens aus Strohlehmwickeln (Bild **9**.58) bietet zwar recht gute Schall- und Wärmedämmung, ist aber allein aus Lohnkostengründen allenfalls im Bereich denkmalspflegerischer Maßnahmen noch anwendbar. Wirtschaftlicher sind Einschübe, die aus Auffüllungen mit Leichtbeton (Bild **9**.59), aus eingelegten Leichtbetonplatten (Bild **9**.60) oder Lochziegelkörpern (Bild **9**.61) bestehen. Bei den heutigen Anforderungen sind jedoch für alle diese Ausführungen zusätzliche Maßnahmen insbesondere zum Trittschallschutz notwendig (s. Abschn. 10).

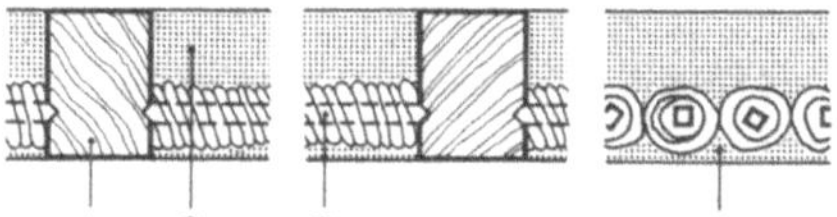

9.58 Wickelboden
1 Deckenbalken mit seitlichen Einkerbungen
2 Lehmauffüllung
3 Strohlehmwickel
4 Deckenputz

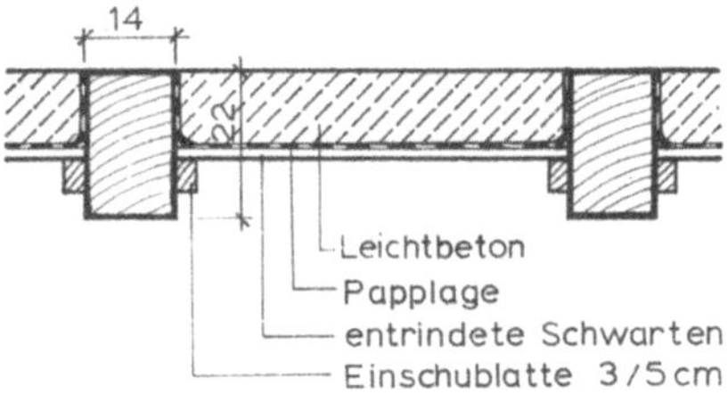

9.59 Einschubdecke mit Auffüllung aus Leichtbeton

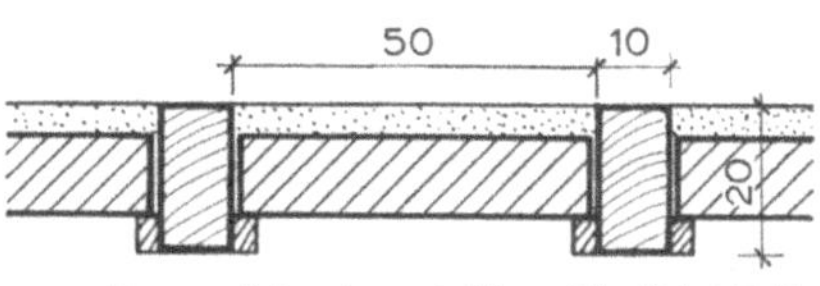

9.60 Einschub mit 11,5 cm dicken Leichtbauplatten o. ä. und Auffüllung
Einschub aus Hohlziegelkörpern

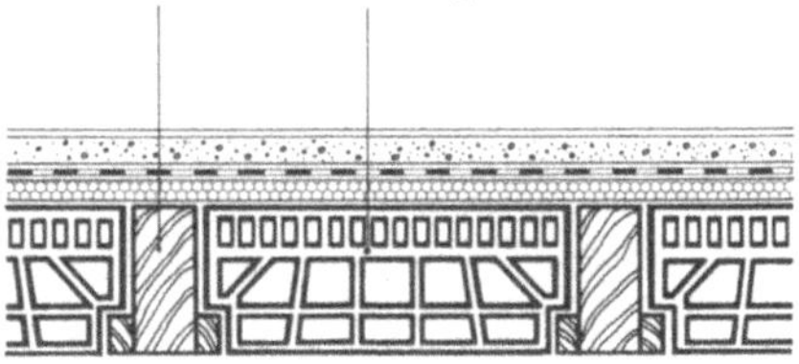

9.61 Einschub aus Hohlziegelkörpern

9.4 Gewölbe

Gewölbe können als bogenförmig oder sphärisch gekrümmte gemauerte Massivdecken betrachtet werden, deren Steine sich gegeneinander so abstützen, daß sie untereinander nur auf Druck beansprucht sind. An den Auflagern müssen neben vertikalen Belastungen jedoch – je nach Gewölbekonstruktion – erhebliche Horizontalkräfte aufgenommen werden.

Seit seinen Anfängen hat der Gewölbebau seine vielfachen Ausformungen gewonnen durch das Streben nach größeren Spannweiten, nach größeren Öffnungen in den Auflagerwänden, vor allem aber durch die immer weiter verfeinerten Methoden zur Bewältigung der Horizontalkräfte in den Auflagerpunkten.

Die verschiedenen historischen Gewölbeformen zur Überspannung von Räumen spielen heute fast nur noch in der Denkmalpflege eine Rolle. Bei Geschoßdecken sind sie durch Massivdecken bzw. durch Stahlbetonkonstruktionen verdrängt.

Die Gewölbeteile werden ähnlich wie bei Mauerbögen benannt (vgl. Bild **6**.66). Bei den Umfassungsmauern überwölbter Räume werden Widerlagermauern, die das Gewölbe tragen, von Stirnmauern oder Schildmauern, die nur zum Raumabschluß dienen, unterschieden.

Alle Gewölbeformen lassen sich im wesentlichen auf zwei Grundformen zurückführen:

- Tonnengewölbe mit zylindrischer Wölbfläche und
- Kuppelgewölbe mit kugelförmiger Wölbfläche.

Danach kann man die Gewölbe in zylindrische und kugelförmige (sphärische) einteilen. Zu den zylindrischen Gewölben gehören: Tonnengewölbe (auch die sogenannten „preußischen Kappen"), Klostergewölbe, Muldengewölbe, Spiegelgewölbe, römisches Kreuzgewölbe (Bild **9**.62 und **9**.63).

Den Übergang zu den sphärischen Gewölben bilden: Kreuzgewölbe mit Bogenstich und Busung, Sterngewölbe, Netzgewölbe, Fächergewölbe. Zu den sphärischen Gewölben gehören: Kuppelgewölbe, Hängekuppel, Zwischenkuppel, böhmische Kappe.

9.4.1 Tonnengewölbe

Das Tonnengewölbe läßt nur eine beschränkte Ausnutzung seiner Raumhöhe zu. Die Gewölbefläche reicht an den Widerlagermauern tief herab und muß für die Anordnung von Fenstern und Türen Durchbrechungen erhalten, die durch sog. Stichkappen in Zylinder- oder Kegelform mit waagerechter oder geneigter Achse geschlossen werden. Die Wölbfläche ist im allgemeinen die eines halben geraden Kreiszylinders (Bild **9**.62).

Größere und stark belastete Gewölbe sind mit Hilfe des Stützlinienverfahrens statisch zu erfassen.

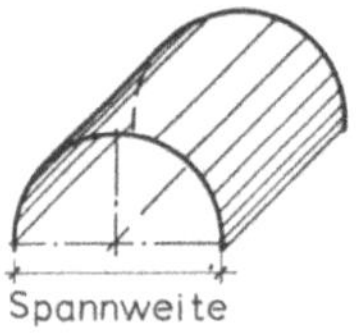

9.62 Gerades halbkreisförmiges Tonnengewölbe

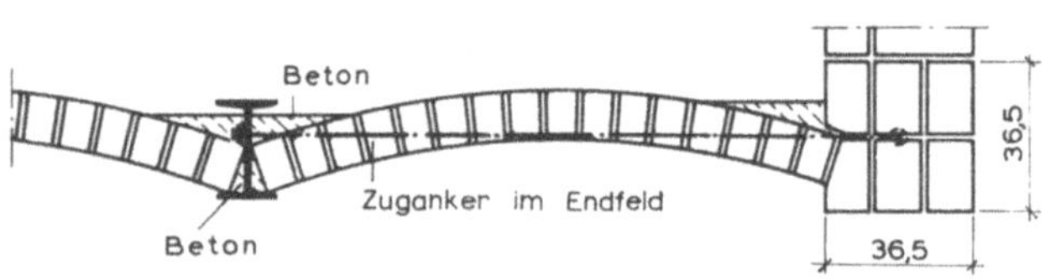

9.63 Preußisches Kappengewölbe

9.4.2 Preußisches Kappengewölbe

Der Form nach bildet das sogenannte preußische Kappengewölbe einen Teil eines Tonnengewölbes (Bild **9**.62). Die Wölblinie ist ein Flachbogen mit einer Stichhöhe von $\frac{1}{5}$ bis $\frac{1}{10}$ der Spannweite.

Wegen der geringen Stichhöhe ist das preußische Kappengewölbe nur für kleinere Spannweiten anwendbar. Größere Räume müssen in kleinere Felder aufgeteilt werden. In Bild **9**.63 ist die Anordnung der Kappen zwischen I-Trägern dargestellt.

Bei Kappendecken treten in den Endfeldern beträchtliche Horizontalkräfte auf. Sie werden aufgehoben durch Zuganker, die den letzten Träger mit dem Randauflager koppeln (Bild **9**.63).

9.4.3 Klostergewölbe, Muldengewölbe, Spiegelgewölbe

Das Klostergewölbe (Bild **9**.64) entsteht aus der rechtwinkligen Kombination von zwei Tonnengewölben zur Überspannung quadratischer Grundrisse. Der Diagonalbogen (Kehlbogen) ist eine Ellipse; sämtliche Umfassungswände sind Widerlager. Das Klostergewölbe eignet sich im allgemeinen nicht zur Überdeckung von niedrigen Räumen, da die allseitig tief herabreichenden Wölbflächen die Anlage der Tür- und Fensteröffnungen erschweren.

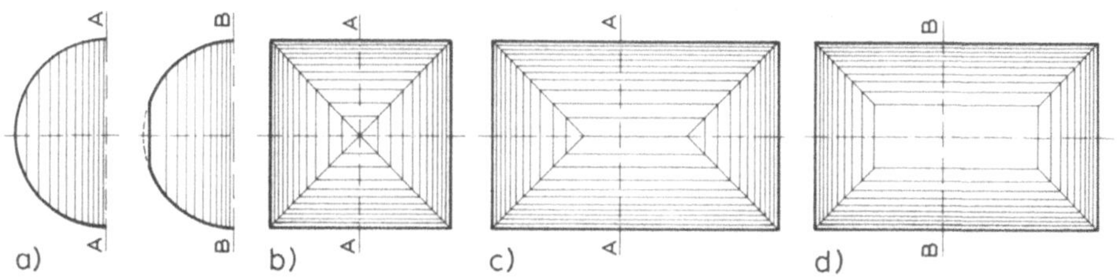

9.64 Klostergewölbe
a) Querschnitt
b) über quadratischem Raum
c) Muldengewölbe
d) Spiegelgewölbe

Das Muldengewölbe ist ein Tonnengewölbe über Rechteckgrundriß, das auf beiden Seiten durch halbe Klostergewölbe geschlossen wird (Bild **9**.64c).

Spiegelgewölbe sind Kloster- und Muldengewölbe, deren oberer Teil durch eine waagerechte Fläche, den Spiegel, ersetzt wird. Die verbleibenden Gewölbeteile nennt man Vouten (Bild **9**.64d).

9.4.4 Kreuzgewölbe

Das Kreuzgewölbe entsteht als Durchdringung von 2 Tonnen (Bild **9**.65). Die Kappen können entweder zylindrisch oder gebust, d.h. allseitig (kugelartig) gekrümmt sein.

Schildbögen (Wandbögen) heißen die Linien, in denen die Kappen an die Umfassungswände anschließen; sie können Halbkreise, Spitzbögen oder elliptische Bögen sein. **Grate** heißen die Linien, in denen sich die Kappen durchdringen.

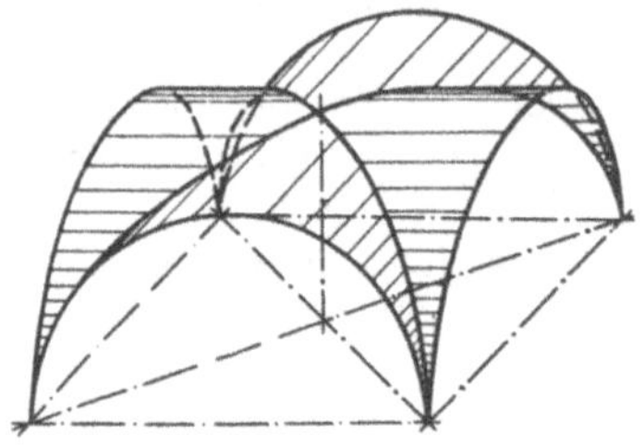

9.65
Kreuzgewölbe über quadratischem Raum (römisches Kreuzgewölbe)

Bei **zylindrischen** Gewölben (Bild **9.**66) sind die Gratbögen durch Vergatterung aus den Wandbögen zu bestimmen.

Bei gebusten Gewölben können Wand- und Gratbögen, wie z. B. beim gotischen Kreuzgewölbe, unabhängig voneinander angenommen werden (Bild **9.**67).

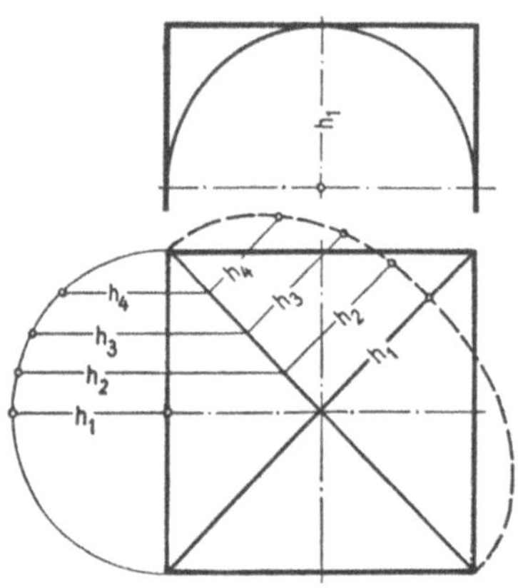

9.66 Römisches Kreuzgewölbe (zylindrische Kappenflächen, gerade, waagerechte Scheitellinie)

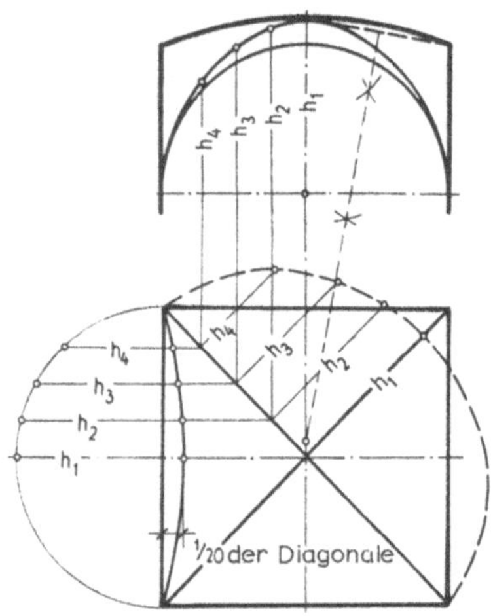

9.67 Romanisches Kreuzgewölbe mit Bogenstich

Die **Scheitellinien** der zylindrischen Kappen sind gerade oder – wegen des Setzens – mit geringer Steigung („mit Stich") nach dem Gewölbescheitel zu angeordnet.

Die Scheitellinien der gebusten Kappen sind bogenförmig.

Das Kreuzgewölbe besitzt gegenüber anderen Gewölbeformen den statischen Vorzug, daß es die Gewölbelast über die Grate fast ganz auf die Ecken des Raumes überträgt.

Das Widerlager an den Ecken wird durch Mauern, Pfeiler oder Säulen gebildet. Die Umfassungswände können durch Gurtbögen ersetzt werden (offene Gewölbe). Kreuzgewölbe ermöglichen eine günstige Beleuchtung des zu überwölbenden Raumes, da man in den ringsum hochgehenden Schildmauern große Fensteröffnungen anlegen kann.

Zur Überdeckung größerer Räume werden mehrere Gewölbe neben- oder hintereinandergereiht. Die einzelnen Felder nennt man Gewölbejoche; sie werden durch Gurtbögen voneinander getrennt. Eine Jochreihe nennt man ein Schiff; ein Raum mit 2, 3 oder mehr nebeneinanderliegenden Jochreihen heißt zwei-, drei- oder mehrschiffig.

Der historischen Entwickung nach unterscheidet man:

1. Das römische Kreuzgewölbe (Bild **9**.66); es ist die Durchdringung zweier Tonnengewölbe gleicher Spannweite.
2. Das romanische Kreuzgewölbe; es ersetzt den flachelliptischen, stark schiebenden Gratbogen des römischen Kreuzgewölbes durch überhöhte Bogenformen bis hin zu einem Halbkreis (Bild **9**.67 und **9**.68).
3. Das gotische Kreuzgewölbe hat halbkreisförmige oder stumpfspitzbogenförmige Gratbögen (Bild **9**.69). Die Schildbögen sind Spitzbögen, die Kappenflächen gebust.

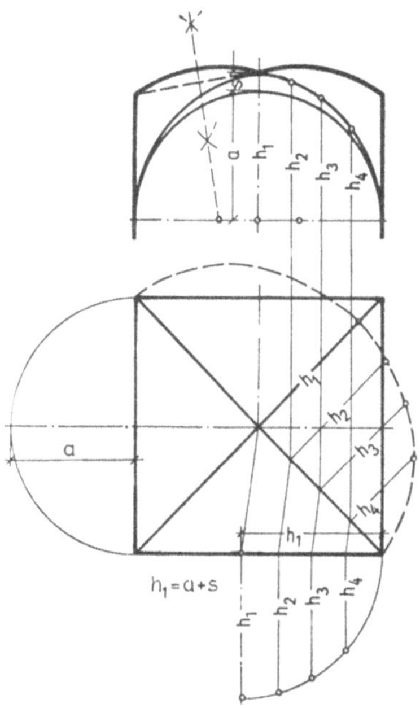

9.68 Romanisches Kreuzgewölbe mit Busung und Stich

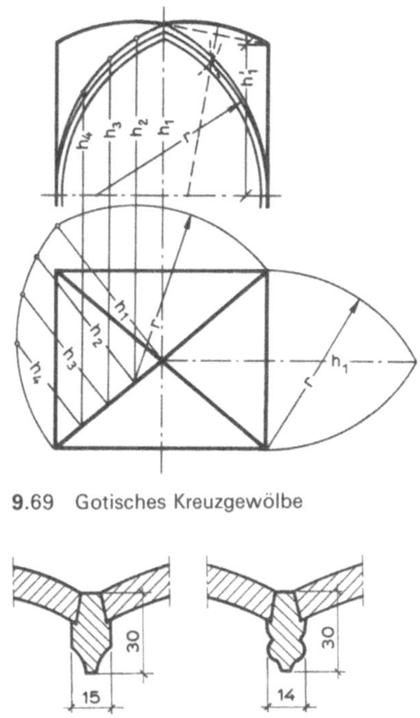

9.69 Gotisches Kreuzgewölbe

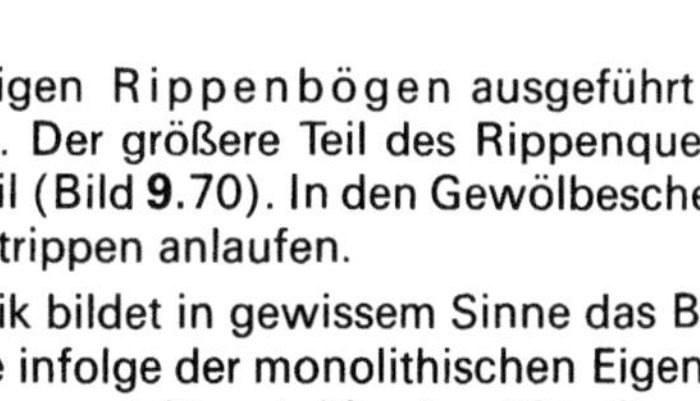

9.70 Gewölberippen

Kreuzgewölbe können auch mit selbständigen Rippenbögen ausgeführt werden, gegen die sich die Kappen seitlich stützen. Der größere Teil des Rippenquerschnitts tritt nach unten vor und endet in einem Profil (Bild **9**.70). In den Gewölbescheitel wird ein Schlußstein gesetzt, gegen den die Gratrippen anlaufen.

Eine Weiterentwicklung der Gewölbetechnik bildet in gewissem Sinne das Bauen mit sehr dünnwandigen Stahlbetonschalen, die infolge der monolithischen Eigenschaften des Werkstoffs (Aufnahme von Druck-, Zug- und Biegekräften) größte Spannweiten zulassen.

9.5 Balkone und Loggien

9.5.1 Allgemeines

Balkone erhöhen, wenn sie ausreichend bemessen sind und hinsichtlich Himmelsrichtung und Wetterschutz richtig geplant sind, den Wohnwert von Geschoßwohnungen beträchtlich. Sie können bei bestimmten Gebäudetypen (z. B. Laubenganghäuser) Erschließungswege bilden. Bei ausgedehnten oder hohen Gebäuden dienen sie vielfach als Fluchtwege sowie als Plattform für die Reinigung und Instandhaltung der Gebäudeaußenflächen. Im übrigen stellen Balkone seit jeher ein interessantes Gestaltungselement für Fassaden dar.

Die Decken von Balkonen und Loggien sind als Sonderfälle für die Ausführung von Decken zu betrachten.

Hinsichtlich der Grundrißgestaltung können Balkone ausgebildet werden als
- freie Balkone (Bild **9**.71 a)
- Eckbalkone (Bild **9**.71 b)
- teilweise eingezogene Balkone (Bild **9**.71 c)
- eingezogene Balkone (Bild **9**.71 d)

In jedem Fall liegen die Balkonflächen vollständig im Außenbereich.

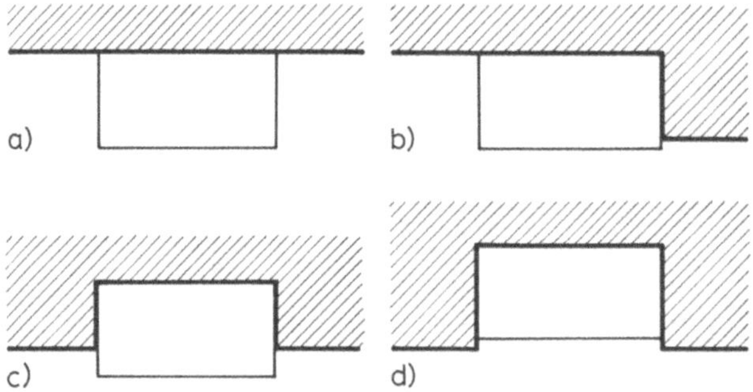

9.71
Grundrißformen von Balkonen
a) Freibalkon
b) Eckbalkon
c) teilweise eingezogener Balkon
d) ganz eingezogener Balkon

Loggien entstehen, wenn übereinanderliegende eingezogene Balkone untereinander ganz oder teilweise durch Wände oder Verglasungen verbunden werden. Die Unterseiten der Loggien-Deckenflächen liegen im Innenbereich, können aber auch – z. B. im untersten Geschoß – mit der Unterseite an den Außenbereich angrenzen. Bei eingezogenen Loggien ist die Bodenfläche für darunterliegende Räume praktisch eine begehbare Flachdachfläche (s. Abschn. 2 in Teil 2 dieses Werkes).

Grundsätzlich muß beachtet werden:
- Stahlbeton-Balkonplatten sind in besonderem Maße Temperatureinwirkungen unterworfen, wenn sie allseitig der Außenluft ausgesetzt sind. Die daraus resultierenden Längenänderungen dürfen sich nicht auf das übrige Bauwerk auswirken.
- Die außenliegenden Konstruktionsteile von Balkonen und Loggien dürfen keine „Wärmebrücken" zu innenliegenden Konstruktionsteilen bilden. Es müssen ausreichende Vorkehrungen gegen Wärmeübertragung getroffen werden.
- Balkonfußböden müssen trittsicher und witterungsbeständig (insbesondere frostbeständig) sein.

— Durch entsprechende Abdichtungen muß das Eindringen von Feuchtigkeit in angrenzende Bauwerksteile verhindert werden.
— Balkone müssen ausreichend hohe und sichere Geländer haben.
— Größere Balkon- und Loggienflächen müssen über gesonderte Grundleitungen entwässert werden.
— Bei Loggien ist ggf. für ausreichenden Wärmeschutz darüber- oder darunterliegender Gebäudeteile zu sorgen.

9.5.2 Tragende Bauteile

Weil Balkone vielfach als Sicherung gegen Brandüberschlag zwischen Geschossen dienen, werden ihre tragenden Flächen in der Regel als Stahlbetonkonstruktion ausgeführt.

Kragplatten stellen die technisch einfachste Form für die Ausführung von frei vor der Gebäudeflucht stehenden Balkonen dar. Um bereits in der Rohbauphase das Eindringen von Niederschlagswasser in die angrenzenden Gebäudeteile zu vermeiden und als zusätzliche Schutzmaßnahme zur Abdichtung (s. Abschn. 9.5.3) sollten Balkon- und Loggien-Rohdecken immer mindestens 2 cm tiefer geplant werden als die anschließenden Geschoß-Rohdecken.

Dadurch wird in der Rohbauphase Regenwasser auf den Balkonplatten vom Gebäudeinneren ferngehalten. Insbesondere kann es später bei Schäden oder Ausführungsfehlern an der Abdichtung (s. Abschn. 9.5.3) nicht so leicht zu folgenschweren Durchnässungen der innen anschließenden Fußbodenkonstruktionen kommen.

Es ist ratsam, die Unterseite freistehender Balkonplatten nach vorn ansteigen zu lassen, weil – auch bei richtig berücksichtigtem Durchhängen der fertigen Kragplatten – in vielen Fällen der optische Eindruck entsteht, daß die Platten nach vorn durchhängen.

Bei längeren Kragplatten (z. B. bei Laubengängen) ist die Längenänderung in Längsrichtung nur dann in vertretbaren Grenzen zu halten, wenn im Abstand von höchstens

9.72
Dehnfugen in Kragplatten
a) Fugenabstände
b) Schnitt
c) Fugenprofil (MIGUA)
1 Kragplatte
2 Abdichtung mit Dehnungsschlaufe
3 Gehbelagaufbau, s. Bilder **9**.78 ff.
4 Fugenprofil

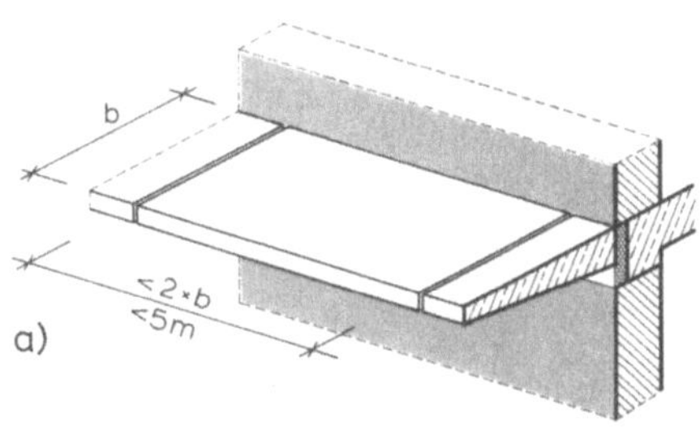

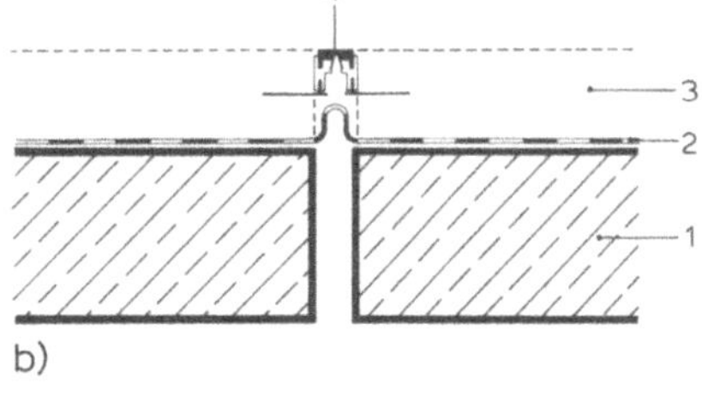

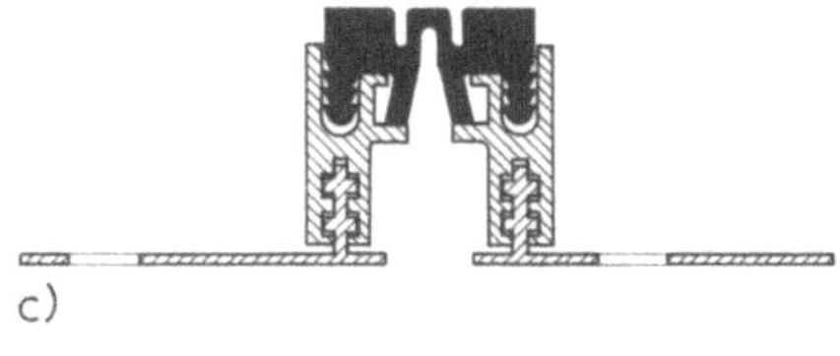

5,00 m Unterteilungen durch Dehnfugen vorgesehen werden (Bild **9**.72). Wichtig ist dabei, daß diese Dehnungsfugen auch in fest verklebten Abdichtungen und in fest (z.B. in Mörtelbett) verlegten Bodenbelägen einwandfrei durchgehend ausgeführt werden.

Der erforderliche Schutz gegen Wärmeübertragung läßt sich bei Kragplatten praktisch nur raumseitig an den Fensterstürzen bzw. vorderen Rändern der anschließenden Dekkenunterseiten aufbringen (z.B. durch anbetonierte Holzwolleleichtbauplatten). Beim Einbetonieren ist damit jedoch eine Schwächung der statisch nutzbaren Querschnitte verbunden. Das bedeutet, daß Stürze bei den meisten an dieser Stelle sehr eingeschränkten Höhen u.U. durch einbetonierte Profilstähle unwirtschaftlich ausgeführt und vielfach die gesamten anschließenden Deckenplatten entsprechend überdimensioniert werden müssen (Bild **9**.73).

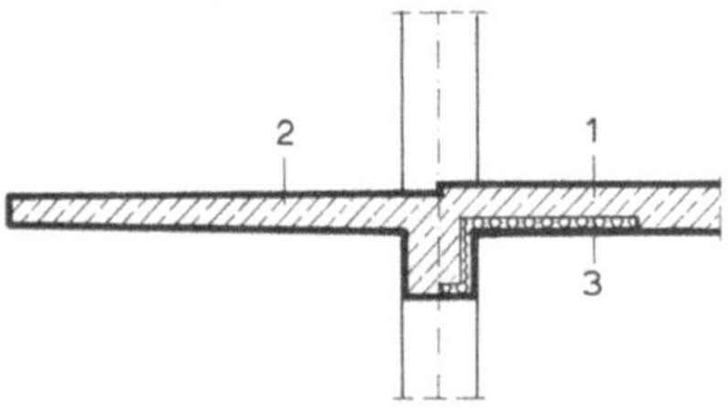

9.73 Balkonplatte als Kragplatte
1 Geschoßdecke
2 Balkonplatte
3 Wärmedämmung

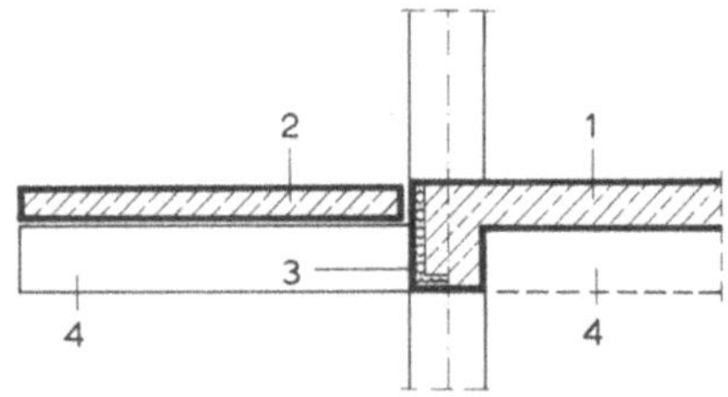

9.74 Balkonplatte auf Kragträgern
1 Geschoßdecke
2 Balkonplatte
3 Wärmedämmung
4 Kragträger mit Wärmedämmung

Der Wärmeschutz ist daher besser durch eine Unterdecke im angrenzenden Raum zu bewirken (z.B. Holzschalung mit eingelegten Mineralwolle- oder Schaumstoffplatten).

Grundsätzlich ist es daher günstiger, Balkonplatten konstruktiv und thermisch von den anschließenden Bauwerksteilen zu trennen.

Balkonplatten auf Kragträgern, die in die angrenzenden Deckenplatten oder Wände einbinden, können thermisch von den angrenzenden Decken getrennt werden, indem sie parallel zur Fassadenfläche gespannt werden. Die Kragträger werden aus konstruktivem Leichtbeton hergestellt (s. Abschn. 5.1.7), oder sie werden in ausreichender Tiefe innerhalb des Gebäudes gegen Wärmeübertragung (z.B. durch anbetonierte Holzwolleleichtbauplatten) geschützt (Bild **9**.74).

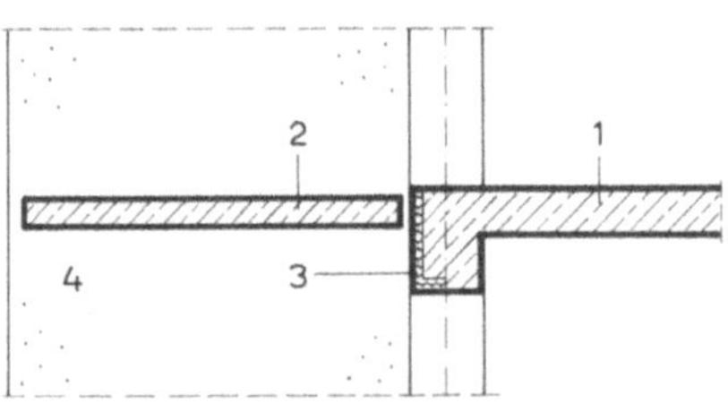

9.75 Balkonplatte auf seitlichen Mauerscheiben
1 Geschoßdecke
2 Balkondecke
3 Wärmedämmung
4 seitliche Mauerscheiben

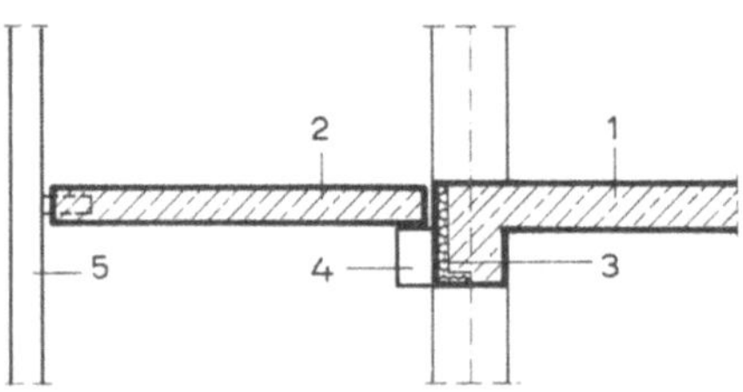

9.76 Balkonplatte auf Konsolen und freistehenden Stützen
1 Geschoßdecke
2 Balkonplatte
3 Wärmedämmung
4 Konsolen
5 Stützen

Bei entsprechender Grundrißgestaltung ist es wegen der genannten Überlegungen vielfach auch möglich, die Balkonplatten auf Mauerscheiben vor der Fassade (Bild **9**.75) oder vollständig auf Stützen aufzulagern.

Für teilweise oder ganz eingezogene Balkone (Bild **9**.71 c und d) sollte die Ausführungsart nach Bild **9**.75 immer vorgezogen werden.

Eine weitere Möglichkeit besteht darin, Balkonplatten auf Konsolen oder in Dekkenaussparungen und an der Vorderseite auf freistehenden Stützen aufzulagern (Bild **9**.76).

Diese Konstruktionen eignen sich im übrigen sehr gut für die Verwendung vorgefertigter kompletter Balkonelemente.

Eine verblüffend einfache Lösung des angesprochenen Wärmebrücken-Problems von Kragplatten ist durch den Einbau statisch wirkender isolierender Trennelemente möglich, die eine „thermische Entkoppelung" bilden (Bild **9**.77).

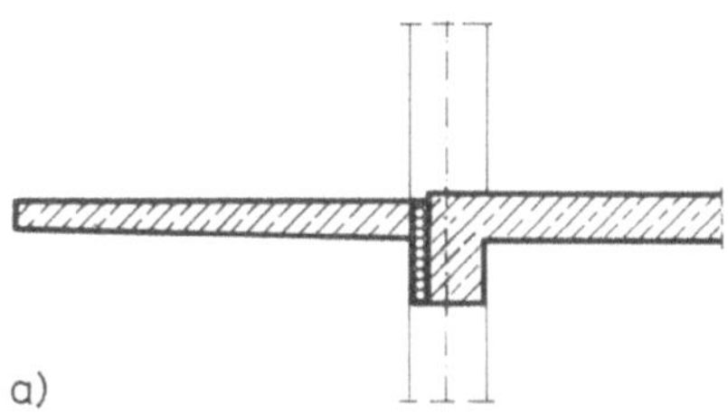

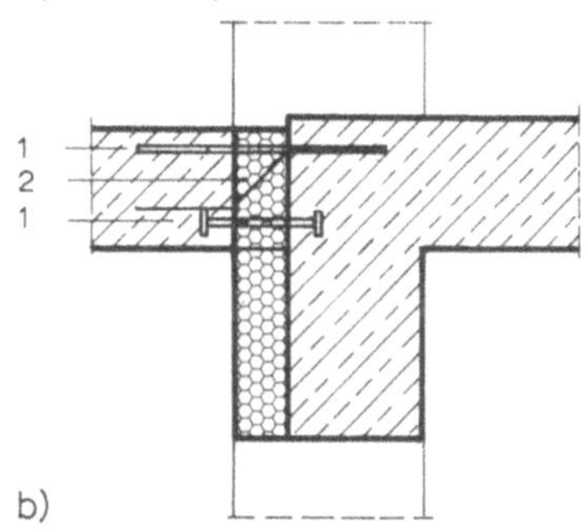

9.77 Balkonplatte als Kragplatte mit „thermischer Entkoppelung" (SCHOECK-Isokorb)
a) Schnitt, b) Detail

Ferner können mit derartigen Elementen gelenkige Aufhängungen gebildet werden. So können Balkone auf Stützen (vgl. Bild **9**.76) ohne auskragende Auflager – auch in mehrstöckiger Anordnung – ausgeführt werden.

9.5.3 Abdichtung

Werden Balkone mit Hilfe von Fertigteilen aus wasserundurchlässigem Beton (s. Abschn. 5.1.6) auf Konsolen, Kragplatten oder Stützen unabhängig von den Geschoßdecken ausgebildet (Bilder **9**.74 und **9**.75), sind Abdichtungen auf den Konstruktionsflächen nicht unbedingt erforderlich.

In allen anderen Fällen sind die tragenden Platten von Balkonen und Loggien durch eine Abdichtung nach DIN 18195 zu schützen. Die Abdichtung soll Sickerwasser, das durch die Fugen der Bodenbeläge eindringt, möglichst rasch zu Entwässerungsabläufen oder Tropfkanten ableiten. Dies und die Oberflächenentwässerung wird am besten erreicht, wenn der gesamte Aufbau des Gehbelages und der Abdichtungen mit einem Gefälle von 1 bis 2% (bei sehr rauhen Oberflächen ggf. mehr!) ausgeführt wird.

Die Herstellung von Stahlbetonoberflächen mit Gefälle ist meistens unwirtschaftlich. Es wird daher besser ein Gefälleestrich als Verbundestrich aufgebracht.

Es muß darauf geachtet werden, daß an Materialübergängen, an Klebeflanschen von Entwässerungsabläufen, Einlaufblechen usw. keine Überhöhungen auftreten. Der Gefälleestrich ist an derartigen Stellen entsprechend tiefer zu legen.

Materialstöße der Dichtungsbahnen sollen parallel zur Hauptfließrichtung liegen.

Dehnfugen (Abschn. 9.5.2) sind durch eingeklebte Fugenprofile zu überbrücken (Bild **9**.72 und **9**.84).

Die Abdichtung kann mit mehrlagig voll aufgeklebten Bitumen-Dichtungsbahnen oder einlagig lose verlegten Kunststoffdichtungsbahnen (hochpolymere Dichtungsbahnen) hergestellt werden (s. Abschn. 14.4). Noch nicht in die Normung aufgenommen, in der Praxis aber sehr bewährt, sind Abdichtungen mit sogenannten „Flüssigfolien". Sie bestehen aus mehrlagig mit Hilfe von Trägervliesen flüssig aufgetragenen Kunststoffen. Sie eignen sich ganz besonders bei komplizierten Grundrißformen und für schwierige Anschlüsse an angrenzende oder einbindende Bauteile.

Der gesamte Aufbau von Balkonbelägen erfordert – insbesondere wegen des Gefälleestriches – in der Regel mehr Höhe als der Fußbodenaufbau innerhalb des Gebäudes. Die Oberkante der Konstruktionsflächen muß daher entsprechend tiefer geplant werden, was bei Kragplatten (Bild **9**.72) meistens auf konstruktive Schwierigkeiten stößt.

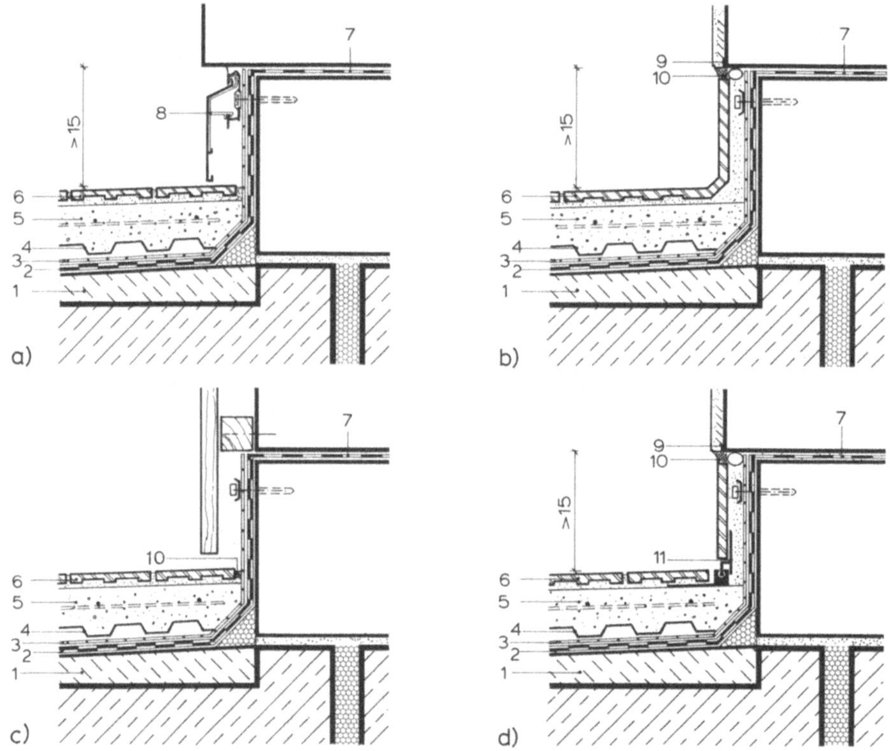

9.78 Wandanschluß von Balkonplatten

a) Wandanschluß, abgedeckt mit Leichtmetallprofil
b) Wandanschluß, abgedeckt mit keramischer Winkelplatte
c) Abdichtungsanschluß hinter Wandbekleidung
d) Wandanschluß mit Spezial-Eckprofil für Sockelplatten

1 Gefälleestrich auf Stahlbetonplatte
2 Abdichtung DIN 18195
3 Gleitfolie
4 Dränschicht, z. B. Schlüter Troba-Matte (s. Abschn. 9.5.4)
5 Druckverteilungsplatte mit Bewehrung
6 keramische Platten in Dünnbett
7 Abdichtung gegen aufsteigende Baufeuchtigkeit
8 LM-Wandanschlußprofil
9 Putzabschlußprofil
10 dauerelastische Dichtung
11 Eckprofil (Schlüter)

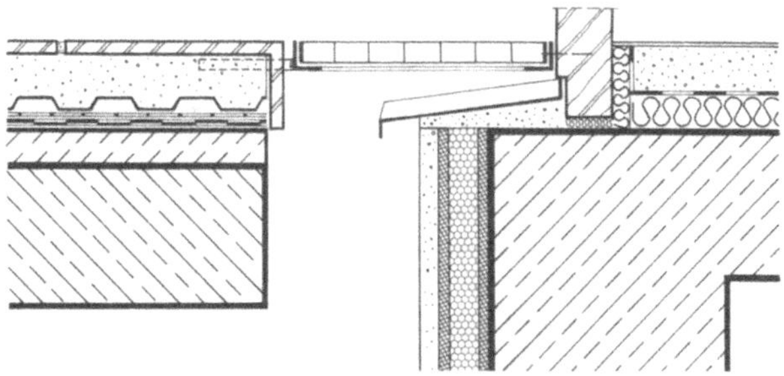

9.79
Balkonübergang
mit Gitterrost

Für die Ausführung von Abdichtungsarbeiten sind insbesondere auch die „Flachdachrichtlinien" [10] zu beachten. Danach sind Abdichtungen an angrenzenden aufgehenden Wänden mindestens 15 cm über die Fertighöhe der Plattenbeläge – auch an den unteren Blendrahmenprofilen von Fenstertüren – hochzuführen und gegen mechanische Beschädigungen zu schützen.

Davon kann nur abgesehen werden, wenn durch Entwässerungsvorrichtungen oder durch seitliche Abflußmöglichkeit für Niederschlagwasser mit einer Staubildung – auch bei Schneematsch – vor den Fenstertüren nicht zu rechnen ist.

Bei konsequenter Weiterführung der hochgezogenen Abdichtung, auch im Bereich von Türen bzw. Fenstertüren, ist eine Höhendifferenz von 15 bis 17 cm zwischen Innen- und Außenfußboden nicht zu vermeiden. Kann eine derartige Zwischenstufe nicht in Kauf genommen werden (z. B. Berücksichtigung von Behinderten), ist es möglich, die Balkonplatte bei Ausführungen nach Bild **9**.73 bis **9**.75 durch einen etwa 10 bis 15 cm breiten Abstand vom Bauwerk zu trennen, der mit einem Gitterrost überdeckt wird (Bild **9**.79). In Loggien können eingelegte Gitterroste – auch aus imprägnierten Harthölzern – den höhengleichen Übergang zwischen Innen- und Außenflächen ermöglichen (Bild **9**.80).

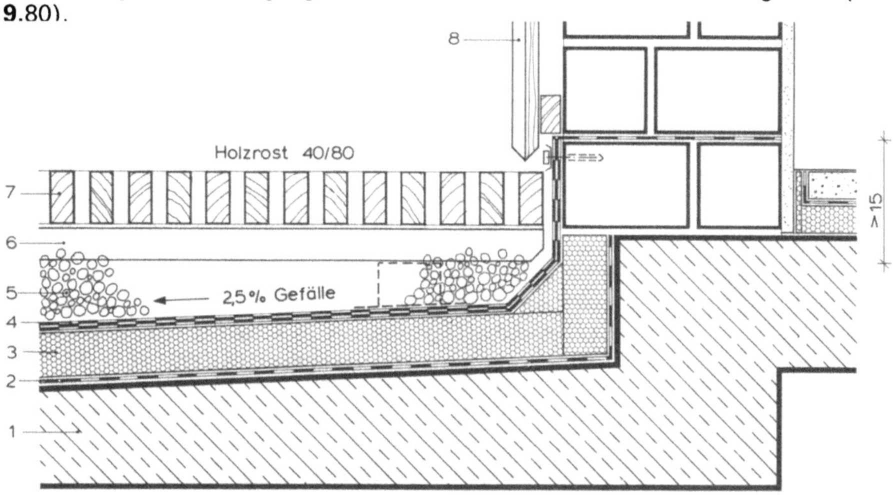

9.80 Holzgitterrost zur Höhenüberbrückung

1 Stahlbetonplatte
2 Dampfsperre
3 Wärmedämmung
4 Abdichtung
5 Kiesschüttung 8/16
6 Lagerholz, punktförmig aufgelagert
7 Holzrost
8 Fassadenbekleidung

Die Wandanschlüsse von Abdichtungen werden mit Hilfe von Spezial-Leichtmetallprofilen hergestellt, die am besten mit Unterschnitt, insbesondere an Sichtmauerwerk oder Betonwänden, angeschlossen werden. Es ist zwar vielfach üblich, den Wandanschluß lediglich durch angemörtelte Sockelplatten zu bilden, die den Übergang zum Außenwandputz bilden, doch ist eine solche Ausführung wenig dauerhaft und äußerst schadensanfällig. Besser ist ein Anschluß mit Hilfe von Sockel-Formsteinen (Bild **9**.78b). Am sichersten werden sie hergestellt, wenn die Abdichtung hinter Wandbekleidungen hochgeführt wird (Bild **9**.78c, stark beanspruchte Wandanschlüsse).

Besteht bei Balkonflächen, die stark Niederschlägen ausgesetzt sind, die Gefahr der Durchnässung anschließender Wände durch Spritzwasser, sollten Schutzmaßnahmen ähnlich denen im Sockelbereich eingeplant werden (vgl. Abschn. 14.4.4).

9.5.4 Bodenbeläge

Balkonplatten werden sehr wirtschaftlich lediglich aus sauber geglättetem wasserundurchlässigem Stahlbeton in Ortbetonbauweise oder aus einem Fertigteil gebildet, dessen Oberfläche durch imprägnierende Behandlung oder Anstrich vergütet werden kann. Meistens werden jedoch die Gehflächen von Balkonen und Loggien mit keramischen Platten, Naturwerkstein oder Betonwerkstein gestaltet.

Klein- und mittelformatige Platten können nur bei kleinen Flächen und auf Unterkonstruktionen ohne Wärmedämmschichten und ohne Abdichtung direkt auf der mit Gefälle hergestellten Oberfläche oder auf dem Gefälleestrich in Mörtel (Dickbett) oder in Dünnbett verlegt werden (Bild **9**.81).

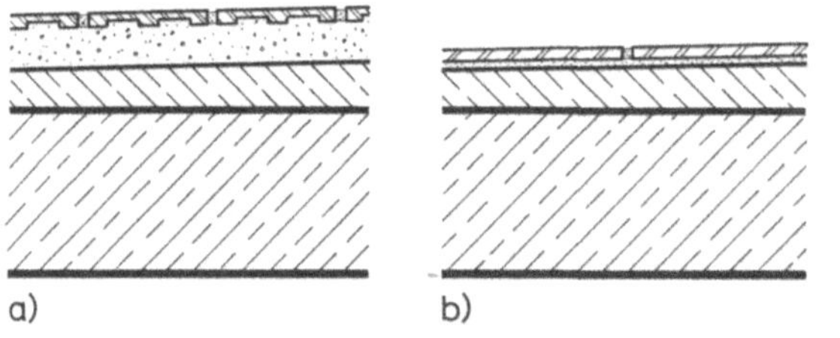

9.81
Verlegung von Bodenplatten auf Flächen ohne Abdichtung
a) Spaltplatten in Mörtelbett
b) Bodenplatten in Klebemörtel (Dünnbett)

Auf allen übrigen und auf Balkonflächen mit Abdichtung ist die Verlegung nur in Verbindung mit einer Dränschicht möglich. Sie kann bestehen aus profilierten Kunststoffplatten (Bild **9**.82a), aus Schaumstoff-Dränagematten (Bild **9**.82b) oder auch aus Einkornleichtbeton (Bild **9**.82c). Zwischen der Dränschicht und der Abdichtung ist eine Trennlage aus doppellagigen Kunststoff-Folien anzuordnen.

Auf die Dränschicht wird ein je nach Größe der Flächen mindestens 4 cm dicker Betonestrich nach DIN 18560 mit Bewehrung (Betonstahlmatten DIN 488, z. B. N94 oder Betonstahlgitter 50/50/2, 75/75/3 oder 100/100/3, nicht rostender Stahl) als Lastverteilungsschicht aufgebracht. Auf diesem können die Platten im Dick- oder Dünnbett verlegt und anschließend verfugt werden.

Durch die unterschiedlichen Materialeigenschaften und durch Temperatureinflüsse entstehen in den Oberflächen Spannungen, die zu Rissen in den Belägen führen. In Mörtel verlegte Beläge sind daher durch Bewegungsfugen zu unterteilen (Bild **9**.83). Der Abstand richtet sich nach der zu erwartenden Sonneneinstrahlung, nach der Farbe der verlegten Platten und auch nach der Grundrißgliederung der Flächen. Der Fugenabstand sollte zwischen 2 m und höchstens 5 m liegen, und es sollten sich Teilflächen

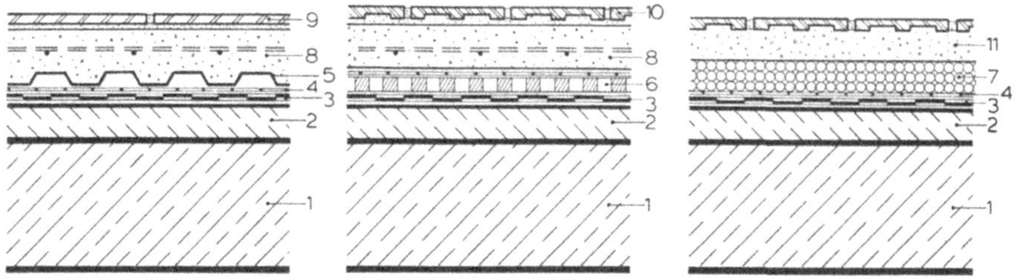

a) b) c)

9.82 Verlegung von Bodenplatten auf Flächen mit Abdichtung
a) Bodenfliesen in Dünnbett
b) Spaltplatten in Dünnbett
c) Spaltplatten in Mörtel (Dickbett)
1 Stahlbetonplatte
2 Gefälleestrich
3 Abdichtung DIN 18195
4 Gleitfolie
5 Kunststoff-Dränplatte (SCHLÜTER-Troba)
6 Schaumstoff-Dränplatte (Aquadrain)
7 Dränschicht aus Einkornbeton
8 Druckverteilung B 25 mit Bewehrung
9 keramische Platten in Dünnbett
10 Spaltplatten in Dünnbett
11 Spaltplatten in Mörtelbett mit Bewehrung

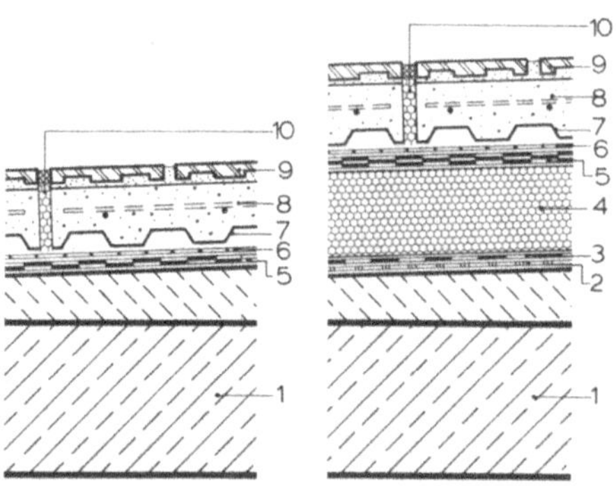

a) b)

9.83 Dehnfugen
a) Balkonplatte mit Abdichtung
b) Dehnfuge (Plattenbelag auf Abdichtung mit Wärmedämmung)
1 Stahlbetonplatte mit Gefällebeton
2 Lochbahn als Dampfdruckausgleichsschicht
3 Dampfsperre
4 Wärmedämmung
5 Abdichtung DIN 18195
6 Gleitfolie
7 Dränplatte
8 Druckverteilung mit Bewehrung
9 Spaltplatten in Dünnbett
10 Dehnfuge mit dauerelastischer Abdichtung

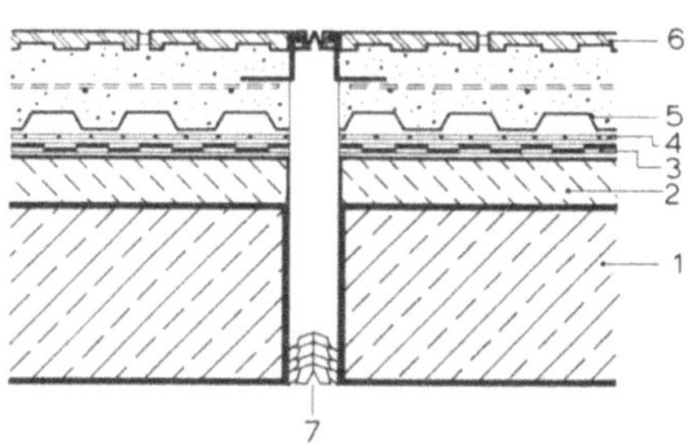

9.84 Balkonplatte mit durchgehender Dehnungsfuge
1 Stahlbetonplatte
2 Gefälleestrich
3 Abdichtung DIN 18195 mit Dehnungsschlaufe
4 Gleitfolie
5 Dränplatte
6 keramische Platten in bewehrtem Mörtel oder in Dünnbett auf bewehrter Druckverteilungsplatte
7 Kunststoff-Steckprofil

von etwa 4 bis 6 m² Größe ergeben. An Bauwerks- oder Bauteilanschlüssen ist die Einspannung der Beläge durch Dehnfugen zu verhindern. Sind aus konstruktiven Gründen Baufugen vorhanden, müssen sich die Feldunterteilungen mit diesen Fugen decken (Bild **9**.84).

Großformatige Natur- oder Betonwerksteinplatten, die für größere Flächen in Frage kommen, können zwar auch mit Mörtelbett eingebaut werden, doch ist die lose Verlegung in einer 5 bis 6 cm dicken Kiesschüttung (Körnung 6 bis 9 mm) hier günstiger (Bild **9**.85). Diese Ausführung ist insbesondere für Verlegung in Verbindung mit Wärmedämmungen nach dem Prinzip des „Umkehrdaches" (s. Abschn. 2 in Teil 2 dieses Werkes) oft sehr vorteilhaft (Bild **9**.86).

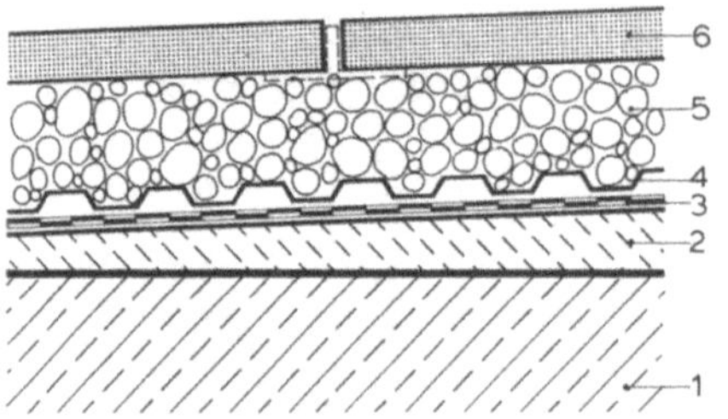

9.85 Bodenbelag aus lose verlegten großformatigen Platten in Kiesbett auf Abdichtung DIN 18195

1 Stahlbetonplatte
2 Gefälleestrich
3 Abdichtung DIN 18195
4 Dränplatte auf Trennlage
5 Kiesbett
6 großformatige Werkstein-Platten mit Fugenkreuzen

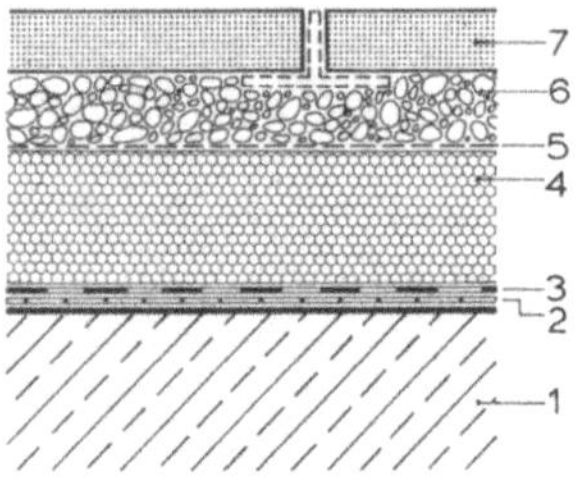

9.86 Bodenbelag aus lose verlegten großformatigen Werksteinplatten auf Wärmedämmung („Umkehrdachprinzip")

1 Stahlbetonplatte
2 Trennlage
3 Abdichtung DIN 18195, lose verlegte Kunststoffdichtungsbahn
4 Wärmedämmung (extr. PS-Hartschaum)
5 Filtervlies
6 Kiesbett
7 großformatige Werksteinplatten mit Abstandhaltern

Für größere Flächen kann auch die Verlegung von Werksteinplatten ab etwa 50 × 50 cm Größe auf höhenjustierbaren „Stelzlagern" in Frage kommen (Bild **9**.87).

Die verbleibenden Hohlräume dienen der Wasserableitung. Sie verschmutzen aber rasch und bieten einen idealen Unterschlupf für allerlei Kleinlebewesen. Die Flächen müssen durch Abnehmen einzelner Platten deshalb immer wieder gereinigt werden.

Bei wärmegedämmten Unterkonstruktionen muß durch lastverteilende Unterlagen sichergestellt werden, daß die Abdichtungen nicht allmählich „durchgestanzt" werden (Bild **9**.88). Besser ist auch hier die Ausführung nach dem Prinzip des „Umkehrdaches" (Bild **9**.89).

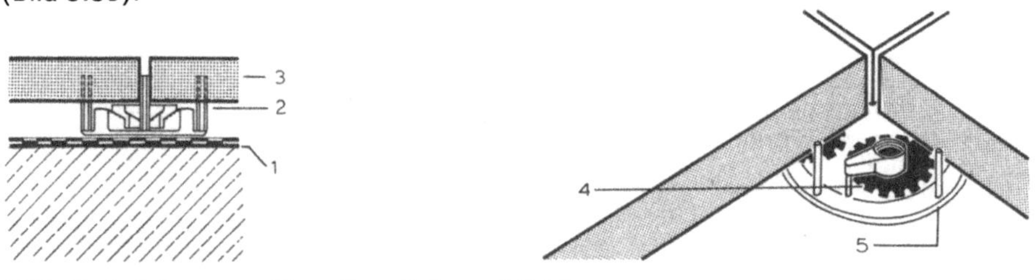

9.87 Bodenbelag aus großformatigen Platten auf Stelzlagern

1 Abdichtung DIN 18195
2 Stelzlager (ALWITRA) mit Abstandhaltern für Plattenfugen und höhenverstellbaren Auflagern
3 Werksteinplatte
4 höhenverstellbares Auflager
5 Abstandhalter

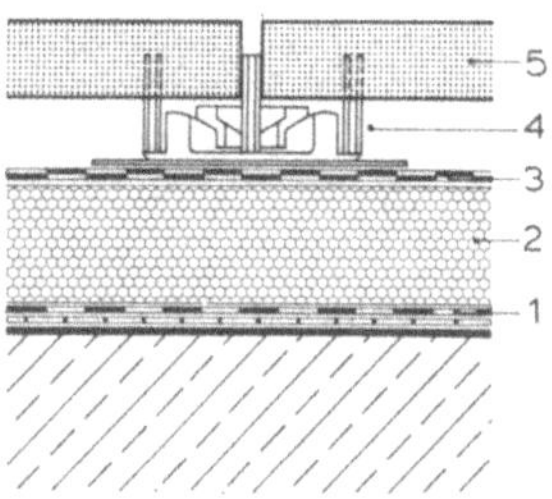

9.88 Stelzlager, Ausführung auf bituminöser Abdichtung mit Wärmedämmung

1 Dampfdruckausgleichsschicht und Dampfsperre
2 Wärmedämmung
3 Abdichtung DIN 18195
4 Stelzlager (Alwitra)
5 großformatige Werksteinplatten

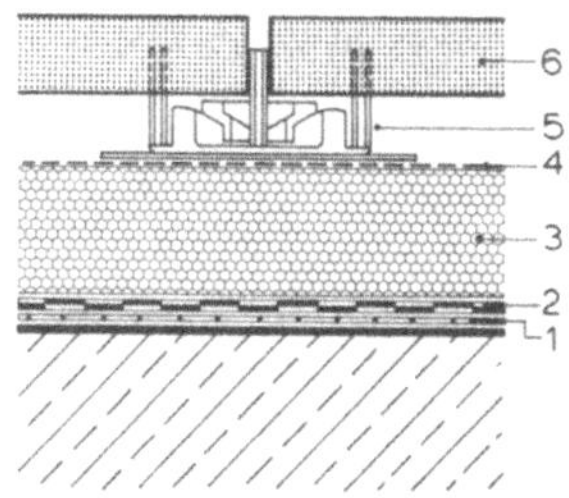

9.89 Stelzlager, Ausführung nach dem „Umkehrdach"-Prinzip

1 Trennlage
2 Abdichtung DIN 18195, z.B. lose verlegte Kunststoffdichtungsbahn
3 Wärmedämmung (extr. PS-Hartschaum)
4 Filtervlies
5 Stelzlager (Alwitra)
6 großformatige Werksteinplatten

9.5.5 Entwässerung

Nur kleinere Balkonflächen und nur, wenn sie nicht in mehreren Geschossen übereinander liegen, können ohne Anschluß an eine Entwässerungsleitung lediglich mit Abtropfkanten ausgeführt werden. Die seitlichen Ränder erhalten dann einen Abschluß mit Aluminium- oder Messingprofilen oder aus Winkelformsteinen, die an der Stirnseite als Tropfkanten wirken (Bild **9**.90a bis c). Winkelprofile, die bei in Mörtel verlegten Bodenbelägen den Randabschluß bilden, müssen gelocht sein, um einen rückseitigen Feuchtigkeitsstau zu vermindern. Bei massiven Brüstungen ist eine Ausführung wie in Bild **9**.90d möglich, wo ein U-Profil den Übergang zwischen Bodenbelag und Brü-

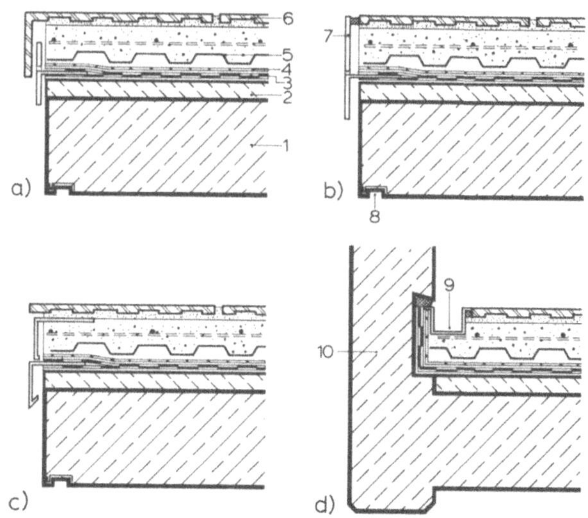

9.90
Ausführung von Balkonrändern

a) Balkonrand mit Winkelplatte
b) Balkonrand mit Leichtmetall-Profil
c) Balkonrand mit Winkelprofil und Abtropfwinkel
d) Balkonrand mit Stahlbeton-Brüstung

1 Stahlbetonplatte
2 Gefälleestrich
3 Abdichtung DIN 18195
4 Gleitfolie
5 Dränplatte
6 keramische Platten in Dünnbett auf bewehrter Druckverteilungsplatte
7 LM-Profil mit Ablauflöchern für Sickerwasser
8 Wassernasen-Profil
9 Leichtmetall-U-Profil mit seitlichen Wasserspeiern
10 Stahlbeton-Fertigteil

stung bildet, das seitlich als Wasserspeier herausgeführt ist. In jedem Fall sollten Massivplattenränder an der Unterseite umlaufende Abtropfrillen aufweisen, die mit Holz- oder Kunststoffprofilen ausgeführt werden, die in die Ortbetonschalung eingelegt oder durch einbetonierte Randprofile aus rostfreiem Stahl gebildet werden (Bild **9**.90a bis c).

Im übrigen müssen Balkon- und Loggienflächen über gesonderte Falleitungen entwässert werden (DIN 1986). Bei geschlossenen Brüstungen müssen dabei zusätzliche Notüberläufe von mind. 40 mm lichter Weite vorgesehen werden.

Möglich ist eine Entwässerung von Balkon- oder Loggienflächen über vorgehängte Rinnen (Bild **9**.91, s. Abschn. 1.6 Teil 2 dieses Werkes). Durch eingeklebte Einlaufbleche muß sichergestellt werden, daß auch Sickerwasser, das über der Abdichtung anfällt, in die Rinnen abgeleitet wird (bei Kunststoffabdichtungen verwendet man beschichtete Bleche, auf die die Abdichtung aufgeschweißt wird).

Wegen des erforderlichen sorgfältigen Verbundes der verschiedenen Bauteile und -materialien, wegen ihres unterschiedlichen bauphysikalischen Verhaltens, wegen des meistens formal wenig zufriedenstellend zu lösenden Anschlusses an die Fallrohre und auch im Hinblick auf den zufriedenstellenden Anschluß der Geländer (s. Abschn. 9.5.6) stellen vorgehängte Rinnen an Balkons und Loggien eine anfällige und – richtig ausgeführt – auch aufwendige Lösung für die Entwässerung dar.

Balkon- und Loggienflächen sollten am besten mit speziellen Ablaufgarnituren entwässert werden, die als I n n e n e n t w ä s s e r u n g in die Bodenflächen einzubauen sind.

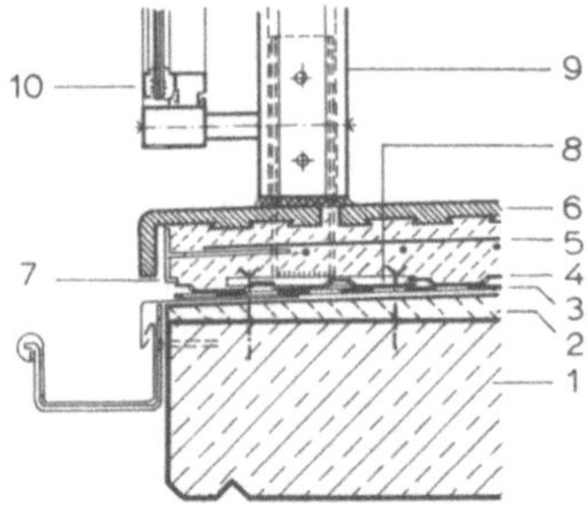

9.91 Balkonentwässerung mit vorgehängter Rinne
1 Stahlbetonplatte
2 Gefälleestrich
3 Abdichtung DIN 18195
4 Dränplatte
5 Druckverteilung oder Verlegemörtel mit Bewehrung
6 Spaltplatten
7 LM-Randprofil (Schlüter)
8 Haltepfosten mit Ankerplatte, aufgedübelt
9 LM-Geländerpfosten, überschoben und verschraubt
10 LM-Rahmen mit Gußglasfüllung

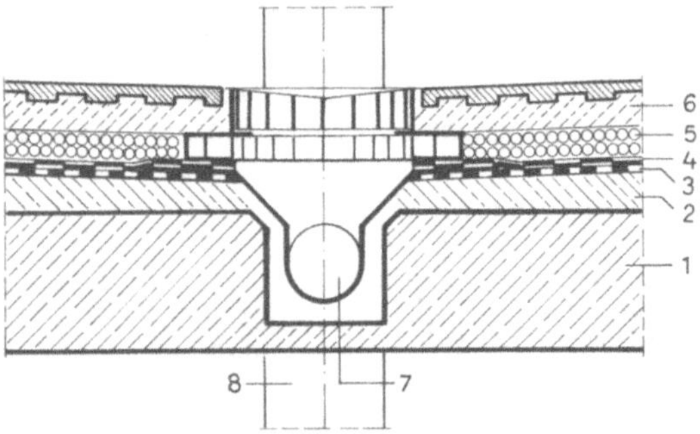

9.92 Innenentwässerung von Balkon- und Loggienflächen
1 Stahlbeton
2 Gefällebeton
3 Abdichtung
4 Gleitfolien
5 Dränschicht
6 Plattenbelag in Mörtelbett
7 seitlicher Ablauf
8 Fallrohr in Wandschlitz

Durch Verwendung von Aufstockelementen ist dabei die Entwässerung auch in der Abdichtungsebene sicherzustellen. Abläufe sind in mind. 50 cm Entfernung von Rändern oder Wandanschlüssen vorzusehen, um eine einwandfreie Ausführung der Abdichtungsarbeiten zu ermöglichen. Insbesondere, wenn die tragenden Bauteile parallel zur Fassade gespannt sind (vgl. Bild **9**.74 und **9**.75), läßt sich der Anschluß zwischen den Bewehrungsstählen verdeckt zu seitlich angeordneten Fallrohren führen (Bild **9**.92).

Von Nachteil ist, daß bei Einzelentwässerungen die Oberflächen wegen des nötigen Gefälles trichterförmig ausgebildet werden müssen, so daß Beläge aus mittel- und großformatigen Platten schwierig bzw. nur mit unschönen Kehlen auszuführen sind.

Einfacher können die Oberflächen gestaltet werden, wenn durchgehende Ablaufrinnen eingebaut werden (Bild **9**.93).

Bei einem Abdichtungsaufbau mit Wärmedämmung (z. B. bei Loggien) müssen kombinierte Entwässerungsabläufe mit Ablauftrichtern in der Ebene der Dampfsperre und in der Ebene der Abdichtung eingebaut werden (Bild **9**.94).

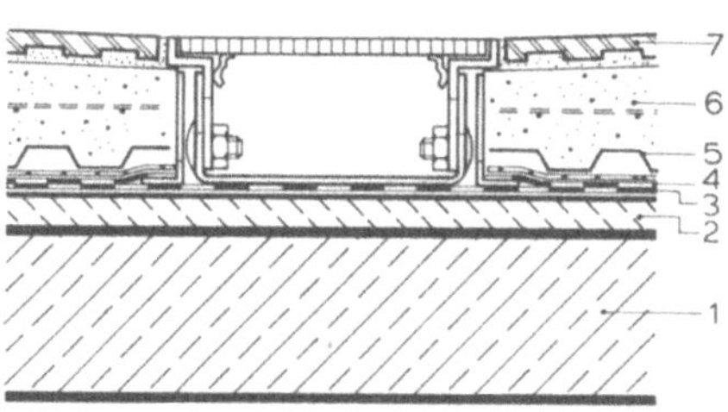

9.93 Balkonentwässerung durch Rinne mit Gitterrost

1 Stahlbetonplatte
2 Gefälleestrich
3 Abdichtung DIN 18195
4 Anschlußbahn für eingeklebtes Lochwinkelprofil
5 Dränplatte auf Gleitfolie
6 Druckverteilung mit Bewehrung
7 Spaltplatten in Mörtel (Dickbett)

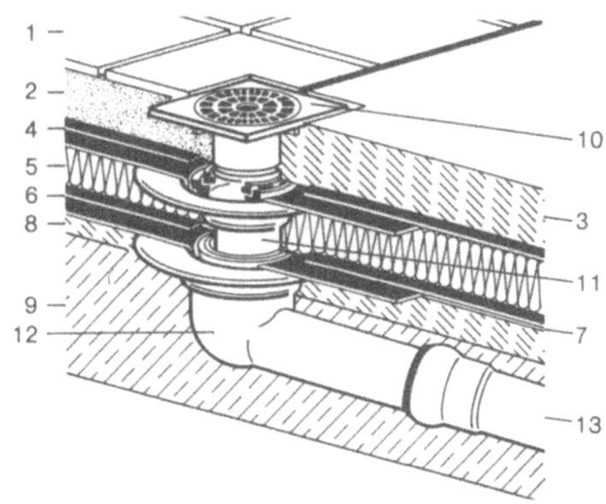

9.94 Balkonentwässerung (LORO) mit Fliesenbelag im Mörtelbett (linker Bildteil) oder mit Fertigestrich (rechter Bildteil)

1 Fliesenbelag
2 Mörtelbett
3 Fertigestrich
4 Dichtungsbahn
5 Wärmedämmung
6 Dichtungsbahn + Dampfsperre
7 Dampfdruckausgleichsschicht auf Haftgrund
8 Ausgleichestrich mit Gefälle
9 Stahlbetonplatte
10 Sieb und Siebaufnahme, mit Höhenverstellung sowie Entwässerungsring (für Sickerwasserabführung)
11 Etageneinsatz mit Klemmanschlußfolie (werkseitig vormontiert) und Dichteelement (für Verbindung mit Einzelablauf)
12 Einzelablauf mit Klemmanschlußfolie (werkseitig vormontiert) und Klemmring
13 Stahlabflußrohr mit Wärmedämmung

9.5.6 Geländer

Sicherheitsanforderungen an Geländer und Umwehrungen sind in den Landesbauordnungen festgelegt. Die Geländerhöhe muß mindestens 0,90 m, bei möglichen Absturzhöhen über 12 m mindestens 1,10 m und bei Hochhäusern (> 22 m über Gelände) mindestens 1,20 m betragen. Geländer müssen so ausgeführt sein, daß Kindern das Hochklettern nicht erleichtert wird, d. h. vorspringende horizontale Konstruktionsteile auf der Rückseite sowie horizontale Gitter, Verbretterungen o. ä. mit Zwischenräumen > 2 cm sind nicht erlaubt. Wenn Geländer vor Plattenrändern angebracht sind, sollen keine Öffnungen bestehen, bei denen die Gefahr des Hindurchtretens gegeben ist, d. h. hier dürfen Abstände von höchstens 4 cm vorhanden sein.

Die Abstände zwischen senkrechten Gitterstäben oder zwischen Brüstungsfertigteilen dürfen nicht weiter als 12 cm sein. Bei Balkonen, die nur der Fassadenwartung oder als Fluchtweg dienen, können die Geländer in einfacher Form ausgeführt werden und müssen im allgemeinen nur den Anforderungen an Schutzgerüste genügen (s. Abschn. 10 in Teil 2 dieses Werkes).

Umwehrungen für Balkone und Loggien können aus Mauerwerk oder Stahlbeton bestehen. Dabei müssen diese nicht auf die volle erforderliche Höhe geführt werden, sondern können durch Stahlkonstruktionen ergänzt werden (Bild **9.**95 a und b). Insbesondere bei längeren Mauerflächen besteht jedoch die Gefahr von Rißbildungen infolge der unvermeidlichen Durchbiegung der Balkonränder. Stahlbetonbrüstungsplatten können als Tragelement mitwirken und die Dimensionierung der Platten günstig beeinflussen (Bild **9.**95 c).

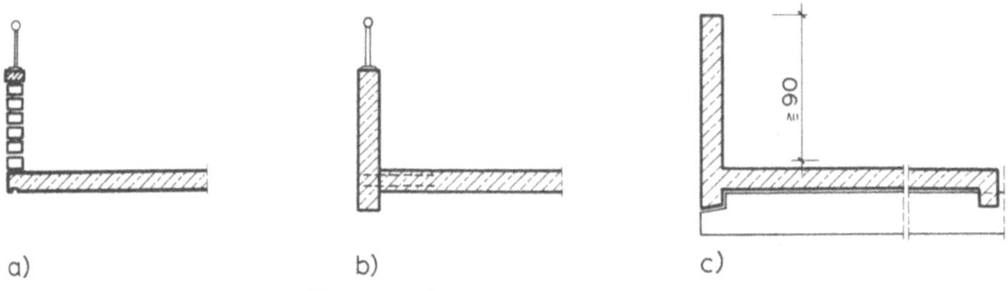

9.95 Massive Umwehrungen (Brüstungen)
a) gemauerte Brüstung, Abdeckung mit Rollschicht
b) Brüstung aus Stahlbetonfertigteilen
c) vorgefertigtes Balkonelement auf seitlichen Kragarmen

Massive Brüstungen sollten in Teilbereichen mit Gitterkonstruktionen kombiniert werden, um eine bessere Durchlüftung zu ermöglichen, weil völlig umschlossene Balkon- oder Loggienflächen sonst durch oft anhaltende Feuchtigkeit zum Vermoosen neigen. Außerdem wird damit auch ein Notüberlauf für den Fall verstopfter Abläufe geschaffen.

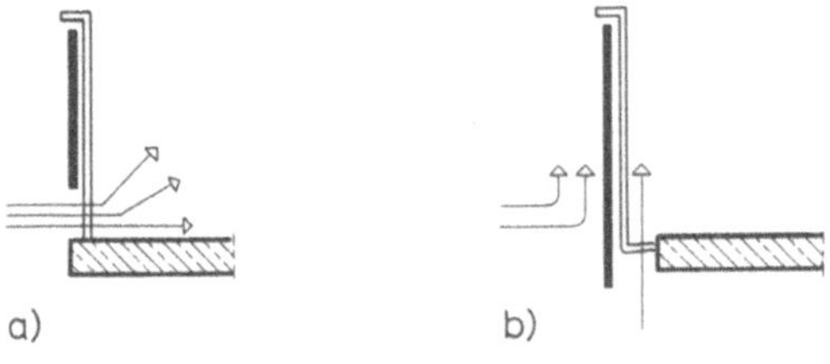

9.96 Windführung an geschlossenen Balkongeländern
a) ungünstig (Zugerscheinungen!)
b) günstig

Bei der Gestaltung der Füllelemente von Geländern muß dafür gesorgt werden, daß Zugerscheinungen vorgebeugt wird. Im allgemeinen ist es dabei günstiger, Geländerfüllungen vor die Plattenränder zu setzen (Bild **9**.96).

Meistens werden Geländer mit Stahlkonstruktionen ausgeführt, die mit Füll- oder Verblendteilen aus Holz, Glas, Kunststoffen, Aluminium usw. ergänzt werden, welche selbsttragend oder in Rahmen auf der Tragkonstruktion angebracht werden. Die Konstruktion gitterartiger Geländer betrifft in erster Linie die Befestigung der Tragstäbe an den Plattenrändern.

In die Bodenflächen eingebaute Tragstäbe beeinträchtigen die Ausdehnungsmöglichkeit der verschiedenen Belagschichten. Die einwandfreie Verbindung mit der Abdichtung, mit Einlaufblechen und Bodenbelag erfordert sorgfältigste handwerkliche Arbeit

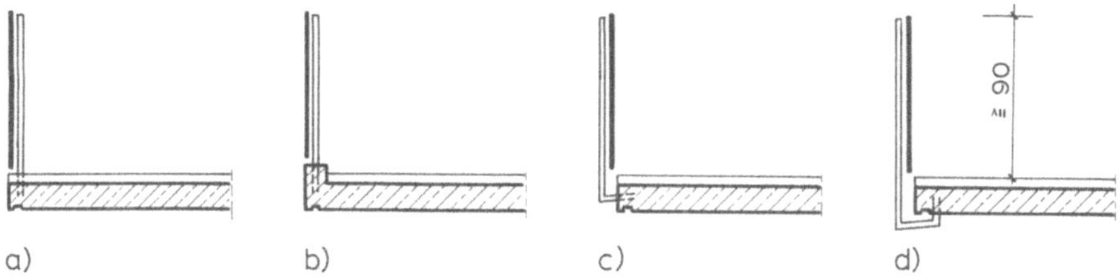

9.97 Einbau von Geländerstäben

a) in Bodenfläche, b) in Aufkantung, c) an Stirnseite, d) an Unterseite

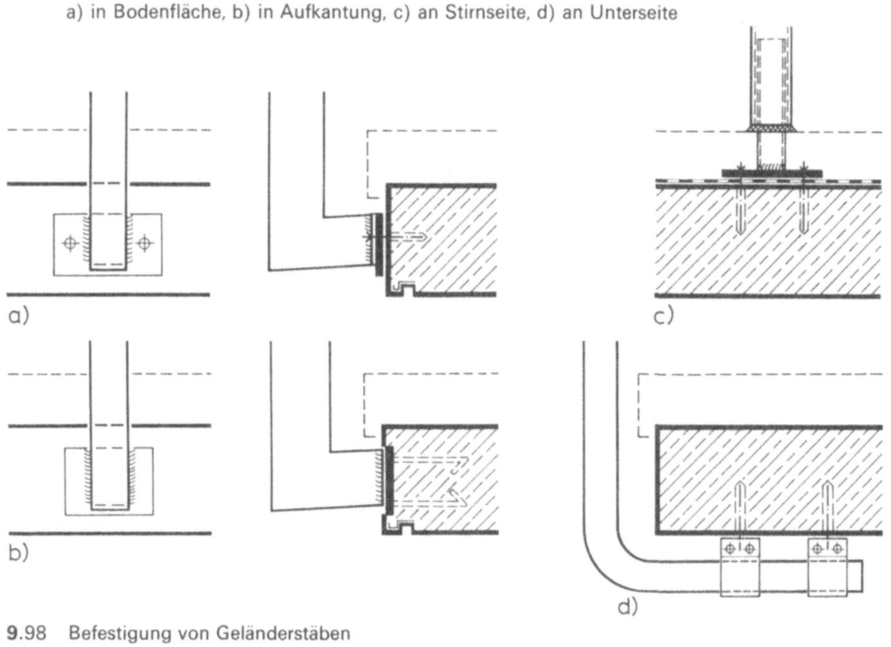

9.98 Befestigung von Geländerstäben

a) Geländerstab seitlich auf Ankerplatte geschweißt, Ankerplatte an Stirnseite der Balkonplatte angedübelt

b) Ankerplatte an Stirnseite der Balkonplatte einbetoniert, Geländerstab später angeschweißt

c) Ankerplatte mit Halterohr auf Balkonplatte aufgedübelt, Geländerstab nach Verlegung des Belages überschoben, verschraubt und eingedichtet

d) Befestigung von unten mit angedübelten Verschraubungen (SKS)

(Bild **9**.97 a). Lediglich bei aufgekanteten Plattenrändern (z. B. von Fertigteilen) ist daher eine derartige Ausführung problemlos möglich (Bild **9**.97 b).

Hinsichtlich der Abdichtungsprobleme werden Geländertragstäbe am besten an der Plattenunterseite angeschlossen. Es muß dabei jedoch wegen des langen Hebelarmes auf entsprechende Dimensionerung der Tragstäbe geachtet werden (Bild **9**.97 d).

Am günstigsten ist meistens der Anschluß von Geländerkonstruktionen an der Stirnseite der Plattenränder, falls dort nicht vorgehängte Rinnen zuviel Platz beanspruchen. Die Tragstäbe werden mit Laschen aufgedübelt (Bild **9**.98 a) oder auf vorher ein-

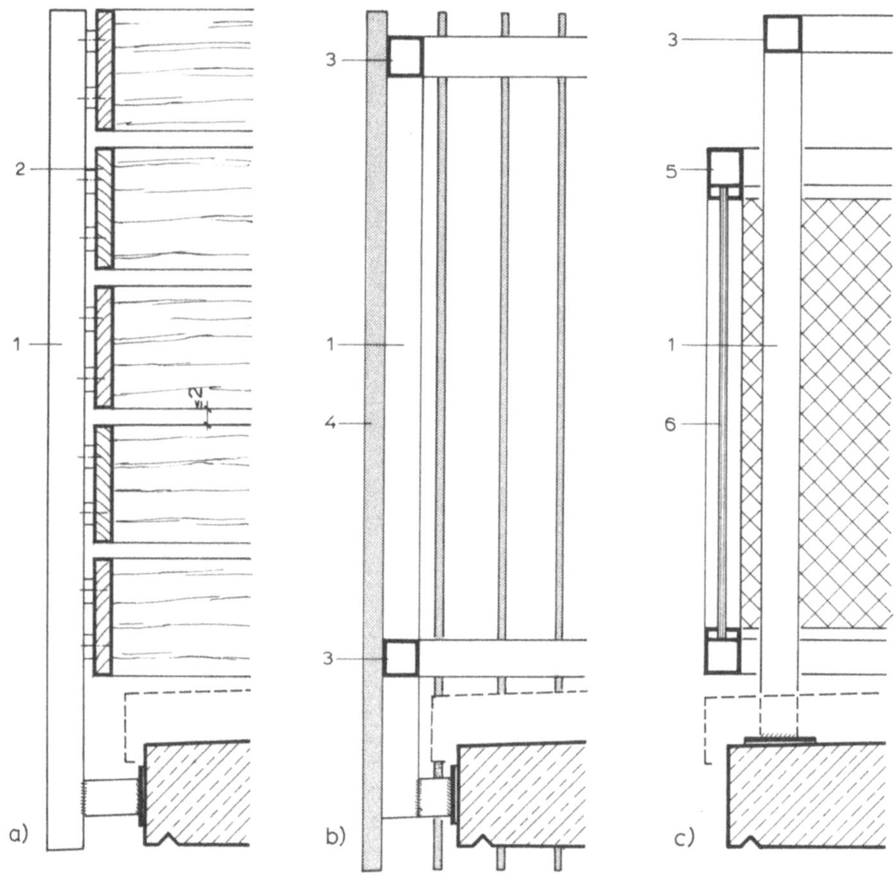

9.99 Konstruktionsmöglichkeiten von Geländern

a) Tragstäbe aus Vierkantstahlrohr, horizontale Holzprofile o. ä.

b) Traggerüst aus Vierkantstahlrohr, aufgeschweißte Stahlstäbe oder senkrecht aufgeschraubte Holzprofile o. ä.

c) Rahmen aus Stahl- oder Aluminiumprofilen mit Füllungen aus Drahtornamentglas o. ä.

1 Tragstab
2 Holzprofil, mit Abstandhaltern aufgeschraubt
3 Querstab
4 aufgeschweißte Gitterstäbe
5 Rahmen mit Glashaltern
6 Füllung (Drahtornamentglas o. ä.)

betonierte Ankerplatten aufgeschweißt (Bild **9**.98b). Dabei sollen die Verbindungen immer mit Gefälle angeschlossen werden. Eine Anschlußmöglichkeit für Stäbe auf der Balkonplatte zeigt Bild **9**.98c.

Die Gestaltungsmöglichkeiten für Geländer sind so vielfach, daß in diesem Rahmen nur einige Beispiele für konstruktive Grundsätze gegeben werden können.

Vor, hinter oder zwischen den Tragstäben aus Stahl- oder Aluminiumprofilen oder aus Holz können – ggf. auf horizontalen Unterkonstruktionen – senkrechte oder horizontale Füllstäbe oder -platten aus Holz oder Metall angebracht werden. Ebenso können Rahmen mit Füllungen aus Gußglas, Kunststoffen, Drahtgittern usw. verwendet werden (Bilder **9**.99a bis c). Ferner sind zahlreiche Fertigteile aus Kunststoffen für Brüstungen, teilweise mit integrierten Pflanzwannen u.a., auf dem Markt.

Für die verschiedenen Gestaltungs- bzw. Konstruktionsmöglichkeiten von Geländern sind im übrigen Hinweise in Abschn. 4 Teil 2 des Werkes enthalten. Sie können sinngemäß auch für Balkongeländer gelten.

9.5.7 Sonderlösungen

Insbesondere kleinere Balkone können – auch vorgefertigt – so vor Fassaden montiert werden, daß die in den voranstehenden Abschnitten behandelten Probleme insbesondere der Abdichtung und Entwässerung entfallen. Für Gebäude mit nur einem Obergeschoß oder überall dort, wo bei übereinander liegenden kleinen Balkonen unvermeidliche gegenseitige Belästigungen in Kauf genommen werden, kommen dabei gitterartige Gehflächen aus Holz oder Stahl in Frage (Bild **9**.100 und **9**.101). Konstruktiv werden derartige Balkone an einbetonierten Kragarmen montiert oder auf Konsolen in Kombination mit Stützen aufgelagert.

Bei der in Bild **9**.100 gezeigten Holzkonstruktion sind Auflagerbohlen an der Fassade an einbetonierten Stahlkonsolen verschraubt. Außen lagern diese auf Pendelstützen auf, die für mehrere Geschosse durchlaufen können.

Ähnlich ist ein kleiner Balkon aus speziell angefertigten feuerverzinkten Stahl-Gitterrosten ausgeführt. Hier sind die tragenden Winkelrahmen in Konsolhaken an der Fassade eingehängt und gelenkig verschraubt.

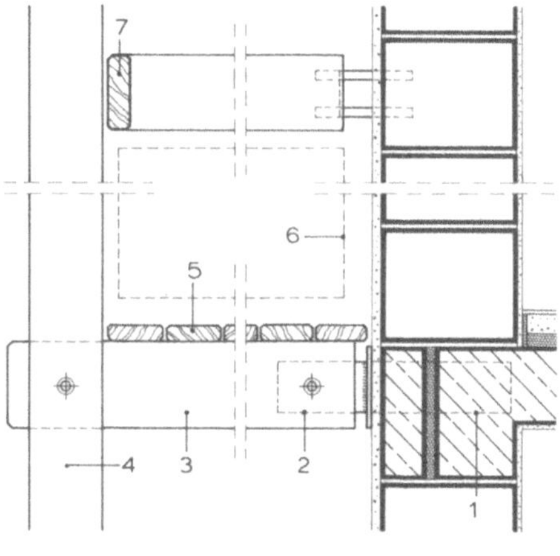

9.100
Holzbalkon, auf auskragendem Stahlprofil in Verbindung mit Stützen montiert (alternativ möglich auch stützenfrei mit Montage an stat. nachgewiesenen Kragkonsolen)

1 Ankerplatte, einbetoniert in Stahlbeton-Unterzug
2 Kragarme (angeschweißte Stahlprofile)
3 Tragbalken (Brettschichtholz), geschlitzt, an Konsole verschraubt
4 Doppelstütze (Brettschichtholz), mit Abstandhaltern an Tragbalken verschraubt
5 Gehbelag aus Hartholzbohlen
6 Geländerfüllung je nach gestalt. Absicht
7 Abschlußprofil

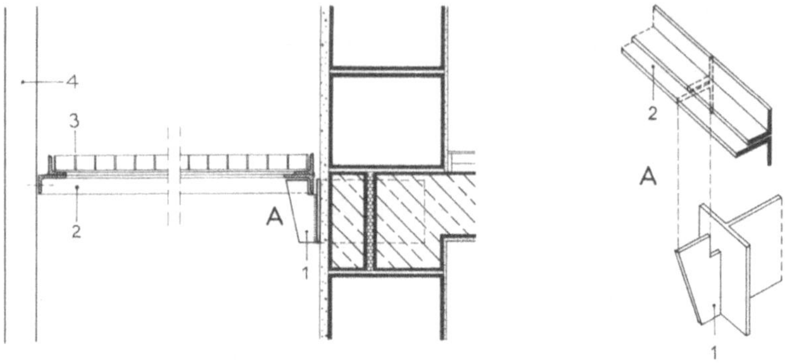

9.101 Vorgehängter Balkon in Stahlkonstruktion (Geländer nicht eingezeichnet)
1 Ankersteg mit Ankerplatte, Traghaken, angeschweißt
2 Tragrahmen
3 Gitterrost in Auflagerrahmen
4 Stütze, gleichzeitig als Geländerpfosten (Geländer nicht eingezeichnet)

9.6 DIN-Normen

DIN-Nr.		Ausgabe-Datum	Titel
1045		7.88	Beton- und Stahlbetonbau; Bemessung und Ausführung
1052	T1	4.88	Holzbauwerke; Berechnung und Ausführung
1053	T1 bis T3	2.90	Mauerwerk; Berechnung und Ausführung
1055	T3	6.71	Lastannahmen für Bauten; Verkehrslasten
1101		11.89	Holzwolle-Leichtbauplatten und Mehrschicht-Leichtbauplatten als Dämmstoffe für das Bauwesen; Anforderungen, Prüfung
1102		11.89	– nach DIN 1101; Verwendung und Verarbeitung
4028		1.82	Stahlbetondielen aus Leichtbeton mit haufwerksporigem Gefüge; Anforderungen, Prüfung, Bemessung, Ausführung, Einbau
4070	T1 und T2	1.58 10.63	Nadelholz; Querschnittsmaße und statische Werte für Schnittholz; Vorratskantholz und Dachlatten
4071	T1	4.77	Abmessungen ungehobelter Bretter und Bohlen aus europäischen (außer nordischen) Hölzern
4072	T1	8.77	Gespundete Bretter aus europäischen (außer nordischen) Hölzern
4073	T1	4.77	Abmessungen gehobelter Bretter und Bohlen aus europäischen (außer nordischen) Hölzern
4074	T1	12.58	Bauholz für Holzbauteile; Gütebedingungen für Bauschnittholz (Nadelholz)
4109		11.89	Schallschutz im Hochbau; Anforderungen und Nachweise –; Bbl. 1 und 2
4158		5.78	Zwischenbauteile aus Beton für Stahl- und Spannbetondecken
4159		4.78	Ziegel für Decken und Wandtafeln, statisch mitwirkend

Fortsetzung s. nächste Seite

DIN-Normen, Fortsetzung

DIN-Nr.	Ausgabe-Datum	Titel
4160	8.78	–; statisch nicht mitwirkend
4243	3.78	Betongläser; Anforderungen, Prüfung
18334	9.88	VOB Teil C; Allgemeine technische Vertragsbedingungen für Bauleistungen; Zimmer- und Holzbauarbeiten
24533	4.84	Geländer aus Stahl
68365	11.57	Bauholz für Zimmerarbeiten; Gütebedingungen
68800[1]) T1	5.74	Holzschutz im Hochbau –; allgemeine Voraussetzungen
T2	1.84	–; vorbeugende bauliche Maßnahmen
E T4	7.86	–; Bekämpfungsmaßnahmen gegen Pilz- und Insektenbefall
T5	5.78	
E	1.90	Vorbeugender chemischer Schutz von Holzwerkstoffen

[1]) z.Z. in Neubearbeitung

9.7 Literatur

[1] Fachverband des Deutschen Fliesengewerbes: Merkblatt Bodenbeläge aus Fliesen und Platten außerhalb von Gebäuden. Bonn 1988

[2] Götz, K.H., Hoor, D., Möhler, K., Natterer, J.: Holzbauatlas. München 1989

[3] Grunau, E.: Sichere Verlegung keramischer Platten auf Balkonen und Terrassen. In: Fliesen und Platten 4/89

[4] Gußglas-Gemeinschaftswerbung: Broschüre Gußglas – Konstruktionen aus Stahl, Aluminium, Holz. Bonn 1988

[5] Köneke, R.: Schäden an Balkonen, Loggien, Laubengängen. Köln 1987

[6] Marx, H.G.: Konstruktionen mit Fliesenbelägen (Boden- und Terrassenbeläge). In: Fliesen und Platten 11/87

[7] Natterer, J., Herzog, T.: Holzbauatlas Zwei. München 1991

[8] Pracht, K.: Balkone, Terrassen und Freiräume. Stuttgart 1990

[9] Präkelt, H.: Balkone und Terrassen mit Baukeramik. In: Fliesen und Platten 9/88

[10] Richtlinien für die Planung und Ausführung von Dächern mit Abdichtung, – Flachdachrichtlinien –. Berlin 1991

[11] Schild, E., Oswald, R. u.a.: Schwachstellen Bd. 1.: Flachdächer, Dachterrassen, Balkone. Wiesbaden 1987

[12] Schild, E., Oswald, R. u.a.: Schwachstellen Bd. IV: Innenwände, Decken, Fußböden. Wiesbaden 1980

[13] Technische Richtlinien des Glaserhandwerkes: Umwehrungen. Schorndorf 1985

10 Fußbodenkonstruktionen und Bodenbeläge

10.1 Allgemeines

Die Beschaffenheit des Fußbodens hat auf das Wohlbefinden des Menschen (z. B. Wohnbehaglichkeit, Hygiene) einen großen Einfluß und spielt bei der Beurteilung des Nutzwertes und der Qualität eines Gebäudes (z. B. Trittschall- und Wärmedämmung) eine große Rolle.

Fußböden müssen in den zum dauernden Aufenthalt von Menschen vorgesehenen Räumen ausreichend verschleißfest, sicher und angenehm begehbar, fußwarm, trittschalldämmend sowie einfach zu reinigen und zu pflegen sein. Außerdem sollen sie gut aussehen, lichtecht, maßhaltig und preisgünstig sein. Bei Schulen, Krankenhäusern, Industriebauten usw. werden oft noch darüber hinausgehende Anforderungen gestellt.

Die Auswahl eines Bodenbelages und die damit auf das engste verbundene Festlegung des gesamten Fußbodenaufbaues müssen mit großer Umsicht vorgenommen und bei der Planung eines Gebäudes rechtzeitig berücksichtigt werden (Konstruktionshöhen beachten). Da es bis heute keinen Bodenbelag und keinen Fußbodenaufbau gibt, die allen Anforderungen gleichermaßen gerecht werden, müssen die in Frage kommenden Beläge und Fußbodenkonstruktionen unter Beachtung

- baukonstruktiver
- bauphysikalischer
- wirtschaftlicher
- raumgestalterischer

Gesichtspunkte miteinander verglichen und je nach Zweckbestimmung der einzelnen Räume sowie Art und Intensität der Beanspruchung eingestuft werden.

10.2 Einteilung und Benennung: Überblick

Es gibt keinen Bauteil, an den so verschiedenartige Anforderungen gestellt werden wie an den Fußboden. Kaum ein anderes Bauteil setzt sich daher auch aus so vielen übereinandergelagerten, jeweils ganz bestimmte Funktionen übernehmenden Schichten zusammen. Viele Eigenschaften eines Fußbodens lassen sich deshalb nur unter Einbeziehung des gesamten Fußbodenaufbaues – gegebenenfalls einschließlich Deckenkonstruktion und Unterdecke – beurteilen. Im einzelnen sind zu nennen (Bild **10.1**):

1. **Tragschicht** (Rohdecke)

- **Bodenplatte gegen Grund** (an das Erdreich grenzend) in Form von
  a) nichttragendem Betonboden
  b) tragender Fundamentplatte mit Bewehrung
- **Geschoßdecke** (freitragende Deckenkonstruktion) in Form von
  a) Massivdecke
  b) Holzbalkendecke

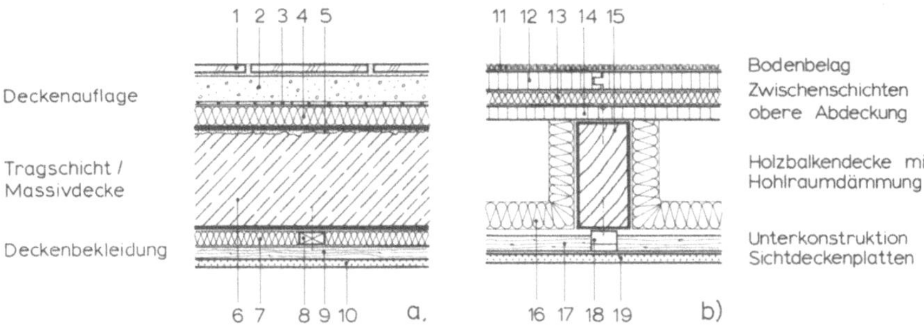

10.1 Schematische Darstellung von Geschoßdecken mit der Benennung der wichtigsten Einzelschichten

a) Massivdecke
b) Holzbalkendecke

1 Nutzschicht (keramischer Bodenbelag)
2 schwimmender Estrich (lastverteilende Schicht)
3 Abdeckung (Bitumen- oder Folienbahn)
4 Schall- und Wärmedämmschichten
5 Glätteschicht (Spachtelmasse)
6 Tragschicht (Massivdecke)
7 schalldämmende Mineralfasereinlage
8 Grundlattung
9 Traglattung
10 Decklage (Sichtdeckenplatten)
11 Nutzschicht (textiler Fußbodenbelag)
12 Fertigteilestrich (lastverteilende Schicht)
13 Schall- und Wärmedämmschichten
14 obere Abdeckung (z. B. Spanplatten)
15 Tragschicht/Deckenbalken
16 Hohlraumdämmung (Faserdämmstoff)
17 Grundlattung mit Dämmstreifen
18 Federbügel aus Metall
19 Decklage (Sichtdeckenplatten)

2. Zwischenschichten (Unterbodenkonstruktion)

Nach DIN 4109 wird der gesamte Aufbau über dem tragenden Untergrund (z. B. oberhalb einer Massivdecke) als Deckenauflage bezeichnet. Entsprechend den jeweiligen Anforderungen, die an eine Fußbodenkonstruktion unter Umständen gestellt werden, können folgende Einzelschichten notwendig werden (Hauptgruppen):

- **Glätte- und Ausgleichsschichten.** Unzulässige Höhendifferenzen sowie fertigungsbedingte Unebenheiten von Rohbetondecken und Estrichen müssen vor dem Aufbringen weiterer Fußbodenschichten ausgeglichen werden. Rauhe Oberflächen werden bei Bedarf mit Spachtelmassen, kleine Unebenheiten mit Ausgleichsmassen egalisiert. Zum Planieren größerer Niveauunterschiede (ab 20 mm) ist eine Ausgleichsschicht in Form eines Verbundestriches oder einer Trockenschüttung aufzubringen.
- **Gefälleschichten.** Bei größerem Brauch- und Nutzwasseranfall in Naßräumen sind Gefälleschichten vorzusehen, die eine rasche Ableitung des Oberflächenwassers zum Fußbodeneinlauf ermöglichen. Derartige Gefälleschichten werden in der Regel unterhalb der Dämmschichten im Verbund mit der Rohdecke eingebracht (z. B. als Verbundestrich, meist zugleich als Ausgleichsschicht).
- **Abdichtungen gegen Feuchtigkeit.** Abdichtungen nach DIN 18195 schützen Baustoffe oder Bauteile vor dem Eindringen von Feuchtigkeit. Diese kann in tropfbar-flüssiger Form oder als Wasserdampf anfallen (Dampfdiffusionsvorgänge). Die Lage der Dichtungsschichten innerhalb eines Fußbodenaufbaues hängt u. a. davon ab, ob die Feuchtigkeit von unten, von oben, von der Seite oder von mehreren Richtungen zu erwarten ist. Besonders sorgfältig zu schützen sind beispielsweise Dämmschichten unter Estrichen, Unterböden aus Holzspanplatten oder Gipskartonplatten.
- **Wärme- und Schalldämmschichten.** Wärmedämmschichten sind nach DIN 4108 und der jeweils gültigen Wärmeschutzverordnung, Schalldämmschichten nach DIN 4109 zu bemessen. Ihre Anordnung sowie konstruktive Ausbildung innerhalb eines Fußbodenaufbaues richten sich nach den jeweiligen Anforderungen, die an eine Decken- bzw. Fußbodenkonstruktion insgesamt gestellt werden.
- **Abdeckung.** Dämmschichten müssen mit geeigneten Bitumen- oder Folienbahnen abgedeckt werden, um das Eindringen der im Naßestrich enthaltenen Feuchtigkeit in die darunter liegenden Dämmschichten während des Estricheinbaues zu verhindern. Diese Abdeckung ist jedoch nicht als Abdichtungsmaßnahme im Sinne der DIN 18195 zu verstehen. Bei Fließ- und Gußasphaltestrichen sind besondere Maßnahmen zu treffen.

— **Trennschicht (hafthindernde Trennlage).** Trennschichten werden überall dort verlegt, wo direkt übereinanderliegende Schichten keine innige, kraftschlüssige Verbindung eingehen dürfen (z. B. Estrich auf Trennschicht, Schutz- und Gleitschicht über Abdichtungen usw.). Verwendet werden vor allem Bitumen- und Folienbahnen, jeweils zweilagig verlegt. Auch diese Trennschichten sind keine Abdichtung im Sinne der DIN 18195.
— **Lastverteilende Schichten.** Um druckempfindliche Zwischenschichten – wie beispielsweise Trittschall- und Wärmedämmplatten – gegenüber größeren Lasteinwirkungen von oben zu schützen, muß darüber eine lastverteilende Schicht in Form eines Estriches oder Fertigteilestriches (vorgefertigte Plattenelemente) aufgebracht werden.

3. **Nutzschicht** (Bodenbelag)

Bei keinem Bauteil wird die oberste Schicht derart stark und vielseitig beansprucht wie beim Fußboden. Demzufolge kann der Bodenbelag auch aus ganz verschiedenartigen Materialien hergestellt werden. Im wesentlichen unterscheidet man:

— Naturwerkstein-Fußbodenbeläge
— Keramische Fußbodenbeläge
— Bodenbeläge aus zement- oder bitumengebundenen Bestandteilen
— Holzfußbodenbeläge
— Elastische Fußbodenbeläge
— Bodenbeläge aus kunstharzgebundenen Bestandteilen
— Textile Fußbodenbeläge

4. Unterdecke bzw. Deckenbekleidung

— abgehängt oder direkt an der Tragschicht (Rohdecke) befestigt

10.3 Fußbodenkonstruktionen

10.3.1 Allgemeine Anforderungen

Bei der Festlegung eines Fußbodenaufbaues ist immer von der jeweiligen Zweckbestimmung eines Raumes bzw. Bereiches, den vorgegebenen konstruktiven Voraussetzungen oder sonstigen baulichen Gegebenheiten auszugehen. Zu beachten sind außerdem Anforderungen, die sich aus den Bereichen des Feuchtigkeitsschutzes, Wärme- und Schallschutzes sowie des Brandschutzes ergeben. In diesem Zusammenhang soll auf die richtige Anwendung einiger Fachbegriffe und Benennung kurz hingewiesen werden.

Bis vor einigen Jahren sprach man ganz allgemein von „Isolieren" bei Maßnahmen des Wärme-, Kälte-, Feuchtigkeits- und Schallschutzes. Das hat zu Verständigungsproblemen geführt. Man hat sich deshalb auf folgende Benennungen mit den jeweils davon abzuleitenden Wortverbindungen geeinigt:

— **abgedichtet** – werden Bauwerke, Bauteile und Baustoffe gegen Wasser- und Feuchtigkeitseinwirkungen,
— **gebremst** oder **gesperrt** – wird die Wasserdampfdiffusion durch Bauteile und Baustoffe,
— **gedämmt** – werden Bauteile und Bauelemente gegen Wärme- und Schalldurchgang,
— **reflektiert, gedämpft** oder **absorbiert** (geschluckt) – wird der Schall in einem Raum,
— **geschützt** – werden Bauwerke, Bauteile, Bauelemente und Baustoffe vor Brandeinwirkung,
— **isoliert** – wird der elektrische Stromfluß.

10.3.2 Tragschicht und Ebenheitstoleranzen

Die Tragschicht dient zur Aufnahme und Ableitung statischer und dynamischer Kräfte. Bei der Festlegung einer Deckenkonstruktion sind neben dem Zweck und der zu erwartenden Beanspruchung vor allem wirtschaftliche und herstellungstechnisch bedingte Aspekte zu beachten. Im Hinblick auf die darauf aufliegende Fußbodenkonstruktion sollten Durchbiegungen und Schwingungen der Tragdecke möglichst gering sein. Einzelheiten s. Abschn. 9, Geschoßdecken.

Unzulässige Höhendifferenzen sowie fertigungsbedingte Unebenheiten von Rohbetondecken und Estrichen müssen vor dem Aufbringen weiterer Fußbodenschichten oder vor dem unmittelbaren Verlegen eines Belages ausgeglichen werden.

Die zu beachtenden **Ebenheitstoleranzen** für Flächen von Decken (Ober- und Unterseite), Estrichen, Bodenbelägen und Wänden sind in DIN 18202, Tab. 3, festgelegt. Abweichungen von den vorgeschriebenen Maßen sind nur im Rahmen der von dieser Norm bestimmten Grenzen zulässig.

Wie Tabelle **10**.2 zeigt, wird zwischen nichtflächenfertigen und flächenfertigen Verlegeuntergründen unterschieden. Werden an die Ebenheit von Flächen erhöhte Anforderungen gestellt – so wie dies in den Zeilen 2, 4 und 7 der Fall ist –, dann müssen diese stets gesondert vereinbart werden. Sie gelten als nicht vereinbart, wenn im Leistungsbeschrieb nur ganz allgemein „Toleranzen nach DIN 18202" gefordert sind. Die Ebenheitstoleranzen können durch Einzelmessungen oder durch ein Rasternivellement überprüft werden, sofern dies technisch erforderlich ist.

Tabelle **10**.2 Ebenheitstoleranzen für Flächen von Decken, Estrichen, Bodenbelägen und Wänden nach DIN 18202

Spalte	1	2	3	4	5	6
Zeile	Bezug	Stichmaße als Grenzwerte in mm bei Meßpunktabständen in m bis				
		0,1	1	4	10	15
1	Nichtflächenfertige Oberseiten von Decken, Unterbeton und Unterböden	10	15	20	25	30
2	Nichtflächenfertige Oberseiten von Decken, Unterbeton und Unterböden mit erhöhten Anforderungen, z. B. zur Aufnahme von schwimmenden Estrichen, Industrieböden, Fliesen- und Plattenbelägen, Verbundestrichen Fertige Oberflächen für untergeornete Zwecke, z. B. in Lagerräumen, Kellern	5	8	12	15	20
3	Flächenfertige Böden, z. B. Estriche als Nutzestriche, Estriche zur Aufnahme von Bodenbelägen Bodenbeläge, Fliesenbeläge, gespachtelte und geklebte Beläge	2	4	10	12	15
4	Flächenfertige Böden mit erhöhten Anforderungen, z. B. mit selbstverlaufenden Spachtelmassen	1	3	9	12	15
5	Nichtflächenfertige Wände und Unterseiten von Rohdecken	5	10	15	25	30
6	Flächenfertige Wände und Unterseiten von Decken, z. B. geputzte Wände, Wandbekleidungen, untergehängte Decken	3	5	10	20	25
7	Wie Zeile 6, jedoch mit erhöhten Anforderungen	2	3	8	15	20

10.3.3 Feuchtigkeitsschutz von Fußbodenkonstruktionen

Fußböden von Aufenthaltsräumen müssen gegen Einwirkungen von Wasser und Feuchtigkeit geschützt werden. Dies gilt vor allem für Fußbodenkonstruktionen in nicht unterkellerten Räumen und Naßräumen aller Art. Abdichtungen sind notwendig, um ggf. den Belag, die Zwischenschichten oder die jeweilige Deckenkonstruktion vor Feuchtigkeitseinwirkungen zu schützen. Die Lage der Dichtungsschicht(en) innerhalb eines Fußbodenaufbaues hängt immer davon ab, ob Wasser bzw. Feuchtigkeit

- **von oben** (z.B. in Form von Nutzwasser, Spritz- und Planschwasser),
- **von unten** (z.B. in Form von Bodenfeuchtigkeit, nichtdrückendem bzw. drückendem Wasser, Baufeuchtigkeit, Dampfdiffusion),
- **von der Seite** (z.B. durch seitlich eindringende Feuchtigkeit bei ungenügender Außenwandabdichtung bzw. fehlender Dränung) oder gleichzeitig aus
- **mehreren Richtungen** zu erwarten sind (Bild **10.**3 und **10.**4).

Die Wasseraufnahme bzw. der Feuchtetransport erfolgt entweder in flüssiger Form (z.B. kapillar, bei saugfähigen Baustoffen) oder in Form von Wasserdampf (z.B. bei Wasserdampfdiffusion durch ein Bauteil oder Kondensation).

Die Wahl der zweckmäßigsten Abdichtungsart ist abhängig von der Angriffsart des Wassers, der Art des Baugrundes, den zu erwartenden Beanspruchungen (mechanisch/thermischer Art) sowie der Nutzung des Bauwerkes bzw. Einzelraumes.

Die für den Feuchtigkeitsschutz von Fußbodenkonstruktionen besonders wichtigen Normen sind:

- **DIN 18195 Teil 4,** Abdichtungen von Bauwerken gegen Bodenfeuchtigkeit
- **DIN 18195 Teil 5,** Abdichtungen von Bauwerken gegen nichtdrückendes Wasser.

Einzelheiten über Bauwerksabdichtungen im **allgemeinen** sowie Angaben über „Abdichtungen gegen von außen drückendes Wasser" (DIN 18195 T6) sind Abschn. 14.4 zu entnehmen.

10.3.3.1 Fußbodenkonstruktionen auf erdreichberührter Bodenplatte

Erdreichberührte Bodenplatten können in Form von tragenden Fundamentplatten oder nichttragenden Betonböden ausgebildet sein. Während die Fundamentplatten zur Aufnahme von Lasten und ggf. gegen Druckwasserbeanspruchung zu bewehren sind, dienen Betonböden (nicht druckwasserbeanspruchbar) nur als unterer Raumabschluß gegen das Erdreich; sie sind in einer Dicke von mind. 10 cm auszuführen. Tabelle **10.**2 zeigt die zu beachtenden Ebenheitstoleranzen. Die wichtigsten Abdichtungsarten sind:

1. Abdichtungen gegen Bodenfeuchtigkeit (DIN 18195 T4)

Abdichtungen gegen Bodenfeuchtigkeit müssen Bauwerke und Bauteile gegen von **außen** angreifende Feuchtigkeit schützen. In der Norm wird unterschieden zwischen Abdichtung nichtunterkellerter und unterkellerter Gebäude sowie zwischen Bauwerken mit geringen Anforderungen an die Raumnutzung und den übrigen Gebäuden.

Werden **geringe Anforderungen** an die Raumnutzung gestellt (z.B. unbeheizte Vorratskeller), so reicht es aus, wenn unter dem Betonboden eine kapillarbrechende, grobkörnige Schüttung von mind. 15 cm Dicke angeordnet wird (Bild **10.**3a). Um die kapillarbrechende Wirkung der Schüttung nicht zu beeinträchtigen, ist diese vor dem Aufbetonieren des Bodens mit einer Folie abzudecken. Mit Bodenfeuchtigkeit ist zu rechnen, da Feuchtigkeit im Erdreich immer vorhanden ist.

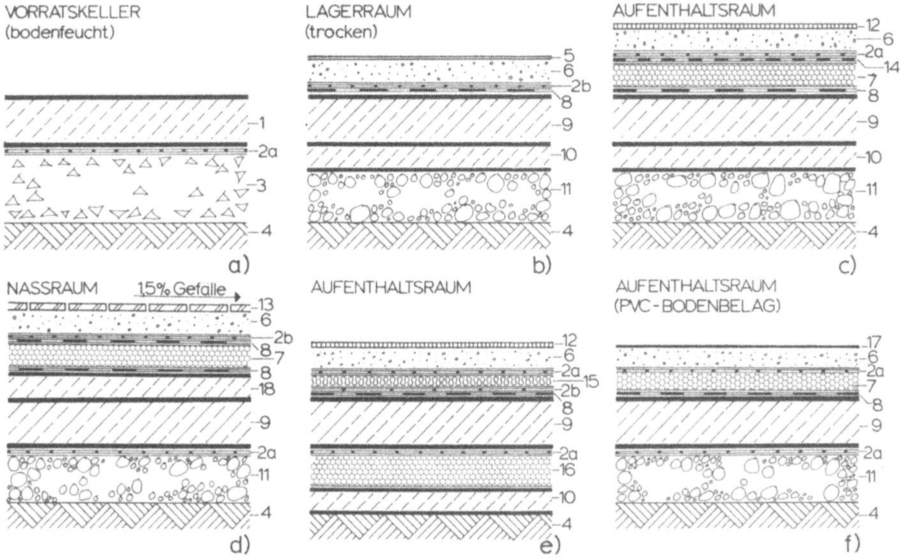

10.3 Schematische Darstellung von Fußbodenkonstruktionen mit Abdichtungen gegen Bodenfeuchtigkeit und nichtdrückendes Wasser bei erdberührten Bodenplatten. Vgl. hierzu auch Abschn. 14.4.4.

a) Abdichtung gegen Feuchtigkeit von unten (Erdreich), durch eine kapillarbrechende, gorbkörnige Schüttung, Nur bei untergeordneter Raumnutzung.

b) Abdichtung gegen Feuchtigkeit von unten (Erdreich), mit Estrich auf Gleitschicht. Deckenauflage ohne Anforderungen an Schall- und Wärmeschutz. Wegen der besonders im Sommer zu niedrigen Wand- und Bodentemperaturen (fehlende Dämmung) wird häufig innen die Taupunkttemperatur unterschritten, und es kommt (besonders bei Lüftung mit warm-feuchter Außenluft) zu erheblichen Kondensationsniederschlägen am Boden und im unteren Wandbereich.

c) Abdichtung gegen Feuchtigkeit von unten (Erdreich), mit schwimmendem Estrich. Die eingezeichnete Dampfsperre kann bei ausreichender Wärmedämmung (mind. $1/\Lambda = 1{,}8\ \mathrm{m^2\,K/W}$) und Verwendung von dampfbremsenden Dämmaterialien (z. B. Foamglas, extrudierter PS-Hartschaum, Rohdichte 30 kg/m^3) entfallen.[1])

d) Abdichtung gegen Feuchtigkeit von unten (Erdreich) und Feuchtigkeit von oben (Naßraum).

e) Wärmedämmung/Perimeterdämmung (z. B. extrudierte PS-Hartschaumplatten) unterhalb der Bodenplatte, Abdichtung und Trittschalldämmung oberhalb der Tragschicht.

f) Abdichtung gegen Feuchtigkeit von unten (Erdreich), mit schwimmendem Estrich und dampfdichtem Bodenbelag (PVC-Belag). In diesem Fall kann auf eine Dampfsperre innerhalb des Fußbodenaufbaues (vgl. hierzu c)) verzichtet werden.[1])

1 Betonboden
2a Abdeckung (z. B. PE-Folie, 0,1 mm, einlagig)
2b Gleitschicht (z. B. PE-Folie, 0,1 mm, zweilagig)
3 grobkörnige Schüttung, mind. 15 cm
4 Erdreich
5 Nutzschicht
6 Zementestrich
7 feuchtigkeitsunempfindliche Dämmschicht
8 Abdichtung aus Bitumenbahnen oder Kunststoff-Dichtungsbahnen
9 Fundamentplatte (bewehrt)
10 Sauberkeitsschicht aus $B \geqq 5$, $d \geqq 5$ cm (nicht in jedem Fall erforderlich)
11 Grobkies oder Kies-/Sandbett
12 textiler Bodenbelag
13 keramischer Bodenbelag
14 Dampfsperrschicht (z. B. PE-Folie, 0,4 mm)
15 Mineralfaserdämmplatten (trittschalldämmend)
16 Perimeterdämmung (amtlich zugelassene Dämmaterialien, die so gut wie keine Feuchtigkeit aufnehmen, z. B. extrudierte PS-Hartschaumplatten)
17 PVC-Bodenbelag (dampfdicht)
18 Gefälleestrich

Fußnote [1]) s. S. 368.

Bei derartigen Räumen ist im Laufe der Jahre oftmals eine Nutzungsänderung festzustellen: Aus unbeheizten Vorratskellern werden beispielsweise beheizte Gast- und Hobbyräume mit meist dampfdichten Fußbodenbelägen auf schwimmendem Estrich. Da die für eine derartige Raumnutzung erforderlichen Abdichtungs- und Wärmedämmaßnahmen nachträglich nur mit hohem finanziellem und arbeitsmäßigem Aufwand zu erreichen sind, sollten sich Bauherr und Planer über mögliche alternative Raumnutzungen rechtzeitig Gedanken machen. Nachträglich aufgebrachte Innenabdichtungen führen im allgemeinen nur zu Behelfslösungen, denen bei richtiger Materialkombination und fachgerechter Ausführung jedoch durchaus eine gewisse Funktionstüchtigkeit beschieden sein kann.

Werden **hohe Anforderungen** an die Trockenheit des Kellerbodens gestellt (Aufenthaltsräume), so ist auf die Betonplatte eine einlagige Abdichtung aus Bitumenbahnen oder Kunststoff-Dichtungsbahnen aufzubringen (Bild **10.**3b bis f). Diese müssen nahtlos an die untere, waagerechte Abdichtung für Innen- und Außenmauerwerk angeschlossen und nach Fertigstellung mit einer Schutzschicht vor Beschädigungen geschützt werden (z. B. Estrich auf zweilagiger Gleitschicht aus PE-Folie). Anschlüsse an Rohrdurchführungen sind mit Fest- und Losflanschen wasserdicht auszubilden. Für eine Abdichtung gegen Bodenfeuchtigkeit eignen sich im wesentlichen folgende Materialien (Einzelheiten s. Abschn. 14.4.2):

- nackte Bitumenbahnen, mind. einlagig, meist vollflächig heiß verklebt mit Deckaufstrich
- Kunststoff-Dichtungsbahnen (PIB, ECB oder PVC-weich) mind. einlagig, meist lose verlegt, thermisch oder chemisch verschweißt.

2. Abdichtungen gegen nichtdrückendes Wasser (DIN 18195 T5)

Diese Norm gilt für Abdichtungen gegen Wasser in tropfbar-flüssiger Form, das keinen (nennenswerten) hydrostatischen Druck auf diese ausübt. Die nachstehend erläuterten Bahnenabdichtungen müssen Bauwerke und Bauteile gegen von **außen** angreifende Feuchtigkeit schützen. Gleichzeitig gilt Teil 5 dieser Norm jedoch auch für **raumseitige** Abdichtungen, wie sie in Abschn. 10.3.3.2 näher beschrieben sind.

Je nach Größe der auf die Abdichtung einwirkenden Beanspruchungen durch Wasser, Verkehr, Verkehrslasten und Temperatur wird zwischen mäßig und hoch beanspruchten Abdichtungen unterschieden. Abdichtungen sind mäßig beansprucht, wenn beispielsweise die Wasserbeanspruchung gering und nicht ständig ist und die Abdichtung nicht unter befahrenen Flächen liegt. Wird eine dieser Annahmen überschritten, so gilt die Abdichtung als hoch beansprucht. Dieser Unterschied drückt sich dann in der Lagenzahl der Dichtungsbahnen aus. So sind beispielsweise gering beanspruchte Abdichtungen aus mind. zwei Lagen, hoch beanspruchte aus mind. drei Lagen Bitumenbahnen herzustellen.

Abdichtungen für mäßige Beanspruchungen können im wesentlichen aus folgenden Materialien gefertigt werden (Einzelheiten s. Abschn. 14.4.2):

- nackte Bitumenbahnen, mind. zweilagig, verbunden mit heißer Klebemasse und Deckaufstrich
- Bitumen-Dichtungsbahnen/Bitumen-Schweißbahnen, mit Gewebe- oder Metallbandeinlage, mind. einlagig mit Deckaufstrich
- Kunststoff-Dichtungsbahnen (PIB, ECB), 1,5 mm dick, mind. einlagig, mit lose aufgelegter Trennlage aus PE-Folie

[1]) In jeder erdberührten Fußbodenkonstruktion findet immer auch eine Wasserdampfdiffusion – von unten nach oben oder von oben nach unten – statt (Temperaturunterschiede bis zu 15°C). Bei Dampfdiffusion von unten nach oben kann es bei zu dampfdurchlässiger und nicht ausreichend bemessener Wärmedämmschicht zu Kondensat unterhalb eines dampfdichten PVC-Belages kommen. Folge: Blasenbildung, Verseifung des Klebers. Für den Fall der Dampfdiffusion von oben nach unten (z.B. bei erhöhter Luftfeuchtigkeit im Raum) ist bei einem dampfdichten Bodenbelag dieses Kondensatproblem gelöst. Bei dampfdurchlässigem Bodenbelag (z.B. Teppichboden) muß jedoch eine wirksame Dampfsperre oberhalb der Wärmedämmschicht angebracht sein, wenn diese nicht ausreichend bemessen oder zu dampfdurchlässig ist (z.B. bei Mineralfaserplatten).

— Kunststoff-Dichtungsbahnen (PVC-weich), 1,2 mm dick, mind. einlagig. Diese Dichtungsbahnen sollten beidseitig in Schutzbahnen eingelegt werden.

Auf Verträglichkeit der verwendeten Stoffe ist immer zu achten. So dürfen z. B. für die Verlegung mit heiß zu verarbeitender Klebemasse nur bitumenverträgliche Kunststoff-Dichtungsbahnen eingesetzt werden.

Ausführungsarten. Die Abdichtung von erdberührten Fußbodenflächen (z. B. Kellerböden) kann nach den vorgenannten Normen entweder wannenförmig an den Wänden hochgezogen werden, oder Kellerbodenabdichtung und untere Wanddichtung liegen auf einer Ebene. Vgl. hierzu auch Abschn. 14.4.5.

Bei der **wannenförmig** ausgebildeten Abdichtung werden die Bahnen raumseitig an den Innen- und Außenwänden hochgezogen und an die untere waagerechte Wandabdichtung – etwa 10 cm über OF-Fußboden – angeschlossen. Am Übergang von Boden- zu Wandflächen sind kleinere Ausrundungen (Hohlkehle ∅ 3 cm oder Hartschaumkeile) erforderlich. Diese in der DIN 18195 gezeigte Ausführung entspricht jedoch nicht nur nach Auffassung des Verfassers kaum mehr der heutigen Baupraxis. Vgl. hierzu auch Abschn. 14.4.4.

Liegen jedoch Kellerbodenabdichtung und untere Wandabdichtung auf **einer Ebene** – beispielsweise auf der Fundamentplatte, unterhalb des aufgehenden Mauerwerkes – so werden beide in Form eines mindestens 10 cm breiten Klebestoßes miteinander verbunden (Bild **10.**5c). Die letztgenannte Ausführungsart wird bevorzugt eingesetzt, da die oben erläuterte, hochgezogene und geknickte Führung der Dichtungsschicht (z. B. bei Bitumenbahnen) doch zu erheblichen Ausführungsschwierigkeiten auf der Baustelle führen kann.

10.3.3.2 Fußbodenkonstruktionen in Naßräumen[1])

Abdichtungen in Naßräumen müssen das **oberseitige** Eindringen von Wasser in die Deckenauflage, die Tragdecke oder gar in darunterliegende Räume verhindern. Da es sich hierbei in der Regel um nichtdrückendes Wasser in tropfbar-flüssiger Form handelt, sind die entsprechenden Bahnenabdichtungen ebenfalls gemäß DIN 18195 T5 auszuführen.

1. Abdichtungen in Naßräumen[1]) gemäß DIN 18195 T5

Wie zuvor bereits erwähnt, wird in Teil 5 der Abdichtungsnorm zwischen mäßiger und hoher Wasserbeanspruchung unterschieden, was sich u. a. in der Lagenzahl der Dichtungsbahnen ausdrückt. So ist in vorwiegend gewerblich und öffentlich genutzten Naßräumen (z. B. Großküchen, öffentliche und private Schwimmbäder, Duschräume in Hotels, Wohnheime usw.) immer mit einer erheblichen, häufig langanhaltenden Spritz- und Sickerwasserbeansrpuchung zu rechnen. In diesen hoch beanspruchten Bereichen bieten Bahnenabdichtungen generell ein großes Maß an Sicherheit, allerdings erfordern sie auch einen hohen technischen Realisierungsaufwand.

Ausführungsarten. Die Abdichtung derartiger Naßräume muß gemäß DIN 18195 T5 wannenförmig ausgebildet und die mehrlagige Bahnenabdichtung 15 cm über die Oberfläche des Bodenbelages an allen aufgehenden Bauteilen hochgeführt und dort befestigt werden (Bild **10.**5a und b). Damit an den senkrecht hochgezogenen und an der Wand gesicherten, glatten Dichtungsbahnen der Verlegemörtel bei keramischen Belägen (z. B. Sockelfliesen) besser haftet, wird der Deckaufstrich der heiß eingekleb-

[1]) Die Begriffe „Feucht- und Naßräume" kommen in der DIN 18195 nicht vor. Außerdem sind sie weder in der Fachliteratur noch in den technischen Regelwerken eindeutig definiert. Die neue Abdichtungsnorm geht statt dessen von der zu erwartenden Intensität der Beanspruchung (hoch/mäßig) aus. Unabhängig davon wird in der nachstehenden Abhandlung der Begriff „Naßraum" als übergeordnete Sammelbezeichnung für alle feuchtigkeits- und naßbelasteten Bereiche verwendet.

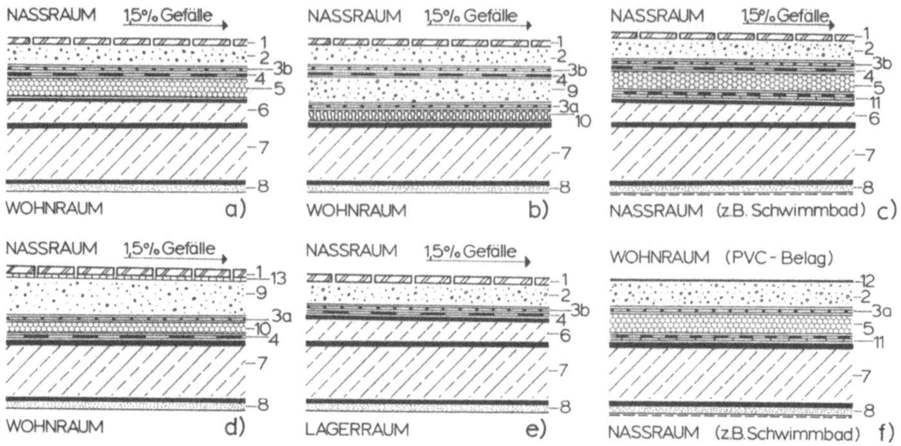

10.4 Schematische Darstellung von Fußbodenkonstruktionen mit Bahnenabdichtungen in Naßräumen über Geschoßdecken. Weitere Beispiele s. Abschn. 14.4.

a) Abdichtung gegen Feuchtigkeit von oben, zwischen Dämmschicht und Zementestrich
b) Abdichtung gegen Feuchtigkeit von oben, zwischen Gefälleestrich und Zementestrich
c) Abdichtung gegen Feuchtigkeit von oben, mit Dampfsperre unterhalb der Dämmschicht gegen Dampfdiffusion von unten (Naßraum)
d) Abdichtung gegen Feuchtigkeit von oben, mit Dichtungsbahnen unterhalb einer feuchtigkeitsunempfindlichen Dämmschicht
e) Abdichtung gegen Feuchtigkeit von oben, unmittelbar auf dem Gefälleestrich. Deckenauflage ohne Anforderungen an den Schall- und Wärmeschutz
f) Dampfsperre unmittelbar auf der Geschoßdecke gegen Dampfdiffusion von unten (Naßraum), bei oberseitigem Bodenbelag aus dampfdichtem Material (PVC-Bahnenbelag)

1 keramischer Bodenbelag
2 Zementestrich
3a Abdeckung (z. B. PE-Folie 0,1 mm, einlagig)
3b Gleitschicht (z. B. PE-Folie 0,1 mm, zweilagig)
4 Abdichtung aus Bitumenbahnen oder Kunststoff-Dichtungsbahnen
5 feuchtigkeitsunempfindliche Dämmschicht
6 Gefälleestrich
7 Geschoßdecke
8 Deckenputz
9 Gefälleestrich mit Bewehrung
10 Trittschalldämmung (feuchtigkeitsunempfindlich)
11 Dampfsperre mit Dampfdruckausgleichschicht
12 PVC-Bodenbelag (dampfdicht)
13 keramische Bodenfliesen in Klebstoff (Dünnbettverfahren)

ten Bitumenbahnen mit scharfkörnigem Quarzsand bestreut oder ein an der Wand befestigtes Armierungsgewebe in das Mörtelbett eingelegt. Bei allen Rohrdurchführungen sind die Anschlüsse mit Flanschen wasserdicht auszubilden und die fertiggestellten Abdichtungen vor mechanischen Beschädigungen unverzüglich zu schützen (z. B. durch Schutzschichten wie Estriche usw.).

Derartige Naßräume müssen immer auch einen Bodenablauf aufweisen, an den die Dichtungsbahnen und der Bodenbelag mit einem Gefälle von mind. 1,5% anzuschließen sind (Klebe- oder Fest- und Losflanschen). Der notwendige Gefälleestrich kann entweder in Form eines Verbundestriches unmittelbar auf der Rohdecke aufgebracht (Regelausführung) oder als Gefälleestrich mit Bewehrung auf einer Trittschalldämmung, oder – bei gleichzeitiger Wassereinwirkung von außen – über einer vollflächigen Bodenabdichtung verlegt werden. Bild **10.5** a bis c.

Die Fußböden derartiger Naßräume müssen deutlich tiefer liegen als die Bodenoberflächen der angrenzenden, nicht wasserbeanspruchten Bereiche (z. B. Flure). Die Tür-

schwellen sind nach der vorgenannten Norm in die Abdichtungsmaßnahmen einzubeziehen und die Dichtungsbahnen mit der Anschlagschiene bzw. Metallzarge wasserdicht zu verbinden (schadensanfällige Konstruktion). Diese Dichtungsaufkantung kann ggf. durch eine vorgesetzte Blockstufe aus Beton geschützt werden. Wird allerdings im Türbereich auf die 15 cm hohe Schwelle verzichtet, ist die in gleicher Höhe geforderte Randaufkantung im übrigen Wandbereich sicherlich wenig sinnvoll. Bei einem niveaugleichen Übergang (behindertengerechte Planung) ist vor der Tür eine Überlaufrinne sowie insgesamt ein stärkeres Oberflächengefälle in Richtung Bodeneinlauf vorzusehen.
Dämmschichten in Naßräumen müssen aus feuchtigkeitsunempfindlichen Materialien bestehen (z. B. extrudierte PS-Hartschaumplatten, Foamglas o. ä.). Derartige Platten können u. U. auch oberhalb der Abdichtung angeordnet sein (Bild **10.**4d). Aus trittschalltechnischen Gründen sind auch in Naßräumen Randdämmstreifen vorzusehen und bei keramischen Bodenbelägen die Boden-Wandfuge möglichst dicht und dauerelastisch auszufugen.

2. Abdichtungen in Naßräumen[1]) außerhalb DIN 18195

Forderungen, die sich aus der normgerechten Konstruktion mäßig beanspruchter Abdichtungen – beispielsweise bei Badezimmern im Wohnungsbau – ergeben, lassen sich in der Praxis nur schwer verwirklichen. So führt das wannenförmige Hochziehen der Dichtungsbahnen im Sockelbereich zu verhältnismäßig aufwendigen Konstruktionen und der Einbau einer normgerechten Türschwelle zu unzumutbaren Beeinträchtigungen der Badnutzung. Zwischen Planer und Bauherr ist daher in einem frühen Stadium zu klären, welche Anforderungen hinsichtlich der späteren Nutzung an die Naßräume tatsächlich gestellt werden. Vor allem auch, ob in Wohnungsbädern normgerechte Abdichtungen mit zweilagigen Dichtungsbahnen – 15 cm über OF-Bodenfläche hochgezogen – sowie Bodeneinläufe mit Gefälleschichten, in jedem Fall notwendig sind, oder ob einfachere Feuchtigkeitsschutzmaßnahmen – wie nachstehend erläutert – nicht ausreichen. Da derartige vereinfachte Abdichtungsmaßnahmen sich außerhalb der Abdichtungsnorm bewegen, sind alle Vereinbarungen vertraglich festzulegen. Weitere Einzelheiten sind der Spezialliteratur zu entnehmen [1], [2].

In diesem Zusammenhang ist auch die sich ändernde Badnutzung zu sehen (mehr duschen, weniger baden). Immer häufiger wird in Badewannen mehrmals hintereinander geduscht, so daß die angrenzenden Wandflächen – ähnlich sorgfältig wie in Duschnischen – abgedichtet werden müßten. Da aber derartige Wanddichtungen gemäß DIN 18195 immer mit einer Schutzschicht (Vormauerung oder Schale aus armiertem Zementmörtel) geschützt werden sollten, werden diese zwar normgerechten, jedoch aufwendigen und umständlichen Abdichtungsmaßnahmen im Wohnungsbau kaum durchgeführt. Angesichts der technischen Schwierigkeiten und nicht unerheblichen Kosten sollte geprüft werden, ob feuchtigkeitsbeanspruchte Wandflächen in Wohnungsbädern nicht ebenfalls mit einfacheren, alternativen Abdichtungsmaßnahmen ausreichend geschützt werden können.

Alternative 1: Mäßig beanspruchte Abdichtungen aus einlagigen Dichtungsbahnen. Geht man von der üblichen Nutzung eines Wohnbades aus, so ist am Fußboden mit geringer Wasserbeanspruchung zu rechnen. Es bietet sich deshalb an, in derartigen Räumen einfachere, d. h. technisch weniger aufwendige und somit auch preisgünstigere Konstruktionen vorzusehen (Bild **10.**6a).

Ausführungsarten. Auf den Einbau eines Bodenablaufes und Gefälleestriches wird verzichtet. Die im Fußbodenbereich nur einlagig verlegte Dichtungsbahn wird an den aufgehenden Wandflächen nur etwa 4 cm über OF-Fertigfußboden hochgezogen und dort befestigt. Daran kann sich bei Bedarf eine alternative Wandabdichtung im Verbund mit keramischen Fliesen anschließen. Im Türbereich ist die Dichtungsbahn

[1]) s. Fußnote S. 369

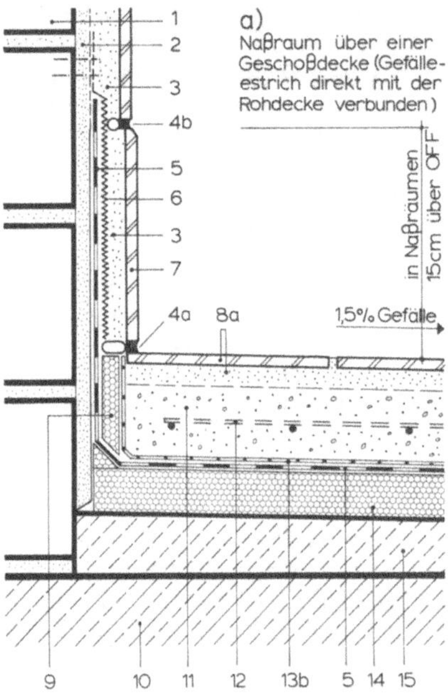

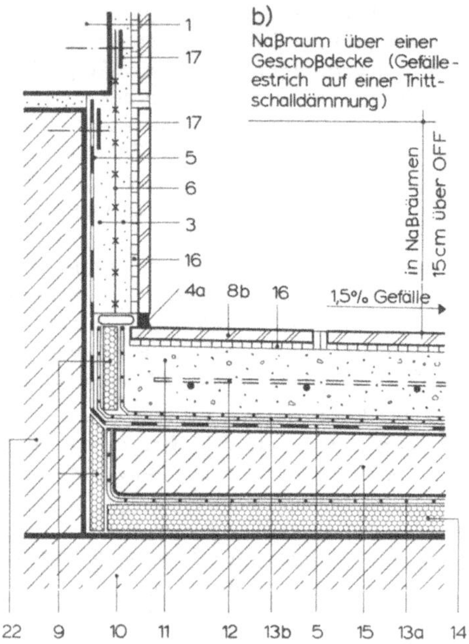

10.5
Konstruktionsbeispiele: Boden-Wandanschlüsse in Naßräumen mit Bahnenabdichtungen gemäß DIN 18195 T5

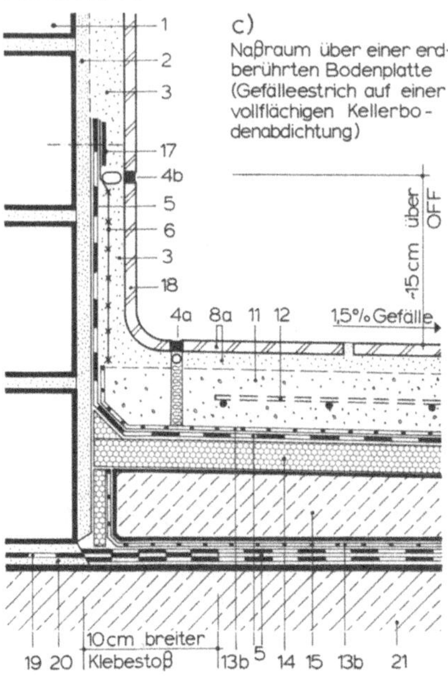

1 Mauerwerk
2 Putzlage
3 Mörtelbett
4a Bewegungsfuge (Füllprofil mit Dichtungsmasse)
4b Bewegungsfuge (nicht unbedingt notwendig)
5 Abdichtung aus Bitumen-/Kunststoff-Dichtungsbahnen
6 Armierungsgewebe oder verzinktes Rippenstreckmetall (Mörtelbewehrung)
7 Sockelfliese mit und ohne Fase
8a Bodenfliese in Mörtelbett (Dickbettverfahren)
8b Bodenfliese in Klebstoff (Dünnbettverfahren)
9 Randstreifen (5 mm dick)
10 Geschoßdecke
11 Zementestrich
12 Bewehrung (verzinkte Betonstahlmatte)
13a Trennschicht/Abdeckung (PE-Folie 0,1 mm)
13b Gleitschicht (PE-Folie 0,1 mm, zweilagig)
14 feuchtigkeitsunempfindliche Dämmschichten
15 Gefälleestrich/Schutzschicht
16 Dünnbettmörtel oder Klebstoff
17 Metallbandbefestigung (z. B. Alu-Lochband)
18 Kehlsockel
19 untere waagerechte Außenwandabdichtung
20 Mörtelband (Mörtelgruppe III)
21 Bodenplatte/Fundamentplatte
22 Aufbetonstreifen/Wandrücksprung

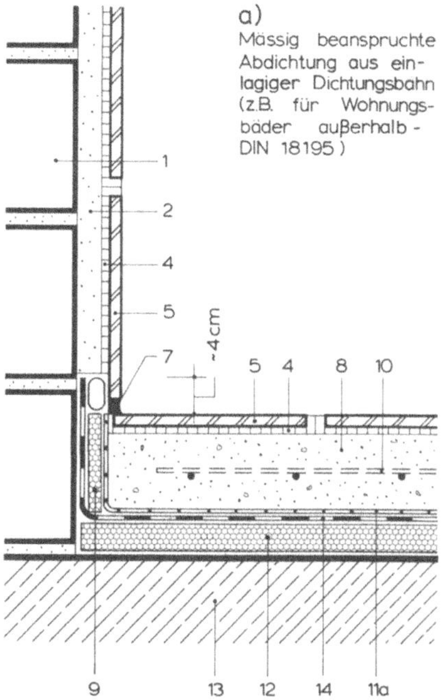

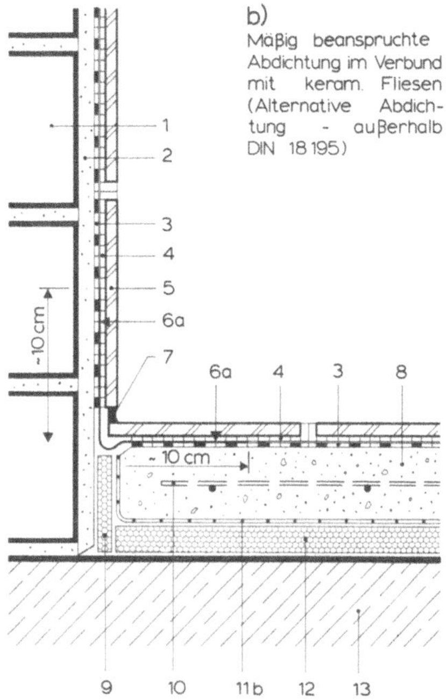

10.6
Konstruktionsbeispiele: Boden-Wandanschlüsse in Naßräumen mit mäßig beanspruchbaren Abdichtungen außerhalb DIN 18195

1 Mauerwerk
2 Putzlage
3 Abdichtung (aufgespachtelte Dichtschicht)
4 Dünnbettmörtel oder Klebstoff nach DIN 18156
5 Boden-/Wandfliesen im Dünnbettverfahren
6a Dichtbandeinlage, schlaufenförmig ausgebildet
6b Dichtbandeinlage, an Bodenablauf angeklebt
7 dauerelastische Dichtungsmasse (ggf. mit Füllprofil)
8 Zementestrich
9 Randstreifen
10 Bewehrung (verzinkte Betonstahlmatte)
11a Gleitschicht (PE-Folie 0,1 mm)
11b Abdeckung (PE-Folie 0,1 mm)
12 feuchtigkeitsunempfindliche Dämmschichten
13 Massivdecke (Geschoßdecke)
14 Abdichtung (einlagige Bitumen- oder Kunststoffbahn)
15 höhenverstellbarer Bodenablauf dicht eingeklebt

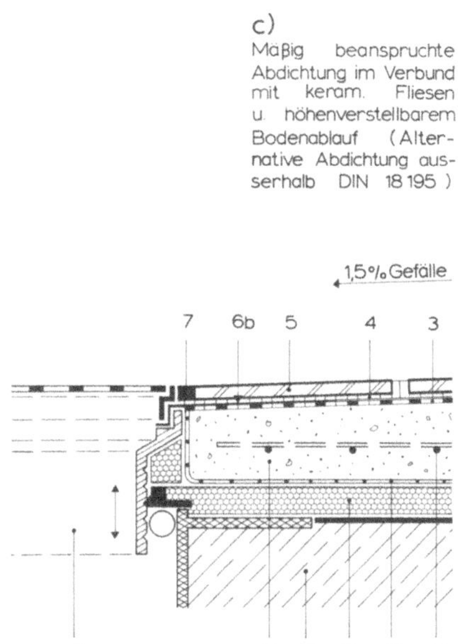

ebenfalls bis OF-Fertigfußboden hochzuziehen und mit der Anschlagschiene bzw. Metallzarge dicht zu verbinden.

Diese weniger aufwendigen Abdichtungen sind nur für mäßig beanspruchte Naßräume im Wohnungsbau gedacht. Bei feuchtigkeitsempfindlichen Unterkonstruktionen (z. B. Holzbalkendecken) und höher beanspruchten Naßräumen sind normgerechte Konstruktionen gemäß DIN 18195 T5 in jedem Fall vorzusehen.

Alternative 2: Mäßig beanspruchte Abdichtungen im Verbund mit keramischen Fliesen und Platten. Die bisher besprochenen Abdichtungssysteme zeichnen sich dadurch aus, daß das Wasser in die Fußbodenkonstruktionen relativ tief eindringen kann, bis es auf die eigentlich wirksame Dichtungsebene trifft. Da Naßräume im Wohnungsbau in der Regel mit keramischen Belägen ausgestattet sind, liegt es nahe, der obersten Nutzschicht, d. h. den Fliesenbelägen selbst, eine abdichtende Funktion zu übertragen. Da die ausgemörtelten Fugen zwischen den Fliesen jedoch wasserdurchlässig sind (Haarrisse entlang der Fugenkanten), muß eine vollflächig dichtende Ebene unterhalb der Fliesenlage geschaffen und alle Bewegungsfugen mit Dichtbandeinlagen elastisch überbrückt werden (Bild **10.**6b).

Ausführungsarten. Die sog. alternativen Abdichtungen – auch Verbundabdichtungen genannt – eignen sich für mäßige Beanspruchungen, wie sie im Innenbereich eines Gebäudes (z. B. in Duschräumen, Duschbereichen über Badewannen und Naßräumen mit Bodenablauf) auftreten. Geeignete Untergründe für Bodenabdichtungen sind Betonflächen sowie Zement- und Gußasphaltestriche. Kalk-, Kalkgips- und Gipsputze, Holz- und Holzwerkstoffe sind als Untergründe nicht geeignet.[1]) Ihre Oberfläche muß ausreichend ebenflächig sowie tragfähig und frei von durchgehenden Rissen sein. Da die rissеüberbrückenden Eigenschaften der Dichtstoffe beschränkt sind, sollten die Formveränderungen des Untergrundes weitgehend abgeschlossen und Zementestriche mind. 28 Tage alt sein. Als Dichtstoffe kommen in Frage:

— Kunststoff-Zement-(Mörtel-)Kombinationen
— Reaktionsharze
— Kunstharzdispersionen.

Nach den vom Zentralverband des Deutschen Baugewerbes herausgegebenen Merkblättern [2], [3], müssen die Dichtstoffe zahlreichen Anforderungen genügen. So muß vor allem die Überbrückung von Rissen bis 0,2 mm Breite gewährleistet sein. Auf dem Markt gibt es jedoch schon geprüfte Produkte, die Risse bis 1 mm Breite überbrücken.

Die Abdichtungsstoffe werden je nach Produkt durch Streichen, Rollen oder Spachteln deckend aufgetragen (Gesamtdicke bis 4 mm) und je nach Herstellerangabe noch zusätzlich mit Gewebeeinlagen verstärkt. Erst nach dem Erhärten der Dichtschicht erfolgt die Verlegung der Fliesen (zwei getrennte Arbeitsgänge!) im Dünnbettverfahren nach DIN 18157 mit anschließender Verfugung.

Eckanschlüsse und besonders Wand-Bodenanschlüsse müssen durch zusätzliche, etwa 25 cm breite Dichtbandeinlagen gesichert werden. Diese sind in Form einer Schlaufe einzubauen, damit die Bewegungsfugen elastisch überbrückt werden (Bild **10.**6b). Auch alle Eckfugen und Bodenabläufe sind mit Dichtbandeinlagen bzw. Dicht-

---

[1]) Vor unseriösen Werbeaussagen, die absolute Sicherheit für jeden nur erdenklichen Zweck suggerieren – z. B. Verlegung ohne besondere Maßnahmen auf feuchtigkeitsempfindlichen Untergründen wie Holz, Holzspanplatten sowie außerhalb von Gebäuden – ist größte Vorsicht geboten. Grundsätzlich sollte man nur mit Firmen zusammenarbeiten, die eine objektbezogene Gewährleistung von zwei bzw. fünf Jahren geben.

manschetten abzudichten (Bild **10.**6c) und alle Anschlußfugen mit dauerelastischer Dichtungsmasse zu schließen.

Abdichtungen im Verbund mit keramischen Fliesen und Platten, sog. alternative Abdichtungen, haben sich bei sorgfältiger Ausführung in der praktischen Anwendung schon seit Jahren bewährt (Altbausanierung, Fertighausbau usw.). Diese vereinfachten Abdichtungen sind jedoch nur für mäßig beanspruchte Naßräume gedacht und bedürfen, da sie sich außerhalb der Abdichtungsnorm bewegen, immer der vertraglichen Absprache.

10.3.4 Schallschutz von Massivdecken und Holzbalkendecken

Der Schallschutz in Bauwerken hat große Bedeutung für die Gesundheit und das Wohlbefinden des Menschen. Bauliche Schallschutzmaßnahmen dienen daher dem Ziel, Menschen in Aufenthaltsräumen vor unzumutbaren Belästigungen durch Schallübertragung zu schützen. Sie müssen immer rechtzeitig berücksichtigt werden, da ein unzureichend geplanter oder auch mangelhaft ausgeführter Schallschutz nachträglich nur mit erheblichem Aufwand verbessert werden kann.

Die zu beachtenden Forderungen an den baulichen Schallschutz – beispielsweise von Decken – enthalten:

- **DIN 4109 (Ausg. 11.89),** Schallschutz im Hochbau – Anforderungen und Nachweise
- **Beiblatt 1 zu DIN 4109,** Schallschutz im Hochbau – Ausführungsbeispiele und Rechenverfahren
- **Beiblatt 2 zu DIN 4109,** Schallschutz im Hochbau – Hinweise für Planung und Ausführung; Vorschläge für einen erhöhten Schallschutz; Empfehlungen für den Schallschutz im eigenen Wohn- und Arbeitsbereich.

Einzelheiten über den Schallschutz im **allgemeinen** sowie Rechenbeispiele mit den entsprechenden Werten sind Abschn. 14.6 zu entnehmen.

Anforderungen an den Schallschutz von Geschoßdecken

Beim Schallschutz ist grundsätzlich zu unterscheiden zwischen Maßnahmen der Schalldämmung und der Schallabsorption.

- Schalldämmung beinhaltet die Minderung der Schallübertragung zwischen benachbarten Räumen.
- Schallabsorption bedeutet die Minderung des Schalles bzw. der Schallausbreitung im Raum selbst (auch Schallschluckung oder Schalldämpfung genannt). Beide Maßnahmen unterscheiden sich und müssen getrennt voneinander betrachtet werden.

Bei der **Schalldämmung von Geschoßdecken** gilt es, Menschen in angrenzenden Räumen vor störender Luftschallübertragung (z. B. durch Sprechen, Musik) und Trittschallübertragung (z. B. Gehen, Stühlerücken) zu schützen. Ausgehend von der neu zu planenden oder vorhandenen Rohdecke (Altbau) sind die Dämmaßnahmen so zu wählen, daß immer beide Anforderungen erfüllt werden. Diese umfassen die gesamte Geschoßdecke, nämlich

- Rohdecke (z. B. Massivdecke, Holzbalkendecke),
- Deckenauflage (z. B. schwimmender Estrich mit Gehbelag) und ggf.
- biegeweiche Deckenbekleidung oder Unterdecke.

Schall wird jedoch nicht nur über die Geschoßdecke selbst von Raum zu Raum übertragen, sondern auch über Nebenwege. Darunter versteht man sowohl die Schallübertra-

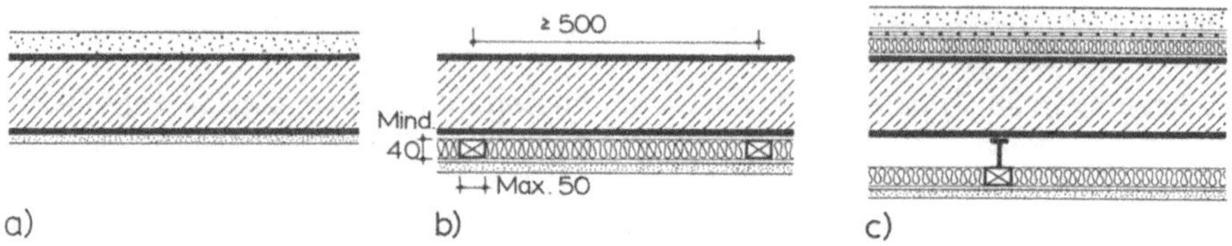

10.7 Schematische Darstellung von ein- und mehrschaligen Geschoßdecken
a) einschalige Decke: Massivdecke mit Verbundestrich und Putzschicht (alle Teile sind starr miteinander verbunden)
b) zweischalige Decke: Massivdecke entweder mit biegeweicher Deckenbekleidung oder mit schwimmend verlegtem Estrich
c) mehrschalige Decke: Massivdecke mit abgehängter, biegeweicher Unterdecke und schwimmend verlegtem Estrich

gung längs angrenzender Wände, Stützen usw., die sog. Flankenübertragung, als auch die Luftschallübertragung über Schächte, Deckenhohlräume von Unterdecken und ähnlichem. Siehe hierzu Abschn. 14.6.3.3.

Wie in Bild **10.**7 dargestellt, wird zwischen ein- und mehrschaligen Deckenausbildungen unterschieden.

– Einschalige Bauteile bestehen aus einem einheitlichen Baustoff (z. B. Beton) oder aus mehreren, fest miteinander verbundenen Schichten (z. B. Betonplatte mit Putzschicht), die als Ganzes schwingen. Je höher das Flächengewicht (flächenbezogene Masse) des Bauteiles ist, um so besser ist die Schalldämmung.
– Mehrschalige Bauteile bestehen aus zwei und mehreren Schalen, die nicht starr miteinander verbunden, sondern durch elastische Dämmstoffe (z. B. bei schwimmendem Estrich) oder Luftschichten voneinander getrennt sind. Je weniger starr die Verbindung dieser Schalen ist, umso besser ist die Schalldämmung.

Die baurechtlich geforderten **(Mindest-)Anforderungen** enthält die eigentliche Norm DIN 4109 (Ausg. 11.89). Neben diesen unbedingt einzuhaltenden – in Tabelle **10.**8 auszugsweise wiedergegebenen Mindestwerten für Decken – sind im Beiblatt 2 zu DIN 4109 Vorschläge für einen erhöhten Schallschutz und Empfehlungen für den eigenen Wohn- und Arbeitsbereich genannt. Durch diese Trennung soll deutlich werden, daß beispielsweise erhöhter Schallschutz einer besonderen Vereinbarung zwischen Bauherr und Entwurfsverfasser bedarf. Vgl. hierzu auch Abschn. 14.6.4.1.

Neue Bezeichnungen: In Angleichung an die internationale Normung wurden in der neuen DIN 4109 (Ausg. 11.89) ersetzt:

– das Luftschallschutzmaß *LSM* durch das bewertete Schalldämm-Maß R'_w
– das Trittschallschutzmaß *TSM* durch den bewerteten Norm-Trittschallpegel $L'_{n,w}$
– das äquivalente Trittschallschutzmaß TSM_{eq} von Rohdecken durch den äquivalenten bewerteten Norm-Trittschallpegel $L_{n,w,eq}$
– das Trittschallverbesserungsmaß *VM* durch das Trittschallverbesserungsmaß ΔL_w.

Zur Berechnung gelten folgende Beziehungen:

$TSM = 63\,dB - L'_{n,w}$, $TSM_{eq} = 63\,dB - L_{n,w,eq}$, $VM = \Delta L_w$.

Hinweis: Da in der Neuausgabe der DIN 4109 die bisher gebräuchlichen Bezeichnungen weiterhin angeführt sind, werden diese für eine gewisse Übergangszeit (mit Ausnahme des LSM) auch in diesem Werk weiter verwendet.

Tabelle **10**.8 Anforderungen an die Luft- und Trittschalldämmung von Decken zum Schutz gegen Schallübertragung aus einem **fremden** Wohn- oder Arbeitsbereich (Auszug aus DIN 4109 – Ausg. 11.89 – Tab. 3), s. hierzu auch Tabelle **14**.71

Spalte	1	2	3	4	5
Zeile	Decken	Bauteile	Anforderungen erf. R'_w*) in dB	Anforderungen erf. $L'_{n,w}$*) (erf. *TSM*) in dB	Bemerkungen
1 Geschoßhäuser mit Wohnungen und Arbeitsräumen					
1		Decken unter allgemein nutzbaren Dachräumen, z. B. Trockenböden, Abstellräumen und ihren Zugängen	53	53 (10)	1)
2		Wohnungstrenndecken (auch -treppen) und Decken zwischen fremden Arbeitsräumen bzw. vergleichbaren Nutzungseinheiten	54	53 (10)	2) 3) 4)
3		Decken über Kellern, Hausfluren, Treppenräumen unter Aufenthaltsräumen	52	53 (10)	5) 6)
4		Decken über Durchfahrten, Einfahrten von Sammelgaragen und ähnliches unter Aufenthaltsräumen	55	53 (10)	
5		Decken unter/über Spiel- oder ähnlichen Gemeinschaftsräumen	55	46 (17)	7)
6		Decken unter Terrassen und Loggien über Aufenthaltsräumen	–	53 (10)	–
7		Decken unter Laubengängen	–	53 (10)	5)
8		Decken und Treppen innerhalb von Wohnungen, die sich über zwei Geschosse erstrecken	–	53 (10)	1) 5) 6) 8)
9		Decken unter Bad und WC ohne/mit Bodenentwässerung	54	53 (10)	
10		Decken unter Hausfluren	–	53 (10)	5) 6)
2 Einfamilien-Doppelhäuser und Einfamilien-Reihenhäuser					
11		Decken	–	48 (15)	5)
12		Treppenläufe und -podeste und Decken unter Fluren	–	53 (10)	9)
3 Beherbergungsstätten					
13		Decken	54	53 (10)	–
14		Decken unter/über Schwimmbädern, Spiel- oder ähnlichen Gemeinschaftsräumen zum Schutz gegenüber Schlafräumen	55	46 (17)	7)
15		Treppenläufe und -podeste	–	58 (5)	10)
16		Decken unter Fluren	–	53 (10)	5)
17		Decken unter Bad und WC ohne/mit Bodenentwässerung	54	53 (10)	5) 11)

*) Neue Bezeichnungen s. S. 376, Fortsetzung s. S. 378

Tabelle **10**.8, Fortsetzung

Spalte	1	2	3	4	5
Zeile	Decken	Bauteile	Anforderungen erf. R'_w*) in dB	erf. $L'_{n,w}$*) (erf. *TSM*) in dB	Bemerkungen
4 Krankenanstalten, Sanatorien					
18		Decken	54	53 (10)	–
19		Decken unter/über Schwimmbädern, Spiel- oder ähnlichen Gemeinschaftsräumen	55	46 (17)	7)
20		Treppenläufe und -podeste	–	58 (5)	10)
21		Decken unter Fluren	–	53 (10)	5)
22		Decken unter Bad und WC ohne/mit Bodenentwässerung	54	53 (10)	5) 11)
5 Schulen und vergleichbare Unterrichtsbauten					
23		Decken zwischen Unterrichtsräumen oder ähnlichen Räumen	55	53 (10)	–
24		Decken unter Fluren	–	53 (10)	5)
25		Decken zwischen Unterrichtsräumen oder ähnlichen Räumen und „besonders lauten" Räumen (z. B. Sporthallen, Musikräume, Werkräume)	55	46 (17)	7)

1) Bei Gebäuden mit nicht mehr als 2 Wohnungen betragen die Anforderungen erf. R'_w = 52 dB und erf $L'_{n,w}$ = 63 dB (erf. *TSM* = 0 dB).

2) Wohnungstrenndecken sind Bauteile, die Wohnungen voneinander oder von fremden Arbeitsräumen trennen.

3) Bei Gebäuden mit nicht mehr als 2 Wohnungen beträgt die Anforderung erf. R'_w = 52 dB.

4) Weichfedernde Bodenbeläge dürfen bei dem Nachweis der Anforderungen an den Trittschallschutz nicht angerechnet werden; in Gebäuden mit nicht mehr als 2 Wohnungen dürfen weichfedernde Bodenbeläge, z. B. nach Beiblatt 1 zu DIN 4109/11.89, Tabelle 18, berücksichtigt werden, wenn die Beläge auf dem Produkt oder auf der Verpackung mit dem entsprechenden $\Delta L_w(VM)$ nach Beiblatt 1 zu DIN 4109/11.89, Tabelle 18, bzw. nach Eignungsprüfung gekennzeichnet sind und mit der Werksbescheinigung nach DIN 50049 ausgeliefert werden.

5) Die Anforderung an die Trittschalldämmung gilt nur für die Trittschallübertragung in fremde Aufenthaltsräume, ganz gleich, ob sie in waagerechter, schräger oder senkrechter (nach oben) Richtung erfolgt.

6) Weichfedernde Bodenbeläge dürfen bei dem Nachweis der Anforderungen an den Trittschallschutz nicht angerechnet werden.

7) Wegen der verstärkten Übertragung tiefer Frequenzen können zusätzliche Maßnahmen zur Körperschalldämmung erforderlich sein.

8) Die Prüfung der Anforderungen an das Trittschallschutzmaß nach DIN 52210 Teil 3 erfolgt bei einer gegebenenfalls vorhandenen Bodenentwässerung nicht in einem Umkreis von r = 60 cm.

9) Bei einschaligen Haustrennwänden gilt: Wegen der möglichen Austauschbarkeit von weichfedernden Bodenbelägen nach Beiblatt 1 zu DIN 4109/11.89, Tabelle 18, die sowohl dem Verschleiß als auch besonderen Wünschen der Bewohner unterliegen, dürfen diese bei dem Nachweis der Anforderungen an den Trittschallschutz nicht angerechnet werden.

10) Keine Anforderungen an Treppenläufe in Gebäuden mit Aufzug.

11) Die Prüfung der Anforderungen an den bewerteten Norm-Trittschallpegel nach DIN 52210 Teil 3 erfolgt bei einer ggf. vorhandenen Bodenentwässerung nicht in einem Umkreis von r = 60 cm.

*) Neue Bezeichnungen s. S. 376

10.3.4.1 Luftschalldämmung von Massivdecken

Die Luftschalldämmung von Massivdecken wird überwiegend von der flächenbezogenen Masse der jeweiligen Rohdecke bestimmt. Bei Bedarf kann sie verbessert werden durch einen schwimmenden Estrich und eine etwaige biegeweiche Unterdecke. Von großer Bedeutung ist dabei auch die Ausbildung der flankierenden Bauteile (mittlere flächenbezogene Masse, biegeweiche Vorsatzschale).

Die Luftschalldämmung einschaliger Decken (Bild **10**.7a) ist umso besser, je schwerer sie sind. Um die (Mindest-)Anforderungen nach DIN 4109 zu erfüllen, ist eine flächenbezogene Masse von 450 kg/m^2 erforderlich, sofern auf die Rohdecke kein schwimmender Estrich aufgebracht wird. Größere Hohlräume in den Decken, Undichtigkeiten sowie unterseitig vollflächig anbetonierte oder angeklebte und verputzte Holzwolle-Leichtbauplatten oder Hartschaum-Dämmplatten verschlechtern die Schalldämmung einschaliger Decken.

Entsprechende Ausführungsbeispiele und Rechenwerte s. Beiblatt 1 zu DIN 4109, Tabelle 11 und 12 sowie Abschn. 14.6.2 und 14.6.4.1 dieses Werkes.

Bei zwei- und mehrschaligen Decken (Bild **10**.7b und c) läßt sich eine bestimmte Luftschalldämmung auch mit leichteren Decken (flächenbezogene Masse $\geqq$ 200 kg/m^2) erreichen als bei einschaligen, wenn die Rohdecke mit einem schwimmenden Estrich bzw. anderen geeigneten schwimmenden Böden oder/und einer biegeweichen Unterdecke versehen wird. Die bewerteten Schalldämm-Maße $R'_{w,R}$ können zum Teil erheblich über denen von einschaligen Bauteilen liegen. Eine Begrenzung ist jedoch vorgegeben, weil die Schallübertragung entlang der flankierenden Wände in Massivbauten immer vorhanden ist.

Entsprechende Ausführungsbeispiele und Rechenwerte s. Beiblatt 1 zu DIN 4109, Tabelle 12 sowie Abschn. 14.6.3.1 und 14.6.4.1 dieses Werkes.

Die biegeweiche **Unterdecke** dient vor allem zur Verbesserung der Luftschalldämmung. Sie absorbiert aber auch den von der Rohdecke nach unten abgestrahlten Trittschall in Form von Luftschall. Eine schallschutztechnisch wirksame Unterdecke muß allerdings bestimmte konstruktive Voraussetzungen erfüllen – wie dies in Abschnitt 12.3.3.2, Schalldämmung von leichten Unterdecken – im einzelnen erläutert wird. Damit die schalldämmende Wirkung der Unterdecke durch die oben angesprochene Schall-Längsleitung entlang der flankierenden Bauteile nicht zu stark beeinträchtigt wird, müssen die seitlichen Wände entweder genügend schwer sein und eine möglichst große, flächenbezogene Masse aufweisen oder in geeigneter Weise zweischalig ausgebildet werden (z. B. durch biegeweiche Vorsatzschalen aus Gipskartonplatten mit Mineralfaserauflage). Dämmstoffe mit höherer dynam. Steifigkeit, wie beispielsweise PS-Hartschaumplatten, beeinflussen den bestehenden Schallschutz negativ, und zwar sowohl beim vertikalen Schalldurchgang als auch in der Schall-Längsleitung.

Der schwimmende Estrich oder andere schwimmend verlegte Böden verbessern ebenfalls die Luftschalldämmung leichter Massivdecken. Durch derartige Deckenauflagen wird aber vor allem der Trittschallschutz angehoben. Beachtenswert ist auch, daß die Luftschalldämmung einer Decke mit weichen Bodenbelägen, gleich welcher Art, nicht verbessert werden kann.

10.3.4.2 Trittschalldämmung von Massivdecken

Die Trittschalldämmung von Rohdecken nimmt mit der flächenbezogenen Masse zu, so daß durch eine Erhöhung der Deckendicke der Trittschallpegel gesenkt werden kann. Da jedoch eine ausreichende Trittschalldämmung – im Gegensatz zur Luftschalldämmung – nicht allein durch Erhöhung der flächenbezogenen Masse erreicht werden kann, ist immer eine Verbesserung durch Deckenauflagen notwendig. Dementsprechend sind im Beiblatt 1 zu DIN 4109 einerseits Rechenwerte von Massivdecken **ohne** Deckenauflage, andererseits von Deckenauflagen **allein** angegeben. Damit ist ablesbar, mit welcher Deckenauflage Massivdecken versehen werden müssen, damit die geforderte Schalldämmung erreicht wird. Als Deckenauflagen zur Verbesserung des Trittschallschutzes eignen sich besonders schwimmende Estriche und weichfedernde Bodenbeläge.

Schwimmender Estrich. Die Trittschalldämmung einer Decke wird am wirksamsten mit einem schwimmenden Estrich verbessert, weil er bereits das Eindringen von Körperschall in die Deckenkonstruktion weitgehend verhindert und zudem auch die Luftschalldämmung verbessert. Ein schwimmender Estrich ist auf einer weichfedernden Dämmschicht verlegter Estrich, der auf seiner Unterlage beweglich ist und keine unmittelbare Verbindung mit angrenzenden Bauteilen aufweist. Die Dämmung einer solchen Deckenauflage ist um so besser, je schwerer die Estrichplatte und je weichfedernder die Dämmschicht ist. Je weicher jedoch die Dämmschicht ist, um so dicker muß auch der Estrich sein, um entsprechende Lasten aufnehmen zu können. Die dynamische Steifigkeit einer Dämmschicht ist demnach entscheidend für die Dämmwirkung eines schwimmenden Estrichs. Vgl. hierzu Abschn. 10.3.6, Dämmstoffe sowie Abschn. 10.3.7, Estrichkonstruktionen.

Weichfedernde Bodenbeläge. Durch sie kann die Trittschalldämmung von Massivdecken, nicht aber die Luftschalldämmung verbessert werden. Wegen des möglichen Austausches und dem Verschleiß von weichfedernden Bodenbelägen (Teppiche, PVC-Verbundbeläge), dürfen diese jedoch in Wohnungsbauten beim Nachweis des Trittschallschutzes nicht angerechnet werden. Eingesetzt werden sie dagegen in Bauten mit aufgesetzten, umsetzbaren Trennwänden (Objektbereich), wo ein von Raum zu Raum durchgehender schwimmender Estrich wegen der horizontalen Schallübertragung nicht in Frage kommt und statt dessen ein Verbundestrich eingebracht wird. Vgl. hierzu Abschn. 13.3.3, Schallschutz von umsetzbaren Trennwänden. Da der schwimmende Estrich häufig auch eine wärmedämmende Funktion hat, kann ein weichfedernder Bodenbelag diesen nur ersetzen, wenn nicht wärmetechnische Forderungen der DIN 4108 dagegen sprechen.

Wie Tabelle **10.8** beispielhaft verdeutlicht, sind in DIN 4109 und im Beiblatt 2 je nach Gebäudeart und Nutzung unterschiedlich hohe Anforderungen an die Trittschalldämmung von Decken festgelegt.

Der rechnerische Nachweis ist gemäß DIN 4109, Beiblatt 1, zu erbringen. Demnach setzt sich das Trittschallschutzmaß *TSM*[1]) einer Deckenkonstruktion aus dem äquivalenten Trittschallschutzmaß TSM_{eq}[1]), der Rohdecke und dem Trittschallverbesserungsmaß *VM*[1]) des schwimmenden Estriches zusammen. Zur Abdeckung von Ungenauigkeiten wird von der Norm noch ein Vorhaltemaß (Sicherheitszuschlag) von 2 dB gefordert. Wird auf einen schwimmenden Estrich zusätzlich ein weichfedernder Bodenbelag aufgebracht, so ist bei der Berechnung nur das größere der beiden Verbesserungsmaße zu berücksichtigen. Daraus ergibt sich die Formel $TSM = TSM_{eq} + VM - 2$ dB.

Entsprechende Ausführungsbeispiele und Rechenwerte s. Beiblatt 1 zu DIN 4109, Tabelle 16, 17 und 18 sowie Abschn. 14.6.3.2 und 14.6.4.1 dieses Werkes. Auf die weiterführende Spezialliteratur [5] wird verwiesen.

10.3.4.3 Schallschutz von Holzbalkendecken

Als raumabschließendes Bauteil haben Holzbalkendecken vorwiegend statische sowie wärme- und schalltechnische Funktionen zu erfüllen. Während der letzten Jahre sind vor allem die Anforderungen bezüglich der Verbesserung des Schallschutzes ständig gestiegen. Dies gilt auch im Hinblick auf die Sanierung bzw. Modernisierung älterer Gebäude, deren Holzbalkendecken meist eine schlechte Schalldämmung aufweisen.

[1]) Neue Bezeichungen s. S. 376

Holzbalkendecken werden vor allem in Einfamilienhäusern und Dachaufbauten sowie in Holzfertighäusern eingebaut. In schalltechnischer Hinsicht wird dementsprechend unterschieden zwischen Decken in

- Massivbauten mit biegesteifer Anbindung der flankierenden Bauteile an das trennende Bauteil sowie in
- Holzbauten, bei denen diese biegesteife Anordnung nicht vorhanden ist (Trennung der Wandtafeln des oberen und unteren Raumes durch Fugen). S. hierzu Abschn. 14.6.4.1.

Wie in Abschn. 10.3.4.1, Luftschallschutz von Massivdecken, bereits ausgeführt, ist die Schall-Längsleitung in Massivbauten umso größer, je leichter die Wände sind. Dementsprechend müssen auch in Massivbauten mit Holzbalkendecken die seitlichen Wände eine möglichst große, mittlere flächenbezogene Masse aufweisen oder durch eine biegeweiche Vorsatzschale (z. B. Gipskartonplatten mit Mineralfaserauflage) verkleidet werden. In Holzbauten sind bezüglich des Luftschallschutzes keine besonderen Maßnahmen nötig, sofern der Trittschallschutz der Holzbalkendecke ausreichend ist.

Eine gebrauchsfertige Holzbalkendecke setzt sich in schalltechnischer Hinsicht aus folgenden Teilen zusammen:

- Rohdecke, bestehend aus Holzbalken und oberseitiger Abdeckung (ggf. mit unterseitiger Verkleidung),
- Deckenauflage, in Form eines schwimmend verlegten Estriches oder Fertigteilestriches mit
- weichfederndem Gehbelag, vorzugsweise hochwertige Teppichbeläge,
- biegeweicher Deckenbekleidung bzw. Unterdecke, unterseitig an der Holzbalkendecke angebracht.

Ähnlich wie die Massivdecken können Holzbalkendecken ein- oder zweischalig ausgebildet sein. Eine gute Schalldämmung wird in der Regel nur erreicht, wenn sie konsequent mehrschalig aufgebaut sind. Da es bei Holzbalkendecken stets schwieriger ist, einen guten Trittschallschutz zu erzielen als einen entsprechenden Luftschallschutz, wird im folgenden nur der **Trittschallschutz** besprochen. Ist dieser erreicht, ist auch automatisch ein ausreichender Luftschallschutz vorhanden.

- **Einschalig ausgebildete Holzbalkendecken,** bei denen die oberseitige Abdekkung und unterseitige Verkleidung mit den Tragbalken fest verbunden sind, weisen einen sehr geringen Schallschutz auf, da der Schall vor allem über die Balken direkt nach unten übertragen wird (Bild **10.**9a). Derartige Konstruktionen, mit oberseitig aufgenagelten Fußbodendielen und unterseitig angenagelter Schalung mit Putz auf Rohrmatten, trifft man in älteren Gebäuden häufig an. Die Schalldämmung dieser Decken versuchte man früher weiter zu verbessern, indem man zwischen den Balken eine sog. Einschubdecke (Zwischenboden aus Brettern mit Lehm-, Schlacke- oder Sandfüllung) einbrachte. Infolge der Erhöhung des Flächengewichtes – allerdings nur zwischen den Balken – wurde auch eine gewisse Verbesserung erreicht, die jedoch den heutigen schalltechnischen Anforderungen keinesfalls genügt.
- **Zweischalig ausgebildete Holzbalkendecken,** bei denen Balken und unterseitige Deckenbekleidung oder Balken und Deckenauflage voneinander getrennt sind, ergeben eine wesentliche Verbesserung des Schallschutzes im Vergleich zu den einschaligen Decken (Bild **10.**9b und c). Erhöhter Schallschutz, so wie dies im Beiblatt 2 zu DIN 4109 gefordert wird, kann jedoch nur mit
- **mehrschaligen Deckenkonstruktionen** erzielt werden, bei denen sowohl die Deckenbekleidung als auch die Deckenauflage von der Rohdecke getrennt sind (Bild **10.**11).

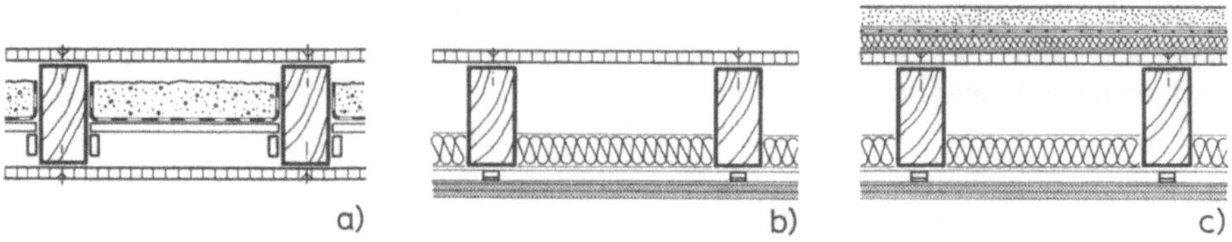

10.9 Schematische Darstellung von ein- und mehrschaligen Holzbalkendecken

a) einschalige Holzbalkendecke: Obere Abdeckung und unterseitige Verkleidung mit den Tragbalken starr verbunden

b) zweischalige Holzbalkendecke: Trennung der Tragdecke entweder unterseitig von der Deckenbekleidung oder oberseitig von der Deckenauflage

c) mehrschalige Holzbalkendecke: Trennung der Tragdecke sowohl unterseitig von der Deckenbekleidung wie oberseitig von der Deckenauflage. Vgl. hierzu auch Bild **10.11**.

Trennung von Balken und unterseitiger Deckenbekleidung

Wie zuvor erwähnt, muß die starre Verbindung zwischen Balkenlage und Deckenbekleidung unterbrochen werden, um die Schallübertragung von der Deckenoberseite zur Unterseite, vor allem über die Balken, zu verhindern. Bereits das unterseitige Anbringen einer Holzlattung quer zur Balkenlage mindert die vertikale Schallübertragung wesentlich. Noch bessere Ergebnisse werden erzielt, wenn die Befestigung der Holzleisten mit zwischengelegtem Faserdämmstreifen über sog. Federbügel erfolgt (Bild **10.10**).

An Bekleidungsmaterialien kommen vor allem Gipskartonplatten sowie Holzspanplatten in Frage. Untersuchungen der Entwicklungsgemeinschaft für Holzbau [4] haben ergeben, daß sich zu dicke und damit auch zu biegesteife Bekleidungsplatten nicht bewährt haben. Bessere Ergebnisse werden mit sog. Aufdoppelungen erzielt, indem auf eine dünne Bekleidungsplatte noch eine zweite zusätzlich aufgebracht wird (z. B. 2 × 12,5 mm Gipskartonplatten).

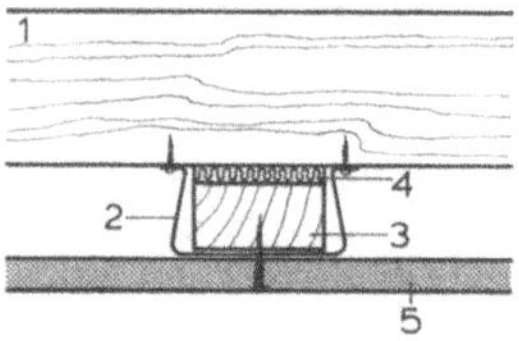

10.10
Federnde Befestigung einer Deckenbekleidung über Federbügel und Holzleiste mit zwischengelegtem Faserdämmstreifen

1 Holzbalken
2 Federbügel
3 Holzleiste
4 Dämmstreifen
5 Deckenbekleidung

Trennung von Balken und oberseitiger Deckenauflage

Während bei den Massivdecken seit langem bekannt ist, wie groß die schalldämmende Wirkung einer Deckenauflage sein kann, ist dies bei Holzbalkendecken erst in den letzten Jahren durch Untersuchungen der Entwicklungsgemeinschaft für Holzbau [4] deutlich geworden.

Zur Verbesserung des Trittschallschutzes wird in der Praxis häufig ein schwimmender Zementestrich auf die Rohdecke aufgebracht. Die vorgenannten Untersuchungen haben jedoch ergeben, daß die Dämmwirkung eines derartigen Estriches auf Holzbalkendecken wesentlich geringer ist als die eines gleich bemessenen Estriches auf Massivdecken (Bild **10.11** b). Dort beträgt das Verbesserungsmaß VM etwa 30 bis 35 dB, auf Holzbalkendecken lediglich etwa 16 dB. Bei Gußasphaltestrich geht die Dämmwirkung aufgrund der leichteren Estrichplatte weiter zurück. Noch ungünstiger wird das Ergebnis, wenn im Bestreben nach trockenem Ausbau statt des Mörtelestriches ein vollflächig schwimmender Fertigteileestrich (z. B. Gipskartonplatten, Holzspanplatten) aufgebracht wird. Derartige Auflagen erbringen nur ein Verbesserungsmaß von etwa 9 dB (Bild **10.**11 a). Um mit diesen Deckenauflagen einen guten Trittschallschutz erzielen zu können, sind auf der Deckenunterseite immer ausreichend schwere und trotzdem biegeweiche Deckenbekleidungen erforderlich.

Die meisten Fußbodenbeläge tragen praktisch nichts zur Verbesserung der Trittschalldämmung von Holzbalkendecken bei. Geringfügige Verbesserungen werden nur mit hochwertigen Teppichbelägen und ähnlich weichfedernden Bodenbelägen erzielt.

Erst mit dem Aufbringen von Beschwerungsplatten auf die Rohdecke in Form einer schweren, jedoch biegeweichen Schale (z. B. Betonplatten, flächenbezogene Masse mind. 140 kg/m^2, etwa 5 bis 6 cm dick, aufgeklebt, mit offenen Fugen zwischen den Platten), wird eine von der unterseitigen Deckenbekleidung unabhängige Trittschalldämmung erzielt. Ähnlich wie beim schwimmend verlegten Mörtel- bzw. Fertigteilestrich sind auch hier Randdämmstreifen entlang der aufgehenden Bauteile, Rohrdurchführungen usw. einzubauen und alle Zwischenräume – vor allem zwischen Wand und Streichbalken – dicht mit Mineralwolle auszustopfen. Der Deckenhohlraum ist mit einer mind. 50 mm dicken Mineralwolle-Einlage wannenförmig auszukleiden und die unterseitige Deckenbekleidung möglichst dicht und dauerelastisch an die aufgehenden Wandteile anzuschließen.

Derart ausgebildete Deckenkonstruktionen genügen höchsten Anforderungen, so daß sogar Decken mit unterseitig sichtbaren Holzbalken möglich sind (Bild **10.**11 c). Zu beachten ist jedoch, daß in Altbauten dabei häufig die Grenze der statischen Belastbarkeit einer Holzbalkendecke und oftmals auch die überhaupt mögliche Einbauhöhe der Deckenauflage überschritten werden. Deshalb müssen bereits bei der Planung die vorhandenen und oftmals nicht zu ändernden Treppenan- und Treppenaustritte, lichte Türhöhen, Brüstungshöhen usw. berücksichtigt werden.

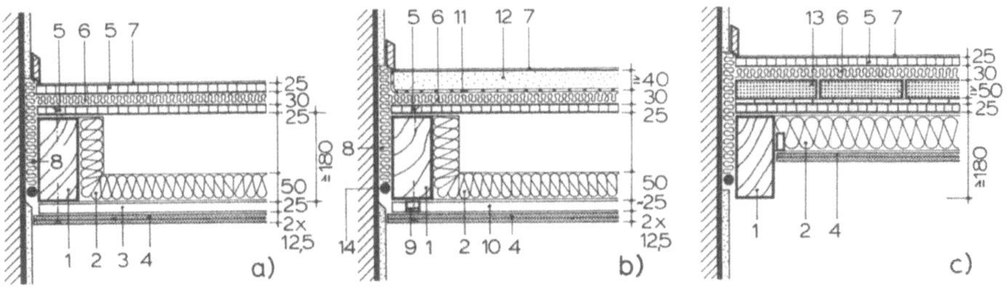

10.11 Konstruktionsbeispiele mehrschalig aufgebauter Holzbalkendecken. Entsprechende Rechenwerte sind Beiblatt 1 zur DIN 4109 zu entnehmen.

a) Fertigteilestrich aus Holzspanplatten, vollflächig schwimmend verlegt. Unterseitige Deckenbekleidung direkt an Konterlattung befestigt.

b) Zementestrich schwimmend verlegt. Unterseitige Deckenbekleidung über Federbügel an den Holzbalken befestigt.

c) Beschwerungsplatten auf Holzspanplatten verklebt, darüber vollflächig schwimmender Fertigteilestrich. Unterseitige Deckenbekleidung mit Hohlraumdämpfung zwischen den Holzbalken.

1 Holzbalken (etwa 100 × 200 mm)
2 Mineralfaserwolle (Hohlraumdämpfung)
3 Konterlattung 24 × 48 mm)
4 Gipskartonplatten (2 × 12,5 mm)
5 Holzspanplatten, mit Nut und Feder
6 Trittschalldämmplatten (Typ T oder TK)
7 weichfedernder Bodenbelag
8 Faserdämmstoff zwischen Wand und Holzbalken
9 Federbügel mit Faserdämmstreifen
10 Holzlattung
11 Abdeckung (z. B. PE-Folie 0,1 mm)
12 Zementestrich
13 Betonplatten (aufgeklebt, mind. 140 kg/m^2)
14 komprimiertes Schaumstoffband o. ä.

Entsprechende Ausführungsbeispiele und Rechenwerte s. Beiblatt 1 zu DIN 4109, Tabelle 19 und 34 sowie Abschn. 14.6.4.1 dieses Werkes. Auf die weiterführende Spezialliteratur wird verwiesen [4], [5].

10.3.5 Wärmeschutz von erdreichberührten Böden und Geschoßdecken

Der Wärmeschutz im Hochbau umfaßt alle Maßnahmen, die zur Verringerung der Wärmeübertragung durch die Umfassungsflächen eines Gebäudes und durch die Trennflächen von Räumen mit unterschiedlichen Temperaturen führen. Die zu beachtenden Forderungen an den baulichen Wärmeschutz – beispielsweise von Böden und Decken – enthalten:

DIN 4108 (Ausg. 8.81), Wärmeschutz im Hochbau. Bei Einhaltung der in dieser Norm genannten Mindestwerte – die bei keinem Bauteil unterschritten werden dürfen – soll den Bewohnern ein hygienisches Raumklima sowie ein dauerhafter Schutz der Baukonstruktion vor klimabedingten Feuchteeinwirkungen gesichert werden (bauphysikalischer Aspekt).

2. Wärmeschutzverordnung (1984). Diese Verordnung enthält die maßgebenden gesetzlichen Forderungen, nach denen der bauliche Wärmeschutz auszuführen ist. Damit soll ein niedriger Energieverbrauch bei der Heizung erreicht und die Bewirtschaftungskosten insgesamt gesenkt werden (energiesparender Aspekt). Werden an ein Bauteil Forderungen sowohl nach der Wärmeschutzverordnung als auch nach der DIN 4108 gestellt, ist die Forderung der Wärmeschutzverordnung stets maßgebend. Zwei Nachweisverfahren stehen zur Wahl:

- Beim **Verfahren 1** (auch A/V-Verfahren oder Hüllflächen-Verfahren genannt) muß der mittlere *k*-Wert aller wärmeabgebenden Gebäudeflächen ermittelt werden. Das bedeutet, daß ein etwas geringerer Wärmeschutz einzelner Bauteile durch höheren Wärmeschutz anderer Bauteile ausgeglichen werden kann. Die Mindestwerte der DIN 4108 müssen jedoch immer erreicht werden.
- Beim **Verfahren 2** (auch Kurz-Verfahren oder Bauteil-Verfahren genannt) sind in jedem Fall die Werte der Tabelle **10.**12 einzuhalten. Der Mindestwärmeschutz ist dann automatisch miterfüllt. Bei der Berechnung sind ausschließlich die in DIN 4108 T4 festgelegten Rechenwerte der Wärmeleitfähigkeit von Bauteilschichten oder die im Bundesanzeiger bekanntgegebenen Stoffwerte einzusetzen.
- Für **Bauteile mit Fußbodenheizungen** weist die Wärmeschutzverordnung eine besondere Forderung auf: Bei Flächenheizungen darf der Wärmedurchgangskoeffizient der Bauteilschichten zwischen der Heizfläche und der Außenluft, dem Erdreich oder Gebäudeteilen mit wesentlich niedrigeren Innentemperaturen den Wert 0,45 W/(m^{2}K) nicht überschreiten. Daraus ergibt sich – unabhängig von der Lage der Flächenheizung im Gebäude – eine einheitliche Anforderung.

Einzelheiten über den baulichen Wärmeschutz im **allgemeinen** sowie die Rechenbeispiele mit den entsprechenden Werten sind Abschn. 14.5 zu entnehmen. Im folgenden soll nur auf die für die Wärmedämmung von Böden und Decken erforderlichen baulichen Maßnahmen näher eingegangen werden.

Ausführungsbeispiele wärmegedämmter Böden und Decken

Bei der Dämmung von Böden und Decken muß grundsätzlich zwischen Wärmedämmung und Trittschalldämmung unterschieden werden. Je nach Lage des Bodens und der Decke innerhalb eines Gebäudes ergeben sich unterschiedliche wärme- und/oder schallschutztechnische Anforderungen. Demgemäß werden nachstehend die wichtigsten Ausführungsbeispiele wärmegedämmter Böden und Decken – unter Bezugnahme auf die Tabelle **10.**12 und Bild **10.**13 – kurz erläutert.

1. Unterer Abschluß nicht unterkellerter Aufenthaltsräume (Zeile 1, Tab. **10.**12 sowie Bild **10.**13a und b). An das Erdreich angrenzende Fußbodenkonstruktionen müssen gut gedämmt sein, um Wärmeverluste nach unten zu verhindern und Tauwasserbildung auf oder innerhalb des Fußbodenaufbaues zu vermeiden. Bei erdberührten Fußbodenkonstruktionen ist immer auch eine Bodenabdichtung gegen von außen angreifende Feuchtigkeit vorzusehen. Diese muß, wie in Abschn. 10.3.3.1 und

Tabelle **10.**12 Auszüge aus DIN 4108 und der 2. Wärmeschutzverordnung mit Angabe der erforderlichen Dämmschichten (s. hierzu auch Bild **10.**13)

Zeile	Bauteil	DIN 4108 (Ausg. 1981)		2. Wärmeschutzverordnung (gültig seit 1984)	
		Wärme-durchlaß-widerstand $\frac{1}{\Lambda}$	Wärme-durchgangs-koeffizient	Wärme-durchgangs-koeffizient k (nach dem Bauteil-verfahren)	erforderliche Dicke der Dämmschicht[1]) (nach dem Bauteil-verfahren)
		in $m^2/K/W$	in $W/m^2\,K$	in $W/m^2\,K$	in mm
1	Unterer Abschluß nicht unterkellerter Aufenthaltsräume (unmittelbar an das Erdreich grenzend)	$\geqq 0{,}90$	$\leqq 0{,}93$	$\leqq 0{,}55$[2])	$\geqq 65$
2	Kellerdecken (Decken gegen unbeheizte Räume)	$\geqq 0{,}90$	$\leqq 0{,}81$	$\leqq 0{,}55$[2])	$\geqq 55$
3	Wohnungstrenndecken und Decken zwischen fremden Arbeitsräumen	$\geqq 0{,}35$	$\leqq 1{,}45$	keine Anforderung für Decken zwischen beheizten Räumen	$\geqq 35$[3])
4	Decken, die Aufenthaltsräume nach unten gegen die Außenluft abgrenzen	$\geqq 1{,}75$	$\leqq 0{,}51$	$\leqq 0{,}30$	$\geqq 120$
5	Decken unter nicht ausgebauten Dachräumen	$\geqq 0{,}90$	$\leqq 0{,}90$	$\leqq 0{,}30$	$\geqq 120$

[1]) Berechnungsgrundlagen: Stahlbetondecke $d = 16$ cm, Dämmstoff der Wärmeleitfähigkeitsgruppe 040, Zementestrich $d = 4$ cm, PVC-Belag.

[2]) Bei Fußbodenheizungen darf der k-Wert zwischen der Heizfläche und dem Erdreich bzw. Geäudeteilen mit wesentlich niedrigeren Innentemperaturen an Wert 0,45 $W/m^2\,K$) nicht überschreiten.

[3]) Schallschutz maßgebend.

Abschn. 14.4.4 näher beschrieben, nahtlos an die untere, waagerechte Wandabdichtung angeschlossen werden. Wie die Bilder **10.**13a und b zeigen, können die notwendigen Wärmedämmschichten sowohl oberhalb als auch unterhalb der Feuchtigkeitsabdichtung liegen.

Bei der Verlegung **oberhalb** der Feuchtigkeitsabdichtung ist neben der Wärmedämmung immer auch ein ausreichender Trittschallschutz (Flankenübertragung) notwendig. Dies wird am wirksamsten mit einem schwimmenden Estrich erreicht. Von Vorteil ist eine zweilagige Ausführung, d. h. die kombinierte Verlegung von Trittschall- und Wärmedämmplatten (Anwendungstypen T und WD). Dabei soll die Trittschalldämmplatte immer unten, auf der Bodenabdichtung, in einer Nenndicke unter Belastung von etwa 20 mm liegen. Besonders geeignet sind Dämmplatten, die möglichst wenig Feuchtigkeit aufnehmen und verrottungsfest sind (z. B. PS-Hartschaumplatten, Anwendungstyp T). Da bei erdberührten Fußbodenkonstruktionen – vor allem bei beheizten Aufenthaltsräumen im Kellergeschoß – eine verstärkte Wasserdampfdiffusion stattfindet (Temperaturunterschiede bis zu 15 °C und mehr), sind stark dampfdurchlässige Dämmaterialien, wie beispielsweise Mineralfaserplatten, nur in Verbindung mit oberseitig aufgebrachten Dampfsperren einsetzbar (Bild **10.**3). Außerdem muß bei ungenügender Wärmedämmung und damit zu kalten Fußbodenoberflächen – vor allem im Sommer, wenn feuchtwarme Außenluft in Kellerräume einströmt – mit erheblicher Oberflächenkondensation gerechnet werden. Dieses Kondenswasser kann Schäden an Bodenbelägen verursachen (Verwerfungen bei Holzfußböden, Faltenbildung bei Teppichbelägen, Verseifung der Klebestoffe) und zur Schimmelbildung führen.

Ganz anders verhält es sich bei Wärmedämmschichten, die **unterhalb** (außerhalb) der Feuchtigkeitsabdichtung angeordnet sind (Bild **10.**13b). Bei dieser sog. **Perimeterdämmung** werden die Dämmplatten direkt auf eine planebene Sauberkeitsschicht (Kies-/Sand- oder Stampfbetonschicht) dicht gestoßen und fugenversetzt verlegt. Die Dichtungsbahn wird in diesem Fall auf der Fundamentplatte angeordnet und mit einer zweilagigen Gleitschicht aus PE-Folie abgedeckt. Gemäß DIN 4108 dürfen zur Berechnung des Wärmeschutzes jedoch nur die Schichten herangezogen werden, die innerseits (oberhalb) der Bauwerksabdichtung liegen, da übliche Dämmstoffe unter Feuchtigkeitseinfluß einen großen Teil ihrer Wärmedämmfähigkeit einbüßen. Für die Perimeterdämmung sind deshalb nur Dämmstoffe geeignet (bauaufsichtliche Zulassung durch das Institut für Bautechnik, Berlin), für die der Nachweis erbracht wurde, daß sich ihre Eigenschaften im eingebauten Zustand unter den vorgesehenen Bedingungen auch über einen langen Zeitraum hinweg nicht nachteilig verändern. Es eignen sich vor allem extrudierte PS-Hartschaumplatten (Roofmate, Styrofoam, Styrodur) sowie Foamglas, bei denen nahezu keine Feuchtigkeitsaufnahme ($\leq$ 0,2 Vol%) zu verzeichnen ist.

2. Kellerdecken (Decken gegen unbeheizte Räume) (Zeile 2, Tab. **10.**12 sowie Bild **10.**13c und d). Die Raumtemperaturen in unbeheizten Kellerräumen liegen im Winter bei etwa 10 °C und im Sommer bei etwa 15 °C. Dadurch entsteht zwischen den Räumen des Erd- und Kellergeschosses ein Wärmegefälle.

Auch Kellerdecken können auf der Oberseite und/oder Unterseite gedämmt werden. Es ist von Fall zu Fall abzuwägen, ob die Dämmschichten nur oberseitig in Form eines schwimmenden Estrichs oder beidseitig der Kellerdecke (oberseitig Trittschalldämmung, unterseitig Wärmedämmung) angebracht werden sollen. Zu beachten ist, daß auch Kellerdecken wegen der horizontalen Schall-Längsleitung auf ihrer Oberseite immer einen ausreichenden Trittschallschutz benötigen. Wärmedämmplatten auf der Unterseite der Kellerdecke werden entweder vor dem Betonieren der Massivdecke auf die Schalung gelegt und anbetoniert oder nachträglich durch Kleben, Dübeln o. ä. als Deckensichtplatten angebracht. Dabei sind immer auch das Brandverhalten der Dämmstoffe sowie die bauaufsichtlichen Vorschriften bezüglich des vorbeugenden Brandschutzes zu beachten. Kellerdecken über dauernd genutzten und im Winter auch ständig beheizten Räumen sind wie normale Geschoßdecken (Wohnungstrenndecken) einzustufen. Auf die zuvor erwähnte Mindestanforderung bei Fußbodenheizungen wird verwiesen.

3. Wohnungstrenndecken und Decken zwischen fremden Arbeitsräumen (Zeile 3, Tab. **10.**12 sowie Bild **10.**13e). Geschoßdecken müssen vor allem einen ausreichenden Trittschallschutz aufweisen. Dies wird am wirksamsten mit einem schwimmenden Estrich auf geeigneten Trittschalldämmplatten (Anwendungstyp T) erreicht, die gleichzeitig auch eine ausreichende Wärmedämmung abgeben. Dabei sollte bedacht werden, daß bei unterschiedlich beheizten Aufenthaltsräumen innerhalb eines Gebäudes, weniger beheizte Räume gut beheizten Bereichen Heizwärme entziehen (Verfälschung der Heizkostenabrechnung).

4. Decken, die Aufenthaltsräume nach unten gegen die Außenluft abgrenzen (Zeile 4, Tab. **10.**12 sowie Bild **10.**13f und g). Decken über Durchfahrten, Garagen, auskragenden Gebäudeteilen u. ä. müssen besonders sorgfältig gedämmt werden, da diesen exponierten Bauteilen am meisten Wärme entzogen wird (Temperaturunterschiede von 35 °C und mehr). Auch an diese Decken werden gleichzeitig Anforderungen bezüglich des Trittschallschutzes gestellt (horizontale und schräge Schall-Längsleitung), so daß sich ähnlich wie bei den Kellerdecken eine doppelseitige Anordnung der Dämmschichten anbietet. Üblicherweise wird auf der Deckenoberseite ein schwimmender Estrich aufgebracht, der den normalen Wärme- und Trittschallanforderungen genügt. Die noch zusätzlich erforderlichen Wärmedämmschichten ordnet man auf der Unterseite der Rohdecke an, d. h. auf der „kalten Seite" der Konstruktion, so daß die gesamte Geschoßdecke ohne Absatz durchbetoniert werden kann.

Bei derart mehrschichtigen Außenbauteilen ist immer auch auf die bauphysikalisch richtige Anordnung der einzelnen Schichten zu achten, da es sonst zu Feuchtigkeitskondensation infolge Dampfdiffusion kommen kann. So kann bei dem hier besprochenen Bauteil unter bestimmten Voraussetzungen (z. B. bei Räumen mit ständig hoher Luftfeuchtigkeit, stark dampfdurchlässigem Dämmaterial) der Einbau einer Dampfsperrschicht auf der Warmseite der innenliegenden Dämmschichten notwendig werden.

Ein vollflächiges Anbetonieren oder vollflächiges Ankleben von biegesteifen Wärmedämmplatten (z. B. Holzwolle-Leichtbauplatten, steifen Hartschaumplatten) an der Deckenunterseite derartiger Bauteile sollte nach DIN 4109 unterbleiben (Schall-Längsleitung, Verschlechterung der Luftschalldämmung). Zu empfehlen ist dagegen ein nachträgliches punktweises Verkleben der Platten an der Rohdeckenunterseite, die Anordnung auf einem schalltechnisch abgekoppelten Lattenrost oder die Ausbildung als abgehängte biegeweiche Unterdecke. Dabei ergibt sich eine zusätzliche Verlegemöglichkeit von Rohrleitungen im Deckenhohlraum. Es ist jedoch darauf zu achten, daß bei derartigen Ausführungen die Deckensichtplatten möglichst dicht und dauerelastisch an die angrenzenden Bauteile angeschlossen und nur schwerentflammbare Dämmaterialien verwendet werden.

5. Decken unter nicht ausgebauten Dachräumen (Zeile 5, Tab. **10.**12 sowie Bild **10.**13h und i). Wird der Raum zwischen der letzten Geschoßdecke und der eigentlichen Dachhaut belüftet, d. h. mit der Außenluft direkt verbunden (Kaltdachprinzip), dann kommt es in diesem Zwischenraum im Winter zu einer starken Abkühlung bis minus 10 °C und darunter und im Sommer durch Wärmestau zu Temperaturen bis zu plus 60 °C und mehr. Dachgeschoßdecken sind daher mit einer oberseitig aufgebrachten Wärmedämmung zu schützen. Die Wärmedämmung ist auf und nicht unterhalb der Decke anzuordnen, weil die Ausführung kostengünstiger, die Verlegung der Dämmplatten einfacher und oberseitig (außenseitig) die bauphysikalisch richtige Anordnung gegeben ist.

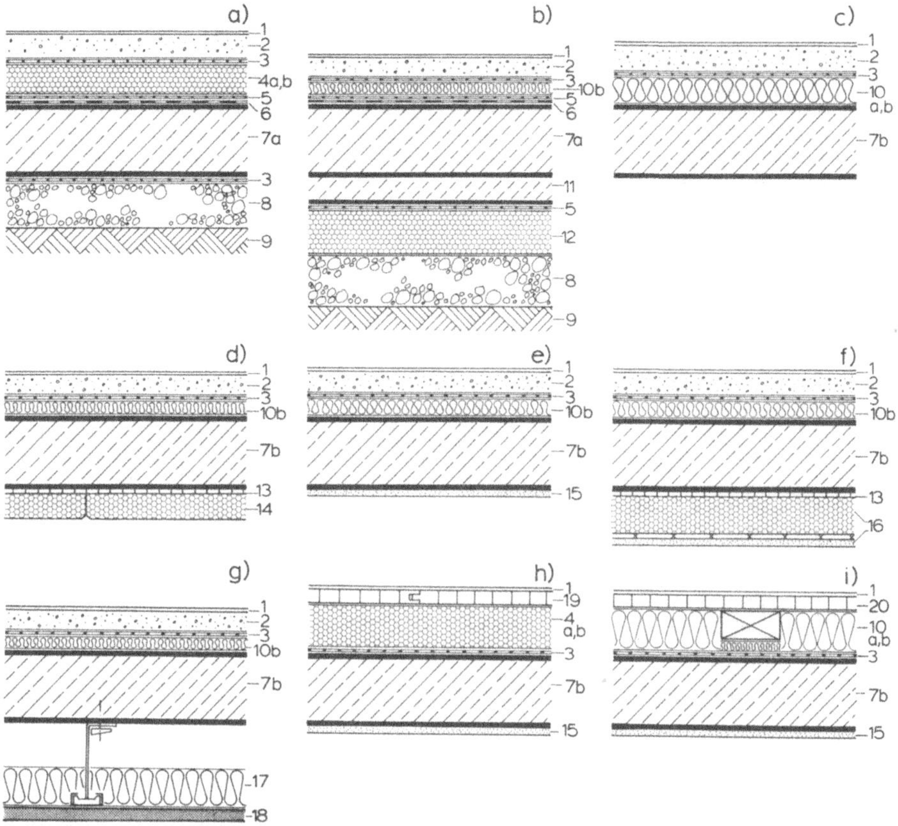

10.13 Schematische Darstellung der wärme- und/oder schalltechnischen Maßnahmen, die je nach Lage des Bodens oder der Decke im Gebäude erforderlich sind (vgl. hierzu auch Tab. **10.**12)

a) und b) Unterer Abschluß nicht unterkellerter Aufenthaltsräume (unmittelbar an das Erdreich grenzend)
c) und d) Kellerdecken (Decken gegen unbeheizte Räume)
e) Wohnungstrenndecken und Decken zwischen fremden Arbeitsräumen
f) und g) Decken, die Aufenthaltsräume nach unten gegen die Außenluft abgrenzen
h) und i) Decken unter nicht ausgebauten Dachräumen

1 Bodenbelag
2 Zementestrich
3 Abdeckung (z. B. PE-Folie, einlagig)
4a Wärmedämmung (PS-Hartschaumplatten)
4b Trittschalldämmung (PS-Hartschaumplatten)
5 Gleitschicht (z. B. PE-Folie, zweilagig)
6 Abdichtung gegen Feuchtigkeit
7a Fundamentplatte (bewehrt)
7b Geschoßdecke
8 Grobkies oder Kies-/Sandbett
9 Erdreich
10a Wärmedämmung (Mineralfaserplatten)
10b Trittschalldämmung (Mineralfaserplatten)
11 Schutzbeton (Sauberkeitsschicht)
12 Perimeterdämmung (z. B. extrud. PS-Hartschaumplatten, Foamglas)
13 Kleber
14 Deckenplatten (unterseit. Wärmedämmung)
15 Deckenputz (Innenputz)
16 Wärmedämmverbundsystem (PS-Hartschaumplatten mit Armierungsgewebe und Außenputz)
17 Wärmedämmung (z. B. Mineralfaserwolle)
18 abgehängte Unterdecke (Deckensichtplatten)
19 Fertigteilestrich (Holzspanplattenelemente im Verbund mit PS-Hartschaumplatten)
20 Holzspanplatten auf Lagerhölzern mit Mineralfaser-Dämmstreifen (vgl. hierzu Tab. **14.**75)

Neben dem baulichen Wärmeschutz wird bei Dachgeschoßdecken immer auch ein ausreichender Luftschallschutz und – bei begehbaren Dachräumen – auch ein entsprechender Trittschallschutz verlangt.

Auf Decken von nicht genutzten Dachräumen können die Dämmplatten im Prinzip ohne Abdeckung verlegt, ggf. mit aufgelegten Laufbohlen für den Schornsteinfeger. Bei genutzten Dachräumen (z.B. Geschoßhäuser mit Abstellräumen) kann der Trittschallschutz am wirksamsten mit einem schwimmend verlegten Zementestrich oder Fertigteilestrich geschaffen werden. Vorteilhaft ist auch hier die zweilagige Ausführung, d.h. die Kombination von Trittschall- und Wärmeplatten der Anwendungstypen T und WD in mindestens schwerentflammbarer Ausführung.

Fußwärme

Mit dem Fußboden steht der Mensch – im Unterschied zu den anderen raumbegrenzenden Bauteilen – in beinahe ständiger direkter Berührung. Fußböden sollten daher in den zum dauernden Aufenthalt von Menschen vorgesehenen Räumen „fußwarm" sein, d.h. die Fußbodenkonstruktionen eine insgesamt ausreichende Wärmedämmung nach DIN 4108 haben und der Bodenbelag (Gehbelag) eine möglichst geringe Wärmeleitfähigkeit aufweisen.

Nach DIN 52614 ist Wärmeableitung eines Fußbodens die auf die Fläche bezogene Wärmemenge, die in einer Zeiteinheit von einem warmen Körper auf den Fußboden übergeht. Bei einer schnellen Ableitung erscheint ein Bodenbelag physiologisch als „fußkalt", bei einer langsamen Ableitung hingegen als „fußwarm". Während beim unbekleideten Fuß vor allem die Wärmeableitung der obersten Gehschicht, die Belagdicke und ggf. Schichtenfolge eine Rolle spielen, ist beim bekleideten Fuß vornehmlich die Fußbodentemperatur und Lufttemperatur in unmittelbarer Bodennähe von Bedeutung. Auch die jeweilige Einwirkdauer und Beschaffenheit des Schuhwerkes sind zu beachten. Die Oberflächentemperatur eines Fußbodens sollte nicht unter 18°C absinken.

Als fußwarm werden vor allem Holzfußböden, elastische Bodenbeläge mit Schaumstoff- oder Filzunterlagen (Verbundbeläge) sowie Teppichbeläge mit einer hohen Nutzschichtdicke (Poldicke) gewertet. Als besonders fußwarm gelten verspannte Teppichböden mit Filzunterlage.

10.3.6 Dämmstoffe für den Wärme- und Trittschallschutz von Fußbodenkonstruktionen

Die Dämmschichten innerhalb eines Fußbodenaufbaues bewirken – je nach Beschaffenheit der gewählten Produktgruppe – eine Verbesserung der Wärmedämmung und/oder Schalldämmung der jeweiligen Deckenkonstruktion.

Im Bauwesen dürfen nur genormte und bauaufsichtlich zugelassene Dämmstoffe verwendet werden. Die entsprechenden Normen wurden während der letzten Jahre neu bearbeitet und ihr Aufbau im wesentlichen aufeinander abgestimmt. Von jedem Herstellerwerk ist die Einhaltung der in den Normen genannten Anforderungen durch eine Güteüberwachung, bestehend aus Eigen- und Fremdüberwachung, sicherzustellen. Zur Dämmung von Fußbodenkonstruktionen eignen sich im wesentlichen folgende Dämmstoffarten:

Dämmstoffe für Wärme- und Trittschalldämmzwecke

- **DIN 18164, T1 und T2,** Schaumkunststoffe als Dämmstoffe für das Bauwesen
- **DIN 18165, T1 und T2,** Faserdämmstoffe für das Bauwesen. Angaben über Dämmstoffe für die Wärmedämmung sind jeweils im Teil 1, über Dämmstoffe für die Trittschalldämmung jeweils im Teil 2 der beiden vorgenannten Normen zu finden.

Dämmstoffe für Wärmedämmzwecke

- **DIN 18161,** Korkerzeugnisse als Dämmstoffe für das Bauwesen.
- **DIN 18174,** Schaumglas als Dämmstoff für das Bauwesen.

Die nachstehenden Ausführungen beschränken sich schwerpunktmäßig auf die Forderungen, die an Schaumkunststoffe und Faserdämmstoffe als Dämmaterial in Fußbodenkonstruktionen gestellt werden. Einzelheiten über ihre Eigenschaften und die Herstellungsverfahren sind der Spezialliteratur zu entnehmen [6], [7]. Angaben über Dämmstoffe im **allgemeinen** und ihre Rechenwerte s. Abschn. 14.5.5.

Dämmstoffe für die Wärmedämmung (DIN 18164, DIN 18165)

Alle Wärmedämmstoffe der beiden vorgenannten Normen werden entsprechend ihrer Verwendbarkeit im Bauwerk bestimmten Anwendungsgebieten zugeordnet. Die sich daraus ergebenden sog. Anwendungstypen mit den dazugehörenden Typkurzzeichen sind in Tabelle **10.**14 genannt.

Tabelle **10.**14 Anwendungstypen von Wärmedämmstoffen (Auszüge aus DIN 18164, DIN 18165)

Typkurz-zeichen	Beanspruchbarkeit	Anwendungsgebiet (Beispiele)	DIN 18164 Teil 1	DIN 18165 Teil 1
W	nicht druckbelastbar	für Wände, Decken und Dächer	•	•
WL	nicht druckbelastbar	für Dämmungen zwischen Sparren und Balkenlagen	–	•
WD	druckbelastbar	unter druckverteilenden Böden (ohne Trittschallanforderung) und in Dächern unter der Dachhaut	•	•
WV	beanspruchbar auf Abreiß- und Scherbeanspruchung	für angesetzte Vorsatzschalen ohne Unterkonstruktion	–	•
WS	druckbelastbar mit höherer Belastbarkeit	für Sondereinsatzgebiete, z. B. unter druckverteilenden Böden bei Parkdecks, Industrieböden	•	–

Wie Tabelle **10.**14 zeigt, dürfen unter Estrichen – gleichmäßig verteilte, normale Verkehrslasten vorausgesetzt – nur Wärmedämmstoffe des Plattentyps **WD**, keinesfalls aber des Anwendungstyps **W** eingebaut werden. Um Verwechslungen mit Trittschalldämmplatten auszuschließen, müssen die Dämmstoffe auf ihrer Verpackung, gegebenenfalls auch auf dem Erzeugnis selbst, in deutlicher Schrift (z. B. „nicht für Trittschalldämmung") gekennzeichnet sein.

Wärmedämmstoffe werden außerdem in Wärmeleitfähigkeitsgruppen eingestuft. Die Hersteller sind verpflichtet, ihre Produkte den entsprechenden Gruppen zuzuordnen und die Einhaltung der Werte durch Güteüberwachung zu prüfen. Rechenwerte der Wärmeleitfähigkeit von Dämmstoffen sind Tab. **14.**54 sowie den Dämmstoffnormen zu entnehmen. Angaben über die sog. Perimeterdämmung s. Abschn. 10.3.5.

Besonders sorgfältig sind Dämmstoffe hinsichtlich ihres Brandverhaltens auszuwählen. So müssen Schaumkunststoffe und Faserdämmstoffe mindestens der Baustoffklasse B 2 (normalentflammbar) entsprechen, da nach DIN 4102 leichtentflammbare Baustoffe (B 3) seit Ende 1979 im Bauwesen nicht mehr eingesetzt werden dürfen. Schaumstoffe der Baustoffklasse B 1 (schwerentflammbar) und Faserdämmstoffe der Baustoffklasse A (nichtbrennbar) unterliegen der Prüfzeichenpflicht. Prüfzeichen werden durch das Institut für Bautechnik, Berlin, erteilt.

Dämmstoffe für die Trittschalldämmung (DIN 18164, DIN 18165)

Auch alle Trittschalldämmstoffe der beiden vorgenannten Normen werden entsprechend ihrer Verwendbarkeit im Bauwerk bestimmten Anwendungsgebieten zugeordnet. Die daraus ableitbaren Anwendungstypen mit den dazugehörenden Typkurzzeichen sind in Tabelle **10.**15 genannt.

Tabelle **10**.15 Anwendungstypen von Trittschalldämmstoffen (Auszüge aus DIN 18164, DIN 18165)

Typkurzzeichen	Beanspruchbarkeit	Anwendungsgebiet (Beispiele)	DIN 18164 Teil 2	DIN 18165 Teil 2
T	druckbelastbar	unter schwimmend verlegten Estrichen nach DIN 18560 T2	•	•
TK	druckbelastbar, mit geringerer Zusammendrückbarkeit	unter Fertigteilestrichen	•	•

Trittschalldämmstoffe müssen ein gutes Federungsvermögen haben, um Trittschall dämmen zu können. Andererseits müssen sie eine Mindestdruckfestigkeit aufweisen, um die Belastung durch den Estrich und die Einrichtung dauerhaft tragen zu können. Das Federungsvermögen wird gekennzeichnet durch die dynamische Steifigkeit s' der Dämmschicht. Sie ist entscheidend für die mit einem schwimmenden Estrich erzielbare Dämmwirkung.

Trittschalldämmstoffe werden nach ihrem jeweiligen Federungsvermögen in sog. Steifigkeitsgruppen eingeteilt. Je kleiner der Zahlenwert, desto besser ist das Federungsvermögen und damit die Trittschalldämmung. Faserdämmstoffe haben im allgemeinen eine günstigere dynamische Steifigkeit (zahlenmäßig kleinere Werte) als Hartschaumdämmplatten. In der Regel werden Dämmplatten mit einer dynamischen Steifigkeit von unter 30 MN/m^3 verwendet. Entsprechende Rechenwerte sind Tab. **14**.75 und den Dämmstoffnormen zu entnehmen.

Beispiel Ein schwimmender Estrich mit einer flächenbezogenen Masse von $\geqq 70\ kg/m^2$ kann auf Dämmschichten mit einer dynamischen Steifigkeit s' von 30 MN/m^3 ein Verbesserungsmaß *VM* von 26 dB erbringen, mit $s' \leqq 10\ MN/m^3$ ein *VM* von 30 dB.

Da Trittschalldämmplatten auch gleichzeitig der Wärmedämmung dienen, sind diese – ebenso wie die vorgenannten Wärmedämmstoffe – entsprechenden Wärmeleitfähigkeitsgruppen zugeordnet. Rechenwerte s. Tab. **14**.54.

Die Bahnen- und Plattenabmessungen sind in den Normen festgeschrieben. Bezüglich der Dicken von Trittschalldämmplatten ist zu unterscheiden zwischen Lieferdicke ohne Belastung (d_L) und Nenndicke unter Belastung (d_B). Die Nenndicke – die in die Zeichnungen eingetragen wird – ergibt sich aus den Werten d_L / d_B.

Beispiel **20/15** Lieferdicke $d_L = 20$ mm, Dicke unter Belastung $d_B = 15$ mm Nenndicke.

In der Regel werden Trittschalldämmplatten mit einer Nenndicke von 15 bis 20 mm eingesetzt. Die Zusammendrückbarkeit der Dämmstoffe unter Belastung sollte nicht mehr als 5 mm betragen. Bei einer Zusammendrückbarkeit über 5 mm ist die Estrichdicke nach DIN 18560 T2 um 5 mm zu erhöhen. Vgl. hierzu auch Tab. **10**.21. Wenn aus Gründen des Wärmeschutzes eine größere Dämmstoffdicke erforderlich wird, ist eine kombinierte Verlegung von Trittschalldämmplatten mit druckbelastbaren Wärmedämmplatten möglich (Anwendungstypen T und WD). Dabei soll die weichere Trittschalldämmplatte immer unten, d. h. auf der Rohdecke liegen.

10.3.7 Estricharten und Estrichkonstruktionen

Estriche im Bauwesen: Überblick

Estrich ist ein auf einem tragenden Untergrund oder auf einer zwischenliegenden Trenn- oder Dämmschicht hergestelltes Bauteil, das unmittelbar nutzfähig ist oder mit einem Belag versehen werden kann. Im einzelnen wird unterschieden:

Nach dem verwendeten Bindemittel

Naß- bzw. Mörtelestriche

— Zementestrich (ZE)
— Anhydritestrich (AE)
— Magnesiaestrich (ME)

Bitumengebundene Estriche

— Gußasphaltestrich (GE)

Kunstharzgebundene Estriche

— Kunstharzestrich

Nach der Verlegeart

— Verbundestrich
— Estrich auf Trennschicht
— Estrich auf Dämmschicht
— Heizestrich auf Dämmschicht

Nach der Verlegetechnik

— Kellenverlegbarer Estrich (Verteilen, Abziehen, Verdichten, Glätten)
— Selbstnivellierender Fließestrich (durch Zugabe eines Fließmittels)

Fertigteilestrich ist ein Estrich, der aus vorgefertigten, kraftschlüssig miteinander verbundenen Plattenelementen besteht, die trocken eingebaut und mit einem Bodenbelag belegt werden. Im wesentlichen unterscheidet man:

Nach den verwendeten Werkstoffen

— Holzspanplatten
— Gipskartonplatten
— Gipsfaserplatten

Nach der Verlegeart

— Vollflächig schwimmende Verlegung
— Verlegung auf Lagerhölzern

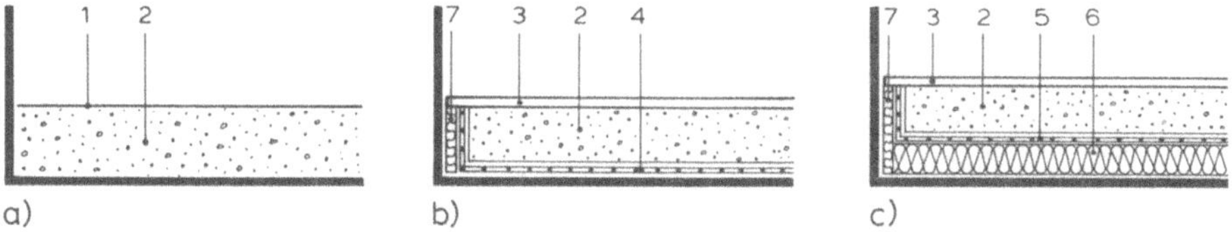

10.16 Schematische Darstellung der Verlegearten von Estrich (Zementestrich) nach DIN 18560
a) Verbundestrich
b) Estrich auf Trennschicht
c) Esrich auf Dämmschicht (schwimmender Estrich)

1 Nutzschicht/Beschichtung
2 Estrichschicht
3 Fußbodenbelag
4 Trennschicht
5 Abdeckung
6 Dämmschicht (ein- oder zweilagig)
7 Randstreifen

10.3.7.1 Estricharten

Zementestrich

Die Ausgangsstoffe sind Normzemente (DIN 1164, zukünftig EN 197), gemischtkörnig aufgebauter Sand als Zuschlagstoff, Wasser sowie ggf. Zusätze (Zusatzmittel, -stoffe). In der Regel wird Portlandzement der Festigkeitsklasse Z35 oder Z45 (Zement mit höherer Frühfestigkeit) eingesetzt. Der Zementgehalt ist auf das notwendige Maß zu beschränken, um Schwindvorgänge in Zementestrichen möglichst gering zu halten. Er sollte 400 kg je m^3 Estrich nicht überschreiten.

Die Zuschläge müssen DIN 4226, Zuschlag für Beton, entsprechen. Das Zuschlaggemisch soll ein möglichst dichtes Gefüge mit einem Minimum an Hohlräumen zwischen den Einzelkörnern aufweisen. Daher ist stets ein gemischtkörniger, gut gewaschener Sand einzusetzen. Bei Estrichdicken bis 40 mm soll ein Größtkorn von 8 mm verwendet werden und das Gemisch je zur Hälfte aus Sand 0/2 bzw. Kiessand 2/8 bestehen. Bei dickeren Estrichen soll das Größtkorn nicht größer als 16 mm sein und das Gemisch sich je zu einem Drittel aus 0/2, 2/8 und 8/16 Zuschlag zusammensetzen. Nach Raumteilen gemessen beträgt das Mischungsverhältnis etwa 1 RTL Zement zu 4 RTL Sand (ungefähre Faustregel für Estriche im Wohnungsbau).

Die Güte und damit auch die Festigkeit eines Zementestriches wird weitgehend vom Wasserzementwert bestimmt. Im allgemeinen gilt: Je niedriger der w/z-Wert, um so höher die Estrichqualität. Überschüssiges Wasser, das beim Erhärten von Zement nicht gebunden wird, verdunstet später und hinterläßt feine Poren. Dies führt zu niedriger Festigkeit, zu stärkerem Schwinden und bei unsachgemäßer Trocknung an den Rändern zur Aufwölbung bzw. Aufschüsselung des Estriches.

Mörtelmischungen in zu steifer Konsistenz (K1) lassen sich dagegen nicht ausreichend verdichten und nur schwer verarbeiten. Estrichmörtel soll daher so beschaffen sein, daß er relativ leicht verdichtet werden kann, wenig Hohlräume aufweist und möglichst wenig Wasser benötigt. In der Regel wird er in plastischer bis weicher Mischung (Konsistenz K2/K3) eingebaut; fließfähige Mischungen (Konsistenz KF) erleichtern die Verarbeitbarkeit wesentlich.

Zusatzmittel. Durch den Einsatz von Zusatzmitteln lassen sich bestimmte Eigenschaften des Estrichmörtels – wie Minderung des Wasseranteils und der Schwindneigung, Verarbeitbarkeit, Erhärtungsdauer und Estrichfestigkeit – beeinflussen. Dabei handelt es sich um chemisch und/oder physikalisch wirksame Mittel, deren Verwendung nur gestattet ist, sofern sie nachweisbar keinen schädigenden Einfluß auf den Estrich ausüben. Überdosierungen sind in jedem Fall zu vermeiden, da sie meist zu starkem Festigkeitsabfall führen. Im wesentlichen unterscheidet man:

- Plastifizierende Zusatzmittel (Betonverflüssiger, Fließmittel, Luftporenbildner usw. zur Anpassung der Konsistenz und Verbesserung der Verarbeitbarkeit)
- Abbinderegulierende Zusatzmittel (Erstarrungsverzögerer und Erstarrungsbeschleuniger).

Zusatzstoffe. Auch Zusatzstoffe, die in größeren Mengen beigegeben werden, beeinflussen bestimmte Mörteleigenschaften:

- Kunststoffdispersionen (Erhöhung der Biegezugfestigkeit, Reduzierung des w/z-Wertes, Verbesserung der Verarbeitbarkeit). Wegen ihres Klebeeffektes werden sie auch als Haftbrücke auf Rohdecken bei Verbundestrichen eingesetzt.
- Wasserlösliche Kunstharze (Erhöhung der Biegezug- und Druckfestigkeit, Reduzierung der Schwindneigung). Auf Grund ihres guten Haftvermögens eignen sie sich auch zur Herstellung dünnschichtiger, fugenloser Verbundestrichflächen und zur Ausbesserung schadhafter Estrichoberflächen. Weitere Einzelheiten sind der Spezialliteratur zu entnehmen [8], [9].

Wie Tabelle **10.**17 zeigt, wird Zementestrich nach DIN 18560 T1 in Festigkeitsklassen ZE12 bis ZE65 eingeteilt, aus denen sich entsprechende Anwendungsbereiche ableiten lassen.

Tabelle **10.17** Festigkeitsklassen von Zementestrichen (Auszug aus DIN 18560 T1)

Festigkeitsklasse	Güteprüfung			Eignungsprüfung
	Druckfestigkeit		Biegezugfestigkeit	Druckfestigkeit
Kurzzeichen	Kleinster Einzelwert (Nennfestigkeit) in N/mm²	Mittelwert jeder Serie (Serienfestigkeit) in N/mm²	Mittelwert jeder Serie (Serienfestigkeit) in N/mm²	Richtwert in N/mm²
ZE 12	$\geqq 12$	$\geqq 15$	$\geqq 3$	18
ZE 20	$\geqq 20$	$\geqq 25$	$\geqq 4$	30
ZE 30	$\geqq 30$	$\geqq 35$	$\geqq 5$	40
ZE 40	$\geqq 40$	$\geqq 45$	$\geqq 6$	50
ZE 50	$\geqq 50$	$\geqq 55$	$\geqq 7$	60
ZE 55 M	$\geqq 55$	$\geqq 70$	$\geqq 11$	80
ZE 65 A ZE 65 KS	$\geqq 65$	$\geqq 75$	$\geqq 9$	80

Anwendungsbereiche (vereinfachte Zusammenstellung)

ZE 12 Verbundestrich zum Ausgleich von Unebenheiten und bei Nutzung mit Belag

ZE 20 Schwimmender Estrich im Wohnungsbau bei gleichmäßig verteilten Verkehrslasten bis 1,5 kN/m², zur Nutzung mit oder ohne Belag; als Verbundestrich bei unmittelbarer Nutzung (ohne Belag)

ZE 30 Verbundestriche als Nutzestriche für normalen Fußgänger- und leichten Fahrverkehr

ZE 40 Verbundestriche als Nutzestriche (Industrieestriche) für

ZE 50 starken Fußgängerverkehr, Fahrverkehr mit Staplern und Karren, Absetzen und Lagern leichter bis mittelschwerer Güter

ZE 55 Verbundestriche als Nutzestriche, in der Regel

ZE 65 als Hartstoffestriche für stärkere Beanspruchungen hergestellt.

Zementestrich wird, im Vergleich zu den anderen Estricharten, am meisten verwendet. Er ist relativ preisgünstig herzustellen und nahezu allen Beanspruchungen gewachsen. Hoher Wasserzusatz und damit längere Trockenzeiten sind als nachteilig anzusehen. Seine Neigung zum Schwinden, zur Formveränderung und Rißbildung kann durch eine entsprechende Anordnung von Bewegungsfugen, langsame Austrocknung und durch Beigabe von Zusatzmitteln bzw. Zusatzstoffen weitgehend aufgefangen werden.

Einzelheiten über die Herstellung von Zementestrichen und die Ausbildung von Fugen s. Abschn. 10.3.7.2 und Abschn. 10.3.7.3 sowie VOB Teil C, DIN 18353, Estricharbeiten. Auf die weiterführende Spezialliteratur wird verwiesen [10], [11].

Zementgebundener Fließestrich. Mit besonderem Interesse wird die Weiterentwicklung von Zement-Fließestrich zu verfolgen sein. Während beim Anhydrit-Fließestrich, bedingt durch sein günstiges Schwindverhalten, kaum Probleme auftreten, sind die betontechnologischen Zusammenhänge beim Zementestrich vielschichtiger und die Entwicklungen auf diesem Gebiet noch nicht abgeschlossen.

Zementgebundener Schnellestrich. Die Erhärtung von konventionellem Zementestrich kann mit Hilfe von Spezialzementen wesentlich beschleunigt werden. Diese sog. Schnellzemente zeichnen sich durch eine sehr kurze Erstarrungszeit und hohe Anfangsfestigkeit aus. Während Zementestrich mit normalen Portlandzement als Bindemittel nicht vor Ablauf von 3 Tagen begangen und nicht vor Ablauf von 7 Tagen höher belastet werden soll, ist Schnellzementestrich bereits nach 3 Stunden begehbar sowie spachtelfähig und die Verlegereife für Bodenbeläge bereits nach 1 Tag erreicht. Diese schnell erhärtenden Estriche eignen sich insbesondere zur Reparatur und Sanierung schadhafter Estrichoberflächen, aber auch zur Herstellung aller üblichen Estriche im Bauwesen.

Zementgebundener Hartstoffestrich. Hartstoffestriche werden überall dort eingesetzt, wo hoher Widerstand gegen Verschleiß und besondere Festigkeit gefordert werden. Man zählt sie deshalb zu den hochbeanspruchbaren Industrieestrichen nach DIN 18560 T7. Hartstoffestriche sind Zementestriche mit Zuschlag aus Hartstoffen, die ein- und mehrschichtig hergestellt werden können.

– Einschichtiger Hartstoffestrich wird direkt als Verbundestrich auf einen tragenden Untergrund aus Beton (mind. B25) aufgebracht, und zwar entweder unter Verwendung einer Haftbrücke (z.B. Kunstharz-Voranstrich) auf einen bereits erhärteten Betonuntergrund oder „frisch in frisch" auf einen in der Erstarrung befindlichen Untergrund.
– Zweischichtiger Hartstoffestrich besteht aus einer Übergangsschicht (Unterschicht) und einer Hartstoffschicht (Oberschicht). Üblicherweise wird zunächst die Übergangsschicht mittels einer Haftbrücke auf eine vorhandene Betondecke verlegt. Diese Unterschicht muß mind. 25 mm dick sein und der Festigkeitsklasse ZE30 entsprechen. Wird sie dagegen auf eine Trennschicht (z.B. Abdichtung) oder Dämmschicht verlegt, muß sie eine Dicke von mind. 80 mm aufweisen und zusätzlich mit einer Baustahlmatte bewehrt sein.

  Auf diese noch nicht erstarrte Unterschicht ist dann die eigentliche Nutzschicht/Hartstoffschicht im sog. frisch-auf-frisch-Verfahren aufzubringen. Dieser Oberschicht werden, je nach Art und Höhe der Beanspruchung, Hartstoffe wie z.B. Natursteine besonderer Härte, Schlacke, Metalle, Korund u.ä. beigegeben. Einzelheiten sind DIN 18560 T5 und T7 sowie DIN 1100 zu entnehmen. Angaben über die Ausbildung von Fugen in zementgebundenen Estrichkonstruktionen s. Abschn. 10.3.7.2 und Abschn. 10.3.7.3. Auf die weiterführende Spezialliteratur wird verwiesen [12].

Anhydritestrich

Die Ausgangsstoffe sind Anhydritbinder (= Anhydrit und Anreger), gemischtkörnig aufgebauter Sand als Zuschlagstoff, Wasser sowie ggf. Zusätze (Zusatzstoffe, Zusatzmittel).

Als Bindemittel für den Estrich wird synthetischer Anhydritbinder der Festigkeitsklasse AB20 nach DIN 4208 verwendet. Der Gehalt an Anhydritbinder sollte 450 kg je m^3 Estrich nicht unterschreiten. Anhydritbinder ist ein nichthydraulisches Bindemittel, d.h. es härtet nur an der Luft aus (Luftmörtel), und zwar durch Kristallisation.

Der Zuschlagstoff muß DIN 4226 entsprechen. Er besteht in der Regel aus einem gemischtkörnigem Sand der Körnung 0/8, der frei von Lehmbestandteilen und anderen Verunreinigungen sein muß. Nach Raumteilen gemessen beträgt das Mischungsverhältnis 1 RTL Anhydritbinder AB20 zu 2,5 RTL Sand. Zur Erhöhung der Plastizität sowie zur Senkung des Wasserbindemittelfaktors können Zusatzmittel bzw. Zusatzstoffe eingearbeitet werden.

Wie Tabelle **10.**18 zeigt, wird Anhydritestrich nach DIN 18560 T1 in Festigkeitsklassen AE 12 bis AE 40 eingeteilt, aus denen sich entsprechende Anwendungsbereiche ableiten lassen.

Tabelle **10.**18 Festigkeitsklassen von Anhydritestrichen (Auszug aus DIN 18560 T1)

Festigkeitsklasse	Güteprüfung			Eignungsprüfung
	Druckfestigkeit		Biegezugfestigkeit	Druckfestigkeit
Kurzzeichen	Kleinster Einzelwert (Nennfestigkeit) in N/mm^2	Mittelwert jeder Serie (Serienfestigkeit) in N/mm^2	Mittelwert jeder Serie (Serienfestigkeit) in N/mm^2	Richtwert in N/mm^2
AE 12	$\geqq$ 12	$\geqq$ 15	$\geqq$ 3	18
AE 20	$\geqq$ 20	$\geqq$ 25	$\geqq$ 4	30
AE 30	$\geqq$ 30	$\geqq$ 35	$\geqq$ 6	40
AE 40	$\geqq$ 40	$\geqq$ 45	$\geqq$ 7	50

Anwendungsbereiche (vereinfachte Zusammenstellung)

AE 12 Verbundestrich zum Ausgleich von Unebenheiten und bei Nutzung mit Belag

AE 20 Schwimmender Estrich im Wohnungsbau bei Nutzung mit und ohne Belag; als Verbundestrich bei unmittelbarer Nutzung (ohne Belag)

AE 30 für höhere Belastungen

AE 40 im Gewerbe- und Industriebau

Als großer Vorteil des Anhydritestriches gilt seine gute Raumbeständigkeit. Da er kaum schwindet, können große zusammenhängende Flächen ohne Feldbegrenzungs- und Scheinfugen hergestellt werden. Vorhandene Gebäudetrennfugen im tragenden Untergrund sind jedoch immer zu übernehmen. Bezüglich seiner hohen Frühfestigkeit ist zu unterscheiden zwischen konventionell verlegtem Anhydritestrich (nach 3 Tagen begehbar und nach 7 Tagen belastbar) und Anhydrit-Fließestrich (bereits nach 2 Tagen begehbar und nach 5 Tagen belastbar). Die ungefähren Trockenzeiten sind Tabelle **10**.20 zu entnehmen.

Nachteilig wirkt sich dagegen seine Empfindlichkeit gegen anhaltende Feuchtigkeit aus. Anhydritestriche dürfen daher nicht im Freien und nicht in Räumen verlegt werden, in denen mit ständiger Wassereinwirkung von oben zu rechnen ist. Geeignete Untergründe für derartige Naßbereiche sind Zement- und Gußasphaltestrich. Wird im Ausnahmefall der Einbau eines Anhydritestriches im häuslichen Naßbereich erwogen, so muß eine vollflächig dichtende Ebene direkt unterhalb der Wand- und Bodenfliesen geschaffen und alle Bewegungsfugen mit Dichtbandeinlagen elastisch überbrückt werden (Bild **10**.6b). Eine derartige alternative Abdichtung liegt jedoch außerhalb der Abdichtungsnorm und bedarf immer der vertraglichen Absprache.

Bei nicht unterkellerten Räumen muß eine wirksame Abdichtung gegen von unten aufsteigende Bodenfeuchtigkeit, bei Decken über Räumen mit erhöhter Wärme- bzw. Wasserdampfentwicklung (z. B. über Heizungskellern, Bädern) eine Dampfsperre unter den Dämmschichten eingebracht werden. Auch auf die mögliche Gefahr der Korrosion bestimmter Metalle in feuchtem Anhydritestrich wird hingewiesen. Metallrohre von Warmwasserheizungen sollten daher eine geeignete, möglichst dichte Schutzummantelung aufweisen. Kunststoff- und Kupferrohre sowie Heizmatten elektrischer Fußbodenheizungen können in der Regel ohne Einschränkung verlegt werden. Mittlere Preisklasse, jeodoch teurer als Zementestrich.

Einzelheiten über die Herstellung von Anhydritestrichen s. Abschn. 10.3.7.2 sowie VOB Teil C, DIN 18353, Estricharbeiten. Auf die weiterführende Spezialliteratur wird verwiesen [13].

Anhydrit-Fließestrich. Eine interessante Weiterentwicklung stellt der anhydritgebundene Fließestrich (AFE) dar. Der werkseitig vorgemischte Trockenmörtel wird an der Baustelle nur noch mit Wasser aufbereitet und in entsprechender Konsistenz an die Verlegestelle gepumpt. Dort entfällt weitgehend das mühevolle Verteilen, Abziehen, Verdichten und Glätten üblicher Estrichmassen, da der Fließestrich mit Hilfe eines Fließmittels selbst planeben verläuft und sich selbst verdichtet.

Anhydritgebundener Fließestrich bietet im wesentlichen folgende Vorteile: Selbstnivellierender Einbau, dadurch stark verringerter Verlegeaufwand bei hohen Tagesleistungen, weitgehend ebene und waagerechte Estrichoberfläche, hohe Dichte, Druck- und Biegezugfestigkeit sowie gute Raumbeständigkeit. Da er kaum schwindet, ist er in großen Flächen fugenlos und rissefrei verlegbar. Er eignet sich zur Herstellung von Verbundestrich, Estrich auf Trenn- und Dämmschichten sowie von Heizestrich und zur Verlegung von allen Bodenbelägen. Einzelheiten hierzu s. Abschn. 10.3.7.2, Estrichkonstruktionen.

Nachteilig wirkt sich jedoch auch hier die zuvor beschriebene Empfindlichkeit gegen anhaltende Feuchtigkeit aus, die relativ langen Trockenzeiten bis zur Belegreife (Tabelle **10**.20) und die aufwendige mechanische Nachbearbeitung bzw. Vorbereitung der Estrichoberfläche als Verlegeuntergrund für Beläge. Die auf dem Markt angebotenen Anhydrit-Fließestriche unterscheiden sich zum Teil erheblich in ihrer Zusammensetzung, Herstellung und Eigenschaftscharakteristik. Auf die weiterführende Spezialliteratur wird verwiesen [14].

Gußasphaltestrich

Die Ausgangsstoffe sind Bitumen als schmelzbares Bindemittel sowie gemischtkörnig aufgebauter Zuschlagstoff.

Als Bindemittel für den Estrich wird Bitumen nach DIN 1995, Hochvakuum- oder Hartbitumen oder ein Gemisch aus diesen verwendet.

Der Zuschlagstoff muß DIN 4226 entsprechen. Er besteht in der Regel aus Steinmehl, Sand, Splitt und ggf. Feinkies. Je nach Einbaudicke des Gußasphaltes ist ein Kornaufbau von 0/5 mm oder 0/8 mm zu verwenden.

Bindemittel und Mineralgemisch werden so aufeinander abgestimmt, daß die Hohlräume des Minerals voll ausgefüllt werden und sich eine mechanische Verdichtung der im heißen Zustand plastischen Masse erübrigt.

Wie Tabelle **10.**19 zeigt, wird Gußasphaltestrich nach DIN 18560 T1 in Härteklassen GE10 bis GE100 unterteilt, aus denen sich entsprechende Anwendungsbereiche ableiten lassen.

Tabelle **10.**19 Gußasphalt-Härteklassen nach DIN 18560 T1

Härteklasse Kurzzeichen	Eindringtiefe nach DIN 1996 T13 bei 22 °C in mm	bei 40 °C in mm
GE10	≦ 1,0	≦ 4,0
GE15	≦ 1,5	≦ 6,0
GE40	> 1,5 bis 4,0	–
GE100	> 4,0 bis 10,0	–

Das mechanische Verhalten von Gußasphaltestrich wird durch seine Härte gekennzeichnet. Entscheidend bei der Güteprüfung ist daher die Eindringtiefe eines genormten Stempels bei Prüftemperaturen von 22 °C und/oder 40 °C und entsprechender Prüfdauer.

Anwendungsbereiche (vereinfachte Zusammenstellung)

GE10 Schwimmender Estrich bei gleichmäßig verteilten Verkehrslasten bis 1,5 kN/m^2
– für normal beheizte Räume.

Verbundestrich und Estrich auf Trennschicht

GE15 – für normal beheizte Räume,

GE40 – für unbeheizte Räume und Estriche im Freien,

GE100 – für Räume mit besonders niedrigen Temperaturen (z. B. Kühlräume).

Gußasphalt wird in stationären Mischanlagen heiß aufbereitet, in beheizten Rührwerkkochern zur Baustelle transportiert und das Mischgut mit einer Temperatur von etwa 250 °C eingebaut. Baustoffe und Bauteile, mit denen der Gußasphalt in Berührung kommt, müssen beständig gegenüber dieser Einbautemperatur sein. Als Dämmstoffe für die Wärme- und Trittschalldämmung unter Gußasphaltestrich eignen sich:

- Mineralfaserdämmplatten
- Korkdämmplatten
- Schaumdämmplatten
- Perlitedämmplatten
- Schüttdämmstoffe, kombiniert mit Platten.

Nicht ausreichend wärmebeständige Schaumkunststoffe (z. B. Styroporplatten) müssen durch eine zusätzliche Dämmschicht vor schädlicher Wärmeeinwirkung geschützt werden. Vorsicht ist auch geboten bei hitzeempfindlichen Kunststofffolien, nackten Bitumen- oder Teerbahnen, Dichtungsbahnen nach DIN 18190 usw. Zur Abdeckung der Dämmschichten und als Trennlage unter Gußasphaltestrich eignen sich vor allem Rohglasvlies, Natronkraftpapier, Wollfilzrohpappe o. ä.

Da Gußasphaltestrich heiß eingebaut wird, bringt er keinerlei Feuchtigkeit in das Bauwerk. Unabhängig von Witterungseinflüssen kann er ohne Fugen großflächig verlegt und sofort nach dem Erkalten – in der Regel nach 2 bis 3 Stunden – begangen bzw. mit einem Belag oder einer fugenlosen Beschichtung versehen werden. Weitere Vorteile sind seine Unempfindlichkeit gegen Wasser, die geringe Einbaudicke und seine hohe elektrische Isolierfähigkeit. Durch Zusatz von Graphitstaub kann er jedoch auch elektrisch leitend ausgebildet werden. Außerdem ist er wasserdicht und dampfdicht sowie schwerentflammbar (Baustoffklasse B1). Bemerkenswert ist auch seine niedrige Körperschall-Leitfähigkeit (hohe innere Dämpfung).

Nachteilig können sich hohe Punktlasten auswirken, wenn Last, Aufstandsfläche und die zu erwartenden Temperaturverhältnisse nicht sorgfältig aufeinander abgestimmt sind und die Zusammendrückbarkeit der Dämmschichten unter Belastung mehr als 5 mm beträgt (vgl. hierzu Tabelle **10**.21). Gußasphaltestriche sind zwar relativ teuer (obere Preisklasse), in Anbetracht der vielen Vorteile jedoch durchaus als wirtschaftlich zu bezeichnen.

Einzelheiten über die Herstellung von Gußasphaltestrichen s. Abschn. 10.3.7.2 sowie VOB Teil C, DIN 18354, Asphaltbelagarbeiten. Auf die weiterführende Speziallitertur wird verwiesen [15].

Trockenzeiten und zulässiger Feuchtigkeitsgehalt (Belegreife) von Estrichen

Mörtelestriche (Naßestriche) benötigen eine gewisse Trockenzeit, bis sie mit einem Bodenbelag belegt werden dürfen. Sie hängt im wensentlichen ab von der Dicke und Zusammensetzung des Estriches sowie dem Umgebungsklima (Witterung, Belüftung, Baustellenfeuchtigkeit usw.). Eine Restmenge an Feuchtigkeit – Ausgleichsfeuchte oder Gleichgewichtsfeuchte genannt – verbleibt jedoch immer im Estrich und entweicht normalerweise nicht. Ein Mörtelestrich ist im allgemeinen belegreif, wenn er nicht mehr als diese Gleichgewichtsfeuchte aufweist (lufttrocken). Bei normaler Estrichdicke gelten folgende Erfahrungswerte (gemessen mit dem CM-Gerät):

Tabelle **10**.20 Ungefähre Trockenzeiten und zulässiger Feuchtigkeitsgehalt (Belegreife) von Estrichen

Estrichart	Ungefähre Trockenzeit in Wochen	Zulässiger Feuchtigkeitsgehalt in %[1])
Zementestrich (ohne Zusatzmittel)	4 bis 6	2,5 bis 3,0
Zementestrich (mit Zusatzmittel)	2 bis 4	2,0 bis 2,5
Magnesiaestrich	1 bis 3	3,0 bis 12,0
Anhydritestrich (konventionell)	2 bis 3	0,5 bis 1,0
Anhydrit-Fließestrich	3 bis 5	0,5 bis 1,0
Gußasphaltestrich	belegreif nach Erkalten	besitzt keine Feuchtigkeit
Holzspanplatten (Fertigteilestrich)	keine	9,0 $\pm$ 4%

[1]) Bei relativ dampfdichten Belägen – wie Stein- und Keramikbelägen im Dünnbettverfahren, elastische Bodenbeläge sowie Holzparkett – gelten immer die Werte im unteren Bereich.

Schäden an Bodenbelägen treten häufig dadurch auf, daß sich Feuchtigkeit aus dem Estrich, ggf. auch aus dem tragenden Untergrund, unter dampfdichten Belägen anreichert und dort zur Verseifung des Klebers, zu Blasenbildung und bei feuchtigkeitsempfindlichen Estrichen (z. B. Anhydritestrich) zur Erweichung der oberen Estrichzone führt.

Bei beheizten Fußbodenkonstruktionen ist darauf zu achten, daß die verbliebene Ausgleichsfeuchte durch Auf- und Abheizen der Estrichschicht noch weiter reduziert und so vor Verlegung der Nutzschicht die zulässige Belegreife für den jeweiligen Bodenbelag erreicht wird. Einzelheiten hierzu s. Abschn. 10.3.8, Bodenbeläge auf beheizten Fußbodenkonstruktionen.

10.3.7.2 Estrichkonstruktionen und Estrichherstellung

Verbundestriche

Verbundestriche sind mit dem tragenden Untergrund fest verbunden; sie können unmittelbar, d. h. ohne Belag, genutzt oder mit einem Belag versehen werden. Verbundestriche eignen sich insbesondere als

- Ausgleichsestrich, wenn der tragende Untergrund größere Unebenheiten aufweist,
- Gefälleestrich, zur raschen Ableitung des Oberflächenwassers zum Fußbodeneinlauf,
- Nutzboden in untergeordneten Räumen, ohne Anforderungen an Schall- und Wärmeschutz,
- Nutzestrich im Industriebau, wo hohe Belastbarkeit und Verschleißfestigkeit gefordert sind.

Verbundestriche müssen sich unmittelbar und vollflächig kraftschlüssig mit dem jeweiligen tragenden Untergrund (z. B. Betondecke) verbinden. Dieser darf eigenen Formänderungen nicht mehr unterworfen sein. Kräfte, die aus Eigenverformungen des Estriches (z. B. Schwindvorgänge, Temperatureinflüsse) oder Verkehrslast resultieren, erzeugen in dieser Verbundkonstruktion Zwängungsspannungen, die über den Estrich an den tragenden Untergrund weitergegeben werden.

Damit ein guter Haftverbund möglich wird, muß die Oberfläche des Untergrundes ausreichend fest, eben, oberflächenrauh und frei von haftmindernden Verunreinigungen sein; außerdem darf der Untergrund keine Risse und lose Bestandteile aufweisen. Eine mechanische Bearbeitung des Untergrundes (Schleifen, Fräsen, Sandstrahlen) kann in bestimmten Fällen notwendig werden.

Bewegungsfugen des Rohbaues (Gebäudetrennfugen) sind an gleicher Stelle und in gleicher Breite im Verbundestrich zu übernehmen und die Kanten durch spezielle Metallprofile zu schützen (Bild **10.26**). Die Unterteilung der Estrichflächen in Einzelfelder durch Feldbegrenzungsfugen ist bei Verbundestrichen zu unterlassen. Nur im Ausnahmefall kann die Anordnung von Randfugen notwendig werden (Bild **10.44**).

Verbundestriche müssen den allgemeinen Anforderungen nach DIN 18560 T1 und T3 entsprechen; für hochbeanspruchte Industrieestriche gelten Teil 5 und Teil 7 der vorgenannten Norm. Die entsprechenden Festigkeitsklassen und Anwendungsbereiche sind Abschn. 10.3.7.1, Estricharten, zu entnehmen. Einzelheiten über die Herstellung von Verbundestrichen siehe VOB Teil C, DIN 18353, Estricharbeiten, sowie DIN 18354, Asphaltbelagarbeiten.

Zementgebundener Verbundestrich (Zementestrich) wird am vorteilhaftesten auf einen noch nicht erhärteten Betonuntergrund „frisch auf frisch" aufgebracht. Will man jedoch zwischen einer trockenen Tragschicht und dem frischen Estrichmörtel einen unauflösbaren Haftverbund erreichen, muß auf den alten Untergrund immer eine Haftbrücke aufgetragen werden. Hierfür eignen sich einmal Zementschlämmen aus werkgemischtem Trockenmörtel (Zementgehalt mind. 700 kg/m^3), der am Einsatzort nur noch mit Wasser angemacht wird. Vor dem Auftrag der Schlämme muß der trockene Untergrund sehr lange sorgfältig vorgenäßt werden, um Trocknungsrisse zu vermeiden. Andererseits sind diese mineralischen Haftbrücken feuchtigkeitsbeständig, so daß sie auch auf erdberührten, feuchten Untergründen aufgebracht werden können.

Verwendet werden auch Kunstharzdispersionen (nicht einsetzbar, wenn bei erdberührten Böden mit aufsteigender Feuchtigkeit gerechnet werden muß) sowie Haftbrücken aus Reaktionsharzen (z. B. Epoxidharze). Die letzteren haften an Betonoberflächen sehr gut, sind weniger feuchtigkeitsempfindlich, ergeben jedoch eine dampfdichte Schicht und sind relativ teuer.

Die Oberfläche frisch eingebrachter Zementestriche bedarf immer einer Nachbehandlung, die von Fall zu Fall sehr unterschiedlich sein kann. Immer ist jedoch darauf zu achten, daß der Estrich nicht zu schnell austrocknet, da er sonst Risse bekommt oder an der Oberfläche gar absandet. Um das Stauben von Nutzestrichen zu vermeiden, kann eine Imprägnierung oder Versiegelung aufgebracht werden. Vgl. hierzu Abschn. 10.4.8, Bodenbeschichtungen aus Kunstharzen (Reaktionsharzen).

Zementgebundene Verbundestriche sollten bei einschichtiger Ausführung nicht dicker als 50 mm und nicht dünner als 20 mm sein. Der Einbau noch dünnerer Verbundestriche aus kunststoffvergüteten Estrichmischungen ist möglich.

Anhydritgebundener Verbundestrich (Anhydritestrich) wird in der Regel auf Betonuntergrund verlegt, bei dem jedoch weder Bodenfeuchtigkeit noch Dampfdiffusion von unten auftreten dürfen. Die Tragschicht muß sauber, offenporig und mäßig saugfähig sein. Eine Haftbrücke sorgt auch hier für eine bessere Verbindung zwischen Estrich und Untergrund. Je nach Anforderung können Grundierschlämmen aus Anhydritbinder (mit oder ohne Feinsand), Kunstharzdispersionen oder Haftbrücken aus Reaktionsharzen (z. B. Epoxidharze) verwendet werden. Beim Einsatz dampfdichter Bodenbeläge sollten Anhydritestriche nicht im Verbund, sondern auf Trennschicht (= Dampfsperre) verlegt werden.

Anhydritgebundene Verbundestriche dürfen bei einschichtiger Ausführung nicht dicker als 50 mm und nicht dünner als 20 mm sein.

Bitumengebundener Verbundestrich (Gußasphaltestrich) wird vorwiegend im Industriebau eingesetzt, er kann aber auch im Freien verlegt werden. Als Untergrund eignen sich Asphaltschichten oder Stahlblech; Betonflächen sind weniger geeignet. Auf Asphaltschichten wird der Gußasphalt direkt aufgebracht. Auf Grund der hohen Einbautemperatur entsteht eine vollflächige, dauerhafte Verbindung mit der Unterlage. Stahlblech ist zunächst zu entrosten und darauf eine Haftbrücke aufzubringen. Es können bitumengebundene oder Kunstharz-Haftbrücken (Reaktionsharze) verwendet werden.

Die Oberfläche des Gußasphaltestriches wird in heißem Zustand mit Sand abgerieben. Eine weitergehende Nachbehandlung ist nicht erforderlich. Vor dem Aufbringen eines Belages oder einer Beschichtung wird die Asphaltschicht in der Regel gespachtelt.

Bitumengebundene Verbundestriche sollten bei einschichtiger Ausführung nicht dicker als 40 mm und nicht dünner als 20 mm sein.

Estriche auf Trennschicht

Estriche auf Trennschicht sind von dem tragenden Untergrund durch eine dünne Zwischenlage getrennt; sie können unmittelbar, d. h. ohne Belag, genutzt oder mit einem Belag versehen werden. Estriche auf Trennschicht werden vor allem aus bautechnischen oder bauphysikalischen Gründen eingesetzt, wenn zum Beispiel

- der Betonuntergrund noch eigenen Formänderungen unterworfen ist (bei noch junger Betondecke, die beispielsweise mit keramischen Platten belegt werden soll),
- in der Estrichschicht auf Grund hoher Temperatur-Wechselbeanspruchungen mit größeren Spannungen zu rechnen ist (bei Sonneneinwirkung auf auskragender Balkonplatte),
- nach DIN 18195 über Abdichtungen gegen Feuchtigkeit eine gleitfähige Schutzschicht aufzubringen ist.

Da beim Estrich auf Trennschicht kein Haftverbund mit dem tragenden Untergrund besteht, können sich beide Teile unabhängig voneinander bewegen. Jede Schicht ist in ihrem Verformungsverhalten eigenständig, Spannungen können nicht übertragen oder abgeleitet werden. Voraussetzung ist jedoch, daß elastische Randfugen zwischen der Estrichplatte und allen aufgehenden Bauteilen sowie eine Gleitschicht über dem tragenden Untergrund angeordnet werden. Je nach Estrichart können Feldbegrenzungsfugen notwendig sein. Bewegungsfugen des Rohbaus (Gebäudetrennfugen) sind an gleicher Stelle und in gleicher Breite zu übernehmen und die Kanten durch Metallprofile zu schützen (Bild **10**.26). Eine derartige Estrichkonstruktion kann relativ hohe Lasten aufnehmen, da sie flächig und ohne federnde Zwischenschicht auf der Tragkonstruktion aufliegt. Die Ebenheitstoleranzen nach DIN 18202 sind zu beachten (Tab. **10**.2).

Estriche auf Trennschicht müssen den allgemeinen Anforderungen nach DIN 18560 T1 und T4 entsprechen; für hoch beanspruchte Industrieestriche ist zusätzlich noch Teil 7 der vorgenannten Norm zu beachten. Die entsprechenden Festigkeitsklassen und Anwendungsbereiche sind Abschn. 10.3.7.1, Estricharten, zu entnehmen. Weitere Einzelheiten über die Herstellung von Estrichen auf Trennschicht s. VOB Teil C, DIN 18353, Estricharbeiten, sowie DIN 18354, Asphaltbelagarbeiten.

Zementestrich auf Trennschicht ergibt eine hochbeanspruchbare Trag- und Lastverteilungsschicht, die noch mit Baustahlgewebematten bewehrt wird, wenn Hartbeläge (z. B. Naturstein-, Keramikplatten) darauf verlegt oder hohe Temperatur-Wechselbeanspruchungen zu erwarten sind. Die Trennschicht ist in der Regel zweilagig auszubilden. Verwendet werden Polyethylenfolie (PE-Folie, mind. 0,1 mm dick) oder nackte Bitumenbahnen. Auch über Abdichtungen und Dampfsperren ist immer noch – vor dem Aufbringen des Schutzestriches – eine zusätzliche Trennlage als Gleitschicht aufzulegen; erst dadurch wird eine dauerhaft gleitfähige Estrichverlegung erreicht.

Zwischen der Estrichplatte und allen aufgehenden Bauteilen, Türzargen, Rohre usw. sind etwa 5 mm dicke Randstreifen ringsumlaufend anzuordnen. Größere Estrichfelder sind durch elastische Feldbegrenzungsfugen in einzelne, gedrungene Felder von 20 bis 40 m² Größe (abhängig von den jeweiligen bauphysikalischen Gegebenheiten) zu unterteilen. Einzelheiten hierzu s. Abschn. 10.3.7.3 Zementestrich auf Trennschicht sollte bei einschichtiger Ausführung die Dicke von 35 mm nicht unterschreiten. Unter Keramischen Fliesen und Platten wird eine Mindestdicke von 40 mm empfohlen.

Anhydritestrich auf Trennschicht darf keiner dauernden Feuchtigkeitsbeanspruchung ausgesetzt werden. Daher ist auf nicht unterkellertem, tragendem Untergrund immer eine Abdichtung gegen aufsteigende Bodenfeuchtigkeit und bei Gefahr von Dampfdiffusion durch die Rohdecke eine Dampfsperre auf der Tragschicht anzuordnen. Auch unter Anhydritestrich ist die Trennschicht zweilagig auszuführen und über Abdichtungen und Dampfsperren immer noch eine weitere Trennlage aufzulegen. Im Gegensatz zu dem zuvor beschriebenen Zementestrich kann Anhydritestrich in großen zusammenhängenden Flächen ohne Feldbegrenzungs- und Scheinfugen verlegt werden. An allen aufgehenden Bauteilen müssen jedoch Randstreifen aufgestellt, vorhandene Bauwerksfugen im tragenden Untergrund übernommen und die Kanten mit Metallprofilen geschützt werden. Anhydritestrich auf Trennschicht bedarf keiner Bewehrung. Die Estrichdicke sollte bei einschichtiger Ausführung 30 mm nicht unterschreiten.

Gußasphaltestrich auf Trennschicht wird hauptsächlich im Industrie- und Hallenbau eingesetzt. Er kann im Prinzip auf allen tragfähigen Untergründen aufgebracht werden, die fest, trocken, eben, sauber und frei von Rissen sind. Die Trennschicht ist bei Gußaspaltestrich nur einlagig auszuführen. Im Hinblick auf die hohe Einbautemperatur eignen sich vor allem Rohglasvlies sowie Natronkraftpapier.

Gußasphaltestrich kann ohne Fugen großflächig verlegt werden. Lediglich Bauwerksfugen im tragenden Untergrund sind zu übernehmen und die Kanten mit Metallprofilen zu sichern (Bild **10**.26). Da sich Gußasphalt beim Erkalten zusammenzieht, kann auf die Anordnung von Randstreifen verzichtet werden. Es genügt, wenn die Trennschicht an den Wänden und anderen aufgehenden Bauteilen bis Oberfläche Fußbodenbelag hochgezogen wird (Bild **10**.25c). Werden auf Gußasphaltestrich jedoch keramische Fliesen, Holzpflaster oder Parkett verlegt, so sind immer Randstreifen in einer Dicke von mind. 10 mm vorzusehen (unterschiedliche Ausdehnungskoeffizienten).

Je nachdem, ob Gußasphaltestrich mit einem Belag belegt oder unmittelbar genutzt wird, wird die Oberfläche des Gußasphaltes in heißem Zustand entweder mit Sand abgerieben oder Feinsplitt eingestreut und mit einer Walze angedrückt (rutschhemmende Oberfläche in Industriehallen). Die Estrichdicke sollte bei einschichtiger Ausführung 20 mm nicht unterschreiten und 40 mm nicht überschreiten.

Estriche auf Dämmschichten

Ein schwimmender Estrich ist ein auf einer Dämmschicht hergestellter Estrich, der auf seiner Unterlage beweglich ist und keine unmittelbare Verbindung mit angrenzenden Bauteilen aufweist. Er wird vor allem aus schall- und/oder wärmetechnischen Gründen eingebaut. Die biegesteife, lastverteilende Estrichplatte bildet mit der federnden Dämmschicht und der Rohdecke ein Schwingungssystem (zweischalige Konstruktion), das das Eindringen von Körperschall (Trittschall) in die Deckenkonstruktion weitgehend verhindert, die Luftschalldämmung verbessert und auch Anforderungen an den Wärmeschutz erfüllt.

Die Estrichdicke hängt im wesentlichen von der gewählten Estrichart, den aufzunehmenden Lasten und der Zusammendrückbarkeit der Dämmschicht(en) ab. In Tabelle **10**.21 sind die jeweils erforderlichen Nenndicken und Festigkeiten angegeben, unter Berücksichtigung der im Wohnungsbau üblichen Verkehrslasten bis 1,5 kN/m². Bei höheren Verkehrslasten müssen größere Dicken festgelegt werden. Die Nenndicken von Heizestrichen sind in Bild **10**.38 angegeben.

Estriche auf Dämmschichten müssen den allgemeinen Anforderungen nach DIN 18560 T1 und T2 entsprechen. Die jeweiligen Festigkeitsklassen und Anwendungsbereiche sind Abschn. 10.3.7.1 zu entnehmen. Weitere Einzelheiten über die Herstellung von Estrichen auf Dämmschichten siehe VOB Teil C, DIN 18353, Estricharbeiten, sowie DIN 18354, Asphaltarbeiten.

Tabelle **10.**21 Nenndicken und Festigkeit bzw. Härte nicht beheizter Estriche auf Dämmschichten für Verkehrslasten bis 1,5 kN/m² nach DIN E 18560 T2

Estrichart		Estrich-Nenndicke in mm bei einer Dämmschichtdicke in d_B[1])		Bestätigungsprüfung			
				Biegezugfestigkeit β_{BZ} in N/mm²		Eindringtiefe (Härte) in mm	
		bis 30 mm	über 30 mm	kleinster Einzelwert	Mittelwert	bei (22 ± 1) °C	bei (40 ± 1) °C
Anhydrit Magnesia Zement	AE 20 ME 7[3]) ZE 20	≧ 35[2])	≧ 40[2])	≧ 2,0	≧ 2,5	–	–
Gußasphalt	GE 10	≧ 20	≧ 20	–	–	≦ 1,0	≦ 4,0

[1]) Die Zusammendrückbarkeit der Dämmstoffe unter Belastung darf nicht mehr als 10 mm, bei Gußasphaltestrich nicht mehr als 5 mm betragen. Bei einer Zusammendrückbarkeit über 5 mm ist die Estrichnenndicke um 5 mm zu erhöhen. Die Zusammendrückbarkeit ergibt sich dabei aus der Differenz zwischen der Lieferdicke d_L und der Dicke unter Belastung d_B des Dämmstoffes. Sie ist aus der Kennzeichnung der Dämmstoffe ersichtlich, z. B. 20/15: d_L = 20 mm, d_B = 15 mm. Bei mehreren Lagen ist die Zusammendrückbarkeit der einzelnen Lagen zu addieren.

[2]) Unter Stein- und keramischen Belägen muß die Estrichnenndicke mindestens 45 mm betragen.

[3]) Die Oberflächenhärte bei Steinholzestrichen muß mindestens 30 N/mm² betragen.

Zementestrich auf Dämmschicht. Die Herstellung eines schwimmenden Zementestriches setzt große Erfahrung und sorgfältiges Arbeiten auf seiten der Verlegefirmen voraus, weshalb mit der Ausführung nur solide Spezialfirmen beauftragt werden sollten. Bei der Herstellung schwimmender Zementestriche ist im einzelnen folgendes zu beachten (Bild **10.**22a bis c).

- Aufgehende Bauteile müssen vor dem Verlegen der Dämmschichten bis Oberfläche Rohfußboden verputzt sein, um eine sorgfältige Ausführung der Randdämmung vornehmen zu können. Auch die Montage von haustechnischen Installationen, Türzargen, Anschlagschienen, Fenstern und Fensterbänken sowie der Verputz von Rohrschlitzen sind vorab fertigzustellen. Alle Fenster und Außentüren müssen entweder verglast oder zumindest provisorisch mit Folien verschlossen sein, um Zugluft (die zu Spannungen in der Estrichfläche führt) sowie das Eindringen von Wasser durch Schlagregen zu verhindern.
- Die Innentemperaturen in Gebäuden sollen in der kalten Jahreszeit nicht unter 5 °C und nicht über 15 °C betragen. Die Temperaturen sollen möglichst gleichmäßig sein, da zu schnelles und einseitiges Austrocknen des Mörtels zu Aufwölbungen und Rissen führt.
- Der tragende Untergrund muß ausreichend trocken sein, eine ebene Oberfläche haben (Ebenheitstoleranzen nach DIN 18202, Tab. 3) und keine punktförmigen Erhebungen aufweisen, die zu Schwankungen in der Estrichdicke führen können. Vgl. hierzu auch Tab. **10.**2. Rohrleitungen müssen auf der Rohdecke festgelegt sein. Durch einen entsprechenden Höhenausgleich in Form von Mineralfaserplatten, Trockenschüttung o. ä. ist wieder eine ebene Oberfläche zur Aufnahme der Dämmschicht zu schaffen. Deckendurchbrüche müssen sorgfältig geschlossen und Bauwerksfugen (Gebäude-Trennfugen) in der Rohdecke durch geeignete Spezialprofile im Estrich fortgeführt werden (Bild **10.**26). Böden, die unmittelbar an das Erdreich grenzen, oder Decken, bei denen die Gefahr einer Diffusionsfeuchte besteht, sind mit Abdichtungen bzw. Dampfsperren gemäß Abschn. 10.3.3 zu schützen.
- Schalldämmende Randstreifen, zwischen Estrich und Wand sowie anderen aufgehenden Bauteilen angeordnet, ergeben eine ringsumlaufende Bewegungsfuge (Randfuge), die Schwingungsübertragungen verhindert und Längenänderungen der Estrichplatte aufnimmt. Die im allgemeinen 5 mm, bei Heizestrichen mind. 10 mm dicken Mineralfaserstreifen müssen fugendicht gestoßen und vom tragenden Untergrund bis Oberkante Bodenbelag reichen. Auch alle durch Decke und Estrich geführten Rohrleitungen, Konsolen usw. sind mit Dämmschalen zu ummanteln (Bild **10.**23). Die Randstreifen und die hochgezogene Abdeckung dürfen bei Hartbelägen wie Naturstein-, Betonwerkstein- und

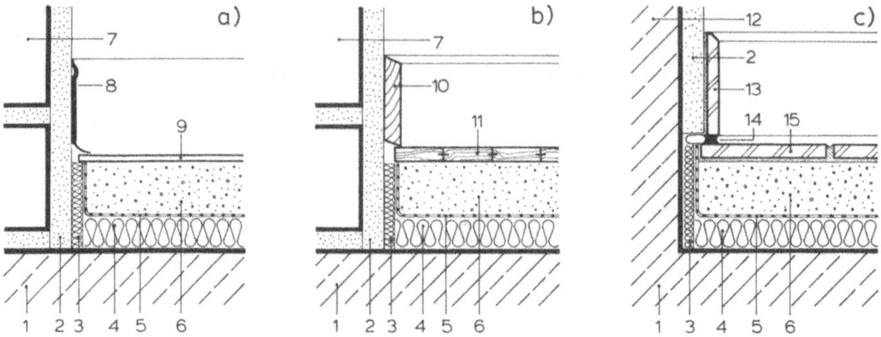

10.22 Konstruktionsbeispiele: Mörtelestrich auf Dämmschichten

a) Bodenanschluß: Kunststoffsockelleiste mit PVC-Bodenbelag
b) Bodenanschluß: Holzsockelleiste mit Parkett-Bodenbelag
c) Bodenanschluß: Sockelfliese mit keramischem Bodenbelag, Wandputz bis OFF: aus schalltechnischen Gründen nur bei aufgehender, dichter Betonwand

1 tragender Untergrund (Massivdecke)
2 Wandputz
3 Randstreifen
4 Dämmschicht
5 Abdeckung
6 schwimmender Estrich (Mörtelestrich)
7 Mauerwerk
8 Kunststoffsockelleiste
9 PVC-Bodenbelag
10 Holzsockelleiste
11 Holzparkett-Bodenbelag
12 Betonwand
13 Sockelfliese mit Fase
14 Fuge mit dauerelastischer Dichtungsmasse
15 keramische Bodenfliesen

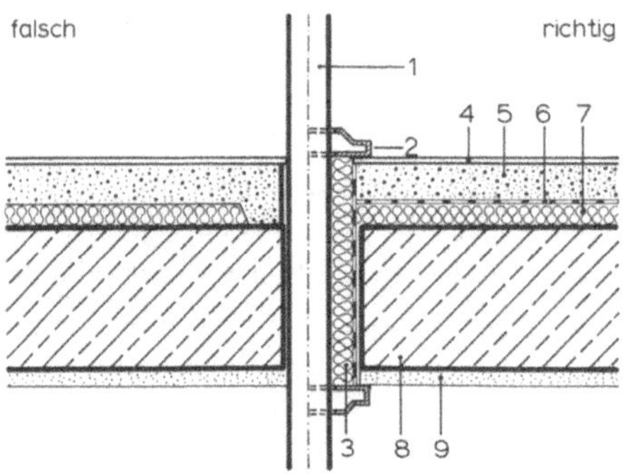

10.23 Rohrdurchführung durch eine Massivdecke mit schwimmendem Estrich

1 Rohrleitung
2 Kunststoffrosetten o.ä.
3 fertige Dämmschale aus Hartschaum oder Mineralfaser
4 PVC-Bodenbelag
5 schwimmender Estrich
6 Abdeckung
7 Dämmschicht
8 Massivdecke
9 Deckenputz

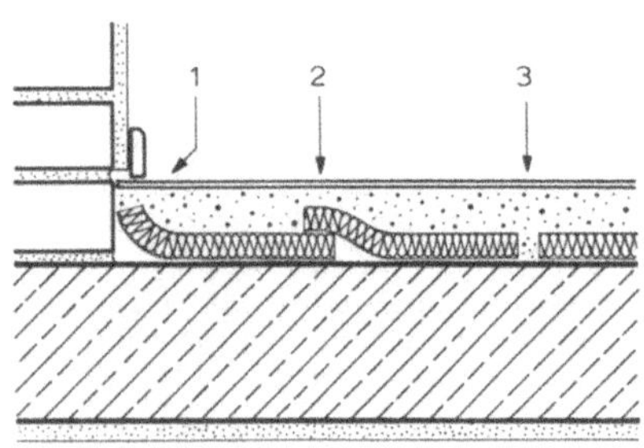

10.24 Fehler beim Verlegen von Dämmplatten

1 aufgekantete Dämmplatten an der Randzone führen bei Belastung zu Estrichrissen. Wandputz immer bis Oberfläche Massivdecke aufbringen (Regelausführung bei aufgehendem Mauerwerk).
2 Höhenversetzte Dämmplattenstöße führen zur Schwächung der Estrichdicke und damit zur Rißbildung.
3 Fugen zwischen den Dämmplatten verursachen Schallbrücken.

Keramikböden erst nach Fertigstellung des Fußbodenbelages, bzw. bei textilen und elastischen Belägen erst nach Erhärtung der Spachtelmasse abgeschnitten werden, um ein Ausfüllen der Randfugen und somit Schallbrücken zu vermeiden.

- Das Verlegen der Dämmplatten erfolgt im Verbund mit dichten Stößen. Bei großen Dämmschichtdicken und Anforderungen an den Trittschallschutz ist ein kombiniertes Verlegen von Trittschall- und Wärmedämmplatten zu empfehlen. Dabei sollten die weicheren Trittschalldämmplatten in möglichst geringer Dicke immer unter den steiferen Wärmedämmplatten angeordnet sein.
- Als Abdeckung der Dämmschicht muß vor dem Aufbringen des Estriches eine nackte Bitumenbahn oder mind. 0,1 mm dicke Polyethylenfolie aufgelegt werden. Die Bahnen müssen an den Randstreifen hochgeführt werden und sich an Stößen 8 bis 10 cm überdecken. Bei Fließestrich ist die Abdeckung so auszubilden, daß sie bis zum Erstarren des Estriches wasserundurchlässig ist. Die Abdeckung ersetzt weder Dampfsperren noch Abdichtungen im Sinne der DIN 18195; sie soll lediglich das Eindringen von Wasser bzw. Zementleim aus dem Mörtel in die Dämmschicht während des Einbringens bzw. Abbindevorganges verhindern.
- Eine Bewehrung in Form von Betonstahlmatten muß bei Zementestrichen mittig in die Mörtelschicht eingebaut werden, sofern später Naturstein-, Betonwerkstein- oder keramische Beläge aufgebracht werden. Im Bereich von Bewegungsfugen ist die Bewehrung zu unterbrechen.
- Beim Einbringen des Zementestriches dürfen weder die Dämmschichten noch die Abdeckung verschoben bzw. beschädigt werden (Bild **10.**24). Der meist mit Druckluft in weichplastischer Konsistenz an die Einbaustelle gepumpte Mörtel wird verteilt, mit der Latte – gegebenenfalls über vorher exakt einnivellierte Lehren – abgezogen, verdichtet und geglättet. Eine wesentliche Verdichtung des Mörtels ist wegen des Rückfederungseffektes der weichfedernden Dämmschichten nicht möglich.
- Frisch eingebrachter Zementestrich ist vor zu raschem Austrocknen, Wärme und Zugluft zu schützen, um das Schwinden und Verformungen der Estrichplatte gering zu halten und um Risse zu vermeiden. Zementestrich sollte nicht vor Ablauf von 3 Tagen begangen und nicht vor Ablauf von 7 Tagen höher belastet werden.

Angaben über Fugen in Estrichkonstruktionen und Plattenbelägen s. Abschn. 10.3.7.3. Auf die weiterführende Spezialliteratur wird verwiesen [16].

Anhydritestrich auf Dämmschicht. Zu unterscheiden ist zwischen konventionell verlegtem Anhydritestrich und Anhydrit-Fließestrich (AFE). Da Fließestriche den Estricheinbau erleichtern und ihr Marktanteil ständig zunimmt, beziehen sich die nachstehenden Hinweise schwerpunktmäßig auf diese Estrichart.

Anhydritestrich wird zu den Naß- bzw. Mörtelestrichen gerechnet. Die zuvor beim Zementestrich auf Dämmschicht gemachten Ausführungen gelten daher sinngemäß auch für die Herstellung von Anhydritestrichen, so daß sich eine nochmalige Beschreibung der dort erwähnten Arbeitsschritte an dieser Stelle erübrigt. Im einzelnen sind folgende Besonderheiten bei der Ausführung von schwimmend verlegtem **Anhydrit-Fließestrich** zu beachten:

- Anhydritestrich darf keiner dauernden Feuchtigkeitsbeanspruchung ausgesetzt sein. Daher ist auf nicht unterkellertem, tragendem Untergrund immer eine Abdichtung gegen aufsteigende Feuchtigkeit gemäß DIN 18195 vorzusehen und bei Gefahr von Dampfdiffusion durch die Rohdecke eine Dampfsperre auf die Tragschicht anzuordnen. Anhydritestriche dürfen auch nicht in Räumen verlegt werden, in denen mit ständiger Wassereinwirkung von oben zu rechnen ist. Erfolgt im Ausnahmefall der Einbau eines Anhydritestriches im häuslichen Naßbereich, so ist eine vollflächig dichtende Ebene direkt unterhalb des Keramikbelages in Form einer „alternativen Abdichtung" einzubauen. Vgl. hierzu auch Abschn. 10.3.3.2, Fußbodenkonstruktionen in Naßräumen.
- Die Abdeckung oberhalb der Dämmschicht ist bei Fließestrich so auszubilden, daß sie bis zum Erstarren des Estriches wasserundurchlässig ist. Dämmschicht und Randstreifen werden entweder mit einer nackten Bitumenbahn oder mit einer mind. 0,1 mm dicken PE-Folie wannenförmig abgedeckt. Die einzelnen Bahnen müssen sich an den Stößen mind. 8 cm überdecken und ggf. verklebt oder verschweißt werden, damit die Dämmplatten vom zähflüssigen Estrich nicht unterspült werden können.
- Wie in Abschn. 10.3.7.1, Estricharten, näher beschrieben, kommt der Anhydrit-Fließestrich in der Regel fertig vorgemischt als Werktrockenmörtel auf die Baustelle, wo er nur noch mit Wasser aufbereitet und an die Verarbeitungsstelle gepumpt wird. Fließestrich nivelliert und verdichtet sich weitgehend selbst und verläuft nahezu planeben. Eine Bewehrung in Form von Betonstahlmatten ist in keinem Fall einzubauen.
- Da Anhydritestrich kaum schwindet, ist er in großen, zusammenhängenden Flächen fugenlos und rissefrei verlegbar – ohne Feldbegrenzungsfugen, wie sie beim schwimmenden Zementestrich gefordert und notwendig sind. Vorhandene Gebäudetrennfugen im tragenden Untergrund sind jedoch immer zu

übernehmen, die Kanten mit Metallprofilen zu sichern (Bild **10.**26), und Randfugen zwischen Estrichplatte und allen aufgehenden Bauteilen in üblicher Dicke von 5 mm vorzusehen.

- Die Oberfläche des Anhydrit-Fließestriches kann sehr unterschiedlich beschaffen sein und entweder aus einer wenig festen Haut, einer labilen Zone oder aus festen dünnen Schalen bestehen. Da jedoch der fertige Estrich eine für den Verwendungszweck ausreichende Oberflächenfestigkeit aufweisen muß, muß die Oberfläche des Fließestriches nachträglich immer noch **mechanisch bearbeitet** werden. Nach dem heutigen Stand der Technik ist die Oberfläche von Anhydrit-Fließestrich anzuschleifen, die Poren sind mit einer rotierenden Stahlbürste zu säubern und mit einem Industriestaubsauger abzusaugen. Diese mechanische Behandlung kann nur entfallen, wenn anderweitige verbindliche Herstellervorschriften vorliegen. Anschließend ist ein Voranstrich (Grundierung) aufzubringen, der der Staubbindung, Reduzierung der Saugfähigkeit und als Haftbrücke für den Klebstoff des Bodenbelages dient.
- Anhydrit-Fließestrich benötigen eine wesentlich längere Trockenzeit als konventionell eingebrachte Anhydritestriche. Wie Tabelle **10.**20 zeigt, beträgt bei Fließestrich die Trockenzeit bis zur Belegreife etwa 5 Wochen. Die Belegreife eines Anhydrit-Fließestriches ist dann gegeben, wenn der Estrich für die Verlegung von nahezu dampfdichten Belägen (z. B. elastischen Bodenbelägen) eine Restfeuchte von $\leq$ 0,5%, für die Verlegung von dampfdurchlässigen Belägen (z. B. textilen Bodenbelägen) einen Feuchtigkeitsgehalt von $\leq$ 1,0% aufweist. Auch für im Dünnbett verlegte Fliesenbeläge wird eine Restfeuchte von $\leq$ 0,5% zugrunde gelegt.

Gußasphaltestrich auf Dämmschicht. Für die Herstellung eines schwimmend verlegten Gußasphaltestriches gelten die gleichen baulichen Erfordernisse und ähnliche Ausführungsbedingungen, wie sie beim Zementestrich auf Dämmschicht zuvor beschrieben wurden. Im einzelnen sind folgende Besonderheiten bei der Ausführung von schwimmend verlegtem Gußasphaltestrich zu beachten (Bild **10.**25a bis c).

- Wie Tabelle **10.**21 verdeutlicht, darf nach DIN 18560 T2 bei Gußasphaltestrich die Zusammendrückbarkeit der Dämmstoffe unter Belastung nicht mehr als 5 mm betragen. Bei einer zu weichen Unterlage könnte es bei hohen Punktbelastungen zu Eindrücken im Asphaltestrich kommen. Es ist daher ratsam, bei Bauten mit erhöhten Trittschallanforderungen die Dämmschicht zweilagig auszubilden. Wie Bild **10.**25a zeigt, sollte dabei die weichere Trittschalldämmung in möglichst geringer Dicke immer unten liegen und die druckfesten, temperaturbeständigen Dämmplatten mit höherer dynamischer Steifigkeit (z. B. Perlitdämmplatten) darüber angeordnet sein. Darauf wird ein mind. 20 mm dicker Gußasphaltestrich verlegt. In der Regel kommen Estrichdicken von 20, 25 oder 30 mm zur Anwendung.
- Die Gefahr, daß sich Gußasphaltestrich bei zu weichfedernden Dämmschichten verformt, ist besonders entlang der Randzonen eines Raumes gegeben, wenn dort schwere, punktförmig einwirkende Lasten (z. B. Bücherregale, Schränke) aufgestellt werden. Um diesem Nachteil zu begegnen, baut man eine sog. Asphaltverstärkung ein, indem man die Dämmplatten etwa 10 cm vor der Wand enden läßt (Bild **10.**25b). Die dabei entstandenen Schallbrücken werden bewußt in Kauf genommen. Auf Grund der niedrigen Körperschall-Leitfähigkeit des Gußasphaltestriches (besonders hohe innere Dämpfung) wirken sie sich hinsichtlich einer Trittschallminderung nicht nennenswert aus. Die Zonen vor den Türen sind dabei natürlich auszunehmen. Weitere Einzelheiten s. [17].
- Da sich der heiß eingebrachte Gußasphalt beim Erkalten zusammenzieht (Kontraktion), d. h. von den angrenzenden Bauteilen ablöst und somit eine Trittschallübertragung schon von vornherein weitgehend vermieden wird, kann auf die Anordnung von Randstreifen bei Gußasphaltestrich im allgemeinen verzichtet werden (Bild **10.**25c). Nach DIN 18560 T2 genügt bei Gußasphalt das Hochziehen der Abdeckung an den Wänden und anderen aufgehenden Bauteilen. Werden auf Gußasphaltestrich jedoch keramische Fliesen, Holzpflaster oder Parkett verlegt, so sind immer Randstreifen in einer Dicke von mind. 10 mm vorzusehen (unterschiedliche Ausdehnungskoeffizienten) Bild **10.**25a. Diese Randstreifen sind erst nach Fertigstellung des Bodenbelages – bei Naturstein- und Keramikbelägen nach dem Verfugen – abzuschneiden.
- Gußasphaltestrich kann in großen Flächen fugenlos verlegt werden. Lediglich Bauwerksfugen sind an gleicher Stelle und in gleicher Breite zu übernehmen und die Kanten mit Metallprofilen zu sichern.
- Die Oberfläche des noch heißen Gußasphaltestriches wird üblicherweise mit Sand abgerieben. Eine weitergehende Nachbehandlung ist nicht erforderlich. Gußasphalt kann bereits nach 2 Stunden begangen und belegt werden. Vor dem Aufbringen eines Belages oder einer Beschichtung wird die Asphaltschicht in aller Regel vollflächig gespachtelt.
- Baustoffe und Bauteile, mit denen der Gußasphalt in Berührung kommt, müssen beständig gegenüber der hohen Einbautemperatur des Gußasphaltes sein. In diesem Zusammenhang ist zu beachten, daß die Fugen bereits eingebauter Gipskartonplatten (Trockenwandputz) erst nach der Einbringung des Gußasphaltestriches – d. h. wenn die thermisch bedingten Längenänderungen abgeklungen sind – gespachtelt werden dürfen.

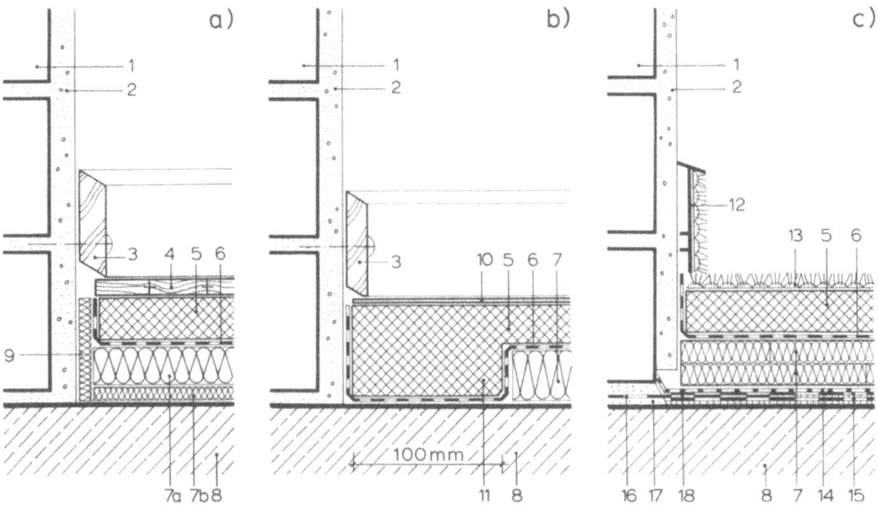

10.25 Konstruktionsbeispiele: Gußasphaltestrich auf Dämmschichten

a) Gußasphalt, schwimmend verlegt, mit Randstreifen (notwendig bei keramischen Fliesen, Holzpflaster und Parkett) und zweilagiger Dämmschicht (Geschoßdecke mit erhöhter Trittschallanforderung)

b) Gußasphaltestrich mit Randverstärkung entlang der Randzone eines Raumes (zur Aufnahme von schweren Lasten)

c) Gußasphaltestrich schwimmend verlegt, ohne Randstreifen (nur Abdeckung an den aufgehenden Bauteilen hochgezogen) mit Abdichtung gegen Feuchtigkeit von unten

1 Mauerwerk
2 Wandputz
3 Holzsockelleiste
4 Holzparkett-Bodenbelag
5 Gußasphaltestrich
6 Abdeckung (Rohglasvlies)
7 Trittschall- und Wärmedämmschicht
7a Perlitdämmplatten (hohe dynamische Steifigkeit)
7b Mineralfaserdämmplatten (niedrige dynamische Steifigkeit)
8 Massivdecke/Geschoßdecke
9 Randstreifen
10 Elastischer Bodenbelag
11 Randverstärkung
12 Teppich-Sockelleiste
13 Textiler Bodenbelag
14 Gleitschicht/Trennlage (PE-Folie, zweilagig)
15 Abdichtung gegen Feuchtigkeit nach DIN 18195
16 waagerechte Außenwandabdichtung
17 Auflagerfläche aus Mörtel (MG III)
18 Klebestoß (etwa 100 mm Überlappung)

10.3.7.3 Bewegungsfugen in Estrichkonstruktionen und Plattenbelägen

Bauteile sind Formänderungen ausgesetzt, die durch Austrocknen, Belastung, Änderung des Feuchtigkeitsgehaltes und Temperaturänderung hervorgerufen werden können. So trocknet das im Estrichmörtel enthaltene Anmachwasser im Laufe der Zeit aus und führt zu einer Verkürzung der Estrichplatte (Schwindvorgang). Tragende Bauteile können sich bei Belastung durchbiegen. Bei Erwärmung von Bauteilen erfolgt eine Ausdehnung (Dilation), bei Abkühlung eine Verkürzung (Kontraktion). Die genannten Formveränderungen können sich auch überlagern.

Bei allen diesen Vorgängen treten jedoch Spannungen auf. Diese Spannungen müssen in Estrichkonstruktionen und Belagkonstruktionen (z. B. bei keramischen Plattenbelägen) durch Anordnung von **Bewegungsfugen** in schadensfreie Größenordnungen abgemindert werden. Nach ihrer jeweiligen Funktion unterscheidet man:

– **Gebäudetrennfugen** (Bauwerksfugen) sind statisch und konstruktiv erforderliche Fugen, die Bauwerke bzw. größere Baukomplexe in einzelne Bewegungsabschnitte teilen. Sie gehen durch alle tragenden und nichttragenden Teile eines Gebäudes oder Bauwerkes hindurch und müssen im Bodenbelag bzw. in der Estrichkonstruktion an der gleichen Stelle und in ausreichender Breite übernommen werden. Bei mechanischer Beanspruchung der Beläge – wie z. B. durch starkes Begehen, Befahren und Absetzen von Gütern – sind zum Schutz der Kanten spezielle, nicht rostende Metallwinkel bzw. Fugenprofile mit elastischen Zwischenteilen einzubauen (Bild **10.**26).

– **Feldbegrenzungsfugen** (Dehnungsfugen) teilen große Estrich- und Belagflächen in begrenzte Felder auf. Sie sind von der Oberfläche des Belages bis auf die Trennschicht unter Estrich oder bis auf die Abdeckung der Dämmung bzw. Abdichtung durchzuführen. Vgl. hierzu Bild **10.**44. Bei Zementestrich auf Trennschicht sollten die Feldbegrenzungsfugen in Abständen von 8 bis 12 m, bei Estrich auf Dämmschichten in Abständen von max. 8 m angeordnet werden. Die Größe der Estrichfelder darf 40 m^2 nicht überschreiten; es sollten möglichst gedrungene Felder entstehen. Nach DIN 18560 T2 sind bei der Festlegung von Fugenabständen und Estrichfeldgrößen die Art des Bindemittels, der vorgesehene Belag und die Beanspruchung, beispielsweise durch Temperatur, zu berücksichtigen. Die Festlegung der Feldbegrenzungsfugen muß immer auch unter Beachtung des jeweiligen grundrißlichen Zuschnittes (Vor- und Rücksprünge, Stützenlage usw.) sowie in Abhängigkeit zu einem möglichen Fliesen- oder Plattenraster erfolgen. Die in der Regel 5 bis 8 mm breiten Feldbegrenzungsfugen werden mit elastischen oder plasto-elastischen Fugendichtungsmassen oder mit speziellen Fugenprofilen geschlossen. Mit elastischer Fugenmasse geschlossene Fugen können in stark frequentierten Gehbereichen durch Stöckelabsätze beschädigt werden. Derartig ausgebildete Fugen sind auch nicht wasserundurchlässig. Im Bereich von Bewegungsfugen ist die Bewehrung zu unterbrechen. Bild **10.**27.

– **Randfugen** trennen die Estrichplatte und den Bodenbelag im Übergang zu allen angrenzenden bzw. durchdringenden Bauteilen und festen Einbauten. Sie vermindern die Trittschallübertragung und nehmen thermisch bedingte Längenänderungen des Fußbodens auf. Konstruktiv sind sie wie Feldbegrenzungsfugen auszubilden. Vgl. hierzu auch Abschn. 10.3.7.2, Zementestrich auf Dämmschicht. Die in der Regel mind. 5 mm breiten Randfugen (Sonderregelungen bei Gußasphaltestrich und Heizestrich sind zu beachten) werden üblicherweise mit elastischen Fugendichtungsmassen, ggf. nach entsprechender Vorfüllung, geschlossen (Bild **10.**41 c). In Türdurchgängen zwischen fremden Wohn- und Arbeitsbereichen und zu gemeinsamen Treppenhäusern sind zur Vermeidung von Längsschallübertragung immer Randfugen auszubilden. Auch bei beheizten Fußbodenkonstruktionen sind Fugen in Türdurchgängen wie Randfugen zu gestalten. Innerhalb einer Wohnung können in Türdurchgängen – ja nach Anforderung – Randfugen oder im Belag sichtbare Scheinfugen angelegt werden.

– **Anschlußfugen** können zwischen (gleichartigen oder unterschiedlichen) Belägen bzw. Bekleidungen und an angrenzenden Bauteilen sowie festen Einbauten erforderlich sein. Sie umfassen in der Regel die Dicke des Bodenbelages bis zur Verlegeoberfläche (z. B. Oberfläche Estrich). Bild **10.**28.

Wie Bild **10.**22 c verdeutlicht, ist bei keramischen Belägen die üblicherweise 5 mm breite Fuge zwischen Bodenbelag und Sockelfliese ebenfalls mit elastischer Fugendichtungsmasse zu schließen. Derartig ausgebildete Fugen sind wartungsbedürftig und nicht wasserundurchlässig.

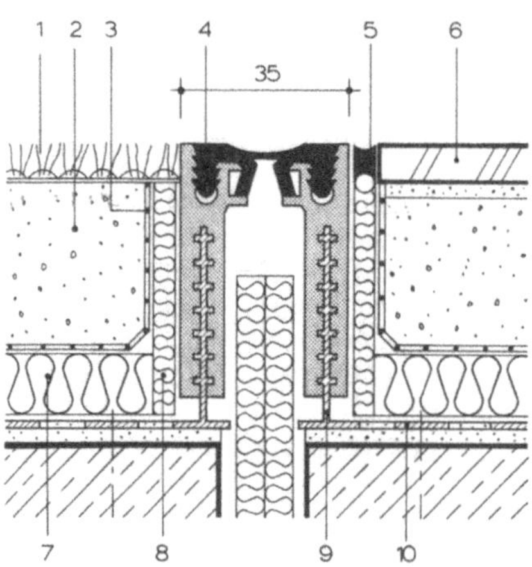

10.26
Gebäudetrennfugenprofil für Fußbodenkonstruktionen. Die endgültige, jederzeit wieder auswechselbare Profileinlage wird erst nach Fertigstellung der Bodenbeläge in das Trägerprofil eingedrückt.

1 Teppichbelag
2 Zementestrich
3 Abdeckung
4 Profileinlage (weitgehend witterungs-, temperatur-, öl-, säure-, bitumenbeständig)
5 elastische Dichtungsmasse mit Vorfüllprofil
6 keramischer Bodenbelag
7 Dämmschicht
8 Randstreifen
9 Aluminium-Trägerprofil (höhenverstellbar)
10 gelochter Befestigungswinkel

Migua, Hammerschmidt GmbH, Wülfrath

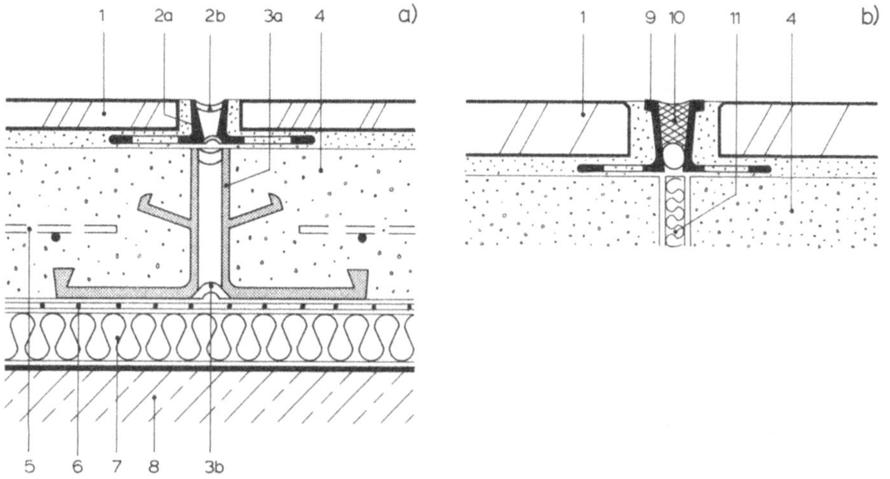

10.27 Bewegungsfugenprofile für Fußbodenkonstruktionen mit Plattenbelägen

a) Doppel-Bewegungsfugenprofil (Estrich-Fugenprofil, mit einem deckungsgleich darüber angeordneten Belag-Fugenprofil). Die seitlichen Schenkel aus Hart-PVC sind durch Bewegungszonen (Schleifen) aus Weich-PVC verbunden, die Druck-, Zug- und Scherspannungen übernehmen. Für normale mechanische Beanspruchung.

b) Belag-Bewegungsfugenprofil aus Metall für hohe mechanische Beanspruchung mit sicherem Kantenschutz (Industriebereich)

1 keramischer Bodenbelag
2a/3a Profilschenkel aus Hart-PVC
2b/3b Bewegungszone aus Weich-PVC
4 Zementestrich
5 Bewehrung (Betonstahlmatte)
6 Abdeckung
7 Dämmschicht
8 tragender Untergrund
9 schräg abgewinkelte Metallschiene
10 elastische Fugenmasse mit Vorfüllprofil
11 Estrichfuge (Feldbegrenzungsfuge)

Schlüter-Schiene GmbH, Iserlohn

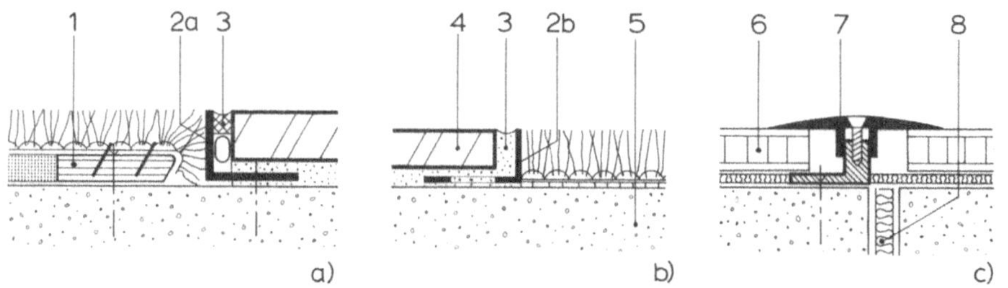

10.28 Anschlußfugen zwischen gleichartigen und unterschiedlichen Bodenbelägen

a) Anschluß zwischen im Mittelbett verlegtem Keramikbelag und verspanntem Teppichboden. Vgl. hierzu auch Bild **10**.63.

b) Anschluß zwischen im Dünnbett verlegtem Keramikbelag und verklebtem Teppichboden

c) Anschluß zwischen zwei Fertigparkett-Elementen durch höhenverstellbares Übergangsprofil

1 verspannter Teppichbelag mit Nagelleiste und Filzunterlage
2a Metallwinkel (festgeschraubt)
2b Metallwinkel (in Kleber eingedrückt)
3 Anschlußfuge mit Dichtmasse oder Fugenmörtel
4 Keramischer Bodenbelag
5 Zementestrich
6 schwimmend verlegtes Fertigparkett
7 höhenverstellbares Übergangsprofil
8 Estrichfuge (Feldbegrenzungsfuge)

– **Scheinfugen** (angeschnittene Fugen) sind keine Bewegungsfugen, sondern Sollbruchstellen. Sie können im Zementestrich zur zusätzlichen Unterteilung in den durch Bewegungsfugen aufgeteilten Feldern angeordnet werden. Scheinfugen sollen die während der Erhärtungsphase bei Zementestrich einmalig auftretende, baustoffbedingte Schwindung aufnehmen, größenordnungsmäßig begrenzen und somit die Bildung unkontrollierter Risse verhindern. Die Fugen werden bis zur Hälfte der Estrichdicke in den frisch verlegten Estrichmörtel eingeschnitten (Kellenschnitt). Sie bleiben offen und werden frühestens 28 Tage nach Herstellung des Estrichs kraftschlüssig mit Kunstharz geschlossen. Diese Fugen sind bei der Herstellung der Bodenbeläge nicht zu berücksichtigen!

Bewegungsfugen sind von der Bauplanung festzulegen und bei der Ausschreibung von Bauleistungen zu berücksichtigen. Bei Bedarf ist ein Fugenplan zu erstellen, aus dem Art und Anordnung der Fugen zu entnehmen sind. Die Anwendung von Bewegungsfugen ist auf den notwendigen Umfang zu beschränken. Weitere Angaben zur Fugenausbildung s. Abschn. 10.3.7.1, Estricharten, Abschn. 10.3.7.2, Estrichkonstruktionen sowie DIN 18560 T2. Auf das vom Fachverband des Deutschen Fliesengewerbes herausgegebene Merkblatt [18] wird verwiesen.

10.3.7.4 Fertigteilestriche aus Plattenelementen

Die Forderung nach immer kürzeren Bauabwicklungszeiten hat auch auf dem Gebiet des Unterbodenbaues zu neuartigen Baumethoden mit zweckmäßigen Verbundwerkstoffen geführt. Ein Fertigteilestrich besteht aus vorgefertigten, kraftschlüssig miteinander verbundenen Platten, die trocken und witterungsunabhängig in einem Arbeitsgang eingebaut und unmittelbar mit einem Belag versehen werden können. Auf Grund der geringen Konstruktionshöhe, des niedrigen Flächengewichtes und des trockenen Einbaues werden sie nicht nur in Neubauten, sondern vor allem bei der Fußbodensanierung in Altbauten eingesetzt. Nachteilig wirkt sich ihre Empfindlichkeit gegen jede Art von Feuchtigkeit aus. Vorzugsweise verwendet werden Holzspanplatten sowie Gipskarton- bzw. Gipsfaserplatten.

Fertigteilestrich aus Holzspanplatten

Holzspanplatten für das Bauwesen sind in DIN 68763 genormt. Für Trockenunterböden werden allgemein Flachpreßplatten des Plattentyps **V100** verwendet. In Sonderfällen, wie beispielsweise über nicht ausreichend belüfteten Holzbalkendecken in Bädern, sind V100 **G** Platten mit Vollpilzschutz einzusetzen. Die einbaufertigen Verlegeplatten weisen ein ringsumlaufendes Randprofil aus Nut und Feder auf. Dieses paßgenaue Profil ergibt zusammen mit der Verleimung die notwendige Stabilität und zugleich oberflächenbündige Plattenstöße. Gängige Plattenabmessungen sind 2050 × 925 mm, übliche Dicken für Bodenplatten 10 – 13 – 16 – 19 – 22 – 25 – 28 – 38 mm.

Holzspanplatten werden je nach Plattentyp mit verschiedenartigen Kunstharzen verleimt. Ein Teil dieser Kunstharze enthält **Formaldehyd**, der zumeist fest eingebunden ist, teilweise aber auch noch jahrelang entweicht. Da Formaldehyd im Verdacht steht, Krebs zu erregen, wurde für Wohn- und Aufenthaltsräume ein oberer Grenzwert von 0,1 ppm für alle in einem Aufenthaltsraum vorhandenen Formaldeyhd-Emissionen festgelegt.

– Spanplatten im Bauwesen werden nach einer ETB-Richtlinie in drei Emissionsklassen eingeteilt: E1, E2 und E3. Nach DIN 68763 müssen Bauspanplatten der Emissionsklasse E1 entsprechen. Damit sind im Bauwesen/Innenausbau nur noch Spanplatten dieser Emissionsklasse bauaufsichtlich zugelassen. Sie dürfen als Rohspanplatte ohne weitere Oberflächenbehandlung eingebaut werden.

– Für den Bereich Möbelbau gilt die vorgenannte Richtlinie nicht. Für diese Gruppe ist die sog. Gefahrstoffverordnung maßgebend. Darin ist vorgeschrieben, daß generell nur noch solche Holzwerkstoffe in den Verkehr gebracht werden dürfen, die in einem festgelegten Prüfraum eine Formaldehyd-Emission von $\leqq$ 0,1 ppm aufweisen.

– Formaldehydfreie Spanplatten gibt es bereits seit einigen Jahren auf dem Markt. Dazu zählen die mit Isocyanaten oder modifizierten Phenolharzen verleimten Platten sowie die zementgebundenen Spanplatten. Sie sind in der Regel jedoch teurer als die üblichen Spanplatten. In Anbetracht der gesundheitlichen Risiken sollten vor allem im Innenausbau – unabhängig von den gesetzlich zugelassenen Grenzwerten – nur noch **formaldehydfreie Spanplatten** eingesetzt werden.

Unterböden aus Holzspanplatten sind in DIN 68771 genormt. Die zu wählende Verlegeart richtet sich nach der zur Verfügung stehenden Konstruktionshöhe, den Forderungen hinsichtlich des Schall- und Wärmeschutzes, den zu erfüllenden Baubestimmungen und bei der Altbodenerneuerung nach dem Zustand des Altbodens. Man unterscheidet:

— Vollflächig schwimmende Verlegung auf Dämmplatten und/oder Trockenschüttung,
— Verlegung auf Lagerhölzern über Massivdecken oder Deckenbalken,
— Verlegung auf vorhandenem Altboden.

Nicht empfohlen wird die Verlegung von Fertigteilestrichen aus Holzspanplatten in Räumen ohne ausreichenden Schutz gegen aufsteigende Feuchtigkeit bzw. Diffusionsfeuchte und bei unzureichender Wärmedämmung. Ungeeignet sind Holzwerkstoffplatten in aller Regel auch für lastverteilende Schichten über Fußbodenheizungen. Die Verlegung von keramischen Bodenbelägen auf Unterböden aus Holzspanplatten ist immer mit einem Risiko verbunden. Einzelheiten hierzu s. Abschn. 10.4.3.5.

Allgemeine Verlegehinweise. Der tragende Untergrund muß ausreichend fest, trokken und planeben sein. Die zu beachtenden Ebenheitstoleranzen sind in Tab. **10**.2. aufgezeigt. Geringfügige Unebenheiten können mit Spachtelmassen, größere Höhendifferenzen mit Verbundestrichen, Dämmplatten und/oder Trockenschüttungen ausgeglichen werden.

Dem Feuchtigkeitsschutz ist besondere Aufmerksamkeit zu schenken. Es darf keine Durchfeuchtung der Verlegeplatten aus zusätzlich eingebrachten Materialien oder aus dem Untergrund erfolgen. Auch sind die Platten vor Feuchtigkeitseinwirkungen aus der Nutzung (z. B. Reinigungs- oder Planschwasser) oder Tauwasserbildung innerhalb der Fußbodenkonstruktion zu schützen.

Auf **Massivdecken** muß daher immer eine 0,2 mm dicke Polyethylenfolie aufgelegt werden. Die Stöße sind zu verkleben, zu verschweißen oder mind. 30 cm zu überlappen. An den Wänden und sonstigen Bauteilen ist die Folie bis zur Oberkante des fertigen Bodens hochzuziehen, so daß auch die Plattenränder geschützt sind.

Im Gegensatz dazu dürfen über **Holzbalkendecken** oder über alten Holzböden keine dampfbremsenden Schichten – wie beispielsweise PE-Folien – verlegt werden, da es infolge von Diffusion zu einer Feuchteanreicherung kommen könnte, die im Laufe der Zeit das darunterliegende Holzwerk zerstören würde. Diesen Umstand gilt es auch bei dampfdichten Fußbodenbelägen (z. B. PVC-Bahnenware) zu beachten. Falls ungünstige Luftfeuchtigkeitsverhältnisse in einem darunterliegenden Raum herrschen, ist die Holzbalkendecke auf ihrer Unterseite vor eindiffundierender Feuchtigkeit zu schützen (z. B. durch dampfdichten Anstrich auf einer Gipskartonplattendecke oder durch den Einbau einer dampfbremsenden Folie oberhalb der Deckenbekleidung).

Bei allen Verlegearten ist ein Wandabstand von mind. 15 mm einzuhalten. Dieser Abstand dient als Bewegungsfuge und ermöglicht eine Belüftung der Plattenunterseite. Die eingestellten mineralischen Randstreifen sind so porös, daß sie die Diffusionsvorgänge nicht behindern. Dicht angeklebte Kunststoffprofile sind als Sockelleisten ungeeignet. Weitere Einzelheiten sind der Spezialliteratur [19], [20] zu entnehmen.

Eine **Trockenschüttung** gleicht nicht nur die Unebenheiten des tragenden Untergrundes aus, sie verbessert auch die Schall- und Wärmedämmung einer Decke (Wärmeleitfähigkeit 0,060 W/mK). Die schüttbare Dämmstoffkörnung wird aus einem bei Temperaturen von mehr als 1000 °C expandiertem vulkanischen Perlitgestein hergestellt. Das so gewonnene Basisprodukt wird anschließend mit Bitumen umhüllt, so daß die Staubteile gebunden, der Kapillareffekt weitgehend aufgehoben und das Schüttmaterial nicht mehr wassersaugend ist. Außerdem verbindet sich die bitumisierte Dämmstoffkörnung (z. B. Bituperl) unter leichtem Flächendruck zu einer homogenen, stabilen Dämmschicht (bis 15 kN/m² belastbar). Bei einer Einbaudicke ab 60 mm muß mechanisch verdichtet werden. Für die Verdichtung ist eine Überhöhung von 10% zu berücksichtigen. Rohrleitungen können in das Schüttgut eingebettet werden, ihre Mindestüberdeckung muß 10 mm betragen. Auf die planeben abgezogene Schüttung werden Holzfaserdämmplatten oder Fasoperl-Platten aufgelegt, um das Schüttgut begehen und verdichten zu können. Sie bilden gleichzeitig die Basis für den weiteren Fußbodenaufbau. Weitere Einzelheiten s. [21].

Vollflächig schwimmende Verlegung auf Dämmplatten und/oder Trockenschüttung

Unter vollflächig schwimmender Verlegung versteht man das lose Auflegen fugenverleimter Verlegeplatten (Normtyp V100) auf weichfedernder Unterlage, ohne feste Verbindung mit dem tragenden Untergrund, den aufgehenden Bauteilen oder sonstigen Deckendurchdringungen (Bild **10.29**). Nach dem Verlegen der PE-Folie, der Randstreifen und der Dämmplattenschicht werden darüber die mit Nut- und Federprofil versehenen Spanplatten im Verband angeordnet und zu einer kompakten Unterbodenscheibe verleimt. Der erforderliche Preßdruck wird durch Verkeilen in der Randzone, zwischen Platten und Wänden, erzeugt. Nach dem Abbinden des Leimes sind die Keile wieder zu entfernen. Vom Handel werden auch verlegefertige Verbundelemente – in Form von Spanplatten mit unterseitig aufgeklebten Dämmplatten – angeboten. Die Mindestdicke der Verlegeplatten (ohne Dämmschicht) beträgt bei normaler Belastung 19 mm.

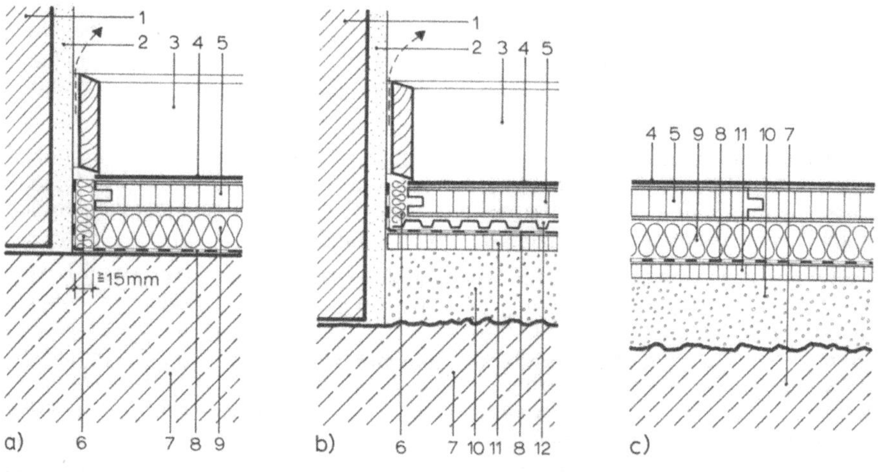

10.29 Konstruktionsbeispiele: Fertigteilestrich aus Holzspanplatten vollflächig schwimmend verlegt
a) schwimmende Verlegung auf Wärme-/Trittschalldämmplatten (Regelausführung auf Massivdecke)
b) schwimmende Verlegung auf Trockenschüttung über unebener Rohdecke (ohne Dämmschicht)
c) schwimmende Verlegung auf Trockenschüttung und Wärme-/Trittschalldämmplatten

1 Mauerwerk
2 Wandputz
3 Holzsockelleiste mit Lüftungsschlitzen
4 Bodenbelag
5 Holzspanplatte – Normtyp V 100
6 mineralischer Randstreifen, mind. 15 mm dick
7 Massivdecke (eben – uneben)
8 PE-Folie, mind. 0,2 mm dick
9 Dämmschicht (Wärme-/Trittschalldämmung mit Mineralfaser- oder Hartschaumdämmplatten)
10 Trockenschüttung (z. B. Bituperl)
11 Abdeckplatten (z. B. 8 mm dicke Holzfaser- oder Fasoperl-Platten)
12 bituminierte Rippenpappe

Verlegung auf Lagerhölzern über Massivdecken oder Deckenbalken

Der Achsabstand der Lagerhölzer richtet sich nach der Art und Größe der Verlegeplatten, der zu erwartenden Belastung, der Plattendicke, der zulässigen Durchbiegung sowie dem gewählten statischen System. Dabei unterscheidet man

- Einfeldplatten, nur auf 2 Lagerhölzern aufliegend,
- Mehrfeldplatten, auf mind. 3 Lagerhölzern aufliegend.

Die jeweils zulässigen maximalen Stützweiten von Mitte bis Mitte Kantholzauflager sind DIN 68771, Tab. 1 zu entnehmen. Danach beträgt zum Beispiel der Achsabstand der Lagerhölzer bei Mehrfeldplatten und einer angenommenen Verkehrslast im Wohnbereich von 2 kN/m^2

- bei 19 mm Plattendicke = 62 cm,
- bei 22 mm Plattendicke = 68 cm,
- bei 25 mm Plattendicke = 78 cm.

Wie Bild **10.**30a verdeutlicht, wird auf die planebene Massivdecke, wie zuvor beschrieben, eine PE-Folie vollflächig ausgelegt und an den aufgehenden Bauteilen hochgezogen. Nach Beiblatt 1 zu DIN 4109, Tab. 17 sind die Lagerhölzer zur Verbesserung des Trittschallschutzes in ihrer ganzen Länge vollflächig auf mind. 100 mm breite, in eingebautem Zustand mind. 10 mm dicke, lose aufgelegte mineralische Dämmstreifenunterlagen zu legen. Die Zwischenräume zwischen den Lagerhölzern können zur Hohlraumdämpfung mit Mineralwolle ausgefüllt werden. Die mit Nut- und Federprofil versehenen Verlegeplatten werden quer zu den Auflagern im Verband verlegt (Kreuzfugen vermeiden, Plattenstöße immer auf Lager-

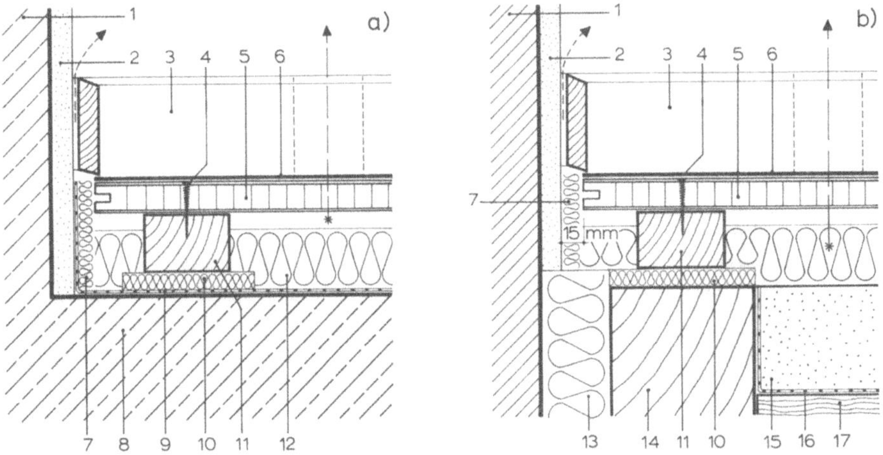

10.30 Konstruktionsbeispiele: Fertigteilestrich aus Holzspanplatten auf Lagerhölzern schwimmend verlegt

a) Verlegung auf Lagerhölzern über einer Massivdecke
b) Verlegung auf Lagerhölzern über einer Holzbalkendecke

1 Mauerwerk
2 Wandputz
3 Holzsockelleiste mit Lüftungsschlitzen
4 Holzschraube, versenkt
5 Holzspanplatte – Normtyp V 100
6 Bodenbelag
7 mineralischer Randstreifen, mind. 15 mm dick
8 Massivdecke, planeben
9 PE-Folie, mind. 0,2 mm dick
10 Mineralfaser-Trittschalldämmplatten
11 Lagerhölzer (z. B. 40 × 60 mm)
12 Mineralwolle zur Hohlraumdämpfung
13 Mineralwolle zwischen Wand und Streichbalken
14 Holzdeckenbalken
15 schwere Füllung
16 Bitumenpappe, dampfdurchlässig
17 Einschub (auch Stakung genannt)

hölzern anordnen), in den Fälzen verleimt und in Abständen von etwa 30 cm mit den Lagerhölzern verschraubt.

Dabei dürfen keinesfalls die Lagerhölzer durch den Dämmstoff hindurch mit dem Deckenbalken verschraubt werden (Schallbrücken!) Bild **10.**30b. Die Schraubenköpfe sind zu versenken und die Löcher zu verspachteln.

Verlegung auf vorhandenem Holzdielenboden (Altboden)

Im Zuge der Altbausanierung werden häufig Fertigteilestriche aus Holzspanplatten auf unebene, ausgetretene Holzdielenböden und auf Holzbalkendecken, die sich ungleichmäßig gesenkt haben, aufgebracht. Vor dem Verlegen neuer Schichten auf Altböden ist immer zu prüfen

- wie die statischen und verlegetechnischen Gegebenheiten (z. B. Tragfähigkeit der Deckenbalken, Zustand der alten Holzdielen) einzuschätzen und ggf. zu verbessern sind,
- wie sich die Feuchtigkeitsverhältnisse (z. B. Bodenfeuchtigkeit, Wasserdampfdiffusion) unter den Altböden darstellen, evtl. vorhandene Unzulänglichkeiten beheben lassen und wie sich durch die Auflage weiterer, beispielsweise dampfdichter Bodenbeläge, die bauphysikalischen Vorgänge insgesamt zukünftig entwickeln werden,
- wie der vorhandene Schall- und Wärmeschutz zu bewerten und im Hinblick auf die gestiegenen Anforderungen verbessert werden kann.

Zunächst ist zu klären, wie sich die oben erwähnten Feuchtigkeitsverhältnisse tatsächlich darstellen. Handelt es sich beispielsweise um Räume, die nicht unterkellert sind, so muß bei Altbauten in der Regel mit aufsteigender Feuchtigkeit aus dem Erdreich, Kellergewölbe, ungenügend belüftetem

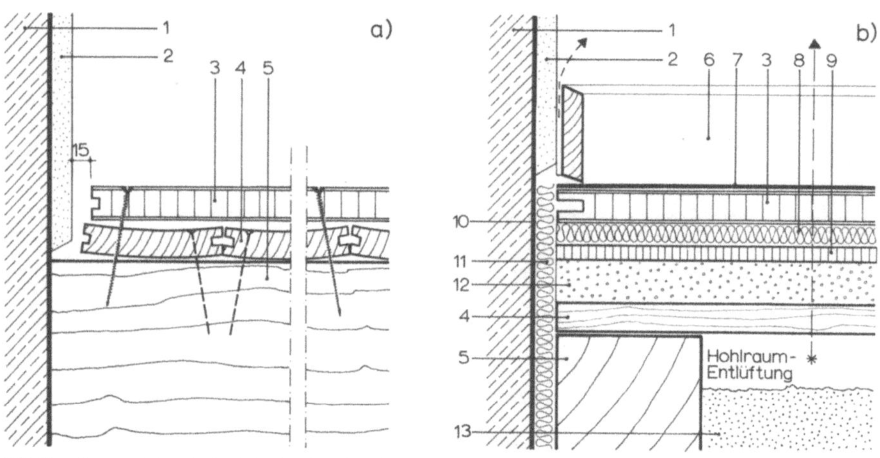

10.31 Konstruktionsbeispiele: Fertigteilestrich aus Holzspanplatten auf vorhandenem Altboden verlegt

a) Holzspanplatte über altem Holzdielenboden (ohne Verbesserung des Wärme- und Schallschutzes)

b) schwimmende Verlegung auf Trockenschüttung und Trittschalldämmplatten

1 Wand
2 Wandputz
3 Holzspanplatte – Normtyp V 100
4 alter unebener Holzdielenboden
5 Holzdeckenbalken
6 Holzsockelleiste mit Lüftungsschlitzen
7 Bodenbelag
8 Mineralfaser-Trittschalldämmplatten
9 Abdeckplatten (z. B. 8 mm Holzfaserplatten)
10 mineralischer Randstreifen, mind. 15 mm dick
11 Mineralwolle zwischen Wand und Streichbalken
12 Höhenausgleich durch Trockenschüttung
13 schwere Füllung

Kriechkeller o. ä. gerechnet werden. Auch bei Geschoßdecken ist über Stallungen, Waschküchen, Heizkellern o. ä. mit aufsteigender Luftfeuchtigkeit bzw. Dampfdiffusion zu rechnen, sofern die Deckenunterseite nicht entsprechend abgedichtet ist.

Werden nun derart gefährdete Holzböden mit neuen Unterbodenschichten und Bodenbelägen belegt (z. B. dampfbremsende PE-Folien, dampfdichte Klebestoffe und PVC-Beläge), so kann die Feuchtigkeit nicht mehr wie vorher durch die Dielenfugen, Randzonen o. ä. nach oben entweichen, sondern verbleibt im Deckenhohlraum und bringt Holzbalken und Dielenboden langsam zum Faulen. Alte Holzböden dürfen deshalb nur dann mit neuen (dampfdichten) Bodenbelägen versehen werden, wenn gewährleistet ist, daß die Räume entweder unterkellert und/oder die Decken gegen aufsteigende Feuchtigkeit oder Dampfdiffusion sorgfältig abgedichtet sind und eine funktionsfähige Luftzirkulation unter den alten Holzdielen mit der Raumluft (Hohlraumentlüftung) gegeben ist.

Will man über einem alten Dielenboden lediglich eine neue biegesteife Estrichschicht einbringen – ohne Verbesserung des vorgegebenen Schall- und Wärmeschutzes – so müssen der Zustand der Deckenbalken und die Qualität der Deckenfüllung überprüft, schadhafte Dielen ausgewechselt bzw. lose fest verschraubt werden. Darauf können unmittelbar die profilierten Verlegeplatten, im Regelfall 13 mm dick, aufgeschraubt werden (Bild **10**.31 a). Auch sie sind unter Einhaltung des Wandabstandes von mind. 15 mm und mit versetzten Stößen zu verlegen. Bei erhöhten Anforderungen an den Schall- und Wärmeschutz und zum Höhenausgleich stark ausgetretener Dielenböden wird – wie zuvor beschrieben – eine vollflächig schwimmende Verlegung auf Trockenschüttung und Trittschalldämmplatten erforderlich (Bild **10**.31 b).

Fertigteilestrich aus Gipskarton- oder Gipsfaserplatten

Fertigteilestrich aus Gipskarton- bzw. Gipsfaserplatten besteht ebenfalls aus vorgefertigten, kraftschlüssig miteinander verbundenen Platten, die trocken und witterungsunabhängig in einem Arbeitsgang eingebaut und unmittelbar mit einem Belag versehen werden können.

Für derartige Unterböden eignen sich Gipskartonplatten (GK) gemäß DIN 18180 sowie Gipsfaserplatten (GF), die durch die Zugabe von Zellulosefasern eine noch höhere Festigkeit und mechanische Belastbarkeit aufweisen. Die einzelnen Verlegeelemente bestehen aus drei miteinander verklebten, jeweils 8 mm dicken Gipskartonplatten (Gesamtdicke 25 mm), deren Rand mit Nut und Feder oder mit Stufenfalz versehen sind (Bild **10**.32 b und c). Auf der Elementunterseite kann noch zusätzlich eine 20 bis 30 mm dicke Dämmschicht aufgeklebt sein, so daß Verbundplatten in einer Gesamtdicke von 45 bis 55 mm entstehen.

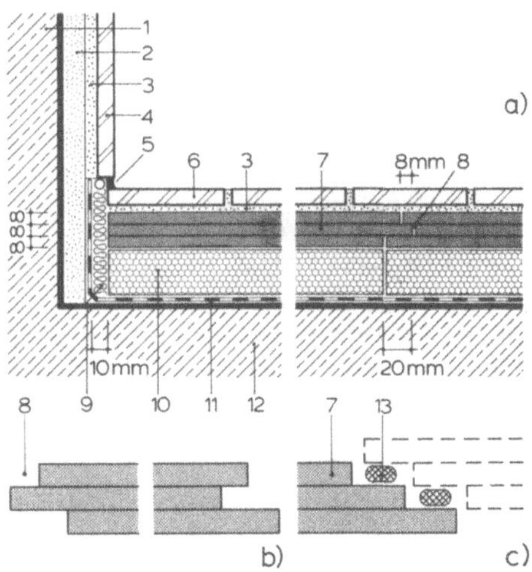

10.32
Konstruktionsbeispiel: Fertigteilestrich aus Gipskarton-Verbundelementen

a) Verbundelemente für Schall- und Wärmedämmung (Regelausführung auf Massivdecke)
b) GK-Verlegeplatte mit Nut- und Federprofil
c) GK-Verlegeplatte mit Stufenfalzprofil

1 Wand
2 Wandputz
3 Fliesenkleber
4 Sockelfliese
5 elastische Dichtungsmasse
6 Bodenfliese
7 Fertigteilestrich aus 3 miteinander verklebten GK-Platten, jeweils 8 mm dick
8 Nut- und Feder-Randprofil
9 mineralischer Randstreifen, mind. 10 mm dick
10 Polystyrol-Hartschaumplatte 20 bis 30 mm
11 Feuchtigkeitsschutz (z. B. PE-Folie, 0,2 mm)
12 planebene Massivdecke
13 Kleber

Gebr. Knauf, Westdeutsche Gipswerke, Iphofen

Für die Verlegung von GK- oder GF-Unterbodenelementen gelten ähnliche Bedingungen wie sie zuvor beim Fertigteilestrich aus Holzspanplatten in den **allgemeinen Verlegehinweisen** erläutert wurden. Insbesondere dem Feuchtigkeitsschutz über Massiv- und Holzbalkendecken ist große Aufmerksamkeit zu schenken. Da Gipsplatten im Gegensatz zu Holzspanplatten keine wesentlichen Zugspannungen aufnehmen können, dürfen sie auch nur vollflächig schwimmend auf planebenem Untergrund verlegt werden (Bild **10.**32a). Sie eignen sich auch vorzüglich als Trockenestrich über Fußbodenheizungen. Die Abmessungen der Verlegeeinheiten sind nicht genormt. Gängige Plattengrößen sind 600 × 2000 mm sowie 500 × 1500 mm.

Zur Staubbindung und sicheren Haftung der nachfolgenden Beläge ist die Verlegeoberfläche immer zu grundieren; darauf können Holzparkett und Fertigparkett direkt aufgeklebt werden. Vor dem Verlegen von PVC oder ähnlich dünnen Belägen ist eine vollflächige Spachtelung notwendig. Bei elastischen Bodenbelägen sind die Nähte zu verschweißen. Die von den Herstellerwerken herausgegebenen Verlegerichtlinien [22] sind in jedem Fall zu beachten.

10.3.8 Fußbodenheizungen, Heizestriche und Bodenbeläge

Die Fußbodenheizung bietet bei richtiger Anwendung eine thermische Behaglichkeit, wie sie von keiner anderen Heizungsart erreicht wird. Sie ist umso höher, je einheitlicher die Temperaturen aller Raumumschließungsflächen sind und je gleichmäßiger die Temperaturverteilung im Raum ist. Im Vergleich zu konventionellen Heizungssystemen zeichnen sich Fußbodenheizungen vor allem aus durch eine relativ niedrige Oberflächentemperatur, gleichmäßige Wärmeabgabe, hohen Strahlungsanteil, kaum spürbare Luftbewegung und somit auch geringe Staubverwirbelung. Derartige Niedertemperaturheizungen erlauben auch den Einsatz von Wärmepumpen; außerdem werden keine Montageflächen für Heizkörper o. ä. benötigt. Als nachteilig sind die höheren Anlagekosten im Vergleich zu Radiatorheizungen, die in der Regel größere Trägheit des Heizsystems (ungünstige Regelbarkeit) sowie die notwendigerweise aufwendigeren Reparaturmaßnahmen anzusehen.

Fußbodenheizungen werden entweder als Vollheizung für ein ganzes Gebäude oder nur als Zusatzheizung für einzelne Räume eingesetzt. Ihre wirtschaftlichste Verwendung wird als Vollheizung erzielt. Voraussetzung ist jedoch, daß die Wärmedämmung des zu beheizenden Gebäudes insgesamt den Anforderungen der DIN 4108 sowie der jeweils gültigen Wärmeschutzverordnung entspricht. Nach dieser Verordnung darf bei Flächenheizungen der Wärmedurchgangskoeffizient der Bauteilschichten zwischen der Heizfläche und der Außenluft, dem Erdreich oder Gebäudeteilen mit wesentlich niedrigeren Innentemperaturen den Wert 0,45 m^2 K/W nicht überschreiten. Die Ermittlung des notwendigen Wärmebedarfes von Gebäuden erfolgt nach den in DIN 4701 aufgestellten Regeln. Er ist Grundlage für die Bemessung der Heizflächen einer Heizanlage.

Die zulässige Oberflächentemperatur beheizter Fußböden soll in ständig genutzten Wohn- und Arbeitsbereichen (Verweilflächen) maximal 26 bis 28 °C, in Badezimmern und Schwimmhallen etwa 32 °C und in wenig begangenen Randzonen an Fensterflächen o. ä. bis 35 °C betragen. Großflächige Verglasungen müssen im allgemeinen noch zusätzlich gegen Kaltluftabfall bzw. Kälteabstrahlung abgeschirmt und eine etwaige Differenz zum tatsächlichen Wärmebedarf eines Raumes durch eine zusätzliche Ausgleichsheizung (z. B. intensive Randzonenbeheizung, Unterflurkonvektoren) gedeckt werden. Die Notwendigkeit, unterschiedlichen Heizsystemen getrennte Regelkreise zuzuweisen, bedingt jedoch erhöhte Investitionskosten.

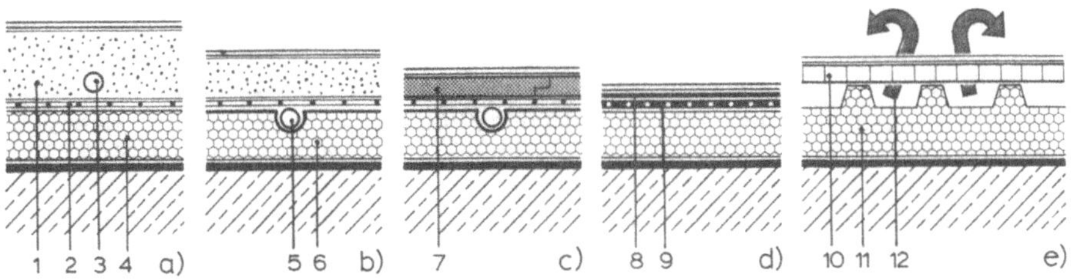

10.33 Schematische Darstellung beheizter Fußbodenkonstruktionen (Überblick)
a) Heizrohr in Mörtelestrich (Naßverlegung)
b) Heizrohr in Dämmplatte mit Mörtelestrich
c) Heizrohr in Dämmplatte mit Fertigteilestrich
d) Heizflächenelement mit Stahlblechtafeln
e) Luftbodenheizung mit Fertigteilestrich (Hypokaustenheizung)

1 Heizestrich
2 Abdeckung
3 Heizrohr eingebettet
4 Dämmschicht
5 Heizrohr eingelegt
6 profilierte Dämmschicht
7 Fertigteilestrich
8 Stahlblechtafeln
9 Heizflächenelement
10 Fertigteilestrich
11 Dämmplatten (Kegeldistanzplatten)
12 Warmluft

Fußbodenheizsysteme werden nach der Art ihrer Heizelemente in zwei Hauptgruppen eingeteilt:

1. **Warmwasser-Fußbodenheizung** (DIN 4725). Bei diesem System zirkuliert Warmwasser im Zwangsumlauf durch
— Rohrschlangen oder
— dünne Flächenheizelemente (Hohlprofile).

2. **Elektro-Fußbodenheizung** (DIN 44576). Bei dieser Gruppe erfolgt die Beheizung durch in den Fußboden eingelegte und an das Stromnetz angeschlossene Heizleitungen.

Die Art der Wärmeabgabe ist ein weiteres Unterscheidungsmerkmal von Fußbodenheizungen.

Die **Direktheizung** (vorwiegend Warmwasserfußbodenheizung) gibt die Wärme mit möglichst geringer zeitlicher Verzögerung über die Fußbodenoberfläche an den zu beheizenden Raum ab. Dies wird vor allem durch eine möglichst oberflächennahe Verlegung der Heizrohre erreicht. Die derart gering gehaltene Speicherwirkung des Fußbodens ergibt ein insgesamt günstiges Regelverhalten der Anlage. Bei der Direktheizung sollte auch der Fußbodenbelag die Wärme möglichst ungehindert durchlassen, d. h. einen möglichst niedrigen Wärmedurchlaßwiderstand (WDW) aufweisen, so wie dies vor allem bei Naturwerkstein-, Betonwerkstein- und Keramikbelägen der Fall ist. S. hierzu auch Abschn. 14.5.3.

Im Gegensatz dazu wird bei der **Speicherheizung** (vorwiegend Elektrofußbodenheizung) die Wärme mit einer gewollten zeitlichen Verzögerung an den zu beheizenden Raum abgegeben, da die Heizenergie nur für eine begrenzte Zeit zur Verfügung steht. Die Aufladung der Elektro-Fußbodenspeicherheizung findet während der Nachtstunden mit Niedertarifstrom statt. Zusätzlich dazu muß am Tage noch mindestens zwei Stunden nachgeheizt werden können. Vor der Einplanung einer Elektrofußbodenheizung ist in jedem Fall rechtzeitig die Zustimmung des jeweils zuständigen EVU einzuholen. Infolge der hohen Auslastung ist eine Genehmigung keinesfalls selbstverständlich [23].

Der Fußbodenbelag ist bei dieser Bauart ein wichtiger, konstruktiver Teil des Heizsystems. Zusammen mit der Speicherfähigkeit des Estriches muß er gewährleisten, daß der betreffende Raum während des Heizvorganges nicht überheizt und die Wärme während des ganzen Tages möglichst gleichmäßig abgegeben wird. Der Bodenbelag dient bei diesem System somit als erwünschte Wärmebremse, der auf Grund seines höheren Wärmedurchlaßwiderstandes (WDW) eine Verzögerung der Wärmeabgabe bewirkt. Diese Forderung erfüllen vor allem textile Fußbodenbeläge und Holzparkettfußböden. Der WDW des Belages sollte deshalb nicht unter 0,12 m^2 K/W liegen, aber auch 0,17 m^2 K/W nicht überschreiten. Ein zu hoher WDW beim Bodenbelag bewirkt einen höheren Fußbodenaufbau, da dem zunehmenden Wärmeverlust durch den Fußboden nach unten immer mit einer dickeren Wärmedämmschicht entgegengewirkt werden muß. Einzelheiten hierzu s. [24]. Hinsichtlich der Anordnung der Heizelemente innerhalb eines beheizten Fußbodens haben sich im wesentlichen zwei grundsätzlich unterschiedliche Konstruktionsprinzipien herausgebildet:

a) Bei der **Naßverlegung** (Bild **10**.34 und **10**.35) sind die Heizrohre bzw. Heizleitungen direkt und allseitig umschlossen in den Estrich eingebettet, wodurch eine sehr

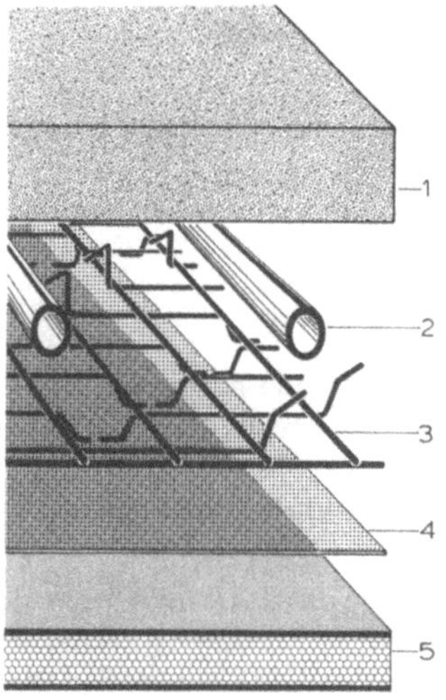

10.34 Schematischer Aufbau einer Warmwasser-Fußbodenheizung in Naßverlegung mit Mörtelestrich

1 Zementestrich
2 Kunststoffrohr
3 Bewehrungs- und zugleich Montage-Stahlmatte für die Heizrohre mit 10 mm hohen Standbügeln
4 Abdeckung (PE-Folie)
5 Dämmplatte, beidseitig mit Aluminium beschichtet

Wirsbo, Heusenstamm

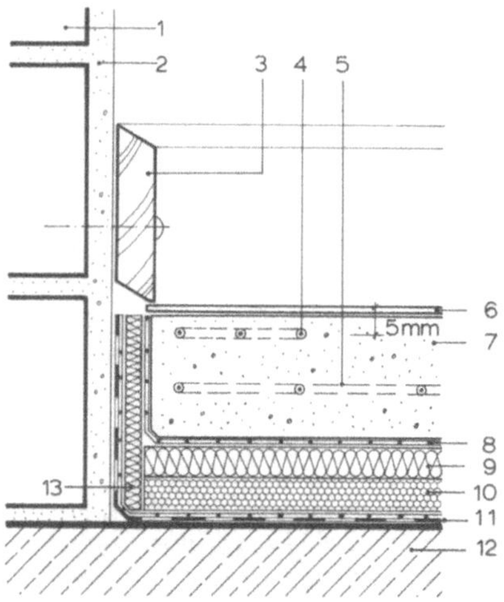

10.35 Konstruktionsbeispiel einer elektrischen Fußbodenheizung als Speicherheizung mit oberflächennaher Ergänzungsheizung

1 Mauerwerk
2 Wandputz
3 Holzsockelleiste
4 Ergänzungsheizung in der Randzone
5 Speicherheizung (Heizmatte)
6 Bodenbelag
7 Zementestrich, 80 mm dick
8 Abdeckung
9 Mineralfaserplatten, 20 mm dick
10 Hartschaumplatten, 20 mm dick
11 Feuchtigkeitsschutz (falls erforderlich)
12 tragender Untergrund
13 Randstreifen, 10 mm dick

Calorway, Heiz-System GmbH, Starnberg

gute Wärmeübertragung gewährleistet ist. Auf Grund spezieller Befestigungsvorrichtungen ist der Rohrverlauf beliebig wählbar und somit an bauliche Vorgaben anpassungsfähig. Naßeinbettungssysteme sind technisch meist einfacher konzipiert und dadurch auch etwas billiger bei der Herstellung als die anderen Systeme. Die Gefahr der Beschädigung der Heizrohre beim Einbringen des Estriches, die relativ große Estrichdicke, die dadurch bedingten langen Trockenzeiten bei Mörtelestrichen sowie die konstruktionsbedingte Trägheit des Systems werden als Nachteile angesehen. Der Einbau empfiehlt sich vor allem in Neubauten [25].

b) Bei der **Trockenverlegung** (Bild **10**.36 und **10**.37) sind die Heizelemente von der Estrichschicht vollkommen getrennt. Die Rohre werden in profilierte, gleichzeitig der Wärmedämmung nach unten dienenden Formplatten aus Dämmstoff eingelegt und mit mehrlagiger Folie abgedeckt (Trenn- und Gleitschicht, ggf. auch Abdichtungsebene). Um eine gleichmäßigere Wärmeableitung zu erzielen, sind die Rohre bei manchen Systemen in Profilbleche eingelegt und oberseitig mit großflächigen Wärmeleitblechen abgedeckt. Auf die Trennschicht kann wahlweise ein Mörtelestrich oder ein Fertigteilestrich, beispielsweise aus Gipsfaserplatten (= vollkommen trockene Verlegung), aufgebracht werden. Die Vorteile dieser Trockenbausysteme sind in der relativ geringen Einbauhöhe und Deckenbelastung (Altbaumodernisierung), trockenen Verlegung (zügige Bauabwicklung) und unproblematischen Estrichverlegung (keine Beschädigung der Heizrohre) zu sehen. Nachteilig wirken sich die schlechtere Wärmeübertragung zwischen Rohr und Estrich (= Luftspalte) und die dadurch bedingte 3 bis 4 Grad höhere Heizwassertemperatur aus. Die Einbaukosten von Trockenbausystemen sind relativ hoch.

Für den Einsatz in Fußbodenheizungen haben sich folgende Heizrohrarten bei beiden Konstruktionssystemen bewährt:

— **Kunststoffrohre** aus PB (Polybuten), PP (Polypropylen) und VPE (vernetztes Polyethylen). Sie müssen den Anforderungen der DIN 4726 entsprechen. Da Kunststoffrohre wesentlich voneinander abweichende Eigenschaften aufweisen können, sollten nur Rohre aus den vorgenannten Grundwerkstoffen eingesetzt und nur Rohre verlegt werden, denen das Gütezeichen einer amtlich anerkannten Prüfanstalt für Kunststoff erteilt wurde.

  Kunststoffrohre können mehr oder weniger gasdurchlässig sein. Dadurch kann das Heizwasser durch das Rohr hindurch Sauerstoff aufnehmen, so daß es zur Korrosion der Metallteile im Heizkreislauf kommen kann (mögliche Folge: Rostschlammbildung). Um dies zu verhindern, können entweder dem Heizwasser Rostschutzmittel (Inhibitoren) beigegeben, beim Bau der Fußbodenheizung das Kunststoffrohrsystem vom übrigen Heizsystem getrennt (Systemtrennung) oder nur noch diffusionsgesperrte, sauerstoffdichte Kunststoffrohre mit gasundurchlässiger Ummantelung eingebaut werden.

— **Kupferrohre** nach DIN 1786 und DIN 59753. Besonders geeignet sind kunststoffummantelte Rohre.

— **Legierte Stahlrohre** nach DIN 2462 und DIN 2463. Sie sind nur unter bestimmten Voraussetzungen für Fußbodenheizungen geeignet. So müssen sie vor allem von außen her vor chemischen Zusätzen aus Mörtelestrichen und gegen Korrosion wirksam geschützt werden. Einzelheiten sind der Spezialliteratur [26], [27] zu entnehmen.

Eine interessante Weiterentwicklung der Warmwasserfußbodenheizung stellt der sog. **Klimaboden** (Flächenheizsystem) dar. Ziel der Entwicklung war es, eine weitgehend homogene Heizfläche mit möglichst geringem Eigengewicht und niedrigster Bauhöhe zu schaffen (Bild **10**.37b). Das Heizwasser fließt bei diesen Systemen nicht durch Rohrschlangen, sondern durch großflächige, millimeterdünne (5 bis 10 mm) Hohlkörper-Plattenelemente aus Kunststoff, innenseitig unterteilt mit einer Vielzahl kleiner nebeneinanderliegender Wasserkanäle. Die auf Wärme- bzw. Trittschalldämmplatten verlegten Elemente sind durch Rohrleitungen miteinander verbunden. Die Lastverteilungsschicht über den Flächenelementen kann wahlweise aus zwei Lagen Stahlblechplatten, Fertigteilestrich (z. B. Gipsfaserplatten) oder Fließestrich bestehen. Vor-

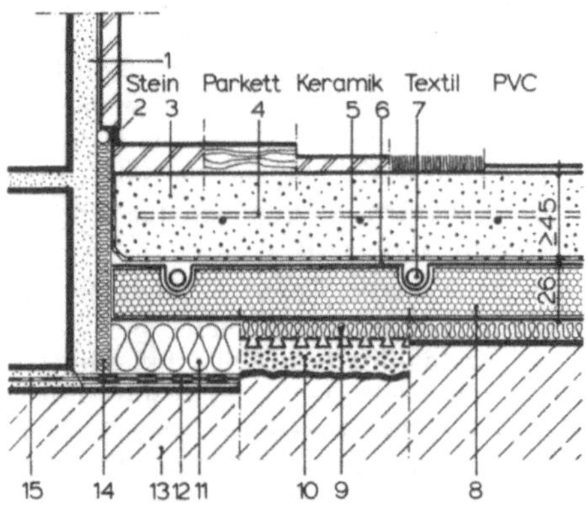

10.36 Schematischer Aufbau einer Warmwasser-Fußbodenheizung in Trockenverlegung mit Mörtelestrich als Lastverteilungsschicht

1 Wandputz mit Wandfliesen
2 elastische Fugendichtungsmasse
3 Zementestrich, mindestens 45 mm dick
4 Bewehrung (nur bei Stein- und Keramikbelägen)
5 Abdeckung (mehrlagige Folie)
6 oberseitige Alu-Folienkaschierung
7 Heizrohr aus Kupfer
8 profilierte Wärmedämmplatte aus PUR-Hartschaum
9 Trittschalldämmplatte
10 Trockenschüttung mit Abdeckplatten
11 zusätzliche Wärmedämmschicht (bei Bedarf)
12 Abdichtung nach DIN 18195
13 tragender Untergrund (eben – uneben)
14 Randstreifen, 10 mm dick
15 waagerechte Außenwandabdichtung

John & Co., Achern

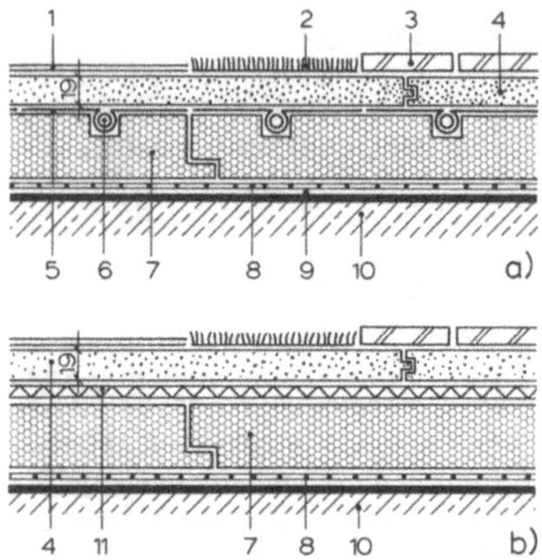

10.37 Schematischer Aufbau von Warmwasser-Fußbodenheizungen in Trockenverlegung mit Fertigteilestrich als Lastverteilungsschicht

a) Warmwasser in Rohrschlangen
b) Warmwasser in Flächenheizelementen (Klimaboden)

1 elastischer Bodenbelag
2 textiler Bodenbelag
3 keramischer Bodenbelag
4 Gipsfaserplatten (Fertigteilestrich)
5 Alu-Wärmeleit-Profilbleche
6 Heizrohre
7 PS-Hartschaum-Profilplatten
8 Polyethylenfolie 0,2 mm dick
9 Bodenspachtelmasse (nur bei Bedarf)
10 tragender Untergrund
11 Flächenheizelement aus Kunststoff

Gebr. Knauf, Westdeutsche Gipswerke, Iphofen

teilhaft wirkt sich bei den Klimaböden die kurze Anheizdauer und damit sehr gute Regelbarkeit aus. Durch das geringe Flächengewicht und die niedrige Aufbauhöhe ist der Klimaboden besonders für den nachträglichen Einbau in Altbauten geeignet. Mit relativ hohen Investitionskosten ist (noch) zu rechnen.

Baukonstruktive Regeln: Heizestriche auf Dämmschichten

Beheizte Fußbodenkonstruktionen bestehen in der Regel aus mehreren übereinanderliegenden Schichten, und zwar dem tragfähigen Untergrund, den Dämmschichten (Wärme- und Schalldämmung), der Abdeckung, der Lastverteilungsschicht und dem Bodenbelag. Systembedingte Unterschiede gibt es jedoch hinsichtlich der Art und Anordnung der Heizelemente innerhalb dieser Bodenkonstruktion. Wie zuvor bereits erläutert und in Bild **10.38** dargestellt, werden bei Heizestrichen im wesentlichen folgende Bauarten unterschieden:

– **Heizelemente direkt im schwimmenden Estrich eingebettet** (Naßeinbettung nach Bauart A1 bis A3),
– **Heizelemente unter dem Estrich in profilierte Wärmedämmplatten** eingelegt (Trockenverlegung nach Bauart B),

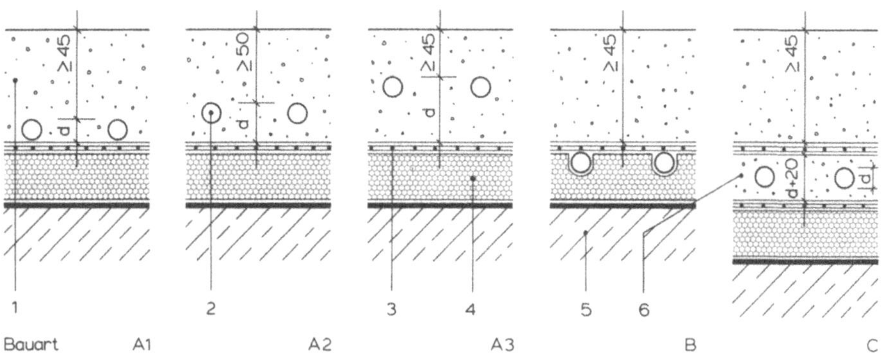

10.38 Bauarten und Nenndicken von Heizestrichen auf Dämmschichten für Verkehrslasten bis 1,5 kN/m^2 nach DIN E 18560 T 2

1 Heizestrich
2 Heizelement
3 Abdeckung/Trennschicht
4 Dämmschicht
5 tragender Untergrund
6 Ausgleichestrich

– **Heizelemente in einen schwimmenden Ausgleichestrich** eingebettet (Naßeinbettung nach Bauart C), auf dem eine Trennschicht – ggf. auch eine Abdichtung – mit Nutzestrich aufliegen. Vgl. hierzu Bild **10.39**.

Für die **Herstellung eines Heizestriches** auf Dämmschicht gelten im wesentlichen die gleichen baulichen Erfordernisse und ähnliche Ausführungsbedingungen, wie sie bei den nicht beheizten Estrichen auf Dämmschicht in Abschn. 10.3.7.2 bereits erläutert wurden. Im folgenden werden daher nur die Besonderheiten kurz angesprochen, die bei der Herstellung von Heizestrichen zu beachten sind.

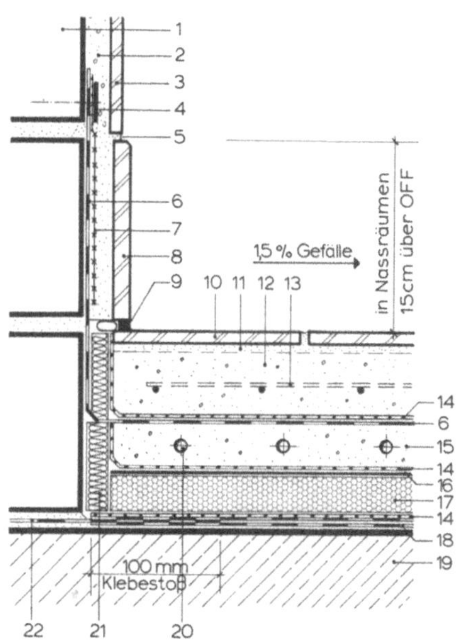

10.39
Konstruktionsbeispiel eines beheizten Fußbodens (Warmwasser-Fußbodenheizung) der Bauart **C** in einem nicht unterkellerten Naßraum (Feuchtigkeit von oben und unten). Vgl. hierzu auch Bild **10.5**c.

1 Mauerwerk
2 Putzlage
3 Wandfliesen
4 Metallbandbefestigung (z. B. Alu-Lochband)
5 Fuge
6 Bitumen- oder Kunststoff-Dichtungsbahnen
7 Armierungsgewebe (Mörtelbewehrung)
8 Sockelfliesen mit Fase
9 Bewegungsfuge mit elast. Dichtungsmasse
10 Bodenfliesen
11 Dünnbettmörtel oder Kleber
12 Zementestrich
13 Bewehrung (verzinkte Betonstahlmatte)
14 Gleitschicht (PE-Folie 0,1 mm, zweilagig)
15 Ausgleichestrich
16 Wärmeleitbleche aus Aluminium
17 Wärmedämmschicht
18 Kellerbodenabdichtung aus Bitumenbahnen
19 tragender Untergrund
20 Heizrohre
21 Randstreifen, 10 mm dick
22 untere waagerechte Außenwandabdichtung

– Der tragende Untergrund muß ausreichend fest, eben und trocken sein. Ebenheitstoleranzen s. Tabelle **10**.2. Gefälleschichten sind auf der Rohdecke anzuordnen. Muß mit aufsteigender Feuchtigkeit oder Dampfdiffusion gerechnet werden, so sind gemäß Abschn. 10.3.3, Feuchtigkeitsschutz von Fußbodenkonstruktionen, entsprechende Abdichtungen bzw. Dampfsperren aufzubringen.
– Die Randstreifen (mind. 5 mm, besser 8 bis 10 mm dick) sind vor dem Einbau der Dämmschicht an allen angrenzenden und die Fußbodenkonstruktion durchdringenden Bauteilen sowie an Rohren, Türzargen usw. anzubringen. Diese Randstreifen haben die Funktion einer Bewegungsfuge.
– Die Dämmstoffe müssen DIN 18164 sowie DIN 18165 entsprechen und eine möglichst hohe dynamische Steifigkeit aufweisen. Auch bei mehrlagig aufgebrachten Dämmplatten (z. B. kombinierte Verlegung von Trittschall- und Wärmedämmplatten) darf die Zusammendrückbarkeit der Dämmschichten unter einem Heizestrich nicht mehr als 5 mm betragen. Bei elektrischer Beheizung muß die oberste Lage der Dämmschicht kurzzeitig gegen eine Temperaturbeanspruchung von 90 °C beständig sein (Überheizung) und daher aus Mineralfaserplatten bestehen (Bild **10**.35). Die in der neuesten Wärmeschutzverordnung angegebenen Dämmwerte unter Fußbodenheizungen sind einzuhalten.
– Als Abdeckung der Dämmschicht ist eine Polyethylenfolie – bei Heizestrichen mind. 0,2 mm dick – oder eine nackte Bitumenbahn aufzubringen und an den Randstreifen hochzuführen.
– Heizestriche müssen dicker sein als andere nicht beheizte Estriche und gemäß DIN 18560 T1 und T2 hergestellt werden. Die Nenndicken sind Bild **10**.38 in Abhängigkeit von der gewählten Bauart zu entnehmen. Die Mindestdicke von Estrichen mit eingebetteten elektrischen Heizleitern liegt üblicherweise bei 55 mm. Werden auf Zementestriche Stein- oder keramische Beläge aufgebracht, so ist eine Bewehrung einzubauen. Hinweise über die Anordnung und Ausbildung von Bewegungsfugen in Estrichkonstruktionen und Plattenbelägen s. Abschn. 10.3.7.2.

Bodenbeläge auf beheizten Fußbodenkonstruktionen

Mörtelestriche (Naßestriche) benötigen eine gewisse Trockenzeit, bis sie mit einem Belag belegt werden dürfen. Eine Restmenge an Feuchtigkeit – Ausgleichs- oder Gleichgewichtsfeuchte genannt – verbleibt jedoch immer im Estrich und entweicht normalerweise nicht. Bei beheizten Fußbodenkonstruktionen muß diese verbliebene Ausgleichsfeuchte durch Auf- und Abheizen der Estrichschicht noch weiter reduziert werden, so daß vor Verlegung der Nutzschicht die zulässige Belegreife für den jeweiligen Bodenbelag gemäß Tabelle **10**.20 erreicht wird.

Der Estrich ist vor Beginn der Verlegearbeiten (auch im Sommer!) aufzuheizen. Mit dem Aufheizen des Estriches (z. B. Zementestrich) soll nicht vor 21 Tagen nach seiner Einbringung begonnen werden, es sei denn, verbindliche Herstellerangaben erlaubten einen früheren Heizbeginn (z. B. bei bestimmten Anhydritestricharten). Beim Aufheizen ist die Vorlauftemperatur täglich um ca. 5 °C zu erhöhen, und zwar bis zum Erreichen der vollen Heizleistung (max. 25 °C). Diese maximale Temperatur ist mind. 3 Tage lang ohne Nachtabsenkung beizubehalten.

Das Abheizen erfolgt in Temperaturstufen von täglich 5 bis 10 °C, bis eine Oberflächentemperatur des Estriches von ca. 15 bis 18 °C erreicht ist. Nach dem Verlegen der Bodenbeläge soll die Temperatur noch 3 Tage lang gehalten und nicht verändert werden. (Abbinde- bzw. Aushärtezeit für Klebstoffe von elastischen und textilen Bodenbelägen sowie Holzparkett). Stein- und Keramikbeläge können frühestens 8 Tage nach ihrer Verlegung verfugt und die Fußbodenheizung frühestens 28 Tage danach auf die gewünschte Betriebstemperatur gebracht werden, wobei eine stufenweise Erhöhung um 5 °C pro Tag anzustreben ist.

Da bei Heizestrichen eine Feuchteprüfung im Estrich wegen der damit verbundenen Gefahr einer Beschädigung der Heizelemente nicht zulässig ist (z. B. mit dem CM-Gerät), ist als Nachweis der Belegreife ein Protokoll über das erstmalige Aufheizen und die spätere Inbetriebnahme anzufertigen.

Bodenbelagsarbeiten. Die meisten Bodenbeläge eignen sich für die Verlegung auf beheizten Fußbodenkonstruktionen. Im einzelnen sind jedoch ganz bestimmte Verlegehinweise zu beachten.

Holzparkett. Für die Verlegung auf beheiztem Estrich eignen sich Stab- und Mosaikparkett, Fertigparkett sowie Hochkantlamellenparkett. Die Verlegung erfolgt im allgemeinen durch vollflächiges Verkleben der Stäbe oder Elemente auf einen geeigneten Untergrund. Fertigparkett kann auch schwimmend, d. h. lose auf einer Rippenpappe verlegt werden. Um die Schwindverformung nach dem Einbau möglichst gering zu halten, sollte der Mittelwert der Holzfeuchte des Parkettes (Stab- und Mosaikparkett 9%, Fertigparkettelemente 8%) bei der Verlegung auf keinen Fall überschritten werden. Für die Verklebung sind nur schubfeste und dauertemperaturbeständige Kleber zu verwenden; für die Versiegelung ist ein Produkt mit hoher Filmelastizität vorteilhaft.

Die Oberflächentemperatur des Holzfußbodens darf höchstens 28 °C betragen und der WDW nicht größer als 0,17 m^2 K/W sein. Auf Grund der technologischen und hygroskopischen Eigenschaften des Holzes können bei Holzfußböden während der Heizperiode kleine Fugen auftreten, die jedoch toleriert werden müssen, da sie unvermeidbar sind. Weitere Einzelheiten sind dem Merkblatt der Arbeitsgemeinschaft Holz [28] sowie VOB Teil C, DIN 18356, Parkettarbeiten, zu entnehmen.

Elastische Bodenbeläge wie beispielsweise PVC- und Linoleumbeläge, müssen vom Hersteller als „für Fußbodenheizung geeignet" ausgewiesen sein. Bei diesen Belägen ist weiter darauf zu achten, daß sie vor dem Verlegen ausreichend lange (mind. 24 Stunden) klimatisiert, d. h. auf eine für den jeweiligen Belag angemessene Verlegetemperatur ausgerichtet werden. Vor dem Verlegen der Beläge ist die Oberfläche des Heizestriches wegen ihrer großen Saugfähigkeit mit einem Vorstrich (Grundierung) zu versehen und vollflächig zu spachteln. Die Klebung soll ganzfächig erfolgen und die Fugen – sowohl der Bahnen- wie der Plattenware – verschweißt werden. Die von den Herstellern speziell für Beläge auf Fußbodenheizung herausgegebenen Pflegehinweise sind zu beachten. Weitere Einzelheiten s. VOB Teil C, DIN 18365, Bodenbelagarbeiten, sowie [29], [31].

Textile Bodenbeläge. Um einen guten Wärmeübergang durch den textilen Fußbodenbelag an den zu beheizenden Raum zu erreichen, darf die Wärmedämmung durch den Teppichbelag nicht zu hoch, d. h. der Wärmedurchlaßwiderstand nicht größer als 0,17 m^2 K/W sein. Bei elektrischen Speicherheizungen ist ein WDW von mehr als 0,12 m^2 K/W vorteilhaft, jedoch sollte er auch hier nicht größer als 0,17 m^2 K/W sein. Textile Fußbodenbeläge sind für die Verwendung auf beheizten Fußböden geeignet, sofern sie das Zusatzsymbol Fußbodenheizung (Bild **10.**62) im Teppich-Siegel aufweisen. Wegen des möglichen starken Austrocknens und der damit verbundenen Neigung zu elektrostatischer Aufladung muß der textile Belag dauerhaft antistatisch ausgerüstet sein. Vgl. hierzu Abschn. 10.4.9.3. Textile Bodenbeläge werden in der Regel mit dauertemperaturbeständigem Kleber vollflächig verklebt. Das Spannen ist in Folge unkontrollierbarer und wärmetechnisch kaum erfaßbarer Lufteinschlüsse problematisch. Eine Verspannung kann nur vorgenommen werden, wenn der Wärmedurchlaßwiderstand des Bodenbelages sowie der Filzunterlage zuzüglich 0,04 m^2 K/W für die eingeschlossenen Luftpolster den WDW-Wert von 0,17 m^2 K/W nicht übersteigt. Besteht die Absicht, auf die Auslegeware noch abgepaßte Einzelteppiche zu verlegen, so muß dies mit dem Heizungsbauer rechtzeitig abgesprochen werden. Weitere Einzelheiten sind dem Merkblatt des Deutschen-Teppich-Forschungsinstitutes FH 4 sowie VOB Teil C, DIN 18365, Bodenbelagarbeiten, zu entnehmen.

Keramische Fliesen und Platten, Naturwerkstein und Betonwerkstein. Diese Hartbeläge leiten Wärme sehr gut (WDW von 0,005 bis 0,015 m^2 K/W) und werden deshalb bevorzugt auf beheizten Bodenkonstruktionen aufgebracht. Die üblichen Verlegearten – Verlegung im Dünnbett auf erhärtetem Estrich, Verlegung im Dickbett auf erhärtetem Estrich, Verlegung im Dickbett auf Trennschicht oder Abdichtung und erhärtetem Estrich – sind in Bild **10.**45 dargestellt und in Abschn. 10.4.3.4, Fußbodenkonstruktionen mit Hartbelägen, näher beschrieben. Grundsätzlich unterscheiden sich die Verlegearten von Hartbelägen auf Fußbodenheizungen nicht wesentlich von denen auf unbeheizten Fußbodenkonstruktionen. Einzelheiten s. VOB Teil C, DIN 18352, Fliesen- und Plattenarbeiten, DIN 18332, Naturwerksteinarbeiten sowie DIN 18333, Betonwerksteinarbeiten. Auf die vom Zentralverband des Deutschen Baugewerbes herausgegebenen Merkblätter [30], [31] wird besonders hingewiesen.

10.4 Fußbodenbeläge

Die weitgehende Ablösung der Holzbalkendecke durch die Massivdecke, die Entwicklung völlig neuartiger Werkstoffe, Herstellungs- und Verlegetechniken, die Stellung neuer Forderungen an die Nutzschicht durch Industrie und Gewerbe, die Steigerung des Komforts bei allmählicher Änderung der Wohngewohnheiten sowie Einflüsse der Mode, des Geschmacks und vieles mehr haben zu einer Vielfalt und damit Produktschwemme auf dem Fußbodenmarkt geführt, die selbst von einem Fachmann kaum mehr überblickt werden kann.

Eine verbindliche Einteilung der Fußbodenbeläge gibt es nicht. In der Regel werden sie nach den verwendeten Rohstoffen oder nach den Herstellungsverfahren eingeteilt.

Man unterscheidet:

Bodenbeläge aus
- natürlichen Steinen: Naturwerkstein-Fußbodenbeläge
- Fliesen und Platten mit vorwiegend erdigen Bestandteilen: Keramische Fußbodenbeläge
- zementgebundenen Bestandteilen
- bitumengebundenen Bestandteilen
- Holz oder Holzwerkstoffen: Holzfußbodenbeläge
- ein- oder mehrschichtiger Bahnen- oder Plattenware: Elastische Fußbodenbeläge
- kunstharzgebundenen Bestandteilen
- natürlichen und/oder synthetischen Fasern: Textile Fußbodenbeläge

(Weitere Beläge bleiben unberücksichtigt)

10.4.1 Allgemeine Anforderungen

An die Fußböden von Aufenthaltsräumen werden eine ganze Reihe von Forderungen – zum Teil widersprüchlichster Art – gestellt. Diesen unterschiedlichen Anforderungen, die sich vor allem aus der Zweckbestimmung bzw. Nutzart der einzelnen Räume und der Raumgestaltung ergeben, muß die oberste Schicht – der Bodenbelag – gerecht werden.

Da es jedoch bis heute keinen Belag gibt, der alle Anforderungen gleichermaßen erfüllt, müssen bei der Wahl von Bodenbelägen oft Kompromisse eingegangen werden. Nutzschicht (Bodenbelag) und Fußbodenaufbau (Zwischenschichten) bilden in mehrfacher Hinsicht eine Einheit. Diese Einheit gilt es bei allen vergleichenden Beurteilungen zu berücksichtigen.

- **Gleitsicherheit/Trittsicherheit.** Alle Fußböden müssen sicher und angenehm zu begehen sein. Diese Forderung kann durch eine Reihe vorsorglicher, baulicher Maßnahmen weitgehend erfüllt werden. So sollten plötzlich auftretende Höhenunterschiede, sog. Stolperstufen, vermieden werden. Nicht vermeidbare Fußbodenabsätze innerhalb eines zusammenhängenden Gehbereiches müssen deutlich markiert werden. Bei der Auswahl von Bodenbelägen ist auch zu prüfen, ob der vorgesehene Belag für den jeweiligen Verwendungsbereich ausreichend rutschhemmend ist. Einzelheiten hierzu s. Abschn. 10.4.3.3, Rutschhemmende Bodenbeläge. Außerdem müssen Reinigungsverfahren und Reinigungsmittel auf den jeweiligen Bodenbelag abgestimmt sein.
- **Verschleißfestigkeit/Eindruckfestigkeit.** Bodenbeläge können den unterschiedlichsten mechanischen, thermischen, chemischen u.a. Beanspruchungen ausgesetzt sein. Dementsprechend zahlreich sind auch die Prüfverfahren, die nicht für alle Beläge einheitlich anwendbar sind. Bei mechanischer Beanspruchung unterscheidet man beispielsweise nach Art des Verkehrs (z. B. Fußgänger- oder Fahrverkehr), Intensität des Verkehrs (z. B. Dichte und Häufigkeit des Verkehrs, Achsdruck der Fahrzeuge) sowie Art der Beanspruchung (z. B. schleifende Beanspruchung beim Fußgängerverkehr, vorwiegend rollende Beanspruchung beim Fahrverkehr, Stoß- und Schlagbeanspruchung beim Absetzen von Gütern sowie ruhende oder punktförmig wirkende Einzellasten).
- **Schalldämmung/Schallschluckvermögen.** Weichfedernde Bodenbeläge, wie zum Beispiel textile Bodenbeläge und elastische Verbundbeläge, verbessern zwar die Trittschalldämmung, nicht aber die Luftschalldämmung von Decken. Eine nennenswerte Schallabsorption wird vor allem durch Teppichbeläge erreicht, so daß sich damit der Geräuschpegel in einem Raum wirkungsvoll senken läßt. Vgl. hierzu Abschn. 10.4.9.4, Schalltechnische Eigenschaften textiler Bodenbeläge sowie Abschn. 10.3.4, Schallschutz von Massiv- und Holzbalkendecken.
- **Wärmedämmung/Fußwärme.** Die Wärmedämmung von Böden und Decken ist in Abschn. 10.3.5 beschrieben. Ein wichtiges Beurteilungskritierium für einen Bodenbelag ist auch die Fußwärmeempfindung. Als besonders fußwarm gelten verspannte Teppichböden mit Filzunterlage sowie elastische Verbundbeläge und Holzfußböden.

- **Elektrostatisches Verhalten.** Elektrostatische Aufladungen treten vorwiegend bei PVC-Belägen und textilen Fußbodenbelägen auf. Einzelheiten über antistatische Ausrüstung und leitfähige Verlegung elastischer und textiler Fußbodenbeläge s. Abschn. 10.4.7 sowie Abschn. 10.4.9.
- **Reinigung und Pflege.** Bei der Auswahl eines Belages muß der zu erwartende Aufwand für die laufende Reinigung frühzeitig mit bedacht werden. Dabei spielt die optische Schmutzempfindlichkeit eine entscheidende Rolle. Sie ist von der Farbe, der Musterung und von der Konstruktion (z. B. bei Teppichböden) des jeweiligen Belages abhängig. Einfarbige Beläge, vor allem extrem dunkle oder helle, sind empfindlicher (je nach Schmutzart) als kontrastreich gemusterte Beläge. Vorbeugende bauliche Maßnahmen, wie beispielsweise der Einbau von Schmutzfangmatten, sind ebenfalls rechtzeitig einzuplanen. Innerhalb eines Geschosses (ggf. Gebäudes) ist sowohl aus raumgestalterischen Gründen (Großzügigkeit) als auch pflegetechnischen Überlegungen heraus (gleichartige Reinigungsverfahren) eine möglichst einheitliche Materialwahl anzustreben. Je nach Art des Belages ist zu unterscheiden zwischen Erstreinigung, laufender Reinigung, Grundreinigung und allgemeinen Pflegemaßnahmen. Die immer wiederkehrenden Reinigungskosten sind bei der Wahl eines Belages in der Regel mindestens genauso hoch einzuschätzen wie die einmaligen Gestehungskosten (Investitionskosten).
- **Raumgestalterische Aspekte.** Bei der Wahl eines Fußbodenbelages sollten neben den zweckorientierten Überlegungen Fragen der Raumgestaltung niemals unberücksichtigt bleiben. Dabei müssen alle raumbegrenzenden Teile (z. B. Wand-, Deckenmaterialien) in die Überlegungen mit einbezogen und zusammen mit dem milieubildenden Interieur (z. B. Textilien, Möbelierung, Farbgebung, Oberflächenstruktur) aufeinander abgestimmt werden.

10.4.2 Bodenbeläge aus natürlichen Steinen: Naturwerkstein-Fußbodenbeläge

Unter Naturstein versteht man alle natürlich gewachsenen Gesteine (Gegensatz: Kunststeine). Sie sind Gemenge aus Materialien, deren Zusammenhalt durch direkte Verwachsung oder durch eine Grundmasse bzw. ein Bindemittel gewährleistet wird [34]. Ihrer geologischen Entstehung nach können die Natursteine in drei große Gesteinsgruppen eingeteilt werden:

Erstarrungs- oder Eruptivgesteine (Magmatische Gesteine)
- Tiefengesteine (Granit, Syenit, Diorit, Gabbro)
- Oberflächen- oder Vulkangestein (Basaltlava, Diabas, Trachyt, Porphyr)

Sedimentgesteine (Ablagerungsgesteine)
- lose Trümmer (Ton, Lehm, Sand, Kies, Geröll)
- verfestigte Trümmer (Tonschiefer, Mergel, Sandsteine, Grauwacke)
- Ausscheidungsgesteine (Muschelkalk, Travertin, Solnhofener Platten, Dolomit)

Umwandlungsgesteine (Metamorphe Gesteine)
- Gneis, Kristalliner Schiefer, Quarzit, Marmor, Serpentin.

Das vielseitige Angebot an Natursteinsorten ergibt sich aus den weitgestreuten Fundorten. Struktur und Härte des Materiales hängen mit dem Entstehungsprozeß zusammen. Die Farbpalette umfaßt alle Möglichkeiten. Durch das naturgegebene Vorkommen sind Farb- und Strukturschwankungen innerhalb des gleichen Farbtones und der gleichen Gesteinsstruktur üblich. Bei der Auswahl sind vor allem die Rohdichte (DIN 52102), Wasseraufnahmefähigkeit (DIN 52103), Frostbeständigkeit (DIN 52104), Druckfestigkeit (DIN 52105), Verwitterungsbeständigkeit (DIN 52106) und Abriebfestigkeit (DIN 52108) zu berücksichtigen. Mit Hilfe dieser Werte lassen sich die Natursteine hinsichtlich ihrer Verarbeitung und Verwendung gut beurteilen. Entsprechend den Härtegraden werden Natursteine eingeteilt in Hartgesteine (z. B. Gneis, Granit, Quarzit), mittelharte Gesteine (z. B. Basaltlava) und Weichgesteine (z. B. Tuffsteine, Travertin, Sandstein). Für Bodenbeläge im Gebäudeinneren werden vor allem Marmor, Travertin, Solnhofener Platten, Quarzit, Schiefer und Basaltlava eingesetzt, im Außenbereich vorwiegend Porphyr, Sandstein, Granit, Basaltlava u. a.

Damit Natursteine als Bodenbelagplatten verlegt werden können, müssen diese je nach Gesteinsart, gewünschter Oberflächenstruktur und späterem Verwendungszweck manuell (gestockt, scharriert, bossiert) oder maschinell (geschurt, gefräst, sandgestrahlt, geflammt, geschliffen, poliert) behandelt werden. Nach der Oberflächenbearbeitung werden die Rohplatten auf die gewünschten Plattenformate zugeschnitten. Derart bearbeitete Werkstücke aus Naturstein bezeichnet man dann als Natur**werk**stein.

Natursteinplatten

Fußböden aus Naturwerksteinplatten können – je nach Plattenformat, Verlegeart und Fugenbreite – verschiedenartig gegliedert sein (Bild **10.**40). Naturwerksteine sind an keine Normgrößen gebunden. Die Abmessungen richten sich nach dem jeweiligen Bedarf und nach der geologischen Beschaffenheit des Steinbruches, aus dem das Material stammt. Bodenplatten werden jedoch auch in Standardgrößen industriell gefertigt. Ausgangsformat für die Beläge ist meist die quadratische (von 15 × 15 bis 50 × 50 cm) oder rechteckige Platte mit festgelegten Längen- und Breitenabmessungen. Die Plattenbreiten liegen in der Regel zwischen 15 und 50 cm, jeweils um 5 cm springend; die Plattendicke beträgt üblicherweise 2 bis 3 cm. Überlängen und Sonderformate sind ebenfalls lieferbar.

Werden Naturwerksteinplatten in Räumen verlegt, die zum dauernden Aufenthalt von Menschen bestimmt sind, so muß in jedem Fall für ausreichenden Schall-, Wärme- und Feuchtigkeitsschutz gesorgt sein. Die mangelnde Eigenelastizität sowie die relativ ungünstigen Schallschluck- und Wärmeableitwerte von Naturwerkstein-Bodenbelägen sind bereits bei der Planung vorsorglich zu berücksichtigen. Im Innenbereich zeichnen sie sich demgegenüber vor allem aus durch ihre hohe Abriebfestigkeit sowie Textur und Farbvielfalt. Die Verlegung erfolgt – meist nach einem Verlegeplan – entweder direkt auf einer Rohdecke als Verbundbelag, auf Trennschicht oder auf einem vollständig erhärteten, schwimmenden Estrich (Bild **10.**41).

Angaben über die Ausbildung von Bewegungsfugen sind Abschn. 10.3.7.3, über die verfärbungsfreie Verlegung und Verfugung von Naturwerksteinplatten Abschn. 10.4.3.5 zu entnehmen. Verlegung, Aufmaß und Abrechnung erfolgt nach VOB Teil C, DIN 18332, Naturwerksteinarbeiten.

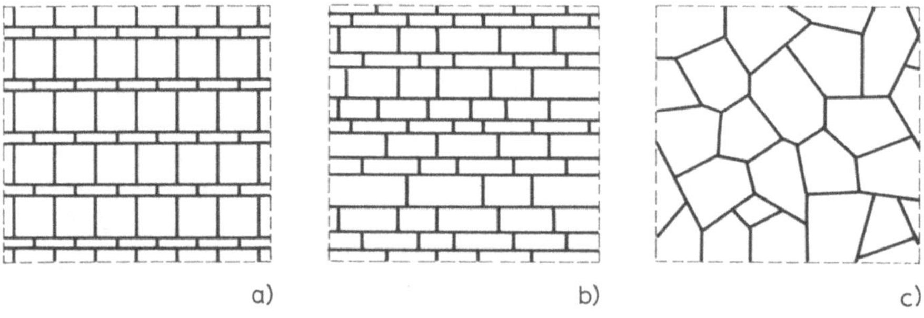

10.40 Verlegebeispiele von Naturwerkstein-Bodenplatten
a) quadratisch mit Streifengliederung
b) unregelmäßiger Rechteckverband
c) polygonale Formate (maschinen- oder handbekantet)

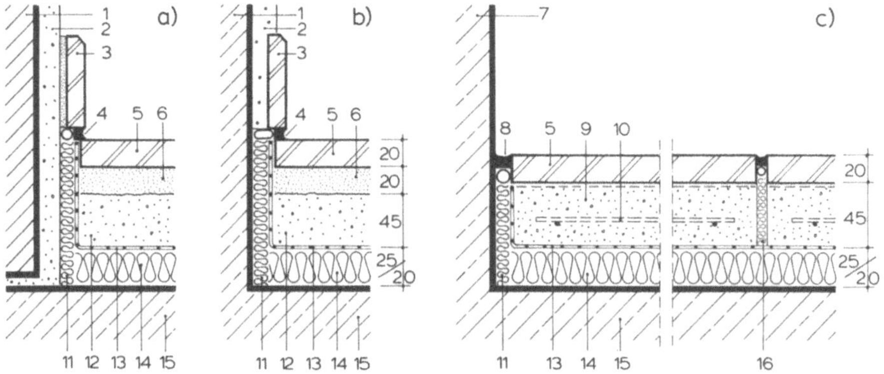

10.41 Konstruktionsbeispiele: Naturwerkstein-Bodenplatten auf Zementestrich mit Dämmschicht

a) Randanschluß mit aufgesetzter Sockelplatte, Wandputz bis auf Rohdecke (Regelausführung)
b) Randanschluß mit putzbündiger Sockelplatte, Wandputz auf Betonwand nur bis OFF
c) Bodenplatten direkt auf frisch eingebrachte Estrichschicht verlegt (sog. estrichgerechtes Mörtelbett). Dieses Verlegeverfahren ist nur bei kleineren Räumen geeignet. Randfuge und Feldbegrenzungsfuge sind mit elastischer Fugendichtungsmasse geschlossen.

1	Mauerwerk bzw. Betonwand	9	estrichgerechtes Mörtelbett
2	Wandputz	10	Bewehrung (z. B. Betonstahlmatten)
3	Sockelplatten	11	Randstreifen, etwa 5 bis 8 mm dick
4	Randfuge mit elastischer Fugenmasse	12	Zementestrich
5	Naturwerkstein-Bodenplatten	13	Abdeckung (z. B. PE-Folie 0,1 mm)
6	Mörtelbett, etwa 20 mm dick	14	Dämmschicht, je nach Bedarf
7	Sichtbetonwand	15	tragender Untergrund
8	Vorfüllprofil mit elastischer Fugenmasse	16	Feldbegrenzungsfuge

Kunstharzgebundene Natursteinplatten

Kunstharzgebundene Natursteinplatten werden in unterschiedlichen Verfahren hergestellt. Bei der sog. **Agglotechnik** wird ein gemischtkörnig aufgebautes Natursteingranulat aus Marmor, Granit o. ä. mit einem Kunstharzbindemittel (Epoxidharz) und Zusatzstoffen vermengt (= Agglomerat), in große Blöcke gegossen, im Rüttelverfahren verdichtet und nach der Aushärtung auf einem Sägegatter in gewünschter Dicke zu Platten gesägt. Anschließend erfolgt das Polieren der Ansichtsfläche mit Wasser auf der Schleifstraße und der Zuschnitt der Platten auf Maß. So können Bodenplatten, aber auch Treppenstufen, Fensterbänke und sonstige Tafelelemente für den Einsatz im Innenbereich (ggf. auch im Außenbereich) in Dicken von 12 – 20 – 30 – 40 mm, mit Formatabmessungen bis etwa 3000 × 1200 mm hergestellt werden. In Ergänzung dieses Programmes sind zwischenzeitlich auch Formteile wie Waschtischabdeckungen, Arbeitsplatten für den Küchenbereich usw. aus dem gleichen Blockmaterial lieferbar. Objektbezogene Sonderausführungen bis zu einer Größe von 3800 × 1800 × 150 mm sind möglich.

Diese Agglo-Natursteinplatten zeichnen sich aus durch hohe Abriebfestigkeit und Oberflächendichte sowie Frost- und Tausalzbeständigkeit (nicht in jedem Fall gewährleistet). Sie sind pflegeleicht, farbbeständig, schwer entflammbar (zigarettenglutbeständig) und naßraumgeeignet. Im Vergleich mit den natürlich gewachsenen Natursteinplatten sind die kunstharzgebundenen Steinplatten preisgünstiger, einfacher zu verarbeiten, elastischer (geringere Bruchgefahr bei gleichzeitig dünnerer Herstellung) und jederzeit nachbestellbar in gleichbleibender Qualität. Die Aggloplatten können entweder auf einem planebenen Untergrund aufgeklebt (Dünnbettverfahren) oder auch im Mittel- oder Dickbett verlegt werden. Vorsicht ist allerdings geboten bei ätzenden Mitteln (Fleckentferner).

Noch dünnere kunstharzgebundene Natursteinplatten (4 mm Wandplatten, 6 mm Bodenplatten) können hergestellt werden, wenn in die untere Plattenzone eine Glasfaserarmierung eingearbeitet wird, die für eine noch höhere Bruch- und Biegefestigkeit sorgt. Als Bindemittel kommt bei derartigen Platten auch Polyesterharz in Frage.

Natursteinpflaster

Mit Natursteinpflaster lassen sich dekorative Bodenbeläge im Innen- und Außenbereich herstellen (z. B. Gliederung von Freiflächen). Pflasterböden zeichnen sich aus durch ihre hohe Verschleißfestigkeit und den Vorteil, relativ einfach aufgenommen und wiederverlegt werden zu können. Geeignet sind harte Gesteinsarten, die sich gut und ebenflächig spalten lassen (z. B. Granit, Diabas, Basalt, Porphyr). Die Verlegung kann ungeordnet, in Reihen, diagonal oder im Bogen erfolgen. Nach DIN 18502, Pflastersteine, unterscheidet man:

– Großpflastersteine	12/12 bis 16/16 cm, Höhe 13 bis 16 cm
– Kleinpflastersteine	8/ 8 bis 10/10 cm, Höhe 8 bis 10 cm
– Mosaikpflastersteine	4/ 4 bis 6/ 6 cm, Höhe 4 bis 6 cm

Pflasterungen im Außenbereich sind relativ lohnintensiv und teuer. Der Unterbau, (Kies, Schotter, mit einer Korngröße von 0 bis 35 mm) als Filter oder Tragschicht muß dem jeweiligen Untergrund und der zu erwartenden Verkehrsbelastung angepaßt werden. Bei tragfähigem Unterbau beträgt die Schichthöhe etwa 15 bis 25 cm. Der Unterbau ist bis zur Standfestigkeit zu verdichten. Anschließend werden die Pflastersteine in ein eben abgezogenes Sandbett versetzt, das nach dem Abrammen bei Kleinpflaster höchstens 3 cm und bei Großpflaster höchstens 6 cm betragen soll. Nach dem Verlegen wird die Pflastersteinfläche mit Wasser und Sand eingeschlämmt, gerammt oder auch gerüttelt und mit Sand abgedeckt.

10.4.3 Bodenbeläge aus Fliesen und Platten mit vorwiegend erdigen Bestandteilen: Keramische Fußbodenbeläge

Die Qualität keramischer Bodenbeläge wird vor allem bestimmt durch eine sorgfältige Auswahl der Rohstoffe, eine dem jeweiligen Produkt angemessene Brenntemperatur, ggf. kratz- und verschleißfeste Glasur sowie fachgerechte Verlegung. Im Hinblick auf die Raumgestaltung sind die Farbgebung (hell/dunkel, warm/kalt), die Oberflächenstruktur (glänzend/matt, strukturiert/glatt) sowie die Dichte und Art des Fugennetzes zu beachten.

Die Verwendungseigenschaften keramischer Produkte werden weitgehend von der Güte des Scherbens bestimmt. Dabei kommt der Brenntemperatur eine besondere Bedeutung zu. Wie Tabelle **10.**42 verdeutlicht, ist die Porosität und damit auch die Wasseraufnahmefähigkeit des Scherbens ein besonders wichtiges Kriterium für die Einteilung keramischer Erzeugnisse: Die porösen Produkte werden in der Praxis als Steingut (Irdengut), die dichteren Erzeugnisse als Steinzeug (Sinterzeug) bezeichnet. Beide Gruppen sind noch einmal unterteilt in grob- und feinkeramische Produkte, wobei diese beiden Begriffe auf Grund herstellungstechnischer Weiterentwicklungen gegenüber früher an Informationswert verloren haben.

Hinweis In den vergangenen Jahren wurden die Normen für keramische Fliesen und Platten neu geordnet. Anstelle der deutschen Norm DIN 18155 T1 bis T4 wurden europäische Normen verabschiedet, und zwar eine Verständigungsnorm (Grundnorm), acht Maß- und Stoffnormen sowie vierzehn Prüfnormen.

In der **Grundnorm DIN EN 87** werden keramische Fliesen und Platten nach ihrem Herstellungsverfahren (z. B. stranggepreßt = Gruppe **A**, trockengepreßt = Gruppe **B**) und ihrer Wasseraufnahme eingeteilt. Danach unterscheidet man:

- Fliesen und Platten mit niedriger Wasseraufnahme $E \leqq 3\%$ (Gruppe **I**),
- Fliesen und Platten mit mittlerer Wasseraufnahme $3\% < E \leqq 10\%$ (Gruppe **II**),
- Fliesen und Platten mit hoher Wasseraufnahme $E > 10\%$ (Gruppe **III**).

Für die grobkeramischen Bodenklinkerplatten und Spaltplatten gelten nach wie vor die deutschen Normen DIN 18158 und DIN 18166.

Tabelle 10.42 Einteilung baukeramischer Erzeugnisse

Steingut/Irdengut		**Steinzeug/Sinterzeug**	
– hohe Wasseraufnahme – Scherben porös und saugfähig – offene Poren – nicht frostbeständig – unterhalb der Sintergrenze gebrannt (Brenntemperatur bei etwa 1000 °C)		– niedrige Wasseraufnahme – Scherben dicht, kaum saugend – weitgehend geschlossene Poren – frostbeständig – oberhalb der Sintergrenze gebrannt (Brenntemperatur bei etwa 1200 °C)	
Feinkeramik	**Grobkeramik**	**Feinkeramik**	**Grobkeramik**
– Scherben feinkörnig – trockengepreßt – glasiert, dadurch – wasserdicht – **nur** für innen	– Scherben grobkörnig – stranggepreßt – unglasiert – wasserdurchlässig	– Scherben feinkörnig – trockengepreßt – glasiert und – unglasiert – für innen **und** außen	– Scherben grobkörnig – stranggepreßt – glasiert und – unglasiert – für innen **und** außen
Nach DIN EN 159: „Trockengepreßte keramische Fliesen und Platten mit hoher Wasseraufnahme $E > 10\%$ (Gruppe **B III**) – z. B.: Steingutfliesen (STG) mit weißem Scherben – z. B.: Irdengutfliesen (IG) mit farbigem Scherben	– z. B.: Mauerziegel, Dränrohre – z. B.: Töpferwaren, Blumentöpfe	Nach DIN EN 176: „Trockengepreßte keramische Fliesen und Platten mit niedriger Wasseraufnahme $E \leqq 3\%$ (Gruppe **B I**) – z. B.: Unglasierte Steinzeugfliesen (STZ – UGL) – z. B.: Glasierte Steinzeugfliesen (STZ – GL)	– z. B.: Keramische Spaltplatten nach DIN 18166 – z. B.: Bodenklinkerplatten (zum Teil trockengepreßt) nach DIN 18158

10.4.3.1 Fliesen mit hoher Wasseraufnahme: Steingutfliesen nach DIN EN 159

Diese Fliesen sind gekennzeichnet durch einen feinkörnigen, kristallinen, porösen Scherben mit einer Wasseraufnahme von mehr als 10 Gew.-%. Zu ihrer Herstellung werden anorganische Hartstoffe (z. B. Quarzsand, Kalk) und Weichstoffe (z. B. Ton, Kaolin) zerkleinert, unter Zusatz von Wasser gemischt, gesiebt, entwässert und das nahezu trockene Granulat unter hohem Druck in Stahlformen gepreßt. Nach einem ersten Brand im Tunnelofen wird auf die Sichtseite der Rohlinge eine Glasur aufgesprüht, die dann bei einem weiteren Brand mit der Oberfläche des Scherbens verschmilzt. Durch diese Glasur erhält die Fliese ihr endgültiges Aussehen und ihre spezifischen Oberflächeneigenschaften. Sie verhindert das Eindringen von Spritzwasser, ist weitgehend beständig gegen haushaltsübliche Reinigungsmittel, Säuren und Laugen; außerdem gibt sie der Fliesenoberfläche die geforderte Ritzhärte, UV-Beständigkeit und schmutzabweisende Eigenschaft. Dekorfliesen werden im Siebdruckverfahren glasiert.

Auf Grund ihrer hohen Porosität lassen sich Steingutfliesen gut schneiden, bohren oder brechen, andererseits sind sie jedoch nur im Innenbereich zu verwenden, da sie frostempfindlich sind. Hier werden sie fast ausschließlich als Wandfliesen im Wohnungs- und Nichtwohnungsbau eingesetzt. Eine gewisse Ausnahme bilden Steingutfliesen mit besonders dickem Scherben. Diese können auch auf mäßig beanspruchten Bodenflächen, wie beispielsweise im häuslichen Bad, verlegt werden, so daß Fußboden- und Wandflächen aus ein und demselben Material bestehen.

10.4.3.2 Fliesen mit niedriger Wasseraufnahme: Steinzeugfliesen nach DIN EN 176

Glasierte und unglasierte Steinzeugfliesen sind gekennzeichnet durch einen feinkörnigen, kristallinen, dichtgesinterten Scherben mit höchstens 3 Gew.-% Wasseraufnahme. Zu ihrer Herstellung werden Ton, Kaolin, Quarzsand und Felsspat nach den in der feinkeramischen Industrie üblichen Verfahren aufbereitet, in Formen gepreßt und bei Temperaturen von etwa 1200 °C bis zur Sinterung gebrannt (= Beginn des Schmelzens, ohne Deformation der Formlinge). Dabei entsteht ein Scherben mit sehr dichtem Gefüge und großer Härte. Steinzeugfliesen sind feuchtigkeitsbeständig, wasserabweisend, widerstandsfähig gegen mechanische, chemische und thermische Beanspruchungen, leicht zu reinigen und zu desinfizieren. Die geringe Wasseraufnahmefähigkeit ist Voraussetzung für ihre Witterungs- und Frostbeständigkeit. Zur Erhöhung der Trittsicherheit in gewerblichen Bereichen und naßbelasteten Barfußbereichen von Sportstätten (s. hierzu Abschn. 10.4.3.3) können sie mit speziellen Oberflächen ausgestattet sein.

Glasierte Steingutfliesen eignen sich für Bodenbeläge und Wandbekleidungen im Innen- und Außenbereich sowie für Fassadenbekleidungen und Auskleidungen von Schwimmbecken (Behälterbau). Außerdem sind sie beständig gegen Fleckenbildner und Haushaltschemikalien. Beständigkeit gegen Säuren und Laugen muß in jedem Fall vereinbart werden.

Bei glasierten Fliesen sind Oberflächenverkratzungen nicht ganz vermeidbar. Sie sind bei dunklen Farben stärker erkennbar als bei hellen, qualitativ jedoch nicht von Bedeutung. Da Quarz – Hauptbestandteil von Sand – schon bei geringem Abrieb hochglänzende Glasuren stumpf und unansehnlich werden läßt, sollten derart glänzende und unifarbene Bodenfliesen nur für wenig begangene Flächen, wie beispielsweise Badezimmerböden, eingesetzt werden. Glasierte Steinzeugfliesen werden nach dem Oberflächenverschleißwiderstand (Verschleißbild) in vier Abriebgruppen eingeteilt:

Tabelle **10.43** Beanspruchungsgruppen mit Anwendungsbereichen für glasierte Fliesen

Abriebgruppe	Grad der Beanspruchung	Anwendungsbereiche
I	sehr leicht	Schlaf- und Sanitärräume im privaten Wohnbereich
II	leicht	Privater Wohnbereich, außer Küchen, Treppen, Terrassen
III	mittel	Gesamter Wohnbereich mit Bädern, Dielen, Fluren, Balkonen; Hotelzimmer und -bäder; Therapieräume in Krankenhäusern
IV	stärker[1])	Eingänge und Küchen im Wohnungsbau, Terrassen, Verkaufs- und Wirtschaftsräume, Büros, Hotels, Schulen, Verwaltungsgebäude, Krankenhäuser usw.

[1]) Neue Glasuren sog. Hartglasuren, haben inzwischen zur Entwicklung glasierter Steinzeugfliesen geführt, deren Verschleißwiderstand weit über den Anforderungen der Abriebgruppe IV liegt. Daher ist eine neue internationale Norm (ISO) in Vorbereitung, die diese Qualitätssteigerung berücksichtigt.

In den letzten Jahren wurden sog. Hartglasuren entwickelt, die eine Ritzhärte nach Mohs von bis zu 8 erreichen (die Härteskala nach Mohs enthält 10 Härtegrade). Somit ist es nunmehr möglich, hartglasierte Bodenfliesen auch in hochbeanspruchte Objektbereiche einzusetzen, die bisher ausschließlich unglasierten Fliesen vorbehalten waren.

Unglasierte Steinzeugfliesen sind besonders strapazierfähig und geeignet für alle Boden- und Wandbeläge im Innen- und Außenbereich sowie zur Auskleidung von Becken und Behältern mit hoher mechanischer und chemischer Beanspruchung. Besonders beanspruchte Zonen wie beispielsweise vor Kassen, und Theken, in Geschäfts- und Restauranteingangsbereichen, Schalter- und Bahnhofshallen, Fußgängerpassagen mit großem Publikums- und Fahrverkehr sollten immer der unglasierten Fliese/Platte vorbehalten bleiben. Anders verhält es sich dagegen bei fleckbildenden Flüssigkeiten wie Öle, Fette und farbige Flüssigkeiten. Sie dringen in die (wenigen) Poren tief ein und sind dann nur noch sehr schwer zu entfernen. Erhöhte Fleckenbeständigkeit kann von unglasierten Steinzeugfliesen nur erwartet werden, wenn diese nach dem Verlegen mit einer geeigneten Imprägnierung behandelt wurden.

Regelabmessungen – Steingutfliesen: 150 × 150 – 150 × 200 mm. Steinzeugfliesen: 100 × 200 – 300 × 300 mm. Darüber hinaus gibt es noch eine Vielzahl von Sonderformaten, Kombinationsbelägen und kompletten Zubehörprogrammen.

Regelabmessungen – Klein- und Mittelmosaik: 20 × 20 und 50 × 50 mm. Fliesen, deren Fläche kleiner als 90 cm^2 ist, werden als Mosaik bezeichnet. Es wird auf einem Gewebeträger o.ä. in Form von Verlegetafeln (z.B. 30 × 50 cm) geliefert.

Feinsteinzeugfliesen

Die materialtechnische Besonderheit von Feinsteinzeug besteht vor allem in der extrem niedrigen Wasseraufnahme der unglasierten Platten. Während die DIN EN 176 als Mindestanforderung einen Mittelwert für die Wasseraufnahme von max. 3 Gew.-% nennt, liegt die Wasseraufnahme von Feinsteinzeugprodukten meistens unter 0,15 Gew.-%. Damit gelten diese Fliesen als vollkommen dicht gesintert. Sie haben eine so dichte Gefügestruktur, daß die Oberfläche – obwohl unglasiert – weitgehend fleckenunempfindlich und sehr gut zu reinigen ist. Daneben weisen die Feinsteinzeugprodukte auch noch all die anderen Vorteile von unglasiertem Material auf, wie etwa extrem hohe Strapazierfähigkeit und Oberflächenverschleißwiderstand. Im Feinsteinzeug vereinen sich demnach die positiven technischen Gebrauchseigenschaften glasierter Bodenfliesen mit denen unglasierter Materialien. Beim Einsatz von Feinsteinzeugbodenfliesen sind jedoch einige wichtige anwendungs- und verarbeitungstechnische Besonderheiten zu beachten [35]:

- Feinsteinzeugfliesen mit dichtgesintertem Scherben und derart extrem niedriger Wasseraufnahme sollten im Dünnbettverfahren nur mit kunststoffvergüteten Klebstoffen verlegt werden. Mit den üblichen hydraulisch abbindenden Dünnbettmörteln ist kein ausreichender Haftverbund zwischen Mörtel und Plattenrückseite sicherzustellen.
- Für die mechanische Bearbeitung von Feinsteinzeugfliesen sind unter Umständen diamantbestückte Schneid- und Bearbeitungswerkzeuge erforderlich, da ihre Ritzhärte nach der Härteskala von Mohs zwischen 7 und 8 liegt.
- Die Oberflächen von Feinsteinzeugfliesen können normal eben, leicht strukturiert, geschliffen und hochglanzpoliert sowie erhöht trittsicher gestaltet sein. Es ist darauf hinzuweisen, daß die rutschhemmenden Eigenschaften von hochglanzpolierten Plattenoberflächen – insbesondere bei Naßbeanspruchung – als nicht gut bezeichnet werden müssen. In Objekten, bei denen es auf Tritt- und Gleitsicherheit des Belages ankommt, sollten daher nur Platten mit strukturierter Oberfläche eingesetzt werden.

Regelabmessungen – Feinsteinzeugfliesen: 100 × 100 – 150 × 150 – 200 × 200 – 300 × 300 – 400 × 400 mm sowie Rechteck-, Sechseck-, Achteck- und Sonderformate mit komplettem Zubehörprogramm. Plattendicken üblicherweise von 9 bis 12 mm.

10.4.3.3 Grobkeramische Erzeugnisse: Keramische Spaltplatten

Keramische Spaltplatten gehören ebenfalls in die Gruppe der Steinzeugprodukte, die nach DIN 18166 zur Herstellung von witterungs- und korrosionsbeständigen Wand- und Bodenbelägen hoher Festigkeit geeignet sind. Die Rohstoffe sind Ton, Feldspat, Schamotte und 15% Wasser. Diese Ausgangsmischung wird in plastisch-feuchtem Zustand durch das Mundstück einer Vakuum-Strangpresse gepreßt, dabei zu Doppelplatten geformt, getrocknet, ggf. glasiert, bei Temperaturen über 1200 °C gebrannt und anschließend in Einzelplatten gespalten. Platten mit einer schwalbenschwanzförmig ausgebildeten Rückseite eignen sich zur Verlegung im Mörtelbett (Dickbettverfahren), diejenigen mit einer rillenförmigen Profilierung für das Dünnbettverfahren. Keramische Spaltplatten sind druck- und stoßfest, säure- und laugenbeständig, haben eine geringe Wasseraufnahme (3 bzw. 6 Gew.-%) und daher hohe Frostbeständigkeit. Sie werden in verschiedenen Formen, Farben, und Abmessungen, glasiert und unglasiert hergestellt. Weitere Einzelheiten über die Herstellung, Verarbeitung ung bautechnische Anwendung von keramischen Fliesen und Platten sind der Spezialliteratur [36] zu entnehmen.

Rutschhemmende Bodenbeläge müssen überall dort eingeplant werden, wo gleitfördernde Stoffe, wie zum Beispiel Wasser, Fett, Öl, Lebensmittel, Abfälle u. ä. auf den Boden gelangen und so die Rutschgefahr erhöhen können. Dementsprechend werden im

– **gewerblichen Bereich** bestimmte Arbeitsräume je nach der Größe der zu erwartenden Rutschgefahr vier Bewertungsgruppen (R 10 bis R 13) zugeordnet, wobei die Rutschgefahr von Gruppe R 10 nach R 13 zunimmt. Für Arbeitsräume, in denen besonders gleitfördende Stoffe – wie z. B. feste Gleitmassen aus Fleischresten – anfallen, muß unter der Gehebene noch ein zusätzlicher Verdrängungsraum vorhanden sein, und zwar in Form von Vertiefungen. Derartige Räume bzw. Bereiche werden mit V-Kennzahlen (V 4, V 6, V 8 und V 10) klassifiziert, wobei die Zahl die Größe des Verdrängungsraumes in cm^3/dm^2 angibt (Anwendungsbeispiel: Der Spülraum einer Gaststättenküche wird mit der Bewertungsgruppe R 12 der Rutschgefahr bewertet, die Größe des Mindestverdrängungsraumes mit V 4 angegeben). Weitere Einzelheiten sowie eine Zusammenstellung über Arbeitsräume mit erhöhter Rutschgefahr sind dem Merkblatt [37] der gewerblichen Berufsgenossenschaft zu entnehmen. Auch in
– **naßbelasteten Barfußbereichen,** wie sie beispielsweise in Schwimmbädern, Krankenhäusern, Wasch- und Duschräumen vorkommen, werden bestimmte Zonen – entsprechend den unterschiedlichen Rutschgefahren – Bewertungsgruppen A, B und C zugeordnet (wobei die Anforderungen an die Rutschhemmung von A bis C zunehmen). Für einzelne Bereiche sind Mindestneigungswinkel festgelegt. Die rutschhemmende Eigenschaft von Bodenbelägen für naßbelastete Barfußbereiche wird nach DIN 51 097 bestimmt. Die geprüften Bodenbeläge werden in eigener sog. Liste NB veröffentlicht. Dem vom Bundesverband der Unfallversicherungsträger herausgegebenen Merkblatt [38] sind weitere Angaben zu entnehmen.

Regelabmessungen – Spaltplatten: 240 × 115 – 240 × 240 – 240 × 52 – 194 × 194 – 194 × 94 mm sowie Sechseck-, Achteck- und Sonderformate mit komplettem Zubehörprogramm. Plattendicken von 8 bis 25 (40) mm. Verlegung, Aufmaß und Abrechnung nach VOB Teil C, DIN 18352, Fliesen- und Plattenarbeiten.

10.4.3.4 Fußbodenkonstruktionen mit Fiesen- und Plattenbelägen

Hartbeläge – darunter versteht man keramische Fliesen und Platten, Naturwerkstein und Betonwerkstein – können entweder unmittelbar auf massivem Untergrund, auf Estrich mit Trennschicht oder auf einem schwimmenden Estrich verlegt werden.

Hartbeläge auf tragendem Untergrund. Sogenannte Verbundbeläge werden überall dort eingesetzt, wo hohe mechanische Belastungen zu erwarten sind (Industriefußböden) und die Belagkonstruktion keine Anforderungen an den Wärme-, Schall- oder Feuchteschutz zu erfüllen hat. Das Prinzip der Verbundkonstruktion besteht darin, daß alle Schichten – Belag, Kleber, Verbundestrich bzw. Verlegemörtel – eine vollflächige und kraftschlüssige Verbindung untereinander und mit dem tragenden Untergrund aufweisen. Von ausschlaggebender Bedeutung ist vor allem die Verbindung zwischen Verbundestrich bzw. Verlegemörtel zum tragenden Untergrund. Wie in Abschn. 10.3.7.2 näher erläutert, muß daher auf den sorgfältig gesäuberten Betonuntergrund immer zuerst eine Haftbrücke (Kontaktschicht) aufgetragen werden (Bild **10.44** a).

Fliesen- und Plattenbeläge können entweder im Dünnbett auf einen bereits erhärteten Verbundestrich aufgeklebt oder im Dickbettverfahren in ein frisch aufgezogenes Zementmörtelbett verlegt werden. Die Mindestdicke des Mörtelbettes sollte 30 mm betragen. Die entsprechenden Festigkeitsklassen von Verbundestrichen sind Abschn. 10.3.7.1 zu entnehmen. Mit dem Aufbringen von Belägen ist jedoch Vorsicht geboten, solange der Untergrund noch starke Formänderungen anzeigt (z. B. beim Schwindprozeß einer noch jungen Stahlbetondecke oder eines zementgebundenen

Verbundestriches). Da der Oberbelag den Verformungen des Untergrundes nicht folgt (hoher E-Modul), kann es zu Schubspannungen kommen, die vom Verbund nicht mehr aufgenommen werden können. Aus diesem Grund sind entsprechende Wartezeiten einzuhalten, und zwar müssen Verlegeflächen aus Beton zum Zeitpunkt der Belagverlegung ein Mindestalter von 6 Monaten, zementgebundene Verbundestriche ein solches von 28 Tagen aufweisen. Die Anordnung von Feldbegrenzungsfugen ist bei Verbundestrichen zu unterlassen. Gebäudetrennfugen sind gemäß Abschn. 10.3.7.3 vorzusehen und auszubilden.

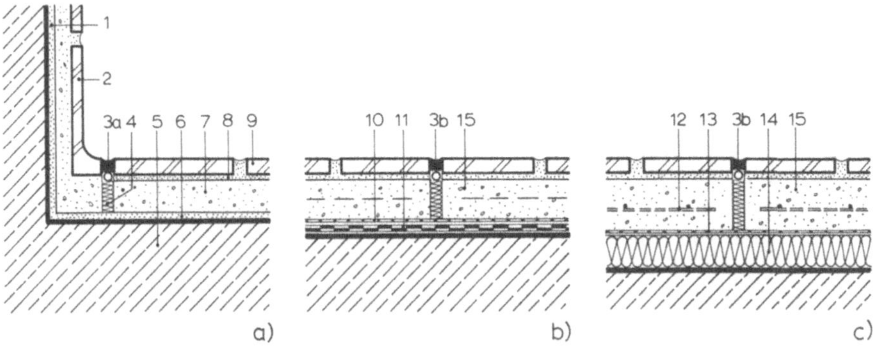

10.44 Schematische Darstellung von Bodenkonstruktionen mit Fliesenbelägen und Bewegungsfugen

a) Belag auf tragendem Untergrund. Bei Verbundkonstruktionen ist die Anordnung von Feldbegrenzungsfugen zu unterlassen. Auch Randfugen sind nur bei großen Flächen und hoher thermischer Beanspruchung erforderlich (Ausnahmefall).

b) Belag auf Estrich mit Trennschicht. Zementestrich oder Mörtelbett über Abdichtung mit Trenn- bzw. Gleitschicht und Feldbegrenzungsfuge

c) Belag auf Estrich mit Dämmschicht. Bewehrte Zementestrichplatte über Dämmschicht mit Abdeckung und Feldbegrenzungsfuge

1 Spritzbewurf auf Betonwand
2 Kehlsockel
3a Randfuge
3b Feldbegrenzungsfuge
4 Vorfüllprofil mit elastischer Fugenmasse
5 Betondecke (tragender Untergrund)
6 Haftbrücke (Kontaktschicht)
7 Verbundestrich oder Zementmörtelbett
8 Dünnbettmörtel oder Klebstoff
9 keramischer Bodenbelag (Hartbelag)
10 Trenn- bzw. Gleitschicht (PE-Folie 0,1 mm, zweilagig)
11 Abdichtung gegen Feuchtigkeit
12 Bewehrung (z. B. Betonstahlmatten)
13 Abdeckung (z. B. PE-Folie 0,1 mm, einlagig)
14 Dämmschicht
15 Zementestrich

Hartbeläge auf Estrich mit Trennschicht. Fußbodenkonstruktionen auf Trennschicht werden vor allem aus bautechnischen oder bauphysikalischen Gründen eingesetzt (vgl. hierzu Abschn. 10.3.7.2, Estrichkonstruktionen). Da durch das Einfügen der Trennschicht kein Haftverbund mit dem tragenden Untergrund besteht, können sich Deckenauflage und Tragdecke unabhängig voneinander bewegen. Voraussetzung ist jedoch, daß elastische Randfugen zwischen der Bodenkonstruktion und allen aufgehenden Bauteilen sowie eine zweilagig ausgebildete Trenn- bzw. Gleitschicht über dem tragenden Untergrund oder der Feuchtigkeitsabdichtung angeordnet werden (Bild **10.**44 b). Je nach Estrichart können Feldbegrenzungsfugen notwendig sein. Gebäudetrennfugen sind gemäß Abschn. 10.3.7.3 vorzusehen und auszubilden.

Fliesen- und Plattenbeläge können entweder im Dünnbett auf einem bereits erhärteten Estrich auf Trennschicht aufgeklebt oder im Dickbettverfahren in ein frisch aufgezogenens, mind. 40 mm dickes Zementmörtelbett verlegt werden. Bei Hartbelägen ist in die zementgebundene Estrichschicht immer auch eine Bewehrung aus Betonstahlmatten einzubauen. Um konvexe Verwölbungen beim Schwindprozeß der Deckenauflage weitgehend zu vermeiden, muß eine möglichst schwindarme Estrich- bzw. Mörtelschicht hergestellt werden und der Zementestrich auf Trennschicht beim Aufbringen des Belages ein Mindestalter von 28 Tagen aufweisen. Die entsprechenden Festigkeitsklassen von Estrich auf Trennschicht sind Abschn. 10.3.7.1, die zulässigen Feuchtigkeitswerte (Belegreife) Tabelle **10.**20 zu entnehmen.

Hartbeläge auf Estrich mit Dämmschicht. Schwimmende Belagkonstruktionen werden vor allem aus schall- und/oder wärmetechnischen Gründen eingebaut. Der Gesamtaufbau dieser Fußbodenkonstruktion sowie Art, Anordnung und Dicke der einzelnen Schichten, insbesondere der Dämmung und Abdichtung sowie die Anordnung von Bewegungsfugen, sind in den Abschnitten 10.3.2 bis 10.3.7 im einzelnen erläutert.

Fliesen- und Plattenbeläge werden in der Regel auf einer erhärteten, mind. 45 mm dicken Lastverteilungsschicht (Estrich) aufgebracht, und zwar entweder im Dünnbett- oder Dickbettverfahren (Bild **10.**45). Eine direkte Verlegung der Platten in ein frisch über der Dämmschicht aufgezogenes Zementmörtelbett (sog. estrichgerechtes Mörtelbett) ist ebenfalls möglich (Bild **10.**41 c). Vorteilhaft wirkt sich hier die kürzere Trockenzeit und niedrigere Konstruktionshöhe aus. Diese Verlegeart sollte jedoch auf kleinere Flächen beschränkt bleiben, da verstärkt die Gefahr der Aufwölbung und Rissebildung besteht. Um generell konvexe Verwölbungen beim Schwindprozeß des Verbundsystemes Belag/Zementestrich weitgehend zu vermeiden, muß immer eine möglichst schwindarme Lastverteilungsschicht hergestellt (Mischungsverhältnis Zement: Sand in RTL 1 : 5) und diese beim Aufbringen des Belages ein Mindestalter von 28 Tagen aufweisen. Außerdem ist bei Hartbelägen eine Bewehrung aus Betonstahlmatten einzubauen.

Die entsprechenden Festigkeitsklassen von Estrich auf Dämmschicht sind Abschn. 10.3.7.1, die zulässigen Feuchtigkeitswerte (Belegreife) Tabelle **10.**20 zu entnehmen. Hartbeläge auf beheizten Fußbodenkonstruktionen sind in Abschn. 10.3.8 beschrieben. Auf die vom Zentralverband des Deutschen Baugewerbes herausgegebenen Merkblätter [18], [39] wird besonders hingewiesen.

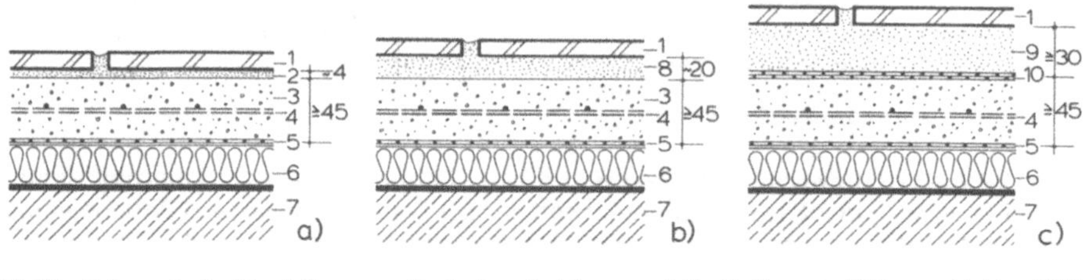

10.45 Schematische Darstellung von Bodenkonstruktionen mit Hartbelägen auf Dämmschichten [39]
a) Verlegung im Dünnbett auf erhärtetem Zementestrich
b) Verlegung im Dickbett auf erhärtetem Zementestrich
c) Verlegung im Dickbett auf Trennschicht (oder Abdichtung) und erhärtetem Zementestrich

1 Hartbeläge: keramische Fliesen und Platten, Naturwerkstein, Betonwerkstein
2 Dünnbettmörtel oder Klebstoff
3 erhärteter Zementestrich
4 Bewehrung (z. B. Betonstahlmatten)
5 Abdeckung (z. B. PE-Folie 0,1 mm, einlagig)
6 Dämmschichten
7 Betondecke (tragender Untergrund)
8 Verlegemörtel i. M. 20 mm dick
9 Dickbett-Mörtelbett ≧ 30 mm
10 Trenn- bzw. Gleitschicht (PE-Folie, zweilagig)

10.4.3.5 Verlegetechniken

Hartbeläge können im Dickbett- oder Dünnbettverfahren verlegt werden. In jedem Fall müssen die jeweiligen Verlegeuntergründe das vorgeschriebene Mindestalter, die notwendige Festigkeit und Belegreife aufweisen sowie entsprechende Bewegungsfugen eingeplant sein. Außerdem ist immer eine möglichst vollsatte Verlegung der Fliesen und Platten anzustreben.

Dickbettverfahren

Dem Dickbettverfahren (konventionelle Verlegung) wird der Vorzug gegeben, wenn die vorhandene Verlegefläche/Estrich unregelmäßig und nicht eben abgezogen ist oder ungleich dicke Platten verlegt werden sollen. Um eine möglichst innige Verbindung zwischen Verlegefläche und Mörtelbett zu bekommen, ist zunächst eine Haftbrücke (Kontaktschicht gemäß Abschn. 10.3.7.2) aufzubringen. Auf das mit der Setzlatte abgezogene, leicht verdichtete, im Mittel 20 mm dicke Zementmörtelbett (Mischungsverhältnis Zement : gemischtkörniger Sand im RTL 1 : 4 bis 1 : 5) werden dann die Fliesen und Platten eingelegt und gut angeklopft. Zuvor ist das Mörtelbett entweder mit Zement zu pudern (Verlegehinweise beachten!) oder mit einer dünnen Zementschlämme zu überstreichen, um auch für den Belag einen möglichst guten Haftverbund zu erzielen.

Verfärbungen an fertig eingebauten **Naturwerksteinbelägen** sind in den letzten Jahren verstärkt aufgetreten. Sie werden einmal dadurch hervorgerufen, daß sich bestimmte Gesteinsinhaltsstoffe (organische oder mineralische Ablagerungen) durch das aufsteigende Mörtelwasser in färbende Substanzen lösen, mit diesem zusammen durch den Stein wandern und nach dem Verdunsten als Verfärbungen an der Oberfläche sichtbar werden. Verfärbende Stoffe können jedoch auch in Zementen und Zuschlagstoffen vorhanden sein oder von den Fugen her in die Platten einwandern (Überschußwasser vom Fugenmörtel, Reinigungswasser usw.). Bei der Verlegung von Naturwerksteinplatten ist deshalb darauf zu achten, daß die Lastverteilungsschicht einen möglichst geringen Feuchtigkeitsgehalt aufweist (Tab. **10**.20) und als Bindemittel nur reiner Traßzement oder Spezialzemente (Schnellzemente), welche das Anmachwasser rasch binden, verwendet werden. Für die Dünnbettverlegung eignet sich hydraulisch erhärtender Mörtel. Damit das Mörtelbett schnell austrocknen kann, müssen die Fugen – vor allem bei konventioneller Verlegung – möglichst lange offengehalten werden. Auf die Verwendung geeigneter Fugenmörtel und Dichtstoffe (Randverfärbungen durch ausgewanderte Weichmacher!) ist zu achten. Die Verwendung von Pflegemitteln ist auf das unbedingt notwendige Maß zu beschränken.

Dünnbettverfahren

Voraussetzung für das Verlegen von keramischen Fliesen und Platten (Hartbelägen) im Dünnbettverfahren sind ausreichend ebenflächige Verlegeuntergründe (z. B. Estriche, Gipskartonplatten, Holzspanplatten). Für die Beurteilung ihrer Ebenflächigkeit gilt Tabelle **10**.2. Darüber hinaus müssen die Verlegeuntergründe ausgehärtet, tragfähig und frei von durchgehenden Rissen sein. Nach dem Aufbringen der Bekleidungsstoffe dürfen sie sich außerdem nur noch begrenzt verformen. Daher müssen Verlegeflächen aus Beton ein Mindestalter von 6 Monaten aufweisen und Zementestriche mind. 28 Tage alt sein. Bei der Verlegung von Fliesen auf Holzspanplatten sind besondere Maßnahmen zu beachten [40]:

Die Verwendung von **Holzspanplatten** als Verlegeuntergrund für Keramik- und Natursteinbeläge ist nicht unproblematisch und immer mit einem Risiko verbunden. So unterscheidet sich das Bewegungsverhalten von Spanplatten bie Feuchtigkeitseinwirkung wesentlich von dem eines Hartbelages. Während sich die Spanplatte dabei ausgedehnt bzw. beim Trockenvorgang schwindet, verändern sich die Keramik- und Steinbeläge dadurch nur unwesentlich. Daher sollten Holzspanplatten als Verlegeuntergrund für derartige Beläge nur in Trockenbereichen (ggf. auch in Räumen mit geringfügiger Feuchtigkeitsbeanspruchung) eingesetzt werden.

Verwendet werden in der Regel Holzspanplatten V100G nach DIN 68763, mind. 25 mm dick, mit Nut- und Feder-Kantenausbildung und einem Feuchtigkeitsgehalt von 8% zum Zeitpunkt des Einbaues. Um die Feuchtigkeitsaufnahme zu reduzieren, sind die Spanplatten vor dem Verlegen **allseitig** mit einer auf den Dünnbettklebestoff abgestimmten Kunstharzlösung zu grundieren. Mögliche Verlegearten und Unterbodenkonstruktionen sind in Abschn. 10.3.7.4 näher beschrieben. Für die Verlegung von Keramik- und Steinbelägen auf Holzspanplatten eignen sich Reaktionsharzklebstoffe. Wasserhaltige Dispersionsklebestoffe sind hierfür nicht geeignet! Die Fliesengröße sollte 150 × 150 mm nicht übersteigen. Zum Verfugen eignen sich vorgefertigte Fugenmörtel mit Kunststoffzusätzen, die das Verformungsverhalten günstig beeinflussen.

Das Dünnbettverfahren eignet sich zum Aufbringen keramischer Bekleidungsstoffe und anderer Hartbeläge entsprechender Beschaffenheit. In den Normen DIN 18156 T1 bis T4 sind die einzelnen Stoffe, in DIN 18157 T1 bis T3 die Ausführung keramischer Bekleidungen im Dünnbettverfahren näher beschrieben. Danach unterscheidet man Dünnbettmörtel und Klebstoffe, die in der Regel mit einem Kammspachtel, etwa 2 bis 6 mm dick, aufgetragen werden. Die bestmögliche Bettung und Haftfestigkeit wird mit dem sog. Floating-Buttering-Verfahren (Mörtelauftrag auf die Verlegefläche und die Rückseite der Fliese) erzielt. Abhängig von der Art der Unterkonstruktion bzw. Verlegefläche und den zu erwartenden Beanspruchungen (Anwendungsbereiche) können wahlweise folgende Mörtel bzw. Klebstoffe eingesetzt werden:

- **Hydraulisch erhärtende Dünnbettmörtel** sind Gemische aus hydraulischen Bindemitteln (Portland- oder Traßzement), mineralischen Zuschlagstoffen und organischen Zusätzen (Kunststoffen). Diese Trockengemische werden unmittelbar vor dem Verarbeiten mit Wasser angemacht. Sie entwickeln relativ hohe Endfestigkeiten und eignen sich daher für starre Verklebungen auf verformungsarmen, mineralischen Untergründen. Nicht geeignet sind dagegen Verlegeflächen aus Holz, Holzwerkstoffen, Metalle und Kunststoffen. Außerdem sind sie wasserfest und frostbeständig, so daß sie in Naßbereichen und auch außerhalb von Gebäuden eingesetzt werden können.
- **Dispersionsklebestoffe** sind werkmäßig hergestellte Gemische aus organischen Bindemitteln (wäßrige Dispersionen) und mineralischen Füllstoffen. Sie werden gebrauchsfertig (pastös) angeliefert und erhärten durch Verdunstung des Wassers. Da sie nicht frostbeständig und nur beschränkt wasserfest sind, können sie nicht im Außenbereich und nicht in Räumen mit starker und ständiger Feuchtigkeitsbeanspruchung (ausgenommen häusliche Bäder) verwendet werden. Dagegen zeigen sie in erhärtetem Zustand günstigere Elastizitätswerte als die zementgebundenen Dünnbettmörtel, was ihren Einsatz auf entsprechend verformungsfähigen Untergründen ermöglicht. Auf Grund ihrer geringeren Druckfestigkeit werden sie vor allem für Wandbekleidungen und weniger für Bodenbeläge verwendet.
- **Reaktionsharzklebstoffe** sind mit mineralischen Stoffen gefüllte Kunstharze (Zweikomponentenkleber), die nach dem Mischen durch chemische Reaktion erhärten und deren Eigenschaften durch die Auswahl entsprechender Kunstharze angepaßt werden können. So sind Reaktionsharzkleber auf der Basis von Epoxidharz frostbeständig und wasserfest sowie mechanisch und chemisch hochbeständig (Säureschutzbau), aber relativ teuer. Kleber auf Polyurethanbasis bleiben elastisch, weshalb sie auf stark verformenden oder vibrierenden Untergründen (z. B. Holzspanplatten) verwendet werden. Vollflächig lückenlos aufgetragene Schichten ergeben wasserdichte Flächen. Reaktionsharzkleber werden außerdem dort eingesetzt, wo eine schnelle Aushärtung notwendig ist. Sie ergeben jedoch eine nahezu wasserdampfdichte Verklebung (Vorsicht – Dampfsperre!) und sind wesentlich teurer als die vorgenannten Kleberarten.
- **Elastikkleber oder Dichtkleber** sind schon seit einigen Jahren auf dem Markt, in DIN 18156 jedoch noch nicht genormt. Sie bestehen aus hydraulisch erhärtendem Mörtel und Kunststoffdispersion. Nach dem Abbinden sind sie wasserfest und frostbeständig sowie dampfdurchlässig. Sie eignen sich daher besonders gut zur wasserdichten Fliesenverklebung in Sanitär- und Naßräumen. Vgl. hierzu Abschn. 10.3.3.2, Mäßig beanspruchte Abdichtungen im Verbund mit keramischen Fliesen und Platten. Da sie außerdem noch ein günstiges Verformungsverhalten aufweisen, können sie zum Verkleben von Keramik- und Steinbelägen auf Trockenestrichen (z. B. Gipskartonplatten) sowie auf Estrichen mit Fußbodenheizung eingesetzt werden.

Verfugung

Die Fliesen- und Plattenbeläge sollen nach dem Verlegen noch einige Tage mit offenen Fugen austrocknen. Eine längere Wartezeit ist vor allem bei der Dickbettverlegung, insbesondere bei Naturwerksteinbelägen, zwingend notwendig. Nach dem Erhärten des Verlegemörtels/Klebstoffes werden die Fugen mit einem feinen Zementmörtel ausgefugt (Zement : Sand in RTL 1 : 3 bis 1 : 4). Je breiter die Fuge ist, desto magerer sollte der Fugenmörtel sein. Fertigfugenmörtel sind meist mit Kunststoffzusätzen vergütet.

Farbige Fertigfugenmörtel enthalten außerdem noch Farbpigmente, die unter Umständen über die Kanten einwandern und sich in der Oberfläche von unglasierten Fliesen oder empfindlichen Naturwerksteinplatten festsetzen können und dort unschöne Verfärbungen bilden. Chemikalienbeständige und weitgehend flüssigkeitsdichte Fugen lassen sich mit Epoxidharz-Fugenmörtel herstellen.

Die Fugenbreite variiert je nach Plattengröße und Erzeugnis zwischen 2 bis 10 mm. Bei schmalen Fugen und bei Belägen mit dichter Oberfläche wird der Fugenmörtel (in plastischer Konsistenz) mit dem Gummirakel in die Fugen eingezogen. Fugen bei Belägen mit rauhen/unglasierten Oberflächen und breitere Fugen werden mit dem Fugeneisen ausgefugt. Erst danach dürfen bei Hartbelägen die überstehenden Randstreifen mit Abdeckung abgeschnitten werden. Die üblicherweise 5 mm breite Anschlußfuge zwischen Bodenbelag und Sockelfliese ist mit elastischer Fugendichtungsmasse zu schließen. Die anschließende Reinigung des Fliesen- und Plattenbelages erfolgt mit Wasser bzw. Weichholzsägemehl. Ein unter Umständen noch vorhandener Zementschleier ist mit einem Spezialreinigungsmittel oder einer verdünnten Essigsäure vorsichtig zu entfernen.

10.4.4 Bodenbeläge aus zementgebundenen Bestandteilen

Zementgebundene Böden gibt es in Form von Estrich-, Platten- und Pflastersteinbelägen. Sie zeichnen sich vor allem durch ihre hohe mechanische Beanspruchbarkeit und vielfältige Oberflächengestaltung aus. Als nachteilig werden die relativ hohen Wärmeableitwerte, ihre geringe Eigenelastizität sowie die beim Begehen entstehenden, hohen Luftschallwerte angesehen.

Betonwerksteinplatten

Betonwerkstein nach DIN 18500 ist ein Kunststein, der unter Verwendung eines Bindemittels (Zement), Zuschlägen, Wasser und ggf. Zusatzstoffen (Pigmente) hergestellt wird. Als Zuschläge werden zerkleinerte Gesteinskrümel meist in Verbindung mit größeren Kieseln bzw. Gesteinsbruch aus natürlichen Weich- und Hartgesteinen verwandt. Diese Zuschläge geben den Betonwerksteinplatten ihr typisches, vielfältig variierendes Aussehen. Bestimmend für die Auswahl ist ihre Festigkeit, Bearbeitbarkeit, Farbigkeit und ggf. Frostbeständigkeit. Die Platten können ein- oder zweischichtig hergestellt werden.

Einschichtige Betonwerksteinplatten werden von großen, vorgegossenen Blöcken aus reinem Vorsatzbeton gesägt. Diese Platten sind in jedem beliebigen Format und jeder Dicke lieferbar. Sie zeichnen sich durch einen absolut gleichmäßigen, homogenen Aufbau und eine sehr dichte Oberfläche aus. Bodenplatten aus Betonwerkstein werden in der Regel jedoch zweischichtig – bestehend aus einem Vorsatzbeton und Unterbeton – maschinell in Plattenpressen gefertigt. Die Dicke der schleiffähigen und abriebfesten Vorsatzschicht liegt zwischen 10 und 15 mm. Die Sichtflächen der für den Innenbereich bestimmten Platten werden nach dem Erhärten werkseitig mehrmals naß geschliffen und gespachtelt. Wird eine absolut planebene Bodenfläche – d. h. ohne kleinere Höhenversätze zwischen benachbarten Platten – gefordert, so kann der Belag auch noch nach der Verlegung vor Ort vollflächig mit einer Fußbodenschleifmaschine überschliffen werden. Dabei wird ein erneutes Spachteln und Feinschleifen notwendig. Ob nach der Verlegung die Fugen betont oder möglichst unsichtbar bleiben sollen, hängt von der Fugenbreite (je nach Plattenformat 3 bis 5 mm) und der gewählten Farbe des Fugenmörtels ab. Zur Vertiefung der Plattenfarbe kann flüssiges oder festes Wachs (Polierwachs) aufgetragen, zur zusätzlichen Härtung (Verkieselung) der Oberfläche ein Härtefluat aufgebracht werden. Auf die entsprechende Spezialliteratur [41] wird verwiesen.

Platten für den Außenbereich (sog. Waschbetonplatten) entstehen durch Auswaschen der obersten Mörtelschicht; dabei wird der Feinmörtel entfernt und das Grobkorn zu etwa einem Drittel seines Durchmessers freigelegt. Zwischen Herstellungs- und Verlegetermin sollten mind. 4 Wochen liegen (Druckfestigkeit). Die Gütewerte sind DIN 18500 zu entnehmen.

Die Anordnung und Ausbildung von Bewegungsfugen sind in Abschn. 10.3.7.3, Fußbodenkonstruktionen mit Plattenbelägen in Abschn. 10.4.3.4 sowie die Verlegetechniken von Hartbelägen in Abschn. 10.4.3.5 beschrieben. Verlegung, Aufmaß und Abrechnung erfolgt nach VOB Teil C, DIN 18333, Betonwerksteinarbeiten.

Regelabmessungen – Betonwerksteinplatten (nicht genormt): 25 × 25 × 2,2 – 30 × 30 × 2,7 – 40 × 40 × 4,0 – 50 × 50 × 5,0 cm. Vorzugsmaße von einschichtigen, gesägten Betonwerksteinplatten 60 × 33 × 1,8 cm.

Terrazzofußboden

Der Terrazzoboden ist eine Verbundkonstruktion, die sich – ähnlich wie die zweischichtig vorgefertigten Betonwerksteinplatten – aus einem 30 mm dicken Unterbeton und einer kraftschlüssig darauf aufgebrachten, etwa 20 mm dicken Terrazzo-Vorsatzschicht zusammensetzt. Der Terrazzovorsatz besteht aus gut schleifbaren Zuschlägen verschiedener Korngröße (Kalkstein, Marmorsplitt), weißem oder grauem Portlandzement als Bindemittel, Wasser und ggf. Zusatzstoffen (Pigmente). Während jedoch die Betonwerksteinplatten seriell, in nahezu gleichbleibender Zusammensetzung im Betonwerk gefertigt und an der Baustelle nur noch verlegt werden, wird der Terrazzoboden an Ort und Stelle hergestellt und bearbeitet. Der fertige Belag ist dann eine durchgehende, fugenlose Fläche. Lediglich Trennschienen aus Messing oder Kunststoff, 30 mm hoch, unterteilen den Boden in Abständen von 3 bis 5 m. Sie stellen Sollbruchstellen dar, die das unkontrollierte Reißen des Terrazzos weitgehend verhindern. Der Unterboden kann entweder direkt auf einem tragenden Untergrund (vgl. hierzu Abschn. 10.3.7.2, Zementgebundener Verbundestrich) aufgebracht oder über einer Trennschicht bzw. schwimmend auf Dämmschichten verlegt werden. Möglichst bald nach Erstellen des Unterbetons soll der Terrazzovorsatz auf diesen aufgezogen werden, um eine innige Verbindung beider Schichten zu erreichen. Nach dem Einbringen wird die Vorsatzschicht gleichmäßig durch Walzen verdichtet und die freiwerdende Zementschlämme abgezogen. Durch Zugabe von Fließmitteln ist es auch möglich, die Vorsatzschicht pumpfähig zu machen. Dieser sog. **Fließterrazzo** braucht nicht mehr gewalzt, sondern nur noch mit einer Latte gleichmäßig abgezogen zu werden. Etwa 5 Tage nach dem Einbau kann die Vorsatzschicht geschliffen, gespachtelt und feingeschliffen werden. Die Ausbildung der Boden-Wandanschlüsse ist ähnlich wie bei den Betonwerksteinplatten; erhältlich sind auch farblich passende, vorgefertigte Kehlsockel-Formstücke. Nach der anschließenden Reinigung darf der Boden keinesfalls sofort mit Wachs o. ä. behandelt werden. Dies hätte eine zu frühe Schließung der Kapillare (Poren) zur Folge und könnte zu häßlichen Fleickenbildungen führen. Weitere Einzelheiten sind der Spezialliteratur [42] zu entnehmen.

Terrazzoböden sind sehr strapazierfähig, einfach zu überarbeiten, nicht brennbar und vielfältig gestaltbar. Als nachteilig wird die relativ lange Herstellungs-, Nachbearbeitungs- und Trockenzeit angesehen. Herstellung, Aufmaß und Abrechnung nach VOB Teil C, DIN 18353, Estricharbeiten.

10.4.5 Bodenbeläge aus bitumengebundenen Bestandteilen

Bitumengebundene Böden gibt es in Form von ein- und mehrschichtigen Estrich- und Plattenbelägen (Gußasphalt als Nutzboden bleibt hier unberücksichtigt). Durch die Wahl geeigneter Bindemittel (z. B. Bitumen) und mineralischer Zuschlagstoffe (Sand, Kies, Gesteinssplitt) können sie so eingestellt werden, daß sie gegen chemische Einflüsse wie beispielsweise Säuren, Laugen, Fette, Öle und Lösungsmittel widerstandsfähig sind. Da sie den jeweiligen Beanspruchungen angepaßt werden können, eignen sie sich besonders für Industrieböden (z. B. Werkstätten, Laboratorien, Markthallen), aber auch als Bodenbelag in Kirchen, Versammlungsstätten u. ä. Von den zahlreichen Belagarten sind vor allem die Asphaltplattenbeläge von Interesse.

Asphaltplatten bestehen aus einem Gemisch aus Naturasphaltrohmehl oder gemahlenem Naturgestein (Zuschläge) und Bitumen (Bindemittel), das unter hohem Druck und Wärme zu Fußbodenplatten gepreßt wird. Sie sind maßhaltig, sehr strapazierfähig, trittschalldämpfend, rutschsicher und vor allem relativ fußwarm. Außerdem isolieren sie gegen elektrische Ströme, brennen nicht (schwerentflammbar), sind leicht zu reinigen und – je nach Ausführung – widerstandsfähig gegen Benzin, mineralische Öle und Säuren sowie elektrisch leitfähig (wenn erforderlich). Asphaltplatten jeglicher Art sind jedoch vor aufsteigender Bodenfeuchtigkeit zu schützen. Vgl. hierzu auch [43] sowie AGI – Arbeitsblatt A60 [44]. Folgende Plattenarten werden hergestellt:

- **Hochdruck-Asphaltplatten.** Sie werden überall dort eingesetzt, wo der Bodenbelag vor allem rein mechanisch beansprucht wird und nicht mit Ölen, Fetten, Benzin, Säuren und Laugen in Berührung kommt. Auch soll er nicht in ausgesprochenen Feucht- bzw. Naßräumen verlegt werden. Die Platten sind verschleißfest und haben selbst bei stärkster Beanspruchung einen kaum meßbaren Abrieb. In bezug auf Einfärbung und Kornfarbe gibt es unterschiedliche Plattenprodukte.
- **Hochdruck-Asphaltplatten (mineralölfest).** Sie enthalten Steinkohlenteerpech anstelle von Bitumen als Bindemittel und werden auch als Homogen-Asphaltplatten bezeichnet. Sonst haben sie die gleichen physikalischen Eigenschaften wie die Hochdruck-Asphaltplatten; sie sind jedoch weitgehend beständig gegen mineralische Öle und Benzin (ausgenommen Säuren und Laugen) sowie witterungs- und frostbeständig.
- **Hochdurck-Asphaltplatten (säurefest).** Durch Beimischung säurefester Mineralien (Quarz) als Zuschlagstoffe sind diese Platten beständig gegen nicht oxidierende Säuren und Laugen, jedoch nicht beständig gegen Teeröle, Mineralöle usw. Ein Bescheid über die Eignung der Platten ist beim Hersteller rechtzeitig einzuholen.
- **Terrazzo-Asphaltplatten.** Diese Verbundplatten bestehen aus einer Unterschicht (= Asphaltmaterial) und einer Vorsatzschicht (= Betonwerkstein-Terrazzo). Beide Schichten sind etwa gleich dick. Sie verbinden die guten Eigenschaften von Betonwerkstein (z. B. Farbenvielfalt, abriebfeste Oberfläche, einfache Pflege) mit den besonderen physikalischen Vorzügen der Asphaltplatten (z. B. niedrige Wärmeleitzahl, Trittschalldämmung). Bezüglich der Kornabstufung der Vorsatzschicht unterscheidet man Grob-, Mittel- und Feinkornplatten. Terrazzo-Asphaltplatten werden nach DIN 18354 hergestellt, die Terrazzo-Vorsatzschicht muß DIN 18500 entsprechen.

Die Güteanforderungen für Hochdruck-Asphaltplatten sind im AGI–Arbeitsblatt A60 [44] aufgeführt. Angaben über die Anordnung und Ausführung von Bewegungsfugen sind Abschn. 10.3.7.3, über Fußbodenkonstruktionen mit Plattenbelägen Abschn. 10.4.3.4 und über die Verlegetechniken Abschn. 10.4.3.5 zu entnehmen. Für Nebenleistungen, Aufmaß und Abrechnung gilt VOB Teil C, DIN 18354, Asphaltbelagarbeiten.

Regelabmessungen – Hochdruck-Asphaltplatten: 20 × 10 – 25 × 25 cm. Dicken je nach Verwendungszweck und Belastung zwischen 2 und 5 cm.

Regelabmessungen – Terrazzo-Asphaltplatten: Grobkorn-Platten 30 × 30 cm, Fein- und Mittelkorn-Platten 25 × 25 cm, Dicken zwischen 2,9 und 3,4 cm. Passend zu den einzelnen Plattenarten werden Sockelstücke hergestellt.

10.4.6 Bodenbeläge aus Holz und Holzwerkstoffen: Holzfußbodenbeläge

Holzfußböden haben sich über Jahrhunderte hinweg bewährt und sind nach wie vor geschätzt. Die weitgehende Ablösung der Holzbalkendecke durch die Betondecke sowie immer rationellere Verarbeitungs- und Verlegemethoden führten zu erheblichen Wandlungen auf dem Gebiet des Holzfußbodenbaues. Die Entwicklung des Holzfußbodens zu einem modernen Ausbauelement ermöglichten vor allem neue holztechnologische Erkenntnisse, industrielle Fertigungsmethoden, verbesserte Klebstoffe und Versiegelungsmittel, das Aufkommen neuartiger Trockenunterbodenkonstruktionen sowie der Einsatz exotischer Hölzer auf Grund ihrer hohen Abriebfestigkeit und farbigen Schönheit. In Anbetracht der fortschreitenden Zerstörung der tropischen Regenwälder ist beim letztgenannten Aspekt sicherlich ein Umdenken vonnöten und der Einsatz dieser wertvollen Hölzer als Bodenbelag auf ein Mindestmaß zu reduzieren. Wesentliche Eigenschaften des Holzfußbodens lassen sich aus dem Basismaterial Holz ableiten:

Als Vorteile sind zu nennen:
- geringe Wärmeableitung (fußwarmer Belag),
- günstige Trittschallverbesserungswerte (abhängig von der gesamten Unterbodenkonstruktion),
- relativ günstige Trittelastizität bei fachgerechter Verlegung,
- geringe elektrische Leitfähigkeit (Isolationswirkung) ohne elektrostatische Aufladeerscheinungen,
- relativ hohe Abriebfestigkeit (abhängig von der Holzhärte und Qualität der Versiegelung),
- eine Vielfalt von Holzarten, Farbtönungen, Verlegemustern (interessantes Gestaltungselement).

Nachteile können sich unter Umständen ergeben
- aus dem Schwinden und Quellen des Holzes (hygroskopisches Verhalten),
- durch unsachgemäße Verlegung (z. B. ungenügender Schutz vor Feuchtigkeitseinwirkung),
- bei zu schwerer, stoßartig oder punktförmig auftretender Lasteinwirkung,
- bei zu intensiver mechanischer Beanspruchung (Abschliff und Nachversiegelung bei „Laufstraßen"),
- durch überzogene Forderungen an den Oberflächenglanz des Versiegelungsfilmes („Speckschicht").

Einteilung und Benennung von Holzfußbodenbelägen – Überblick:

Dielen-Holzfußboden

Parkett-Holzfußboden

Stabparkett
- Parkettstäbe (DIN 280 T1)
- Parkettriemen (DIN 280 T1)

Mosaikparkett
- Mosaikparkett-Lamellen (DIN 280 T2)
- Hochkant-Lamellen (nicht genormt)

Fertigparkett
- Fertigparkett-Elemente (DIN 280 T5)

Pflaster-Holzfußboden
- Holzpflaster GE (DIN 68701) für gewerbliche Zwecke
- Holzpflaster RE (DIN 68702) für repräsentative Zwecke.

10.4.6.1 Dielen-Holzfußboden

Holzfußböden aus Hobeldielen werden wieder vermehrt gefordert und eingebaut (Dachgeschoßausbau, Altbaurenovierung usw.). Verwendet werden vor allem Bretter aus Fichte, Tanne, Lärche, Kiefer und Douglasie, aber auch amerikanische Red Pine, Pitch Pine und Oregon Pine sind gefragt. Besonders geeignet sind Bretter mit aufrechtstehenden Jahresringen (größere Festigkeit, gutes Stehvermögen). Seitenbretter sollten wegen der geringeren Splittergefahr mit der Kernseite nach unten – d. h. mit der linken Seite nach oben – verlegt werden. Außerdem ist schmaleren Dielen der Vorzug zu geben, denn je breiter die Hobeldielen sind, desto größer ist die Gefahr des Verziehens beim Trocknen im eingebauten Zustand. Die nicht selten zimmerlangen Hobeldielen sind gemäß DIN 4072 paßgenau gehobelt und mit Nut und Feder versehen (gespundete Bretter). Sie können auf Massivdecken und Holzbalkendecken verlegt werden. Zum Zeitpunkt des Einbaues müssen sie einen Feuchtegehalt von $12 \pm 2\%$, bezogen auf die Darrmasse, aufweisen. Die seit einiger Zeit vom Handel angebotenen, überbreiten Landhausdielen sind von ihrem mehrschichitgen Aufbau her den Fertigparkettelementen zuzuordnen, und wie in Abschn. 10.4.6.2 näher beschrieben, dementsprechend zu verlegen.

Hobeldielen über Massivdecken sind immer auf einer Unterkonstruktion aus Lagerhölzern aufzubringen, die in einem Achsabstand von etwa 50 cm parallel und waagerecht ausgerichtet zueinander liegen. Wie in Abschn. 10.3.7.4 im einzelnen dargestellt, müssen zur Sicherung des Feuchteschutzes gemäß DIN 68771 zuvor eine 0,2 mm dicke PE-Folie vollflächig ausgelegt und die Lagerhölzer zur Verbesserung des Trittschallschutzes auf mineralische Dämmstreifen aufgebracht werden (Bild **10**.30a). Das vorherige Einbringen eines schwimmenden Estriches entfällt. Das Kleben der Hobeldielen direkt auf den tragenden Untergrund ist nicht möglich. Bei Holzbalkendecken ist darauf zu achten, daß die heute üblicherweise verdeckt ausgeführte Nagelung auf keinen Fall durch die unter den Lagerhölzern angeordneten Dämmstreifen hindurchgeht (Schallbrücken!). Bild **10**.30b. Zwischen Dielenbelag und Wand oder anderen feststehenden Bauteilen ist ein genügend großer Abstand von etwa 15 mm vorzusehen. Zur Abdeckung dieser Randfuge werden meist Holzsockelleisten verwendet. Oberflächenbehandlung von Holzfußböden s. Abschn. 10.4.6.4. Weitere Angaben sind der Informationsbroschüre [45] zu entnehmen.

Regelabmessungen – Hobeldielen (gespundete Bretter nach DIN 4072): Brettbreiten (Profilmaß) 95 – 115 – 135 – 155 – 175 mm. Brettdicken 15,5 – 19,5 – 25,5 – 35,5 mm. Brettlängen von 1500 bis 6000 mm. Die Qualitätskriterien sind nach DIN 68365, Bauholz für Zimmerarbeiten und DIN 68360 T2, Holz für Tischlerarbeiten, Gütebedingungen bei Innenanwendung, festgelegt. Aufmaß und Abrechnung nach VOB Teil C, DIN 18334, Zimmer- und Holzbauarbeiten.

10.4.6.2 Parkett-Holzfußboden

Die gebräuchlichsten Parkettarten – Stabparkett, Mosaikparkett, Hochkantlamellenparkett, Fertigparkett – können auf jedem festen, trockenen und ebenen Untergrund verlegt werden. Zu beachten sind dabei die entsprechenden Ebenheitstoleranzen (Tab. **10**.2), der notwendige Feuchtigkeitsschutz von Fußbodenkonstruktionen (Abschn. 10.3.3) sowie die in den Abschn. 10.3.4 und 10.3.5 erläuterten schall- und wärmetechnischen Anforderungen. Der zulässige Feuchtegehalt (Belegreife) von Estrichen ist Tab. **10**.20 zu entnehmen. Die Verlegetechniken bei Parketthölzern – untereinander und auf dem tragenden Untergrund – sind unterschiedlich und richten sich nach der Parkettart und den jeweiligen baulichen Gegebenheiten. In jedem Fall sind zwischen Parkett und allen angrenzenden oder die Bodenkonstruktion durchdringenden Bauteilen ausreichend breite Randfugen (üblicherweise 10 bis 15 mm) vorzusehen. Holzsockelleisten, die diese Fugen abdecken, werden an den Ecken auf Gehrung gestoßen und mit Stahlstiften oder ggf. sichtbaren Schrauben an der Wand befestigt. Alle vorgenannten Parkettarten eignen sich zur Verlegung auf beheizten Fußbodenkonstruktionen. Hinweise hierzu s. Abschn. 10.3.8, Angaben zur Oberflächenbehandlung von Holzfußböden Abschn. 10.4.6.4. Weitere Einzelheiten sind der Informationsbroschüre [46] sowie dem Merkblatt [51] zu entnehemen.

Stabparkett

Parkettstäbe (DIN 280 T1) sind ringsum genutete Parketthölzer, die beim Verlegen mit Hirnholzfedern (Querholzfedern) verbunden werden (Bild **10**.46a).

Parkettriemen (DIN 280 T1) sind Parketthölzer, die an einer Kantenfläche (Längskante und Hirnholzkante) eine angehobelte Feder und an der anderen eine Nut haben. Beide Hirnholzkantenflächen können auch genutet sein (Bild **10**.46b).

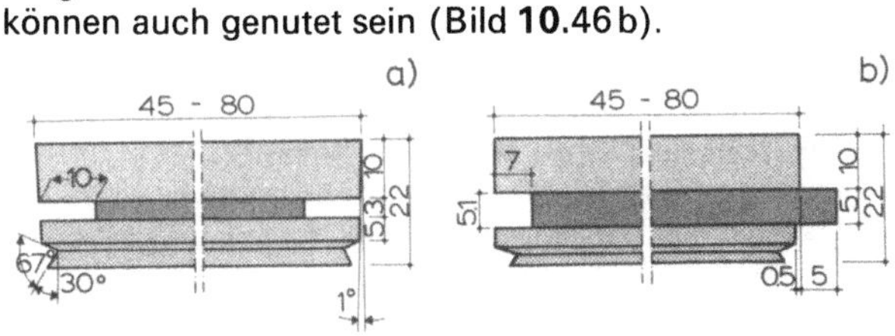

10.46
Parketthölzer (Vollholzparkett)
a) Parkettstab nach DIN 280 T1
b) Parkettriemen nach DIN 280 T1

Parkettstäbe und Parkettriemen – in der Regel aus Eiche, Esche, Buche (gedämpft/ungedämpft) sowie überseeischen Holzarten hergestellt – müssen an der begehbaren Oberseite rißfrei, die Kanten absolut parallel, rechtwinklig und scharfkantig bearbeitet sein. Der Feuchtegehalt der fertigen Parkettstäbe hat zum Zeitpunkt der Lieferung 9 ± 2%, bezogen auf die Darrmasse, zu betragen. Nach DIN 280 unterscheidet man drei Sortierungen (nicht zu verwechseln mit Güteklassen!) entsprechend den unterschiedlichen Wuchseigenschaften, Farben und Strukturen des natürlichen Rohstoffes Holz: Natur – Gestreift – Rustikal.

Stabparkett wird in der Regel vollflächig verklebt (z. B. auf Estrich, Fertigteilestrich), bei entsprechenden Untergründen (Blindböden) aber auch verdeckt genagelt. Bei der Verklebung ist darauf zu achten, daß der einzelne Parkettstab in den Kleber satt eingeschoben wird. Verwendet werden hartplastische Parkettklebestoffe (schubfeste Verklebung), da dem Holz immer eine gewisse Bewegungsfreiheit (Schwinden und Quellen) eingeräumt werden muß. Für das Kleben von Parkett auf beheizten Fußbodenkonstruktionen sind nur dauertemperaturbeständige Kleber einzusetzen. Nach dem Abbinden des Klebstoffes wird der Holzfußboden am Verlegeort geschliffen und unmittelbar anschließend die entsprechende Oberflächenbehandlung vorgenommen. Einige Verlegemuster zeigt Bild **10.47**.

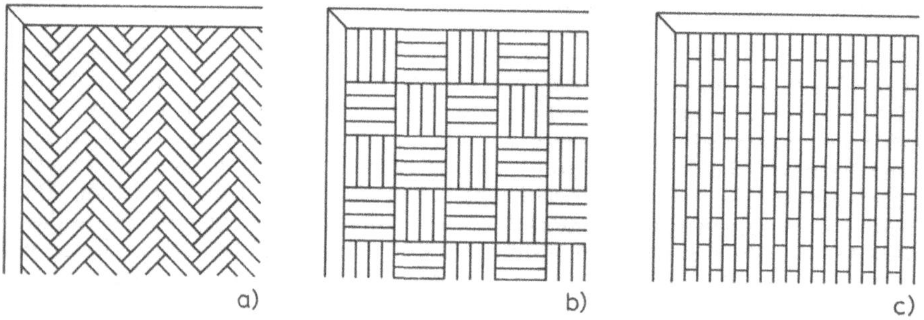

10.47 Verlegemuster von Stabparkettböden
a) Fischgrätmuster, b) Würfelmuster, c) Schiffsbodenmuster

Parkettklebestoffe sind Mischpolymerisate, die erst durch Austrocknen ihren endgültigen Zustand annehmen. Auf Grund der Hauptbestandteile unterscheidet man lösemittelhaltige Kunstharzklebstoffe sowie wäßrige Dispersionsklebstoffe (Einzelheiten s. Abschn. 10.4.7.4). Da es sich bei den lösemittelhaltigen Klebestoffen vorwiegend um umwelt- und gesundheitsschädliche Produkte handelt, sollten im Interesse der Parkettleger (leicht entzündliche, giftige Dämpfe), der Benutzer (Geruchsbeschwerden) und der Umwelt (Kohlenwasserstoff-Emissionen) zukünftig nur noch lösemittelarme bzw. **lösemittelfreie Dispersionsklebstoffe** für die Parkettverlegung ausgeschrieben und verarbeitet werden. Die in der Vergangenheit festgestellten technischen Mängel (zu langsame Trocknung, zu geringe Anfangshaftung) wurden zwischenzeitlich weitgehend behoben. Klebstoffe mit hohem Lösemittelanteil sollten nur noch dort eingesetzt werden, wo deren Verwendung unumgänglich ist.

Regelabmessungen – Parkettstäbe und Parkettriemen: Länge von 250 bis 600 mm und darüber hinaus, von 50 zu 50 gestuft, bis 1000 mm. Breite 45 bis 80 mm, jeweils um 5 mm gestuft. Dicke 22 mm. Verlegung, Aufmaß und Abrechnung erfolgt für alle Parkettböden nach VOB Teil C, DIN 18356, Parkettarbeiten.

Mosaikparkett und Lamellenparkett

Mosaikparkett besteht aus 8 mm dicken, nebeneinanderliegenden Einzellamellen (DIN 280 T2), die zu größeren Verlegeeinheiten mit unterschiedlichen Mustern (z. B. schachbrettartig, in Würfel mit jeweils fünf Lamellen) werkseitig zusammengesetzt sind.

Die einzelnen Lamellen werden lose, nur durch ein unterseitig angeklebtes Netzgewebe oder Lochpapier zusammengehalten. Im Gegensatz zu den übrigen Parkettarten, die alle von Element zu Element durch Federn miteinander verbunden sind, haftet das Mosaikparkett nur durch den Kleber auf dem jeweiligen Untergrund. Dieser muß entsprechend fest und eben ausgebildet sein. Der Feuchtegehalt der Lamellen muß zum Zeitpunkt der Lieferung 9 ± 2%, bezogen auf die Darrmasse, betragen. Die Holzsortierungen tragen die Bezeichnungen: Natur – Gestreift – Rustikal.

Regelabmessungen – Einzellamellen: Längen von 120 bis 165 mm. Breite 20 bis 25 mm. Dicke 8 mm. Verlegung, Aufmaß und Abrechnung wie beim Stabparkett.

Hochkant-Lamellenparkett besteht aus hochkant aneinandergereihten, jeweils 8 mm breiten Einzellamellen, die, ähnlich wir zuvor beschrieben, zu größeren, streifenförmigen Verlegeeinheiten werkseitig zusammengesetzt werden. Es ist ein robuster, unempfindlicher, vielseitig einsetzbarer und zugleich preiswerter Parkettfußboden, der vor allem in Werkstätten, Laboratorien, Schulen, Gaststätten, aber auch im Wohnbereich verlegt wird. Der Feuchtegehalt der Lamellen muß zum Zeitpunkt der Lieferung 9 ± 2%, bezogen auf die Darrmasse, betragen. Die vollflächige Verklebung und Oberflächenbehandlung erfolgt wie beim Stabparkett.

Regelabmessungen – Einzellamellen: Länge von 120 bis 165 mm. Breite 8 mm. Dicke 18 bis 24 mm. Verlegung, Aufmaß und Abrechnung wie beim Stabparkett.

Fertigparkett

Fertigparkett-Elemente (DIN 280 T 5) sind industriell hergestellte, mehrschichtig abgesperrte, verlegefertige Fußbodenelemente, mit rund umlaufender Nut und Feder (Bild **10**.48). Sie bestehen in der Regel aus drei kreuzweise miteinander verleimten Schichten (Gehschicht aus mind. 2 mm Parkettholz, Mittelschicht aus Nadelholz oder Spanplatte, Gegenlage aus massivem Holz), wodurch eine hohe Dimensionsstabilität erreicht wird. Da die Elemente im Herstellerwerk fertig geschliffen und versiegelt werden und somit am Verlegeort keiner Nachbehandlung mehr bedürfen, entfällt auch die bei den anderen Parkettarten sonst übliche Staub- und Geruchsbelästigung durch Abschliff und Versiegelung. Die Verbundelemente werden in Form von quadratischen Tafeln oder rechteckigen Dielen mit den unterschiedlichsten Abmessungen angeboten [47] und zu transportgerechten, handlichen Einheiten zusammengestellt. Durch die Kartonagen- oder Folienverpackung gelangen sie klimatisiert und somit verlegereif zur Baustelle. Der Feuchtegehalt der Elemente muß zum Zeitpunkt der Lieferung 8 ± 2%, bezogen auf die Darrmasse, betragen. Wie in Abschn. 10.3.8 näher erläutert, eignet sich auch Fertigparkett zur Verlegung auf beheizten Fußbodenkonstruktionen.

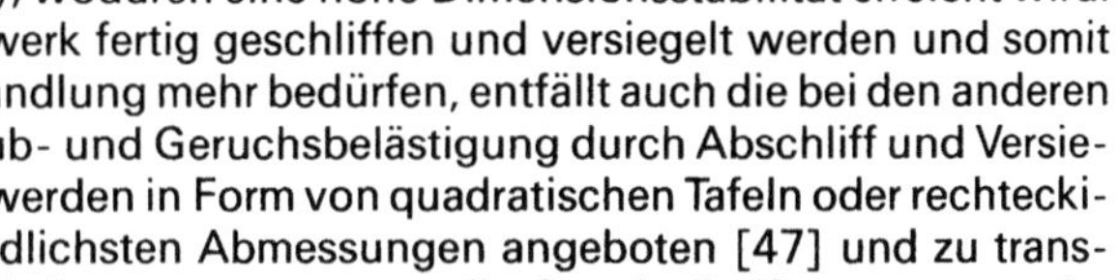

10.48
Schematische Darstellung eines mehrschichtig abgesperrten und verleimten Fertigparkett-Elementes nach DIN 280 T 5

Fertigparkett-Elemente können je nach Konstruktionsart entweder flexibel/schwimmend verlegt, freitragend auf Lagerhölzer genagelt oder mit einem Unterboden (der bereits schwimmend verlegt sein kann) verklebt werden. Dabei sind jedoch immer die notwendigen feuchte-, wärme- und schalltechnischen Anforderungen der Gesamtdeckenkonstruktion zu beachten.

– **Eine flexible Verlegung** ist gegeben (z. B. auf Rohdecke, Estrich, Trockenestrich), wenn die Fertigparkett-Elemente vollflächig schwimmend auf eine lose aufgelegte Dämmzwischenlage (z. B. 2 mm dicke Rippenpappe oder Rohfilzpappe) verlegt sind. Wie Bild **10**.49a verdeutlicht, werden die in der Regel

10 bis 15 mm dicken Elemente lediglich im Nut- und Federstoß fest miteinander verleimt. Ihre exakte Vorfertigung garantiert eine vollkommen ebene Fußbodenoberfläche, die sofort nach der Verlegung belastet und begangen werden kann. Zwischen Parkett und allen angrenzenden oder die Bodenkonstruktion durchdringenden Bauteilen sind Randfugen in einer Breite von etwa 10 bis 15 mm vorzusehen.

– **Freitragende Fertigparkett-Elemente**, im allgemeinen 22 bis 26 mm dick, können ohne Zwischenauflage mindestens 300 bis 400 mm frei überbrücken und auf schwimmend verlegte Lagerhölzer verdeckt aufgenagelt sein. Wie Bild **10**.49b zeigt, müssen Dämmstreifen nicht nur unter den Lagerhölzern, sondern immer auch zwischen Lagerholzende und Wandfläche angeordnet werden. Die Hohlräume zwischen den Lagerhölzern sind mit geeignetem Dämmaterial wie Mineralfasermatten, Trockenschüttung o. ä. so auszufüllen, daß ein Luftraum von etwa 10 mm erhalten bleibt. Vgl. hierzu auch Bild **10**.29.

Regelabmessungen – quadratische Elemente: Seitenlängen 200 bis 650 mm. Dicke 7 bis 26 mm.

Regelabmessungen – rechteckige Elemente: Länge 233 bis 3640 mm. Breite 100 bis 400 mm. Dicke 7 bis 26 mm. Verlegung, Aufmaß und Abrechnung wie beim Stabparkett.

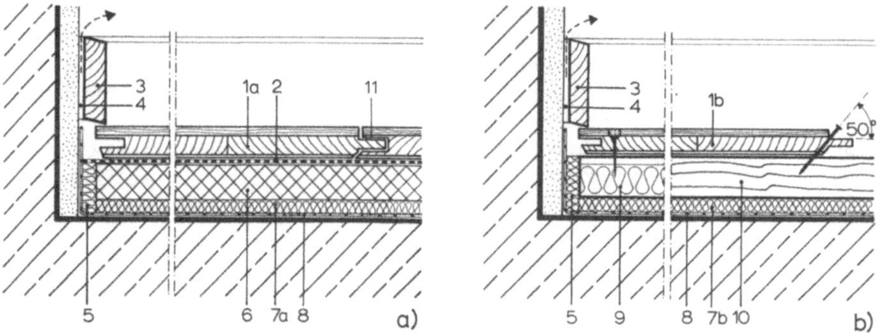

10.49 Verlegebeispiele von Fertigparkett-Elementen

a) flexible Verlegung: Fertigparkett vollflächig schwimmend verlegt

b) freitragende Verlegung: Fertigparkett auf Lagerhölzern schwimmend verlegt

1 a Fertigparkett fest miteinander verleimt
1 b Fertigparkett verdeckt genagelt
2 Rippenpappe oder Filzpappe
3 Holzsockelleiste
4 Lüftungsschlitz
5 Randdämmstreifen
6 Weichfaserdämmplatten o. ä., 25 mm dick
7 a Mineralfaser-Dämmstoffplatten, 10 mm dick
7 b Mineralfaser-Dämmstoffstreifen, 10 mm dick
8 Feuchtigkeitsschutz (z. B. PE-Folie 0,2 mm)
9 Hohlraumdämmung
10 Lagerhölzer
11 Nut und Federstoß fest verleimt

10.4.6.3 Pflaster-Holzfußboden

Holzpflaster für Innenräume besteht aus scharfkantigen Holzklötzen (Einzelklötze, meist jedoch vorgefertigte Verlegeeinheiten), die so zu gepflasterten Flächen verlegt werden, daß eine Hirnholzfläche als Gehschicht dient. An Holzarten kommen vor allem Kiefer, Lärche, Fichte und Eiche oder gleichwertige Hölzer in Betracht.

Holzpflasterböden sind fußwarm, trittelastisch und lärmdämpfend, sie ergeben eine gute Wärme- und Trittschalldämmung, haben eine trittsichere und rutschhemmende Oberfläche, günstiges Brandverhalten, hohe Verschleißfestigkeit sowie eine geringe elektrische Leitfähigkeit. Die besonderen Eigenschaften des natürlichen Rohstoffes Holz, wie zum Beispiel seine Fähigkeit, Feuchtigkeit aufzunehmen und wieder abgeben zu können (Quellen und Schwinden = Fugenbildung), gilt es gerade bei diesem Belag – nicht zuletzt im Hinblick auf die Wahl der späteren Oberflächenbehandlung – zu beachten. Auch die verhältnismäßig großen Konstruktionshöhen des Gesamtfußbodenaufbaues müssen bereits bei der Planung berücksichtigt werden. Hinsichtlich der Innenraumgestaltung ist zu beachten, daß Holzpflasterböden immer einen ausgeprägt rustikalen Charakter aufweisen. Einzelheiten sind der Informationsbroschüre [48] zu entnehmen.

Holzpflaster GE (DIN 68701)

Holzpflaster GE – an das entsprechend der beabsichtigten Verwendung im Industrie- und Gewerbebereich besondere Anforderungen hinsichtlich Schub- und Zugbeanspruchung durch Fahrverkehr sowie Feuchtebeanspruchung gestellt werden – wird gegen Pilzbefall und zur Verzögerung von Feuchteaufnahme werkseitig mit geeigneten Holzschutzmitteln **imprägniert** (Tauch- oder Kesseldruckverfahren). Der Feuchtegehalt der Klötze richtet sich nach den örtlichen Gegebenheiten; er darf jedoch höchstens 16%, bezogen auf die Darrmasse, betragen.

Der tragende Untergrund, in der Regel eine Betondecke mit oder ohne Verbundestrich (ZE 30), muß fest, tragfähig, eben und sauber sein. Ist mit aufsteigender Feuchtigkeit zu rechnen, so ist eine entsprechende Abdichtung (z. B. heiß eingeklebte Teerbahn) vorzusehen. Neben der nur noch im Industriebau üblichen „Lättchenverlegung" (Einzelheiten s. DIN 68701) wird Holzpflaster heute überwiegend im sog. Preßverfahren verlegt.

Wie Bild **10**.50a zeigt, erhält der Betonuntergrund zunächst einen Vorstrich. Anschließend kann eine Unterlagbahn (z. B. nackte Teerbahn 500 g/m²) eingeklebt werden. Die Klötze werden dann bis zur halben Höhe in Heißkleber getaucht und seitlich eng aneinander preßverlegt. Danach wird der Holzpflasterboden noch mit einem trockenen Sand abgekehrt.

Regelabmessungen – Holzpflaster GE: Klotzhöhe 50 – 60 – 80 – 100 mm. Breite 80 mm. Länge 80 bis 160 mm.

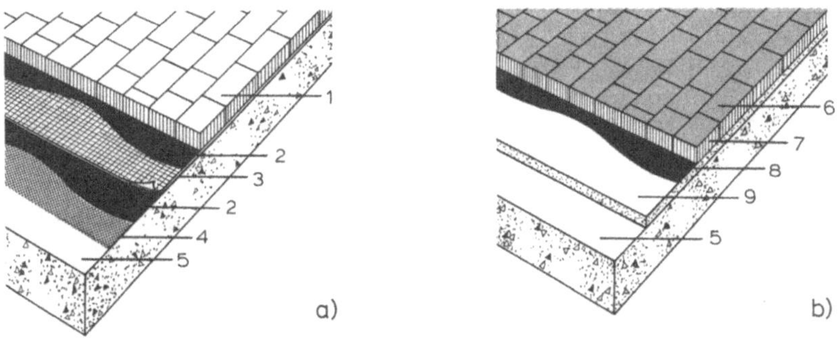

10.50 Verlegebeispiele von Holzpflasterbelägen (Preßverlegung)
a) Holzpflaster-GE (DIN 68701) für Industrie- und Gewerbebereich mit imprägnierten Klötzen
b) Holzpflaster-RE (DIN 68702) für Freizeit- und Wohnbereich mit Oberflächenbehandlung

1 Holzpflaster-GE (imprägnierte Klötze)
2 Heißkleber (auf Steinkohlenteerpechbasis)
3 Unterlagbahn (nackte Teerbahn 500 g/m²)
4 Vorstrich
5 tragender Untergrund (Massivdecke)
6 Oberflächenbehandlung (Öl-Kunstharz-Siegel)
7 Holzpflaster-RE
8 Spezial-Kunststoffkleber (schubfest)
9 Verbundestrich bzw. schwimmender Estrich

Holzpflaster RE (DIN 68702)

Holzpflaster RE besteht aus kammergetrockneten, vierseitig winkelgenau gehobelten, scharfkantigen, **nicht imprägnierten** Holzklötzen, die meist in Form von netzverklebten Verlegeeinheiten geliefert werden. Der mittlere Feuchtegehalt der Klötze ist bei Anlieferung im Bereich von 8 bis 12% nach den örtlichen Verhältnissen festzulegen. Eine möglichst gleichbleibende, relative Raum-Luftfeuchte zwischen 55 und 65% ist anzustreben. Holzpflaster RE wird nach DIN 68702 unterteilt in:

– **Holzpflaster RE-V** als repräsentativer Fußboden in Verwaltungsgebäuden und Versammlungsstätten (z. B. Kirchen, Schulen), Gemeinde- und Freizeitzentren und im Wohnbereich.

– **Holzpflaster RE-W** als Fußboden für Werkräume und für Räume mit gleichwertiger Beanspruchung, ohne große Klimaschwankungen und ohne Fahrzeugverkehr. Im Gegensatz zum Holzpflaster GE (Industriepflaster) sind die Klötze nicht imprägniert.

Als tragender Untergrund eignen sich Verbundestrich (ZE30), schwimmender Zement- und Gußasphaltestrich sowie Estrich auf Trennschicht. Im Wohnungsbau ist ein schwimmender Estrich (ZE30) in einer Nenndicke von mind. 45 mm, sonst mit einer Dicke von mind. 60 mm mit Bewehrung nach DIN 18560 herzustellen. Er muß fest, tragfähig, eben und gut ausgetrocknet sein (Tab. **10**.20). Ist mit aufsteigender Feuchtigkeit zu rechnen, müssen entsprechende Abdichtungsmaßnahmen gemäß Abschn. 10.3.3 getroffen werden. In repräsentativen Anwendungsbereichen ist die sog. **Preßverlegung** nach DIN 68702 vorgeschrieben. Wie Bild **10**.50b zeigt, werden die Holzklötze im Verband mit durchgehenden Längsfugen parallel zu einer Wand in ein bereits aufgebrachtes Kleberbett verlegt. Für diese Preßverlegung ist ein schubfester, für die Holzpflasterverklebung ausdrücklich geeigneter Spezialkunststoffkleber zu verwenden. Auf der Unterseite der Klötze angefräste Nuten und Fasen wirken sich vorteilhaft auf eine intensive Verklebung aus. Zwischen dem Holzpflaster und allen festen Bauteilen sind ausreichend breite Randfugen (üblicherweise 15 mm) vorzusehen. Größere Bodenflächen müssen mit Feldbegrenzungsfugen unterteilt werden. Mit neuentwickelten Lamellenklötzen – die auf ihrer Unterseite mehrfach bis $^3/_4$ Klotzhöhe eingesägt sind – können bei großen Flächen sog. „Knautschzonen" eingerichtet werden, durch die sich die üblichen, mit Fugenmasse ausgegossenen, gestalterisch unbefriedigenden Feldbegrenzungsfugen vermeiden lassen. Auch werkseitig vorgefertigte Treppenstufenelemente sind erhältlich. Holzpflaster RE-V ist nach dem Abschleifen mit einem geeigneten Oberflächenschutz zu versehen. In der Regel wird es mit einem Öl-Kunstharz-Siegel versehen, welches ein gutes Eindringvermögen aufweist (keine filmbildende Versiegelung verwenden!); aber auch kalt- oder warmwachsen, ölen oder farbig lasieren ist möglich.

Regelabmessungen – Holzpflaster RE: Klotzhöhe 22 – 25 – 30 – 40 – 50 – 60 mm. Breite 40 bis 80 mm. Länge 40 bis 120 mm. Verlegung, Aufmaß und Abrechnung aller Holzpflasterböden nach VOB Teil C, DIN 18367, Holzpflasterarbeiten.

10.4.6.4 Oberflächenbehandlung von Holzfußböden

Sinn einer Oberflächenbehandlung ist es im wesentlichen, das Eindringen von Schmutz und Feuchtigkeit zu vermeiden, eine möglichst hohe Verschleißfestigkeit zu bieten sowie den Reinigungs- und Pflegeaufwand so niedrig wie möglich zu halten. Für die Oberflächenbehandlung von Holzfußböden bieten sich grundsätzlich zwei Möglichkeiten an, nämlich das Ölen bzw. Wachsen oder das Versiegeln mit Fußbodenlacken. Beide Verfahren unterscheiden sich wesentlich voneinander, sowohl was die Ausführung als auch die spätere Reinigung und Pflege betrifft.

Von der erstgenannten Gruppe hat nur noch das **Heißwachsen** eine gewisse Bedeutung. Dabei wird Spezialwachs auf etwa 170 °C erhitzt und flüssig auf das geschliffene Holz aufgetragen, so daß es tief in die Poren eindringen kann. Nach dem Entfernen der Wachsreste wird die gesamte Fläche mit Stahlwolle abgerieben und mit einer Maschine poliert. Stark beanspruchte Parkettböden (z. B. Tanzflächen, Ladengeschäfte) werden zusätzlich noch mit Streuwachs behandelt. Für die spätere, meist zeitaufwendige Pflege wird Bohnerwachs verwendet. Auf einen derart behandelten Holzfußboden darf weder Wasser (nicht feucht aufwischen!) noch wasserhaltiges Pflegemittel aufgebracht werden. Einzelheiten sind [50] zu entnehmen.

Die Versiegelung bewirkt, daß die Poren des Holzes gefüllt und die Holzoberfläche durch einen fest haftenden Film von hoher Abrieb- und Kratzfestigkeit gegen das Eindringen von Schmutz aller Art geschützt wird. Außerdem läßt sich der Boden dadurch leichter und rationeller pflegen.

Nach dem Abbinden des Parkettklebstoffes wird der Holzfußboden am Verlegeort geschliffen und die Oberflächenbehandlung – nach gründlichem Absaugen des feinen Schleifstaubes – unmittelbar anschließend vorgenommen. Bei der Wahl des jeweils anzuwendenden Versiegelungsmittels ist vor allem der Verwendungszweck des Raumes sowie die zu erwartende Beanspruchung des Bodens zu berücksichtigen. Die Versiegelungsmittel selbst unterscheiden sich hinsichtlich ihrer chemischen Zusammensetzung, ihrer Verarbeitbarkeit sowie des optischen Effektes der versiegelten Oberfläche. Ihre Glanzwirkung kann matt, halbmatt oder glänzend bestimmt werden.

Je nach Produkt ist der Versiegelungsaufbau sehr unterschiedlich. In der Regel werden neben einer Grundierung zwei Lacküberzüge mit Pinsel oder Rolle aufgetragen. Seit einigen Jahren wird auch die sog. Spachteltechnik angewandt. Hierbei werden Grundlack und Decklack mit einer ungezahnten Stahlspachtel jeweils zweifach aufgespachtelt. Auf das Merkblatt [49] wird besonders hingewiesen. Folgende Versiegelungsmittel stehen zur Verfügung:

- **Öl-Kunstharz-Siegel** sind einfach zu verarbeiten, geruchsschwach und relativ umweltschonend. Sie werden vor allem dort eingesetzt, wo hohe Gleitsicherheit – wie beispielsweise in Turnhallen – gefordert ist. Außerdem eignen sie sich für Weichhölzer, Holzpflaster und Dielenböden sowie für Parkett auf Fußbodenheizung; d.h. überall dort, wo ein gutes Eindringvermögen sowie eine geringe seitenverleimende Wirkung zwischen den einzelnen Hölzern erwünscht ist. Öl-Kunstharz-Siegel ergeben einen festen, hornartigen, relativ wasserbeständigen Film für normal bis stark beanspruchte Böden. Mittlere Preisklasse.
- **Säurehärtende Siegel**, trocknen rasch auf, zeichnen sich durch eine gute Haftung aus, ergeben einen harten Film für normale Beanspruchung im Wohnungsbau und sind nach der Erhärtung wasserbeständig. Alle säurehärtenden Versiegelungslacke enthalten jedoch **Formaldehyd** und sollten daher im Hinblick auf die Umweltbelastung bzw. gesundheitliche Gefährdung der Parkettleger nicht mehr eingesetz werden! Mittlere Preisklasse.
- **Polyurethan-Siegel** (DD–Siegel) haben ebenfalls ein gutes Haftvermögen und ergeben je nach Einstellung einen zäh-elastischen bis sehr harten Film. Diese Lacksysteme werden überall dort eingesetzt, wo höchste mechanische Beanspruchung – wie beispielsweise in Gaststätten, Ladengeschäften, Kaufhäusern – sowie Chemikalienbeständigkeit gefordert sind. Obere Preisklasse.
- **Wasserlack** ist schadstoffarm, geruchlos, nicht brennbar, hat ein gutes Haftvermögen und ergibt einen zäh-elastischen Film für normale bis starke Beanspruchung. Wegen der seitlichen Verleimungsgefahr der Hölzer jedoch nicht geeignet für Holzpflaster, Hobeldielen und Parkett auf Fußbodenheizung. Diese wasserverdünnbaren Versiegelungslacke enthalten weder leichtflüchtige Lösungsmittel noch Formaldehydharze und sind somit **besonders umweltfreundlich!** Für die Holzfußbodenversiegelung sollten zukünftig – abgesehen von einigen technischen Ausgrenzungen – verstärkt nur noch formaldehyd- und lösungsmittelfreie Lacksysteme ausgeschrieben und verarbeitet werden. Mittlere bis obere Preisklasse (bedingt durch das aufwendige Herstellungsverfahren).

Besonders stark strapazierte Holzböden (z.B. in Mehrzweckhallen, Schulen, Gaststätten) sollten nur imprägniert werden. Bewährt haben sich verdünnte Polyurethansiegel und spezielle Öl-Kunstharz-Siegel.

Die von den Herstellern angegebenen Trocknungs- und Aushärtungszeiten müssen unbedingt eingehalten werden. Neuversiegelte Holzfußböden dürfen nicht vor dem nächsten Tag begangen werden. Eine volle Beanspruchung der versiegelten Fläche ist erst nach 8 bis 14 Tagen gegeben. Auf eine rechtzeitige Nachversiegelung stark beanspruchter Teilflächen ist hinzuweisen. Bei **Exotenhölzern** – die aus umweltbedingten Gründen (Abholzung der tropischen Regenwälder) nur noch sehr sparsam eingesetzt werden sollten – sind besondere Vorschriften der Hersteller zu beachten.

Fertigparkett-Elemente werden werkseitig mit flüssigem, lösungsmittel- und formaldehydfreiem Acrylharz beschichtet, welches durch UV-Strahlung aushärtet und eine besonders abrieb- und kratzfeste Oberflächenvergütung ergibt. Derart ausgerüstetes Fertigparkett bedarf nach seiner Verlegung keiner Nachbehandlung mehr. Auf die Verwendung geeigneter Pflegemittel im Hinblick auf die Rutsch- und Gleitsicherheit von Holzfußböden wird hingewiesen.

10.4.7 Bodenbeläge aus ein- oder mehrschichtiger Bahnen- oder Plattenware: Elastische Fußbodenbeläge

Die Gruppe der elastischen Bodenbeläge umfaßt die verschiedenartigsten Beläge mit zum Teil höchst unterschiedlichen Eigenschaften. Sie werden vorzugsweise dort eingesetzt, wo große Flächen ohne erheblichen baulichen und zeitlichen Aufwand mit einem preiswerten, strapazierfähigen, industriell vorgefertigten, verhältnismäßig problemlos zu reinigenden Bodenbelag zu belegen sind. Die meisten Beläge gibt es als Bahnen- und Plattenware. Im einzelnen unterscheidet man:

PVC-Bodenbeläge
- PVC-Beläge ohne Trägerschicht (DIN 16951)
- PVC-Beläge mit Trägerschicht (DIN 16952 T1 bis T4)
- PCV-Schaumbeläge mit strukturierter Oberfläche (DIN 16952 T5)
- Flex-Platten (DIN 16950) bleiben unberücksichtigt.

Linoleum Bodenbeläge
- Linoleum-Bodenbelag (DIN 18171)
- Linoleum-Verbundbelag (DIN 18173)

Elastomer-Bodenbelag (Gummibeläge)
- Homogene und heterogene Elastomerbeläge (DIN 16850)
- Elastomerbeläge mit Unterschicht aus Schaumstoff (DIN 16851)
- Elastomerbeläge mit profilierter Oberfläche (DIN 16852)

Korkbeläge (Mehrschichtbeläge).

10.4.7.1 PVC-Bodenbeläge

Neuartige Forderungen von seiten der Industrie, Technik, Hygiene und des Sozialen Wohnungsbaues führten zur Entwicklung der Kunststoffbeläge mit veränderbaren, je nach Bedarf einstellbaren Eigenschaften. Das Ausgangsmaterial für diese Beläge ist Polyvinylchlorid (Bindemittel), kurz PVC genannt. Die Grundstoffe – PVC, Weichmacher, mineralische Füllstoffe und Farbpigmente – werden gemischt, in plastischem Zustand geknetet und je nach Herstellungsverfahren unter Wärme und Druck zu Bahnen auf Kalandern (Walzwerke) ausgewalzt, von vorgepreßten Blöcken abgeschält oder in Metallformen zu Platten gepreßt. Die Qualität eines PVC-Belages (z. B. Verschleißfestigkeit, Maßbeständigkeit) hängt in erster Linie von der Höhe des jeweiligen PVC-Anteiles ab. Reines PVC ist zwar außerordentlich widerstandsfähig, jedoch auch teuer und nicht maßbeständig. Daher müssen unter anderem Füllstoffe beigesetzt werden. Hohe Füllstoffanteile senken zwar den Preis, beeinflussen jedoch auch das Abriebverhalten ungünstig und setzen die Lebensdauer des Belages herab.

PVC ist ein thermoplastischer Werkstoff und somit vollständig wiederverwendbar. Entsprechende Bestrebungen einer Arbeitsgemeinschaft – bestehend aus namhaften PVC-Herstellerfirmen und Bodenbelagproduzenten – alle PVC-Altbeläge zu sammeln, das Material rein mechanisch (ohne chemische Einflüsse) wieder aufzuarbeiten und den dabei gewonnenen Rohstoff erneuter Produktion zuzuführen, sind im Hinblick auf die Umweltentlastung mit besonderer Aufmerksamkeit zu verfolgen.

PVC-Beläge ohne Trägerschicht

PVC-Bodenbeläge ohne Träger (DIN 16951) werden ein- oder mehrschichtig in homogenem oder heterogenem Aufbau hergestellt.

- **Homogene PVC-Beläge** haben in ihrer ganzen Dicke eine durchgehend gleiche Materialzusammensetzung, Färbung und Musterung, so daß sie in ihrer gesamten Dicke genutzt werden können. Sie eignen sich daher für Objekte mit starkem Publikumsverkehr (Kaufhäuser, Schulen, Krankenhäuser). Außerdem gibt es diese Beläge in leitfähiger Ausführung für Räume mit EDV-Anlagen o. ä., und mit verschweißten Nähten.
- **Heterogene PVC-Beläge** sind dagegen mehrschichtig aufgebaut, wobei die einzelnen Schichten unterschiedliche Materialzusammensetzungen aufweisen. Während die unteren Schichten stark mit Füllstoffen angereichert sind, enthält die dünnere Nutzschicht hohe PVC-Anteile. Die Lebensdauer dieser Beläge ist demnach von der Dicke und Abriebfestigkeit dieser obersten Schicht abhängig. Diese Beläge sind billiger, weniger strapazierfähig und werden vorwiegend im Wohnbereich eingesetzt.

PVC-Beläge zeichnen sich aus durch eine dicht geschlossene, trittsichere Oberfläche mit hoher Abrieb- und Verschleißfestigkeit. Sie sind beständig gegen Säuren, Laugen und Feuchtigkeit von oben, jedoch empfindlich gegen lösungsmittelhaltige Farbstoffe, Teer, Bitumen und Fette sowie Zigarettenglut – je nach Füllstoffanteil. Gegen Feuchtigkeit und Dampfdiffusion von unten sind geeignete Abdichtungen bzw. Dampfsperren einzubauen, da PVC-Beläge selbst nahezu dampfdicht sind und somit als obere Dampfsperre wirken können. (Folge: Verquellen der Kleberschicht, Fäulnis der darunterliegenden Holzwerkstoffe und Holzkonstruktionen). Viele Farbeinstellungen und Oberflächenstrukturen sind möglich. Verlegung, Nahtverschluß, Reinigung und Pflege elastischer Bodenbeläge s. Abschn. 10.4.7.4.

Regelabmessungen – PVC-Beläge ohne Träger: Bahnenbreite zwischen 120 und 200 cm. Quadratische Plattenformate: 30 × 30 – 60 × 60 – 90 × 90 cm. Rechteckige Plattenformate: 50 × 60 – 60 × 90 – 60 × 120 cm. Dicke: 1,5 bis 3,0 mm (Faustregel: im Wohnbereich ab 1,5 mm, im Objektbereich ab 2,0 mm). Verlegung, Aufmaß und Abrechnung nach VOB Teil C, DIN 18365, Bodenbelagarbeiten.

PVC-Beläge mit Trägerschicht

PVC-Bodenbeläge mit Träger (DIN 16952) – auch PVC-Verbundbeläge genannt – bestehen aus einer PVC-Nutzschicht wie zuvor beschrieben, und aus einem mit dieser Oberschicht untrennbar verbundenem Träger. Dabei werden die Vorteile der strapazierfähigen Nutzschicht mit den Vorzügen der jeweiligen Trägerschicht – wie zum Beispiel verbesserte Trittelastizität, Schall- und Wärmedämmung (Fußwärme) – in sinnvoller Weise miteinander verbunden. Dementsprechend eignen sich für den Objektbereich homogene PVC-Beläge mit Träger aus Schaumstoff oder Korkment, für den Wohnbereich Beläge mit dünnerer Nutzschicht und Jutefilz bzw. Synthetikvflies als Trägermaterial.

Im einzelnen unterscheidet man:

- **PVC-Beläge mit Jutefilz** (DIN 16952 T1). Meist mit geprägter Oberfläche. Thermisches Verschweißen nur bei entsprechender Herstellerempfehlung möglich. Wegen der feuchtigkeitsempfindlichen Trägerschicht nicht für Naßräume geeignet.
- **PVC-Beläge mit Korkment** (DIN 16952 T2). Diese Verbundkonstruktion eignet sich für hohe Beanspruchungen. Im Objektbereich sind die Nähte immer thermisch zu verschweißen.
- **PVC-Beläge mit PVC-Schaumstoff** (DIN 16952 T3). Da Nutz- und Trägerschicht verrottungsfest sind, können diese Verbundbeläge in fugenverschweißter Ausführung in Naßräumen verlegt werden. Im Objektbereich sind die Nähte immer thermisch zu verschweißen.
- **PVC-Beläge Synthesefaser-Vliesstoff** (DIN 16952 T4).

Regelabmessungen – PVC-Beläge mit Träger (nur als Bahnenware lieferbar): Bahnenbreite im allgemeinen 200 cm. Gesamtdicke: ab 1,5 mm, üblich 3,0 bis 5,0 mm. Nutzschichtdicke 0,1 bis 1,5 mm, je nach Qualität und Einsatzbereich.

PVC-Schaumbeläge mit strukturierter Oberfläche (PVC-Reliefbeläge)

Diese PVC-Reliefbeläge – auch Cushion-Vinyl-Beläge genannt – gehören auf Grund ihrer konstruktiven Merkmale zu den PVC-Belägen mit Trägerschicht (DIN 16952 T5), nehmen aber wegen ihres abweichenden Aufbaues und ihrer reliefartig strukturierten Oberfläche eine Sonderstellung ein. Reliefbeläge bestehen aus einer abriebfesten, transparenten PVC-Nutzschicht, einer reliefartig aufgeschäumten PVC-Schaumschicht mit oberseitig aufkaschiertem Druckbild (Motiv) und einer elastischen Trägerschicht aus PVC-Schaum mit Glasvlieseinlagen zur Stabilisierung. Auf Grund ihres Gehkomfortes/Elastizität, ihrer Feuchtraumeignung und guten Trittschalldämmung eignen sie sich besonders für den Wohnbereich; in jüngster Zeit werden jedoch auch Reliefbeläge mit hochverschleißfester Nutzschicht für den Objektbereich entwikkelt. Diese Belaggruppe verzeichnete während der letzten Jahre einen deutlichen Marktzuwachs.

Regelabmessungen – CV-Beläge: Bahnenbreite 200, 300, 400 cm. Gesamtdicke zwischen 1,2 und 3,5 mm. Nutzschichtdicke 0,1 bis 0,3 mm, je nach Qualität und Einsatzbereich. Verlegung, Aufmaß und Abrechnung nach VOB Teil C, DIN 18365, Bodenbelagarbeiten.

10.4.7.2 Linoleum-Bodenbelag

Linoleum wurde vor ungefähr 120 Jahren erfunden. Es war der erste Bahnenbelag, mit dem man große Flächen ohne großen baulichen Aufwand belegen konnte. Neuere Belagarten wie PVC-Beläge und (Nadelvlies-)Teppichböden reduzierten den Einsatz von Linoleum deutlich, ohne die grundsätzlichen Vorzüge dieses Belages in Frage stellen zu können. Im Zuge des biologischen Bauens und Wohnens gewinnt der (nahezu) ganz aus natürlichen Rohstoffen hergestellte Belag wieder verstärkt an Interesse.

Linoleum (DIN 18171) besteht im wesentlichen aus oxidiertem Leinöl, Naturharze, Kork- und Holzmehl, mineralischen Füllstoffen sowie Farbpigmenten. Diese Grundstoffe werden in verschiedenen Verfahren zur teigartigen Linoleum-Grundmasse vermischt und dann unter Hitze und Druck in Walzwerken auf ein Jutegewebe (Naturprodukt) gepreßt. Danach muß das Linoleum noch einige Wochen ausreifen, um die erforderliche Endfestigkeit zu erreichen. Ein transparenter Film auf der Oberfläche macht den Belag weitgehend unempfindlich gegen Schmutz.

Linoleum ist bis zum Unterlagsgewebe gleichmäßig zusammengesetzt und in vielen Farben und Musterungen erhältlich. Es ist angenehm begehbar, strapazierfähig, schwer entflammbar, zigarettenglutbeständig sowie permanent antistatisch; in Varianten jedoch auch elektrisch leitfähig herstellbar. Außerdem ist es beständig gegen Fette und Mineralöle, Farb- und Filzstifte sowie für Fußbodenheizung und Stuhlrollen geeignet. Darüber hinaus ist Linoleum umweltfreundlich. Beim Brennen des Materiales entstehen keine schädlichen aggressiven Gase mit Folgeschäden. Linoleum sollte jedoch nicht in Räumen verlegt werden, in denen mit länger einwirkender Feuchtigkeit oder mit Chemikalien zu rechnen ist; auch sind immer Abdichtungen gegen Feuchtigkeit von unten vorzusehen. Schwere Punktlasten können bei Dauereinwirkung zu plastischen Verformungen führen. Der Nahtverschluß (Verfugung) mit Schmelzschweißdraht ist vor allem im Objektbereich und in Räumen, die naß gereinigt bzw. desinfiziert werden müssen (Krankenhaus, Heime) erforderlich. Das Linoleum von heute erfordert keinen größeren Pflegeaufwand als andere vergleichbare Beläge. Verlegung, Nahtverschluß, Reinigung und Pflege von elastischen Bodenbelägen s. Abschn. 10.4.7.4.

Linoleum-Verbundbelag (DIN 18173) besteht aus einer Linoleum-Nutzschicht mit Unterlagsgewebe aus Jute und einer Trägerschicht aus Korkment (grobkörniges Korkmehl). Das Korkment verbessert die trittschall- und wärmedämmenden Eigenschaften von Linoleum, aber auch von PVC-Belägen.

Regelabmessungen – Linoleum: Bahnenbreite 200 cm, Sonderanfertigung 300 cm. Plattenformat: 48 × 48 – 60 × 60 cm. Dicke: 2,0 – 2,5 – 3,2 – 4,0 mm. Gesamtdicke-Verbundbelag: 4,0 – 4,5 – 5,0 mm.

10.4.7.3 Elastomer-Bodenbeläge (Gummibeläge)

Elastomerbeläge werden auf der Basis von Synthese- und/oder Naturkautschuk unter Zugabe von Füllstoffen, Farbpigmenten und Vulkanisierungsmitteln hergestellt. Auf Grund unterschiedlicher Zusammensetzung der Rohstoffmischungen können die Beläge den verschiedenartigsten Verwendungszwecken angepaßt werden. Die zunächst plastische Mischung wird auf Kalandern zu Bahnen gezogen und je nach Endprodukt – glatte Bahnenware oder profilierte Platten – in Walzwerken oder Pressen unter Wärme und Druck durch Vulkanisation in ein dauerelastisches Material umgewandelt. Diese Gummiplatten sind dann – im Gegensatz zu thermoplastischen Produkten – nicht mehr verformbar und nicht thermisch verschweißbar. Im einzelnen unterscheidet man:

Homogene und heterogene Elastomerbeläge (DIN 16850) sowie Elastomerbeläge mit Unterschicht aus Schaumstoff (DIN 16851)

Gummibeläge dieser Art haben eine glatte und sehr dichte, meist marmorierte Oberfläche. Sie können homogen oder heterogen aufgebaut sein und als Verbundbelag noch zusätzlich eine trittschallmindernde bzw. wärmedämmende Unterschicht aus Schaumstoff aufweisen. Gummibeläge sind äußerst strapazierfähig, maßbeständig, stuhlrollenfest, schwer entflammbar und zigarettenglutbeständig, sowie weitgehend chemisch resistent und antistatisch; Sonderqualitäten gibt es auch elektrisch leitfähig. Ein Nahtverschluß mit Fugenmasse ist möglich, jedoch im Normalfall nicht erforderlich. Auf Grund ihrer hohen Gleitsicherheit und Trittelastizität werden sie vor allem in Gymnastik-, Sport- und Mehrzweckhallen, aber auch in Krankenhäusern und Gewerbebetrieben verlegt. Im Wohnbereich sind sie wegen ihres relativ hohen Preises weniger anzutreffen. Verlegung, Reinigung und Pflege s. Abschn. 10.4.7.4.

Regelabmessungen – Glatte Elastomerbeläge: Bahnenbreite 120 cm. Plattenformat: 50 × 50 – 60 × 60 cm. Dicke 2,0 bis 4,5 mm, jeweils um 5 mm gestuft. Elastomer-Verbundbeläge mit einer Unterschicht aus Schaumstoff sind nur als Bahnenware erhältlich.

Elastomerbeläge mit profilierter Oberfläche (Gummi-Noppenbeläge)

Elastomerbeläge mit profilierter Oberfläche (DIN 16852) – in Form von Noppen, Pastillen, Rippen – werden üblicherweise in drei verschiedenen Qualitätsstufen (extreme, starke, mäßige Beanspruchung) für den Innen- und Außenbereich angeboten. Dementsprechend können sie sowohl in Flughäfen, Bahnhofs-, Messe-, Ausstellungs- und Schalterhallen, aber auch in Läden, Boutiquen sowie in Naßräumen und Schwimmhallen verlegt werden. Bei Nässe bieten die profilierten Beläge Rutschsicherheit und ausreichende Fußwärme in den Barfußbereichen. Auf die dekorative Farbgebung und Noppenprägung wird hingewiesen. Ein umfangreiches Zubehörprogramm ermöglicht die Lösung von Anschlußproblemen in Randzonen, bei Treppenstufen und im Sockelbereich. Im Außenbereich sind wetter- und UV-beständige Qualitäten einzusetzen (Outdoor-Beläge). Verlegung, Reinigung und Pflege s. Abschn. 10.4.7.4.

Regelabmessungen – Elastomerbeläge mit profilierter Oberfläche: Verbindliche Abmessungen sind nicht festgelegt. In der Regel werden folgende Plattenformate angeboten: 50 × 50 und 100 × 100 cm. Gesamtdicke: 3,5 – 4,0 – 4,5 – 5,0 – 6,0 – 7,0 mm. Noppenhöhe: 0,3 bis 1,5 mm.

10.4.7.4 Verlegung, Nahtverschluß und Pflege elastischer Bodenbeläge

Elastische Bodenbeläge können auf neue Untergründe (z. B. Estriche, Fertigteilestriche) oder auf alte Böden und Beläge verlegt werden. In jedem Fall muß die Beschaffenheit des Untergrundes vom Bodenleger sorgfältig geprüft und die Oberfläche mit geeigneten Werkstoffen und Verfahren so vorbehandelt werden, daß sie belegreif ist und den Anforderungen der DIN 18365 (Bodenbelagarbeiten) entspricht. Besonders sorgfältig ist der zulässige Feuchtegehalt des Verlegegrundes zu prüfen. Wie Tabelle **10**.20 im einzelnen verdeutlicht, ist die Belegreife abhängig von der Art des Untergrundes und des vorgesehenen Belages. Da verschiedenartige Unterböden unterschiedliche Vorarbeiten erfordern, sind von der Bauplanung entsprechende Angaben über den Gesamtaufbau der Fußbodenkonstruktion – insbesondere über die Art des Estriches, Anordnung und Dicke der einzelnen Schichten sowie über die Funktion der Bewegungsfugen – im Leistungsverzeichnis anzugeben. Geeignete Abdichtungen bzw. Dampfsperren müssen selbstverständlich immer vorgesehen sein in nicht unterkellerten Räumen oder auf Decken über Räumen mit hoher relativer Luftfeuchtigkeit und/oder hohem Temperaturgefälle (z. B. über Heizungsräumen, Lüftungszentralen sowie Installationsdecken). Vgl. hierzu Bild **10**.4.

Elastische Bodenbeläge benötigen einen tragfähigen, zug- und druckfesten, rissefreien, dauerhaft trockenen, sauberen und ebenen Untergrund. Die meisten Verlegeflächen müssen zuerst mit einem Vorstrich (Grundierung) behandelt werden. Je nachdem kann dieser der Verfestigung dienen, die Saugfähigkeit mindern, den Staub binden und die Haftbrücke zu Spachtelschichten bilden. Da besonders bei dünnen Belägen im Gegenlicht jede kleinste Unebenheit sichtbar ist und eine gleichmäßig saugende Oberfläche entstehen soll, muß der Untergrund anschließend ganzflächig mit Spachtelmasse geglättet werden; bei größeren Unebenheiten ist Ausgleichsmasse zu verwenden (Ebenheitstoleranzen s. Tab. **10**.2). Vor allem Gußasphaltestrichoberflächen müssen bei Verwendung von Dispersions- oder Neopren-Klebstoffen mit einer mind. 1,5 bis 2,0 mm dicken Spachtelmasse überzogen werden, um nachfolgende Schäden an Bodenbelägen und dem Untergrund zu vermeiden. Überstehende Randdämmstreifen mit Abdeckung sind erst nach dem Spachteln abzuschneiden, damit die Randfugen nicht durch Spachtelmasse o. ä. verfüllt und damit funktionslos werden.

Elastische Bodenbeläge sind vollflächig zu kleben. Die Klebstoffe müssen so beschaffen sein, daß durch sie eine feste und dauerhafte Verbindung erreicht wird. Sie werden in der Regel mit einem Zahnspachtel aufgetragen. Die Verarbeitungsvorschriften der Klebstoffhersteller sind genauestens einzuhalten (Gefahrenklassen beachten!) und möglichst umweltfreundliche Produkte einzusetzen. Die Eignung des Klebstoffes hängt von der Belegart, der Unterbodenbeschaffenheit und der späteren Beanspruchung des Bodens ab. So dürfen auf flächenbeheizten Fußbodenkonstruktionen nur solche Klebstoffarten verwendet werden, die von der Herstellerfirma als „für Fußbodenheizung geeignet" gekennzeichnet sind. Für die Klebung von elastischen Bodenbelägen werden folgende Klebstoffe verwendet:

- **Dispersionsklebstoffe.** Sie können sehr unterschiedlich aufgebaut sein, so daß für nahezu alle Anwendungsfälle geeignete Kleber zur Verfügung stehen. Das Bindemittel ist in Wasser dispergiert; dieses verdunstet oder wird vom Untergrund aufgesaugt. Daher ist eine gewisse Vorsicht bei feuchtigkeitsempfindlichen Untergründen und Belägen angebracht. Dispersionsklebstoffe enthalten keine oder nur sehr geringe Mengen an organischen Lösungsmitteln. Auf Grund dessen sind sie nicht brennbar und umweltfreundlich, wodurch sich die gesundheitlichen Risiken bei der Verlegung und die Umweltbelastung wesentlich verringern.
- **Kunstharz-Lösungsmittelklebstoffe.** Sie sind auf Grund ihres Lösungsmittelgehaltes feuergefährlich (Vorsicht – Explosionsgefahr!). Die entsprechenden Sicherheitsvorschriften sind genauestens einzuhalten. Bei dieser Klebstoffart werden die Bindemittel von den Lösungsmitteln an- bzw. aufgelöst. Die Bindung erfolgt durch Verdunsten des Lösungsmittels. Lösungsmittelhaltige Klebstoffe sollten im Hinblick auf die Umweltbelastung, Explosions- und Feuergefahr nur noch dann verwendet werden, wenn ihr Einsatz aus technischen Gründen unumgänglich ist.
- **Kunstkautschuk-Klebstoffe (Neoprene).** Sie gehören ebenfalls zu der Gruppe der lösungsmittelhaltigen Klebstoffe. Diese Kontaktkleber werden beidseitig – auf Belagrückseite und Verlegeuntergrund – aufgetragen. Der Belag muß dann paßgenau eingelegt werden, da eine nachträgliche Korrektur nicht mehr möglich ist.

– **Zweikomponenten-Reaktionsklebstoffe.** Sie können auf Polyurethan-(PUR-) und Epoxid-(EP-) Basis hergestellt sein. Klebstoffe dieser Art sind lösemittelfrei. Die Klebung erfolgt durch chemische Reaktion (Harz/Härter). Reaktionsklebstoffe werden überall dort eingesetzt, wo der Belag hohen mechanischen und chemischen Beanspruchungen ausgesetzt ist, aber auch Feuchtigkeits- und Witterungsbeständigkeit gefordert sind (Vorsicht – Dampfsperre!). Für Außen- und Naßbereich geeignet.

Aus Gründen der Übersichtlichkeit wird an dieser Stelle nicht näher auf belagtypische Verlegebedingungen eingegangen. Einzelheiten sind den branchenbekannten Merkblättern „Klebearbeit von Elastomer-Belägen" und „Verlegung von Linoleum" zu entnehmen. Auf das Merkblatt [51] des Zentralverbandes des Deutschen Baugewerbes wird ebenfalls hingewiesen.

Elektrostatisches Verhalten von elastischen Bodenbelägen. Bei innigem Kontakt und anschließender Trennung (z. B. Bodenbelag – Schuhsohle), sowie bei Reibung isolierender Stoffe aneinander (z. B. Oberbekleidung an Möbelpolstern), werden elektrostatische Aufladungen erzeugt. Infolge derartiger Trennungs- und Reibungsvorgänge kann es dann zu einem mehr oder weniger unangenehmen Schlag beim Berühren geerdeter Metallteile kommen. Auch Computer und andere elektronische Geräte können durch elektrostatische Aufladungen gestört werden. Von den EDV-Herstellern werden daher Anforderungen gestellt an die Größe der durch Begehen hervorgerufenen Personenaufladung, an den Erdableitwiderstand sowie Mindestwerte an die relative Luftfeuchtigkeit. Einzelheiten hierzu sind Abschn. 10.4.9.3, Elektrostatisches Verhalten textiler Bodenbeläge, zu entnehmen.

Um mögliche Störungen durch Entladung elektrostatischer Aufladung auszuschalten, sind Bodenbeläge erforderlich, die elektrisch leitend sind und leitfähig verlegt werden können. Je nach Art der vorgesehenen Raumnutzung und den sich daraus ergebenden Anforderungen an Bodenbeläge unterscheidet man:

– Verlegung von leitfähigen Belägen mit leitfähigen Klebstoffen auf leitfähigem Vorstrich. Dieser wird mit einer Rolle vollflächig auf den Untergrund aufgetragen und über ein etwa 1 m langes Kupferband je 40 m² Bodenfläche an den Potentialausgleich (Erdung) durch einen Elektrofachmann angeschlossen. Diese leitfähigen Vorstriche lösen zur Zeit die wesentlich schwieriger zu verarbeitenden leitfähigen Spachtelmassen ab.

– Verlegung von leitfähigen Belägen mit leitfähigen Klebstoffen auf Gitternetzen aus Kupferbändern. Diese Verlegungsart wird gewählt beispielsweise bei Untergründen, auf denen ein leitfähiger Vorstrich nicht geeignet ist (Holzuntergründe, Magnesia-Estriche usw.), oder bei extremen elektrostatischen Anforderungen. Auch dieses Leitungsnetz ist je 40 m² Bodenfläche mind. einmal an den Potentialausgleich anzuschließen.

Die elastischen Bodenbeläge selbst (z. B. PVC-Beläge) erhalten ihre Leitfähigkeit durch Beimischen von Kohlenstoff (Graphit) in der jeweiligen Haupt- oder Zusatzfarbe. Werden derart leitfähig ausgerüstete Beläge mit normalen Klebern – d. h. ohne Ableitsystem – verlegt, so sind sie als **antistatisch** zu bezeichnen. In diesem Fall ist sichergestellt, daß die Personenaufladung unabhängig von der Art der Verlegung kleiner als 2 kV ist. Weitere Einzelheiten sind [52], [53] sowie Abschn. 10.4.9.3 zu entnehmen.

Nahtverschluß bei elastischen Bodenbelägen. Die Nähte dieser Bodenbeläge – einschließlich der Anschlußfugen zu den Sockelprofilen – können aus Gründen der Optik (auseinanderklaffende Fuge), der Hygiene (Schmutzansammlung in der Naht), der Haltbarkeit (Wassereintritt bei Naßreinigung, Schutz feuchtigkeitsempfindlicher Untergründe) und der Gestaltung (dekorative Kontrastfarben) verschlossen werden. Während der Nahtverschluß bei PVC-Belägen durch thermisches Schweißen erfolgt, wird bei Linoleum der Fugenschluß durch eine Art Verfugung (Nahtkantenabdichtung) erreicht.

– **Thermisches Verschweißen.** Dieses Verfahren wird angewandt beim Verschweißen der Nähte von homogenen PVC-Belägen und PVC-Verbundbelägen auf Korkment oder Schaum sowie bei allen PVC-Belägen auf Fußbodenheizung und im Objektbereich, wo mit außergewöhnlichen Belastungen (z. B. Wasser-, Stuhlrollen-, Wärmeeinwirkung) zu rechnen ist. Dabei wird eine PVC-Schweißschnur erhitzt und in eine vorher ausgefräste Fuge weichplastisch eingepreßt (Bild **10.51** und **10.52**). Eine besonders gleichmäßige und homogene Verschweißung erreicht man mit Schweißautomaten. Nach dem Erkalten wird die überstehende Schweißschnur flächenbündig abgestoßen. Belag und Schweißnaht können in Kontrastfarben oder Ton in Ton gehalten sein.

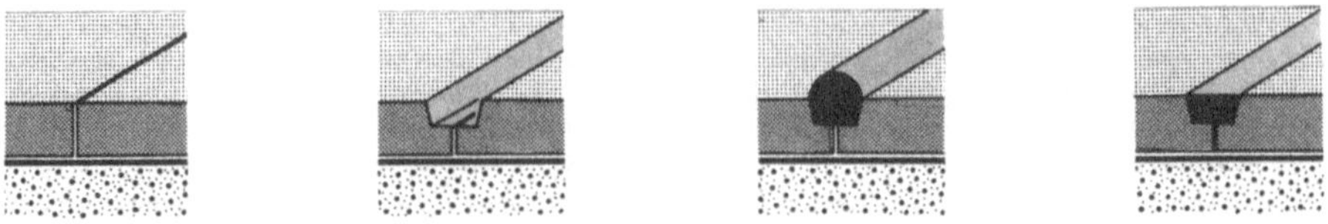

10.51 Nahtverschluß bei homogenen PVC-Belägen und PVC-Verbundbelägen auf Korkment oder Schaum

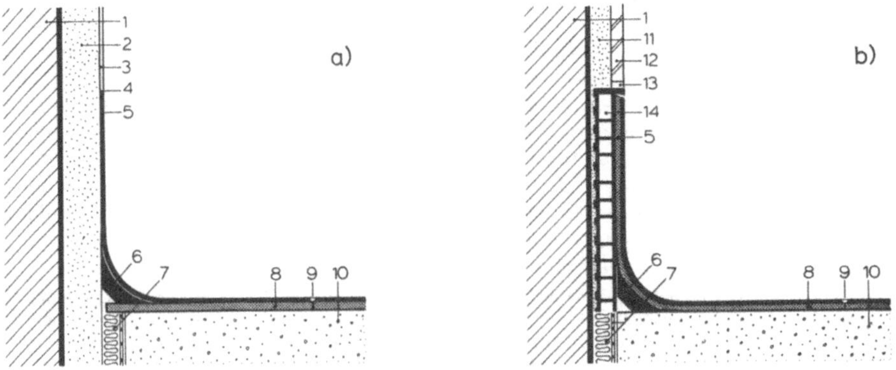

10.52 Beispiele von Boden-Wandübergängen bei elastischen Bodenbelägen
a) flächenbündiger Übergang Bodenbelag–Wandbelag
b) flächenbündiger Übergang Bodenbelag–keramische Wandfliesen mit Einputzsockelleiste

1 Mauerwerk
2 Wandputz
3 Mipolam-Wandbelag
4 Nahtverschluß
5 PVC-Sockelstreifen
6 Hohlkehlenprofil
7 Randstreifen mit Abdeckung
8 PVC-Bodenbelag
9 Nahtverschluß mit PVC-Schweißschnur
10 schwimmender Estrich
11 Mörtelbett
12 keramische Wandfliese
13 dauerelastische Fugenmasse
14 Mipolam-Einputzsockelleiste

Hüls Troisdorf AG

– **Fugenschluß bei Linoleum.** Das Abdichten der Fugen erfolgt bei diesem Belag durch einen Schmelzdraht, der ähnlich wie zuvor beschrieben, bei hoher Temperatur schmilzt, in die Fuge einläuft und nach dem Erkalten abgestoßen wird. Der Fugenschluß ist bei Linoleum immer zu empfehlen. Auf die Spezialliteratur [52], [53] wird hingewiesen.

Reinigung und Pflege elastischer Bodenbeläge

Unter Reinigung versteht man die Beseitigung von Schmutz und Flecken, unter Pflege das Auftragen eines porenfüllenden, schmutzabweisenden Mittels, das dem Belag meist gleichzeitig einen Glanz (matt, hochglänzend) verleiht. Diese Art Beschichtung soll die Beläge vor Schmutzeinwanderung schützen, ihnen ein frisches Aussehen verleihen und die nächste Pflegemaßnahme erleichtern. Reiniger und Pflegemittel müssen nicht getrennte Erzeugnisse sein; moderne Produkte ermöglichen Reinigung und Pflege in einem Arbeitsgang.

Unmittelbar nach dem Verlegen eines neuen Belages ist dieser einer Erstreinigung bzw. Erstpflege zu unterziehen. Dabei werden elastische Bodenbeläge normalerweise naß aufgewischt und dem Wasser Seifenkombinationsreiniger zugegeben. Danach wird der abgetrocknete Belag mit einer strapazierfähigen Selbstglanz-Emulsion beschichtet. Auch die tägliche Unterhaltsreinigung erfolgt durch Zugabe einer derartigen Emulsion in das Wischwasser. Eine andere Möglichkeit ist, dem Wasser ein sog. Seifenwisch-Pflegemittel zuzugeben (Reinigung und Pflege in einem Arbeitsgang). In größeren Zeitabständen wird eine Grundreinigung notwendig, bei der sehr hartnäckige Verschmutzungen und alte Pflegemittelschichten entfernt werden. Daran schließt sich in jedem Fall eine erneute Erstpflege an. Um zu gewährleisten, daß die Pflege des jeweiligen Bodenbelages in geeigneter Form erfolgt, hat nach DIN 18365 (Bodenbelagarbeiten) der Bodenleger dem Auftraggeber eine schriftliche Pflegeanleitung zu übergeben. Auch bei elastischen Bodenbelägen ist immer auf eine ausreichende Rutsch- und Trittsicherheit zu achten. Vgl. hierzu Abschn. 10.4.3.3.

10.4.8 Bodenbeschichtungen aus Kunstharzen (Reaktionsharzen)

Kunstharzprodukte eignen sich zur Herstellung, Vergütung oder Sanierung stark beanspruchter Fußbodenoberflächen. Bei den am Bau verarbeiteten Kunstharzen unterscheidet man im wesentlichen zwischen thermoplastischen Kunstharzen und Reaktionskunstharzen. Während die thermoplastischen Kunstharze (= physikalisch trocknend) am Bau entweder als wässrige Dispersion oder als lösungsmittelhaltige Beschichtung/Anstrich – zum Beispiel als Fassaden- und Lackfarbe in Form von dünnen Schichten – eingesetzt werden, eignen sich die durch chemische Vernetzung aushärtenden Reaktionsharze für die Fußbodentechnik.

Reaktionsharze bestehen im allgemeinen aus zwei Komponenten (z. B. Harz/Härter), die vor der Verarbeitung vermischt und je nach Füllstoffzugabe in flüssiger plastischer Form aufgetragen werden. Auf Grund ihrer hervorragenden Eigenschaften eignen sie sich vor allem zur Herstellung von Industrieböden; seit einigen Jahren werden sie aber auch für dekorativ-farbige Bodenbeschichtungen eingesetzt. Dabei soll die Abnutzung der Oberfläche und damit die Staubbildung auf ein Minimum reduziert, ein dauerhafter Schutz des Untergrundes vor mechanischen Beanspruchungen, chemischen Angriffen und thermischen Belastungen erreicht, die Reinigung und Pflege erleichtert sowie eine farblich ansprechende Oberflächengestaltung geschaffen werden. Zur Herstellung von Kunstharzböden werden folgende Stoffgruppen (Grundtypen) eingesetzt:

- Epoxidharze (EP)
- Methacrylatharze (MMA)
- Polyurethanharze (PUR), ein- und zweikomponentig
- Ungesättigte Polyesterharze (UP).

Innerhalb jeder Stoffgruppe lassen sich durch unterschiedliche Ausgangskomponenten und Zusammensetzungen Endprodukte mit unterschiedlichen Eigenschaften herstellen. Ferner werden die Eigenschaften durch Füllstoffe, Zuschläge und Pigmente bestimmt. Am häufigsten verwendet werden Epoxidharze – trotz ihres relativ hohen Preises – da sie am vielseitigsten eingesetzt und unter baupraktischen Gegebenheiten am einfachsten und risikolosesten verarbeitet werden können. Einzelheiten über die Herstellung, Verarbeitung und Eigenschaften der erwähnten Reaktionsharzgruppen sind dem BEB-Arbeitsblatt KH-O/S [54] zu entnehmen.

Die Haltbarkeit und Widerstandsfähigkeit von Kunstharzböden wird wesentlich von der Festigkeit und Güte des jeweiligen Untergrundes bestimmt. Es eignen sich vor allem Beton (z. B. bewehrte Bodenplatten, Stahlbetondecken) oder Zementestrich mit Mindestfestigkeiten bei leichten Beanspruchungen $\geqq$ B 25 bzw. ZE 30, bei höheren Beanspruchungen $\geqq$ B 35 bis ZE 40; die Abreißfestigkeit soll mind. 1,5 N/mm^2 betragen. Bei anderen Untergründen (z. B. Anhydrit- oder Gußasphaltestrich) sind besondere Vorschriften der Hersteller zu beachten. Der Verlegegrund muß ferner trocken sein, einen Feuchtegehalt unter 3% aufweisen (vgl. hierzu Tab. **10.**20) und die Oberfläche frei von losen bzw. haftmindernden Substanzen sein. Da Beschichtungen aus Reaktionsharzen praktisch dampfdicht sind, müssen alle gefährdeten Untergründe durch eine rückseitige Feuchtigkeitsabdichtung gemäß DIN 18195 bzw. entsprechende

Dampfsperre gegen Durchfeuchtung gesichert sein (Blasenbildung). Unebene Oberflächen werden durch geeignete Spachtelmassen egalisiert. Grundierungen verfestigen die oberflächennahe Zone des Untergrundes und müssen im allgemeinen als erste Schicht aufgebracht werden. Reaktionsharzbeschichtungen besitzen normalerweise hohen elektrischen Leitwiderstand. Bei Bedarf können sie jedoch leitfähig eingestellt werden.

Ausgehend von der späteren Nutzung und den damit verbundenen Anforderungen werden die einzelnen Vergütungsmaßnahmen entsprechend den aufgebrachten Schichtdicken eingeteilt und wie folgt benannt (Bild **10**.53):

- Kunstharz-Imprägnierung < 0,1 mm
- Kunstharz-Versiegelung 0,1 bis 0,3 mm
- Kunstharz-Beschichtung 0,5 bis 2,0 mm
- Kunstharz-Belag 2,0 bis 6,0 mm
- Kunstharz-Estrich 6,0 bis 15,0 mm

Imprägnierungen sind porenfüllende Tränkungen saugfähiger Untergründe, ohne daß diese diffusionsdicht verschlossen werden. Die Struktur der Oberfläche bleibt erhalten, die Poren sind nicht geschlossen. Imprägnierungen werden vorgenommen, um die Bodenfläche zu verfestigen, ihre Widerstandsfähigkeit zu erhöhen und Staubbildung durch Abrieb zu vermindern. Durch Imprägnieren kann nur eine begrenzte Verbesserung der Oberfläche – und somit auch nur schwacher Schutz gegen mechanische Beanspruchungen bzw. chemische Angriffe – erreicht werden. Anwendung: Lagerhallen, Tiefgaragen.

Versiegelungen verschließen die Poren des Untergrundes und decken die Bodenoberfläche mit einem dünnen geschlossenen Schutzfilm ab. Neben der höheren mechanischen Beanspruchbarkeit erleichtern sie auch die Reinigung und Pflege und verhindern das Eindringen von Ölen, Fetten u. ä. in den Untergrund. Versiegelungen werden im allgemeinen in zwei Arbeitsgängen durch Streichen, Rollen o. ä. in farbiger oder farbloser (transparenter) Ausführung aufgebracht. Vgl. hierzu auch Abschn. 10.4.6.4, Oberflächenbehandlung von Holzfußböden. Anwendung: Werkstätten, Unterrichtsräume, Fabrikräume mit leichter mechanischer Beanspruchung.

Beschichtungen sind Überzüge aus Reaktionsharzen, die im allgemeinen mit Füllstoffen gefüllt und mit Pigmenten eingefärbt sind. Sie ergeben eine mechanisch stärker beanspruchbare Verschleißschicht mit guter Chemikalienbeständigkeit und pflegeleichter Oberfläche. Beschichtungen aus selbstverlaufenden Beschichtungsmassen werden durch Streichen, Spachteln oder Spritzen – meist in einem Arbeitsgang – aufgebracht. Bei besonders stark beanspruchten Böden ist die Einbettung von Armierungsgewebe vorteilhaft. Durch Einstreuen von trockenem Quarzkorn in die frische Beschichtung wird eine erhöhte Rutschfestigkeit erzielt. Anwendung: Bodenflächen in Industrie-, Lager- und Ausstellungshallen, in Getränke- und Lebensmittelbetrieben, Supermärkten, Werkräumen, Sanitär- und Hygieneräumen.

- **Dekorativ-farbige Bodenbeschichtungen** lassen sich mit Reaktionsharzen in einem dreischichtigen Aufbau herstellen. Eine Grundschicht gibt dem Boden den gewünschten Farbton und sorgt für einen guten Haftverbund mit dem Untergrund. In diese frisch aufgebrachte Schicht werden einfarbige Chips oder mehrfarbige Chipsmischungen eingestreut, aufgetröpfelt oder mit einer Stachelwalze aufgewalzt, so daß farbig-dekorative Effekte in Form von Sprenkelungen, Marmorierungen o. ä. in Kontrasttönen oder Ton-in-Ton-Abstufungen entstehen. Den oberen Abschluß bildet eine transparente, meist hochglänzende Versiegelung. Auch diese Beschichtung weist eine hohe Abriebfestigkeit auf, ist wasserdicht, widerstandsfähig gegen mechanische Beanspruchungen und beständig gegen viele Chemikalien. Anwendung: Discotheken, Boutiquen, Ausstellungsräume, Ateliers, Treppen- und Flurzonen.
- **Quarzkiesel-Beschichtungen** (Bodenbelag aus Kieselsteinchen) bestehen im wesentlichen aus Natur- und Farbkieseln, eingebettet in Kunstharzbindemitteln und versiegelt mit transparenter Kunstharzmasse. Als Verlegegrund eignen sich ebene Beton- und Zementestrichflächen, aber auch Keramik- und Steinböden sowie Trockenestrichflächen. Als erste Schicht wird eine geeignete Haftgrundierung aufgebracht. Darauf folgt der Auftrag der mit Bindemittel gemischten Quarzkieselmasse in möglichst gleichmäßiger Schichtdicke (Korngröße 1 bis 2 mm oder 3 bis 4 mm). Nach der Erhärtung wird die transparente Versiegelungsmasse durch Fluten oder Rollen aufgetragen. Die volle Belastbarkeit ist nach 6 bis 7 Tagen erreicht. Mit Quarzkiesel-Beschichtungen lassen sich sehr strapazierbare und zugleich dekorative Bodengestaltungen ausführen. Anwendung: Ausstellungsräume, Empfangshallen, Ladengeschäfte, Boutiquen.

Kunstharzbeläge sind Überzüge aus Reaktionsharzmörteln, denen mehr oder weniger mineralische Zuschläge beigegeben sein können. Dementsprechend unterscheidet man selbstverlaufend eingestellte Mörtel, die in einer Schicht vergossen (Gießbeläge) oder spachtelfähige Mörtel, die in einer oder mehreren Schichten aufgespachtelt werden. Die Beläge können mit Pigmenten eingefärbt oder aus transparenten Reaktionsharzen hergestellt sein. Sie sind mechanisch stärker beanspruchbar als Beschichtungen und schützen den Untergrund dauerhaft vor chemischen Angriffen. Anwendung: Abfüllstationen, Wartungshallen, Werkstätten und Industriehallen aller Art.

Kunstharzestriche enthalten neben Reaktionsharzen als Bindemittel noch Füllstoffe, Pigmente und Zuschläge (Quarzsande).[1]) Sie werden aus plastischen Mörteln in einer Schicht meist als Verbundestrich – bei entsprechender Dicke und Zusammensetzung auch als Estrich auf Dämm- oder Trennschicht – hergestellt. Hierbei unterscheidet man kellenverlegbare Estriche, bei denen die Zuschläge überwiegen (die über Lehren abgezogen und geglättet werden) sowie fließende Estriche, bei denen die Bindemittelmenge die Verarbeitungseigenschaften bestimmt. Reaktionsharzestriche erreichen hohe Widerstandsfähigkeit gegen mechanische Beanspruchungen sowie gute chemische Beständigkeit, sofern sie mit flüssigkeitsdichtem Gefüge hergestellt sind. Anwendung: Reparaturhallen, Schlachthöfe, Brauereien u.a.

Hinweis Reaktionsharze und ihre Dämpfe können die menschliche Gesundheit gefährden, leicht entzündbar, feuergefährlich und in höheren Konzentrationen sogar explosiv sein. Sie können jedoch gefahrlos verarbeitet werden, wenn die einschlägigen Vorschriften, die Hinweise auf den Produktbehältern und die Sicherheitsdatenblätter der Hersteller beachtet werden. Einzelheiten sind den BEB-Arbeitsblättern [54] zu entnehmen.

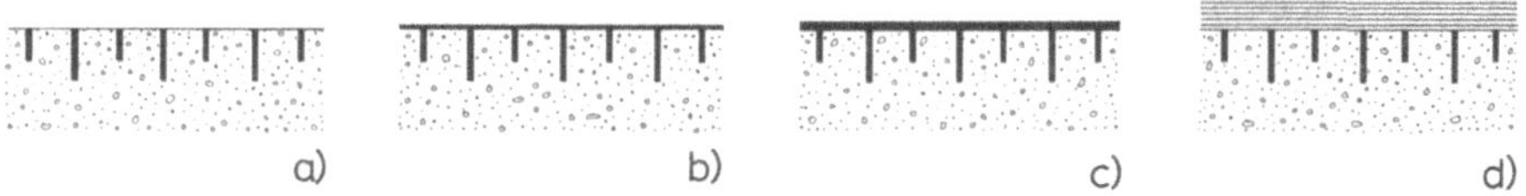

10.53 Schematische Darstellung von Fußboden-Oberflächenvergütungen aus Kunstharz (Reaktionsharz)
a) Kunstharz-Imprägnierung
b) Kunstharz-Versiegelung
c) Kunstharz-Beschichtung/-Belag
d) Kunstharz-Verbundestrich

10.4.9 Bodenbeläge aus natürlichen oder künstlichen Fasern: Textile Fußbodenbeläge

Kein Bodenbelag hat die Verbrauchergewohnheiten im Laufe der letzten Jahre – sowohl im öffentlichen wie privaten Bereich – nachhaltiger beeinflußt als die textilen Fußbodenbeläge. Dieser Aufschwung wurde möglich durch die Entwicklung neuartiger Werkstoffe (synthetische Fasern), die Einführung kostengünstiger Herstellungstechniken (Tuftingverfahren), das Entstehen neuer Belagarten (Nadelvliesbeläge) sowie das Aufkommen der Teppichfliesen (Teppichelemente) zur Selbstverlegung. So wurde aus dem einstigen Luxusartikel ein Gebrauchsgut, das für jedermann erschwinglich ist.

Als **Bauelement** hat der Teppichboden so günstige Eigenschaften aufzuweisen wie

- gute Trittschalldämmung und hohes Schallabsorptionsvermögen,
- gute Wärmedämmung, bei gleichzeitig ausreichendem Wärmedurchlaßwiderstand auf Fußbodenheizungen,
- hohe Abrieb- und Verschleißfestigkeit, günstige Trittsicherheit, Elastizität und gutes Wiedererholungsvermögen,
- Unempfindlichkeit gegen Feuchtigkeit (bei vollsynthetischen Teppichbelägen) und somit geeignet für Feucht- und Naßräume sowie als Kunstrasen- und Sportstättenbelag (Outdoor-Belag),
- niedrige Konstruktionshöhe, günstiges Brandverhalten sowie einfache Verlege- und Wiederaufnahmemöglichkeit,
- relativ einfache und wirtschaftliche Reinigung und Pflege.

---

[1]) Estriche aus anderen Bindemitteln, die Reaktionsharze lediglich zur Vergütung oder Modifizierung enthalten – zum Beispiel in Form wäßriger Dispersionen – sind keine Reaktionsharzestriche.

Als **Gestaltungselement** liegen seine Vorzüge in der Vermittlung von
- Wohnlichkeit, Komfort und Behaglichkeit (angenehmes Wohn- und Arbeitsklima),
- elegantem und repräsentativem Aussehen,
- beinahe unbegrenzten Möglichkeiten der farblichen und strukturellen Gestaltung der Teppichoberseite, passend zu jedem Einrichtungsstil.

Die Neigung mancher Teppichbeläge zur elektrostatischen Aufladung sowie Bedenken bezüglich ihrer hygienischen Eigenschaften werden als Nachteile angeführt. Durch den Einsatz wirksamer antistatischer, antibakterieller und Anti-soil-Ausrüstungsverfahren konnten diese Bedenken weitgehend ausgeräumt werden.

10.4.9.1 Einteilung und Benennung textiler Bodenbeläge: Überblick

Beim Einsatz textiler Fußbodenbeläge ist grundsätzlich zu unterscheiden zwischen
- **Haushaltsbereich** (Beläge für Wohnung und ähnlichem),
- **Objektbereich** (Beläge für Verwaltung, Gewerbe und Industrie),
- **Freizeitbereich** (Kunstrasen und textile Sportstättenbeläge).

Nach ihrem **konstruktiven Aufbau** lassen sich textile Bodenbeläge in drei unterschiedliche Gruppen einteilen. Zu nennen sind (Bild **10**.54):

Flachteppiche. Sie bestehen aus einem auf Webstühlen hergestellten Kette- und Schuß-Fadensystem, das unmittelbar begangen wird und keine zusätzliche Polschicht aufweist. Für die Herstellung werden vor allem Naturfasern wie Jute, Sisal und Kokos verwendet. Die mit und ohne Rückenausrüstung (Plan- oder Prägeschaum) lieferbaren Teppiche können vollflächig verklebt, verspannt und lose verlegt werden. Da der Marktanteil dieser Gruppe relativ unbedeutend ist, bleibt sie im Rahmen dieser Abhandlung unberücksichtigt (Bild **10**.55a).

Polteppiche. Sie bestehen aus einem Grundgewebe/Trägerschicht, einem darauf senkrecht stehenden, fest verankertem Pol als Nutzschicht und ggf. einer Rückenbeschichtung. Eine elastische Polschicht weisen beispielsweise gewebte, getuftete, gewirkte, gepreßte und beflockte Teppichböden auf. Die Oberseite kann schlingenartig oder veloursartig ausgebildet sein (Bild **10**.55b).

Nadelvliesbeläge. Sie haben – im Gegensatz zu den herkömmlichen Polteppichen – keine Garne als Nutzschicht, sondern bestehen aus einem mechanisch durch Nadeln und ggf. Imprägnierung verfestigten Faservlies. Nadelvliesbeläge können ein- oder mehrschichtig, mit oder ohne Trägerschicht hergestellt sein (Bild **10**.55c).

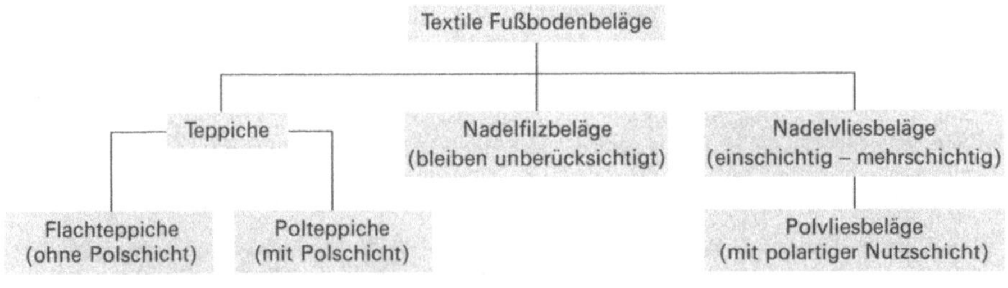

10.54 Einteilung und Benennung textiler Fußbodenbeläge

In **DIN 66095 T1 bis T4** sind alle Angaben und Begriffe über textile Bodenbeläge zusammengestellt, die der eindeutigen Charakterisierung der Konstruktion und der Eigenschaften des jeweiligen Belages dienen (Produktbeschreibung). Damit ist eine bessere Vergleichbarkeit der Produkte gegeben. Außerdem bieten sich diese Normen als Grundlage für die Abfassung von **Ausschreibungstexten textiler Bodenbeläge** an. Hierbei ist auch die DIN 61 151 zu beachten, die in Kürze durch ISO 2424 ersetzt werden soll. Im einzelnen sind zu nennen:

Kennzeichnende Merkmale

- Material der Nutzschicht (Textile Faserstoffe)
- Polschichtdicke, Polschichtgewicht, Polrohdichte
- Strukturelle und farbliche Oberseitengestaltung
- Trägermaterial
- Rückenausrüstung
- Herstellungsart

Funktionseigenschaften

- Strapazierwert und Komfortwert
- Zusatzeignungen
- Sonderausrüstungen
- Elektrostatisches Verhalten

Bauphysikalische Eigenschaften

- Schallabsorption
- Trittschalldämmung
- Wärmeleitfähigkeit
- Brandverhalten

Verlegung, Reinigung und Pflege

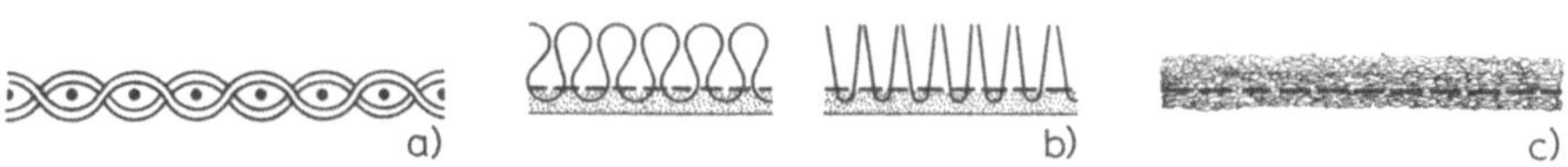

10.55 Schematische Darstellung des konstruktiven Aufbaues textiler Fußbodenbeläge
a) Flachteppich
b) Polteppich (Bouclé/Velours)
c) Nadelvliesbelag

10.4.9.2 Kennzeichnende Merkmale textiler Bodenbeläge

Qualität, Nutzwert und Preis eines textilen Fußbodenbelages werden im wesentlichen bestimmt von den nachstehend beschriebenen Konstruktionsmerkmalen.

Material der Nutzschicht (Textile Faserstoffe)

Die Rohstoffe für die Polnutzschicht von Teppichböden lassen sich, wie Bild **10.**56 im einzelnen verdeutlicht, in zwei Hauptgruppen einteilen: Naturfasern und Chemiefasern. Der älteste und bekannteste Faserstoff natürlicher Herkunft ist die Wolle. Bei den chemischen Faserstoffen ist Polyamid der weitaus bedeutendste Rohstoff für Teppichgarne.

Wolle (Schurwolle). Die Vorzüge sind ihr natürlicher Glanz, hohe Elastizität und gutes Wiedererholungsvermögen sowie ihr geringes Anschmutz- und günstiges Brennverhalten (schwerentflammbar). Durch ihre Fähigkeit, bis zu einem Drittel ihres Eigengewichtes Feuchtigkeit aufzunehmen, ohne sich feucht anzufühlen, wirkt sie raumklimatisch ausgleichend. Gleichzeitig lädt sie sich dadurch in der Regel elektrostatisch weniger auf. Trotzdem kann es auch bei Teppichböden aus Wolle, die nicht extra antistatisch ausgerüstet wurden, zu starken Aufladeerscheinungen in bestimmten Situationen kommen (z. B. bei starkem Heizen und Austrocknen der Faseroberfläche). Als nachteilig wird ihre nur bedingt befriedigende Abriebfestigkeit und lästige Fusselbildung an der Teppichoberseite gesehen.

Chemiefasern. Wie Bild **10**.56 zeigt, unterteilt man sie in zellulosische (bleiben hier unberücksichtigt) und synthetische Fasern. Die letzteren werden am meisten eingesetzt und zeichnen sich vor allen aus durch ihre hohe Abriebfestigkeit, Verrottungsbeständigkeit, geringe Schmutzempfindlichkeit und verhältnismäßig leichte Pflege.

Ein Hauptunterschied zwischen Natur- und synthetischen Fasern besteht darin, daß die Naturfasern Feuchtigkeit – und damit beispielsweise ausgeschüttete Fruchtsäfte mit ihren Farbstoffen – nach relativ kurzer Zeit aufsaugen, während die synthetischen Fasern eine nahezu flüssigkeitsdichte Oberfläche besitzen. Darauf beruht bei den letzteren die geringe Anfälligkeit gegen Schmutz und Chemikalien. Bei den synthetischen Fasern ist jedoch andererseits die elektrostatische Aufladung zu berücksichtigen, durch die Schmutzpartikelchen oft sehr viel fester an der Chemiefaser hängen, als dies beispielsweise bei der Wolle der Fall ist.

Die Gebrauchseigenschaften der Chemiefasern sind unterschiedlich und damit die Einsatzgebiete zum Teil auch begrenzt. Die vier wichtigsten synthetischen Fasern sind (in der Reihenfolge ihrer Bedeutung):

- **Polyamid** (PA). Sehr hohe Abriebfestigkeit und Wiedererholungsvermögen, günstiges Anschmutzverhalten. Dauerhafte antistatische Ausrüstung der Faser durch einen Kern aus Kohlenstoff. Perlon, Nylon.
- **Polyacryl** (PC). Hohe Elastizität und wollähnliche Bauschigkeit, sehr gutes Wiedererholungsvermögen und Lichtbeständigkeit, jedoch deutlich geringere Abriebfestigkeit als Polyamid. Dralon, Orlon.
- **Polypropylen** (PP). Unempfindlich gegen Feuchtigkeit, daher für Naßräume geeignet. Gute Verschleißeigenschaften, jedoch geringes Wiedererholungsvermögen. Vorwiegend in Nadelvliesartikeln eingesetzt. Meraklon, Hostalen.
- **Polyester** (PE). Hohe Abriebfestigkeit, gutes Wiedererholungsvermögen, wollähnliches Ausehen. Laugen- und säurebeständig, jedoch färbetechnische Probleme. Marktanteil als Polmaterial gering. Diolen, Trevira.

Die jeweilige Spinnmasse wird geschmolzen, durch feine Spinndüsen gepreßt und die dünnen Schmelzfäden anschließend auf das Mehrfache ihrer ursprünglichen Länge gezogen. Erst im sog. Texturierungsverfahren erhält das zunächst glatte Garn die notwendige Kräuselung bzw. Bauschigkeit, die für die Verarbeitung zu Teppichware erforderlich ist.

Aus anwendungs- und verarbeitungstechnischen Gründen werden häufig Fasermischungen eingesetzt (z. B. Synthetiks/Synthetiks oder Wolle/Synthetiks). So hat sich bei der letztgenannten Mischung (z. B. 80% Wolle und 20% Polyamid) die Verbindung der guten Wolleigenschaften mit der strapazierfähigeren synthetischen Faser besonders gut bewährt.

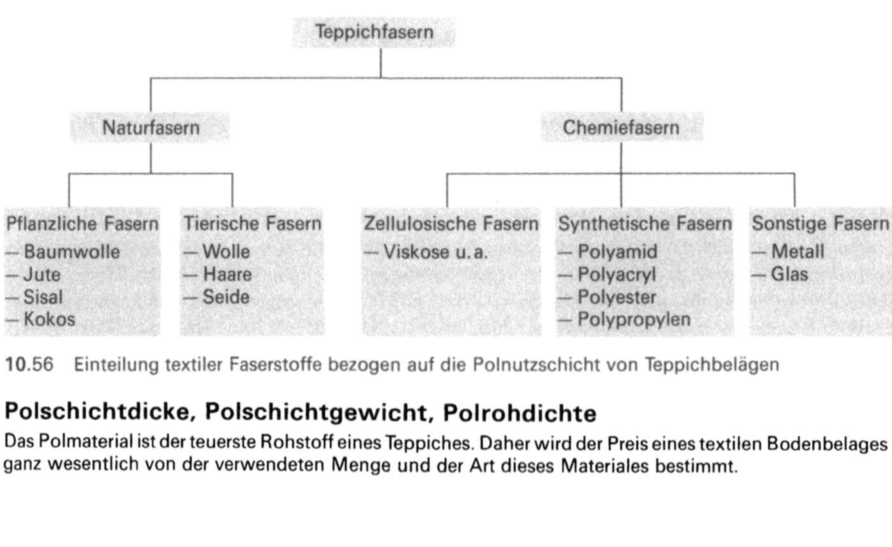

10.56 Einteilung textiler Faserstoffe bezogen auf die Polnutzschicht von Teppichbelägen

Polschichtdicke, Polschichtgewicht, Polrohdichte

Das Polmaterial ist der teuerste Rohstoff eines Teppiches. Daher wird der Preis eines textilen Bodenbelages ganz wesentlich von der verwendeten Menge und der Art dieses Materiales bestimmt.

Polschichtdicke (mm) und Polschichtgewicht (g/m^2) geben die tatsächlich nutzbare Fasermenge der Polschicht über dem Teppichgrund an (DIN 54325). Je dicker bzw. je höher der Pol, desto höher ist auch das Polschichtgewicht. Dies bedeutet jedoch nicht, daß eine dicke und schwere Teppichware unbedingt auch qualitativ günstiger sein muß als eine Ware mit weniger dicker oder weniger schwerer Polschicht. Erst das Verhältnis von Polschichtdicke zu Polschichtgewicht gibt über die Dichte des Pols eine Auskunft. Diese Dichte wird mit dem Begriff Polrohdichte (g/cm^3) gekennzeichnet: Dividiert man das Polschichtgewicht durch die Polschichtdicke, so erhält man die Polrohdichte. Polrohdichte und Polschichtgewicht sind bei gleicher Faserqualität maßgebend für die Lebensdauer eines Belages.

Strukturelle und farbliche Gestaltung der Teppichoberseite

Die **Oberflächenstruktur** von Teppichböden kann beispielsweise folgendermaßen ausgebildet sein (Bild **10**.57):

- Schlingenartige Oberseite. Die Teppichoberseite besteht aus deutlich ausgebildeten, geschlossenen Polschlingen, die sich von der Trägerschicht abheben: Boucléware.
- Veloursartige Oberseite. Die Teppichoberseite zeigt den bekannten samtartigen Charakter. Die den Pol bildenden Schlingen sind aufgeschnitten: Veloursware.
- Hoch-Tief-Oberseite. Die Teppichoberseite ist reliefartig ausgebildet. Sie besteht aus höher und tiefer liegenden Teilflächen: Hoch-Tief-Struktur. Die Polschlingen können geschlossen und/oder aufgeschnitten sein, so daß Bouclé- und Velourseffekte entstehen.

Die **Farbgebung** und farbliche Musterung von Teppichböden sind wesentliche Gestaltungselemente. Angewendet werden vor allem die Spinndüsenfärbung (eingefärbte Spinnmasse bei den Chemiefasern), die Flocken-, Faser-, Garn-, Strang- und Stückfärbung (Einfärbung je nach Stand des Verarbeitungsprozesses) sowie das Druckverfahren (Siebdruck-Rotationsverfahren) und Millitronverfahren (Teppichmusterung über computergesteuerte, mit Mikrodüsen bestückte Farbspritzanlage). An die Teppichfarben werden hohe Echtheitsanforderungen gestellt. Die wichtigsten betreffen die Lichtechtheit gegen UV-Strahlen (DIN 54004), die Wasserechtheit (DIN 54006) und die Reibechtheit (DIN 54021). Auswahlkriterien im Hinblick auf die Farbgebung und Schmutzempfindlichkeit von Teppichböden s. Abschn. 10.4.9.5.

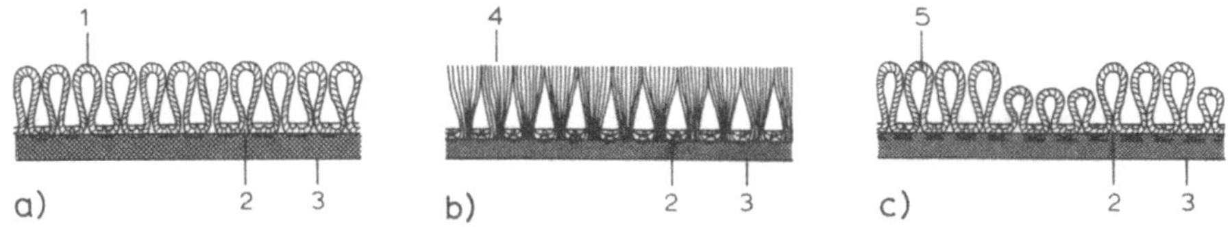

10.57 Schematische Darstellung einiger Oberflächenstrukturen von Teppichböden (Beispiele)
a) schlingenartige Oberseite
b) voloursartige Oberseite
c) Hoch-Tief-Oberseite

1 Schlingenpol/Bouclé (gleichbedeutende Begriffe)
2 Trägerschicht (Grundgewebe)
3 Rückenbeschichtung
4 Schnittpol/Velours (gleichbedeutende Begriffe)
5 Hoch-Tief-Struktur (Hochpol- und Niedrigpolflächen)

Trägermaterial

Das Trägermaterial, auch Grundgewebe genannt, besteht aus natürlichen oder synthetischen Fasern und dient zur Verankerung des Polmateriales. Es hat außerdem Bedeutung für Formstabilität, Festigkeit und Verlegeart des jeweiligen Teppichbelages. Eingesetzt werden Jutegewebe (Nachteil: Schrumpfen bei Feuchtigkeitseinwirkung, nur bedingt verrottungsbeständig) und Trägervliese aus synthetischem Material (Vorteil: Unempfindlichkeit gegen Feuchtigkeit, verrottungsbeständig, gute Schnittkantenfestigkeit).

Rückenausrüstung

Rückenausrüstungen beeinflussen den Gebrauchswert eines Teppichbodens ganz wesentlich. Während beim gewebten Teppich eine Appretur (dünne Kunstharz- oder Latexdispersion) zur Verbesserung der Stabilität und Schnittfestigkeit aufgebracht wird, ist die Rückenbeschichtung bei der getufteten Ware eine unerläßliche konstruktive Notwendigkeit: Das zunächst lose in das Trägermaterial eingenadelte Polgarn wird erst durch einen sogen. Verfestigungsstrich absolut fest mit dem Träger verbunden (Noppenverankerung). Derartige Teppichböden eignen sich vor allem zum Verkleben.

Vielfach wird darauf noch eine glatte oder geprägte Schaumbeschichtung (Aufbauschicht) aufgebracht. Diese weich-poröse Masse bringt die Vorteile einer verbesserten Schnittfestigkeit, Trittelastizität, Schall- und Wärmedämmung insbesondere für den Wohnbereich. Für den Objektbereich eignen sich derartige Schaumrücken nicht. Hier werden entweder die vorgenannten appretierten Beläge oder Teppichware mit einem massiv-festen, stuhlrollengeeigneten Kompaktschaum eingesetzt. Lose verlegbare Teppichfliesen bzw. Teppichelemente sind im Hinblick auf die geforderte Bodenhaftung mit einer sog. Schwerbeschichtung ausgerüstet. S. hierzu auch Abschn. 10.4.9.5, Loses Verlegen von textilen Bodenbelägen.

Getuftete Teppichware, die verspannt werden soll, muß auf ihrer Rückseite immer noch einen textilen Zweitrücken (Doppelrücken) in Form eines zusätzlichen Gewebes aus Jute oder synthetischen Vliesstoffes aufweisen.

Herstellungsverfahren textiler Bodenbeläge

Textile Fußbodenbeläge werden in sehr unterschiedlichen Verfahren produziert. Die jeweilige Herstellungstechnik ist qualitätsbestimmend und auch für das Aussehen der Teppichware von großer Bedeutung. Man unterscheidet:

Webverfahren (Rutenwebverfahren). Webteppiche bestehen aus einem Grundgewebe und einem Pol. Grundgewebe und Polschicht werden in einem Arbeitsprozeß hergestellt. Beim Weben von Teppichböden werden drei längslaufende Fadengruppen – sogenannte „Ketten" (Polkette, Bindekette, Füllkette) sowie zwei querlaufende Fadengruppen – sogenannte „Schüsse" (Oberschuß, Unterschuß) rechtwinklig verkreuzt. Die Garne der Polkette bilden die Nutzschicht, die Bindeketten verbinden die querlaufenden mit den längslaufenden Fäden und die Füllkette gibt dem Teppichgewebe das Fundament (Bild **10**.58). Die Garne der Polschicht laufen über Ruten (Metallstäbe), durch deren Abmessungen die Höhe des Flors (Kurz-, Mittel-, Langflor) und die Dichte der Schußfolge bestimmt wird. Befindet sich am Ende der Rute ein Messer, wird die Polkette beim Herausziehen der Rute aufgeschnitten, es entsteht Veloursware. Bei Ruten ohne Messer bleiben die Schlingen erhalten, es entsteht Bouclèware (Bild **10**.58a und b). Weitere Einzelheiten sind [55] zu entnehmen.

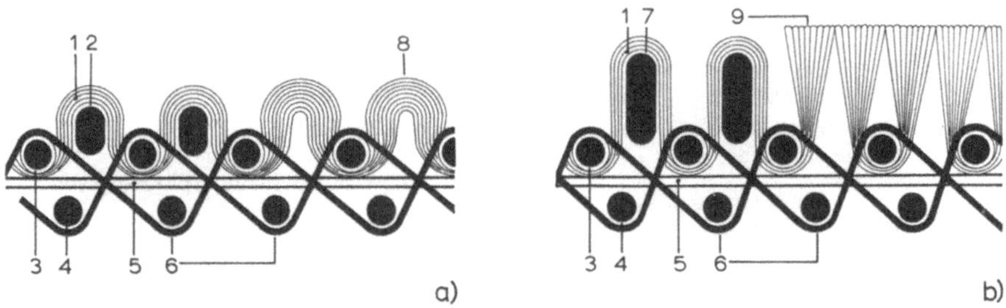

10.58 Schematische Darstellung des Herstellungsverfahrens eines gewebten Teppiches

a) Bouclèware
b) Veloursware

1 Polkette (Nutzschicht, auch Flor genannt)
2 Zugrute (Metallstab ohne Messer)
3 Oberschuß
4 Unterschuß
5 Füllkette
6 Bindekette
7 Zugrute (Metallstab mit Messer)
8 Bouclé
9 Velours

Anker-Teppichfabrik Gebrüder Schoeller, Düren

Tuftingverfahren. Während bei der Herstellung gewebter Teppiche Grundgewebe und Polschicht in einem Arbeitsprozeß entstehen, wird auf der Tuftingmaschine das Polgarn nach dem Nähmaschinenprinzip kontinuierlich von oben in ein vorgefertigtes Trägermaterial (Gewebe oder Vlies) eingenadelt und von Greifern auf der Unterseite so lange festgehalten (die Nutzschicht entsteht auf der Unterseite), bis die Nadeln zum nächsten Stich ansetzen. Dadurch bilden sich Schlingen, es entsteht Schlingenflorware (Bouclé). Werden die Schlingen durch ein Messer aufgeschnitten, so entsteht Schnittflorware (Velours). Bild **10**.59a und b. Die Polgarne sind zunächst nur lose mit dem Trägermaterial verbunden und müssen durch einen zusätzlichen Rückenbeschichtungsprozeß fest mit dem Träger verbunden werden. Soll Tuftingware verspannt werden, ist außerdem immer noch ein Zweitrücken vorzusehen. S. hierzu „Rückenausrüstung" sowie [56].

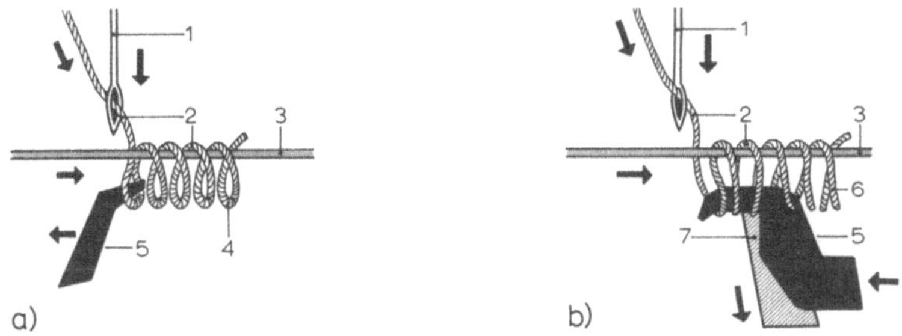

10.59 Schematische Darstellung des Herstellungsverfahrens eines getufteten Teppichbodens
a) Schlingenflorware (Bouclé)
b) Schnittflorware (Velours)

1 Nadel
2 Garn (Unterseite des Teppiches)
3 Trägerschicht
4 Schlingenflor (Nutzschicht)
5 Greifer
6 Schnittflor (Nutzschicht)
7 Messer

Europäische Teppichgemeinschaft für Deutschland e.V., Wuppertal

Nadelvliesverfahren. Meist mehrschichtig übereinanderliegende, lockere Faservliese durchlaufen einen Nadelstuhl, der mit vielen Spezialnadeln – die alle mit Widerhaken versehen sind – bestückt ist. Dabei heben und senken sich die Nadelbarren mit großer Geschwindigkeit (Millionen von Nadelstichen pro m^2), durchstechen ein ggf. eingelegtes Trägermaterial, ziehen die Fasern durch das Gewebe hindurch und verkreuzen diese beidseitig untereinander. Bei der Herstellung von besonders strapazierfähiger Ware durchläuft das Faservlies bis zu dreimal die Nadelmaschine (Bild **10**.60). Das auf diese Weise mechanisch verdichtete Vlies bedarf noch der zusätzlichen Verfestigung des Faserverbundes mit einem Imprägniermittel.

Man kennt Einschicht- und Mehrschichtbeläge. Die letzteren bestehen dann aus Fasern erster Wahl in der Nutzschicht, ggf. einem Träger und einer Grundschicht aus Sekundärfasern. Je dünner die Nutzschicht aus Primärfasern ausgebildet ist, um so mindere Qualität dürfte zu erwarten sein. Mit Hilfe bestimmter Nadeltechniken ist es auch möglich, Nadelvliesbeläge mit polartigem Aufbau zu fertigen. Diese sog. Polvliesbeläge (vgl. Bild **10**.54) weisen einen deutlich ausgeprägteren Textilcharakter auf. Weitere Einzelheiten hierzu s. [56].

Die Herstellungsverfahren weiterer Teppichbelegarten bleiben hier unberücksichtigt. Zu nennen wären noch gewirkte, beflockte, gepreßte und geklebte Teppiche.

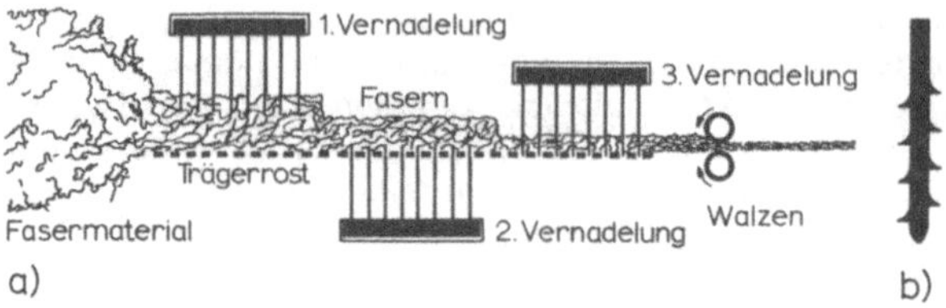

10.60
Schematische Darstellung des Herstellungsverfahrens eines dreifach vernadelten, einschichtigen Nadelvliesbelages
a) Verdichtung der Fasern
b) Nadel mit Widerhaken

Filzfabrik Fulda

10.4.9.3 Funktionseigenschaften textiler Bodenbeläge

Teppichbeläge werden zahlreichen Qualitäts- und Eignungsprüfungen unterzogen. Die dabei ermittelten Ergebnisse werden in Prüfbescheiden des Deutschen Teppich-Forschungsinstitutes zusammengefaßt und dem Verbraucher in Form eines sog. **Teppich-Siegels** kenntlich gemacht. Nur in Verbindung mit dem Teppich-Siegel ist gewährleistet, daß der jeweilige Teppichboden durch dieses neutrale Institut nach verbindlichen DIN-Vorschriften geprüft wurde. Im einzelnen informiert das Siegel über Strapazier- und Komfortwert sowie alle Zusatzeignungen.

Strapazierwert und Komfortwert

Textile Bodenbeläge können sehr unterschiedliche Werte bezüglich ihrer Strapazierfähigkeit und Komforteigenschaften aufweisen. Um die Auswahl eines Belages zu erleichtern, sind entsprechende Prüf- und Bewertungsverfahren in DIN 66095 T2 für Polteppiche, in Teil 3 dieser Norm für Nadelvlieserzeugnisse festgelegt. Die Kennzeichnung der Waren erfolgt in Form von Balkendiagrammen (Bild **10.**61).

Der Strapazierwert eines Teppiches beschreibt die Widerstandsfähigkeit gegenüber Gehbeanspruchung sowie das druckelastische Verhalten. Der Komfortwert beschreibt im wesentlichen die Weichheit des textilen Bodenbelages. Einzelheiten sind den angeführten Normen zu entnehmen.

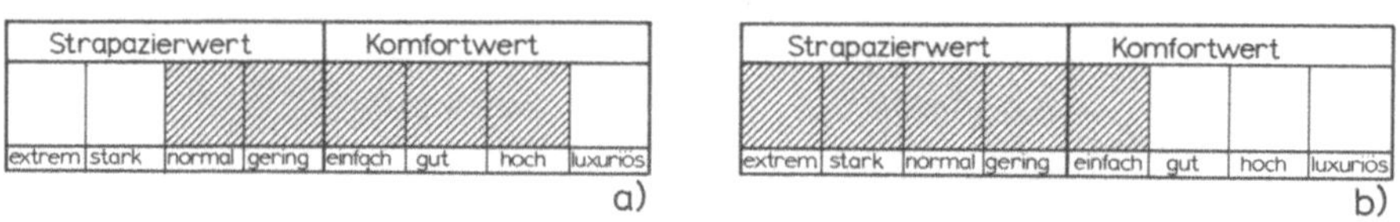

10.61 Balkendiagramme zur Kennzeichnung von Polteppichen und Nadelvlieserzeugnissen in bezug auf Strapazierfähigkeit und Komforteigenschaften
a) normaler Strapazierwert – hoher Komfortanspruch: geeignet für gehobenen Wohnbereich und Einzelbüros
b) extremer Strapazierwert – einfacher Komfortwert: geeignet für Treppen, Gänge, Großraumbüros (Objektbereich)

Zusatzeignungen

An textile Bodenbeläge werden über den Strapazier- und Komfortwert hinaus je nach Anwendungsbereich noch weitere Anforderungen gestellt. Die wichtigsten Zusatzeignungen sind in DIN 66095 T4 festgelegt und erläutert. Textile Beläge, deren Zusatzeignungen den Bedingungen der vorgenannten Norm entsprechen, sind mit den in Bild **10.**62 dargestellten **Symbolen** gekennzeichnet. Weitere Ausrüstungsverfahren wie Anti-soil-Ausrüstung (reduziertes Anschmutzverhalten), antibakterielle Ausrüstung (Hygienebereich), flammhemmende Ausrüstung (Objektbereich) u. a. m. sind möglich, bleiben im Rahmen dieser Abhandlung jedoch unberücksichtigt.

Auf die richtige Beschaffenheit der Lauffläche und Form der **Rollen von Drehsesseln** ist bei textilen und elastischen Bodenbelägen ebenfalls zu achten. Die Industrie bietet auf den jeweiligen Bodenbelag abgestimmte Radausführungen mit verschiedenartigen Laufflächenbelägen an (DIN 68131):

- **Typ W** (mit weicher Lauffläche des Rades) für **harte Bodenbeläge** wie beispielsweise Steinfußböden, Holzfußböden und elastische Bodenbeläge.
- **Typ H** (mit harter Lauffläche des Rades) für **weiche Bodenbeläge** wie zum Beispiel Web- und Tuftingteppichböden sowie Nadelvliesbeläge.

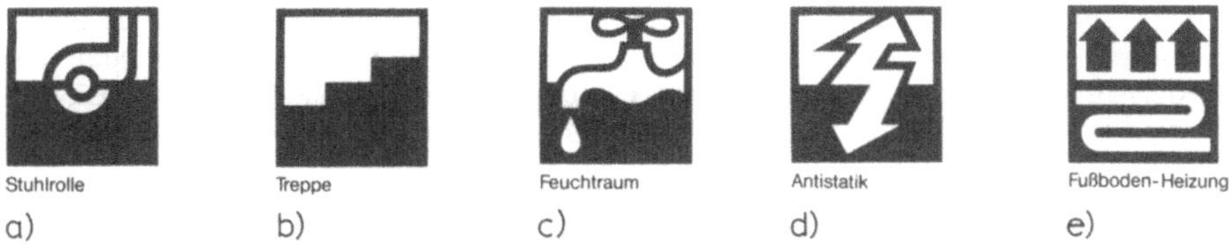

10.62 Zusatzeignungen textiler Bodenbeläge. Die Symbole zeigen an, welchen weiteren spezifischen Anforderungen der Teppichboden gerecht wird.
a) stuhlrollengeeignet
b) treppengeeignet
c) feuchtraumgeeignet
d) antistatisch
e) fußbodenheizungsgeeignet

Elektrostatisches Verhalten von textilen Bodenbelägen

Beim Begehen von (textilen) Bodenbelägen oder durch Reiben der Oberbekleidung an Möbelpolstern können sich Personen elektrostatisch aufladen. Infolge derartiger Trennungs- und Reibungsvorgänge kann es dann beim Berühren eines geerdeten Metallteiles zu einer für den Menschen ungefährlichen, aber oftmals unangenehmen elektrischen Entladung kommen. Dieses Phänomen tritt vor allem während der Heizperiode auf, denn mit abnehmender relativer Luftfeuchtigkeit nimmt die Neigung isolierender Stoffe zu, sich elektrostatisch aufzuladen. Die Grenze kann man bei textilen Bodenbelägen bei etwa 45% relativer Luftfeuchtigkeit ansetzen. Oberhalb dieser Grenze ist praktisch mit keiner Schlagerscheinung mehr zu rechnen. Es können jedoch noch weitere Einflußgrößen hinzukommen, wie beispielsweise stark isolierende Untergründe (Gußasphaltestrich), nicht leitfähiges Schuhwerk, Begehfrequenz, unterschiedliche Empfindlichkeit der Benutzer u. a. m. Auf die besonderen elektrostatischen Eigenschaften der Naturfaser Wolle wurde in Abschn. 10.4.9.2 hingewiesen.

Auch elektronische Geräte können durch elektrostatische Aufladungen gestört werden. Der Zentralverband der Elektrotechnischen Industrie (ZVEI) emfpiehlt daher seinen Mitgliedern, EDV-Geräte so zu konzipieren, daß nach deren Installation Personenaufladungen bis zu 5 kV keine Störungen hervorrufen. Folgende Anforderungen in diesem Bereich sind deshalb sinnvoll:

– Begrenzung der vom (textilen) Bodenbelag durch Begehen hervorgerufenen Personenaufladung[1]) auf 2 kV.
– Anforderungen an den Erdableitwiderstand[2]) im Bereich 1×10^{9} Ohm bis 1×10^{10} Ohm.
– Die relative Luftfeuchtigkeit muß im Bereich von 40 bis 60% liegen.

In der Praxis heißt dies, daß in Räumen mit üblichen Bürocomputern oder Terminals die Verlegung textiler Bodenbeläge mit der Zusatzeignung **antistatisch** – so wie sie im Teppichsiegel gekennzeichnet sind – fast immer ausreicht. Bei derart gekennzeichneten Belägen ist sichergestellt, daß die Personenaufladung, unabhängig von der Art der Rückenausrüstung und der Verlegung, kleiner als 2 kV ist. Dies bedeutet

[1]) Die **Personenaufladung,** die beim Begehen eines textilen Bodenbelages entsteht, wrd nach der Begehtestmethode bei 25% relativer Luftfeuchtigkeit als elektrische Körperspannung nach DIN 54345 in kV (Volt) bestimmt.

[2]) Der **Erdableitwiderstand** kennzeichnet die Leitfähigkeit zwischen Belagoberseite und Erde (Erdpotential) und wird am verlegten textilen Bodenbelag nach DIN 54345 T1 und T6 in Ohm gemessen.

aber auch, daß leitfähiges Kleben zum Erreichen der oben geforderten Erdableitwiderstände nicht nötig ist, wenn der Bodenbelag selbst auf Grund seines niedrigen Oberflächenwiderstandes[3]) über die notwendige Flächenleitfähigkeit (z. B. leitfähige Rückenausrüstung) verfügt, die die Verteilung und den Abfluß der Ladung bewirkt.

Maßnahmen am Teppichbelag: Antistatische Ausrüstung textiler Bodenbeläge

– **Chemische Ausrüstung des Fasermateriales.** Auf die Nutzschicht wird eine chemische Substanz (Antistatikum) aufgesprüht, die ein noch so geringes Feuchtigkeitsangebot der Luft bindet. Die Oberfläche der Fasern wird dadurch leitfähiger, und die beim Begehen auftretende Personenaufladung bleibt unter der Spürbarkeitsgrenze. Mit derartigen Antistatika lassen sich nur kurzzeitig Verbesserungen des elektrostatischen Verhaltens erzielen, da die Ausrüstung durch das Begehen relativ rasch wieder abgetragen wird. Außerdem besteht die Gefahr erhöhter Anschmutzbarkeit derart behandelter Ware.

– **Beimischung von elektrisch leitfähigem Polmaterial.** Die fehlende Leitfähigkeit des Nutzschichtmateriales kann bei der Garnherstellung durch Beimischen von Metallfasern (rostfreien Stahlfasern) oder sog. modifizierten Synthesefasern sichergestellt werden. Bei den letzteren wird eine leitfähige Masse (Kohlenstoffkern) in den Faserkörper eingesponnen, so daß auch bei starker Beanspruchung der Nutzschicht die Leitfähigkeit nicht verloren geht.

– **Leitfähige Rückenausrüstung.** Leitfähige Horizontalschichten, wie sie beispielsweise durch leitfähige Verfestigungsstriche oder Appreturen gebildet werden, haben die Aufgabe, elektrostatische Ladungen über die leitfähige Nutzschicht in den Teppichgrund abzuführen, damit sie sich dort auf einer wesentlich größeren Fläche verteilen bzw. abfließen können. Diese horizontalen Leitschichten sind als Ergänzung zur leitfähigen Nutzschicht notwendig und nur in Kombination mit dieser wirksam. Ein derart mit leitfähiger Horizontalschicht ausgerüsteter Teppichboden kann somit hinsichtlich seiner elektrostatischen Merkmale weitgehend unabhängig von der Art der Verlegung gemacht werden. Bei Teppichbelägen, die über keine eigene leitfähige Horizontalschicht verfügen (z. B. Nadelvliesbeläge), ist eine leitfähige Klebung notwendig. Weitere Einzelheiten hierzu s. [57].

Verlegemaßnahmen: Ableitfähige Verlegung von textilen Bodenbelägen

Besondere Verlegemaßnahmen sind bei textilen Bodenbelägen im allgemeinen nicht notwendig. Auch in Räumen mit üblichen EDV-Geräten (z. B. Personal-Computer) genügt es, Teppichbeläge mit dem Zusatzsymbol **antistatisch** vorzusehen und diese mit einem normalen, nicht leitfähigen Kleber zu verlegen.

Wenn in Räumen mit Zentralrechnern (Rechenzentrum) ein niedriger Erdableitwiderstand deutlich unter 10^9 Ohm erforderlich wird, reicht es aus, einen Belag mit entsprechend niedrigem Oberflächenwiderstand auszuwählen und diesen ebenfalls – ohne weitere Maßnahmen – mit einem normalen, nicht leitfähigen Kleber zu verlegen. Dies bedeutet, daß bei Teppichware mit niedrigem Oberflächenwiderstand in aller Regel auf die aufwendige leitfähige Verklebung und Erdung über Kupferbänder verzichtet werden kann, wenn ein derartiger Bodenbelag von sich aus über die notwendige Flächenleitfähigkeit verfügt (s. leitfähige Rückenausrüstung), die die Verteilung und den Abfluß der Ladung bewirkt.

In Ausnahmefällen kann in schmalen Fluren oder in keinen Räumen bis etwa 8 m^2 leitfähiges Kleben mit Erdung sinnvoll sein, weil hier der Effekt infolge zu kleiner Auslegefläche schwächer ist.

Einige textile Bodenbeläge besitzen auf Grund ihrer Konstruktion zwar eine gute vertikale Leitfähigkeit (niedriger Durchgangswiderstand), weisen aber mangels ausreichender horizontaler Leitfähigkeit einen hohen Oberflächenwiderstand auf. Diese Artikel **müssen** leitfähig geklebt werden, um antistatisches Verhalten zu erreichen. Durch das leitfähige Kleben wird der Oberflächenwiderstand und gleichzeitig auch der Erdableitwiderstand verbessert. Zusätzliche Maßnahmen wie leitfähiges Spachteln oder das Aufbringen eines leitfähigen Vorstriches sind beim leitfähigen Kleben unnötig, da die Flächenleitfähigkeit des Klebstoffes bereits ausreicht. Auf die Veröffentlichungen des Deutschen Teppich-Forschungsinstitutes [57], [58], [59] wird besonders hingewiesen.

---

[3]) Der Widerstand eines Bodenbelages wird charakterisiert durch den Oberflächen- und den Durchgangswiderstand.
– Der **Oberflächenwiderstand** gibt den elektrischen Widerstand in horizontaler Richtung an. Gemessen wird nach DIN 54345 T1 und T6 an der Oberseite eines textilen Bodenbelages in Ohm.
– Der **Durchgangswiderstand** gibt den elektrischen Widerstand in vertikaler Richtung an. Gemessen wird nach DIN 54345 T1 zwischen Oberseite und Unterseite eines unverlegten textilen Bodenbelages in Ohm.

10.4.9.4 Bauphysikalische Eigenschaften textiler Bodenbeläge

Schalltechnische Eigenschaften

Das schalltechnische Verhalten von textilen Bodenbelägen beruht auf drei verschiedenen Wirkungsweisen.

- Schallschluckende Wirkung. Der auftretende Luftschall wird von der Teppichfläche nur noch zu einem Bruchteil reflektiert, d. h. ein überwiegender Teil der auftreffenden Schallenergie wird absorbiert, die Nachhallzeit dadurch verkürzt (Verbesserung der Verständlichkeit) und der Geräuschpegel im Raum gemindert.
- Gehschallmindernde Wirkung. Der beim Gehen auf harten Fußböden in der Regel entstehende Luftschall tritt beim Begehen von textilen Bodenbelägen in kaum mehr meßbarer Lautstärke auf.
- Trittschalldämmende Wirkung. Der beim Gehen über den Teppichboden entstehende Körperschall wird gedämmt und das in die darunterliegenden Räume durchdringende Geräusch gemindert. Bei textilen Bodenbelägen sind Trittschallverbesserungsmaße (VM) von 20 bis 40 dB möglich. Nähere Angaben über den Schallschutz von Massivdecken und Holzbalkendecken im allgemeinen sowie über die trittschalldämmende Wirkung von weichen Bodenbelägen im besonderen s. Abschn. 10.3.4 und Abschn. 14.6.3.

Wärmetechnische Eigenschaften

Hinsichtlich der wärmetechnischen Belange interessieren bei textilen Bodenbelägen die Wärmeableitung sowie der Wärmedurchlaßwiderstand. Die Wärmeableitung (WA) kennzeichnet das Verhalten im Hinblick auf die Fußwärme (s. hierzu Abschn. 10.3.5), der Wärmedurchlaßwiderstand (WD) gibt an, wieviel Wärme (Energie) bei einem bestimmten Temperaturgefälle zwischen Ober- und Unterseite durch den Belag fließt. Einzelheiten hierzu s. Abschn. 10.3.8, Bodenbeläge auf beheizten Fußbodenkonstruktionen sowie Abschn. 14.5.3.

Brandverhalten

Grundlage für die Klassifizierung des Brandverhaltens von Baustoffen und Bauteilen und somit auch für textile Bodenbeläge ist DIN 4102 T1. Hierbei wird unterschieden zwischen normalentflammbaren und schwerentflammbaren Baustoffen.

Normalentflammbare Bodenbeläge (Klasse B2). Auf Grund der Prüfergebnisse nach DIN 66081 erfolgt eine Einteilung in die Brennstoffklassen T-a, T-b, T-c (= ungünstigste Klasse).

- Textile Bodenbeläge der Klasse T-c sind leichtentflammbar im Sinne der DIN 4102, entsprechen damit der Baustoffklasse B3 und dürfen als ganzflächig verlegter Bodenbelag **nicht eingebaut** werden.
- Textile Bodenbeläge der Klasse T-b entsprechen der Baustoffklasse B2 normalentflammbar und dürfen überall dort eingebaut werden, wo keine besonderen Anforderungen an das Brennverhalten von Fußbodenbelägen gestellt werden.
- Textile Bodenbeläge der Klasse T-a liegen von den Anforderungen her höher, und zwar zwischen der Baustoffklasse B2 (T-b) und der Baustoffklasse B1 schwerentflammbar.

Schwerentflammbare Bodenbeläge (Klasse B1). Für begrenzte Einsatzbereiche (z. B. Hochhäuser, Hotels, Fluchtwege) fordert das Baurecht schwerentflammbare Baustoffe nach DIN 4102. Der Nachweis für die Baustoffklasse B1 wird in baurechtlichen Verfahren durch das Prüfzeichen des Institutes für Bautechnik, Berlin, geführt. Es kann aber auch eine Zulassung im Einzelfall auf der Basis eines Prüfzeugnisses ausgesprochen werden. Weiterentwicklungen im Hinblick auf nichtbrennbare Teppichkonstruktionen aus Glasfasern sind zu erwarten. Weitere Einzelheiten s. [56].

10.4.9.5 Verlegung, Reinigung und Pflege textiler Bodenbeläge

Verlegung textiler Bodenbeläge

Teppichböden sollten immer erst nach Abschluß aller anderen Innenausbauarbeiten verlegt werden. Die Beschaffenheit des Untergrundes muß vom Bodenleger vorher sorgfältig geprüft und die Oberfläche mit geeigneten Werkstoffen und Verfahren so vorbehandelt sein, daß sie belegreif ist und den Anforderungen der DIN 18365, Bodenbelagarbeiten, entspricht. Einzelheiten über die Vorbehandlung des Verlegeuntergrundes s. Abschn. 10.4.7.4.

Bei der Wahl der Verlegetechnik müssen besonders berücksichtigt werden: Die jeweilige räumliche Situation (Raumzuschnitt), die Beschaffenheit des Unterbodens, die in Bild **10**.62 ausgewiesenen Zusatzeignungen, die Art der zu verlegenden Ware bzw. jeweilige Teppichkonstruktion (insbesondere die Rückenausrüstung), besondere Forderungen bezüglich der Beanspruchung und Wiederaufnahmefähigkeit sowie die jeweiligen Preisvorstellungen. Und natürlich auch, ob es sich um eigene oder gemietete Räumlichkeiten handelt. In der Regel werden folgende Verlegetechniken angewandt:

Verspannen von textilen Bodenbelägen. Das Verspannen auf Nagelleisten ist eine besonders teppichgerechte Verlegemethode, geeignet für alle Unterböden mit ausreichender Festigkeit. Entlang der Wände und aller die Bodenkonstruktion durchdringenden Bauteile sind die Nagelleisten mit gleichmäßigem Wandabstand auf den tragenden Untergrund zu nageln, zu dübeln oder zu kleben. Der Abstand zwischen Nagelleiste und Wand sollte etwa ⅔ der Gesamtdicke des textilen Belages betragen (Bild **10**.63). Die Leisten bestehen aus einer flachen Holzleiste (ggf. auch Metallschiene) mit zwei hintereinander schräg zur Wand stehenden Nagelreihen, in die unter hoher Spannung – von Wand zu Wand – der Teppichbelag aufgehakt wird. Besteht die Teppichware aus mehreren Bahnen, so müssen diese vorher auf der Teppichrückseite durch Konfektionsbänder (Schmelzklebebänder) miteinander verbunden werden. Die Teppichunterlage, ein hochwertiger Spannfilz besonderer Art, muß druckfest, dauerelastisch, mottenbeständig, reißfest und in der Regel auch stuhlrollengeeignet sein. Sie entspricht der Dicke der Nagelleiste (etwa 6 mm) und wird entlang der Wände und unterhalb der Teppichnähte auf den Untergrund aufgeklebt. Verspannbar sind alle gewebten und getufteten (nur mit aufkaschiertem Zweitrücken) Teppichbeläge. Nicht verspannt werden können Nadelvliesbeläge. Auf beheizten Fußbodenkonstruktionen ist das Verspannen in Folge wärmetechnisch kaum erfaßbarer Lufteinschlüsse problematisch. Einzelheiten hierzu s. Abschn. 10.3.8.

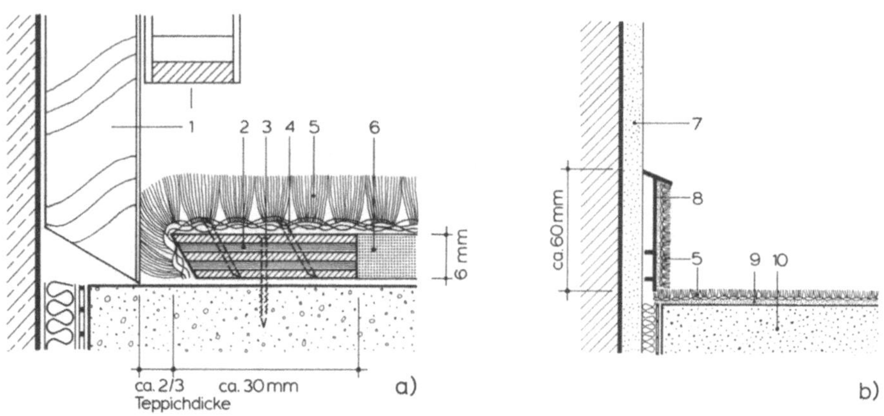

10.63 Verlegetechniken textiler Fußbodenbeläge
a) Verspannen auf Nagelleisten
b) vollflächige Verklebung

1 Wandbekleidung aus Holz
2 Nagelleiste aus Holz
3 Befestigungsmittel
4 schräg stehende Nagelreihe
5 Veloursware
6 Teppichunterlage (Spannfilz)
7 Wandputz
8 Sockelleiste mit eingeklebtem Teppich
9 vollflächige Verklebung
10 schwimmender Estrich

Besonderheiten: Verspannte Teppichböden erbringen eine bis zu 50% längere Gebrauchsdauer in Folge reduzierter Scheuerwirkung. Durch die Verwendung einer Filzunterlage ergibt sich außerdem eine wesentlich verbesserte Schall- und Wärmedämmung sowie Trittelastizität und Gehkomfort. Verspannte Ware kann schnell und kostengünstig ausgewechselt werden, bei Wiederverwendung der Nagelleisten, der Filzunterlage und ohne Beschädigung des Untergrundes bzw. Teppichbelages. Das Spannen ist außerdem umweltfreundlich, da kein Vorstrich, keine Spachtelmasse und kein Klebstoff notwendig sind. Zunächst teuerste Verlegemethode, die sich jedoch im Laufe der Jahre, vor allem beim Einsatz hochwertiger Teppichware (Wohn- und Objektbereich) voll bezahlt macht.

Verkleben von textilen Bodenbelägen. Das vollflächige Verkleben ist relativ einfach auszuführen. In jedem Fall muß der Untergrund tragfähig, eben, fest, trocken, rissefrei und sauber sein. Nach Abschluß der jeweils notwendigen Vorarbeiten wird ein geeigneter Kleber mit dem Zahnspachtel aufgetragen, die zugeschnittenen Bahnen darin eingelegt und angerieben. Die Verarbeitungsvorschriften der Klebstoffhersteller sind dabei genauestens einzuhalten (Gefahrenklassen beachten!) und möglichst umweltfreundliche, lösemittelfreie Dispersionsklebstoffe einzusetzen. Weitere Angaben hierzu s. Abschn. 10.4.7.4.

Besonderheiten: Preiswerte Verlegemethode. Der vollflächig verklebte Altbelag läßt sich jedoch kaum ohne Beschädigung des Untergrundes bzw. der Teppichware selbst wieder herausnehmen. Zur besseren Handhabung wird er deshalb in etwa einen Meter breite Streifen geschnitten und mit dem sogen. Stripper (Gerät mit einem schwingenden Messer) vom Untergrund abgeschält. Will man diese kosten- und zeitaufwendigen Arbeitsgänge umgehen, kann bei einem anstehenden Belagwechsel auch der Altbelag (gereinigt) liegen gelassen und als Unterlage für eine darüber verspannte, neue Teppichware verwendet werden. Bei Neuverlegungen haben sich sog. Wiederaufnahmekleber bewährt. Derartige Wiederaufnahmesysteme bestehen aus einer Grundierung (Vorstrich) und einem dazugehörigen Klebstoff, der bei der Wideraufnahme des verklebten Belages an der Rückseite des Teppichbodens haften bleibt. Eventuell auf dem Untergrund verbleibende Klebstoff- oder Belagreste lassen sich in der Regel mit Wasser und Spülmittelzusatz entfernen. Es ist jedoch ratsam, rechtzeitig Probeverlegungen zu veranlassen.

Loses Verlegen von textilen Bodenbelägen: Hierbei ist zu unterscheiden zwischen loser Verlegung von Teppich-Bahnenware einerseits und Teppich-Fliesen andererseits.

- **Teppich-Bahnenware** mit spezieller Rückenbeschichtung (Kompaktschaum) kann nur im Wohnbereich bis max. 25 m^2 Raumgröße lose verlegt werden. Hierbei besteht allerdings die Gefahr, daß bei zu starker Beanspruchung und bei Wechsel der Luftfeuchtigkeit die lose verlegte Teppichware Beulen bzw. Wellen bildet. Daher ist es ratsam, den Teppichboden an besonders kritischen Stellen (z. B. Türschwellen, unterhalb der Bahnenstöße oder entlang der Wände) mit doppelseitigen Klebebändern zu sichern.
- **Teppich-Fliesen,** auch Teppich-Elemente oder Teppich-Module genannt, mit einer dimensionsstabilen Schwerbeschichtung können auch im Objektbereich lose verlegt werden. Die kleberfreien Fliesen haften fest am Boden, ohne sich zu wellen, zu wölben oder zu verziehen. Da sie sich von Hand leicht anheben lassen, ermöglichen sie gleichzeitig einen leichten Zugang zu Installationen im Fußbodenhohlraum und zu Flachkabeln unterhalb des Bodenbelages. S. hierzu Abschn. 11.0, Installationsböden. Derartige System-Teppichböden, meist 50 × 50 oder 50 × 100 cm groß, sind außerdem antistatisch ausgerüstet, elektrisch leitfähig verlegbar, nach DIN 4102 schwerentflammbar und stuhlrollengeeignet.

Besonderheiten: Die Verlegung von Teppichfliesen erfolgt immer von der Raummitte aus (1. Fliese). Der Abstand zu den Hauptwänden sollte immer ein Vielfaches einer Fliese betragen (Parallelverlegung). Soll ein gleichmäßiger Farbstrich bzw. Struktureffekt erzielt werden, so muß auf die Verlegemarkierung auf der Fliesenrückseite geachtet werden. Allgemein unterscheidet man:

- selbstliegende Fliesen = SL–Fliesen: lose verlegt
- selbsthaftende Fliesen = SH-Fliesen: mit streifenförmig aufgetragener Haftmasse
- selbstklebende Fliesen = SK-Fliesen: mit Kleber auf der Fliesenunterseite.

Reinigung und Pflege textiler Bodenbeläge

Eine sachgemäße Reinigung und Pflege trägt viel dazu bei, den Gebrauchswert und das gute Aussehen eines Teppichbelages über einen langen Zeitraum zu erhalten. Bereits bei seiner Auswahl sind die wichtigsten Faktoren, die das Schmutzverhalten von textilen Bodenbelägen beeinflussen, zu berücksichtigen.

- **Gebrauchsbedingte Faktoren,** wie beispielsweise Schmutzart, Schmutzmenge, Begehfrequenz, Ort und Art der Verlegung.
- **Farbwahl, Musterung, Oberseitenstruktur.** Gebrauchswert und Repräsentationswert sind gegenüberzustellen und sorgfältig abzuwägen. Hinsichtlich der sichtbaren Anschmutzung verhalten sich melierte oder gemusterte Beläge günstiger als einfarbige im gleichen Grundton. Bei hellen Farbtönen ist die sichtbare Verschmutzung größer, bei dunklen ist sie geringer. Innerhalb eines Farbtones nimmt sie mit zunehmender Farbtiefe deutlich ab (hellgrün – oliv – dunkelgrün). Auch die Teppichbodenkonstruktion ist zu berücksichtigen: Eine dichte und ebenmäßige Oberseitenstruktur zeigt Verschmutzungen stärker als strukturierte, offene Konstruktionen.
- **Faserbedingte Faktoren.** Ebenso wichtig für das Schmutzverhalten eines Teppichbodens sind die schmutzabweisenden und schmutzverbergenden Eigenschaften einer Faser. Auch die elektrostatische Aufladung spielt eine Rolle. Aufgeladene Teppichböden verursachen nicht nur unangenehme Schläge, sie ziehen auch Staub und Schmutz stärker an. Einzelheiten hierzu s. [60].
- **Vorbeugende Maßnahmen.** Im Hinblick auf spätere Reinigungsmaßnahmen ist eine fachgerechte Verlegung – beispielsweise vollflächige Verklebung mit wasserunempfindlichem Kleber – notwendig. Außerdem empfiehlt es sich, wirkungsvolle Schmutzfangzonen (Grobschmutzabstreifer) vorzusehen.

Bei der **Wahl der Reinigungsverfahren** und -geräte ist Rücksicht zu nehmen auf die Materialzusammensetzung (z. B. Synthetiks/Wolle), Teppichbodenkonstruktion (z. B. Velours/Bouclé), Verlegeart, Unterbodenbeschaffenheit (z. B. feuchtigkeitsunempfindliche Untergründe) und die Verschmutzungsart. Man unterscheidet im wesentlichen:

Unterhaltsreinigung. Tägliche Aufnahme des losen Schmutzes durch Bürst- und Staubsaugen.

Zwischenreinigung (Teilreinigung). Aufnahme des losen und oberflächlich verklebten Schmutzes durch Reinigen mit vorgefertigtem Schaum oder mit schmutzbindendem Reinigungspulver.

Grundreinigung. Sie wird dann notwendig, wenn der Teppichbelag großflächig verschmutzt ist. Die Grundreinigung muß Tiefenwirkung haben, d. h. der Teppichgrund wird mitgereinigt. In der Regel werden damit Spezialreinigungsfirmen beauftragt. Geeignete Grundreinigungsverfahren sind: Schampoonierung und Sprühextraktion.

Flecken sollten möglichst sofort entfernt werden, damit keine Veränderungen an Farben und Fasern eintreten. Am schwierigsten zu entfernen sind Kaugummireste: Sie sind mit Kühlspray zu vereisen, die mit einem kleinen Hammer o. ä. zersplitterten Teilchen sofort abzusaugen und die Fleckstellen anschließend mit Fleckentferner nachzubehandeln. Einzelheiten über die Reinigung und Pflege textiler Fußbodenbeläge sind dem vom Deutschen Teppich-Forschungsinstitut herausgegebenen Merkblatt [61] zu entnehmen.

10.5 DIN-Normen

DIN-Nr.			Ausgabe-Datum	Titel
	272		2.86	Prüfung von Magnesiaestrich
	273	T1	5.81	Ausgangsstoffe für Magnesiaestriche; Kaustische Magnesia
		T2	7.83	–; Magnesiumchlorid
	280	T1	4.90	Parkett; Parkettstäbe, Parkettriemen und Tafeln für Tafelparkett
		T2	4.90	–; Mosaikparkettlamellen
		T5	4.90	–; Fertigparkett-Elemente
E	281		6.88	Parkettklebstoffe; Anforderungen, Prüfung
	1100		10.89	Hartstoffe für zementgebundene Hartstoffestriche
	1101		11.89	Holzwolle-Leichtbauplatten und Mehrschicht-Leichtbauplatten als Dämmstoffe für das Bauwesen; Anforderungen, Prüfung

Fortsetzung s. nächste Seiten

DIN-Normen, Fortsetzung

DIN-Nr.		Ausgabe-Datum	Titel
1102		11.89	–; Verwendung, Verarbeitung
1164	T1 bis T8	3.90	Portland-, Eisenportland-, Hochofen- und Traßzement; Begriffe, Bestandteile, Anforderungen, Lieferung
1786		5.80	Installationsrohre aus Kupfer, nahtlosgezogen
1996	T13	7.84	Prüfung von Asphalt; Eindringversuch mit ebenem Stempel
2462	T1	3.81	Nahtlose Rohre aus nichtrostenden Stählen; Maße
2463	T1	3.81	Geschweißte Rohre aus nichtrostenden Stählen; Maße
4072		8.77	Gespundete Bretter aus Nadelholz
4102	Bbl. 1	5.81	Brandverhalten von Baustoffen und Bauteilen; Inhaltsverzeichnisse
4102	T1		–; Baustoffe, Begriffe, Anforderungen und Prüfungen
	T2	9.77	–; Bauteile, Begriffe, Anforderungen und Prüfungen
	T4	3.81	–; Zusammenstellung und Anwendung klassifizierter Baustoffe, Bauteile und Sonderbauteile
E	T14	1.88	–; Bodenbeläge und Bodenbeschichtungen; Bestimmung der Flammenausbreitung
4108	Bbl. 1	4.82	Wärmeschutz im Hochbau; Inhaltsverzeichnisse
	T1	8.81	–; Größen und Einheiten
	T2		–; Wärmedämmung und Wärmespeicherung; Anforderungen und Hinweise für Planung und Ausführung
	T3		–; Klimabedingter Feuchteschutz; Anforderungen und Hinweise für Planung und Ausführung
	T4	12.85	–; Wärme- und feuchteschutztechnische Kennwerte
E	T4 A1	12.89	–; –; Änderung
	T5	8.81	–; Berechnungsverfahren
4109		11.89	Schallschutz im Hochbau; Anforderungen und Nachweise
	Bbl. 1		–; Ausführungsbeispiele und Rechenverfahren
	Bbl. 2		–; Hinweise für Planung und Ausführung; Vorschläge für einen erhöhten Schallschutz; Empfehlungen für den Schallschutz im eigenen Wohn- und Arbeitsbereich
4208		3.84	Anhydritbinder
4226	T1	4.83	Zuschlag für Beton; Zuschlag mit dichtem Gefüge; Begriffe, Bezeichnung und Anforderungen
	T2		–; Zuschlag mit porigem Gefüge (Leichtzuschlag); Begriffe, Bezeichnung und Anforderungen
4701	T1	3.83	Regeln für die Berechnung des Wärmebedarfs von Gebäuden; Grundlagen der Berechnung
	T2		–; Tabellen, Bilder, Algorithmen
	T3	8.89	–; Auslegung der Raumheizeinrichtungen
E 4725	T1	2.90	Warmwasser-Fußbodenheizungen; Begriffe, allgemeine Formelzeichen
	T2		–; Wärmetechnische Prüfung
	T3		–; Heizleistung und Auslegung
	T4	9.89	–; Aufbau und Konstruktion
E 16850		11.85	Bodenbeläge; Homogene und heterogene Elastomer-Beläge; Anforderungen, Prüfung
E 16851		11.85	–; Elastomer-Beläge mit Unterschicht aus Schaumstoff; Anforderungen, Prüfung
E 16852		11.85	–; Elastomer-Beläge mit profilierter Oberfläche; Anforderungen, Prüfung
E 16950		6.86	–; Flex-Platten; Anforderungen, Prüfung

DIN-Normen, Fortsetzung

DIN-Nr.		Ausgabe-Datum	Titel
16951		4.77	–; Polyvinylchlorid-(PVC-)Beläge ohne Träger; Anforderungen, Prüfung
16952	T1	4.77	–; Polyvinylchlorid (PVC)-Beläge mit Träger; PVC-Beläge mit genadeltem Jutefilz als Träger; Anforderungen, Prüfung
	T2	1.79	–; –; PVC-Beläge mit Korkment als Träger; Anforderungen, Prüfung
	T3	4.77	–; –; PVC-Beläge mit Unterschicht aus PVC–Schaumstoff; Anforderungen, Prüfung
	T4		–; –; PVC-Beläge mit Synthesefaser-Vliesstoff als Träger; Anforderungen, Prüfung
	T5	12.80	–; –; PVC-Schaumbeläge mit strukturierter Oberfläche und heterogenem Aufbau; Anforderungen, Prüfung
18032	T1	4.89	Sporthallen; Hallen für Turnen, Spiele und Mehrzwecknutzung; Grundsätze für Planung und Bau
	T2	3.86	–; Hallen für Turnen und Spiele; Sportböden; Anforderungen, Prüfung
18156	T1	4.77	Stoffe für keramische Bekleidungen im Dünnbettverfahren; Begriffe und Grundlagen
	T2	3.78	–; Hydraulisch erhärtende Dünnbettmörtel
	T3	7.80	–; Dispersionsklebstoffe
	T4	12.84	–; Epoxidharzklebstoffe
18157	T1	7.89	Ausführung keramischer Bekleidungen im Dünnbettverfahren; Hydraulisch erhärtende Dünnbettmörtel
	T2	10.82	–; Dispersionsklebstoffe
	T3	4.86	-; Epoxidharzklebstoffe
18158		9.86	Bodenklinkerplatten
18161	T1	12.76	Korkerzeugnisse als Dämmstoffe für das Bauwesen; Dämmstoffe für die Wärmedämmung
18164	T1	6.79	Schaumkunststoffe als Dämmstoffe für das Bauwesen; Dämmstoffe für die Wärmedämmung
E	T2	5.89	–; Dämmstoffe für die Trittschalldämmung; Polystyrol-Schaumstoffe
18165	T1	3.87	Faserdämmstoffe für das Bauwesen; Dämmstoffe für die Wärmedämmung
E	T1 A1	12.89	–; –; Änderung
	T2	3.87	–; Dämmstoffe für die Trittschalldämmung
18166		10.86	Keramische Spaltplatten und Spaltplatten-Formteile
18171		2.78	Bodenbeläge; Linoleum; Anforderungen, Prüfung
18173		2.78	–; Linoleum-Verbundbelag; Anforderungen, Prüfung
18174		1.81	Schaumglas als Dämmstoff für das Bauwesen; Dämmstoffe für die Wärmedämmung
18180		9.89	Gipskartonplatten; Arten, Anforderungen, Prüfung
E 18181		1.87	Gipskartonplatten im Hochbau; Grundlagen für die Verarbeitung
E 18184		12.87	Gipskarton-Verbundplatten mit Polystyrol- oder Polyurethan-Hartschaum als Dämmstoff
18190	T1 bis T5	7.75	Dichtungsbahnen für Bauwerksabdichtungen
18195	T1	8.83	Bauwerksabdichtungen; Allgemeines; Begriffe
	T2		–; Stoffe
	T3		–; Verarbeitung der Stoffe
	T4		–; Abdichtungen gegen Bodenfeuchtigkeit; Bemessung und Ausführung

DIN-Normen, Fortsetzung

DIN-Nr.		Ausgabe-Datum	Titel
18195	T5	2.84	–; Abdichtungen gegen nichtdrückendes Wasser; Bemessung und Ausführung
	T6	8.83	–; Abdichtungen gegen von außen drückendes Wasser; Bemessung und Ausführung
	T9	12.86	–; Durchdringungen, Übergänge, Abschlüsse
	T10	8.83	–; Schutzschichten und Schutzmaßnahmen
18201		12.84	Toleranzen im Bauwesen; Begriffe, Grundsätze, Anwendung, Prüfung
18202		5.86	Toleranzen im Hochbau; Bauwerke
18299		9.88	VOB Verdingungsordnung für Bauleistungen; Teil C: Allgemeine Technische Vertragsbedingungen für Bauleistungen (ATV); Allgemeine Regelungen für Bauarbeiten jeder Art
18332		9.88	–; –; Naturwerksteinarbeiten
18333		9.88	–; –; Betonwerksteinarbeiten
18334		9.88	–; –; Zimmer- und Holzbauarbeiten
18336		9.88	–; –; Abdichtungsarbeiten
18352		9.88	–; –; Fliesen- und Plattenarbeiten
18353		9.88	–; –; Estricharbeiten
18354		9.88	–; –; Asphaltbelagarbeiten
18356		9.88	–; –; Parkettarbeiten
18365		9.88	–; –; Bodenbelagarbeiten
18367		9.88	–; –; Holzpflasterarbeiten
E 18500		3.90	Betonwerkstein; Begriffe, Anforderungen, Prüfung, Überwachung
18502		12.65	Pflastersteine; Naturstein
E 18560	T1	1.89	Estriche im Bauwesen; Begriffe, Allgemeine Anforderungen, Prüfung
	T2		–; Estriche und Heizestriche auf Dämmschichten (schwimmende Estriche)
	T2 A1	7.89	–; –; Änderung
	T3	1.89	–; Verbundestriche
	T4		–; Estriche auf Trennschicht
	T5	8.81	–; Zementgebundene Hartstoffestriche
	T7	1.89	–; Hochbeanspruchbare Estriche (Industrieestriche)
51043		8.79	Traß; Anforderung, Prüfung
51097		2.80	Prüfung keramischer Bodenbeläge; Bestimmung der rutschhemmenden Eigenschaft, Naßbelastete Barfußbereiche
52100		7.39	Prüfung von Naturstein; Richtlinien zur Prüfung und Auswahl von Naturstein
E 52100	T2	7.89	Naturstein und Gesteinskörnungen; Gesteinskundliche Untersuchungen; Allgemeines und Übersicht
52103		10.88	Prüfung von Naturstein; Bestimmung von Wasseraufnahme und Sättigungswert
52105		8.88	–; Druckversuch
52106		11.72	–; Beurteilungsgrundlagen für die Verwitterungsbeständigkeit
52108		8.88	Prüfung anorganischer nichtmetallischer Werkstoffe; Verschleißprüfung mit der Schleifscheibe nach Böhme; Schleifscheiben-Verfahren
54325		1.88	Prüfung von Textilien; Bestimmung des Polschichtgewichts, der Polschichtdicke und der Polrohdichte von Polteppichen

DIN-Normen, Fortsetzung

DIN-Nr.		Ausgabe-Datum	Titel
54345	T1	7.85	–; Elektrostatisches Verhalten; Bestimmung elektrischer Widerstandsgrößen
60001	T1	10.90	Textile Faserstoffe; Naturfasern
	T3	10.88	–; Chemiefasern
61151		12.76	Textile Fußbodenbeläge; Begriffe, Einteilung, kennzeichnende Merkmale
66081		5.89	Klassifizierung des Brennverhaltens textiler Erzeugnisse; Textile Bodenbeläge
66095	T1	4.90	Textile Bodenbeläge; Produktbeschreibung; Merkmale für die Produktbeschreibung
	T2	6.88	–; –; Strapazierwert und Komfortwert für Polteppiche; Einstufung, Prüfung, Kennzeichnung
	T3		–; –; Strapazierwert und Komfortwert für Nadelvlieserzeugnisse; Einstufung, Prüfung, Kennzeichnung
	T4		–; –; Zusatzeignungen; Einstufung, Prüfung, Kennzeichnung
68131		10.86	Rollen für Drehstühle und Drehsessel
68360	T1	5.81	Holz für Tischlerarbeiten; Gütebedingungen bei Außenanwendung
	T2		-; Gütebedingungen bei Innenanwendung
68365		11.57	Bauholz für Zimmerarbeiten; Gütebedingungen
68701		6.90	Holzpflaster GE für gewerbliche und industrielle Zwecke
68702		6.90	Holzpflaster RE für Räume in Versammlungsstätten, Schulen, Wohnungen (RE-V), für Werkräume im Ausbildungsbereich (RE-W) und ähnliche Anwendungsbereiche
68750		4.53	Holzfaserplatten; Poröse und harte Holzfaserplatten; Gütebedingungen
68752		12.74	Bitumen-Holzfaserplatten; Gütebedingungen
68761	T1	11.86	Spanplatten; Flachpreßplatten für allgemeine Zwecke; FPY-Platte
	T4	2.82	–; –; FPO-Platte
68762		3.82	Spanplatten für Sonderzwecke im Bauwesen; Begriffe, Anforderungen, Prüfung
E 68763		10.88	Spanplatten; Flachpreßplatten für das Bauwesen; Begriffe, Anforderungen, Prüfung, Überwachung
68771		9.73	Unterböden aus Holzspanplatten
68800	T1	5.74	Holzschutz im Hochbau: Allgemeines
	T2	1.84	–; vorbeugende bauliche Maßnahmen
E	T4	7.86	–; Bekämpfungsmaßnahmen gegen Pilz- und Insektenbefall
E	T5	1.90	–; vorbeugender chemischer Schutz von Holzwerkstoffen
EN 87		11.86	Keramische Fliesen und Platten für Bodenbeläge und Wandbekleidungen; Begriffe, Klassifizierung, Anforderungen und Kennzeichnung
EN 159		11.86	Trockengepreßte keramische Fliesen und Platten mit hoher Wasseraufnahme $E > 10\%$; Gruppe B III
EN 176		11.86	Trockengepreßte keramische Fliesen und Platten mit niedriger Wasseraufnahme $E \leqq 3\%$; Gruppe BI

10.6 Literatur

[1] Oswald, R., Rogier, D.: Feuchtigkeitsschutz in Naßräumen des Wohnungsbaus. Bauforschungsberichte des Bundesministers für Raumordnung, Bauwesen und Städtebau. Aachen 1985

[2] Merkblatt: Hinweise für die Ausführung von Abdichtungen im Verbund mit Bekleidungen und Belägen aus Fliesen und Platten für Innenbereiche. Hrsg.: Zentralverb. d. dt. Baugewerbes. Bonn 1988

[3] Merkblatt: Prüfung von Abdichtungsstoffen und Abdichtungs-Systemen nach dem vorgenannten Merkblatt. Bonn 1988

[4] Informationsdienst Holz: Schallschutz mit Holzbalkendecken. Bericht der Entwicklungsgemeinschaft Holzbau. Hrsg.: Arbeitsgemeinschaft Holz e.V., Düsseldorf 1984/87

[5] Gösele, K., Schüle, W.: Schall – Wärme – Feuchte. 9. Aufl. Wiesbaden 1989

[6] Zimmermann, G.: Harte Schaumkunststoffe im Bauwesen. In: Dt. Architektenblatt (DAB) **2** (1987)

[7] Wiedemann, K.: Faserdämmstoffe für das Bauwesen. In: wksb, Heft **21** (1986) Ludwigshafen

[8] Glass, K.: Betontechnologische Zusammenhänge und ihre Beeinflussung durch Zusatzmittel. In: Objekt **9** (1981) Düsseldorf

[9] Härig, S., Günther, K., Klausen, D.: Technologie der Baustoffe. 9. Aufl. Karlsruhe 1990

[10] Gaser, G., Timm, H.: Estriche im Wohnungs- und Industriebau. Wiesbaden 1984

[11] Präkelt, W., Öttl-Präkelt, H.: Zementestriche unter Fliesen und Platten. In: Fliesen und Platten **4** (1989)

[12] Schnell, W.: Zementgebundene Industrieestriche. In: Boden – Wand – Decke **2** (1989)

[13] Produktinformation – Anhydritestrich. Hrsg.: Bayer-Anhydrit-Verkaufsgesellschaft, Leverkusen

[14] Krieger, R.: Fließestriche in Mißkredit? In: Fliesen und Platten **9** (1989)

[15] Informationen über Gußasphalt im Hochbau. In: Gußasphalt **17** (1986), Gußasphalt **21** (1990). Hrsg.: Beratungsstelle für Asphaltverwendung e.V., Bonn

[16] Schnell, W.: Randverformungen bei schwimmenden Estrichen/Heizestrichen – Einflüsse und Folgerungen. In: Boden – Wand – Decke **10** (1987)

[17] Cremer, L.: Akustische Versuche an schwimmend verlegten Asphaltestrichen. Hrsg.: Beratungsstelle für Asphaltverwendung e.V., Bonn

[18] Merkblatt: Bewegungsfugen in Bekleidungen und Belägen aus Fliesen und Platten. Hrsg.: Fachverband des Deutschen Fliesengewerbes, Bonn. Ausg. 1983

[19] Verlegeanleitung von Trockenunterböden mit Phenapan ISO-Verlegeplatten V 100 in Neu- und Altbauten. Hrsg.: Deutsche Novopan KG, Göttingen

[20] Informationsdienst Holz: Mit Holzspanplatten besser bauen und wohnen. Hrsg.: Arbeitsgemeinschaft Holz e.V., Düsseldorf

[21] Planer-Informationen. Perlite-Dämmstoff GmbH, Dortmund

[22] Trockenunterboden. Hrsg.: Gebr. Knauf, Westdeutsche Gipswerke, Iphofen

[23] RWE Bau-Handbuch (Technischer Ausbau). Hrsg.: Rheinisch-Westfälisches Elektrizitätswerk AG, 10. Ausg. Essen

[24] Mau, P.: Fußbodenheizung. In: Fußboden-Zeitung, Ausg. **8** (1982) SN-Verlag, Günzburg

[25] Fußbodenheizungen. In: Zeitschrift der Stiftung Warentest, test **11** (1987)

[26] Merkblatt: Korrosionsverhütung b. Fußbodenheizungs-Anlagen mit Rohrleitungen aus Kunststoffen

[27] Merkblatt: Kupferrohre für Fußbodenheizungen. Hrsg. und Bezug [26], [27]: Bundesverband Flächenheizungen e.V., Reutlingen

[28] Informationsdienst Holz: Parkett und Fußbodenheizung. Hrsg.: Arbeitsgemeinschaft Holz e.V.

[29] Merkblatt: Elastische Bodenbeläge, textile Bodenbeläge und Parkett auf beheizten Fußbodenkonstruktionen. Stand Januar 1981

[30] Merkblatt: Keramische Fliesen und Platten, Naturwerkstein und Betonwerkstein auf beheizten Fußbodenkonstruktionen. Stand Januar 1980

[31] Merkblatt: Zementgebundene Heizestriche. Ergänzende Hinweise zu den Merkblättern [29] und [30]. Stand Juli 1984. Hrsg.: [29] bis [31]: Zentralverband des Deutschen Baugewerbes e.V. (ZDB), Bonn. Bezug: Verlagsgesellschaft Rudolf Müller, Köln

[32] Deutsches Institut für Gütesicherung und Kennzeichnung (RAL): Doppelboden. Gütesicherung RAL – GZ 941, Ausg. Oktober 1989. Bezug: Beuth Verlag, Berlin

[33] Sälzer, E.: Trittschallschutz mit Doppel- und Hohlraumböden. In: Bauphysik **12** (1990)

[34] Bauen mit Naturwerkstein (Bautechnische Informationen). Hrsg.: Informationsstelle Naturwerkstein, Würzburg

[35] Feinsteinzeug. In: Italienische Architektur – Keramik **7** (1990)

[36] Niemer, E.-U.: Mit keramischen Fliesen und Platten planen und bauen. Köln-Braunsfeld: Verlagsgesellschaft Rudolf Müller 1986

[37] Merkblatt für Fußböden in Arbeitsräumen und Arbeitsbereichen mit erhöhter Rutschgefahr (Nr.: ZH 1/571), Stand April 1989. Hrsg.: Hauptverband der gewerblichen Berufsgenossenschaften, Bonn

[38] Merkblatt: Bodenbeläge für naßbelastete Barfußbereiche (GUV 26.17), Stand April 1986. Hrsg.: Bundesverband der Unfallversicherungsträger der öffentlichen Hand, München

[39] Merkblatt: Keramische Fliesen und Platten, Naturwerkstein und Betonwerkstein auf Fußbodenkonstruktionen mit Dämmschichten. Stand Oktober 1983. Hrsg.: Zentralverband des Deutschen Baugewerbes e.V. (ZDB), Bonn. Bezug: Verlagsgesellschaft Rudolf Müller, Köln

[40] Hinweise für das Ansetzen und Verlegen von keramischen Fliesen und Platten auf Holzspanplatten. Stand Mai 1981. Hrsg.: Fachverband des Deutschen Fliesengewerbes, Bonn

[41] Betonwerkstein-Handbuch: Hinweise für Planung und Ausführung. Hrsg.: Bundesverband Deutsche Beton- und Fertigteilindustrie e.V., Bonn. Beton-Verlag, Düsseldorf 1983

[42] Merkblatt: Terrazzoböden. Hinweise für Planung und Ausführung von örtlich hergestellten Terrazzofußböden. Stand Januar 1989. Hrsg.: Bundesfachgruppe Betonfertigteile und Betonwerkstein im Zentralverband des Deutschen Baugewerbes e.V., Bonn

[43] Technische Schriftenreihe: Herstellung, Verlegung und Behandlung von Hochdruck-Asphaltplatten und Terrazzo-Asphaltplatten. Hrsg.: Deutsche Naturasphalt GmbH (DASAG), Eschershausen

[44] AGI-Arbeitsblätter (Industrieböden). Hrsg.: Arbeitsgemeinschaft Industriebau e.V. Bezug: C.R. Vincentz Verlag, Hannover

[45] Informationsdienst Holz: Dielenfußböden

[46] Informationsdienst Holz: Parkett

[47] Informationsdienst Holz: Fertigparkett-Elemente

[48] Informationsdienst Holz: Holzpflaster

[49] Informationsdienst Holz: Versiegelung und Pflege von Holzfußböden. Hrsg. und Bezug: [45] bis [49] Arbeitsgemeinschaft Holz e.V., Düsseldorf

[50] Rosenbaum, E.: Holzfußböden. Die Oberflächenbehandlung von Parkett. In: Boden – Wand – Decke **5** (1983)

[51] Merkblatt: Beurteilen und Vorbereiten von Untergründen, Verlegen von elastischen Bodenbelägen, textilen Bodenbelägen und Parkett. Stand Januar 1982. Hrsg.: Zentralverband des Deutschen Baugewerbes e.V., Bonn

[52] Technische Informationen (DLW-Bautechnik). Hrsg.: DLW-Aktiengesellschaft, Bietigheim

[53] Technische Informationen (Mipolam Verlegeanleitung). Hrsg.: Hüls Troisdorf AG

[54] BEB-Arbeitsblätter: Industrieböden aus Reaktionsharz (KH-1 bis KH-6 sowie KH-O/S und KH-O/U). Hrsg.: BEB Bundesverband Estriche und Beläge e.V., Troisdorf

[55] Herstellungstechniken von Teppichböden. Stand Dezember 1989. Hrsg.: ANKER-Teppichfabrik Gebrüder Schoeller, Düren

[56] Textile Bodenbeläge. Stand März 1987. Hrsg.: Deutsches Teppich-Forschungsinstitut e.V., Aachen

[57] Schroer, S.: Antistatische Teppichbodenbeläge. In: Deutsches Architektenblatt (DAB) **1** (1989)

[58] Funk, G.: Textile Bodenbeläge in Wohn- und Verwaltungsgebäuden. In: Deutsches Architektenblatt (DAB) **1** (1988)

[59] Merkblatt EDV 3. Textile Bodenbeläge in Räumen mit elektronischer Datenverarbeitung. Stand Januar 1991. Hrsg.: Deutsches Teppich-Forschungsinstitut e.V., Aachen. In Zusammenarbeit mit dem Zentralverband der Elektronischen Industrie (ZVEI)

[60] Schutz vor Schmutz. In: Fachmagazin Bausubstanz **8** (1989)

[61] Merkblatt Nr. RO 7. Pflege und Reinigung textiler Bodenbeläge im Objektbereich. Stand Januar 1991. Hrsg.: Deutsches Teppich-Forschungsinstitut e.V., Aachen

11 Installationsböden

Die ständig zunehmende Technisierung in Büro- und Verwaltungsbauten, Forschungsinstituten, Rechenzentren usw. fordert eine flexible Versorgung der Arbeitsplätze mit Energie- und Informationsleitungen. Als Funktions- und Installationsträger bieten sich hierfür die Wand, die Decke und der Boden mit unterschiedlicher Zweckmäßigkeit an. So sollten Trennwände auf Grund ihrer Versetzungsmöglichkeit nicht für die haustechnische Versorgung von Büros herangezogen werden. Auch die abgehängte Unterdecke ist dafür weitgehend ungeeignet wegen ihrer schlechten Erreichbarkeit, der Verschmutzungs- und Beschädigungsgefahr bei mehrmaligem Öffnen sowie der umständlichen Leitungsführung hin zu den Tischgeräten. Für die relativ problemlose Versorgung von Arbeitsplätzen kommt somit vor allem ein durchgehender, möglichst leicht zugänglicher Bodenhohlraum in Frage. Hierfür bieten sich verschiedene Arten von Installationssystemen an, denen jeweils bestimmte Vor- und Nachteile zugeordnet werden können. Im wesentlichen unterscheidet man (Bild **11**.1 bis **11**.3)

— Unterflurkanalsysteme,
— Hohlraumbodensysteme,
— Doppelbodensysteme,
— Flachkabelsysteme.

11.1 Unterflurkanalsysteme (Estrichkanalsysteme)

Die herkömmliche Art, Büroarbeitsplätze mit den notwendigen technischen Medien aus dem Fußboden zu versorgen, stellen die Bodenkanäle (neben dem Fensterbankkanal) dar. Hierbei werden auf die Rohdecke im Baukastensystem – entweder parallel oder senkrecht zur Fassade verlaufende – Installationskanäle verlegt. Verbunden werden alle Teile durch querlaufende Verbindungskanäle und über Unterflurdosen an den Kreuzungspunkten. Bei den senkrecht zur Fassade verlaufenden Kanälen können Störungen aus den Nachbarräumen (horizontale Schallübertragung unter Trennwänden) eher vermieden und auch weiter im Rauminneren liegende Arbeitsplätze besser versorgt werden.

Wie in Bild **11**.1 dargestellt, werden im wesentlichen folgende Bauarten unterschieden:

— **Kanäle estrichbündig verlegt** (offenes System). Diese Kanäle sind von oben – wie beim Doppelboden – durchgehend in ihrer gesamten Länge und Breite zu öffnen. Sie ermöglichen eine schnelle Verkabelung und Nachinstallation sowie eine gute Ausnutzung des Kabelinnenraumes. Die Kabelabdeckung besteht üblicherweise aus feuerverzinktem Stahlblech mit Einbauöffnungen für fußbodenebene Geräteeinsätze (Steckdosen mit Klappdeckel) oder überstehende Zapfsäulen (Stolperstellen!). Je nach Bedarf werden Steinbelag, Parkett oder textile Beläge in bodenbündige Metallrahmen eingearbeitet. Die Mindestestrichdicke beträgt bei fußbodenüberragenden Zapfsäulen etwa 40 mm, bei fußbodenebenen Versorgungselementen mind. 70 mm.

— **Kanäle estrichüberdeckt verlegt** (geschlossenes System). Die allseitig geschlossenen Kanäle aus Stahlblech oder Kunststoff können entweder unmittelbar auf der Rohdecke angeordnet und in einem Estrich auf Trennschicht dreiseitig eingebettet oder unter einem schwimmenden Estrich auf Höhe der Dämmschicht(en) verlegt werden (Bild **11**.1 b, c). Notwendige Aussparungen für Bodenauslässe werden durch eingelegte Styropor-Schalkörper im Estrichmörtel oder durch nachträgliches Anbohren der fertigen Estrichfläche geschaffen. Um dabei ein Verschmutzen des Bodenkanals durch Bohrmehl zu vermeiden, dürfen nur Bohrwerkzeuge mit Absaugvorrichtungen eingesetzt werden. Die Mindestestrichhöhe beträgt bei fußbodenüberragenden Zapfsäulen 60 mm, bei fußbodenebenen Versorgungselementen mind. 70 mm.

Bei den Unterflursystemen ist man streng an die vorgegebene Kanalführung gebunden (eingeschränkte Flexibilität). Dies führt dazu, ein möglichst enges Kanalnetz zu wählen, wodurch dann allerdings relativ hohe Investitionskosten entstehen. Das estrichbündige System zeichnet sich durch geringe Konstruktionshöhen aus und ist relativ preisgünstig. Als nachteilig wird das unterschiedliche Klangverhalten beim Begehen (Kanal-Verbundestrich) empfunden und das unter Umständen sich streifenförmige Abzeichnen der Kanalabdeckung bei textilen Bodenbelägen. Beim estrichüberdeckten System benötigt der meist zweilagig eingebrachte Estrich längere Trockenzeiten, wodurch der Bauablauf verzögert wird. Auch das Nachrüsten durch die Öffnungen der Unterflurdosen ist umständlicher und die Nutzungskapazität der Kanäle systembedingt begrenzt. Zu viele Zugdosen und Blinddeckel stören zudem das Bodenbild und verteuern das System.

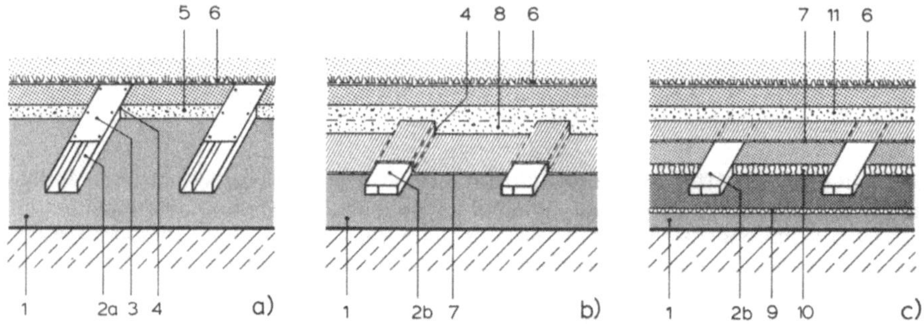

11.1 Schematische Darstellung von Unterflur-Kanalsystemen in verschiedenen Bauarten
a) Kanäle estrichbündung verlegt (offenes System) mit dazwischenliegendem Verbundestrich
b) Kanäle estrichüberdeckt verlegt (geschlossenes System) mit Estrich auf Trennschicht
c) Kanäle estrichüberdeckt verlegt (geschlossenes System) mit schwimmendem Estrich

1 tragender Untergrund
2a von oben zu öffnender Kanal
2b allseitig geschlossener Kanal
3 Kanalabdeckung, abnehmbar (3 mm Stahlblech)
4 elastischer Randstreifen
5 Verbundestrich
6 Textilbelag
7 Trennschicht (PE-Folie 0,1 mm)
8 zweilagiger Estrich
9 Trittschalldämmplatte (etwa 5 mm)
10 Dämmschicht
11 schwimmender Estrich

11.2 Hohlraumbodensysteme

Unter einem Hohlraumboden versteht man einen auf einer Gewölbestruktur verlegten Naßestrich, in dessen zusammenhängenden Hohlräumen Installationen aller Art richtungsfrei verlegt werden können. In den letzten Jahren kamen jedoch auch interessante Weiterentwicklungen in reiner Trockenbauweise auf den Markt. Auf Grund der niedrigen Bauhöhen, geringen Flächengewichte und kurzen Montagezeiten eignen sich diese Neuentwicklungen insbesondere für die Ausrüstung von Altbauten.

Wie in Bild **11**.2 verdeutlicht, werden im wesentlichen folgende Konstruktionsarten unterschieden:

- **Hohlraumboden mit Folienschalung** (Naßverlegung). Der Installationsfreiraum ergibt sich unter einer auf der Rohdecke oder Dämmschicht ausgelegten, verlorenen PVC-Schalung mit bogenförmiger Gewölbestruktur. Diese tiefgezogene Folienschalung besteht aus 600 mm breiten Schalelementen, die an der Baustelle dicht miteinander verklebt und mit einem speziell aufbereiteten Anhydrit-Fließestrich ausgegossen werden. Der mit einer Mindestüberdeckung von 25 mm eingebrachte Estrich wird in großen Flächen fugenlos verlegt. Vgl. hierzu Abschn. 10.3.7, Anhydritestrich. Gewünschte Bodenöffnungen werden vor dem Einbringen des Estriches mit Styropor-Schalkörpern ausgespart, zusätzlich benötige Auslässe nachträglich an jeder beliebigen Stelle des fertigen Estriches ausgebohrt. Die Verkabelung erfolgt mit flexiblen Kunststoffrohren, die durch den Hohlraum bis zum jeweiligen Zielort geschoben werden. Der Hohlraumboden eignet sich jedoch nicht nur für die Verlegung von Energie- und Informationsleitungen, sondern auch für die Belüftung und eventuelle Beheizung von Büroräumen (Ausbildung als Druckboden für Hypokaustenheizung mit regulierbaren Lüftungsauslässen).
- **Hohlraumboden mit selbsttragenden Formteilen** (Kombinierte Trokken-/Naßverlegung). Das Grundelement dieses Hohlraumbodens bildet eine 600 × 600 mm große selbsttragende Formplatte, die werkseitig gefertigt wird. Sie besteht im einzelnen aus einer tiefgezogenen Kunststoffschale mit angeformten Füßchen, auf die eine 10 mm dicke, gelochte Gipsfaserplatte aufgelegt wird. Die sich dabei ergebenden Hohlräume werden mit Anhydrit-Fließmörtel ausgegossen, so daß ein monolithisch verbundenes Tragelement entsteht. Diese vorgefertigten Formplatten werden auf der Rohdecke oder einer Dämmschicht trocken verlegt, oberseitig mit einer sich überlappenden PE-Folie abgedeckt und darauf ein selbstnivellierender fugenloser Anhydrit-Fließestrich aufgebracht. Der Hohlraum bleibt an den wichtigsten Kreuzungspunkten über abnehmbare, fußbodenebene Abdeckplatten zugänglich; nachträglich gewünschte Bodenöffnungen können auch hier an jeder beliebigen Stelle ausgebohrt werden. Mit einem neuentwickelten Kabeleinzugsgerät lassen sich die Leitungen in jeder beliebigen Dichtung einziehen. Auch diese Hohlraumböden können als Druckboden für Hypokaustenheizung ausgebildet und leichte Trennwände an jeder beliebigen Stelle aufgesetzt werden.

Im Vergleich zu den Estrichkanalsystemen ist der Hohlraumboden vor allem interessant wegen seiner richtungsfreien Verkabelungsmöglichkeit (höhere Flexibilität), seines größeren Installationsfreiraumes und des sich daraus ergebenden günstigen Kosten-Nutzen-Verhältnisses. Auch seine schalltechnischen Eigenschaften sind als günstig zu bezeichnen (sowohl in horizontaler wie vertikaler Richtung), so daß leichte Trennwände ohne zusätzliche Dämmaßnahmen an jeder beliebigen Stelle aufgestellt werden können. Vgl. hierzu Abschn. 11.3, Schallschutzanforderungen bei Doppel- und Hohlraumböden. Außerdem ist er rauchdicht und brandschutztechnisch in die Gruppe F 30 A bis F 90 A (mit Revisionsöffnungen in der Fläche) einzustufen. Hohlraumböden, die in Naßbauweise mit Anhydrit-Fließestrich erstellt werden, können zwar bereits nach 2 Tagen begangen und nach 5 Tagen belastet werden, ihre endgültige Belegreife erreichen sie aber erst nach 3 bis 5 Wochen Trockenzeit. Der zulässige Feuchtigkeitsgehalt des Anhydritestriches muß bei dampfdichten Bodenbelägen 0,5%, bei allen übrigen Belägen mind. 1% betragen. Vgl. hierzu Tab. **10**.20. Die Einbauhöhen liegen in der Regel zwischen 75 bis 170 mm, einschließlich 25 mm Estrichüberdeckung.

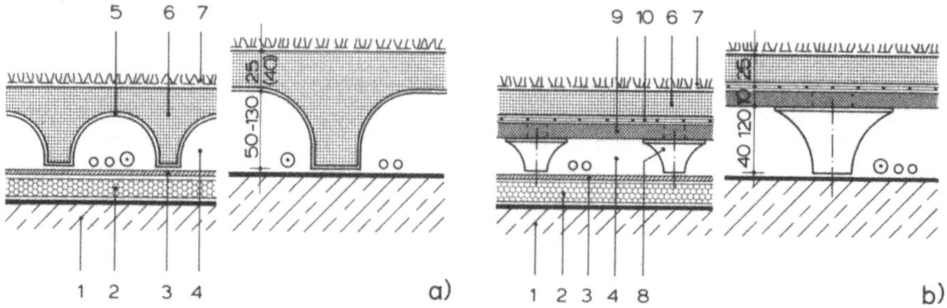

11.2 Schematische Darstellung von Hohlraumböden in verschiedenen Bauarten
a) Hohlraumboden mit Folienschalung und Anhydrit-Fließestrich (System Norina)
b) Hohlraumboden mit selbsttragenden Formteilen und Anhydrit-Fließestrich auf Trennschicht (System Goldbach)

1 tragender Untergrund
2 Dämmschicht (nur bei Bedarf)
3 Stahlblechtafeln (0,1 mm dick)
4 Installationshohlraum
5 PVC-Folienschalung
6 Anhydrit-Fließestrich (mind. 25 mm)
7 Textilbelag
8 angeformte Füße, mit Anhydrit-Fließmörtel ausgegossen
9 aufgelegte Gipsfaserplatte (10 mm dick)
10 Trennschicht (PE-Folie 0,1 mm dick o. ä.)

11.3 Doppelbodensysteme

Unter einem Doppelboden versteht man ein über einer Tragdecke aufgeständertes System von Einzelplatten, die an jeder beliebigen Stelle herausgenommen werden können, so daß überall ein direkter Zugang zu den im Hohlraum untergebrachten Installationen möglich ist. Arbeitsräume sind damit so flexibel zu gestalten, daß sie jederzeit neuen, funktionsgerechten Anforderungen angepaßt werden können. Dementsprechend werden Doppelböden in Büro- und Verwaltungsbereichen eingesetzt, vorwiegend aber auch überall dort, wo hohe Belastbarkeit gefordert ist, wie beispielsweise in Rechenzentren, Schalträumen, Labors und Fertigungsbetrieben.

Auf dem Markt wird eine Vielzahl unterschiedlicher Systeme angeboten. Auf einige wichtige Merkmale, die einen Doppelboden auszeichnen, soll im folgenden kurz eingegangen werden. Ein Doppelboden besteht im wesentlichen aus

- Doppelbodenplatten, mit oder ohne Oberbelag,
- Doppelbodenstützen, für unterschiedliche Konstruktionshöhen,
- Doppelbodenrasterstäben, für tragende und/oder aussteifende und/oder dichtende Funktionen,
- Systemergänzenden Zubehörteilen. S. [32] in Abschn. 10.

Doppelbodenplatten werden je nach Bedarf hinsichtlich ihrer Tragfähigkeit und ihres bauphysikalischen Verhaltens (feuchte-, schall-, brandschutztechnische Anforderungen) aus ganz verschiedenartigen Materialien hergestellt. So kommen zum Beispiel

Platten zum Einsatz aus hochverdichtetem Holzwerkstoff (Holzspanplatten der Emissionsklasse E1), faserverstärktem Mineralstoff (Gipsfaserplatten), tiefgezogenen Blechwannen mit einer Füllung aus nichtbrennbarem Anhydrit oder Leichtbeton sowie Ganzstahlplatten mit unterseitig angeschweißten Stahlprofilrahmen. Die Abmessungen betragen in der Regel 600 × 600 mm, Sonderformate sind möglich. Hinsichtlich ihrer Tragfähigkeit wird zwischen Punkt-, Streifen- und Flächenlast unterschieden. Die Ableitung der elektrischen Aufladung muß in jedem Fall gewährleistet sein; die Erdung efolgt immer bauseits. Die erforderlichen Plattenausschnitte und Einbaugeräte können werkseitig oder während der Montage eingearbeitet werden.

Doppelbodenstützen zentrieren und fixieren die Doppelbodenplatten. Sie stellen die statisch stabile Verbindung und Lastübertragung zwischen dem Baukörper (Rohdecke) und den Bodenplatten her. Im Regelfall steht im vorgegebenen Raster, also üblicherweise alle 600 mm, eine Stütze, die mit dem tragenden Untergrund verklebt oder verdübelt wird. Überwiegend werden Rundrohrstützen aus Aluminium-Druckguß oder Stützen aus verzinktem Stahl (bei hohen Stabilitäts- und Brandschutzanforderungen) eingesetzt. Sie sind höhenverstellbar und haben auf ihrer Oberseite meist eine PVC-Auflage, die zur Ableitung elektrostatischer Aufladung und zur Schalldämmung dient. Für die notwendige horizontale Schubsicherheit sorgen eine Reihe überstehender Nokken, die in entsprechende Aussparungen in der Plattenunterseite greifen. Ineinandergehakt, bewirken sie die notwendige Selbstarretierung, so daß sich die Bodenplatten gegenüber der Unterkonstruktion nicht unzulässig verschieben können. Je nach Konstruktion und Ausführung liegen die Gesamthöhen zwischen 60 und 200 mm, in Sonderfällen auch noch wesentlich darüber.

Doppelbodenrasterstäbe werden überall dort eingebaut, wo mit besonders hohen statischen und dynamischen Belastungen sowie mit größeren Spannweiten zu rechnen ist. Die hohe Tragfähigkeit bewirkt ein Trägerrost, dessen Längs- und Querrasterstäbe mit den Tragstützen verbunden sind. Stützenkopf und Profilstab sind so genau gefertigt und so präzise aufeinander abgestimmt, daß der Tragrost vor Ort nur noch zusammengesteckt wird. Die nachfolgenden Installationsarbeiten werden durch die einzeln herausnehmbaren Stahlprofilstäbe nicht behindert.

Systemergänzende Zubehörteile erhöhen den Gebrauchswert eines Doppelbodens ganz wesentlich. So ist bei den meisten Systemen der Einbau von Technotranten für Staubsauger- und Rauchmeldeanlagen, Feuerlöscheinrichtungen u. ä. möglich. Integriert werden können auch Fußbodenheizungen, Rampen, Treppen usw. Lufteinführung über den Doppelbodenhohlraum ist ebenfalls möglich, und zwar einmal über gelochte Bodenplatten (sogen. Lüftungsplatten) oder über Dralldüsen/Zuluftdüsen. Bei der Lufteinführung über Lochplatten wird der Bodenhohlraum als Druckkammer ausgebildet und so ein Überdruck erzeugt. Hierdurch strömt die Zugluft durch die Löcher in den Bodenplatten in den Raum. Demgegenüber sind die Dralldüsen/Zuluftdüsen meist über Flexrohre (Schläuche) direkt mit Lüftungskanälen im Bodenhohlraum verbunden. Auch beim Einbau von Lüftungsplatten und anderer Technotranten ist die Austauschmöglichkeit und damit Flexibilität jederzeit gewährleistet.

Die **Bodenbeläge** werden in der Regel werkseitig auf die Doppelbodenplatten aufgebracht. Geeignet sind im wesentlichen textile und elastische Beläge, Keramik- und Natursteinplatten sowie Holzparkett. Alle Beläge müssen eine sogen. „Doppelbodeneignung" aufweisen, die vom Doppelbodenhersteller zusammen mit dem Belaghersteller sicherzustellen ist. Je nach Einsatzbereich sind eine Reihe von Eignungskriterien zu erfüllen, wie zum Beispiel Verschleißwiderstand, Rollstuhleignung, Lichtechtheit, Eignung des Belagmusters, der Rückenausrüstung und Kantenfestigkeit im Schnittbereich. Dazu gehören auch der Nachweis der jeweiligen elektrostatischen Eigenschaften wie antistatische Ausrüstung des Belages, leitfähige Verlegung sowie der geforderte Erdableitwiderstand von der gesamten Doppelbodenkonstruktion. Textilbeläge (ohne Schaumrücken, keine Schlingenware) werden meist als Einzelfliesen, verklebt oder selbstliegend, aufgebracht. Doppelbodenplatten mit Hartbelägen weisen einen werkseitig angeformten Kantenschutz auf (PVC-Profil), wodurch die Belagkanten gegen Beschädigungen geschützt und das mühevolle Verfugen am Einsatzort überflüssig wird. Außerdem bleibt jede Platte aufnehmbar. Nach den VDE-Vorschriften dürfen bodenebene Anschlußdosen nur bei trockengepflegten Bodenbelägen (Textilbeläge) installiert werden, fußbodenüberragende Zapfsäulen auch in feuchtgepflegten Räumen.

Bauphysikalische Anforderungen

Brandschutzanforderungen an Doppelböden ergeben sich aus der DIN 4102. Danach sind je nach Bauaufgabe insbesondere zwei Kriterien zu berücksichtigen: die Baustoffklasse der Doppelbodenplatten und die Feuerwiderstandsklasse des Bauteiles. So wird zum Beispiel vom Verband der Sachversicherer für Räume mit hochwertiger Maschinenausrüstung der Einbau nichtbrennbarer Materialien (Baustoffklasse A) gefordert. In Hochhäusern müssen außerdem stets nichtbrennbare Doppelböden eingebaut werden. Für Fluchtwege fordern die Bauaufsichtsbehörden Doppelböden der Feuerwiderstandsklasse F30. Den notwendigen Brandschutz im Installationshohlraum – zum Beispiel unter aufgesetzten Trennwänden – ergeben vertikal eingestellte, zweischalige Abschottungen aus Gipsfaser-Verbundplatten mit Mineralfaserfüllung (Gesamtdicke bei F30: mind. 100 mm).

Schallschutzanforderungen. Doppel- und Hohlraumböden verbessern sowohl die Luft- als auch die Trittschalldämmung von Geschoßdecken. Direkte Anforderungen für den (rechnerischen) Nachweis des Schallschutzes von Installationsböden sind in DIN 4109 jedoch nicht enthalten. Nach dieser Norm bestehen je nach Bauaufgabe nur Anforderungen an die komplette Deckenkonstruktion. Bei Installationsböden ist neben dem vertikalen Trittschallschutz vor allem auch die horizontale Schallängsdämmung von Bedeutung, da die Doppel- und Hohlraumböden oftmals unter umsetzbaren Trennwänden durchlaufen.

- Bei **Doppelböden** ist eine Verbesserung der vertikalen Trittschalldämmung im wesentlichen durch ein möglichst günstiges Verbesserungsmaß VM des Bodenbelages – beispielsweise durch textile Fußbodenbeläge – zu erreichen. Schalltechnische Maßnahmen an den Bodenstützen haben sich dagegen als wenig wirkungsvoll erwiesen. Für die horizontale Trittschalldämmung (Schallängsdämmung) ist neben dem Verbesserungsmaß VM des Bodenbelages und einem möglichst hohen Flächengewicht der Doppelbodenplatten auch noch der Einbau von elastischen Absorberschotts aus Mineralfaserdämmstoff im Installationshohlraum von Bedeutung. Vgl. hierzu auch Abschn. 12.3.3, Absorberschotts.
- Auch bei den **Hohlraumböden** läßt sich die vertikale Trittschallübertragung am wirkungsvollsten durch ein günstiges Verbesserungsmaß VM des Bodenbelages beeinflussen. Als weitere Verbesserungsmaßnahmen bieten sich bei dieser Bodenkonstruktion das vollflächige Auflegen von Trittschalldämmplatten auf der Rohdecke unterhalb – sowie der Einbau eines schwimmenden Estriches oberhalb – des Systembodens an. Für die horizontale Trittschalldämmung (Schallängsdämmung) sind ebenfalls die schalldämmenden Eigenschaften des Bodenbelages, aber auch konstruktive Maßnahmen am Hohlraumboden selbst, wie zum Beispiel Trennfugen, Absorberschotts usw. von Bedeutung. Einzelheiten über den Trittschallschutz mit Installationsböden sind [32], [33] in Abschn. 10 zu entnehmen.

Im Vergleich mit den Estrichkanal- und Hohlraumbodensystemen zeichnen sich Doppelböden vor allem aus durch hohe Flexibilität und Belastbarkeit bei gleichzeitig direktem Zugang von oben zum Installationshohlraum. Die Montage der werkseitig vorgefertigten Einzelteile erfolgt in vollkommener Trockenbauweise, so daß der Doppelboden nach seiner Fertigstellung sofort zu benutzen ist. Im Gegensatz zu den beiden anderen Installationsbodensystemen fallen keine Baufeuchte und somit keine Wartezeiten an. Auch seine schall- und brandschutztechnischen Eigenschaften sowie das geringe Eigengewicht sind als günstig zu bezeichnen. Nachteilig können sich systembedingte Mängel wie das Wackeln oder Knarren sowie bei leichten Bodenplatten aus Spanplatten der sogen. „Barackenbodeneffekt" bemerkbar machen. Probleme können auch auftreten bei der Schallängsdämmung unter umsetzbaren Trennwänden und bei der Trittschallübertragung. Der nachträgliche Einbau von Abschottungen oder Schalldämmeinlagen kann notwendig werden. Wesentlich höher als bei den anderen Systemböden sind allerdings die Investitionskosten. Da beim Doppelboden jedoch jede Stelle direkt erreichbar ist, fallen die laufenden Unkosten für Reparatur, Wartung und Umorganisation niedriger aus.

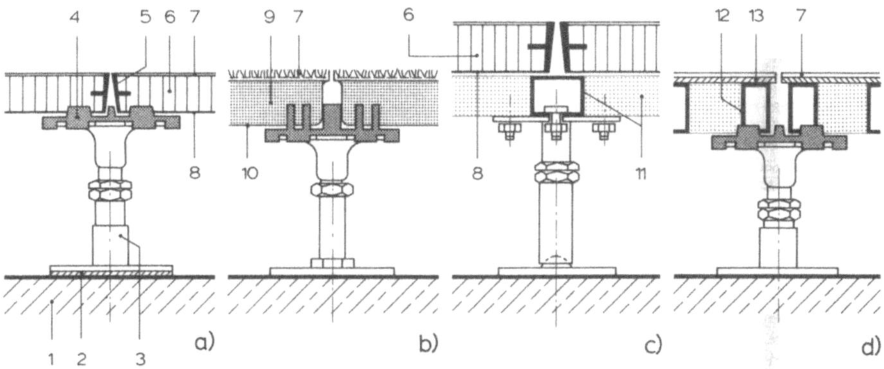

11.3 Schematische Darstellung von Doppelböden in verschiedenen Bauarten (System Mero)

a) höhenverstellbare Bodenstütze mit Doppelbodenplatten aus Holzwerkstoff

b) höhenverstellbare Bodenstütze mit Doppelbodenplatten aus tiefgezogener Blechwanne, gefüllt mit Anhydritmörtel

c) höhenverstellbare Bodenstütze mit Doppelbodenplatten aus Holzwerkstoff und selbsttragender Unterkonstruktion

d) höhenverstellbare Bodenstütze mit Doppelbodenplatten aus verschweißtem Stahlprofilrahmen und Deckblech

1 tragender Untergrund
2 Trittschalldämmung
3 höhenverstellbare Doppelbodenstütze
4 elektrisch leitende Schalldämmauflage
5 Umleimer/Kantenschutz aus Kunststoff o.ä.
6 Holzwerkstoffplatte (Spanplatte 38 mm dick)
7 Bodenbelag nach Bedarf
8 Alu-Feinblech als Feuchtigkeitsschutz
9 Metallwanne mit Anhydrit gefüllt
10 tiefgezogene Metallwanne
11 Trägerrost aus herausnehmbaren Stahlprofilstäben
12 verschweißter Stahlprofilrahmen
13 Deckblech aus Stahl

Einen **Kabelboden** mit einer besonders geringen Bauhöhe zeigt Bild **11**.4. Grundlage dieses Doppelbodens bildet eine Noppenplatte mit den Abmessungen 780 × 1360 mm, deren nach oben gerichtete, fingerhutartig ausgebildete Noppen aus einem textilen Trevira-Gewirk bestehen, rückseitig verfüllt mit Beton.

Die verbleibenden Zwischenräume dienen der Aufnahme von Elektrokabeln u. ä. Diese werkseitig vorgefertigten Noppenplatten werden fest auf den Untergrund geklebt. Unmittelbar darauf aufgelegt wird eine Lastverteilungsschicht aus selbsthaftenden, 500 × 500 mm großen und 1,3 mm dicken Stahlblechtafeln. Lose verlegbare Teppichfliesen mit Schwerbeschichtung ergeben den Nutzbelag. Die notwendigen Öffnungen für Bodenauslässe werden nach Bedarf eingeschnitten.

Ein großer Vorteil dieses Doppelbodens ist seine geringe Bauhöhe von insgesamt nur 25 mm. Auf Grund dieser extrem niedrigen Einbauhöhe, seines relativ geringen Flächengewichtes und der vollkommenen Trockenbauweise (keine Wartezeiten wie bei den herkömmlichen Hohlraumböden), eignet er sich nicht nur für die Ausrüstung von Neubauten mit geringen Raumhöhen (Arztpraxen, Ladenlokale), sondern insbesondere zum nachträglichen Einbau bei Altbauten. Der hochbelastbare Boden ist an jeder Stelle von oben zu öffnen, so daß Nachinstallationen problemlos vorgenommen werden können. Hinsichtlich seiner schalltechnischen (horizontale Schallübertragung) und brandschutztechnischen Eigenschaften (nur Baustoffklasse B 1) sind gewisse Einschränkungen zu beachten.

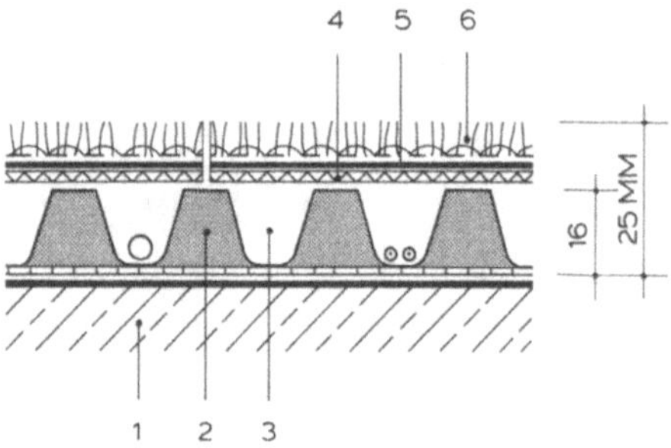

11.4
Schematische Darstellung eines Doppelbodens mit besonders geringer Bauhöhe (System Herforder Doppelboden). Der Kabelboden ist an jeder Stelle von oben zu öffnen.
1 tragender Untergrund
2 fingerhutartig ausgebildete Noppen aus Trevira-Gewirk, rückseitig gefüllt mit Beton
3 Installationshohlraum
4 Klebevlies, selbstklebend
5 Stahlblechplatten (1,3 mm dick)
6 Teppichfliesen, schwerbeschichtet

11.4 Flachkabelsysteme

Eine völlig neue Art der Stromzuführung, der Datenübertragung und der Übermittlung von Telefongesprächen ist mit dem sog. Flachleitersystem möglich. Die dabei verwendeten Kabel zeichnen sich durch besonders niedrige Höhen aus. So ist beispielsweise eine Datenleitung nur 2 mm hoch und 12 mm breit, ein Stromkabel hat eine Breite von 89 mm und eine Höhe von nur 0,86 mm, also weniger als 1 mm Höhe. Die Leitungen werden mit Klebeband auf dem Untergrund/Estrich befestigt; Richtungsänderungen erreicht man durch 90-Grad-Faltungen. Da die Kabel so flach sind, können sie unmittelbar unter einem Bodenbelag verlegt werden, und zwar am zweckmäßigsten unter Teppichfliesen. Da die SL-Fliesen lose verlegt werden, bleibt das Flachkabelsystem zugänglich für Umstellungen, Änderungen und Reparaturen. Die Schwerbeschichtung auf der Fliesenrückseite paßt sich dem Kabel derart an, daß sich keine Streifen oder Erhebungen an der Teppichoberseite abzeichnen. Der einzig sichtbare Teil sind die Zapfsäulen mit den entsprechenden Steckdosen. Die Installationskosten sind im Vergleich zu den konventionellen Systemen wesentlich niedriger. Die für derartige Kommunikationssysteme notwendigen behördlichen Zulassungen liegen vor.

12 Leichte Deckenbekleidungen und Unterdecken

12.1 Allgemeines

Leichte Deckenbekleidungen und Unterdecken sind nach DIN 18168 T1 ebene oder anders geformte Decken mit glatter oder gegliederter Fläche, die aus einer Unterkonstruktion und einer flächenbildenden Decklage bestehen. Bei

Deckenbekleidungen ist die Unterkonstruktion **unmittelbar** am tragenden Bauteil verankert (Bild **12**.1 d). Bei

Unterdecken wird die Unterkonstruktion **abgehängt** (Bild **12**.1 e).

Leichte Deckenbekleidungen und Unterdecken (max. Flächengewicht 50 kg/m²) bilden den oberen, sichtbaren Abschluß des Raumes. Sie besitzen keine wesentliche Tragfähigkeit. Zusätzliche schwere Einzellasten sind gesondert abzuhängen oder über eine verstärkte Unterkonstruktion aufzunehmen.[1]) Abgehängte leichte Unterdecken dürfen auch nicht unmittelbar betreten werden. Bei Bedarf sind besondere Laufstege vorzusehen.

Deckenbekleidungen und abgehängte Unterdecken wurden früher weitgehend auf der Baustelle in handwerklicher Einzelfertigung – meist aus Putz oder Holz – in relativ schwerer Ausführung und mit hohem Zeitaufwand hergestellt.[2])

Heute kommen vorwiegend leichte, industriell vorgefertigte, in Trockenbauweise montierbare Deckensysteme zum Einsatz.[3]) Das Angebot reicht von der einfachsten, nur der Dekoration dienenden Bekleidung bis zu Deckensystemen, die gleichzeitig die verschiedenartigsten haustechnischen und bauphysikalischen Aufgaben zu übernehmen haben. Sie werden sowohl in Neubauten wie bei der Sanierung von Altbauten eingesetzt, finden insbesondere Verwendung bei Büro-, Verwaltungs-, Schul- und Universitätsbauten, Bahnhofs-, Messe- und Industriehallen sowie bei Krankenhäusern und Bauten des Handels.

Voraussetzung für die serienmäßige Vorfertigung und Kombinierbarkeit industriell hergestellter Ausbauelemente sind umfassende Vereinbarungen über Maßordnungen, Fugen und Toleranzen. Bereits bei der Planung müssen Außenwand, Tragkonstruktion, Installationen, Trennwände und abgehängte Unterdecken maßlich und konstruktiv aufeinander abgestimmt werden. Erst dadurch wird die Austauschbarkeit der Elemente untereinander sowie ihre Verwendbarkeit in Bauwerken mit unterschiedlicher Zweckbestimmung erreicht. Die Elementierung von Deckenbekleidungen und Unterdecken hat zum Ziel, einen möglichst hohen Grad der Vorfertigung im Herstellerwerk zu erreichen – bei gleichzeitiger Reduzierung des Montageaufwandes am Einsatzort. Sonderelemente sind möglichst zu vermeiden.

---

[1]) DIN 18168 T2 enthält Angaben über die Durchführung von Versuchen zur Festlegung der zulässigen Tragkraft von Abhängern, Unterkonstruktionen und Verbindungselementen aus Metall, deren Tragkraft nicht nach technischen Baubestimmungen rechnerisch nachgewiesen werden kann.

[2]) „Hängende Drahtputzdecken" nach DIN 4121 werden durch die Norm 18168, Leichte Deckenbekleidungen und Unterdecken, nicht erfaßt. Angaben über deren Herstellung s. Abschn. 8.7.6.6 in Teil 2 dieses Werkes.

[3]) Trockensysteme sind Konstruktionen mit kompletten, aufeinander abgestimmten, werksmäßig vorgefertigten Einzelteilen. Sie finden in allen Bereichen des Innenausbaues wie Boden, Wand, Decke usw. Anwendung.

12.2 Einteilung und Benennung: Überblick

a) Konstruktionsmaterial ist zugleich Oberflächenmaterial.
   Sichtfläche z. B. aus:
   – Sichtbeton (behandelt/unbehandelt)

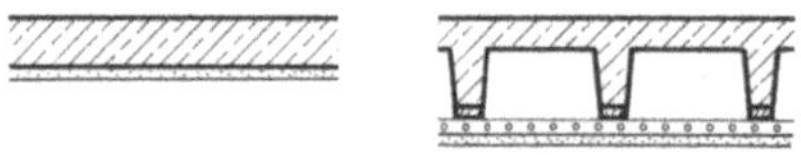

b) Deckenkonstruktion mit fest verbundener Vorsatzschicht.
   Sichtfläche z. B. aus:
   – Putz, Putz mit Tapete
   – Keramikplatten u. a. m.

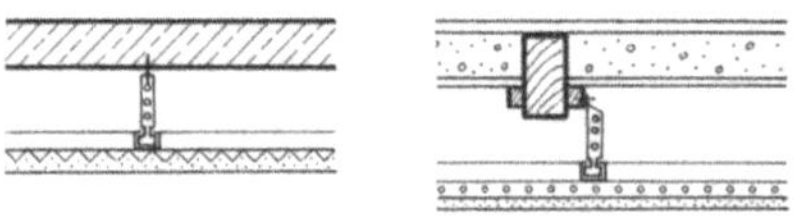

c) Hängende Drahtputzdecken nach DIN 4121 (vgl. Abschn. 8.7.6.6 in Teil 2 dieses Werkes)
   Hinweis: Diese Decken werden von der Norm 18168 „Leichte Deckenbekleidungen und Unterdecken" **nicht** erfaßt!

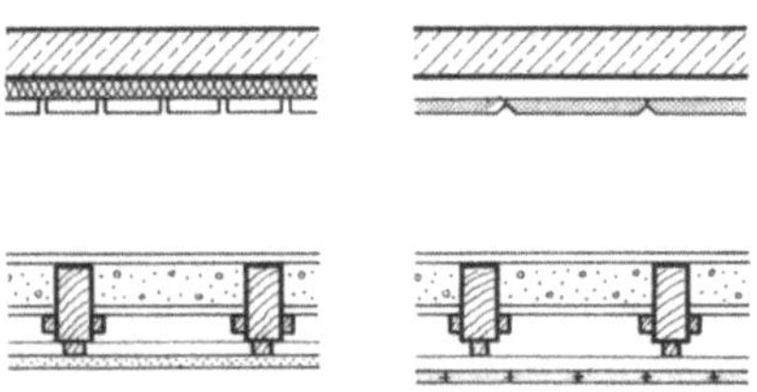

d) **Leichte Deckenbekleidungen** nach DIN 18168:
   Die Unterkonstruktion ist **unmittelbar** am tragenden Bauteil (z. B. Massivdecke, Holzbalkendecke) verankert.
   Decklage z. B. aus:
   – Holz und Holzwerkstoffen
   – Gipskartonplatten
   – Mineralfaserplatten u. a. m.

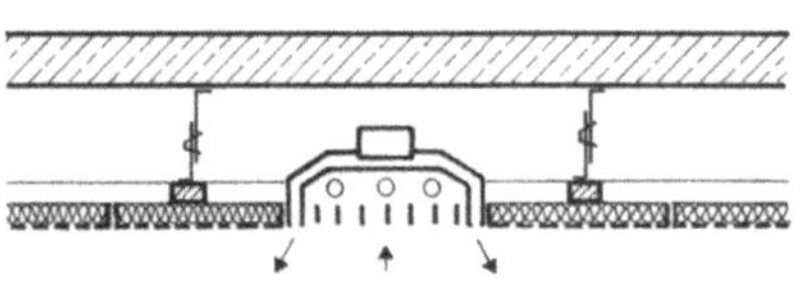

e) **Leichte Unterdecken** nach DIN 18168:
   Die Unterkonstruktion ist vom tragenden Bauteil **abgehängt.**
   Decklage: ähnlich wie zuvor.
   Vgl. hierzu auch Bild **12.**20 in Abschn. 12.6.2.

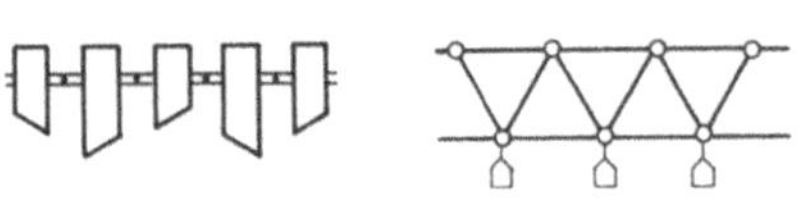

f) Sonderformdecken (bleiben im Rahmen dieser Abhandlung unberücksichtigt)

12.1 Einteilung nach konstruktionstechnischen Merkmalen

12.3 Allgemeine Anforderungen

An leichte Deckenbekleidungen und Unterdecken werden vielfältige Anforderungen gestellt. Sie schließen sich teilweise gegenseitig aus, so daß je nach Aufgabenstellung abzuwägen ist, welchen Forderungen im Einzelfall der Vorrang zu geben ist. Dabei sind besonders zu berücksichtigen die Rohbaukonstruktion (konstruktive Voraussetzungen) sowie die spätere Nutzungsart des jeweiligen Gebäudes (räumliche und funktionelle Voraussetzungen) [1]. Auf folgenden Gebieten können Anforderungen an Unterdecken gestellt werden:

- Raumgestaltung
- Sichtschutz (ggf. auch Blendschutz)
- Schallschutz (Raumakustik und Schalldämmung)
- Brandschutz (Brandverhalten von Baustoffen und Bauteilen)
- Wärmeschutz
- Geometrische und maßliche Abstimmung (Maßordnung und Modulordnung)
- Integration von Beleuchtung, Klima- und Heizungstechnik
- Anschlußmöglichkeit von leichten, umsetzbaren Trennwänden
- Montageaufwand (einfach, schnell und trocken, geringes Gewicht usw.)
- Demontage (Zugänglichkeit zum Deckenhohlraum)
- Material- und Sichtflächenbeschaffenheit der Decklage
- Ausbildung und Beschaffenheit der Unterkonstruktion
- Sonderfunktionen (Einbau von Sprinkleranlagen, Transportsystemen usw.)
- Wirtschaftlichkeit u. a. m.

12.3.1 Raumgestaltung

Im Hinblick auf die Deckengestaltung sind im einzelnen zu beachten:

- Absicht, Aufwand, Aussage (innenarchitektonisches Grundkonzept)
- Nutzungszweck (z. B. Repräsentations- oder Zweckbau)
- Größe, Form und Zuschnitt der Räumlichkeiten
- Lage, Dimension und Anordnung der Raumöffnungen
- Wirkung von Tageslicht und Kunstlicht
- Abhängigkeit von Deckenform, Deckenmaterial und dessen technischen Verarbeitungsmöglichkeiten
- Ausbildung der Deckenanschlüsse an Wandflächen, Stützen, Deckendurchbrüche, raumhohe Einbauten usw.
- Anordnung der Deckenauslässe für beispielsweise Beleuchtungskörper, Zu- und Abluftelemente unter Beachtung der Deckengliederung
- Maßstäblichkeit durch geeignete Wahl von Plattenformat, Fugenbreite sowie Oberflächenstruktur und Textur der Materialien in Relation zur Raumgröße bzw. Deckenfläche
- Betonung oder Korrektur der Raumdimensionen bzw. Raumproportionen und damit des Raumeindruckes durch entsprechende Materialwahl und/oder Farbgebung.

Bei anspruchsvollen Innenausbau-Objekten sollte immer ein Deckenplan erstellt werden, in den die wichtigsten Funktionsträger wie Deckeneinbauleuchten, Deckenluftauslässe, Sprinklerköpfe, Lautsprecherauslässe und alle raumhohen Einbauten wie Einbauschränke, Wandbekleidungen, Trennwände sowie die raumbegrenzenden Bauteile und Deckendurchbrüche (z. B. Treppenöffnungen) festgehalten sind.

12.3.2 Sicht- und Blendschutz

Unterdecken und Bekleidungen haben immer auch die Aufgabe – unabhängig von der jeweiligen Deckenform – Unterzüge und Träger aller Art sowie die im Deckenhohlraum untergebrachten Rohrleitungen, Elektroinstallationen und Klimakanäle der unmittelbaren Sicht des Betrachters zu entziehen. Senkrecht angeordnete Lamellen, gitterartige Roste usw. übernehmen außerdem die Funktion des Blendschutzes bei darüberliegenden, freistrahlenden Lichtleisten.

12.3.3 Schallschutz von leichten Unterdecken

Beim Schallschutz ist grundsätzlich zu unterscheiden zwischen Maßnahmen der Schalldämmung und der Schallabsorption. Schalldämmung beinhaltet die Minderung der Schallübertragung zwischen benachbarten Räumen. Je nach Art der Schwingungsanregung der Bauteile unterscheidet man zwischen Luftschalldämmung und Körperschalldämmung. Schallabsorption bedeutet Minderung des Schalles (Schallausbreitung) im Raum selbst. Beide Maßnahmen müssen getrennt voneinander betrachtet werden.

Schallenergie, die von einer Schallquelle ausgestrahlt wird, kann von der Begrenzungsfläche des Raumes ungeschwächt reflektiert (bei harten und glatten Oberflächen) oder mehr oder weniger absorbiert werden (bei weichen und porösen Oberflächen). Eine Verminderung bzw. Verhinderung der Reflexion (z. B. durch Schallschluckmaßnahmen im Unterdeckenbereich) führt zwangsläufig auch zu einer Verringerung des Schallpegels. Weitere Einzelheiten hierzu s. Abschn. 14.6.3.

Je nach Ausführungsart beeinflussen leichte Deckenbekleidungen und Unterdecken die

- Akustik in einem Raum (z. B. durch Schallabsorption)
- Luft- und Trittschalldämmung (z. B. von Geschoßdecken)
- Schall-Längsdämmung (z. B. Minderung der Schallübertragung entlang des Deckenhohlraumes).

12.3.3.1 Schallabsorption

Das Schallabsorptionsvermögen einer abgehängten Unterdecke (Akustikdecke) wird hauptsächlich bestimmt von

- der Beschaffenheit des Schallschluckmateriales (z. B. Dicke, Oberflächenstruktur, Rohdichte, Strömungswiderstand)
- dem wirksamen freien Querschnitt der Deckenschale (z. B. Perforationsgrad, Fugenanteil)
- der Abhängehöhe (Abstand zur Rohdecke)
- der Deckenform und Deckenkonstruktion.

Schallabsorbierende Decken dienen je nach Zweckbestimmung des Raumes der Senkung des Lärmpegels oder der Regulierung der Nachhallzeit. Daraus ergibt sich:

a) Eine gleichmäßige Lärmpegelsenkung ist insbesondere in Büroräumen, Industriebetrieben, Kaufhäusern, Schalterhallen, Schulen, Turnhallen usw. erwünscht. Um eine Lärmminderung zu erreichen, sind möglichst große Absorptionsflächen mit möglichst hohem Schallabsorptionsvermögen im Raum anzubringen.

b) Im Gegensatz dazu stehen die Forderungen bei Unterrichtsräumen, Vortragssälen usw. Hier ist eine optimale Wahrnehmung von Sprache und Musik an jeder Stelle des Zuhörerraumes zu gewährleisten. Dabei kommt es nicht darauf an, möglichst viel Schallabsorptionsmaterial im Raum unterzubringen, sondern das richtige Material in der richtigen Menge an der richtigen Stelle einzuplanen [2]. Weitere Einzelheiten s. DIN 18041, Hörsamkeit in kleinen bis mittelgroßen Räumen.

12.3.3.2 Schalldämmung

Die luft- und trittschalltechnischen Anforderungen einer Geschoßdecke werden in der Regel von einem möglichst hohen Flächengewicht der Rohdecke und der darauf aufgebrachten Deckenauflage (z. B. schwimmender Estrich mit Bodenbelag) ausreichend erfüllt. Eine weitere Verbesserung läßt sich – vor allem bei leichten Rohdecken (mit geringer flächenbezogener Masse) oder bei Massivdecken mit Verbundestrich (z. B. unter umsetzbaren Trennwänden) – erreichen, wenn auf ihrer Unterseite eine biegeweiche Schale in Form einer Unterdecke angebracht wird.

Bei **Massivdecken** wird der Schallschutz mit abgehängten Unterdecken jedoch nur verbessert, wenn die Unterdecke selbst bestimmte konstruktive Voraussetzungen erfüllt. Neben den in Abschn. 10.3.4 genannten allgemeinen Maßnahmen zur Schalldämmung von Massivdecken müssen Unterdecken im besonderen

— genügend schwer ausgeführt werden und das Flächengewicht der Deckenplatten mind. 5 kg/m², besser 10 kg/m² betragen
— aus biegeweichen Platten bestehen
— flächendicht und fugendicht ausgebildet sein (elastischer seitlicher Anschluß)
— Befestigungsstellen aufweisen, die einen Mindestabstand von $\geqq$ 500 mm voneinander haben (Bild **10**.7)
— möglichst geringe Berührungsflächen mit der Rohdecke aufweisen (punktförmig und federnd, keine starre Flächenverbindung der beiden Schalen durch die Unterkonstruktion)
— möglichst großen Abstand von der Rohdecke haben (mind. 50 mm, besser 100 mm und darüber)
— im Deckenhohlraum – oberhalb der Decklage – noch eine schallabsorbierende Einlage von mind. 50 mm (ggf. sogar 100 mm) dicken Mineralfasermatten aufgelegt bekommen.

Bei **Holzbalkendecken** kann der erforderliche Schallschutz durch Wahl einer geeigneten Bekleidung an der Deckenunterseite oder/und einen entsprechenden Fußbodenaufbau (Deckenauflage) erreicht werden. Die Schalldämmung von Holzbalkendecken mit unterseitiger Bekleidung hängt im wesentlichen ab von der Art der Befestigung der Bekleidung (Unterkonstruktion) an der Balkenlage, von der Hohlraumdämpfung und der Art der Ausbildung der Sichtdeckenplatten (Decklage). Neben den in Abschn. 10.3.4.3 genannten allgemeinen Maßnahmen zur Schalldämmung von Holzbalkendecken sind Verbesserungen zu erreichen durch

— Trennung von Balken und Unterdecke durch federnde Deckenabhängungen (z. B. mit Federbügel oder Federschienen) Bild **10**.10.
— wannenförmige Auskleidung des Deckenhohlraumes mit mind. 50 mm dicken Mineralfasermatten (Hohlraumdämpfung) Bild **10**.11.
— Beschwerung der unteren Deckenbekleidung (z. B. durch zusätzliche Anbringung einer zweiten Lage Gipskartonplatten, Putz auf Putzträgerplatten o. ä.).

Häufig wird die schalldämmende Wirksamkeit der Unterdecke (bei Massiv- und Holzbalkendecken) durch Schall-Längsleitung entlang der flankierenden Bauteile beeinträchtigt. So müssen die seitlichen Wände entweder genügend schwer sein oder in geeigneter Weise zweischalig ausgebildet werden (z. B. durch Anbringen biegeweicher

Vorsatzschalen aus Gipskarton-Bauplatten mit Mineralfaserauflage). Vgl. hierzu auch Abschn. 13.3.3, Schallschutz von umsetzbaren Trennwänden sowie Abschn. 13.4. Auf die weiterführende Spezialliteratur wird verwiesen [3], [4], [5].

Unterdecken als flankierende Bauteile über Trennwänden

In Abschnitt 13.3.3.1 sind die Probleme der Schall-Längsleitung oberhalb und unterhalb von umsetzbaren Trennwänden (Decken- und Fußbodenanschlüsse) im Gesamtzusammenhang aufgezeigt.

An dieser Stelle soll auf die konstruktive Ausbildung der Anschlüsse von abgehängten Unterdecken mit nichttragenden Trennwänden näher eingegangen werden (Konstruktionsbeispiele aus dem Skelettbau). Die jeweils dazugehörenden Rechenwerte (bewertetes Schall-Längsdämm-Maß) sind DIN 4109 zu entnehmen.

Im Unterdeckenbereich erfolgt die Übertragung von Luftschall hauptsächlich über den Deckenhohlraum. Bei der Planung sind zu berücksichtigen

— die Abhängehöhe (Hohlraumhöhe),
— die Hohlraumdämpfung,
— schalleitende bzw. schalldämpfende Eigenschaft der Unterdeckenplatten,
— Dichtheit der Anschlußfugen.

Unterdecken ohne Abschottung im Deckenhohlraum. DIN 4109 nennt Unterdecken mit und ohne Hohlraumabschottung und unterscheidet zwischen Decken mit geschlossenen und gegliederten Decklagenflächen.

Unterdecken mit geschlossener Fläche werden vorwiegend aus Gipskarton-Bauplatten (DIN 18180) oder Spanplatten (DIN 68763) mit Nut-Feder-Verbindung hergestellt. S. hierzu Abschn. 12.6.3.

Bild **12.**2a zeigt eine Unterdecke aus Gipskartonplatten, deren Decklage zwar insgesamt durchläuft, im Anschlußbereich der Trennwand jedoch durch eine Fuge getrennt

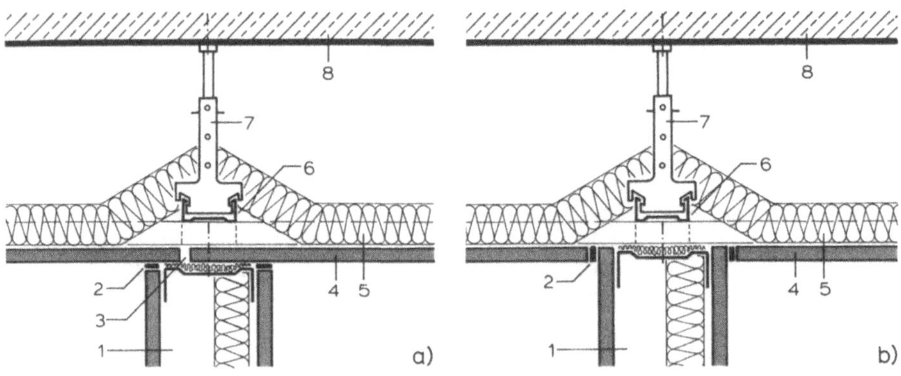

12.2 Trennwandanschlüsse an Unterdecken mit geschlossener Fläche und horizontaler Dämmstoffauflage

a) Decklage im Anschlußbereich der Trennwand durch eine Fuge getrennt
b) Decklage im Anschlußbereich der Trennwand in voller Breite unterbrochen

1 Trennwand mit Hohlraumdämmung und Gipskarton-Wandschalen
2 Anschlußdichtung
3 Fuge in der Decklage
4 Gipskartonplatten
5 Faserdämmstoff nach DIN 18165
6 Unterkonstruktion aus Stahlblech-Profilen
7 Abhänger
8 Massivdecke

ist. Noch höhere Schall-Längsdämm-Werte können erzielt werden, wenn die Decklage durch eine eingeschobene Trennwand in voller Breite unterbrochen wird (Bild **12.**2b). Auf eine sorgfältige, beidseitige Randabdichtung ist zu achten.

Bei Unterdecken mit gegliederter Fläche handelt es sich im allgemeinen um sog. Bandrasterdecken, deren Decklage vorwiegend aus Mineralfaser-Deckenplatten, Leichtspan-Akustikplatten sowie Metall-Deckenplatten besteht. Vgl. hierzu Abschn. 12.6.4.

Bild **12.**3a zeigt eine Unterdecke mit Mineralfaser-Deckenplatten in Einlegemontage und dichtem Anschluß an das Bandraster-Deckenprofil. Besteht die Decklage aus perforierten Metalldeckenplatten, so sind diese zum Zwecke der Schallabsorption mit Faserdämmstoff zu hinterlegen (Bild **12.**3b). Zum Zwecke der Schalldämmung und des Brandschutzes ist zusätzlich noch eine Schwerauflage als Abdeckung aufzubringen (z. B. Gipskartonplatten). Auf die Fugendichtung wird auch hier hingewiesen.

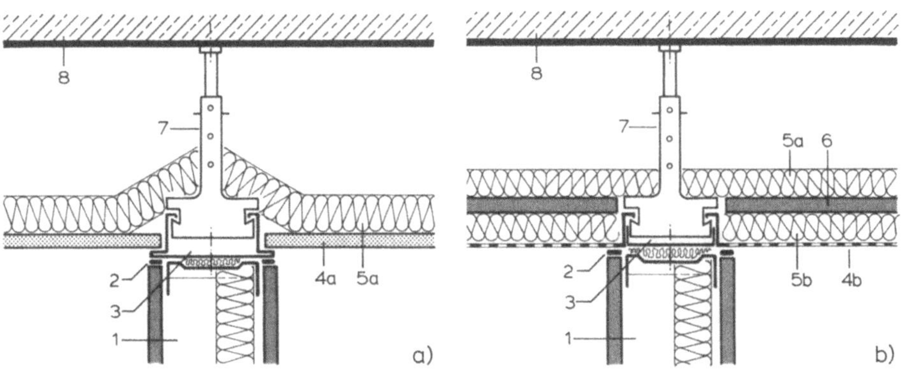

12.3 Trennwandanschlüsse an Unterdecken mit gegliederter Fläche (Bandrasterprofile) und horizontaler Dämmstoffauflage

a) Unterdecke aus Mineralfaser-Deckenplatten in Einlegemontage
b) Unterdecke aus perforierten Metallkassetten in Einlegemontage

1 Trennwand mit Hohlraumdämmung und Gipskarton-Wandschalen
2 Anschlußdichtung
3 Bandrasterprofil
4a Mineralfaser-Deckenplatten
4b perforierte Metallkassetten
5a horizontale Faserdämmstoffauflage
5b abgepaßte Dämmstoffeinlage
6 Schwereauflage aus Gipskartonplatten
7 Abhänger
8 Massivdecke

Unterdecken mit Abschottung im Deckenhohlraum. Durch eine vertikale Abschottung des Deckenhohlraumes über den Trennwänden kann die horizontale Luftschallübertragung weitgehend unterbunden werden. Vgl. hierzu Abschn. 13.3.3.1.

Bei der in Bild **12.**4a gezeigten Abschottung durch ein starres Plattenschott aus Gipskartonplatten ist vor allem auf eine dichte Ausbildung der Rohrdurchführungen o. ä. zu achten. Durch Undichtigkeiten verringern sich die Dämmwerte erheblich.

Beim sog. Absorberschott wird der Deckenhohlraum über dem Trennwandanschluß bis zur Massivdecke mit Faserdämmstoff ausgefüllt (Bild **12.**4b). Mit zunehmender Breite des elastischen Schotts verbessern sich die Dämmwerte.

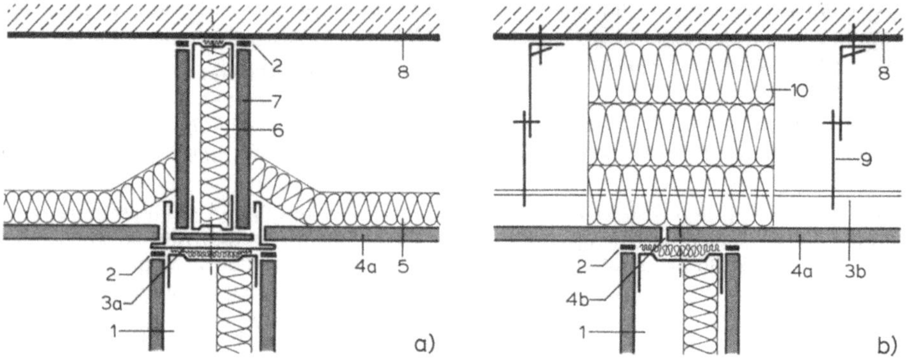

12.4 Unterdecken mit vertikaler Abschottung des Deckenhohlraumes
a) Plattenschott
b) Absorberschott

1 Trennwand mit Hohlraumdämmung und Gipskarton-Wandschalen
2 Anschlußdichtung
3a Bandrasterprofil
3b Unterkonstruktion (Tragschiene)
4a Gipskartonplatten
4b Fuge in der Decklage
5 horizontale Faserdämmstoffauflage
6 Faserdämmstoff mind. 40 mm dick
7 Plattenschott aus Gipskartonplatten
8 Massivdecke
9 Abhänger
10 Absorberschott aus Faserdämmstoff

12.3.4 Brandschutz von leichten Unterdecken

Brandschutz im Hochbau soll als vorbeugende Maßnahme die Entstehung und Ausbreitung von Schadenfeuern verhindern. Als technische Baubestimmung (Ausführungsnorm) verdeutlicht DIN 4102 die einzelnen brandschutztechnischen Begriffe, die in den baurechtlichen Vorschriften Verwendung finden. Diese Norm enthält ferner die Bedingungen für die Einteilung der Baustoffe nach ihrer Brennbarkeit und deren Bezeichnung sowie die Prüfbedingungen für Bauteile und deren Einstufung in Feuerwiderstandsklassen. Einzelheiten s. Abschn. 14.7[1]).

Unterdecken (ggf. auch Deckenbekleidungen) sollen bezüglich des baulichen Brandschutzes vor allem zwei Forderungen erfüllen [2]:

1. Sie sollen so beschaffen sein, daß ein entstandener Brand sich nicht unkontrolliert – beispielsweise horizontal – auf dem Wege über den oberen Raumabschluß (Decklage bzw. Deckenhohlraum) ausbreiten kann.

   Demnach müssen – je nach Bauart, Größe und Zweckbestimmung (Gefahrengrad) des Gebäudes – die für die Herstellung der Unterdecken verwendeten Baustoffe schwerentflammbar oder nichtbrennbar sein.

Baustoffe werden nach ihrer Brennbarkeit in Baustoffklassen eingeteilt: Klasse A (nichtbrennbar), Klasse B (brennbar) mit weiteren Unterteilungen (B1 schwerentflammbar, B2 normalentflammbar), die in Abschn. 14.7.2 im einzelnen entnommen werden können. Baustoffe, deren Brandverhalten bekannt ist und die verbindlich einer Baustoffklasse zugeordnet werden können, sind in DIN 4102 T4 aufgeführt. Alle anderen Baustoffe und Baustoffverbunde müssen nach DIN 4102 T1 geprüft werden.

---

[1]) Die Brandschutzanforderungen sind Bestandteil der Länderbaubestimmungen und Sonderbaubestimmungen. Eine vergleichende Zusammenstellung dieser Länderbestimmungen (Schwerpunkt: Brandschutzanforderungen an Decken, Unterdecken und Dämmschichten) wurde von der Studiengemeinschaft für Fertigbau e. V. veröffentlicht [6].

2. Unterdecken sollen die jeweils darüberliegende, tragende Geschoßdecke vor zu intensiver Brandbeanspruchung von unten schützen, so daß ein Übergreifen des Brandes in das darüberliegende Geschoß verhindert oder so lange wie möglich verzögert wird.

   Diese Aufgabe übernimmt in der Regel die jeweilige Gesamtkonstruktion, bestehend aus Tragdecke und Unterdecke. Zu beachten ist jedoch, daß sowohl die Deckenkonstruktion (Tragdecke) als auch die Unterdecke so ausgebildet sein können, daß sie jeweils auch allein den Durchgang des Feuers verhindern. Im Normalfall geht man außerdem immer von einer Brandbeanspruchung von **unten**, d. h. von der Raumseite der Unterdecke aus. Sonderfälle sind in diesem Zusammenhang zu beachten.

Bauteile werden nach ihrem Brandverhalten (Feuerwiderstandsdauer) klassifiziert und in Feuerwiderstandsklassen eingestuft (F30 bis F180). Eine zusätzliche Kennzeichnung weist auf den Grad der Brennbarkeit der für den jeweiligen Bauteil verwendeten Baustoffe hin: A-AB-B. Einzelheiten s. Abschn. 14.7.2.

Für die Planung und Ausführung gleichermaßen wichtig ist Teil 4 der DIN 4102. Er enthält eine katalogartige Zusammenfassung aller Baustoffe, Bauteile, Sonderbauteile und Konstruktionsarten, deren Brandverhalten bekannt ist und die ohne besonderen Nachweis unter den angegebenen Voraussetzungen eingesetzt werden können. Im einzelnen unterscheidet man:

1. Deckenkonstruktionen (Tragdecken), die **allein** einer Feuerwiderstandsklasse angehören:

   Deckenkonstruktion selbständig. Derartige raumabschließende Tragdecken (Geschoßdecken) weisen schon selbst einen erheblichen Feuerwiderstand auf und bedürfen des Schutzes durch eine Unterdecke nicht (z. B. Stahlbetondecken, sofern sie bestimmte Mindestabmessungen und eine ausreichende Betonüberdeckung der Bewehrungsstähle aufweisen). Die Anbringung von Bekleidungen an der Deckenunterseite und die Anordnung von Fußbodenbelägen auf der Deckenoberseite sind bei diesen in Teil 4 der DIN 4102 klassifizierten Decken ohne weitere Nachweise erlaubt. Bei Verwendung von Baustoffen der Klasse B sind jedoch noch zusätzlich bauaufsichtliche Anforderungen beispielsweise bei Fluchtwegen, Versammlungsstätten o. ä. zu beachten.

2. Deckenkonstruktionen (Tragdecken), die eine Feuerwiderstandsklasse **nur mit Hilfe** einer Unterdecke erreichen (Bild **12.**6):

   Deckenkonstruktion mit Unterdecke. Derartige Geschoßdecken – deren tragende Teile meist frei dem Feuer ausgesetzt sind – halten einem Brandangriff nicht lange stand (z. B. Stahlträgerdecke, Trapezblechdecke, Holzbalkendecke). Sie bedürfen des Schutzes durch eine Unterdecke. Zur Beurteilung ihres Feuerwiderstandes muß, wie bereits erläutert, immer die Gesamtkonstruktion – nämlich Tragdecke und Unterdecke – herangezogen werden. Während die Unterdecke die tragenden Teile der Geschoßdecke vor raumseitiger Brandbeanspruchung von **unten** schützt, schützt die oberseitige Abdeckung (z. B. Betonplatten auf Stahlträgerdecken, Holzspanplatten auf Holzbalkendecken) die tragenden Teile der Decke vor Brandbeanspruchung von **oben**. Es gilt festzuhalten, daß die Art der oberen Abdeckung auch das Brandverhalten der Unterdecke beeinflußt. S. hierzu Tab. **12.**5, Deckenkonstruktionen der Bauart I bis III mit Unterdecken. Entsprechend klassifizierte Deckenkonstruktionen (Tragdecken) mit Unterdecken, die ohne besonderen Nachweis verwendet werden dürfen, sind DIN 4102 T4 zu entnehmen.

Tabelle 12.5 Decken der Bauarten I bis III mit Unterdecken aus Gipskarton-Bauplatten F (GKF) DIN 18180 mit geschlossener Fläche (Maße in mm)

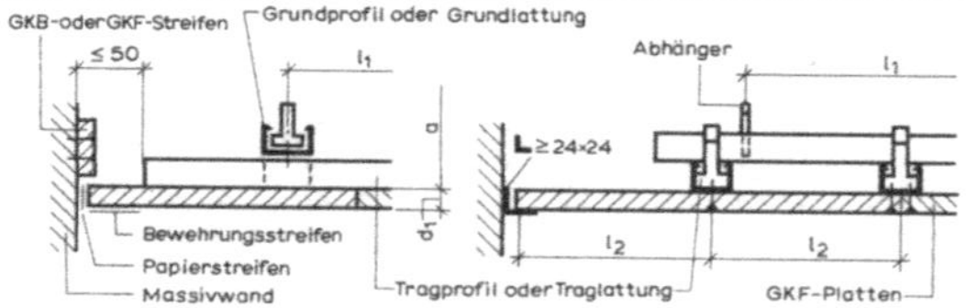

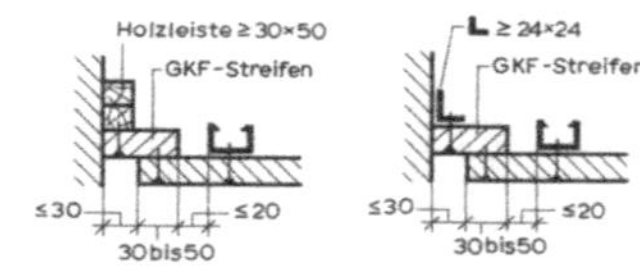

Alternativanschlüsse für F30

Zeile	Konstruktionsmerkmale und Bauart nach Abschn. 6.5.1, DIN 4102, Teil 4	Im Zwischendeckenbereich ist eine Dämmschicht	Mindest-deckendicke d	Mindest-abstand (Abhängehöhe) a	Max. Spannweite der Grund- und Traglattung bzw. Grund- und Tragprofile l_1	Max. Spannweite der GKF-Platten l_2	Mindest-GKF-Plattendicke bei Verwendung von Grund- und Traglatten aus Holz d_1	Mindest-GKF-Plattendicke bei Verwendung von Grund- und Tragprofilen aus Stahlblech d_1	Feuerwiderstandsklasse Benennung
1	I 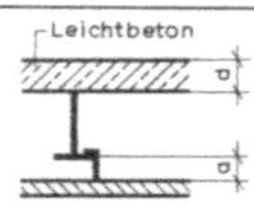	vorhanden oder nicht vorhanden	50	40	1000	500	15		F 30-AB
2			50	40	1000	500		15	F 30-AB
3	II 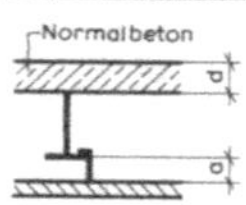	vorhanden	Bemessung entsprechend den Angaben der Zeilen 1 und 2						
4		nicht vorhanden	50	40	1000	500	12,5		F 30-AB
5			50	40	1000	500		12,5	F 30-AB
6	III 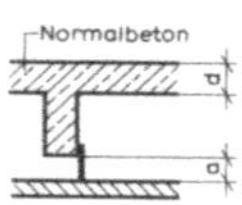	vorhanden	Bemessung entsprechend den Angaben der Zeilen 1 und 2						
7		nicht vorhanden	50	40	1000	500	12,5		F 30-AB
8			50	40	1000	500		12,5	F 30-AB
9			50	80	1000	500	2 × 12,5		F 60-AB
10			50	80	1000	500		12,5	F 60-AB
11			50	80	1000	500		15	F 90-AB
12			50	80	1000	400		18	F120-AB

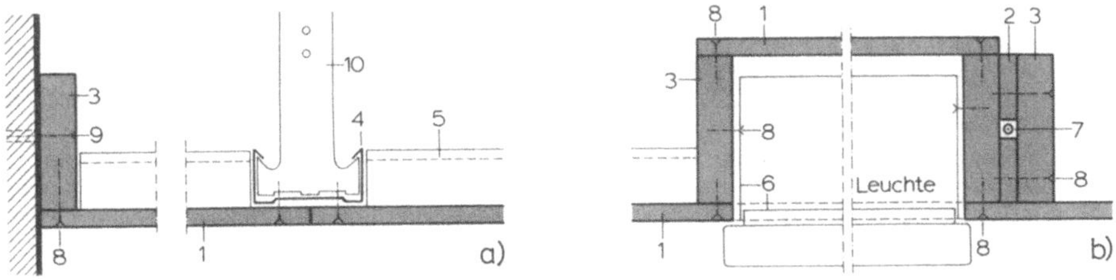

12.6 Konstruktionsbeispiel: Abgehängte Unterdecke aus Promatect. Feuerwiderstandsklasse F90-A in Verbindung mit Stahlträgerdecken (oberseit. Abdeckung aus ≧ 80 mm Stahlbetonplatten) sowie Stahlbetondecken und Spannbetondecken nach DIN 1045. Promat GmbH, Ratingen

a) Wandanschluß, b) integrierte Einbauleuchte

1 Promatect-H-Platten ($d = 10$ mm)
2 Promatect-H-Streifen ($d = 10$ mm)
3 Promatect-H-Streifen ($d = 20$ mm)
4 Tragprofil
5 Profil über Querstoß
6 Einbauleuchte (≦ 625 × 1250 mm)
7 Elektroleitung
8 Schrauben (Abstand etwa 200 mm)
9 Metallspreizdübel (Abstand 500 mm)
10 Abhänger

3. Unterdecken, die bei Brandbeanspruchung von unten **allein** einer Feuerwiderstandsklasse angehören:

Unterdecke selbständig. Wie oben bereits erwähnt, bezieht sich die Forderung nach einer bestimmten Feuerwiderstandsklasse in der Regel auf die Gesamtkonstruktion des Bauteiles (Trag- + Unterdecke). In der Baupraxis kommt es jedoch gelegentlich vor, daß die zuvor bei den Geschoßdecken genannten Anforderungen von einer Unterdecke allein erfüllt werden müssen. Derart klassifizierte Unterdecken (vgl. Tab. **12.**7) verleihen allen Deckenkonstruktionen (Tragdecken), die oberhalb solcher Unterdecken liegen – unabhängig von ihrer Bauart – mind. dieselbe Feuerwiderstandsklasse (DIN 4102 T4). Unterdecken, die allein einer Feuerwiderstandsklasse angehören, können z. B. in folgenden **Sonderfällen** eingesetzt werden:

a) Zum Schutz des Deckenhohlraumes (z. B. bei hochinstallierten Bauten mit vielfältigen Installationen) gegen eine Brandbeanspruchung von **unten**.

b) Bei Brandgefahr im Deckenhohlraum (z. B. aufgrund größerer Mengen brennbarer Installationen im Zwischendeckenbereich). In diesen Fällen kommt es darauf an, daß die Unterdecke die darunterliegenden Flure (z. B. Fluchtwege) gegen Brandbeanspruchung von **oben** schützt (Bild **13.**8).

c) Als Schutz des Nachbarraumes (z. B. bei nichttragenden, umsetzbaren Trennwänden, die nur bis zur Unterdecke reichen, während sich darüber ein durchgehender Deckenhohlraum befindet). Hier muß die abgehängte Unterdecke das Übergreifen des Brandes horizontal über den Deckenhohlraum in angrenzende Räume verhindern. Vgl. Abschn. 13.3.4, Brandschutz von umsetzbaren Trennwänden.

Aus Gründen des Brandschutzes nennt DIN 4102 T4 noch weitere Konstruktionshinweise, die bei Ausbildung von Unterdecken in jedem Fall zu beachten sind. Diese beziehen sich im einzelnen auf:

– Anschlüsse von Unterdecken an Massivwänden aus Mauerwerk oder Beton, die immer dicht ausgebildet sein müssen (s. Tab. **12.**5 und **12.**7).

– Anschlüsse von Unterdecken an nichttragende Trennwände. Die Eignung der Unterdecken und Anschlüsse sind durch Prüfungen nach DIN 4102 T2 nachzuweisen (Prüfzeugnisse der Herstellerfirmen beachten).[1])

– Einbauten in Unterdecken (z. B. Einbauleuchten, Klimatechnische Geräte), die bezüglich des Brandschutzes nicht besonders konstruiert oder bekleidet sind und die die brandschutztechnische Wirkung einer Unterdecke aufheben.

– Anbringung zusätzlicher Bekleidungen (z. B. Schmuckdecken aus Holz, Blechbekleidungen) unter einer brandschutztechnisch notwendigen Unterdecke, die die Feuerwiderstandsdauer einer solchen Unterdecke oder der Gesamtkonstruktion vermindern können.[2])

Fußnote [1]) und [2]) s. Seite 494

– Brandlast im Deckenhohlraum die durch brennbare Kabelisolierung oder freiliegende Baustoffe der Klasse B1 entstehen kann (zulässige Brandlast im Deckenhohlraum $\leqq 7\ kWh/m^2$). Bei höheren Brandlasten im Deckenhohlraum und sofern die Unterdecke bei Brandbeanspruchung von **oben** einer Feuerwiderstandsklasse angehören soll, ist die Eignung der Unterdecke durch Prüfungen nach DIN 4102 T2 nachzuweisen.
– Dämmschichten im Zwischendeckenbereich, die das Brandverhalten von Unterdecken beeinflussen. In DIN 4102 T4 wird daher unterschieden zwischen Decken **ohne** Dämmschicht und Decken **mit** Dämmschicht. Werden aus Gründen des Brandschutzes Dämmschichten gefordert, so müssen diese immer aus Mineralfasern der Baustoffklasse **A** bestehen und DIN 18165T1 entsprechen.

Tabelle **12.7** Unterdecken aus Gipskarton-Bauplatten F (GKF) DIN 18180 mit geschlossener Fläche, die bei Brandbeanspruchung von unten **allein** einer Feuerwiderstandsklasse angehören (Maße in mm)

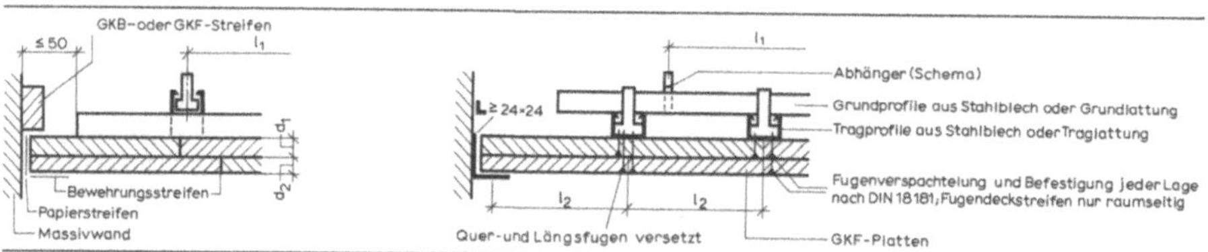

Zeile	Max. Spannweite der Grund- und Tragprofile bzw. der Grund- und Traglattung l_1	Gipskarton-Bauplatten F (GKF) DIN 18180 mit geschlossener Fläche l_2	Mindest-GKF-Plattendicke bei Verwendung von Grund- und Traglattung aus Holz d_1	d_2	Grund- und Tragprofilen aus Stahlblech d_1	d_2	Feuerwiderstandsklasse Benennung
1	1000	500	12,5	12,5			F30-B
2	1000	500			12,5	12,5	F30-AB
3	1000	400	18	15			F60-B
4	1000	400			18	15	F60-AB

Als eine weitere vorbeugende Maßnahme im Rahmen des baulichen Brandschutzes kann der Einbau einer selbsttätigen Feuerlöschanlage nach DIN 14489 in besonders gefährdeten Großräumen gefordert werden (z. B. in Warenhäusern, Fabrik- und Messehallen, Theater und Festsälen).

Sprinkleranlagen sind ortsfeste selbsttätige Löschanlagen, die das Wasser durch Rohrleitungen – die meist im Deckenhohlraum untergebracht sind – an den Brandherd heranführen. Bei sich entwickelnder Brandhitze öffnen sich die in den Rohrleitungen eingebauten Sprinkler (Schmelzlot- oder Glasfaßsprinkler) selbsttätig und besprengen den Brandherd mit Wasser. Sie werden durch zwei getrennte, voneinander unabhängige und stets einsatzbereite Wasserzufuhren gespeist (z. B. öffentliche Wasserleitung, Hochbehälter o. ä.). Bereits beim Öffnen eines einzelnen Sprinklers ertönen Alarmglokken und werden elektrische Meldeanlagen betätigt. Sprinkleranlagen werden in beheizten Räumen im Naßsystem und in unbeheizten Räumen im Trockensystem gebaut. Die an der Unterdecke sichtbaren Sprinklerköpfe dürfen auf keinen Fall abgedeckt oder in anderer Form verkleidet werden.

---

[1]) Werden nichttragende Trennwände nur bis zur Unterdecke hochgeführt, kann ein Nachweis des Feuerschutzes von der Verbindung zwischen Innenwand und Unterdecke nach DIN 4102 T2 gefordert werden. Dabei wird die Feuerwiderstandsfähigkeit der Trennwand, der Unterdecke sowie des Anschlusses zwischen Innenwand und Unterdecke geprüft und erst diese Gesamtkonstruktion einer entsprechenden Feuerwiderstandsklasse zugeteilt.

[2]) Anstriche und Bekleidungen (z. B. Tapeten) bis zu etwa 0,5 mm Dicke sind keine Bekleidungen und beeinträchtigen die Wirkung einer Unterdecke aus der Sicht des Brandschutzes nicht.

12.3.5 Wärmeschutz

Bei leichten Deckenbekleidungen und Unterdecken spielt die Wärmedämmung im allgemeinen eine untergeordnete Rolle. Im Gegenteil, werden abgehängte Unterdecken unter einschaligen Flachdächern vorgesehen, muß dafür gesorgt werden, daß durch Anordnung von Lüftungsschlitzen in der Unterdecke ein Luftaustausch zwischen Deckenhohlraum und Nutzraum stattfinden kann. Eingeschlossene Luftschichten über abgehängten Unterdecken wirken sonst als zusätzliche Wärmedämmung. Dieser Umstand kann noch verstärkt werden, wenn im unbelüfteten Deckenhohlraum auch noch Warmwasserleitungen o. ä. untergebracht und in die Unterdecke wärmeabstrahlende Deckenleuchten eingebaut sind. Auch ein nachträgliches Anbringen von beispielsweise Hartschaum- Deckensichtplatten an derartige Dachdecken ist zu unterlassen. Durch solche Maßnahmen kann in der Gesamtkonstruktion die Taupunktgrenze (Taupunktlage) so verlagert werden, daß es an der Unterseite der Dachschale zur Kondensatbildung kommt. Vgl. hierzu auch Abschn. 13.3 Wärmeschutz.

12.3.6 Geometrische und maßliche Festlegungen

Die Abstimmung der Maße, Fugen und Toleranzen im Bauwesen ist eine wichtige Voraussetzung für die Planung und Herstellung von Bauteilen sowie deren Zusammenfugung und Austauschmöglichkeit. Im Bauwesen wird derzeit mit zwei Ordnungssystemen gearbeitet:

Maßordnung im Hochbau (DIN 4172). Die Maßordnung fügt „maßgenormte" Bauwerkteile und Bauteile (z. B. Ziegelsteine) additiv aneinander: Vom Einzelteil zum Bauwerk. Nähere Angaben hierzu s. Abschn. 2, Maße und Maßtoleranzen.

Modulordnung im Bauwesen (DIN 18000). Die Modulordnung beinhaltet in erster Linie Angaben zu einer Entwurfs- und Konstruktionssystematik unter Zugrundelegung eines Koordinationssystems als Hilfsmittel für Planung und Ausführung im Bauwesen. Mit diesem Koordinationssystem – das aus rechtwinklig zueinander angeordneten, im Raum sich kreuzenden, theoretischen Ebenen – besteht, können Bauwerke, Bauwerkteile und Bauteile koordiniert werden, um ihre Lage und/oder Größe zu bestimmen. Das Abstandsmaß dieser Koordinationsebenen ist das Koordinationsmaß; es ist in der Regel ein Vielfaches eines Moduls (Grundmodul M = 100 mm, Multimoduln 3 M = 300 mm, 6 M = 600 mm, 12 M = 1200 mm). Diese Methode der maßlichen Abstimmung ist material-, herstellungs- und ausführungsneutral. Einzelheiten hierzu s. Abschn. 2.3, Modulordnung.

Um die Lage und Größe von Bauteilen, wie beispielsweise Unterdeckenelemente, gemäß der Modulordnung bestimmen zu können, werden diese den Koordinationsebenen zugeordnet. Die Abstandsmaße dieser parallel verlaufenden Ebenen können nutzungsbedingt verschieden sein. Sie können auf einem Modul oder verschiedenen Moduln im Wechsel aufbauen, sie können auch durch nicht modulare Zonen unterbrochen werden.

— So ergeben beispielsweise mit einem Modul bemessene Ebenen – in der Projektion auf den Plan – rechtwinklige Liniennetze, die üblicherweise in der Praxis als Linien-Raster bezeichnet werden (Bild **12.8** a).
— Modulare Raster, die im Wechsel auf verschiedenen Moduln aufbauen bzw. durch nicht modulare Zonen unterbrochen sind, ergeben die für den flexiblen Ausbau so wichtigen Längs- bzw. Kreuz-Bandraster (Bild **12.8** b und c).

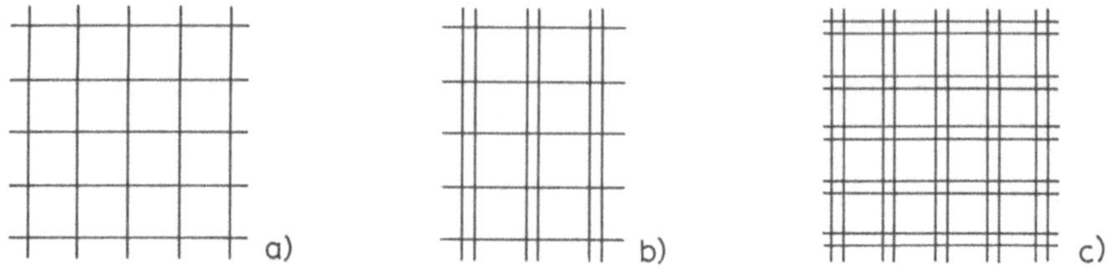

12.8 Schematische Darstellung von Rastertypen
a) Linien-Raster, b) Längs-Bandraster (in einer Richtung), c) Kreuz-Bandraster (in zwei Richtungen)

Mögliche Anschlußprobleme, die sich beim Einbau und späteren Umsetzen von Trennwänden im Unterdeckenbereich ergeben können, verdeutlicht Bild **12**.9:

1. Werden Trennwandelemente beispielsweise linear in einer Richtung im **Linien-Raster** (Achsbezug) angeordnet, so ergeben sich einmal entlang einer solchen Wand – jeweils um die Hälfte der Wanddicke – schmalere Deckenfelder. Bei einem späteren Versetzen der Wandelemente sind außerdem aufwendige Anpaßarbeiten im Unterdeckenbereich vorzunehmen (Bild **12**.9a). Werden achsbezogene Trennwände sogar über Eck oder in T-Form angeordnet, ergeben sich sowohl bei den Trennwand- wie bei den Deckenelementen Überschneidungen und somit zahlreiche Sonderkonstruktionen oder Sonderteile.
2. Mit der Einführung des Bandrasters (Grenzbezug) werden diese Nachteile eliminiert. Die Breite des Bandes (modulare oder nicht modulare Zone) entspricht der Trennwanddicke einschließlich Fugenanteil und Toleranzen. Wie Bild **12**.9b zeigt, ergeben sich beim Zusammenfügen von Wandelementen in Richtung des **Längs-Bandrasters** keine Anschlußprobleme und überall gleich große Deckenfelder. Ordnet man die Trennwände jedoch über Eck oder in T-Form an, reicht dieses einfach gerichtete Bandraster nicht aus, so daß ähnlich wie zuvor beschrieben, zu viele Wand- und Deckensonderteile entstehen.
3. Keine systembedingten Sonderelemente ergeben sich beim **Kreuz-Bandraster** (Bild **12**.9c): gleichlange Wandelemente und gleichgroße Deckenelemente gewährleisten eine optimale Austauschbarkeit. Zu beachten ist jedoch, daß die Trennwände nicht beliebig, sondern nur im Bandrasterstreifen versetzt und nur im Bereich der Knotenpunkte miteinander verbunden und an Versorgungsleitungen angeschlossen werden können. Daraus ergibt sich, daß innerhalb der Bandrasterstreifen keine Zu- und Abluftschlitze und auch möglichst keine Beleuchtungskörper o.ä. installiert werden sollten; vielmehr sollten diese Funktionselemente in den Deckenfeldern untergebracht oder wenigstens so in die Bandrasterstreifen eingebaut werden, daß sie rasch und problemlos gegen eine Trennwand ausgetauscht werden können (z.B. Steckdosenanschluß bei Beleuchtungskörpern).

   Das Kreuzbandraster-System erfordert insgesamt einen wesentlich größeren Aufwand, da die Knotenpunkte auch dort vorgesehen werden müssen, wo zunächst keine Anschlüsse zu erwarten sind. Um problemlose Anschlüsse entlang der Längswände (z.B. an Türelementen, Schrankwänden u.ä.) sowie an der Fassade zu erzielen, sind auch dort entsprechende Bandrasterblenden (Modulleisten) bzw. Anschlußprofile einzuplanen. Vgl. hierzu Abschn. 13.3.

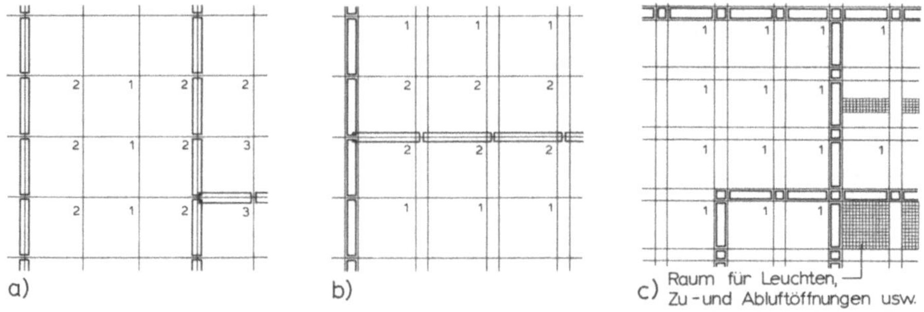

12.9 Schematische Darstellung möglicher Anschlußprobleme im Unterdeckenbereich, die sich beim Einbau und späteren Umsetzen von Trennwänden ergeben können.
1 Standard-Deckenelement 2 bis 3 Sonder-Deckenelemente

12.3.7 Integration von Beleuchtung, Klima und Heizungstechnik

Die Unterdecke ist als größte sichtbare Fläche des Raumes dominierender Teil der Raumgestaltung und maßgebend für den innenarchitektonischen Gesamteindruck. Zugleich ist sie Funktions- und Installationsträger für Beleuchtung, Klima- und Heizungstechnik, für schalltechnische Maßnahmen sowie für weitere Sonderfunktionen wie Sprinkleranlagen, Transportsysteme, Vorhangschienen u. a. m. Bei der Planung sind die unterschiedlichen technischen Erfordernisse funktionell und ästhetisch überzeugend in eine Gesamtdeckengestaltung zu integrieren.

12.3.7.1 Anforderungen aus der Beleuchtungstechnik

Nach DIN 5035 soll die Innenbeleuchtung mit künstlichem Licht gute Sehbedingungen schaffen und eine Umwelt vermitteln, die zum physischen und psychischen Wohlbefinden des Menschen beiträgt; außerdem soll sie helfen, Unfälle zu verhüten. Nach der Art der zu beleuchtenden Innenräume unterscheidet man (nicht streng abgrenzbar):

1. Arbeitsräume mit meist gleichmäßig hoher Allgemeinbeleuchtung. Einzelarbeitsplatz-Beleuchtung je nach Bedarf.
2. Verkaufs- und Ausstellungsräume mit vorwiegend gerichteter Beleuchtung, um die Gegenstände deutlich hervorzuheben.
3. Räume im Wohnbereich sowie Räume für kulturelle und repräsentative Zwecke mit meist stimmungsbetonter Beleuchtung.

Die wesentlichen lichttechnischen Gütemerkmale, nach denen die Qualität einer Innenraumbeleuchtung mit künstlichem Licht zu beurteilen ist, sind nach DIN 5035:

- Beleuchtungsniveau,
- gleichmäßige Beleuchtungsstärke und harmonische Helligkeitsverteilung im Raum,
- Begrenzung der Direkt- und Reflexblendung,
- Lichtrichtung und Schattenwirkung,
- Lichtfarbe und Farbwiedergabe,
- Wirtschaftlichkeit.

Besondere Bedeutung kommt dem Reflexionsverhalten der raumumschließenden Flächen (Decken-, Wand-, Fußbodenflächen) und der Oberflächen der sich im jeweiligen Raum befindlichen Gegenstände zu. Sie beeinflussen ganz wesentlich die Ausleuchtung von Innenräumen: Helle Decken und Wände reflektieren mehr Licht als dunkle. Angaben über Reflexionsgrade verschiedener Anstrichfarben und der wichtigsten Innenausbaumaterialien sind der Fachliteratur zu entnehmen [7] bis [9].

Zu beachten ist immer auch die richtige Zuordnung von Leuchten im Raum, insbesondere zum Arbeitsplatz. Blendung kann einmal durch Lampen und Leuchten (= direkte Blendung) zum anderen durch Reflexe auf glänzenden Flächen (= Reflexblendung) entstehen.

Die wachsende Bedeutung der elektronischen Datenverarbeitung führt zu einer ständig zunehmenden Zahl von Arbeitsplätzen mit **Bildschirmgeräten**. Hierdurch ändern sich sowohl die Art der Tätigkeit als auch die Anforderungen an die dort beschäftigten Mitarbeiter. Infolge der speziellen lichttechnischen Gegebenheiten ist eine Anpassung der Beleuchtungsanlage unter Berücksichtigung physiologischer Erkenntnisse und ergonomischer Erfordernisse notwendig [10]. Die Vielfalt verschiedener Tätigkeiten an Bildschirmarbeitsplätzen führt gemäß DIN 66 233 zu folgender Klassifizierung:

1. **Bildschirmarbeitsplatz.** Arbeitsplatz mit Bildschirmgerät, bei dem Arbeitsaufgabe mit und Arbeitszeit am Bildschirmgerät bestimmend für die gesamte Tätigkeit sind. Derartige Arbeitsplätze unterliegen in beleuchtungstechnischer Hinsicht besonders hohen Anforderungen.
2. **Arbeitsplatz mit Bildschirmunterstützung.** Arbeitsplatz mit Bildschirmgerät, bei dem Arbeitsaufgabe mit und Arbeitszeit am Bildschirmgerät nicht bestimmend für die gesamte Tätigkeit sind. Hier überwiegt die herkömmliche Bürotätigkeit. Der Bildschirm dient zur unterstützenden Information. In bezug auf die lichttechnischen Anforderungen ist die hier überwiegende Bürotätigkeit stärker zu berücksichtigen.

Als günstigste Körperhaltung am Bildschirmarbeitsplatz wird der leicht nach vorne geneigte Kopf mit einer um etwa 20° aus der Waagerechten abgesenkten Blickrichtung angesehen. Da die Hauptblicklinie senkrecht auf den Bildschirm auftreffen soll, muß dieser ebenfalls um 20° zur Senkrechten geneigt sein. Diese Neigung wiederum hat zur Folge, daß sich herkömmliche Leuchten im Bildschirm spiegeln können. Leuchten für Bildschirmarbeitsplätze müssen daher so beschaffen sein, daß sie einerseits störende Reflexe auf den Bildschirmen wirksam vermeiden und andererseits zu keiner Direktblendung führen. Diese Forderungen werden durch richtige Zuordnung von Beleuchtung zum Arbeitsplatz sowie durch Leuchten mit stark reduzierter Leuchtdichte oberhalb eines Ausstrahlungswinkels von 50° erzielt (sog. kritischer Winkelbereich). Geeignet sind hierfür vor allem Parabolspiegelrasterleuchten mit hochglänzenden Spiegelreflektoren. Einzelheiten s. [10].

12.3.7.2 Anforderungen aus der Klimatechnik

Raumlufttechnische Anlagen sind in der Regel dann als Klimaanlagen zu bezeichnen, wenn mind. vier thermodynamische Luftbehandlungsfunktionen erfüllt werden: Heizen, Kühlen sowie Be- und Entfeuchten; je nach Bedarf können noch Einrichtungen zur Reinigung und selbsttätigen Temperatur- und Feuchteregulierung der Zuluft hinzukommen.

Die gesundheitstechnischen Anforderungen für klimatisierte Räume sind im wesentlichen in DIN 1946 T2 angegeben. Neben Temperatur und Feuchte ist die Luftgeschwindigkeit die wichtigste Größe, die das Behaglichkeitsempfinden des Menschen beeinflußt. Mit der zwangsweise in einen Raum gebrachten Zuluft dürfen nur Geschwindigkeiten der Raumluft erzeugt werden, die in etwa der natürlichen Konvektionsbewegung in unklimatisierten Räumen entsprechen.

Die Klimatisierung von Räumen setzt einen Luftaustausch voraus. So können durch Öffnungen in der Unterdecke und/oder Leuchten einem Raum Zuluft zugeleitet und Abluft abgeführt werden. Die Kombination von Unterdecke und Leuchte, einschließlich der Anbindung der Leuchte an die Klimaanlage, wird als Verbundsystem bezeichnet. Zuluft und Abluft können im Deckenhohlraum entweder frei oder in Kanälen getrennt geführt werden. Zwei Luftführungssysteme (Hauptgruppen) werden in der Regel eingesetzt:

1. **Beim Niederdrucksystem** (sog. Lüftungsdecken) dient der gesamte Zwischendeckenbereich als Luftkammer, die je nach Luftführung entweder unter Überdruck oder Unterdruck gesetzt wird (sog. Überdruck- oder Unterdruckdecken). Zur Erzeugung des Über- bzw. Unterdruckes im Deckenhohlraum ist jeweils ein leuchtenunabhängiger Zu- und Abluftkanal erforderlich.
   - Bei Überdruckdecken dringt Zuluft durch die Lochung der Deckenplatten oder spezielle Lüftungsschienen in den Raum (Bild **12.**10). Die Abluftführung erfolgt durch Kanäle in der Zwischendecke oder in der Wand.
   - Bei Unterdruckdecken strömt die Abluft durch die Leuchtenkörper hindurch in den Deckenhohlraum (Bild **12.**11 a und b).

12.10
Konstruktionsbeispiel: Ebene Akustikdecke mit perforierten Metallkassetten, Schallschluckeinlage und Zuluftführung über Lüftungsschienen (Lüftungsdecke)

1 Abhänger
2 Gewindestange
3 Tragrost
4 Wandanker
5 Tragprofil
6 Randwinkel
7 Metallkassette
8 Lüftungsschiene
9 Mineralwolle mit oberseitiger Alu-Kaschierung (Abdichtung)
10 Druckfeder

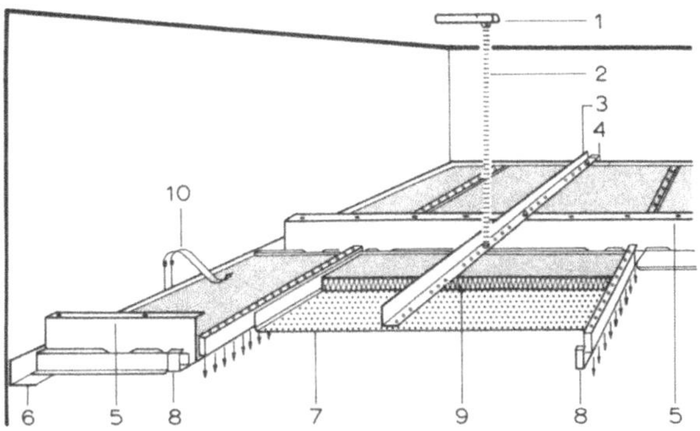

Hartleif Metalldecken, Hockenheim

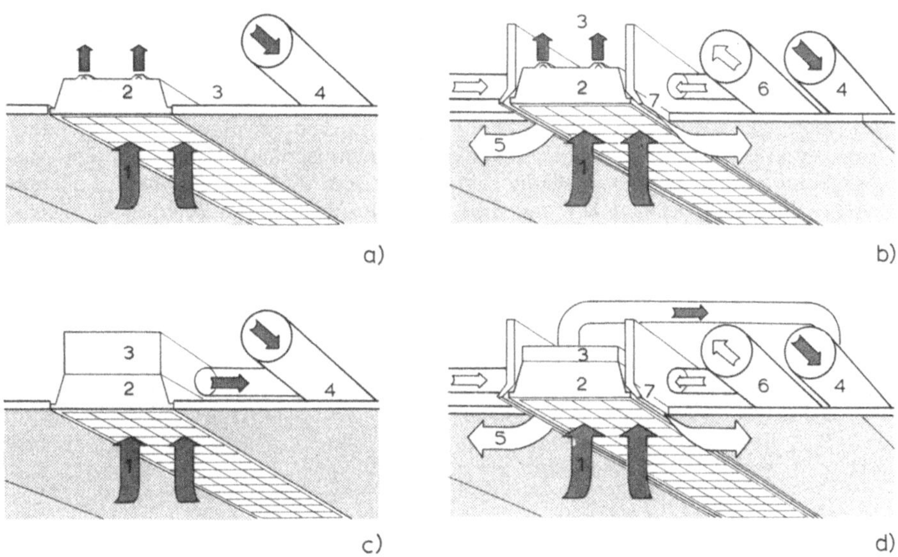

12.11 Schematische Darstellung von Leuchten mit kombinierten Zuluft- und Abluftführungen

a) Die Abluft (1) strömt durch die Abluftleuchte (2) ohne Abluftdom in den unter Unterdruck stehenden Zwischendeckenbereich (3). Zur Erzeugung des Unterdruckes ist ein leuchtenunabhängiger Abluftkanal (4) erforderlich.

b) Die Abluft (1) strömt durch die Abluftleuchte (2) in den unter Unterdruck stehenden Deckenhohlraum (3); ein leuchtenunabhängiger Abluftkanal (4) sorgt für den notwendigen Unterdruck. Zuluft (5) wird durch Kanäle (6) herangeführt und gelangt über Zuluftverteiler (7), die ein Teil der Leuchte sein können, in den Raum. Die Zuluft soll sich an der Leuchte jedoch nicht aufheizen können.

c) Die Abluft (1) wird durch die Abluftleuchte (2) mit Abluftdom (3) abgesaugt und über Kanäle (4) abgeführt.

d) Abluft (1) wird durch die Abluftleuchte (2) mit Abluftdom (3) abgesaugt und über Kanäle (4) abgeführt. Zuluft (5) wird durch Kanäle (6) herangeführt und gelangt über Zuluftverteiler (7) in den Raum.

Nach Vorlagen der Trilux-Lenze KG, Arnsberg

Bei beiden Systemen müssen alle Wand- und Stützenanschlüsse sowie alle Deckeneinbauten sorgfältig abgedichtet werden, um die Leckluftrate möglichst gering zu halten. Auch die über den perforierten Metallkassetten aufgelegte Schallschluckeinlage (Mineralwolle) muß oberseitig mit einer Alu-Folie abgedeckt sein. Außerdem ist beim Heranführen von Warmluft der Deckenhohlraum nach oben hin und seitlich wärmegedämmt auszubilden.

2. **Beim Hochdrucksystem** wird die Zu- und Abluft immer über Kanäle transportiert (Einkanal- oder Zweikanal-Hochdruckanlagen). Einzelheiten s. Bild **12.**11 c und d. Erfolgt die Luftrückführung über die Leuchten, so wird eine Zwangsluftkühlung der Lampen erreicht. Dieser durch sog. Abluftleuchten geführte Luftstrom bewirkt u.a., daß der größte Teil der Beleuchtungswärme gar nicht erst in den Raum gelangen kann. Dies führt zu Einsparungen bei Anlage- und Betriebskosten der Klimaanlage. Außerdem werden dadurch günstige Bedingungen für die Wärmerückgewinnung geschaffen sowie eine spürbare Erhöhung der Lichtausbeute bei Leuchtstofflampen und eine höhere Lebensdauer der Vorschaltgeräte erreicht.

12.3.7.3 Anforderungen aus der Heizungstechnik

Über die Unterdeckenfläche kann eine gleichmäßige Beheizung eines Raumes durch Strahlungswärme erfolgen. Daher sind Deckenstrahlungsheizungen überall dort angebracht, wo sichtbare Heizkörper funktionell stören würden, wie beispielsweise in Fabrik-, Sport- und Schwimmhallen, Theaterfoyers u.ä. Neben der integrierten Heizungstechnik werden von diesen Unterdecken auch die üblichen Anforderungen wie Beleuchtung, Lüftung, Akustik, Sichtschutz sowie Ballwurfsicherheit erfüllt.

An Nachteilen sind zu nennen: mögliche Überwärmung von Räumen, weitgehendes Fehlen von Einstellmöglichkeiten für individuell gewünschte Raumtemperaturen sowie Kälteempfinden – vor allem Fußkälte – in Fenster- und Außenwandnähe („Kaltstrahleffekt"). In diesem Zusammenhang wird auf die in Abschn. 10.3.8, Fußbodenheizungen, gemachten Ausführungen verwiesen.

Bild **12.**12 zeigt eine Deckenstrahlungsheizung in Form einer abgehängten Metalldecke. Sie besteht in der Hauptsache aus Abhängern, einem von der Tragdecke abgehängten System von wasserführenden Rohrregistern, darauf aufgelegten Mineralfaser-Dämmatten sowie gelochten/ungelochten Deckenkassetten aus Aluminium. Die Wärmeübertragung erfolgt bei dieser Deckenart durch metallischen Kontakt zwischen Rohrregistern und Deckenkassetten. Die über den Heizrohren angeordneten Dämmatten bewirken, daß die Wärmestrahlung vor allem in den zu beheizenden Raum gelenkt und so ein unnötiges Aufheizen des Deckenhohlraumes weitgehend vermieden wird. Aufgrund des geringen Wasserinhaltes in den Rohrregistern läßt sich die Decke relativ schnell regulieren. Der schwankende Wärmebedarf wird durch die Regelung der Heizwassertemperatur ausgeglichen.

Bei Schwimmhallen kommen Paneele aus Aluminium zur Ausführung. Außerdem kann diese Deckenart auch als Lüftungsdecke (Unterdruckdecke) ausgebildet werden, indem die Zuluft dem jeweiligen Raum durch die Fugen der Deckenkassetten zugfrei zugeführt wird.

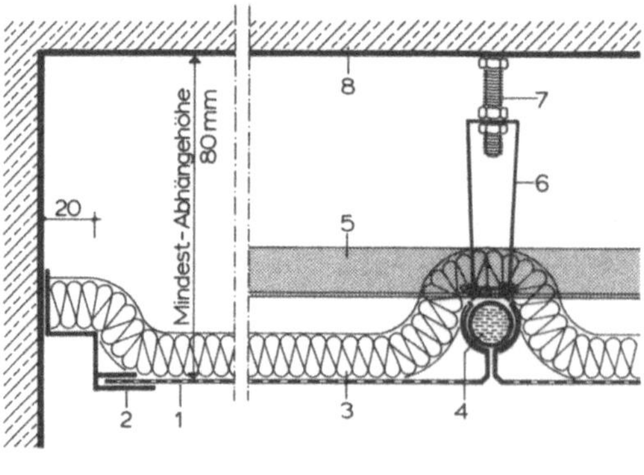

12.12
Konstruktionsbeispiel: Deckenstrahlungsheizung in Form einer abgehängten Metalldecke

1 Alu-Kassetten (gelocht oder ungelocht)
2 Wandanschlußprofil
3 Mineralfasermatte (Dämmaterial)
4 Rohrregister ½" für Warmwasser
5 Registeraussteifung
6 Lochbandabhänger
7 Gewindestift mit Konter- und Tragmuttern
8 Tragdecke

Zent-Frenger, Bensheim/Bergstraße

12.4 Tragende Teile der leichten Deckenbekleidungen und Unterdecken

Die tragenden Teile Verankerung, Abhänger, Unterkonstruktion sowie deren Verbindungselemente müssen die Lasten der Deckenbekleidungen und Unterdecken sicher auf die tragenden Bauteile (z. B. Rohdecke) übertragen (Bild **12.**13). Nach DIN 18168 sind

— Verankerungselemente die Teile, die die Anhänger oder Deckenbekleidungen direkt mit dem tragenden Bauteil verbinden
— Abhänger die Teile, die die Verankerungselemente mit der Unterkonstruktion verbinden
— Unterkonstruktionen die Teile, die die Decklagen tragen
— Decklagen die Teile, die den raumseitigen Abschluß bilden
— Verbindungselemente die Teile, die die Verankerungselemente, Abhänger, Unterkonstruktionen und Decklagen mit- oder untereinander verbinden.

Leichte Deckenbekleidungen und Unterdecken sind nach DIN 18168 so auszubilden, daß das Versagen oder der Ausfall eines tragenden Teiles nicht zu einem fortlaufenden Einsturz der Decken führen kann. Bild **12.**13a bis d zeigt den konstruktiven Aufbau von **Deckenbekleidungen**, Bild **12.**13e den einer abgehängten **Unterdecke**.

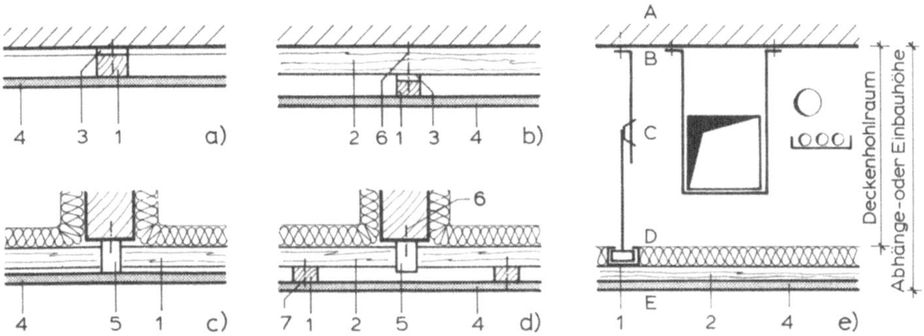

12.13 Schematische Darstellung von leichten Deckenbekleidungen und Unterdecken: Begriffsbestimmung

1. Deckenbekleidungen (Unterkonstruktion aus Holz); vgl. hierzu Abschn. 12.4.3
   a) mit Traglattung (Massivdecke)
   b) mit Trag- und Grundlattung (Massivdecke)
   c) mit Traglattung (Holzbalkendecke)
   d) mit Trag- und Grundlattung (Holzbalkendecke)
2. abgehängte Unterdecke (Unterkonstruktion aus Metall); vgl. hierzu auch Bild **12.**18 sowie **12.**33
   e) mit Abhänger und Tragprofilen

1 Traglattung aus Holz (z. B. 24 × 48 mm, 30 × 50 mm) oder Tragprofil aus Metall
2 Grundlattung aus Holz (z. B. 40 × 60 mm) oder Grundprofil aus Metall
3 Distanzklötze (bei Bedarf)
4 Decklage
5 Federbügel aus Metall
6 Verankerungselemente
7 Verbindungselemente
A Rohdecke B Verankerung C Abhänger
D Unterkonstruktion E Decklage

12.4.1 Verankerung an den tragenden Bauteilen

Die Verankerung von Abhängern und Unterkonstruktionen an den tragenden Bauteilen muß fest und sicher sein. Auch über längere Zeiträume hinweg dürfen sie sich weder lösen noch lockern. Nach DIN 18168 ist die Anzahl der Verankerungsstellen so zu bemessen, daß die zulässige Tragkraft der Verankerungselemente sowie die zulässige Verformung der Unterkonstruktion nicht überschritten wird. Mindestens ist jedoch eine je 1,5 m^2 Deckenfläche anzuordnen. Folgende Befestigungsarten bieten sich an:

— Verankerungen, die rechtzeitig vorgeplant und in der Betonkonstruktion mit einbetoniert werden.

— Verankerungen, die nachträglich an den tragenden Bauteilen angebracht werden.

Im einzelnen werden einbetonierte Halterungen (Ankerschienen), Dübel, Setzbolzen, Bügel oder Schellen (zur Befestigung an Stahlprofilen), verwendet. Eine Verankerung an einbetonierten Holzlatten – so wie dies früher üblich war – ist nach DIN 18168 nicht mehr zulässig! Dieser Norm sind auch die zahlreichen Auflagen zu entnehmen, die bei der Verwendung von Setzbolzen zu beachten sind. Die Schußmontage ist aus Sicherheitsgründen zu vermeiden.

1. **Einbetonierte Halterungen (Ankerschienen).** In allen Neubauten, bei denen mit der Befestigung schwerer Lasten im Deckenbereich zu rechnen ist, sollte zweckmäßigerweise darauf geachtet werden, daß bereits bei der Herstellung der Stahlbeton- und Spannbetondecken korrosionsgeschützte Ankerschienen einbetoniert werden (Bild **12.14**).

   Die Ankerschienen bestehen aus ⊏-förmigen Schienen mit mindestens zwei auf dem Profilrücken angeschweißten Ankern. Sie sind oberflächenbündig einzubetonieren. In die Schienen werden hammer- bzw. hakenförmige Schrauben eingesetzt, an denen dann beliebige Konstruktionsteile (z. B. Abhänger, Lüftungskanäle, Kabelpritschen) befestigt werden können. Es ist darauf zu achten, daß nur Ankerschienen verwendet werden, deren Brauchbarkeit durch eine allgemeine bauaufsichtliche Zulassung nachgewiesen ist. Die Angaben der Herstellerfirmen und amtlichen Zulassungsbescheide sind beim Einbau genauestens einzuhalten.

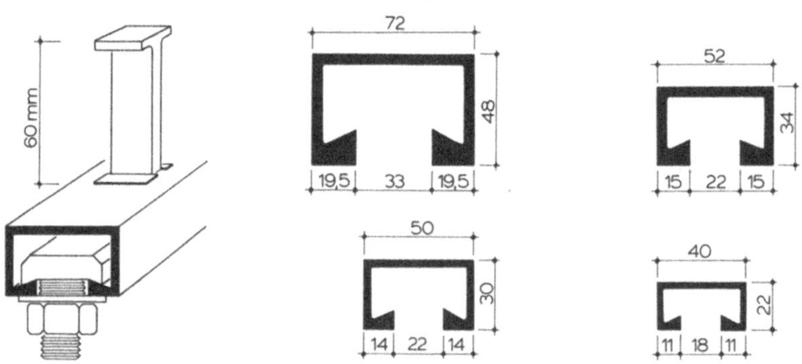

12.14 Ankerschienen zum oberflächenbündigen Einbetonieren in Stahlbeton- und Spannbetondecken (Auszug: Profile für Hakenkopfschrauben)

Halfeneisen, Düsseldorf-Wersten

2. Dübeltechnik. Nach den Landesbauordnungen ist zwischen genehmigungspflichtiger und nichtgenehmigungspflichtiger Verwendung von Dübeln zu unterscheiden. Zu den genehmigungspflichtigen Anwendungsgebieten werden beispielsweise gerechnet [11]:

- leichte und schwere Fassadenbekleidungen
- Verbindung von Bauteilen mit ruhender und vorwiegend nichtruhender Beanspruchung
- abgehängte Unterdecken.

Da es noch keine „Dübel-Norm" gibt, müssen alle Dübel, die für tragende Konstruktionen eingesetzt werden sollen, entweder eine allgemeine bauaufsichtliche Zulassung (Institut für Bautechnik, Berlin) oder eine Zustimmung im Einzelfall (amtliche Prüfanstalt) aufweisen. Bei der Dübelauswahl gilt es im einzelnen zu beachten:

- Ankergrund (Beton, Mauerwerkbaustoffe, Plattenbauelemente)
- Bohrverfahren (dem Baustoff entsprechend)
- Tragmechanismen (dem Baustoff entsprechende Funktionsmerkmale: Spreiz- und Verbundverankerung sowie Verankerung durch Formschluß)
- Höhe und Art der Belastung
- Montagearten (Bündig-, Durchsteck-, Abstandsmontage)
- Vorschriften

Da es im Rahmen dieser Abhandlung zu weit führen würde, auf die verschiedenen Dübelarten der zahlreichen Herstellerfirmen näher einzugehen, soll mit Bild **12.**15 nur auf die wesentlichsten Tragmechanismen (Funktionsmerkmale) von Dübeln hingewiesen werden. Weitere Einzelheiten s. [12], [13].

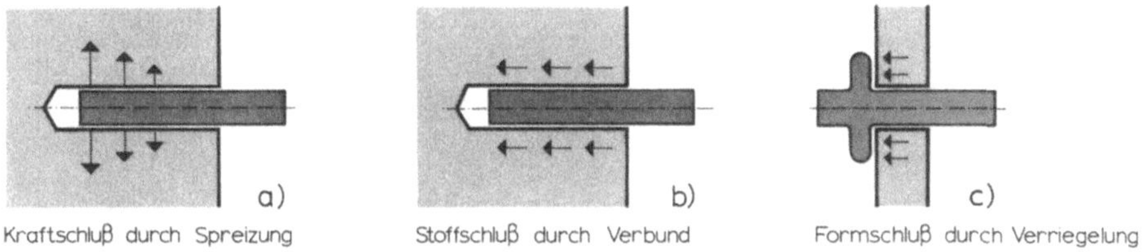

12.15 Schematische Darstellung von Funktionsmerkmalen der wichtigsten Dübeltypen

a) **Spreizverankerung** (Spreizdübel). Bei der Spreiztechnik wird – beispielsweise durch Eindrehen einer Schraube in den Spreizteil des Dübels – über den Dübelmantel ein hoher Druck auf die Bohrlochwandung erzeugt. Bei auftretender Zugkraft entsteht zwischen Dübel und Baustoff eine Reibkraft (Kraftschluß). Vorwiegend Verwendung in druckfesten Baustoffen wie Beton, Vollziegelmauerwerk usw.

b) **Verbundverankerung** (Haftdübel). Dübel und Baustoff werden durch Spezialmörtel oder Reaktionsharz verbunden. Es treten vom Dübel her in unbelastetem Zustand keine Spannungen wie zum Beispiel bei a) auf. Erst durch eine äußere Last am Dübel wird der Baustoff beansprucht. Stoffschluß kann mit Spezialmörtel sowohl in Baustoffen mit Hohlräumen (Hochlochziegel) als auch in porigem Baustoff (Gasbeton) erzeugt werden. Dübel mit Reaktionsharz kommen überwiegend bei festen Vollbaustoffen (Beton) zum Einsatz.

c) **Formschlußverankerung** (Sonderdübel). Dübel oder Baustoff passen sich in ihrer Form gegenseitig an, und die Verankerung erfolgt durch eine Art Verriegelung. Wie beim Verbundanker treten auch hier keine Spreizkräfte auf, die das Wandmaterial nennenswert vorbelasten. Derartige Dübel, die es in vielen Ausführungsvarianten gibt, lassen sich in allen Baustoffhauptgruppen einsetzen. Sie werden jedoch vor allem bei Bauteilen aus Platten oder Baustoffen mit Hohlkammern verwendet.

12.4.2 Abhänger

Abhänger müssen die auftretenden Lasten sicher aufnehmen und eine genaue Höhenjustierung ermöglichen. Die eingestellte Abhängehöhe muß außerdem dauerhaft fixiert werden können, ohne daß die Gefahr des Nachrutschens besteht. Abhängungen können aus Holz oder Metall hergestellt werden. Ihre zulässige Tragkraft ist rechnerisch oder durch Prüfzeugnis nachzuweisen. Für die Dimensionierung und Montage sind die Angaben der Hersteller und die der amtlichen Zulassungsbescheide genauestens zu beachten. Einzelheiten über Materialkennwerte und Mindestmaße von Abhängern aus Metall oder Holz sind DIN 18168 T1 und T2 zu entnehmen.

1. **Abhänger aus Metall.** In der Regel werden Metallabhänger aus verzinkten Drähten, Federstahl, Gewindestäben, Stahlblech und in Sonderfällen auch aus Leichtmetall (Aluminiumblech) verwendet. Alle Metallteile müssen einen ausreichenden Korrosionsschutz entsprechend Tab. 2, DIN 18168 aufweisen. In diesem Zusammenhang verweist die vorgenannte Norm auch auf die Probleme der Kontaktkorrosion (z. B. zwischen Bauteilen aus Stahl und Aluminium) sowie auf die Verträglichkeit von Korrosionsschutz-Systemen mit Holzschutzmitteln. An höhenverstellbaren Metallabhängern werden vorwiegend eingesetzt (Bild **12**.16a bis d):

- **Schlitzbandabhänger** sind verhältnismäßig teuer und bei der Montage etwas umständlich zu handhaben. Sie können jedoch eine geringe Druckbelastung von unten aufnehmen.
- **Schnellspannabhänger** mit Federn gestatten eine stufenlose Höhenjustierung. Sie dürfen jedoch keinesfalls bei Druckbelastung von unten eingesetzt werden.
- **Noniusabhänger** werden – neben den Spannabhängern – am meisten verwendet, obwohl sie etwas teurer sind. Sie sind jedoch einfach zu montieren, in jedem Fall sicher und können auch Druck von unten aufnehmen (z. B. bei Trennwänden, die nach oben abgestützt werden müssen).

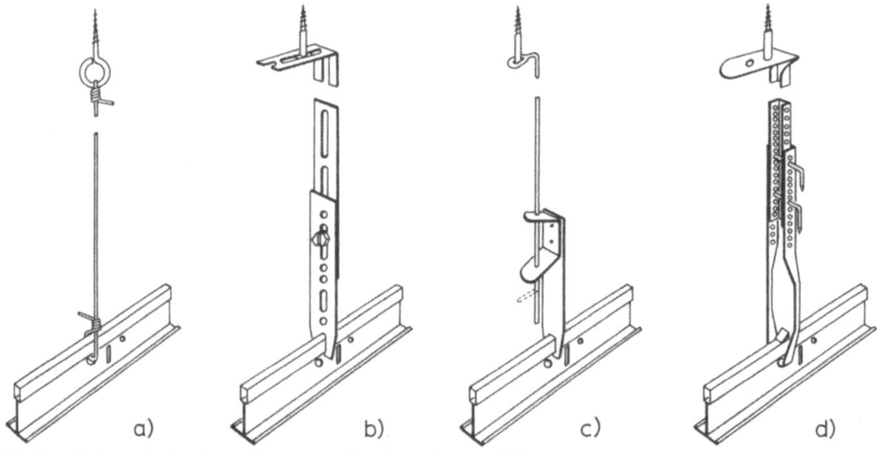

12.16 Schematische Darstellung von Metallabhängern [16]
a) Abhängung mit Draht, b) Schlitzbandabhänger, c) Schnellspannabhänger, d) Noniusabhänger

2. **Abhänger aus Holz.** Abhängungen aus Holz werden vor allem bei Sonderausführungen oder einfacheren Bauten angefertigt. Sie müssen nach DIN 18168 einen Mindestquerschnitt von 10,0 cm^2 und eine Mindestdicke von 20 mm haben, unter der Voraussetzung, daß ein ausreichend sicherer Anschluß durch Nägel oder Schrauben möglich ist. Außerdem ist bei allen Holzteilen ein vorbeugender Holzschutz vorzusehen. Weitere Einzelheiten sind der vorgenannten Norm zu entnehmen.

12.4.3 Unterkonstruktionen

Unterkonstruktionen dürfen sich unter der Last des Bekleidungsmaterials (Decklage) weder durchbiegen noch verformen. Außerdem muß eine sichere Befestigung oder Auflage der Decklage möglich sein. Die tragenden Teile der Unterkonstruktion sind nach DIN 18168 so zu bemessen, daß die Durchbiegung höchstens $^1/_{500}$ der Stützweite (z. B. des Abhängerabstandes), jedoch nicht mehr als 4 mm beträgt.

Ausbildung und Bemessung der Unterkonstruktionen richten sich weitgehend nach Art und Größe des Bekleidungsmateriales (Decklage). Je nachdem, ob Unterdeckensysteme mit Achsraster, Längsbandraster oder Kreuzbandraster eingesetzt werden, müssen auch die Tragprofile der Unterkonstruktionen entsprechend ausgebildet sein. Die Konstruktionsteile bestehen im allgemeinen aus Holz oder Metall. Sie können sichtbar oder verdeckt angeordnet sein. Einzelheiten über Materialkennwerte und Mindestabmessungen von Unterkonstruktionen sind DIN 18168 zu entnehmen.

1. **Unterkonstruktionen aus Holz.** Holz als Konstruktionsmaterial wird vorzugsweise bei Deckenbekleidungen (Direktmontage an der Tragdecke) eingesetzt. Durchaus üblich sind auch abgehängte Holzunterkonstruktionen. Sie werden jedoch mehr und mehr von Metallkonstruktionen verdrängt.

Die Holzunterkonstruktionen bei Deckenbekleidungen kann bestehen aus:

a) einer ebenen Traglattung (auch „einfache Lattung" genannt), mit einem Querschnitt von mind. 24 × 48 mm, direkt an der Tragdecke befestigt (Bild **12.**17a). Diese Konstruktionsart wird bei ebenem Untergrund, bei Holzbalkendecken oder bei geringen Raumhöhen eingesetzt. Vgl. auch Bild **12.**13.

b) höhenversetzter Trag- und Grundlattung (auch „doppelte Lattung" genannt) Bild **12.**17b. Die Grundlattung wird am Untergrund befestigt, quer dazu die Traglattung, die auch die Decklage trägt. Eine exakte Höhenjustierung kann durch das Einschieben von Holzkeilen (Distanzklötzen) erreicht werden. Die Latten sind an jedem Kreuzungspunkt miteinander zu verschrauben.

Die Holzunterkonstruktion bei abgehängten Unterdecken kann bestehen aus:

c) höhenversetzter Trag- und Grundlattung (Bild **12.**17c). Der Querschnitt der Grundlattung muß mind. 40 × 60 mm, der der Traglattung mind. 24 × 48 mm betragen. Beide Lattungen können auch je 30 × 50 mm sein. Vgl. hierzu auch Bild **12.**13.

Für alle Holzteile ist ein vorbeugender Holzschutz vorzusehen. Das verwendete Holz muß mindestens Güteklasse II nach DIN 4074 T1, Bauholz für Holzbauteile entsprechen. Es soll beim Einbau einen den Baubedingungen entsprechenden Feuchtigkeitsgehalt haben (höchstens 20%).

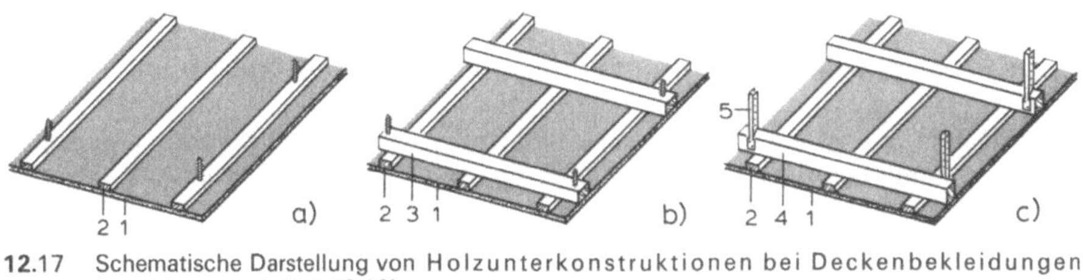

12.17 Schematische Darstellung von Holzunterkonstruktionen bei Deckenbekleidungen (vgl. hierzu auch Bild **12.**13)
a) ebene Traglattung, b) Trag- und Grundlattung (höhenversetzt)
Holzunterkonstruktionen bei abgehängten Unterdecken
c) Trag- und Grundlattung (höhenversetzt)
1 Decklage
2 Traglattung (mind. 24 × 48 oder 30 × 50 mm)
3 Grundlattung – flach (mind. 40 × 60 mm)
4 Grundlattung – hochkant (mind. 60 × 90 mm)
5 Noniusabhänger

2. Unterkonstruktionen aus Metall. Das Grundschema möglicher Metallkonstruktionen bei abgehängten Unterdecken ist im Prinzip den zuvor beschriebenen Holzkonstruktionen sehr ähnlich. Auch sie können entweder in Form eines

- ebenen Kreuzrostes oder
- höhenversetzten Kreuzrostes hergestellt werden.

Bild **12**.18a zeigt einen in der Ebene angeordneten sichtbaren Kreuzrost (Kreuzbandraster-Unterdecke). Hier sorgen die an den Kreuz- bzw. Knotenpunkten eingefügten Verbindungselemente für die erforderliche Steifigkeit der Unterkonstruktion. Eine sorgfältige Ausbildung dieser Knotenpunkte ist immer anzustreben, um unter anderem einen ausreichenden Schallschutz und Brandschutz sowie ggf. stabile Trennwandanschlüsse zu bekommen.

Der höhenversetzte Kreuzrost (Bild **12**.18b) besteht aus zwei Lagen Stahlblechprofilen: einer oberen Lage aus Grundprofilen – meist in größeren Abständen verlegt – und einer unteren aus Tragprofilen, deren Anordnung sich vor allem nach Art und Größe des Decklagenmaterials richtet. Die geforderte Aussteifung der Unterkonstruktion wird in diesem Fall durch die kreuzweise Anordnung der beiden Profillagen und deren Arretierung durch Winkelanker erreicht.

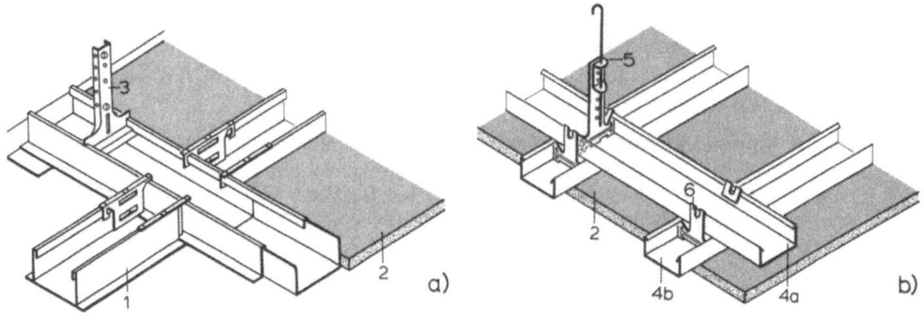

12.18 Schematische Darstellung von Unterkonstruktionen aus Metall (Beispiele)
a) ebener Kreuzrost (einlagig) aus Bandrasterprofilen: von unten sichtbares Kreuzbandraster
b) höhenversetzter Kreuzrost (zweilagig) aus Stahlblechprofilen: von unten unsichtbare Konstruktion

1 Bandrasterprofil
2 Decklage
3 Noniusabhänger
4a Stahlblechprofile (Grundprofile)
4b Stahlblechprofile (Tragprofile)
5 Schnellabhänger
6 Profilverbinder (Winkelanker)

12.4.4 Anschlüsse von Trennwänden an Deckenkonstruktionen

Trennwände, die erhöhte schall- und brandschutztechnische Anforderungen erfüllen müssen, können entweder direkt an die Rohdecke angeschlossen oder an entsprechend ausgebildete Deckenbekleidungen und Unterdecken befestigt werden. Beim letztgenannten Fall müssen gemäß DIN 18168 T1 die aus den Trennwänden resultierenden Kräfte durch geeignete Sonderkonstruktionen aufgenommen oder unmittelbar durch die Deckenbekleidung oder Unterdecken auf Festpunkte abgeleitet werden. Werden hinsichtlich Stoßbeanspruchung (z. B. in Turnhallen) besondere Anforderungen gestellt, so ist die Aufnahme dieser Beanspruchung nachzuweisen. Weitere Einzelheiten hierzu s. Abschn. 13.3.5.

Bei der in Bild **12**.19a dargestellten Kreuzbandrasterdecke können die zuvor erwähnten Kräfte problemlos aufgenommen und leichte Trennwände in jeder Richtung unter die Bandrasterprofile gestellt werden. Die Bandrasterprofile selbst müssen über die Knotenpunkte unbedingt drucksteif abgehängt sein.

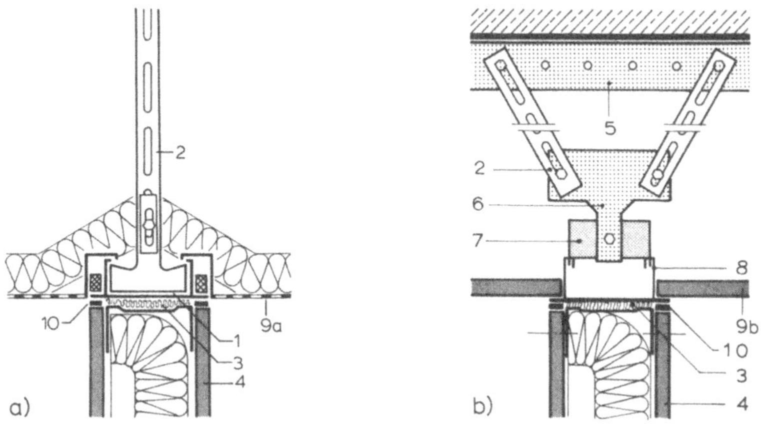

12.19 Konstruktionsbeispiele
a) Kreuzbandrasterdecke mit drucksteifer Abhängung
b) Längsbandrasterdecke mit diagonal ausgesteifter Abhängung

1 Bandrasterprofil (Kreuzbandraster)
2 drucksteife Abhängung
3 Abschlußdichtung
4 Trennwand mit Hohlraumdämmung
5 Anschlußwinkel an der Tragdecke
6 Verbindungsteil
7 Bandraster-Abhängung
8 Bandrasterprofil (in einer Richtung)
9a gelochte Metallkassette (mit eingelegtem Schallschluckmaterial)
9b eingelegte Deckenplatte (Decklage)
10 dauerelastische Abdichtungsmasse

Werden die Bandrasterprofile jedoch nur in einer Richtung, d.h. als Längsbandraster angeordnet, so sind die Abhängungen immer diagonal auszusteifen, damit ein seitliches Ausweichen der Bandrasterprofile verhindert wird (Bild **12.**19b). Als Abschlußdichtung zwischen Bandrasterprofil und Trennwandprofil können je nach Anforderungen entweder selbstklebender Filz, eingepreßte Mineralfaserstreifen mit dauerelastischer Abdichtungsmasse o.ä. verwendet werden.

Unterdecken und Trennwand sollten immer von einem Hersteller geliefert werden, vor allem dann, wenn hohe Anforderungen bezüglich der Schall-Längsdämmwerte, Schallabsorptionsgrade und des Feuerwiderstandes gefordert werden. Meist erfüllen zwar Unterdecken und Trennwände jeweils für sich allein die geforderten Werte, im Verbund weisen die Anschlüsse jedoch – wenn die Ausbauteile nicht sorgfältig aufeinander abgestimmt sind – oft gravierende Schwachstellen auf. Vgl. hierzu Abschn. 13.3.

12.5 Decklagen

Als Decklage kommen genormte und nicht genormte Baustoffe in Betracht, soweit sie für den jeweiligen Verwendungszweck geeignet sind. Die Auswahl einer Decklage wird im wesentlichen bestimmt durch (Hauptfaktoren):

- den jeweiligen Anwendungsbereich der Decke,
- die daraus resultierenden Anforderungen,
- das gewählte Rastersystem bzw. Rasterabmessungen (z.B. Modulordnung),
- einfache, trockene Montage und Demontage der vorgefertigten Elemente,
- gegenseitige Austauschbarkeit und Kombination der verschieden ausgerüsteten Deckenteile,
- geringen Unterhaltsaufwand (Haltbarkeit, Reinigung und Pflege der Sichtfläche),
- allgemeine raumgestalterische Aspekte,
- den Preis in Relation zu den Qualitätsanforderungen u.a.m.

A. Fugenlose Deckenbekleidungen und Unterdecken

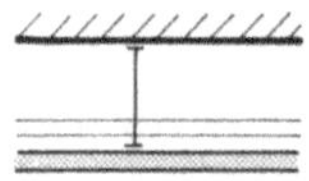

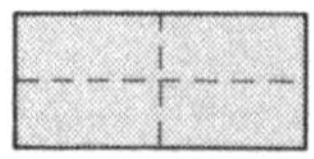

1. **Fugenlose Decken** mit geschlossenem Deckenspiegel, z. B. aus
   - Gipskarton-Bauplatten
   - Gipskarton-Putzträgerplatten

B. Ebene Deckenbekleidungen und Unterdecken

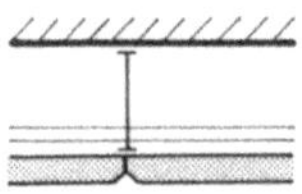

(quadratische Kassettenplatten)

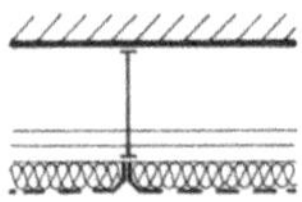

(Langfeldplatten =Flurdeckenplatten)

1. **Plattendecken** (meist geschlossene Systeme), z. B. aus
   - Mineralfaserplatten
   - Holz-Spanplatten
   - Holz-Furnierplatten
   - Holz-Faserplatten
   - Holzwolle-Leichtbauplatten
   - Gipskarton-Bauplatten
   - Gips-Deckenplatten
   - Metall-Deckenplatten (gelocht/ungelocht) u. a. m.

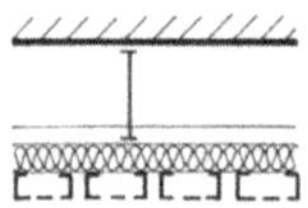

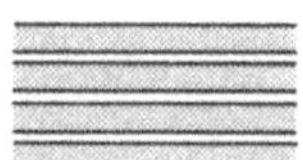

2. **Paneeldecken** (offene und geschlossene Systeme), z. B. aus
   - Metall-Profilen
   - Massivholz-Profilen
   - Spanplatten-Profilen
   - Hart-PVC-Profilen (gelocht/ungelocht) u. a. m.

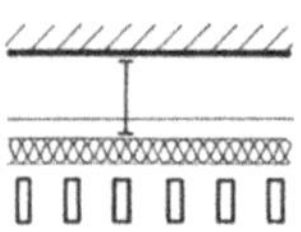

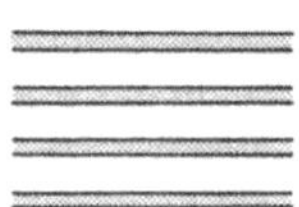

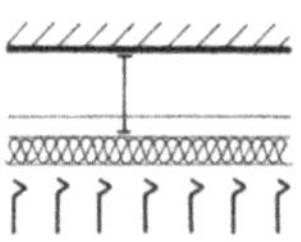

3. **Lamellendecken** (meist offene Systeme), z. B. aus
   - Massivholz-Lamellen
   - Spanplatten-Lamellen
   - Mineralfaser-Lamellen
   - Leichtmetall-Lamellen
   - Stahlblech-Lamellen
   - Hohlkörper-Lamellen aus Metall oder Holz (gelocht/ungelocht) u. a. m.

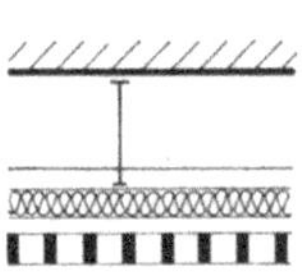

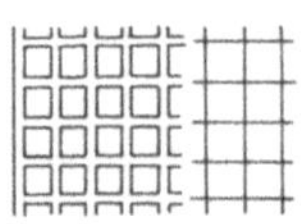

4. **Rasterdecken** (meist offene Systeme), z. B. aus
   - Preßholz-Elementen
   - Metall-Elementen
   - Kunststoff-Elementen u. a. m.

12.20 Einteilung und Benennung leichter Deckensysteme (Fortsetzung s. nächste Seite)

Bild **12**.20 Fortsetzung

C. Waben- und Pyramidendecken

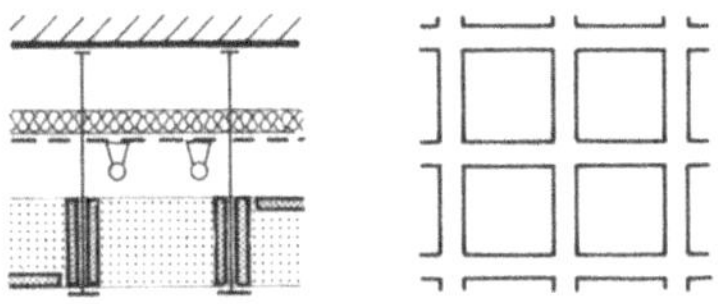

1. **Wabendecken** (offene und geschlossene Systeme), z. B. aus
   - Mineralfaserplatten
   - Holzwerkstoffplatten
   - Hohlkörperprofile aus Metall (gelocht/ungelocht) u. a. m.

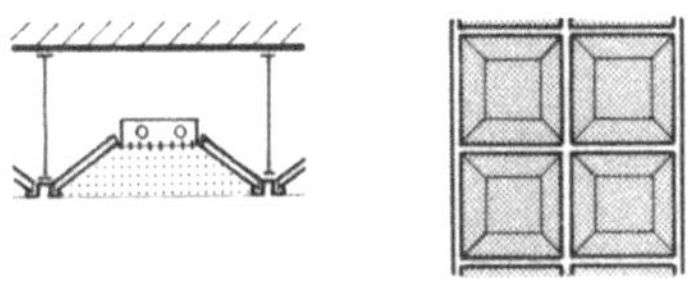

2. **Pyramidendecken**

a) (geschlossene Systeme), mit integrierter Beleuchtung, z. B. aus
- Mineralfaserplatten
- Holzwerkstoffplatten
- Metall-Deckenplatten (gelocht/ungelocht)

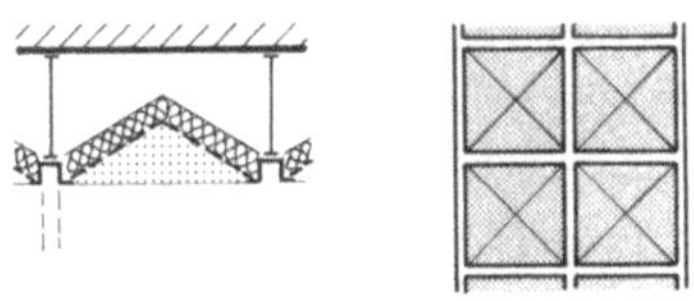

b) (geschlossene Systeme), z. B. aus
- Mineralfaserplatten
- Holzwerkstoffplatten
- Metall-Deckenplatten (gelocht/ungelocht) u. a. m.

D. Integrierte Unterdeckensysteme

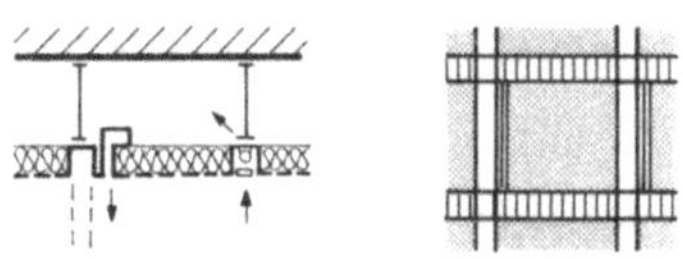

1. **Lichtkanaldecke** (mit integrierter Akustik, Beleuchtung, Klimatisierung), geschlossene Systeme, z. B. aus
   - Holzwerkstoffplatten
   - Textile Spannrahmenelemente
   - Metall-Deckenplatten (gelocht/ungelocht)
   - Mineralfaserplatten

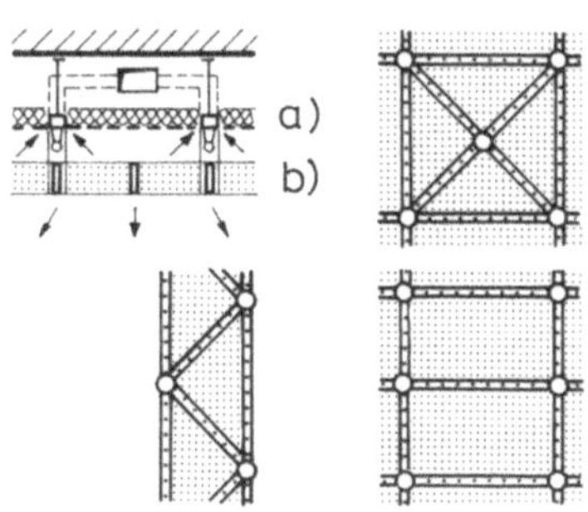

2. **Kombinationsdecke** (Großrasterdecke mit integrierter Akustik, Beleuchtung, Klimatisierung), geschlossene Systeme

a) e b e n e A k u s t i k d e c k e, z. B. aus
- gelochten/ungelochten Metall-Kassetten, Metall-Paneelen
- Mineralfaserplatten

b) G r o ß r a s t e r d e c k e, z. B. aus
- gelochten/ungelochten Metall-Rasterlamellen

E. Sonderformdecken bleiben im Rahmen dieser Abhandlung unberücksichtigt

An das Material einer Decklage können bestimmte Anforderungen wie beispielsweise Unempfindlichkeit gegen Feuchtigkeitseinwirkung, Korrosionsbeständigkeit, Feuerwiderstandsfähigkeit, Stoßunempfindlichkeit, Lichtechtheit u. ä. gestellt werden.

Als Materialien kommen vorzugsweise Holz und Holzwerkstoffe, Gips- und Gipskarton-Bauplatten, Mineralfaserplatten, Metall- und Kunststoff-Formteile u. a. m. zur Anwendung. Die Decklagenelemente werden meist oberflächenfertig geliefert, so zum Beispiel anstrich-, kunststoff-, folien-, metallbeschichtet oder mit einer Holzfurnier-, Textil- oder Schichtpreßstoffauflage versehen. Auch die Sichtflächenstruktur und Glanzgrad der Decklagen können sehr unterschiedlich ausgebildet sein: glatt, strukturiert, perforiert, reliefartig gestaltet oder räumlich gegliedert.

12.6 Leichte Deckenbekleidungen und Unterdecken: Deckensysteme

12.6.1 Allgemeines

Die auf dem Markt befindlichen Deckensysteme können eingeteilt und benannt werden (Hauptgruppen) nach

- den Funktionsanforderungen (z. B. Licht-, Akustik-, Lüftungsdecken)
- dem jeweiligen Rastertyp (z. B. Achsraster-, Bandrasterdecken)
- dem konstruktiven Aufbau (z. B. direkte oder abgehängte Montage)
- den jeweiligen Einsatzbereichen (z. B. Hygiene-, Sport-, Wohnbereich)
- den verwendeten Decklagen-Materialien (z. B. Holz-, Metalldecken)
- der jeweiligen optischen Wirkung bzw. Gliederung der Decklage (z. B. Platten-, Paneel-, Lamellen-, Rasterdecken) u. a. m.

Die sich daraus ergebende Vielfalt der Benennungsmöglichkeiten von Deckensystemen führt in der Praxis zu einer kaum durchschaubaren Unübersichtlichkeit: Für ein und denselben Deckentyp werden die unterschiedlichsten Bezeichnungen verwendet und immer neue Wortkombinationen erfunden.

12.6.2 Schematische Darstellung und Benennung leichter Deckensysteme: Überblick

Die in Bild **12**.20 dargestellte Einteilung der Deckensysteme ist als Orientierungshilfe gedacht und erhebt keinen Anspruch auf Vollständigkeit. Die Übergänge von einer Deckengruppe zur anderen vollziehen sich fließend; eine exakte Abgrenzung ist nicht möglich.

Im wesentlichen lassen sich die auf dem Markt befindlichen Decken nach ihrer sichtbaren Erscheinung, nach der Art des konstruktiven Aufbaues und nach ihrer Funktion klassifizieren. Die in nachfolgenden Abschnitten erläuterten Deckenbeispiele wurden – gemäß ihrer ganzheitlichen optischen Wirkung (Unterdeckenansicht) – in vier Hauptgruppen zusammengefaßt:

A. Fugenlose Deckenbekleidungen und Unterdecken

B. Ebene oder anders geformte Deckenbekleidungen und Unterdecken

C. Waben- und Pyramidendecken

D. Integrierte Unterdeckensysteme

E. Sonderformdecken bleiben im Rahmen dieser Abhandlung unberücksichtigt.

Da in der Praxis häufig ein bestimmtes Material den Ausgangspunkt für eine Deckenwahl abgibt, wurden die vier Hauptgruppen nochmals gegliedert und die Deckenbeispiele entsprechend der jeweils verwendeten Materialien zusammengefaßt.

Die Deckenbeispiele nach den jeweiligen Funktionsanforderungen zu unterteilen, hat sich als nicht befriedigend herausgestellt, da die meisten Deckensysteme bei Bedarf mehrere Anforderungen gleichzeitig erfüllen und somit eine sinnvolle Zuordnung kaum möglich ist.

Es kann nicht Aufgabe dieses Werkes sein, einen vollständigen Überblick über alle auf dem Markt befindlichen Deckensysteme zu geben. Zu vielfältig sind die Ausführungsmöglichkeiten – sowohl in technischer als auch formaler Hinsicht. Vielmehr werden in diesem Abschnitt nur die wichtigsten Deckentypen erläutert und auf die jeweiligen Einsatzgebiete sowie Konstruktionsbedingungen hingewiesen.

12.6.3 Fugenlose Deckenbekleidungen und Unterdecken

12.6.3.1 Allgemeines

Fugenlose Decken bestehen – abgesehen von den altbewährten Putzdecken[1]) – aus plattenförmigen Halbzeugen, die auf der Baustelle an Unterkonstruktionen aus Holz oder Metall, direkt oder abgehängt, in Trockenmontage befestigt werden. Die Fugen der Platten sind so zu verspachteln, daß eine ebene, fugenlose Untersicht entsteht (geschlossener Deckenspiegel). Zur Herstellung fugenloser Decken eignen sich vor allem Gipskarton-Bauplatten und Gipskarton-Putzträgerplatten. Je nach Anwendungsbereich erfüllen derartige Unterdecken folgende Anforderungen:

- Verkleidung der Rohdecke, einschl. der Ver- und Entsorgungsleitungen, Unterzüge u.ä.
- Idealer Untergrund für Beschichtungen aller Art (Anstriche, Tapeten usw.)
- Verbesserung der Schalldämmung von Geschoßdecken
- Erhöhung des Brandschutzes von Geschoßdecken
- Problemlose Integration von Beleuchtung und Klimatechnik
- Variable Trennwandanschlüsse.

12.6.3.2 Fugenlose Decken aus Gipskartonplatten

Gipskartonplatten sind in der Regel großflächige, dünne Platten, die aus einem Gipskern bestehen, der mit Karton ummantelt bzw. beschichtet ist. Sie erhalten ihre hohe Stabilität durch die Kartonummantelung (Bewehrung der Platte). Die Fasern dieses Kartons verlaufen überwiegend in der Längsrichtung der Platte. Dementsprechend bekommen die Platten auf der Rückseite einen Stempel, der immer in Plattenlängsrichtung – also in Richtung Faserverlauf – weist.

Gipsbaustoffe tragen wesentlich zur Schaffung und Erhaltung eines behaglichen Raumklimas bei (Luftfeuchtigkeitsausgleich). Es gilt jedoch auch immer zu beachten, daß Bauelemente aus Gips einem länger währenden Angriff von Wasser nicht ungeschützt ausgesetzt werden dürfen (Gefügezerstörung). Vorübergehende Einwirkung von Feuchtigkeit (z. B. in häuslichen Feuchträumen) schaden den Gipsbauplatten nicht.

In DIN 18180 sind die Anforderungen an die Güte der Gipskartonplatten, in DIN 18181 die Richtlinien für ihre Verarbeitung und in DIN 18182 T1 bis T4 die Zubehörteile näher erläutert und festgelegt. Je nach Verwendungszweck stehen folgende Plattenarten zur Verfügung:

---

[1]) s. Fußnote [2]) S. 483

- **Gipskarton-Bauplatten B** (Kurzzeichen GKB, Dicken: 9,5 – 12,5 – 15 – 18 – 25 mm) eignen sich zum Befestigen auf flächiger Unterlage und zum Ansetzen als Wand-Trockenputz. Ab 12,5 mm Dicke können diese Platten auch als Decklagen auf Unterkonstruktionen für Deckenbekleidungen und abgehängten Unterdecken sowie für die Beplankung von Montagewänden eingesetzt werden. Tabelle **12.**21 zeigt die üblichen Längskantenausbildungen. Die Querkanten sind maschinenschnittrauh belassen oder scharfkantig geschnitten.
- **Gipskarton-Bauplatttten F** (Feuerschutzplatten – Kurzzeichen: GKF, Dicken: 9,5 – 12,5 – 15 – 18 – 25 mm) sind für Bauteile bestimmt, an die Anforderungen an die Feuerwiderstandsdauer nach DIN 4109 gestellt werden. Gipsbaustoffe eignen sich aufgrund der spezifischen Eigenschaften des Gipses – sein Kristallwasser bei höheren Temperaturen abzugeben und dadurch den Baustoff abzukühlen – in besonderem Maße für die Belange des Brandschutzes (Baustoffklasse A2 „nicht brennbar").

  Die Feuerschutzplatten haben einen Gipskern mit zusätzlicher Glasfaserbewehrung (Glasseidengelege). Besonders widerstandsfähige Feuerschutzplatten weisen an ihrer Oberfläche noch ein durchgehendes Glasvlies auf (Neuentwicklungen). Vgl. hierzu auch Abschn. 12.3.4, Brandschutz von Unterdecken.
- **Gipskarton-Bauplatten B** (imprägniert – Kurzzeichen: GKBI, Dicken 12,5 – 15 – 18 mm) sind mit Zusätzen versehen, die die Wasseraufnahme verzögern und herabsetzen; außerdem ist der Sicht- und Rückseitenkarton fungizid ausgerüstet (gegen Pilz- und Schimmelbefall). Diese Platten werden vorwiegend in häuslichen Feuchträumen mit normaler Feuchtigkeitsbelastung eingesetzt.
- **Gipskarton-Bauplatten F** (Feuerschutzplatten imprägniert – Kurzzeichen: GKFI, Dicken: 12,5 – 15 – 18 mm) erfüllen die gleichen Bedingungen wie die vorgenannten GKBI-Platten (verzögerte Wasseraufnahme). Aufgrund der zusätzlichen Glasfaserbewehrung des Kerns können die Platten auch dort eingesetzt werden, wo außerdem noch Anforderungen an den Brandschutz auftreten.
- **Gipskarton-Putzträgerplatten** (Kurzzeichen: GKP, Dicke: 9,5 mm) werden überwiegend für Deckenbekleidungen und Unterdecken verwendet, auf die nach der Montage noch nachträglich eine Putzschicht aufgebracht wird (Bild **12.**23).

Darüber hinaus gibt es noch eine Vielzahl weiterer Plattenarten wie beispielsweise Loch- und Schlitzplatten mit hinterlegtem Schallschluckmaterial, Sichtseiten-kaschierte Gipskartonplatten, Rückseiten-kaschierte Gipskartonplatten (z. B. mit Dämmstoff, Aluminiumfolie, Bleifolie) sowie gegossene Gipsplattenprodukte. Einzelheiten sind den entsprechenden DIN-Normen und Fachliteratur zu entnehmen [14], [15].

Wie Tabelle **12.**21 zeigt, werden Gipskartonplatten in sogenannter Querbefestigung oder in Längsbefestigung auf die stets ausreichend zu bemessenden und genügend steifen Unterkonstruktionen aufgebracht. Bei der Querbefestigung liegt die Kartonfaser rechtwinklig, bei der Längsbefestigung parallel zur Unterkonstruktion. Aufgrund der besseren Aussteifung ist der Querbefestigung – vor allem bei Deckenkonstruktionen – der Vorzug zu geben. Die zulässigen Spannweiten der Gipskarton-Bauplatten sind DIN 18181 zu entnehmen. Sie richten sich vorwiegend nach der Plattendicke, der Befestigungsart und den Befestigungsmitteln (Bild **12.**22).

Alle Platten sind im Verband zu verlegen. Der Plattenstoß muß immer auf einer Holzlatte oder einem Metallprofil angeordnet sein. Je nach Anwendungsbereich bzw. Art der Unterkonstruktion werden die Platten mit Schnellbauschrauben, Spezialnägeln oder -klammern befestigt; eine zusätzliche Verklebung ist gestattet.

Gipskartonplatten mit abgeflachten Kanten (vgl. Tab. **12.**21 – Kurzzeichen AK) werden umlaufend, unter Einlegung eines Bewehrungsstreifens (z. B. aus Glasseidefasern) flächenbündig verspachtelt. Auch die versenkt angeordneten Köpfe der Befestigungsmittel sind immer abzuspachteln.

Weitere Angaben zur Ausführung von fugenlosen Deckenbekleidungen und Unterdecken aus Gipskartonplatten sind DIN 18181, DIN 18168 sowie den von den Herstellerfirmen herausgegebenen Verarbeitungs-Richtlinien zu entnehmen.

Eine Sonderstellung nehmen die in Bild **12.**23 dargestellten fugenlosen Decken aus **Gipskarton-Putzträgerplatten** mit nachträglich aufgebrachter Putzschicht ein. Bei diesen Decken sind – im Vergleich zu den in Abschn. 8.7.6.6 Teil 2 dieses Werkes gezeigten hängenden Drahtputzdecken (DIN 4121) – wesentlich kürzere Montage- und Trockenzeiten sowie ein geringeres Flächengewicht zu verzeichnen.

Tabelle **12**.21 Beispiele für die Kantenausbildung sowie Befestigungsarten von Gipskartonplatten (vgl. DIN 18180)

Schnitt	Bezeichnung	Kurzzeichen	Anwendungsbereich
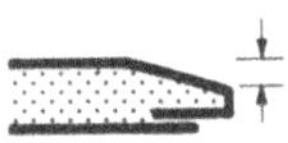	kartonummantelte, abgeflachte Längskante	AK	für fugenlose Decken- und Wandbekleidungen; die Abflachung dient zur Aufnahme der Fugenverspachtelung
	kartonummantelte, volle Längskante	VK	vorwiegend bei Trockenmontage ohne Verspachtelung verwendet (z. B. mit Schattenfugen)
	kartonummantelte, gefaste Längskante (Winkelkante)	WK	vorwiegend bei Decken- und Wandbekleidungen mit Sichtfugen
	kartonummantelte, runde Längskante	RK	derartige Kanten werden vorwiegend bei Gipskarton-Putzträgerplatten verwendet
	scharfkantig geschnittene Kante	SK	an den geschnittenen Kanten liegt der Gipskern frei
	scharfkantig geschnittene und gefaste Kante	FK	SK = Schattenfugen FK = Sichtfugen
Befestigungsarten	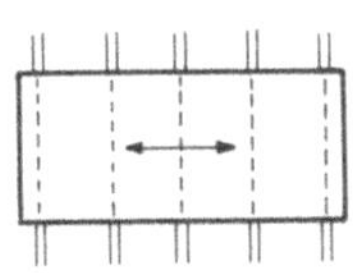 Querbefestigung		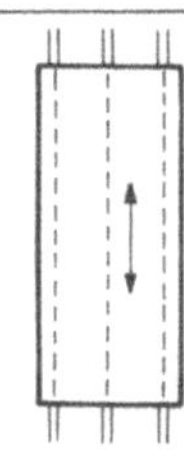 Längsbefestigung

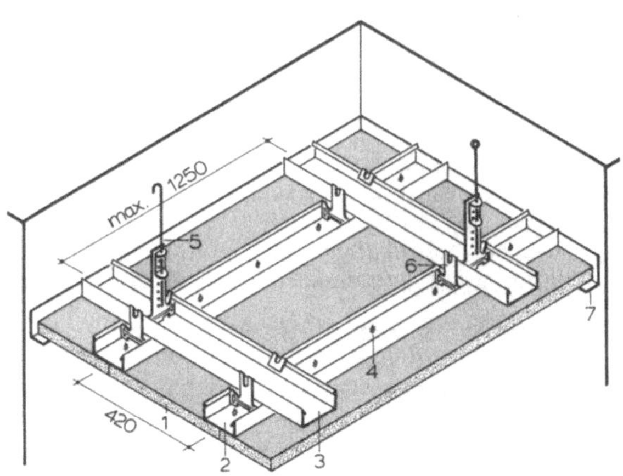

12.22
Konstruktionsbeispiel: Unterdecke aus Gipskarton-Bauplatten (Gipskartondecke) mit Unterkonstruktion aus C-förmigen Metallprofilen; vgl. auch Tab. **12**.5 und **12**.7

1 Gipskarton-Bauplatten (d = 9,5 mm)
2 Tragprofil
3 Grundprofil
4 Schnellbauschraube
5 Schnellabhänger
6 Ankerwinkel
7 Wandwinkel

BEDO-Vertriebsgesellschaft, Schwerte

Auch hier werden die Putzträgerplatten, wie zuvor beschrieben, trocken montiert, wobei die gerundeten Längskanten (vgl. Tab. **12**.21, Kennzeichen RK) in etwa 3 bis 5 mm Abstand voneinander angeordnet und die geschnittenen Stirnkanten dicht gestoßen werden. Die offenen Längsfugen sind anschließend mit Gips derart auszudrücken, daß auf der Plattenrückseite eine kantenumfassende Wulst entsteht, die eine Art Armierung der abgehängten Deckenfläche bewirkt. Sobald der Fugenmörtel versteift ist, werden die Plattenflächen entweder einlagig (8 bis 10 mm) oder mehrlagig verputzt (Gipsputz); anschließende Oberflächenbehandlung nach Wahl (z. B. Anstriche, Tapetenbeschichtung).

Um Risse in den Ecken zu vermeiden, wird die Decke in der Regel von den angrenzenden Wänden getrennt, beispielsweise durch Kellenschnitt, Einlage von Trennstreifen, Sichtfugen mit Randprofilen o. ä.

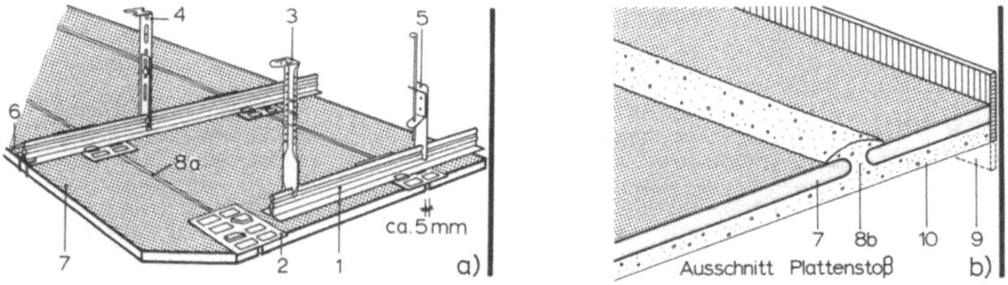

12.23 Unterdecke aus Gipskarton-Putzträgerplatten mit nachträglich aufgebrachter Putzschicht

a) abgehängte Putzträgerplatten mit offenen Längsfugen (Profil-Vertrieb GmbH, Gaggenau)

b) Wandanschluß mit Längsfuge (ausgedrückt mit Feinputz) und verputzter Plattenfläche (Gebr. Knauf, Westdeutsche Gipswerke, Iphofen)

1 T-Tragschiene
2 Drehklipp
3 Noniusabhänger
4 Schlitzbandabhänger
5 Schnellabhänger mit Feder
6 Verbindungsstift
7 Gipskarton-Putzträgerplatten
8a offene Längsfugen (etwa 5 mm)
8b Längsfuge mit Feinputz ausgedrückt
9 Trennstreifen
10 Putzlage

12.6.4 Ebene Deckenbekleidungen und Unterdecken

12.6.4.1 Allgemeines

Während die fugenlosen Decken aus plattenförmigen Halbzeugen an der Baustelle hergestellt werden und erst dort ihr endgültiges Aussehen erhalten, bestehen die ebenen Deckensysteme aus werkmäßig vorgefertigten Einzelelementen mit fix und fertiger Oberfläche, die nur noch vor Ort montiert werden müssen (Elementdecken). Von daher lassen sich auch die unterschiedlichen Fugenausbildungen ableiten: Während bei den erstgenannten Decken Fugen aus den verschiedensten Gründen (z. B. Hygiene, Feuchtigkeitseinwirkung u. a.) nicht gebraucht werden können, sind die Fugen bei ebenen Decken beispielsweise als flächengliederndes und maßstabbildendes Element erwünscht, bei anderen Deckenarten wiederum aus raumakustischen, herstellungs-, beleuchtungs- und lüftungstechnischen Gründen sogar funktionsbedingt erforderlich. Demnach unterscheidet man (Bild **12**.20):

- **Geschlossene Deckensysteme,** bei denen die Decklagenelemente dicht aneinander und dicht an die raumbegrenzenden Bauteile angeschlossen sind, sowie
- **Offene Deckensysteme,** bei denen die einzelnen Decklagenelemente auf Fuge zueinander angebracht oder die Decklagenkörper selbst licht-, luft-, schalldurchlässig ausgebildet sind.

Die Bezeichnung „ebene" Decke soll verdeutlichen, daß es sich hierbei um Decken handelt, deren Oberflächen durchaus reliefartig ausgebildet sein können, deren Unterseiten jedoch insgesamt keine größeren räumlichen Versätze – wie sie beispielsweise bei den Großraster- oder Wabendecken zu verzeichnen sind – aufweisen.

In die meisten ebenen Deckenbekleidungen und Unterdecken lassen sich die jeweils erforderlichen beleuchtungs-, schall- und klimatechnischen Funktionen problemlos integrieren. Der Übergang von der einfachen Deckenbekleidung hin zum hochinstallierten, integrierten Deckensystem vollzieht sich fließend; eine scharfe Abgrenzung der unterschiedlichen Deckensysteme ist nicht möglich und auch nicht erforderlich.

Ebene Deckensysteme sind überwiegend als schallschluckende Decken ausgebildet; vielfach werden diese Decken deshalb als „ebene Akustikdecken" bezeichnet. Wird die Beleuchtung oberhalb der lichtdurchlässigen Decklage angeordnet oder die perforierte Decklage für lüftungstechnische Zwecke benutzt, so spricht man von sog. „Lichtdecken" oder „Lüftungsdecken". Derartige Bezeichnungen müssen jedoch immer unscharf bleiben, da sie nur einen Teil der tatsächlich von der jeweiligen Decke erbrachten Funktionen beschreiben. Je nach Anwendungsbereich erfüllen ebene Deckensysteme folgende Anforderungen:

- Verkleidung der Rohdecke, einschl. Installation, Unterzüge u. ä.
- Geometrische und maßliche Abstimmung (Maßordnung, Modulordnung)
- Einfache, trockene Montage und Demontage der vorgefertigten Decklagenelemente
- Austauschbarkeit und Kombination verschiedenartig ausgerüsteter Deckenelemente
- Niedriges Flächengewicht und geringer Unterhaltsaufwand
- Verbesserung der Raumakustik, Verbesserung der Schalldämmung von Geschoßdecken
- Erhöhung des Brandschutzes von Dachdecken und Geschoßdecken
- Problemlose Integration von Beleuchtung und Klimatechnik
- Variable Trennwandanschlüsse (soweit dies das Deckensystem zuläßt)
- Allgemeine raumgestalterische Aspekte (interessante Deckengestaltung)
- Preis und Wirtschaftlichkeit (in Relation zu den jeweils geforderten Qualitätsanforderungen).

Akustikdecken sind Deckenbekleidungen und Unterdecken, die unter anderem auch die Fähigkeit besitzen, auftreffende Schallwellen in möglichst hohem Maße zu absorbieren (= Senkung des Lärmpegels) und die eine Schallreflektion nur soweit wie notwendig zulassen (= Regulierung der Nachhallzeit je nach Zweckbestimmung des Raumes). Weitere Einzelheiten hierzu s. Abschn. 12.3.3 sowie Abschn. 14.6.3.

Zur Herstellung von schallabsorbierenden Unterdecken eignen sich – je nach Anordnung und konstruktivem Aufbau sowie Art und Qualität des verwendeten Materiales – folgende Arten von Decklagenelementen (Hauptgruppen) Bild **12.**24:

1. **Poröse Decklagenelemente** aus schallschluckenden, offenporigen, homogenen Materialien. Die Oberflächen sind je nach Dessin ggf. genadelt, strukturiert oder porös beschichtet.

Beispiele Mineralfaserplatten, Holzwolle-Leichtbauplatten, Leichtspan-Akustikplatten u. a. m.

2. **Perforierte Decklagenelemente** aus gelochten Trägerschalen mit hinterlegtem, rieselfestem Schallschluckmaterial (Faserdämmstoffe nach DIN 18165).

Beispiele Gelochte und geschlitzte Platten, Profile, Paneele, Lamellen aus Metall und Holzwerkstoffen, Gipsplatten, Gipskartonplatten u. a. m.

3. **Auf Fuge angeordnete Decklagenelemente** (glatt oder perforiert) mit aufgelegtem Schallschluckmaterial in rieselfester Ausführung und unterseitig schwarzer Vlieskaschierung.

ispiele Glatte, gelochte und geschlitzte Platten, Profile, Paneele, Lamellen aus Metall, Massivholz, Holzwerkstoffen u.a.m.

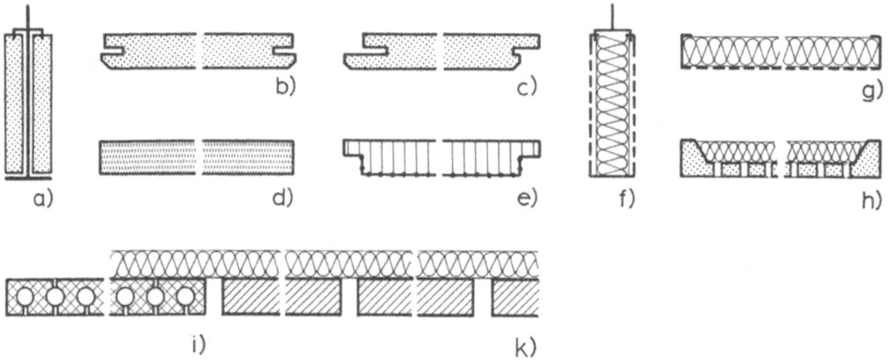

12.24 Schematische Darstellung von Decklagenelementen zur Herstellung von schallschluckenden Unterdecken (Beispiele)

1. Poröse Decklagenelemente
   - a) vertikal angeordnete Mineralfaserplatten
   - b) bis c) horizontal angeordnete Mineralfaserplatten
   - d) Holzwolle-Leichtbauplatten
   - e) porös beschichtete Leichtspan-Akustikplatten
2. Perforierte Decklagenelemente
   - f) Vertikal angeordnete, gelochte Trägerschale (z. B. aus Metall)
   - g) horizontal angeordnete, gelochte Trägerschale (z. B. aus Metall)
   - h) gelochte Deckenplatte aus Gips, jeweils mit ein- bzw. aufgelegtem Schallschluckmaterial
3. Auf Fuge angeordnete Decklagenelemente
   - i) geschlitzte Röhrenspanplatte
   - k) Akustik-Glattkantbretter, jeweils mit aufgelegtem Schallschluckmaterial

12.6.4.2 Ebene Decken aus Gipskassettenplatten

Bei den in DIN 18169 genormten Deckenplatten handelt es sich um werkmäßig hergestellte, trocken montierbare Platten aus Gips mit einer rückseitigen Randverstärkung (gegossene Gipskassetten). Sie sind raumbeständig, unbrennbar und in der Regel quadratisch ausgebildet; die Kantenlänge liegt bei 625, 600 oder 500 mm, die Dicke am Rand allgemein bei 30 mm. Der Gipskörper ist geschlossen oder durchbrochen: die Sichtfläche der Platten kann glatt, strukturiert oder mit einem beliebigen Dekor versehen sein. Nach Aufbau und Verwendungszweck werden folgende Plattenarten unterschieden:

- Dekorplatten (D) für fugenbetonte oder fugenlose Deckenbekleidungen
- Schallschluckplatten (S) sind gelocht. Die rückseitige, wannenförmige Vertiefung ist zu Schallschutzzwecken (Lärmminderung bzw. Nachhallregulierung) mit Rieselschutz, Schallschluckmaterial und Aluminiumfolie hinterlegt (Bild **12.**25)
- Lüftungsplatten (L) sind gelocht und auf der Rückseite mit luftundurchlässiger Aluminiumfolie abgeklebt (möglichst geringe Leckluftrate bei Lüftungsdecken). Vgl. hierzu Abschn. 12.3.7.2
- Feuerschutzplatten (F) mit besonderer Feuerschutzausrüstung.

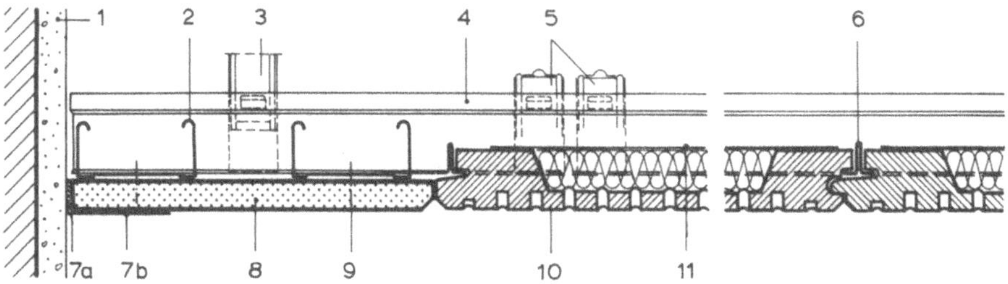

12.25 Konstruktionsbeispiel: Deckenplatten aus Gips (gelochte Gipskassetten) mit Schallschluckeinlage und luftundurchlässiger Alu-Abdeckung in Tragprofile aus Metall eingeschoben (Einschubmontage); Friesausbildung mit glatten Gipskarton-Bauplatten

1 Wandputz
2 Friesprofil (Tragprofil)
3 Schnellaufhänger für T-Profil
4 T-Profil
5 Distanzhalter
6 Zwischenstück bei Brandbeanspruchung
7a Tesakreppstreifen, ggf. mit Fugenfüller
7b Papier-Fugendeckstreifen
8 Gipskarton-Bau- bzw. Feuerschutzplatten (15 mm) bei Brandbeanspruchung
9 Schnellbauschraube
10 Deckenplatten aus Gips gemäß DIN 18169
11 oberseitige Abdeckung mit Alu-Folie

Gebr. Knauf, Westdeutsche Gipswerke, Iphofen

Die Montage der Deckenplatten erfolgt unter Beachtung der DIN 18168, Leichte Deckenbekleidungen und Unterdecken sowie der Hersteller-Richtlinien. Je nach Kantenausbildung können die Platten in Schraub-, Einschub- oder Einlegemontage an der jeweiligen Unterkonstruktion (Holz oder Metall) angebracht werden.

12.6.4.3 Ebene Decken aus Mineralfaserplatten

Mineralfaserdecken, kurz MF-Decken genannt, bestehen aus porösen Mineralfaserplatten als Decklage und passenden Unterkonstruktionen (meist aus Metall). Sie werden überall dort bevorzugt eingesetzt, wo es auf guten Schallschutz, wirksamen Brandschutz und Wirtschaftlichkeit ankommt. Im einzelnen erfüllen MF-Decken folgende Funktionen:

- Sichtschutz
- Schallschutz
- Brandschutz
- Demontierbarkeit der MF-Deckenplatten
- Trennwandanschluß (Bandrasterdecke)
- Lüftung und Klimatisierung (Abluftleuchten)
- Einbau von Beleuchtungskörpern, Sprinkleranlagen u. a. m.

Mineralfaserplatten sind hochgradig schallschluckend, ihre Oberfläche je nach Dessin strukturiert oder gelocht. Da die Platten lichtecht und wischfest sind, lassen sie sich relativ leicht reinigen. Die in der Regel mit einem weißen Farbauftrag versehenen Platten können auch mit farbigen Oberflächen geliefert und ohne Beeinträchtigung der akustischen Wirkung renoviert werden (Hersteller-Hinweise beachten!). Außer den Standardformaten 30 × 30 (31,25 × 31,25), 30 × 60 (31,25 × 62,5), 60 × 60 (62,5 × 62,5), 60 × 120 (62,5 × 125 cm) werden auf Wunsch auch Sonderformate geliefert. Plattendicke: 15 – 20 – 25 mm.

Mineralfaser-Deckenplatten gibt es wahlweise in den Baustoffklassen B 1 (schwerentflammbar) und A 2 (nichtbrennbar). Je nach Plattenmaterial, Unterdeckenausbildung

(Montagesystem) und vorhandener Tragdecke können Feuerwiderstandsklassen bis F120 gemäß DIN 4102 hergestellt werden. Einzelheiten hierzu sind den jeweiligen Herstellerunterlagen und amtlichen Prüfzeugnissen zu entnehmen.

Mineralfaserdecken lassen sich einfach, schnell und trocken montieren. Die Platten können unmittelbar an der Tragdecke oder an Unterkonstruktionen aus Metall oder Holz – direkt oder abgehängt – angebracht werden. Von den Herstellern werden entsprechende Unterkonstruktionen meist als komplette Systeme mit genauer Montagevorschrift angeboten. Die Form der Plattenkanten richtet sich nach dem gewählten Abhängesystem und nach den jeweiligen technischen und gestalterischen Anforderungen (Bild **12**.26). Folgende Montagemöglichkeiten (Hauptgruppen) sind mit Metallunterkonstruktionen möglich:

– **verdeckte Montage** (Unterkonstruktion wird von Mineralfaserplatten verdeckt)
– **sichtbare Montage** (im Achsraster-, Längsbandraster-, Kreuzbandrastersystem)
– **vertikale Montage** (in Form von Lamellendecken und Wabendecken).

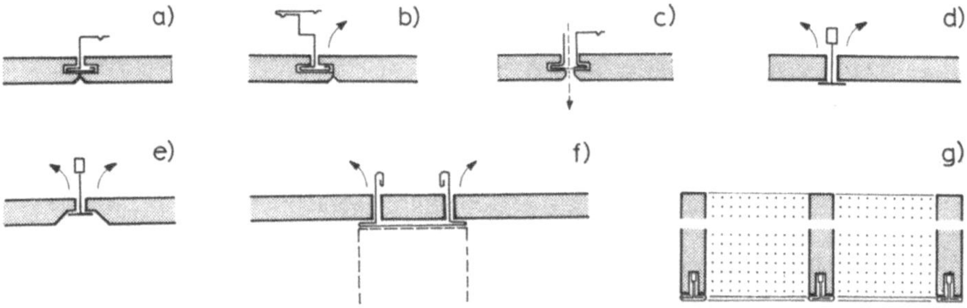

12.26 Schematische Darstellung möglicher Montagesysteme und Kantenformen von Mineralfaser-Deckenplatten (Beispiele)

a) verdeckte Montage, Platten nicht herausnehmbar, Kanten gefast
b) verdeckte Montage, Platten herausnehmbar, Kanten gefast
c) halbverdeckte Montage, Platten nicht herausnehmbar (Tragprofil = Lüftungsschiene)
d) sichtbare Montage, Platten herausnehmbar, Kanten unbehandelt
e) sichtbare Montage, Platten herausnehmbar, Kanten gefalzt
f) sichtbare Montage (Bandrasterdecke), zum Anschluß von Trennwänden
g) vertikale Montage (Wabendecke); vgl. hierzu auch Abschn. 12.6.5

OWA-Odenwald Faserplattenwerk, Amorbach

Die Tragprofile können demnach so eingebaut sein, daß sie als Deckenraster entweder besonders hervorgehoben oder als unsichtbares Element völlig verschwinden. Außerdem können Mineralfaserdecken wahlweise mit Achsraster-, Längsbandraster- oder Kreuzbandraster-Unterteilung geplant werden (Anschlußmöglichkeit für umsetzbare Trennwände).

Je nach Konstruktionsart sind die Deckenplatten entweder fest eingebaut oder nach oben bzw. nach unten herausnehmbar, so daß der Deckenhohlraum jederzeit zugänglich bleibt (Bild **12**.26). Handelsübliche Leuchten können ohne Schwierigkeiten eingebaut werden. Auch die in Abschn. 12.3.7 erläuterten Lüftungs- und Klimatechniken lassen sich in derartige Unterdecken integrieren. Auf die weiterführende Spezialliteratur wird besonders hingewiesen [16].

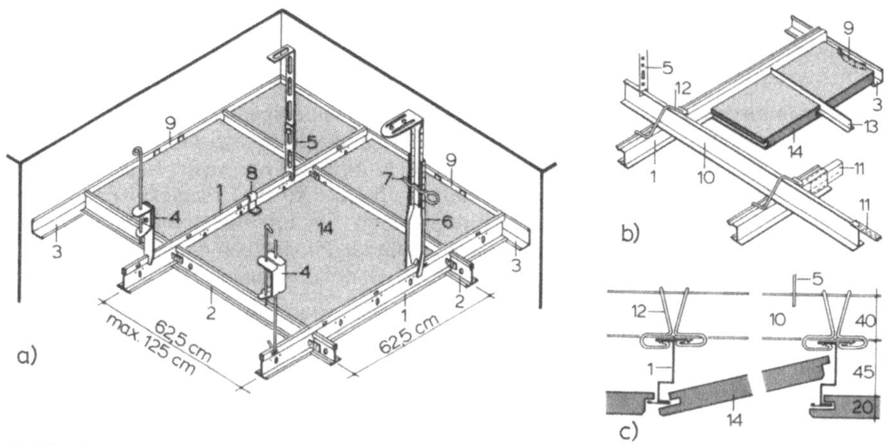

12.27 Konstruktionsbeispiele: Unterdecken aus Mineralfaserplatten
a) MF-Unterdecke mit sichtbarer Konstruktion (DONN Products GmbH, Viersen)
b) MF-Unterdecke mit verdeckter Konstruktion
c) Demontage einer beliebigen Deckenplatte (OWA-Odenwald Faserplattenwerk, Amorbach)

1 Tragschiene/Tragprofil
2 Querschiene
3 Wandwinkel
4 Schnellspannabhänger
5 Schlitzbandabhänger
6 Noniusabhänger
7 Sicherungsstift
8 Druckfeder
9 Wandfeder
10 Grundschiene/Grundprofil
11 Kupplungsstücke
12 Federklammer
13 Aussteifungsprofil
14 MF-Deckenplatten

12.6.4.4 Ebene Decken aus Holz und Holzwerkstoffen

Holzdecken sind nach wie vor sehr beliebt. Neben ihrem guten Aussehen und der Vielfalt der zur Verfügung stehenden Holzarten bzw. farbig behandelten Oberflächen sind als weitere Vorzüge ihre problemlose, trockene Montage, die minimale Nachpflege (keine wiederkehrenden Tapezier- und Malerarbeiten) sowie ihre hohe Lebensdauer bei relativ günstigen Preisen zu nennen. Zu beachten sind jedoch immer auch die materialbedingten Eigenschaften, die sich aus dem Naturwerkstoff Holz für alle konstruktiven Maßnahmen ergeben (z. B. fortwährende Maß- und Formveränderungen durch Schwinden und Quellen).

Holzdecken können aus Massivholz oder Holzwerkstoffen (z. B. Spanplatten, Sperrholzplatten, Formholzteilen) entweder nach handwerklichen Regeln in Einzelfertigung oder unter Verwendung von einbaufertigen Serienprodukten hergestellt werden. Auch hier geht der Trend zu industriell hergestellten, mit kompletter Oberflächenbehandlung versehenen Fertigdeckenelementen. Im einzelnen unterscheidet man (Bild **12**.20):

- Plattendecken (Kassettendecken)
- Profilbretter- und Paneeldecken
- Lamellendecken
- Rasterdecken
- Sonderformdecken

1. Holzplatten- und Holzkassettendecken

Plattendecken setzen sich vorwiegend aus quadratischen oder rechteckigen Decklagenelementen zusammen. Dabei handelt es sich meist um geschlossene Deckensysteme.

Fertigplattendecken (dekorative Deckenplatten) bieten sich als einfachste Ausführung zur Bekleidung von Rohdecken an. Diese dünnen, montagefertigen Tafeln aus Sperrholz oder Spanholz werden vom Holzfachhandel in Form von Einzelelementen oder als komplette Systeme (Fertigtäfelungen für Decke und Wand), einschließlich Befestigungsmittel und Unterkonstruktion geliefert. Die Oberflächen können furniert, lackiert, mit Kunststoff, Metall oder anderen Materialien beschichtet sein. Durch Profile und/oder Schattenfugen lassen sich gegliederte Flächen erzielen (Bild **12**.28).

Kassettendecken nennt man Deckenbekleidungen bzw. Unterdecken aus meist quadratischen Platten, mit häufig vertieft angeordneten Feldern. Derartige Decken können aus Rahmen und Füllungen hergestellt oder aus einzelnen, an der Unterkonstruktion bzw. Rohdecke befestigten, kastenförmigen Elementen bestehen. Beispiele und nähere Angaben darüber sind der entsprechenden Spezialliteratur zu entnehmen [17].

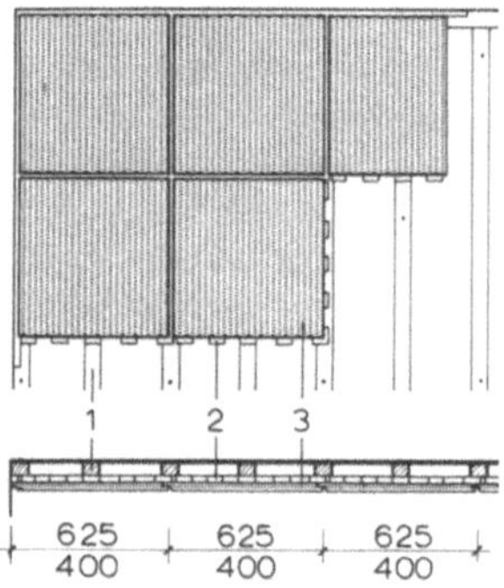

12.28 Schematische Darstellung einer Holzplattendecke aus montagefertigen, dekorativen Deckenplatten. Dicke der Platten 6, 8, 10 usw. mm.

1 Grundlattung
2 Nagellaschen
3 Fertigtäfelung

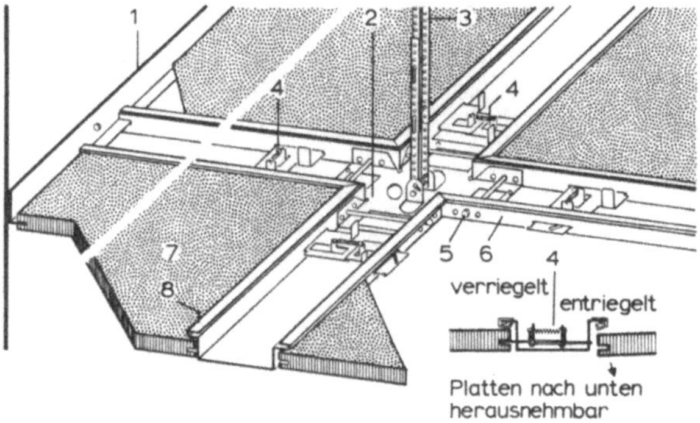

12.29 Konstruktionsbeispiel einer schallabsorbierenden Plattendecke (Bandrasterdecke) aus Leichtspan-Akustikplatten

1 gleitender Wandanschluß
2 Bandraster-Knotenpunkt
3 Noniusabhänger
4 Riegel
5 Absteckstift
6 Bandrasterprofil (65 bis 180 mm)
7 Leichtspan-Akustikplatte
8 Dichtungsprofil

Wilhelmi-Akustik, Lahnau-Dorlar

Schallabsorbierende Plattendecken aus Massivholz oder Holzwerkstoffen – im Sinne ebener Akustikdecken – verändern nicht nur die jeweilige Raumakustik, sie beeinflussen auch die Schalldämmung gegenüber benachbarten Räumen (z. B. Schall-Längsdämmung, Luft- und Trittschalldämmung von Geschoßdecken). Wie Bild **12**.24 zu entnehmen ist, können sie hergestellt werden aus:

- Porösen Decklagenelementen (z. B. Holzwolle-Akustikplatten, Leichtspan-Akustikplatten u. a.)
- Perforierten Decklagenelementen (z. B. gelochte/geschlitzte Furnierplatten, geschlitzte Röhrenspanplatten u. a., jeweils mit Schallschluckmaterial hinterlegt)
- Auf Fuge angeordneten Decklagenelementen (z. B. Formteile aus Span- oder Sperrholz, Kassettenelemente u. a., jeweils mit Schallschluckmaterial hinterlegt).

Eine schallabsorbierende Plattendecke aus Holzwerkstoffen zeigt Bild **12**.29. Die zwischen den Tragprofilen angeordneten Decklagenplatten bestehen aus kunstharzverleimten Leichtspan-Akustikplatten (DIN 68762), lieferbar in normal- und schwerentflammbarer Ausführung, oder aus einem Vermiculite-Plattenkörper (nichtbrennbare Ausführung).

Die Oberfläche dieser Platten kann wahlweise schallschluckend oder schallreflektierend ausgebildet sein, ohne daß sich das Aussehen verändert. Bei der schallschluckenden Ausführung ist die Plattenoberfläche entweder mit einer Feinspandeckschicht oder einem mikroporösen Akustikvlies beschichtet, auf die jeweils noch ein feinporiger Spezial-Akustiklack (Standard- oder Sonderfarben) aufgebracht wird. Plattenoberflächen aus Rupfengewebe mit unterlegtem Akustikvlies sind ebenfalls erhältlich.

Bei der in Bild **12.**29 dargestellten Bandrasterdecke ist besonders beachtenswert, daß sich die Akustikplatten durch Einführung eines Riegels in die Plattennut arretieren lassen. Dadurch sind die Platten nach unten abnehmbar, so daß der Deckenhohlraum insgesamt besser ausgenutzt werden kann.

2. Holzbretter- und Holzpaneeldecken

Holzdecken in Form von Deckenbekleidungen und Unterdecken lassen sich auch mit Profilbrettern aus Massivholz und Paneelen aus Holzwerkstoffen herstellen.

Profilbretter aus Massivholz werden in Hobelwerken gefertigt und sind über den Holzfachhandel zu beziehen. Die Querschnitte einiger genormter Profilhölzer zeigt Bild **12.**30. Zum Verständnis von Bild **12.**31 sind die nachstehenden Fachbegriffe erwähnenswert:

- **Profilbretter** (sog. „gespundete Bretter") sind Bretter mit Nut und angehobelter Feder.
- **Profilmaß** ist die Breite des Brettes einschließlich der Feder; nach diesem Maß wird der Preis berechnet (Berechnungsbreite).
- **Deckbreite** ist die Breite des Brettes ohne Feder.

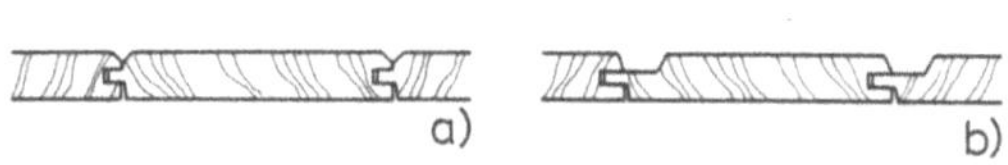

12.30 Querschnitte genormter Profilhölzer
a) gespundete Fasebretter aus Nadelholz (DIN 68122)
b) Profilbretter mit Schattennut (DIN 68126)

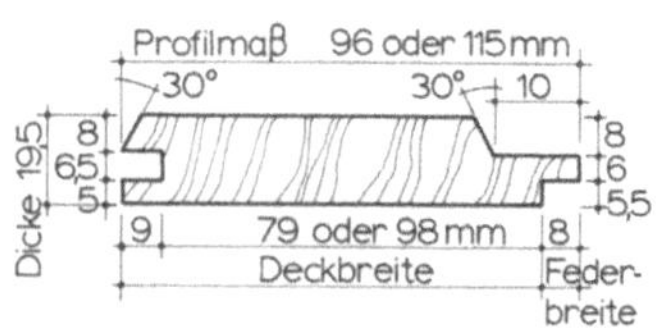

12.31 Fachbegriffe und Abmessungen beispielhaft an einem 19,5 mm dicken Profilholz-Querschnitt dargestellt

Da bei Profilbrettern Nute und Feder ineinandergreifen, muß bei der Ermittlung der für eine Fläche tatsächlich benötigten Menge von der Deckbreite ausgegangen werden. Die Differenz zwischen Profilmaß und Deckbreite entspricht der jeweiligen Federbreite; diese beträgt je nach Brettbreite 6 mm, 8 mm oder 10 mm.

Profilbretter sind in der Regel in Längen von 1,50 bis 6,10 m erhältlich. Die gängigen Profilmaße liegen zwischen 69 und 146 mm, gebräuchliche Brettdicken zwischen 11,0 und 19,5 mm. Von den Hobelwerken werden darüber hinaus noch eine Vielzahl nicht genormter Profilarten angeboten (Sonderprofile). Die gebräuchlichsten Holzarten, aus denen Profilhölzer hergestellt werden, sind Fichte, Kiefer, Lärche, Red Pine, Oregon Pine, Western Red Cedar, Hemlock. Weitere Einzelheiten sind der Spezialliteratur [18], [19], [20] zu entnehmen oder beim Holzfachhandel zu erfragen.

Akustikbretter aus Massivholz, ihre Profile, Abmessungen und Gütebedingungen sind in DIN 68127 festgelegt. Die Querschnitte einiger genormter Akustikbretter zeigt Bild **12.**32. Sie sind allseitig glattkantig gehobelt und in ähnlichen Abmessungen wie die zuvor beschriebenen Profilbretter erhältlich.

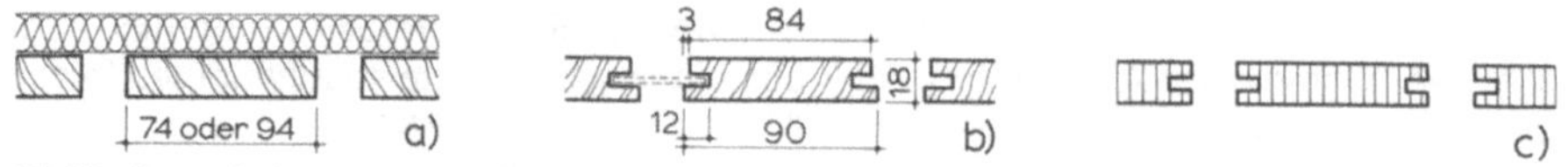

12.32 Querschnitte genormter Akustikbretter und nichtgenormter Akustikpaneele
a) Akustik-Glattkantbretter (DIN 68127)
b) Akustik-Profilbretter (DIN 68127)
c) Akustikpaneele aus Holzwerkstoffen

Akustikpaneele aus Holzwerkstoffen weisen ähnliche Profilquerschnitte wie die Akustikbretter auf. Sie unterliegen jedoch keiner materialbedingten Breitenbegrenzung, da sie aus furnierten (oder anderartig beschichteten) Holzspanplatten hergestellt werden. Die vor allem in Schulen, Sportstätten, Schwimmbädern usw. eingesetzten Paneele sind in normal-, schwerentflammbarer und nichtbrennbarer (DIN 4109) sowie in luftfeuchtebeständiger Ausführung erhältlich.

Akustikbretter und Akustikpaneele eignen sich in besonderer Weise zur Herstellung von offenen, schallschluckend ausgebildeten Deckenbekleidungen und Unterdecken (ebene Akustikdecken). Sie können mit offenen oder geschlossenen Fugen (= eingeschobene Federn), mit oder ohne hinterlegtem Schallschluckmaterial bzw. Rieselvliesstoff eingebaut werden (Bild **12**.33). Auch die Fugenbreiten können wahlweise 10, 15, 20 oder 25 mm betragen. Bei gleicher Profilausbildung lassen sich so unterschiedliche Schallabsorptionsgrade erzielen. Nähere Angaben hierzu sind der Spezialliteratur zu entnehmen [19].

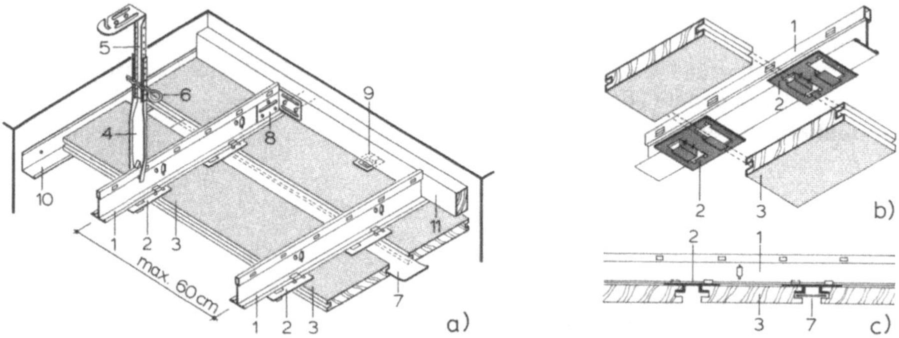

12.33 Konstruktionsbeispiel einer abgehängten Holzpaneeldecke (Profilbretterdecke) mit verzinkter Metallunterkonstruktion. Schallabsorbierende Dämmstoffauflage bei Bedarf.
a) Aufbau – Übersicht, b) bis c) Ausschnitte

1 Tragschiene
2 Spezial-Kralle (Paneel-Drehklipp)
3 Holzpaneele (Akustik-Profilbretter)
4 Noniusabhänger (Unterteil)
5 Noniusabhänger (Oberteil)
6 Sicherungsstift
7 Dämmfeder (schwarz oder farbig)
8 Wandanschlußwinkel
9 Spezial-Kralle für Wandanschluß
10 Wandwinkel
11 Holzlatte

DONN Products GmbH, Viersen

Die vorgenannten Decklagenelemente (Bretter und Paneele) werden nahezu immer an Unterkonstruktionen aus Holz oder Metall – direkt oder abgehängt – angebracht. Ausbildung und Bemessung der Unterkonstruktionen richten sich weitgehend nach der Art und Größe des aufzubringenden Bekleidungsmateriales (Decklage). Die zulässigen Stützweiten und Abstände der Tragprofile sind den jeweiligen Herstellerunterlagen bzw. amtlichen Prüfzeugnissen zu entnehmen.

Bei **Deckenbekleidungen** ohne erhöhte Schallschutzanforderungen und ohne besondere Anforderungen an ihre Hinterlüftung genügt eine einfache Lattung als Unterkonstruktion. Hierbei beträgt der Lattenabstand etwa 60 bis 80 cm (Bild **12**.13a). Die Anbringung eines Kreuzrostes empfiehlt sich überall dort, wo mit hoher Luftfeuchtigkeit (Feuchtigkeitsschwankungen) oder schalltechnischen Anforderungen zu rechnen ist (Bild **12**.13b). Noch wesentlich günstigere schalltechnische Verbesserungen lassen sich – sowohl bei Deckenbekleidungen wie bei Wandbekleidungen (biegeweiche Vorsatzschale) – mit den in Bild **12**.34 gezeigten Akustik-Schwinghängern (Metallbügel mit Dämmstoffeinlage) erzielen. Für Bekleidungen und Unterdecken in häuslichen Feuchträumen gelten besondere Festlegungen. Einzelheiten hierzu s. [18], [19].

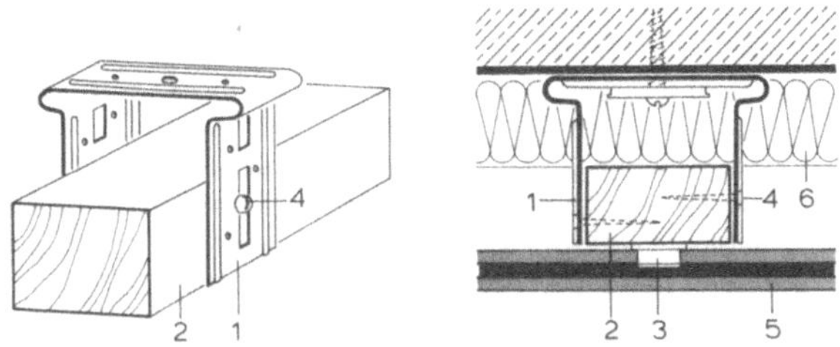

12.34
Akustik-Schwinghänger für schalltechnisch wirksame Decken- und Wandbekleidungen

1 Akustik-Schwinghänger
2 Holzlatte
3 Spezial-Kralle
4 Schraube
5 Holzpaneel
6 Dämmaterial

Früh, Neckartenzlingen

Bei **Unterdecken** werden die Profilhölzer und Paneele vorwiegend an Metallunterkonstruktionen – sichtbar oder unsichtbar – befestigt. Holzrahmenkonstruktionen kommen vor allem bei geringen Abhängehöhen zum Einsatz (Bild **12**.34). An Befestigungsmitteln stehen die üblichen Schrauben und Nägel zur Verfügung. Für die unsichtbare Befestigung werden jedoch in zunehmendem Maße Spezial-Klammern und -krallen eingesetzt (Bild **12**.33 und **8**.46). Ihre Größe richtet sich nach der jeweiligen Nutwangenstärke der Profilhölzer. In Verbindung mit entsprechenden Unterkonstruktionen können derartig befestigte Decken auch ballwurfsicher ausgeführt werden.

Massivholzteile dürfen nur in gut getrocknetem Zustand eingebaut werden, da sich Holz auf den Feuchtegehalt der umgebenden Luft einstellt (Gleichgewichts-Holzfeuchte). In beheizten Räumen soll die Holzfeuchte bei ca. 8% (bezogen auf das Darrgewicht) liegen. Außerdem sollten die Profilhölzer vor der Montage durch mehrtätige Lagerung im temperierten Raum dem jeweiligen Raumklima angepaßt werden.

Profilhölzer werden üblicherweise gehobelt und geschliffen angeboten; z.T. sind sie auch mit sägerauher und sandgestrahlter Oberfläche erhältlich. Eine farbliche Behandlung der Hölzer ist ebenfalls möglich. Werden gespundete Profilbretter oder Akustikbretter mit eingeschobenen Holzfedern verwendet, so ist darauf zu achten, daß alle sichtbaren Holzteile vor der Montage mindestens einmal mit dem jeweiligen Anstrichmittel (z.B. Farblasuren) vorbehandelt sind, damit bei späteren, holzwerkstoffbedingten Formveränderungen die ursprüngliche Holzfarbe an den Nut- und Federstößen nicht unangenehm streifig in Erscheinung tritt.

3. Holzlamellendecken (Schürzendecken)

Lamellendecken bestehen aus einzelnen, senkrecht angeordneten, meist in gleichen Abständen parallel zueinander in einer Richtung verlaufenden Platten. An Materialien werden vorzugsweise Massivholz, Holzwerkstoffe wie beispielsweise Leichtspan-Akustikplatten sowie Mineralfaserplatten verwandt. Durch eine entsprechend farbige Oberflächenbehandlung und schachbrettartige Anordnung der Lamellenfelder lassen sich interessante Deckenuntersichten erreichen.

Lamellendecken sind licht-, luft- und schalldurchlässig (offenes Deckensystem). Sie ergeben, je nach Blickrichtung, Lamellenhöhe und Plattenabstand einen mehr oder weniger guten Sichtschutz. Außerdem übernehmen derartige Decken – bei entsprechend enger Anordnung der Lamellen – immer auch die Funktion des Blendschutzes bei darüberliegenden, freistrahlenden Lichtleisten. Durch Auflegen von Schallschluckmaterial können störende Installationen o.ä. verdeckt und gleichzeitig ein hoher Schallabsorptionsgrad erzielt werden. Dieser läßt sich noch wesentlich verbessern, wenn die Lamellen selbst aus schallschluckenden Materialien wie beispielsweise Leichtspan-Akustikplatten oder Mineralfaserplatten bestehen (Bild **12**.35).

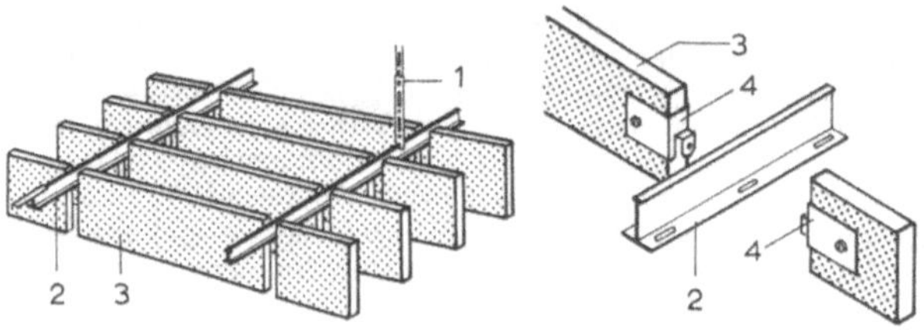

12.35
Schematische Darstellung einer Lamellendecke
1 Abhänger
2 Tragprofil, beidseitig geschlitzt
3 Lamellen aus Holz oder Mineralfaserplatten
4 Lamellenhalter mit Einhängehaken

4. Holzrasterdecken

Rasterdecken sind licht-, luft- und schalldurchlässige, offene Deckensysteme mit meist gleichmäßig gerasterter Untersicht. Sie setzen sich aus handlichen Einzelelementen zusammen, die sich zu fugen- und richtungslos wirkenden, durchlaufenden Unterdeckenflächen zusammenfügen lassen. Rasterdecken gibt es in vielen verschiedenen Designs, Modulbreiten und Materialien sowie in allen RAL-Farben. Die in quadratischer, rechteckiger, polygonaler oder kreisrunder Form lieferbaren Rasterelemente bieten vielfältige Gestaltungsmöglichkeiten. Sie können aus Massivholz, kunstharzgetränktem Spanholz oder anderen Materialien hergestellt sein. Vgl. Abschn. 12.6.4.5.

Offene Rasterdecken mit einem freien Querschnitt von 70 bis 80 Prozent dienen oftmals nur zur optischen Korrektur der Raumhöhe, wobei das Luftvolumen des Raumes voll erhalten bleibt. Rasterdecken eignen sich jedoch darüber hinaus in besonderer Weise zur Herstellung von ebenen Akustikdecken. Durch Auflegen von rieselfestem Schallschluckmaterial wird ein hoher Schallabsorptionsgrad erzielt.

Rasterdecken werden auch als Lichtrasterdecken bezeichnet, da sie viele Möglichkeiten der individuellen Lichtgestaltung zulassen. Zahlreiche Leuchtenhersteller haben für diese Deckenart spezielle Lichtelemente geschaffen. Auch für die Lüftung und Klimatisierung von Räumen hat die Rasterdecke aufgrund ihrer Durchlässigkeit erhebliche Vorteile: Die Führung der Zu- und Abluftkanäle kann freizügig und in der zweckmäßigsten Art erfolgen, da das Deckenmontagesystem als solches keine Festpunkte o.ä. kennt.

Die in Bild **12.36** schematisch dargestellten Rasterelemente werden aus einem Spanholzgemisch mit duroplastischen Kunstharzen formgepreßt (Baustoffklassen B 1 oder B 2 nach DIN 4109). Die einzelnen Rasterelemente sind 625 × 625 × 30 mm bzw. 600 × 600 × 57 mm groß. Als Unterkonstruktion dienen parallel verlaufende Steckrohre, im jeweiligen Rastermaß meist an Schnellspannabhängern abgehängt und flucht- und waagerecht ausgerichtet. An diesen Rohren werden die mit Abhängehaken bestückten Einzelelemente eingehängt. Um Verschiebungen auszuschließen und damit die Elemente dicht beieinander bleiben, werden sie untereinander noch mit Drahtklammern fest verbunden.

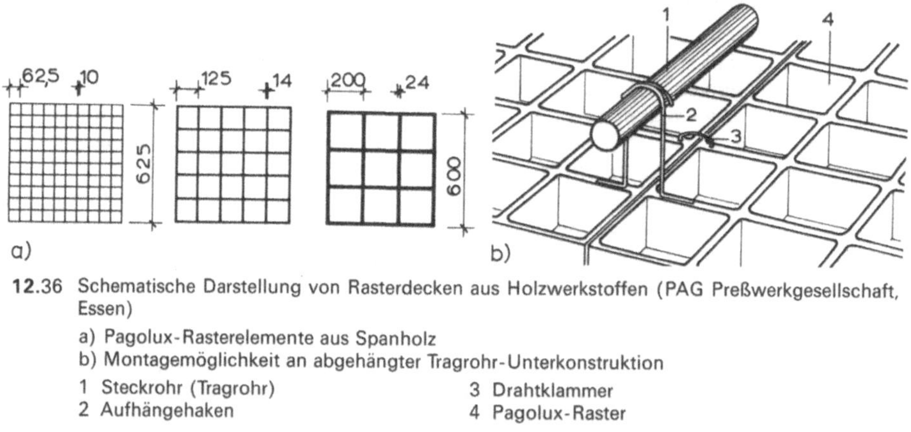

12.36 Schematische Darstellung von Rasterdecken aus Holzwerkstoffen (PAG Preßwerkgesellschaft, Essen)

a) Pagolux-Rasterelemente aus Spanholz
b) Montagemöglichkeit an abgehängter Tragrohr-Unterkonstruktion

1 Steckrohr (Tragrohr)
2 Aufhängehaken
3 Drahtklammer
4 Pagolux-Raster

Rasterdecken aus Spanholz sind immer freischwebend – ohne festen Wandanschluß – zu verlegen (materialbedingtes Schwinden und Quellen durch wechselnde Feuchtigkeitseinflüsse). Der Wandabstand soll mind. 4 mm je Meter Deckenfläche betragen. Dieser Abstand ist umlaufend auch an Pfeilern, Stützen und sonstigen Einbauten vorzusehen.

12.6.4.5 Ebene Decken aus Metall

Metalldecken bewähren sich seit vielen Jahren im modernen Innenausbau. Sie zeichnen sich aus durch geringes Eigengewicht, Unempfindlichkeit des Materiales gegen äußere Einflüsse, problemlose Integration von Beleuchtungs- und Klimatechnik, hohes Schallabsorptionsvermögen bei der Ausbildung als Akustikdecke, einfache trockene Montage und Demontage, Materialien-, Farben- und Formenvielfalt, geringen Unterhaltsaufwand, gutes Aussehen sowie durch relativ günstige Preise in Abhängigkeit zu den jeweiligen Qualitätsanforderungen. Metalldecken werden hergestellt in Form von (Bild **12**.20):

- Kassettendecken
- Paneeldecken
- Lamellendecken
- Rasterdecken
- Sonderdecken.

Die Decklagenelemente bestehen vorzugsweise aus verzinktem Stahlblech (korrosionsgeschützt). Ihre Oberflächen sind entweder einbrennlackiert, pulverbeschichtet oder bandbeschichtet. Decken aus Aluminiumblech zeichnen sich aus wegen ihrer Beständigkeit (z. B. Unempfindlichkeit gegen Feuchtigkeit, chemische Dämpfe), ihres geringen Gewichtes und eleganten Aussehens (obere Preisklasse). Aluminiumelemente gibt es in Alu-natur, eloxiert oder folienbeschichtet. Vor der Auslieferung erhalten alle Decklagenteile eine transparente Schutzfolie, die einen sicheren Schutz während des Transportes, des Auspackens und der Montage abgibt.

Die Decklagenelemente werden in der Regel an Unterkonstruktionen aus Metall – direkt oder abgehängt – angebracht. Ausbildung und Bemessung der Unterkonstruktionen richten sich weitgehend nach der Art und Größe des aufzubringenden Bekleidungsmateriales (Decklage). Die zulässigen Stützweiten und Abstände der Tragprofile sind den Herstellerunterlagen bzw. amtlichen Prüfzeugnissen zu entnehmen.

1. Metallkassettendecken

Metallkassettendecken bestehen aus quadratischen, rechteckigen oder anders geformten, wannenförmig ausgebildeten Deckenplatten (geschlossenes Deckensystem). Je nach Fugenausbildung kann die Deckenuntersicht ruhig und geschlossen oder stark gegliedert wirken. Dementsprechend gibt es Metallkassettendecken mit verdeckter Unterkonstruktion (Haarfugen), sichtbarer Unterkonstruktion (betonte Schattenfugen), Bandrasterprofilen (Längs- oder Kreuzbandraster) sowie Lichtkanalprofilen.

Die Unterkonstruktion der Metallkassettendecken besteht aus einem fest verriegelten Verband von Tragprofilen, der flucht- und waagerecht und ggf. drucksteif (Bandrasterdecken) von der Rohdecke abgehängt wird. In diesen Tragrost können die seitlich aufgekanteten Kassetten entweder (Bild **12**.37)

- aufgelegt (Einlegemontage),
- eingehängt (Einhängemontage) oder
- eingeklemmt (Klemmontage) werden.

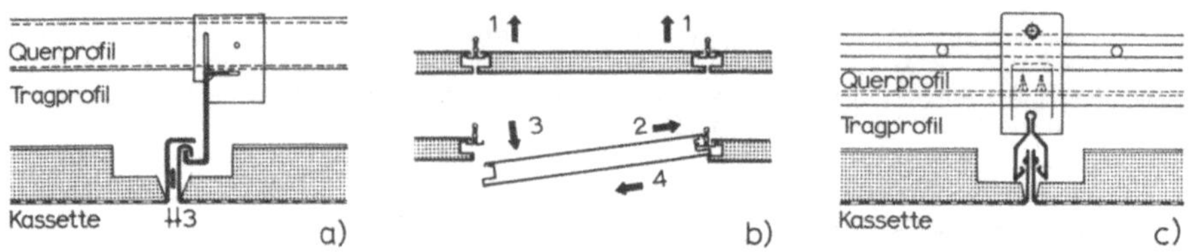

12.37 Schematische Darstellung verschiedener Montagesysteme bei Metallkassettendecken
a) Einlegemontage: Die Kassetten werden an ihren Stirnseiten in die Tragprofile eingelegt. An die Aufkantungen ist werkseitig ein ringsumlaufender Dichtungsstreifen angeklebt.
b) Einhängemontage: Das Einhängen der Kassetten wird durch Ausklinkungen in der Kassette ermöglicht (Richter-System, Griesheim bei Darmstadt).
c) Klemmontage: Die Kassetten werden in die Tragprofile eingeklemmt. Eingestanzte Nocken und Aussparungen in den Kassettenseiten garantieren ein planebenes Deckenniveau (Akustikbau Lindner, Arnstorf)

In jedem Fall sind die einzelnen Kassetten auch nach der Montage leicht herausnehmbar und somit der Deckenhohlraum für Wartungs- und Reparaturarbeiten jederzeit zugänglich (Bild **12.**38).

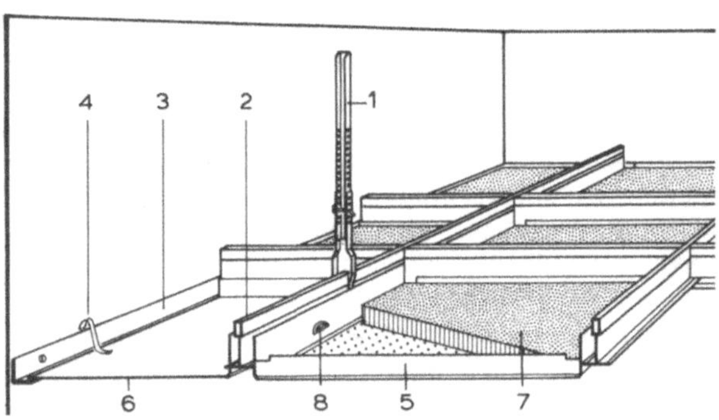

12.38
Konstruktionsbeispiel einer abgehängten Metallkassettendecke mit sichtbarer Unterkonstruktion (betonte Schattenfugen).
1 Noniusabhänger
2 Tragprofil
3 Wandwinkel
4 Druckfeder
5 Metallkassette (gelocht)
6 Randstreifen (ungelocht)
7 Schallschluckeinlage
8 eingestanzte Nocke

Hartleif Metalldecken, Hockenheim

Metallkassetten gibt es in ungelochter und gelochter Ausführung. Entsprechend den jeweiligen akustischen Anforderungen können die Platten verschieden perforiert (Lochanteil zwischen 6 und 40 Prozent) und mit rieselfestem Schallschluckmaterial hinterlegt sein (ebene Akustikdecken) Bild **12.**39a und b.

Beim Einbau umsetzbarer Trennwände (die nur bis zum Bandrasterprofil reichen) und bei hohen Anforderungen an die Schall-Längsdämmung muß immer noch zusätzlich – oberhalb der hinterlegten und beschwerten Unterdeckenplatten – eine vollflächig durchlaufende Dämmstoffauflage (mind. 50 mm dick) aufgebracht werden (Bild **12.**39c). Damit übernimmt die Akustikdecke auch die Funktion der horizontalen Dämmung im Deckenhohlraum. Vgl. hierzu auch Abschn. 13.3.3.1, Schall-Längsdämmung. Derart vollflächig belegte Decken sind jedoch nur bedingt demontierbar (erschwerte Zugänglichkeit, häufige Undichtheit nach Reparaturarbeiten). Deshalb sind einige Hersteller dazu übergegangen, auf Maß zugeschnittene, einpreßbare Dämmstoffmatten direkt auf den einzelnen Deckenelementen zu befestigen, um so in jedem Fall eine dichte, durchlaufende Dämmstoffauflage zu erzielen.

Um auch bei perforierten Metallkassetten einen ausreichenden Brandschutz zu erreichen, müssen neben der Schallschluckeinlage noch zusätzlich Gipskarton-Feuerschutzplatten auf die Kassettenelemente gelegt werden (Sandwich-Bauweise, Gesamtdicke 65 mm) Bild **12.**39d. Diese Konstruktion erreicht die Feuerwiderstandsklasse F30, bei einer Beflammung von oben oder von unten, bei gleichzeitig leichter Zugänglichkeit zum Deckenhohlraum. Die Herstellerunterlagen und amtlichen Prüfzeugnisse sind rechtzeitig einzuholen und die Angaben bei der Ausführung genauestens einzuhalten.

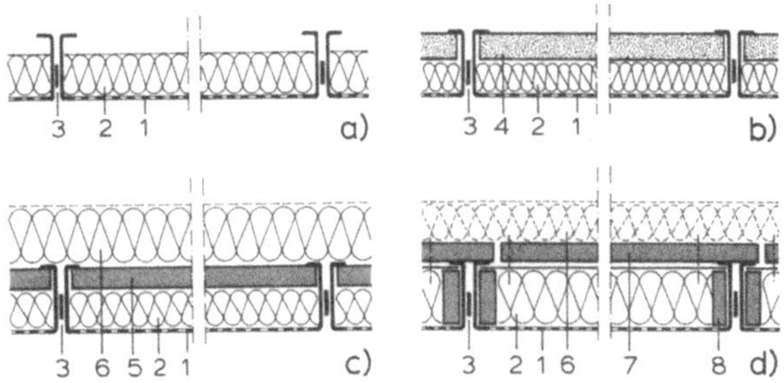

12.39
Schematische Darstellung von perforierten Metallkassetten mit verschiedenen Platteneinlagen und Deckenauflagen (Beispiele)

1 perforierte Metallkassette
2 schallabsorbierende Platteneinlage (Mineralwolle)
3 Dichtungsstreifen
4 Mineralfaserplatte 13 mm
5 Gipskarton-Bauplatte (Schwereplatte 9,5 mm)
6 vollflächige Dämmstoffauflage (Schall-Längsdämmung)
7 Gipskarton-Feuerschutzplatte
8 Gipskarton-Randstreifen

Nach Vorlagen Akustikbau Lindner, Arnstorf

Metallkassettendecken können auch zu sog. Lüftungsdecken ausgebaut werden. Dabei wird die Zuluft aus dem unter Überdruck stehenden Deckenhohlraum (Druckkammer) über – beispielsweise zwischen den Kassetten angeordneten Lüftungsschienen – in den Raum geblasen. Um die Leckluftrate möglichst gering zu halten, sind alle Wandanschlüsse und Deckeneinbauten sorgfältig abzudichten. Auch die in den perforierten Metallkassetten eingelegten Mineralfaserplatten müssen oberseitig mit einer Alu-Folie kaschiert sein. Der Einbau von Deckenluftauslässen zum direkten Anschluß an das Lüftungskanalsystem ist ebenfalls möglich. Vgl. hierzu auch Abschn. 12.3.7.2, Klimatechnik.

Handelsübliche Kassettenformate: quadratische Standard-Kassetten 600 × 600 und 625 × 625 mm. Rechteck-Kassetten bis 500 mm Breite und bis 4000 mm Länge. Großfeld-Kassetten bis 1200 × 1200 mm. Dreieck-Kassetten je nach Bauraster.

Metall-Langfeldkassetten zeichnen sich durch eine erhöhte Eigenstabilität aus. Es ist daher möglich, Deckenflächen bis etwa 4 Meter Breite frei zu überspannen und die rechteckigen Kassetten lediglich in Wandanschlußprofile einzulegen. Derartige Platten eignen sich besonders zum Überdecken von Fluren, Gängen o.ä.

Mit Langfeldkassetten können aber auch Unterdecken erstellt werden, die sich durch besonders große Abstände der Bandrasterprofile auszeichnen (Achsabstände bis zu 1200 mm). Auch sog. Lichtkanalprofile dienen als Auflage von Großfeldkassetten (Bild **12**.40). Derartige Unterdecken werden vor allem in großflächigen Bürobauten, Schulzentren, Foyers usw. eingesetzt. Vgl. Abschn. 12.6.7.1, Integrierte Lichtkanaldecken.

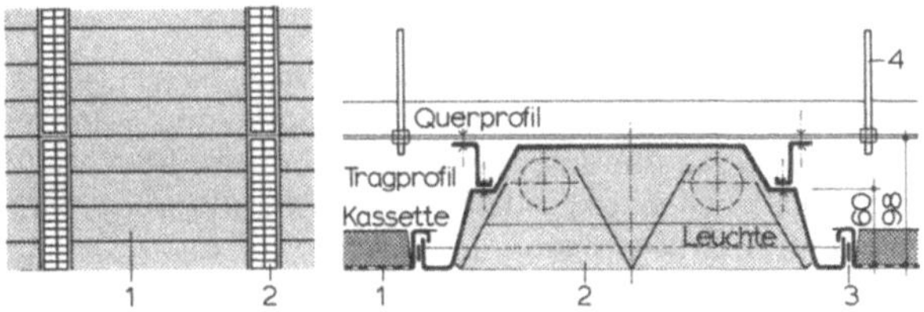

12.40
Schematische Darstellung einer einfachen Lichtkanaldecke

a) Deckenuntersicht
b) Langfeldplattendecke mit Schnitt durch ein Leuchtenband

1 Langfeldkassette
2 Lichtkanal (Leuchtenband)
3 Dichtungsstreifen
4 Abhängung

Akustikbau Lindner, Arnstorf

2. Metallpaneeldecken

Paneeldecken bestehen aus einzelnen, horizontal angeordneten und parallel auf Abstand verlegten, paneelförmigen Decklagenprofilen. Sie ergeben eine insgesamt flächig wirkende, durch die Paneelfugen jedoch richtungsbetonte Deckenuntersicht. Metallpaneeldecken zeichen sich u.a. aus durch ihr geringes Eigengewicht, einfache und schnelle Montage sowie hohes Schallabsorptionsvermögen bei Mineralfaserauflage.

Die Paneele werden meist aus Aluminium- oder Stahlblech hergestellt (korrosionsgeschützt). Die Oberflächen sind vorwiegend einbrennlackiert oder folienbeschichtet. Interessante Farbangebote bieten viele Variationsmöglichkeiten für die Deckengestaltung.

Wie Bild **12.**41 a beispielhaft zeigt, stehen zahlreiche Paneeltypen zur Wahl: In ebener, konkav oder konvex geknickter Form, rund oder scharfkantig umbördelt, mit und ohne Perforierung sowie Sonderprofile aller Art. Unterschiedliche Paneelbreiten und variable Fugenabstände – untereinander frei kombinierbar – machen Paneeldecken anpassungsfähig an jeden Grundriß und vorgegebene Rastereinteilung.

Metallpaneele werden in der Regel an Unterkonstruktionen aus Metall – direkt oder abgehängt – angebracht. Zur Aufnahme der Paneele haben die meist schwarz lackierten Tragschienen entweder angestanzte Zapfen (Trageripppen) oder ausgestanzte Laschen (Bild **12.**41 b). In jedem Fall müssen die Halterungen so ausgebildet sein, daß sie den Paneelen zwar einen festen Sitz gewähren, bei Temperaturschwankungen spannungsfreie Längenveränderungen jedoch zulassen.

Jedes Paneel ist nachträglich wieder abnehmbar, so daß der Deckenhohlraum für Wartungs- und Reparaturarbeiten zugänglich bleibt.

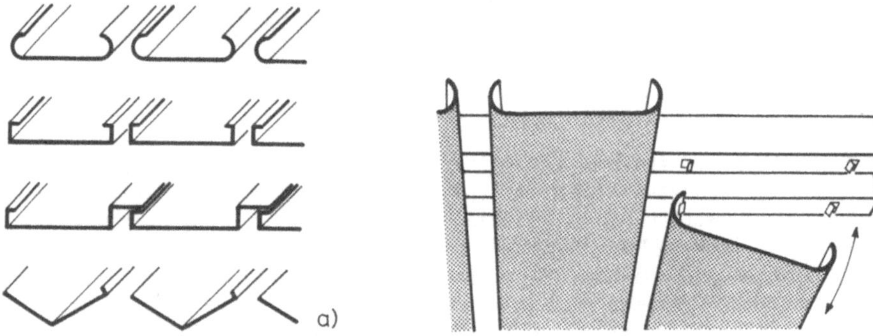

a) b)

12.41 Metallpaneeldecken – schematische Darstellung
a) Paneeltypen (Beispiele)
b) Paneelbefestigung an Tragschienen mit ausgestanzten Laschen

Paneeldecken haben sich besonders als Akustikdecken bewährt. Hohe Absorptionsgrade werden vor allem mit gelochten Paneelen und vollflächig hinterlegten Schallschluckplatten erzielt. Paneeldecken lassen sich auch als Lüftungsdecken ausbilden. Die Luftzufuhr aus dem allseitig abgedichteten Deckenhohlraum erfolgt durch Lüftungsschienen, die über den Paneelfugen angebracht sind. Die Abluft wird, wie in Abschn. 12.3.7.2 näher erläutert, durch die Leuchten zum Abluftkanal geführt.

Für Unterdecken in Gymnastik-, Turn- und Sporthallen gibt es die ballwurfsichere Metallpaneeldecke. Diese muß – ähnlich wie die sturmsicheren Außendecken – den in DIN 18032 T3 genannten Anforderungen entsprechen. Alle Konstruktionsteile müssen demnach stärker dimensioniert, die vorgeschriebenen Tragprofilabstände eingehalten sowie die Abhängung (Noniusabhänger) drucksteif ausgebildet und mehrfach gesichert werden. Wie Bild **12.**42 außerdem verdeutlicht, besitzen die Tragprofile Sperrzungen, die nach dem Einklemmen der Paneele nach unten gebogen werden und so das Herausfallen bei mechanischer Beanspruchung bzw. bei Druck- und Sogbelastung zuverlässig verhindern.

12.42
Konstruktionsbeispiel einer ballwurfsicheren Metallpaneeldecke
1 Noniusabhänger mit zwei Sicherungsstiften
2 Tragprofil mit angestanzten Zapfen
3 Wandwinkel mit angestanzten Zapfen
4 Sportdeckenpaneel aus Stahl (0,8 mm)
5 Sperrzungen, die als Sicherung nach unten gebogen werden

BEDO-Vertriebsgesellschaft, Schwerte

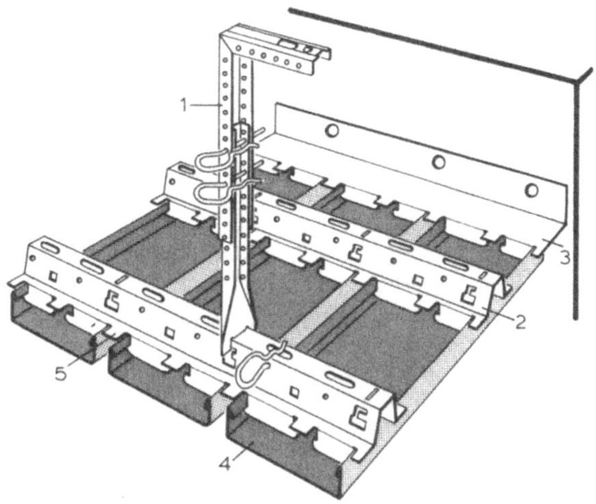

3. Metall-Lamellendecken

Lamellendecken bestehen aus einzelnen, vertikal angeordneten und parallel auf Abstand verlegten Sichtblenden. Sie ergeben in der Regel eine richtungsbetonte Untersicht. Derartige Decken finden vor allem dort Verwendung, wo Installationen, Versorgungsleitungen, Unterzüge und Lichtleisten verdeckt (Sicht- und Blendschutz) sowie die Höhe eines Raumes optisch verringert werden soll – ohne jedoch das Gesamtluftvolumen dabei zu schmälern (offenes Deckensystem). Lamellendecken sollten immer so eingebaut werden, daß die Blenden quer zur Hauptblick- und Hauptverkehrsrichtung hängen (z.B. in Fluren, Bahnhöfen, Ausstellungs- und Verkaufsräumen). Sie haben sich vor allem als Licht- und Akustikdecken bewährt. Weitere Hinweise s. Abschn. 12.6.4.4, Schürzendecken.

Die Tragprofile der Unterkonstruktion werden in der Regel durch Schnellabhänger von der Rohdecke abgehängt und die Sichtlamellen in entsprechende Ausstanzungen der Tragprofile lotrecht oder ggf. auch geneigt eingeklemmt (Bild **12.43**).

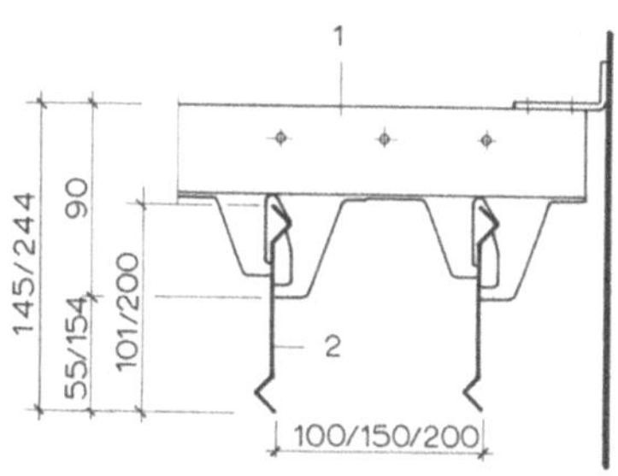

12.43 Schematische Darstellung einer Metall-Lamellendecke. Die Sichtlamellen werden in entsprechende Ausstanzungen der Tragschienen lotrecht eingeklemmt.
1 Tragprofil
2 Metall-Lamelle

Hunter-Douglas GmbH, Düsseldorf

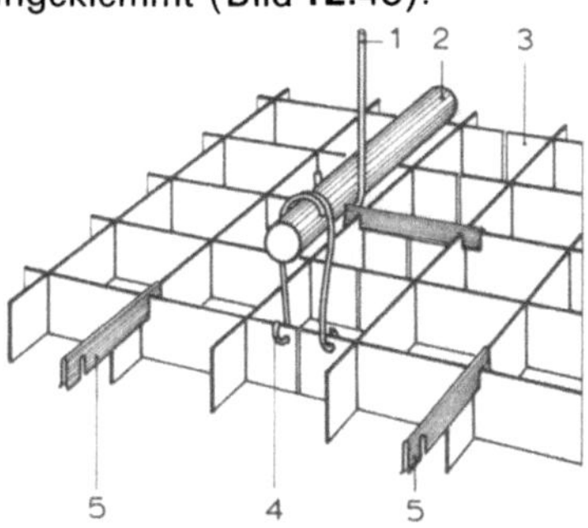

12.44 Schematische Darstellung einer Rasterdecke aus Leichtmetall (Beispiel)
1 Abhänger
2 Tragrohr
3 Aluminiumraster
4 Aufhängehaken
5 Verbindungskamm

Alukarben-Raster GmbH, Bad Homburg

4. Metall- und Kunststoff-Rasterdecken

Rasterdecken setzen sich aus einzelnen, in der Fläche vorwiegend gitterartig wirkenden Rosten zusammen, die oftmals nur der optischen Korrektur einer Raumhöhe dienen. Die Rasterelemente selbst sind zwar licht-, luft- und schalldurchlässig (offenes Deckensystem), die Höhe der Stege und die jeweils günstigste geometrische Form der Wabe verhindern jedoch einen schrägen Einblick in den Deckenzwischenraum (Sicht- und Blendschutz). Die angebotene Typenvielfalt bietet für jedes Einsatzgebiet den richtigen Raster. Dieser kann rund, rechteckig, dreieckig, quadratisch usw. ausgebildet sein. An Materialien kommen vor allem Stahlblech (korrosionsgeschützt), Aluminiumblech und Kunststoff in Frage.

Raster aus Stahl- und Aluminiumblech werden überall dort eingesetzt, wo die Forderung nach nichtbrennbaren Werkstoffen erhoben wird. Alu-Gitter zeichnen sich aus wegen ihrer Beständigkeit (z. B. Unempfindlichkeit gegen Feuchtigkeit, chemische Dämpfe), ihres geringen Gewichtes und eleganten Aussehens. Sie sind in Alu-natur, eloxiert und farbbeschichtet erhältlich.

Raster aus Kunststoff werden im Spritzgußverfahren (Plattenabmessungen bis zu 1200 × 1200 mm) aus lichtbeständigem Kunststoff (z. B. Polystyrol) hergestellt und anschließend antistatisch behandelt. Die Kunststoffgitter sind UV-stabil und gilben auch nach langer Benutzungsdauer nicht ein. Die Raster werden außerdem mit aufgedampfter Verspiegelung (metallisiert) in Gold-, Silber- und Kupfereffekt angeboten. Zur Ausstattung von Boutiquen, exklusiven Foyers, Sitzungssälen o. ä. stehen darüber hinaus zahlreiche sogenannte Dekorative Rasterdecken zur Verfügung (Blatt-Dekor-Raster, Parabol-Raster usw.). Kunststoffraster sind in der Regel normalentflammbar einzustufen (Baustoffklasse B 2 nach DIN 4102).

Rasterdecken haben sich besonders als Lichtdecken bewährt. Da die Lichtquellen vorwiegend im Deckenzwischenraum angeordnet sind, wird eine gleichmäßige und blendfreie Ausleuchtung von Arbeits- und Ausstellungsräumen, Schalterhallen usw. erreicht. Der Abstand zwischen Leuchte und Rasterdecke sollte dem halben Abstand von Leuchte zu Leuchte entsprechen. Rasterdecken eignen sich auch als Lüftungsdecken, da die Zu- und Abluft an beliebiger Stelle über der offenen Unterdecke eingeblasen bzw. abgesaugt werden kann. Derart offene Decken bieten sich außerdem als Akustikdecken an. Durch Auflegen von schwarz kaschiertem, rieselfestem Schallschluckmaterial oder Einhängen von Schallschluckkörpern im Deckenzwischenraum lassen sich hohe Schallabsorptionsgrade erzielen.

Die Unterkonstruktion aus Steckrohren, T- oder U-förmigen Tragprofilen wird meist mit Schnellabhängern waagerecht und fluchtrecht von der Rohdecke abgehängt. Je nach Montageart können die Tragschienen sichtbar, halbverdeckt oder verdeckt angeordnet sein (Bild **12.44**).

12.6.5 Wabendecken

Wabendecken bestehen aus senkrecht angeordneten, schallabsorbierenden Einzelblenden, die nach den jeweiligen akustischen, lichttechnischen und gestalterischen Anforderungen zu großformatigen Rasterfeldern zusammengefügt werden. Die meist rechteckig, quadratisch oder polygonal ausgebildeten Waben ergeben für die Gestaltung von Innenräumen vielseitige Möglichkeiten; außerdem können sie baulichen Besonderheiten und nahezu allen Bauachsmaßen problemlos angepaßt werden.

Wabendecken werden überall dort eingesetzt, wo erhöhte Schallabsorption verlangt wird (Produktions-, Lager- und Verkaufshallen, Großraumbüros usw.). Durch die senkrechte Anordnung der Blenden wird die Absorptionsfläche gegenüber ebenen Akustikdecken wesentlich vergrößert. Das Schallabsorptionsvermögen einer Wabendecke ist u. a. abhängig von der Steghöhe der Waben, ihrer Oberflächenstruktur bzw. Perforationsgrad und von der jeweiligen Rasterfeldgröße. Wird über den senkrechten Waben noch zusätzlich eine waagerechte, ebene Akustikdecke angeordnet oder Schallschluckplatten oberseitig auf die Waben aufgelegt, kann eine weitere Steigerung der Schallabsorption erreicht werden. Wabendecken gibt es demnach:

1. Direkt von der Rohdecke abgehängt,
   - mit offenen Waben (offenes Deckensystem),
   - mit geschlossenen Waben (geschlossenes Deckensystem).
2. Unterhalb einer Akustik- oder Brandschutzdecke installiert (Kombinationsdecken).

Schallschluckende Wabendecken können hergestellt werden aus:

- porösen Wabenelementen (z. B. Mineralfaserplatten),
- perforierten Wabenelementen (z. B. gelochte Metallschalen mit rieselfester Schallschluckeinlage).

Wabendecken gewährleisten eine blendfreie Leuchtenanordnung sowie eine gleichmäßige und wirtschaftliche Raumausleuchtung, da senkrecht stehende Blenden das Licht unmittelbar nach unten reflektieren. Die übrigen Funktionselemente wie Lautsprecher, Deckenlüftungsauslässe, Sprinklerköpfe usw. lassen sich ohne Beeinträchtigung ihrer Wirksamkeit unsichtbar, aber jederzeit zugänglich in das Deckensystem einordnen.

1. Wabendecken aus Mineralfaserplatten

Der konstruktive Aufbau dieser Decken richtet sich einmal nach dem gewählten Rasterbild, zum anderen danach, ob die Wabendecken direkt von der Rohdecke abgehängt oder unterhalb einer ebenen Akustikdecke installiert werden.

Erfolgt die Verlegung in Form von Quadrat- oder Rechteck-Waben, so werden die Querprofile entsprechend dem Wabenraster in Ausstanzungen der durchlaufenden Längsprofile eingerastet (Bild **12.45**a).

Werden dagegen Dreieck-, Sechseck- oder Achteck-Waben gewünscht, müssen an den Kreuzungspunkten passende Knotenbleche mit aufgesetzten Alu-Knotenprofilen eingebaut werden (Bild **12.45**b). Für die notwendige Aussteifung sorgen die zwischen den Knotenblechen eingesetzten Tragprofile. Die Abhängung (Schnellabhänger) erfolgt immer an den Knotenpunkten.

In diese gitterartigen Tragroste werden die unterseitig genuteten und sich gegenseitig aussteifenden schallschluckenden Mineralfaserplatten senkrecht eingesetzt. Durch Auflegen weiterer Schallschluckplatten lassen sich die Waben auch nach oben hin abdecken.

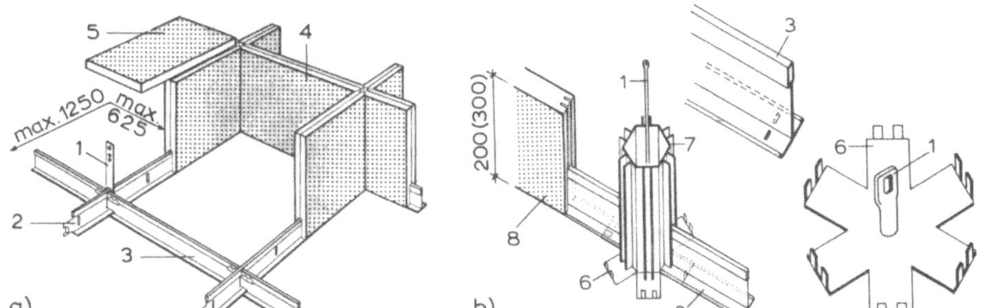

12.45 Schematische Darstellung von Wabendecken aus Mineralfaserplatten
a) für Quadrat- oder Rechteck-Waben, b) für Dreieck-, Sechseck- oder Achteck-Waben

1 Abhängung
2 Längsprofil
3 Querprofil
4 unterseitig genutete Wabenplatte
5 waagerecht aufgelegte Mineralfaserplatte
6 Knotenblech (je nach Rasterbild)
7 Knotenprofil aus Aluminium
8 unterseitig und stirnseitig genutete Wabenplatte

OWA-Odenwald Faserplattenwerk, Amorbach

2. Wabendecken aus Metall

Derartige Decken bestehen aus perforierten, U-förmig gekanteten Metallschalen (Trägerschalen), in die schallschluckende Matten eingelegt sind. Die selbsttragenden Elemente werden aus Aluminium- oder verzinktem und einbrennlackiertem Stahlblech (etwa 0,7 mm dick) hergestellt.

Auch bei diesen Unterdecken richtet sich der konstruktive Aufbau nach dem gewählten Rasterbild: Bei quadratischen und rechteckigen Rasterfeldern werden die Querprofile in Ausstanzungen der durchlaufenden Längsprofile eingehängt, zu einem stabilen Verband zusammengefügt und meist mit Gewindestangen von der Tragdecke abgehängt (Bild **12**.46).

Bei sternförmigen Rasterfeldern sind, wie zuvor beschrieben, an den Kreuzungspunkten geschlitzte Rohrknoten als Kopplungs- und Tragelement einzufügen.

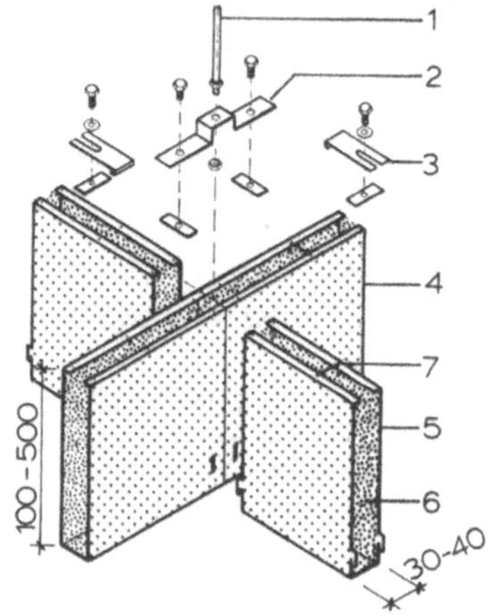

12.46
Konstruktionsbeispiel einer Wabendecke aus Metall, mit perforierten, U-förmig gekanteten Wabenelementen und schallschluckender Einlage

1 Abhängung
2 Aufhängebügel
3 Raster-Verbindungslasche
4 Längsprofil, perforiert
5 Querprofil, perforiert
6 Mineralfasereinlage
7 Klammer

Hartleif Metalldecken, Hockenheim

12.6.6 Pyramidendecken

Pyramidendecken bestehen in der Regel aus vorgefertigten Einzelelementen, die schnell und trocken in Steckbauweise (Elementbauweise) zusammengebaut werden können. In einem solchen Deckensystem sind alle wichtigen Funktionen wie Schallabsorption, Beleuchtung, Luftverteilung, Feuerwiderstandsfähigkeit, Trennwandeinbau und Sprinkler-Einbau vereint (integriertes Unterdeckensystem gemäß Abschn. 12.6.7). An Materialien kommen für die trapezförmigen Deckenplatten vor allem in Frage: Mineralfaserplatten sowie Aluminiumblech oder verzinktes und einbrennlackiertes Stahlblech (ungelocht oder perforiert mit Schallschluckauflage).

Pyramidendecken aus Mineralfaserplatten, wie in Bild **12**.47 dargestellt, haben den Vorteil, daß Decken- und Leuchteneinbau in einer Hand liegen. Zunächst wird ein Tragrost – aus Längs- und Querprofilen bestehend – im vorgesehenen Rastermaß (1250 × 1250 mm) von der Rohdecke abgehängt. In diese Tragkonstruktion wird je Deckenfeld ein vorgefertigter Pyramidenstumpf eingestellt und die schräg liegenden, trapezförmigen Seitenflächen mit Mineralfaserplatten geschlossen. In den quadratischen Lichtrahmen von 625 × 625 mm läßt sich eine normale Deckenleuchte einbauen und an bauseits installierte Steckdosen anschließen. Sollte dies aus beleuchtungstechnischen Gründen nicht in jedem Raster gewünscht sein, kann anstelle der Leuchte auch ein Abluftelement oder eine normale Mineralfaserplatte eingelegt werden.

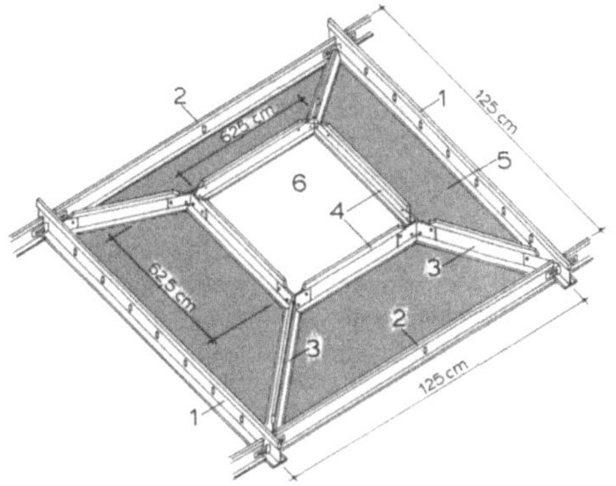

12.47
Konstruktionsbeispiel einer Pyramidendecke aus Mineralfaserplatten

1 Tragprofil
2 Querprofil
3 Pyramidenstumpf
4 Lichtrahmen
5 trapezförmige Mineralfaserplatte
6 Platz für Deckenleuchte, Abluftelement oder Mineralfaserplatte

DONN Products GmbH, Viersen

12.6.7 Integrierte Unterdeckensysteme

Die hohen und vielseitigen Anforderungen, die an eine Unterdecke – beispielsweise in modernen Bürogebäuden – gestellt werden, führten zur Entwicklung von sog. Integrierten Deckensystemen. Darunter versteht man Unterdeckensysteme, bei denen die Erfordernisse der

- Raumakustik (Schallabsorption) mit denen der
- Beleuchtung (blendfreie und hohe Lichtausbeute) sowie
- Klimatisierung (zugfreie und hohe Luftwechselrate) optimal aufeinander abgestimmt sind. Häufig werden auch noch Forderungen hinsichtlich der
- Nutzungsvariabilität (Trennwandanschlüsse) sowie des
- Brandschutzes u. a. m. gestellt.

Will man die komplexen Zusammenhänge zwischen Raumakustik einerseits und Beleuchtung/Klimatisierung andererseits verstehen, so ist von der Annahme auszugehen, daß beispielsweise in einem Großraum etwa 90 bis 100% der Grundfläche als schallabsorbierende Fläche im Deckenbereich zur Verfügung stehen müßte, um optimale akustische Verhältnisse zu erreichen. Da in der Deckenfläche jedoch Beleuchtungskörper, Zu- und Abluftauslässe sowie andere technische Einrichtungen untergebracht werden müssen, sind hohe akustische Anforderungen mit normalen Akustikdecken nur sehr schwer zu erfüllen. Deshalb ging man beispielsweise dazu über, zusätzliche schallabsorbierende Rasterlamellen unter die horizontalen Schallschluckdecken abzuhängen. Dadurch wird die Absorptionsfläche gegenüber ebenen Akustikflächen wesentlich vergrößert und sehr günstige Schallschutzwerte erreicht.

Dieser hohe Schallschluckraster wirkt sich jedoch nachteilig in ganz anderer Hinsicht aus: er beeinträchtigt die Lichtverteilungskurve der üblicherweise oberhalb des Rasters angeordneten Leuchten, so daß die Lichtausbeute insgesamt geringer ausfällt. Diesen Nachteil versuchen einige Deckenhersteller dadurch zu umgehen, indem sie die Leuchten in die Unterseite der Rasterlamellen einbauen. Dieses Herunterziehen der Leuchten hat jedoch wiederum zur Folge, daß auch die gesamte Klimatisierungstechnik (Zu- und Abluftaggregate) tiefer angeordnet werden muß, damit beispielsweise die entstehende Lampenwärme möglichst direkt dem Abluftsystem zugeführt werden kann (erhöhter technischer Aufwand). Keinesfalls darf diese in den Raum gelangen, da sie sonst die Klimaanlage in Kühlphasen belasten würde (vgl. auch Abschn. 12.3.7.2).

Integrierte Deckensysteme kann man entsprechend ihrer Konstruktionsmerkmale in folgende Hauptgruppen unterteilen:

Lichtkanaldecken, bestehend aus (Bild **12**.48a) U-förmigen, nach unten offenen Stahlblechkanälen, in die je nach Bedarf Leuchten oder Trennwände eingeschoben werden können. Die Decklagenflächen sind aus schallabsorbierenden Materialien oder Materialkombinationen.

Kombinationsdecken, bestehend aus (Bild **12**.48b)

— einer horizontalen, geschlossenen Akustikdecke (Oberdecke) mit Beleuchtung, kombiniert mit

— einem darunter angeordneten, vertikalen Großraster (Unterdecke), der meist Akustik-, Lüftungs-, Blend- und Sichtschutzfunktionen übernimmt und die Deckenuntersicht plastisch gliedert.

Sonderformdecken, mit kassettenförmigen Faltflächen, die quadratisch, rechteckig oder polygonal ausgebildet sein können. Die technische Ausrüstung für Beleuchtung, Klima und Akustik ist in die Gesamtform voll integriert [23].

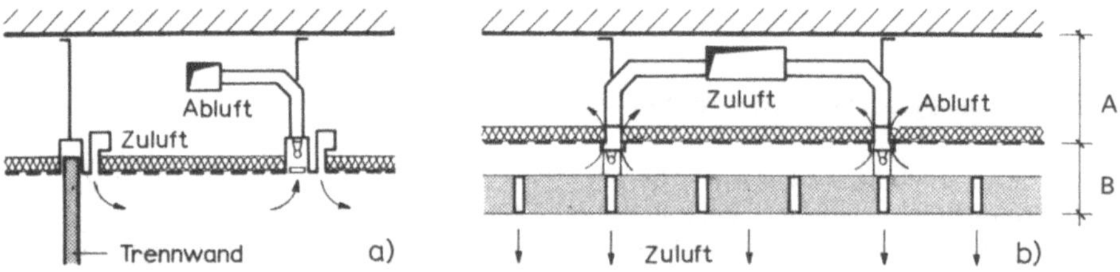

12.48 Schematische Darstellung von sog. Integrierten Unterdeckensystemen (Beispiele)
a) Lichtkanaldecke, b) Kombinationsdecke
A Horizontale, geschlossene Akustikdecke (Oberdecke), einschl. Tragprofilen mit Abluftschlitzen und Beleuchtung
B Vertikaler Großraster (Unterdecke) mit Akustik-, Lüftungs-, Blend- und Sichtschutzfunktionen

1. Lichtkanaldecken

Die Konstruktionsprinzipien der meisten auf dem Markt befindlichen Lichtkanaldecken sind annähernd gleich: Kanalartige Tragprofile werden über den Kreuzungspunkten an einer höhenjustierbaren, drucksteifen Abhängung befestigt und zu einem stabilen Rasterverband zusammengefügt. Die Kanäle geben der Unterdecke die

— statische Festigkeit, außerdem ermöglichen sie
— den Einbau von Leuchten in Längs- und Querrichtung,
— den Deckenanschluß für variable Trennwände,
— die unsichtbare Abluftführung oberhalb der Lichtleisten,
— die unauffällige Integration von Zuluftauslässen sowie
— freie Gestaltung durch variable Lichtkanalbreiten und Rastermaße.

In diesen Tragrost lassen sich vorgefertigte, schallschluckende Deckenelemente paßgenau einfügen, an deren Kanten bei Bedarf noch Zuluftschienen eingearbeitet sein können. Die großformatigen Deckenelemente bestehen vorwiegend aus

— mikroporösen Leichtspan-Akustikplatten,
— glasgewebebespannten Deckenelementen mit Schallschluckhinterlegung (Spannrahmendecken),
— perforierten Metallkassetten mit Schallschluckhinterlegung (großformatige Faltflächendecken),
— genadelten o. ä. behandelten Mineralfaserplatten.

Die in Bild **12**.49 dargestellte Lichtkanaldecke besteht aus korrosionsgeschützten Stahlblechkanälen mit Deckenfeldern aus schallabsorbierenden, mikroporösen Leichtspan-Akustikplatten (materialkennzeichnende Angaben s. Abschn. 12.6.4.4, Holzplattendecken). Da die Platten mit Schiebriegeln an den Kanälen gehalten sind, können sie jederzeit werkzeugfrei nach unten abgenommen werden und ermöglichen so eine optimale Ausnutzung des Deckenzwischenraumes. Die Zuluftführung erfolgt über Schlitzluftauslässe, die neben den Lichtkanälen liegen. Die Abluft wird über eingestanzte Lochungen am Kanalboden abgeführt.

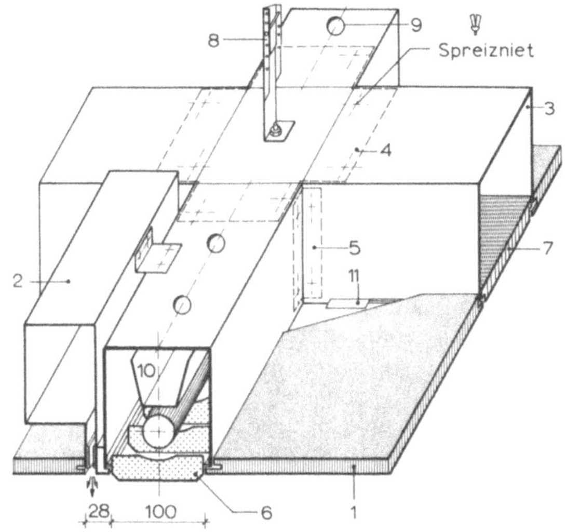

12.49
Konstruktionsbeispiel einer Lichtkanaldecke mit schallabsorbierenden Leichtspan-Akustikplatten

1 Wilhelmi-Akustikplatte
2 Schlitzluftauslaß
3 Lichtkanal mit Riegel
4 Kreuzplatte (Befestigungsblech)
5 Eckwinkel mit Spreiznieten
6 Lamellengitter
7 Kanalabdeckung
8 Noniushänger
9 Lochung für Abluft
10 Lichtleiste
11 Riegel

Wilhelmi-Akustik, Lahnau-Dorlar

Bild **12**.50 zeigt eine Unterdecke, die aus einem stabilen Lichtkanalsystem mit eingehängten Rahmenelementen besteht. Die vorgefertigten Rahmen sind mit einem Textilglasgewebe bespannt. Dieses Gewebe ist lichtecht, antistatisch, nichtbrennbar nach DIN 4102 (Baustoffklasse A1) und kann weiß oder farbig geliefert werden. Die Schallschluckplatten liegen im Abstand über dem Glasgewebe. Wie bereits zuvor erwähnt, dienen die Lichtkanäle zur Aufnahme der Leuchten und zur Befestigung von Trennwänden und Abschottungen. Die Zuluft wird ebenfalls über Schlitzluftauslässe in den Raum eingeführt und die Abluft über Öffnungen im Leuchtenkanal abgeführt.

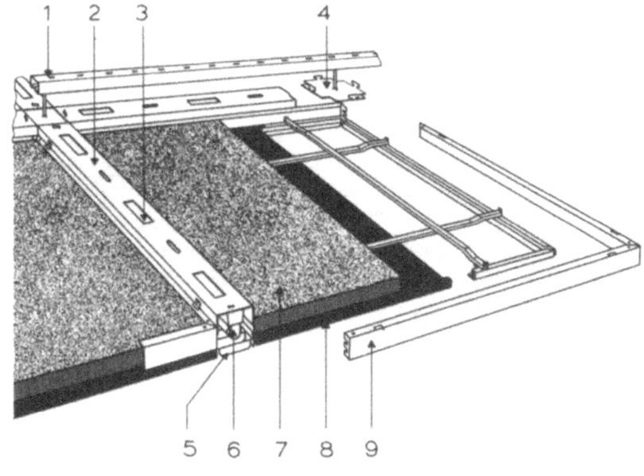

12.50
Konstruktionsbeispiel einer Lichtkanaldecke mit eingehängten Rahmenelementen, die mit einem Textilglasgewebe bespannt sind

1 Tragprofil
2 Lichtkanal
3 Abluftöffnung
4 Kreuzplatte
5 Lamellengitter
6 Leuchte
7 Schallschluckeinlage
8 Textilglasgewebe
9 Spannelement (Seitenteil)

Grünzweig + Hartmann Montage GmbH, Ludwigshafen

2. Kombinationsdecken

Diese Deckenkombination wurde speziell für Großräume in Bürogebäuden, für Schalter- und Kassenhallen entwickelt: die drei Problemkreise – gute Akustik, blendfreie Beleuchtung, zugfreie Klimatisierung – sind auch bei diesen integrierten Deckensystemen optimal aufeinander abgestimmt. Die in Bild **12.51** dargestellte, sog. Lüftungsrasterdecke hat einen dreidimensionalen Aufbau, wovon jedes Deckenteil ganz bestimmte Funktionen übernimmt.

Die horizontale, ebene Akustikdecke (Oberdecke) kann aus Stahl- oder Aluminiumpaneelen und aus Metallkassetten – jeweils mit aufgelegtem Schallschluckmaterial – sowie aus Mineralfaserplatten bestehen. Da die Tragprofile dieser Primärdecke mit Abluftschlitzen versehen sind, kann die Abluft unmittelbar oberhalb der Leuchten in den Deckenzwischenraum abgeführt und somit auch die Leuchtenwärme direkt abgeleitet werden.

Der vertikale Großraster (Unterdecke) kann der Grundrißgeometrie weitgehend angepaßt und in quadratische, dreieckige sechs- oder achteckige Felder eingeteilt werden.

Wie bereits erwähnt, übernimmt dieser Raster gleichzeitig mehrere Funktionen:

- Als Lüftungsraster soll er die Zuluft in den Raum zugfrei einführen. Wie Bild **12.51** zeigt, wird diese über sternförmige Verteiler in die einzelnen Rasterblenden geführt, deren schmale Unterseiten durchlaufend perforiert sind.
- Als Akustikraster, in vertikaler Anordnung, vergrößert er die schallabsorbierende Gesamtfläche nochmals wesentlich, so daß zusammen mit der horizontalen Akustikdecke sehr gute Schallschluckwerte erzielt werden. Die Rasterblenden gibt es in seitlich ungelochter oder perforierter Ausführung (mit eingelegten Schallschluckplatten).
- Als Blend- und Sichtschutz dient er gegenüber den darüberliegenden, freistrahlenden Lichtleisten.

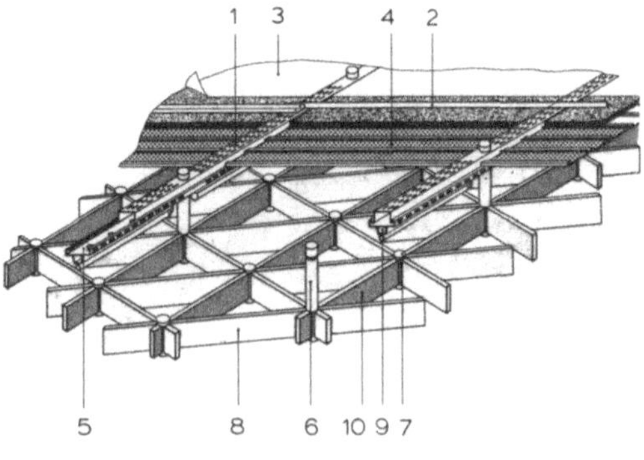

12.51
Konstruktionsbeispiel einer Kombinationsdecke (sogenannte Lüftungsrasterdecke), bestehend aus

a) einer horizontalen, geschlossenen Akustikdecke (Oberdecke) mit Beleuchtung
b) einem vertikalen Großraster (Unterdecke) mit Akustik-, Lüftungs-, Blend- und Sichtschutzfunktionen

1 Tragschiene mit Abluftschlitzen
2 Distanzwinkel
3 Schallschluckmaterial, oberseitig mit Alu-Folie kaschiert
4 Deckenpaneele (Akustikdecke)
5 Leuchtenpaneel
6 Zuluftstern
7 Blindstern
8 Zuluftraster
9 Lichtleiste
10 Blendraster

Grünzweig + Hartmann Montage GmbH, Ludwigshafen

12.7 DIN-Normen

DIN-Nr.		Ausgabe-Datum	Titel
1101		11.89	Holzwolle-Leichtbauplatten und Mehrschicht-Leichtbauplatten als Dämmstoffe für das Bauwesen; Anforderungen, Prüfung
1102		11.89	–; Verwendung, Verarbeitung
1946	T1	10.88	Raumlufttechnik; Terminologie und graphische Symbole
	T2	1.83	–; Gesundheitstechnische Anforderungen
E	T6	11.89	–; Lüftung von Wohnungen; Anforderungen, Ausführung, Prüfung
4071	T1	4.77	Ungehobelte Bretter und Bohlen aus Nadelholz; Maße
4072		8.77	Gespundete Bretter aus Nadelholz
4073	T1	4.77	Gehobelte Bretter und Bohlen aus Nadelholz; Maße
4074	T1	9.89	Sortierung von Nadelholz nach der Tragfähigkeit; Nadelschnittholz
	T2	12.58	Bauholz für Holzbauteile; Gütebedingungen für Baurundholz (Nadelholz)
4102	T1	5.81	Brandverhalten von Baustoffen und Bauteilen; Baustoffe, Begriffe, Anforderungen und Prüfungen
	T2	9.77	–; Bauteile, Begriffe, Anforderungen und Prüfungen
	T4	3.81	–; Zusammenstellung und Anwendung klassifizierter Baustoffe, Bauteile und Sonderbauteile
	T6	9.77	–; Lüftungsleitungen, Begriffe, Anforderungen und Prüfungen
4103	T1	7.84	Nichttragende innere Trennwände; Anforderungen, Nachweise
	T2	12.85	–; Trennwände aus Gips-Wandbauplatten
4108	T1	8.81	Wärmeschutz im Hochbau; Größen und Einheiten
	T2		–; Wärmedämmung und Wärmespeicherung
	T3		–; Klimabedingter Feuchteschutz
4109		11.89	Schallschutz im Hochbau; Anforderungen und Nachweise
	Bbl 1		–; Ausführungsbeispiele und Rechenverfahren
	Bbl 2		–; Hinweise für Planung und Ausführung; Vorschläge für einen erhöhten Schallschutz; Empfehlungen für den Schallschutz im eigenen Wohn- oder Arbeitsbereich
4121		7.78	Hängende Drahtputzdecken; Putzdecken mit Metallputzträgern, Rabitzdecken, Anforderungen für die Ausführung
4172		7.55	Maßordnung im Hochbau
5035	T1	10.79	Innenraumbeleuchtung mit künstlichem Licht; Begriffe und allgemeine Anforderungen
	T2		–; Richtwerte für Arbeitsstätten
18000		5.84	Modulordnung im Bauwesen
18032	T3	9.79	Sporthallen; Hallen für Turnen und Spiele; Prüfung der Ballwurfsicherheit
18041		10.68	Hörsamkeit in kleinen bis mittelgroßen Räumen
E 18165	T1	12.89	Faserdämmstoffe für das Bauwesen; Dämmstoffe für die Wärmedämmung
	T2	3.87	–; Dämmstoffe für die Trittschalldämmung
18168	T1	10.81	Leichte Deckenbekleidungen und Unterdecken; Anforderungen für die Ausführung
	T2	12.84	–; Nachweis der Tragkraft von Unterkonstruktionen und Abhängern aus Metall
18169		12.62	Deckenplatten aus Gips; Platten mit rückseitigem Randwulst
18180		9.89	Gipskartonplatten; Arten, Anforderungen, Prüfung

Fortsetzung s. nächste Seite

DIN-Normen, Fortsetzung

DIN-Nr.		Ausgabe-Datum	Titel
18181		1.69	Gipskartonplatten in Hochbau; Richtlinien für die Verarbeitung
E		1.87	–; Grundlagen für die Verarbeitung
18182	T1	1.87	Zubehör für die Verarbeitung von Gipskartonplatten; Profile aus Stahlblech
	T2		–; Schnellbauschrauben
	T3		–; Klammern
	T4		–; Nägel
18183		11.88	Montagewände aus Gipskartonplatten; Ausführung von Metallständerwänden
E 18184		12.87	Gipskarton-Verbundplatten mit Polystyrol- oder Polyurethan-Hartschaum als Dämmstoff
18201		12.84	Toleranzen im Bauwesen; Begriffe, Grundsätze, Anwendung
18202		5.86	Toleranzen im Hochbau; Bauwerke
V 18230	T1	9.87	Baulicher Brandschutz im Industriebau; Rechnerisch erforderliche Feuerwiderstandsdauer
18232	T1	9.81	Baulicher Brandschutz; Rauch- und Wärmeabzugsanlagen; Begriffe und Anwendung
18550	T1	1.85	Putz; Begriffe und Anforderungen
	T2		–; Putze aus Mörteln mit mineralischen Bindemitteln; Ausführung
E	T3	6.88	Putze; Wärmedämmputzsysteme aus Mörteln mit mineralischen Bindemitteln und expandiertem Polystyrol (EPS) als Zuschlag; Begriff, Anforderungen, Prüfung, Ausführung, Überwachung
18558		1.85	Kunstharzputz; Begriffe, Anforderungen, Ausführung
68122		8.77	Fasebretter aus Nadelholz
68123		8.77	Stülpschalungsbretter aus Nadelholz
68126	T1	7.83	Profilbretter mit Schattennut; Maße
	T3	10.86	–; Sortierung für Fichte, Tanne, Kiefer
68127		8.70	Akustikbretter
68360	T1	5.81	Holz für Tischlerarbeiten; Gütebedingungen bei Außenanwendung
	T2		–; Gütebedingungen bei Innenanwendung
68705	T2	7.81	Sperrholz; Sperrholz für allgemeine Zwecke
	T3	12.81	–; Bau-Furniersperrholz
	T4	12.81	–; Bau-Stabsperrholz, Bau-Stäbchensperrholz
68750		4.58	Holzfaserplatten; Poröse und harte Holzfaserplatten
68751		11.87	Kunststoffbeschichtete dekorative Holzfaserplatten
68761	T1	11.86	Spanplatten; Flachpreßplatten für allgemeine Zwecke; FPY-Platte
	T4	2.82	–; –; FPO-Platte
E 68763		10.88	–; Flachpreßplatten für das Bauwesen; Begriffe, Eigenschaften, Prüfung, Überwachung
68764	T1	9.73	–; Strangpreßplatten für das Bauwesen; Begriffe, Eigenschaften, Prüfung, Überwachung
68765		11.87	–; Kunststoffbeschichtete dekorative Flachpreßplatten; Begriffe, Anforderungen, Prüfung
68800	T1	5.74	Holzschutz im Hochbau; Allgemeines
	T2	1.84	–; Vorbeugende bauliche Maßnahmen
E	T4	7.86	–; Bekämpfungsmaßnahmen gegen Pilz- und Insektenbefall
E	T5	1.90	–; Vorbeugender chemischer Schutz von Holzwerkstoffen

12.8 Literatur

[1] Leichte Deckenbekleidungen und Unterdecken. Merkblatt des Arbeitskreises der Studiengemeinschaft für Fertigbeu e.V., Wiesbaden 1978

[2] Jungewelter, N.: Schall- und Brandschutz von Unterdecken. In: Das Bauzentrum **5** (1980)

[3] Gösele, K., Kühn, B., Stumm, F.: Schall-Längsdämmung von untergehängten Deckenverkleidungen. Bundesbaublatt 1976, Heft **3**

[4] Gösele, K., Schüle, W.: Schall – Wärme – Feuchte. 8. Aufl., Wiesbaden 1985

[5] Zeeb, J.: Die umsetzbare Innenwand. Stuttgart 1978

[6] Wagner, S.: Vergleichende Zusammenstellung der Anforderungen des Brandschutzes an Decken, Deckenbekleidungen, Unterdecken und Dämmschichten (Stand Dez. 1978). Hrsg.: Studiengemeinschaft für Fertigbau e.V., Wiesbaden

[7] Handbuch für Beleuchtung. Hrsg.: Schweizerische Lichttechnische Gesellschaft (SLG); Österreichische Lichttechnische Arbeitsgemeinschaft (LTAG); Lichttechnische Gesellschaft e.V. (LiTG), Bundesrepublik Deutschland, Essen. 1975

[8] RWE Bau-Handbuch Technischer Ausbau 1985/86. Hrsg.: Rheinisch-Westfälisches Elektrizitätswerk Aktiengesellschaft, Essen. Heidelberg

[9] Informationen zur Lichtanwendung, Heft **1** bis **9**, Hrsg.: Fördergem. Gutes Licht, Frankfurt/M.

[10] Beleuchtung von Räumen mit Bildschirmarbeitsplätzen. Hrsg.: Trilux-Lenze GmbH, Lichttechnische Spezialfabrik, Neheim-Hüsten. 1986

[11] Technische Unterlagen (Dübeltechnik). Fischer-Werke, Tumlingen-Waldachtal

[12] Die Verwendung von Dübeln und ihre Genehmigung. Merkblatt des Arbeitskreises „Dübel" der Studiengemeinschaft für Fertigbau e.V., Wiesbaden 1980

[13] Fachgerechtes Setzen von Dübeln. Studiengemeinschaft für Fertigbau e.V., Wiesbaden 1983

[14] Volkart, K.: Bauen mit Gips. Hrsg.: Bundesverband der Gips- und Gipsbauplattenindustrie e.V., Darmstadt 1986

[15] Hanusch, H.: Gipskartonplatten: Trockenbau, Montagebau, Ausbau. Köln-Braunsfeld 1978

[16] Jungewelter, N.: Trockenbaupraxis mit Mineralfaserdecken. Köln-Braunsfeld 1983

[17] Nutsch, W.: Handbuch der Konstruktion: Innenausbau. 2. Aufl., Stuttgart 1975

[18] Informationsdienst Holz: Profilholz für Wand und Decke. Hrsg.: Arbeitsgemeinschaft Holz e.V.

[19] –: Wand- und Deckenbekleidungen aus Profilholz. Hrsg.: Arbeitsgemeinschaft Holz e.V., Düsseldorf

[20] Thunack, F.: Holztabellen. 6. Aufl., Braunschweig 1985

[21] Fachkunde für Schreiner. 11. Aufl., Wuppertal 1979

[22] Erkelenz, Kötteritz, Zeiß: Holzfachkunde für Tischler und Holzmechaniker. 2. Aufl. B. G. Teubner, Stuttgart 1991

[23] Kinkeldey, R.: Die Kombinationsdecke als raumabgrenzende Struktur. In: AIT **7** (1984)

[24] Piltz, Härig, Schulz: Technologie der Baustoffe. 8. Aufl., Haslach i. K. 1985

13 Umsetzbare Trennwände und vorgefertigte Schrankwände

Nichttragende Trennwände können fest eingebaut oder umsetzbar ausgebildet sein. Sie dienen nur der Raumtrennung und können nicht zur Gebäudeaussteifung herangezogen werden. Beide Wandarten sind in der Fachgrundnorm DIN 4103 T1 genormt.[1] [2]

Vorgefertigte Schrankwände bestehen aus serienmäßig hergestellten Teilen, die mit relativ geringem Aufwand montiert und jederzeit wieder umgesetzt werden können. Sie dienen nicht nur als Stauraum, sondern übernehmen auch Raumteiler-, Brand- und Schallschutzfunktionen. Ihr äußeres Erscheinungsbild ist jeweils systembedingt auf die meist mitangebotenen, umsetzbaren Trennwände abgestimmt.

13.1 Allgemeines

Fest eingebaute, nichttragende Trennwände werden vorwiegend auf der Baustelle hergestellt und sind nicht dazu bestimmt, umgesetzt zu werden. Die Demontage der Wände ist zwar möglich, eine Wiederverwendung des Materiales jedoch weitgehend ausgeschlossen. Bei den fest eingebauten Trennwänden handelt es sich im allgemeinen um Stein- und Plattenwände mit vorwiegend gespachtelter oder vollflächig verputzter, ggf. tapezierter und gestrichener Oberfläche. Nähere Einzelheiten hierzu s. Abschn. 6.8, Nichttragende, fest eingebaute Trennwände.

Umsetzbare, nichttragende Trennwände sind dagegen so konstruiert und industriell gefertigt, daß sich die oberflächenfertigen Einzelteile am Einsatzort ohne wesentliche Nacharbeiten montieren lassen. Derartige Trennwände können bei Bedarf – unter Verwendung aller Einzelteile – auch wieder umgesetzt, verändert oder ergänzt werden.

Umsetzbare Trennwände werden gleichermaßen im Wohnungs- und Objektbau, in Neu- und Altbauten, eingesetzt. Für die Beurteilung derartiger Wandkonstruktionen bietet sich folgende Kriterienliste an:

- Geringes Wandgewicht und damit geringere Belastung der tragenden Bauteile. Einsparungen bei der Dimensionierung der Tragkonstruktionen in Neu- und Altbauten.
- Vereinbarungen über Maßordnungen, Fugenausbildung und Toleranzen: wichtige Voraussetzung für die industrielle Vorfertigung von Trennwand- und Schrankwandteilen und ihrer problemlosen Zusammenfügbarkeit bzw. Austauschbarkeit am Einsatzort.
- Klare Trennung bei Skelettbauten zwischen tragenden und ausfachenden Bauteilen (in der Praxis „Rasterversatz" genannt); dadurch weitgehende Vermeidung von Sonderelementen.
- Verkürzte Bauzeit durch rationelle Montage- und Trockenbauweise. Keine ausbaubedingte Feuchtigkeit, keine zusätzlichen Trockenzeiten, geringer Schmutzanfall.
- Bewährte Systemkonstruktionen mit funktionsgerechten Anschlüssen an Rohdecke, Unterdecke, Installationsboden, Fassade, Schrankwand usw.

---

[1] In einer Fachgrundnorm sind die allgemeinen Anforderungen und Lastannahmen formuliert; sie ist baustoffneutral abgefaßt. An die Fachgrundnorm schließen sich sogenannte Fachnormen an. Diese haben sich an der Fachgrundnorm zu orientieren und regeln baustoffbezogen die weiteren Details. Zur Zeit sind eine ganze Reihe von Fachnormen als Ergänzung zur DIN 4103 T1 in Vorbereitung.

[2] DIN 4103 gilt nicht für bewegliche Trennwände, die sich waagerecht und/oder senkrecht bewegen lassen (z. B. Schiebe- und Faltwände). Nähere Angaben hierzu s. Abschn. 7 in Teil 2 dieses Werkes.

- Standsicherheit auch bei Baukörperbewegungen durch höhenbewegliche, gleitende Ausbildung der Deckenanschlüsse; keine Rissebildung.
- Gute Maßhaltigkeit und Maßgenauigkeit. Toleranzausgleich im Boden-, Wand- und Deckenbereich.
- Unbehinderte Installationsführung (Elektroinstallation, ggf. auch Sanitärinstallation). Leichte Zugänglichkeit für Wartungsarbeiten und Nachinstallation.
- Erfüllung bauphysikalischer Forderungen wie Brand- und Schallschutz.
- Ausgezeichnete Oberflächenbeschaffenheit: Hohe mechanische Festigkeit und Chemikalienbeständigkeit, dadurch geringe Bauunterhaltungs- bzw. Reparaturkosten.
- Großes Angebot an formalen und gestalterischen Möglichkeiten durch vielfältige Farbgestaltung und Oberflächenmaterialien. Systembedingte Einbindung von Tür-, Glas- und Schrankwandelementen.
- Variable Grundrißgestaltung und somit Anpassungsfähigkeit an sich ändernde Bedürfnisse durch Umsetzen, Wiederverwenden, Austauschen und Nachliefern von Teilelementen.
- Wirtschaftlichkeit: Relativ hohe Erstinvestitionskosten bei verhältnismäßig geringen Folgekosten.

Als nachteilig können die relativ hohen Erstinvestitionskosten angesehen werden. Diese entstehen häufig dadurch, daß die baulichen Gegebenheiten des Einsatzortes vorab nicht genügend sorgfältig erfaßt und die an die jeweilige Trennwand gestellten Anforderungen nicht rechtzeitig bekannt sind oder sich während der Bauzeit ändern. Außerdem spielt die Umsetzbarkeit derartiger Wände in der Praxis keineswegs die entscheidende Rolle, wie dies häufig angenommen wird. Vielmehr sind andere, in der Kriterienliste erwähnte Vorteile – wie beispielsweise gute Oberflächenbeschaffenheit, gleitend ausgebildete und damit rissefreie Deckenanschlüsse, leichte Nachinstallierbarkeit usw. – mindestens genauso hoch, wenn nicht sogar noch höher einzuschätzen.

13.2 Einteilung und Benennung: Überblick

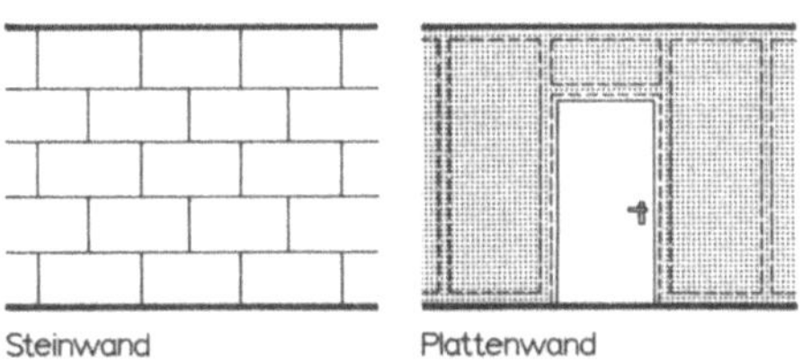

a) **Fest eingebaute, nichttragende Trennwände** nach DIN 4103

Derartige Stein- und Plattenwände werden vorwiegend auf der Baustelle hergestellt, mit meist verputzter oder gespachtelter und tapezierter Oberfläche. Nähere Angaben hierzu s. Abschn. 6.8.

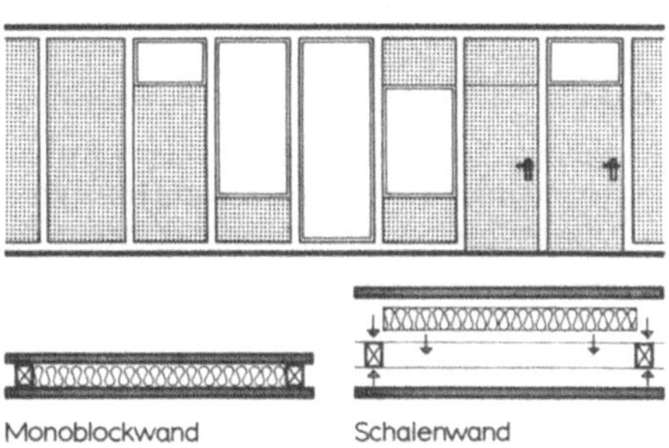

b) **Umsetzbare, nichttragende Trennwände** nach DIN 4103

Die Wände sind industriell gefertigt und lassen sich am Einsatzort ohne Nacharbeiten montieren und bei Bedarf auch wieder umsetzen.

Sie werden gemäß ihrer Bauweise und Montageart eingeteilt und bezeichnet als

- Monoblockwand: Werkseitig zusammengefügtes, einbaufertiges Innenwandelement,
- Schalenwand: Montage vorgefertigter Einzelteile am Einsatzort.

c) **Bewegliche Trennwände,** wie z. B. Schiebe- und Faltwände, die sich waagerecht und/oder senkrecht bewegen lassen, werden von der Norm DIN 4103 **nicht erfaßt.**

Einzelheiten s. Abschn. 7, Teil 2 dieses Werkes.

13.1 Einteilung nach konstruktionstechnischen Merkmalen

13.3 Allgemeine Anforderungen

An umsetzbare Trennwände werden eine ganze Reihe von Anforderungen gestellt, die je nach Bauaufgabe und Situation von unterschiedlicher Wichtigkeit sein können. Ausgehend von den jeweiligen funktionellen und nutzungsbedingten Ansprüchen sind die entsprechenden Prioritäten immer wieder neu zu setzen, um so unnötige Forderungen auszuschließen und die Baukosten niedrig zu halten. Auf folgenden Gebieten können Anforderungen an umsetzbare Trennwände gestellt werden:

- Geometrische und maßliche Festlegungen
- Mechanische Anforderungen
- Bauphysikalische Anforderungen
- Montagetechnische Anforderungen
- Elektro- und Sanitärinstallationen in umsetzbaren Trennwänden
- Anforderungen an Trennwandtüren und Glaselemente
- Anforderungen an Anbauteile und integrierte Schrankwandsysteme.

13.3.1 Geometrische und maßliche Festlegungen

Vereinbarungen über Maßordnungen, Fugenausbildung und Toleranzen im Bauwesen sind wichtige Voraussetzungen für die Planung und Ausführung von Bauwerken sowie für die Planung und Herstellung von Bauteilen und Bauhalbzeugen. Sie bestimmen auch weitgehend den Grad der Zusammenfügbarkeit und Austauschbarkeit industriell hergestellter Bauelemente sowie deren Verwendbarkeit in Bauwerken mit unterschiedlicher Zweckbestimmung. Im Bauwesen wird derzeit mit zwei Ordnungssystemen gearbeitet:

Maßordnung im Hochbau (DIN 4172)

Die Maßordnung fügt „maßgenormte" Bauwerksteile und Bauteile (z. B. Ziegelsteine) additiv aneinander: Vom Einzelteil zum Bauwerk. Diese Norm führte bereits 1955 zu einer wesentlichen Vereinheitlichung der Maße im Bauwesen. Einzelheiten hierzu s. Abschn. 2, Maße und Maßtoleranzen.

Modulordnung im Bauwesen (DIN 18000)

Die Modulordnung beinhaltet in erster Linie Angaben zu einer Entwurfs- und Konstruktionssystematik unter Zugrundelegung eines Koordinationssystems als Hilfsmittel für Planung und Ausführung im Bauwesen. Dieses System besteht aus rechtwinklig zueinander angeordneten, im Raum sich kreuzenden Koordinationsebenen. Das Abstandsmaß dieser Ebenen ist das Koordinationsmaß; es ist in der Regel ein Vielfaches eines Moduls (Grundmodul M = 100 mm; Multimoduln 3 M = 300 mm, 6 M = 600 mm, 12 M = 1200 mm). Einzelheiten hierzu s. Abschn. 2.3.

Um Bauteile, wie beispielsweise Trennwände, den Koordinationsebenen eindeutig zuordnen zu können, bedarf es der Festlegung einheitlicher Bezugsarten. Dazu dienen im Regelfall der Achsbezug und der Grenzbezug. Weitere Bezugsarten s. Bild **2**.9 bis **2**.14.

1. **Zuordnung im Achsbezug.** Beim Achsbezug wird der Bauteil einer Koordinationsebene so zugeordnet, daß seine Mittelachse mit der Koordinationsebene zur Deckung kommt. Achsbezogene Trennwände (Bild **13**.2a) – in der Praxis „Achs-

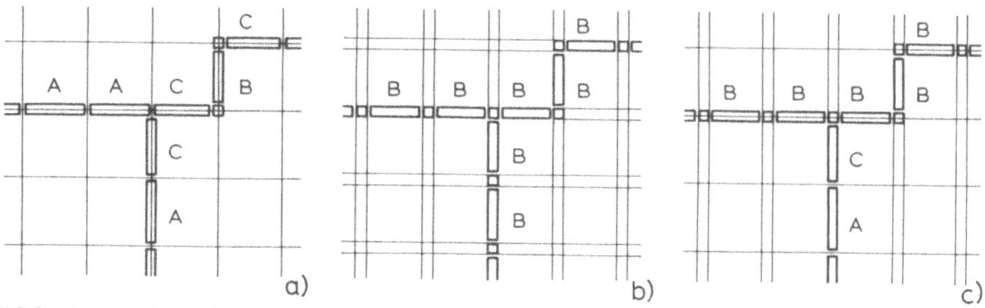

13.2 Schematische Darstellung
a) Trennwände im Achsbezug (Achsraster) angeordnet
b) Trennwände im Grenzbezug (Bandraster) angeordnet
c) Trennwände in Achs- und Grenzbezug angeordnet

rasterwände" genannt – haben den Vorteil, daß sie durchgehend angeordnet und relativ einfach versetzt werden können, insgesamt wirtschaftlicher sind und sich platzsparende Kombinationsmöglichkeiten mit Schränken ergeben. Nachteilig ist, daß pro Trennwandsystem mindestens 3 Sonderteile benötigt werden.

2. **Zuordnung im Grenzbezug.** Beim Grenzbezug wird der Bauteil zwischen zwei parallelen Koordinationsebenen so angeordnet, daß er das Koordinationsmaß einschließlich Fugenanteil und Toleranzen ausfüllt. Grenzbezogene Trennwände (Bild **13**.2b) – in der Praxis „Bandrasterwände" genannt – ergeben eine bessere Austauschbarkeit untereinander, eine vorteilhafte Bündelung der Installationen im „Knotenpunkt" und immer nur 1 Elementgröße. Als nachteilig können die insgesamt höheren Kosten sowie der Platzverlust durch Bandrasterblenden (Modulleisten) bei der endlosen Schrankwandkombination angesehen werden. S. hierzu auch Abschn. 12.3.6 mit Bild **12**.9.

Umsetzbare Trennwände werden heute vorzugsweise auf der Basis der DIN 18000 geplant. Für die Dimensionierung der Wand- und Türelemente in der Breite hat sich im Schul- und Verwaltungsbau das Koordinationsmaß von 1200 mm (12 M) als günstig erwiesen. Im Klinikbau (lichtes Tür- Durchgangsmaß $\geqq$ 1200 mm) werden diese Standardelemente bei Bedarf durch ein Zusatzelement ergänzt. Die Wanddicke beträgt beinahe durchweg 100 mm, lediglich im Klinikbau sind dickere Wände üblich.

Voraussetzung für jede Flexibilität im Skelettbau ist der Verzicht auf tragende Wände sowie die Entflechtung von Tragkonstruktionen (Stützen) und Ausbau (Bild **2**.13). Die Überlagerung verschiedener Koordinationssysteme (= Gliederung in Teilsysteme mit modularem Maß von beispielsweise 6 M) – in der Praxis auch „Rasterversatz" oder Trennung von „Konstruktions- und Ausbauraster" genannt – ergibt den Vorteil, daß alle Trennwand- und Fassadenelemente dieselbe Größe haben und es keiner Sonderelemente für den Anschluß an die Stützen bedarf. Außerdem wird durch diese Überlagerung ein verhältnismäßig maßgenauer Ausbau erreicht. Weitere Einzelheiten hierzu s. Abschn. 2.

13.3.2 Mechanische Anforderungen (Standsicherheit)

Nichttragende Trennwände sollen Beanspruchungen, wie sie vor allem durch menschliches Fehlverhalten verursacht werden, widerstehen können. Die Anforderungen zum Nachweis der Standsicherheit von fest eingebauten und umsetzbar ausgebildeten

Trennwänden sind in DIN 4103 T1 geregelt. In beiden Fällen erhalten die Trennwände ihre Standsicherheit erst durch Verbindung mit den angrenzenden Bauteilen. S. hierzu auch Abschn. 13.3.5, Montagetechnische Anforderungen an umsetzbare Trennwände. In der vorgenannten Norm wird von zwei denkbaren Belastungsfällen ausgegangen.

- **Einbaubereich 1:** Räume und Flure mit geringer Menschenansammlung (z. B. Wohnungen, Hotel-, Büroräume). Hier wird eine Last von 0,50 kN/m zugrunde gelegt.
- **Einbaubereich 2:** Trennwände für Bereiche mit großer Menschenansammlung (z. B. Schul-, Versammlungs-, Ausstellungs- und Verkaufsräume) sowie Trennwände zwischen Räumen mit Höhenunterschieden der Fußböden von mehr als 1,00 m. Die hier zugrundeliegende Last beträgt 1,00 kN/m.

Nichttragende Trennwände müssen demnach – außer ihrer Eigenlast – alle auf ihre Fläche wirkenden statischen Lasten (vorwiegend ruhende) sowie stoßartige Lasten aufnehmen und an die angrenzenden Bauteile abgeben können.

Bei den stoßartigen Belastungen wird einmal vom weichen Stoß (z. B. Körperaufprall auf die Wand) und vom harten Stoß (z. B. Auftreffen harter Gegenstände auf die Wand) ausgegangen. Dabei darf die Wand nicht durchstoßen, noch aus ihren Befestigungen herausgerissen werden und auch keine Gefährdung durch herabfallende Wandteile erfolgen.

Nichttragende Trennwände müssen auch so ausgebildet sein, daß leichte Konsollasten von 0,40 kN/m bei einer Lastausladung von 30 cm (z. B. in Form von Buchregalen, kleinen Hängeschränken o. ä.) an jeder Stelle der Wand in geeigneter Weise angebracht werden können.

Bild **13.3** zeigt ein integriertes Anhängesystem, bei dem ein besonders entwickelter Regalständer das Aufhängen von Ober- und Unterschränken, Vitrinen und Regalen aller Art ermöglicht. Die einzelnen Teile können ohne Beschädigung der Wandoberfläche wieder abgenommen werden. S. hierzu auch Abschn. 13.5, Vorgefertigte Schrankwandsysteme.

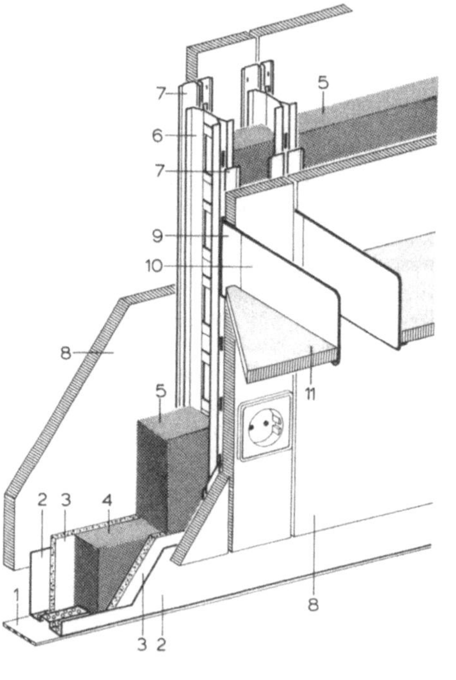

13.3
Trennwand (Schalenwand) mit integriertem Regalsystem

1 Dichtungsband
2 U-förmiges Sockelprofil aus gelochtem Stahlblech
3 Gipskartonstreifen (bei Feuerwiderstandsklasse F 30)
4 Mineralfaserdämmstoff 40 mm
5 Mineralfaserdämmstoff 60 mm
6 Regalständer (Unterkonstruktion)
7 Halteleiste
8 Wandschalen aus Holzspanplatten
9 Tragkonsolen aus Aluminium
10 Alu-Seitenwange mit Winkelauflage
11 Fachböden aus Spanplatten

FECO-Trennwandsysteme, Karlsruhe

13.3.3 Schallschutz von umsetzbaren Trennwänden

Beim Schallschutz ist grundsätzlich zu unterscheiden zwischen Maßnahmen der Schalldämmung und der Schallabsorption. Schalldämmung beinhaltet die Minderung der Schallübertragung zwischen benachbarten Räumen; je nach Art der Schwingungsanregung der Bauteile unterscheidet man zwischen Luftschalldämmung und Körperschalldämmung. Schallabsorption bedeutet Minderung des Schalles (Schallausbreitung) im Raum selbst. Vgl. hierzu Abschn. 14.6.3. Alle Bauteile sind in bauakustischer Sicht in zwei Gruppen zu unterteilen:

- Einschalige Bauteile, die als Ganzes schwingen können, bestehen aus einem einheitlichen Baustoff (z. B. Beton, Mauerwerk) oder aus mehreren Schichten verschiedener, fest miteinander verbundener Baustoffe (z. B. Mauerwerk mit Putzschichten). Die Schalldämmung wird vorwiegend durch ihr Flächengewicht bestimmt.
- Mehrschalige Bauteile bestehen aus zwei und mehreren Schalen, die nicht starr miteinander verbunden sind, sondern durch geeignete Dämmstoffe oder Luftschichten voneinander getrennt sind.

Umsetzbare Trennwände sind in der Regel nach dem Prinzip der Mehrschaligkeit aufgebaut, wodurch eine wesentlich bessere Schalldämmung erreicht werden kann als mit einschaligen Wänden gleichen Flächengewichtes. Sie hängen ab von:

- Gewicht
- Schalenabstand
- Biegeweichheit der Wandschalen
- Dämmschicht (Hohlraumfüllung)
- Art der Verbindung der Schalen
- Dichtheit von Fugen.

Die Schalldämmung von mehrschaligen Wänden hängt nicht nur von ihrer Dicke ab, sondern vor allem davon, ob die Schalen steif miteinander verbunden sind oder nicht. In diesem Zusammenhang ist jedoch zu beachten, daß die Schalldämmung von mehrschaligen Trennwänden am Bau nicht beliebig hoch gemacht werden kann, da der Schall nicht nur über die Trennwand selbst von Raum zu Raum übertragen wird, sondern auch über die angrenzenden Bauteile (z. B. Längswände, Deckenkonstruktion). Diese sogenannte Flankenübertragung kann vermindert werden, indem die flankierenden (massiven und biegesteifen) Bauteile entweder genügend schwer (Flä-

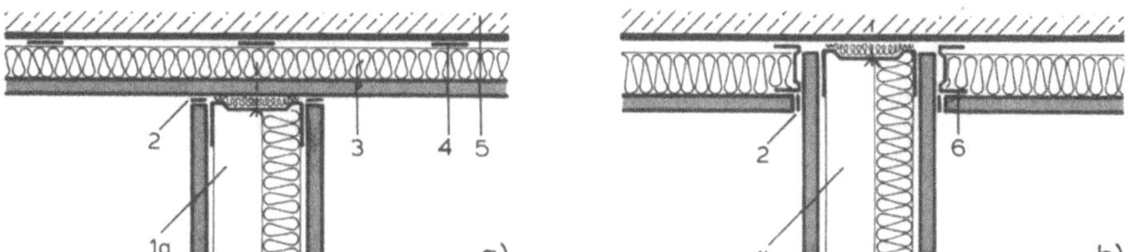

13.4 Biegeweiche Vorsatzschalen auf biegesteifer Massivwand
a) Angesetzte durchgehende Vorsatzschale
b) Freistehende Vorsatzschale durch Trennwandanschluß unterbrochen

1 a Trennwand mit Hohlraumdämmung an biegeweicher Schale dicht angeschlossen
1 b Trennwand an Massivwand dicht angeschlossen
2 Anschlußdichtung
3 Vorsatzschale aus Gipskartonplatten mit verspachtelten Fugen und Faserdämmstoff nach DIN 18165 (Gipskarton-Verbundplatte)
4 Kleber streifenförmig aufgetragen
5 Massivwand (biegesteifer Bauteil)
6 Metallständer mit Faserdämmstoff und Gipskartonplatten (biegeweiche Vorsatzschale)

chengewicht ≧ 300 kg/m²) oder in geeigneter Weise zweischalig ausgebildet werden. Dafür bieten sich beispielsweise biegeweiche Vorsatzschalen aus Gipskartonplatten und Faserdämmplatten (sog. Gipskarton-Verbundplatten) an. Diese werden streifenförmig mit Kleber am Bauteil angeklebt (Bild **13.**4). Weitere Konstruktionsbeispiele mit den entsprechenden Rechenwerten sind DIN 4109 zu entnehmen.

13.3.3.1 Schall-Längsdämmung

Mit der Forderung nach flexibler Raumaufteilung und dem damit verbundenen Einbau von umsetzbaren Trennwänden in beispielsweise Verwaltungs-, Schul- und Krankenhausbauten, taucht das Problem der Schall-Längsleitung zwischen benachbarten Räumen verstärkt auf.

Damit die spätere Umsetzbarkeit derartiger Trennwände nicht beeinträchtigt wird, werden diese in der Regel

- nur bis zur abgehängten Unterdecke geführt, während der Deckenhohlraum über mehrere Räume hinweg durchläuft. Somit muß die Unterdecke schalldämmende Aufgaben mit übernehmen.
- auf den fertig verlegten Fußboden aufgesetzt, ohne den jeweiligen Standort der Trennwände besonders auszubilden.

Die Schall-Längsleitung über die flankierenden Bauteile ist in **Skelettbauten** mit leichtem Ausbau meist wesentlich größer als in Bauten mit massiven Wänden. Sie wird besonders beeinflußt von

- der Art der flankierenden Bauteile,
- der konstruktiven Durchbildung der Anschlüsse zwischen flankierendem Bauteil und Trennwand,
- der Schallübertragung über Undichtigkeiten.

Ein vereinfachter **rechnerischer Nachweis** mit den entsprechenden Rechenwerten ist in DIN 4109 aufgezeigt.[1]) Demnach müssen die Werte der Schall-Längsdämmung der flankierenden Bauteile und das Schalldämm-Maß des trennenden Bauteils jeweils um + 5 dB höher liegen als die angestrebte resultierende Gesamtschalldämmung zwischen zwei Räumen. Diese erhöhten Anforderungen sind berechtigt, da normalerweise das Schall-Längsdämm-Maß eines Bauteils höher liegt als sein Schalldämm-Maß. Vgl. hierzu auch Abschn. 14.6.3.3.

Die dazugehörenden **Konstruktionsbeispiele** von Trennwandanschlüssen an leichte Unterdecken sind in Abschn. 12.3.3, Schallschutz von leichten Unterdecken, dargestellt und erläutert.

Wie Bild **13.**5 zeigt, tritt das Problem der horizontalen Schall-Längsleitung bei umsetzbaren Trennwänden (im Zusammenhang mit abgehängten Unterdecken und Fußbodenkonstruktionen) vor allem auf entlang

- schalleitender Unterdeckenplatten,
- ungedämmter Deckenhohlräume,
- schwimmender Estriche,
- textiler Fußbodenbeläge,
- undichter Randfugen.

[1]) Die in Tabellen der DIN 4109 angeführten kennzeichnenden Größen haben folgende Bedeutung:

a) Für das **trennende** Bauteil (ohne Längsleitung über flankierende Bauteile) gilt: das „bewertete Schalldämm-Maß R'_w.

b) Für **flankierende** Bauteile gilt: das „bewertete Schall-Längsdämm-Maß R'_{Lw}.

Weitere Schwachstellen können auftreten bei Kabelkanälen, die an Fensterbrüstungen, an der Wand oder im Fußboden montiert sind sowie bei Fenstern und Fensterfassaden, sofern keine schalltechnische Entkoppelung im Bereich der Trennwandanschlüsse vorgesehen ist. Dagegen hat sich im Laufe der letzten Jahre die schalltechnische Qualität der meisten Trennwandsysteme derart verbessert, daß der Schallweg über die Trennwandfläche als wichtige Fehlerquelle weitgehend außer Betracht bleiben kann.

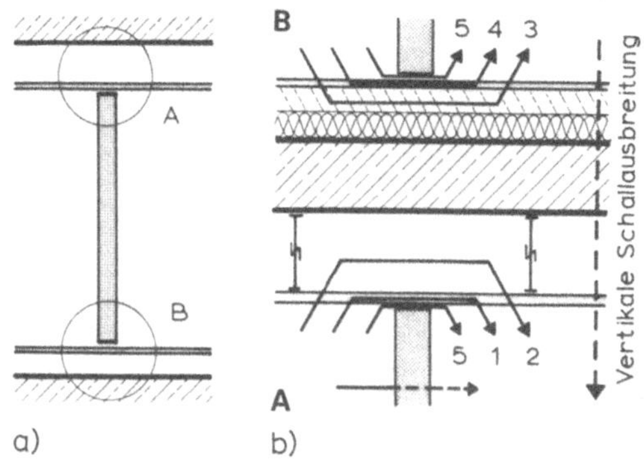

13.5
Schematische Darstellung möglicher Schallwege oberhalb (**A**) und unterhalb (**B**) umsetzbarer Trennwände. Das Problem der horizontalen Schall-Längsleitung tritt bei umsetzbaren Trennwänden (im Zusammenhang mit abgehängten Unterdecken und Fußbodenkonstruktionen) vor allem auf entlang

Weg 1: schalleitender Unterdeckenplatten
Weg 2: ungedämmter Deckenhohlräume
Weg 3: schwimmender Estriche
Weg 4: textiler Fußbodenbeläge
Weg 5: undichter Randfugen

1. Schall-Längsdämmung oberhalb umsetzbarer Trennwände

Als Faustregel gilt, daß die Schall-Längsdämmung der abgehängten Unterdecke um mindestens 5 dB höher gewählt werden sollte, als das gewünschte Schalldämm-Maß der raumteilenden Trennwand.

Normal konstruierte Trennwände haben ein bewertetes Schalldämm-Maß R'_w (= Bauschalldämm-Maß) von etwa 40 dB; bei sehr guten Ausführungen werden bis zu 52 dB erreicht. Derart hohe Schall-Längsdämm-Werte können mit einer einfachen abgehängten Unterdecke (z. B. Mineralfaserdecke) nicht erreicht werden. Bei höheren Anforderungen sind deshalb immer zusätzliche Maßnahmen erforderlich. Folgende Ausführungsalternativen bieten sich an (vgl. Bild **13**.6a bis d):

Horizontale Dämmung im Deckenhohlraum

a) Bei höheren Anforderungen an die Schall-Längsdämmung ist oberhalb der Unterdeckenplatten immer noch eine schallabsorbierende Schicht aus Faserdämmstoff (DIN 18165) vollflächig aufzubringen (Bild **13**.6a). Untersuchungen haben ergeben [1], daß hierbei vor allem drei Einflußgrößen zu beachten sind:

- Das Flächengewicht der Decklagenplatten sollte mindestens 5 kg/m², besser 10 kg/m² betragen.
- Die Unterdecken müssen fugendicht und flächendicht ausgebildet sein. Häufig ist die Dichtheit in Form einer zusätzlichen Schicht zu vergrößern. Einzelheiten hierzu s. Abschn. 12.3.7. Auch die seitlichen Anschlüsse an den flankierenden Bauteilen müssen mit dauerelastischer Dichtungsmasse abgedichtet sein.
- Die Schall-Längsdämmung im Deckenhohlraum ist um so besser, je dicker die Mineralfaserauflage auf den Deckenplatten ist (mind. 50 mm, ggf. sogar 100 mm dick). Faustregel: Eine Vergrößerung der Dicke der Auflage um 10 mm ergibt eine Verbesserung der Schall-Längsdämmung um etwa 2 dB. Verschiedene Konstruktionsbeispiele von Unterdecken mit zusätzlicher horizontaler Faserdämmstoffauflage s. Abschn. 12.3.3.

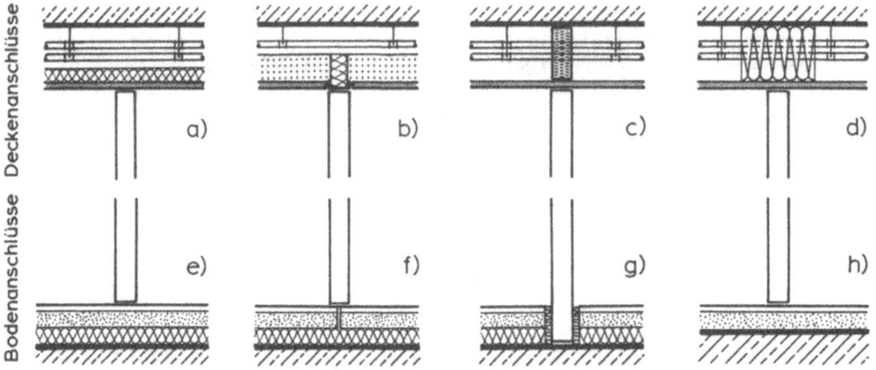

13.6 Schematische Darstellung von Maßnahmen zur Minderung der Schall-Längsleitung bei Trennwänden mit erhöhten Schallschutzanforderungen

A Deckenanschlüsse mit Schall-Längsdämmung oberhalb umsetzbarer Trennwände:
a) horizontale Abschottung
b) senkrecht angeordnete Schallschluck-Lamellen
c) vertikale, starre Abschottung (Plattenschott)
d) vertikale, elastische Abschottung (Absorberschott)

Konstruktionsbeispiele von Deckenanschlüssen s. Bild **12**.2 bis **12**.4 (Abschn. 12.3.3)

B Bodenanschlüsse mit Schall-Längsdämmung unterhalb umsetzbarer Trennwände:
e) schwimmender Estrich (nur für Trennwände bis zu einem bewerteten Schalldämm-Maß von etwa 40 dB geeignet)
f) schwimmender Estrich mit Trennfuge
g) schwimmender Estrich konstruktiv getrennt
h) Verbund-Estrich

b) Eine gute Schall-Längsdämmung wird auch mit senkrecht angeordneten Schallschluck-Lamellen erzielt. Diese Dämmtechnik wird vorzugsweise bei Bandrasterdecken angewandt: schallabsorbierende, steife Mineralfaserplatten werden in Längs- und Querrichtung senkrecht zwischen die Stege der Bandrasterprofile geklemmt. Diese Anordnung erleichtert das Öffnen und Schließen der Unterdecken wesentlich (leichtere Zugänglichkeit für Wartungsarbeiten und Nachinstallation). Je nach Höhe und Abstand der Lamellen sind Verbesserungswerte ähnlich wie bei der horizontalen Dämmung zu erwarten. Da die Mineralfaser-Lamellen nicht bis zur Rohdecke zu gehen brauchen, können die Versorgungsleitungen noch darüber angeordnet sein (Bild **13**.6b).

Vertikale Abschottungen im Deckenhohlraum

c) Abschottung durch ein Plattenschott. Derart starre Abschottungen haben sich in der Praxis nur bedingt bewährt, da alle im Deckenhohlraum verlaufenden Kabel-, Heizungs- und Lüftungskanäle jeweils abgedichtet durch die dämmenden Schottenelemente aus Spanplatten, Gipskartonplatten o.ä. geführt werden müssen. Außerdem läßt sich die Forderung nach flexibler Raumaufteilung nur begrenzt erfüllen (Bild **13**.6c).

d) Abschottung durch ein Absorberschott. Bei dieser Ausführung wird der Deckenhohlraum über dem Trennwandanschluß bis zur Massivdecke mit Faserdämmstoff (DIN 18165) dicht ausgestopft. Mit zunehmender Breite des Schotts verbessern sich die Dämmwerte. Derartige Absorberschotts können bei flachen Deckenhohlräumen zu wirtschaftlichen Lösungen führen; vorteilhaft ist auch die leichte Zugänglichkeit zu den im Deckenhohlraum liegenden Installationen. Bei hochinstallierten Deckenhohlräumen sind jedoch die unter Pos. c) genannten Abdichtungsprobleme – trotz der Elastizität des Materiales – nicht zu unterschätzen (Bild **13.**6d).

Konstruktionsbeispiele von Platten- und Absorberschotts s. Abschn. 12.3.3.

2. Schall-Längsdämmung unterhalb umsetzbarer Trennwände

Schwimmende Estriche werden überall dort auf Massivdecken aufgebracht, wo ein ausreichender Luft- und Trittschallschutz gegenüber darunterliegenden Räumen erreicht werden soll. Untersuchungen haben jedoch ergeben, daß schwimmende Estriche – die unter Trennwänden von einem Raum zum anderen hindurchlaufen – auch eine starke Schall-Längsleitung in horizontaler Richtung bewirken (Bild **13.**5). Deshalb sind auch die Bodenanschlüsse unter umsetzbaren Trennwänden so auszubilden, daß das Schall-Längsdämm-Maß der Fußbodenkonstruktion um mindestens 5 dB höher liegt, als die angestrebte Gesamtschalldämmung zwischen zwei Räumen. Folgende Ausführungen sind möglich (vgl. hierzu Bild **13.**6e bis h):

e) Schwimmender Estrich eignet sich zwar grundsätzlich zum Aufstellen von umsetzbaren Trennwänden, beispielsweise zwischen Räumen mit üblicher Bürotätigkeit und einem bewerteten Schall-Längsdämm-Maß bis etwa 40 dB. Aufgrund seiner hohen Schall-Längsleitung ist dieser Fußbodenaufbau jedoch unter Trennwänden mit höheren Schallschutzanforderungen nicht geeignet (Bild **13.**6e).

f) Durch das Auftrennen des schwimmenden Estrichs – in Form einer Trennfuge unter der Trennwand – wird die Schall-Längsleitung deutlich gemindert und ein bewertetes Schall-Längsdämm-Maß von etwa 55 dB erreicht. Die Forderung nach flexibler Raumaufteilung läßt sich nur noch bedingt erfüllen (Bild **13.**6f).

g) Wird eine Trennwand sogar unmittelbar auf einer Massivdecke aufgesetzt und dadurch der schwimmende Estrich konstruktiv getrennt, wird ein bewertetes Schall-Längsdämm-Maß von etwa 70 dB erzielt (Bild **13.**6g).

Wie die vorgenannten Beispiele zeigen, sollten schwimmende Estriche aufgrund ihrer schalltechnisch ungünstigen Eigenschaften in Bauten mit flexibler Raumaufteilung und hohen Anforderungen an die Schall-Längsdämmung nicht eingebaut werden.

h) Eine Alternative hierzu ergeben **Verbundestriche** (Bild **13.**6h). Die mit der Massivdecke fest verbundene Estrichschicht bildet in schalltechnischer Hinsicht eine Einheit: Bedingt durch das im Vergleich zum schwimmenden Estrich insgesamt wesentlich größere Flächengewicht (Massivdecke + Verbundestrich) findet eine Schall-Längsleitung in der Horizontalrichtung kaum mehr statt (Bild **13.**7).

Untersuchungen in Skelettbauten haben in diesem Zusammenhang ergeben [2], daß ein ausreichender Schallschutz in vertikaler Richtung (vorwiegend Trittschalldämmung) auch ohne schwimmenden Estrich erreicht werden kann, wenn die Deckenunterseite mit einer abgehängten, fugendichten Unterdecke einschließlich Faserdämmstoffauflage bekleidet wird. Auf der Deckenoberseite ist dann anstelle des schwimmenden Estrichs ein Verbundestrich mit weichfederndem Gehbelag (z. B. textiler Fußbodenbelag) aufzubringen. Vgl. hierzu auch Abschn. 12.3.3, Schallschutz von leichten Unterdecken sowie Abschn. 10.3.4, Schallschutz von Massivdecken und Holzbalkendecken.

Diese Kombination von Maßnahmen auf der Deckenober- und Deckenunterseite ergibt optimale Voraussetzungen für den Einsatz von umsetzbaren Trennwänden in Bauten mit flexibler Raumaufteilung [3].

3. Textile Fußbodenbeläge unter umsetzbaren Trennwänden

Ein über mehrere Räume durchgezogener textiler Fußbodenbelag stellt unter umsetzbaren Trennwänden in akustischer Hinsicht weitgehend eine offene Fuge dar [2]. Da ein Auftrennen oder Hochziehen textiler Beläge an der Trennwand in Bauten mit flexibler Raumteilung kaum in Frage kommt, kann dieser Mangel nur gemindert werden, indem die U-förmige Bodenanschlußschiene auf der Unterseite perforiert oder geschlitzt – d.h. schalldurchlässig gemacht wird – und so der gedämmte Hohlraum der Trennwand akustisch an die Fuge anschließt. Dadurch wird ein „Schalldämpfer" hergestellt, der die Schallübertragung über die Fuge stark reduziert. S. hierzu Bild **13**.3 und Bild **13**.7.

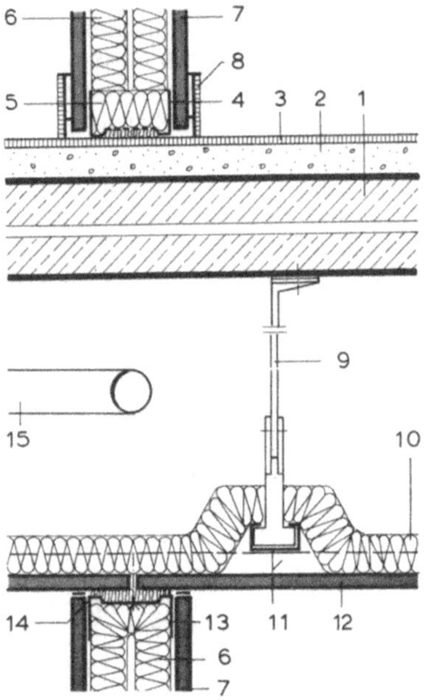

13.7

Konstruktionsbeispiel: Optimale Abstimmung schalldämmender Maßnahmen (Deckenober- und Deckenunterseite) zur Minderung der horizontalen und vertikalen Schallausbreitung (Schall-Längsdämmung sowie Luft- und Trittschalldämmung) bei umsetzbaren Trennwänden mit erhöhten Schallschutzanforderungen

1 Massivdecke
2 Verbundestrich
3 weichfedernder Gehbelag (z. B. textiler Fußbodenbelag)
4 Metallprofil, auf der Unterseite perforiert (Schalldämpfer)
5 hochabsorbierende Schallschluckeinlage
6 Mineralfaserdämmstoff
7 Gipskartonplatten
8 Teppichsockelleiste
9 Abhänger
10 Mineralfaserdämmstoff (horizontale Abschottung)
11 Tragprofile (Metall-Unterkonstruktion)
12 Decklageplatten (abgehängte Unterdecke)
13 Metallprofil
14 Anschlußdichtung
15 Installation im Deckenhohlraum

13.3.4 Brandschutz von umsetzbaren Trennwänden

Aus der Sicht des Brandschutzes (DIN 4102 T4) wird zwischen nichttragenden und tragenden, sowie zwischen raumabschließenden und nichtraumabschließenden Wänden unterschieden. Raumabschließende Wände können tragende oder nichttragende Wände sein.

Raumabschließende Bauteile müssen so beschaffen sein, daß sie die Ausbreitung eines Feuers für eine bestimmte Zeit verhindern, um so den im Gebäude befindlichen Personen die Flucht zu ermöglichen. Die zu fordernde Sicherheit richtet sich nach der Art des Gebäudes, seiner Nutzung und weiteren begleitenden Sicherheitsmaßnahmen (z.B. Einbau einer Sprinkleranlage o.ä.). Ein Schadenfeuer, das in einem Raum ausbricht, erfaßt zuerst (neben dem Mobilar, Textilien u.ä.) die raumabschließenden Innenausbauteile wie Trennwände, abgehängte Unterdecke, Fußboden usw. Um jedoch eine Brandausbreitung in die Nachbarräume auch tatsächlich verhindern zu können, reicht es nicht aus, die einzelnen Bauteile (jedes für sich) einer bestimmten Feuerwiderstandsklasse zuzuordnen, vielmehr kommt es auf das Gesamtverhalten aller Teile im Brandfalle an (Bild **13**.8).

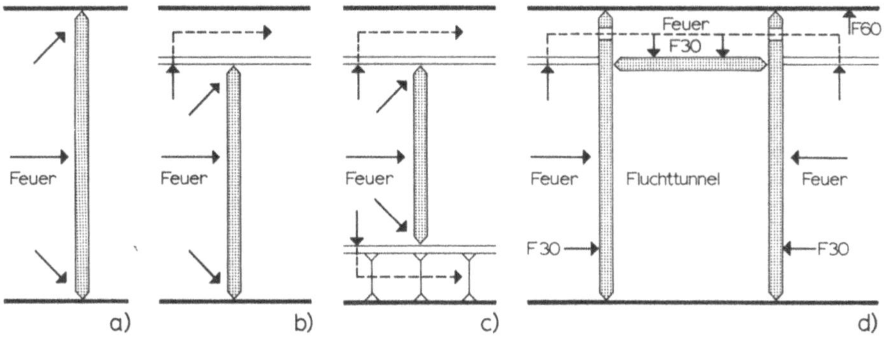

13.8 Einbaumöglichkeiten nichttragender Trennwände. Befestigung der Trennwand an

a) tragender Rohdecke und Fußboden
b) abgehängter Unterdecke und Fußboden
c) abgehängter Unterdecke und Installationsboden
d) tragender Rohdecke und Fußboden: Fluchttunnelkonstruktion mit allgemeiner bauaufsichtlicher Zulassung. Die Trennwände und die Unterdecke über dem Rettungsweg sind für Brandlasten von 3 Seiten ausgelegt.

Auch bei nichttragenden, umsetzbaren Trennwänden, die nur bis zur abgehängten Unterdecke reichen, kann ein Nachweis des Feuerschutzes von der Verbindung zwischen Innenwand und Unterdecke nach DIN 4102 T2 gefordert werden. Dabei wird die Feuerwiderstandsfähigkeit der Trennwand, der Unterdecke sowie des Anschlusses zwischen Innenwand und Unterdecke geprüft und erst diese Gesamtkonstruktion einer entsprechenden Feuerwiderstandsklasse zugeteilt. In jedem Fall ist ein zuverlässiger, im Brandfall auch dicht bleibender Anschluß gefordert. Entsprechende Prüfzeugnisse sind einzuholen und die darin getroffenen Festlegungen beim Einbau genauestens einzuhalten.

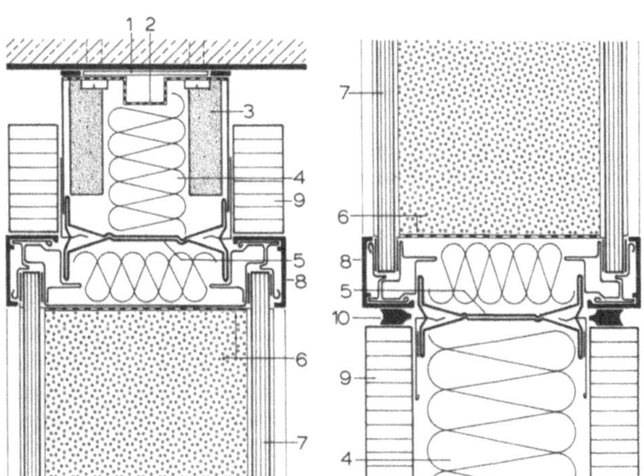

13.9
Vertikalschnitt durch eine umsetzbare Trennwand (F30) mit schalldämmend ausgebildeter Oberlichtverglasung (R'_w 50 dB).

1 Dichtungsband
2 U-förmig. Deckenanschlußprofil aus gelochtem Stahlblech
3 Streifen aus Gipskartonplatten (bei Feuerwiderstandsklasse F30)
4 Mineralfaserdämmstoff
5 Regalständer (Unterkonstruktion) mit Halteleiste
6 gelochtes Metallblech mit Schallschluckeinlage
7 Drahtspiegelglas 7 mm (G-30-Verglasung)
8 Glasrahmenprofil mit Alu-Deckwinkel
9 Wandschalen aus beschichteten Holzspanplatten (B2), 19 mm dick
10 Fugenprofil

FECO-Trennwandsysteme, Karlsruhe

Umsetzbare Trennwände, die beispielsweise in die Feuerwiderstandsklasse F30 (oder höher) eingestuft sind, können auch lichtdurchlässige Teile aufnehmen. Derartige Verglasungen müssen dem Feuer dann ebenfalls 30 Minuten widerstehen, d.h. ebenfalls der Feuerwiderstandsklasse F angehören (**F**-Verglasung). Für Verglasungen, die mit ihrer Unterkante etwa 180 cm über dem Fußboden beginnen (z.B. Oberlichtbänder), reichen jedoch gemäß DIN 4102 Brandschutzgläser der Feuerwiderstandsklasse G (**G**-Verglasung) aus. Man geht davon aus, daß sich oberhalb dieser Höhe keine Menschen mehr bewegen und aufhalten. Weitere Angaben über die Einstufung von Gläsern in Feuerwiderstandsklassen s. Abschn. 6.8 im Teil 2 dieses Werkes.

Bild **13**.9 zeigt einen Vertikalschnitt durch das Oberlicht einer umsetzbaren Trennwand mit einer Verglasung der Feuerwiderstandsklasse G-30. Diese Konstruktion erbringt auch in schalltechnischer Hinsicht sehr gute Werte.

13.3.5 Montagetechnische Anforderungen

Umsetzbare Trennwände dürfen keine direkten Lasten von angrenzenden Bauwerksteilen aufnehmen. Sie müssen jedoch so konstruiert sein, daß sie Beanspruchungen – wie sie vor allem durch menschliches Fehlverhalten verursacht werden – widerstehen können. In jedem Fall erhalten sie ihre Standsicherheit erst durch Verbindung mit den angrenzenden Bauteilen.

Systemfremde Bauwerksteile können erheblichen Verformungen unterliegen (z.B. Durchbiegung weitgespannter Geschoßdecken, wärmebeanspruchte Fassadenanschlüsse). Trennwände müssen deshalb so beschaffen sein, daß sie derartige Baukörperbewegungen ohne Rißbildungen und sonstige bleibende Schäden, bei Erhalt der Standsicherheit, aufnehmen können. Dies wird erreicht, indem die Unterkonstruktionen selbst höhenbeweglich ausgebildet werden. Außerdem können die Boden-, Decken- und Wandanschlußprofile teleskopartig ausgebildet sein, so daß sie je Anschluß einen Toleranzausgleich von beispielsweise $\pm$ 20 mm ermöglichen.

Schließen Trennwände an eine abgehängte Unterdecke an, so werden diese immer spannungsfrei an ein Bandrasterprofil herangeführt und mit diesem verschraubt. Um auch die hier aus den Trennwänden resultierenden Querkräfte (z. B. durch stoßartige Belastungen) bewegungsfrei aufnehmen zu können, muß die Unterdecke horizontal stabilisiert, d.h. ausgesteift sein und Erschütterungen durch geeignete Konstruktionen unmittelbar auf Festpunkte ableiten. Vgl. hierzu Bild **12**.19 a und b.

Trotz dieser Auflagen müssen Trennwände des gehobenen Innenausbaues so beschaffen sein, daß sie ohne Schwierigkeiten und nennenswerte Nacharbeiten, unter Wiederverwendung aller Einzelteile, umgesetzt und an anderer Stelle wieder aufgebaut werden können. Es sollte immer ein Elementaustausch ohne Reihendemontage möglich sein.

13.3.6 Elektro- und Sanitärinstallationen in umsetzbaren Trennwänden

Elektroinstallationen können ohne Schwierigkeiten im Trennwandhohlraum untergebracht werden, ohne dadurch die Standsicherheit zu mindern. Die Einspeisung der Leitungen erfolgt entweder von oben (abgehängte Unterdecke) oder von unten (Unterflurkanal, Installationsboden) oder von der Seite. Meist sind die Metall-Ständerprofile im oberen und unteren 30-cm-Bereich der Installationsführung sowieso ausgestanzt, so daß durch diese Öffnungen die Leitungen problemlos horizontal verlegt werden können. Die volle Umsetzbarkeit der Wände ist jedoch nur dann gewährleistet, wenn Schalter, Steckdosen und Telefonanschlüsse bei Veränderungen wieder schadlos entfernt (Deckkappen) und Verdrahtungen auf einfache Weise gelöst werden können. Nachinstallationen müssen ohne Beschädigung der Wandteile möglich sein.

Bei brandschutztechnisch beanspruchten Trennwänden sind systembedingte Einschränkungen zu beachten. So dürfen Steck-, Schalter- und Verteilerdosen u.ä. bei raumabschließenden Wänden nicht unmittelbar gegenüberliegend eingebaut werden.

Die Unterbringung von Sanitärinstallationen in umsetzbaren Trennwänden ist zwar bedingt möglich, engt deren Veränderbarkeit aber erheblich ein. Um kleinere Handwaschbecken, Boiler o.ä. an den Trennwänden unsichtbar befestigen zu können, müssen schon vorab – in entsprechender Höhe – tragende Querriegel bzw. Traversen am Ständerwerk befestigt werden. Weitere Angaben hierzu s. Abschn. 6.8.

13.3.7 Anforderungen an Trennwandtüren

Bei den meisten auf dem Markt befindlichen Innenwandprogrammen ist das Türelement in formaler Hinsicht ein integrierter Bestandteil. Passend zum jeweiligen Wandsystem gibt es eine Vielzahl von Ausführungsvarianten mit unterschiedlichen Oberflächenbeschichtungen. In schall- und brandschutztechnischer Hinsicht stellen Türen und Glaselemente jedoch Schwachstellen innerhalb des Gesamtsystems dar.

Die Schalldämmung von Türen hängt einmal von der konstruktiven Ausbildung des Türblattes, zum anderen von der Dichtung der Falze und insbesondere von der Dichtung der unteren Türfuge (Bodenfuge) ab.

Während die Schalldämmung einschalig ausgebildeter Türblätter sich nur durch die Erhöhung des Gewichtes verbessern läßt, spielen bei zweischalig aufgebauten Türblattkonstruktionen vor allem Abstand und Gewicht der beiden äußeren Schalen (neben der Hohlraumfüllung) eine große Rolle. Größere Türdicken als 60 mm sind aber für den Einbau in umsetzbare Trennwände – mit einer Gesamtwanddicke von ungefähr 100 mm – nicht geeignet. Deshalb versucht man, durch Herabsetzen der Steifigkeit des Türblattes zu möglichst günstigen Ergebnissen zu kommen. Vgl. hierzu Abschn. 6.3.1 im Teil 2 dieses Werkes.

Die Anforderungen an die Türdichtung steigen mit den Anforderungen an die Schalldämmung. Weichfedernde Dichtungsprofile in den Falzen sind jedoch erst dann wirksam, wenn geeignete Beschläge ein dichtes Anliegen der Falze auf ihrer ganzen Länge gewährleisten, die Profile ringsum in derselben Ebene liegen und sich diese Ebene auch mit dem Verlauf der Bodendichtung deckt. Die an der unteren Türfuge angebrachte Dichtung kann beispielsweise in Form einer Höcker-Schwellendichtung oder einer sich beim Öffnen abhebenden automatischen Bodendichtung ausgebildet sein. Bei der letztgenannten Art ist jedoch zwingend darauf zu achten, daß sich das absenkende Dichtungsprofil an der Anpreßstelle immer gegen eine stabile Druckplatte (z.B. eingelassene Alu-Schiene) und nicht nur in einen Teppichbelag (= offene Fuge) andrückt. Weitere Möglichkeiten s. Abschn. 6.4.4 im Teil 2 dieses Werkes. Auf die in Abschn. 13.3.3 angesprochene Problematik der Schall-Längsleitung unter umsetzbaren Trennwänden und den in Abschn. 13.3.4 erläuterten Brandschutz von umsetzbaren Trennwänden wird verwiesen.

13.4 Konstruktionstechnische Merkmale umsetzbarer Trennwände

Die auf dem Markt befindlichen Trennwandsysteme unterscheiden sich vor allem durch ihren konstruktiven Aufbau, der daraus resultierenden Montageart am Einsatzort sowie durch das vielfältige Angebot an Beplankungsmaterialien (z.B. Wandschalen aus Holzwerkstoffen, Gipskartonplatten, Stahlblech). Zu nennen sind:

1. Schalenwände (früher auch Skelettwände genannt) Bild **13.**10. Diese umsetzbaren Innenwände bestehen aus werkseitig vorgefertigten Einzelteilen, die erst an der Verwendungsstelle montiert werden. Dabei wird zuerst die Unterkonstruktion aufgebaut (Traggerippe aus Holz- oder Metallständer mit Steck- und Klemmverbindungen), anschließend entsprechend den jeweiligen bauphysikalischen Anforderungen (Schall- und/oder Brandschutz) die Dämmaterialien bzw. Schwermatten eingesetzt und die oberflächenfertigen Wandschalen beidseitig aufgebracht. Die Vorteile dieser am häufig-

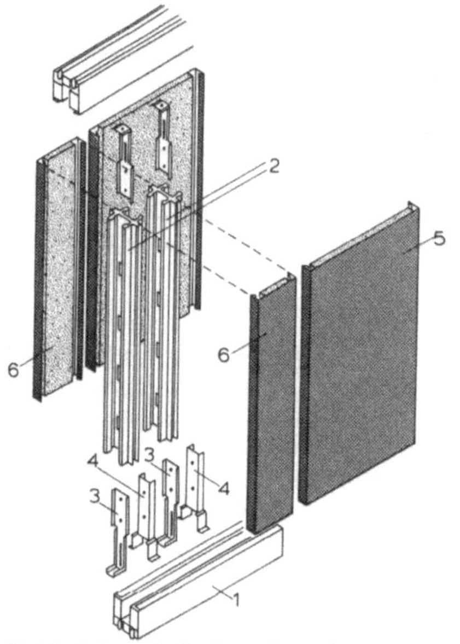

13.10 Schematische Darstellung der wichtigsten Einzelteile einer Schalenwand in Bandrasterbauweise

1 Boden- und Deckenprofilschiene
2 Metallständerprofil (Klemmverbindung)
3 Befestigungsschuh
4 Ausgleichsschuh
5 Wandschalen aus Stahl-Gipsplatten-Paneelen
6 Bandrasterblende (Modulleiste)
Akustikbau Lindner GmbH, Arnstorf

13.11 Darstellung des Montagevorganges einer Monoblockwand am Einsatzort

sten eingesetzten Wandbauart: einfacher Transport aufgrund niedriger Gewichte der Einzelteile, weitgehend unbehinderte Installationsführung, Abnehmbarkeit und Austauschbarkeit einzelner Wandpaneele, leichte Zugänglichkeit für Wartungs- und Nachinstallationsarbeiten. Nachteilig wirken sich beim Aufbau die vielen Einzelteile aus, die – je nach System – unterschiedlich lange Montagezeiten verursachen.

2. Monoblockwände (früher auch Elementwände genannt) Bild **13.11**. Diese ebenfalls umsetzbaren und jederzeit austauschbaren raumhohen Wandelemente werden im Herstellerwerk fix und fertig zusammengebaut (einschl. eventueller Hohlraumfüllungen), oberflächenfertig zur Verwendungsstelle gebracht und mit einfachen Steckverbindungen montiert.

Da der Zusammenbau dieser selbsttragenden Wandelemente nicht am Einsatzort, sondern im Herstellerwerk erfolgt, zeichnen sich diese Wände durch eine besonders hohe Qualität und große Genauigkeit aus. Als weiterer Vorteil ist ihre schnelle Montage und Demontage am Bau zu nennen. Nachteilig wirken sich das meist hohe Transportgewicht, der geringe Spielraum für Installationseinbauten sowie die relativ starre Bindung an vorgegebene Rastermaße aus. Bei Beschädigung muß außerdem das gesamte Wandelement ausgetauscht werden.

Die Vor- und Nachteile beider Systeme sind vor allem material- und bauartspezifisch bedingt. Um aus dem großen Angebot des Marktes eine sinnvolle Auswahl treffen zu können, müssen die an die jeweilige Trennwand gestellten Anforderungen rechtzeitig und vollständig bekannt sowie die baulichen Gegebenheiten des Einsatzortes sorgfältig erfaßt sein.

Es kann nicht Aufgabe dieses Werkes sein, einen vollständigen Überblick über alle auf dem Markt befindlichen Trennwandsysteme zu geben. Im folgenden werden nur einige typische Wandkonstruktionen vorgestellt und darüber hinaus auf die Spezialliteratur verwiesen [4], [5], [6].

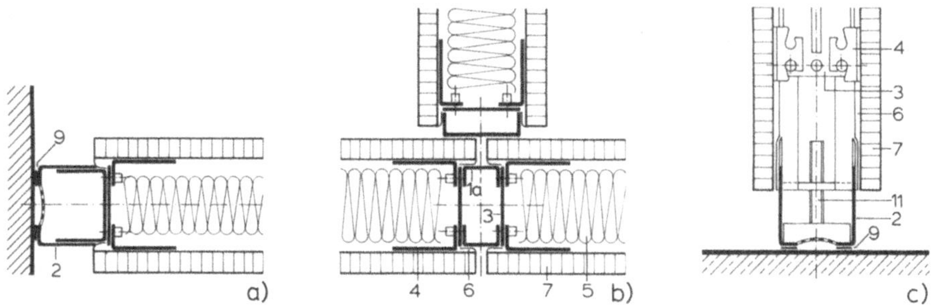

Peter Ruppel, Lauda-Königshofen (Schalenwand)

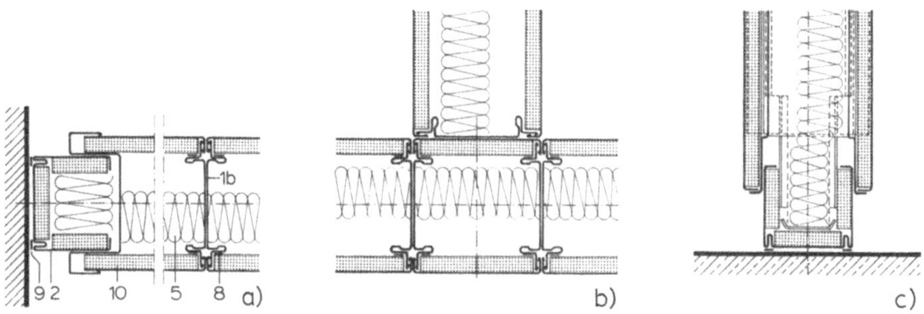

Akustikbau Lindner, Arnstorf (Schalenwand)

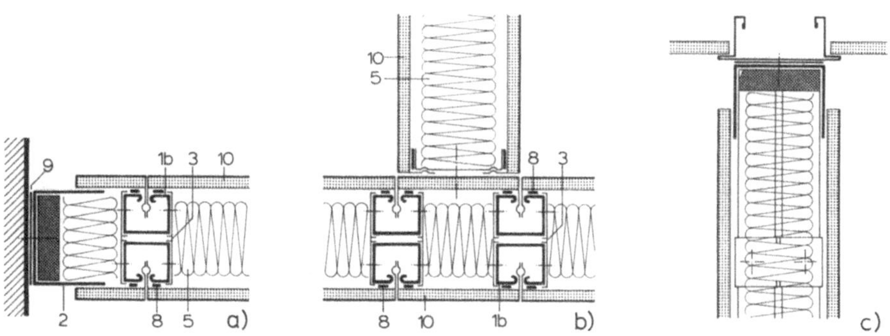

Richter System, Griesheim-Darmstadt (Schalenwand)

13.12 Konstruktionsbeispiele: Umsetzbare Trennwände
a) Wandanschlüsse
b) T-Anschlüsse (Bandraster)
c) Fußboden- und Deckenanschlüsse

1 a Ständerprofil aus Stahl
1 b Ständerprofil aus Stahlblech
2 Anschlußprofil
3 Abstandhalter
4 Einhängebeschlag
5 Mineralfaserdämmstoff
6 Lippendichtung
7 Wandschale aus Spanplatte
8 Abstand- und Dichtungsprofil
9 Anschlußdichtung
10 Wandschale aus Stahlblech mit Gipskartonplatte und Klemmprofil
11 Höhenjustierung

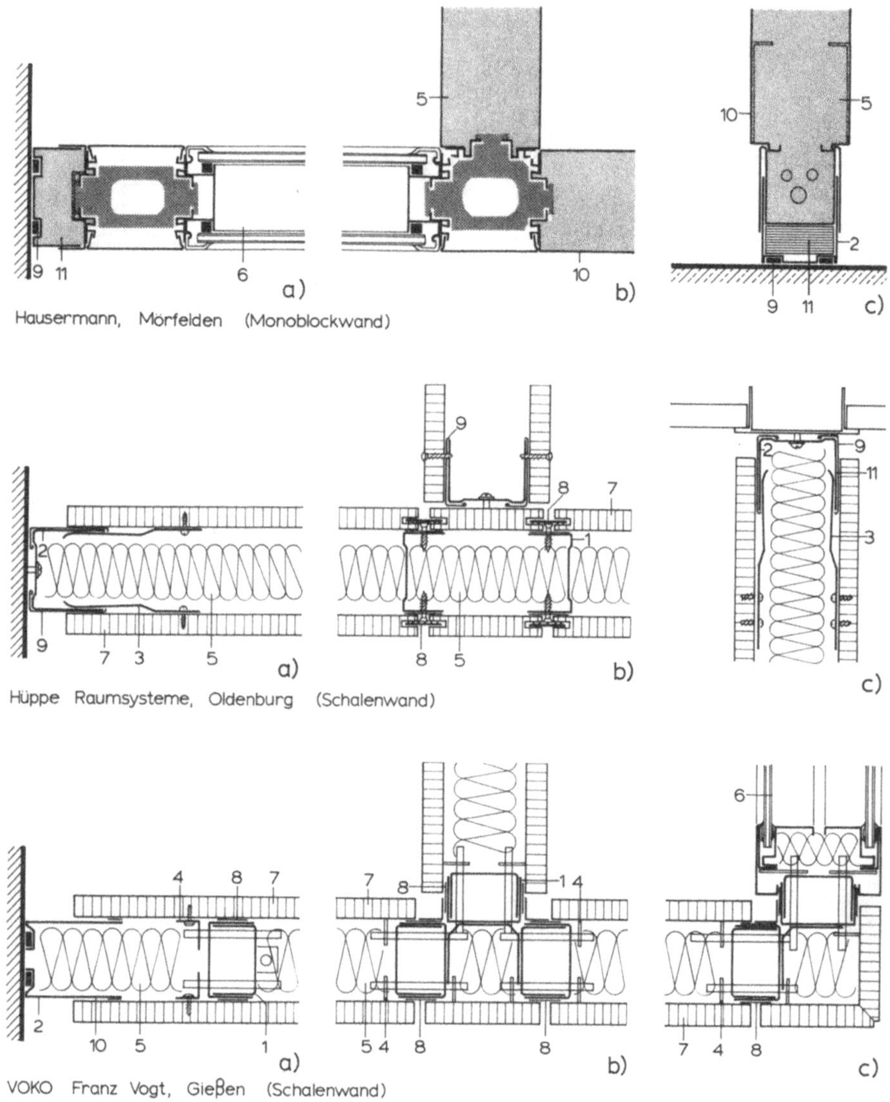

13.13 Konstruktionsbeispiele: Umsetzbare Trennwände

a) Wandanschlüsse
b) T-Anschlüsse (Bandraster)
c) Fußboden-, Decken- und Eckanschlüsse

1 Ständerprofil aus Stahlblech
2 Anschlußprofil
3 Klemmfeder
4 Einhängebeschlag
5 Mineralfaserdämmstoff
6 schalldämmende Verglasung
7 Wandschale aus Spanplatte
8 Abstand- und Dichtungsprofil
9 Anschlußdichtung
10 Wandschale aus Stahlblech
11 Höhenjustierung/Toleranzausgleich

13.5 Konstruktionstechnische Merkmale vorgefertigter Schrankwände

Immer häufiger werden in Schul-, Verwaltungs- und Krankenhausbauten vorgefertigte Schrankwände anstelle gemauerter Innenwände eingebaut. Diese dienen meistens nicht nur als Stauraum, sondern übernehmen auch Raumteiler-, Brand- und Schallschutzfunktionen. Industriell hergestellte Schrankwände können mit geringem Aufwand montiert und jederzeit wieder umgesetzt werden. In ihrer äußeren Gestaltung und in ihrer Inneneinrichtung sind sie so vielseitig und ausbaufähig, daß sie für jeden Zweck eingesetzt und allen Wünschen angepaßt werden können. Man unterscheidet (Bild **13**.14):

Vorsatz-Schrankwand (nur Stauraumfunktion)
- vor fest eingebauter Wand
- vor umsetzbarer Trennwand

Raumteiler-Schrankwand (Stauraum- und Raumteilerfunktion)
- mit einfacher Sichtrückwand
- als wechselseitig benutzbarer Schrank
- zwischen die Tragpfosten des jeweiligen Trennwandsystems gestellt.

Trennwand-Schrankwand (Stauraum-, Raumteiler-, Brand- und Schallschutzfunktion)
- mit integrierter umsetzbarer Trennwand (ohne Schrankrückwand)
- mit aufgesetzter Trennwand-Halbschale (mit Schrankrückwand).

Jeweils
- in Achsrasterbauweise (endloses Anbausystem mit Exzenterbeschlägen: 1 Schrankwandseite)
- in Bandrasterbauweise (selbststehende Schrankkorpusse mit Bandrasterblenden: 2 Schrankseiten)
- alle Teile tür- oder raumhoch, mit oder ohne Glaseinsätze.

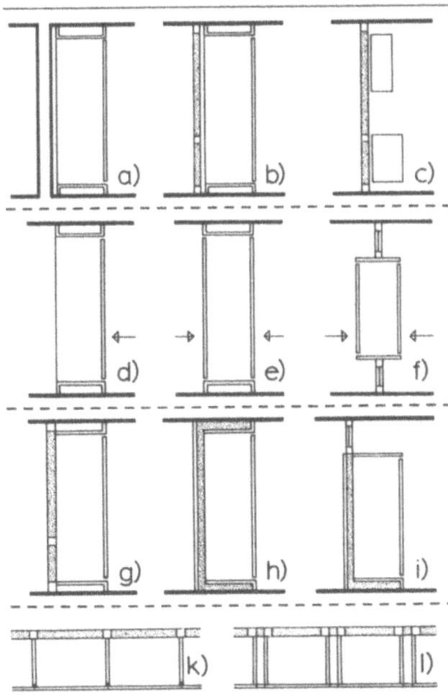

Vorsatz-Schrankwand
a) vor fest eingebauter Wand
b) vor umsetzbarer Trennwand
c) mit integriertem Anhängesystem

Raumteiler-Schrankwand
d) mit einfacher Sichtrückwand
e) als wechselseitig benutzbarer Schrank
f) zwischen die Tragpfosten des jeweiligen Trennwandsystems gestellt

Trennwand-Schrankwand
g) mit integrierter umsetzbarer Trennwand (ohne Schrankrückwand)
h) mit aufgesetzter Trennwand-Halbschale (mit Schrankrückwand)
i) wie zuvor, jedoch mit verglastem Oberlichtband

Horizontalschnitt durch Schrankwände
k) Schrankwand in Achsrasterbauweise
l) Schrankwand in Bandrasterbauweise

13.14 Schematische Darstellung von Schrankwänden: Einteilung nach konstruktionstechnischen Merkmalen

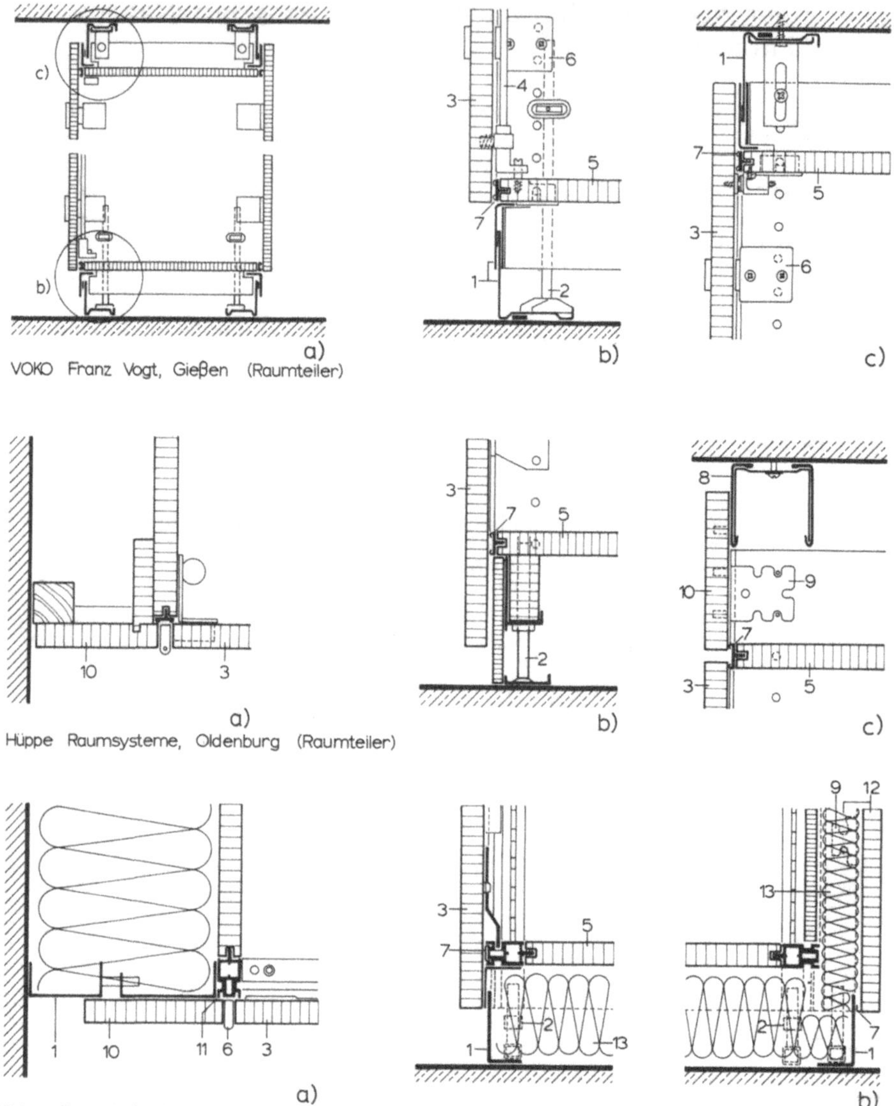

13.15 Konstruktionsbeispiele: Vorgefertigte Schrankwände (Raumteiler)

a) Wandanschlüsse, b) Fußbodenanschlüsse, c) Deckenanschlüsse

1 Teleskopartig ausgebildetes Anschlußprofil
2 Höhenjustierung
3 Schranktür
4 Drehstangenverschluß
5 Unterer/oberer Schrankboden
6 Schranktürband
7 Lippendichtung
8 Anschlußprofil mit Kunststoffdichtung
9 Einhängebeschlag
10 Anschlußblende
11 Vorgesetztes Alu-Spezialprofil
12 Trennwand-Halbschale (Wandschale mit Dämmstoff)
13 Mineralfaserdämmstoff

Die in Bild **13.**14 dargestellte Unterteilung der vorgefertigten Schrankwandsysteme ist als Orientierungshilfe gedacht und erhebt keinen Anspruch auf Vollständigkeit. Es muß darauf hingewiesen werden, daß es nicht Aufgabe dieses Werkes sein kann, einen vollständigen Überblick über alle auf dem Markt befindlichen Schrankwandsysteme zu geben; zu vielfältig sind die Ausführungsmöglichkeiten, sowohl in technischer als auch formaler Hinsicht. In der Regel stimmt ihr äußeres Erscheinungsbild und konstruktives System mit den meist mitangebotenen Trennwänden weitgehend überein.

13.6 DIN-Normen

DIN-Nr.		Ausgabe-Datum	Titel
4102	T1	5.81	Brandverhalten von Baustoffen und Bauteilen; Baustoffe; Begriffe, Anforderungen und Prüfungen
	T2	9.77	–; Bauteile; Begriffe, Anforderungen und Prüfungen
	T3	9.77	–; Brandwände und nichttragende Außenwände; Begriffe, Anforderungen und Prüfungen
	T4	3.81	–; Zusammenstellung und Anwendung klassifizierter Baustoffe, Bauteile und Sonderbauteile
	T5	9.77	–; Feuerschutzabschlüsse, Abschlüsse in Fahrschachtwänden und gegen Feuer wiederstandsfähige Verglasungen; Begriffe, Anforderungen und Prüfungen
4103	T1	7.84	Nichttragende innere Trennwände; Anforderungen, Nachweise
	T2	12.85	–; Leichte Trennwände aus Gips-Wandbauplatten
	T4	11.88	–; Unterkonstruktion in Holzbauart
4109		11.89	Schallschutz im Hochbau; Anforderungen und Nachweise
	Bbl 1	11.89	–; Ausführungsbeispiele und Rechenverfahren
	Bbl 2	11.89	–; Hinweise für Planung und Ausführung; Vorschläge für einen erhöhten Schallschutz; Empfehlungen für den Schallschutz im eigenen Wohn- und Arbeitsbereich
4172		7.55	Maßordnung im Hochbau
18000		5.84	Modulordnung im Bauwesen
18165	T1	3.87	Faserdämmstoffe für das Bauwesen; Dämmstoffe für die Wärmedämmung
18180		9.89	Gipskartonplatten; Arten, Anforderungen, Prüfung
18181		1.69	–; Richtlinien für die Verarbeitung
18183		11.88	Montagewände aus Gipskartonplatten; Ausführung von Metallständerwänden
68761	T1	11.86	Spanplatten; Flachpreßplatten für allgemeine Zwecke; FPY-Platte

13.7 Literatur

[1] Gösele, K.; Kühn, B.; Stumm, F.: Schall-Längsdämmung von untergehängten Deckenverkleidungen. In: Bundesblatt 1976, Heft **3**

[2] Gösele, K.; Schüle, W.: Schall – Wärme – Feuchte. 8. Aufl., Wiesbaden 1985

[3] Zeeb, J.: Die umsetzbare Innenwand. Stuttgart 1978

[4] Studiengemeinschaft für Fertigbau: Fertigwände – Schrankwände. Wiesbaden 1984

[5] –: Schalldämmung umsetzbarer Innenwände. Wiesbaden 1975

[6] Scholer, K.: Das FECO-Trennwandsystem. In: Bauhandwerk. Heft **3**, 1985

14 Besondere bauliche Schutzmaßnahmen

14.1 Allgemeines

Die Innenräume guter alter Gebäude mit dicken Wänden und schweren Decken haben, falls sie gut belichtet und belüftet sind, zumeist ohne weiteres drei schätzenswerte Eigenschaften: Sie sind trocken, sie sind im Winter warm, im Sommer kühl, und sie sind lärmdicht. Neuzeitliche Gebäude benötigen zwar infolge der genaueren Bemessungsverfahren einer hochentwickelten Baustatik und Baustoffkunde erheblich geringere Massen von Baustoffen für tragende Bauteile, wie Wände und Decken. Dafür müssen jedoch erhöhte Aufwendungen für sorgfältige Maßnahmen zum Schutz vor Feuchtigkeit, vor Wärmeverlusten, vor sommerlichem Wärmeschutz, vor Brandgefahr und vor Lärm gemacht werden, wenn der Nutzwert nicht herabgemindert werden soll.

Ständig erweiterte naturwissenschaftliche Erkenntnisse erfordern ferner Aufmerksamkeit gegenüber baustoff- und umweltbedingten gesundheitsgefährdenden Einflüssen (z. B. Radioaktivität von Baustoffen, geopathogene Einflüsse, Strahlungen, elektrische Felder u. a. m.). Zur Zeit liegen jeodch weder ausreichende bzw. allgemein anerkannte Forschungsergebnisse über Umfang und Qualität derartiger Gefährdungen noch über etwa erforderliche bzw. mögliche bautechnische Schutzmaßnahmen vor. Planer und Bauausführende sollten jedoch vorsorglich Auftraggeber bzw. Nutzer auf die im Gang befindliche Diskussion hinweisen und daraus eventuell für das Projekt abzuleitende Maßnahmen definieren und abgrenzen (s. Abschn. 14.8).

14.2 Schutz gegen Niederschlagwasser

Räume zum dauernden Aufenthalt von Menschen und Haustiere gelten als zuträglich für die Gesundheit, wenn sie trocken und angemessen warm sind. Feuchtigkeit schadet auch den meisten Baustoffen und der Gebäudeeinrichtung: Steine werden beim Gefrieren des in die Poren eingedrungenen Wassers zersprengt, wasserlösliche Bestandteile von Mörteln werden ausgelaugt, Stahl rostet bei Feuchtigkeit, nasses Holz wird von Fäulnis oder von Pilzen befallen. Es ist daher ein wichtiges Ziel der Baukonstruktion, die Räume und Bauteile eines Gebäudes vor jeder Art von Feuchtigkeit zu schützen.

Feuchtigkeit beansprucht Bauwerke durch:

- Niederschläge
- Bodenfeuchtigkeit (s. Abschn. 14.4.4, DIN 18195 T4)
- nicht drückendes Wasser (s. Abschn. 14.4.5, DIN 18195 T5)
- drückendes Wasser (s. Abschn. 14.4.6, DIN 18195 T6)
- Tauwasser (s. Abschn. 14.5.6)

Es gibt an Bauwerken unserer Klimazone kaum Konstruktionsteile, die in Form und Gefüge nicht mitbestimmt werden von dem Bestreben, das Bauwerk vor Wasser zu schützen. An dieser Stelle sollen einige Schutzmaßnahmen betrachtet werden, an denen sich das Grundsätzliche besonders deutlich erkennen läßt.

Die Schutzmaßnahmen für ein Bauwerk gegen Niederschlagwasser beginnen bereits bei der Planung in bezug auf die umgebenden Geländeoberflächen. Sie sollten nach Möglichkeit immer so modelliert werden, daß Oberflächenwasser mit ausreichendem Gefälle vom Bauwerk weggeleitet wird (Bild **14**.1).

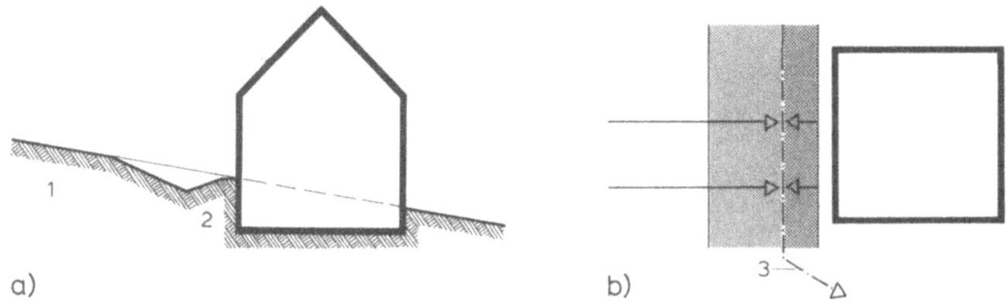

14.1 Ableitung von Oberflächenwasser durch Geländemodellierung (schematisch)
a) Schnitt
b) Grundriß
1 vorhandenes Oberflächengefälle
2 Gegengefälle
3 Kehle mit Ableitung

Außer Dächern (s. Teil 2 dieses Werkes) müssen auch alle anderen Bauteile, die Niederschlägen unmittelbar ausgesetzt sind, so geformt sein, daß das Wasser schnell und restlos von ihnen abläuft (Gefälle, keine muldenförmigen Vertiefungen, keine nach oben offenen Fugen). Außerdem müssen sie aus Baustoffen bestehen, bei denen – allgemein ausgedrückt – die Eindringgeschwindigkeit des Wassers geringer ist als dessen Verdunstungsgeschwindigkeit (wenig saugfähig, dicht oder wasserabweisend). Werden Bauteile verwendet, die diesen Bedingungen nicht entsprechen, so müssen sie durch Überdachungen, Abdeckungen, Verkleidungen, Anstriche o. ä. geschützt werden.

Abdeckung von Bauteilen. Bei der Planung kommt es oft zu Kollisionen zwischen gestalterischen Absichten und konstruktiven Erfordernissen. Als Beispiel dafür kann der Schutz vor Niederschlagwasser bei freistehenden Wänden dienen:

Formal wird meistens eine klare Wandscheibe angestrebt ohne Vorsprünge von Abdeckungen. Bei Wänden aus Stahlbeton kann bei Ausführung mit wasserundurchlässigem Beton eventuell auf eine Abdeckung verzichtet werden, nicht aber bei Mauern!

Mauerabdeckungen durch Rollschichten (Bild **6**.31 c) sind bei Sichtmauerwerk zwar oft formal eine gute Lösung, auf Dauer jedoch selbst bei einer Behandlung mit wasserabweisenden Imprägnierungsmitteln auf Dauer nicht haltbar. Wenn dennoch eine solche Ausführung gewählt wird, müssen auf jeden Fall frostbeständige Vollsteine (d. h. auch ohne produktionsbedingte Lochungen!) verwendet werden. Sonst besteht besondere Durchfeuchtungsgefahr.

Unvermeidlich bleiben aber bei derartigen Ausführungen auf lange Sicht unschöne Verschmutzungen durch ablaufendes Regenwasser. Diese können nach neuer Rechtsprechung u. U. als Planungsfehler geltend gemacht werden, selbst wenn sonstige Bauschäden nicht eintreten!

Eine konstruktiv richtige Ausführung mit einer Werksteinabdeckung zeigt Bild **14**.2. Dabei müssen die Werksteine aus dichtem Material bestehen, und die Stoßfugen sind sorgfältig volll mit Mörtel zu verfüllen.

Der Plattenüberstand muß so groß sein, daß Tropfwasser den Putz oder die Oberflächen nicht durchnäßt. Überstände unter 5 cm sind dafür wirkungslos. Einseitig geneigte Platten haben Gefälle nach der Wetterseite, jedoch muß auch das obere Ende einen genügend großen Überstand und eine Tropfkante haben. Dachsteine bzw. -ziegel sind sehr stoßempfindlich und daher nur bedingt als Abdeckplatten geeignet.

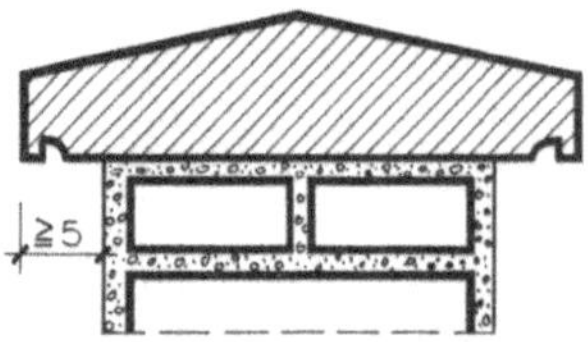

14.2 Betonabdeckplatte für geputzte Mauer. Zu beachten: reichlicher Überstand, scharfkantige Tropfnase, dichte Stoßfuge

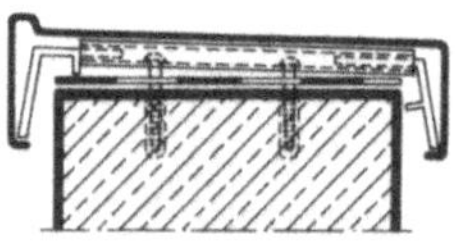

14.3 Mauerabdeckung aus Aluminiumprofil

Abdeckungen aus Zink- oder Kupfer-Blechen sind für breite Mauern weniger geeignet, weil sie unter Temperatureinwirkung leicht zum Verbeulen neigen. Bewährt – allerdings auch teuer – sind Mauerabdeckprofile aus Leichtmetall (Bild **14.3**).

Längere Metallabdeckungen müssen mit Gleitstößen ausgeführt werden.

Formal sind bei solchen Ausführungen natürlich Kompromisse unvermeidlich, und es muß im Einzelfall entschieden werden, welche Prioritäten – möglichst im Einvernehmen mit dem Auftraggeber – in solchen und ähnlichen Fällen zu setzen sind.

Ähnliches gilt für Vorsprünge von Bauwerksteilen wie z. B. größere Gesimse oder für Kragplatten von Vordächern. Werksteine oder selbst Stahlbeton sind unter andauernden Temperatur- und Witterungswechseln in Verbindung mit Luftverunreinigungen nicht

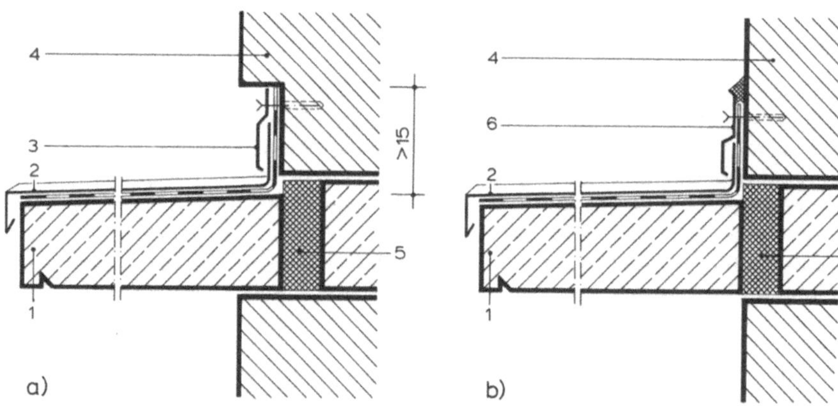

14.4 Anschluß von Metallabdeckungen
a) Anschluß mit Hinterschneidung
b) Anschluß mit eingedichtetem Anschlußprofil

1 Gesims o. ä.
2 Metall-Abdeckung auf Trennlage
3 Abdeckprofil, angedübelt
4 Sichtmauerwerk
5 durchlaufende Bewehrung mit thermischer Trennung (z. B. Isokorb o. ä.)
6 Wandanschlußprofil mit dauerelastischer Abdichtung

ohne schützende Metallabdeckung auszuführen. Hierbei sind die Anschlüsse zwischen den zu schützenden und den anschließenden Bauteilen vom Planer genau vorzugeben. In jedem Fall sind dabei „konstruktive" Lösungen (z. B. hinterschnittener Anschluß, Bild **14.**4 a) solchen vorzuziehen, bei denen man sich auf langzeitbeständiges Material und sehr sorgfältige handwerkliche Ausführung verlassen muß (Bild **14.**4 b).

Bauteilanschlüsse. Besondere Aufmerksamkeit muß der Planung aller Anschlüsse zwischen verschwiegenen Bauteilen gelten.

Klare Trennungen sollten hier bereits beim Entwurf den Vorzug vor komplizierten Abdichtungen haben. Beispielsweise sollten im Außenbereich Treppenläufe von parallel liegenden Wänden abgerückt werden (Bild **14.**5).

Die vielen Ecken zwischen Tritt- und Setzstufen bzw. den begleitenden Sockelplatten dürften andernfalls fast zwangsläufig zu Ansatzpunkten für die Durchfeuchtung der anschließenden Mauer- bzw. Putzflächen werden.

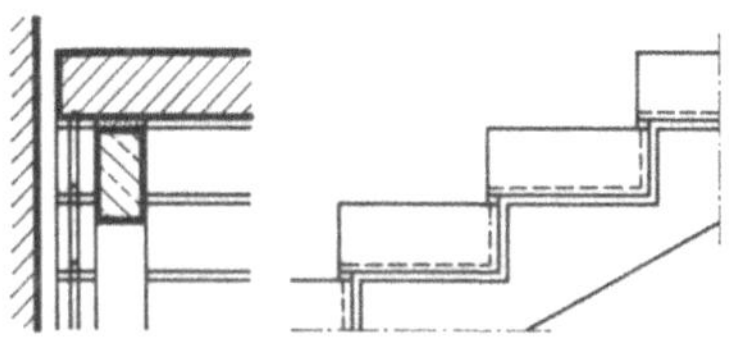

14.5
Freitreppe auf Stahlbetonwange parallel zur Hauswand. Zu beachten: Zwischenraum zwischen Stufen und Hauswand

Sind direkte Anschlüsse nicht zu vermeiden, sollte an den Übergängen – selbst bei kleinflächigen Bauteilen – durch Gefälle ($\geqq$ 5%) das Niederschlagwasser abgeleitet werden (Bild **14.**6). Ist bei größeren Bauteilen aus formalen Gründen eine Abschrägung zur Gefällebildung unerwünscht, sind an den Übergängen Höhenversprünge vorzusehen, damit Niederschlagwasser nicht in die Bauteilfugen eindringt (Bild **14.**7). Auch hier sollte man sich nicht in erster Linie auf den dauernden Schutz durch Fugenabdichtungen verlassen!

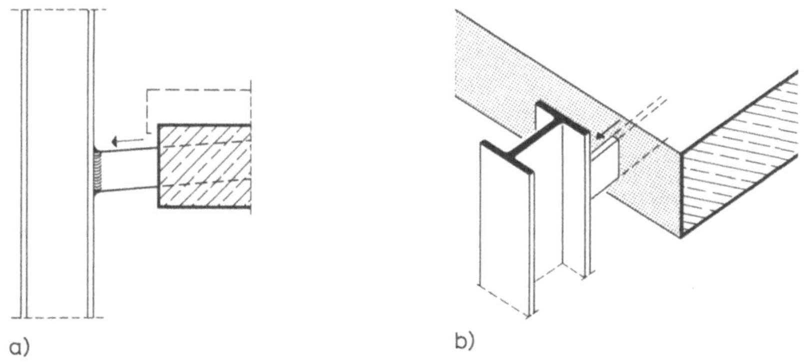

14.6 Anschluß einer Stahlstütze an einen Bauteil aus Stahlbeton
a) Schnitt
b) isometrische Darstellung

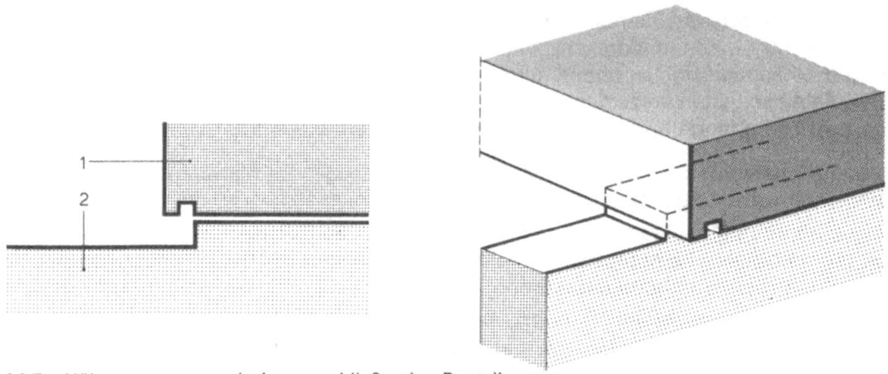

14.7 Höhenversprung zwischen anschließenden Bauteilen
1 aufliegender Bauteil (z. B. Flachdach)
2 auskragender Bauteil (z. B. Unterzug)

Besonders gefährdet durch ständige Feuchtigkeitseinwirkung sind Putzflächen, die an Bauteilfugen anschließen. Falsch sind Putzaufstandsflächen auf vorspringenden Gesimsen, Sockeln o. ä. (Bild **14.**8a). Zumindest sollten vorspringende Kanten mit Gefälle ausgebildet werden (Bild **14.**8b). Aber auch hier besteht die Gefahr, daß an der Fassade ablaufender Schlagregen die Fuge immer wieder durchnäßt, hier Feuchtigkeit in das Bauwerk eindringt und auch der Putz an der Übergangsstelle auf Dauer geschädigt wird. Besser wäre ein Anschluß bei einer Profilierung des anschließenden Werksteines wie in Bild **14.**8c. Als optimale, wenn auch aufwendigste Lösung ist der Einbau von Putzabschlußprofilen zu betrachten (Bild **14.**8d). Ein derartiger Übergang ist auch an flächenbündigen Sockelübergängen vorzuziehen (Bild **14.**8e).

a) b) c) d) e)

14.8 Putzanschlüsse
a) falscher Anschluß an Sockel oder Gesims
b) bedenklicher Anschluß
c) Anschluß mit Höhenversprung
d) Anschluß mit Höhenversprung und Putzabschlußprofil
e) Anschluß bei bündigen Flächen mit Putzabschlußprofil

Korrosion von einbindenden Stahlteilen. Häufig entstehen Schäden dadurch, daß schlecht eingebaute Stahlteile durch Niederschläge oder Luftfeuchtigkeit zum Rosten gebracht werden (Korrosion). Dabei vergrößert sich das Volumen der Stahlteile, und das wasserdurchlässige Mauerwerk (bzw. Beton oder Putz), in dem sie sich befinden, wird zersprengt. Im Gegensatz zu manchen anderen Metallen schützt hier die Korrosionsschicht nicht vor weiterem Rosten, sondern dieses setzt sich bei ungehindertem Feuchtigkeitszutritt bis zur völligen Zerstörung des Stahlteils fort.

Das sicherste Mittel, teilweise eingemauerte Metallteile vor Rost zu schützen, ist neben einwandfreier Rostschutz-Oberflächenbehandlung (Anstrich mit Rostschutzfarben, Verzinkung) ein Einbau, bei dem durch entsprechendes Gefälle und Abdeckprofile eine gute Wasserableitung von den Übergangsstellen der Bauteile gewährleistet wird (vgl. Bild **14.**6).

Gegen den Angriff der gewöhnlichen Luftfeuchtigkeit können Stahlteile durch Einbetten in dichten Beton geschützt werden. Voraussetzung ist jedoch eine ausreichend dicke Überdeckung ($\geqq$ 5 cm) und die Gewährleistung ausreichender Haftung durch Verwendung geeigneter Umhüllung der Stahlteile mit korrosionsgeschützten Trägermaterialien (z. B. Streckmetall, Drahtgewebe usw.). Den Niederschlägen ausgesetzte Ummantelungen, deren Wasserdichtheit nicht gesichert ist (z. B. bei Trägern aus Walzstahl), sind nutzlos und sogar besonders gefährlich, weil sie die Beobachtung der umhüllten Stahlteile verhindern.

Müssen Stützen mit ihren Fußplatten auf Fundamente oder andere Bauteile gestellt werden, ist durch entsprechende Profilierung bzw. Überhöhung an der Aufstandsfläche das Eindringen von Feuchtigkeit und damit der hier besonders gegebenen Korrosionsgefahr zu begegnen (Bild **14.**9).

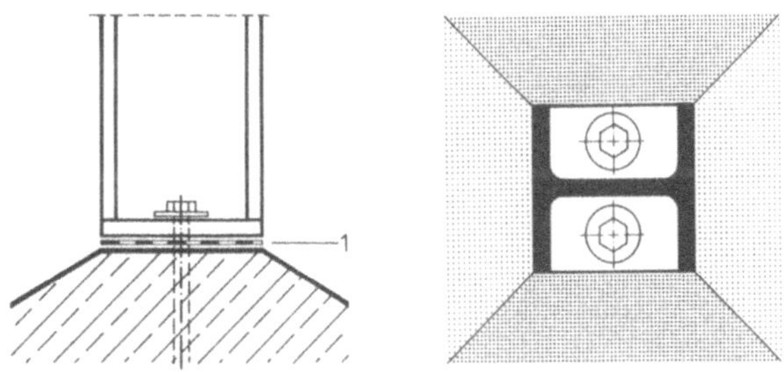

14.9
Stahlstütze, Stützenfuß auf Fundament oder Stahlbeton-Bauteil
1 Zwischenlage (Compriband o. ä.)

Bauteile aus Holz leisten, auch wenn sie dem Wasser ausgesetzt sind, der Fäulnis lange Zeit Widerstand, wenn sie entweder dauernd vollständig vom Wasser bedeckt bleiben (z. B. Pfahlroste unter alten Fundamenten) oder nach Niederschlägen sofort wieder völlig austrocknen können (z. B. Holzschindelverkleidungen). Bei Wahl besonders widerstandsfähiger Holzarten und Anwendung von Holzschutzmitteln läßt sich die Lebensdauer hölzerner Bauteile weiter verlängern (s. auch DIN 52175 und DIN 68800). Ganz besonders wichtig ist es jedoch, diese Bauteile so zu formen und zusammenzufügen, daß die Nässe nicht in Fugen und Löcher eindringen kann, in denen sie kein trocknender Luftzug trifft („Konstruktiver Holzschutz").

Müssen der Witterung ausgesetzte Holzbauteile zusammengefügt werden, sind nach Möglichkeit Abstandhalter vorzusehen, die eine ständige Hinterlüftung an der Verbindungsstelle ermöglichen. Der Abstand sollte dabei so groß sein, daß Erhaltungsanstriche auch in den Fugen möglich bleiben (Bild **14.**10).

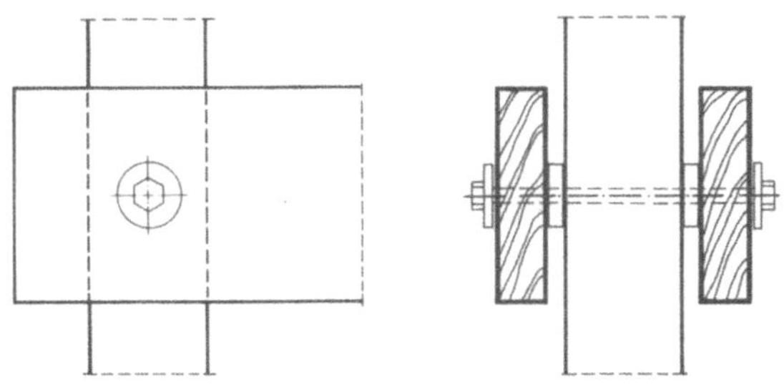

14.10
Holzverbindungen im Außenbereich (Beispiel Doppelzangen mit Stützenanschluß)

Sämtliche Holzteile sind mit Holzschutzmitteln mindestens zu streichen, besser zu tränken, die Stahlverbindungsteile durch Verzinkung vor Rost zu schützen.

Hirnholzflächen saugen Feuchtigkeit besonders stark auf. Sie sollen daher nicht unmittelbar auf andere Bauteile gesetzt werden. Leichte Stützen für Vordächer, Pergolen o. ä. stellt man auf Stahlstelzen, wobei darauf zu achten ist, daß der hölzerne Stützenfuß allseitig gut belüftet bleibt (Bild **14**.11).

Holzteile, die unmittelbar auf Betonteilen oder Mauerwerk aufliegen, erhalten eine Zwischenlage aus Bitumenbahnen. Diese schützt die Hölzer vor Feuchtigkeit, die in den angrenzenden Bauteilen enthalten sein kann, verhindert aber auch das unmittelbare Eindringen der meistens zu Kontrollzwecken stark gefärbten Holzschutzmittel in andere Rohbauteile.

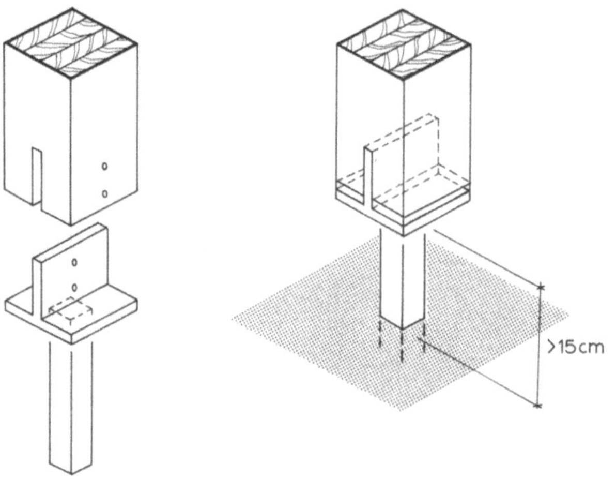

14.11
Holzstütze, Stützenfuß im Außenbereich (vgl. Bild **7**.27)

Spritzwasserschutz. Insbesondere im Sockelbereich von Bauwerken, d. h. im Anschlußbereich zwischen Außenwänden und Geländeoberfläche bzw. sonstigen Flächen wie von Terrassen, Gehwegen o. ä. entsteht bei Niederschlägen Spritzwasser. Es beansprucht die senkrechten Bauteile bis etwa 30 cm Höhe. Aber nicht nur die ständig wiederkehrende Durchfeuchtung der anschließenden senkrechten Flächen muß begrenzt werden. Es ist auch zu bedenken, daß – insbesondere während der Bauzeit, wenn Gegenmaßnahmen noch nicht wirksam sind – eingedrungene Feuchtigkeit durch Kapillarwirkung in den Wänden aufsteigen kann. Es sind daher Horizontalabdichtungen in 30 cm Höhe über dem Gebäudeanschluß vorzusehen (Ausführung s. Abschn. 14.4.4).

Übliche Außenputzflächen sollen sowohl beim Bauwerksanschluß an das umgebende Gelände wie auch im Bereich von Terrassen- oder Balkonflächen nicht dauerndem Spritzwassereinfluß ausgesetzt sein. Ein Mindestabstand von 30 cm sollte immer angestrebt werden (Bild **14**.12a). Kann aus technischen oder formalen Gründen kein ausreichend hoher Sockel erreicht werden, bildet ein sogenannter „Traufstreifen" einen verbesserten Spritzwasserschutz (Bild **14**.12b). Wenn unter den gegebenen Bedingungen möglich, ist ggf. in Verbindung mit ohnehin erforderlichen Lichtschächten eine Lösung nach Bild **14**.12c jedoch am besten.

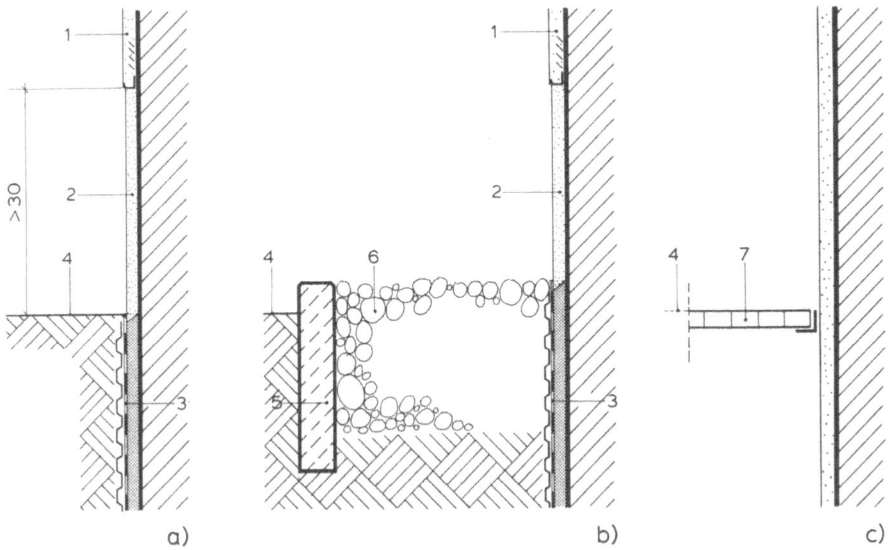

14.12 Fassadenputz, unterer Abschluß

a) Spritzwasser-Schutzabstand (Abstand Fassadenputz–Sockelputz)
b) Abschluß mit Traufstreifen
c) Geländeanschluß mit Abtrennung durch Gitterrost über Schacht

1 Fassadenputz, unterer Abschluß mit Abschlußprofil
2 Sockelputz
3 Abdichtung auf Putz
4 OK Gelände
5 Kantenstein
6 Kiesschüttung (Körnung 16/32)
7 Gitterrost in Winkelrahmen, auf Lichtschacht aufliegend

14.3 **Dränung (Drainage)** nach DIN 4095

Durch Dränung sollen Bodenschichten so entwässert werden, daß erdberührte Bauwerksteile nicht durch drückendes Wasser beansprucht werden. Das als Sickerwasser aus den angrenzenden Geländeoberflächen oder wasserführenden Bodenschichten anfallende Wasser wird dabei in Vorfluter (z. B. benachbarte offene Wasserläufe) oder in wasseraufnahmefähige Bodenschichten durch Sickerschächte abgeleitet. Die Einleitung in öffentliche Entsorgungsleitungen ist in aller Regel nicht erlaubt.

Räume mit erdberührten Wänden werden heute vielfach intensiv genutzt und daher oft mit zusätzlichen Wärmedämmungen ausgeführt. Zwar müssen außenliegende Dämmstoffe so beschaffen sein, daß sie kein Wasser aufnehmen können, doch ist eine ständig wechselnde Durchfeuchtung ihrer Umgebung nachteilhaft. Auch aus diesen Gründen ist die Ausführung von Dränmaßnahmen sinnvoll.

Alle beabsichtigten Dränungen sind genehmigungspflichtig und deshalb Bestandteil des Bauantrages im Zusammenhang mit der Haus- und Grundstücksentwässerung.

Zur Planung einer Dränung gehört die Erkundung der vorhandenen Bodenverhältnisse (vgl. Abschn. 3.1), die Feststellung der Wasserbeschaffenheit (z. B. kann betonaggressives Wasser zu Kalkablagerungen in den Dränungen führen) sowie die Ermittlung des voraussehbaren Wasseranfalles. Dabei ist der ungünstigste Grundwasserstand festzustellen und eine mögliche Beeinträchtigung des Grundwasserstandes durch die beabsichtigten Dränungsmaßnahmen. Dabei geben die in der Baugrube vorgefundenen Verhältnisse nicht ohne weiteres Aufschluß, weil u.a. jahreszeitliche Schwankungen berücksichtigt werden müssen.

Dränmaßnahmen sind

- nicht erforderlich bei stark durchlässigem Untergrund,
- erforderlich, wenn in schwach durchlässigem Untergrund oder bei umgebenden bindigen Bodenschichten Sickerwasser vor Bauwerksteilen aufgestaut werden kann (Bild **14**.13) und als „drückendes Wasser" wirkt (Abschn. 14.4),
- nicht auszuführen, wenn die Bauwerkssohle im Grundwasserbereich liegt und eine Ableitung des anstehenden Wassers über eine Dränung daher nicht möglich ist (Ausführung von Abdichtungen gegen drückendes Wasser DIN 18195, s. Abschn. 14.4 erforderlich).

Dränungen sind im Regelfall auszuführen, wenn die in den Tabellen **14**.14 (DIN 4095 Abschn. 4.2) aufgeführten Verhältnisse vorliegen. Besondere Nachweise sind dann nicht erforderlich. Weichen die örtlichen Verhältnisse von diesen Regelfällen ab, sind besondere Untersuchungen zu führen (s. DIN 4095 Abschn. 4.3).

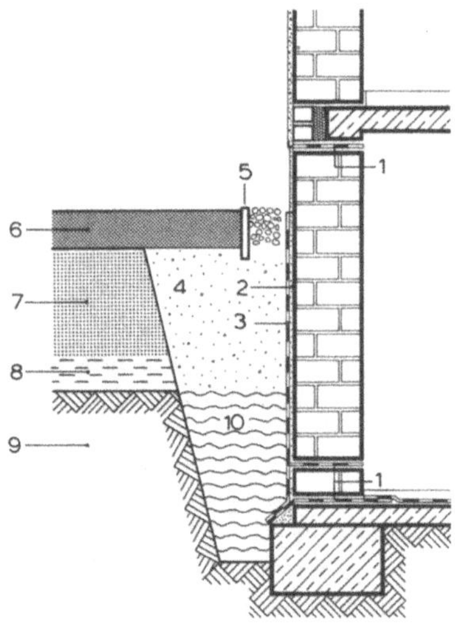

14.13 Stauwasserbildung in bindigen Böden
1 waagerechte Abdichtung
2 Zementputz
3 senkrechte Abdichtung
4 Arbeitsraum-Verfüllung
5 Traufstreifen
6 Oberboden
7 nichtbindiger Boden
8 wasserführende Bodenschicht
9 bindiger Boden
10 Stauwasser

Tabelle **14**.14 Dränung im Regelfall

Richtwerte vor Wänden	
Gelände	eben bis leicht geneigt
Durchlässigkeit des Bodens	schwach durchlässig
Einbautiefe	bis 3 m
Gebäudehöhe	bis 15 m
Länge der Dränleitung zwischen Hochpunkt und Tiefpunkt	bis 60 m
Richtwerte auf Decken	
Gesamtauflast	bis 10 kN/m^2
Deckenteilfläche	bis 150 m^2
Deckengefälle	ab 3%
Länge der Dränleitung zwischen Hochpunkt und Dacheinlauf/Traufkante	bis 15 m
Angrenzende Gebäudehöhe	bis 15 m
Richtwerte unter Bodenplatten	
Durchlässigkeit des Bodens	schwach durchlässig
Bebaute Fläche	bis 200 m^2

Man unterscheidet Ringdränungen, die das zu schützende Bauwerk ringförmig umgeben (Bild **14.**15) und Flächendränungen (Bild **14.**18) zum Schutz von Bodenflächen oder erdüberschütteten Bauwerken.

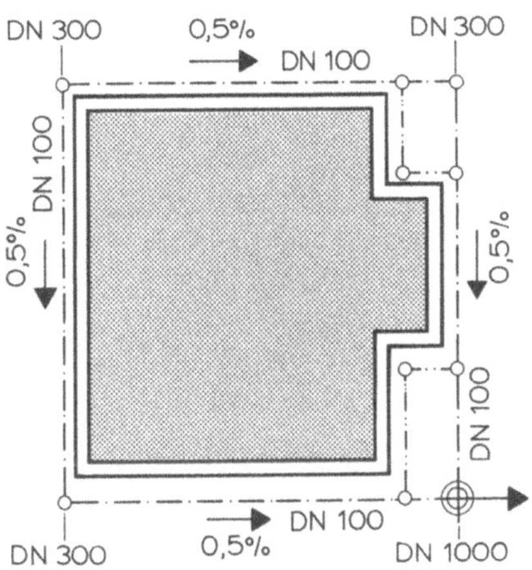

14.15 Ringdränung (DIN 4095)

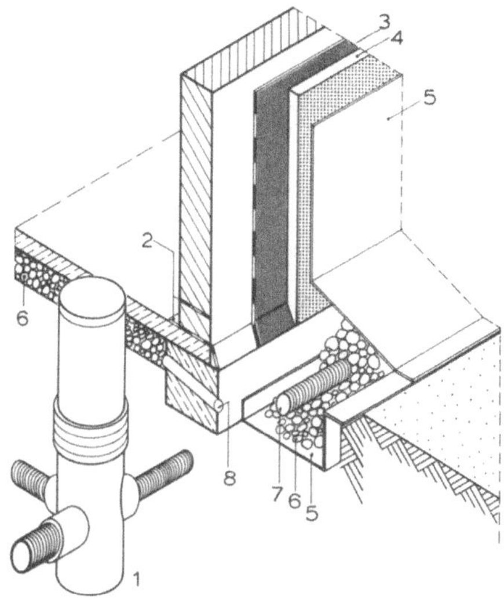

14.16 Dränung: Regelausführung
1 Kontrollschacht mit Aufsatzstück und Anschlußstutzen (opti-control, Fränkische Rohrwerke)
2 waagerechte Abdichtungen
3 senkrechte Abdichtung DIN 18195
4 Sickerplatte
5 Filtervlies
6 Sickerpackung
7 Dränleitung
8 Fundamentdurchlaß

Die Dränleitungen bestehen in der Regel aus geschlitzten flexiblen Kunststoff-Rippenrohren DN 100. Sie werden in einem Kiesbett mit mindestens 0,5% Gefälle verlegt und vor der weiteren Ausführung der umgebenden Sickerschicht gegen Verschieben gesichert. An Stößen, an Einmündungen usw. sind Formteile zu verwenden. In Abständen von höchstens 50 m und bei erforderlichen größeren Richtungsänderungen sind die Dränleitungen in senkrechte Kontroll- und Spülrohre mit einem Mindestdurchmesser von DN 300 zu führen (Bild **14.**16). Die Rohrsohlen von Dränleitungen neben Gebäuden müssen mit ihrem Hochpunkt mindestens 20 cm unter der Oberfläche der Rohbodenplatte liegen jedoch nicht tiefer als die benachbarten Fundamentsohlen. Die Ringleitungen enden in einem Übergabeschacht DN 1000, aus dem das angefallene Wasser in den Vorfluter bzw. die Versickerung geleitet wird.

Unter Bodenplatten bis zu 200 m^2 können Flächendränungen, aus Kiesschüttungen von mindestens 15 cm Dicke, Körnung 8/16 mm oder 32 ausgeführt werden. Bei Streifenfundamenten muß die Entwässerung zu den Drän-Ringleitungen durch Fundamentdurchbrüche sichergestellt werden (Bild **14.**17).

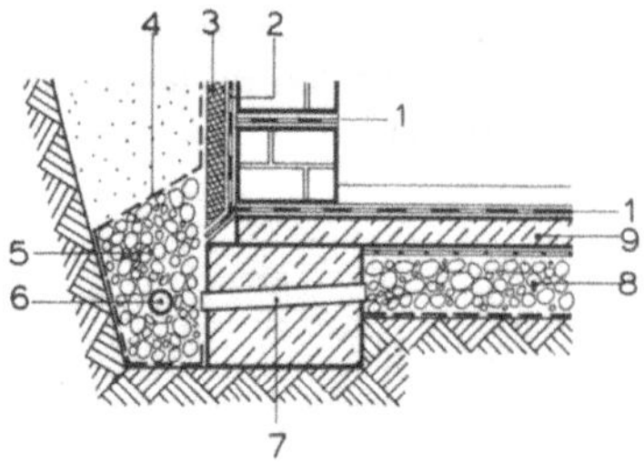

14.17 Flächendränung in Verbindung mit Ringdränung

1 waagerechte Abdichtungen
2 senkrechte Abdichtung
3 Sickerplatte
4 Filtervlies
5 Sickerpackung
6 Dränleitung
7 Fundamentdurchführung
8 Sickerschicht
9 Stahlbetonplatte auf Trennfolie

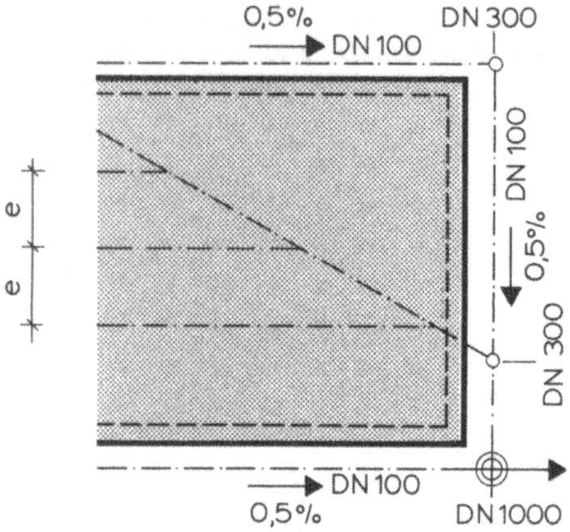

14.18 Flächendränung

Bei Flächen über 200 m² ist eine Flächendränung zu planen, bei der der Abstand der einzelnen Dränleitungen untereinander nachgewiesen werden muß (Bild **14.**18).

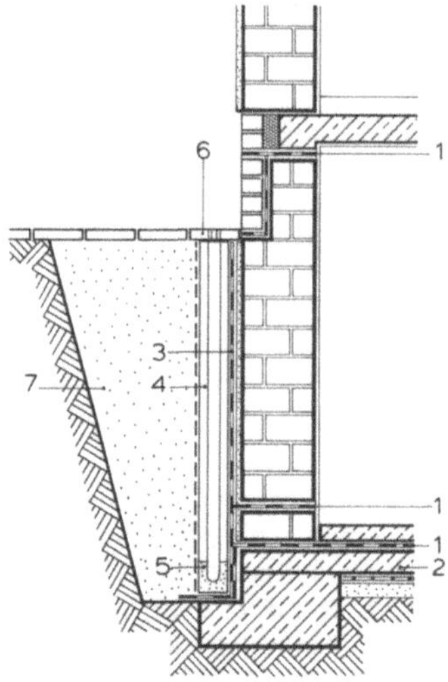

14.19 Sickerschicht aus Beton-Hohlkörpern (PORWAND)

1 waagerechte Abdichtungen
2 Stahlbetonplatte auf Trennfolie
3 senkrechte Abdichtung
4 Sickerkörper (PORWAND), abgedeckt mit Filtervlies
5 Rinnen-Formstein auf Fundamentvorsprung, angeschlossen an Dränleitung
6 Abdeckplatten mit Ablaufschlitzen
7 Baugrubenverfüllung

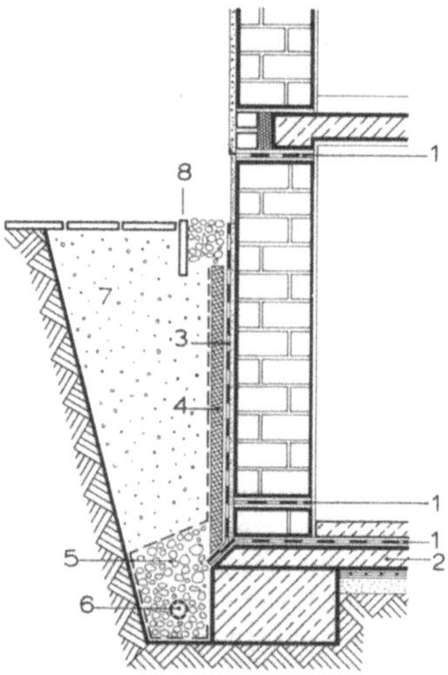

14.20 Sickerschicht aus grobkörnigen Styroporplatten (EPS-Platten)

1 waagerechte Abdichtungen
2 Stahlbetonplatte auf Trennfolie
3 senkrechte Abdichtung
4 Sickerplatte mit Filtervlies
5 Sickerpackung
6 Dränleitung
7 Baugrubenverfüllung
8 Traufstreifen

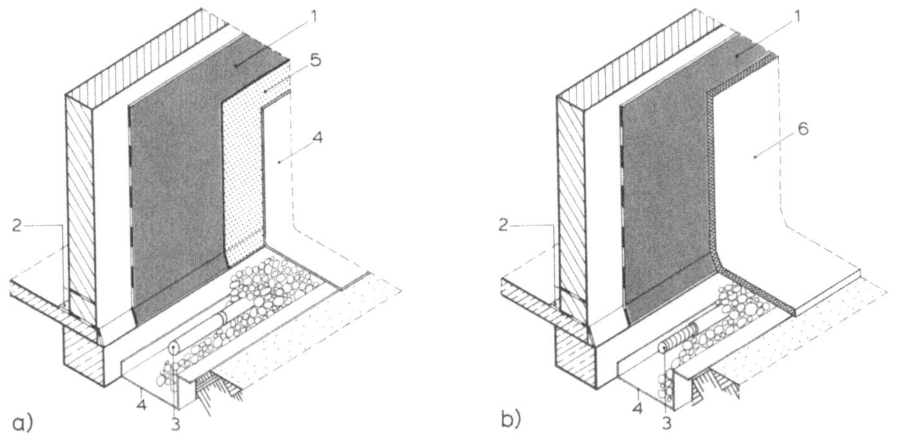

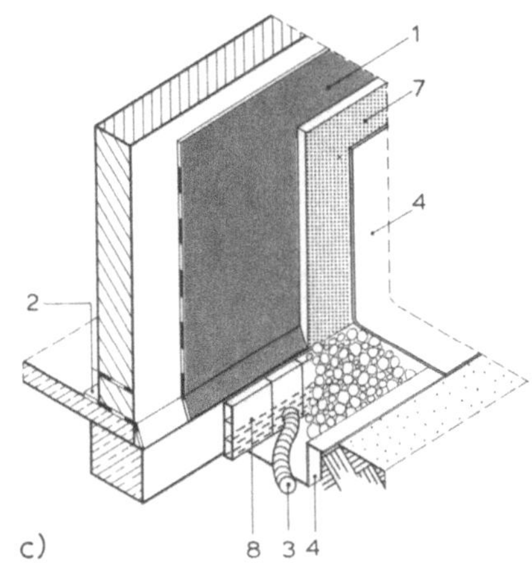

14.21
Verschiedene Ausführungsmöglichkeiten von Dränungen

a) senkrechte Sickerschicht aus Noppenplatten
b) senkrechte Sickerschicht mit Sickermatte
c) Kunststoff-Profilrohr als Dränleitung und Fundamentschalung

1 senkrechte Abdichtung
2 waagerechte Abdichtung
3 Dränleitung in Sickerpackung
4 Filtervlies
5 Noppenplatte (auch mit Filtervlies)
6 Sickermatte mit Filterabdeckung
7 Sickerplatte
8 FSD-Dränsystem (gleichzeitig Fundamentschalung)

In den Drän- bzw. Sickerschichten wird das anfallende Wasser gesammelt. Diese bestehen für horizontale Dränungen in der Regel aus einer wasserführenden Kiesschicht Körnung 0/32, abgedeckt mit einer Filterschicht, die das Ausschlämmen von Bodenteilchen in die Sickerschicht verhindern soll. Insbesondere vertikale Sickerschichten können auch mit im Verband versetzten Dränsteinen aus Leichtbeton, aus grobkörnigen Styroporplatten (EPS-Dränplatten), mit Noppenbahnen o.ä. gebildet werden, die mit Filterschichten aus Kunststoffvliesen abgedeckt werden (Bilder **14.**19 bis **14.**21).

Eine Kombination von Sickerschicht und Dränleitung stellt das in Bild **14.**21 c gezeigte Schal-Drän-System dar, bei dem geschlitzte Kunststoffprofile gleichzeitig als seitliche Schalung von Streifenfundamenten oder Bodenplatten dienen können.

Den Arbeitsablauf bei der Herstellung von Streifenfundamenten, Sickerschichten, Dränleitungen und Abdichtungen zeigt Bild **14.**22 [31].

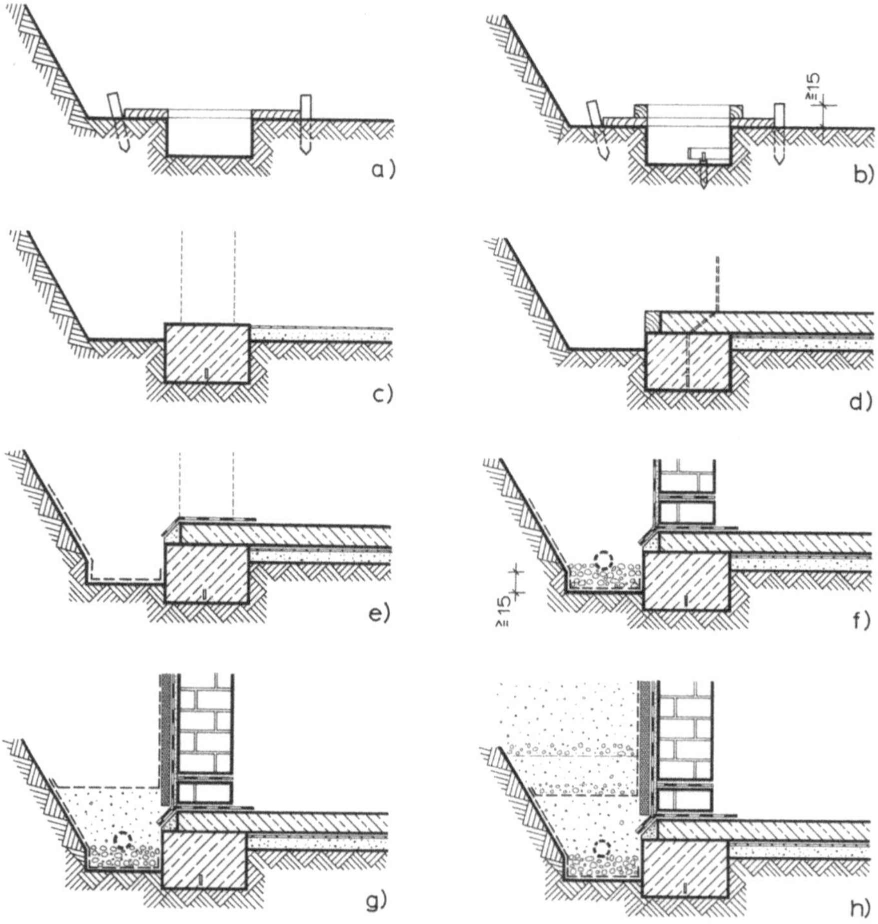

14.22 Arbeitsablauf Dränung–Abdichtung, nach [31]

a) Aushub der Streifenfundamente zwischen ausgelegten verkeilten Bohlen als Lehren
b) Einschalen, Einbau des Fundamenterders (vgl. Bild **4**.18)
c) Einbau der Abwasserleitungen, ggf. Einbau der Flächendränung (Bild **14**.18) mit Fundament-Durchlässen, Abdeckung mit PE-Folie
d) Betonieren der Bodenplatte
e) Ausschalen, Einbau der waagerechten Abdichtung, Auslegen des Dränraumes mit Filtervlies
f) Wände aufmauern, ggf. Einbau einer zweiten waagerechten Abdichtung gegen aufsteigende Baunässe, Einbau der senkrechten Abdichtung, Einbringen einer 15 cm dicken Sickerschicht, Einbau der Dränrohre (Gefälle-Hochpunkt max. OK Bodenplatte, Tiefpunkt max. UK Fundament)
g) Anheften der Filterplatten (EPS) im Verband, Auffüllen der Sickerschicht, Abdecken mit Filtervlies
h) lagenweises Verfüllen der Baugrube, Verdichten

14.4 Abdichtungen gegen Bodenfeuchtigkeit, nichtdrückendes und drückendes Wasser

14.4.1 Allgemeines

Versickerndes Niederschlagswasser und als Saugwasser aus dem Grundwasser aufsteigende Feuchtigkeit beanspruchen die erdberührten Teile von Bauwerken als Bodenfeuchtigkeit (DIN 18195 T4) oder als nicht drückendes Wasser (DIN 18195 T5).

Wenn sich – besonders bei Hanglagen – zwischen bindigen oder sonst wasserundurchlässigen Bodenschichten Schichtenwasser sammelt, kann es als Sickerwasser Bauteile auch unter Druckeinwirkung beanspruchen, wenn nicht durch Filterschichten und Dränagen für Ableitung gesorgt werden kann.

Durch drückendes Wasser (DIN 18195 T6) wird ein Bauwerk beansprucht, wenn sich Stauwasser bei bindigem Untergrund rund um ein Gebäude in der früheren, später verfüllten Baugrube ohne Abflußmöglichkeit sammeln kann oder wenn ein Bauwerk bis in den Grundwasserbereich hinabreicht.

Darüber hinaus können in Wasser gelöste Bodenbestandteile, Beimischungen des Grundwassers (z. B. freie organische Säuren, Kohlensäure), aber auch Moor- und Meerwasser, vor allem aber auch viele Industrieabwässer schädigend auf Bauteile, insbesondere auf ungeschützten Stahlbeton, einwirken.

Alle erdberührten Bauwerke bzw. Bauwerksteile müssen daher gegen Feuchtigkeit und Wasser geschützt werden.

Grundsätzlich wird unterschieden:

- Abdichtung durch zusätzlich auf die zu schützenden Bauteile aufgebrachte besondere Abdichtungs-Baustoffe.
- Abdichtung durch wasserundurchlässige Bauteile (z. B. Bauteile aus wasserundurchlässigem Beton, s. Abschn. 5.1.6 und 14.4.6.

Für die erforderlichen Schutzmaßnahmen werden in DIN 18195, Teile 1 bis 10 (T11 – Abdichtung gegen von innen drückendes Wasser – ist in Vorbereitung) Hinweise gegeben. Im Gegensatz zu den zurückgezogenen Normen 4031, 4117 und 4122 werden jedoch nur in Teil 4 Lösungsvorschläge auch zeichnerisch dargestellt.

Planer und Bauausführende können aus DIN 18195 jedoch nur wenig verbindliche, zeichnerisch festgelegte, Lösungsvorschläge entnehmen und müssen daher in besonderem Maße auf die in der Spezialliteratur niedergelegten Praxiserfahrungen hingewiesen werden.

Eine einigermaßen vollständige zeichnerische Darstellung der vielfältigen Abdichtungsmöglichkeiten im Rahmen dieses Werkes ist nicht möglich. Es können hier nur die wichtigsten und grundsätzlichen Probleme und Lösungsmöglichkeiten behandelt werden.

14.4.2 Baustoffe

Als Abdichtungsstoffe werden nach DIN 18195 verwendet:

Bitumenstoffe

- Bitumen-Voranstrichmittel (Bitumen-Lösung oder Bitumen-Emulsion),
- Bitumen-Klebemassen und -Deckaufstrichmittel, heiß zu verarbeiten,
- Bitumen-Deckaufstrichmittel, kalt zu verarbeiten (gefüllte oder ungefüllte Bitumen-Lösung oder Bitumen-Emulsion),
- Bitumen-Spachtelmassen, kalt zu verarbeiten (Bitumen-Lösung oder Bitumen-Emulsion),
- nackte Bitumenbahnen (R 500 N, DIN 52129),
- Bitumen-Dachbahnen (R 500, DIN 52128),
- Dachbahnen (V 13, DIN 52143),
- Bitumendichtungsbahnen (G 220 D, Cu 0,1 D, Al 0,2 D, PETP 0,03 D, DIN 18190),
- Dachdichtungsbahnen (J 200 DD und J 300 DD, DIN 52130),
- Bitumen-Schweißbahnen (J 300 S 5, G 200 S 4, G 200 S 5, V 60 S 4, DIN 52131),
- Bitumen-Schweißbahnen mit 0,1 mm dicker Kupferbandeinlage.

Bituminöse Abdichtungen werden in der Regel mehrlagig aufgebracht. Damit wird sowohl Verarbeitungsfehlern entgegengewirkt als auch eine größere Sicherheit gegen mechanische Beschädigungen erreicht.

Die Anzahl der erforderlichen Schichten richtet sich nach der Beanspruchung der Abdichtungen (s. Abschn. 14.4.6.3).

Kunststoff-Dichtungsbahnen

- PIB-Bahnen (DIN 16935),
- PVC-weich-Bahnen, bitumenbeständig (DIN 16937),
- PVC-weich-Bahnen, nicht bitumenbeständig (DIN 16938),
- ECB-Bahnen (DIN 16729).

Beim bisherigen Stand der Technik werden Kunststoffdichtungsbahnen nur einlagig eingesetzt. Die damit gegebene Gefährdung gegen mechanische Beschädigungen erklärt die bisherige Zurückhaltung bei der Anwendung im Tiefbaubereich, obwohl Kunststoffdichtungsbahnen relativ unempfindlich gegen Beanspruchungen durch Schwindrisse o. ä. in den geschützten Bauteilen sind.

Kalottengeriffelte Metallbänder aus Kupfer (Sf-Cu), Aluminium (Al 99,5) oder Edelstahl (X5CrNiMo1810) werden zur Verstärkung und an hochbeanspruchten Abdichtungen verwendet.

Zementgebundene Dichtungsschlämmen oder -putze. Dichtungsschlämmen bestehen aus Normenzementen, Quarzsanden und anorganischen chemischen Zusätzen. Sie bilden einen abdichtenden Oberflächenschutz und bewirken z. B. auf Betonflächen eine nachträgliche, die Abdichtungswirkung unterstützende Materialvergütung.

Derartige Dichtungsschlämmen oder -putze sind als starre Abdichtungsschicht empfindlich gegen Rißbildungen im Untergrund, wenn sie nicht durch zusätzlich aufgebrachte plastische Spachtelmassen dagegen geschützt werden. Dichtungsschlämmen und -putze können andererseits auch auf Innenseiten von Bauwerken gegen drückendes Wasser eingesetzt werden und eignen sich vielfach dort besonders, wo in älteren Bauwerken Schwind- und Setzvorgänge bereits abgeklungen sind.

14.4.3 Verarbeitung

Die Verarbeitung von Abdichtungsstoffen ist in DIN 18195 T3 sowie in DIN 18336 geregelt.

Bitumenbahnen und Metallbänder sind vollflächig, gegeneinander versetzt und in der Regel mit 100 mm Stoßüberdeckung zu verkleben. Die Verklebung kann erfolgen durch

- Bürstenstreichverfahren. Auf waagerechten oder schwach geneigten Flächen mit einem vollflächigen Klebemassenaufstrich, auf senkrechten oder stark geneigten Flächen zusätzlich mit vollflächigem Klebemassenaufstrich auf der Unterseite der Bahnen. Die Bahnen sind insbesondere an den Rändern anzubügeln. Der Klebeaufstrich muß mindestens 1,5 kg/m^2 Klebemasse aufweisen (DIN 18336) und richtet sich im übrigen nach der Beanspruchung der Abdichtung.
- Gießverfahren und Gieß- und Einwalzverfahren. Die Bitumenbahnen werden in ausgegossene Klebemasse eingerollt. Beim Einrollverfahren müssen die Bahnen auf einem festen Kern aufgerollt sein und werden beim Ausrollen fest in die Klebemasse eingewalzt. Es müssen mindestens 2,5 kg/m^2 Klebemasse beim Gieß- und Einwalzverfahren verbraucht werden bzw. bei Abdichtungen gegen drückendes Wasser gemäß DIN 18195 T6, Tab. 1 bis 7.
- Flämmverfahren. Die auf dem Untergrund bereits vorhandene Klebemasse wird durch Flämmen mit dem Gasbrenner angeschmolzen, und die fest aufgewickelten Bitumen-Bahnen werden darin ausgerollt.
- Schweißverfahren. Die Unterseite von aufgewickelten Schweißbahnen wird durch Gasbrenner aufgeschmolzen, und die Bahnen werden so ausgerollt und angedrückt, daß ein Bitumenwulst in ganzer Breite verläuft und an den Rändern austritt.

Kunststoff-Dichtungsbahnen, die bitumenverträglich sind, können ähnlich wie bituminöse Dichtungsbahnen vollflächig auf die zu schützenden Bauteile mit Bitumen-Klebemasse aufgeklebt werden.

Im übrigen werden Kunststoff-Dichtungsbahnen in der Regel lose verlegt. Sie werden für waagerechte oder wenig geneigte Abdichtungen mit einer Schutzbahn abgedeckt und durch dauernd wirksame Auflasten versehen (z. B. Schutzbeton, Erdlast von Überschüttungen). In allen anderen Fällen sind Kunststoffabdichtungen, insbesondere die meistens verwendeten werkseitig vorgefertigten Planen mechanisch durch korrosionsfeste Flachbänder, Halteteller, Halteprofile u. ä. mechanisch mit dem Untergrund zu verbinden. Wenn Naht- oder Stoßverbindungen auf der Baustelle ausgeführt werden müssen, kommen die folgenden Verfahren in Frage

- Quellschweißung: Die Verbindungsflächen werden mit einem Lösungsmittel angelöst und unter Druck zusammengefügt.
- Warmgasschweißung: Die Verbindungsflächen werden durch Heißluft plastifiziert und unter Druck zusammengefügt.
- Heizelementschweißung: Hierbei erfolgt die Plastifizierung durch elektrisch erwärmte Heizkeile.

Die Stoßüberlappung bei den genannten Verfahren beträgt im allgemeinen 50 mm. (Bei Verklebung mit Bitumen muß die Nahtüberdeckung mindestens 100 mm betragen.)

An der Baustelle ausgeführte Naht- und Stoßverbindungen sind nach DIN 18195 T3, Abschn. 8.4.6, auf Dichtigkeit zu prüfen. Diese Prüfung muß in einer Kombination verschiedener Verfahren ausgeführt werden und ist nur durch besonders spezialisierte Fachfirmen unter Baustellenbedingungen einwandfrei ausführbar. Nur wenn diese Voraussetzungen gegeben sind, ist daher der Einsatz von Kunststoff-Dichtungsbahnen in Loseverlegung ohne rechtliches Risiko. DIN-Normen werden in Streitfällen in der Regel zur Definition des „Standes der Technik" bzw. der „allgemein anerkannten Regeln der Baukunst" herangezogen, selbst wenn sie gelegentlich wenig praxisgerechte oder ungenaue Vorschriften enthalten.

14.4.4 Abdichtungen gegen Bodenfeuchtigkeit (DIN 18195 T4)

Alle erdberührten senkrechten und unterschnittenen Flächen von Bauwerken, ggf. auch die Bodenflächen, müssen gegen Bodenfeuchtigkeit abgedichtet werden. Diese entsteht durch aufsteigende kapillare Feuchtigkeit und durch das in nichtbindigen Böden oder Verfüllmaterialien versickernde Niederschlagwasser. Mit dieser Feuchtigkeit muß *in jedem Fall* gerechnet werden. Die Abdichtungen müssen die Bauteile also gegen die allgemeine Bodenfeuchtigkeit und gegen nichtstauendes Sickerwasser schützen.

Bei bindigen Böden oder bei Hanglagen muß zumindest vorübergehend mit drückendem Wasser gerechnet werden. Abdichtungen müssen in diesen Fällen daher gemäß Abschn. 14.4.5 oder 14.4.6 ausgeführt werden.

Um das Entstehen von kurzzeitig stauendem Wasser – z. B. infolge starker Niederschläge – ist der Einbau von *Dränagen* in Betracht zu ziehen (s. Abschn. 14.3).

Waagerechte Abdichtungen in Wänden liegen in den Lagerfugen des Mauerwerks:
- Untere Abdichtung etwa 10 cm über Kellerfußboden, damit bei vorübergehend – insbesondere während der Bauzeit – nassem Kellerfußboden keine Feuchtigkeit in den Wänden aufsteigt,
- Obere Abdichtung $\geqq$ 5 cm unterhalb der Kellerdecke und etwa 30 cm über Gelände, um zu verhindern, daß Spritzwasser das Mauerwerk der Außenwände und Kellerdecken durchfeuchtet.

Die waagerechten Abdichtungen bestehen meistens aus einlagigen Bitumendachbahnen nach DIN 52128 oder aus Dichtungsbahnen nach DIN 18190 T2 bis T5, DIN 52130 und Kunststoff-Dichtungsbahnen nach DIN 16935, 16937 oder 16729.

Die Abdichtungen sind auf einer ebenen, waagerechten, aus Mörtel der Mörtelgruppe II oder III hergestellten Auflagefläche lose zu verlegen. Die Stöße der Bahnen müssen sich um mindestens 20 cm überdecken, können aber auch verklebt werden. Die Bahnen selbst dürfen weder aufgeklebt noch vollflächig miteinander verklebt werden.

Bei Kellerwänden aus Beton ist die waagerechte Abdichtung zwischen Wand- und Fundamentkörper aus wasserundurchlässigem Beton ggf. unter Verwendung von Arbeitsfugenbändern herzustellen (s. Abschn. 14.4.6.2).

Abdichtung von Fußbodenflächen[1]) werden auf Betonflächen mit Bitumenbahnen, Kunststoff-Dichtungsbahnen oder Asphaltmatrix ausgeführt. Dichtungen mit Bahnen sind lose, punktweise oder vollflächig verklebt auf den Untergrund aufzubringen. Nackte Bitumenbahnen dürfen nur vollflächig heiß verklebt werden und müssen einen Deckaufstrich erhalten. Die Stoßüberdeckung beträgt bei Bitumenbahnen und bei Bitumenverklebungen 10 cm, bei Kunststoff-Dichtungsbahnen in der Regel 5 cm. Alle Kanten und Kehlen sollen ausgerundet werden.

---

[1] Einzelheiten s. auch Abschn. 10.3.

Schutzschichten. Wenn Abdichtungen nicht sofort nach Herstellung durch andere Bauteile überdeckt werden (z. B. schwimmende Estriche o. ä.) müssen sie durch Schutzschichten (z. B. mind. 5 cm dicken Schutzestrich) geschützt werden (DIN 18195 T 10).

Senkrechte Abdichungen von Wandflächen unterhalb des Geländes bestehen meistens aus heiß oder kalt aufgetragenen Anstrichen gegen Erdfeuchtigkeit. Der Untergrund von senkrechten Abdichtungen muß eben, fest, gereinigt und in der Regel trocken sein. Betonflächen müssen eine ebene und geschlossene Oberfläche aufweisen. Wandflächen aus porigen Baustoffen sind mit einem Mörtel der Mörtelgruppe II oder III zu ebnen und abzureiben, der vor dem Herstellen der Aufstriche ausreichend erhärtet und trocken sein muß. Für feuchten Untergrund sind geeignete Aufstrichmittel zu verwenden. Vollfugig gemauerte Flächen aus glatten Steinen mit glattgestrichenen Fugen sind als Untergrund u. U. sicherer als ein nicht sehr sorgfältig und zu dünn ausgeführter Putz, der sich zusammen mit der Abdichtung unbemerkt ablösen kann.

Bituminöse Anstriche bestehen aus einem kaltflüssigen Voranstrich und mindestens 2 heiß- oder 3 kaltflüssig aufgebrachten Abdichtungsanstrichen. Abdichtungen können auch durch Streichen, Rollen oder Spritzen hergestellt werden, wenn die Mindesteinbaumengen nach DIN 18195 T4 Abschn. 7 eingehalten werden.

Muß mit höherer Beanspruchung der Abdichtung z. B. durch vorübergehend stauendes Sickerwasser gerechnet werden oder besteht die Gefahr von Rißbildung, ist eine senkrechte Außenwandabdichtungen mit 2-lagig kalt aufgetragenen Spachtelmassen oder noch besser mit Abdichtungsbahnen bzw. -folien gegen nichtdrückendes Wasser (s. Abschn. 14.4.5) herzustellen.

Bitumenbahnen werden vollflächig auf die vorbereiteten – z. B. geputzten – und vorgestrichenen Wandflächen mit 10 cm Stoßüberdeckung aufgeklebt. Nackte Bitumenbahnen (DIN 52129) erhalten einen heiß aufgebrachten Deckaufstrich. Sehr gut bewährt haben sich auch selbstklebende Bitumenfolien. Bitumenverträgliche Kunststoff-Dichtungsbahnen werden mit 5 cm Stoßüberdeckung vollflächig mit Bitumenklebemasse aufgeklebt.

Stahlbetonflächen aus wasserundurchlässigem Beton (s. Abschn. 5.1.6) sind als Mindestausführung mit einer porenschließenden Zementschlämme zu streichen oder erhalten kalt oder heiß aufgebrachte Schutzanstriche wie geputzte erdberührte Außenwandflächen. Bewährt haben sich auch Abdichtungen mit zementgebundenen Dichtungsschlämmen oder -putzen (s. Abschn. 14.4.2).

Alle senkrechten Abdichtungen müssen an die waagerechten Abdichtungen so herangeführt werden, daß keine Feuchtigkeitsbrücken (Putzbrücken) entstehen können.

Abgedichtete Außenwandflächen dürfen erst hinterfüllt werden, wenn die Abdichtungen völlig trocken sind. Dabei muß genauestens darauf geachtet werden, daß die Abdichtungen nicht beschädigt werden. Auf keinen Fall darf das Hinterfüllungsmaterial scharfkantige Bestandteile wie z. B. Bauschutt oder Schotter enthalten. Je nach Ausführung der Hinterfüllung sollten Schutzschichten vorgesehen werden, die aus Folien, geschlossenen oder porigen Platten bestehen können, welche entweder durch den Erddruck gehalten oder aufgeklebt werden.

Wichtig ist ferner, daß in den Hinterfüllungen keine Hohlräume verbleiben, in denen sich Niederschlagwasser ansammeln und als Stauwasser die Abdichtungen unvorhergesehen beanspruchen kann.

Abdichtung nicht unterkellerter Gebäude. Für nicht unterkellerte Gebäude ist es in vielen Fällen wirtschaftlich, die unterste Geschoßfläche mit freitragenden, nicht auf dem Boden aufliegenden Decken (z. B. aus Fertigteilen) herzustellen. Der Zwischenraum zum Erdreich muß in diesem Fall eine ausreichende Querlüftung mit Gitterformsteinen o. ä. in den Außenwänden und entsprechenden Aussparungen in etwa vorhandenen inneren Tragwänden erhalten. Eine derartige Lösung ist besonders bei nicht zu großen Deckenspannweiten wirtschaftlich, wenn der Zwischenraum hoch genug ist, um als bekriechbarer Installationsraum zu dienen. Eine waagerechte Abdichtung der Deckenfläche ist in diesem Fall nicht erforderlich, ausgenommen bei sehr feuchtigkeitsempfindlichen Fußbodenbelägen wie z. B. Parkett. Bei feuchtem Untergrund kann eine lose auf dem Erdreich verlegte PE-Baufolie den Luftraum sehr wirkungsvoll vor zu starker Durchfeuchtung schützen. Die senkrechten Außenabdichtungen sind bis auf die Fundamente herabzuziehen (Bild **14**.23). Über die Angaben in DIN 18195 T4 hinaus sollten auch die Innenseiten der äußeren Grundmauern eine Abdichtung bis zur Oberkante des Erdreiches erhalten.

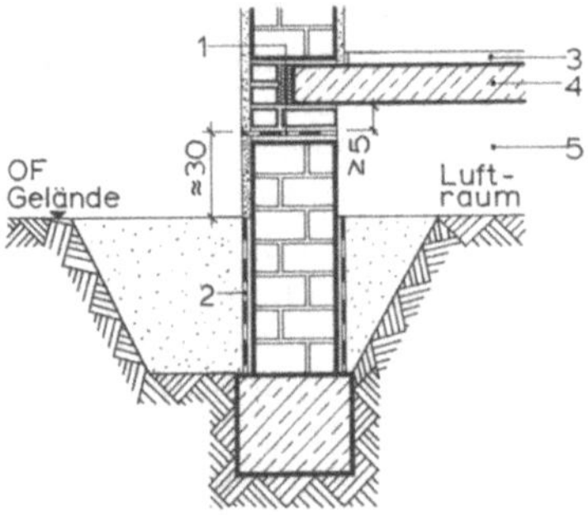

14.23 Abdichtung eines nicht unterkellerten Bauwerkes mit freitragender unterster Decke

1 waagerechte Abdichtung
2 senkrechte Abdichtung
3 Deckenauflage (z. B. schwimmender Estrich)
4 tragende Decke (in der Regel Fertigteildecke)
5 Luftraum mit Querlüftung

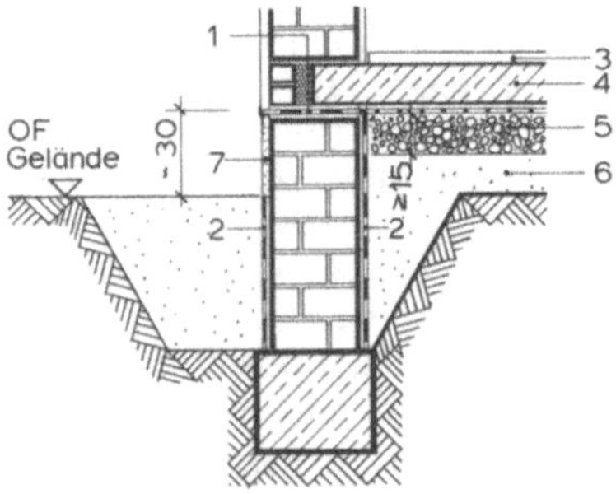

14.24 Abdichtung eines nicht unterkellerten Bauwerkes bei geringen Anforderungen; Bodenplatte ohne Abdichtung auf dem Untergrund aufliegend

1 waagerechte Abdichtung
2 senkrechte Abdichtung
3 Glattstrich o. ä.
4 Stahlbeton-Bodenplatte (auf PE-Folie betoniert; PE-Folie gilt nicht als Abdichtung!)
5 Grobkiesschüttung, $d > 15$ cm
6 verdichteter Untergrund
7 Sockelputz

In Gebäuden mit geringen Anforderungen können Bodenplatten lediglich als Stahlbetonplatten auf einer kapillarbrechenden Schicht aus grobkörnigem Material ausgeführt werden, das vor dem Betonieren mit einer PE-Folie abgedeckt wird (Bild **14**.24).

In allen anderen Fällen ist eine durchgehende Abdichtung oberhalb der Bodenplatte anzuordnen, die an eine zusätzliche waagerechte Wandabdichtung heranreichen muß (Bild **14**.25).

Über Gelände sind bituminöse senkrechte Abdichtungen nur möglich, wenn für Sockelputz oder Sockelbekleidungen z. B. aus Spaltplatten besondere Putz- bzw. Mörtelträger vorgesehen werden (Bilder **14**.23 und **14**.24). In der Regel wird der Spritzwasserschutz aus mindestens 20 mm dickem zweilagigem Sperrputz (MG III) gebildet, der auch als Wandputz ausgeführt werden kann oder eine Oberflächenbehandlung aus Kunstharzputzen oder Anstrichen erhält (s. Abschn. 8 in Teil 2 dieses Werkes).

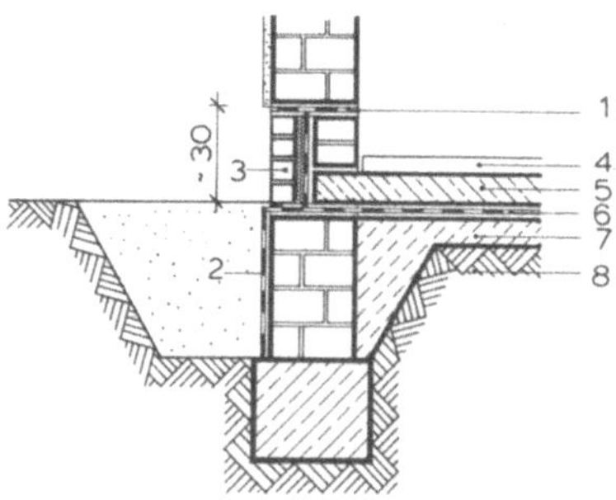

14.25 Abdichtung eines nicht unterkellerten Bauwerkes, Bodenplatte abgedichtet
1 waagerechte Abdichtung
2 senkrechte Abdichtung
3 Sockel aus Klinkermauerwerk
4 Deckenauflage (z. B. schwimmender Estrich)
5 Stahlbetonplatte
6 waagerechte Abdichtung der Bodenplatte, an die waagerechte Abdichtung des Mauerwerkes anschließend
7 Sauberkeitsschicht
8 verdichteter Untergrund

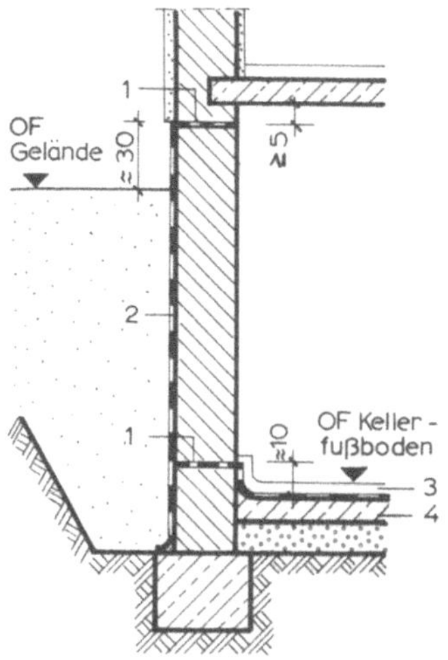

14.26 Abdichtung gegen Bodenfeuchtigkeit oder nichtdrückendes Wasser nach DIN 18195 T4
1 waagerechte Abdichtung
2 senkrechte Abdichtung
3 Estrich o. ä., seitlich hochgezogen
4 Stahlbetonplatte

Insbesondere in Verbindung mit Sichtmauerwerk stellt eine Sockelverblendung mit frostbeständigen Verblendsteinen oder Klinkern eine sehr beständige Lösung dar. Dabei ist es aber erforderlich, hinter der Verblendung eine senkrechte Abdichtung hochzuziehen (Bild **14**.25, vgl. auch Abschn. 14.2, Spritzwasserschutz). Die Auswirkungen auf die Tragfähigkeit (senkrecht durchlaufende Längsfuge!) müssen im Standsicherheitsnachweis berücksichtigt werden.

Abdichtung unterkellerter Gebäude. Gemauerte Außenwände unterkellerter Gebäude sind mit mindestens zwei waagerechten Abdichtungen auszuführen. Die untere Abdichtung soll nach DIN 18195 etwa 10 cm über der Oberkante des Kellerbodens liegen. Die obere Abdichtung ist etwa 30 cm über dem angrenzenden Gelände und mindestens 5 cm unter der Unterfläche der Decke über dem Kellergeschoß angeordnet worden. Alle erdberührten Außenwände erhalten senkrechte Abdichtungen. Die Abdichtung der Fußböden ist bis zur unteren waagerechten Abdichtung hochzuziehen (Bild **14**.26).

Die in DIN 18159 gezeigte Ausführung entspricht jedoch – nicht nur nach Auffassung des Verfassers – nicht der heutigen Baupraxis. Früher war es üblich, zunächst das Kellermauerwerk auszuführen und erst später Kanäle und Kellerfußböden einzubringen. Die genaue Höhenlage der waagerechten Abdichtung war daher in bezug auf den fertigen Kellerfußboden schwierig festzulegen. Jetzt wird jedoch fast immer nach Ausführung der Fundamente und der Abwasserkanalarbeiten zunächst die Kellerbodenplatte hergestellt. In diesem Fall ist es dann sehr viel besser, die untere Wandabdichtung direkt auf der Bodenplatte anzuordnen und außen und innen überstehen zu lassen. Die senkrechte Abdichtung der Außenwandflächen kann dann ebenso wie eine Abdichtung des Kellerfußbodens ohne Schwierigkeit angeschlossen werden. Es besteht keine Gefahr von Feuchtigkeitsbrücken über den Wandputz. Wenn während der Bauzeit mit anhaltender Nässe auf der Bodenplatte gerechnet werden muß, ist eine weitere waagerechte Abdichtung einzubauen, um eine übermäßige vorübergehende Durchfeuchtung der unteren Mauerwerksschichten zu verhindern (Bild **14.**27).

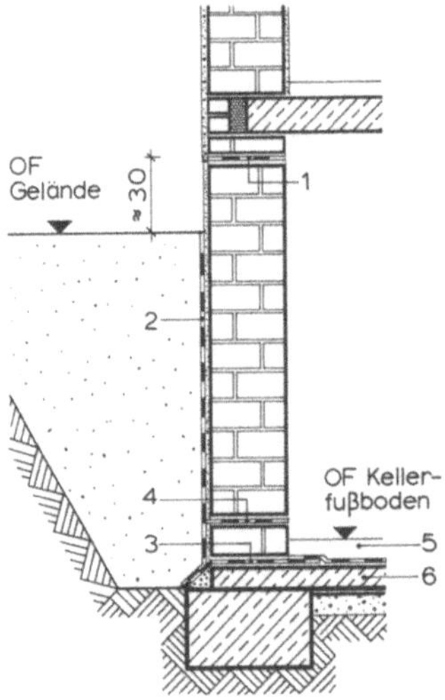

14.27
Ausführung der unteren Abdichtung gegen Bodenfeuchtigkeit bzw. nichtdrückendes Wasser

1 obere waagerechte Abdichtung
2 senkrechte Abdichtung
3 untere waagerechte Abdichtung, außen auf Abschrägung, innen >10 cm überstehend
4 ggf. zusätzliche waagerechte Abdichtung gegen aufsteigende Baunässe
5 Schutzestrich, Fußbodenaufbau
6 Stahlbetonplatte auf Trennfolie

Bestehen für die Nutzung von Kellerräumen keine oder nur geringe Anforderungen hinsichtlich des Feuchtigkeitsschutzes, können die Bodenflächen ohne Abdichtung direkt auf die Baugrubensohle (ggf. auf einer Sauberkeitsschicht) betoniert werden. (Die gegenüber dem Erdreich in der Regel als Trennlage zu verlegende Kunststoff-Folie ist zwar nicht als Abdichtung zu betrachten, wirkt dennoch aber als gewisser Schutz gegen kapillare Feuchtigkeit.)

Insbesondere auf bindigen Böden ist die Ausführung auf einer mindestens 15 cm dicken Kies- oder Schotterschicht, abgedeckt mit einer Trennlage aus PE-Folie, vielfach üblich.

Sollen Kellerräume als Hobby-, Partyräume o. ä. ausgebaut werden und dazu einen wärmegedämmten Fußbodenaufbau erhalten, sind die Bodenflächen gegen Bodenfeuchtigkeit abzudichten. Die Ausführung erfolgt entsprechend den Anforderungen an Abdichtungen gegen nichtdrückendes Wasser bei „mäßiger Beanspruchung" (s. Abschn. 14.4.5).

14.4.5 Abdichtung gegen nichtdrückendes Wasser (DIN 18195 T5)

Wenn nicht nur die immer vorhandene Bodenfeuchtigkeit, sondern Wasser in „tropfbarflüssiger Form" auf die erdberührten Bauteile von Gebäuden einwirkt, ist nach DIN 18195 T5 eine Abdichtung gegen nicht drückendes Wasser erforderlich. Das ist insbesondere immer dann vorauszusetzen, wenn das Bauwerk ganz oder teilweise in bindigem Boden steht.

Bei Baugruben in bindigen Böden besteht die Gefahr, daß sich in den später mit nicht bindigem Material hinterfüllten Arbeitsräumen Sickerwasser so stark ansammelt, daß auf die Abdichtungen eine kurzzeitige Beanspruchung ähnlich wie durch drückendes Wasser ausgeübt wird (Bild **14.**13).

Auch bei Hanglagen werden senkrechte Abdichtungen durch gestautes Sickerwasser besonders beansprucht.

Die Lage der Abdichtungsschichten entspricht der Abdichtung gegen Bodenfeuchtigkeit, doch müssen für die senkrechten und waagerechten Abdichtungen in der Regel Dichtungsbahnen verwendet werden. Außerdem sind alle Bestimmungen zu beachten über den Anschluß von Durchdringungen, Bewegungsfugen, von Übergängen und Abschlüssen (DIN 18195 T8 und 9).

Unterschieden wird

- mäßige Beanspruchung: Verkehrslasten ruhend, Flächen nicht befahrbar, Temperaturschwankungen < 40 K, Wasserbeanspruchung gering und nicht ständig
- hohe Beanspruchung: Bei allen waagerechten und geneigten Flächen und wenn eine oder mehrere der obengenannten Beanspruchungen überschritten werden.

Die Bauwerksflächen, auf die die Abdichtungen aufzubringen sind, müssen eben, frei von offenen Mörtelfugen o.ä., Nestern und Graten sein und müssen an Kehlen und Graten gut ausgerundet sein. Vorhandene Risse (z.B. Schwindrisse) dürfen nicht breiter als 0,5 mm sein, und es muß sichergestellt sein, daß sie sich später nicht weiter als bis zu 2 mm öffnen. Selbstverständlich sind im übrigen alle erforderlichen Maßnahmen zu treffen, daß die Abdichtung auch durch Setzungen, Schwingungen und Temperaturänderungen nicht ihre Wirksamkeit verlieren kann.

Die Ausführung der Abdichtungen erfolgt wahlweise je nach baulichen Erfordernissen für

mäßige Beanspruchung durch

- 2 Lagen nackte Bitumenbahnen oder -Glasvliesbahnen, mit 10 cm Stoßüberdeckung vollflächig verklebt und mit Deckaufstrich oder
- 1 Lage Bitumen-Dichtungsbahn – Dachdichtungsbahn, vollfächig mit 10 cm Stoßüberdeckung verklebt mit Deckaufstrich,
- 1 Lage Bitumenschweißbahn,
- 1 Lage Kunststoff-Dichtungsbahn (PIB, ECB, PVC weich, bitumenverträglich), vollflächig mit 10 cm Stoßüberdeckung mit Bitumenkleber verklebt, Trennabdeckung mit lose verlegter PE-Folie (waagerechte Flächen) oder vollflächig aufgeklebter nackter Bitumenbahn mit Deckaufstrich,
- 1lagig Asphaltmastix (i.M. 10 mm) mit Schutzschicht aus Gußasphalt (20 mm) oder 2lagig Asphaltmastix (i.M. 15 mm).

hohe Beanspruchung durch

- 3 Lagen nackte Bitumenbahnen mit Deckaufstrich oder
- 2 Lagen Bitumen-Dichtungsbahnen oder Dachdichtungsbahnen mit Deckaufstrich,
- 2 Lagen Bitumen-Schweißbahnen,
- 2 Lagen Kombination aus den o.g. Bitumenabdichtungen, wobei mindestens 1 Lage aus Bahnen mit Gewebe- oder Metalleinlage (wasserseitig) bestehen muß,

— 1 Lage Kunststoff-Dichtungsbahn zwischen 2 Lagen nackter Bitumenbahnen mit Deckaufstrich (PIB, PVC weich, bitumenverträglich, mind. 1,5 mm dick, ECB mind. 2 mm dick),

— 1 Lage kalottengeriffelte Metallbänder mit 10 cm Stoßüberdeckung im Gieß- und Einrollverfahren eingebaut, mit Schutzschicht aus 200 Gußasphalt oder Schutzlage aus Glasvlies-Bitumenbahn oder nackter Bitumenbahn.

Schutzschichten. Abdichtungen sind durch Schutzschichten (DIN 18195 T10) gegen mechanische Beschädigungen zu schützen. Senkrechte Abdichtungsflächen werden durch Noppenfolien, Schaumstoff-Dränplatten oder sonstige Dränplatten geschützt (vgl. Bild **14**.19 bis **14**.21). Waagerechte oder geneigte Abdichtungsflächen erhalten am besten einen mindestens 5 cm dicken Schutzestrich aus Beton.

Waagerechte oder schwach geneigte Abdichtungsflächen sind an angrenzenden senkrechten Bauteilen über die Oberkante der Überschüttung bzw. Schutzschicht in der Regel 15 cm hochzuziehen und an ihrer Oberkante zu sichern. Beim Abschluß der Abdichtung von Decken überschütteter Bauwerke sind die waagerechten Abdichtungen mindestens 20 cm über die Fuge zwischen Decke und Wand herunterzuziehen und möglichst mit der Wandabdichtung zu verbinden.

Bei Hanglagen ist auf der Bergseite durch entsprechende Oberflächengestaltung dafür zu sorgen, daß das Niederschlagwasser vom Bauwerk weggeleitet wird. Im übrigen ist durch Dränung für eine Ableitung des anfallenden Wassers zu sorgen.

In bindigen Böden und bei Hanglagen kann es bei andauerndem Zufluß von Niederschlag- und Sickerwasser durch Aufstauung zu sehr starker Beanspruchung der Abdichtungen kommen. In diesen Fällen ist eine Abdichtung gegen drückendes Wasser vorzusehen (Abschn. 14.4.6).

14.4.6 Abdichtung gegen drückendes Wasser

14.4.6.1 Allgemeines

Zwingen besondere Umstände dazu, Gebäudeteile in unmittelbarer Nähe oder unterhalb des Grundwasserspiegels anzulegen, oder wenn durch Stauwasser, Überschwemmungen usw. die Gefahr der Einwirkung von drückendem Wasser besteht, müssen die betroffenen Bauteile entweder wannenartig aus wasserundurchlässigem Beton hergestellt werden oder eine wasserdruckhaltende Dichtung erhalten.

Wasserdruckhaltende Dichtungen müssen Bauwerke gegen hydrostatischen Wasserdruck schützen und gegen natürliche oder durch Lösung aus Beton und Mörtel entstandene aggressive Wässer unempfindlich sein. Sie dürfen ihre Wirksamkeit auch nicht bei üblichen Formänderungen der geschützten Bauteile infolge Schwinden, Temperatureinwirkungen und Setzen verlieren, und sie müssen Spannungsrisse in bestimmten Grenzen elastisch überbrücken können. Durch konstruktive Maßnahmen (z. B. besonders abgedichtete Bauwerksfugen) muß sichergestellt werden, daß Setzungen oder Längenänderungen des Bauwerkes die Abdichtungen nicht zerstören.

Bei der Planung des Gebäudes soll auf möglichst einfache äußere Umrisse geachtet werden, da erfahrungsgemäß bei der Abdichtung komplizierter Vor- und Rücksprünge die meisten Ausführungsfehler vorkommen. Unvermeidliche Ecken sind sorgfältig auszurunden und mit zusätzlichen, passenden Materialzwickeln abzudichten. Insbesondere bei größeren Eintauchtiefen in das Grundwasser ist selbstverständlich für alle Bauteile bei der statischen Berechnung der Wasserdruck und der Auftrieb zu berücksichtigen.

Alle Abdichtungsmaßnahmen sind nach DIN 18195 bei nichtbindigen Böden (s. Abschn. 3.1) bis mindestens 30 cm über den höchsten beobachteten Grundwasserstand auszuführen.

Da der Grundwasserstand aber stark schwanken kann, die Beobachtung daher meistens nicht genau ist und weil die Mehrkosten im Vergleich zu einem möglichen Schadensfall meistens in keinem vernünftigen Verhältnis stehen, sollten die Abdichtungsmaßnahmen besser wesentlich über das Maß von 30 cm hinaus nach oben geführt werden.

Bei bindigen Böden sind die Abdichtungsmaßnahmen 30 cm über die Oberkante des geplanten Geländeanschlusses zu führen.

Die Abdichtungen gegen drückendes Wasser sind nach oben an die Abdichtungen gegen Bodenfeuchtigkeit bzw. nicht drückendes Wasser anzuschließen (s. Abschn. 14.4.4 und 14.4.5, Bilder **14**.39 bis **14**.41).

Während der Dichtungsarbeiten wird das Grundwasser aus der Baugrube entweder durch offene Wasserhaltung oder durch Absenken des Grundwasserspiegels entfernt (s. Abschn. 3.6).

Die Wasserhaltung muß fortgesetzt werden, bis die Abdichtungen ihre volle Funktionsfähigkeit erlangt haben und das Bauwerk gegen Aufschwimmen gesichert ist.

Ausführungsarten. Grundsätzlich wird bei Abdichtungen gegen drückendes Wasser unterschieden:

- Ausführung wasserundurchlässiger Bauteile (Herstellung der zu schützenden Bauwerksteile aus wasserundurchlässigem Stahlbeton: „Weiße Wanne")
- Ausführung mit Hilfe wasserundurchlässiger Baustoffe (Wasserundurchlässige Schutzschichten auf Bitumenbasis oder aus Kunststoffen auf den zu schützenden Bauwerksteilen: „Schwarze Wanne").

Die Wahl der Ausführungsart von Abdichtungen gegen drückendes Wasser ist u. a. abhängig von:

- Zugänglichkeit der Abdichtungsflächen,
- Platzverhältnissen im Arbeitsraum,
- Bauwerksform,
- Witterungsverhältnissen während der Bauzeit (z. B. sind Klebearbeiten bei Außentemperaturen unter + 4° nicht zulässig, bei feuchter Witterung problematisch),
- Art und möglicher Dauer der Wasserhaltung,
- Beanspruchung der Abdichtung.

Insbesondere muß die zu erwartende Beanspruchung der abgedichteten Bautenteile z. B. durch Schwindvorgänge, Setzungen, Erschütterungen, Temperatureinwirkungen usw. bei der Planung berücksichtigt werden.

14.4.6.2 Abdichtung durch Bauwerksausführung mit wasserundurchlässigem Stahlbeton (vgl. Abschn. 5.1.6)

Allgemeines. Eine hochentwickelte Schalungstechnik, die eine wirtschaftliche Ausführung auch komplizierter Bauwerksformen ermöglicht und die weitgehende Verwendung von Transportbeton mit einer vom Baustellenbetrieb unabhängigen Gütesicherung und -überwachung bei der Betonherstellung haben dazu geführt, daß ein Großteil aller Abdichtungsmaßnahmen gegen drückendes Wasser mit Hilfe von wasserundurchlässigem Stahlbeton als „Weiße Wannen" geplant wird, sofern für die erforderlichen Schalungsarbeiten auf der Außenseite des Bauwerkes der nötige Arbeitsraum vorhanden ist.

Insbesondere, wenn für das Bauwerk keine besonders großen Gefahren durch Rißbildung infolge äußerer Einflüsse (z. B. Erschütterungen aus Verkehr, Maschinenbetrieb o. ä.) berücksichtigt werden müssen, wird diese Ausführungsart vorgezogen.

Als zusätzlicher Schutz gegen Risse sowie als Schutz gegen betonschädigendes Wasser im Boden werden auf die fertigen Betonaußenflächen Schutzüberzüge als Beschichtungen auf Bitumen- oder Reaktionsharzbasis oder aus Abdichtungsbahnen aufgebracht (s. Abschn. 5.6.5, Bilder **5**.54 bis **5**.57).

Ein besonderer Vorteil der Abdichtung durch wasserundurchlässigen Stahlbeton besteht darin, daß etwa auftretende Undichtigkeiten unmittelbar an den Schadensstellen erkennbar sind und durch Nacharbeiten (z. B. durch Hochdruckverpressung) relativ einfach beseitigt werden können.

Es ist jedoch festzuhalten, daß auch für Bauwerksteile aus wasserundurchlässigem Stahlbeton bei der Abdichtung gegen drückendes Wasser die in Abschn. 14.4.7.1

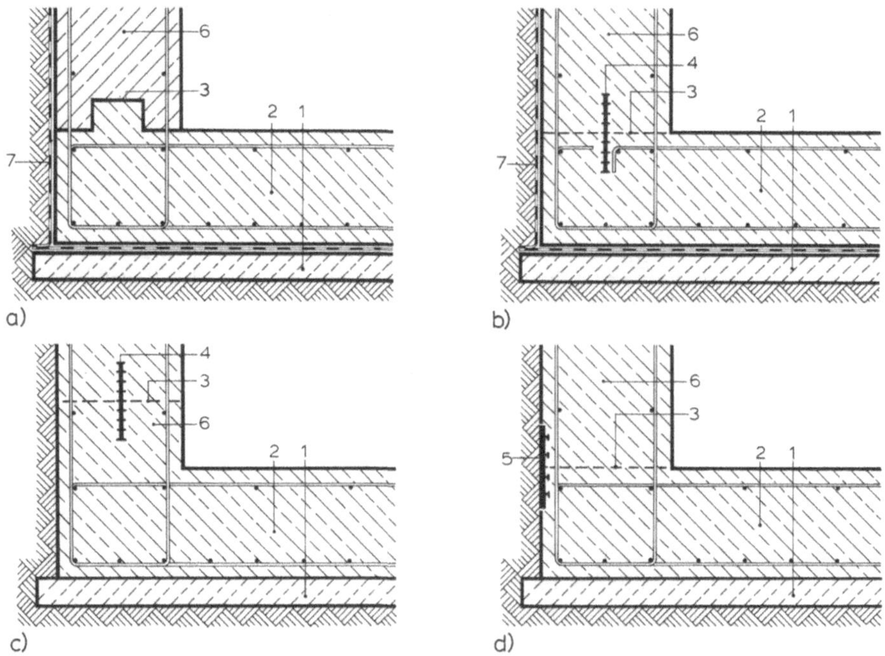

14.28 Bauwerke aus wasserundurchlässigem Stahlbeton

a) Arbeitsfugenanschluß mit Aufkantung der Bodenplatte
b) Arbeitsfuge ohne Aufkantung der Platte mit innenliegendem Fugenband
c) Arbeitsfuge mit Aufkantung der Platte und innenliegendem Fugenband
d) Arbeitsfuge mit außenliegendem Fugenband

1 Sauberkeitsschicht
2 Stahlbetonplatte (Plattenfundament) aus wasserundurchlässigem Beton > B 25
3 Arbeitsfuge
4 innenliegendes Fugenband (Bild **14**.29 a)
5 außenliegendes Fugenband (Bild **14**.29 b)
6 Stahlbetonwand $d > 30$ cm aus wasserundurchlässigem Beton > B 25
7 Schutzüberzug (falls erforderlich)

gemachte grundsätzliche Feststellung gilt, daß möglichst einfach gestaltete Baukörperformen anzustreben sind. So sollten Fensteröffnungen o. ä. mit den dafür erforderlichen Lichtschächten möglichst oberhalb des Abdichtungsbereiches gegen drückendes Wasser geplant werden. Wenn das nicht erreichbar ist, sollten statt einzelner auskragender Lichtschächte aus wasserundurchlässigem Beton besser Stützwände – am besten zusammenfassend für mehrere Öffnungen – bis auf die Bodenplatte heruntergezogen werden. Auch Wanddurchbrüche für Ver- und Entsorgungsleitungen sind im Grundwasserbereich möglichst zu vermeiden, oder es müssen spezielle – natürlich kostenaufwendige – Abdichtungselemente eingebaut werden (s. Abschn. 14.4.6.3).

Arbeitsfugen. Bei der Konstruktion von „Wannen" aus wasserundurchlässigem Beton übernehmen die Betonteile in der Regel sowohl abdichtende als auch tragende Funktion. Die Bodenplatte wird daher in der Regel als Plattenfundament ausgebildet, das zunächst auf einer Sauberkeitsschicht betoniert wird. Die aufgehenden Wände müssen in weiteren Arbeitsgängen errichtet werden. Die am Anschluß zwischen Bodenplatte und Wänden unvermeidliche Arbeitsfuge muß – ebenso wie bei ausgedehnten Bauwerken etwa erforderliche weitere Arbeitsfugen in der Bodenplatte oder den Wänden – besonders abgedichtet werden.

Die Ausführung von Arbeitsfugen ist auf verschiedene Weise möglich und muß in jedem Fall genau geplant werden.

Die früher übliche Ausführung mit Aufkantungen der Bodenplatte (Bild **14.**28 a) erfordert hohen Arbeitsaufwand. Außerdem ist die Gefahr von Undichtigkeiten durch vor dem Betonieren in der Schalung verbliebene Verunreinigungen gegeben.

In der Regel werden daher Arbeitsfugen mit Hilfe von Fugenbändern hergestellt (Bild **14.**29).

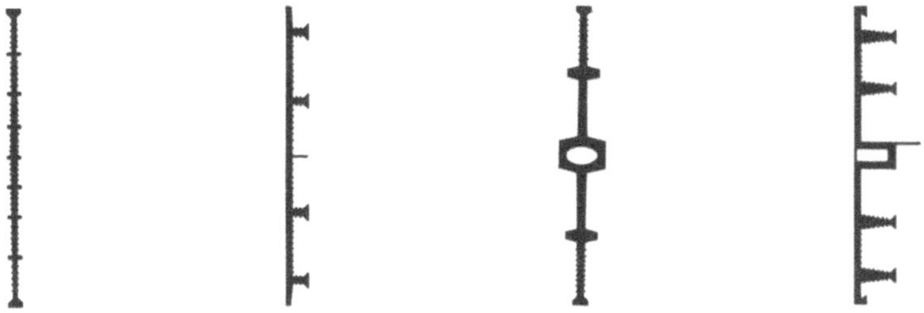

a) b) c) d)

14.29 Fugenbänder (Beispiele)
a) innenliegendes Arbeitsfugenband
b) außenliegendes Arbeitsfugenband
c) innenliegendes Dehnfugenband
d) außenliegendes Dehnfugenband

Unterschieden werden Ausführungen mit
– außenliegenden Fugenbändern (Bild **14.**28 d und Bild **14.**29 b) und mit
– innenliegenden Fugenbändern (Bild **14.**28 b und d und Bild **14.**29 a).

Außenliegende Fugenbänder werden auf die Sauberkeitsschicht bzw. Außenseite der Wandschalung aufgelegt und durch Randklammern in der geplanten Lage fixiert. Übergänge zwischen verschiedenen Fugen werden am besten mit werkseitig hergestellten Formteilen gebildet, die an der Baustelle stumpf mit den Anschlußbändern heiß verschweißt werden. Dabei müssen die Profil-Lippen auf jeden Fall korrekt durchlaufen (Bild **14**.30). Neben dem einfachen Einbau liegt ein Vorteil außenliegender Fugenbänder auch darin, daß bei Wänden nach dem Ausschalen etwaige Ausführungsfehler sofort zu erkennen sind und beseitigt werden können.

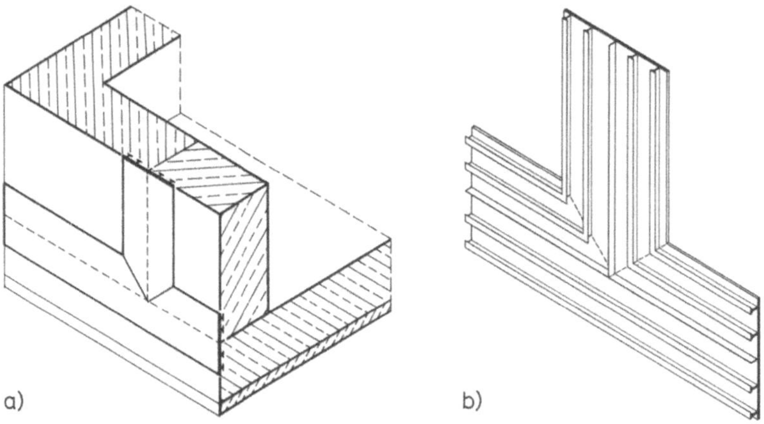

14.30 Fugenbandstöße (Beispiel: außenliegende Fugenbänder)
a) fertiger Zustand (von außen)
b) T-Stoß, Innenseite

Innenliegende Fugenbänder bieten wegen des längeren „Überschlagsweges" für etwa eindringendes Wasser theoretisch besseren Schutz als außenliegende Bänder. Allerdings ist vorauszusetzen, daß der Einbau korrekt erfolgt.

Für senkrechte Fugen ist dies bei ordnungsgemäßer Ausführung meistens gut zu erreichen (Bild **14**.31). Am Übergang zwischen Fundamentplatten und Wänden besteht

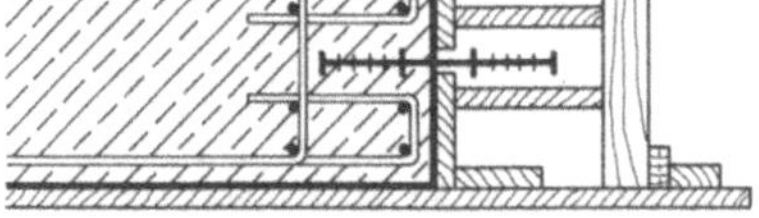

14.31 Arbeitsfuge in Außenwand mit innenliegendem Fugenband; Schalungs- und Bewehrungsausbildung

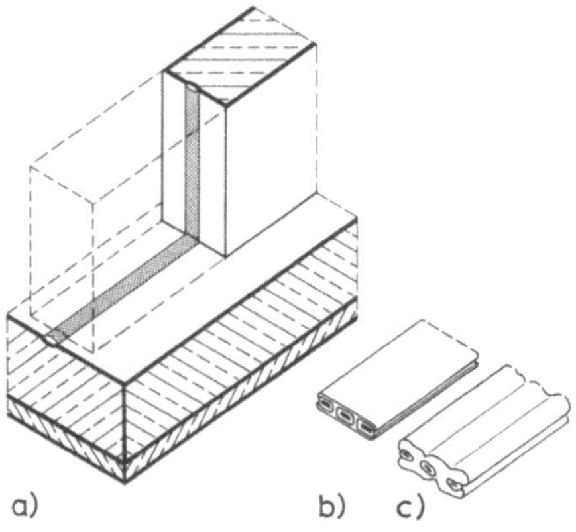

14.32 Quellendes Fugenband (TPH)
a) Einbau (schematisch; Anschlußbewehrungen nicht eingezeichnet)
b) Dichtungsprofil, Einbauzustand
c) Dichtungsprofil, aufgequollen

bei innenliegenden Fugenbändern aber immer die Gefahr, daß die Fugenbänder beim Betonieren der Wände umgeknickt werden. Dadurch entstehen gefährliche Hohlräume an der Anschlußstelle, die nach Abschluß der Arbeiten auch nicht erkennbar sind. Die Fugenbänder müssen daher durch Verspannen mit der Bewehrung fixiert, beim Betonieren sorgfältig abschnittsweise mit Beton verfüllt und dabei korrekt in ihrer Lage kontrolliert werden. Erleichtert wird der Einbau durch die Verwendung von speziellen Fugenbandtypen mit integrierten Stahlstäben, die das Umknicken weitgehend verhindern können.

Wegen der am Übergang zwischen Fundamentplatte und Wänden meistens gegebenen Konzentration von Bewehrungsstählen ist die Ausführung gemäß Bild **14**.28b oft schwierig. Besser ist es in diesen Fällen, die Bodenplatte mit einer Aufkantung zu betonieren, die das innenliegende Fugenband aufnimmt und auch das spätere Einschalen der Wände erleichtert (Bild **14**.28c).

Als Alternative zu den herkömmlichen Arbeitsfugenbändern sind aufquellende Dichtungsprofile auf dem Markt, die leicht eingebaut werden können und auch besonders für den Zusammenbau vorgefertigter Stahlbetonteile geeignet sind (Bild **14**.32).

Bewegungsfugen und Trennfugen zwischen verschiedenen Bauwerksteilen werden mit speziellen Fugenbändern ausgeführt, die durch Hohlprofilstränge dafür geeignet sind, Dehnungen und Zerrungen auszugleichen (Bild **14**.29c und d).

Der Rißbildung durch Schwindvorgänge muß bei ausgedehnten Bauwerken durch ausreichende Unterteilung in Betonierabschnitte begegnet werden, die mit den statischen Anforderungen selbstverständlich koordiniert werden müssen (Bild **14**.33). Dabei werden die einzelnen Abschnitte zeitlich überlappend so ausgeführt, daß die unvermeidlichen Schwindvorgänge in den bereits betonierten Abschnitten schon weitgehend abgeklungen sind. Je nach Witterungsverhältnissen ist ein zeitlicher Abstand von etwa 6 bis 8 Arbeitstagen meistens dafür ausreichend. In besonders dicken Bauteilen werden an derartigen Fugen durch Rippenstreckmetall-Körbe zunächst Hohlräume gebildet, die das Abfließen der Abbindewärme erleichtern. Sie werden später mit wasserundurchlässigem Beton sorgfältig verfüllt (Bild **14**.34).

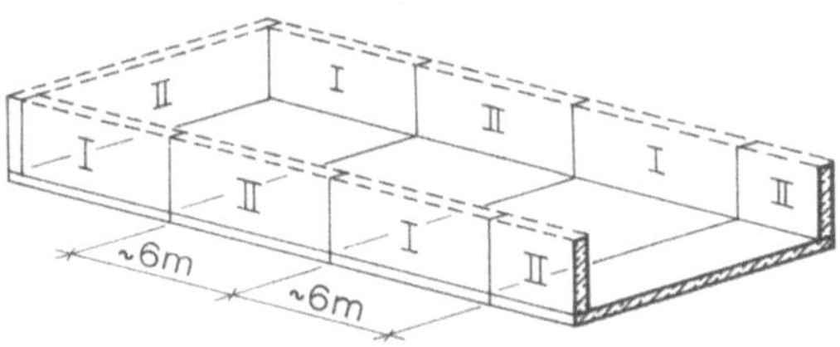

14.33 Betonierabschnitte bei ausgedehnten Bauwerken (schematisch)

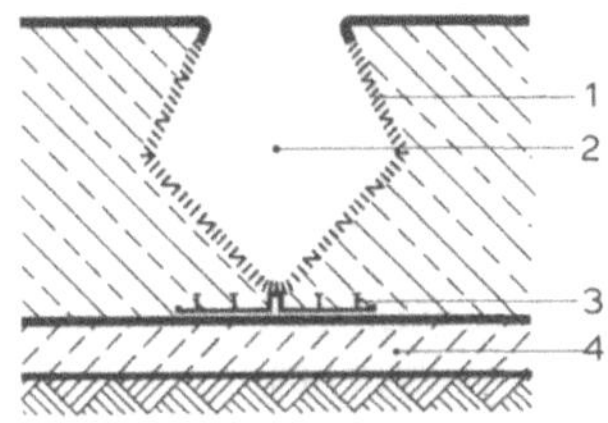

14.34 Schwindfugenausbildung in dicker Fundamentplatte o.ä.

1 Aussparungskorb aus Rippenstreckmetall
2 Hohlraum, später mit Beton verfüllt
3 außenliegendes Fugenband
4 Sauberkeitsschicht

Schalung. Ein besonderes Problem bei der Abdichtung gegen drückendes Wasser durch Wände aus wasserundurchlässigem Beton stellen die unvermeidlichen Schalungsverspannungen dar (vgl. Abschn. 5.4.2). Die üblichen Spannanker dürfen hier nicht eingesetzt werden. Auf dem Markt sind Spezial-Verspannungen auf dem Markt, die aus mehrteiligen Ankerstäben, kombiniert mit Schraubwassersperren und aufschraubbaren Dichtkonen bestehen (Bild **14**.35a) oder bei denen spezielle Hülsenrohre

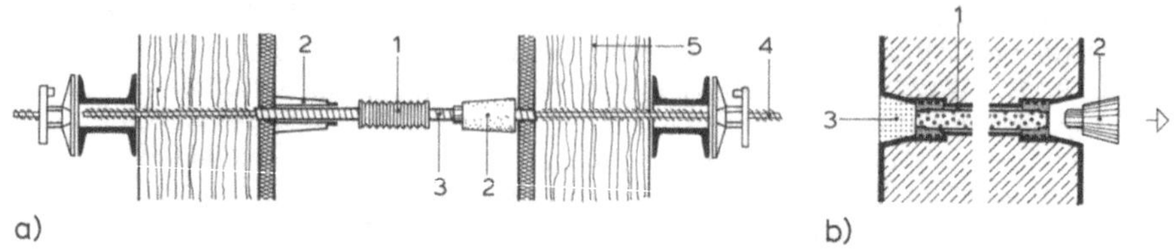

14.35 Spannanker für Wände aus wasserundurchlässigem Stahlbeton

a) mehrteiliger Ankerstab mit Schraubwassersperre

1 Schraubwassersperre
2 Spannkonus
3 Innenanker (verbleibt im Beton)
4 Außenanker (wird nach dem Ausschalen entfernt)
5 Schalung und Schalungsträger

b) Spannanker mit Hülsenrohr mit Quellmörtelverfüllung

1 Hülsenrohr mit Rillenkappen (nach dem Ausschalen mit Quellmörtel ausgespritzt)
2 Kunststoff-Distanzkonus (nach dem Ausschalen entfernt und ersetzt durch Betonkegel)
3 Betonkegel, mit Spezialkleber beidseitig eingesetzt

mit Quellmörtel verfüllt und mit eingeklebten Betonkegeln oder Kunststoffkonen verschlossen werden (Bild **14**.35b).

Nachbehandlung. Die Stahlbetonflächen sind nach dem Ausschalen durch Feuchthalten über mindestens 7 Tage sorgfältig nachzubehandeln.

Abschließend erhalten die fertigen erdberührten Flächen einen Schutzanstrich auf Bitumenbasis oder aus zementgebundenen Dichtungsschlämmen (vgl. Abschn. 14.4.2), wenn nicht Schutzüberzüge (s. auch Abschn. 5.6.5) in Frage kommen.

14.4.6.3 Abdichtungen gegen drückendes Wasser mit Dichtungsbahnen (DIN 18195 T6)

Allgemeines. Bauwerke, bei denen mit Rißbildung wegen besonderer Beanspruchungen z.B. durch Erschütterungen (Verkehr, Maschinenbetrieb o.ä.) oder durch Setzungen gerechnet werden muß oder bei denen aus anderen Gründen eine Ausführung mit wasserundurchlässigem Beton nicht in Frage kommt, werden durch Dichtungsbahnen oder Beschichtungen gegen drückendes Wasser geschützt. Diese werden in der Regel auf der dem Wasser zugekehrten Seite aufgebracht.

Abdichtungsmaterial. Für die Ausführung der Abdichtungen gegen drückendes Wasser kommen je nach baulichen Verhältnissen wahlweise in Frage:

- nackte Bitumenbahnen R 500 N mit Deckaufstrich, auch in Verbindung mit jeweils 1 Lage Kupferband (0,1 mm) oder Edelstahlband (0,05 mm),
- Bitumen-Dichtungsbahnen,
- Bitumen-Schweißbahnen,
- Kunststoff-Dichtungsbahnen, eingebettet in 2 Lagen nackter Bitumenbahnen mit Deckaufstrich (PIB, PVC weich bitumenverträglich, ECB).

Abdichtungen gegen drückendes Wasser mit Dichtungsbahnen werden grundsätzlich mehrlagig mit 10 cm breiten versetzten Stoßüberdeckungen ausgeführt. Die Anzahl der erforderlichen Lagen ist abhängig von der Eintauchtiefe, der Materialart und der damit gegebenen Druckbelastung.

Als Beispiele sind in den Tabellen **14**.36 und **14**.37 die Anforderungen für nackte Bitumenbahnen und für Schweißbahnen aufgeführt.

Tabelle **14**.36 Anzahl der Lagen bei Abdichtungen mit nackten Bitumenbahnen (DIN 18195 T6, Tab. 1)

1	2	3	4
Eintauchtiefe in m	zul. Druckbelastung in MN/m² max.	Bürstenstreich- oder Gießverfahren Lagenanzahl, mindestens	Gieß- und Einwalzverfahren
bis 4		3	3
über 4 bis 9	0,6	4	3
über 9		5	4

Tabelle **14**.37 Anzahl der Lagen und Art der Einlagen bei Abdichtungen mit Bitumen-Schweißbahnen (DIN 18195 T6, Tab. 5)

1	2	3
Eintauchtiefe in m	zul. Druckbelastung in MN/m² max.	Lagenanzahl, mind. und Art der Einlage der Bitumen-Schweißbahnen
bis 4	bei Einlagen aus Jutegewebe: 1,0 Glasgewebe: 0,8	2 – Gewebeeinlage
über 4 bis 9		3 – Gewebeeinlage
		1 – Gewebeeinlage + 1 – Kupferbandeinlage
über 9		2 – Gewebeeinlage + 1 – Kupferbandeinlage

Für andere Materialien bzw. Materialkombinationen sind die Angaben den entsprechenden Tabellen von DIN 18195 T6 zu entnehmen.

Die Abdichtungen müssen auf trockenen, ebenen und hohlraumfreien Untergründen so eingebaut werden, daß sie vollflächig eingepreßt werden. Es dürfen keine Zugbeanspruchungen durch Auftrieb und seitlichen Wasserdruck auf die Abdichtungen einwirken. Kehlen und Kanten müssen mit einem Halbmesser von mindestens 40 mm gerundet sein. Risse dürfen beim Einbau nicht breiter als 0,5 mm sein, und es muß sichergestellt sein, daß sie sich später auf nicht mehr als 5 mm verbreitern können, Rißkanten dürfen dabei einen Versatz von höchstens 2 mm aufweisen.

Es ist zu beachten, daß Abdichtungen keine Kräfte in ihrer Ebene aufnehmen können und die Übertragungsmöglichkeiten von Druckspannungen senkrecht zur Abdichtungsfläche abhängig ist von der Art der Abdichtung.

Für Bauteile, bei denen Abdichtungen mit Gefälle eingebaut werden müssen, ist der Gleitgefahr in der Abdichtungsfuge durch stufenartige Ausbildung der wasserdruckhaltenden Wanne zu begegnen (Bild **14**.38), In jedem Fall müssen die abgedichteten Bauwerksteile und die S c h u t z s c h i c h t e n so ausgebildet und ggf. verankert sein, daß die Abdichtung durch gleichmäßige Übertragung des Erd- oder Wasserdruckes vollflächig eingepreßt wird. Nur dann sind Abdichtungen hinreichend gegen Zugbeanspruchung durch Auftrieb oder Seitendruck des Wassers geschützt (Bild **14**.39).

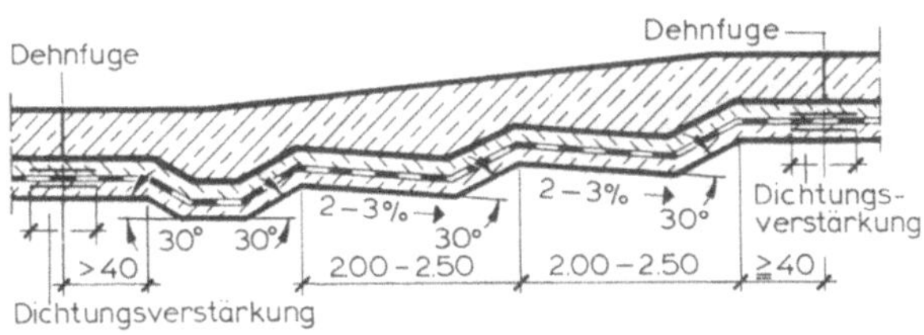

14.38
Abdichtung einer Rampe [28]

Geklebte senkrechte Abdichtungen sind gegen mechanische Beschädigungen (z. B. beim Verfüllen der Baugrube) durch Schutzschichten (DIN 18195 T10), in der Regel durch 11,5 cm dickes Mauerwerk zu schützen. Auf waagerechte Abdichtungen ist sofort nach der Fertigstellung ein Schutzestrich absolut hohlraumfrei aufzubringen.

Die senkrechten Schutzschichten (Mauer- oder Betonwände) werden durch senkrechte Fugen in Einzelflächen geteilt, die unabhängig voneinander durch den jeweils auftretenden Erd- oder Wasserdruck gegen Dichtung und Bauwerk gepreßt werden. Enthält das Grundwasser Stoffe, die Beton schädigen können, so sind Schutzschichten aus Ziegeln mit Zementmörtel oder bei hoher Angriffsgefahr aus Klinkermauerwerk mit Spezialmörtel bzw. aus Beton mit besonderer Widerstandsfähigkeit gegen chemische Angriffe (s. Abschn. 5.1.6) auszuführen.

Nötigenfalls ist durch geeignete Wärmedämmungen sicherzustellen, daß Abdichtungen nicht übermäßig erwärmt werden können. Die Temperatur der Abdichtungen muß mindestens 30° unter dem Erweichungspunkt der Klebemassen und Deckaufstrichmittel bleiben.

Von außen geklebte Abdichtungen gegen drückendes Wasser (Bild **14**.39) erfordern zur Ausführung des Übergangs zwischen horizontaler und vertikaler Abdichtung („rückläufiger Stoß") breitere Arbeitsräume und die Zugänglichkeit der abzudichtenden Wandflächen von außen.

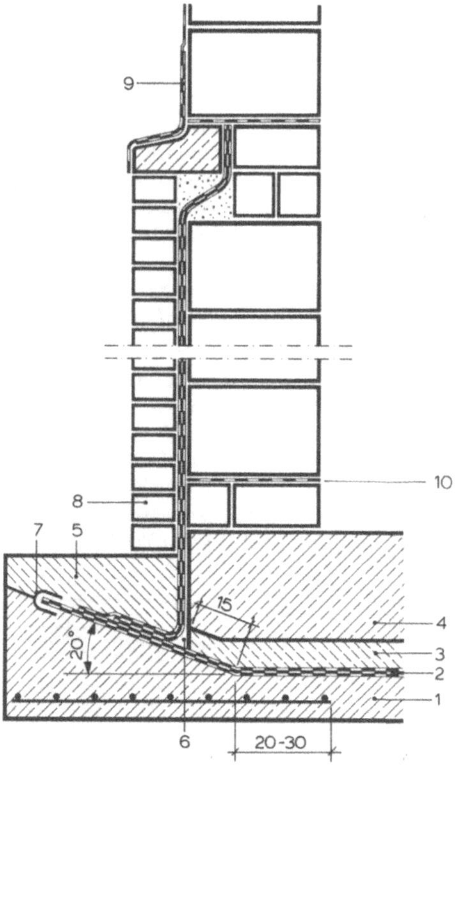

14.39
Von außen geklebte Abdichtung gegen drückendes Wasser

1 Sauberkeitsschicht mit Bewehrung
2 Abdichtung mehrlagig
3 Schutzbeton
4 Stahlbeton-Plattenfundament mit tragender Außenwand
5 Betonkeil
6 rückläufiger Abdichtungsstoß (Zwickel mit Klebemasse ausgegossen)
7 Kupferband-Kappe
8 Schutzmauer
9 Abdichtung gegen Sickerwasser und nichtdrückendes Wasser mit eingeklebter Verstärkungsbahn
10 waagerechte Abdichtung gegen aufsteigende Baunässe

Es wird zunächst eine Sauberkeitsschicht ausgeführt, die an den Außenrändern unter 20° ansteigt. Auf die Sauberkeitsschicht wird die horizontale Abdichtung aufgeklebt und mit einem Schutzestrich abgesichert. Die Abdichtungsränder werden gesondert mit einem vorläufigen Schutzbeton versehen. Es folgt die Ausführung der Gebäude-Bodenplatte bzw. der Fundamentplatte sowie der Bauwerksaußenwände. Dann wird nach Entfernen der vorläufigen Abdeckung von den überstehenden Teilen der horizontalen Abdichtungen die vertikale Abdichtung auf die Außenwände aufgebracht, mit der Horizontalabdichtung abschnittsweise verklebt und zusätzlich durch Kupferbandkappen gesichert. Die Stoßüberdeckungen erhalten abschließend einen keilförmigen Schutzbetonstreifen, auf dem schließlich die äußere Schutzwand errichtet wird.

Der obere Abschluß kann wie in Bild **14.**40a und b [28] ausgeführt werden.

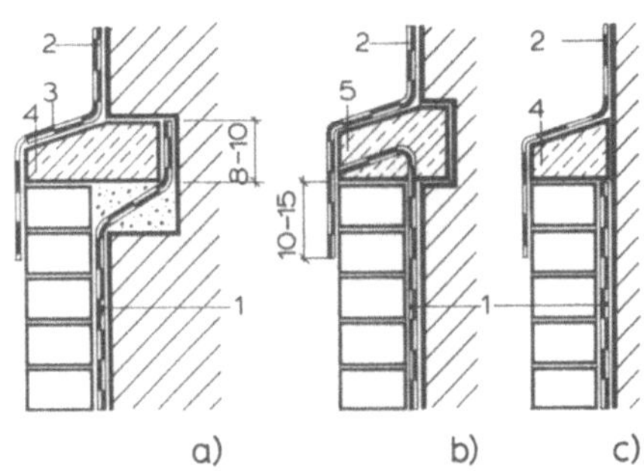

14.40
Oberer Abschluß von Abdichtungen gegen drückendes Wasser mit Anschluß an die Wandabdichtung gegen Bodenfeuchtigkeit bzw. nichtdrückendes Wasser [28]

a) beste Art der Ausführung
b) anwendbare Lösung
c) falsche Ausführung (Abrißgefahr an der Übergangsstelle)

1 Abdichtung gegen drückendes Wasser
2 Abdichtung gegen nichtdrückendes Wasser bzw. gegen Bodenfeuchtigkeit
3 Übergangsstreifen
4 Beton-Werkstein oder Ortbeton
5 Ortbeton

Durch ein Zurückführen der Abdichtungsbahnen in einen Längsschlitz ist ein konstruktiv einwandfreier Übergang zur Abdichtung gegen nichtdrückendes Wasser möglich (Bild **14.**40a). Bei einer Ausführung nach Bild **14.**40c besteht die Gefahr von Abrissen an der Übergangsstelle der Abdichtungen infolge Setzung der Schutzmauer. Aus statischen Gründen sind Längsschlitze wegen der erhöhten Knickgefahr für tragende Wände kritisch. Wenn die Übergangsstelle sorgfältig mit einer elastischen Kunststoff-Abdichtung oder auch einer Schweißbahn überbrückt wird, dürfte die Ausführung nach Bild **14.**40a der beste Kompromiß sein.

Abdichtungsanschlüsse mit Klemmschienen sind in DIN 18195 T9 beschrieben. Sie kommen vor allem dort in Frage, wo an bereits bestehende Abdichtungen (z. B. bei Anbauten) angeschlossen werden muß.

Bei von außen geklebten Abdichtungen gegen drückendes Wasser ist bis fast zum Schluß der Arbeiten eine Kontrolle hinsichtlich etwaiger Schäden möglich. Im übrigen sind auch Schadensstellen von innen her leichter zu lokalisieren, und es können notfalls nach Abtragen der Schutzmauer Reparaturen ausgeführt werden.

Von außen aufgetragene Abdichtungen aus Spachtelmassen. Auf vollfugig ausgeführtem Mauerwerk aus Ziegeln, Kalksandsteinen, Betonblöcken o. ä. und selbst auf Bruchsteinmauerwerk können Abdichtungen auch gegen drückendes Wasser mit hochelastischen Bitumen-Spachtelmassen ausgeführt werden. Sie werden auf einem bituminösen Voranstrich als Dickdichtungen je nach Herstellervorschrift einlagig oder mehrlagig mit eingebetteten Trägervliesen aufgebracht. Derartige Abdichtungen sind in der Lage, auch nachträglich auftretende Risse bis etwa 2 mm Breite elastisch zu überbrücken. Es sind auch Eindichtungen von Rohrdurchführungen u. ä. einfach herzustellen. Zwar sind derartige Abdichtungssysteme noch nicht lange auf dem Markt, doch haben sie sich bisher recht gut bewährt und stellen gegenüber den geklebten Abdichtungen zumindest für weniger große Beanspruchungen eine sehr kostengünstige Alternative dar.

Zementgebundene Dichtungsschlämme können ähnlich eingesetzt werden. Diese sind jedoch nur haarrißüberdeckend und daher nur dort einsetzbar, wo nachträglich auftretende Risse mit Sicherheit ausgeschlossen werden können.

Von innen geklebte Abdichtungen. Von innen geklebte Abdichtungen gegen drückendes Wasser werden vor allem dort ausgeführt, wo die abzudichtenden Flächen von außen nicht zugänglich sind. Das kann der Fall sein bei sehr beengten Baustellenverhältnissen, vor allem bei Grenzbebauungen und in Baulücken.

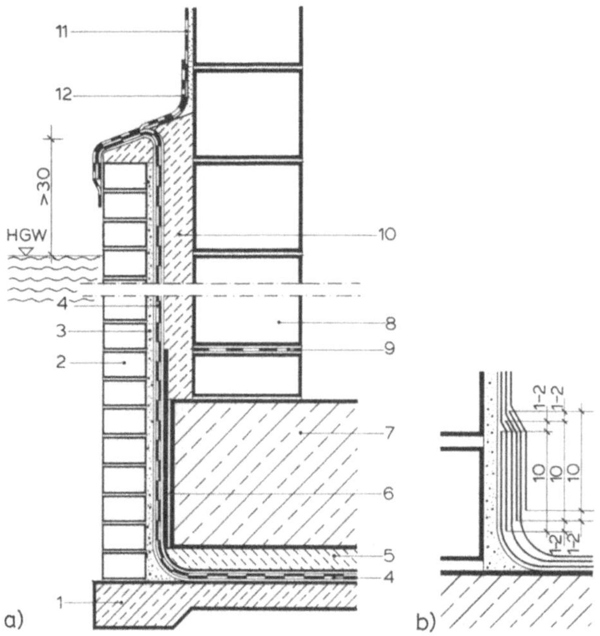

14.41
Von innen geklebte Abdichtung gegen drückendes Wasser
a) Schnitt
b) Detail
1 Sauberkeitsschicht, bewehrt
2 Schutzmauer
3 Putz MG III, unten Kehle, $r > 10$ cm
4 mehrlagige Abdichtung (s. Tab. **14.**28), Übergang zwischen senkrechten und waagerechten Abdichtungsbahnen s. Detail!
5 Schutzestrich
6 Schutzplatte, z. B. Faserzement, aufgeklebt
7 Stahlbetonplatte bzw. Plattenfundament
8 tragende Außenwand
9 waagerechte Abdichtung gegen aufsteigende Baunässe
10 Hinterfüllung, $d > 8$ cm
11 Abdichtung gegen nichtdrückendes Wasser
12 Übergang mit Schweißbahn

Zunächst wird, gegebenenfalls zusammen mit den Fundamenten, eine etwa 10 cm dicke Sauberkeitsschicht auf das verdichtete und abgeglichene Erdreich betoniert – bei aggressivem Grundwasser ggf. unter Verwendung von Spezialzement. Auf dieser Sauberkeitsschicht, die an den Rändern verstärkt wird, werden die äußeren, in der Regel 11,5 cm dicken Schutzwände errichtet, glatt gefugt oder geputzt und mit einer Hohlkehle an die Sauberkeitsschicht angeschlossen. Dann wird die Sohlenabdichtung auf die Sauberkeitsschicht (bei bituminösen Abdichtungen mehrlagig) geklebt und in gleichzeitigen Arbeitsgängen mit Stoßüberdeckungen, wie im Detail von Bild **14.**41 gezeigt, an den senkrechten Schutzwänden hochgeführt. Bitumenklebemassen werden dabei am besten im Gieß- und Einrollverfahren aufgebracht. Wenngleich damit ein höherer Material- und Arbeitsaufwand verbunden ist, erreicht man eine wesentlich bessere hohlraumfreie Verbindung der einzelnen Abdichtungsschichten als bei dem vielfach üblichen Bürstenauftrag der Klebemasse.

Die horizontalen Abdichtungen werden – ggf. abschnittsweise – sofort nach Fertigstellung durch einen Schutzestrich gegen mechanische Beschädigungen geschützt.

Anschließend an die Abdichtungsarbeiten wird zunächst die Bodenplatte des Bauwerkes ausgeführt, die meistens als Plattenfundament ausgebildet ist. Bei der Errichtung der Bauwerksaußenwände müssen die fertigen Abdichtungen mit größter Sorgfalt gegen Beschädigungen geschützt werden.

Die Außenwände des Bauwerkes werden in der Regel gemauert. Dabei ist ein Abstand von ≧ 8 cm gegenüber der Abdichtung zu halten. Der entstehende Zwischenraum ist fortlaufend mit dem Hochmauern in Lagen von etwa 30 cm sorgfältig mit Feinbeton voll auszufüllen und durch Stampfen oder vorsichtiges Rütteln hohlraumfrei zu verdichten.

Jeder verbleibende auch kleine Hohlraum würde bei dieser Art der Abdichtungsausführung unter der Einwirkung des Wasserdruckes sehr rasch zur Zerstörung der Abdichtung führen (Bild **14**.42).

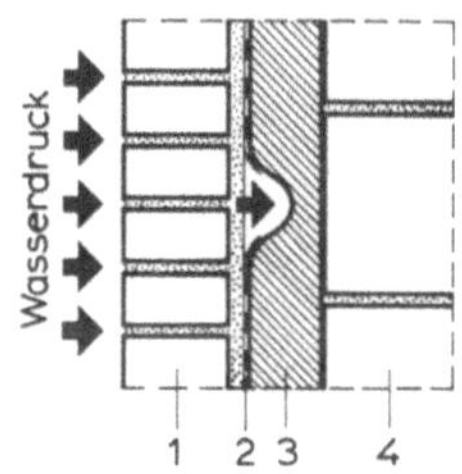

14.42
Zerstörung einer Wasserdruck haltenden Abdichtung durch Wasserdruck, gegen Hohlraum
1 Schutzwand mit Putz
2 Abdichtung (schematisch)
3 fehlerhafte Hinterfüllung mit Hohlraum
4 tragende Außenwand des Bauwerkes

Gleichzeitig muß ein etwa vorhandener Arbeitsraum hinter der Schutzmauer verfüllt und abschnittsweise verdichtet werden. Es besteht sonst die Gefahr, daß beim Hinterfüllen der Abdichtung die Schutzmauer von der Außenmauer abgedrückt und sogar zum Einsturz gebracht werden kann.

Am oberen Abschluß, sind die Abdichtungsbahnen am besten nach außen um die Schutzmauer herumzukleben (vgl. Bild **14**.41). Die Hinterfüllung erhält eine Ausrundung, an der die Abdichtung gegen nichtdrückendes Wasser angeschlossen werden. An dieser Stelle besteht immer die Gefahr der Rißbildung zwischen der Gebäudewand und der Schutzmauer mit der Abdichtung. Die Übergangsstelle ist daher mit einer reißfesten Schweiß- oder Kunststoff-Abdichtungbahn sorgfältig zu überkleben (Bild **14**.40b). Ausführungen, wie in Bild **14**.40a gezeigt, sind zwar in der Fachliteratur [28] empfohlen, bei von innen geklebten Abdichtungen aber nur sehr schwierig auszuführen.

Eine nachträgliche Reparatur von Undichtigkeiten ist bei dieser Art der Abdichtung nahezu unmöglich. Die Schadensstelle ist kaum lokalisierbar. Beim Aufstemmen der tragenden Wände ist eine zusätzliche Beschädigung der Abdichtung fast unvermeidlich, und ein Abtragen der äußeren Schutzwand ist unmöglich, weil sie ja mit der Abdichtung fest verbunden ist. Meistens ist eine Sanierung von innen die einzig verbleibende Möglichkeit (s. Abschn. 14.4.6.4).

14.4.6.4 Nachträglich von innen ausgeführte Abdichtungen gegen drückendes Wasser

In manchen Fällen müssen Abdichtungen gegen drückendes Wasser erst nach der Fertigstellung von Bauwerken von innen ausgeführt werden. Anlässe dafür können sein:

— Ausführungsfehler bei den Abdichtungsarbeiten, die von außen nicht beseitigt werden können,

— nicht vorhergesehene oder nachträgliche Änderungen der Grundwasserverhältnisse oder der Anforderungen an die zu schützenden Bauwerksteile.

Immer sind derartige nachträgliche Arbeiten außerordentlich schwierig auszuführen, weil die Abdichtungsflächen jetzt nicht mehr nur die erdberührten, sondern sämtliche unterhalb des Grundwasserbereiches liegenden Bodenflächen und Wandflächen erfassen müssen (Bild **14**.43). Das bedeutet, daß z. B. Türzargen ausgebaut werden müssen und alle sonst in die abzudichtenden Wände einbindende Bauwerksteile entweder entfernt oder gesondert eingedichtet werden müssen!

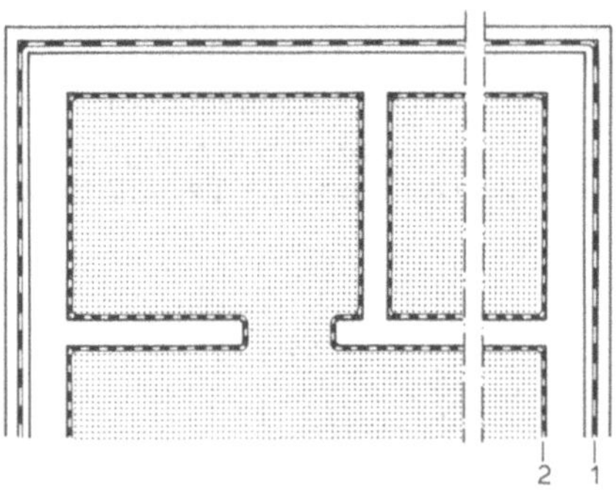

14.43
Nachträglich von innen ausgeführte Abdichtung (schematisch)

1 vorhandene schadhafte oder unzureichende Abdichtung gegen drückendes Wasser
2 neu ausgeführte Sanierungsabdichtung an den Wänden, verbunden mit der ebenfalls neu ausgeführten Abdichtung der Bodenflächen

Geklebte Abdichtungen kommen für nachträglich von innen ausgeführte Maßnahmen nur bei sehr hohen Anforderungen in Frage und nur, wenn sehr einfache Grundrißformen vorliegen. Die notwendige Einpressung der Abdichtungen ist nur mit zusätzlich eingebauten, gegen Auftrieb gesicherten Stahlbetontrögen möglich. Allein der dafür erforderliche Flächen- und Höhenbedarf dürfte derartige Lösungen in der Regel ausschließen.

Nachträgliche Abdichtungen werden daher meistens mit Spezialschlämmen oder -putzen ausgeführt, die mehrlagig auf die zu schützenden Flächen aufgetragen werden. Dabei ist nicht unbedingt eine Grundwasserabsenkung nötig. Bei sehr starkem Wasserandrang werden kleinere Flächen zunächst nicht abgedichtet, und das dort dann besonders stark anfallende drückende Wasser wird provisorisch abgeleitet. Wenn die neu eingebauten Abdichtungsflächen dem Wasserdruck standhalten können, werden die verbliebenen Flächen mit sehr schnell bindenden Spezial-Mörteln geschlossen.

Im übrigen muß für dieses sehr komplizierte Gebiet der Sanierung von Abdichtungen auf Spezialliteratur verwiesen werden.

14.4.6.5 Abdichtungen gegen von innen drückendes Wasser

Abdichtungen gegen von innen drückendes Wasser werden in DIN 18195 T7 beschrieben. Sie sind im allgemeinen Hochbau allenfalls im Bereich des Schwimmbadbaues anzuwenden. Dieses Spezialgebiet kann im Rahmen des Werkes nicht behandelt werden.

14.4.7 Durchdringungen, Übergänge, Anschlüsse

Bei der Ausführung von Abdichtungen gegen drückendes Wasser sind Unterbrechungen der Dichtungen durch Rohrleitungen u. ä. oder durch Baufugen immer Schwachstellen und bedürfen besonderer Sorgfalt bei Planung und Ausführung.

In DIN 18195 T9 sind für derartige Problempunkte nur allgemeine Hinweise ohne konkrete Einbaubeispiele gegeben. Nur für die zwischen bereits vorhandenen Abdichtungen und neu auszuführenden Abschnitten (z. B. bei Anbauten) erforderlichen Telleranker und Klemmschienen werden genaue Hinweise gegeben.

Aus der großen Zahl möglicher Konstruktionen können nachfolgend nur einige typische Lösungsmöglichkeiten gezeigt werden.

An besonders beanspruchten Abschnitten der Dichtung, z. B. auch an Schwindfugen, kann die mechanische Widerstandsfähigkeit durch Einlagen von Kupfer-Riffelbändern erhöht werden (Bild **14.**44a). Bauwerksfugen, an denen mit größeren Bewegungen gerechnet werden muß, werden mit Dehnungswellen ausgeführt. Sie können aus eingespannten Kupferblechen bestehen, oder es werden Schaumstoffwülste zwischen die Dichtungslagen geklebt (Bild **14.**44b und c).

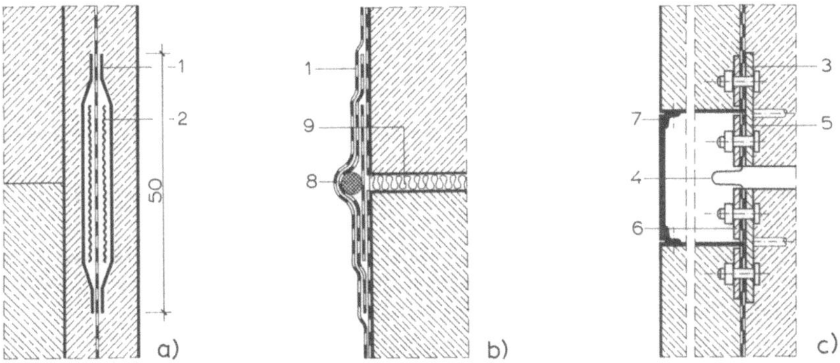

14.44 Abdichtung von Fugen [28]
a) Verstärkung von Dichtungsbahnen an Schwindfugen, Arbeitsfugen o. ä.
b) Dehnungswelle in geklebten Abdichtungen
c) Dehnungswelle mit eingespanntem Kupferband (mit Revisionseinrichtung)

1 Deckstreifen
2 Alu- oder Kupfer-Riffelband
3 Abdichtung
4 Kupferband
5 einbetonierte Einspannplatte mit Stehbolzen
6 aufgeschraubtes Einspannprofil
7 Revisionsdeckel, abnehmbar
8 Schaumstoffschnur
9 Fugenhinterfüllung

Rohrdurchführungen müssen mit besonderen Dichtungseinsätzen ausgeführt werden, bei denen die Rohre mit von innen nachziehbaren elastischen Stopfbuchsen abgedichtet werden (Bild **14.**45).

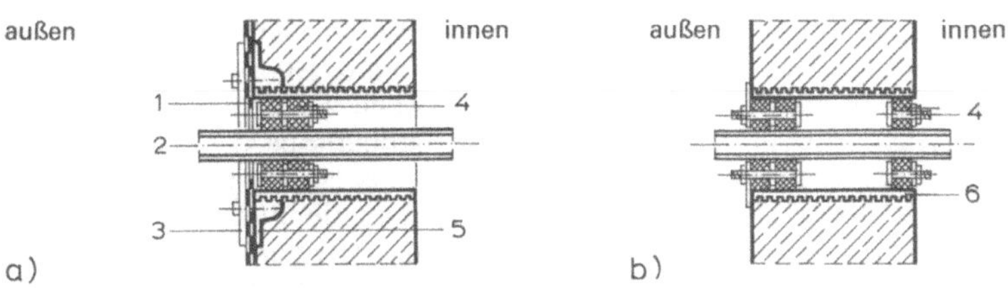

14.45 Rohrdurchführungen (System DESKA)
a) Rohrdurchführung für Anschluß an geklebte Abdichtungen
b) Rohrdurchführung für wasserundurchlässigen Beton

1 Dichtungsbahn
2 Rohrleitung
3 Losflansch
4 Quetschdichtungsringe
5 Festflansch
6 Spezialasbest-Zementfutterrohr

14.5 Wärmeschutz

14.5.1 Allgemeines

Gebäude und Räume, die zum dauernden Aufenthalt von Menschen vorgesehen sind, müssen aus verschiedenen Gründen vor Wärmeverlusten oder auch übermäßigem Wärmezufluß geschützt werden:

- Sichern von bestimmten wohnklimatischen Verhältnissen zum Schutz der Gesundheit der Bewohner,
- Verhindern von unkontrollierten Abflüssen von Heizenergie (Heizleistung), um Heizkosten einzusparen und auch die Forderungen des Energieeinsparungsgesetzes zu erfüllen. Darüber hinaus dient die Einsparung von fossilen Brennstoffen der Vermeidung von Umweltschäden,
- Vermeidung der Überhitzung im Sommer zur Einsparung von Energie für Klimatisierung (Kühlung),
- Schutz des Gebäudes vor Schäden durch klimatische Einflüsse (thermische Spannungen, Feuchtigkeit, Frost, Fäulnis, Korrosion usw.).

Schutzmaßnahmen werden im wesentlichen Wände, Decken, Dächer, Fußböden, Fenster und Türen betreffen, die also bezüglich des Wärmedurchgangs, ihrer Luftdurchlässigkeit und ihres Wärmespeichervermögens bewertet werden müssen.

Der Wärmedurchgang durch ein Bauteil hängt ab von

- der Wärmeleitfähigkeit der Grundstoffe,
- der Größe und Verteilung der Luftporen in den Baustoffen,
- der Dicke der Baustoffschichten,
- dem Feuchtigkeitsgehalt der Baustoffe (Wasser ist selbst gut wärmeleitend und kann beim Feuchtetransport durch Bauteile erhebliche Wärmemengen mit sich führen!).

Die Luftdurchlässigkeit massiver Wände und Decken ist so gering, daß z. B. ein merklicher Luftaustausch durch solche Bauteile hindurch nicht stattfindet. Dachkonstruktionen und Holzbauten werden jedoch in der Regel auch heute noch nicht genügend luftundurchlässig ausgeführt. Zukünftig wird auf eine bessere Luftdichtigkeit (Winddichtigkeit) bei derartigen Bauteilen mehr Wert gelegt werden müssen. Dadurch kann Lüftungsenergie eingespart werden, und es sind – besonders im Dachbereich – Bauschäden vermeidbar (s. Abschn. 14.5.6.2).

Der Luftdurchlässigkeit von Fenstern und Außentüren muß erhöhte Aufmerksamkeit zugewandt werden. Durch zu viel ausgetauschte Luft wird (Heiz-)Energie in u. U. starken Maße nach außen transportiert und geht damit dem Gebäude verloren (Lüftungsverluste Q_L). Ein zu geringer Luftaustausch ist jedoch aus hygienischen und Behaglichkeitsgründen nicht akzeptabel; Probleme kann es bei zu geringer Lüftung auch bei offenen Feuerstellen (Kamine, Gasbrenner) geben, die Frischluft benötigen. Um den dabei offensichtlich auftretenden Widersprüchen zu begegnen, bietet sich der Ausweg an, die Lüftungsverluste durch Wärmerückgewinnungsanlagen zu vermindern.

Luftdurchlässigkeit und Wasserdampfdurchlässigkeit (Dampfdiffusion) dürfen nicht verwechselt werden. Letztere tritt auch bei gut luftdichten Bauteilen auf, allerdings nur, wenn keine Dampfsperrschichten wirksam sind (s. Abschn. 14.5.6).

Eine höhere Wärmespeicherfähigkeit der Bauteile, besonders der Innenbauteile bewirkt eine größere Konstanz der Gebäudetemperaturen und verhindert zu schnelles

Aufheizen (im Sommer) und Abkühlen (z. B. bei gedrosselter Heizung). Zur Sonnenenergieausnutzung durch Fenster ist eine gute Wärmeaufnahmefähigkeit ebenfalls erwünscht. Sie kann aber die Wirkung einer Heiztemperaturabsenkung (Nachtabsenkung in Wohngebäuden, Wochenendabsenkung bei Bürobauten) verringern. Besonders in Versammlungsräumen und Hobbyräumen mit geringer Nutzungsdauer ist eine geringe Wärmespeicherfähigkeit der raumbegrenzenden Bauteile von Vorteil (Energieeinsparung beim Aufheizen!).

Gebäude und ihre Bauteile sollten wegen des Wohnkomforts nicht mehr allein in Hinblick auf einen optimalen winterlichen Wärmeschutz konstruiert werden. Die wohnklimatischen Verhältnisse könnten dann auch bei hohen sommerlichen Außentemperaturen und Sonneneinstrahlung im Behaglichkeitsbereich gehalten werden. Die Wärmeschutz-Norm DIN 4108 (Ausgabe August 1981) enhält neben Anforderungen für den winterlichen Wärmeschutz auch Empfehlungen, die den sommerlichen Wärmeschutz betreffen (s. Abschn. 14.5.4).

14.5.2 Winterlicher Wärmeschutz

Die wärmeschutztechnische Konstruktion von Gebäuden und Bauteilen wird z. Z. wesentlich von der Wärmeschutzverordnung zum Energieeinsparungsgesetz (letzte Fassung vom 24. Februar 1982) und von der DIN 4108 „Wärmeschutz im Hochbau" sowie deren Ergänzungen bestimmt.

Die erforderlichen rechnerischen Nachweise für einen ausreichenden Wärmeschutz werden in Abschn. 14.5.7 erläutert.

Neben der Erfüllung der Forderungen an den Wärmeschutz des gesamten Gebäudes müssen zur Vermeidung von Wärmebrücken bzw. Kältebrücken (Bereiche größerer Wärmedurchlässigkeit neben Flächen besserer Wärmedämmung) besonders gefährdete Stellen im Außenbauteilen zusätzlich wärmegedämmt werden. Das ist nicht nur aus energiewirtschaftlichen Gründen, sondern auch zur Vermeidung von Bauschäden notwendig (s. DIN 4108).

Gefährdete Stellen dieser Art sind z. B. Ringverankerungen in Außenwänden, Betonstürze über Fenstern, Stahl- und Stahlbetonstützen im Innern von Leichtbauwänden (Bild **14**.46 a und b) bzw. in Platten- oder Tafelwänden aus Fertigteilen, Betonkragplatten (s. Abschn. alt 8.5), Normalbetonquerwände (s. Bild **14**.46 c), Dach- und Geschoß-

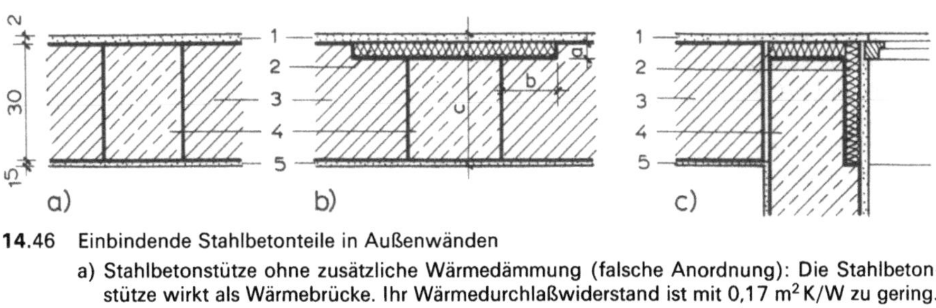

14.46 Einbindende Stahlbetonteile in Außenwänden

a) Stahlbetonstütze ohne zusätzliche Wärmedämmung (falsche Anordnung): Die Stahlbetonstütze wirkt als Wärmebrücke. Ihr Wärmedurchlaßwiderstand ist mit 0,17 $m^2 K/W$ zu gering.

b) Stahlbetonstütze mit zusätzlicher Wärmedämmschicht (Leichtbauplatte). Der Wärmedurchlaßwiderstand der Schichten a und c muß dem der Wand entsprechen. Durch einen seitlichen Überstand (b) ist dies auch für den diagonalen Wärmedurchgang zu berücksichtigen.

c) Wärmedämmung einer tragenden Querwand aus Stahlbeton mit Anschluß an Fensterwand.

1 Außenputz 2 Leichtbauplatte 3 Mauerwerk 4 Stahlbeton 5 Innenputz

deckenauflager, Installationsschlitze (Bild **14**.47). Bei Heizkörpernischen muß nach der Wärmeschutzverordnung die durch geringere Wandstärken verminderte Wärmedämmung durch zusätzliche Dämmplatten (bei Innendämmung evtl. erforderliche Dampfbremse beachten!) ausgeglichen werden.

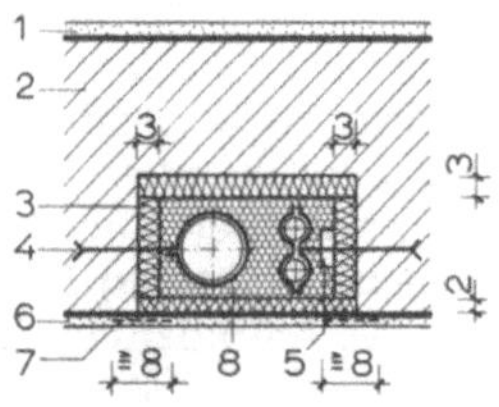

14.47
Wärmedämmung von Rohrschlitzen in Außenmauern
1 Außenputz 2 cm
2 Ziegelmauerwerk 36,5 cm
3 Wärmedämmplatte
4 Rohrschellenanker
5 Halteschiene für verstellbare Rohrschellen (Schema)
6 Innenputz, 1,5 cm
7 korrosionsgeschützter Drahtnetzstreifen über Anschlußfuge
8 Dämmstoff-Ausschäumung

Die bauphysikalisch vorteilhafte Außendämmung von Wänden und an Außenluft grenzenden Decken (s. Abschn. 14.5.6.2) erfordert besonders Aufmerksamkeit bei der Ausführung von Dämmung und Putz. Damit können Risse, die zur Durchfeuchtung und weiteren Schäden führen würden, vermieden werden. Außendämmungen werden am besten durch eine hinterlüftete Bekleidung geschützt (s. Abschn. 8.4).

Ausreichende Wärmedämmung auf der Außenseite kann auch Schubrisse vermeiden helfen, da wegen der verringerten Temperaturdifferenzen (Sommer/Winter und Tag/Nacht) in der statisch wirksamen Schicht die aus Wärmedehnungen resultierenden Schubkräfte gering bleiben werden. Gefahrenstellen sind Auflager massiver Dachdekken mit geringer Auflast, besonders auch bei Garagendecken. Gesicherte Auflager (Ringanker), Gleitschichten (aus Polychloroprene-Kautschuk oder Polytetrafluorethylen-Folie) sollten diese Maßnahmen unterstützen.

Ist z. B. bei Altbausanierungen eine Innendämmung nicht zu vermeiden, so ist auf eine ausreichende Behinderung der Wasserdampfdiffusion durch die Dämmschicht (Dampfbremsschichten oder Verwendung von Dämmstoffen mit großer Wasserdampf-Diffusionswiderstandszahl μ) zu achten (s. auch Abschn. 14.5.6.2).

Bei Flachdächern werden durch Wärmedämmschichten in der Nähe der Oberseite nicht nur die darunterliegenden Räume vor Abkühlung im Winter und übermäßiger Erwärmung im Sommer geschützt, sondern auch stärkere Temperaturdehnungen der Unterkonstruktion (s. Abschn. 2 in Teil 2 des Werkes) vermieden. Darüber hinaus wird bei ausreichender Dimensionierung der Wärmedämmung Korrosion der Bewehrungsstähle o. ä. verhindert, da kein Kondensat (s. Abschn. 14.5.6) im Bereich dieser Konstruktionsteile entsteht. Die Dämmung sollte besonders bei großflächigen Massivdekken so gestaltet werden, daß die Oberflächentemperatur innen an allen Punkten annähernd gleich ist (Berechnung s. Abschn. 14.5.6.1). Andernfalls bilden sich auf dem Deckenputz durch ungleichmäßige Staubablagerungen bei der Luftumwälzung dunkle Streifen an den jeweils kälteren Deckenflächen (z. B. unter den Rippen). Diese Erscheinung ist als „Fugenabbildung" auch an Wänden mit unzureichender Wärmedämmung im Fugenbereich bekannt.

Ausreichend hohe Oberflächentemperaturen von Decken, Wänden und Fußböden gewährleisten ausreichende Behaglichkeit bei dauerndem Aufenthalt von Menschen. Wegen des Wärmestrahlungsaustausches zwischen allen Körpern kann es bei stark unterschiedlichen Oberflächentemperaturen zu lokalen Wärmeaustauschdefiziten an der Hautoberfläche kommen, die als unbehaglich („kühl") empfunden werden. Als grober Annäherungswert kann bei ständig bewohnten Räumen eine Temperaturdifferenz zwischen Lufttemperatur und mittlerer Oberflächentemperatur der Umfassungsflächen von etwa 3 °C als ausreichend gering angenommen werden. Bei Räumen ohne Flächenheizungen lassen sich hohe Außenwand-Oberfächentemperaturen (innen) nur durch hinreichend niedrige Wärmedurchgangskoeffizienten k erreichen.

Ein Fußboden wird als ausreichend „fußwarm" empfunden, wenn die Temperatur der (unbekleideten) Fußsohle bei Berührung nicht unter 22 °C sinkt (Kontakttemperatur). Das kann durch Fußbodenbeläge geringer Wärmeleitfähigkeit (s. Abschn. 10.3.5), durch hohe Wärmedämmung und nicht zuletzt durch Beheizung des Fußbodens erreicht werden (s. auch Abschn. 10.3.8).

In DIN 4108 wird z. Z. – das sei noch einmal betont – nur an wenigen Stellen ein in gesundheitlicher, wirtschaftlicher oder ökologischer Hinsicht ausreichender Wärmeschutz gefordert. Bei Erfüllung der Forderungen des „erhöhten Wärmeschutzes" der Wärmeschutzverordnung dagegen werden zwar alle drei Belange berücksichtigt, nach den heutigen Vorstellungen über die Notwendigkeit von Energieeinsparungen (besonders bei der Raumheizung) sind allerdings auch dementsprechende Wärmedämmungen noch nicht ausreichend.

Die für Neubauten geforderten Wärmeschutzmaßnahmen werden also in naher Zukunft noch weiter verschärft werden. Die zusätzliche Dämmung der vorhandenen Altbauten ist notwendig. Gerade sie wird ohne die Anwendung der neuesten bauphysikalischen Erkenntnisse kaum schadensfrei auszuführen sein.

Neben den statischen Nachweisen (Standfestigkeit und Dauerhaftigkeit von Gebäuden) muß – allerdings von Bundesland zu Bundesland in unterschiedlicher Form – seit dem 1.11.1977 der Nachweis der Begrenzung des Wärmedurchgangs durch die Umfassungsflächen eines Gebäudes (an Außenluft, das Erdreich oder Gebäudeteile niedrigerer Innentemperaturen grenzend) erbracht werden. Das geschieht durch die rechnerische Feststellung (s. Abschn. 14.5.7), daß die in der Wärmeschutzverordnung vorgegebenen Wärmedurchgangskoeffizienten k_{max} nicht überschritten werden. Darüber hinaus werden zur Begrenzung der Wärmeverluste bei Undichtheiten Forderungen an den Fugendurchlaßkoeffizienten a außenliegender Fenster und Fenstertüren gestellt (s. Abschn. 5 in Teil 2 dieses Werkes) und die luftundurchlässige Abdichtung sonstiger Fugen gefordert.

Die Erfahrungen der letzten Jahre haben gezeigt, daß viele Gebäude mit zu geringem Wärmeschutz ausgestattet werden. Häufig stimmen sogar die Daten in den Wärmeschutzberechnungen nicht mit den Daten der ausgeführten Gebäude überein. Es kann davon ausgegangen werden, daß – neben der Förderung besonders gut gedämmter Gebäude („Niedrigenergiehäuser") – zukünftig auch vom Gesetzgeber eine weiter verbesserte Wärmedämmung verlangt werden wird.

14.5.3 Physikalische Erläuterungen zum winterlichen Wärmeschutz

Zur Beschreibung des Wärmedurchgangs durch Bauteile wird heute meist die Angabe des Wärmedurchgangskoeffizienten k (Wärmedurchgangswert, Wärmedurchgangszahl, kurz „k-Wert") gefordert. Er gibt an, wie groß die Wärmeleistung (auch Wärmefluß genannt; gemessen in Watt, früher in kcal/h; 1 kcal/h = 1,163 W) ist, die durch 1 m^2 ebene Bauteilfläche bei einer Lufttemperaturdifferenz zwischen Innen- und Außenbereich von 1 K ($\triangleq$ 1 °C) hindurchgeht, d. h. k wird in W/m^2 K gemessen.

Aus der Kenntnis des k-Wertes eines Bauteils heraus ist die Berechnung der durch diesen Teil hindurchfließenden Wärmemengen bei bekannter Bauteilfläche A und Berücksichtigung der wirklichen Lufttemperaturen innen und außen möglich (s. Bild **14**.48):

$$\text{Wärmefluß } \dot{Q}_T = \frac{Q}{t} = k\,(\vartheta_{Li} - \vartheta_{La}) \cdot A \qquad \text{in Watt (W)}$$

Dabei sind

Q	Wärmemenge in Joule (= Wattsekunden Ws)
t	Zeit in Sekunden
$(\vartheta_{Li} - \vartheta_{La})$	Lufttemperaturdifferenz innen/außen in K bzw. °C

Auf diese Formel gründet sich die Berechnung der Transmissionswärmeverluste Q_T und damit des wesentlichen Teils des Wärmebedarfs (s. DIN 4701).

Die Beschränkung der Gültigkeit dieser Formel auf ebene Bauteilflächen schließt die exakte Berechnung der Wärmeverluste an Wärmebrücken (ob stoffbedingt oder geometrisch) damit aus. Schmale Wärmebrücken lassen sich zwar noch über modifizierte k_l-Werte in die Rechnungen mit einbeziehen, genauer kann man aber Wärmebrückenkatalogen (s. Literaturangaben in Abschn. 14.10) die Verluste an derartigen Stellen höheren Wärmeabflusses entnehmen! Grundsätzlich nimmt der Einfluß von Wärmebrücken auf den gesamten Heizenergieverbrauch mit verbesserter Dämmung zu. Eine Verbesserung der Wärmedurchgangskoeffizienten der flächenhaften Außenbauteile wird also fast ausnahmslos eine Verringerung des Energieverbrauchs zur Folge haben.

Die Errechnung von k geschieht bei den meist aus mehreren Schichten bestehenden Bauteilen aus den Wärmeleitfähigkeiten λ (Wärmeleitzahl) der Schichtmaterialien, deren Dicken s und den Wärmeübergangswiderständen $1/\alpha_i$ und $1/\alpha_a$, die die Wärmeeindringfähigkeit bzw. Wärmeaustrittsfähigkeit an den Bauteiloberflächen innen und außen beschreiben.

$$k = \frac{1}{\frac{1}{\alpha_i} + \frac{s_1}{\lambda_1} + \frac{s_2}{\lambda_2} + \cdots + \frac{s_n}{\lambda_n} + \frac{1}{\alpha_a}} \quad \text{in } \frac{\text{W}}{\text{m}^2\text{K}}$$

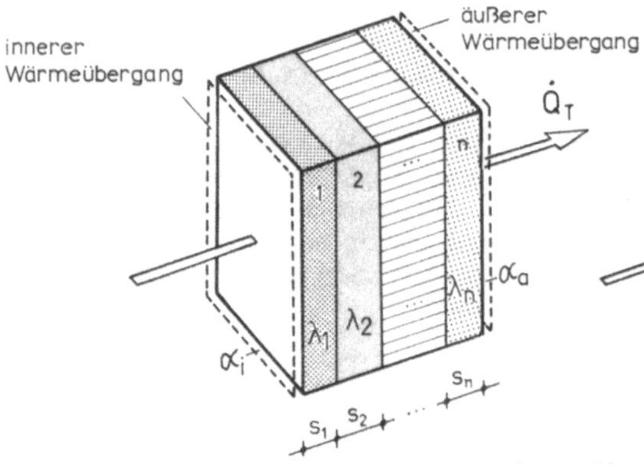

14.48 Wärmeübertragende Bauteile aus n Schichten

Für die Wärmeübertragung entscheidend ist der Wärmedurchgangswiderstand $1/k$, der sich additiv aus den Wärmedurchlaßwiderständen s/λ der Einzelschichten und den Wärmeübergangswiderständen $1/\alpha_i$, $1/\alpha_a$ an den Luft-Wand-Grenzflächen des Bauteils zusammensetzt

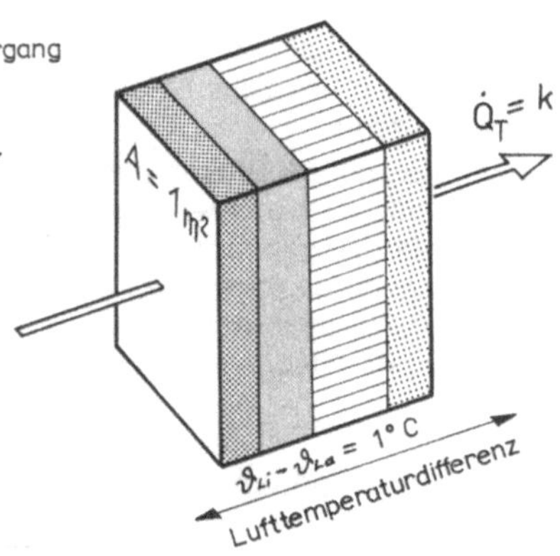

14.49 Anschauliche Bedeutung des Wärmedurchgangskoeffizienten k

Der Zahlenwert des Wärmedurchgangskoeffizienten k ist gleich dem des Wärmeflusses $\dot{Q}_T$ (in Watt), der durch 1 m² Bauteilfläche bei 1 K (≙ 1 °C) Lufttemperaturdifferenz $(\vartheta_{Li} - \vartheta_{La})$ hindurchgeht

Den Wert $1/k$ bezeichnet man auch als Wärmedurchgangswiderstand; bei Berechnungen zum Nachweis des ausreichenden Wärmeschutzes dürfen für λ_1 bis λ_n nur die zugelassenenen Rechenwerte λ_R der Wärmeleitfähigkeiten – die der DIN 4108 (T4, Tab. 1), Veröffentlichungen im Bundesanzeiger bzw. bautechnischen Zahlentafeln zu entnehmen sind – zugrundegelegt werden.

Die Werte s_1 bis s_n sind die Dicken der Einzelschichten des Bauteils (s. auch Bild **14**.48).

Der innere Teil der Summe im Nenner der obigen Formel zur Berechnung des Wärmedurchgangskoeffizienten heißt Wärmedurchlaßwiderstand $1/\Lambda$ des Bauteils:

$$\frac{1}{\Lambda} = \frac{s_1}{\lambda_1} + \frac{s_2}{\lambda_2} + \cdots + \frac{s_n}{\lambda_n} \quad \text{in m}^2\,\text{K/W}$$

Er muß nach DIN 4109 T2 (Tab. 1 und 2) für alle Bauteile eine Mindestgröße aufweisen.

Als Besonderheit bei der Berechnung von Wärmedurchgangskoeffizienten bzw. von Wärmedurchlaßwiderständen ist zu bemerken, daß bei Luftschichten wegen der Abhängigkeit der Wärmeleitfähigkeit von der Luftschichtdicke nach DIN 4108 T4, Tab. 2 bestimmte Rechenwerte für den Einzelwärmedurchlaßwiderstand solcher Schicht statt der s/λ-Werte eingesetzt werden müssen. Für dünne lotrechte Schichten (stehende Luft oder Luftschichten in Mauerwerk nach DIN 1053) von 10 bis 20 mm Dicke gilt z. B. als Wert für den Wärmedurchlaßwiderstand 0,14 m^2 K/W, sonst für Schichten bis 500 mm der Wert 0,17 m^2 K/W.

Die zu benutzenden Rechenwerte der Wärmeübergangswiderstände $1/\alpha_i$ und $1/\alpha_a$ sind ebenfalls aus der DIN 4108 (T4, Tab. 5) zu entnehmen. Sie sind von der Geschwindigkeit der Luftbewegung an den Übergangsflächen (Bauteiloberflächen) und deren Lage (horizontal, lotrecht, Wärmedurchgangsrichtung) abhängig. Gegen Erdreich grenzende Flächen besitzen immer den Wert $1/\alpha_a = 0$, in allen anderen Fällen darf mit $1/\alpha_i =$ 0,13 m^2 K/W und $1/\alpha_a =$ 0,04 m^2 K/W gerechnet werden.

14.5.4 Sommerlicher Wärmeschutz

Bei erhöhter Sonneneinstrahlung und den häufig gleichzeitig auftretenden hohen Lufttemperaturen wird zur Erhaltung behaglicher wohnklimatischer Verhältnisse ein Wärmeschutz benötigt, der nur zu einem geringen Teil von Dämmaßnahmen des winterlichen Wärmeschutzes geleistet werden kann: Der Hauptunterschied zwischen Sommer und Winter besteht bei Gebäuden darin, daß im Winter der Wärmeabfluß durch transparente und nichttransparente Außenbauteile (Glasflächen bzw. Wände, Decken, Dächer usw.) in etwa gleicher Größenordnung liegt (zwischen 20 W/m^2 und 80 W/m^2). Im Sommer dagegen dominiert die (Sonnen-)Einstrahlung durch die Glasflächen: Es können maximal etwa 800 W Wärmeleistung pro Quadratmeter Fensterfläche in ein Gebäude eindringen. Der Wärmezufluß durch – auch sonnenbeschienene – Wände wird dagegen 50 W/m^2 kaum überschreiten.

Man kann (s. DIN 4108 T2; Abschn. 4.3) für übliche Bauweise gültige Einflußfaktoren auf die sommerliche Raumerwärmung etwa in der Reihenfolge ihrer Wichtigkeit zusammenstellen:

- Energiedurchlässigkeit der transparenten Außenbauteile (Fenster, feste Verglasungen einschließlich des Sonnenschutzes), auch g-Wert genannt;
- Flächenanteil dieser Bauteile an den Außenflächen der Gebäude („Fensterflächenanteil"),

– Orientierung dieser Bauteile nach der Himmelsrichtung,
– Lüftung der Räume,
– Wärmespeicherfähigkeit („Schwere"), insbesondere der innenliegenden Bauteile,
– Wärmedurchlässigkeit der nichttransparenten Außenbauteile.

Man kann mit Hilfe dieser Aufstellung die Bedeutung einzelner Schutzmaßnahmen gegen sommerliche Raumüberhitzung abschätzen und entsprechende Maßnahmen ergreifen.

Die Reihenfolge ist allerdings auch von der baulichen Situation abhängig. Z. B. sind die ersten drei der erwähnten Einflußfaktoren mit der Einstrahlung von Sonnenenergie direkt durch Glasflächen verknüpft. Bei geringerer Größe derartiger Flächen rücken die anderen Einflußfaktoren in den Vordergrund: Raumlüftung und Wärmespeicherfähigkeit (hier besser: Wärmeaufnahmefähigkeit) der Innenbauteile können eingedrungene Wärme aus der Innenluft abführen. Nur der normalerweise letzte Faktor betrifft die Wärmedämmung selbst. Allerdings ist neben dem k-Wert für die sommerliche Wärmedurchlässigkeit auch die Reihenfolge der Schichten im Außenbauteil wesentlich.

Außenliegende Dämmschichten in Verbindung mit innenliegenden, schweren wärmespeichernden Schichten lassen weniger Wärme durchdringen als innengedämmte Konstruktionen. Das sogenannte „Temperaturamplitudenverhältnis" (TAV) ist ein Maß für den sommerlichen „instationären" Wärmedurchgang durch Außenbauteile. Dieser erfolgt nicht zeitlich gleichmäßig, sondern gehorcht wegen der 24-Stunden-Periodizität des Temperaturganges der Außenluft und der Sonnenstrahlung wesentlich komplizierten Gesetzen als der Wärmedurchgang im Winter mit häufig längere Zeit gleichbleibenden Temperaturverhältnissen („stationärer Wärmedurchgang").

In DIN 4108 T2, Tab. 2 sind die erhöhten Anforderungen an den Wärmeschutz leichter Außenbauteile z. T. auch bedingt durch Forderungen des sommerlichen Wärmeschutzes (z. B. bei ausgebauten Dachgeschossen): Leichte, wenig speicherfähige Bauteile lassen instationär Wärme – bei gleichem k-Wert – besser durch als schwerere.

Der instationäre Wärmedurchgang im Sommer ist allerdings nur von größerer Bedeutung, wenn der Fensterflächenanteil an den Außenflächen sehr gering (etwa unter 10%) ist. Die Wärmeschutznorm gibt deshalb – im Gegensatz zu allen anderen Einflußfaktoren – keine Empfehlungen z. B. für das Temperaturamplitudenverhältnis!

Die anderen Einflußgrößen sind direkt oder indirekt in den Tabellenwerten enthalten, die in DIN 4108 T2, 7 aufgeführt sind. Tab. **14**.50 gibt eine Zusammenfassung der wesentlichen Zahlenwerte aus dieser Norm. Es werden in der Tabelle Höchstwerte für das (raumweise) zu ermittelnde Produkt $(g_F \cdot f)$ angegeben. Dabei ist

$$f = \frac{A_F}{A_F + A_W}$$

mit
A_F Fensterfläche (lichte Rohbaumaße)
A_W Außenwandfläche (bei Dächern: direkt besonnte Fläche)

das Fensterflächenverhältnis des Raumes.

Tabelle **14**.50 Zusammenstellung der empfohlenen Höchstwerte $(g_F \cdot f)$ nach DIN 4108 T2 Tab. 3

Raumorientierung	Innenbauart	max. $(g_F \cdot f)$-Werte für Räume ohne erhöhte natürliche Belüftung	max. $(g_F \cdot f)$-Werte für Räume mit erhöhter natürlicher Belüftung
Nord (±22,5°) (oder ganztägige Beschattung)	leicht	0,37	0,42
dto.	schwer	0,39	0,50
alle anderen Richtungen	leicht	0,12	0,17
dto.	schwer	0,14	0,25

Die Größe g_F beschreibt den Gesamtenergiedurchlaß einer transparenten Fläche (Fenster) im Zusammenwirken von Verglasung und Sonnenschutzvorrichtungen:

$g_F = g \cdot z_1 \cdot z_2 \ldots z_n$ mit g Energiedurchlaßgrad der Verglasung
$z_1, \ldots, z_n$ Energiedurchlässigkeiten der Sonnenschutzvorrichtungen („Abminderungsfaktoren")

In der Tab. **14**.51 sind die Energiedurchlaßgrade einiger Verglasungen angegeben, die ohne weiteren Nachweis (der nach DIN 67507 zu führen ist) bei den Berechnungen zum sommerlichen Wärmeschutz verwendet werden dürfen. In den technischen Daten der Verglasungs-Hersteller finden sich meist die g-Werte. Falls für Verglasungen nur der Energiedurchgangsfaktor b (nach VDI-Richtlinie 2078) bekannt ist, darf über den Zusammenhang $g = 0{,}87 \cdot b$ umgerechnet werden.

In Tab. **14**.52 sind Abminderungsfaktoren z einiger Sonnenschutzvorrichtungen angegeben, wie sie ebenfalls ohne weiteren Nachweis angewendet werden dürfen.

Tabelle **14**.51 Gesamtenergiedurchlaßgrade g von Verglasungen

Einfachverglasung aus Klarglas	0,9
Doppelverglasung aus Klarglas	0,8
Dreifachverglasung aus Klarglas	0,7
Glasbausteine	0,6
Sonnenschutzverglasungen ohne Nachweis	0,8

Bei Sonnenschutzverglasungen wird in der Regel hinter dem Markennamen die Tageslichtdurchlässigkeit und der Gesamtenergiedurchlaßgrad angegeben. Z. B. ist für ein Glas mit dem Zusatz „49/34" der g-Wert 0,34.

Tabelle **14**.52 Abminderungsfaktoren z von Sonnenschutzvorrichtungen

fehlende Sonnenschutzvorrichtung	1,0
Gewebe, Folien (zwischen den Scheiben oder innenliegend) ohne Nachweis	0,7
Jalousien (zwischen den Scheiben/innen)	0,5
Jalousien, drehbare Lamellen, hinterlüftet (außenliegend)	0,25
Jalousien, Rolläden, Fensterläden, feststehende od. drehbare Lamellen (außenliegend)	0,3
Vordächer, Loggien, Markisen	0,3 bis 0,5

Vorschläge für die Anwendung von Vordächern, Loggien und Markisen (in Form von Skizzen) und die dabei gültigen Abminderungsfaktoren finden sich in DIN 4108 T2, Tab. 5.

Die Wärmeschutzverordnung (s. Abschn. 14.5.7.6) enthält – zur Energieeinsparung – für durch raumlufttechnische Anlagen gekühlte Räume Anforderungen an den $(g_F \cdot f)$-Wert. Werte in DIN 4108 sind keine Anforderungen, sondern Empfehlungen!

Die Innenbauart wird durch raumweise Berechnung des Quotienten aus wirksamer Masse der Innenbauteile (meist der Innenwände, Decken, Böden, evtl. Türen) und der Außenwandfläche (einschließlich der Fensterflächen) bestimmt. Zur Ermittlung der wirksamen Masse wird bei Bauteilen ohne Dämmschicht die Masse zur Hälfte, bei Dämmschichten enthaltenden Bauteilen nur diejenige von der raumseitigen Oberfläche bis zur Dämmschicht (maximal bis zur Hälfte der Gesamtmasse) angerechnet. Dämmschichten sind dabei Schichten mit $\lambda < 0{,}1$ W/m · K und $1/\Lambda \geqq 0{,}25$ m²K/W. Holz und Holzwerkstoffe dürfen – wegen der größeren spezifischen Wärmekapazität dieser Stoffe gegenüber mineralischen Baustoffen – mit der doppelten Masse angesetzt werden.

Ist der errechnete Quotient größer als 600 kg/m², liegt schwere Innenbauart vor, sonst – üblicherweise z. B. bei der Holzbauweise – leichte Innenbauart.

Die Nachprüfung der $(g_F \cdot f)$-Werte kann immer dann entfallen, wenn die Räume natürlich belüftet werden können (in der Regel alle Wohnräume) und

– bei schwerer Innenbauart $f \leqq 0{,}31$ oder $g_F \leqq 0{,}36$
– bei leichter Innenbauart $f \leqq 0{,}21$ oder $g_F \leqq 0{,}24$

ist.

In der Regel wird bei notwendigen Verbesserungen des Sonnenschutzes nicht die Innenbauart verändert, sondern der $(g_F \cdot f)$-Wert verringert. Dann sollte darauf geachtet werden, daß die Innenraumbeleuchtungsstärke nicht auf unzulässig geringe Werte (s. DIN 5034) herabgesetzt wird.

Erhöhte natürliche (nächtliche!) Raumlüftung kann nur bei Wohnräumen vorausgesetzt werden. Bei Bürogebäuden muß aus brandschutztechnischen Gründen meist auf eine erhöhte nächtliche Auskühlung verzichtet werden.

Das anschließende Rechenbeispiel soll das Vorgehen zum Nachweis des sommerlichen Wärmeschutzes erläutern. Das Verfahren nach DIN 4108 ist allerdings nicht unumstritten, da es recht umständlich zu handhaben ist.

Rechenbeispiel Sommerlicher Wärmeschutz eines Wohnraums

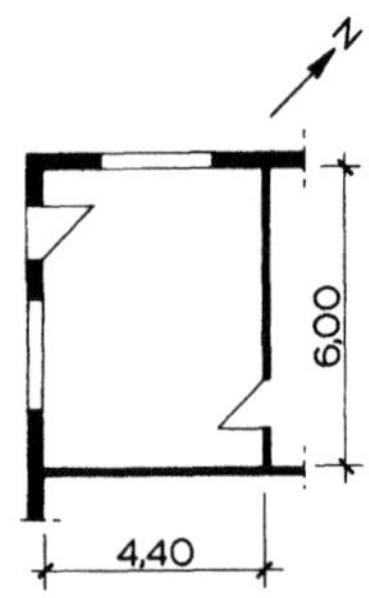

14.53 Bild zum nebenstehenden Rechenbeispiel

Raumbeschreibung

Raumlänge: 6,00 m — 2 Fenster mit je $2{,}4 \cdot 1{,}25$ m²

Raumbreite: 4,40 m — Fenstertür: $0{,}90 \cdot 2{,}10$ m²

Raumhöhe: 2,50 m — (alle mit 2-Scheiben-Isolierverglasung)

Wirksame Masse der Innenbauteile

1. Stahlbetondecke ($\varrho = 2400$ kg/m³), 18 cm mit Deckenputz (20 kg/m²)

$$m_1' = \tfrac{1}{2} \cdot (0{,}18 \cdot 2400 + 20) \cdot 6{,}0 \cdot 4{,}4 = 5966{,}4 \text{ kg}$$

2. Innenwände aus 24 cm-Hbl-Mauerwerk ($\varrho = 1400$ kg/m³), beidseitig verputzt

$$m_2' = \tfrac{1}{2} \cdot (0{,}24 \cdot 1400 + 2 \cdot 20) \cdot 20) \times (6{,}0 \cdot 2{,}5 + 4{,}4 \cdot 2{,}5 - 0{,}9 \cdot 1{,}9) = 4566{,}5 \text{ kg}$$

3. Zementestrich ($\varrho = 2000$ kg/m³), 4 cm auf Trittschalldämmatte

$$m_3' = 0{,}04 \cdot 2000 \cdot 6{,}0 \cdot 4{,}4 = 2112 \text{ kg}$$

(und nur als Beispiel für die Einrechnung von Holz nach DIN 4108):

4. Zimmertür, Vollholz ($\varrho = 600$ kg/m³), 4 cm

$$m_4' = \tfrac{1}{2} \cdot 0{,}04 \cdot 600 \cdot 1{,}9 \cdot 0{,}9 \cdot 2 = 41 \text{ kg}$$

Außenwandfläche (Fassadenfläche)

$A_{W+F} = (6{,}0 + 4{,}4) \cdot 2{,}5 = 26{,}0$ m², davon $A_F = 2{,}4 \cdot 1{,}25 + 0{,}9 \cdot 2{,}1 = 7{,}9$ m²

Auf die Fassadenfläche bezogene speicherwirksame („anrechenbare") Masse der Innenbauteile:

$$m'' = \frac{4966{,}4 + 4566{,}5 + 2112 + 41}{26{,}0} = 487{,}9 \text{ kg/m}^2 \leqq 600 \text{ kg/m}^2$$

Es liegt also eine leichte Innenbauart vor!

Da der Fensterflächenanteil $f = 7{,}9/26{,}0 = 0{,}30$ und der Gesamtenergiedurchlaßgrad der Verglasung (nach Tab. **14.51**) $g_F = 0{,}8$ beträgt, ergibt sich für das Produkt $(g_F \cdot f) = 0{,}24 > 0{,}17$ (s. Tab. **14.50**) ein Wert, der größer ist als der Maximalwert. Es kann im Wohnraum also ohne zusätzliche Sonnenschutzmaßnahmen kein günstigeres sommerliches Raumklima erwartet werden! Der Abminderungsfaktor z eines ausreichenden Sonnenschutzes bestimmt sich zu $0{,}17/0{,}24 = 0{,}7$, d. h. es muß mindestens ein innenliegender Vorhang oder ein zwischen den Scheiben oder innen liegender Folien-Sonnenschutz zusätzlich angebracht werden, um sommerliche Raumüberhitzung zu vermeiden.

14.5.4.1 Einige Regeln zur Erzielung eines guten sommerlichen Wärmeschutzes

Große, freie Fensterflächen, besonders, wenn sie West-/Südwest- oder Ost-/Südost-Orientierung besitzen, müssen einen wirkungsvollen Sonnenschutz erhalten. Abschattende Außenbauteile (Balkone, auskragende Dächer, feste horizontale oder vertikale

Sonnenschutzlamellen) können weitere Sonnenschutzmaßnahmen (Rolläden, Jalousien, Markisen, Fensterläden, Sonnenschutzverglasungen) überflüssig machen. Aus der Erfahrung heraus, daß handverstellbare Sonnenschutzeinrichtungen häufig zu spät, d. h. erst nach erfolgter Raumaufheizung bedient werden, sind automatisch funktionierende Sonnenschutzeinrichtungen vorteilhaft.

Südfenster sind bezüglich der übermäßigen Sonneneinstrahlung nicht so gefährdet, da die Sonnenstrahlen relativ flach auf die Scheiben auffallen und auch nicht tief in den Raum eindringen. Zur besonders starken Überhitzung neigen Räume mit zweiseitiger Besonnung, besonders wenn die oben erwähnten Orientierungen dominieren. Die besonders langdauernde Besonnung macht sich neben der verringerten inneren Speicherfläche dabei bemerkbar. Wie das Rechenbeispiel (Abschn. 14.5.4) zeigt, ergibt sich nach DIN 4108 T2 dann in der Regel rechnerisch eine leichte Innenbauart trotz Verwendung schwerer Baumaterialien.

Wegen der ebenfalls relativ geringen Innenbauteilflächen heizen sich große Räume (Büros!) stärker durch Sonnenstrahlung auf als kleine. Die Unterteilung von Großraumbüros durch (möglichst schwere) Zwischenwände verringert die sommerliche Wärmebelastung.

Die Abdeckung von Innenbauteilen mit wärmedämmenden oder schallschluckenden Belägen hebt praktisch immer deren Wärmespeicherfähigkeit auf: Mit Teppichen belegte Bodenflächen können kaum noch als wärmeaufnehmend angesehen werden, da der Wärmedurchlaßwiderstand bei Teppichen häufig schon allein den Wert 0,25 $m^2 K/W$ erreicht (Grenzwert bei Fußbodenheizung: 0,17 $m^2 K/W$).

Bei Gebäuden, die passiv, d. h. über große Glasflächen, die Solarenergie ausnutzen sollen, ist sommerlicher Wärmeschutz besonders schwierig, wenn keine reine Südorientierung der (vertikalen) Fensterflächen vorliegt. Fenster in westlichen und östlichen Richtungen lassen über viele Stunden des Tages hohe Strahlungsleistungen tief in die Innenräume eindringen. Das ist zwar im Winter und in den Übergangszeiten höchst erwünscht, behindert im Sommer aber die Bewohnbarkeit der Räume. Wenn – wie bei Wintergärten – die Glasflächen geneigt sind, sind auch Südorientierungen überhitzungsgefährdet. Wintergärten und Glashäuser benötigen neben einem funktionsfähigen Sonnenschutz auch (möglichst selbsttätige) Lüftungseinrichtungen, die einen vielfachen Luftaustausch pro Stunde in den gefährdeten Raumbereichen gewährleisten.

Außenwände werden bei dunkler Farbgebung und der damit verbundenen stärkeren Absorption der Sonnenstrahlung stärker aufgeheizt als hell eingefärbte oder mit (reflektierenden) Metallschichten überzogene Bauteile. Der instationäre Wärmeschutz kann in solchen Fällen wichtig sein, d. h. ein niedriges Temperaturamplitudenverhältnis muß gefordert werden.

Bei Dächern – ohne strahlungsdurchlässige Öffnungen wie Dachflächenfenster, Lichtkuppeln – ist häufig die gleiche Forderung zu stellen. Sie verhalten sich im Sommer günstiger, wenn eine Durchlüftung vorhanden ist, d. h. sie als Kaltdächer ausgeführt sind.

14.5.5 Wärmedämmstoffe

Der Wärmedurchgang durch Stoffe wird wesentlich durch drei Transportvorgänge bewirkt:

- (eigentliche) Wärmeleitung durch Weitergabe der Wärmebewegungsenergie der Moleküle über Stoßprozesse,
- Wärmemitführung oder Konvektion,
- Wärmestrahlung.

Alle drei Effekte wirken sowohl bei der Wärmeweitergabe in Stoffen als auch bei der Wärmeaufnahme und -abgabe eines Bauteils mit. Bei einer Bestimmung der Wärmeleitfähigkeit λ_R eines Stoffes werden sie nicht getrennt bestimmt, sondern dieser Wert ist das Resultat des Zusammenwirkens aller Wärmetransportvorgänge.

Gase setzen – wegen ihrer geringeren Moleküldichte – der Wärmeleitung einen größeren Widerstand entgegen als flüssige oder feste Stoffe. Deshalb ist ein großer Luftgehalt in einem Baustoff in der Regel ein Kennzeichen für eine geringe Wärmeleitfähigkeit. Als Wärmedämmstoffe bezeichnet man porige und deshalb spezifisch leichte Stoffe mit besonders geringer Wärmeleitfähigkeit ($\lambda < 0{,}1$ W/m · K). Ihre Poren sind meist mit Luft, seltener mit anderen Gasen gefüllt.

Feuchte Bau- und Dämmstoffe leiten die Wärme besser als trockene. Zwar ist auch die Wärmeleitfähigkeit von Wasser höher als die der Dämmstoffe, jedoch spielt für die schlechtere Dämmfähigkeit feuchter Stoffe die Wärmemitführung beim Feuchtetransport durch die Baustoffe eine wesentliche Rolle.

Die Abhängigkeit der Wärmeleitzahl von der Stofftemperatur ist merklich, sie wird aber bei Wärmeschutzberechnungen nach DIN 4108 bzw. der Wärmeschutzverordnung nicht berücksichtigt. In der Regel nimmt die Wärmeleitfähigkeit mit zunehmender Temperatur zu, die Dämmfähigkeit also ab.

Stoffe hoher Dichte (Metalle, Natursteine, künstliche Steine) haben große Wärmeleitfähigkeiten und müssen deshalb, um ausreichende Wärmedämmfähigkeit zu erhalten, mit Dämmstoffen kombiniert eingesetzt werden.

Wärmedämmung als Maßnahme gegen zu großen Wärmedurchgang durch Bauteile kann deshalb entweder durch Verwendung von Massivbaustoffen relativ geringer Wärmeleitfähigkeit (z. B. Porenziegel, Beton mit porigen Zuschlägen, Leichtbetonsteinen, Poren- oder Gasbeton, Holz) oder durch eine Kombination beliebiger statisch wirksamer Stoffe mit Dämmstoffen betrieben werden.

Diese Dämmstoffe können nach Herkunft (aus organischen oder anorganischen Grundstoffen), nach der Zusammensetzung (Stoffname) oder dem Herstellungsverfahren (z. B. Schäumen) unterschieden werden.

Man kann wie folgt einteilen:

- Mineralische oder pflanzliche Faserdämmstoffe (DIN 18165 T1),
- Schaumkunststoffe (DIN 18164 T1 und DIN 18159 „Ortschaum"),
- Korkdämmstoffe (DIN 18161 T1),
- Schaumglas (DIN 18174),
- Holzwollwolle- und Mehrschicht-Leichtbauplatten (DIN 1101 bzw. 1104).

Die Wärmeleitfähigkeit von Stoffen wird an ebenen trockenen Platten des zu untersuchenden Materials nach DIN 52612 bestimmt und der Mittelwert verschiedener Messungen bei 10 °C mit einem Zuschlag zur Berücksichtigung von Alterung und praktischem Feuchtegehalt versehen. Für den rechnerischen Nachweis des Wärmeschutzes dürfen nur zugelassene Rechenwerte der Wärmeleitfähigkeit (λ_R) verwendet werden. Durch die Einteilung der Wärmedämmstoffe nach ihrer Wärmeleitzahl in Wärmeleitfähigkeitsgruppen (WLG) ist der λ_R-Wert eines Dämmstoffes z. B. an der Dämmstoffpackung meist leicht zu erkennen. Die dreistellige Zahl (z. B. 035) gibt die Wärmeleitfähigkeit in der Form der hinter dem Komma stehenden Ziffer an: Im Beispiel ist also $\lambda_R = 0{,}035$ W/m · K.

In Tabelle **14.**43 sind einige wichtige Bau- und Dämmstoffe mit den Rechenwerten ihrer Wärmeleitfähigkeit aufgeführt.

Tabelle **14.54** Rechenwerte der Wärmeleitfähigkeit, Richtwerte der Wasserdampf-Diffusionswiderstandszahlen (Auszug aus DIN 4108 T4, Tab. 3)

Baustoff	Rohdichte ϱ in kg/m³	Wärmeleitfähigkeit λ_R in W/m K	Diffusionswiderstandszahlen μ –
1. Mörtel, Estriche			
Kalkmörtel, Kalkzementmörtel	1800	0,87	15/35
Zementmörtel, Zementestrich	2000	1,40	15/35
Kalkgipsmörtel, Gipsmörtel	1400	0,70	10
2. Betonarten			
Normalbeton nach DIN 1045	2400	2,10	70/150
Bimsbeton	800	0,24	5/15
Porenbeton bzw. Gasbeton	600	0,19	5/10
3. Bauplatten			
Wandbauplatten aus Gips	900	0,41	5/10
Wandbauplatten aus Leichtbeton	1000	0,37	5/10
Gipskartonplatten (DIN 18180)	900	0,21	8
4. Mauerwerk einschl. Fugen			
Vollklinker	2000	0,96	50/100
Vollziegel, Lochziegel	1600	0,68	5/10
Leichtbetonhohlblocksteine	600	0,32	5/10
Gasbetonblocksteine (DIN 4165)	600	0,24	5/10
Kalksandsteine (DIN 106)	1600	0,79	15/25
5. Wärmedämmstoffe			
Holzwolleleichtbauplatten ($d \geqq 25$ mm)	360 bis 480	0,093	2/5
Faserdämmstoffe (DIN 18165 T1)	8 bis 500	0,035 bis 0,050	1
Polystyrol-(PS-)Partikelschaum	20 bis < 30	0,025 bis 0,040	30/70
Polystyrol-(PS-)Extruderschaum	$\geqq$ 25	0,025 bis 0,040	80/300
Schaumglas (DIN 18171)	100 bis 150	0,045 bis 0,060	dampfdicht
6. Holz- und Holzwerkstoffe			
Fichte, Kiefer, Tanne	600	0,13	40
Sperrholz	800	0,15	50/400
Span-Flachpreßplatten (DIN 68761)	700	0,13	50/100
poröse Holzfaserplatten (DIN 68750)	$\leqq$ 200	0,045	5
7. Beläge, Abdichtstoffe			
Kunststoffbeläge, PVC	1500	0,23	
Kunststoff-Dachbahn (PIB)			400000/1750000
Polyethylenfolien, $s \geqq 0{,}1$ mm			100000
Aluminium-Folien, $s \geqq 0{,}05$ mm			dampfdicht
8. Sonstige Stoffe			
Kunstharzputz	1100	0,70	50/200
Glas	2500	0,80	
Fliesen	2000	1,00	
Stahl		60	
Kupfer		380	

Es kann hier nicht auf die speziellen Eigenschaften der verschiedenen Dämmstoffe eingegangen werden, jedoch sind neben der Wärmeleitfähigkeit für den Anwender noch (neben allgemeiner Beschaffenheit und dem Maßen)

— Festigkeitswerte,
— Brandverhalten (Brennbarkeits- und Feuerwiderstandsklassen, s. Abschn. 14.7.2,
— Formbeständigkeit

wesentlich.

Bei Faserdämmstoffen sind in DIN 18165 T1 (Wärmedämmung) und T2 (Trittschalldämmung) noch

— Zusammendrückbarkeit,
— Abreißfestigkeit,
— dynamische Steifigkeit (für Luft- und Trittschalldämmung),
— Strömungswiderstände (für raumakustische Anwendungen und Verwendung in mehrschaligen Wänden)

erwähnenswert.

Wegen der Bedeutung für die praktische Anwendung werden Wärmedämmstoffe je nach Druckbeanspruchbarkeit und Abreißfestigkeit noch mit Typkurzzeichen (s. auch Abschn. 10.3.6) versehen, z. B.:

W	nicht druckbeanspruchbar (Wände und belüftete Dächer)
WL	nicht druckbeanspruchbar (belüftete Dachkonstruktionen)
WD	druckbeanspruchbar (unter druckverteilenden Böden oder der Dachhaut)
WDA	druckbeanspruchbar und abreißfest (Dächer bei verklebter Verlegung)
WDS	druckbeanspruchbar bei höherer Belastung (wie WDA und bei Parkdecks)
WDH	druckbeanspruchbar bei höherer Belastung (wie WHD, auch hochbelastete Parkdecks
WS	druckbeanspruchbar bei höherer Belastung (wie WDS, nicht temperaturbelastbar)
WZ	leicht zusammendrückbar (in Wand- und Deckenhohlräumen)
WV	leicht zusammendrückbar, aber begrenzt abreißsicher (Vorsatzschalen)
Z	druckbelastbar, mit definierter dynamischer Steifigkeit (für schwimmende Estriche)

Die Typkurzzeichen T und TK gelten für Dämmstoffe zur Trittschalldämmung unter Böden.

Im Bauwesen verwendete Dämmstoffe sollten mindestens schwerentflammbar sein (Baustoffklasse B1); die Kennzeichnung erfolgt mit den jeweiligen Kennbuchstaben (bauaufsichtliche Benennung) der Baustoffklasse (s. Abschn. 14.7).

Sonderkennzeichen z. B. bei gasdiffusionsdichten Oberflächen (M), für besonders weichfedernde Faserdämmstoffe des Typs WV (o), bei Faserdämmstoffen für Schallschutzzwecke (w), usw. sind möglich.

14.5.6 Wasserdampfdiffusion, Temperaturen an Bauteilen, Tauwasserbildung

Der heute geforderte erhöhte Wärmeschutz wirkt sich bei richtiger Anwendung auch durch eine verringerte Gefahr von Tauwasserbildung (Kondensations-, Kondenswasser) an und in Außenbauteilen aus. Bei bestimmten Dämmethoden (z. B. Innen-

und Kerndämmung) und besonders auch bei den nachträglichen Wärmeschutzmaßnahmen (z. B. Fenstereinbau, Altbausanierung) kann es jedoch zu Tauwasserbildung besonders bei winterlichen Wetterverhältnissen kommen, wobei Folgeschäden, wie Schimmelpilzbildung und Korrosion nicht auszuschließen sind.

Tauwasser entsteht immer dann, wenn sich Wasserdampf, z. B. in feuchter Luft, aber auch in beliebigen porösen Stoffen, unter eine bestimmte Temperatur, den Taupunkt (Taupunkttemperatur) ϑ_s abkühlt. Die Taupunkttemperatur hängt von der Lufttemperatur ϑ und der Wasserdampfmenge, bei Luft also der Luftfeuchtigkeit, ab. Luft, die sich am Taupunkt befindet (Nebelbildung!) nennt man „gesättigt". Die sich in ihr befindliche Wasserdampfmenge kann nicht weiter erhöht werden. Man mißt Wasserdampfmengen häufig über den von ihr erzeugten Anteil am gesamten Luftdruck („Wasserdampfteildruck" in Pascal, Pa). Der Teildruck des Wasserdampfes bei Taupunkttemperatur heißt „Wasserdampfsättigungsdruck" p_s. Er hängt nur von der Temperatur ab, diese Abhängigkeit ist der Tab. **14**.55 zu entnehmen. Eine feiner gestufte Tabelle findet sich in DIN 4108 T5, Tab. 2 und den üblichen bautechnischen Zahlentafeln z. B. [49].

Es ist erkennbar, daß warme Luft erheblich mehr Wasserdampf aufnehmen kann als kalte. Z. B. können bei 20 °C bis 17,3 g Wasserdampf im Kubikmeter Luft (entsprechend einem Sättigungsdruck von 2340 Pa) enthalten sein, gegenüber nur 4,8 g/m³ bei 0 °C, entsprechend $p_s = 611$ Pa). Das Vorhandensein von Wasserdampf ist jedoch nicht an Luft gebunden, auch in beliebigen (porösen) Stoffen kann die Dampfmenge als Wasserdampfteildruck angegeben werden.

Tabelle **14**.55 Wasserdampfsättigungsdruck p_s bei Temperaturen ϑ zwischen −20 und +30 °C in Pascal (Pa) s. auch DIN 4108 T5, Tab. 2)

ϑ in °C	p_s in Pa	ϑ in °C	p_s in Pa	ϑ in °C	p_s in Pa	ϑ in °C	p_s in Pa	ϑ in °C	p_s in Pa
30	4244	20	2340	10	1228	0	611	−10	260
29	4006	19	2197	9	1148	−1	562	−11	237
28	3781	18	2065	8	1073	−2	517	−12	217
27	3566	17	1937	7	1002	−3	476	−13	198
26	3362	16	1818	6	935	−4	437	−14	181
25	3169	15	1706	5	872	−5	401	−15	165
24	2985	14	1599	4	813	−6	368	−16	150
23	2810	13	1498	3	759	−7	337	−17	137
22	2645	12	1403	2	705	−8	310	−18	125
21	2487	11	1312	1	657	−9	284	−19	114
								−20	103

Typische Entstehungsorte von Tauwasser sind Wärmebrücken (auch „Kältebrücken" genannt) in Wänden und Decken (z. B. Fensterstürze, auskragende Betonteile, Gebäudeaußenecken), aber auch Räume in unzulänglich belüfteten (Neubau-)Wohnungen, Bäder, Küchen und Viehställe, besonders dann, wenn die Feuchteerzeugung relativ groß ist (Pflanzen!). Schlecht gedämmte Außenbauteile sind genauso gefährdet wie Außenwände, die z. B. durch davorstehende Schränke nicht von der Innenluft erwärmt werden.

Tauwasser schlägt sich besonders schnell auf den Oberflächen guter Wärmeleiter, wie Metalle, Glas, Naturstein, Normal- und Schwerbeton, Fliesen nieder, wenn sie sich unter den Taupunkt der Innenluft abkühlen oder die Taupunkttemperatur durch hinzukommende Feuchte (Duschbäder!) über die Bauteiltemperatur ansteigt.

Wände sollen luftundurchlässig sein, sind aber in der Regel durchlässig für Wasserdampf. Eine Wasserdampfwanderung durch eine Trennwand hindurch nennt man Wasserdampfdiffusion. Sie erfolgt nach physikalischen Gesetzen immer dann, wenn der Wasserdampfteildruck auf beiden Seiten der Wand unterschiedlich ist. Da im Winter (Tauwassergefährdung groß!) die Außentemperaturen erheblich geringer als die Innenlufttemperaturen sind, ist der Wasserdampfdruck außen geringer als im Rauminnern. Das Dampfdruckgefälle läßt den Wasserdampf durch die Außenbauteile von innen nach außen diffundieren. Die Wanderungsrichtung entspricht dann der Richtung des Wärmeflusses. Im Sommer kann es auch (vorübergehend) zu umgekehrt verlaufenden Diffusionsvorgängen kommen, der Wärmefluß ist dann meist auch umgekehrt.

In üblichen, nicht beidseitig mit dampfundurchlässigen Schichten versehenen Bauteilen ist immer Wasserdampf enthalten. Er kann kondensieren, wenn irgendwo der Taupunkt im Bauteil unterschritten wird. Meist stellt sich innerhalb der Außenwände – in Abhängigkeit von der Wasserdampfdurchlässigkeit der Wandmaterialien – ein niedrigerer Dampfdruck ein als im Innenraum, so daß bei genügend hohen Wandtemperaturen (z. B. durch äußere Wärmedämmung) nicht mit Tauwasserbildung im Wandinnern gerechnet werden muß. Viele Außenwandkonstruktionen lassen aber (etwas) Tauwasser in der Nähe des Außenputzes entstehen, ohne daß sich daraus eine größere Feuchtegefährdung der Wand ergeben muß (s. Rechenbeispiel Tab. **14**.59).

14.5.6.1 Temperaturverhältnisse an und in Bauteilen

Niedrige Bauteiltemperaturen können die Gefahr von Tauwasserbildung andeuten. Es ist deshalb vorteilhaft, sich bei der Konstruktion von bedenklichen Wänden oder anderen Außenbauteilen zuerst einen Überblick über die Temperaturverhältnisse am und im Bauteil zu verschaffen. Der Rechenvorgang wird hier und im Rechenbeispiel Tabelle **14**.59 beschrieben:

Der Berechnung werden konstante Lufttemperaturen innen und außen zugrunde gelegt. Diese Temperaturen ϑ_{Li} und ϑ_{La} wählt man in der Regel so, daß ungünstige winterliche Verhältnisse damit beschrieben werden. Nach DIN 4108 T3, Abschn. 3.2.2.2 sind für Tauwasserberechnungen (s. Rechenbeispiel) innen 20 °C und außen −10 °C als Lufttemperaturen anzunehmen. Natürlich können in Fällen, in denen eine auch nur geringe Tauwasserbildung vermieden werden soll, strengere Klimabedingungen (z. B. niedrigere Außentemperaturen) angesetzt werden.

Aus den angenommenen Lufttemperaturen werden nacheinander zuerst die Oberflächentemperatur des Bauteils (beim nachstehenden Formelsatz wird von innen nach außen gerechnet) und dann die weiteren Temperaturen an den Trennflächen der Bauteilschichten der n-schichtigen Konstruktion bestimmt (s. Bild **14**.45):

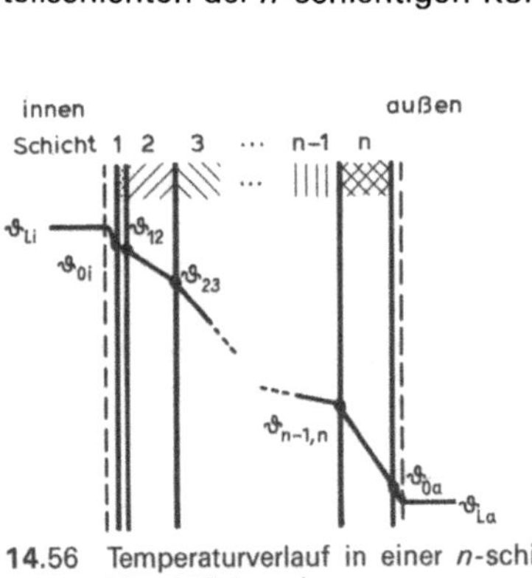

14.56 Temperaturverlauf in einer n-schichtigen Wand (Schema)

$$\vartheta_{0i} = \vartheta_{Li} - k\,(\vartheta_{Li} - \vartheta_{La})\,\frac{1}{\alpha_i}$$

(Oberflächentemperatur innen)

$$\vartheta_{12} = \vartheta_{0i} - k\,(\vartheta_{Li} - \vartheta_{La})\,\frac{s_1}{\lambda_1}$$

$$\vartheta_{23} = \vartheta_{12} - k\,(\vartheta_{Li} - \vartheta_{La})\,\frac{s_2}{\lambda_2}$$

bis

$$\vartheta_{0a} = \vartheta_{n-1,n} - k\,(\vartheta_{Li} - \vartheta_{La})\,\frac{s_n}{\lambda_n}$$

(Oberflächentemperatur außen)

dabei sind:

k	Wärmedurchgangskoeffizient in W/m²K (zu errechnen nach Abschn. 14.5.3)
$1/\alpha_i$, $1/\alpha_a$	Wärmeübergangswiderstände in m²K/W (nach DIN 4108 T4, Tab. 5)
s_i	Schichtdicke der i-ten Bauteilschicht in m
λ_i	Rechenwert der Wärmeleitfähigkeit der Schichtmaterialien in W/m · K (s. Tab. **14**.54)

Bei Luftschichten muß (s. Abschn. 14.5.3) statt des Quotienten s/λ (= Wärmedurchlaßwiderstand der Schicht) der Wärmedurchlaßwiderstand der Luftschicht nach DIN 4108 T4, Tab. 2 eingesetzt werden.

Die errechneten Temperaturen können dann in den Wandquerschnitt (s. Bild **14**.57 oben) eingezeichnet werden. Die Temperaturen in den Bauteilschichten ergeben sich durch lineare (zeichnerische) Interpolation zwischen den Trennschichttemperaturen. Dem Wärmeübergangswiderstand an beiden Seiten des Außenbauteils wird (mehr symbolisch) eine Wärmeübergangs*schicht* im Temperaturdiagramm zugeordnet, die üblicherweise durch gestrichelte Linien parallel zu den Oberflächen angedeutet wird.

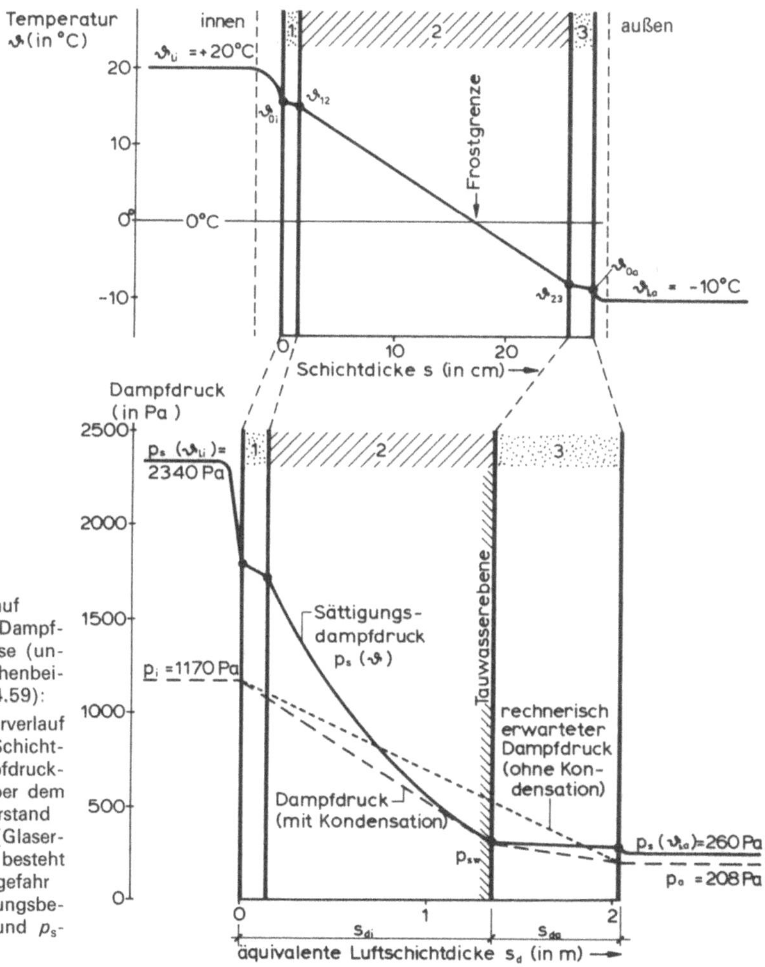

14.57
Temperaturverlauf (oben) und Dampfdruckverhältnisse (unten) zum Rechenbeispiel (s. Tab. **14**.59): Der Temperaturverlauf ist über der Schichtdicke, die Dampfdruckkurven sind über dem Diffusionswiderstand aufgetragen (Glaser-Diagramm). Es besteht Kondensationsgefahr im Schmiegungsbereich der p- und p_s-Kurven.

Die Ermittlung der Oberflächentemperatur auf der Bauteil-Innenseite (ϑ_{0i}) hat eine besondere Bedeutung, da diese Temperatur über ein Bauteil hinweg möglichst gleichmäßig sein sollte, um Schmutzstreifen (bei gemauerten Wänden z. B. als „Fugenabbildung" bekannt) nicht erst entstehen zu lassen. Außerdem tritt Oberflächenkondensat immer dann auf, wenn ϑ_{0i} niedriger als die Taupunkttemperatur der Innenluft ist.

Die Oberflächentemperatur außen (ϑ_{0a}) ist besonders hoch bei Wärmebrücken. Thermographie-Verfahren können deshalb derartige Schwachstellen sichtbar machen.

14.5.6.2 Das Glaser-Verfahren zur Beurteilung von Bauteilen auf Tauwassergefährdung

Die Tauwassergefährdung eines Bauteils kann – mit einiger Erfahrung – zwar häufig aus dem Temperaturverlauf in einem Bauteil für eine gegebene Klimasituation abgeschätzt werden, eine genauere quantitative Analyse benötigt aber die Dampfdurchlässigkeit der Bauteilschichten, da erst mit diesen Angaben die Mengen der zu den unterkühlten (Kondensat-)Stellen gelangenden Wasserdampfes ermittelt werden können.

Nicht der Temperaturverlauf selbst ist in einem Bauteil für die Tauwasserentstehung entscheidend, sondern der damit eng zusammenhängende Sättigungsdampfdruck-Verlauf, den man ebenfalls in den Bauteilquerschnitt einzeichnen kann, wenn man die Umrechnung mit Hilfe der Tab. **14**.55 durchführt.

Die Dampfdruckwerte dieser Kurve werden von realen Dampfdrücken nicht überschritten. Eine Ermittlung des Dampfdruckverlaufs, der rechnerisch (wegen des Dampfstroms – Diffusionsstroms – von innen nach außen) entstehen könnte, kann dann zeigen, wo eine Tendenz zur Taupunktunterschreitung im Bauteilquerschnitt besteht: Dort, wo der rechnerisch ermittelte Dampfdruck den Sättigungsdampfdruck überschreitet, ist Kondensat (unter den gegebenen Klimabedingungen) zu erwarten.

Die notwendige Dampfdruckberechnung kann in Analogie zur Temperaturberechnung durchgeführt werden, da Diffusionsstrom und Wärmestrom (trotz gänzlich unterschiedlicher physikalischer Vorgänge) ähnliche Gesetze befolgen:

Der Wärmefluß durch ein Bauteil wird durch eine Temperaturdifferenz zwischen Innen- und Außenseite veranlaßt. Analog dazu führt Dampfdruckdifferenz zwischen den Dampfdrücken der Innen- und Außenluft (p_i und p_a) zu einem Dampfdiffusionsstrom.

So wie der Dampfdruck p in unserer Analogiebetrachtung also der Temperatur entspricht, entsprechen sich auch andere Größen: Statt der Wärmeleitfähigkeit λ ist für Wasserdampf eine Dampfleitfähigkeit δ eines Baustoffs wirksam, und es gibt entsprechende Größen für den Wärmedurchlaßwiderstand und den Wärmedurchgangskoeffizienten.

Ein Formelsatz zur Ermittlung der benötigten rechnerischen p-Werte wäre also leicht aufzustellen, jedoch hat Glaser ein zeichnerisches Verfahren zur Ermittlung des Dampfdruckverlaufs in einem Bauteil angegeben, welches auch in DIN 4108 ausführlich beschrieben wird. Dazu wird der Wandquerschnitt nicht maßstabsgetreu (wie beim Temperaturdiagramm üblich, s. Bild **14**.57 oben) aufgetragen, sondern passend verzerrt. Dann kann der (rechnerisch erwartete) Dampfdruck als Gerade in dieses Diagramm eingetragen und mit dem ebenfalls aufgetragenen Sättigungsdampfdruck verglichen werden (Bild **14**.57 unten). Eine Tauwassergefährdung ist im Querschnitt vorhanden, wenn die Gerade die (gekrümmten) Sättigungsdampfdruckkurven schneidet.

Luftfeuchte

Für alle Wasserdampfdruckberechnungen ist die Kenntnis der Klimadaten notwendig. Neben den Lufttemperaturen ϑ_{Li} und ϑ_{La} (s. Abschn. 14.5.6.1) sind das die Dampfdrücke p_i und p_a. Sie werden in der Regel nicht direkt gemessen und angegeben, sondern indirekt über die (leicht meßbaren) relativen Luftfeuchten

$$\varphi_i = \frac{p_i}{p_s(\vartheta_{Li})} \cdot 100 \quad \text{und} \quad \varphi_a = \frac{p_a}{p_s(\vartheta_{La})} \cdot 100 \quad \text{in } \%$$

Diese sind also als Verhältnis des Dampfdrucks zum maximal möglichen Dampfdruck definiert.

Nach DIN 4108 wird für die Innenluft im Winter eine relative Feuchte von 50% (bei 20°C), für die Außenluft eine solche von 80% (bei −10°C) angenommen, so daß sich folgende (Norm-)Werte für p_i und p_a ergeben:

$$p_i = p_s(\vartheta_{Li}) \cdot \frac{\varphi_i}{100} = 2340 \cdot 0{,}5 = 1170 \text{ Pa}; \quad p_a = p_s(\vartheta_{La}) \cdot \frac{\varphi_a}{100} = 260 \cdot 0{,}8 = 208 \text{ Pa}$$

Diffusionswiderstandszahl μ, äquivalente Luftschichtdicke s_d

Wie in Bild **14**.57 unter Verwendung der Zahlenwerte des Rechenbeispiels **14**.59 gezeigt wird, ist für die zeichnerische Ermittlung der Dampfdrücke die Verwendung eines passend verzerrten Bauteilquerschnitts nötig. Es werden dabei nicht die wahren Dicken der Bauteilschichten auf der Abzisse eingetragen, sondern die Diffusionswiderstände dieser Schichten. Diese sind proportional zur Schichtdicke s und der Materialgröße μ (Diffusionswiderstandszahl), die angibt, wievielmal schlechter eine Baustoffschicht den Wasserdampf leitet als eine gleichdicke (ruhende) Luftschicht:

$$\mu = \frac{\delta_{Luft}}{\delta_{Baustoff}} \text{ (reine Zahl!)} \quad \text{mit} \quad \delta \text{ Wasserdampfleitfähigkeit}$$

Stoffe mit hohem μ-Wert sind also relativ dampfundurchlässig, die kleinsten Werte nahe 1 haben poröse, lufthaltige (Dämm-)Stoffe mit offenen Poren (s. Tab. **14**.54).

Wichtig ist für das Glaser-Diagramm nun das Produkt aus der Diffusionswiderstandszahl μ und der Schichtdicke s: Erst $\mu \cdot s$ ist ein Maß für den Widerstand, den eine Materialschicht dem diffundierenden Wasserdampfstrom entgegensetzt! Da der μ-Wert aber auch der Faktor ist, um den die Wasserdampfleitung in Luft besser als im Baustoff ist, gibt er auch an, wieviel dicker eine Luftschicht sein muß als die Materialschicht, um dem Wasserdampf den gleichen Diffusionswiderstand entgegenzusetzen. Das Produkt $\mu \cdot s$ gibt also die Dicke einer Luftschicht an, die der Materialschicht diffusionsmäßig gleichwertig ist, man bezeichnet es daher auch als „äquivalente Luftschichtdicke".

Da die verschiedenen Bauteilschichten im Wasserdampfstrom hintereinander liegen, braucht nur die Summe dieser $\mu \cdot s$-Werte der Einzelschichten gebildet zu werden, um den gesamten Diffusionswiderstand des Bauteils in Form seiner äquivalenten Luftschichtdicke

$$s_d = \mu_1 \cdot s_1 + \mu_2 \cdot s_2 + \cdots + \mu_n \cdot s_n \quad \text{in m}$$

zu kennen, wenn n Bauteilschichten vorhanden sind.

Die äquivalente Luftschichtdicke wird – wie sich aus der Definition ergibt – in Metern gemessen. Wände mit geringer Wasserdampfdurchlässigkeit haben Werte etwa von $s_d \geqq 15$ m, hohe Wasserdampfdiffusion ist bei $s_d \leqq 3$ m gegeben. Zur Zeit gibt es keine verbindlichen Angaben darüber, welche Wasserdampfdurchlässigkeit Wände oder andere Außenbauteile haben sollten. Der Begriff „Atmungsfähigkeit" wird häufig fälschlicherweise mit Diffusionsfähigkeit gleichgesetzt (s. auch Abschn. 14.8.4).

Es muß ausdrücklich betont werden, daß die dampfbremsende Wirkung einer Schicht durch den μ-Wert des Materials allein nicht beschrieben wird, erst das Produkt $\mu \cdot s$ ist ein Maß für den Dampfdiffusionswiderstand, den man analog zum Wärmedurchlaßwiderstand definieren kann als

$$\frac{1}{\Delta} = \frac{s}{\delta} = \frac{\mu \cdot s}{\delta_{\text{Luft}}} \text{ (Einzelschicht)} \quad \text{in } \frac{\text{m}^2\text{h} \cdot \text{Pa}}{\text{kg}}$$

bzw.

$$\frac{1}{\Delta} = \frac{s_1}{\delta_1} + \frac{s_2}{\delta_2} + \cdots + \frac{s_n}{\delta_n} = \frac{1}{\delta_{\text{Luft}}} (\mu_1 \cdot s_1 + \mu_2 \cdot s_2 + \cdots + \mu_n \cdot s_n)$$

für ein n-schichtiges Bauteil. Der Zahlenwert $1/\delta_{\text{Luft}}$ beträgt (bei Vernachlässigung seiner Temperaturabhängigkeit) etwa $1{,}5 \cdot 10^6$ m · h · Pa/kg, man kann also folgende Zahlenwertgleichung für den Diffusionswiderstand verwenden:

$$\frac{1}{\Delta} = 1{,}5 \cdot 10^6 (\mu_1 \cdot s_1 + \mu_2 \cdot s_2 + \cdots + \mu_n \cdot s_n) \quad \text{in } \frac{\text{m}^2\text{h} \cdot \text{Pa}}{\text{kg}}$$

Glaser-Diagramm

In Glaser-Diagramm (s. Bild **14.**57) werden die Wasserdampfdrücke über den äquivalenten Luftschichten des Außenbauteils aufgetragen. Bei Schichtmaterialien, für die nicht ein μ-Wert, sondern ein Bereich (z. B. 15/35) für die Diffusionswiderstandszahlen angegeben ist, ist nach DIN 4108 T3, Abschn. 3.2.2.3 der für die Konstruktion „ungünstigere Wert" anzunehmen, d. h. der, bei dessen Anwendung in Rechnung und Diagramm sich der größere Tauwasserniederschlag in der Konstruktion ergibt. In der Regel ist für Schichten, die sich in Diffusionsrichtung vor einer (bekannten oder vermuteten) Kondensationszone befinden, der niedrigere Wert, für Schichten hinter Kondensatzonen der höhere Wert anzusetzen (s. auch den anschließenden Abschn. „Tauwassermenge"). Die Befolgung der erwähnten Regel für die Auswahl des μ-Wertes kann aber – bei diffusionsmäßig unübersichtlichen Bauteilen – die mehrfache Anwendung des beschriebenen Rechnungsganges nach Glaser bedeuten!

Das Glaser-Diagramm (s. Bild **14.**57) erfordert folgende Arbeitsschritte:

1. Errechnung der Schichtgrenztemperaturen (s. Abschn. 14.5.6.1),
2. Ablesen der zugehörigen Sättigungsdampfdrücke (s. Tab. **14.**44); (wegen des nichtlinearen Zusammenhangs zwischen p_s und können Zwischenwerte für p_s in den Schichtmitten benötigt werden!)
3. Zeichnen der Grundstruktur des Diagramms durch Auftragen des „verzerrten" Schnitts des Bauteils unter Verwendung der $\mu \cdot s$-Werte (s. o.),
4. Zeichnen einer Maßstabsskala für die Dampfdrücke,
5. Eintragen des Verlaufs des Sättigungsdampfdrucks (in der Regel gekrümmt! s. 2.)
6. Markierung der p_i- und p_a-Werte an den Bauteil-Oberflächen und Verbinden dieser Punkte durch eine Gerade (= rechnerischer Dampfdruckverlauf).

Falls sich Schnittpunkte zwischen dem p_s-Verlauf und der Geraden (6.) ergeben, ist (nach Glaser) eine Kondensatentstehung möglich. Ist ein Schnittpunkt in der Nähe der Innenoberfläche, d. h. liegt die innere Oberflächentemperatur des Bauteils niedriger als die Taupunkttemperatur der Innenluft, so liegt der bei schlecht wärmegedämmten Bauteilen recht häufige Fall von Oberflächentauwasser vor. In einem solchen Fall sollte nach DIN 4108 T3, Abschn. 3.1 eine Überprüfung und Verbesserung des Wärmedurchlaßwiderstandes erfolgen. In den anderen Fällen können Wärmeschutzmaßnahmen oder/und Veränderungen der Schichtfolgen aber auch der Einbau dampfbremsender Schichten notwendig werden (s. „Regeln zur Verringerung von Tauwasserniederschlag").

In ungefähr den Bereichen, in denen im Inneren des Bauteils eine eingezeichnete punktierte Gerade oberhalb der Sättigungskurve liegt, kann mit Kondensat gerechnet werden. Da jedoch der Wasserdampf nicht höher als der Sättigungsdampfdruck sein darf, kann man nach Glaser in einem solchen Fall einen Dampfdruckverlauf p (langgestrichelte Kurve in Bild **14**.57!) annehmen, der als Tangentenkurve so an die Sättigungskurve gelegt wird, wie sich ein elastisches Seil von p_i nach p_a spannen würde. Diese „Seilzugkurve" beschreibt dann nach den Überlegungen von Glaser den Dampfdruckverlauf bei Kondensatbildung. Sie berührt an wenigstens einem (wie in unserem Rechenbeispiel) oder mehreren Punkten die Sättigungsdampfdruckkurve. Diese Berührungsstellen grenzen dann den Bereich des Tauwasseranfalls im Bauteilinneren ein.

Falls nicht (s. DIN 4108 T3, Abschn. 2.3.2 und weiter unten) ein Bauteil vorliegt, bei dem kein mengenmäßiger Nachweis des Tauwassers notwendig ist, muß nun als nächster Schritt eine Tauwasserberechnung und anschließend auch eine Ermittlung der evtl. im Sommer wieder verdunstenden Wassermenge erfolgen.

Tauwassermenge

Die Berechnungen erfolgen unter Berücksichtigung folgender Eigenschaften des Wasserdampf-Diffusionsvorgangs: Die Vorstellung, daß der Wasserdampf wegen der herrschenden Dampfdruckdifferenz $(p_i - p_a)$ zwischen den Bauteiloberflächen durch das Bauteil „hindurchgedrückt" wird, ist analog dem Vorgang des elektrischen Stromflusses durch einen Widerstand zu sehen, der wegen der herrschenden Spannungs*differenz* am Widerstand erfolgt. Man kann dann – analog zum Ohmschen Gesetz der Elektrotechnik: Strom gleich Spannung durch Widerstand – für den Wasserdampf-Diffusionsstrom (genauer: die Wasserdampf-Diffusionsstrom*dichte*) schreiben:

$$i = \frac{p_i - p_a}{\frac{1}{\Delta}} \quad \text{in} \quad \frac{\text{kg}}{\text{m}^2 \cdot \text{kg}}$$

Wie man aus Bild **14**.57 erkennt, ist i dann auch ein Maß für den *Anstieg* der p-Kurven, denn für große Druckdifferenzen und für kleine Diffusionswiderstände $1/\Delta$ sind i und der Kurvenanstieg groß.

Die gestrichelte „Seilzugkurve" wird im Kondensationsfall aber (wenigstens) eine Knickstelle und damit zwei verschiedene Anstiege haben: vor dem Tauwasserbereich verläuft sie steiler als dahinter. Da man allgemeiner sagen kann, daß der Anstieg der p-Kurven proportional i ist, bedeutet das, daß der Wasserdampfstrom i_i von der Innenluft bis zum Kondensationsbereich größer ist als der Dampfstrom i_a von dort bis zur Bauteil-Außenseite. Der „fehlende" Wasserdampf ist der kondensierende! Man kann die Kondensatmenge W_T für die ganze „Tauwasserperiode" (Winter) ermitteln als

$$W_T = (i_i - i_a) \cdot t_T \quad \text{in} \quad \frac{\text{kg}}{\text{m}^2}$$

wobei t_T die in Stunden angegebene Dauer dieser Periode ist.

Nach DIN 4108 wird stark vereinfachend eine Dauer der Tauwasserentstehung von 60 Tagen (entsprechend $t_T = 1440$ Stunden) angesetzt. Die auf diese Art (s. Rechenbeispiel Tab. **14**.59) ermittelte Tauwassermenge pro Wintersaison darf 1,0 kg pro m² Bauteilfläche nicht überschreiten. An Grenzflächen zwischen nicht wasseraufnahmefähigen Schichten und Luftschichten (oder wasserdurchlässigen Schichten) darf die Kondensatmenge sogar nur 0,5 kg/m² betragen. Bei Konstruktionen mit Holz oder Holzbaustoffen darf außerdem keine schädliche Erhöhung des Feuchtegehaltes erfolgen (s. DIN 4108 T3, Abschn. 3.2.1). In allen Fällen muß darüber hinaus sichergestellt sein, daß (rechnerisch) die Tauwassermenge im Sommer (= Verdunstungsperiode) wieder ausdiffundieren (austrocknen) kann.

Große Tauwassermengen werden entstehen, wenn – wie aus dem Ausdruck für W_T ersichtlich – große Wasserdampfströme i_i in eine Konstruktion eindringen, aber nur kleine Dampfströme i_a sie wieder verlassen. Das heißt, kleine äquivalente Luftschichtdicken s_{di} vor dem Kondensationsgebiet sind für das Bauteil ebenso ungünstig wie große äquivalente Luftschichtdicken s_{da} hinter dem Tauwasserbereich (s. auch Rechenbeispiel). Daraus begründet sich dann die für Materialien mit einem μ-Wert-Bereich nach DIN 4108 notwendige Wahl der ungünstigeren Diffusionswiderstandszahl μ (für höheren Tauwasserausfall): Der niedrigere Wert muß in der Regel für innenliegende Schichtmaterialien, der höhere für außen befindliche Schichten gewählt werden. Im Zweifelsfall, z. B. bei Mittelschichten und unbekanntem Kondensationsbereich, müssen Proberechnungen nach Glaser die Richtigkeit der μ-Wahl bestätigen.

Verdunstungsmenge

Die Berechnung der Verdunstungsmenge erfolgt an einem weiteren Glaser-Diagramm genau gleichen Aufbaus, d. h. unter Verwendung der gleichen $\mu \cdot s$-Werte, jedoch sind die genormten Klimadaten für die Verdunstungsperiode (bei Wänden)

$$\vartheta_{Li} = \vartheta_{La} = 12\,°C \quad \text{und} \quad \varphi_i = \varphi_a = 70\%$$

Damit ist der Sättigungsdampfdruck im gesamten Wandquerschnitt konstant

$$p_s = 1403 \text{ Pa}$$

und die Wasserdampfteildrücke

$$p_i = p_a = 982 \text{ Pa}.$$

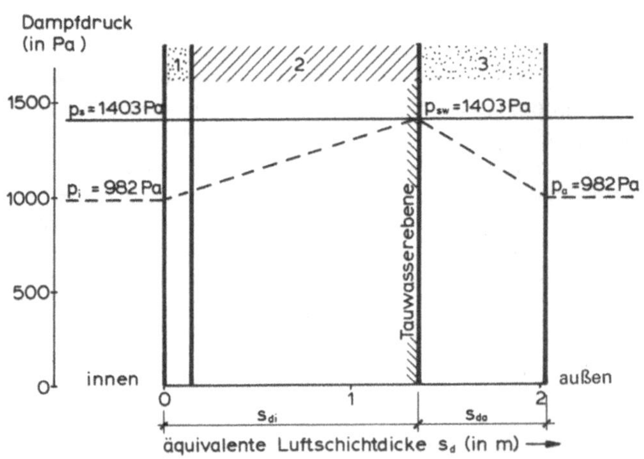

14.58 Glaser-Diagramm (Verdunstungsperiode)

Das Glaser-Diagramm für Bauteile mit Kondensatebene (wie in unserem Rechenbeispiel) verläuft meist so, wie das Bild **14.**58 zeigt:

An Kondensationsebenen der Tauwasserperiode herrscht bis zur vollständigen Verdunstung Wasserdampfsättigung ($p = p_s$), der Dampfdruckverlauf wird also durch (mindestens) 2 Geraden beschrieben, die entgegengesetzt gerichtete Steigungen haben. Da die Steigung ein Maß für den Diffusionsstrom ist, erkennt man, daß von der Kondensationsstelle Diffusionsströme nach innen und nach außen verlaufen: Die Wand trocknet nach beiden Seiten aus! Die Verdunstungsmenge W_V errechnet sich dann aus der Formel

$$W_V = (i_i - i_a)\, t_V \quad \text{in } \frac{\text{kg}}{\text{m}^2}$$

wobei sich W_V als negative Summe beider Diffusionsströme ergibt, wenn man die Diffusionsrichtung von i_i als negativ ansieht (s. Rechenbeispiel **14.**59). Die Dauer der Verdunstungsperiode wird nach DIN 4108 mit 90 Tagen (d.h. $t_V = 2160$ h) angesetzt.

In DIN 4108 T5, Abschn. 11.2.2 sind alle auftretenden Sonderfälle und deren rechnerische Behandlung nach Glaser beschrieben: Mehrere Kondensatbereiche, Verdunstungsberechnung bei Dachkonstruktionen, Einbeziehung von Dampfsperren usw. Der dortige Abschnitt enthält auch weitere Rechenbeispiele.

Regeln zur Verringerung von Tauwasserniederschlag

Das Glaser-Verfahren berücksichtigt nicht alle Feuchtetransportvorgänge, die in Baustoffen und Bauteilen auftreten können und kann deshalb auch nicht annähernd das reale Feuchtigkeitsverhalten von Bauteilen im jahreszeitlichen Verlauf beschreiben. Es ist nur als ein Verfahren zum Vergleich verschiedener Bauteile gedacht und deshalb in seiner Anwendung begrenzt!

Wenn die rechnerische Verdunstungsdauer größer oder gleich der Tauwassermenge ist und außerdem die oben angegebenen Maximalwerte von W_T nicht überschritten werden, gilt ein Bauteil nach DIN 4108 als nicht tauwassergefährdet. In allen anderen Fällen sollten Maßnahmen zur Verringerung winterlicher Kondensats getroffen werden:

- Erhöhung der Bauteiltemperatur durch (außenliegende) Wärmedämmung,
- Verwendung dampfbremsender Materialien (oder „Dampfsperren" mit sehr großen s_d-Werten) an der Bauteilinnenseite,
- Verwendung besser dampfdurchlässiger Materialien an der Bauteilaußenseite.

Eine bekannte Regel zur Tauwasserverhinderung lautet dementsprechend:

Die Diffusionswiderstände der Einzelschichten (beschrieben durch die $\mu \cdot s$-Werte) sollten nach außen hin abnehmen, der Wärmedurchlaßwiderstand s/λ in der gleichen Richtung jedoch zunehmen.

Eine innenliegende Wärmedämmung wird entgegen dieser Regel angebracht. Da sie aber häufig Vorteile bietet (Dämmung gegen klimatische Einflüsse geschützt, wirtschaftlich durch einfache Anbringung und bei nur vorübergehend beheizten Räumen durch geringe Anheizzeiten) sollte sie – notfalls nach Berechnung der Kondensationsgefährdung – nicht einfach verworfen werden. Sie ist besonders kritisch vor schweren, weniger dampfdurchlässigen Wandkonstruktionen (Normalbeton!). In schwierigen Fällen sollte dann entweder die Verwendung stark dampfbremsender Dämmaterialien oder die Anbringung einer lückenlosen (!) inneren Dampfsperre in Erwägung gezogen werden, die u.U. in Verbindung mit feuchtigkeitsspeicherndem Putz Kondensationsprobleme lösen kann (s. auch Abschn. 8 in Teil 2 dieses Werkes).

Man beachte auch die Gefahren, die durch Schichten mit hohem Dampfdiffusionswiderstand entstehen, wenn diese sich an der Außenseite der Konstruktion befinden: Die dampfbremsende Wirkung einer solchen Schicht kann zur Dampfdruckerhöhung („Dampfstau") und damit zur Tauwasserbildung führen. Dieser Vorgang ist vielfach die Ursache für die Ablösung von Putzen und Anstrichen und für Bauschäden bei der Anwendung von dicht anliegenden Metallflächen an Gebäuden.

Der Nachweis des ausreichenden Schutzes eines Außenbauteils gegen Tauwasser ist bei den meisten erprobten Konstruktionen nicht erforderlich. In DIN 4108 T3, Abschn. 3.2.3 sind ausführlich die Bauteile bzw. Bauteilkonstruktionen aufgeführt, bei denen sich eine Ermittlung der Wasserdampfverhältnisse (z. B. nach Glaser) erübrigt: Auch beim Rechenbeispiel (Tab. **14.**59) ist eine Diffusionsrechnung eigentlich nicht erforderlich, es soll jedoch zeigen, daß sogar übliche Wandkonstruktionen, wegen des normalerweise verwendeten relativ dampfdichten Außenputzes, Tauwasserbildung im Winter aufweisen können.

Bauteile, bei denen in der Regel eine rechnerische Untersuchung durchgeführt werden sollte, sind (laut DIN 4108) u. a.

- außengedämmte Wände mit relativ dampfdichtem Außenputz ($s_d > 4$ m),
- innengedämmte Wände mit gut wasserdampfdurchlässiger Dämmung (einschließlich Innenputz $s_d < 0{,}5$ m),
- Wände aus Leichtbeton (nach DIN 4219 T1 und T2 oder nach DIN 4232) mit zusätzlicher Wärmedämmung,
- Wände mit Kerndämmung,
- Wände in Holzbauart, wenn die innere Dampfbremse eine äquivalente Luftschichtdicke von weniger als 10 m aufweist und die äußere Beplankung (aus Holz oder Holzwerkstoffen) relativ dampfundurchlässig ist ($s_d > 10$ m),
- nichtbelüftete Dächer („Warmdächer") mit weniger wirksamen dampfbremsenden Schichten bzw. Dampfsperren ($s_d < 100$ m), wenn sie oberhalb der Sperre weniger als 80% des Gesamtwärmedurchlaßwiderstandes des Daches befinden (Gefachbereich!),
- belüftete Dächer („Kaltdächer") mit ungenügender Lüftung und zu wenig wirksamen dampfbremsenden Schichten (Mindestwerte der äquivalenten Luftschichtdicken abhängig von der Sparrenlänge! Siehe DIN 4108 T3, Abschn. 3.2.3.3.1),
- belüftete Dächer mit Neigungen unter 10° und zu geringer dampfbremsender Wirkung der Schichten unterhalb der Lüftung ($s_d < 10$ m) oder Dampfsperre ($s_d \geqq 100$ m), wenn sich oberhalb der Sperre weniger als 80% des Gesamtwärmedurchlaßwiderstandes befinden,
- Dächer mit massiven Deckenkonstruktionen, die nicht oberseitig gedämmt sind.

Da Feuchte in (belüfteten) Konstruktionen – wie z. B. Kaltdächern – nicht nur durch Dampfdiffusion, sondern bei Undichtigkeiten auch durch Feuchtemitführung in nach außen strömender Warmluft zu unterkühlten Stellen gelangen kann, ist in solchen Fällen – auch wenn Berechnungen nach dem Glaser-Verfahren keine Beanstandung ergeben haben – mit Kondensatbildung im kalten Durchlüftungsraum zu rechnen. Die Tauwassermengen können die durch Dampfdiffusion bewirkten erheblich überschreiten!

Neuere Untersuchungen haben gezeigt, daß die Ausfüllung des Lüftungsraumes mit Dämmstoff („Sparrenvolldämmung") die beschriebene Kondensatbildung (wegen des Fehlens eines Einströmungsraumes für hindurchtretende feuchte Luft) verhindern kann. Voraussetzung ist das Vorhandensein einer dampfdurchlässigen Unterspannbahn oder eines Unterdachs oberhalb der Dämmung. Auf erhöhte Luftdichtigkeit (Winddichtigkeit) der inneren Bauteilschichten muß geachtet werden. Eine Berechnung nach Glaser ist bis zur Einführung dieser Konstruktion als Regelkonstruktion unbedingt notwendig.

Tabelle **14.59** Rechenbeispiel zur Ermittlung des winterlichen Temperaturverlaufs und der Dampfdruckverhältnisse an einer Außenwand (s. Bild **14.57**)

Klimabedingungen nach DIN 4108 T5 (Anhang A): innen: Lufttemperatur: 20 °C, rel. Luftfeuchte: 50%; außen: Lufttemp.: −10 °C, rel. Luftfeuchte: 80% Wärmedurchlaßwiderstand der Wand: $1/\Lambda = 0{,}79$ $m^2 K/W$; Wärmedurchgangskoeffizient: $k = 1{,}04\ W/m^2 K$

Schichtfolge	Schichtdicke s in m	Wärmeleitfähigkeit λ_R in W/m K	Temperatur in °C	Sättigungsdampfdruck p_s	Diffusionswiderstandszahl μ	äquivalente Luftschichtdicke s_d in m	Dampfdruck p in Pa
Innenluft	–	–	$(\vartheta_{Li}=)$ 20,0	2340	–	–	
Wärmeübergang innen	–	–			–	–	
			$(\vartheta_{0i}=)$ 16,0	1818			$(p_i=)$ 1170
1. Innenputz	0,015	0,70			10	0,15	
			$(\vartheta_{12}=)$ 15,3	1739			
2. Hohlblockmauerwerk	0,24	0,32			5/(10)	1,2/(2,4)	
			$(\vartheta_{23}=)$ −8,0	$(P_{sw}=)$ 310			
3. Außenputz	0,02	0,87			(15)/35	(0,3)/0,7	
			$(\vartheta_{0a}=)$ −8,8	288			$(p_a=)$ 208
Wärmeübergang außen	–	–			–	–	
Außenluft	–	–	$(\vartheta_{La}=)$ −10,0	260	–	–	

Bemerkungen: Nach DIN 4108 T3 müssen die für die Tauwasserbildung im Winter ungünstigeren μ- bzw. s_d-Werte für die Berechnungen herangezogen werden; die nicht verwendeten sind in Klammern gesetzt worden. Die Dampfdrücke p im Innern des Bauteils sind für die Ermittlung der Tauwassermenge nach Glaser nicht notwendig und wurden deshalb nicht angegeben.

Berechnung der Tauwassermenge (s. DIN 4108 T5, Abschn. 11.2.2)

$$i_i = \frac{p_i - p_{sw}}{1{,}5 \cdot 10^6 \cdot s_{di}} = \frac{1170 - 310}{1{,}5 \cdot 10^6 \cdot 1{,}35} = 4{,}25 \cdot 10^{-4} \frac{kg}{m^2 h}$$

Diffusionsstromdichte von der Tauwasserebene zur Außenluft

$$i_a = \frac{p_{sw} - p_a}{1{,}5 \cdot 10^6 \cdot s_{da}} = \frac{310 - 208}{1{,}5 \cdot 10^6 \cdot 0{,}70} = 0{,}97 \cdot 10^{-4} \frac{kg}{m^2 h}$$

Da die Differenz der Diffusionsstromdichten die pro Stunde und m^2 kondensierende Dampfmenge angibt, erhält man bei Annahme einer (winterlichen) Kondensationsdauer von 60 Tagen (1440 h) die Tauwassermenge von

$$W_T = 1440 \cdot (i_i - i_a) = 0{,}472 \frac{kg}{m^2}$$

Berechnung der Verdunstungsmenge (s. Bild **14.58**)

Diffusionsstrom (Verdunstungsstrom) von der Tauwasserebene nach innen:

$$i_i = \frac{p_i - p_{sw}}{1{,}5 \cdot 10^6 \cdot s_{di}} = \frac{982 - 1403}{1{,}5 \cdot 10^6 \cdot 1{,}35} = -2{,}08 \cdot 10^{-4} \frac{kg}{m^2 h}$$

Diffusionsstrom (Verdunstungsstrom) von der Tauwasserebene nach außen:

$$i_a = \frac{p_{sw} - p_a}{1{,}5 \cdot 10^6 \cdot s_{da}} = \frac{1403 - 982}{1{,}5 \cdot 10^6 \cdot 0{,}70} = 4{,}01 \cdot 10^{-4} \frac{kg}{m^2 h}$$

Das negative Vorzeichen von i_i drückt aus, daß der Diffusionsstrom zum Innenraum hin gerichtet ist, die Verdunstung ergibt sich wieder aus den Diffusionsströmen und einer (angenommenen) Verdunstungsdauer von 90 Tagen (2160 h):

$$W_V = 2160\,(i_i - i_a) = -1{,}315\ \frac{\text{kg}}{\text{m}^2}$$

wobei das negative Vorzeichen hier Verdunstung anzeigt im Gegensatz zu Kondensation mit positivem W_T.

Die Wandkonstruktion ergibt sich also als nach DIN 4108 in Hinblick auf die Tauwassermenge zulässig, da

– die maximal erlaubte Tauwassermenge von 1,0 kg/m^2 nicht überschritten und
– die Verdunstungsmenge (vom Betrag her) größer als die Tauwassermenge ist.

14.5.7 Erfüllung der gesetzlichen Anforderungen an den Wärmeschutz

Forderungen an den Wärmeschutz von Gebäuden werden in DIN 4108 „Wärmeschutz im Hochbau" und in der Wärmeschutzverordnung zum Energieeinsparungsgesetz formuliert. Die Norm soll zwar vorrangig der Vorbeugung gegen Bauschäden durch zu geringe Wärmedämmung dienen, darüber hinaus soll aber auch ein hygienisches Raumklima (Gesundheit der Bewohner) und geringerer Energieverbrauch bei Heizung und Kühlung bewirkt werden.

Das Energieeinsparungsgesetz selbst (EnEG vom 22. 7. 1976 und 20. 6. 1980) verlangt nur, daß bei neu zu errichtenden, aber auch bei an den Außenbauteilen wesentlich veränderten Gebäuden der Wärmeschutz so zu gestalten ist, daß unnötige Heiz- und Kühlverluste (im Sommer bei raumlufttechnischen Anlagen zur Kühlung!) vermieden werden. Mit der Wärmeschutzverordnung (WSchV, ab 1. 1. 84 gültig ist die 2. Fassung vom 24. 2. 1982) und den zugehörigen Überwachungsvorschriften der Bundesländer sind dann auch – neben einer neuen Zusammenstellung geforderter Werte – die Formen des Nachweises für einen ausreichenden Wärmeschutz festgelegt worden. Die Forderungen der DIN 4108 gelten weiterhin und werden wirksam, wenn sie (z. B. bei Einzelbauteilen) über die der Wärmeschutzverordnung hinausgehen.

Die Wärmeschutzverordnung läßt zwei Möglichkeiten („Verfahren") zum Nachweis des gesetzlich ausreichenden Wärmeschutzes zu:

– Einhaltung bestimmter Werte des mittleren Wärmedurchgangskoeffizienten k_m des Gebäudes in Abhängigkeit vom Verhältnis der wärmeübertragenden Umfassungsflächen eines Gebäudes (A) zum davon eingeschlossenen Volumen (V) (Verfahren 1 oder „A/V-Verfahren" oder k_m-Verfahren)

oder

– Einhaltung bestimmter Werte des Wärmedurchgangskoeffizienten k für einzelne Außenbauteile (Verfahren 2 oder Bauteilverfahren oder „Kurzverfahren").

14.5.7.1 Verfahren 1 (A/V-Verfahren)

Dieses Verfahren verlangt die Einhaltung bestimmter Werte für den mittleren Wärmedurchgangskoeffizienten k_m, der ein modifizierter flächenbezogener Mittelwert der k-Werte aller wärmeübertragenden (wärmedurchlässigen) Umfassungsflächen A des Gebäudes ist:

$$k_m = \frac{k_W \cdot A_W + k_F \cdot A_F + 0{,}8 \cdot k_D \cdot A_D + 0{,}5 \cdot k_G \cdot A_G + k_{DL} \cdot A_{DL} \, (+0{,}5 \cdot k_{AB} \cdot A_{AB})}{A \, (+A_{AB})}$$

$$\text{in} \; \frac{\text{W}}{\text{m}^2\,\text{K}}$$

mit $A = A_W + A_F + A_D + A_G + A_{DL}$

wobei k_W, k_F, k_D, k_{DL} und k_{AB} die zu wählenden Wärmedurchgangskoeffizienten folgender Flächenanteile sind:

A_W die Fläche der an der Außenluft grenzenden Außenwände, im ausgebauten Dachgeschoß auch die Fläche der Abseitenwände zum nicht wärmegedämmten Dachraum. Es gelten die Gebäudeaußenmaße. Gerechnet wird von der Oberkante Gelände oder, falls die unterste Decke mit Oberkante Gelände liegt, von der Oberkante dieser Decke bis Oberkante der obersten Decke oder der Oberkante der wirksamen Dämmschicht.

A_F die Fensterfläche (Fenster, Fenstertüren, Dachfenster); sie wird aus den lichten Rohbaumaßen ermittelt.

A_D die wärmegedämmten Dach- oder Dachdeckenflächen.

A_G die Grundfläche des Gebäudes, sofern sie nicht an die Außenluft grenzt, sie wird aus den Gebäudeaußenmaßen bestimmt. Gerechnet wird die Bodenfläche auf dem Erdreich oder bei unbeheizten Kellern die Kellerdecke. Werden Keller beheizt, sind in der Gebäudegrundfläche A_G auch die erdberührten Wandflächenanteile zu berücksichtigen.

A_{DL} die Deckenfläche, die das Gebäude nach unten gegen die Außenluft abgrenzt.

A_{AB} die Flächen, die das Gebäude gegen Gebäudeteile mit wesentlich niedrigerer Raumtemperatur (z. B. außenliegende Treppenräume, Lagerräume) abgrenzen. Diese besonderen Gebäudeteile werden bei der Ermittlung des Quotienten A/V nicht berücksichtigt, die entsprechenen Anteile sind deshalb im Ausdruck für k_m in Klammern geschrieben worden.

Tabelle **14.**60 Maximale mittlere Wärmedurchgangskoeffizienten $k_{m,max}$ in Abhängigkeit vom Verhältnis A/V

A/V[1]) in m^{-1}	$k_{m,max}$ in $W/(m^2 \cdot K)$
$\leqq 0{,}22$	1,20
0,30	1,00
0,40	0,86
0,50	0,78
0,60	0,73
0,70	0,69
0,80	0,66
0,90	0,63
1,00	0,62
$\geqq 1{,}10$	0,60

[1]) Zwischenwerte sind nach folgender Gleichung zu ermitteln:

$$k_{m,max} = 0{,}45 + 0{,}165 \frac{1}{A/V} \quad \text{in W/(m}^2\text{K)}$$

Der Wert k_m darf für jedes neu zu errichtende Gebäude einen Wert $k_{m,max}$ nicht überschreiten. In Tabelle **14.**60 sind, in Abhängigkeit von der „Kompaktzahl"A/V, diese Grenzwerte aufgeführt.

Zur exakten Ermittlung von k_m müssen viele Einzelheiten und Sonderregelungen beachtet werden. In Abschn. 14.5.7.3 sind einige von Ihnen aufgeführt!

14.5.7.2 Verfahren 2 (Kurzverfahren)

Da der Nachweis des gesetzlich ausreichenden Wärmeschutzes nach Verfahren 1 u. U. wegen der umfangreichen Flächenberechnungen etwas aufwendig sein kann, reicht alternativ der Nachweis ausreichend kleiner Wärmedurchgangskoeffizienten k der wärmeübertragenden Außenbauteile aus (s. Tab. **14.61**).

Tabelle **14.61** Wärmedurchgangskoeffizienten für einzelne Außenbauteile

Zeile	Bauteile		max. Wärmedurchgangskoeffizient in W/(m² K)
1.1	Außenwände einschl. Fenster und Fenstertüren	Gebäude, deren Grundriß¹) ein Quadrat mit einer Seitenlänge von 15 m nicht umschreibt (Bild 1 und 2)	$k_{m,W+F} \leqq 1{,}20$
1.2		Gebäude, deren Grundriß¹) ein Quadrat mit einer Seitenlänge von 15 m umschreibt (Bild 3)	$k_{m,W+F} \leqq 1{,}50$
2	Decken unter nicht ausgebauten Dachräumen und Decken (einschließlich Dachschrägen), die Räume nach oben und unten gegen die Außenluft abgrenzen		$k_D \leqq 0{,}30$²)
3	Kellerdecken, Wände und Decken gegen unbeheizte Räume sowie Decken und Wände, die an das Erdreich grenzen		$k_G \leqq 0{,}55$

¹) Für die Einordnung in die Zeilen 1.1 bis 1.2 ist das Vollgeschoß zugrunde zu legen, das den kleinsten Wert k_{W+F} ergibt. Bei geschoßweise unterschiedlichen äußeren Grundrißabmessungen darf geschoßweise verfahren werden.
²) Die Regelung für Dachfenster nach Abschn. 14.5.7.3 gilt entsprechend.

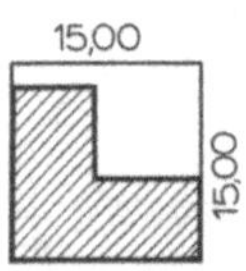

Bild 1

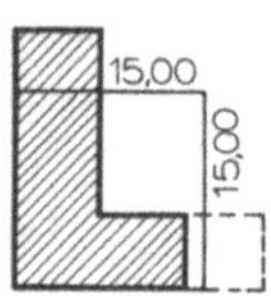

Bild 2

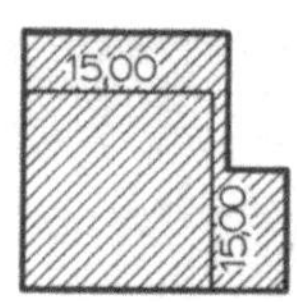

Bild 3

Dieses vereinfachte Verfahren läßt – in Abhängigkeit von der Art des Gebäudegrundrisses – verschiedene Größtwerte für $k_{m,W+F}$, k_D und k_G zu. Der mittlere Wärmedurchgangskoeffizient $k_{m,W+F}$ der Fassade ergibt sich aus folgender Definition:

$$k_{m,W+F} = \frac{k_W \cdot A_W + k_F \cdot A_F}{A_W + A_F}$$

14.5.7.3 Einige Sonderregelungen beim Nachweis eines ausreichenden Wärmeschutzes

Wegen der Vielzahl der Einzelregelungen in DIN 4108 und in der Wärmeschutzverordnung kann hier nur auf einige besonders wichtige Fälle hingewiesen werden:

- Außenliegende Türen mit Gesamtflächen bis 5 m^2 (Glasflächenanteil unter 10%) dürfen mit dem k-Wert der sie umgebenden Wandflächen angesetzt werden, in allen anderen Fällen darf man mit einem Wärmedurchgangskoeffizienten der Türen von 5,2 W/m^2 K rechnen.
- Dachfenster, die nicht mehr als 4% der Deckenflächen (einschließlich Dachschrägen) betragen, brauchen beim Nachweis des Wärmeschutzes nicht berücksichtigt zu werden.
- Der Wärmedurchgangskoeffizient von Fenstern darf den Wert $k_{F,max}$ = 3,10 W/m^2 K nicht überschreiten.

- Für Gebäudegrundflächen über 1250 m² werden größere Maximalwerte für k_G zugelassen, da bei ihnen der Wärmeabfluß geringer ist als der (rechnerische) k-Wert aussagt (s. WSchV Anl. 3, Tab. 2).
- Bei großflächigen Verglasungen (z. B. Schaufenster) darf in begründeten Fällen der Wert des Wärmedurchgangskoeffizienten größer als 3,10 W/m²K gewählt werden. Bei den Berechnungen kann dann trotzdem $k_F = 1{,}75$ W/m²K angesetzt werden, falls nicht ein noch niedrigerer Wert (z. B. durch Prüfzeugnisse) nachgewiesen wird.
- Bei aneinandergereihten Gebäuden (Reihenhäuser, Doppelhäuser) muß der Nachweis des ausreichenden Wärmeschutzes für jedes Gebäude einzeln geführt werden. Die Gebäudetrennwände werden dabei als nicht wärmedurchlässig (d. h. mit $k = 0$) angenommen und daher auch bei der Ermittlung der Gesamtaußenfläche A nicht berücksichtigt. Bei Gebäuden mit zwei Trennwänden (Reihenmittelhaus!) muß beim Nachweis nach Verfahren 1 der Fassadenwert $k_{m,W+F} \leqq 1{,}60$ W/m²K sein; derartige Gebäude dürfen beim Nachweis nach Verfahren 2 als Gebäude nach Zeile 1.2 der Tab. **14.**61 behandelt werden (d. h. $k_{m,W+F} \leqq 1{,}50$ W/m²K).
- Gebäude mit niedrigen Innentemperaturen (12 bis 19 °C) und Gebäude für Sport- und Versammlungszwecke unterliegen besonderen Vorschriften (s. WSchV §§ 4 ff.).
- Bei Flächenheizungen darf der Wärmedurchgangskoeffizient der Bauteilschichten zwischen Heiz- und Außenfläche den Wert 0,45 W/m²K nicht überschreiten.
- Heizkörpernischen dürfen keinen höheren k-Wert erhalten als die umgebenden Wandflächen.

14.5.7.4 Anforderungen bei der Altbausanierung

Beim erstmaligen Einbau oder Ersatz von Außenbauteilen schon bestehender Gebäude müssen nach der Wärmeschutzverordnung (Anlage 1, Tab. 3) bestimmte Wärmedurchgangskoeffizienten oder bestimmte Dämmstoffdicken (Gesamtdicken einschließlich schon vorhandener Dämmstoffschichten) für die fertigen Bauteile eingehalten werden.

Für Außenwände ist ein maximaler Wärmedurchgangskoeffizient von 0,60 W/m²K (oder mindestens 50 mm Dämmstoff) vorgeschrieben, bei Dachflächen und Decken im Sinne der oben erwähnten A_D- und A_{DL}-Flächen sind maximal 0,45 W/m²K erlaubt (oder mindestens 80 mm Dämmstoff notwendig). Kellerdecken und Flächen gegen Erdreich (A_G-Flächen) dürfen maximal einen Wärmedurchgangskoeffizienten von 0,70 W/m²K (entsprechend mindestens 40 mm Dämmstoff) aufweisen.

Die Dämmstoffdicken sind dabei auf einen Rechenwert der Wärmeleitzahl von 0,040 W/m · K bezogen. Dämmstoffe anderer Wärmeleitzahl erfordern eine entsprechende Umrechnung der Mindestdicken (s. Abschn. 14.5.3).

Vorhandene Mineralfaser- oder Schaumkunststoffdämmungen dürfen mit einer Wärmeleitfähigkeit von ebenfalls 0,040 W/m · K bewertet werden.

Als Ersatz von Deckenflächen (im Sinne der A_D- und A_{DL}-Flächen) wird angesehen, wenn die Dachhaut ersetzt wird, Plattenverkleidungen angebracht und Dämmschichten eingebaut werden.

Diese Regelung muß schon angewandt werden, wenn 20% eines Außenbauteils ersetzt werden sollen.

Fachwerkgebäude und denkmalgeschützte Gebäude

Nach baulichen Änderungen an und in Fachwerkgebäuden sind in den letzten Jahren eine Vielzahl von Sanierungsschäden durch Feuchtigkeit (Kondensatfeuchte, Schlagregenfeuchte u. a.) zu verzeichnen gewesen. Auch die unkritische Anwendung von

Wärmeschutzmaßnahmen kann zu derartigen Schäden an der Holzkonstruktion führen. In Hessen und Nordrhein-Westfalen z. B. ist aus diesem Grund die Anwendung der Wärmeschutzverordnung bei der Sanierung von Fachwerkwänden nicht erforderlich.

Denkmalgeschützte Gebäude können darüber hinaus grundsätzlich aus dem Anwendungsbereich der Wärmeschutzverordnung herausgenommen werden, wenn eine Veränderung des Denkmals nicht erwünscht ist oder eine Gefährdung der Bausubstanz durch Wärmedämmaßnahmen unbedingt vermieden werden muß.

14.5.7.5 Begrenzung des Energiedurchgangs bei Gebäuden mit einer raumlufttechnischen Anlage zur Kühlung (sommerlicher Wärmeschutz)

In der Wärmeschutznorm DIN 4108 sind nur Empfehlungen für den sommerlichen Wärmeschutz enthalten (s. Abschn. 14.5.4 und DIN 4108 T2, Abschn. 7). Die Wärmeschutzverordnung dagegen fordert einen sommerlichen Wärmeschutz für (im Sommer) gekühlte Gebäude.

Für nicht nach Norden orientierte oder ganztägig beschattete Fenster darf demnach das Produkt aus Gesamtenergiedurchlaßgrad g_F und Fensterflächenanteil f (s. Abschn. 14.5.4.4) den Wert 0,25 nicht überschreiten. Sind Sonnenschutzvorrichtungen zur Erfüllung dieser Forderung notwendig, so müssen sie wenigstens teilweise beweglich angeordnet sein, und deren Abminderungsfaktor z (s. Abschn. 14.5.4) darf 0,5 nicht überschreiten. Für $f \leqq 0{,}65$ und $z \leqq 0{,}5$ gelten die Forderungen der Wärmeschutzverordnung auch ohne Nachweis als erfüllt.

Einfaches Rechenbeispiel zum Nachweis des ausreichenden Wärmeschutzes (Verfahren 1 und 2 der Wärmeschutzverordnung)

Flachdach-Bungalow, voll unterkellert, Keller unbeheizt

Fensterflächenanteil: 30%

Aus den Architektenzeichnungen zu entnehmende Werte:

$A_{W+F} = 167{,}8\ m^2$
$A_F = 0{,}3 \cdot 167{,}8 = 50{,}3\ m$
$A_W = 117{,}5\ m^2$
$A_G = A_D = 162{,}5\ m^2$
$A = 492{,}8\ m^2$
$V = 446{,}9\ m^3$

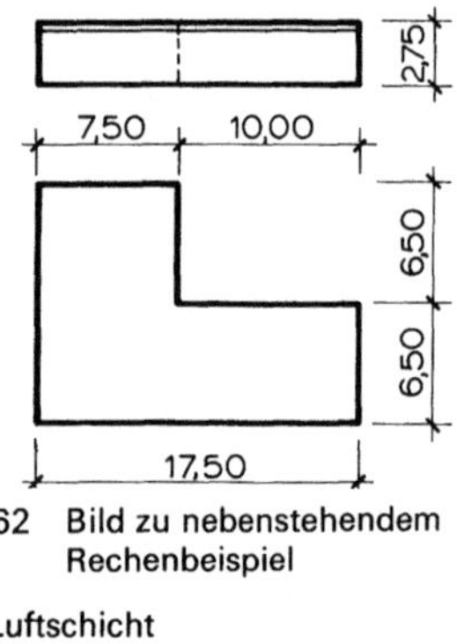

14.62 Bild zu nebenstehendem Rechenbeispiel

gewählter Wandaufbau: Zweischaliges Ziegelverblendmauerwerk mit Luftschicht

Schicht	s in m	λ in W/mK	s/λ, $1/\alpha$ in m^2K/W
innerer Wärmeübergangswiderstand	–	–	0,13
Gipsputz	0,015	0,35	0,043
Hochlochziegelmauerwerk ($\varrho = 800\ kg/m^3$)	0,24	0,33	0,727
Luftschicht (nach DIN 1053)	0,06	–	0,17
Verblendziegelmauerwerk	0,115	0,68	0,169
äußerer Wärmeübergangswiderstand	–	–	0,04

daraus ergibt sich $k_W = 0{,}782\ W/m^2K$. **$1/k_W = 1{,}279\ m^2K/W$**

gewählte Fenster: Holzfenster mit Isolierverglasung (12 mm Luftzwischenraum) daraus ergibt sich $k_F = 2{,}60\ W/m^2K$ (nach DIN 4108 T4, Tab. 3).

gewählte Dachkonstruktion: Einschaliges Flachdach auf Stahlbetondecke

Schicht	s in m	λ in W/mK	s/λ, $1/\alpha$ in $m^2 K/W$
innerer Wärmeübergangswiderstand	–	–	0,13
Kalkzementputz	0,015	0,87	0,017
Stahlbetondecke (Normalbeton B 25)	0,16	2,10	0,076
Abdichtungsbahn	–	–	–
Polystyrol-Hartschaumdämmplatten 040	0,12	0,040	3,000
Dachhaut	–	–	–
Kiesschüttung	–	–	–
äußerer Wärmeübergangswiderstand	–	–	0,04

$1/k_D = 3{,}263\ m^2 K/W$

daraus ergibt sich $k_D = 0{,}306\ W/m^2 K$.

gewählte Kellerdecke: Stahlbetondecke mit schwimmendem Estrich und zusätzlicher unterseitiger Dämmung

Schicht	s in m	λ in W/mK	s/λ, $1/\alpha$ in $m^2 K/W$
innerer Wärmeübergangswiderstand	–	–	0,17
Zementestrichplatte	0,035	1,40	0,025
Estrich-Dämmplatte (nach DIN 18165)	0,03	–	0,86
Stahlbetondecke (Normalbeton B 25)	0,16	2,10	0,076
Polystyrol-Hartschaumdämmplatten 035	0,05	0,035	1,429
Dispersionsanstrich	–	–	–
äußerer Wärmeübergangswiderstand	–	–	0,17

$1/k_G = 2{,}730\ m^2 K/W$

daraus ergibt sich $k_G = 0{,}366\ W/m^2 K$.

Nachweis nach Verfahren 1:

$$k_m = \frac{0{,}782 \cdot 117{,}5 + 2{,}6 \cdot 50{,}3 + 0{,}8 \cdot 0{,}306 \cdot 162{,}5 + 0{,}5 \cdot 0{,}366 \cdot 162{,}5}{492{,}5} = 0{,}593\ W/m^2 K$$

Aus dem Wert $A/V = 1{,}10\ m^{-1}$ ergibt sich (s. Tab. **14**.60) $k_{m,max} = 0{,}60\ W/m^2 K$.

Das Gebäude besitzt also einen nach den Bestimmungen der Wärmeschutzverordnung ausreichenden (winterlichen) Wärmeschutz, da der mittlere Wärmedurchgangskoeffizient k_m kleiner ist als der maximal erlaubte. Obwohl nun nicht mehr notwendig, wird in diesem Beispiel aus Vergleichsgründen das Verfahren 2 auch noch angewendet:

Nachweis nach Verfahren 2:

Das Gebäude entspricht dem Bild 2 in Tab. **14**.61, ist also dort in Zeile 1.1 einzuordnen.

$$k_{m,W+F} = \frac{0{,}782 \cdot 117{,}5 + 2{,}6 \cdot 50{,}3}{167{,}5} = 1{,}33 > 1{,}20\ W/m^2 K$$ für Gebäude nach Zeile 1.1 (Anforderung nicht erfüllt!)

$k_D = 0{,}31 > 0{,}30\ W/m^2 K$ (Anforderung nicht erfüllt!)

$k_G = 0{,}37 \leqq 0{,}55\ W/m^2 K$ (Anforderung erfüllt!)

Da nicht alle Anforderungen des Verfahrens 2 der Wärmeschutzverordnung erfüllt sind, ist nach diesem Verfahren der WschV also der Wärmeschutz nicht ausreichend.

Da aber das Verfahren 1 schon den ausreichenden Wärmeschutz nachgewiesen hat, entspricht das Gebäude der Wärmeschutzverordnung von 1982.

Kommentar: Das Verfahren 2 stellt die in der Regel strengeren Anforderungen. Ein Ausgleich von schlecht gedämmten Bauteilen (wie hier der Wandkonstruktion) durch besonders gut gedämmte (hier: die Kellerdecke) ist in diesem Verfahren kaum möglich. Eine knappe Erfüllung der Forderungen der Wärmeschutzverordnung nach Verfahren 1 wird meist die wirtschaftlichste Lösung des Wärmeschutzes an einem Gebäude darstellen. Der Rechenaufwand bei Anwendung des Verfahrens 2 ist dagegen meist geringer.

Da die Umweltprobleme eng mit dem Energieverbrauch und damit auch dem Heizenergieverbrauch zusammenhängen, sollten Gebäude heute erheblich stärker wärmegedämmt werden, als es die Wärmeschutzverordnung von 1982 vorschreibt. Zumindest die Anforderungen des Verfahrens 2 sollten erfüllt werden!

14.5.8 Weiterentwicklung der gesetzlichen Vorschriften zum Wärmeschutz

Die gültige Wärmeschutzverordnung stellt – besonders wegen der rasch fortschreitenden Entwicklung der Erkenntnisse über die Einflüsse auf den Heizenergieverbrauch – kaum mehr als eine Übergangslösung dar. An einer Verschärfung der Vorschriften wird seit 1990 gearbeitet. Es kann erwartet werden, daß nicht nur eine weitere Verringerung der Wärmedurchgangskoeffizienten vorgeschrieben, sondern auch eine Reduzierung der Lüftungsverluste gefordert werden wird. Eine erste Grenze ist dabei durch den hygienisch erforderlichen Raumluftwechsel gegeben, der schon heute – das zeigt die steigende Anzahl von Tauwasser-Bauschäden – häufig nicht ausreicht. Darüber hinaus führen wohl nur (teure) raumlufttechnische Anlagen mit Wärmerückgewinnung.

Vermutlich wird die passive Sonnenenergienutzung durch Glasflächen oder auch transparente Wärmedämmungen in einer neuen gesetzlichen Regelung ihren Niederschlag finden. Es soll in diesem Zusammenhang hier nur darauf hingewiesen werden, daß z. B. südorientierte Fensterflächen kaum als Flächen mit Wärmeverlusten (zumindest im Jahresmittel) angesehen werden können, zumindest dann nicht, wenn die k_F-Werte unter 2 W/m^{2}K liegen.

14.6 Schallschutz

14.6.1 Allgemeines

Durch die zunehmende Verkehrsdichte und Verkehrsgeschwindigkeit und durch das Zusammenwohnen vieler Menschen auf immer enger werdendem Raum und in Gebäuden, deren Wände und Decken häufig aus Gründen der Kosteneinsparung auf die statisch erforderliche Mindestdicke beschränkt werden, ist die Störung durch Verkehrs-, Arbeits- und Wohngeräusche so angewachsen, daß besondere Maßnahmen zur Lärmbekämpfung und zum baulichen Schallschutz getroffen werden müssen.

Lärm ist für mehr als 50% der Bevölkerung die Umweltbelastung, die das höchste Maß an persönlicher Betroffenheit nach sich zieht. Im Haus fühlen sich 30% der Bevölkerung gestört oder sogar stark lärmbelästigt.

Seit es gelungen ist, den störenden Schall objektiv zu messen und auch die Fähigkeit von Baustoffen und Bauteilen, den Schall weiterzuleiten oder zu dämmen mit wissenschaftlichen Methoden zu ermitteln, ist es möglich, Schallschutzmaßnahmen durchzuführen, die im Rahmen bestimmter Anforderungen (DIN 4109, DIN 18005, Schallschutz-Verordnung zum Fluglärmschutz) wirkungsvoll und zugleich wirtschaftlich sind. Die neue Norm DIN 4109 (11.89) „Schallschutz im Hochbau" weist darauf hin, daß der notwendige Schallschutz nicht nur von den bautechnischen Gegebenheiten, sondern auch vom Hintergrundgeräusch (häufig Verkehrsgeräusch) abhängig ist. Außerdem können Störungen durch gleichen Lärm durchaus subjektiv verschieden empfunden werden; daraus werden Schallschutzforderungen abgeleitet, über die in DIN 4109 Angaben enthalten sind, die jedoch keine normativen Forderungen sein können.

Das Schalldämmaß eines Bauteils ergibt sich durch Vergleichsmessungen an fertigen Teilen. Schallschutzmaßnahmen beruhten bisher fast nur auf der Benutzung von Erfahrungswerten (Meßergebnissen) und weniger auf Vorausberechnungen. Die neue Schallschutznorm enthält Verfahren zur Ermittlung der notwendigen Schalldämmung von Bauteilen, die vom Rechenaufwand anspruchsvoll und deshalb erklärungsbedürftig sind (s. Abschn. 14.6.4).

Die Anforderungen an den Schallschutz richten sich nach der Gebäudenutzung. Sie wird z. B. in Krankenhäusern, Schulen, Hotels usw. ein quantitativ und qualitativ höherer Schallschutz nötig und wirtschaftlich tragbar sein, als in Wohnungen für durchschnittliche Wohnansprüche.

Ein Teil der Schallschutzmaßnahmen kommt gleichzeitig der Wärmedämmung zugute, jedoch hat keineswegs jede Wärmedämmung Schallschutzwirkung (s. [6]). Wenn Schallschutzmaßnahmen voll wirksam und preiswert sein sollen, müssen sie rechtzeitig geplant, d. h. mit dem Entwurf sorgfältig vorbereitet werden. Guter Schallschutz ist nicht wesentlich teurer als knapp ausreichender (s. VDI-Richtlinie 4100 [47]. Auch im Einfamilienhaus sollte heute zur Verbesserung des Zusammenlebens der Bewohner ein ausreichender Schallschutz vorgesehen werden.

Schallschutzmaßnahmen dürfen nicht für sich allein betrachtet werden. So wären z. B. Wände, die zwar schalldämmend, aber infolge der Biegeweichheit ihrer Schalen nicht hinreichend stoßfest sind oder keine Nägel, Haken oder Dübel halten können, praktisch unbrauchbar. Ebenso sollten nur solche Schallschutzmaßnahmen gewählt werden, die nicht nur im Laboratorium, sondern auch im rauheren Baustellenbetrieb fehlerlos ausgeführt werden können

14.6.2 Regeln und Erfahrungen

14.6.2.1 Luftschallschutz einschaliger Wände

Die Luftschalldämmung (s. Abschn. 14.6.3.1) einer einschaligen Wand oder Decke hängt in erster Linie von ihrer Masse ab (Bergersches Massengesetz 1911). Sie steigt stetig mit der flächenbezogenen Masse an (s. Tabelle **14.63**), wenn auch bei geringer Flächenmasse (unter etwa 40 kg/m^2) die Schalldämmung nur wenig von dieser abhängt. Moderne hochwärmedämmende Außenwände weisen eine geringere Schalldämmung auf, als ihrer Masse entspricht (s. Abschn. 14.6.2.2).

Daneben ist – besonders bei leichten Wänden – die Luftschalldämmung auch von der Biegesteifigkeit der Wand abhängig (Cremer 1942): Biegeweiche Wände sind in der Regel günstiger als gleichschwere biegesteife. Das gilt auch für ihre Verwendung als

Tabelle **14**.63 Bewertetes Schalldämm-Maß $R'_{w,R}$ von einschaligen, biegesteifen Wänden und Decken (Rechenwerte, aus Beiblatt 1 zu DIN 4109 (11.89), Tabelle 1) bei einer mittleren flächenbezogenen Masse der flankierenden Bauteile von etwa 300 kg/m² (Ermittlung s. Abschn. 14.6.4.1)

flächenbezogene Masse m' in kg/m²	bewertetes Schalldämm-Maß $R'_{w,R}$ in dB	flächenbezogene Masse m' in kg/m²	bewertetes Schalldämm-Maß $R'_{w,R}$ in dB	
85	34	380	52	
90	35	410	53	
95	36	450	54	
105	37	490	55	
115	38	530	56	
125	39	580	57	
135	40			
150	41	630	58	Diese Werte sind für einschalige Wände unsicher und gelten deshalb nur für die Ermittlung des Schalldämm-Maßes zweischaliger Wände aus biegesteifen Schalen (z. B. Reihenhaustrennwände).
160	42	680	59	
175	43	740	60	
190	44	810	61	
210	45	880	62	
230	46	960	63	
250	47	1040	64	
270	48			
295	49			
320	50			
350	51			

Die Schalldämm-Maße einiger Wandkonstruktionen besitzen etwas andere Zahlenwerte. Einzelheiten dazu finden sich in Beiblatt 1 zu DIN 4109, Tab. 1 bis 3.

Vorsatzschalen bzw. Einzelschale bei mehrschaligen Konstruktionen. Bei schweren Wänden, z. B. 24 cm starkem Mauerwerk, ist die hohe Steifigkeit jedoch vorteilhaft und führt zu hohen Schalldämmaßen.

Homogene Wände sind fast immer schalldämmender als gleichschwere inhomogene: Hohlraumreiche Decken enthalten leichte Bereiche, die eine höhere Schallübertragung begünstigen. Resonanzerscheinungen führen besonders bei größeren, über einige Zentimeter messenden Hohlräumen zu geringerer Schalldämmung der Gesamtkonstruktion.

Eine hohe innere Dämpfung (Materialdämpfung) wirkt sich, da dadurch schwingenden Bauteilen Schallenergie entzogen wird, positiv aus. Sandgefüllte Bauteile können daher eine höhere Schalldämmung als gleichschwere homogene aufweisen (z. B. Röhrenspanplatten bei schalldämmenden Türen).

14.6.2.2 Luftschallschutz mehrschaliger Bauteile

Die Luftschalldämmung mehrschaliger Bauteile wird maßgeblich durch die Flächenmasse der Schalen, deren Biegesteifigkeit, den Schalenabstand und damit zusammenhängend – die dynamische Steifigkeit (Zusammendrückbarkeit) des zwischen den Schalen befindlichen Stoffes (Luft, Mineralfaser, Kunststoffschaum) bestimmt (s. Abschn. 14.6.3): Hohe Schalenmassen, porige Wandbaustoffe (dicht verputzt) sind ebenso von Vorteil, wie großer Schalenabstand und Schallschluckstoff (Mineralwollmatten) zwischen den Schalen. Sie führen zu einer niedrigen Eigenfrequenz (Resonanzfrequenz; s. Abschn. 14.6.3) der Bauteilkonstruktion. Bei Ausführung mit schweren biegesteifen Schalen und durchgehender, ausreichend breiter Trennfuge kann das Schalldämmaß um 12 dB höher sein als bei gleichschweren einschaligen Wänden.

Leichte Wände mit ausschließlich biegesteifen Schalen bieten keinen hinreichenden Schallschutz. Die Verwendung einer biegeweichen Schale kann dabei schon eine erhebliche Verbesserung des Schalldämmaßes bewirken.

Die übliche Fußbodenkonstruktion mit schwimmendem Estrich stellt eine zweischalige Konstruktion aus einer schweren, biegesteifen und einer leichten biegesteifen Schale dar. Eine gute (auch trittschalldämmende) Decke wird dabei nur bei einem schallbrükkenfreien Aufbau zu erzielen sein (s. Abschn. 14.6.2.3).

14.6.2.3 Schallbrücken

Luftschichten und Schichten aus Materialien geringerer dynamischer Steifigkeit beeinträchtigen in der Regel die Schallübertragung, sie wirken also schalldämmend.

Wesentlich bei der Konstruktion und Ausführung von mehrschaligen Bauteilen ist deshalb die sichere Verhinderung von starren (steifen) Verbindungen („Schallbrükken") zwischen den Wandschalen. Bei Leichtbauwänden (z. B. Ständerwerk mit aufgebrachten Gipskartonschalen) verschlechtert sich also das Schalldämmaß bei geringem Ständerabstand und Vergrößerung der Zahl der Befestigungsstellen (Schrauben) für die Schalen.

Bei getrennten Ständerreihen für jede Schale ist die Schallbrückenwirkung auf die notwendigen Verlaschungen und die angrenzenden, „flankierenden" Bauteile beschränkt (Wände, Boden, Decke); derartige Wandkonstruktionen nähern sich dem schalltechnischen Optimum!

Schwimmende Estriche und zweischalige Reihenhaustrennwände sind jeweils aus zwei biegesteifen Schalen aufgebaut. Solche Konstruktionen sind auf Schallbrücken besonders empfindlich. Bei Reihenhaustrennwänden (auch aus Ortbeton) kann eine sichere Verhinderung von Schallbrücken durch Verwendung von speziellen Trennfugenplatten aus dynamisch ausreichend weichem Material geschehen.

Ähnlich Schallbrücken wirken auch (kleinflächige) Öffnungen in Wänden und Decken oder Flächen geringerer Schalldämmung in besser dämmenden Konstruktionen (s. anschließenden Abschn.).

14.6.2.4 Bereiche geringerer Schalldämmung in Trennbauteilen (s. auch Abschn. 14.6.3.1)

Bei Wänden und Decken wird die Luftschalldämmung durch eingesetzte Bauteile geringerer Schalldämmung meist stark beeinträchtigt. Es hat keinen Sinn, eine Wand wesentlich schalldichter zu machen als z. B. die Tür in dieser Wand. Nach den Gesetzen der Bauakustik (s. Abschn. 14.6.3.3) wird in diesen Fällen die Schalldämmung des Gesamtbauteils meist nur knapp oberhalb der Schalldämmung des schwächsten Teils (Tür, Fenster, Nische) liegen.

Risse, Löcher, fehlerhafte Fugenvermörtelungen, auch flächenmäßig geringe Schwächungen der Trennkonstruktion verschlechtern ebenfalls die Schalldämmung.

Außenwände werden in ihrer Schalldämmung also wesentlich durch die Schalldämmaße der Fenster und Türen (s. Abschn. 5 und 6 in Teil 2 dieses Werkes) bestimmt. Nur bei sehr leichten Außenwänden kommt deren Schalldämmung in den Bereich der relativ geringen Schalldämmfähigkeit üblicher Fensterkonstruktionen und wirkt sich dämmindernd aus.

Wirksamen Schallschutz bieten Wohnungstrennwände nach der neuen DIN 4109 erst, wenn sie – als Massivwände – aus den schwersten handelsüblichen Vollsteinen oder Vollziegeln 24 cm stark, vollfugig vermauert und beidseitig dicht verputzt, an keiner Stelle durch Schornsteine, Rohrschlitze, Schächte oder Nischen geschwächt sind. Mauerwerk aus leichteren Steinen (Lochsteine u. ä.) bietet erst bei größerer Dicke gleichen Schutz.

14.6.2.5 Trittschallschutz

Nach dem heutigen Stand der Bautechnik (s. auch Abschn. 10.3.7) wird optimaler Trittschallschutz durch „schwimmende Fußböden" bewirkt. Eine weichfedernde Dämmschicht zwischen Rohdecke und Fußboden verhindert bei richtiger Ausführung die Übertragung des Trittschalls auf die Rohdecke und die mit ihr in Verbindung stehenden Wände. Hohe Deckenmassen allein erhöhen den Trittschallschutz kaum, die Luftschalldämmung allerdings merklich.

Durch weichfedernde Gehbeläge kann die Erzeugung von Trittschall vermindert werden. Dicke Teppichauflagen können also gut zur Trittschalldämmung beitragen, leisten aber umgekehrt keinen Beitrag zur Luftschalldämmung (s. Abschn. 10.3.4). Wegen der Auswechselbarkeit von Bodenbelägen darf die Trittschalldämmung dieser Schichten aber nicht in allen Fällen berücksichtigt werden (s. DIN 4109 (11.89)).

Stahlbetonplatten von mindestens 16 cm Dicke mit sorgfältig ausgeführtem, schallbrückenfreien schwimmendem Estrich bieten einen ausreichenden Luft- und Trittschallschutz. Die tatsächliche Dämmwirkung von Stahlbeton-Rippendecken und anderen Decken mit Füllkörpern, Hohlräumen u. ä. ist nur gesichert, wenn die Ausführung genau nach den Angaben der DIN 4109 erfolgt.

Unterdecken können in begrenztem Umfang den Trittschallschutz (und den Luftschallschutz) verbessern (s. Abschn. 12.3.3), jedoch ist die schalldämmende Wirkung nur bei dichter Ausführung merklich. Unter Decken mit Verbundestrich können sie nahe an die Wirksamkeit eines schwimmenden Estrichs herankommen.

Holzbalkendecken bieten in ihrer herkömmlichen Form keinen ausreichenden Schallschutz. Sie lassen sich heute jedoch als zwei- und mehrschalige Konstruktionen ausbilden (s. Abschn. 10.3.4.3), erreichen gute Schalldämmaße jedoch erst durch eine zusätzliche Beschwerung (aufgelegte Betonsteine, schwimmende Zement- oder Asphaltestriche u. ä.).

14.6.2.6 Schutz gegen Installationsgeräusche

Wenn niedrige Geräuschpegel in Räumen erreicht werden sollen, ist nicht nur eine gute Luft- und Trittschalldämmung notwendig, sondern die Aufmerksamkeit ist auch auf die Erschütterungsgeräusche zu richten, die durch Wasserrohrleitungen, Lüftungsanlagen, Aufzüge u. ä. hervorgerufen werden (s. DIN 4109 [11.89], Beibl. 2, Abschn. 2).

Durch richtig geformte („geräuscharme") Armaturen (mit Prüfzeichen), Rohrstöße und Biegungen lassen sich Schallquellen im Sanitärbereich fast immer vermeiden. Wasserrohre aller Art (also auch Abwasserrohre) müssen bei Deckendurchführungen und Wandbefestigungen weichfedernd umkleidet werden (vgl. Bild **14.47**). Badewannen, Waschbecken, usw. sollten auf elastische Lager gesetzt werden und elastische Wandanschlüsse aufweisen. Sogenannte Wasserschalldämpfer verringern die Schallfortleitung über die Wassersäule, die auch bei Heizungsanlagen störend sein kann.

Durch die Wahl geeigneter Wohnungsgrundrisse läßt sich die Störung durch Installationsgeräusche ebenfalls verringern. An Wänden zu Schlaf- und Kinderzimmern sollten Rohrleitungen nicht befestigt werden. Das gleiche gilt für Wohnungstrennwände. Vorwandinstallationen und die Verwendung vorgefertigter Installationswände führt fast immer zu geringeren Geräuschbelästigungen.

Motoren, Pumpen und Schalter sind ebenfalls abzufedern. Rohrkanäle, Abgasrohre, Lüftungs-, Luftheizung- und Müllabwurfschächte sind schallgedämmt zu montieren und schalldicht abzuschließen.

Die Anforderungen der DIN 4109 (11.89) sind gegenüber der alten Norm bezüglich der Installationsgeräusche nicht verschärft, sondern in Teilbereichen sogar vermindert worden. Es kann nur dringend empfohlen werden, die Konstruktionsvorschläge, die in der Norm enthalten sind, weitestgehend anzuwenden, um den höheren Ansprüchen an Störfreiheit in Wohnräumen gerecht werden zu können.

14.6.2.7 Schutz gegen Schallübertragung durch Kanäle und Schächte

Bei mehrgeschossigen Wohnbauten ist auf die Gefahr der Luftschallübertragung durch Lüftungsschächte u. ä. zu achten, da auch bei schalltechnisch guten Decken die Luftschalldämmung zwischen Küchen und Bädern übereinanderliegender Wohnungen gänzlich unzureichend sein kann, wenn eine unmittelbare Luftverbindung zwischen diesen Räumen (Luftschallbrücke) vorliegt.

Der Anschluß von übereinanderliegenden Räumen an e i n e n Sammelschacht ist nur zulässig, wenn die Querschnittsfläche der Anschlußöffnungen nicht mehr als 60 cm^2 (bei Schachtquerschnitten von höchstens 270 cm^2) beträgt und die Schachtinnenwände offenporig sind, also aus unverputztem Mauerwerk, Bimsbeton o. ä. bestehen. Sonst ist die Verwendung von Einzelschächten oder (bei wiederum porigen Schachtinnenflächen) der Anschluß an einen Schacht nur in jedem zweiten Stockwerk unerläßlich.

Die Schallübertragung wird gemindert, wenn

- die Schachtquerschnitte klein sind,
- diese Querschnitte flach-rechteckig gewählt werden,
- die Schachtinnenoberflächen schallschluckend sind,
- die Zu- und Abluftöffnungen sich nicht zu nahe an Raumkanten bzw. Raumecken befinden. Zumindest 50 cm Abstand von wenigstens einer Raumkante sollten eingehalten werden.

Abgaskamine (z. B. von gasbetriebenen Durchlauferhitzern) müssen nach den gleichen Prinzipien geplant werden. Bei ihnen können die Schallübertragungen wegen auftretender Resonanzerscheinungen der angesetzten Trichter noch ungünstiger und damit die Verwendung von Einzelschächten angebracht sein.

14.6.2.8 Schutz vor akustischen Bauschäden

Im Bereich des Schallschutzes kann mit weiteren Entwicklungen von preiswerten und praktisch verwendbaren schalldämmenden Baustoffen, Bauteilen und Konstruktionen gerechnet werden. Die richtige Auswahl und der richtige Einsatz neuer Mittel ist in diesem Bereich ohne fundierte bauphysikalische (akustische) Kenntnisse kaum möglich. Eher als in anderen Bereichen der Bauphysik muß daher empfohlen werden, bei schwierigeren Fällen die Sonderfachleute zu Rate zu ziehen. Die Erfahrung zeigt, daß durch Fehleinschätzung schnell akustische Bauschäden eintreten können, deren Beseitigung unvorhersehbare Kosten verursacht.

14.6.3 Physikalische Erläuterungen

Schall ist eine in elastischen Medien sich fortpflanzende Schwingungs- oder Wellenbewegung und entsteht durch mechanische Schwingungen bzw. Bewegungen. Nach der den Schall fortleitenden Stoffart unterscheidet man Luft- und Körperschall. Trittschall wird als Körperschall erzeugt, weitergeleitet und gelangt (nach Umwandlung) als Luftschall zum menschlichen Ohr. Da Schallwellen Energie (und Leistung) enthalten und übertragen können, wird bei der Schallerzeugung Energie bzw. Leistung benötigt, die an anderen Stellen (Empfänger [Ohr, Mikrofon] oder Schallschluckmaterial) wieder frei bzw. in andere Energieformen umgewandelt wird.

Jeder Schall und jedes Geräusch setzt sich aus einfachen Tönen verschiedener Frequenz f (Schwingungszahl der Schallwellen pro Sekunde) und Stärke (Amplitude) zusammen. Mit der Frequenz nimmt die Tonhöhe zu. Ihrer Verdopplung entspricht eine Oktave. Der Hörbereich des menschlichen Ohres liegt etwa zwischen 16 und 20000 Hz. Messungen und Untersuchungen in der Bauakustik erstrecken sich (zur Zeit noch) vorwiegend auf den 5 Oktaven umfassenden Bereich von etwa 100 bis 3200 Hz. Es wäre – wegen der zunehmenden akustischen Belästigung durch tiefere Töne – wünschenswert, den Bereich besonders zu niedrigeren Frequenzen hin auszudehnen.

Schallquellen (Saiten, Platten, schwingende Massen, auch Luftmassen) erzeugen durch das Hin- und Herschwingen Druckschwankungen, die sich in der Luft als Druckwellen fortpflanzen. Die Druckschwankungen (der Schallwechseldruck) überlagern sich dem konstanten, wesentlich größeren atmosphärischen Luftdruck. Als Schalldruck p (genauer: effektiven Schalldruck p_{eff}) bezeichnet man den quadratischen Mittelwert des Wechseldrucks. Er dient als ein Maß für die Stärke des Schalls. Da der menschliche Gehörsinn Lautstärke nicht proportional zum Schalldruck, sondern eher proportional zum Logarithmus des Schalldrucks empfindet (Gesetz von Weber und Fechner), hat man als ein weiteres Maß für die Stärke des Schalls den Schall(druck)pegel L eingeführt:

$$L = 20 \lg \frac{p}{p_0} \quad \text{mit} \quad p_0 = 2 \cdot 10^{-5}\ \text{Pa} = 2 \cdot 10^{-4}\ \mu\text{bar} \quad \text{in Dezibel (dB)}$$

dabei bedeuten

p jeweiliger Schalldruck in µbar oder Pascal (Pa) = N/m^2 = 10 µbar

p_0 Bezugsschalldruck, der etwa dem Druck des leisesten noch hörbaren 1000-Hz-Tons entspricht.

Der Schallpegel wird in Dezibel (db) angegeben. Schallpegel (und auch Schalldruck) können objektiv mit einem wesentlich aus Mikrofon, Verstärker und Anzeigeinstrument bestehenden Gerät („Schallpegelmesser") bestimmt werden.

Schallpegel, die wie der menschliche Gehörsinn die verschiedenen Frequenzen unterschiedlich stark berücksichtigen, nennt man bewertete Schallpegel. Der wichtigste dieser Pegel ist der A-bewertete Schallpegel, auch Lautstärkepegel genannt, dessen Zahlenwerte das Lautstärkeempfinden des Menschen berücksichtigen. Er wird in dB(A) gemessen. Ein Unterschied von 10 dB(A) bei Geräuschen bedeutet (bei mittleren Lautstärken) etwa eine Halbierung bzw. Verdopplung der empfundenen Lautstärke der verschiedenen Geräusche.

Pegeladdition

Schallpegel lassen sich nicht einfach addieren. Aufgrund ihrer Definiton als Logarithmus (von Verhältnissen physikalischer Größen) kann man aber ein paar Faustregeln beim gleichzeitigen Wirken verschiedener Geräusche angeben: Sind die Pegel zweier Geräusche (±1 dB) gleich, so ist bei gleichzeitigen Auftreten beider Geräusche der Gesamtpegel um etwa 3 dB höher als der der Einzelgeräusche. Bei 10 dB Pegel-Unterschied ist der Gesamtpegel kaum noch vom größten Einzelpegel zu unterscheiden. Zwischen 9 und 2 dB Unterschied wirken sich nur noch als Vergrößerung des höheren Pegels um 1 bis 2 dB aus!

Schallübertragung

Die Schallübertragung von einem Raum zum anderen kann etwa wie folgt beschrieben werden (Bild **14.64**):

Die Druckschwankungen der Luft in einem „Senderaum" (mit Schallquellen) gelangen an die raumbegrenzenden Bauteile (Wände, Decken, Boden) und regen diese zum Mitschwingen an. So kann der Schall dann – als Körperschall – zu den Bauteilen des

„Empfangsraumes" (leiser, gestörter Raum) gelangen, die ihn als Luftschall zum Ohr des darin befindlichen Menschen abstrahlen.

Meist wird der größte Schallanteil über das eigentliche Trennbauteil (Wand, Decke) in den Nachbarraum gelangen. Die flankierenden Bauteile (Seitenwände, Decken, Außenwand, usw.) übertragen in der Regel nur geringere Schalleistungen. Dem Trennbauteil kommt somit die Hauptaufgabe der Schalldämmung, also die Verringerung der Schallspiegel im Vergleich zum Pegel im Senderaum, zu.

Die Schallschutznorm DIN 4109 (11.89) unterscheidet bei den Nachweisverfahren für den ausreichenden Schallschutz zwischen Massiv- und Holz-/Skelettbauten. Bauakustisch besteht der Unterschied darin, daß bei Massivbauten alle vier in Bild **14**.64a eingezeichneten Schallwege vorhanden sind, bei Gebäuden in Holz- und Skelettbauart (s. Bild **14**.64b) dagegen nur die Wege *Dd* und *Ff* wesentliche Schalleistungen übertragen: Die biegeweiche, nicht steife Anbindung der Trennbauteile (Wände, Decken) an die flankierenden Bauteile behindert die Schallübertragung.

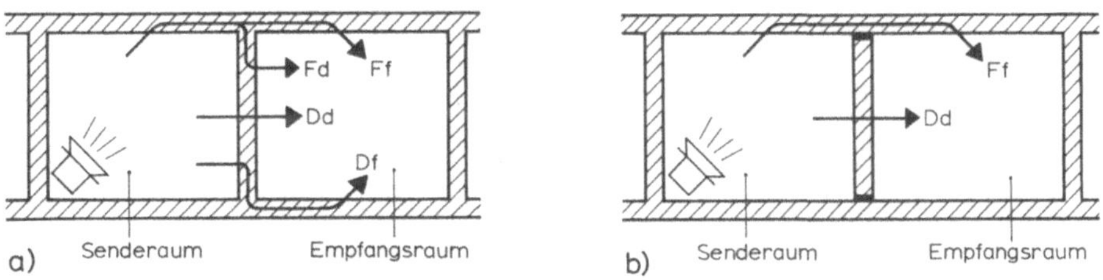

14.64 Übertragungswege des Luftschalls zwischen zwei Räumen (nach DIN 52217)
a) in einem Gebäude in Massivbauart
b) in einem Gebäude in Skelett- oder Holzbauart

Massengesetz der Bauakustik

Schwere Bauteile lassen sich wegen ihrer Massenträgheit von den Schalldruckschwankungen in den Schallwellen nur wenig zum Mitschwingen anregen. Das in Abschn. 14.6.2.1 erwähnte Massengesetz ist eine Auswirkung dieser Eigenschaft, die auch erklärt, daß hohe Frequenzen weniger gut in Nachbarräume gelangen als tiefe, da die zugehörigen schnellen Druckschwankungen eine träge Wandmasse weniger stark in Bewegung versetzen können als langsamere.

Biegesteife einschalige Bauteile mit nicht zu großer flächenbezogener Masse (d. h. Masse pro m^2) bis zu etwa 150 kg/m^2 durchbrechen das Massengesetz insofern, daß die nach dem einfachen Massengesetz zu erwartenden Schalldämmwerte mit ihnen nicht erreicht werden. Als Grund dafür fand Cremer (1942) eine resonanzartige Erscheinung bei der Schallübertragung durch plattenförmige Trennbauteile: Oberhalb einer „Grenzfrequenz" f_g können die Luftschallwellen und die sich im Bauteil ausbreitenden Biegewellen (Körperschallwellen) in ihren Wellenlängen übereinstimmen und diese Koinzidenz führt zu einer erhöhten Luftschallabstrahlung in den Empfangsraum: Die Schalldämmung ist geringer als bei gleichschweren biegeweichen Bauteilen. Wenn die Grenzfrequenz, die sich z. B. nach der Formel (s. DIN 4109, Beibl. 1, A.9.3)

$$f_g = \frac{60}{d}\sqrt{\frac{\varrho}{E_{dyn}}} \quad \text{in Hz}$$

mit

E_{dyn} dynamischer Elastizitätsmodul des Baustoffs in MN/m^2

d Dicke der (homogenen) Platte in m

ϱ Rohdichte des Baustoffs in kg/m^3

errechnet, oberhalb von 2000 Hz liegt, spricht man von biegeweichen Platten: Gipskartonplatten bis zu etwa 15 mm Dicke, Putzschalen auf Gewebe, Holzwolleleichtbauplatten (auch einseitig verputzt), Glasplatten bis 6 mm und Spanplatten bis 16 mm gelten als biegeweich. Sie strahlen Körperschallwellen schlecht ab (s. o.) und werden deshalb als Vorsatzschalen vor biegesteifen Massivwänden oder bei zweischaligen Bauteilen vorteilhaft verwendet.

Biegesteife Bauteile mit Grenzfrequenzen zwischen 200 und 2000 Hz sollten als alleinige Trennbauteile vermieden werden. Biegesteife Massivbauteile mit Grenzfrequenzen unter 200 Hz gelten wieder als gut für Schalldämmaßnahmen einsetzbare Trennbauteile (vgl. auch Tab. **14**.63).

Doppelwandresonanz, Resonanzfrequenz

Für die Frequenzabhängigkeit der Schallausbreitung spielen besonders bei mehrschaligen Bauteilen Resonanzerscheinungen eine wesentliche Rolle. Solche Bauteile sind selbst schwingfähige Gebilde aus Massen (Schalen) und Federn (elastische Zwischenschichten, wie z. B. Luft), die bei Stoßanregung bevorzugt eine Frequenz abstrahlen. Sie lassen den Schall im Bereich dieser Resonanzfrequenz (Eigenfrequenz) besonders stark durch, und daraus resultiert eine Verringerung der Schalldämmung in diesem Frequenzbereich. Bei zweischaligen Konstruktionen ist die Eigenfrequenz einfach zu ermitteln:

$$f_0 \approx 160 \sqrt{s' \left(\frac{1}{m'_1} + \frac{1}{m'_2}\right)} \quad \text{in Hz}$$

Dabei bedeuten

m'_1, m'_2 die flächenbezogenen Massen (Flächengewichte, Flächenmassen) der Bauteilschalen in kg/m²

s' die dynamische Steifigkeit der elastischen Zwischenschicht in N/cm³ = MN/m³

Die dynamische Steifigkeit s' von Materialien zur Schalldämmung ist ein Maß für ihre Zusammendrückbarkeit (Elastizität) (s. Abschn. 10.3.6).

Für ausreichende Schalldämmung sollte die Resonanzfrequenz f_0 einer zweischaligen Wand oder Decke unter 100 Hz (besser: 80 Hz) liegen. Oberhalb von f_0 wächst die Schalldämmung stärker mit der Frequenz an als bei gleichschweren einschaligen Konstruktionen. Zweischalige Konstruktionen aus schweren, biegesteifen Schalen haben z. B. ein bis zu 12 dB höheres Schalldämmaß (s. Abschn. 14.6.3.1) als entsprechende einschalige. Auf der günstigen Zweischaligkeit beruht auch die Schalldämmwirkung schwimmender Estriche.

14.6.3.1 Messung der Luftschalldämmung, Schalldämmaße

Bei der Messung der Luftschalldämmung nach DIN 52210 werden im Senderaum Lautsprecher so angeordnet, daß sie ein möglichst gleichmäßiges Schallfeld aufbauen. Über einen Verstärker werden sie mit Rauschen gespeist, das aus Frequenzen innerhalb einer Drittel-Oktave besteht („Terz-Rauschen"). Nacheinander werden diese Terzbänder bei Variation der Mittenfrequenzen von 100 bis 3150 Hz ausgestrahlt und mit einem

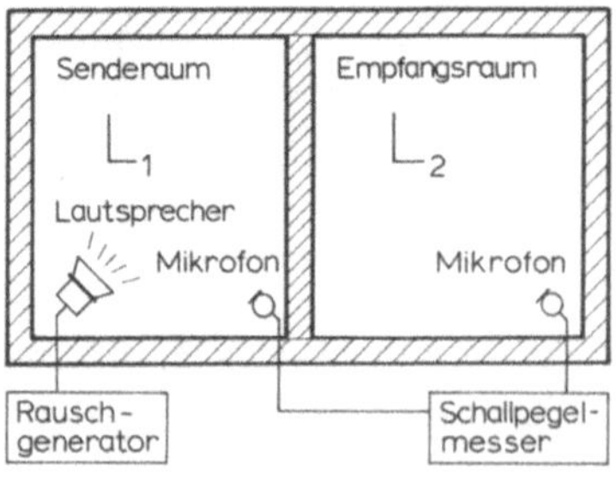

14.65
Messung der Luftschalldämmung eines Trennbauteils (hier: Wand)

Pegelmesser im Sende- und Empfangsraum die Pegel L_1 und L_2 in den beiden Räumen ermittelt (Bild **14.**65).

Daraus bestimmt man für jede der 16 Meßfrequenzen die

Schallpegeldifferenz $D = L_1 - L_2$ in dB

und das

Schalldämmaß $R = D + 10 \lg \frac{S}{A}$ in dB

wobei das Korrekturglied S/A die Einflüsse der Größe der Trennbauteilfläche S (in m^2) und der äquivalenten Schallschluckfläche A (ebenfalls in m^2) im Empfangsraum berücksichtigen soll. Die äquivalente Schallschluckfläche A eines Raumes ist dabei ein Maß für die Schallschluckung (etwa gleichbedeutend mit Schallabsorption, Schalldämpfung) in diesem Raum. Ein Schallereignis klingt bei starker Schallschluckung schneller, d. h. mit kürzerer Nachhallzeit T (in Sekunden s) ab als in „halligen" großen Räumen. Der Zusammenhang zwischen äquivalenter Schallschluckfläche und Nachhallzeit wird durch die

Sabinesche Formel $A = 0{,}163 \frac{V}{T}$ in m^2 mit V Raumvolumen in m^3

beschrieben.

Für die Korrektur der gemessenen Schallpegeldifferenzen D wird also für jede Meßfrequenz f auch noch eine Nachhallzeitmessung benötigt. Da man bei allen Messungen Ungleichmäßigkeiten der Schallverteilung in den Räumen annehmen kann, müssen die Pegelmessungen mit verschiedenen Stellungen der Lautsprecher und Pegelmesser-Mikrofone durchgeführt werden. Daher gehen alle einzusetzenden Werte aus Mittelungen hervor. Die Messungen müssen unter Berücksichtigung aller in DIN 52210 angegebenen Vorschriften erfolgen. Die Zahl der Fehlermöglichkeiten ist groß: Allein der Aufenthalt von Personen im Empfangsraum kann z. B. schon merkliche Meßabweichungen bewirken.

Überprüfungen des Schalldämmverhaltens von Wänden oder Decken mit einfachen Schallpegelmessern (Lautstärkemessern) können dementsprechend auch nur sehr grob Auskunft über eingehaltene Dämmwerte liefern. Bei derartigen Güteprüfungen am Bau (Eignungsprüfungen) sollten deshalb die Teile 3 und 5 der DIN 52210 besonders beachtet werden.

Bei Schalldämmessungen am Bau wird der Schall vom Sende- zum Empfangsraum nicht nur über die gemeinsame Wand oder Decke, sondern im allgemeinen auch auf Nebenwegen, z. B. über flankierende Bauteile (s. Bilder **14.64** und **14.69**), übertragen. Das ermittelte Schalldämmaß wird dementsprechend kleiner als bei Labormessungen mit ausgeschalteten Nebenwegen ausfallen. Man bezeichnet am Bau gemessene oder in Prüfständen mit bauähnlicher Flankenübertragung bestimmte Schalldämmaße mit R' zur Unterscheidung von Labor-Schalldämmaßen R.

Bewertetes Schalldämm-Maß R_w

Zur vollständigen Beschreibung der Dämmeigenschaften von Bauteilen sind die Kurvenverläufe $R(f)$ bzw. $R'(f)$ notwendig. Es hat sich aber als für die Praxis in vielen Fällen wünschenswert herausgestellt, die Bauteile mit einem Zahlenwert zu beschreiben, um Mindestwerte zu formulieren, oder auch Vergleiche von Bauteilen zu vereinfachen. Ein arithmetischer Mittelwert R_m aus den gemessenen Schalldämmaßen bei verschiedenen Frequenzen hat sich jedoch als ungünstige Ein-Zahl-Angabe herausgestellt, da die Mittelwertbildung die unterschiedliche Empfindlichkeit des Ohres für die verschiedenen Frequenzen nicht berücksichtigt. Als dem Gehörsinn besser angepaßt hat sich folgendes Verfahren zur Ermittlung des bewerteten Schalldämmmaßes R_w bzw. R'_w bewährt:

Tabelle **14**.66 Ermittlung des bewerteten Schalldämmaßes (R'_w)

Zeile	Frequenz	Schalldämmaße		Abweichungen zwischen Meßkurve R' und verschobener Bezugskurve R_0 (im ungünstigen Sinn) bei ihrer Verschiebung um		
		Bezugswerte	Meßwerte			
	f in Hz	R_0 in dB	R' in dB	−5 dB	−6 dB	–
1	100	33	26	2	1	
2	125	36	26	5	4	
3	160	39	36	0	0	
4	200	42	38	0	0	
5	250	45	37	3	2	
6	315	48	37	6	5	
7	400	51	39	7	6	
8	500	52	43	4	3	
9	630	53	44	4	3	
10	800	54	45	4	3	
11	1000	55	46	4	3	
12	1250	56	48	3	2	
13	1600	56	51	0	0	
14	2000	56	54	0	0	
15	2500	56	56	0	0	
16	3150	56	57	0	0	
mittlere Abweichungen				$\frac{42}{16} = 2{,}63$	$\frac{32}{16} = 2{,}00$	
maßgebend				$2{,}0 \leqq 2{,}0$		
Bewertetes Schalldämmaß $R'_w = 46$ dB				(Luftschallschutzmaß $LSM' = -6$ dB)		

Rechnungsgang zur Ermittlung des bewerteten Schalldämmaßes R_w: Man schätzt die mittlere Abweichung von Meßkurve und Bezugskurve ab (hier z. B. −5 dB) und verschiebt „zur Probe" die Bezugskurve um diesen Wert (hier: nach unten). Nun bildet man in jeder Zeile die Wertedifferenz zwischen verschobener Bezugskurve und Meßkurve, wobei nur R-Werte, die ungünstiger als die Bezugskurve (also oberhalb!) liegen, berücksichtigt werden. Diese Abweichungen werden addiert und durch 16 dividiert. Die erhaltene mittlere Abweichung soll nicht über 2 dB, aber möglichst dicht an diesem Wert liegen. Hier ergibt sich als Mittelwert 2,63 > 2,00 dB, also muß eine weitere Probeverschiebung der Bezugskurve (also hier um −6 dB) erfolgen, die eine mittlere Verschiebung von 2,00 dB ergibt. Die letztere Verschiebung ist also gültig und ergibt das bewertete Schalldämmaß der Meßkurve zu 46 dB. Dieser Wert läßt sich direkt aus der Lage des 500-Hz-Wertes der verschobenen Bezugskurve ablesen (s. graphische Darstellung).

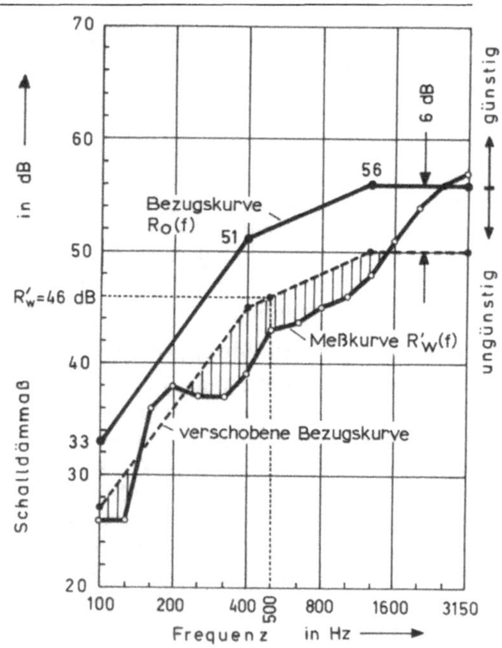

Man bestimmt – nach dem in der Beschreibung zur Tabelle **14.**66 angegebenen Verfahren – die Lage einer Bezugskurve $R_0(f)$ (nach DIN 52210 T4) so, daß diese von der Meßkurve $R(f)$ bzw. $R'(f)$ eine definierte Ablage hat. Diese neue Lage der Bezugskurve ergibt das bewertete Schalldämmaß des geprüften Bauteils.

Die mittlere Ablage der Meßkurve von der Bezugskurve wird als das Luftschallschutzmaß *LSM* (bzw. *LSM'*) des Bauteils bezeichnet, der Zusammenhang dieser – nicht mehr genormten – Ein-Zahl-Angabe mit dem bewerteten Schalldämmaß ist gegeben durch

$$R_w = LSM + 52\ \text{dB} \quad \text{bzw.} \quad R'_w = LSM' + 52\ \text{dB} \quad \text{in dB}$$

Das Bewertungsverfahren wird in Tabelle **14.**66 anhand eines Beispiels beschrieben.

Die Ablage der verschobenen Bezugskurve R_0 von der Meßwertkurve $R(f)$ kann positiv (günstig, nach oben) oder negativ (ungünstig, nach unten) sein. Das Luftschallschutzmaß *LSM* hat dementsprechende Vorzeichen. Man beachte aber den Unterschied zu Trittschalldämm-Angaben in Form des Trittschallschutzmaßes *TSM*, bei dem das Vorzeichen bei Verschiebung nach oben negativ (ungünstig) und entsprechend positiv bei Verschiebung nach unten ist (s. u.).

In der Schallschutznorm DIN 4109 sind die Anforderungen an den Luftschallschutz für die verschiedenen Bauteile als Mindestwerte für das bewertete Schalldämmaß („erf. R'_w") zu finden.

14.6.3.2 Messung der Trittschalldämmung, Trittschalldämmaße

Bei der Messung der Trittschalldämmung wird im Senderaum Körperschall durch ein genormtes Hammerwerk (nach DIN 52210 T4) erzeugt und der Schallpegel im (auch schräg) darunterliegenden Empfangsraum gemessen (s. Bild **14.**67). Die Messung erfolgt wieder in 16 terzbreiten Frequenzbändern mit Mittenfrequenzen von 100 bis 3150 Hz. Die gemessenen Trittschallpegel L_T werden unter Berücksichtigung der äquivalenten Schallschluckfläche A des Empfangsraums korrigiert; es ergibt sich dann der Normtrittschallpegel L_n:

$$L_n = L_T + 10 \lg \frac{A}{A_0} \quad \text{in dB}$$

wobei

$A_0 = 10\ \text{m}^2$ eine Bezugs-Schallschluckfläche (für Wohnräume) ist.

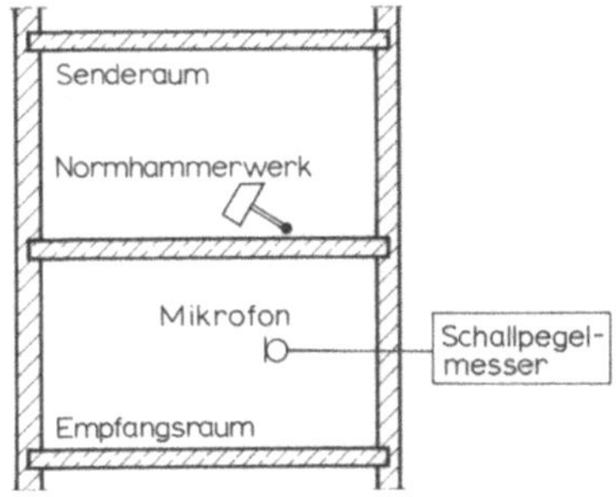

14.67
Trittschallmessung an einer Decke

Sind die Normtrittschallpegel unter den üblichen Baubedingungen ermittelt worden, werden sie mit L'_n bezeichnet. Im Gegensatz zu den Luftschalldämmaßen R sind bei den Normtrittschallpegeln niedrige Werte günstig, da sie ja Pegel und nicht Pegelunterschiede bei der Trittschallerzeugung (durch das Normhammerwerk) beschreiben.

Bewerteter Norm-Trittschallpegel $L_{n,w}$

Die Ermittlung einer Ein-Zahl-Angabe zur Beschreibung der Trittschalldämmung geschieht ähnlich der Ermittlung von R_w: Eine Bezugskurve $L_{n0}(f)$ (aus DIN 52210 T4) wird mit der Meßwertkurve $L_n(f)$ bzw. $L'_n(f)$ verglichen. Die nach dem in Tabelle **14**.68 beschriebenen Bewertungsverfahren ermittelte Größe heißt „bewerteter Norm-Trittschallpegel" $L_{n,w}$ bzw. $L'_{n,w}$. Der zahlenmäßige Zusammenhang mit dem bisher als Ein-Zahl-Angabe verwendeten Trittschallschutzmaß TSM (bzw. (TSM')) lautet:

$$TSM = 63 - L_{n,w}$$

Aus der graphischen Darstellung unter Tabelle **14**.68 ergibt sich, daß diese bewerteten Normtrittschallpegel zahlenmäßig gleich dem Wert der verschobenen Bezugskurve L_{n0} bei 500 Hz sind. In DIN 4109 finden sich Zahlenwerte für die TSM in Klammern hinter den $L_{n,w}$-Werten!

Man beachte den Unterschied der Berechnungsverfahren von R_w und $L_{n,w}$: Da bei der Trittschalldämmung hohe L_n-Werte ungünstig sind, führen notwendige Verschiebungen der Bezugskurve nach oben zu negativen Trittschallschutzmaßen, solche nach unten zu (günstigen) positiven. Dementsprechend werden bei dem im Text zu Tab. **14**.68 beschriebenen Wertevergleich zwischen Meßkurve $L_n(f)$ und verschobener Bezugskurve L_{n0} nur die Wertedifferenzen in die Mittelwertbildung einbezogen, bei denen die Meßkurve oberhalb (also ungünstig) zur Bezugskurve liegt.

In der Schallschutznorm DIN 4109 sind die Anforderungen an den Trittschallschutz für die verschiedenen Bauteile als Höchstwerte für den bewerteten Normtrittschallpegel („erf. $L'_{n,w}$") zu finden.

Trittschallverbesserungsmaß $\Delta L_{w,R}$ (VM_R)

Die Trittschalldämmung kann durch Deckenauflagen (schwimmende Böden, weichfedernde Gehbeläge) verbessert werden (s. Abschn. 10.3.4 und Tab. **14**.74). Die Trittschallminderung durch solche Maßnahmen wird durch das Trittschallverbesserungsmaß $\Delta L_{w,R}$ (VM_R) des Trittschallschutzes, ebenfalls einer Ein-Zahl-Angabe, gekennzeichnet. Nach DIN 52210 T4 ist das Verbesserungsmaß die Differenz der bewerteten Normtrittschallpegel $L_{n,w}$ (bzw. Trittschallschutzmaße TSM) einer in ihrem Normtrittschallpegel festgelegten Bezugsdecke ohne und mit Deckenauflage. Es beschreibt also die Verbesserung der Trittschalldämmung durch die getroffene Maßnahme (in dB) bei einer bestimmten (gedachten!) Bezugs-Rohdecke, die etwa einer 12 cm dicken homogenen Stahlbetondecke entspricht. Man kann deshalb nicht davon ausgehen, daß eine Deckenauflage auf einer beliebigen Rohdecke eine Veränderung der Trittschalldämmung um den Wert des Verbesserungsmaßes erbringt. Deshalb wird zu jeder in DIN 4109 (11.89; Beibl. 1) genannten Massivdecke und bei Dekken mit schwimmenden Böden ein „äquivalenter bewerteter Norm-Trittschallpegel" $L_{n,w,eq,R}$ (!!!) angegeben, mit dem sich dann der bewertete Norm-Trittschallpegel in einem Raum unter der Decke wie folgt berechnen läßt (s. DIN 4109 Beibl. 1, 4.1.1):

$$L'_{n,w,R} = L_{n,w,eq,R} - \Delta L_{w,R} \quad \text{in dB}$$

Dieser errechnete Wert wird dann mit den Anforderungen des Normblattes DIN 4109 verglichen.

Bei Holzbalkendecken wirken sich Deckenauflagen meist weit weniger günstig aus, so daß (s. Beibl. 1 zu DIN 4109 [Tab. 19]) die Verwendung der Trittschallverbesserungsmaße bei weichfedernden Bodenbelägen nicht erlaubt ist. Je nach Größe der

Tabelle **14**.68 Ermittlung des bewerteten Normtrittschallpegels ($L_{n,w}$) und des Trittschallschutzmaßes (*TSM*)

Zeile	Frequenz	Normtrittschallpegel Bezugswerte	Meßwerte der Fertigdecke	Abweichung zwischen Meßkurve L'_n und verschobener Bezugskurve L_{n0} (im ungünstigen Sinn) bei ihrer Verschiebung um		
	f in Hz	L_{n0} in dB	L'_n in dB	−15 dB	−16 dB	− dB
1	100	62	56	9	10	
2	125	62	54	7	8	
3	160	62	51	4	5	
4	200	62	50	3	4	
5	250	62	46	0	0	
6	315	62	44	0	0	
7	400	61	43	0	0	
8	500	60	45	0	1	
9	630	59	44	0	1	
10	800	58	41	0	0	
11	1000	57	40	0	0	
12	1250	54	38	0	0	
13	1600	51	35	0	0	
14	2000	48	33	0	1	
15	2500	45	32	2	3	
16	3150	42	31	4	5	
mittlere Abweichungen				$\frac{29}{16} = 1{,}81$	$\frac{38}{16} = 2{,}38$	
maßgebend				$1{,}81 < 2{,}0$		

bewerteter Normtrittschallpegel $L'_{n,w} = 45$ dB (Trittschallschutzmaß $TSM = +18$ dB)

Anmerkung: Bei 100 Hz weicht die Meßkurve um 9 dB im ungünstigen Sinn von der verschobenen Bezugskurve ab

Rechnungsgang zur Ermittlung des bewerteten Normtrittschallpegels $L_{n,w}$: Man schätzt die mittlere Abweichung von Meßkurve und Bezugskurve ab (hier z. B. −15 dB) und verschiebt „zur Probe" die Bezugskurve um diesen Wert (hier: nach unten). Nun bildet man in jeder Zeile die Wertedifferenz zwischen verschobener Bezugskurve und Meßkurve, wobei nur L_n-Werte, die ungünstiger als die Bezugskurve (also oberhalb!) liegen, berücksichtigt werden. Diese Abweichungen werden addiert und durch 16 dividiert. Die erhaltene mittlere Abweichung soll nicht über 2 dB, aber möglichst dicht an diesem Wert liegen. Hier ergibt sich als Mittelwert $1{,}81 < 2{,}00$ dB, also muß eine weitere Probeverschiebung der Bezugskurve (also hier um −16 dB) erfolgen, die allerdings schon eine mittlere Verschiebung von $2{,}38 > 2$ dB ergibt. Die vorletzte Verschiebung um −15 dB ist also gültig. Das Trittschallschutzmaß ist positiv, da Verschiebungen nach unten (−) eine Verbesserung der Trittschalldämmung bedeuten. Der Zahlenwert des bewerteten Normtrittschallpegels $L_{n,w}$ läßt sich direkt aus der Lage des 500-Hz-Wertes der verschobenen Bezugskurve ablesen, hier ergibt sich also $L'_{n,w} = 45$ dB.

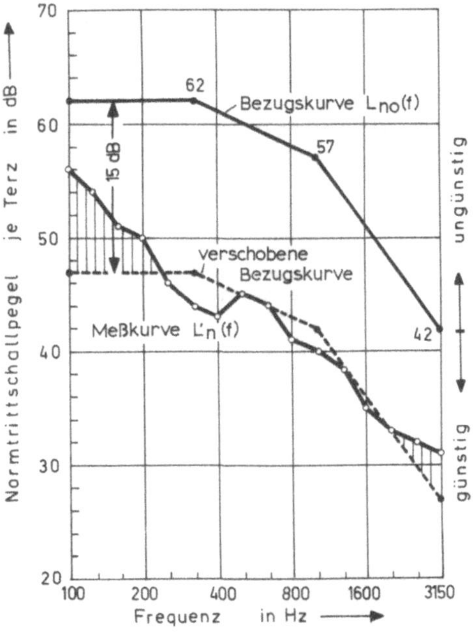

Verbesserungsmaße sind zwei verschiedene Zuschlagwerte zum bewerteten Normtrittschallpegel (gemeint sind wohl: Abzüge!) anwendbar.

Zahlenwerte für die äquivalenten bewerteten Norm-Trittschallpegel $L_{n,w,eq,R}$ finden sich in DIN 4109 (Beibl. 1, Tab. 16) und für Trittschallverbesserungsmaße in DIN 4109 (Beibl. 1, Tab. 17 bis 19).

Bei gleichzeitiger Anwendung mehrerer Verbesserungsmaßnahmen zur Trittschalldämmung (z. B. Teppichboden auf schwimmendem Estrich) ergibt sich in der Regel nur das Trittschallverbesserungsmaß der allein schon am stärksten wirksamen Maßnahme. Bei etwa gleichstarken und gleichzeitig angewandten Verbesserungsmaßnahmen kann man meist eine Erhöhung der Wirkung der besten Maßnahme (um wenige dB) meßtechnisch feststellen. Die DIN 4109 läßt aber keine rechnerische Berücksichtigung dieser zusätzlichen Verbesserung zu. Auf keinen Fall sind Verbesserungsmaße addierbar!

14.6.3.3 Zusammenwirken von Schalldämmaßen, Einfluß von Schallnebenwegen Flankenübertragung

Schall gelangt von einer Schallquelle im Senderaum zum Empfangsraum nicht allein über das flächenmäßig bedeutendste Trennbauteil (Wand, Decke), sondern meist auch über Nebenwege (s. Bild **14.69**).

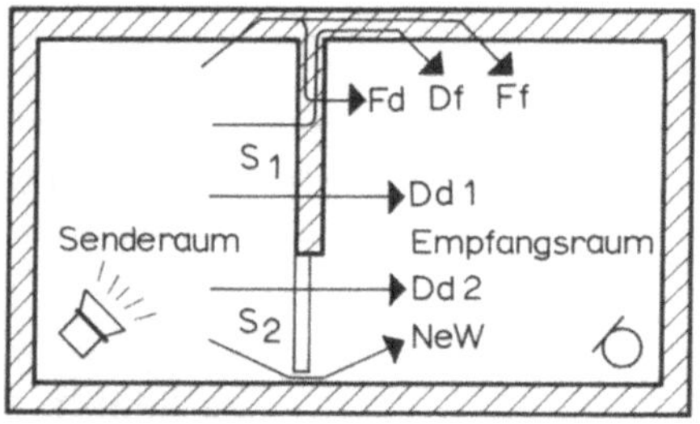

14.69 Übertragung des Luftschalls zwischen zwei Räumen

Fd, Df, Ff Flankenübertragung: Zur Beschreibung der Wege Fd, Df und Ff wird das Flankendämm-Maß verwendet. Zur Angabe der Dämmung entlang des Weges Ff allein (bei Skelettbauten mit leichtem Aufbau und in Holzhäusern spielen Fd und Df keine Rolle) benutzt man das Schall-Längsdämm-Maß R_L.

Dd 1 Direkter Schallweg über das Trennbauteil mit der Fläche S_1; zugehöriges Dämmaß: R_1

Dd 2 Direkter Schallweg über das Trennbauteil mit der Fläche S_2; zugehöriges Dämmaß: R_2

NeW Nebenweg-Übertragung über Undichtheiten, Lüfungsanlagen, Deckenhohlräume, Rohrleitungen o. ä.
Die Schallübertragung über Undichtheiten kann rechnerisch noch nicht erfaßt werden.
Die Luftschallübertragung durch Kanäle und Schächte beschreibt die Schachtpegeldifferenz D_K.
Die Schallübertragung über Rohrleitungen, Elektrokabel o. ä. kann über ein Schall-Längsdämm-Maß R_L wie bei der reinen Flankenübertragung (Ff) beschreiben werden.

S_1, S_2 Trennbauteilflächen

Solche Nebenwege können manchmal relativ große Schalleistungen übertragen, z. B. wenn sich eine erfahrungsgemäß schlechter dämmende Tür- oder Fensterfläche im eigentlichen Trennbauteil befindet oder ein luftschallübertragender Schacht vorhanden ist.

Schalleistung (gemessen in Watt, W) bezeichnet dabei eine Energiegröße, die proportional dem Quadrat des Schalldrucks (p^2) und der Fläche ist, auf die der Schall auftrifft. Die Schalleistung, die in ein Ohr eintritt, ist der eigentliche physikalische Reiz, der die Hörempfindung hervorruft (s. [5]).

Das Zusammenwirken der verschiedene Wege gehenden Schallanteile kann über die Errechnung der gesamten im Empfangsraum ankommenden Schalleistung beschrieben werden. Das kann durch einfache Addition der Einzelleistungen geschehen, die man rechnerisch bestimmen kann. Das ist aber meist unnötig, da man weiß, daß sie alle proportional zur Schallquellenleistung im Senderaum sind, und als Maß der Verminderung der im Empfangsraum ankommenden Leistung (gegenüber der Senderaumleistung) das in Abschn. 14.6.3.1 beschriebene Schalldämmaß Verwendung findet.

Dementsprechend kann durch Addition von Größen, die die Schalldämmaße (die ja eine Schalleistungsverminderung beschreiben) entlang der verschiedenen Schallwege enthalten, die Gesamtschalldämmung unter Einbeziehung der Schallnebenwege errechnet werden.

Bei n Schallnebenwegen ergibt sich die „Kombinationsformel für Schalldämmaße" zu

$$R_{res} = -10 \lg \left(\frac{S_1}{S_{ges}} 10^{-0,1 R_1} + \frac{S_2}{S_{ges}} 10^{-0,1 R_2} + \cdots + \frac{S_n}{S_{ges}} 10^{-0,1 R_n} \right) \quad \text{in dB}$$

mit (s. Bild **14.69**)

$S_1, \ldots S_n$ Flächen der verschiedenen schallübertragenden Bauteile
$R_1, \ldots R_n$ Schalldämmaße dieser Flächen
$S_{ges} = S_1 + S_2 + \cdots + S_n$ die gesamte Trennbauteilfläche in m^2

Falls Flankenübertragung oder Übertragung des Schalls durch Kanäle, Schächte, Leitungen o. ä. stattfindet (s. z. B. Schallwege *Ff*, *NeW* in Bild **14.69**), die entsprechenden Schalleistungen also nicht über in m^2 ausdrückbare Flächen des Trennbauteils übertragen werden, sind die entsprechenden Flächenanteile in der Formel unwirksam (gleich 1 zu setzen) und dafür anders definierte Schallnebenweg-Dämmaße R'_L (Flankendämm-Maß oder Schall-Längsdämm-Maß nach DIN 52217) statt der R-Werte zu verwenden. Diese Dämmaße werden als Laborwerte in Prüfständen, die allerdings bauübliche Abmessungen haben, bestimmt. Die Bau-Dämmaße R'_L müssen nur dann aus diesen Labor-Dämmaßen R_L nach der unten angegebenen Formel errechnet werden, wenn die Maße am Bau (Höhe und Tiefe des Raumes) wesentlich (s. Abschn. 14.6.4.4) von den Laborabmessungen abweichen.

In der Regel wird das Gesamtschalldämmaß einer Schallübertragung vom Senderaum in den Empfangsraum nicht für jede Frequenz einzeln berechnet – wie es physikalisch richtig wäre – sondern es werden für die Schalldämmaße gleich die bewerteten Schalldämmaße R_w bzw. R_{Lw} (Laborwerte!) eingesetzt. Die dabei erzielte Genauigkeit der Ergebnisse ist im allgemeinen ausreichend. Die Umrechnung von Labor-Dämmaßen R_{Lw} in Bau-Dämmaße R'_{Lw} darf nach folgender Formel (s. DIN 52217 bzw. DIN 4109, Beibl. 1, 5.4) geschehen:

$$R'_{L,w} = R_{L,w} + 10 \lg \frac{S_T}{S_0} - 10 \lg \frac{l}{l_0} \quad \text{in dB}$$

mit

$R_{L,w}$ bewertetes Labor-Schall-Längsdämm-Maß des flankierenden Bauteils in dB
S_T Fläche des trennenden Bauteils (Wand oder Decke), nicht des flankierenden Bauteils; S_T entspricht dem S_{ges} aus obigen Formeln
S_0 Bezugsfläche (für Wände ist $S_0 = 10\ m^2$)
l gemeinsame Kantenlänge zwischen dem trennenden und dem flankierenden Bauteil in m
l_0 Bezugskantenlänge (für Wände ist $l_0 = 2{,}80$ m, für Decken 4,50 m)

Ein ausführliches Rechenbeispiel zur Anwendung dieser Formeln findet sich in Abschn. 14.6.4.4.

Im Fall von nur zwei verschieden dämmenden Flächen im Trennbauteil – typisch beim Schalldurchgang durch die Bauteile Außenwand und Fenster – kann auch folgende in DIN 4109 (Beibl. 1, 11) angegebene Formel (als Vereinfachung der Kombinationsformel für nur 2 Übertragungsflächen) Verwendung finden:

$$R'_{w,res} = R_{w,1} - 10 \lg \left[1 + \frac{S_2}{S_{ges}} \left(10^{0,1 (R_{w,1} - R_{w,2})} - 1\right) \right]$$

hier z. B. mit

S_1 Fläche der Wand in m^2
S_2 Fläche der Fenster oder Türen in m^2
S_{ges} Fläche der Wand mit Fenster oder Tür in m^2
R_1 bewertetes Schalldämm-Maß der Wand allein in dB
R_2 bewertetes Schalldämm-Maß von Fenster oder Tür in dB

Bei der Verwendung dieser Formel zeigt sich, daß (vgl. Abschn. 14.6.2.4) sogar eine geringe Fenster- oder Türfläche auch in einer gut schalldämmenden Wand das Gesamtschalldämmaß in die Nähe der Dämmaße von Fenster oder Tür bringt. Dabei ist noch zu berücksichtigen, daß die üblicherweise angegebenen Dämmaße von Fenstern oder Türen Labor-Schalldämm-Maße sind, die bei der Anwendung der Formel eigentlich durch am Bau erreichbare (wegen der Fugeneinflüsse bei undichtem Einbau kleinere) ersetzt werden müßten. Ein am Bau bestimmtes resultierendes Schalldämm-Maß kann also noch niedriger liegen als das errechnete.

Rechenbeispiel (aus DIN 4109 Beibl. 1, 11)

Wand mit Tür

Gegeben: Wand $S_1 = 20\ m^2$, $R_{w,1} = 50$ dB
Tür $S_2 = 2\ m^2$, $R_{w,2} = 35$ dB

Berechnung nach der vereinfachten Gleichung:

$$R'_{w,res} = 50 - 10\ \lg\left[1 + \frac{2}{22}\left(10^{0,1\cdot(50-35)} - 1\right)\right] = 44{,}2 \approx 44\ \text{dB}$$

Erhöhte man das Schalldämmaß der Wand um 10 dB auf 60 dB, so stiege das resultierende Schalldämmaß nur auf 45,3 dB. Eine Erhöhung des Schalldämmaßes der Tür um ebenfalls 10 dB auf 45 dB ergäbe dagegen schon 49,2 dB.

Gut dämmende Trenn-Bauteile sind also auf spezielle Schallschutzfenster (bei Außenwänden) oder Türkonstruktionen (bei Innenwänden) unbedingt angewiesen.

14.6.3.4 Schallübertragung durch Kanäle und Schächte, Schachtpegeldifferenz

Die Schallübertragung von einem Raum zum anderen geschieht nicht immer über feste Bauteile (Wände, Decken usw.), der Schall kann aber auch als reiner Luftschall durch Kanäle und Schächte von Lüftungen, Luftheizungen und Abgasanlagen gelangen.

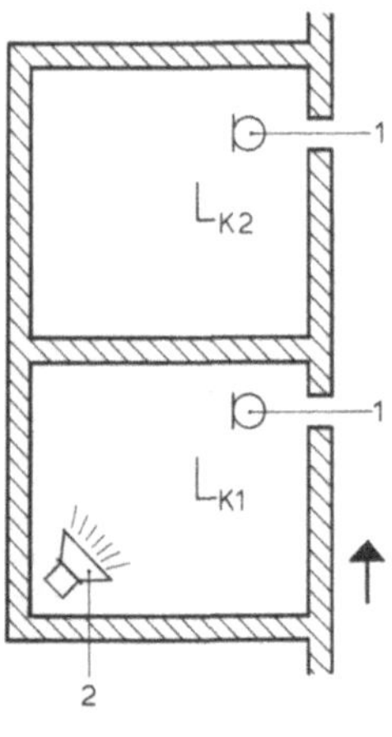

14.70
Beispiel für eine Schachtanordnung (aus DIN 4109 (11.89), Abschn. 6.4)

L_{K1} mittlerer Schallpegel in der Nähe der Schachtöffnung (Kanalöffnung) im Senderaum
L_{K2} mittlerer Schallpegel in der Nähe der Schachtöffnung (Kanalöffnung) im Empfangsraum

1 Meßmikrofone der Schallpegelmesser
2 Schallerzeuger (Lautsprecher)

Beim augenblicklichen Stand der Normung beschreibt man die Schalldämmung über einen solchen Schallnebenweg nicht durch ein Schalldämmaß, sondern mit der bewerteten Schachtpegeldifferenz (nach DIN 52210, s. DIN 4109, A.6.4 und Beibl. 1, 9.3.1).

Sie ergibt sich unter Verwendung der üblichen Bewertungstechnik (s. Tab. **14**.66) aus der für 16 Frequenzen gemessenen Schachtpegeldifferenzen (s. Bild **14**.70)

$$D_K = L_{K1} - L_{K2}$$

Die Schachtpegeldifferenz ist kein vollständiges Dämmaß, deshalb kann man sie nicht einfach in eine Kombinationsformel (s. Abschn. 14.6.3.3) zur Erlangung eines resultierenden Gesamt-Schalldämmaßes zwischen zwei Räumen einsetzen. In DIN 4109 (Beibl. 1, 9.3.1) wird deshalb nur ein – vom erforderlichen R'_w-Wert abhängiger – Wert von $D_{K,w}$ gefordert:

$$D_{K,w} \geqq \text{erf.} R'_w - 10 \lg \frac{S}{S_K} + 20 \quad \text{in dB}$$

mit

erf.R'_w das vom trennenden Bauteil (Wand oder Decke) geforderte bewertete Schalldämm-Maß

S die Fläche des trennenden Bauteils

S_K die lichte Querschnittfläche der Anschlußöffnung (ohne Berücksichtigung einer Minderung durch etwa vorhandene Gitterstäbe oder Abdeckungen)

Allerdings gilt diese Gleichung nur für den Fall, daß die Anschlußöffnungen mindestens 0,5 m von einer Raumecke entfernt sind, im anderen Fall muß die Schachtpegeldifferenz um 6 dB höher gewählt werden.

14.6.4 Erfüllung der gesetzlichen Anforderungen an den Schallschutz

Forderungen zum Schallschutz werden in DIN 4109 „Schallschutz im Hochbau", DIN 18005 E „Schallschutz im Städtebau", dem Gesetz zum Schutz gegen Fluglärm (und der zugehörigen Lärmschutzverordnung), dem Bundesimmissionsschutzgesetz sowie der „Technischen Anleitung zum Schutz gegen Lärm" (TA Lärm) formuliert.

Die Norm DIN 4109 (11.89) soll dabei vorrangig dem Schutz der Bewohner oder Benutzer eines Gebäudes vor zu großer Belästigung durch Lärm von außen und durch Lärmquellen innerhalb und außerhalb des eigenen Wohn- und Arbeitsbereiches dienen.

Die Schallschutzverordnung zum Fluglärmgesetz enthält Mindestwerte für den Schallschutz von Außenbauteilen in der Nähe von zivilen Flughäfen. Auch in dieser Verordnung werden (wie in DIN 4109) Bauteile genannt, die die Anforderungen erfüllen.

Der Stand der Technik des baulichen Schallschutzes an und in Gebäuden spiegelt sich in den Forderungen des eigentlichen Normenblattes DIN 4109 leider nicht in allen Fällen wider (s. auch Abschn. 14.6.5). Z. B. stufen 25% der Bewohner von mehrgeschossigen Wohnbauten auch bei einem Luft-Schalldämm-Maß von $R'_w = 55$ dB ihr Haus noch als „hellhörig" ein, es werden in der Norm aber nur 53 bzw. 54 dB gefordert!

Der Umfang des Normenwerkes DIN 4109 ist so groß, daß an dieser Stelle und in den entsprechenden Kapiteln über einzelne Bauteile nur die wesentlichen Forderungen an den Schallschutz und einige Möglichkeiten zur Erfüllung dieser Forderungen erwähnt werden können.

Die Schallschutznorm enthält im Normblatt selbst Anforderungen an

- Luftschallschutz (auch gegen Außenlärm): Mindestforderungen für das bewertete Schalldämmaß (erf. R'_w) und evtl. die bewertete Schachtpegeldifferenz (bei Schallübertragungen durch Kanäle und Schächte),
- Trittschallschutz: Mindestforderungen für den bewerteten Normtrittschallpegel (erf. $L'_{n,w}$),
- haustechnische Anlagen: Werte für zulässige Schallpegel und Mindestwerte für die Luft- und Trittschalldämmung in diesen Fällen.

Der Norm sind zwei Beiblätter zugeordnet:

- Beiblatt 1 enthält Ausführungsbeispiele schalldämmender Bauteile oder Konstruktionen, die ohne bauakustische Prüfungen geeignet sind, Schallschutz-Anforderungen zu erfüllen. Außerdem sind geeignete Berechnungsverfahren zum Nachweis des ausreichenden Schallschutzes und Definitionen wichtiger schalltechnischer Größen enthalten.
- Die Vorschläge für einen erhöhten Schallschutz sind im Beiblatt 2 aufgeführt. Es enthält neben Empfehlungen zum Schallschutz im eigenen Wohn- und Arbeitsbereich auch wertvolle Hinweise zur Erfüllung hoher Schallschutzanforderungen, entsprechend dem Stand der Technik.

Als grundsätzlich neu in der Schallschutznorm (im Beiblatt 1) ist die Berücksichtigung und rechnerische Einbeziehung der Schall-Flankenübertragung aufgenommen worden (s. Abschn. 14.6.3.3), so daß exaktere Vorausberechnungen des Schallschutzes, als es früher möglich war, durchgeführt werden können.

14.6.4.1 Möglichkeiten zur Erfüllung der Anforderungen der Schallschutznorm

Die im Normblatt DIN 4109 und auszugsweise in Abschn. 14.6.4.2 genannten zahlenmäßigen (Mindest-)Anforderungen an den Schallschutz können erfüllt werden durch

- Verwendung von Bauteilen mit erfahrungsgemäß ausreichendem Schallschutz, wie sie im Beiblatt 1 zu DIN 4109 (2 bis 4, 6 bis 8 und 10) aufgeführt sind (s. auch Abschn. 14.6.4.2 und Tab. **14.63**, **14.72** bis **14.76**).
- rechnerischen Nachweis nach Beiblatt 1 zu DIN 4109 (5), s. auch Abschn. 14.6.3.3 und **14.6.4.4**,
- Eignungsprüfungen aufgrund von Messungen nach DIN 52210 in Prüfständen oder in ausgeführten Bauten.

Praktische Vorgehensweise zum Nachweis des ausreichenden Schallschutzes

Die neue Norm DIN 4109 (11.89) ist bei den Anforderungen (außer beim Schutz gegen Außenlärm) recht übersichtlich zu handhaben. Leider trifft das nicht mehr zu

- bei der Auswahl von ausreichend schallschützenden Bauteilen aus den Vorschlägen des Beiblatts 1, da die Unzahl von Zusatzangaben und Korrekturwerten die Suche nach geeigneten, wirtschaftlichen Konstruktionen sehr erschwert;
- durch die Unterteilung der Gebäude in solche der Massivbauart und der Skelett- bzw. Holzbauart; diese Unterteilung beschreibt zwar den bauakustischen Sachverhalt recht gut, die Zahl der Tabellen wird aber dadurch stark erhöht;
- wegen der meist notwendigen bauakustischen Rechnungen, bei denen die zugrundeliegenden Formeln unerklärt bleiben, und die Durchführung der Berechnungen für den normalen Entwurfsverfasser nicht immer einfach genug ist.

Tabelle **14.71** Anforderungen an die Luft- und Trittschalldämmung verschiedener Bauteile (Auswahl aus DIN 4109, Tab. 3) und Vorschläge für einen erhöhten Schallschutz (Auswahl aus Beibl. 2 zu DIN 4109) (für Decken s. auch Tab. **10**.8)

Bauwerk/Bauteil	Luftschalldämmung		Trittschalldämmung	
	Anforderungen erf. R'_w in dB	Vorschläge für erhöhten Schallschutz erf. R'_w in dB	Anforderungen erf. $L'_{n,w}$ in dB	Vorschläge für erhöhten Schallschutz erf. $L'_{n,w}$ in dB
Geschoßhäuser mit Wohnungen und Arbeitsräumen				
Decken	54	≧ 55	53	≦ 46
Wände	53	≧ 55	–	–
Treppen	–	–	58	≦ 46
Türen (Hausflur/Flur)	27	≧ 37	–	–
Eigengenutzte Wohngebäude (Empfehlungen!)				
Decken	50	≧ 55	56	≦ 46
Wände zwischen „lauten" und „leisen" Räumen (z. B. zwischen Wohn- und Kinderschlafzimmer)	40	≧ 47	–	–
Treppen und Treppenpodeste (Einfamilienhäuser)	–	–	–	≦ 53
Einfamilien-Doppel- und -Reihenhäuser				
Decken	–	–	48	≦ 38
Haustrennwände	57	≧ 67	–	–
Treppen	–	–	–	≦ 46
Beherbergungsstätten, Krankenanstalten, Sanatorien				
Decken	54	≧ 55	53	≦ 46
Wände	47	≧ 52	–	–
Treppen	–	–	–	≦ 46
Türen	32	≧ 37	–	–
Schulen				
Decken	55	–	53	–
Wände zwischen Unterrichtsräumen und Unterrichtsräumen und Fluren	47	–	–	–
Wände zwischen Unterrichtsräumen und Treppenhäusern	52	–	–	–
Türen	32	–	–	–
Büro- und Verwaltungsgebäude (eigener Arbeitsbereich, Empfehlungen!)				
Decken	52	≧ 55	53	≦ 46
Wände	37	≧ 42	–	–
Wände von Räumen, die besonderen Schallschutz erfordern	45	≧ 52	–	–
Türen zwischen Büroräumen bzw. Büroräumen und Fluren	27	≧ 32	–	–
Türen zwischen Räumen, die besonderen Schallschutz erfordern	37	–	–	–

Um die auftretenden Schwierigkeiten zu verringern, wird folgende Vorgehensweise empfohlen:

1. Aufsuchen der Anforderungen im Normblatt DIN 4109

Das Inhaltsverzeichnis vereinfacht das Auffinden der Zahlenwerte für die erforderliche Schalldämmung. Es sind die Abschnitte

— 3: Anforderungen an die Luft- und Trittschalldämmung (gegen Schallübertragung aus einem fremden Wohn- und Arbeitsbereich)

— 4: Schutz gegen Geräusche aus haustechnischen Anlagen und Betrieben

— 5: Anforderungen an die Luftschalldämmung von Außenbauteilen (Schutz gegen Außenlärm)

durchzusehen.

Einige Anforderungen sind in Tab. **14**.71 aufgeführt.

2. Massivbauweise oder Holz-/Skelettbauweise?

Das zu errichtende Gebäude wird daraufhin untersucht, ob es als

— Massivbau oder

— Holz- oder Skelettbau (s. u.)

im Sinne der DIN 4109 angesehen werden muß. Entscheidend dafür ist, ob bei der Schallübertragung (s. Bild **14**.64 bzw. **14**.69) die Schallwege *Fd* und *Df* auftreten oder nicht. Wenn sie merkliche Schalleistungen übertragen, ist eine biegesteife Anbindung der flankierenden an das trennende Bauteil vorhanden und an den Stoßstellen (Knotenpunkten) kann Schall in alle Richtungen gelangen. Im anderen Fall der Holz- oder Skelettbauweise ist nur Direkt- (*Dd*) und reine Flankenübertragung (*Ff*) vorhanden, da eine gelenkige Knotenausbildung an den Stoßstellen vorliegt, die eine Schallwegverzweigung behindert.

Skelettbauten können Skelette aus Stahlbeton, Stahl oder Holz haben und besitzen einen leichten Ausbau, wobei Bauteile mit biegeweichen Schalen verwendet werden.

Holzbauten (im Sinne der Norm) besitzen trennende und flankierende Bauteile in Holzbauart.

Bei den Anforderungen (Normblatt DIN 4109) ist diese Bauart-Unterscheidung nicht nötig, die Auswahl der Bauteile (s. Beiblatt 1) hängt jedoch davon entscheidend ab.

3. Nachweis des ausreichenden Schallschutzes durch Rechenverfahren

(Vorbemerkung: Zu verwendende Rechenwerte von Schallschutzgrößen werden in DIN 4109 meist mit dem Index R gekennzeichnet!)

Der Schallschutz gegen Außenlärm wird in Abschn. 14.6.4.3 gesondert behandelt!

Luftschallschutz in Massivbauten

Es wird nach der Berechnungsformel $R'_w = R'_{w\,300} + K_{L1} + K_{L2}$ in dB

das Schalldämmaß einer gewählten Wand oder Decke ermittelt, mit dem erf. R'_w verglichen und bei notwendigen Änderungen dieses Verfahren wiederholt. Werte für R'_{w300} finden sich in den Tabellen 1, 5, 8, 9, 10, 12 und 19 des Beiblatts 1 und in Tab. **14**.63, **14**.72 für verschiedene Wand- und Deckenausführungen. Die Tab. **14**.73 enthält Beispiele für Wandkonstruktionen, die einige geforderte Schalldämmaße erreichen.

Der Korrekturwert K_{L1} erfaßt die Längsleitung entlang der flankierenden Bauteile bei von 300 kg/m² abweichenden mittleren flächenbezogenen Massen dieser Bauteile (K_{L2}: s. u.).

Nun muß man unterscheiden:

A. Einschalige (biegesteife) Wände und Decken

Dann muß die mittlere Masse der flankierenden Bauteile nach

$$m'_{L,\,Mittel} = \frac{1}{n} \sum_{i=1}^{n} m'_{L,i} \quad \text{in kg/m}^2$$

mit

$m'_{L,i}$ flächenbezogene Masse des i-ten nicht verkleideten massiven flankierenden Bauteils

n Anzahl dieser Bauteile (maximal 4!)

ermittelt werden.

Tabelle **14**.72 Bewertetes Schalldämmaß $R'_{w,R}$[1]) von Massivdecken (Rechenwerte) (aus Beibl. 1 zu DIN 4109 (11.89), Tab. 12)

Flächenbezogene Masse der Decke[3]) in kg/m²	Bewertetes Schalldämmaß $R'_{w,R}$ in dB[2]) Einschalige Massivdecke, Estrich und Gehbelag unmittelbar aufgebracht	Einschalige Massivdecke mit schwimmendem Estrich[4])	Massivdecke mit Unterdecke[5]), Gehbelag und Estrich unmittelbar aufgebracht	Massivdecke mit schwimmendem Estrich und Unterdecke[5])
500	55	59	59	62
450	54	58	58	61
400	53	57	57	60
350	51	56	56	59
300	49	55	55	58
250	47	53	53	56
200	44	51	51	54
150	41	49	49	52

[1]) Zwischenwerte sind linear zu unterpolieren

[2]) Gültig für flankierende Bauteile mit einer mittleren flächenbezogenen Masse $m'_{L,Mittel}$ von etwa 300 kg/m² und unter Berücksichtigung von Abschn. 3.1 des Beibl. 1 zu DIN 4109 (11.89).

[3]) Die Masse von aufgebrachten Verbundestrichen oder Estrichen auf Trennschicht und vom unterseitigen Putz ist zu berücksichtigen.

[4]) Und andere schwimmend verlegte Deckenauflagen, z. B. schwimmend verlegte Holzfußböden, sofern sie ein Trittschallverbesserungsmaß $\Delta L_w (VM) \geqq 24$ dB haben.

[5]) Biegeweiche Unterdecke nach Beibl. 1 zu DIN 4109 (11.89), Tab. 11, Zeilen 7+8

Tabelle **14**.73 Beispiele für Wandkonstruktionen, die in DIN 4109 (11.89) geforderte Schalldämmaße erreichen (nach Beibl. 1 zu DIN 4109, Tab. 5 und 6)

Erreichbares Schalldämmaß R'_w in dB	Massivwand-Bauarten (mit Angabe der Rohdichteklasse) Wände beidseitig verputzt, flächenbezogene Masse des Putzes 50 kg/m² (z. B. beidseitig 15 mm Kalk-, Kalkzement- oder Zementputz)	
≧ 53	17,5 cm	Kalksandsteinmauerwerk aus KS 2.2
	24 cm	Ziegelmauerwerk aus Mz 1.6
	30 cm	Betonsteinmauerwerk aus Vbl 1.2
≧ 55	20 cm	Wand aus Normalbeton mit geschlossenem Gefüge
	24 cm	Kalksandsteinmauerwerk aus KS 2.0
	30 cm	Kalksandsteinmauerwerk, Ziegelmauerwerk oder Betonsteinmauerwerk der Steinrohdichte 1.6
	36,5 cm	Betonsteinmauerwerk aus Vbl 1.2
≧ 57	25 cm	Wand aus Normalbeton mit geschlossenem Gefüge
	30 cm	Kalksandsteinmauerwerk aus KS 1.8
	36,5 cm	Ziegelmauerwerk aus Mz 1.6
≧ 67	2 × 17,5 cm	Zweischaliges Ziegelmauerwerk aus Mz 1.4 (mit durchgehender Gebäude-Trennfuge)
	2 × 24 cm	Zweischaliges Betonsteinmauerwerk aus Hbl 0.9 (mit durchgehender Gebäudetrennfuge)

B. Wände aus biegeweichen Schalen und Holzbalkendecken

Hierbei wird die mittlere flächenbezogene Masse der flankierenden Bauteile nach

$$m'_{\mathrm{L,Mittel}} = \left[\frac{1}{n}\sum_{i=1}^{n}(m'_{\mathrm{L},i})^{-2{,}5}\right]^{-0{,}4} \quad \text{in kg/m}^2$$

berechnet.

Für beide Trennbauteilarten sind die Korrekturwerke K_{L1} sind aus den Tabellen 13 (Bauteile nach A) und 14 (Bauteile nach B) des Beiblatts 1 zu entnehmen.

Der Korrekturwert K_{L2} wird nur bei mehrschaligen Trennbauteilen benötigt und beträgt bei 1, 2 oder 3 flankierenden, biegeweichen Bauteilen oder Bauteilen mit biegeweichen Vorsatzschalen entsprechend +1, +3 oder +6 dB.

Die in Tabelle 6 aufgeführten Werte für zweischalige Gebäudetrennwände können ohne Korrekturen K_L verwendet werden.

Trittschallschutz in Massivbauten

A. Massivdecken

Die Berechnung geschieht mit Hilfe der Formel

$$L'_{n,w} = L_{n,w,eq,R} - \Delta L_{w,R} + 2 \quad \text{in dB}$$

$$(TSM = TSM_{eq,R} + VM_R - 2)\,\text{in dB}$$

wobei die Werte für $L_{n,w,eg,R}$ ($TSM_{eq,R}$) in der Tabelle 16 (bzw. Tab. **14**.74) zu finden sind, die Trittschallverbesserungsmaße sind in den Tabellen 17 und 18 aufgeführt (Auswahl s. Bild **14**.75).

Die errechneten Werte sind wieder mit den Anforderungen erf.$L_{n,w}$ (erf.TSM) zu vergleichen und evtl. die Konstruktionen zu verändern.

Tabelle **14**.74 Aquivalenter bewerteter Norm-Trittschallpegel $L_{n,w,eq,R}$ von Massivdecken in Gebäuden in Massivbauart ohne/mit biegeweicher Unterdecke (Rechenwerte)

Deckenart	Flächenbezogene Masse[1]) der Massivdecke ohne Auflage in kg/m²	$L_{n,w,eq,R}$ [2]) in dB ohne Unterdecke	mit Unterdecke[3]) [4])
Massivdecken ohne Hohlräume (s. Abschn. 9.2.2.1): – Stahlbeton-Vollplatten aus Normalbeton nach DIN 1045 oder – Leichtbeton nach DIN 4219 T1 – Gasbeton-Deckenplatten nach DIN 4223 Massivdecken mit Hohlräumen nach DIN 1045 (s. Abschn. 9.2.2.2 und 9.2.2.3): – Stahlsteindecken – Stahlbeton-Rippendecken – Stahlbeton-Hohldielen – Stahlbeton-Balkendecken	135	86	75
	160	85	74
	190	84	74
	225	82	73
	270	79	73
	320	77	72
	380	74	71
	450	71	69
	530	69	67

[1]) Flächenbezogene Masse einschließlich eines etwaigen Verbundestrichs oder Estrichs auf Trennschicht und eines unmittelbar aufgebrachten Putzes.

[2]) Zwischenwerte sind geradlinig zu interpolieren und auf ganze dB zu runden.

[3]) Biegeweiche Unterdecke nach Beibl. 1 zu DIN 4109 (11.89), Tab. 11, Zeilen 7 und 8 oder akustisch gleichwertige Ausführungen.

[4]) Bei Verwendung von schwimmenden Estrichen mit mineralischen Bindemitteln sind die Tabellenwerte für $L_{n,w,eq,R}$ um 2 dB zu erhöhen.

Tabelle **14.75** Trittschallverbesserungsmaß $\Delta L_{w,R}$ (VM_R) von schwimmenden Estrichen, schwimmenden Holzfußböden und weichfedernden Bodenbelägen auf Massivdecken (Auszug aus Beibl. 1 zu DIN 4109, Tab. 17 und 18)

Deckenauflagen; schwimmende Böden, weichfedernde Bodenbeläge	$\Delta L_{w,R}$ in dB
PVC-Verbundbelag mit genadeltem Jutefilz als Träger nach DIN 16952 T1	13
Nadelvlies, Dicke 5 mm	20
Polteppich, Unterseite ungeschäumt, Normdicke 6 mm	21
Polteppich, Unterseite geschäumt, Normdicke 8 mm	28

	mit hartem Bodenbelag	mit weichfederndem Bodenbelag ($\Delta L_{w,R} \geqq 20$ dB)
Gußasphaltestriche mit einer flächenbezogenen Masse $m' \geqq 45$ kg/m² auf Dämmschichten mit einer dynamischen Steifigkeit von s' von höchstens		
50 MN/m³	20	20
30 MN/m³	24	24
15 MN/m³	27	29
10 MN/m³	29	32
Estriche nach DIN 18560 T2 (z.Z. Entwurf) mit einer flächenbezogenen Masse $m' \geqq 70$ kg/m² auf Dämmschichten mit einer dynamischen Steifigkeit s' von höchstens		
50 MN/m³	22	23
30 MN/m³	26	27
15 MN/m³	29	30
10 MN/m³	30	34
Schwimmender Holzfußboden, Unterboden nach DIN 68771 aus mind. 22 mm dicken Holzspanplatten, vollflächig verlegt auf Dämmstoffen mit einer dynamischen Steifigkeit s' von höchstens 10 MN/m³	25	–

Wegen der möglichen Austauschbarkeit von weichfedernden Bodenbelägen dürfen diese bei dem Nachweis der Anforderungen nach DIN 4109 nicht angerechnet werden!

B. Holzbalkendecken

Bewertete Norm-Trittschallpegel $L_{n,w,R}$ (Trittschallschutzmaße TSM_R) verschiedener Ausführungen sind in der Tabelle 19 des Beiblatts 1 zu DIN 4109 zu finden.

C. Massive Treppenläufe und Treppenpodeste

Die Tabelle 20 des Beiblatts 1 gibt Zahlenwerte und Beispiele zum Trittschallschutz verschiedener Treppenkonstruktionen (s. Abschn. 4.1.2 dieses Werkes).

Luftschallschutz in Holz- und Skelettbauten

Hier kann der Nachweis ausreichenden Schallschutzes alternativ mit

– dem Massivbau-Verfahren (s. dort),
– einem vereinfachten Nachweis,
– dem genaueren Rechenverfahren mit der Kombinationsformel (s. Abschn. 14.6.3.3)

erfolgen.

Vereinfachter Nachweis

Alle an der Schallübertragung beteiligten trennenden und flankierenden Bauteile müssen die Bedingung

$R_{w,R}$ bzw. $R_{L,w,R} \geqq \text{erf.} R'_w + 5$ in dB

erfüllen. Schallschutzwerte für verschiedene Ausführungsbeispiele sind in den Tabellen 23 bis 34 des Beiblatts 1 enthalten.

Tabelle **14.76** Schalldämmwerte ($L'_{n,w}$ und R'_w) einiger Deckenkonstruktionen (einschließlich Deckenauflage bzw. Unterdecke)

erreichberer bzw. Norm-trittschallpegel $L'_{n,w}$ in dB	Deckenbauart	Luftschall-dämm-Maß R'_w in dB
≦ 53	Stahlbetonvollplatte (Dicke 14 cm) aus Normalbeton nach DIN 1045, unterseitig mit Kalkzementputz (flächenbezogene Masse = 27 kg/m²); Deckenauflage Zementestrich (flächenbezogene Masse ≧ 70 kg/m²) auf Dämmschicht mit einer dynamischen Steifigkeit $s' \leqq 50$ MN/m³; harter Bodenbelag	56
	Holzbalkendecke (Balkenhöhe ≧ 18 cm, Balkenabstand ≧ 40 cm); unterseitig mit Federbügel befestigte Holzunterkonstruktion (Lattenabstand ≧ 40 cm) mit 2 × 12,5 mm Gipskarton-Bauplatten, im Gefach Faserdämmstoff Typ WZ-w oder W-w, seitlich an den Balken hochgezogen; oberseitig Spanplatte 16 mm mit aufgelegter Mineralfasermatte Typ T (dynamische Steifigkeit $s' \leqq 15$ MN/m³), weichfedernder Gehbelag ($\Delta L'_{w,R} \geqq 20$ dB) auf Spanplatte 25 mm als Trockenestrich	52
≦ 15	Stahlbetonvollplatte (Dicke 14 cm) aus Normalbeton nach DIN 1045, unverputzt, mit biegeweicher Unterdecke aus Gipskarton-Bauplatten 12,5 mm auf Grund- und Traglattung mit 40 mm Mineralfasereinlage Typ WZ-w; Deckenauflage: Zementestrich (flächenbezogene Masse ≧ 70 kg/m²) auf Dämmschicht mit einer dynamischen Steifigkeit $s' \leqq 30$ MN/m³; harter Bodenbelag	59
≦ 17	Gasbetondeckenplatte (Dicke 25 cm) nach DIN 4223 (GB 4.4; Rohdicke 700 kg/m³), unterseitig mit Kalkzementputz (flächenbezogene Masse 27 kg/m²); Deckenauflage: Zementestrich (flächenbezogene Masse ≧ 70 kg/m²) auf Dämmschicht mit einer dynamischen Steifigkeit $s' \leqq 10$ MN/m³; harter Bodenbelag	51
≦ 25	Stahlbetonvollplatte (Dicke 18 cm) aus Normalbeton nach DIN 1045, unverputzt, mit biegeweicher Unterdecke aus Gipskarton-Bauplatten 12,5 mm auf Grund- und Traglattung mit 40 mm Mineralfasereinlage Typ WZ-w; Deckenauflage: Zementestrich (flächenbezogene Masse ≧ 70 kg/m²) auf Dämmschicht mit einer dynamischen Steifigkeit $s' \leqq 15$ MN/m³; weichfedernder Bodenbelag mit $\Delta L_{w,R} \leqq 20$ dB	60

Die Luftschalldämm-Maße R'_w gelten für eine mittlere flächenbezogene Masse der flankierenden Bauteile von etwa 300 kg/m². Über etwaige Korrekturen K_{L1} s. o.

Genaueres Rechenverfahren

Die resultierende Luftschalldämmung (die dann mit dem Anforderungswert erf.R'_w verglichen werden muß) ergibt sich aus der (modifizierten) Kombinationsformel in Abschn. 14.6.3.3

$$R'_{w,res} = -10 \lg \left(10^{-0{,}1\, R_{w,R}} + \sum_{i=1}^{n} 10^{-0{,}1\, R_{L,w,R,i}}\right) \quad \text{in dB}$$

mit

$R_{w,R}$ Rechenwert des bewerteten Schalldämm-Maßes des trennenden Bauteils ohne Längsleitung über flankierende Bauteile in dB

$R_{L,w,R,i}$ Rechenwert des bewerteten Bau-Schall-Längsdämm-Maßes des i-ten flankierenden Bauteils in dB

n Anzahl der flankierenden Bauteile (im Regelfall $n = 4$)

Die rechnerische Ermittlung des bewerteten Schall-Längsdämm-Maßes eines flankierenden Bauteils erfolgt nach:

$$R'_{L,w,R,i} = R_{L,w,R,i} + 10 \lg \frac{S_T}{S_0} - 10 \lg \frac{l_i}{l_0} \quad \text{in dB}$$

mit

$R_{L,w,R,i}$ Rechenwert des bewerteten Labor-Schall-Längsdämm-Maß des i-ten flankierenden Bauteils in dB (aus Abschn. 6 des Beiblattes 1)

S_T Fläche des trennenden Bauteils (Wand oder Decke), nicht des flankierenden Bauteils; S_T entspricht dem S_{ges} aus obigen Formeln

S_0 Bezugsfläche (für Wände ist $S_0 = 10\ m^2$)

l_i gemeinsame Kantenlänge zwischen dem trennenden und dem flankierenden Bauteil in m

l_0 Bezugskantenlänge (für Wände ist $l_0 = 2{,}80$ m, für Decken, Unterdecken, Fußböden 4,50 m)

Für Räume mit Raumhöhen zwischen etwa 2,5 bis 3 m und mit Raumtiefen von etwa 4 bis 5 m kann $R'_{L,w,R,i} = R_{L,w,R,i}$ gesetzt werden, so daß die Anwendung der zuletzt angegebenen Formel entfällt!

Ein ausführliches Rechenbeispiel zur Anwendung dieser Formel findet sich am Ende dieses Abschnitts (aus DIN 4109, Beibl. 1, 5.6; Beispiel 2 und Tab. 22).

Trittschallschutz in Holz- und Skelettbauten

Auch in diesen Bauten wird beim Nachweis des Trittschallschutzes der Einfluß flankierender Bauteile nicht berücksichtigt.

Die Berechnung erfolgt wie bei der Massivbauart, wenn die Bauten Massivdecken enthalten.

Bei Holzbalkendecken sind Rechenwerte $L'_{n,w,R}$ (TSM_R) in Tabelle 34 des Beiblatts 1 zu finden.

Rechenbeispiel zur Ermittlung des bewerteten Schalldämm-Maßes $R'_{w,R}$ einer Trennwand (Höhe 3 m; Länge 7 m) zwischen zwei Klassenräumen einer Schule in einem Skelettbau.

Bauteil	$R_{w,R}$ bzw. $R_{L,w,R,i}$ in dB	$10 \lg \frac{S_T}{S_0}$ in dB	l_i in m	$-10 \lg \frac{l_i}{l_0}$ in dB	$R_{w,R}$ bzw. $R_{L,w,R,i}$ in dB
Trennwand zweischalig aus je 2 × 12,5 mm Gipskarton-Bauplatten auf C-Profil mit 100 mm Schalenabstand und 60 mm Mineralfasermatte im Wandhohlraum	55	–	–	–	–
Unterdecke aus GK-Platten (10 kg/m²) mit 50 mm Mineralfaserauflage, Abhängehöhe 400 mm, durchlaufende Decklage, keine Abschottung im Deckenhohlraum	51	3,2	7	–1,9	52,3
Untere Decke (260 kg/m²) mit Verbundestrich (90 kg/m²) flächenbezogene Masse also 350 kg/m²	58	3,2	7	–1,9	59,3
Außenwand in Holzbauart, Wandstoß im Bereich der Trennwand ($R_{L,w,R}$ ohne weiteren Nachweis nach DIN 4109, Beibl. 1 Abschn. 6.8.3)	50	3,2	3	–0,3	52,9
Innenwand zweischalig aus je 1 × 12,5 mm GK-Bauplatten auf C-Profil mit Schalenabstand ≧ 50 mm und Mineralfasereinlage bei durchlaufender Beplankung	53	3,2	3	–0,3	55,9

Beispiel, Fortsetzung

Mit der Kombinationsformel (s. o.) errechnet man

$$R'_{w,R} = -10 \lg (10^{-5,5} + 10^{-5,23} + 10^{-5,73} + 10^{-5,59}) = 47,4 \text{ db} \approx 47 \text{ dB}$$

Nach DIN 4109 (11.89), Tab. 3, Zeile 41 wird ein bewertetes Schalldämmaß von erf. $R'_w = 47$ dB zwischen beiden Klassenräumen gefordert. Die Anforderung der Schallschutznorm sind also mit der gewählten Bauteil-Kombination zu erfüllen.

Der vereinfachte Nachweis hätte für jedes Einzelbauteil ein Schalldämmaß $R_{w,R}$ bzw. $R_{L,w,R} \geqq 47 + 5 = 52$ dB verlangt. Die Unterdecke und die Außenwand hätten diesen Wert ohne zusätzliche Verbesserungen nicht aufgewiesen; der ausführliche rechnerische Nachweis führt also hier zu einer wirtschaftlicheren Konstruktion.

14.6.4.2 Schallschutz bei haustechnischen Anlagen

Die (allerdings wenig strengen) Anforderungen der Tabelle 4 des Normblatts DIN 4109 (11.89) werden dadurch erfüllt, daß – bei den die stärksten Belästigungen verursachenden Wasserinstallationen

- nur geprüfte und in die Armaturengruppen I oder II eingeordnete Armaturen und Geräte verwendet werden,
- einschalige Wände, an denen Armaturen oder Wasserinstallationen angebracht werden, eine Flächenmasse von mindestens 220 kg/m^2 besitzen,
- Armaturen der Armaturengruppe II nicht an Wänden zu „schutzbedürftigen Räumen", (Wohnräume, Schlafräume, Unterrichtsräume, Büroräume; s. DIN 4109, 4.1) angebracht werden.

In diesem Zusammenhang muß auf die Begriffe „besonders laute", „laute" und „schutzbedürftige Räume" hingewiesen werden, die in DIN 4109, 4.1 definiert werden und bei denen besondere Anforderungen auftreten können (Tabelle 5 in DIN 4109).

14.6.4.3 Schutz gegen Außenlärm

Die DIN 4109 (11.89) enthält im Abschnitt 5 (Tab. 8 bis 10) Schallschutzanforderungen zum Schutz gegen den Außenlärm. Dieser wird in seiner Stärke jeweils durch den „maßgeblichen Außenlärmpegel" am Immissionsort (= Fassade des zu schützenden Raumes) beschrieben.

Dieser „maßgebliche Außenlärmpegel" wird in der Regel berechnet. Das Normblatt enthält (in Abschnitt 5.5) dazu Nomogramme, die – z. B. für den Fall des Straßenverkehrslärms – in Abhängigkeit von der Straßenart, der Verkehrsbelastung, der Straßenneigung, dem Abstand des Gebäudes von der Straßenmitte, der Bebauungsart, u. ä. diese Berechnung gestatten. Für die anderen Lärmarten werden ausführliche Hinweise zur Bestimmung der Pegel gegeben.

Der vorhandene „maßgebliche Außenlärmpegel" führt zu einer Einordnung des Immissionsortes in einen Lärmpegelbereich (I: geringe Lärmbelastung, bis VII: sehr hohe Belastung). Für jeden Lärmpegelbereich sind Mindestanforderungen an den Luftschallschutz in Form eines erf. $R'_{w,res}$ für das Außenbauteil (in der Regel Wand mit Fenstern oder Türen, aber auch Dächer und Decken) in den Tabellen zu finden, wobei die Raumnutzung berücksichtigt wird.

Diese Werte müssen u. U. in Abhängigkeit von der Form des lärmbelasteten Raumes noch mit Korrekturwerten versehen werden (Tabelle 9).

Für den Nachweis ist entweder

- eine Berechnung des resultierenden Schalldämmaßes für Außenbauteile einschließlich Fenster oder Türen mit Hilfe der Kombinationsformel aus Abschn. 14.6.3.3 notwendig, oder

— die Entnahme der erforderlichen Schalldämm-Maße für Wand und Fenster aus der Tabelle 8 des Normblattes bzw. dem Nomogramm des Beiblatts 1.

Im Beiblatt 1 sind auch Beispiele zum Schallschutz gegen Außenlärm enthalten.

Zu beachten ist bei Außenbauteilen, daß wegen der in Abschn. 14.6.3.3 erwähnten Eigenschaften des menschlichen Gehörsinns die akustischen Schwachstellen entscheidend für das resultierende Schalldämm-Maß $R'_{w,res}$ sind:

— Fenster und Türen (s. auch Abschn. 10.1.2 des Beiblatts 1),
— Rolladenkästen (s. Abschn. 10.1.3 des Beiblatts 1)
— Lüftungseinrichtungen (s. auch DIN 4109, 5.4).

Im Beiblatt 1 zur DIN 4109 sind Außenbauteile mit ihren Schalldämm-Maßen an verschiedenen Stellen (Abschn. 2.2 für einschalige Wände, Decken und Dächer; Tabellen 37 bis 39 für Außenbauteile mit biegeweichen Schalen; Tab. 40 für Fenster) aufgeführt.

Bei den für den Schallschutz gegen Außenlärm besonders wichtigen Fenstern ist zu beachten, daß

— die angegebenen Schalldämmaße R_w für Fenster in der Regel Labor-Dämmaße sind,
— der Einbau von Schallschutzfenstern eine besondere Sorgfalt bezüglich der Dichtheit der Anschlußfugen erfordert,
— die Lüftungsmöglichkeiten bei Erhaltung der Schallschutzwerte gesichert sein sollten,
— wegen der Alterung der Fensterdichtungen diese in regelmäßigen Abständen überprüft und gegebenenfalls ausgewechselt werden sollten.

Außenwände, die ihrer Bauart nach die in Abschn. 14.6.4.3 genannten Schalldämm-Maße erreichen würden, können um 3 bis 6 dB schlechtere Dämmwerte haben, wenn sie mit einer zusätzlichen Wärmedämmschicht (Innendämmung oder – weniger dämmindernd – einem Wärmedämmverbundsystem auf der Außenseite) versehen sind. Diese durch Resonanzerscheinungen der Zusatzschale (Putzschale) auf Dämmschichten mit zu großer dynamischer Steifigkeit s' bedingten Dämmaß-Minderungen lassen sich durch Wahl geeigneter Dämmschichten (Mineralwolle oder Hartschaum) mit niedrigeren s'-Werten vermeiden.

14.6.5 Weiterentwicklung der Normung

Die gültige neue Norm DIN 4109 stellt nicht in allen Fällen (s. Abschn. 14.6.4) den Stand der Technik dar. Eine bauaufsichtliche Übernahme in alle Landesbauordnungen war deshalb z. Z. der Drucklegung dieses Werkes noch nicht sicher.

Eine Weiterentwicklung der Normung geschieht z. Z. mit dem Entwurf der VDI-Richtlinie 4100 (10.89) [47]. Sie teilt Wohnungen in 3 Schallschutzklassen (SSK) ein, die die schalltechnische Güte einer Wohnung beschreiben sollen. Dabei entsprechen die Kennwerte der Schallschutzklasse I weitgehend den Anforderungswerten der DIN 4109, die der SSK II etwa den Anforderungen an den erhöhten Schallschutz nach Beiblatt 2. Erst die Werte der SSK III gewährleisten dem Bewohner ein hohes Maß an Ruhe.

Da die VDI-Richtlinie auch Kostenunterschiede bei verschiedenen Schallschutzniveaus aufzeigt sowie wertvolle Hinweise zur bauakustisch vorteilhaften Ausführung von Bauteilen enthält, kann ihre Berücksichtigung bei bauakustischen Planungen empfohlen werden.

14.7 Baulicher Brandschutz

14.7.1 Allgemeines

Im Brandfalle müssen tragende Bauteile vor den heißen Brandgasen durch Ummantelung mit nicht brennbaren Stoffen, die sich im Feuer möglichst wenig verändern, rissefrei bleiben und einen hohen Wärmedurchlaßwiderstand besitzen, abgeschirmt werden, bis Löschhilfe eintrifft. So können Bauteile aus brennbaren oder entflammbaren Stoffen eine gewisse Zeit lang unterhalb ihrer Entflammungstemperatur gehalten werden. Bauteile aus nicht brennbaren Stoffen werden für eine bestimmte Zeit vor Temperaturerhöhungen geschützt werden, die zu Strukturveränderungen, Verminderungen der Festigkeit und Standsicherheit, Rißbildungen oder Verformungen führen würden.

In den Landesbauordnungen der einzelnen Bundesländer und den dazugehörigen Durchführungsverordnungen sind Bestimmungen über den vorbeugenden Brandschutz enthalten. Zwar bestehen zwischen den verschiedenen Bauordnungen Unterschiede in Einzelvorschriften, doch gilt allgemein der in der Musterbauordnung (MBO) § 19 formulierte Grundsatz:

„Bauliche Anlagen sind so anzuordnen, zu errichten und zu unterhalten, daß der Entstehung und der Ausbreitung von Schadenfeuer vorgebeugt wird und bei einem Brand wirksame Löscharbeiten und die Rettung von Menschen und Tieren möglich sind."

Beim baulichen Brandschutz unterscheidet man:

- **Planerische Maßnahmen,** z. B. Planung von ausreichend bemessenen Fluchtwegen und von Zugängen und Zufahrten für die Feuerwehr sowie die Aufteilung von Gebäuden in vertikale und horizontale Brandabschnitte.
- **Technische Vorkehrungen,** z. B. Einbau von Feuerwarn- und Meldeeinrichtungen, von Feuerlöscheinrichtungen (Löschwasserleitungen, Hydranten, Feuerlöscher, automatische Feuerlöschanlagen, z. B. „Sprinkler-Anlagen"), Einbau von Qualm- und Rauchabzugsanlagen, Brandschutzklappen in Schächten o. ä.
- **Konstruktive Maßnahmen,** z. B. Auswahl geeigneter Baustoffe und Bausysteme, Schutzmaßnahmen für gefährdete Bauteile.

Neben den Einzelvorschriften der Landesbauordnungen gelten dabei besondere Bestimmungen u. a. für Hochhäuser, Versammlungsräume, Schulen und im Industriebau (DIN 18230).

Die technischen Vorschriften für den baulichen Brandschutz sind in DIN 4102 zusammengefaßt.

14.7.2 Begriffe

Die Grundlage für die Planung des baulichen Brandschutzes ist die Einordnung von Baustoffen und Bauteilen hinsichtlich ihres Brandverhaltens.

Baustoffe werden nach DIN 4102 unterteilt nach:

Brennbarkeitsklassen

A nicht brennbare Baustoffe	B brennbare Baustoffe
A1 (ohne oder fast ohne organische Bestandteile)	B1 schwer entflammbar
A2 (oft mit organischen Bestandteilen)	B2 normal entflammbar
	B3 leicht entflammbar

Die Einreihung der Baustoffe erfolgt auf Grund genormter Prüfverfahren. Für alle am Bau verwendeten Baustoffe besteht Kennzeichnungspflicht hinsichtlich der Brennbarkeitsklasse gemäß DIN 4102.

Baustoffe der Klasse B 3 müssen besonders als „leicht entflammbar" gekennzeichnet sein. Die Verwendung leicht entflammbarer Kunststoffe ist unzulässig.

Feuerwiderstandsklassen

Bauteile (wie z. B. Wände, Decken, Stützen, Unterzüge, Treppen usw.) werden nach DIN 4102, T 2, hinsichtlich ihres Brandverhaltens auf Grund genormter Brandversuche eingeteilt in Feuerwiderstandsklassen (Tab. **14**.77).

In DIN 4102 T 4 sind alle wichtigen Baustoffe und Bauteile in die jeweils zutreffenden Brennbarkeits- bzw. Feuerwiderstandsklassen eingeordnet. Für alle „klassifizierten" Baustoffe, Bauteile und Sonderbauteile, die hier erfaßt sind, gilt der Nachweis des Brandverhaltens als erbracht.

Wenn eine günstigere Beurteilung im Einzelfall möglich erscheint, neuere Erkenntnisse vorliegen oder wenn nicht genormte Teile verwendet werden sollen, ist eine Prüfung des Brandverhaltens gem. 4102 T 1 bis 3 und 5 bis 7 erforderlich.

Prüfungen für die Einordnung von Bauteilen in bestimmte Feuerwiderstandsklassen erstrecken sich jeweils auf:

- Temperaturmessung an und hinter (auf der feuerabgewandten Seite) dem Prüfkörper,
- die Prüfung der Rauch- und Qualmdichtigkeit,
- die statische Standfestigkeit,
- das Verhalten beim Auftreffen von Löschwasser,
- die Entwicklung giftiger Gase.

Tabelle **14**.77 Feuerwiderstandsklassen F (allgemeine Festsetzung)

Feuerwiderstandsklasse	Feuerwiderstandsdauer in Minuten
F 30	≧ 30
F 60	≧ 60
F 90	≧ 90
F 120	≧ 120
F 180	≧ 180

Für nichttragende Wände, Türen, und Verglasungen gelten die Feuerwiderstandsklassen W, T und G (Tabelle **14**.78).

Tabelle **14**.78 Feuerwiderstandsklassen W, T und G

Bauteil	Feuerwiderstandsklasse	vgl. DIN 4102
für nichttragende Wände, Brüstungen, Feuerschürzen o. ä.	W 30 bis W 180	T 2
Türen	T 30 bis T 180	T 5
Verglasungen	G 30 bis G 180	T 5

Bei der Kennzeichnung aller Bauteile ist die Angabe für die Bauteilklassen (Feuerwiderstandsklassen) und die Baustoffklassen (Brennbarkeitsklassen) zu koppeln.

Beispiel Ein Bauteil, das in allen Teilen aus Baustoffen der Klasse A besteht und der Feuerwiderstandsklasse F 90 entspricht, wird z. B. mit F 90-A bezeichnet. Die Bezeichnung z. B. F 90 AB bedeutet, daß ein Bauteil die Feuerwiderstandsklasse F 90 aufweist und in seinen wesentlichen, z. B. tragenden Teilen aus nicht brennbaren Baustoffen besteht.

Besondere Bestimmungen gelten für Lüftungsleitungen und -schächte (DIN 4102 T6 – L30 bis L120) und für Brandschutzklappen (K30 bis K90).

In den einzelnen Bundesländern wird in den Erlassen zur Einführung der DIN 4102 in die bauaufsichtlichen Bestimmungen festgelegt, welche Feuerwiderstandsklassen den bisherigen Begriffen (z. B. „feuerbeständig") entsprechen. Einheitlich ist dabei festgelegt, daß die Feuerwiderstandsklasse F90 dem bisherigen Begriff „feuerbeständig" entspricht. Es ist ferner festgelegt, daß Bauteile, bei denen statisch wesentliche Bestandteile aus brennbaren Baustoffen (Baustoffklasse B) bestehen, nicht als „feuerbeständig" angesehen werden.

In den Landesbauordnungen sind für alle in Frage kommenden Bauteile von allgemeinen Bauvorhaben ins einzelne gehende Bestimmungen aufgestellt, die hier nur in den wichtigsten Punkten zusammengefaßt werden können (Tabelle **14**.79).

Tabelle **14**.79 Schematische Übersicht über geforderte Feuerwiderstandsklassen von Bauteilen im normalen³) Hochbau (Unterschiede nach Landesrecht sind möglich)

Bauteil	Geschoßzahl			Hochhäuser
	≦ 2	3 bis 5	> 5	
tragende Wände und Wohnungstrennwände²)	F90	F90	F90	F90
Treppenraumwände²)	F90	F90 oder Brandwände		
nichttragende Außenwände²)	–	je nach Brandgefahr W30 bis W90		
nichttragende Wände in Fluren (Fluchtwegen)	je nach Brandgefahr ≧ F30¹)			
Kellerdecken	F30¹)	F90	F90	F90
sonstige Decken	F30	F30¹)	F90	F90

¹) bei Verwendung von Baustoffen der Klasse A (je nach Brandgefahr auch F90).
²) an der Grundstücksgrenze und zwischen Gebäuden sind in der Regel Brandwände (F90) erforderlich.
³) Feuerwiderstandsklassen im Industriebau s. DIN V 18230.

Mindestabmessungen tragender Bauteile im Hinblick auf den Brandschutz enthält Tabelle **14**.80.

Tabelle **14**.80 Mindestdicke und Mindestbreite von tragenden[1] und nichttragenden Wänden sowie von tragenden Pfeilern aus Mauerwerk und Wandbauplatten (DIN 4102 T4, Tab. 39)
Die ()-Werte gelten für Wände mit beidseitigem Putz nach Abschn. 4.4.2.5, der bei Verwendung der Mörtelgruppe P II und P IVc eine Dicke d_1 ≧ 15 mm und bei Verwendung der Mörtelgruppe P IVa und P IVb eine Dicke d_1 ≧ 10 mm besitzen muß

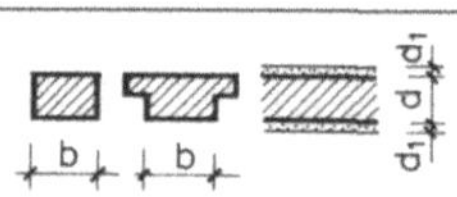

Zeile	Konstruktionsmerkmale	Feuerwiderstandsklasse-Benennung F30-A	F60-A	F90-A	F120-A	F180-A
1	Mindestdicke *d* in mm **nichttragender Wände** aus					
1.1	Gasbeton-Blocksteinen oder -Bauplatten nach DIN 4165 und DIN 4166 sowie Hohlblock- oder Vollsteinen bzw. Wandbauplatten aus Leichtbeton nach DIN 18151, DIN 18152, DIN 18153 und DIN 18162	75 (75)	75 (75)	100 (100)	125 (100)	150 (125)

Fortsetzung s. nächste Seite

Tabelle **14**.80, Fortsetzung

Zeile	Konstruktionsmerkmale 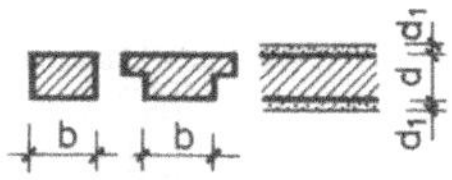	Feuerwiderstandsklasse-Benennung F30-A	 F60-A	 F90-A	 F120-A	 F180-A
1.2	Mauerziegeln nach DIN 105 (Langlochziegeln ausgenommen), Kalksandsteinen nach DIN 106 T1 und 2 und Hüttensteinen nach DIN 398	115 (71)	1 15 (71)	115 (115)	140 (115)	175 (140)
1.3	Langlochziegeln nach DIN 105	115 (71)	115 (71)	140 (115)	175 (140)	190 (175)
1.4	Geschoßhohen Ziegelfertigbauteilen nach DIN 1053 T4	115 (115)	115 (115)	115 (115)	165 (150)	165 (150)
1.5	Wandbauplatten aus Gips nach DIN 18163 T1 mit Rohdichten ≧ 0,6 kg/dm³	60	80	80	80	100
2	Mindestdicke *d* in mm **tragender**[1]) **Wände** aus Gasbeton-Blocksteinen nach DIN 4165 und					
2.1	Hohlblock- oder Vollsteinen aus Leichtbeton nach DIN 18151, 18152 und 18153 bei einer maximalen Druckspannung von					
2.1.1	$\sigma \leqq 0{,}3$ N/mm²	115 (115)	150 (115)	150 (115)	150 (115)	175 (125)
2.1.2	$\sigma \leqq 1{,}0$ N/mm²	150 (115)	175 (150)	200 (175)	240 (200)	240 (200)
2.1.3	$\sigma \leqq 1{,}6$ N/mm²	175 (150)	200 (175)	240 (175)	300 (200)	300 (240)
2.2	Mauerziegeln nach DIN 105, Kalksandsteinen nach DIN 106 T1 und 2 und Hüttensteinen nach DIN 398 bei einer maximalen Druckspannung					
2.2.1	$\sigma \leqq 0{,}3$ N/mm²	115 (115)	115 (115)	115[2]) (115)	140[2]) (115)[2])	175[2]) (140)[2])
2.2.2	$\sigma \leqq 1{,}4$ N/mm²	115 (115)	115 (115)	140 (115)	175 (140)	190 (175)
2.2.3	$\sigma \leqq 3{,}0$ N/mm²	115 (115)	140 (115)	140 (115)	190 (175)	240 (190)
2.3	Geschoßhohen Ziegelfertigbauteilen nach DIN 1053 T4	115 (115)	165 (115)	165 (165)	190 (165)	240 (190)
3	Mindestquerschnittsabmessungen *d*/*b* in mm/mm tragender **Pfeiler** bei einer maximalen Druckspannung					
3.1	$\sigma \leqq 1{,}4$ N/mm²	240/240	240/300	240/365	300/365	365/365
3.2	$\sigma \leqq 3{,}0$ N/mm²	240/240	300/365	365/365	365/365	365/365

[1]) Die Angaben gelten sowohl für tragende, raumabschließende als auch für tragende, nichtraumabschließende Wände.

[2]) Bei Verwendung von Langlochziegeln sind die Werte von Zeile 1.3 maßgebend.

14.7.3 Bauliche Brandschutzmaßnahmen

Brandabschnitte. In ausgedehnten Bauwerken oder bei Häuserreihen muß der Ausbreitung eines Brandes durch Brandwände und Massivdecken entgegengewirkt werden. Diese Bauteile, die die Gebäude horizontal und vertikal in Brandabschnitte teilen, müssen den Durchgang des Feuers verhindern und so wärmedämmend sein, daß Stoffe, die auf der dem Feuer abgekehrten Seite lagern, sich nicht entzünden. Außerdem dürfen Umfassungen von Brandabschnitten die Standfestigkeit im Feuer nicht verlieren.

Brandwände. Bauwerke mit großer Ausdehnung müssen in Abständen von höchstens 40 m durch Brandwände (F90A, s. Tabelle **14**.80) unterteilt werden. Auch unmittelbar aneinander angrenzende Gebäude unterschiedlicher Höhe oder Nutzungsart sind durch Brandwände zu sichern. Für die Ausführungsmöglichkeiten geben die Abbildungen **14**.81 einige Beispiele.

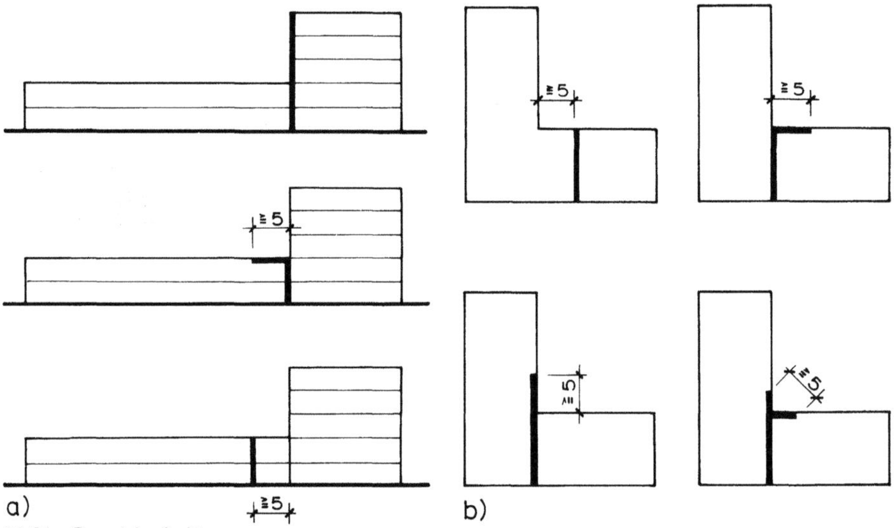

14.81 Brandabschnitte

a) Brandabschnitte zwischen verschieden hohen Gebäuden (Schnitte)
b) Brandwände an einspringenden Gebäudeecken (Grundrisse)

Grundsätzlich sind Gebäude durch Brandwände an der Grundstücksgrenze abzuschließen. Über sonstige Anforderungen sind in den Landesbauordnungen detaillierte Bestimmungen enthalten. In Hessen ist z. B. festgesetzt:

Bei Gebäuden bis zu 3 Vollgeschossen mit „harter Bedachung" (Dachziegel, Betondachsteine u. ä.) sind Brandwände bis unmittelbar unter die Dachhaut zu führen. Im übrigen müssen Brandwände mindestens 30 cm über die Dachhaut hinausgeführt werden (§ 36.6 HBO). Stahl- oder Holzträger und -Stützen, Schornsteine und Schlitze dürfen in Brandwände nur so tief eingreifen, daß die Wände auch im verbleibenden Querschnitt den Anforderungen F90 entsprechen. Außerdem müssen in diesen Fällen Stahlstützen und -träger feuerbeständig ummantelt sein. Waagerechte und schräge Schlitze sind in Brandwänden unzulässig. Bauteile aus brennbaren Baustoffen (z. B. auch Dachlatten) dürfen Brandwände nicht überbrücken.

Eine besondere Problematik ergibt sich bei giebelständigen Reihenhäusern, deren Trennwände in der Regel auf Grundstücksgrenzen stehen. Auch hier sind die entsprechenden Landesvorschriften zu beachten. In Hessen ist festgelegt:

> Reihenhäuser mit bis zu 3 Vollgeschossen müssen eine harte Bedachung aufweisen. In den angrenzenden Gebäuden müssen die Dachkonstruktionen bis zu einem Abstand von 1,25 m von der Trennlinie bzw. Grenze an der Oberseite sowie an der Unterseite bis zum First mit einer F30 B-Verkleidung ausgeführt werden. Dachfenster müssen gegeneinander einen Abstand von mindestens 5 m haben oder mit feststehender F30-Verglasung versehen werden.

Etwa notwendige Türen in Brandwänden müssen der Feuerwiderstandsklasse T60 oder T90 entsprechen. Auch für besonders brandgefährdete Räume (z. B. Heizräume) sind Feuerschutztüren vorzusehen (s. Abschn. 6.7 in Teil 2 dieses Werkes).

Treppen. Ganz besonderes Augenmerk wird auf die Ausführung von Treppen im Hinblick auf den Brandschutz gerichtet, stellen sie doch im Brandfall den Hauptrettungsweg dar. Notwendige Treppen müssen vor allem auf kürzesten Wegen ($\leqq$ 35 m) erreichbar sein und müssen direkt ins Freie führen. Notwendige Treppen dürfen keine brennbaren Materialien aufweisen und müssen gegen Verqualmen (z. B. durch fernbedienbare Abzugsöffnungen, Brandabschnitte) gesichert sein. Die – insbesondere für Hochhäuser notwendigen – sog. „Sicherheitstreppen" dürfen nur über offene loggienartige Zugänge erreichbar sein, um dem Eindringen von Rauch und dem Feuerüberschlag zwischen den Geschossen entgegenzuwirken.

Schornsteine müssen gegenüber allen brennbaren Bauteilen einen ausreichenden Sicherheitsabstand haben. Der Mindestabstand hölzerner Bauteile wie Deckenbalken und Dachsparren von Rauchrohren und Abgasrohren ist durch bauaufsichtliche Bestimmungen vorgeschrieben. Die gleichen Abstände gelten für Holzwolle-Leichtbauplatten und vergleichbare Baustoffe (s. Abschn. 4.1 in Teil 2 des Werkes).

Besondere Anforderungen. Verschärfte Anforderungen an den Brandschutz gelten für Gebäude, die durch ihre Nutzung (z. B. Geschäftshäuser, Lager, Schulen, Altersheime) oder durch ihre Bauweise besondere Vorkehrungen für die Brandbekämpfung und für Rettungsmaßnahmen nötig machen.

In Hochhäusern (Hess. Hochhausrichtlinien: Bauwerke, bei denen der Fußboden mindestens eines Aufenthaltsraumes mehr als 22 m über der Geländeoberfläche liegt) müssen z. B. alle wesentlichen tragenden Bauteile die Feuerwiderstandsklasse F90 aufweisen (vgl. Tab. **14.**80).

An den Außenwänden müssen zwischen den Geschossen feuerbeständige Brüstungen o. ä. so angeordnet sein, daß der Feuer-Überschlagsweg mindestens 1,00 m beträgt.

Innenliegende über 20 m lange Flure müssen in höchstens 15 m lange Brandabschnitte aufgeteilt werden, die selbstschließende Brandschutz-Türen (T90) haben.

Jedes Obergeschoß muß entweder durch 2 voneinander unabhängige Treppenhäuser, die über Dach miteinander verbunden sind, oder durch ein Sicherheitstreppenhaus verlassen werden können (Sicherheitstreppen dürfen nur über einen außenliegenden offenen Gang erreichbar sein).

Besondere Vorschriften bestehen für Rauchabzugsanlagen, Feuerlösch- und Rettungseinrichtungen usw.

Bauliche Brandschutzmaßnahmen können Planungen in erheblicher Weise beeinflussen. Sie müssen daher in jedem Fall rechtzeitig mit den Brandschutzbehörden abgestimmt werden.

14.7.4 Brandschutzmaßnahmen für Bauteile

Stahlteile, sind zwar nicht brennbar, verformen sich aber erheblich bei den Temperaturen, die bei Bränden meist auftreten. Dabei verlieren sie nicht nur ihre Tragfähigkeit, sondern richten auch infolge Verdrehungen und Verbiegungen bei Feuer an benachbarten Bauteilen durch Zug und Schub schwere Schäden an. Träger und Stützen aus Stahl (DIN 4102 T4, Abschn. 6) müssen daher mit Beton, Mauerwerk, Wandbauplatten oder Putz (s. Abschn. 8 in Teil 2 dieses Werkes) ummantelt werden. Die Dicke *d* der Ummantelung ist abhängig von der zu erreichenden Feuerwiderstandsklasse und dem Verhältnis *U*/*F* (Umfang/Querschnittsfläche) der Stütze (Tab. 75 bis 80 in DIN 4102 T4).

Ummantelungen können Stahlprofile kastenförmig umschließen oder „profilfolgend" hergestellt werden (Bild **14.**82).

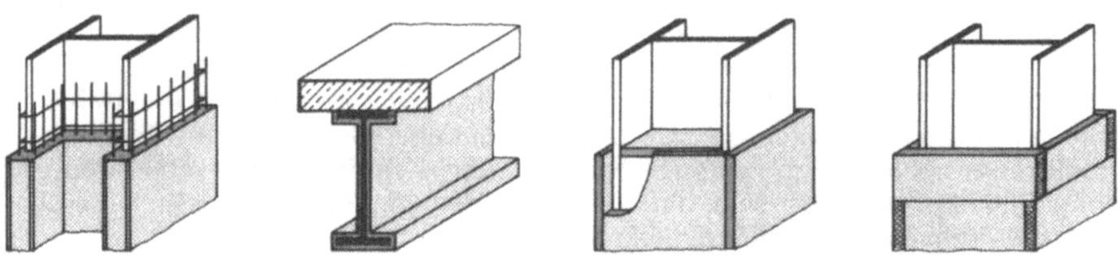

14.82 Brandschutz für Stahlprofile
a) profilfolgende Betonummantelung
b) profilfolgende Spritzputzummantelung
c) kastenförmige Ummantelung mit vorgefertigten Brandschutzplatten
d) Ummantelung mit Mineralfasermatten und Blechverkleidung

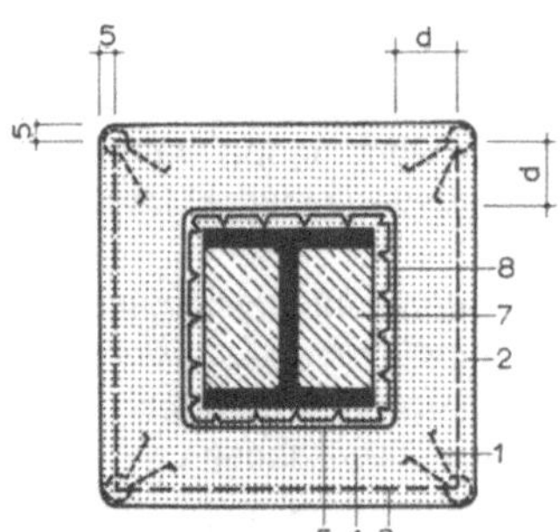

14.83 Stahlstützenummantelung (Feuerwiderstandsklasse F90)
1 Kantenschutz
2 ≧ 5 mm geglätteter Kalk- oder Kalkzementputz, Mörtelgruppe I oder II nach DIB 18550
3 Drahtgewebe
4 Putz nach DIN 4102, Tabelle 79
5 Bindedraht *a* ≦ 500 mm
6 Rippenstreckmetall
7 Kern ggf. ≧ 1,5 m über Fußboden gemauert oder ausbetoniert

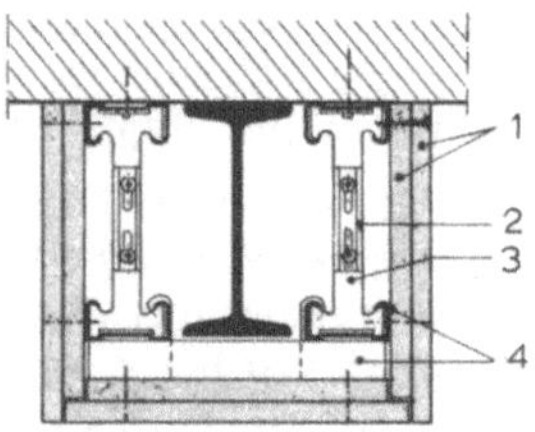

14.84 Feuerschutzummantelung von Stahlprofil-Unterzügen (KNAUF)
1 Feuerschutzplatten
2 Schlitzbandeisen
3 Ankerhänger
4 C-Blechprofil verzinkt

Neben Verkleidungen mit Platten z. B. auf Fibersilikat- oder Vermiculitebasis kommen für Stahlbauteile Spritzputze mit speziellen Mineralfaser- oder Vermiculitezusätzen als Brandschutz in Frage. Die Verwendung der an sich sehr gut für Brandschutzzwecke geeigneten asbesthaltigen Baustoffe ist wegen der Gesundheitsgefährdung bei der Herstellung und Verarbeitung eingestellt.

Ein Ausführungsbeispiel für die Brandschutzverkleidung von Stahlstützen mit Beton zeigt Bild **14**.83.

Stahlunterzüge können durch Ummantelungen mit Feuerschutzplatten so geschützt werden, daß Feuerwiderstandsklassen bis zu F180 erreichbar sind (Bild **14**.84). Hohlprofile können in Sonderfällen durch Wasserkühlung brandgeschützt werden.

Einen Überblick über mögliche Ausführungs- und Materialarten gibt die folgende Tabelle **14**.85.

Tabelle **14**.85 Gebräuchliche Ummantelungen für Stützen und (Fachwerk-)Träger [11]

Stützen	●	○	●	●	●
Träger	○	●	○		●
Fachwerke		●		●	
Herstellung	Örtlich hergestellt		Vorgefertigt		
	gegossen	gespritzt	Platten	Formteile	Matten
Form	Profilfolgend		Profilfolgend od. kastenförmig	Kastenförmig	
Baustoffe	Gips*	Torkret-Beton**	Gips*	Gips*	Mineralfasern**
	Beton*	Vermiculite**	Gipskarton*	Gipsperlite**	
		Mineralfasern**	Fiber-Silikat**	Calcium-Silikat**	
			Vermiculite-Zement**		
			Fiber-Calcium-Silikat**		

* Genormt in DIN 4102 Teil 4
** Herstellergebunden, Prüfzeugnis
● Geeignet
○ Beschränkt geeignet

Stahlbetonbauteile sind im wesentlichen dadurch im Brandfall gefährdet, daß infolge der hohen Umgebungstemperaturen die überdeckenden Betonschichten abplatzen, dadurch die Stahlbewehrungen dem Feuer direkt ausgesetzt sind und ihre Tragkraft teilweise oder vollständig verlieren. So kann es zu schweren Verformungen der Bauteile oder zum Einsturz kommen.

Die bei Stahlbetonbauteilen erreichbaren Feuerwiderstandsklassen sind vor allem von der Dicke der Bauteile und von der Betondeckung abhängig. Ohne zusätzliche Schutzmaßnahmen können Stahlbetonbauteile in den Klassifizierungen F30 bis F180 ausgeführt werden. Eine schematisierende Übersicht zeigt Bild **14**.86.

Die umfangreichen Bestimmungen über den Brandschutz tragender und nichttragender Stahlbetonbauteile sind für Regelfälle in DIN 4102 T4, Abschn. 3, 4.2 und Anhang B zusammengefaßt. Im übrigen muß auf Speziialliteratur verwiesen werden.

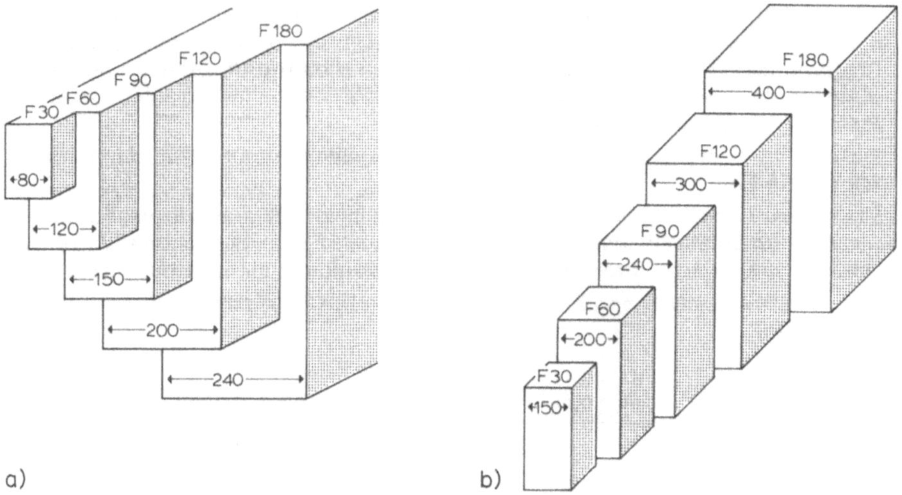

14.86 Mindestabmessungen von Stahlbetonbauteilen [1] für die verschiedenen Feuerwiderstandsklassen
a) Balken, b) Stützen

Brandgefährdete Bauteile aus Holz werden, soweit beaufsichtigt vorgeschrieben, durch dämmschichtbildende Dispersionsanstriche (DIN 68800) oder durch Verkleidung mit Brandschutzplatten gemäß DIN 4102 T4, Abschn. 5 geschützt. Unbekleidete Vollholzbalken oder Brettschichtträger werden – abhängig von den rechnerisch vorhandenen Biegebeanspruchungen – gemäß nachstehenden Tabellen in die Feuerwiderstandsklassen F30-B bzw. F60-B eingeordnet (Tab. **14.87** und **14.88**).

Tabelle **14.87** Mindesabmessungen *b/h* unbekleideter Vollholzbalken mit Rechteckquerschnitt in mm/mm

	Biegespannung σ_B in N/mm²	Feuerwiderstandsklasse – Benennung F30-B Brandbeanspruchung 3seitig *b/h*	F30-B 4seitig *b/h*	F60-B 3seitig *b/h*	F60-B 4seitig *b/h*
1	≧13	150/260	160/300	300/520	320/600
2	=10	120/200	130/240	240/400	260/480
3	=7	90/160	100/200	200/320	220/400
4	≦3	80/140	90/180	180/240	200/320

Tabelle **14.88** Mindestabmessungen *b/d* unbekleideter brettschichtverleimter Balken mit Rechteckquerschnitt in mm/mm

	Biegespannung σ_B in N/mm²	Feuerwiderstandsklasse – Benennung F30-B Brandbeanspruchung 3seitig *b/h*	F30-B 4seitig *b/h*	F60-B 3seitig *b/h*	F60-B 4seitig *b/h*
1	≧14	140/260	150/310	280/520	300/620
2	=11	110/200	120/250	220/400	240/500
3	=7	80/150	90/190	160/300	180/380
4	≦3	80/120	80/160	140/220	160/300

Putz gilt infolge seiner schlechten Wärmeleitfähigkeit als feuerhemmend und kann, solange er in Verbindung mit geeigneten Putzträgern rissefrei bleibt, das Entflammen z. B. von Holzwerk verhindern (s. Abschn. 8.9 in Teil 2 dieses Werkes).

Wärmedämmstoffe weisen teilweise ein sehr ungünstiges Brandverhalten auf und haben oft sehr starke Qualm- und Rauchentwicklung, verbunden mit der Entwicklung giftiger Gase. Sie verbrennen außerdem vielfach unter besonders großer Hitzeentwicklung. Die Verwendung leicht entflammbarer Kunststoffe (Baustoffklasse B 3) ist daher verboten. Insbesondere bei Fassadenverkleidungen, im Innenausbau von Versammlungsräumen u. ä, werden Wärme- und Schallschutzdämmungen aus Materialien mindestens der Baustoffklasse B 1 (schwer entflammbar) verlangt.

Bauteile aus verschiedenartigen Baustoffen. Probleme für den Brandschutz ergeben sich in der Praxis immer wieder durch die Kombination von Baustoffen mit oft sehr unterschiedlichem Brandverhalten. Es ist jedoch mit Hilfe von Spezialbaustoffen möglich, eine außerordentliche Verbesserung der Feuerwiderstandswerte zu erreichen. Aus der großen Zahl konstruktiver Anwendungsmöglichkeiten dieser meist mineralfaserhaltigen, verschieden dicken Schutzplatten in Verbindung mit Spezial-Wärmedämmplatten können im Rahmen dieser Abhandlung nur wenige Beispiele gezeigt werden:

Decken werden dabei zur Beurteilung ihrer Feuerwiderstandsklasse in Bauarten eingeteilt:

— Bauart I

Decken mit freiliegenden Stahlträgern und oberem Abschluß aus Bimsbeton-Hohldielen oder Gasbetonplatten,

Stahlbetonbalkendecken mit Zwischenbauteilen aus Leichtbeton oder Ziegeln,

Stahlbetonrippendecken mit Zwischenbauteilen aus Leichtbeton oder Ziegeln, Stahlbetondecken mit im Beton eingebetteten Profilträgern.

— Bauart II

Decken mit freiliegenden Stahlträgern mit einem U/A-Wert $\leqq 300\ m^{-1}$ und einer oberen Abdeckung aus Ortbeton, Fertigteilen oder Hohldielen

— Bauart III

Stahlbeton- und Spannbetonplatten, Stahlbeton- oder Spannbetonhohldielen, Stahlbetonbalken- und Stahlbetonrippendecken, Pilz- und Kassettendecken.

— Bauart IV

Holzbalkendecken

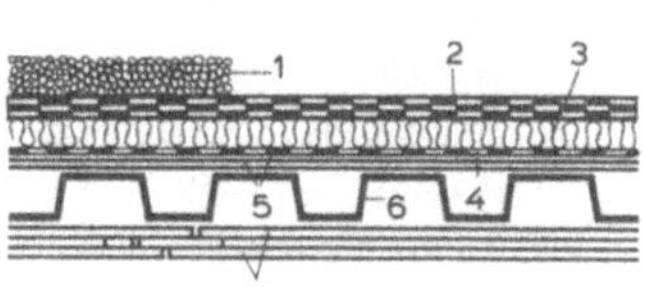

14.89 Trapezblechdach, Feuerwiderstandsklasse F 90

1 Kiesschüttung, $d = 50$ mm
2 mehrlagige Dachhaut mit Dampfdruckausgleichschicht
3 Wärmedämmung
4 Dampfsperre (falls erforderlich)
5 Feuerschutzplatten-Abdeckung (z. B. PROMAT), $d = 2 \times 5$ mm
6 Trapezblech-Dachprofil
7 Feuerschutzplatten-Verkleidung (z. B. PROMAT) mit 10 mm Luftzwischenraum, $d = 2 \times 10$ mm

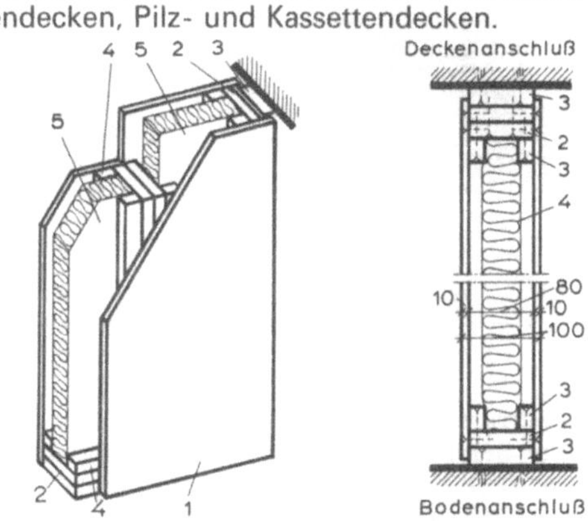

14.90 Versetzbare leichte Trennwand, Feuerwiderstandsklasse F 120 (PROMAT)

1 PROMAT-Platten Typ H $d = 10$ mm
2 Stege $d = 20$ mm
3 Anschlußstreifen $d = 20$ mm
4 PROMALAN-Platten Raumgewicht 35 kg/m³ $d = 50$ mm

In Kombination mit verschiedenen Ausführungen von Unterdecken aus Gipskartonplatten, Drahtputz oder speziellen Feuerschutzplatten können je nach Aufwand für Decken der Bauarten I bis III Feuerwiderstandsklassen bis F120, für Decken der Bauart IV bis F60 erreicht werden (s. Abschn. Unterdecken).

Decken oder Dächer aus Stahltrapezprofil-Konstruktionen können durch Bekleidungen mit Gipskartonplatten oder speziellen Brandschutzplatten erheblich in ihrem Brandverhalten verbessert werden. Ein Beispiel für eine derartige Leichtdachkonstruktion mit der Feuerwiderstandsklasse F90 zeigt Bild **14**.89.

Nichttragende Wände und leichte Trennwände in gemauerter handwerklicher Ausführung haben Feuerwiderstandsklassen gemäß Tabelle **14**.80. Auch vorgefertigte bzw. versetzbare Trennwände können für Feuerwiderstandsklassen bis F120 hergestellt werden. Ein Beispiel zeigt Bild **14**.90.

Brandschutzverglasungen. Vielfach besteht die Aufgabe, Raumabschlüsse zu Rettungswegen oder auch Teile von Brandabschnitten bzw. Brandwänden mit verglasten Flächen herzustellen.

Hierfür kommen spezielle Gläser in Frage, die auf Grund besonderer Zulassungen in die Feuerwiderstandsklassen G30 bis G120 eingeordnet werden. In Verbindung mit besonderen Rahmenkonstruktionen kann damit verhindert werden, daß an der dem Feuer abgekehrten Seite Flammen oder entzündbare Gase auftreten (Spezial-Brandschutzgläser, z.B. Pyran, Pyrostat, Contraflam). Auch mit Drahtgläsern oder vorgespannten Gläsern kann dort, wo nicht höhere Anforderungen an die gesamte Konstruktion gestellt werden müssen (z.B. Verglasungen an Rettungswegen oberhalb 1,80 m), ausreichender Brandschutz erreicht werden (Bild **14**.91).

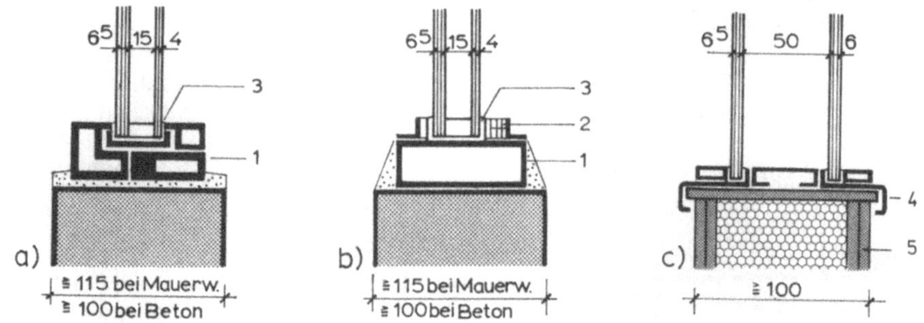

14.91 Beispiele für G-Verglasungen a) G30, b) G60, c) G90

1 Stahlrohrprofilrahmen
2 Glashalteleiste
3 Dichtung
4 Stahlzarge
5 Gipskartonplatten

Neben den in DIN 4102 festgelegten Anforderungen müssen F-Verglasungen auch mechanischen Beanspruchungen gewachsen sein. Das läßt sich nur in Kombination mit besonderen Rahmenkonstruktionen erreichen, die auf Grund von Typprüfungen in die Feuerwiderstandsklasse F30 bis F180 eingeordnet sind. Ein Beispiel für eine solche Konstruktion aus Spezialbetonprofilen in Verbindung mit einer Dreifachverglasung zeigt Bild **14**.92.

Elektrokabel. Der Schutz von Elektrokabeln ist im Brandfall außerordentlich wichtig, um den Betrieb stromabhängiger Rettungseinrichtungen (z.B. Notbeleuchtungen, Aufzüge) zu gewährleisten. Bei Schutzmaßnahmen muß unterschieden werden zwischen

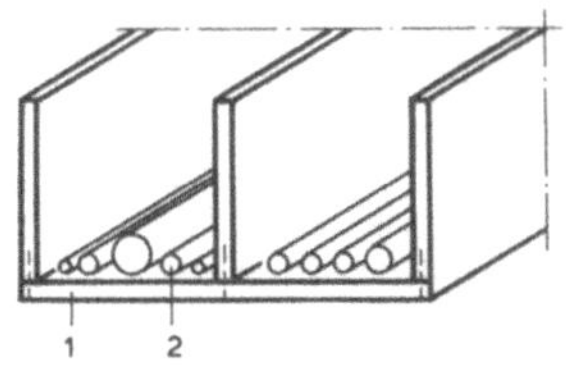

14.93 Brandschutz von Elektrokabeln
1 Brandschutzplatte
2 Elektrokabel

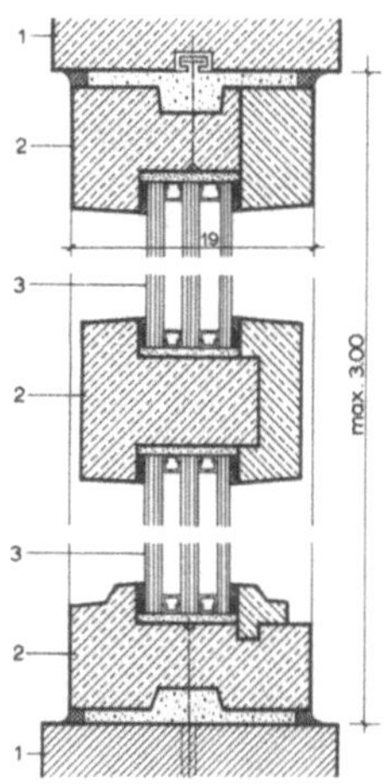

14.92 Fensterwand F90 (bemopyrfenster®)
1 Sturz und Brüstung F90
2 Profile aus Spezialbeton
3 3-fach-Verglasung Pyrostop G90, voll versiegelt und mit Spezial-Vorlegeband eingebaut (lichtes Scheibenmaß max. 1400 × 1000, für untere Felder max. 1100 × 2000 bei Hochformat)

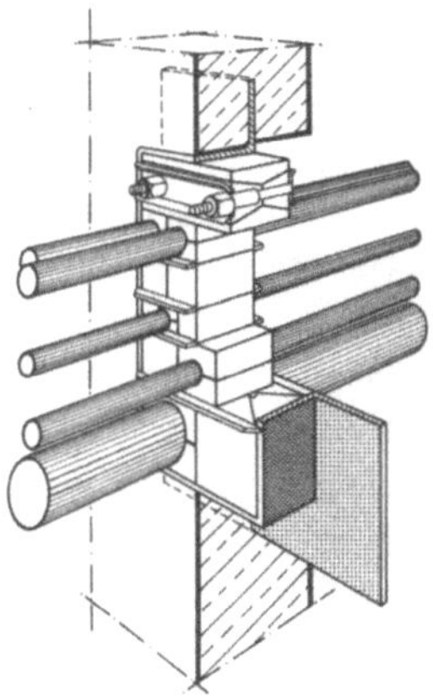

14.94 Rohr- und Kabeldurchführung in Brandwänden mit Spezial-Abdichtungselementen in Stahlrahmen (MCB Brattberg-System)

Elektroleitungen, die beim Betrieb Eigenwärme entwickeln, die ständig abgeleitet werden muß, und solchen, bei denen diese Wärmeentwicklung vernachlässigbar gering ist (z. B. Schwachstrom-, Steuer- u. ä. Kabel).

Durch Versuche ist festgestellt worden, daß Kabelkästen aus Feuerschutzplatten ohne obere Abdeckung relativ guten Schutz bieten, ohne die Wärmeableitung zu behindern (Bild **14**.93). Längere Feuerwiderstandszeiten lassen sich jeodch nur mit geschlossenen, auf den Einzelfall abgestimmten Verkleidungen erreichen.

Besondere Vorkehrungen müssen getroffen werden, wenn Kabel, Rohrleitungen oder Lüftungsschächte durch Brandwände, Decken oder andere Bauteile mit Brandschutzanforderungen hindurchgehen müssen. Neben der Verwendung von Spezialkabeln mit nichtbrennbaren Umhüllungen müssen die Kabeldurchlässe mit nichtbrennbaren Spezialmassen abgedichtet werden. Eine Ausführungsmöglichkeit für Kabel- und Rohrdurchführungen mit Hilfe von feuerfesten verschraubten Bauelementen zeigt Bild **14**.94.

Für Lüftungsschächte sind spezielle Feuerschutzklappen erforderlich, die automatisch oder mit Fernbedienung im Brandfall rauchdicht geschlossen werden.

14.8 Schutz vor gesundheitlichen Gefahren

Neben dem Schutz eines Bauwerks oder einzelner Bauteile gegenüber Umwelteinflüssen haben die bisher beschriebenen Schutzmaßnahmen auch die Aufgabe, den Bewohner oder Nutzer vor gesundheitlichen Schäden zu bewahren. Zunehmend wird dem Schutz des Menschen auch vor schädlichen Einwirkungen aus dem Baugrund und den Baustoffen, die bei der Errichtung und zur Ausgestaltung der Gebäude verwendet werden, mehr Aufmerksamkeit zugewandt. Dieser Themenkreis wird unter der nicht genau definierten (und umstrittenen) Bezeichnung „Baubiologie" jedoch auch in der Fachliteratur häufig auf nicht ausreichender wissenschaftlicher Grundlage behandelt. Grundsätzlich kann jedoch der damit verbundene Versuch begrüßt werden, die von der gebauten Umwelt ausgehenden Belastungen auf den Menschen zu berücksichtigen und gewonnene Erfahrungen in die Baupraxis umzusetzen.

Auf das Wohlbefinden des Menschen haben – nach dem jetzigen Stand der Wissenschaft – folgende physikalischen und chemischen Größen Einfluß:

- Lufttemperatur,
- Oberflächentemperatur der Bauteile (Wärmestrahlungsanteil),
- Luftfeuchte (absolut, relativ),
- Luftbewegung (Zugerscheinungen),
- Frischluftanteil in der Raumluft (Lüftungsrate),
- Gehalt der Raumluft an CO_2, und anderen natürlichen gasförmigen Bestandteilen (CO, SO_2, NO_2 usw.),
- Gehalt der Raumluft an „fremden" Bestandteilen: Gase, Dämpfe, Stäube, Bakterien usw.,
- Schallpegel (Lautstärke),
- Frequenzverteilung im vorhandenen Schall (einschließlich Infraschall- und Ultraschallanteilen),
- Beleuchtungsstärke bzw. Leuchtdichte (Helligkeit, Blendung)
- spektrale Verteilung des Lichtes (Lichtfarbe, Infrarot- und Ultraviolettanteil),
- elektromagnetische Feldstärken (Gleichfelder, Wechselfelder verschiedener Frequenzbereiche),
- Ionenkonzentration,
- radioaktive Strahlung (alle Strahlungsarten).

Diese Größen müssen für gesunde Aufenthaltsräume in einem gewissen Wertebereich liegen, bzw. dürfen bestimmte (wenn auch manchmal nicht genau bekannte) Maximalwerte nicht überschreiten.

Die Wirkungen dieser Einflußgrößen („Reize") sind teilweise recht umfassend bekannt (Wärmegrößen, Feuchtigkeit, Luftbewegung, Schallgrößen, Helligkeit). Die Auswirkung anderer Einflüsse (Infraschall mit Frequenzen unter 16 Hz, Wirkung vieler Substanzen in geringen Konzentrationen, elektromagnetische Felder, radioaktive Strahlung geringer Intensität) ist bisher zu wenig erforscht. Spekulationen über die Wirkung dieser Reize sind deshalb, insbesondere auch in der populären Literatur, überall zu finden.

Obwohl gesicherte Erfahrungen häufig fehlen, sollen hier einige Regeln zur Vermeidung gesundheitlicher Gefahren bei der Errichtung von Gebäuden gegeben werden.

14.8.1 Gefährliche Stoffe

Auf die Verwendung gefährlicher oder wahrscheinlich gefährlicher Stoffe beim Bau von Gebäuden sollte verzichtet werden. Dazu gehören nach dem Stand der Forschung unbedingt

- Formaldehyd (HCHO) (in Leimen und anderen Bindemitteln, u.U. aber auch in natürlichen Stoffen enthalten),
- Polychlorierte Kohlenwasserstoffe (z.B. PCP) und verwandte Stoffe in Holzschutzmitteln,
- Asbest (die Gefahr geht von den Stäuben aus).

Lösungsmittel (in Farben, Beschichtungen, Weichmachern usw.) und viele andere Hilfsstoffe in Baumaterialien und Möbeln haben die Eigenschaft, kurz nach der Anwendung bzw. dem Einbau stark in die Raumluft überzugehen. Es ist bekannt, daß in den ersten Monaten nach Herstellung eines Gebäudes die Innenluft ein Vielfaches an Schadstoffen enthalten kann als (städtische) Außenluft. Allergische und andere toxische Reaktionen bei den Nutzern der Räume werden häufig beobachtet. Diese Gesundheitsgefährdung muß unbedingt verringert werden, jedoch ist mangels Deklarationspflicht der Inhaltsstoffe für den Anwender eine Erkennbarkeit der Gefahren vorerst kaum möglich.

Wegen der hohen Zahl von Stoffen, deren gesundheitliche Schädlichkeit vermutet wird, der wissenschaftliche Nachweis darüber noch nicht ausreicht, kann nur geraten werden, entsprechende Publikationen in Fachzeitschriften zu beachten oder auf diese Stoffe von vornherein zu verzichten.

14.8.2 Radioaktivität, Radon

Die radioaktive Belastung des Menschen sollte in Gebäuden möglichst gering gehalten werden. Als wesentliche Belastungsquelle wird z.Z. das Radon (ein radioaktives Edelgas, das beim Zerfall des Urans entsteht) und seine Zerfallsprodukte angesehen. Radon entweicht in erster Linie aus dem Baugrund und gelangt auf diesem Wege in Gebäude. In geringerem Maße geht Radon auch aus Baustoffen in die Luft über. Die Menge des in der Atemluft in Gebäuden enthaltenen Radons ist wesentlich abhängig von der Bauausführung des unteren Gebäudeabschlusses und von der Bodenbeschaffenheit, wobei kristalline Böden mehr emittieren als Sedimentböden.

Die Radonkonzentration in der Atemluft wird über seine Aktivität in Becquerel (Bq)/m^3 angegeben. Durchnittswerte liegen bei 50 Bq/m^3, in ca. 50000 deutschen Wohnungen sind über 250 Bq/m^3 meßbar, ein Wert, der nicht überschritten werden sollte.

Die Strahlenschutzkommission des Bundestages (SSK) hat in den letzten Jahren mehrfach Empfehlungen zur Vermeidung übermäßiger Radon-Gehalte in der Luft gegeben. Sie empfiehlt eine höhere Belüftung stärker gefährdeter Bauten und eine bessere Abdichtung der unteren Gebäudeabschlüsse gegen eindringliche Gase durch absolut rißfreie Bodenplatten, Fugenversiegelung und gasdichte Folien. Darüber hinaus sollten Kriterien für die Auffindung von Regionen, Bauplätzen und Häusern mit höheren Radon-Konzentrationen entwickelt werden. Verschiedene Institute bieten die Messung des Radongehaltes der Raumluft in Gebäuden zu mäßigen Preisen an.

Verläßliche Daten über die gesundheitlichen Schäden (Krebsrisiko) bei geringerer radioaktiver Belastung liegen erstaunlicherweise nicht vor; die internationale Strahlenschutzkommission (ICPR) hat jedoch in einer 1984 erschienenen Studie einen Anteil von 4 bis 12% der derzeitigen Lungenkrebsfälle auf die Inhalation von Radon-Zerfallsprodukten in Häusern zurückgeführt. Wenigstens dieser Anteil könnte durch die erwähnten Maßnahmen gesenkt werden.

Der Vollständigkeit halber sei darauf hingewiesen, daß andererseits Radon-Kuren in Heilbädern z. B. zur Behandlung von rheumatischen Erkrankungen angewandt werden, es zumindest also Mediziner gibt, die gering dosierte radioaktive Strahlung als gesundheitsfördernd ansehen.

14.8.3 Elektromagnetische Felder

Als Beweis für eine etwaige Gefährdung des Menschen durch elektrische und magnetische Felder werden meist zwei Tatsachen angeführt:

- Im menschlichen Körper sind derartige Felder vorhanden und (damit zusammenhängend) werden Vorgänge im Körper durch sie beeinflußt.
- Biologisches Gewebe wird durch hochfrequente Wechselfelder (Mikrowellen) wegen der erzeugten Wärme geschädigt.

Die Erkenntnisse über die biologische Wirkung solcher Felder sind nur oberhalb von Feldstärkewerten gesichert, die üblicherweise nicht in Gebäuden normaler Nutzung auftreten. Der Beweis für die nicht wärmebedingte Schädigung bei schwächeren Feldern konnte bisher nicht einwandfrei erbracht werden, Anzeichen deuten aber auf eine derartige Gefahr hin.

Als besonders unübersichtlich erweist sich das Problem deshalb, weil die Menschen seit jeher sehr unterschiedlichen natürlichen Feldern ausgesetzt sind (erdelektrisches Feld, erdmagnetisches Feld, elektrostatische Aufladungsfelder, elektromagnetische Wechselfelder in der Nähe von Gewitterentladungen und aus dem Weltall) und die Werte der technisch erzeugten Felder sich in den gleichen Größenordnungen bewegen, z.T. aber auch sehr unterschiedliche Daten besitzen (z. B. im Frequenzbereich).

Es ist zwar verständlich, daß manchmal durch konstruktive Maßnahmen (Leitungabschirmung, „Netzfreischaltung") versucht wird, die – sowieso gegenüber dem freien Gelände geringen – elektromagnetischen Feldstärken in Gebäuden weiter zu vermindern, auf gesicherten wissenschaftlichen Erkenntnissen beruht eine solche Vorgehensweise jedoch nicht. Eine schädliche Wirkung schwacher Felder im Umkreis unserer Hausinstallationen wird nur von wenigen Wissenschaftlern angenommen.

In diesem Zusammenhang muß auf das ebenfalls recht ungesicherte Gebiet der Geobiologie (Einfluß von unterirdischen Wasserläufen, Verwerfungen, Lagerstätten usw. auf Mensch und Tier) hingewiesen werden. Ein Schutz vor derartigen Einflüssen ist zwar nach bisherigen Erkenntnissen objektiv nicht notwendig, es kann jedoch nicht vollkommen ausgeschlossen werden, daß sensible Menschen in ihrem Wohlbefinden durch geologische Faktoren beeinflußt werden. Falls im Einzelfall solches vermutet wird, gibt die Radiästhesie (Wünschelrutenkunde, evtl. in Verbindung mit physikalischen Messungen) eine Möglichkeit, die subjektive Wohnsituation zu verbessern.

Die von Geobiologen empfohlenen Schutzmaßnahmen laufen in der Regel hinaus auf

- Verlegung der Schlafstellen auf reaktionszonenfreie Orte (eine Vergrößerung der Schlafzimmer ist bei der Planung zur Erzielung einer gewissen Variabilität der Schlafplätze dabei zu bedenken);
- Verlegung des Bauorts,
- „Abschirmung" der Einflüsse.

Alle mit anerkannten wissenschaftlichen Methoden überprüften Effekte im Bereich der Wünschelrutenkunde und der „Erdstrahlen" erweisen sich immer wieder als nicht reproduzierbar oder falsch interpretiert. Da sich das Wohlbefinden eines Menschen aber als stark abhängig von psychischen Faktoren gezeigt hat (psychosomatische Erkrankungen!) können – wenn eine Erfolgsaussicht vermutet wird – notfalls auch ungesicherte Verfahren zur Verbesserung einer Wohnsituation in Erwägung gezogen werden. Man sollte sich aber darüber klar sein, daß auf diesem Gebiet der Scharlatanerie immer noch (oder gerade in den letzten Jahren wieder) Tür und Tor geöffnet sind und in manchen Fällen wohl weniger gesundheitliche als finanzielle Schäden erwartet werden können.

14.8.4 Wasserdampfdurchlässigkeit (fälschlich: „Atmungsfähigkeit") von Bauteilen

Eine gesundheitliche Gefahr für die Bewohner wird häufig in der mangelnden „Atmungsfähigkeit" von Gebäude-Außenbauteilen gesehen. Meist wird darunter mißverständlich die Fähigkeit der – praktisch luftundurchlässigen – Bauteile verstanden, Wasserdampf hindurchtreten zu lassen (s. Abschn. 14.5.6, Wasserdampfdiffusion). Es gibt jedoch keine wissenschaftlich begründeten Aussagen darüber, ob und wieviel Wasserdampf durch eine Außenwand gehen muß.

Die Notwendigkeit der Diffusion kann nicht durch einen die Überfeuchtung der Innenluft verhindernden Wasserdampftransport nach außen begründet werden, da allein durch den hygienisch notwendigen Luftaustausch (z. B. durch Lüftungsmaßnahmen und Undichtigkeit von Fenstern und Türen) in bewohnten Räumen mindestens 95% des ausgetauschten Wasserdampfes in die Außenluft überführt werden und höchstens 5% durch die flächenhaften Außenbauteile (Wände, Decken und Dächer) nach außen gelangen. Dieser Luftaustausch ist in vielen (besonders auch sanierten) Gebäuden absolut viel zu gering, um Tauwasser und damit Bauschäden zu verhindern!

Beim Vorhandensein von dampfbremsenden Schichten (Folien aus Metall, Kunststoff u.ä.) in falscher Lage (im kälteren Teil des Außenbauteils) kann allerdings eine Gesundheitsgefährdung nicht ausgeschlossen werden, da evtl. auftretendes Kondensat (Tauwasser) Schimmelbildung zur Folge haben kann. Das ist natürlich auch schon bei dämmtechnisch zu schwach dimensionierten Außenbauteilen (mit zu großen Wärmedurchgangskoeffizienten k) oder ungünstiger Schichtenfolge (z. B. Innendämmung) möglich. Eine sichere Vermeidung solcher – wegen der Verbreitung von Schimmelsporen gesundheitsgefährdenden – Tauwassermengen kann durch die Überprüfung der Bauteile nach dem Verfahren von Glaser (s. Abschn. 14.6.5.2) geschehen. Auf keinen Fall kann eine Aussage über die Schädlichkeit bestimmter Wärmedämmethoden (z. B. mit Kunststoff-Hartschaum) mit der zu geringen Atmungsfähigkeit einer derartig gedämmten Wand begründet werden. Ausdrücke wie „totgedämmt" o. ä. bedürfen einer physikalischen Begründung, wenn sie ernstgenommen werden sollen.

Eine Verringerung der Gesundheitsgefährdung durch Kondensatfeuchte ist besonders bei stoßweiser Feuchtigkeitserzeugung in einem Raum (Feuchtraum) durch wasserspeichernde Schichten (z. B. gips- oder holzhaltige Baustoffe, Textilien) möglich, die aber die aufgenommenen Wassermengen auch wieder abgeben müssen. Als wirksam hat sich bei derartigen Feuchtebelastungen besonders aber auch eine stoßweise Lüftung bewährt. Die in heutigen Wohnungen erzeugten Feuchtemengen (über 10 Liter Wasser pro Tag!) sollten auf keinen Fall unterschätzt werden, sie können nur durch Lüftung abgeführt werden.

In neueren Publikationen wird als „Atmungsfähigkeit" von Bauteilen nur noch deren feuchtespeichernde Fähigkeit bezeichnet. Eine derartige Verwendung des umstrittenen Begriffs kann zwar hingenommen werden, führt aber zuweilen zu Forderungen an Bauteile, bezüglich ihrer Feuchtigkeitsaufnahmefähigkeit, die naturwissenschaftlich nicht begründbar sind.

14.9 DIN-Normen

14.9.1 Abdichtungen

DIN-Nr.		Ausgabe-Datum	Titel
1180		11.71	Dränrohre aus Ton; Maße, Anforderungen, Prüfung
1187		11.82	Dränrohre aus weichmacherfreiem PVC hart (Polyvinylchlorid hart); Maße, Anforderungen, Prüfung
4095		6.90	Baugrund; Dränung zum Schutz baulicher Anlagen; Planung, Bemessung und Ausführung
	Bbl	12.73	–; Dränung des Untergrundes zum Schutz von baulichen Anlagen, Planung und Ausführung, Beispiele
7864	T1	4.84	Elastomer-Bahnen für Abdichtungen; Anforderungen, Prüfung
16726		12.86	Kunststoff-Dachbahnen; Kunststoff-Dichtungsbahnen; Prüfungen
16729		9.84	Kunststoff-Dachbahnen und Kunststoff-Dichtungsbahnen aus Ethylencopolymerisat-Bitumen (ECB); Anforderungen
16736		12.86	Kunststoff-Dachbahnen und Kunststoff-Dichtungsbahnen aus chloriertem Polyethylen (PE-C), einseitig kaschiert; Anforderungen
16737		12.86	Kunststoff-Dachbahnen und Kunststoff-Dichtungsbahnen aus chloriertem Polyethylen (PE-C), mit einer Gewebeeinlage; Anforderungen
16935		12.86	Kunststoff-Dichtungsbahnen aus Polyisobutylen (PIB); Anforderungen
16937		12.86	Kunststoff-Dichtungsbahnen aus weichmacherhaltigem Polyvinylchlorid (PVC-P), bitumenverträglich; Anforderungen
16938		12.86	Kunststoff-Dichtungsbahnen aus weichmacherhaltigem Polyvinylchlorid (PVC-P), nicht bitumenverträglich; Anforderungen
18190	T1	7.75	Dichtungsbahnen für Bauwerksabdichtungen; Dichtungsbahnen mit Rohfilzeinlage, Begriff, Bezeichnung, Anforderungen
	T2	7.75	–; Dichtungsbahnen mit Jutegewebeeinlage, Begriff, Bezeichnung, Anforderungen
	T3	7.75	–; Dichtungsbahnen mit Glasgewebeeinlage, Begriff, Bezeichnung, Anforderungen
	T4	7.75	–; Dichtungsbahnen mit Metallbandeinlage, Begriff, Bezeichnung, Anforderungen
	T5	7.75	–; Dichtungsbahnen mit Polyäthylenterephthalat-Folien-Einlage, Begriff, Bezeichnung, Anforderungen
18195	T1	8.83	Bauwerksabdichtungen; Allgemeines; Begriffe
	T2	8.83	–; Stoffe
	T3	8.83	–; Verarbeitung der Stoffe
	T4	8.83	Bauwerksabdichtungen; Abdichtungen gegen Bodenfeuchtigkeit; Bemessung und Ausführung
	T5	2.84	–; Abdichtungen gegen nichtdrückendes Wasser; Bemessung und Ausführung
	T6	8.83	–; Abdichtungen gegen von außen drückendes Wasser; Bemessung und Ausführung
	T7	6.89	–; Abdichtungen gegen von innen drückendes Wasser; Bemessung und Ausführung
	T8	8.83	–; Abdichtungen über Bewegungsfugen
	T9	12.86	–; Durchdringungen, Übergänge, Abschlüsse
	T10	8.83	–; Schutzschichten und Schutzmaßnahmen
18540		10.88	Abdichten von Außenwandfugen im Hochbau mit Fugendichtstoffen

Fortsetzung s. nächste Seiten

DIN-Normen, Fortsetzung

DIN-Nr.		Ausgabe-Datum	Titel
18541	T1	1.91	Fugenbänder aus thermoplastischen Kunststoffen zur Abdichtung von Fugen in Beton; Begriffe, Formen, Maße
	T2	1.91	–; Anforderungen, Prüfung, Überwachung
52128		3.77	Bitumendachbahnen mit Rohfilzeinlage; Begriff, Bezeichnung, Anforderungen
52129		3.77	Nackte Bitumenbahnen; Begriff, Bezeichnung, Anforderungen
52130		8.85	Bitumen-Dachdichtungsbahnen; Begriffe, Bezeichnung, Anforderungen
52131		8.85	Bitumen-Schweißbahnen; Begriffe, Bezeichnung, Anforderungen
52132		8.85	Polymerbitumen-Dachdichtungsbahnen; Begriffe, Bezeichnung, Anforderungen
52133		8.85	Polymerbitumen-Schweißbahnen; Begriffe, Bezeichnung, Anforderungen
52141		12.80	Glasvlies als Einlage für Dach- und Dichtungsbahnen; Begriff, Bezeichnung, Anforderungen
52142		2.78	Glasvlies als Einlage für Dach- und Dichtungsbahnen; Prüfung
52143		8.85	Glasvlies-Bitumendachbahnen; Begriffe, Bezeichnung, Anforderungen

14.9.2 Wärmeschutz

DIN-Nr.		Ausgabe-Datum	Titel
4108	Bbl 1	4.82	Wärmeschutz im Hochbau; Inhalts-; Stichwortverzeichnis
	T1	8.81	–; Größen und Einheiten
	T2	8.81	–; Wärmedämmung und Wärmespeicherung; Anforderungen und Hinweise für Planung und Ausführung
	T3	8.81	–; Klimabedingter Feuchteschutz; Anforderungen und Hinweise für Planung und Ausführung
	T4	12.85	–; Wärme- und feuchteschutztechnische Kennwerte
E	T4 A1	12.89	–; Wärme- und feuchteschutztechnische Kennwerte; Änderung 1
	T5	8.81	–; Berechnungsverfahren

14.9.3 Schallschutz

DIN-Nr.		Ausgabe-Datum	Titel
4109		11.89	Schallschutz im Hochbau; Anforderungen und Nachweise
	Bbl 1	11.89	–; Ausführungsbeispiele und Rechenverfahren
	Bbl 2	11.89	–; Hinweise für Planung und Ausführung; Vorschläge für einen erhöhten Schallschutz; Empfehlungen für den Schallschutz im eigenen Wohn- oder Arbeitsbereich
18005	T1	5.87	Schallschutz im Städtebau; Berechnungsverfahren
	T1 Bbl 1	5.87	–; Berechnungsverfahren; Schalltechnische Orientierungswerte für die städtebauliche Planung
E	T2	10.89	–; Lärmkarten; Kartenmäßige Darstellung von Schallimmissionen

Fortsetzung s. nächste Seiten

DIN-Normen, Fortsetzung

DIN-Nr.		Ausgabe-Datum	Titel
18041		10.68	Hörsamkeit in kleinen bis mittelgroßen Räumen
52210	T1	8.84	Bauakustische Prüfungen; Luft- und Trittschalldämmung; Meßverfahren
52210	T2	8.84	–; Luft- und Trittschalldämmung; Prüfstände für Schalldämm-Messungen an Bauteilen
	T3	2.87	–; Luft- und Trittschalldämmung; Prüfung von Bauteilen in Prüfständen und zwischen Räumen am Bau
	T4	8.84	–; Luft- und Trittschalldämmung; Ermittlung von Einzahl-Angaben
	T5	7.85	–; Luft- und Trittschalldämmung; Messung der Luftschalldämmung von Außenbauteilen am Bau
	T6	5.89	–; Luft- und Trittschalldämmung; Bestimmung der Schachtpegeldifferenz
	T7	5.89	–; Luft- und Trittschalldämmung; Bestimmung des Schall-Längsdämm-Maßes
52213		5.80	Bauakustische Prüfungen; Bestimmung des Strömungswiderstandes
52214		12.84	Bauakustische Prüfungen; Bestimmung der dynamischen Steifigkeit von Dämmschichten für schwimmende Estriche
52217		8.84	Bauakustische Prüfungen; Flankenübertragung; Begriffe
52219		9.85	Bauakustische Prüfungen; Messung von Geräuschen der Wasserinstallation in Gebäuden
52221		5.80	Bauakustische Prüfungen; Körperschallmessungen bei haustechnischen Anlagen

14.9.4 Baulicher Brandschutz

DIN-Nr.			Ausgabe-Datum	Titel
	4102	Bbl 1	5.81	Brandverhalten von Baustoffen und -teilen; Inhaltsverzeichnisse
		T1	5.81	–; Baustoffe, Begriffe, Anforderungen und Prüfungen
		T2	9.77	–; Bauteile, Begriffe, Anforderungen und Prüfungen
		T3	9.77	–; Brandwände und nichttragende Außenwände, Begriffe, Anforderungen und Prüfungen
		T4	3.81	–; Zusammenhänge und Anwendung klassifizierter Baustoffe, Bauteile und Sonderbauteile
		T5	9.77	–; Feuerschutzabschlüsse, Abschlüsse in Fahrschachtwänden und gegen Feuer widerstandsfähige Verglasungen, Begriffe, Anforderungen und Prüfungen
		T6	9.77	–; Lüftungsleitungen, Begriffe, Anforderungen und Prüfungen
		T7	3.87	–; Bedachungen, Begriffe, Anforderungen und Prüfungen
		T8	5.86	–; Kleinprüfstand
E		T9	9.88	–; Kabelabschottungen; Begriffe, Anforderungen und Prüfungen
		T11	12.85	–; Rohrummantelungen, Rohrabschottungen, Installationsschächte und -kanäle sowie Abschlüsse ihrer Revisionsöffnungen; Begriffe, Anforderungen und Prüfungen
E		T12	12.89	–; Funktionserhalt von elektrischen Kabelanlagen; Begriffe, Anforderungen und Prüfungen
		T13	5.90	–; Brandschutzverglasungen; Begriffe, Anforderungen und Prüfungen

Fortsetzung s. nächste Seite

DIN-Normen, Fortsetzung

DIN-Nr.		Ausgabe-Datum	Titel
E	T14	1.88	–; Bodenbeläge und Bodenbeschichtungen; Bestimmung der Flammenausbreitung bei Beanspruchung mit einem Wärmestrahler
E	T18	9.89	Feuerschutzabschlüsse und Rauchschutztüren; Prüfung der Dauerfunktionstüchtigkeit (Dauerfunktionsprüfung) [9]
18082	T1	1.85	Feuerschutzabschlüsse; Stahltüren T30-1; Bauart A
	T3	1.84	Feuerschutzabschlüsse; Stahltüren T30-1; Bauart B
18093		6.87	Feuerschutzabschlüsse; Einbau von Feuerschutztüren in massive Wände aus Mauerwerk oder Beton; Ankerlagen, Ankerformen, Einbau
18095	T1	10.88	Türen; Rauchschutztüren; Begriffe und Anforderungen
	T2	10.88	Türen; Rauchschutztüren; Bauartprüfung der Dauerfunktionstüchtigkeit und Dichtheit
V 18230	T1	9.87	Baulicher Brandschutz im Industriebau; Rechnerisch erforderliche Feuerwiderstandsdauer
	T1 Bbl1	11.89	–; Rechnerisch erforderliche Feuerwiderstandsdauer; Abbrandfaktoren *m* und Heizwerte
	T2	9.87	–; Ermittlung des Abbrandfaktors
18232	T1	9.81	Baulicher Brandschutz; Rauch- und Wärmeabzugsanlagen; Begriffe und Anwendung
	T2	11.89	Baulicher Brandschutz im Industriebau; Rauch- und Wärmeabzugsanlagen; Rauchabzüge; Bemessung, Anforderungen und Einbau
	T3	9.84	–; Rauch- und Wärmeabzugsanlagen; Rauchabzüge, Prüfungen
E 18273		9.89	Baubeschläge; Türdrückergarnituren für Feuerschutztüren und Rauchschutztüren; Begriffe, Maße, Anforderungen und Prüfungen

14.10 Literatur

[1] Beton-Brandschutzhandbuch. Düsseldorf 1981

[2] Aurand, K., u.a.: Luftqualität in Innenräumen. Stuttgart: G. Fischer Verlag 1982

[3] Becker, J. u.a.: Gesundes Bauen und Wohnen. Bundesministerium f. Raumordnung, Bauwesen und Städtebau, Bonn 1986

[4] Belz, W. u.a.: Mauerwerk Atlas. München 1984

[5] Berber, J.: Bauphysik. Hamburg 1986

[6] Bobran, H.W.: Handbuch der Bauphysik. Braunschweig 1991

[7] Bundesanstalt für Arbeitsschutz; Formaldehyd, Verwendung, Gefahren, Schutzmaßnahmen; GA Nr. 15, Dortmund, 1987

[8] Danielewski, D.: Geschäfte mit der Angst. Düsseldorf: Beton-Verlag 1981

[9] Deutsche Forschungsgemeinschaft (Senatskommission): Maximale Arbeitsplatzkonzentrationen und biologische Arbeitsstofftoleranzwerte. Weinheim: VCH-Verlag 1986

[10] Diem : Bauphysik im Zusammenhang. Wiesbaden und Berlin: Bauverlag 1987

[11] Eichler, F. u.a.: Bauphysikalische Entwurfslehre (5 Bde.). Köln 1972–1982

[12] Glaser, H.: Graphisches Verfahren zur Untersuchung von Diffusionsvorgängen. In: Z. Kältetechn. (1959), S. 345ff.

[13] Göggel : Bauphysik für Baupraktiker. Wiesbaden und Berlin: Bauverlag 1987

[14] Gösele, K., Schüle, W.: Schall, Wärme, Feuchte. Wiesbaden–Berlin 1989

[15] Grassnik, A., Holzapfel, W.: Der schadenfreie Hochbau, Bd. 1–4. Köln-Braunsfeld 1987
[16] Haeder, W., Gärtner, E.: Die gesetzlichen Einheiten der Technik. Berlin–Köln 1971
[17] Hartmann, G.: Praktische Akustik. München 1968
[18] Hauri, H.H., Zürcher, C.: Moderne Bauphysik. Zürich 1984
[19] Hauser; Stiegel: Wärmebrückenatlas. Wiesbaden und Berlin: Bauverlag 1990
[20] Hebgen, H.: Sicheres Haus. Braunschweig 1980
[21] Horst, u.a.: Gesundes Bauen und Wohnen von A–Z. Eberhard-Blottner-Verlag 1990
[22] Klopfer, H.: Wassertransport durch Diffusion in Feststoffen. Wiesbaden–Berlin 1974
[23] Knublauch, E.: Einführung in den Schallschutz im Hochbau. Düsseldorf 1981
[24] Kordina, K., Meyer-Ottens, C.: Feuerwiderstandsklasen von Bauteilen aus Holz und Holzwerkstoffen. In: Informationsdienst HOLZ (1977)
[25] Kranefeld, A., Linnig, J.: Radon. Köln: Katalyse-Institut 1990
[26] Liersch: Belüftete Dach- und Wandkonstruktionen. Wiesbaden und Berlin: Bauverlag 1990
[27] Lohmeyer, G.: Praktische Bauphysik. Stuttgart 1985
[28] Lufsky, K.: Bauwerksabdichtung. Stuttgart 1983
[29] Lutz, P., Jenisch, R. u.a.: Lehrbuch der Bauphysik. Stuttgart 1989
[30] Mainka, G.-W., Paschen, H.: Wärmebrückenkatalog. Stuttgart 1986
[31] Muth, W.: Dränung – Schutz baulicher Anlagen. In: DBZ 6.89
[32] Neck, U.: Internationale Erfahrungen mit Beton im Brandschutz. Wiesbaden 1979
[33] Prokop, O./Wimmer, W.: Wünschelrute – Erdstrahlen – Radiästhesie. Stuttgart: Ferdinand Enke Verlag 1985
[34] Rheinzink, Anwendung im Hochbau. Datteln 1986
[35] Riccabona, C.: Baukonstruktionslehre. Wien 1985
[36] Rose, W.-D.: Wohngifte. Eichhorn-Verlag 1986
[37] RWE Bau-Handbuch, Technischer Ausbau. Essen 1986
[38] Sälzer, E., Gothe, U.: Bauphysik-Taschenbuch 1986/87. Wiesbaden–Berlin 1986
[39] Sälzer, E.: Städtebaulicher Schallschutz. Wiesbaden–Berlin 1982
[40] Sälzer, E.: Schallschutz im Massivbau. Wiesbaden und Berlin: Bauverlag 1990
[41] Schild, E. u.a.: Bauphysik, Planung und Anwendung. Braunschweig–Wiesbaden 1982
[42] Schild, E. u.a.: Schwachstellen; Schäden, Ursachen, Konstruktions- und Führungsempfehlungen. Wiesbaden–Berlin 1987–1990
[43] Schmitt, H.: Schalltechnisches Taschenbuch. Düsseldorf: VDI-Verlag
[44] Seiffert, K.: Wasserdampfdiffusion im Bauwesen. Wiesbaden 1974
[45] Stanek, H.: Biologie des Wohnens. Stuttgart: Klett-Cotta 1980
[46] Tschegg, Heindl, Sigmund: Grundzüge der Bauphysik. Wien–New York: Springer-Verlag 1984
[47] Verein Deutscher Ingenieure: Richtlinie VDI 4100 (Entwurf 10.89), Schallschutz von Wohnungen. Düsseldorf 1989
[48] Weber, H.: Ausbauhandbuch. Stuttgart 1976
[49] Wendehorst: Bautechnische Zahlentafeln. 25. Aufl. Stuttgart 1991
[50] Wiese, G.: Wasserdampfdiffusion. Stuttgart 1981

15 Anhang: Neue gesetzliche Einheiten

Seit 1.1.1978 ist die neue gesetzliche Krafteinheit das Newton (N) mit der Beziehung:

$$1\,\text{kp} = 1\,\text{kg} \cdot 9{,}81\,\text{m/s}^2 = 9{,}81\,\text{N} \mathrel{\hat{=}} 10\,\text{N} \qquad (\text{bis } 31.12.1977 \text{ galt } 1\,\text{kp} = 1\,\text{kg})$$

Im Anwendungsbereich der Normen wird für 1 kp = 0,01 kN, für 1 Mp = 10 kN (Tab. **15**.1) und für 1 kp/cm² = 0,1 MN/m² (Tab. **15**.2) gesetzt, wobei 1 MN/m² = 1 N/mm² ist.

Zur Erleichterung der Umrechnung von vielfach in älteren Bauunterlagen enthaltenen früheren Einheiten werden nachfolgend die wichtigsten Umrechnungstabellen abgedruckt.

Tabelle **15**.1 Umrechnungstafel für Kräfte und Einzellasten (entsprechend 1 kp = 9,80665 N ~ gerundet [Abweichung 2%]: 1 kp = 10 N)

bisherige Einheiten			gesetzliche Einheiten		
p	kp	Mp	N	kN	MN
1					
10			0,10		
100	0,1		1,0		
1000	1		10		
	10		100	0,10	
	100	0,1	1000	1,0	
	1000	1		10	
		10		100	0,10
		100		1000	1,0
		1000			10

Tabelle **15**.2 Umrechnungstafel für Kraft je Fläche (Flächenlasten, Spannungen, Festigkeiten, Druck)

bisherige Einheiten				gesetzliche Einheiten		
				N/m²	kN/m²	MN/m²
kp/m²	Mp/m²	kp/cm²	kp/mm²			N/mm²
mm WS	m WS	at		Pa	kPa	MPa
0,1				1,0		
1				10		
10				100	0,10	
100				1000	1,0	
1000	1				10	
	10	1			100	0,10
	100	10			1000	1,0
	1000	100	1			10
		1000	10			100
			100			1000

Nach Nr. 2 der ETB-Ergänzung sind nicht mehr zulässige Einheiten mit den in Tabelle **15**.1 angegebenen Faktoren umzurechnen. Vielfache, Teile oder zusammengesetzte Einheiten, die in der Tabelle **15**.1 nicht enthalten sind, sind sinngemäß umzurechnen, s. DIN 1080 Teil 1, Ausg. Juni 1976, Erläuterungen zu Abschn. 5 (Tab. **15**.3).

Tabelle **15**.3 Umrechnungsfaktoren für Einheiten-Beispiele

1 kp	=	0,01 kN							
1 kp/cm²	=	0,1 MN/m²	=	0,1 N/mm²	1 kcal	=	4,2	kJ (Kilojoule)	
1 at	=	0,1 MN/m²	=	1,0 bar	1 kcal/h	=	1,163	W (Watt)	
1 atü	=	1,0 bar	=	0,01 MN/m²	1 PS	=	0,74	kW (Kilowatt)	
1 m WS	=	0,1 bar	=	0,01 MN/m²	1 grd	=	1	K (Kelvin)	
1 mm WS	=	10 N/m²	=	10 Pa (Pascal)	1 g	=	1	gon	
1 kpm	=	0,01 kNm	=	10 J (Joule)	1 Torr	=	1,33	mbar	= 133 Pa

Tabelle 15.4 Beispiele für die Anwendung der gesetzlichen SI-Einheiten im Bauwesen (entspr. DIN 1080, Teil 1) mit den einschlägigen Umrechnungen, neu und bisher

Größe	Gegenüberstellung bisher Formelzeichen	Einheit	neu Formelzeichen	gesetzliche Einheit nach DIN 1080	Umrechnung
Länge	l	m	l	m	
Fläche	F	m^2	A	m^2	
Volumen	V	m^3	V	m^3	
Trägheitsmoment	I	m^4	I	m^4	
Widerstandsmoment	W	m^3	W	m^3	
Winkel	$\alpha; \beta; \gamma$	°	$\alpha; \beta; \gamma$	°	
Temperatur	t	°C	t	°C	
	t	°C	T	K	0 K = −273 °C; 0 °C = 273 K
Temperaturdifferenz	Δt	°C	ΔT; Δt	K; °C	1 K = 1 °C
Wärmeleitfähigkeit	λ	$\frac{\text{kcal}}{\text{m h °C}}$	λ	$\frac{\text{W}}{\text{m K}}$	$1\,\frac{\text{W}}{\text{m K}} = 0{,}86\,\frac{\text{kcal}}{\text{m h °C}}$ bzw. $1\,\frac{\text{kcal}}{\text{m h °C}} = 1{,}163\,\frac{\text{W}}{\text{m K}}$
Wärmedurchlaßkoeffizient	Λ	$\frac{\text{kcal}}{\text{m}^2\text{h °C}}$	Λ	$\frac{\text{W}}{\text{m}^2\text{K}}$	bzw. $1\,\frac{\text{kcal}}{\text{m}^2\text{h °C}} = 1{,}163\,\frac{\text{W}}{\text{m}^2\text{K}}$ (gilt für Wärmedurchlaß-, Wärmeübergangs- und Wärmedurchgangskoeffizient)
Wärmeübergangskoeffizient	α	$\frac{\text{kcal}}{\text{m}^2\text{h °C}}$	α	$\frac{\text{W}}{\text{m}^2\text{K}}$	
Wärmedurchgangskoeffizient	k	$\frac{\text{kcal}}{\text{m}^2\text{h °C}}$	k	$\frac{\text{W}}{\text{m}^2\text{K}}$	

Weitere mögliche Einheiten: [2]) 1 J = 1 Ws = 1 Nm

Tabelle 15.5 Umrechnungstafel für Energie, Arbeit, Wärmemenge, Leistung usw.

Größe	bisherige Einheit	gesetzliche Einheit genau	Abweichung < 2%
Wärmestrom	1 kcal/h	1,163 W	1,16 W
Wärmeübergangskoeffizient	1 kcal/($m^2 \cdot$ h · grd)	1,163 W/($m^2 \cdot$ K)	1,16 W/($m^2 \cdot$ K)
Wärmeleitfähigkeit	1 kcal/(m · h · grd)	1,163 W/(m · K)	1,16 W/(m · K)

Sachverzeichnis

GPSR Compliance

The European Union's (EU) General Product Safety Regulation (GPSR) is a set of rules that requires consumer products to be safe and our obligations to ensure this.

If you have any concerns about our products, you can contact us on ProductSafety@springernature.com

In case Publisher is established outside the EU, the EU authorized representative is:

Springer Nature Customer Service Center GmbH
Europaplatz 3
69115 Heidelberg, Germany

Batch number: 10584556

Printed by Printforce, the Netherlands